智能电网关键技术研究与应用丛书

电力系统动态——稳定性与控制

（原书第 2 版）

Power System Dynamics: Stability and Control, 2nd edition

[波兰] 简·马乔夫斯基（Jan Machowski）
[英] 詹纳斯·W. 比亚莱克（Janusz W. Bialek） 著
[英] 詹姆斯·R. 邦比（James R. Bumby）
徐 政 译

机 械 工 业 出 版 社

本书全面讲解了现代电力系统的动态行为和控制问题，内容包括电力系统规划、设计、运行和控制中特别关注的静态稳定性、暂态稳定性、电压稳定性、频率稳定性、次同步振荡稳定性、动态等效和发电机自励磁等重要主题。本书的突出优势是注重物理原理、内容全面、分析深入、解释透彻。

本书可作为电力系统专业硕士和博士研究生“电力系统暂态分析”课程的教材。同时，本书也特别适合于从事电力系统研究、规划、设计、运行和控制的专业人员阅读。

北京市版权局著作权合同登记　图字：01-2019-5710 号。

图书在版编目（CIP）数据

电力系统动态：稳定性与控制：原书第 2 版/（波）简·马乔夫斯基（Jan Machowski）等著；徐政译. —北京：机械工业出版社，2019. 10
（智能电网关键技术研究与应用丛书）
书名原文：Power System Dynamics：Stability and Control，2nd edition
ISBN 978-7-111-64031-8

Ⅰ. ①电…　Ⅱ. ①简…②徐…　Ⅲ. ①电力系统稳定－系统动态稳定
Ⅳ. ①TM712

中国版本图书馆 CIP 数据核字（2019）第 230675 号

机械工业出版社（北京市百万庄大街 22 号　邮政编码 100037）
策划编辑：付承桂　责任编辑：付承桂　闫洪庆
责任校对：张　薇　封面设计：鞠　杨
责任印制：孙　炜
北京联兴盛业印刷股份有限公司印刷
2020 年 3 月第 1 版第 1 次印刷
184mm×260mm · 35 印张 · 2 插页 · 867 千字
0001—1900 册
标准书号：ISBN 978-7-111-64031-8
定价：198.00 元

电话服务	网络服务
客服电话：010-88361066	机　工　官　网：www. cmpbook. com
010-88379833	机　工　官　博：weibo. com/cmp1952
010-68326294	金　　书　　网：www. golden-book. com
封底无防伪标均为盗版	机工教育服务网：www. cmpedu. com

译者序

电力系统学科最难学的课程是“电机学”和“电力系统暂态分析”，而其中的难中之难是同步电机理论。本书采用了一套有别于国内惯用的课程体系和教材体系的新框架，将同步电机理论从物理原理到数学分析由浅入深、步步推进，克服了同步电机理论在“电机学”和“电力系统暂态分析”课程里分割讲授所造成的逻辑链缺失和一致性割裂问题，大大方便了读者对同步电机理论的掌握。

对于电力系统动态过程与控制问题的讲解，本书的独到之处可以概括为注重物理原理、解释透彻、数学推导完整深入。下面引述原书作者关于电力系统中物理原理与计算机仿真技术关系的评论，以说明物理原理是根本，计算机仿真技术是手段，两者不可偏废的道理：“对过去二三十年里发表的大量论文的简短回顾表明，电力系统研究的重点一直集中在将计算机有效地应用于电力系统分析。鉴于计算机技术的快速发展，计算机在电力系统分析中的基础性作用是可以预期和理解的。然而，存在一种危险的倾向，年轻的工程师和研究人员更乐意关注计算机技术，而不愿意花精力去理解难懂的电力系统动态过程本身的基本物理原理；一定时间后，这可能会影响此领域的发展。为了尝试解决这一问题，本书首先描述了特定电力系统动态现象的基本物理过程，在彻底理解基本原理以后，才给出更严格的数学处理方法。一旦掌握了数学处理方法，就可以利用计算机来得到必要的定量分析结果。正是由于这些原因，本书将集中阐述不同问题领域的基本分析方法，同时经常给出更加专业的参考文献。”

由于目前专业课学时数的压缩，现在“电力系统分析”课程在物理原理和计算机仿真技术两方面讲解的广度和深度都是十分欠缺的，即使电力系统专业研究生毕业，也不见得对电力系统动态过程有深入的理解。因此译者认为，本书可以为理解电力系统动态行为在物理原理和数学推导上打下坚实的基础，而借助计算机对电力系统动态行为进行仿真所涉及的算法实现可以参考译者的另一本译著《电力系统分析中的计算方法（原书第2版）》（机械工业出版社，2017）。

本书翻译过程中，马志恒、刘正富、王珅、翁华、薛英林、黄弘扬、周煜智、徐韬、华文、董桓锋等做了大量工作，在此深表谢意。原书中一些明显的笔误或印刷错误，在翻译时已更正但未加以说明。限于译者水平，书中难免存在错误和不妥之处，恳请广大读者批评指正。译者联系方式：电话（0571）87952074，电子信箱 hvdc@zju.edu.cn。

徐　政

2019 年 10 月

于浙江大学求是园

原书前言

1997 年，本书作者 J. Machowski、J. W. Bialek 和 J. R. Bumby 出版了一本名为 *Power System Dynamics and Stability* 的书，即本书的第 1 版。该书得到了广大读者的好评，读者告诉我们，无论在学术界还是在工业界，该书通常被用作正规教材。该书出版大约 10 年后，我们开始着手编写其第 2 版。然而，我们很快意识到，这些年来电力系统行业的发展，需要组织大量新增材料来进行描述。因此，本书在第 1 版基础上扩充了大约三分之一的内容，且新的书名改为 *Power System Dynamics*：*Stability and Control*。其中“控制（Control）”一词反映了这样一个事实，本书中大部分的新增材料涉及电力系统控制，包括柔性交流输电系统（FACTS）、广域测量系统（WAMS）、频率控制、电压控制等。新的书名还反映了本书的重点从单纯描述电力系统的动态行为扩展到了包括提高稳定性的控制方法。例如，我们坚信新的 WAMS 技术可能会彻底改变电力系统的控制。在电力系统运行中更广泛地运用 WAMS 的主要障碍之一，公认是缺乏可用于系统实时控制的算法。本书试图通过开发一些基于 WAMS 的实时控制算法来填补这一空白。

新增如此多材料的第二个原因是，自 20 世纪 90 年代以来，电力系统行业发生了前所未有的变化。特别是可再生能源发电的快速增长（其驱动力是对全球变暖的关注）正在改变电力系统的基本特性。目前，风力发电在可再生能源中占主导地位，而风电机组通常采用感应电机而不是同步电机。由于此种发电类型的大量渗透将会改变系统的动态行为，因此新增的第 7 章完全用于对风力发电的描述。

需要考虑的第三个因素是在新千年的前几年发生的一系列被广泛知晓的停电事故所产生的影响。特别引起关注的是发生在 2003 年秋季的美国/加拿大、意大利、瑞典/丹麦和英国的大停电事故，以及 2004 年雅典的大停电事故和 2006 年 11 月 4 日欧洲的大停电事故。这些大停电事故暴露了多个关键性问题，特别是那些与电力系统在低电压下的行为有关的问题。因此，本书扩充了这方面的内容，同时对某些停电事故进行了剖析。

必须强调的是，本书基于与上一版相同的理念，试图对如何培养电力系统工程师的一些重要问题给出解答。随着功能强大、可运行越来越复杂仿真软件的计算机的普及，存在一种用仿真来替代理解的趋势。这种趋势对学生和年轻研究人员尤其危险，因为他们认为仿真是一种万能药且总能给出正确的答案。他们没有意识到的是，缺乏对基本原理的物理内涵的理解，就不可能对仿真结果进行自信的解释或验证。因此，用善意的怀疑态度对待任何计算机仿真的原始结果绝对是一种好习惯。

电力系统动态过程是不容易理解的，这方面有一些很好的教材，其中的一些在第 1 章中进行了回顾。由于同步电机对确定电力系统动态响应起着决定性的作用，因此很多书为了引入 Park 方程并建立发电机的数学模型，都是从同步发电机的详细数学描述开始的。然而，根据我们的经验，以如此详细的数学描述来开始一个主题，会使许多学生无法进一步学习，因为他们经常发现很难看到所用数学与实际的任何相关性。对于那些更倾向于实际且不希望一直使用复杂的发电机数学模型而了解系统中正在发生的事情的读者来说，这可能是一个主要的障碍。

本书的叙述方法与上述书籍不同。我们首先尝试用发电机的简单模型，结合电气工程的基本物理定律，对电力系统动态过程的基本物理现象进行定性解释。在学生理解了电力系统动态过程的基本物理概念之后，我们再引入发电机的完整数学模型，然后再讲解更高级的主题，如系统简化、动态仿真和特征值分析。通过这种方式，读者可以在不首先学习 Park 方程的情况下了解电力系统运行，我们的愿望是使读者能够更容易地进入这个领域。

我们所有的考虑都通过图表来进行充分的展示。我们坚信一句古老的格言：一张插图胜过千言万语。事实上，本书包含了 400 多个图表。

为方便叙述，本书分成了三大部分。第 1 部分（第 1 ~ 3 章）回顾了电力系统动态研究的背景情况。第 2 部分（第 4 ~ 10 章）试图用单机-无穷大母线系统经典模型来解释电力系统动态过程的基本现象。第 3 部分（第 11 ~ 14 章）讨论了适用于大规模电力系统建模和动态仿真的一些更高级的主题。

下面对各章和新增材料进行更详细的介绍。第 1 章对电力系统动态过程进行了分类，并给出了一个简要的历史回顾。新增材料扩展了电力系统稳定性和安全性评估的定义，并引入了一些后面章节中要用到的重要概念。第 2 章概述了电力系统中的主要元件，包括现代的 FACTS 装置。新增材料对 FACTS 装置进行了更全面的描述，同时增加了关于 WAMS 的新的一节。第 3 章介绍了稳态模型及其在电力系统性能分析中的应用。新增材料对发电机作为无功电源进行了较深入的讨论，同时引入了电压-无功功率能力特性曲线；我们认为这是对这些概念的一种全新解释，因为在其他地方还没有看到过。前面已提到过的大范围停电事故，突显了理解发电机及其控制装置在低电压下动作特性的重要性。本章还增加了关于电网中潮流控制的新的一节。

第 4 章分析了扰动后的动态过程，引入了适合于分析同步发电机动态行为的模型。第 5 章讨论了小扰动后的电力系统动态过程（静态稳定性）。第 6 章分析了大扰动后的电力系统动态过程（暂态稳定性），本章新增的材料包括利用 Lyapunov 直接法分析多机电力系统稳定性以及失步保护的原理。第 7 章是全新的，讲述了风力发电的基本原理。第 8 章进行了大篇幅的扩展，给出了电压稳定性的解释以及多种用于电压稳定性评估的方法。新增材料包括电力系统停电事故的实例，预防电压崩溃的方法，并增加了新的一节用于讨论发电机自励磁问题。第 9 章对频率稳定和控制进行了较大篇幅的扩展，包括针对频率不稳定的防御计划和频率控制的质量评估。本章新增了一节讨论自动发电控制（AGC）与 FACTS 装置之间的相互作用，这些 FACTS 装置安装在互联电力系统的联络线上用于控制联络线的潮流。第 10 章概述了增强稳定性的主要方法，包括传统的方法和使用 FACTS 装置的方法。新增材料包括使用制动电阻提高稳定性，并将早期已导出的镇定算法推广到多机电力系统的新的结果等。

第 11 章介绍了不同电力系统元件的高级模型。新增材料包括风电机组模型和 FACTS 装置模型。第 12 章对多机电力系统静态稳定性的特征值分析方法进行了大篇幅的扩展，增加了对特征值和特征向量意义的完整解释以及相关数学背景知识的更系统的介绍。由于此主题是高度数学化的，可能较难理解，因此我们增加了大量的数值算例。第 13 章介绍了用于电力系统动态仿真的数值方法。第 14 章介绍了如何使用等效简化来减小仿真问题的规模，该章进行了较大篇幅的扩展，新增材料包括等效简化的模态分析以及多个算例。

附录讨论了标幺制问题，新增了关于求解常微分方程组的数学原理。

需要强调的是，虽然本书的大部分是以高年级本科生和研究生为对象作为教材来写的，但也有大量材料属于前沿研究领域，其中还有一部分从未发表过。这包括使用 Lyapunov 直接法推导出多机电力系统的镇定算法（第 6、9 和 10 章），以及基于模态分析法的电力系统动态等效推导（第 14 章）等。

J. Machowski，J. W. Bialek，J. R. Bumby
于波兰华沙、英国爱丁堡和英国杜伦

▶ 符号汇总

标 记 法

斜体表示标量物理量（如 R，L，C）或数值变量（如 x，y）。

相量或复数量或数值变量加下划线（如$\underline{I}$，$\underline{V}$，$\underline{S}$）。

符号顶部带有箭头的斜体表示空间向量（如 $\vec{F}$）。

斜体黑体表示矩阵或向量（如 $\boldsymbol{A}$，$\boldsymbol{B}$，$\boldsymbol{x}$，$\boldsymbol{y}$）。

单位符号使用罗马字体（如 Hz，A，kV）。

标准数学函数使用罗马字体（如 e，sin，cos，arctan）。

数字使用罗马字体（如5、6）。

数学运算符使用罗马字体（如 s 为拉普拉斯算子；T 为矩阵转置；j 为角位移 90 °；a 为角位移 120 °）。

微分和偏微分使用罗马字体（如 $\mathrm{d}f/\mathrm{d}x$，$\partial f/\partial x$）。

描述对象的符号使用罗马字体（如 TRAFO，LINE）。

与对象相关的下标使用罗马字体（如$\underline{I}_{\mathrm{TRAFO}}$，$\underline{I}_{\mathrm{LINE}}$）。

与物理量或数值变量相关的下标使用斜体（如 A_{ij}，x_k）。

下标 A、B、C 表示发电机的三相轴。

下标 d、q 表示直轴分量和交轴分量。

小写符号通常表示瞬时值（如 v，i）。

大写符号通常表示有效值或峰值（如 V，I）。

符 号

$\underline{\mathrm{a}}$ 和$\underline{\mathrm{a}}^2$：分别将角度移动 120 °和 240 °的算子。

B_{μ}：变压器的励磁电纳。

B_{sh}：并联元件的电纳。

D：阻尼系数。

E_{k}：转子相对于同步转速的动能。

E_{p}：转子相对于平衡点的势能。

e_{f}：折算到虚拟 q 轴电枢线圈的励磁电压。

e_{q}：在虚拟 q 轴电枢线圈中感应出来的稳态电动势，其与励磁绕组自磁链成正比。

e'_{d}：在虚拟 d 轴电枢线圈中感应出来的暂态电动势，其与表示实心钢转子体（仅针对圆柱形转子发电机）的 q 轴线圈磁链成正比。

e'_q：在虚拟q轴电枢线圈中感应出来的暂态电动势，其与励磁绕组磁链成正比。

e''_d：在虚拟d轴电枢线圈中感应出来的次暂态电动势，其与q轴总磁链（q轴阻尼绕组和q轴实心钢转子体）成正比。

e''_q：在虚拟q轴电枢线圈中感应出来的次暂态电动势，其与d轴总磁链（d轴阻尼绕组和励磁绕组）成正比。

$\underline{E}$：稳态内电动势。

$\underline{E}_f$：与励磁电压V_f成正比的励磁电动势。

E_{fm}：励磁电动势的峰值。

E_d：稳态内电动势的d轴分量，其与q轴实心钢转子体中感应电流产生的转子自磁链成正比（仅限于圆柱形转子发电机）。

E_q：稳态内电动势的q轴分量，其与励磁绕组自磁链成正比（即正比于励磁电流本身）。

$\underline{E}'$：与励磁绕组和实心钢转子体（包括电枢反应）的磁链成正比的暂态内电动势。

E'_d：暂态内电动势的d轴分量，其与q轴实心钢转子体的磁链成正比（仅限于圆柱形转子发电机）。

E'_q：暂态内电动势的q轴分量，其与励磁绕组磁链成正比。

$\underline{E}''$：与总转子磁链（包括电枢反应）成正比的次暂态内电动势。

E''_d：次暂态内电动势的d轴分量，其与q轴阻尼绕组和q轴实心钢转子体中的总磁链成正比。

E''_q：次暂态内电动势的q轴分量，其与d轴阻尼绕组和励磁绕组中的总磁链成正比。

$\underline{E}_r$：合成气隙电动势。

E_{rm}：合成气隙电动势的幅值。

$\boldsymbol{E}_G$：发电机电动势向量。

f：电网频率。

f_n：额定频率。

$\vec{F}$：励磁绕组产生的磁动势（mmf）。

$\vec{F}_a$：电枢反应磁动势。

$F_{a\,AC}$：交流电枢反应磁动势（旋转的）。

$F_{a\,DC}$：直流电枢反应磁动势（静止的）。

$\vec{F}_{ad}$，$\vec{F}_{aq}$：电枢反应磁动势的d轴和q轴分量。

$\vec{F}_f$：合成磁动势。

G_{Fe}：变压器的铁心损耗电导。

G_{sh}：并联元件的电导。

H_{ii}，H_{ij}：自同步功率和互同步功率。

i_A，i_B，i_C：A相、B相和C相中的瞬时电流。

$i_{A\,DC}$，$i_{B\,DC}$，$i_{C\,DC}$：A相、B相、C相电流中的直流分量。

$i_{A\,AC}$，$i_{B\,AC}$，$i_{C\,AC}$：A相、B相、C相电流中的交流分量。

i_d，i_q：在虚拟d轴与q轴电枢线圈中的电流。

i_D，i_Q：d轴和q轴阻尼绕组中的瞬时电流。

i_{f}：发电机的瞬时励磁电流。

$\boldsymbol{i}_{\mathrm{ABC}}$：瞬时相电流向量。

$\boldsymbol{i}_{\mathrm{fDQ}}$：励磁绕组和 d 轴与 q 轴阻尼绕组中的瞬时电流向量。

$\boldsymbol{i}_{\mathrm{0dq}}$：转子坐标系中的电枢电流向量。

$\underline{I}$：电枢电流。

I_{d}，I_{q}：电枢电流的 d 轴和 q 轴分量。

$\underline{I}_{\mathrm{S}}$，$\underline{I}_{\mathrm{R}}$：输电线路送端和受端的电流。

$\underline{\boldsymbol{I}}_{\mathrm{R}}$，$\underline{\boldsymbol{I}}_{\mathrm{E}}$：注入保留节点和消去节点的复电流向量。

$\underline{\boldsymbol{I}}_{\mathrm{G}}$，$\underline{\boldsymbol{I}}_{\mathrm{L}}$：发电机和负荷的复数电流向量。

$\Delta\underline{I}_{\mathrm{L}}$：负荷的复数校正电流向量。

J：转动惯量。

j：将角度移动 90°的算子。

k_{PV}，k_{QV}：负荷的电压灵敏度（有功功率和无功功率需求特性随电压变化的斜率）。

k_{Pf}，k_{Qf}：负荷的频率灵敏度（有功功率和无功功率需求特性随频率变化的斜率）。

$K_{E_{\mathrm{q}}}$：稳态同步功率系数（稳态功率-功角曲线 $P_{E_{\mathrm{q}}}(\delta)$ 的斜率）。

$K_{E'_{\mathrm{q}}}$：暂态同步功率系数（暂态功率-功角曲线 $P_{E'_{\mathrm{q}}}(\delta')$ 的斜率）。

$K_{E'}$：暂态同步功率系数（暂态功率-功角曲线 $P_{E'}(\delta')$ 的斜率）

K_i：第 i 台发电机组下斜率的倒数。

K_{L}：系统有功功率需求的频率灵敏度系数。

K_{T}：系统总发电特性下斜率的倒数

l：输电线路长度。

L_{AA}，L_{BB}，L_{CC}，L_{ff}，L_{DD}，L_{QQ}：A、B、C 相绕组的自感，励磁绕组以及 d 轴和 q 轴阻尼绕组的自感。

L_{d}，L_{q}：虚拟 d 轴和 q 轴电枢线圈的电感。

L'_{d}，L'_{q}，L''_{d}，L''_{q}：d 轴和 q 轴暂态和次暂态电感。

L_{S}：相绕组自电感的最小值。

L_{xy}：x，$y \in$ {A，B，C，D，Q，f} 且 $x \neq y$，是下标所示的绕组之间的互电感。

ΔL_{S}：相绕组自感可变部分的幅值。

$\boldsymbol{L}_{\mathrm{R}}$：转子自感和互感的子矩阵。

$\boldsymbol{L}_{\mathrm{S}}$：定子自感和互感的子矩阵。

$\boldsymbol{L}_{\mathrm{SR}}$，$\boldsymbol{L}_{\mathrm{RS}}$：定子到转子和转子到定子互感的子矩阵。

M：惯性系数。

M_{f}，M_{D}，M_{Q}：相绕组与励磁绕组以及 d 轴和 q 轴阻尼绕组之间的互感幅值。

N：一般地，为任何对象的数目。

p：极数。

P_{acc}：加速功率。

P_{D}：阻尼功率。

P_{e}：电磁气隙功率。

$P_{E_{\mathrm{q}}\mathrm{cr}}$：发电机产生的临界（失步）气隙功率。

$P_{E_q}(\delta)$，$P_{E'}(\delta')$，$P_{E'_q}(\delta')$：在分别假设 E_q、E'和 E'_q恒定条件下的气隙功率曲线。

P_g：感应电机中由电网提供的有功功率（电动机模式）或提供给电网的有功功率（发电机模式）。

P_L：负荷吸收的有功功率或系统总负荷。

P_m：原动机提供给发电机的机械功率或电动机提供给负载的机械功率（电动机模式的感应电机）。

P_n：额定电压下的有功功率需求。

P_R：输电线路受端的有功功率。

$P_{r\mathrm{I}}$，$P_{r\mathrm{II}}$，$P_{r\mathrm{III}}$，$P_{r\mathrm{IV}}$：在负荷频率控制的第一、第二、第三和第四阶段，运行中的发电机组对弥补有功功率不平衡的贡献。

$P_{s\mathrm{I}}$，$P_{s\mathrm{II}}$，$P_{s\mathrm{III}}$，$P_{s\mathrm{IV}}$：在负荷频率控制的第一、第二、第三和第四阶段，系统对弥补有功功率不平衡的贡献。

P_s：感应电机的定子功率或由系统提供的电源。

P_S：输电线路送端的有功功率或电源向负荷提供的有功功率或提供给无穷大母线的有功功率。

P_{SIL}：波阻抗负载，即自然功率。

$P_{sE_q}(\delta)$：假设 E_q 恒定时向无穷大母线供电的有功功率曲线。

P_T：系统中所发出的总功率。

P_{tie}：联络线净交换功率。

$P_{V_g}(\delta)$：假设 V_g 恒定时气隙功率曲线。

$P_{V_g cr}$：$P_{V_g}(\delta)$ 的临界值。

Q_L：负荷吸收的无功功率。

Q_G：电源发出的无功功率（Q_L 和网络中的无功损耗之和）。

Q_n：额定电压下的无功功率需求。

Q_R：输电线路受端的无功功率。

Q_S：输电线路送端的无功功率或由电源提供给负荷的无功功率。

R：发电机电枢绕组的电阻。

r：发电机与无穷大母线之间的总电阻。

R_A，R_B，R_C，R_D，R_Q，R_f：相绕组 A、B、C 以及 d 轴和 q 轴阻尼绕组和励磁绕组的电阻。

$\boldsymbol{R}_{ABC}$：相绕组电阻的对角矩阵。

$\boldsymbol{R}_{fDQ}$：励磁绕组和 d 轴与 q 轴阻尼绕组电阻的对角矩阵。

s：拉普拉斯算子；感应电动机的转差率。

s_{cr}：感应电动机的临界转差率。

S_n：额定视在功率。

S_{SHC}：短路功率。

t：时间。

T'_d，T''_d：d 轴暂态和次暂态短路时间常数。

T'_{do}，T''_{do}：d 轴暂态和次暂态开路时间常数。

T'_q，T''_q：q 轴暂态和次暂态短路时间常数。

T'_{qo}，T''_{qo}：q 轴暂态和次暂态开路时间常数。

T_a：电枢绕组时间常数。

$\boldsymbol{T}$：网络（a，b）和发电机（d，q）坐标之间的变换矩阵。

v_A，v_B，v_C，v_f：A、B、C 相绕组和励磁绕组上的瞬时电压。

v_d，v_q：虚拟 d 轴和 q 轴电枢线圈上的电压。

v_w：风速。

$\boldsymbol{v}_{ABC}$：A、B、C 相上的瞬时电压向量。

$\boldsymbol{v}_{fDQ}$：励磁绕组和 d 轴与 q 轴阻尼绕组上的瞬时电压向量。

V：Lyapunov 函数。

V_{cr}：电压的临界值。

V_d，V_q：发电机机端电压的直轴和交轴分量。

V_f：加在励磁绕组上的电压。

$\underline{V}_g$：发电机机端的电压。

$\underline{V}_s$：无穷大母线电压。

V_{sd}，V_{sq}：无穷大母线电压的直轴和交轴分量。

$\underline{V}_S$，$\underline{V}_R$：输电线路送端和受端的电压。

V_{sh}：并联元件安装点的就地电压。

$\underline{V}_i = V_i \angle \delta_i$：节点 i 处的复数电压。

$\underline{\boldsymbol{V}}_R$，$\underline{\boldsymbol{V}}_E$：保留节点和消去节点的复电压向量。

W：功。

$\boldsymbol{W}$：改进的 Park 变换矩阵。

$\boldsymbol{W}$，$\boldsymbol{U}$：右特征向量的模态矩阵和左特征向量的模态矩阵。

X_a：电枢反应电抗（圆柱形转子发电机）。

X_C：串联补偿器的电抗。

X_D：对应于阻尼绕组磁通路径的电抗。

X_d，X'_d，X''_d：d 轴同步、暂态和次暂态电抗。

x_d，x'_d，x''_d：发电机与无穷大母线之间（包括发电机）总的 d 轴同步、暂态和次暂态电抗。

$x'_{d\,PRE}$，$x'_{d\,F}$，$x'_{d\,POST}$：x'_d在故障前、故障中和故障后的值。

X_f：对应于励磁绕组磁通路径的电抗。

X_l：发电机的电枢漏抗。

X_q，X'_q，X''_q：q 轴同步、暂态和次暂态电抗。

x_q，x'_q，x''_q：发电机与无穷大母线之间（包括发电机）总的 q 轴同步、暂态和次暂态电抗。

X_{SHC}：从一个节点看出去的系统短路电抗。

Y_T：变压器导纳。

$\underline{\boldsymbol{Y}}$：导纳矩阵。

$\underline{\boldsymbol{Y}}_{GG}$，$\underline{\boldsymbol{Y}}_{LL}$，$\underline{\boldsymbol{Y}}_{LG}$，$\underline{\boldsymbol{Y}}_{LG}$：导纳子矩阵，其中下标 G 对应于虚拟发电机节点，而下标 L 对应

于所有其他节点（包括发电机机端节点）。

$\underline{Y}_{ij}=G_{ij}+\mathrm{j}B_{ij}$：导纳矩阵的元素。

$\underline{\boldsymbol{Y}}_{\mathrm{RR}}$，$\underline{\boldsymbol{Y}}_{\mathrm{EE}}$，$\underline{\boldsymbol{Y}}_{\mathrm{RE}}$，$\underline{\boldsymbol{Y}}_{\mathrm{ER}}$：复导纳子矩阵，其中下标 E 表示消去节点，下标 R 表示保留节点。

Z_{c}：输电线路的特征阻抗。

$\underline{Z}_{\mathrm{s}}=R_{\mathrm{s}}+\mathrm{j}X_{\mathrm{s}}$：无穷大母线的内阻抗。

$\underline{Z}_{\mathrm{T}}=R_{\mathrm{T}}+\mathrm{j}X_{\mathrm{T}}$：变压器的串联阻抗。

β：输电线路的相位常数。

γ：发电机 d 轴相对于 A 相的瞬时位置；输电线路的传播常数。

γ_0：故障瞬间发电机 d 轴的位置。

δ：相对于无穷大母线的功率（或转子）角。

δ_{g}：相对于发电机机端电压的功率（或转子）角。

$\hat{\delta}_{\mathrm{s}}$：转子角的稳定平衡值。

δ'：E'和 V_{s} 之间的暂态功率（或转子）角。

δ_{fr}：合成磁动势与励磁磁动势之间的夹角。

$\Delta\omega$：转子转速偏差，$\Delta\omega=\omega-\omega_{\mathrm{s}}$。

ε：转子加速度。

ζ：阻尼比。

ϑ：电压比。

λ_{R}：频率偏差因子。

$\lambda_i=\alpha_i+\mathrm{j}\Omega_i$：特征值。

ρ：涡轮机-调速器静态特性曲线的下斜率。

ρ_{T}：系统总发电特性曲线的下斜率。

τ_{e}：电磁转矩。

τ_{m}：机械转矩。

τ_{ω}：基频次暂态电磁转矩。

$\tau_{2\omega}$：2 倍频次暂态电磁转矩。

τ_{d}，τ_{q}：电磁转矩的直轴和交轴分量。

τ_{R}，τ_{r}：由定子和转子电阻引起的次暂态电磁转矩。

φ_{g}：发电机机端的功率因数角。

$\boldsymbol{\Phi}_{\mathrm{a}}$：电枢反应磁通。

$\boldsymbol{\Phi}_{\mathrm{ad}}$，$\boldsymbol{\Phi}_{\mathrm{aq}}$：电枢反应磁通的 d 轴和 q 轴分量。

$\boldsymbol{\Phi}_{\mathrm{a\,AC}}$：交流电枢反应磁通（旋转的）。

$\boldsymbol{\Phi}_{\mathrm{a\,DC}}$：直流电枢反应磁通（静止的）。

$\boldsymbol{\Phi}_{\mathrm{f}}$：励磁磁通。

$\boldsymbol{\Psi}_{\mathrm{A}}$，$\boldsymbol{\Psi}_{\mathrm{B}}$，$\boldsymbol{\Psi}_{\mathrm{C}}$：A 相、B 相、C 相的总磁链。

$\boldsymbol{\Psi}_{\mathrm{AA}}$，$\boldsymbol{\Psi}_{\mathrm{BB}}$，$\boldsymbol{\Psi}_{\mathrm{CC}}$：A 相、B 相、C 相的自磁链。

$\boldsymbol{\Psi}_{\mathrm{a\,AC\,r}}$：由 $\boldsymbol{\Phi}_{\mathrm{a\,AC}}$产生的转子磁链。

$\Psi_{\mathrm{a\,DC\,r}}$：由 $\Phi_{\mathrm{a\,DC}}$ 产生的转子磁链。

$\Psi_{\mathrm{a\,r}}$：由总电枢反应磁通产生的转子磁链。

Ψ_D，Ψ_Q：d 轴阻尼绕组和 q 轴阻尼绕组的总磁链。

Ψ_d，Ψ_q：d 轴和 q 轴总磁链。

Ψ_f：励磁绕组的总磁链。

Ψ_{fa}：交链电枢绕组的励磁绕组磁链。

Ψ_{fA}，Ψ_{fB}，Ψ_{fC}：交链 A、B、C 相绕组的励磁绕组磁链。

$\boldsymbol{\Psi}_{ABC}$：相磁链向量。

$\boldsymbol{\Psi}_{fDQ}$：励磁绕组和 d 轴与 q 轴阻尼绕组磁链向量。

$\boldsymbol{\Psi}_{0dq}$：转子坐标系中的电枢磁链向量。

ω：发电机的角速度（以电弧度表示）。

ω_s：以电弧度表示的同步角速度（等于 $2\pi f$）。

ω_T：风力机的风轮转速（rad/s）。

Ω：转子摇摆的频率（rad/s）。

$\boldsymbol{\Omega}$：旋转矩阵。

$\Re$：磁阻。

$\Re_d$，$\Re_q$：沿直轴和交轴的磁阻。

缩略语

AC (Alternating Current)：交流电流
ACE (Area Control Error)：区域控制误差
AGC (Automatic Generation Control)：自动发电控制
AVR (Automatic Voltage Regulator)：自动电压调节器
BESS (Battery Energy Storage System)：电池储能系统
d (direct axis of a generator)：发电机的直轴
DC (Direct Current)：直流电流
DFIG (Doubly Fed Induction Generator)：双馈感应发电机
DFIM (Double Fed Induction Machine)：双馈感应电机
DSA (Dynamic Security Assessment)：动态安全性评估
emf (electro-motive force)：电动势
EMS (Energy Management System)：能量管理系统
FACTS (Flexible AC Transmission Systems)：柔性交流输电系统
HV (High Voltage)：高电压
HAWT (Horizontal-Axis Wind Turbine)：水平轴风力机
IGBT (Insulated Gate Bipolar Transistor)：绝缘栅双极型晶体管
IGCT (Integrated Gate-Commutated Thyristor)：集成门极换向晶闸管
LFC (Load Frequency Control)：负荷频率控制
mmf (magneto-motive force)：磁动势
MAWS (Mean Annual Wind Speed)：年平均风速
PMU (Phasor Measurement Unit)：相量测量单元
PSS (Power System Stabiliser)：电力系统稳定器
pu (per unit)：标幺值
q (quadrature axis of a generator)：发电机交轴
rms (root-mean-square)：方均根
rpm (revolutions per minute)：每分钟转数
rhs (right-hand-side)：右手边
SCADA (Supervisory Control and Data Acquisition)：监控和数据采集
SIL (Surge Impedance Load)：波阻抗负载
SMES (Superconducting Magnetic Energy Storage)：超导磁储能
SSSC (Static Synchronous Series Compensator)：静止同步串联补偿器

STATCOM（static compensator）：静止补偿器
SVC（Static VAR Compensator）：静止无功补偿器
TCBR（Thyristor Controlled Braking Resistor）：晶闸管控制的制动电阻
TCPAR（Thyristor Controlled Phase Angle Regulator）：晶闸管控制的相位角调节器
TSO（Transmission System Operator）：输电系统运营商
VAWT（Vertical-Axis Wind Turbine）：垂直轴风力机
UPFC（Unified Power Flow Controller）：统一潮流控制器
WAMS（Wide Area Measurement System）：广域测量系统
WAMPAC（Wide Area Measurement, Protection and Control）：广域测量、保护和控制

目 录

第2部分　电力系统动态导论

第3部分 电力系统动态高级专题

第 1 部分

电力系统导论

第1章 引言

1.1 动态系统的稳定性与控制

工程上，系统被理解为一组物理元件，它们一起作用以实现一个共同的目标。数学模型在系统分析中具有十分重要的作用，它是根据系统结构和系统元件所遵循的基本物理定律而建立起来的。对于复杂系统，数学模型通常不能描述其所有的特性，而只能反映感兴趣的那部分特征现象。由于数学处理上的复杂性，实际应用的系统模型通常要在建模精度与数学复杂度之间进行折中。

构建系统模型时，需要用到的重要术语有“系统状态”和“状态变量”。系统状态描述了系统的运行条件；状态变量则是能够描述并唯一定义系统状态的一个最小变量集合 x_1，x_2，…，x_n。写成向量形式的状态变量 $\boldsymbol{x}=[x_1, x_2, \cdots, x_n]^{\mathrm{T}}$ 被称为“状态向量”。与状态变量为对应坐标的正则空间被称为“状态空间”。在状态空间中，每个系统状态对应一个由状态向量定义的点。因此，术语“系统状态”经常也指状态空间中的一个点。

当系统的状态变量 x_1，x_2，…，x_n 不随时间变化时，该系统是“静态的”；当系统的状态变量是时间的函数时，即为 $x_1(t)$，$x_2(t)$，…，$x_n(t)$ 时，该系统是“动态”的。

本书致力于分析其模型为如下常微分方程形式的动态系统：

$$\dot{\boldsymbol{x}}=\boldsymbol{F}(\boldsymbol{x}) \quad \text{或} \quad \dot{\boldsymbol{x}}=\boldsymbol{A}\boldsymbol{x} \tag{1.1}$$

式中，第一个方程描述非线性系统，第二个方程则描述线性系统。$\boldsymbol{F}(\boldsymbol{x})$ 是由非线性函数构成的向量，而 $\boldsymbol{A}$ 是一个方阵。

在状态空间中，由时间上连续的系统状态（点）构成的曲线 $\boldsymbol{x}(t)$ 被称为“系统轨迹”。一个平凡的单点轨迹 $\boldsymbol{x}(t)=\hat{\boldsymbol{x}}=$ 常数，如果在该点上所有的偏导数都为0（无运动），即 $\dot{\boldsymbol{x}}=0$，则称该点为“平衡点（状态）”。根据式（1.1），平衡点的坐标满足如下的方程式：

$$\boldsymbol{F}(\hat{\boldsymbol{x}})=0 \quad \text{或} \quad \boldsymbol{A}\hat{\boldsymbol{x}}=0 \tag{1.2}$$

一个非线性系统可能有多于一个的平衡点，因为非线性方程一般有多于一个的解。对于线性系统，根据线性方程组的 Cramer 定理，当且仅当矩阵 $\boldsymbol{A}$ 为非奇异（$\det \boldsymbol{A} \neq 0$）时，存在唯一确定的平衡点 $\hat{\boldsymbol{x}}=0$。

一个动态系统的所有状态，除去平衡状态外，都是运动的状态，因为对这些状态来说，其导数不等于0，即 $\dot{\boldsymbol{x}} \neq 0$，因而意味着是运动的。“扰动”指的是影响系统的随机事件（通常不是故意的）。影响动态系统的扰动可以通过改变微分方程的系数（参数）或者设置微分方程的非零初始条件来描述。

令 $\boldsymbol{x}_1(t)$ 为一个动态系统的对应某个初始条件的轨迹，如图 1-1a 所示。如果对任何 t_0 都可以找到数 η，使得对所有满足约束 $\|\boldsymbol{x}_2(t_0)-\boldsymbol{x}_1(t_0)\|<\eta$ 的初始条件，在 $t_0\leqslant t<\infty$ 时间段内有 $\|\boldsymbol{x}_2(t)-\boldsymbol{x}_1(t)\|<\varepsilon$，则称该系统在 Lyapunov 意义上是稳定的。换言之，Lyapunov稳定指的是，如果轨迹 $\boldsymbol{x}_2(t)$ 在初始时刻离轨迹 $\boldsymbol{x}_1(t)$ 足够近（由 η 确定），那么 $\boldsymbol{x}_2(t)$ 就一直保持与 $\boldsymbol{x}_1(t)$ 很近（由 ε 确定）。此外，如果轨迹 $\boldsymbol{x}_2(t)$ 随着时间的推移趋近于 $\boldsymbol{x}_1(t)$，即 $\lim\limits_{t\to\infty}\|\boldsymbol{x}_2(t)-\boldsymbol{x}_1(t)\|=0$，则称该动态系统是“渐近稳定的”。

上述定义考虑了动态系统的任何轨迹。因此，它对诸如平衡点 $\hat{\boldsymbol{x}}$ 的平凡轨迹也一定是适用的。在这种特殊场景下，如图 1-1b 所示，轨迹 $\boldsymbol{x}_1(t)$ 为一点 $\hat{\boldsymbol{x}}$，轨迹 $\boldsymbol{x}_2(t)$ 的初始条件 $\boldsymbol{x}_2(t_0)$ 位于由 η 确定的该点的邻域内。该动态系统在平衡点 $\hat{\boldsymbol{x}}$ 处是稳定的，如果对于 $t_0\leqslant t<\infty$，轨迹 $\boldsymbol{x}_2(t)$ 一直在半径为 ε 的区域内。更进一步，如果轨迹 $\boldsymbol{x}_2(t)$ 随着时间推移趋近于平衡点 $\hat{\boldsymbol{x}}$，即 $\lim\limits_{t\to\infty}\|\boldsymbol{x}_2(t)-\hat{\boldsymbol{x}}\|=0$，那么就称此系统在平衡点 $\hat{\boldsymbol{x}}$ 处是渐近稳定的。另一方面，如果轨迹 $\boldsymbol{x}_2(t)$ 随着时间推移离开由 ε 确定的区域，则称此动态系统在平衡点 $\hat{\boldsymbol{x}}$ 处是不稳定的。

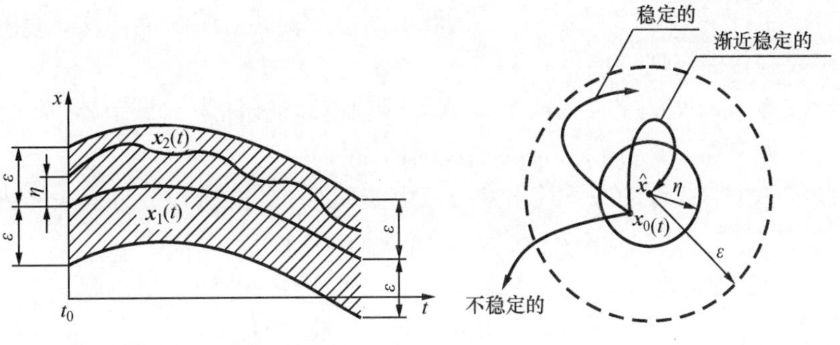

图 1-1 稳定性定义的图形解释：a）初始状态不同但相接近时；b）在平衡点附近时

可以证明，线性系统的稳定性与扰动的大小无关。因此，如果一个线性系统对小扰动是稳定的，那么对于任意大的扰动，系统也是稳定的（即是全局稳定的）。

对于非线性系统，情况是不同的，因为非线性系统的稳定性通常与扰动的大小有关。一个非线性系统可能在小扰动下是稳定的，但在大扰动下可能是不稳定的。非线性系统能够保持稳定的最大扰动被称为“临界扰动”。

动态系统是按照特定的任务进行设计和构建的，并假设系统在受到扰动后会以特定的方式做出响应。为实现一个特定的行为而施加在动态系统上的有目的的动作被称为“控制”。控制的定义可用图 1-2 来说明。已对如下信号进行了定义：

1）$\boldsymbol{u}(t)$，为实现期望的行为而施加在系统上的一个控制信号。

2）$\boldsymbol{y}(t)$，用于评估控制是否达到期望目标的一个输出信号。

3）$\boldsymbol{x}(t)$，系统状态变量。

4）$\boldsymbol{z}(t)$，扰动。

控制可以是开环的也可以是闭环的。对于开环控制，如图 1-2a 所示，控制信号是由控

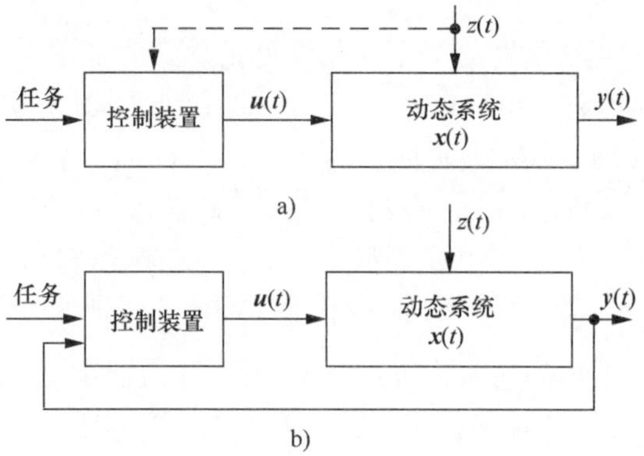

图1-2　对定义的图形说明：a）开环控制；b）闭环控制

制装置产生的，该控制信号在没有获得输出信号任何信息的情况下试图实现期望的系统行为。只有在根据控制信号就能预测出输出信号形状的条件下，此种控制才是有意义的。然而，如果存在不属于控制分量的额外扰动，则扰动的作用会导致控制目标不能实现。

对于闭环控制，如图1-2b所示，控制信号是基于控制任务以及系统输出信号而产生的，系统输出信号中包含了控制目标是否已经实现的信息。因此，控制是其效果的函数，并且一直起作用直到控制目标实现为止。

闭环控制被称作“反馈控制”或“调节”。控制装置被称为“调节器”，而联接输出信号和控制装置（调节器）的路径被称为“反馈回路”。

具有控制的一个非线性动态系统通常可以由如下的一组微分代数方程来描述：

$$\dot{\boldsymbol{x}} = \boldsymbol{F}(\boldsymbol{x},\ \boldsymbol{u}) \quad 和 \quad \boldsymbol{y} = \boldsymbol{G}(\boldsymbol{x},\ \boldsymbol{u}) \tag{1.3}$$

而一个线性动态系统的模型为

$$\dot{\boldsymbol{x}} = \boldsymbol{A}\boldsymbol{x} + \boldsymbol{B}\boldsymbol{u} \quad 和 \quad \boldsymbol{y} = \boldsymbol{C}\boldsymbol{x} + \boldsymbol{D}\boldsymbol{u} \tag{1.4}$$

容易证明，对于状态变量和输出及控制信号的微小变化，式（1.4）是非线性方程式（1.3）的线性近似。换言之，对式（1.3）进行线性化可导出方程式

$$\Delta\dot{\boldsymbol{x}} = \boldsymbol{A}\Delta\boldsymbol{x} + \boldsymbol{B}\Delta\boldsymbol{u} \quad 和 \quad \Delta\boldsymbol{y} = \boldsymbol{C}\Delta\boldsymbol{x} + \boldsymbol{D}\Delta\boldsymbol{u} \tag{1.5}$$

式中，$\boldsymbol{A}$、$\boldsymbol{B}$、$\boldsymbol{C}$、$\boldsymbol{D}$是函数$\boldsymbol{F}$、$\boldsymbol{G}$关于$\boldsymbol{x}$、$\boldsymbol{u}$的导数矩阵。

1.2　电力系统动态的分类

电力系统是由很多单个元件相互联接而成的大规模复杂动态系统，该系统能够在广阔的地域范围内生产、传输和分配电能。正是由于大量元件的相互联接，完全可能产生各种各样的动态相互作用；其中的某些动态相互作用只影响到部分元件而对系统的其他元件不产生影响，但另一些动态相互作用会对整个系统产生影响。由于每一种动态行为都会呈现出其独特的特征，因此根据这些动态行为产生的原因、后果、时间尺度、物理特征或发生位置，可以很方便地对它们进行分类。

电力系统对负荷变化和各种扰动的响应方式是我们首先要关注的，因为两者是产生电力系统动态的主要原因。负荷变化会给电力系统带来一系列不同时间尺度的动态变化；在这种

情况下，最快的动态过程是由负荷突变引起的，伴随着能量在发电机转子和负荷转子之间的传递；稍慢一些的动态过程则是为了维持系统正常运行状态而加入的电压和频率控制引起的；而最慢的动态过程是调节发电出力以满足负荷的日常变化。同样地，系统对扰动的响应也包含一系列不同时间尺度的动态过程；这种情况下，最快的动态过程是高压输电线路上的快速波过程；紧随其后的是电机本身产生的快速电磁暂态；然后是相对慢速的机电转子振荡过程；最后是很慢的原动机控制和自动发电控制过程。

根据不同的物理特征，电力系统的动态过程可以被分为4种类型，分别为波过程、电磁暂态过程、机电暂态过程和热动态过程。这种分类方法也与这些过程的时间尺度相对应，如图1-3所示。虽然这种宏观的分类方法是方便的，但它不是绝对的，因为有些动态过程会属于上述两种或两种以上的类型，而另一些动态过程则可能处在两种类型的边界上。从图1-3可以看出，最快的动态过程是高压输电线路上的波过程，是由雷击或开关操作引起的电磁波传播过程，这种过程的时间尺度从微秒级到毫秒级。由扰动、保护系统动作或电机与电网之间相互作用而引起的电机绕组中的电磁暂态过程比波过程要缓慢得多，其时间尺度从毫秒级到秒级。由扰动、保护系统动作和电压控制及原动机控制而引起的发电机和电动机转子之间的振荡过程，是速度更慢的机电暂态过程，其时间尺度为秒级。最慢的动态过程是热动态过程，是为满足自动发电控制而对火电厂的锅炉进行控制而引起的。

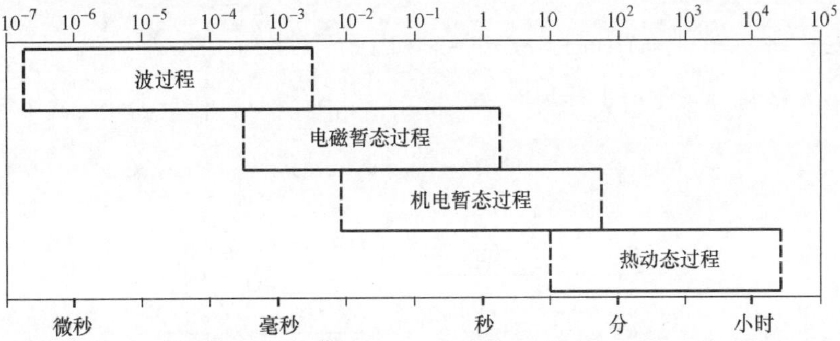

图1-3 电力系统基本动态现象的时间尺度

对图1-3进行仔细检查可以发现，基于时间尺度的电力系统动态过程分类与该动态过程在电力系统内的发生位置紧密相关。例如，沿着图1-3的时间轴从左向右移动，对应于动态过程的发生位置从输电网络的*RLC*电路到发电机的电枢绕组、再到发电机的励磁和阻尼绕组、然后沿着发电机的转子到涡轮机，并最终到达锅炉。

由雷电和操作冲击引起的快速波过程几乎总发生在网络上，其传播范围基本上不会超越变压器绕组。电磁暂态过程主要涉及发电机的电枢绕组和阻尼绕组，部分涉及网络。而机电暂态过程，即转子间的振荡和与其相伴的网络功率振荡，主要与转子的励磁绕组、阻尼绕组以及转子的惯量有关。由于电力网络将发电机联接在一起，使得发电机转子之间的相对摇摆能够发生；这里自动电压控制和原动机控制起到了重要的作用。比机电暂态过程稍慢一点的是频率振荡，此过程主要决定于涡轮机调速系统和自动发电控制，但转子的动态特性仍然起到了重要的作用。在火电厂中，自动发电控制也对由锅炉控制引起热动态过程有影响。

动态过程的时间尺度与该动态过程在电力系统中的发生位置紧密相关，这个事实对电力系统元件的模拟具有重要影响。特别地，沿着图1-3的时间轴从左向右移动，对网络元件在建模精度上的要求是不断降低的；但对发电机组的建模精度要求是不断上升的，首先碰到的是发电机组的电气部分，然后碰到的是发电机组的机械部分和热力部分。本书的基本结构考虑了上述重要事实，因此后续各章将分别讨论电力系统的不同动态过程。

1.3 两对重要的物理量：无功功率与电压和有功功率与频率

本书致力于分析电力系统中的机电暂态及其控制过程。众所周知，电力网络的主要元件是输电线路和变压器，它们通常可用四端（二端口）的 *RLC* 元件来模拟。将这些元件的模型根据网络结构联接起来就构成了网络图。

为了本书后面的进一步运用，下面将推导两端口π形等效电路的一些一般性关系式，该π形等效电路的串联支路仅仅有一个电感，而并联支路则完全被忽略掉。该等效电路及其相量图如图1-4a所示，其中电压 V 和 E 是相电压，而 P 和 Q 是单相功率。通过在电压相量$\underline{V}$上加电压降 $\mathrm{j}X\underline{I}$（$\mathrm{j}X\underline{I}$ 与电流相量$\underline{I}$相垂直）可以得到相量$\underline{E}$。三角形OAD与BAC是相似的，对三角形BAC和OBC进行分析可以得到

$$|BC| = XI\cos\varphi = E\sin\delta \quad 因此 \quad I\cos\varphi = \frac{E}{X}\sin\delta \tag{1.6}$$

$$|AC| = XI\sin\varphi = E\cos\delta - V \quad 因此 \quad I\sin\varphi = \frac{E}{X}\cos\delta - \frac{V}{X} \tag{1.7}$$

离开电感元件的有功功率可以表示为 $P = VI\cos\varphi$，将式（1.6）代入到此公式中可以得到

$$P = \frac{EV}{X}\sin\delta \tag{1.8}$$

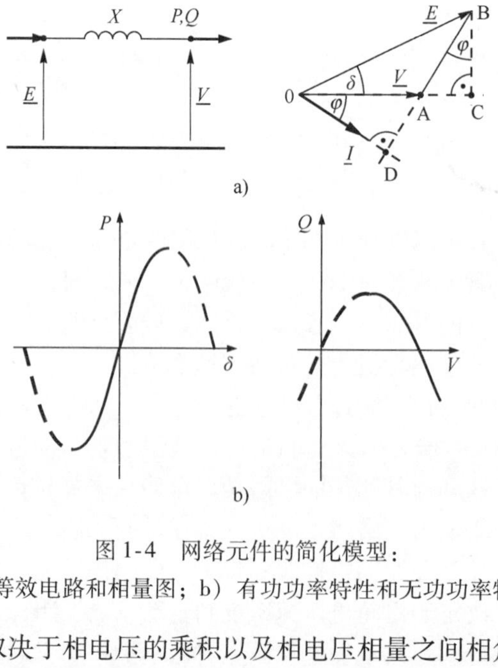

图1-4 网络元件的简化模型：
a）等效电路和相量图；b）有功功率特性和无功功率特性

上式表明，有功功率 P 取决于相电压的乘积以及相电压相量之间相角差 δ 的正弦值。在电力网络中，节点电压必须落在其标称值附近很小的百分比内，如此小的电压变化不会影响到有

功功率的值。因此结论是，有功功率从负值到正值的很大变化是与相角差 δ 的正弦值变化相对应的。因此 P 与 δ 之间的关系 $P(\delta)$ 是正弦形的（对于实际的输电线路和变压器，如第3章中所述，此关系为近似正弦形），并被称为功角特性，且角度 δ 被称为功角或负荷角。由于对稳定性（将在第5章讨论）的考虑，系统只能运行在特性曲线的一个部分，如图1-4b中的实线所示。可见，电抗 X 值越小，特性曲线的幅值越大。

离开此元件的每相无功功率可以表示为 $Q=VI\sin\varphi$，将式（1.7）代入到此式中可得

$$Q=\frac{EV}{X}\cos\delta-\frac{V^2}{X} \tag{1.9}$$

式中，$\cos\delta$ 是由有功功率值决定的，由于正弦值与余弦值之间的关系是 $\cos\delta=\sqrt{1-\sin^2\delta}$。利用此关系式和式（1.8）可以推出

$$Q=\sqrt{\left(\frac{EV}{X}\right)^2-P^2}-\frac{V^2}{X} \tag{1.10}$$

Q 与 V 之间的特性曲线 $Q(V)$ 是一个倒置的抛物线，如图1-4b所示。出于对稳定性（见第8章的论述）的考虑，系统只能运行在此特性曲线的一个部分，如图1-4b中的实线所示。

电抗 X 越小，抛物线就越陡，即使 V 的很小变化也会引起无功功率的很大变化。显然，相反的关系也是存在的，无功功率的变化会引起电压的变化。

上述分析指出了 Q 与 V 和 P 与 δ 组成两对强相关的变量。因此应牢记，电压控制对无功潮流有很大影响，反之亦然；而有功功率 P 与功角 δ 强相关，且功角 δ 还与系统频率 f 强相关，这在本书后面会讨论到。因此，P 与 f 这一对也是强相关的，这个事实对理解电力系统如何运行非常重要。

1.4 电力系统的稳定性

电力系统稳定性被理解为系统在遭受到物理扰动后重新达到平衡状态的能力。前面1.3节的讨论表明，3个物理量对电力系统的运行至关重要：①节点电压的相角 δ，也被称为功角或负荷角；②频率 f；③节点电压模值 V。从电力系统稳定性的定义和分类来看，这些物理量是特别重要的。电力系统稳定性可以被分为（见图1-5）：①转子角（或功角）稳定性；②频率稳定性；③电压稳定性。

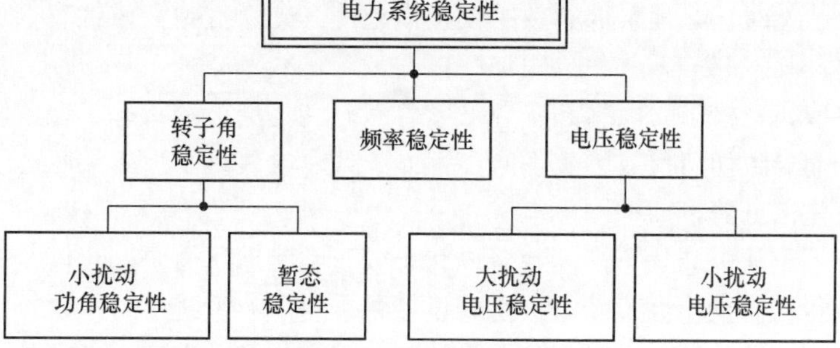

图1-5 电力系统稳定性的分类（基于CIGRE Report No. 325）

由于电力系统是非线性的，因此其稳定性既取决于初始条件也取决于扰动的大小。这样，转子角（功角）稳定性和电压稳定性又可进一步分为小扰动稳定性和大扰动稳定性。

电力系统稳定性主要与机电暂态过程相关联，如图1-3所示；然而，它也受到快速的电磁暂态过程和慢速的热动态过程的影响。因此，依据过程的类型，又可以称为短期稳定性和长期稳定性。所有这些都将在本书中进行详细讨论。

1.5 电力系统的安全性

预想事故指的是一系列可能发生的扰动。电力系统安全性被理解为电力系统在严重程度可信的事故冲击下能够继续生存且不中断向用户供电的能力。电力系统安全性与电力系统稳定性是相互有关联的术语。稳定性是电力系统安全性的一个重要因素，但安全性是比稳定性更宽泛的术语。安全性不但包括了稳定性，而且还包括了电力系统的完整性，以及基于过载、欠电压、过电压、低频率等方面对平衡状态的评估。

基于电力系统安全性的视角，可以将电力系统的运行状态进行划分，如图1-6所示。大多数作者将这种电力系统运行状态的定义和分类方法归功于Dy Liacco（1968）。

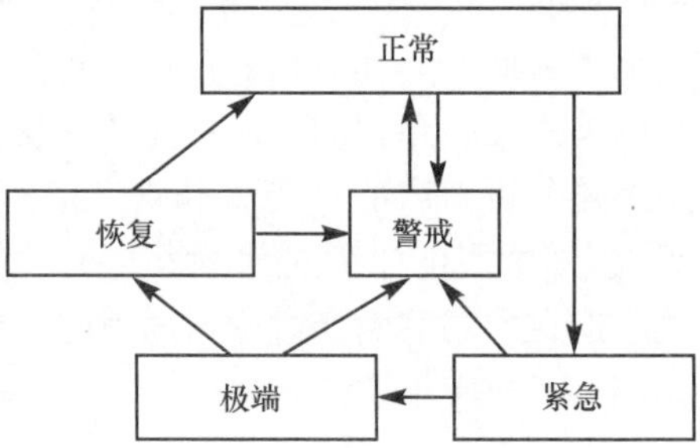

图1-6 电力系统运行状态的分类（根据CIGRE Report No. 325）

在正常状态下，电力系统能满足所有用户的供电需求，所有对电力系统运行重要的物理量都落在技术约束范围内，且系统能够承受任何可信的预想事故。

当某些对电力系统运行重要的物理量（如线路电流或节点电压）由于没有预料到的负荷增加或严重事故而越出技术约束，但系统仍然是完整的且能够向用户供电，这种运行状态被称为警戒状态。在警戒状态下，负荷的进一步增加或发生另一个事故可能会威胁系统的运行，必须采取预防性措施将系统恢复到正常状态。

在紧急状态下，电力系统仍然是完整的并能向用户供电，但越限情况更加严重。紧急状态通常发生在警戒状态之后（因没有采取预防性措施或者预防性措施不成功）；但电力系统也可能直接从正常状态进入紧急状态，例如发生了非同寻常的严重故障（如多重故障等）。当系统处于紧急状态时，必须采取有效的校正措施使其先恢复到警戒状态，然后再恢复到正常状态。

如果没有采取校正措施，电力系统会从紧急状态转变成极端状态，在此转变过程中，会因发电出力降低而导致切负荷或因失去同步性而导致发电机跳闸。极端状态下系统已不再完整，可能的状况是部分停电或全网停电。

为了使电力系统从极端状态恢复到警戒状态或正常状态，需要一个恢复状态。在此状态下，运行人员执行控制操作以重新联接所有设备并恢复所有系统负荷。

对电力系统安全性的评估可以划分成静态安全性评估和动态安全性评估。静态安全性评估（SSA）包括如下的计算任务：

1）对于事故前的状态，确定联络线的可用输电能力和电网潮流阻塞点。

2）对于事故后的状态，核查母线电压和线路潮流是否越限。

SSA 的这些任务一直是电力调度中心最感兴趣的课题。当电力行业仍然是垂直一体化（见第2章）结构时，安全管理相对来说比较容易执行，因为任何影响电厂出力和改变控制整定值的决策都可以在一个既控制发电又控制输电的电力公司内部执行。而在一个松绑的电力行业中，系统运行人员不能对发电进行直接控制，安全管理就不那么容易执行了；任何影响电厂出力和改变控制整定值的决策都必须采用与电厂签订商业协议的方式来执行，或者通过并网准则强制执行。特别地，可用输电能力分析和阻塞管理对电厂具有重要的意义，因为这些直接影响电厂的发电出力，从而影响电厂的收入。

SSA 方法假定了从故障前状态转移到故障后状态的过程中没有发生不稳定现象；而动态安全性评估（DSA）则包括了对稳定性的评估以及从故障前状态转移到故障后状态的质量评估。DSA 采用的典型准则包括：

1）功角稳定性，电压稳定性，频率稳定性。

2）在动态过程中频率偏移特定阈值的程度（上升或下降）。

3）在动态过程中电压偏移特定阈值的程度（上升或下降）。

4）互联电网中子系统内部以及子系统之间功率振荡的阻尼特性。

准则1）和2）通过采用计算机程序执行暂态安全性评估（TSA）来实现，准则3）通过采用计算机程序执行电压安全性评估（VSA）来实现，而准则4）则通过采用计算机程序执行小信号稳定性评估（SSSA）来实现。

最近几年世界上很多国家已见证了数次全部停电或部分停电事故。这些事故激发了系统运行人员对 SSA 和 DSA 工具的新一轮兴趣。已存在多种在线 DSA 结构，图1-7给出了一种 DSA 结构的例子，其主要部件已用虚线框标出。

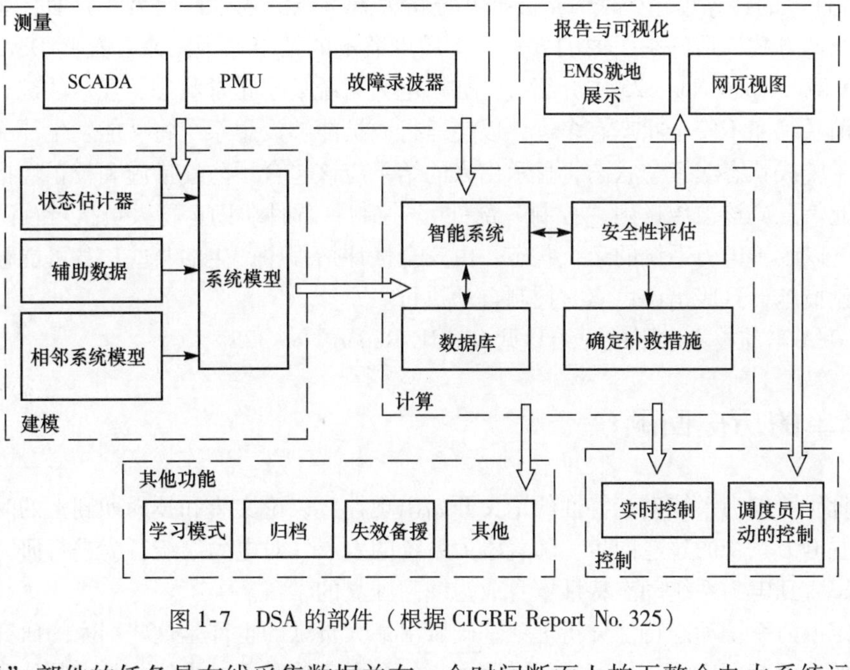

图1-7 DSA 的部件（根据 CIGRE Report No. 325）

“测量”部件的任务是在线采集数据并在一个时间断面上拍下整个电力系统运行状态的快照。监控和数据采集（SCADA）系统通常采集如下测量数据：电网支路中的有功功率和无功功率，母线电压，系统内若干地点的频率，开关设备的状态，变压器的抽头位置等。正如2.6节将要介绍的，新的SCADA系统经常通过配备相量测量单元（PMU）而得到加强，从而能够采集到时间同步的电压相量测量数据。

“建模”部件利用“测量”部件得到的在线数据并结合相关的离线数据对系统数据进行扩展。这些离线数据通常来自于一个描述电力系统元件参数和预想事故集的数据库。“建模”部件的任务是，采用电力系统结构辨识和状态估计的方法创建一个在线电力系统模型。该部件可能还包含用于构建邻近电力系统等效模型的计算机程序。预想事故集通常随需要检查的安全性类型而变化，一般情况下需要考虑各种类型的故障，例如任何地点的短路、任一线路或变压器的断开、损失某一地区最大的发电机组或负荷、多重故障（被认为是可能发生的）等。

下一个重要的部件是“计算”，其任务是系统模型验证和安全性评估。安全性评估的精度取决于系统模型的质量。传递到“建模”部件的离线数据通过设备的现场测试来验证；而从“测量”部件得到的电网结构和系统状态在线数据则通过识别和去除坏数据来验证。坏数据的识别和去除在“测量量”具有冗余的条件下是可以实现的。电力系统模型验证的最佳方法是将扰动后电力系统动态响应的仿真结果与实际录波结果进行比较。为了实现这个目标，“测量”部件将故障录波器中的数据发送到“计算”部件。用于安全性评估的工具包括若干个计算机程序，这些程序执行电压稳定性分析、小信号稳定性分析、暂态稳定性分析等，其中暂态稳定性分析采用系统仿真与Pavella, Ernst and Ruiz-Vega（2000）所描述的Lyapunov直接法相结合的混合方法。此部件也会使用基于之前运行经验所得到的知识的智能系统。

采用上述结构的DSA系统时，“报告与可视化”部件对系统运行人员是非常重要的。“计算”部件中的计算程序处理海量数据并分析大量可能的场景；而另一方面，运行人员希望以最综合的方式，最好是图像的方式，将最少数量的结果呈现出来。某些DSA的结果显示已在CIGRE Report No. 325中介绍过。如果电力系统处于正常状态，显示的综合性结果应该报告当前系统离不安全状态有多远，以使运行人员能够设想系统将可能发生什么。如果系统已进入了警戒状态或紧急状态，显示出来的结果应该包含预防性措施和校正性措施的相关信息，且此信息应该被传送到“控制”部件。“控制”部件协助运行人员执行预防性措施或校正性措施以改善电力系统的运行状态。由安全性评估程序产生的某些信息可能被用来产生补救的控制措施，这些措施由实时控制自动执行。

关于DSA当前技术水平的介绍参见CIGRE Report No. 325。

1.6 简单的历史回顾

第一批研究电力系统动态特性的论文开始出现在会议论文集和技术期刊上的时间大致与第一批互联电力系统的建造同步。随着电力系统的发展，对电力系统行为进行研究的兴趣也与日俱增，直到电力系统动态特性本身成为一门独立的学科。

为奠定电力系统动态特性分析理论基础做出最大贡献的也许是这些国家的研究人员，其电网覆盖的地理范围广阔，最著名的有美国、加拿大、苏联等；当然，很多其他国家的研究人员也做出了许多杰出的贡献。当前关于电力系统动态特性分析的论文和著作浩如烟海，试图对此领域的所有文献进行一个简短的历史回顾是困难的，但这又是十分必要的；因此以下的概述将仅限于作者所认为的在电力系统动态分析领域最重要的一部分著作。

用英文出版的第一批关于电力系统动态特性的著作有专著 Dahl（1938）、两卷本教科书 Crary（1945，1947）以及大型三卷本专著 Kimbark（1948，1950，1956；reprinted 1995）。所有这些著作的重点都是机电暂态过程。与此同时，Zdanov 用俄文出版了一本教科书 Zdanov（1948），也是主要阐述机电暂态过程的。Zdanov 的工作后来由 Venikov 继续。Venikov 于 1958～1985 年间用俄文出版了十多部著作，而其中的一部 Venikov（1964）由 Pergamon 出版社用英文出版，也是主要阐述机电暂态过程的；该书的扩展修订版 Venikov（1978a）于 1978 年用俄文出版，然后于同年翻译成英文 Venikov（1978b）。Venikov 著作的主要特点是强调动态现象的物理解释。

对电力系统动态特性进行一般性描述的最早的一批著作中，有一本是用德文出版的，Ruedenberg（1923）；该书后来被翻译成多种文字，其英文版于 1950 年出版。其他论述电力系统动态特性的重要著作有：Yao-nan Yu（1983），Racz and Bokay（1988），Kundur（1994）。Kundur 的这本书内容十分广泛，对电力系统的建模和分析做了很好的概述，是电力系统动态特性分析方面的基础性著作。在快速电磁暂态过程方面，如波过程和操作暂态，Greenwood（1971）进行了很好的阐述。

从 20 世纪 40 年代到 20 世纪 60 年代，电力系统动态特性一般采用系统的物理（模拟）模型来进行研究。然而，计算机技术的快速发展激发了人们对电力系统数学模拟的强烈兴趣，这一领域的主要著作有：Anderson and Fouad（1977，2003），Arrillaga，Arnold and Harker（1983），Arrillaga and Arnold（1990），Kundur（1994），Ilic and Zaborszky（2000），以及 Saccomanno（2003）等。

还有一个门类的著作采用 Lyapunov 直接法来分析电力系统的机电稳定性。主要的著作有：Pai（1981，1989），Fouad and Vittal（1992），Pavella and Murthy（1994），以及 Pavella，Ernst and Ruiz-Vega（2000）。值得强调的是，关于 Lyapunov 直接法的大量的优秀著作是用俄文出版的（俄国是 Lyapunov 的故乡），但并没有翻译成英文出版。

对过去二三十年里发表的大量论文的简短回顾表明，电力系统研究的重点一直集中在将计算机有效地应用于电力系统分析。鉴于计算机技术的快速发展，计算机在电力系统分析中的基础性作用是可以预期和理解的。然而，存在一种危险的倾向，年轻的工程师和研究人员更乐意关注计算机技术，而不愿意花精力去理解难懂的电力系统动态本身的基本物理原理；一定时间后，这可能会影响此领域的发展。为了尝试解决这一问题，本书首先描述了特定电力系统动态现象的基本物理过程，在彻底理解基本原理以后，才给出更严格的数学处理方法。一旦掌握了数学处理方法，就可以利用计算机来得到必要的定量分析结果。正是出于这些原因，本书将集中阐述不同问题领域的基本分析方法，同时经常给出更加专业的参考文献。

第2章

电力系统元件

2.1 引言

现代社会需要大量的能源，以用于工业、商业、农业、交通、通信、家庭等领域。一年内所需的总能源称为年度能源需求，一般通过天然存在的一次能源（主要是煤、石油、天然气和铀等化石燃料）来满足。在当今世界能源领域，这些化石燃料也是电力生产中使用的主要燃料，而水力、沼气、太阳能、风能、地热、海浪和潮汐能等可再生能源的使用程度较低。将来，随着环境问题在政治议程中发挥更为主导的作用，可再生能源在能源市场中所占的份额将会增加。

也许电力系统最重要也最独特的特征是电能不能方便地大量存储。这意味着在任何时刻，能源需求必须通过相应的发电出力来满足。幸运的是，电力系统的合成负荷模式通常以相对可预测的方式变化，即使个别用户的负荷可能变化得非常迅速和不可预测。这种可预测的系统需求模式在某种程度上允许以预定的方式安排和控制日发电计划。

如果电力公司要向其用户提供可接受的电能，就必须解决以下问题。

2.1.1 供电的可靠性

供电的高可靠性至关重要，因为任何严重供电中断，至少会给消费者带来重大不便，甚至导致危及生命的情况发生；对工业用户来说，可能会造成严重的技术和生产问题。在这种情况下，电力公司的财务收入总会遭受巨大损失。供电的高可靠性需要通过以下措施来保证：

1）使用高质量的元件。

2）具有备用的发电容量。

3）采用大型互联电力系统，能够通过替代线路为每个用户供电。

4）高等级的系统安全性。

2.1.2 优质电能的供给

优质电能有如下几个指标：

1）具有在额定值附近可以调节且波动小的电压水平。

2）具有在额定值附近可以调节且波动小的频率。

3）谐波含量低。

可以采用两种基本方法来确保高质量供电。第一种方法是正确使用自动电压控制和自动频率控制；第二种方法是采用大型互联电力系统，因为大型互联电力系统本质上不易受负荷变化和其他扰动的影响。

2.1.3　经济发电和输电

大部分电力的生产过程是，首先将存储在化石燃料中的热能转换为机械能，然后将机械能转换为电能，再通过电力系统将电能输送给消费者。不幸的是，整个过程的效率相对较低，特别是在将热能转化为机械能的第一个阶段。因此，通过最小化发电和输电成本来优化整个系统的运行至关重要。再次强调，通过将多个较小的系统联接成大型互联系统后再运行可以节省成本。

2.1.4　环境问题

现代社会要求对发电和输电进行仔细规划，以确保对自然环境的影响尽可能小，并同时满足社会对安全供电的期望。因此，需将发电厂产生的空气污染和水污染限制在规定的数量内，且应将输电线路的路径规划为对环境造成的干扰最小。此外，新的发电厂和输电线路规划还会受到公众的周密监督。

现在环境问题在政治议程上扮演着越来越重要的角色。电力生产一直是大气污染的主要来源，在开发更清洁的发电技术上已经投入了大量的人力物力。然而，最近对全球变暖和可持续性的担忧已经开始改变电力系统运行和扩展的方式。据估计，电力生产占到了全球二氧化碳排放量的约 1/3，因此世界上许多国家都制定了到 2020 年左右可再生能源发电占其总能源发电量的 20% 或更高的目标。这对电力行业的影响将在本章后面讨论。

环境压力的另一个后果是电力公司必须不断寻求更好地利用现有系统的方法，因为获得新的输电线路和发电厂的规划许可已变得越来越困难和严峻。

正是在上述政治和运营框架内，电力公司开展其生产、输送和分配电能的业务。因此，本章的目的是描述电力系统的不同元件是如何发挥作用的，以及它们对电力系统运行和控制的影响。

2.2　电力系统结构

当代电力系统基本结构如图 2-1 所示，其中将电力系统分为三个部分，分别为发电、输电和配电。历史地看，电力行业倾向于垂直集成，即每个电力公司都同时负责发电、输电以及很多情况在其服务（或控制）区域的配电业务。这种结构的合理性解释主要是规模经济和范围经济。以前还认为，为了优化整个电力系统的规划和运行，电力公司应当能够完全控制输电和发电，有时还包括配电。但自 20 世纪 90 年代以来，这种情况已经发生了改变。为了提高电力行业的整体效率，许多国家已经决定在电力行业中引入自由竞争市场。这就要求将垂直集成的电力公司进行拆分或松绑。在一个典型的自由化模式中，发电部分被划分为若干个私营公司，每个公司拥有其自身的发电厂，公司之间相互竞争。输电部分倾向于由一家垄断公司运营，该垄断公司被称为系统运营商，其独立于发电公司，并受行业监管机构监管。配电部分通常也被分拆成多个独立的配电公司（电线业务），这些公司在特定区域拥有和管理配电网。零售公司（即在批发市场上购买电并将其出售给最终用户）则由一些竞争性的供电公司来承担。用户可以自由选择供应商，尽管在许多国家，这些用户仅限于工业和商业用户而不是居民用户。

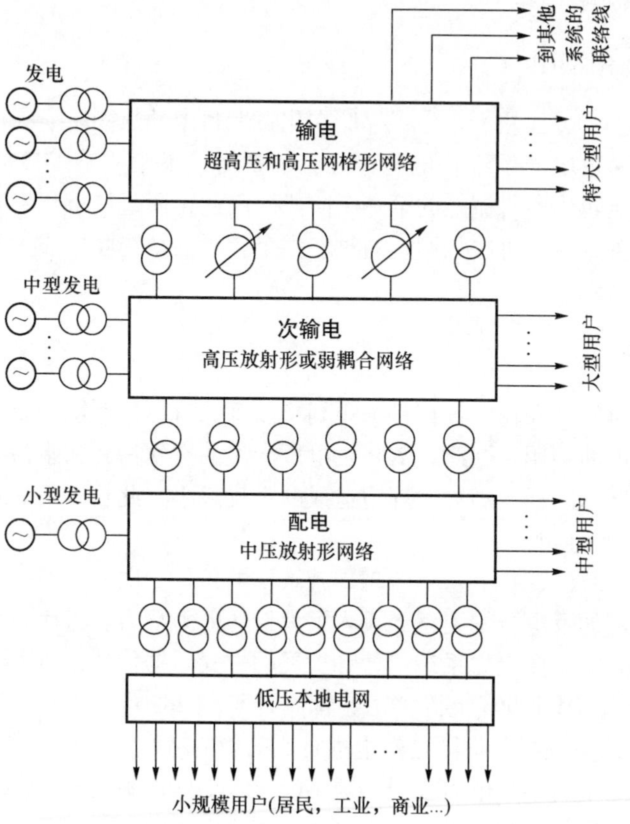

图 2-1　电力系统基本结构

电力行业的重组给当前的电力系统规划和运行方式带来了许多挑战。然而，本书将集中于电力系统运行的技术方面，对由自由化带来的挑战不做详细讨论。

电力系统的不同部分在不同的电压下运行。一般来说，如果电压低于 1kV 则可以认为是低压；而用于配电系统的中压通常在 1～100kV 之间；用于次输电网的高压在 100～300kV 之间；用于输电网的超高压在 300kV 以上。上述分类是松散的，不是严格的。

2.2.1　发电

传统上，电力系统是基于相对少量的接于输电系统的大型发电厂而运行的。这些发电厂通常是火力或水力发电厂，其中电力是通过将原动机（或更通常是涡轮机）输出轴上的机械能转换为电能产生的。商业上使用的主要热能资源是煤、天然气、核燃料和石油。

在传统的火力发电厂或水力发电厂中，机械能转换为电能几乎都是通过使用同步发电机来实现的。同步发电机通过升压变压器（见图 2-1）将电能馈入输电系统，升压变压器将电压从发电水平（10～20kV）提升到输电水平（数百 kV）。

如前所述，对全球变暖和可持续性的担忧最近已刺激起人们对可再生能源发电的兴趣。一般来说，工业界减少二氧化碳排放的主要方式有三种：①从传统的基于煤、气、油的发电转向可再生能源发电（风能、太阳能、海洋能）；②向无二氧化碳排放的核能发电方向发展；③通过使用诸如碳捕获和存储技术等从传统热力发电的废气中去除二氧化碳。讨论这三种选项的相对优势不是本书的主题。然而，重要的是要认识到，最后的两个选项保留了电力系统的传统结构，因为它是基于相对少量的大型发电机组而运行的，因此不需要对电力系统的设计和运行方式进行重大更改。第一种选项需要对当前的做法进行重大转变，因为发电将越来越多地依赖于大量小型可再生能源发电厂。这是因为可再生能源的能源密度较低，使得可再生能源发电厂往往较小，单个发电厂的容量介于数百 kW 到数 MW 之间。此类小型发电厂通常联接到配电网而不是输电网，因为这样接入成本较低。此类发电厂被称为分布式发电或嵌入式发电。风力发电厂通常使用感应发电机，包括固定转速的或双馈的，用于将风能转化为电能，但有时也使用逆变器馈入的同步发电机。太阳能发电厂可以是热力的或光伏（PV）的，并采用逆变器馈入电网。可再生能源发电将在第 7 章中做更详细论述。

2.2.2　输电

电能的一个重要优势是，大型传统发电厂可以建造在一次化石燃料能源附近或水库附近，再将生产的电能长距离输送到负荷中心。由于输电线路中的能量损耗与电流二次方成正比，因此输电线路在高压或非常高的电压下运行。电网将所有的发电厂联接成一个系统，并以最优的方式向负荷中心输送和分配电力。通常，输电网采用网格形结构，以便为电力从单个发电机流向各个用户提供多种可能的路径，从而提高系统的灵活性和可靠性。

输电网络对整个电力系统完整性的作用如何强调都是不过分的。输电网络使电力系统成为一个高度互动和机制复杂的系统，其中任何单个元件（发电厂或负荷）的动作都会影响系统中的所有其他元件。这就是为什么输电网即使在自由化市场结构下仍然需要保持垄断经营并由单一系统运营商管理的主要原因。系统运行人员负责维护电力系统安全和优化电力系统运行。

随着电能越来越接近负荷中心，它被从输电网引至次输电网。当电力系统随着新增的高压输电线路而扩展时，一些旧的较低电压的线路可能成为次输电网络的一部分。将电网划分为输电网和次输电网本身并不是十分严格的，小型发电厂可能直接接入次输电网，而大容量用户可以直接从输电网或次输电网取电（见图 2-1）。

2.2.3　配电

大部分电能是从输电网或次输电网传输到高压或中压配电网再输送给用户的。配电网通常联接成放射形结构，这与输电网中的网格形结构是不同的。大型用户可以由弱耦合的网格形配电网供电；也可以由两条放射形馈电线供电，并在断电时可以在两条馈电线之间自动切换。一些工业用户可能有其自身的现场发电机，作为备用或作为工艺过程的副产品（例如蒸汽发电）。最终，电力被变换成低电压并直接分配给用户。

传统上配电网是无源的，即很少有发电机是接在配电网上的。近来，快速增长的分布式和可再生能源发电改变了这一局面。配电网中的潮流可能不再是单向的，即从输电网上的联接点到用户侧单向流动。当风力很强且风电机组很多时，在许多情况下潮流可能是反向流动的，配电网甚至成为净电力输出者。这种情况会对保护系统的整定、电压降落、阻塞管理等方面造成多种技术问题。

一般来说，从发电机机端到最终用户的输电和配电传输过程中，有约 8% ~10% 的电能会被损耗掉。

2.2.4 负荷需求

对电力的需求从来就不是恒定的，而是日夜不停地变化的。个别用户的需求变化可能是快速和频繁的，但由于对个别需求的总体合成效应，沿着电力系统结构图（见图2-1）从个别用户向上移动到配电网再到输电网，需求变化会变得更小和更平滑。因此，输电网水平的总电力需求是以或多或少可预测的方式变化的，其与季节、天气条件、特定社会的生活方式等有关。快速的全局性发电侧电力需求变化通常是很小的，这种变化被称为负荷波动。

2.3 发电机组

发电机组的框图如图2-2所示。电能是由同步发电机产生的，而同步发电机是由原动机驱动的，原动机通常为涡轮机或柴油发动机。涡轮机配备有涡轮机调速器，其根据预先设定的功率-频率特性曲线控制转速或输出功率。所产生的电力通过升压变压器送入输电网。励磁机提供产生发电机内部磁场所需的直流励磁（或磁场）电流。励磁电流以及发电机机端电压由自动电压调节器（AVR）控制。一台额外的机组变压器可能接在发电机和升压变压器之间的母线上，以便为发电站的辅助设备供电。这些辅助设备包括电动机、泵、励磁机等。发电机组在高压侧配备有主断路器，有时在发电机侧也装有发电机断路器。这样的配置是非常方便的，因为在停机维护或故障的情况下，发电机断路器可以打开，而辅助设备可以从电网供电。另一方面，当主断路器断开时，发电机可以为自身的辅助设备供电。

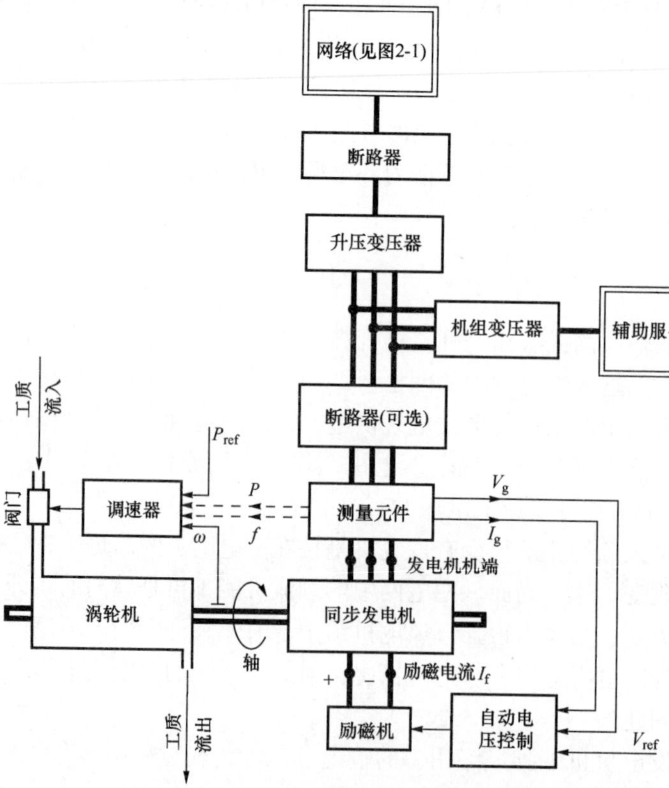

图2-2 发电机组的框图

2.3.1　同步发电机

同步发电机可以大致归类为高速发电机或低速发电机，高速发电机由汽轮机或燃气轮机驱动（通常称为汽轮发电机），低速发电机由水轮机驱动。为了减小离心力，高速汽轮发电机的直径相对较小，但轴向长度较大，且水平安装。通常情况下，汽轮发电机有2个磁极或4个磁极，从而在50Hz系统中发电机的转速分别为3000r/min或1500r/min。相反，低速发电机具有数量很多的磁极、大的直径和较短的轴向长度，通常以500r/min及以下的转速运行。磁极的实际数目依赖于所需要的转速和电力系统的标称频率。

所有发电机都有两个主要的磁性部件，即定子和转子，这两个部件都是用磁钢制造的。承载负载电流并向系统供电的是电枢绕组，其被置于定子内表面的等距槽内，由三个相同的相绕组组成。高速发电机的转子也包含用于直流励磁绕组的槽，而低速发电机的励磁绕组是缠绕在转子的凸极上的。转子上还有额外的短路的阻尼绕组，即阻尼器，用以帮助阻尼转子的机械振荡。在高速的隐极发电机中，阻尼绕组通常以导电楔的形式安装在与励磁绕组相同的槽中。在低速发电机中，阻尼绕组安装在磁极表面的轴向槽中。

转子励磁绕组提供一个直流电流以产生与励磁电流成比例的旋转磁通。然后，这个旋转磁通会在三相定子电枢绕组的每相中感应出一个电动势（EMF），该电动势迫使交流电流向外流向电力系统。这些交流电枢电流的合成效应是产生其自身的电枢反应磁通，该磁通大小恒定，但以与转子相同的转速旋转。然后，励磁磁通与电枢反应磁通两者合成产生一个合成磁通，该合成磁通相对于转子是静止的，但相对于定子是以同步转速旋转的。由于合成磁通相对于定子旋转，因此定子铁心有必要沿转子轴方向进行轴向层压，以限制涡流造成的铁损。然而，由于合成磁通相对于转子是静止的，因此转子通常由实心钢锻造而成。

如果由于某种原因转子转速偏离了同步转速，则合成磁通相对于转子而言将不再静止，阻尼绕组中就会感应出电流。根据Lenz定律，这些电流将会抵抗产生它们的磁通变化，因此有助于恢复同步速度并阻尼转子振荡。

历史上一直存在这样一种普遍的趋势，新建发电厂和单台发电机的额定功率总是增大的，因为随着功率额定值的增大，投资成本和运行成本（单位MW）会降低。这种规模经济导致单位MW的发电机质量更小，机房更小，发电厂面积更小以及辅助设备和人员成本更低。然而，自20世纪90年代以来天然气使用量的增加，阻止了发电厂额定功率增大的趋势，联合循环燃气轮机发电厂使用的空冷发电机最高容量典型值为250MW已成为标准。因此，现代同步发电机的额定功率在约100MW到1300MW以上，运行电压在10~32kV之间。

通常同步发电机通过升压变压器联接到输电网络。对于小型机组，发电机和变压器通过电缆联接；对于大型发电机组，发电机和变压器可以通过若干个单相屏蔽母排进行联接。升压变压器通常放置于室外，为箱式变压器。来自于该变压器的功率通过高压电缆或短架空线路输送至变电站母线。

2.3.2　励磁机和自动电压调节器

发电机励磁系统由一个励磁机和一个自动电压调节器（AVR）组成，其为发电机提供必要的直流励磁电流，如图2-2所示。励磁机的额定功率通常为发电机额定功率的0.2%~0.8%。对于大型发电机，此功率是很大的，在数MW范围。励磁机的额定电压通常不会超过1000V，因为任何更高的电压都会需要励磁绕组采用额外的绝缘。

2.3.2.1 励磁系统

一般来说，励磁机可分为旋转励磁机或静止励磁机。图2-3给出了一些典型的系统。在图2-3a~c的旋转励磁机中，励磁电流是由直流发电机或带整流器的交流发电机提供的。由于直流发电机通常额定功率相对较低，因此它们需要级联起来以获得必要的输出，如图2-3a所示。由于直流发电机的换向问题，这种类型的励磁机不能用于需要大励磁电流的大型发电机。

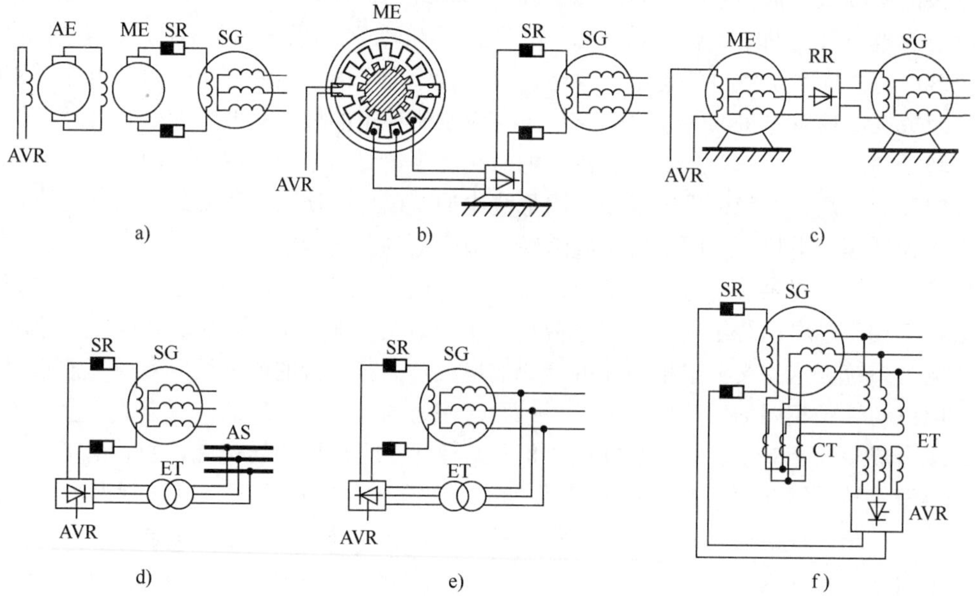

图2-3 典型励磁机系统（SG表示同步发电机；SR表示集电环；ME表示主励磁机；AE表示辅助励磁机；RR表示旋转整流器；ET表示励磁变压器；AS表示辅助服务母线；CT表示电流互感器；AVR表示自动电压调节器）：a）级联直流发电机；b）带整流器的磁阻电机；c）带旋转整流器的内面向外同步发电机；d）由辅助电源供电的受控整流器；e）由发电机机端供电的受控整流器；f）由发电机电压和电流供电的受控整流器

随着级联的直流发电机数量的增加，励磁机的动态特性会恶化，并导致等效时间常数增大。如今，直流发电机几乎完全被交流发电机所取代，因为交流发电机更简单和更可靠。这种从直流发电机到交流发电机的转变是电力电子技术进步的结果，这种技术进步使得廉价的大功率整流器可以与交流励磁机一起使用。

图2-3b所示的励磁机是一台磁阻电机（感应子发电机），工作频率约为500~600Hz，因此整流后的电流几乎不需要平滑。采用这种励磁机时两个绕组（交流和直流）都在定子侧。该系统的一个缺点是需要集电环，以将整流后的励磁电流馈入主发电机的旋转励磁绕组。另一个缺点是励磁机本身往往很大。这是由磁阻电机正弦磁通变化方式决定的一种直接结果，在这种电机里，产生电枢交变电动势所必需的正弦波形磁通变化，完全是由转子凸齿旋转引起的磁阻变化产生的。

图2-3c所示的励磁机既没有换向器也没有集电环。主励磁电源是一个内面向外的同步

电机，即励磁绕组装在定子上而电枢绕组装在转子上。感应的电流由安装在转子上的二极管进行整流，整流后的电流直接馈入主发电机的励磁绕组。这种类型励磁机的一个限制是，供给主发电机的励磁电流只能通过励磁机的磁场控制进行间接控制。这往往会在励磁机控制系统中引入约 0.5 ~ 1s 的时间常数。解决这个问题的一种方法是使用旋转晶闸管而不是二极管，并通过晶闸管的触发角控制励磁机输出。不幸的是，控制旋转晶闸管的触发角并不容易，而且此种系统的可靠性往往会受到杂散磁场引起的晶闸管非计划触发的影响。

一些使用静止晶闸管换流器的旋转励磁机的替代系统如图 2-3d ~ f 所示。在这些励磁机中，晶闸管整流器由调压器直接控制。这些系统之间的主要区别在于所使用的电源类型。图 2-3d展示了一种由额外的辅助服务变压器供电的励磁机。图 2-3e 展示了一种更简单的替代方案，其中的励磁机由发电机的机端电压通过变压器供电。但是，这种方案如果发生短路，特别是靠近发电机机端的短路，发电机机端电压下降可能导致失磁。当然经过精心设计，励磁机可以在短路距离发电机机端较远时继续运行，例如在升压变压器的高压侧。通过改进整流器的供电电源可以得到更大的灵活性，这种励磁机设计如图 2-3f 所示。在该系统中，发电机不会失去励磁，因为其电源电压通过发电机负载电流进行了复合和增强。

所有的静止励磁机都有一个主要的缺点，就是必须使用集电环向主发电机转子供电。当然这个缺点已在很大程度上被其对控制信号的快速响应所弥补。随着大功率整流器成本的降低和可靠性的提高，静止励磁机将成为大功率发电机的主要励磁源。

2.3.2.2 自动电压调节器

AVR 通过控制励磁机提供给发电机励磁绕组的电流大小来调节发电机的机端电压。AVR 子系统的一般性框图如图 2-4 所示。测量元件检测发电机的电流、功率、端电压和频率。测量到的发电机机端电压 V_g 经负载电流 I_g 补偿后与期望的参考电压 V_{ref} 做比较，产生一个电压偏差 ΔV。然后对该偏差进行放大并用于改变励磁机的输出，从而改变发电机励磁电流，从而消除电压偏差。这是一个典型的闭环控制系统。调节过程通过直接来自放大器或励磁机的负反馈环进行镇定。

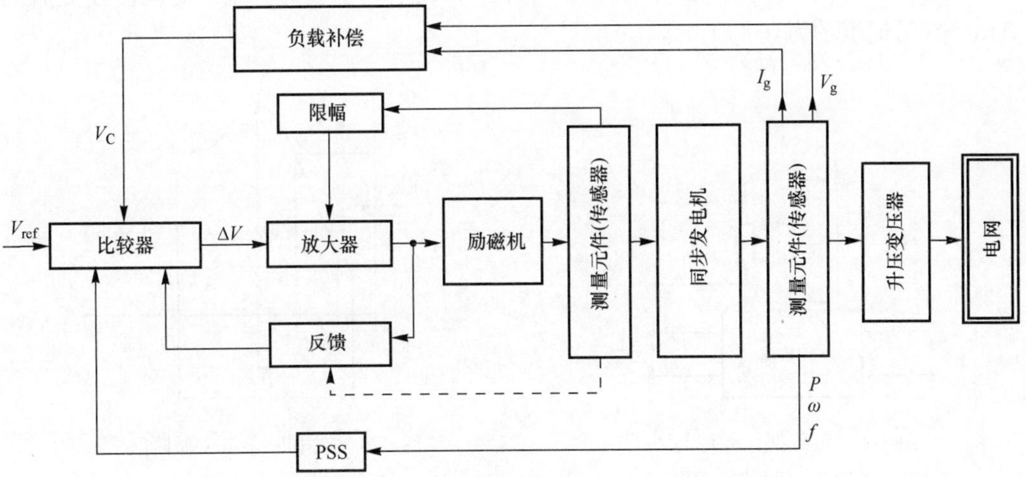

图 2-4 励磁和 AVR 系统框图（PSS 表示电力系统稳定器）

负载补偿元件和比较器合在一起的示意图如图 2-5 所示。发电机电流$\underline{I}_g$ 在补偿阻抗$\underline{Z}_C$ =

R_C+jX_C 上产生的电压降被加到发电机电压$\underline{V}_g$ 上，从而构成补偿后的电压 V_C，其关系式为

$$V_C=|\underline{V}_C|=|\underline{V}_g+(R_C+jX_C)\underline{I}_g| \tag{2.1}$$

如果不采用负载补偿，即$\underline{Z}_C=\underline{0}$，则 $V_C=V_g$，AVR 子系统保持发电机机端电压恒定。采用负载补偿（$\underline{Z}_C\neq\underline{0}$）后，等效地意味着保持恒定电压的点被“推进”到了网络中，“推进”的距离在电气上与补偿阻抗相等。图2-5 中相量的假定方向意味着将电压受调节的节点移向电网，对应于补偿阻抗为负。

对于发电机并联向公共母线供电的情况，补偿阻抗必须小于升压变压器的阻抗，以维持并联发电机间稳定的无功功率分配。通常 $X_C\approx-0.85X_T$，其中 X_T 是升压变压器的电抗。在这种情况下，调节器保持电压为恒定值的点是从发电机机端到电网的距离为 $0.85X_T$ 的点，或者是从升压变压器高压侧到发电机的距离为 $0.15X_T$ 的点。

AVR 子系统还包括一些限幅器，其功能是保护 AVR、励磁机和发电机免受过电压和过电流的影响。它们通过将 AVR 信号保持在预设限值之间来实现这个功能。这样，对放大器可防止输入的信号过高，对励磁机可防止过高的励磁电流，对发电机可防止过高的电枢电流和过大的功率角。最后的三个限幅器具有内置的时间延迟，以反映与绕组温升相关的热时间常数。

有时电力系统稳定器（PSS）会添加到 AVR 子系统中，以帮助抑制系统中的功率摇摆。PSS 通常是一种具有相移校正元件的微分元件。其输入信号可能与转子转速、发电机输出频率或发电机输出有功功率成正比。

AVR 参数的选择必须确保维持适当的电压调节质量。对于小扰动，质量的评估可以通过观察发电机在电压参考值做阶跃变化时的动态响应曲线来进行。示例如图 2-6 所示，此时电压参考值的阶跃变化量为 $\Delta V=V_{ref+}-V_{ref-}$。评估调节质量的三个指标为：①调整时间 t_ε；②超调量 ε_p；③上升时间 t_r。这些指标的定义如下：

1）调整时间 t_ε 是电压响应达到其稳态值的 $\pm\varepsilon$ 范围所需要的时间，其中 ε 为容差。

2）超调量 ε_p 是电压峰值与参考值之间的差值，通常以参考值的百分数表示。

3）峰值时间 t_p 是电压达到峰值所需要的时间。

4）上升时间 t_r 是电压从 $\Delta V=V_{ref+}-V_{ref-}$ 的 10% 上升到 90% 所用的时间。在此时间段内电压增加的速度约为 $0.8\Delta V/t_r$。

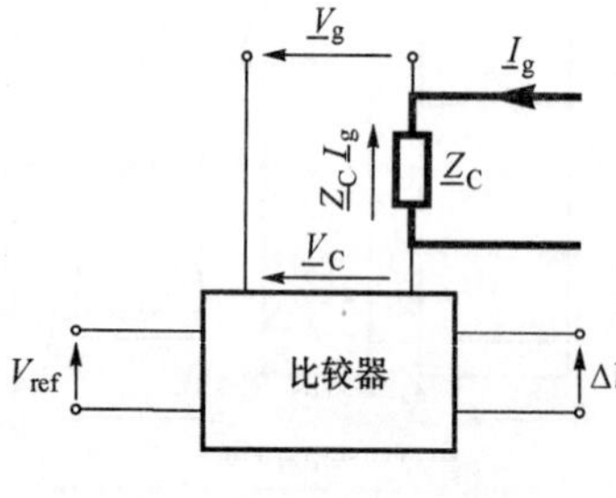

图2-5　负载补偿元件与比较器合在一起的示意图

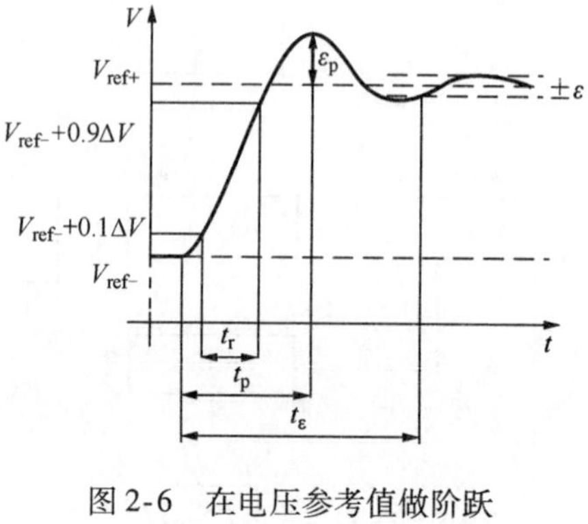

图2-6　在电压参考值做阶跃变化时的动态响应曲线

通常假定调节精度 $\varepsilon\leqslant0.5\%$ 且电压参考值阶跃变化为 10%，则静止励磁机的调整时间 $t_\varepsilon\leqslant0.3s$，旋转励磁机的调整时间 $t_\varepsilon\leqslant1.0s$。当发电机空载时，参考值的阶跃变化通常要求

超调量 $\varepsilon_p \leqslant 10\%$。电压上升速度不应低于每秒 $1.5U_{ref}$。

2.3.3　涡轮机及其调速系统

在电力系统中，同步发电机通常由汽轮机、燃气轮机或水轮机驱动，如图 2-2 所示。每台涡轮机都配备有一个调速系统，通过调速系统，涡轮机可以启动、加速到运行速度，并按照要求的输出功率带负载运行。

2.3.3.1　汽轮机

在燃煤、燃油和核电厂中，燃料中的能量被用来在锅炉中产生高压、高温蒸汽。然后，蒸汽中的能量在轴流式汽轮机中转换为机械能。每台汽轮机都由若干固定的和旋转的叶片组成，这些叶片被集中成组或级。当高压蒸汽进入固定叶片构成的装置时，随着高压蒸汽膨胀到较低的压力，它会加速并获得更大的动能。然后，该蒸汽流体被导入到旋转的叶片上，在旋转叶片上，蒸汽流体的动量和方向会发生变化，从而会对汽轮机叶片施加一个切向力，并在汽轮机轴上输出一个转矩。随着蒸汽沿着汽轮机轴向流动，其压力会降低，而其体积会增大，因此叶片的长度从蒸汽入口到蒸汽出口必须不断增大以适应这种变化。一般地，一台完整的汽轮机可以被分为三个或更多的级，每级按串联方式固定在一个公共的转轴上。以这种方式将汽轮机分为多个级，使蒸汽在各级之间可以重新加热，以增加其焓，从而提高蒸汽循环的整体效率。现代燃煤汽轮机的热效率已经达到 45%。

汽轮机可分为非再热式、一次再热式或二次再热式系统。非再热式汽轮机有一个汽轮机级，通常用于 100MW 以下机组。大型汽轮机最常用的结构是如图 2-7 所示的单串联再热结构。在这种结构中，汽轮机有三个部分：高压（HP）级、中压（IP）级和低压（LP）级。刚从锅炉出来的蒸汽进入蒸汽室，并通过主汽阀（MSV）和调速器控制阀（GV）流向高压涡轮机[⊖]。蒸汽部分膨胀后，被导回到锅炉中，在热交换器中重新加热以增加其焓。然后，蒸汽通过再热主汽阀（RSV）和再热控制阀（IV）流入中压涡轮机，在那里再次膨胀并使其做功。离开 IP 级后，蒸汽通过跨接管道流向低压涡轮机并在低压涡轮机中做最后一次膨胀。最后，蒸汽流入凝汽器完成整个循环。一般地，各汽轮机级占汽轮机总转矩的比例为 30%(HP)∶40%(IP)∶30%(LP)。

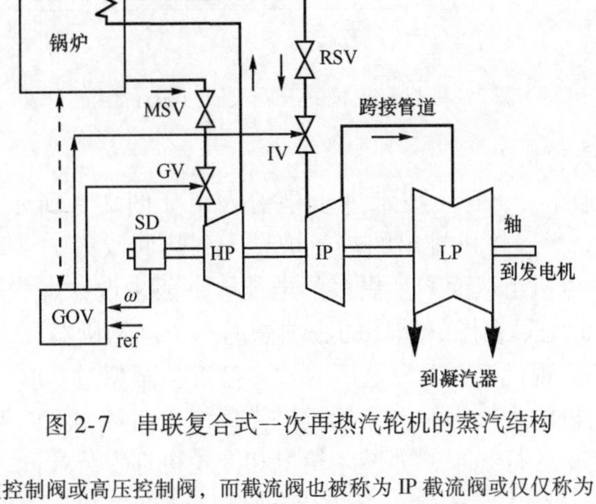

图 2-7　串联复合式一次再热汽轮机的蒸汽结构

⊖ 调速器阀也被称为主控制阀或高压控制阀，而截流阀也被称为 IP 截流阀或仅仅称为 IP 控制阀。——原书注汽轮机中的蒸汽流量是由调速系统（GOV）控制的。当发电机处于同步运行状态时，紧急停止阀保持全开，汽轮机的转速和功率通过控制GV和IV的位置来调节。转速测量装置（SD）向调速器提供转速信号。调速系统的主放大器和阀运动器是一个由先导阀控制的油伺服电机。当发电机处于同步运行状态时，紧急停止阀仅用于在紧急情况下停运发电机，尽管它们经常用于控制汽轮机的初始启动。

除了如图2-7所示的串联复合式一次再热汽轮机外，还有其他的汽轮机结构。二次再热汽轮机将其第一个HP部分分为超高压（VHP）涡轮机和HP涡轮机，两者之间有再热器。在这种结构中，各涡轮机占汽轮机总转矩的比例为20%（VHP）：20%（HP）：30%（IP）：30%（LP）。控制阀安装在各个再热器的后面和VHP部分的前面。与刚刚描述的单轴结构不同，有时也使用交叉复合式双轴汽轮机，其中一个轴以另一个轴的一半速度旋转。这些汽轮机可能有一次或二次再热蒸汽循环。

2.3.3.2 燃气轮机

与汽轮机不同，燃气轮机不需要中间工作流体，而是使用热涡轮机排气将燃料热能转换为机械能。空气通常用作工作流体，而燃料为天然气或重质/中质燃料油。最流行的燃气轮机系统是如图2-8所示的开放式回热循环系统，其由压缩机C、燃烧室CH和涡轮机T组成。燃料通过调速器阀进入燃烧室，燃烧室由压缩机提供空气，燃料在燃烧室存在空气的条件下燃烧。热的压缩空气与燃烧产物混合后被导入到涡轮机中进行膨胀，并以与蒸汽涡轮机相同的方式将能量传递到动叶片。然后，热废气被用来加热由压缩机传送过来的空气。当然，还存在其他更复杂的循环，有的使用压缩机中间冷却和再加热，有的使用具有回热和再加热的中间冷却等。燃气轮机电厂的典型效率约为35%。

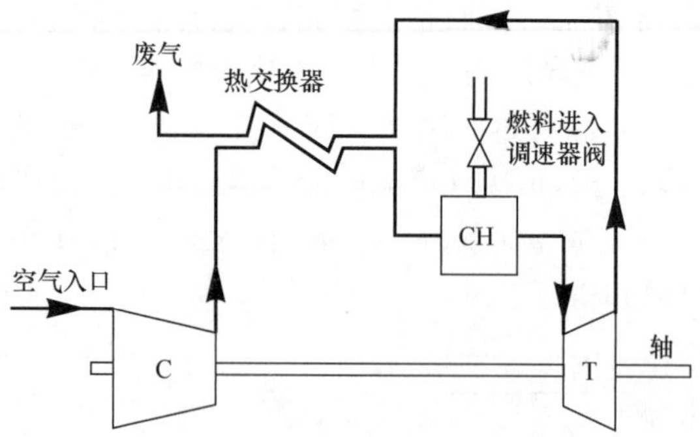

图2-8 燃气轮机的开放式回热循环系统

2.3.3.3 联合循环燃气轮机

燃气轮机使用方面的一个巨大技术进步是引入了如图2-9所示的联合循环燃气轮机（CCGT）。在该系统中，燃气轮机排出的热量被导入到热回收锅炉（HRB）中以产生蒸汽，然后用此蒸汽来驱动发电机组从而产生更多的电能。一般来说，燃气轮机废气的温度很高，通常在535℃左右，因此通过在燃气循环的底端添加一个汽轮机循环，可以利用余热，并显著提高整个循环的效率。现代CCGT发电厂的效率接近甚至超过60%。通常，CCGT发电厂利用两台或三台燃气轮机的废气为一台汽轮机提供蒸汽，两种类型的涡轮机驱动各自的发电机。最近，单轴模式变得流行起来，即燃气轮机和汽轮机都安装在同一根轴上并驱动同一台发电机。在某些CCGT设计中，HRB可配备辅助燃烧装置以提高高压蒸汽的温度。此外，一些联合循环发电厂被设计成生产蒸汽用于本地供热或用于工业过程。

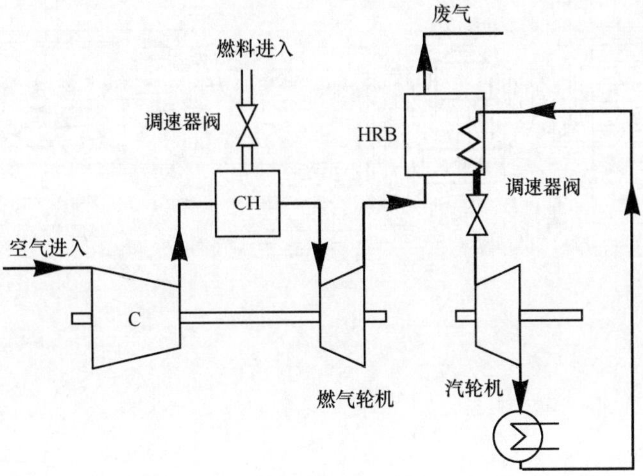

图 2-9　联合循环燃气轮机示例

除了较高的热效率外，CCGT 发电厂与传统的燃煤发电厂相比还具有其他一些重要优势。如它们的建设时间短；投资成本低，约为同等燃煤发电厂的一半；相对清洁，几乎没有二氧化硫排放；只需要很少的人员配备；在废料处理问题上，天然气与煤和灰相比要简单得多。

2.3.3.4　水轮机

最古老的发电方式是利用水力发电。水轮机的动力来源于水从上水库到下水库下落时所施加的力。上水库与水轮机水位之间的垂直距离被称为水头。根据水头大小可将水电站分为高水头、中水头和低水头（径流式）电站，但并没有严格的分界线。

中、低水头的水电站使用反击式水轮机（见图 2-10a 所示的混流式水轮机）。由于相对低压的水头反击，水轮机通常使用大容量的水，需要较大的过水通道并以低速运行。由于转速低，因此发电机的直径大。在运行中，水从进水通道或压力管道通过蜗壳进入水轮机，通过座环和活动导叶进入转轮。离开转轮后，水流经尾水管流入尾水池。活动导叶的轴线与主轴平行，并控制水轮机的功率输出。混流式水轮机转轮的叶片上端固定在一个冠上，下端固定在一个环上。对于低水头运行，转轮没有冠或环，因此叶片没有覆盖轮盘。叶片本身可以是固定的或是可调节的。对于可调叶片转轮，调速器可改变叶片角度和导叶开度（轴流式水轮机）。叶片通过位于主轴内的油动活塞进行调整。

在高水头水电站中，使用了如图 2-10b 所示的冲击式水轮机。在这些水轮机中，高压水通过一组固定喷嘴转换成高速射流。高速射流冲击附在转轮周围的一组碗状水桶，这些水桶使水倒流，从而将射流的全部效应作用到转轮上。射流的大小，以及水轮机的功率输出，由喷嘴中心的一个指针控制，该指针的移动由调速器控制。射流偏转器位于喷嘴尖端的正外侧，以便在突然负载降低时使射流从水桶中偏转。

2.3.3.5　涡轮机调速系统

多年来，涡轮机调速系统都是机械-液压型的，并使用 Watt 离心机构作为调速器。原始的 Watt 机构使用两个球作为速度响应装置，但在新的机器上，Watt 调速器已被电液调速器

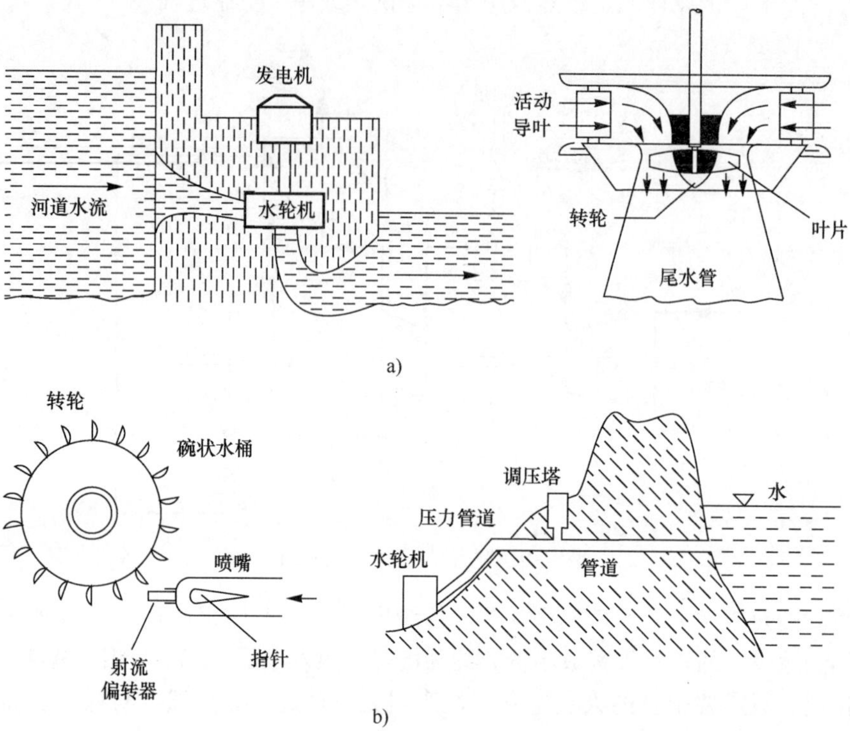

图 2-10　水轮机：a）低、中水头的反击式水轮机；b）高水头的冲击式水轮机

所取代。然而，了解如图 2-11 所示的传统机械-液压系统运行原理是很有用的，因为它仍以各种形式在旧的机器上使用，同时也可以用来说明涡轮机控制的一般原理。

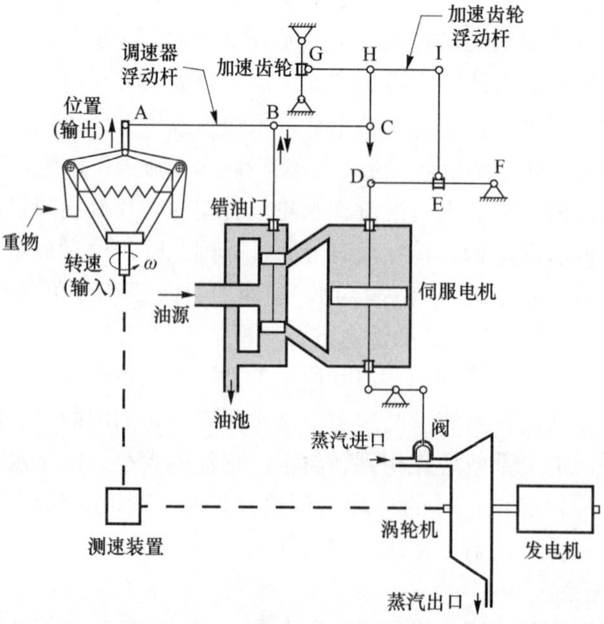

图 2-11　汽轮机的机械-液压调速系统

离心式调速器中的一对由弹簧承载的重物由电动机驱动，电动机从涡轮机轴接收功率，所得重物的高度取决于速度。当涡轮机的机械转矩等于反向作用的发电机电磁转矩时，涡轮机-发电机的转速恒定，重物的位置保持不变。如果由于负载变化而使电磁转矩增大，使其大于机械驱动转矩，则转速 ω 减小，重物在离心力作用下径向向内移动。这导致调速器浮杆上的点 A 上升，而浮杆 A-B-C 围绕点 C 旋转。该旋转导致点 B 和先导阀向上移动，从而使高压油流进入主伺服电机的上腔。现在通过活塞的压差迫使活塞向下移动，从而部分打开涡轮机阀并增加涡轮机功率。主伺服电机活塞向下移动的位移导致点 D、E、I 和 H 下降，而加速齿轮浮动杆围绕点 G 向下旋转。这降低了点 C（浮杆 A-B-C 是围绕点 C 旋转的），并部分关闭先导阀以减少流入上腔的油流。

这个调速系统有两个负反馈环：通过涡轮机测速装置和离心式调速器构成的主转速反馈环，以及通过蒸汽阀、活塞和点 D、E、I、H、C 构成的第二个阀位反馈环。后一个反馈环确保了涡轮机的静态转速-功率特性曲线有一个负的斜率。正如本节后面将要解释的那样，这种特性曲线对于涡轮机控制是很基本的，因为它可以确保通过相应的涡轮机转矩减小来应对任何速度的增加，反之亦然。特性曲线的斜率或增益可通过水平移动在杆 D-E-F 上的点 E 来改变。

加速齿轮的作用是双重的。首先控制非同步运行的发电机的转速，其次控制同步运行的发电机的功率输出。要了解加速齿轮是如何工作的，可假设发电机处于同步运行状态并需要增加功率输出。因为发电机同步运行，其转速是恒定的并等于同步转速。如果使用加速齿轮升高点 G，则点 C 和 B 以及先导阀也将升高。随后高压油将进入主伺服电机的上腔，活塞将下降，而蒸汽阀将打开，从而增加通过涡轮机的蒸汽流量和功率输出。随着伺服电机活塞的下降，点 D、E、I 和 H 也会下降。这一运动会降低点 C，并使先导阀返回其平衡位置。机械-液压调速器的示意图如图 2-12a 所示，其中加速齿轮的位置用来整定负载水平参考值。

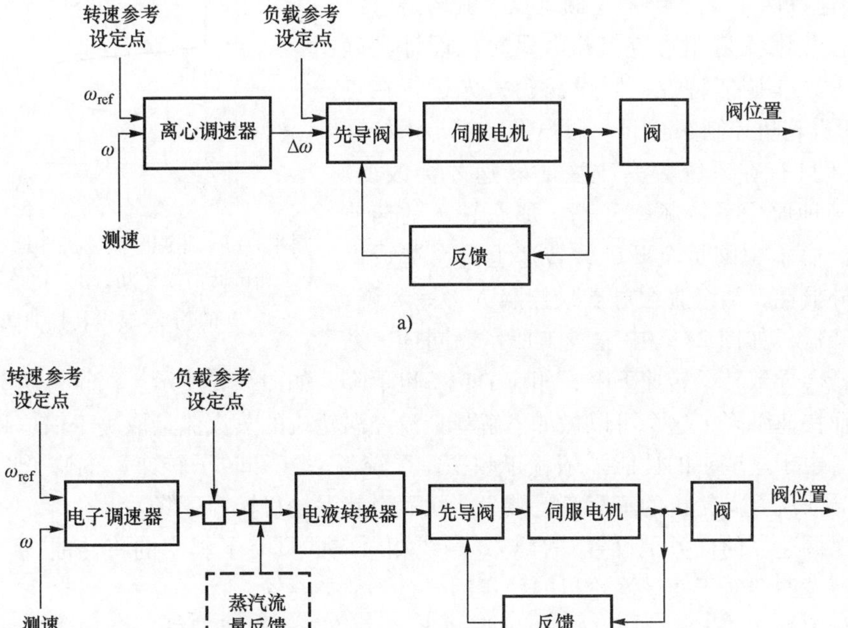

图 2-12　调速系统示意图：a）机械-液压型；b）电液型

Watt 离心调速器的主要缺点是存在死区和相对较低的精度。由于运动性机械元件的磨损，死区的尺寸也会随着时间的推移而增大。新的解决方案用电子调速器取代了 Watt 离心机构。在这些系统中，涡轮机的转子转速是用一个齿轮和一个探针以电子方式高精度测量的。产生的电信号被放大，并通过电液转换器作用于先导阀。如图 2-12b 所示的电液系统示意图表明，其运行原理与如图 2-12a 所示的机械-液压系统没有太大的区别，但电子调速器的灵活性使得可以引入额外的控制环，将锅炉和涡轮机控制系统连接起来。图 2-12b 中的虚线表示蒸汽流量反馈，其功能是在蒸汽进口压力过低时防止调速器打开阀门。参考转速在转速参考设定点以电子方式设定，也可以在负载参考设定点将附加信号添加到控制电路中来改变涡轮机的功率。

与汽轮机中的阀门相比，水轮机中控制闸门的移动需要更大的力。因此，水轮机调速系统通常采用两个级联的伺服电机。第一个低功率先导伺服电机操作第二个大功率主闸门伺服电机的分配阀或中继阀。正如在汽轮机中一样，先导伺服电机也有一个先导阀，由机械式 Watt 调速器或基于电液转换器的电子调速器控制。水轮机调速系统与汽轮机中使用的系统类似（见图 2-12），但由于第 11 章（11.3 节）中所述的原因，伺服电机的数量更多，反馈环有一个额外的缓冲器。

2.3.3.6 涡轮机特性曲线

为了稳定运行，涡轮机必须具有一种功率-转速特性曲线，使得如果转速增加时机械输入功率会降低。类似地，转速的降低也会导致机械功率的增加。这种特性将恢复电功率输出与机械功率输入之间的平衡。

为了检验此种特性曲线是如何实现的，图 2-13 展示了一种非调节涡轮机和一种可调节涡轮机的理想功率-转速特性曲线。点 A 是额定点，其与通过涡轮机的最佳蒸汽流量相对应，并由涡轮机设计师确定。首先考察非调节特性，假设涡轮机先运行在点 A，对应于涡轮机控制阀全开。假设发电机与系统同步运行，即只有在系统频率改变时转速才会改变。如果由于某种原因系统频率升高，那么转子的转速也会升高。由于主阀是全开的，转速上升会造成涡轮机的额外损耗，蒸汽流相对于最佳点 A 效率下降，功率相应降低，如图 2-13 中虚线 1 所示。同样，系统频率降低会导致转子转速下降，相应的功率也下降，如曲线 2 所示。涡轮机功率随系统频率的下降而快速下降，这个可以做如下解释。流经涡轮机的蒸汽流量取决于锅炉和锅炉给水泵的性能。由于这些泵的性能强依赖于频率，系统频率（和转子转速）的降低会降低其性能。这会导致流经涡轮机的蒸汽流量减少，从而引起涡轮机转矩下降。

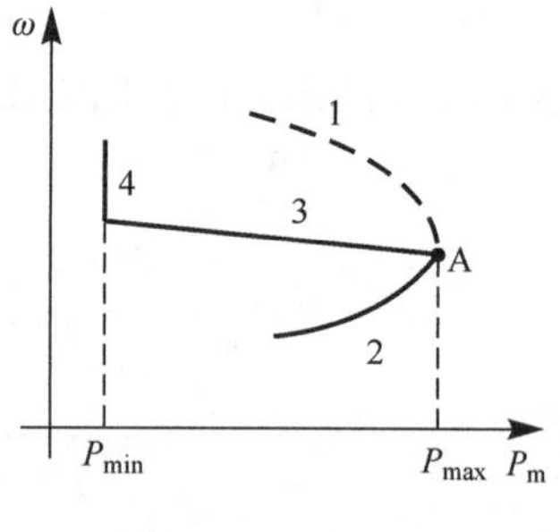

图 2-13 非调节涡轮机（1、2 号线）和可调节涡轮机（4、3、2 号线）的功率-转速特性曲线

涡轮机调速器的任务是设置一个与 3 号线相对应的具有下斜率的特性曲线。如下文所述，这种特性曲线对于实现涡轮机的稳定运行是非常必要的。

让我们观察图 2-12。如果忽略电液调速系统中的蒸汽流量反馈，并假定调速器响应由伺服电机的时间常数主导，图 2-12 所示的机械-液压调速器和电液调速器都可以用图 2-14 所示的简化框图来表示。图 2-14a 中的系数 K_A 对应于伺服电机的放大增益，而系数 R 对应于反馈环的增益。对框图进行变换可以将 R 移动到主回路中，从而在反馈环中消去 R，以得到如图 2-14b 所示的框图，其中 $T_G = 1/(K_A R)$，是调速器的有效时间常数。

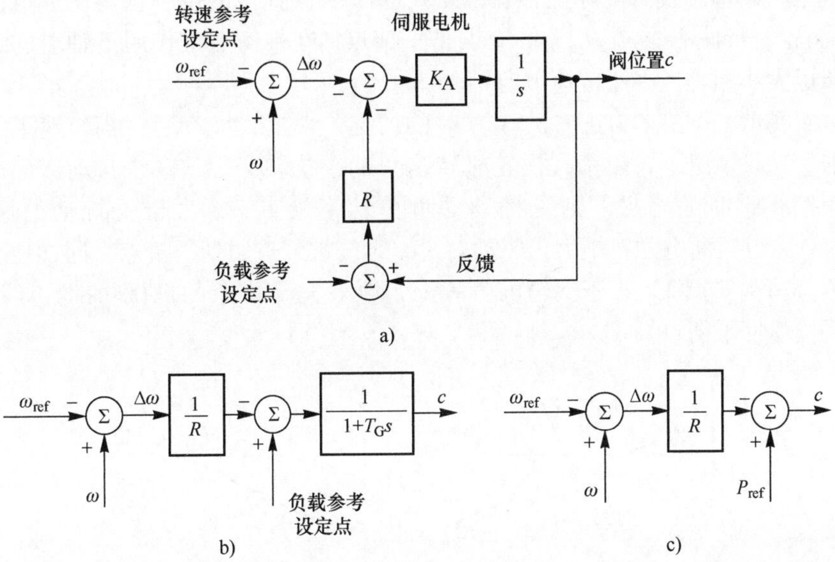

图 2-14　汽轮机调速系统的简化模型：a）具有负反馈的框图；b）等效框图；c）稳态下的等效框图

根据图 2-14b 的框图，可以对涡轮机-调速器系统的静态和动态特性进行近似分析。在稳态下，$t \to \infty$，$s \to 0$，涡轮机框图可以简化为如图 2-14c 所示，其中 P_{ref} 是负载参考设定点，用标称功率或额定功率 P_n 的分数来表示。如果假定阀的位置 c 在 0（完全关闭）和 1（完全打开）之间变化，则涡轮机转速的微小变化 $\Delta\omega = \omega - \omega_{ref}$ 将导致阀位置的相应变化 $\Delta c = -\Delta\omega/R$。通常 $\Delta\omega$ 是用额定转速 ω_n 的分数来表示的，这样就有

$$\Delta c = -\frac{1}{\rho}\frac{\Delta\omega}{\omega_n} \quad \text{即} \quad \frac{\Delta\omega}{\omega_n} = -\rho\Delta c \tag{2.2}$$

式中，$\rho = R/\omega_n$ 被称为转速下斜系数或简称为下斜率。下斜系数的倒数 $K = 1/\rho$ 是调速系统的有效增益。ρ 的定义如图 2-15 所示。

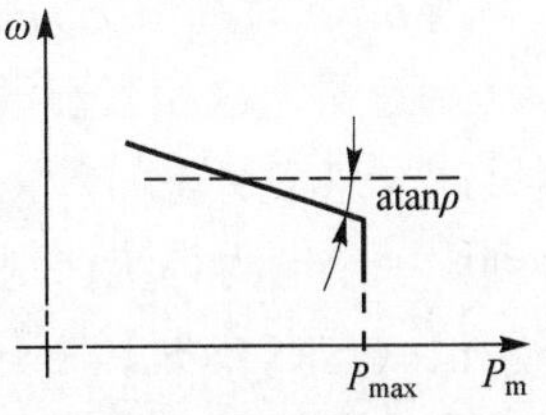

图 2-15　对转速下斜系数定义的图形说明

物理上下斜率可以解释为阀门从全开到全关所对应转速变化的百分数。如果假定阀门位置与机械功率之间存在线性关系，则涡轮机功率输出 ΔP_m 表示为标称或额定功率输出 P_n 的一部分时，有 $\Delta P_m/P_n = \Delta c$，并且

$$\frac{\Delta\omega}{\omega_n} = -\rho\frac{\Delta P_m}{P_n} \quad \text{即} \quad \frac{\Delta P_m}{P_n} = -K\frac{\Delta\omega}{\omega_n} \tag{2.3}$$

式（2.3）描述了理想的涡轮机功率-转速特性曲线。在（P_m，ω）坐标系中，这给出了如图 2-13 中曲线 3 所示的下斜率为 ρ 的一条直线。然而，重要的是要认识到，一旦蒸汽阀门全开，就不能再对涡轮机进行任何控制了。这样，如果转速下降，涡轮机将以与非调节涡轮机一样的方式沿着特性曲线 2 运行。

良好的控制系统应确保对于任何负载波动 ΔP_m，只会产生很小的转速变化 $\Delta\omega$。这是通过使下斜率 ρ 变小来实现的。然而，应当强调的是，下斜率不能为零或为负。图 2-16 用图

示方式解释这一点。系统需求是由电力负荷主导的，有功功率增量 ΔP_{load} 弱依赖于系统频率的变化，即弱依赖于同步发电机转速的变化。因此，静态负荷特性曲线 $\omega(P_{load})$ 在 (P,ω) 平面上几乎是一条垂直线，实际上存在一个反映频率依赖性的微小正斜率。负荷特性曲线 $\omega(P_{load})$ 与涡轮机特性曲线 $\omega(P_m)$ 的交点是平衡点，在平衡点上作用于轴上的反向电磁转矩与机械转矩大小相等，因此转速恒定。

图 2-16a 展示了下斜率为正（$\rho>0$）时的情况，根据式（2.3），当转速下降时，涡轮机功率增加。这种情况下，频率（涡轮机转速）的小扰动会导致系统自动回到平衡点。例如，如果频率有瞬时的增加，则受扰动的负荷功率（点 2）大于受扰动的涡轮机功率（点 1）。这意味着反向电磁转矩大于驱动转矩，系统被强迫回到平衡点。同样地，如果频率降低，则负荷功率（点 3）小于涡轮机功率（点 4），这个多余的机械功率会导致涡轮机转速增加，系统返回平衡点。

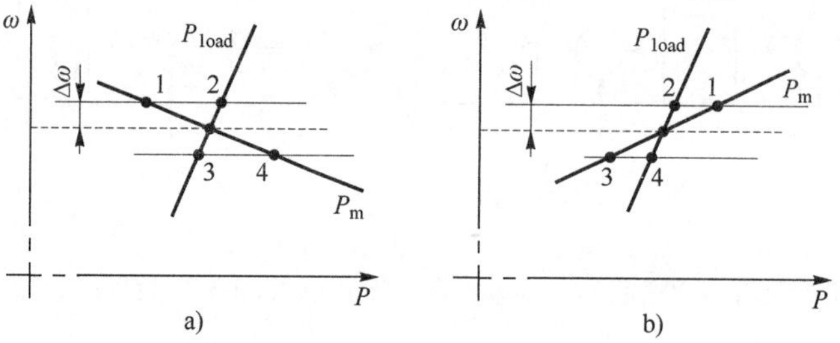

图 2-16　涡轮机功率与负荷功率之间的平衡点：a）稳定的点；b）不稳定的点

另一方面，图 2-16b 展示了假设下斜率为负（$\rho>0$）时的情况。此时的情况与前面讨论的刚好相反，因为频率的任何增加都会导致涡轮机功率（点 1）大于负荷功率（点 2）。这会引起涡轮机转速增加，功率不平衡会进一步增大。同样，频率下降会导致涡轮机功率（点 3）小于负荷功率（点 4），并进一步远离平衡点。此种下斜特性不能抗干扰，因此系统是不稳定的。

当 $\rho=0$ 时的情况为临界稳定情况，对应于阀门位置上无负反馈环。对于图 2-11 中的 Watt 调速器，这相当于没有浮动杆 H-E，杆 H-E 用于实现伺服电机活塞和先导阀之间的位置反馈。忽略稳态偏差，无此种负反馈的调速系统将是恒速型的。如果两台或多台发电机联接到同一个电力系统，则不能使用此种调速器，因为每台发电机都需要具有完全相同的转速整定值（这在技术上是不可能的），否则它们会相互“打架”，因为每台发电机都试图将系统频率拉到其自身的整定值上。如果联接到系统的发电机具有下斜率 $\rho>0$ 的功率-转速特性曲线，则总存在一个唯一的频率来分担负荷。这将在第 9 章中描述。

转速下斜系数（标幺值）的典型值在 0.04 ~ 0.09 之间，低值对应于汽轮发电机，高值对应于水轮发电机。这与水力发电厂相比火力发电厂接受负荷变化的相对容易程度和响应速度有关。

2.3.3.7　调速器的控制功能

在确定了调速器的基本工作原理之后，现在来考察实际涡轮机调速器所需的总体控制功能是明智的。这些控制功能可分为启动控制、负荷/频率控制、超速控制和紧急超速跳闸。对非同期发电机的启动控制这里不做进一步考察，只是说明这是一个可以在两组控制阀和截流器截止阀全开的情况下使用主截止阀进行控制的区域。一次负荷/速度控制和二次频率/联络线功率控制在再热控制阀完全打开的情况下，通过调速器控制阀来实现。这种控制作用是涡轮机运行的基础，将在第9章中进行详细讨论。如果发生严重扰动，则涡轮机转速可能会迅速增加，超速控制的目的是将最大超速限制在110%左右。如果只能通过调速器控制阀进行超速控制，那么根据转速下斜率的整定值，发电机转速将在主阀关闭前增加到105%（转速下斜率为5%）。尽管这会迅速降低HP级的转矩，但再热器中截留的蒸汽只会缓慢下降，通常时间常数为5s或更长，导致IP级和LP级转矩缓慢衰减。由于通常IP级和LP级占70%的转矩，因此汽轮机转速还会继续增加，直到蒸汽流量有时间减小为止。因此，超速控制的目的是关闭再热控制阀，由于这些再热控制阀位于IP级汽轮机的入口，因此它们会立刻影响降低IP级和LP级的转矩，从而限制超速。通常，直到发电机转速达到104%的超速之前，再热控制阀将保持全开；当发电机转速达到104%的超速后，再热控制阀将关闭。

除了再热控制阀关闭外，电液调速器还可以配备额外的快速阀门控制逻辑，该逻辑使用辅助控制信号，如加速度、电功率、发电机电流等，在检测到靠近发电机发生大扰动时快速关闭控制阀。这些快速阀门控制功能将在10.2节中进行更详细的讨论。最后一级的保护，即紧急超速跳闸，是独立于超速控制的。如果此跳闸功能启动，两组控制阀以及紧急停止阀都会关闭，锅炉被切除，以确保汽轮机快速停机。

2.4 变电站

变电站可以看作是输电线路、变压器、发电机组、系统监控设备联接在一起的一个电气联接点。因此，在变电站中，潮流受到控制，电压从一个等级变换到另一个等级，自动保护装置为系统提供安全保障。

所有变电站均由位于间隔内的若干进线和出线回路组成。这些进出线回路联接到一个公共的母线系统，并配备有开合电流、测量和防止雷击的装置。每个回路可分为一次电路和二次电路。一次电路包括输电线路、电力变压器、母线等，以及电压互感器和电流互感器的高压侧。二次电路包括电压互感器和电流互感器低压侧的测量电路、断路器和隔离器的控制电路以及保护电路等。

母线构成单回线路和变压器的电气接触点。在户内变电站中，母线由铝或铜制成的扁平导线组成，并由绝缘子支撑；在户外变电站中，母线则是钢和铝制成的绞合导线，并悬挂在绝缘子上。存在多种不同的母线布置方式，每种布置方式在可能的电气联接灵活性上以及在不影响变电站运行或系统安全性的条件下进行维护的方便性上会有所不同。采用何种母线系统类型取决于变电站在电力系统中的作用和重要性、电压等级、变电站容量以及电网运行的期望可靠性。大型变电站往往采用更复杂的母线系统，从而需要更高的投资成本和运行成本。对不同类型变电站布局的描述可以参考Giles（1970）和McDonald（2003）。

2.5 输配电网络

输配电网络将所有的发电厂联接成一个供电系统，并将电力传输和分配给各个用户。电网的基本元件是架空输电线路、地下电缆、变压器和变电站。辅助元件有串联电抗器、并联电抗器、补偿元件、开关元件、计量元件和保护装置。

2.5.1 架空线路和地下电缆

架空线路普遍用于高压输电系统中传输电能，而地下电缆通常只用于中低压城市配电网中。高压地下电缆由于其成本高且存在电容充电电流等相关技术问题，一般只用在人口稠密的城区、宽阔河流的跨越或环境问题特别受关注的区域。例如，有时使用短距离电缆将发电厂联接到变电站。

当电流流过任何电网元件时都会存在有功功率损耗。由于此功率损耗与电流的二次方成正比，所以输电线路都运行在高电压和低电流下。一般来说，需要输电线路传输的功率越大，输电线路的电压等级就越高。出于实用原因，世界不同地区的电压等级都是标准化的。但不幸的是，这些标准电压等级在不同地区之间往往略有不同。欧洲大陆典型的输电电压等级为110kV、220kV、400kV、750kV，英国为132kV、275kV、400kV，美国为115kV、230kV、345kV、500kV、765kV。

架空输电线路的最大理论电压值受空气电强度的限制，估计约为2400kV。目前，商业运行输电线路的最大电压是765kV（加拿大）和750kV（苏联）。日本已经建造了1100kV的试验线路待运行，而苏联已经建造了1200kV的试验线路（CIGRE，1994）。

由于架空线路的路权成本很高，通常在同一个杆塔上会架设多回三相输电线路而不是只架设一回。如果预计未来输电功率还会大幅增加，输电杆塔上可能会预留空间，以便以后增加额外的回路。

配电网的运行电压通常比输电网低。其标准电压等级的使用在不同国家或一个国家的不同地区可能非常不同，部分原因是系统发展的方式。历史上，电网的不同部分可能属于不同的私营公司，每个私营公司都会遵循自己的标准化程序。例如，美国有12种不同的标准配电电压等级，在2.4~69kV之间。英国的配电电压等级为6.6kV、11kV、33kV和66kV。

2.5.2 变压器

变压器在联接运行于不同电压等级的电力系统各部分时是必需的。除了改变电压等级外，变压器还用于控制电压，并且几乎总是在一个或多个绕组上配备有抽头以改变绕组的匝数比。电力系统变压器按其功能可分为三个大类：

1）发电机升压变压器（将发电机联接到输电网上）和机组变压器（提供辅助服务，见图2-2）。

2）输电变压器，用于联接通常在不同电压等级上的输电网络的不同部分，或用于联接输电网和配电网。

3）配电变压器，在负荷中心将电压降低到用户要求的低电压水平。

发电机变压器和输电变压器的额定值从几十MVA到1000MVA以上，通常采用油冷却。变压器铁心放在一个装满油的油箱内，油同时充当了变压器绕组的冷却剂和绝缘物。由铁心损耗和变压器绕组本身欧姆损耗产生的热量通过外部散热器从油中除去。变压器内的油循环可以是自然的，也可以是强迫的。变压器外面的空气循环通常是用风扇强迫的。由于运输问题，大容量变压器通常被制造成三个独立的单相变压器。而小容量变压器通常采用集成三相设计。

发电机变压器将电压从发电机等级（通常为 10～20kV）提高到输电或次输电电压等级。对于大容量发电机（典型值为 200～500MW 及以上）的升压变电站，每台发电机具有其自身的变压器，且由三个相互联接的双绕组变压器组成。与此相反，在小型发电厂中，可能两台发电机通过一个三相三绕组变压器升压。

发电机升压变压器通常采用△-Y 联结且中性点接地。三角形低压绕组封闭了由不对称负载产生的环流路径和由变压器铁心非线性 B-H 特性产生的不需要的三次谐波励磁电流环流路径，从而使这些电流限制在三角形绕组内部。在具有很多发电机组的大型发电厂中，有些变压器的中性点可能不接地，以限制输电网络中的单相短路电流。

输电变压器联接处于不同电压等级的输电和次输电网络的不同部分，其功能是供电给配电网络或将大型工业用户直接联接到输电网络，如图 2-1 所示。联接输电和次输电网络的变压器的绕组通常为 Y-Y 联结且中性点接地。这些变压器通常有一个低功率的中压△联结的三次绕组，为高压绕组不对称负载运行时产生的环流提供通路。这种额外的绕组也可用于为变电站内的本地负荷供电或联接无功功率补偿装置。

如果所需的电压比不太高，如图 2-17a 所示的双绕组变压器可以用如图 2-17b 所示的单绕组自耦变压器替代。在自耦变压器中，一次绕组 w_1 和二次绕组 w_2 的一部分是公用的，因此具有明显的经济性。自耦变压器通常用于联接处于连贯电压等级的电网，例如，在英国有 132/275kV、275/400kV，在美国有 138/230kV、230/345kV、345/500kV，在欧洲大陆有 110/220kV、220/400kV。

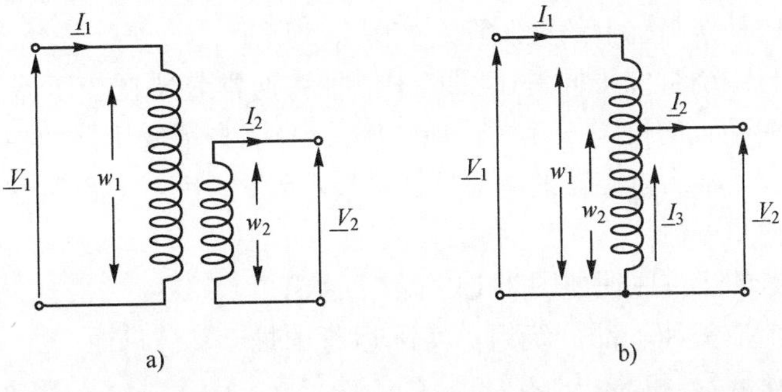

图 2-17　输电变压器：a）双绕组变压器；b）单绕组自耦变压器

配电网一般通过变压器从输电网和次输电网供电，配电变压器高压侧以星形联结，中压侧以三角形联结，有助于将任何可能的负载不对称最小化。联接处于不同但相近电压等级的配电网不同部分的自耦变压器通常为星形联结且中性点接地。

上述每台变压器都可以具有可控的电压比，同时可以采用移相控制或非移相控制。前者用于控制电压或无功潮流，后者用于控制有功潮流。

2.5.2.1　抽头可换接变压器

无移相功能的电压比控制应用于发电机升压变压器以及输电和配电变压器中。实现这一任务的最简单方法是使用抽头换接器。

无移相功能的电压比控制一般通过在其中一个绕组上使用抽头来实现。通过这种方式，电压比是逐档而不是连续变化的。抽头换接器可以被制造成有载操作的，也可以被制造成停电操作的。

停电操作的抽头换接器在抽头换接时要求变压器断电，其典型的调节范围为±5%。这种方法适用于在中低压配电网中运行的小容量变压器。通常根据季节手动操作改变变压器电压比，一般一年两次。

带载抽头换接变压器（ULTC）也被称为有载抽头换接变压器（OLTC）或负载抽头换接变压器（LTC），其允许在变压器带电状态下换接抽头，典型的调节范围为±20%。

电压比可调变压器的控制系统简化框图如图2-18所示。变压器受到扰动 $z(t)$ 的作用，$z(t)$ 既可以是电网负荷水平的变化，也可以是电网结构的变化。调节器通过一个抽头换接器作用于变压器。调节器接收选定的变压器某一侧的电压测量信号 $\underline{V}_T$ 和电流测量信号 $\underline{I}_T$。通过将其与参考值进行比较，形成控制信号并执行所需的控制任务。调节器也可能额外地从外部取得控制信号 V_X，例如从监控系统中获得外部控制信号。

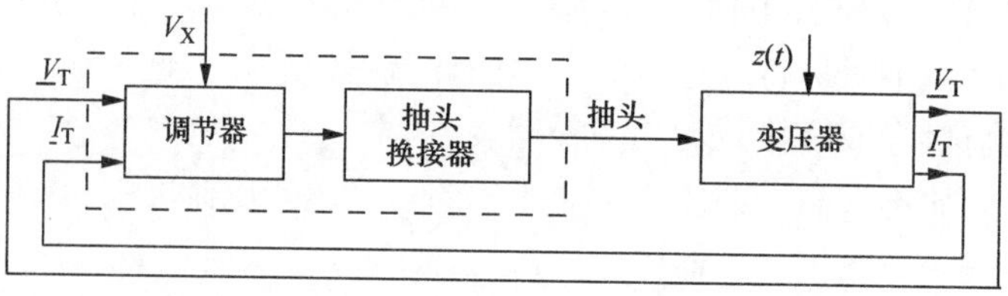

图2-18　电压比可调变压器的控制系统简化框图

根据变压器的安装点及其在系统中的功能，受控变量可能是电网中某点的电压或流经变压器的无功功率。当控制指定位置的电压时，采用电流补偿获得控制信号，即在变压器电压的基础上添加假定的补偿阻抗上的电压降，如图2-5所示。

变压器抽头可与主绕组位于同一个油箱中。抽头通常安装在变压器的高压侧（因为电流较小）靠近绕组中性点的位置（相对于地电压最小）。自耦变压器的抽头也在高压侧，但靠近绕组的公共部分。抽头换接器的调节器通常会尽量减少每天抽头换接的次数或频率，以延长抽头换接器的使用寿命。

有载抽头换接器的运行原理如图2-19所示。为简单起见，只显示了5个抽头和一部分绕组。实际运行中抽头的选中由抽头选择器S1和S2来完成。

在第一种方案（见图2-19a）中，正常运行时两个抽头选择器处于同一个抽头上。变压器的负载电流流过两个并联的扼流线圈 X。这会导致电抗值有 $X/2$ 的增加，这是第一种方案的缺点。当要改变抽头时，首先移动选择器S1的位置，而选择器S2保持在初始位置不变。

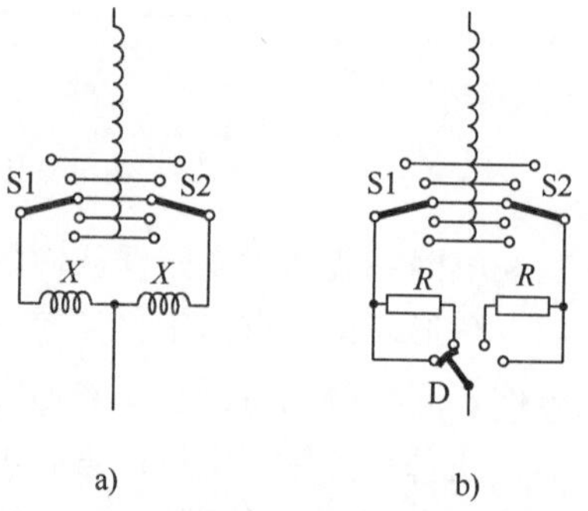

图2-19　有载抽头换接器的运行原理：
a）采用电抗器；b）采用电阻器

在此期间，抽头之间的那部分绕组被电抗 $2X$ 短路，此电抗降低了短路电流，这是第一种方案的优点。然后，移动选择器S2使两个选择器都处于新的所选抽头位置上。为了确保选择器移动时不会在电路中产生间隙，需要采用合适的抽头驱动系统。

在第二种方案（见图2-19b）中，使用了2个电阻器 R 和一个分流开关D。正常运行时抽头处于确定位置，分流开关D处于极端位置，即图中的左侧位置。负载电流流过短接电阻器的导体。在换接时序启动前，分流开关 D 被移到中间位置。这样，电流就流过 2 个并联的电阻器，使得电路的电阻增加 $R/2$。然后，选择器 S1 移动到新的位置，这样抽头之间的那部分绕组被电阻 $2R$ 瞬间短路。此电阻限制了短路电流，这是第二种方案的优点。然后，移动选择器 S2 使两个选择器都处于所选新的抽头位置。最后，分流开关 D 返回到其最左侧的位置。

两个元件（分流开关和选择器）可能是一个机构的不同部分，但它们在两个单独的隔间中运行。选择器和电阻器都位于变压器油箱内的下室中。分流开关位于变压器油箱外的上室中，自身带有专用的油。由于这种分离，在抽头换接过程中（即电路断开时）使用的油不会污染变压器油箱中的油。与大变压器油箱中的油相比，分流开关小隔间中的油的更换频率更高。电阻器只能暂时使用，如果在电阻器运行时开关机构闭锁，则必须断开变压器。

有时，抽头选择器和分流开关合并成一个开关，如图 2-20 所示。该开关由若干个展开成圆形的固定触点和一个三重移动触点组成。为了简化，只显示了左侧的固定触点以及相应的抽头。固定触点之间的空隙对开关时序起着重要的作用。动触点由主（中）触点和两个边触点构成。在这些触点电路中存在电阻。这种三重触点是按如下方式移动的。选择触点和空隙的宽度，以便在主动触点离开给定的固定触点之前，边触点从相邻的空隙移动到相邻的固定触点。这会导致相邻固定触点通过电阻器瞬间短路。三重触点的进一步移动导致主触点与固定触点的连接，并将边触点移动到空隙中。这样短路中断，通过新的固定触点和新的抽头恢复正常运行。

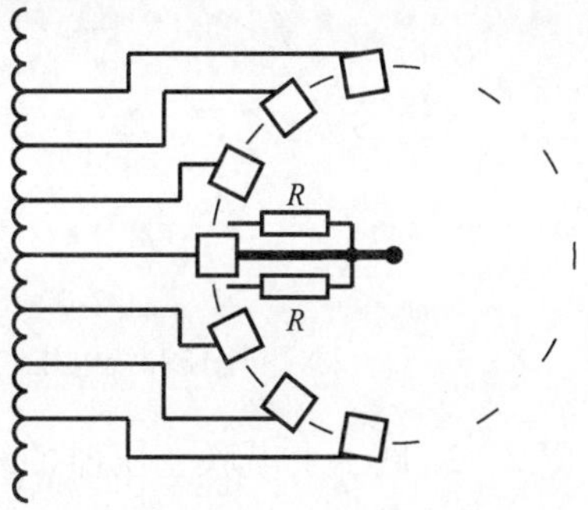

图 2-20　选择式抽头换接器的工作原理

2.5.2.2　移相变压器

移相变压器通过控制电压比和电压相角来控制输电网络中的有功潮流。这种调节是使用一个被称为升压变压器的串联变压器来实现的，而该串联变压器由一个励磁变压器供电。图 2-21给出了升压变压器和励磁变压器接线的例子。

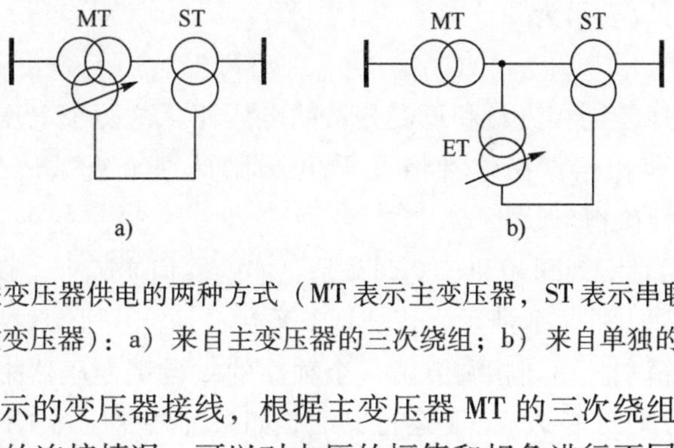

图 2-21　给串联变压器供电的两种方式（MT 表示主变压器，ST 表示串联即升压变压器，ET 表示励磁变压器）：a）来自主变压器的三次绕组；b）来自单独的励磁变压器

对于如图 2-21 所示的变压器接线，根据主变压器 MT 的三次绕组（或励磁变压器 ET）与串联变压器 ST 之间的连接情况，可以对电压的幅值和相角进行不同程度的调节。图 2-22 展示了几种可能的方案。

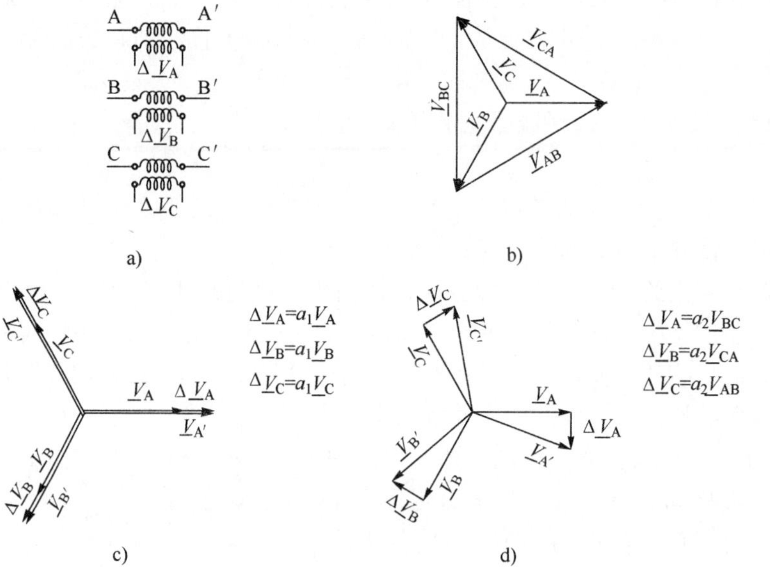

图2-22　复电压比：a）串联变压器绕组；b）相电压和线电压三角形；c）同相升压电压；d）正交升压电压

图2-22a展示了串联变压器的绕组，其中 $\Delta \underline{V}_A$、$\Delta \underline{V}_B$、$\Delta \underline{V}_C$ 为励磁变压器（图中未显示）提供的电压，将注入主电路的每一相中。图2-22b展示了供电给励磁变压器的相电压和线电压的相位关系。同样的电压也出现在串联变压器的一次侧。如果励磁变压器的构造使电压 $\Delta \underline{V}_A$、$\Delta \underline{V}_B$ 和 $\Delta \underline{V}_C$ 与其一次侧相电压 $\underline{V}_A$、$\underline{V}_B$ 和 $\underline{V}_C$ 成比例且同相位，则串联变压器将产生如图2-22c所示的电压幅值变化。串联变压器的二次电压为 $\underline{V}_{A'}$、$\underline{V}_{B'}$ 和 $\underline{V}_{C'}$。

另一种方式如图2-22d所示，励磁变压器的构造使得电压 $\Delta \underline{V}_A$、$\Delta \underline{V}_B$ 和 $\Delta \underline{V}_C$ 与其一次侧的线电压 $\underline{V}_{BC}$、$\underline{V}_{CA}$ 和 $\underline{V}_{AB}$ 成正比。由于三相系统中相间电压总是与第三相的电压成正交关系，因此串联变压器会引起电压相角的变化和电压幅值的微小变化。这种类型的升压变压器被称为正交升压变压器。

一般地，励磁变压器被构造成向串联变压器提供一个由同相分量和正交分量组成的净电压。三相电压的变化可以表示为

$$\Delta \underline{V}_A = a_1 \underline{V}_A + a_2 \underline{V}_{BC}, \quad \Delta \underline{V}_B = a_1 \underline{V}_B + a_2 \underline{V}_{CA}, \quad \Delta \underline{V}_C = a_1 \underline{V}_C + a_2 \underline{V}_{AB} \tag{2.4}$$

式中，a_1 和 a_2 分别对应于同相分量和正交分量的电压比。这两个电压比都可以调整，从而可以控制电压的幅值和相角。在这种情况下电压比是一个复数，$\underline{\vartheta} = \underline{V}_{A'}/\underline{V}_A = \underline{V}_{B'}/\underline{V}_B = \underline{V}_{C'}/\underline{V}_C = \vartheta e^{j\theta}$，其中 θ 是移相角。

在单个变压器中同时实现同相和正交调节是可能的。但实际上，这两种调节模式往往在独立的变压器中实现，如图2-23所示。正交调节采用升压变压器BT来实现，其励磁变压器ET与其放在同一个油箱中。而同相调节由一个独立的主自耦变压器来实现，该主自耦变压器有自己的油箱。此方案的主要优点是运行灵活。如果励磁变压器ET的抽头换接器需要维护而停运或发生故障，在端子S和L之间实施旁路后，自耦变压器AT可以继续运行，如图2-23所示。

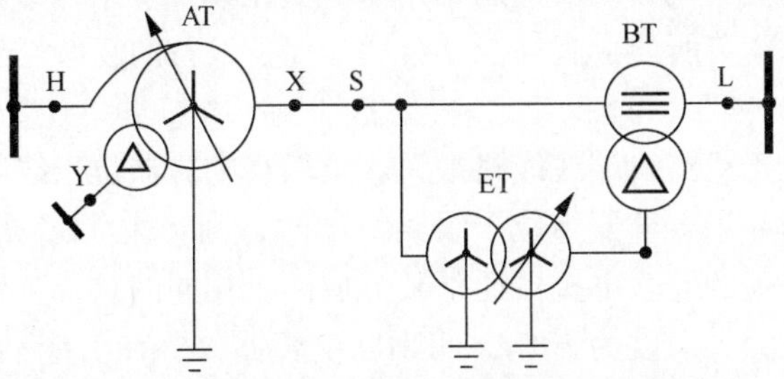

图 2-23　具有单独的同相和正交调节的变压器组合

2.5.3　并联和串联元件

并联和串联元件，如串联电容器和并联补偿装置（静止的和旋转的），在输电网络中有多种用途。从本书的角度来看，将考察它们在无功补偿和提高稳定性方面的用途。

2.5.3.1　并联元件

3.1 节将对不断变化的有功和无功功率需求有可能导致电网电压分布发生巨大变化的原因给出说明。一般来说，无功功率不能长距离传输，应在接近消耗点处进行补偿。实现这一点最简单和最便宜的方法是采用并联补偿，即安装电容器和/或电抗器，可以直接联接到母线上或联接到变压器的三次绕组。并联元件也可沿着输电线路布置，以尽量减小损耗和电压降。传统上，静止并联元件是通过断路器投切、手动投切或通过电压继电器自动投切。现代的解决方案涉及晶闸管的使用，将在下一小节介绍。

当系统有功需求较低时，输电线路中电容产生的无功功率可能高于电感消耗的无功功率，使输电线路成为一个净无功功率源（见 3.1.2 节）。其效应会导致电网电压升高到不可接受的值。在这种情况下，并联电抗器可以用来消耗掉多余的无功功率并降低电压。通常，超过 200km 的输电线路需要加装并联电抗器。在重载条件下，可以断开一些电抗器并投入一些并联电容器，以提供无功功率并提高当地的电压。

另一种提供并联补偿的传统方法是使用同步补偿器。这是一种空载运行的凸极同步电动机，其磁场受控以产生或吸收无功功率。当过励磁时，同步补偿器是一个无功电源；当欠励磁时，其吸收无功功率。虽然其价格相对较高，同步补偿器在控制电压和无功功率方面发挥着重要的作用，特别是在输电和次输电的电压等级上。在负荷变化和紧急状态下，同步补偿器被用来提高稳定性并将电压保持在所需的限值内。在新建变电站中，为了降低投资和运行成本，同步补偿器通常与可投切并联电容器组和电抗器一起安装，后者对同步补偿器的无功容量范围进行补充。大多数同步补偿器被设计成室外运行、无人值守、自动启停。几 MVA 的小型同步补偿器通常接到输电变压器的三次绕组上，而达到几百 MVA 的大型装置则通过单独的升压变压器接到高压变电站的高压母线上。小型装置一般采用空气冷却，而大型装置则采用水冷或氢冷。

2.5.3.2　串联元件

串联电容器与输电线路导线相串联以抵消线路的感性电抗。这有助于提高机电稳定性和电压稳定性，使电网节点的电压下降，并将有功功率和无功功率损耗降至最低。通常，输电线路的感性电抗被补偿掉的程度在 25% ~70% 之间。完全的 100% 补偿从来就没有被考虑过，因为它会使线路潮流对线路两端电压相角差的变化非常敏感，并使电路在基频下发生串联谐振。此外，如6.7.3节所述，高补偿度会增加保护设备的复杂性，并增加次同步谐振发生的可能性。

通常串联电容器位于线路终端或线路中间。虽然当电容器位于线路中点时故障电流较低且线路保护更容易；但如果电容器组位于线路终端时，则将大大方便其维护、控制和监测。因此，补偿电容器和相关的并联电抗器通常被分成两个相同的组，分别位于线路的一端，通常每个组可以达到的最大补偿度为30%。将串联电容器放置在沿线不同位置的好处和问题，其详细讨论参见Ashok Kumar et al.（1970）和Iliceto and Cinieri（1970）。

有时，在功率摇摆或大功率传输期间，线路无功电流很高，导致串联电容器一侧的电压上升到过高的水平。在这种情况下，要么系统被设计成能够将电压限制到可接受的水平，要么使用电压额定值恰当的电容器。通常，串联电容器上的电压降仅为线路额定电压的很小部分。然而，当电容器一侧发生短路时，加在电容器两端的暂时电压可以达到与线路额定电压大致相等的值。由于这种故障比较罕见，因此将电容器设计成能够承受如此高的电压是不经济的，通常发生这种故障时应将电容器旁路掉，故障清除后再将电容器重新插入。

将电容器旁路掉的传统方法是在电容器组本身或组的每个模块上设置火花间隙。一个更好的解决方案是使用非线性氧化锌电阻器，其提供几乎瞬时的重新插入。图2-24展示了几个可能的旁路方案（ABB，1991）。图2-24a是一个单间隙保护方案，使用单火花间隙G，当电压超过预设值（通常等于电容器额定电压的3~4倍）时，该间隙G将电容器旁路掉。流过电容器的短路电流在阻尼器D中被阻尼。当检测到间隙电流时，旁路断路器S闭合，将电流从间隙中分流。当线路电流恢复正常时，旁路断路器在200~400ms内断开，电容器重新插入。

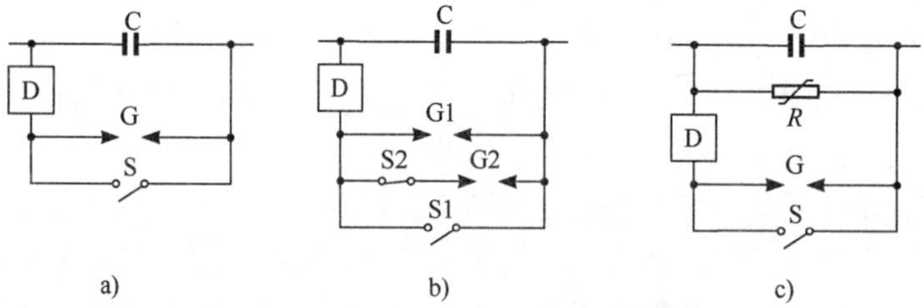

图2-24 串联电容器保护方案：a）单间隙方案；b）双间隙方案；c）氧化锌方案

图2-24b是一个双间隙方案，其提供了一个更小的重新插入时间，大约80ms。当故障发生时，动作值低于G1的火花间隙G2首先放电将电容器旁路掉。正常时闭合的断路器S2在检测到线路电流正常后立刻打开，并将电容器重新插入。这样，电容器的重新插入不会由于去游离时间而延迟。另一个间隙G1和旁路断路器S1作为后备保护。

由于其非线性特性，图2-24c所示的氧化锌电阻器在故障期间将限制电容器组的电压，并在电流恢复正常时立刻重新插入电容器组。火花间隙G正常时不动作，仅仅作为电阻器的后备过电压保护用。

2.5.4 FACTS装置

传统上，电力系统中的主要控制操作（如变压器抽头换接）是通过机械装置来实现的，因此速度相当慢。然而，电力电子技术的不断发展使得多种装置得以开发完成，这些装置具有与传统装置相同的功能，但运行速度更快，技术问题更少。配备有此类装置的输电网被称为柔性交流输电系统（FACTS），而这些电力电子装置本身则被称为 FACTS 装置。FACTS 装置的核心是可控半导体，即晶闸管。

20 世纪 70 年代早期开发的第一个晶闸管是可控硅整流器（SCR），它具有控制开通的能力但无控制关断的能力。此种晶闸管现在被称为传统晶闸管。它是电力电子装置快速发展的核心，还被用来构造第一个使用晶闸管阀的 FACTS 装置。晶闸管阀由传统晶闸管构成，可用作断路器或电流控制器，如图 2-25 所示。

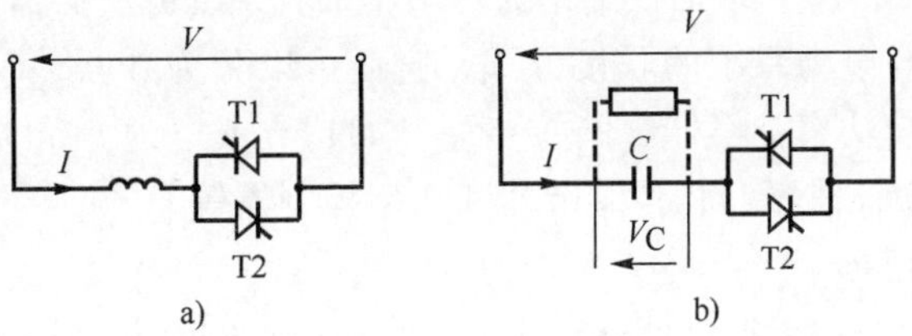

图 2-25 晶闸管阀的两种应用：a）晶闸管控制电抗器；b）晶闸管投切电容器

图 2-25a 展示了一个由两个晶闸管构成的晶闸管阀，它可以调节流过并联电抗器的电流。对交流电流的调节是通过切掉正弦波形的一部分实现的，所产生的交流电流含有谐波。因此，任何采用这种调节方式的 FACTS 装置都必须配备额外的谐波滤波器，以帮助平滑电流波形。此种滤波器是非常昂贵的，构成了总成本的一个重要部分。

对于电容器，由于与电容器充放电周期相关的时间常数很大，不太可能对电流进行平滑控制，因此晶闸管阀被用来投入或切除电容器，如图 2-25b 所示。当电流被阻断时，电容器通过放电电阻器放电。

电力电子技术发展的后一个阶段是门极关断（GTO）晶闸管的发明，该种晶闸管具有控制开通和控制关断的能力。GTO 晶闸管已经在多种基于电压源换流器和电流源换流器的更先进的 FACTS 装置中得到应用。这些换流器的基本原理如图 2-26 所示。为了区别于传统的晶闸管，GTO 晶闸管用一条附加的斜线来表示。

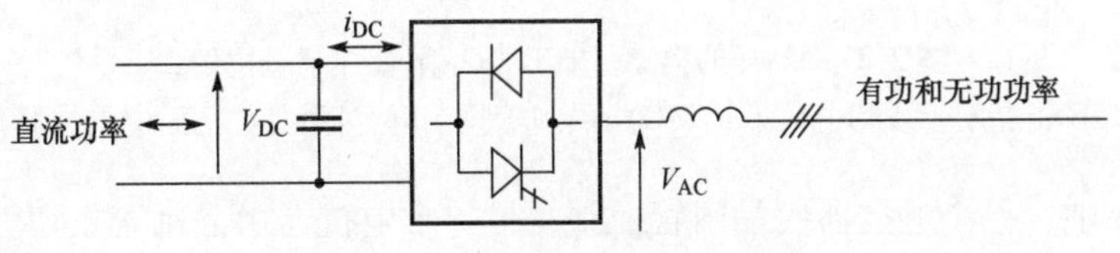

图 2-26 电压源换流器的基本原理

电压源换流器（见图 2-26）将直流系统与三相交流系统联接起来（右侧的三条斜线表示三相系统）。一般来说，功率可以向任何一个方向流动，即直流系统可以发送或接收功率。直流电压总是单极性的，功率反转通过直流电流的极性反转来实现。因此，换流阀必须是双向的，由不对称关断的 GTO 器件和反向并联的二极管组成。直流侧的电容器必须足够大，以处理伴随换流阀开关时序的持续充放电电流。在交流侧，电压源换流器通过一个小电抗（通常是变压器）与交流系统联接，以确保直流电容器不会短路以及不会迅速放电到交流系统的输电线等容性负载中。在特定情况下，直流侧可能仅由一个电容器组成，这样，直流系统的有功功率等于零。在这种情况下，交流侧只有无功功率。

在低压电力电子装置中使用的电流源换流器一般不用于高压电力电子装置，因为它们需要在交流侧安装很昂贵的交流滤波器。因此，本书将不对电流源换流器进行讨论。

GTO 的主要缺点是门极驱动器体积庞大、关断缓慢和缓冲电路昂贵。克服这些问题的相关研究一直在继续。在未来的几年里，FACTS 装置中的 GTO 很可能会被更先进的新型晶闸管所取代，如集成门极换向晶闸管（IGCT）或 MOS 控制晶闸管（MCT）。

基于晶闸管的 FACTS 装置的详细描述可参见文献 Hingorani and Gyugyi (2000) 和 Akagi, Watanabe and Aredes (2007)。下面仅给出为理解本书其余部分所必需的一个简短的描述。

根据 FACTS 装置与电力系统的联接方式，它们可以分为并联装置和串联装置。主要的并联 FACTS 装置有无功功率补偿器、储能装置（如超导或电池）和制动电阻。在各种串联 FACTS 装置中，有串联补偿器、相角调节器和功率控制器等。

2.5.4.1 静止无功补偿器

基于传统晶闸管的静止无功补偿器（SVC）自 20 世纪 70 年代以来就在电力系统中得到应用，远远早于 FACTS 概念的提出。SVC 的作用是根据实际系统需要调整无功补偿量。使用如图 2-25 所示的晶闸管投切和/或晶闸管控制的并联元件，可以构建在容性和感性区域内运行的灵活且连续的无功补偿方案。利用这些元件，可以设计各种 SVC 系统。一些典型结构如图 2-27 所示。

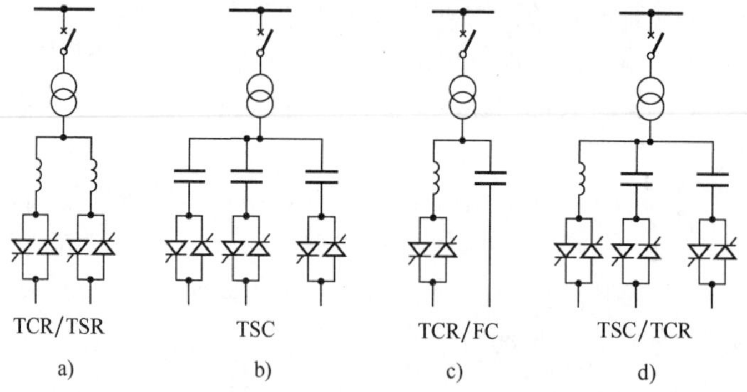

图 2-27 SVC 的类型（TCR 指晶闸管控制电抗器；TSR 指晶闸管投切电抗器；TSC 指晶闸管投切电容器；FC 指固定电容器）

在图 2-27a 中，一个电抗器由晶闸管控制，另一个电抗器由晶闸管投切。当感性无功需求较低时，只有晶闸管控制的电抗器运行。当需求增加时，两个电抗器都投入，其中晶闸管控制的电抗器被用来控制实际需要的无功功率量。

图 2-27b 展示了一个晶闸管投切电容器组。无功功率控制（仅在容性区域）可以通过连贯地分级投入或切除电容器而实现。

图 2-27c 所示的 SVC 由一个并联电容器组与一个晶闸管控制并联电抗器并联组成。晶闸管阀能够平滑地控制由电抗器产生的滞后无功功率。当电抗器完全导通时，并联的电抗器-电容器组呈纯感性；但当电抗器完全断开时，该组呈纯容性。通过控制电抗器的电流，可以在这两个极端之间的范围内实现完全控制。类似的原理也应用于如图 2-27d 所示的系统

中，该系统还包含一个额外的晶闸管投切电容器组。

上述每个系统都有一个与之相对应的静态电压-无功功率特性曲线 $V(Q)$。下面将以TSC/TCR补偿器为例进行讨论。

SVC中使用的晶闸管触发电路通常由电压调节器（见图2-28）控制，该调节器试图通过控制注入母线的无功功率的数量和极性来保持母线电压恒定。TSC和TCR都配备了一个控制器，如图右侧所示，产生所需的等效补偿器总电纳值 B。该电纳控制器执行总体控制策略，对整个系统的运行非常重要。如图左侧所示的调节器，根据控制器的传递函数和补偿器联接点上的电压偏差构建控制信号。显然，总电纳的值介于电容器组的总电纳和电容器断开时的电抗器电纳之间。稳态下，对于调节器的传递函数 $G(s)$，当 $t\to\infty$ 即 $s\to 0$ 时，有

$$G(s)\big|_{s=0}=K \tag{2.5}$$

即增益。因此在稳态下，$\Delta B=K\cdot\Delta U$，即电纳的变化与电压的变化成正比。对于接近额定电压值的电压，可以假设 $V\cong V_{ref}$，即 $\Delta Q=\Delta B\cdot V^2\cong\Delta B\cdot V_{ref}^2$。因此有

$$\Delta Q\cong(K\cdot V_{ref}^2)\cdot\Delta V \tag{2.6}$$

图2-29给出了该装置的电压-无功功率特性曲线。与式（2.6）相对应的 $V(Q)$ 特性的那部分曲线用Ⅰ表示。该曲线有一个小的斜率，即其正切等于 $1/K$，也就是调节器增益的倒数；而与纵轴相交处的电压等于 V_{ref}。

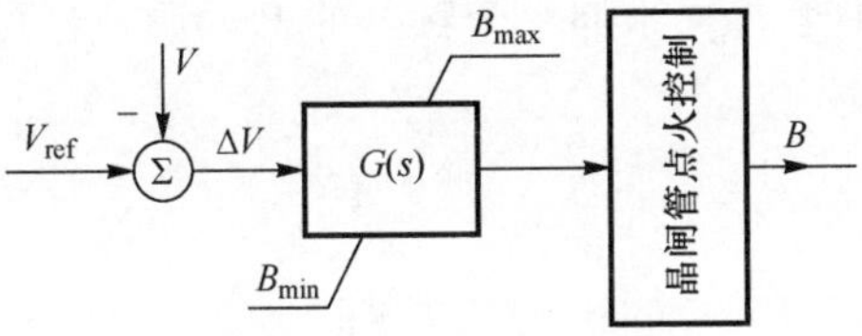

图2-28 SVC的简化框图

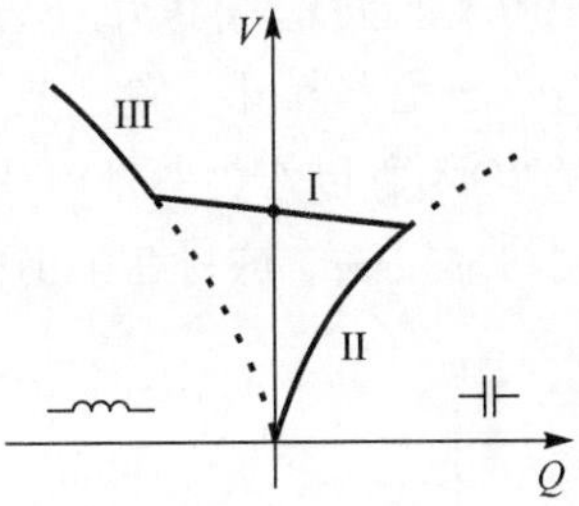

图2-29 装有调压器的SVC的静态特性

特性曲线中标示为Ⅱ的那一段对应于抛物线 $Q=B_{max}\cdot V^2$，即当所有电容器投入和电抗器断开时电纳取到最大值时的无功功率。特性曲线中标示为Ⅲ的那一段对应于抛物线 $Q=B_{min}\cdot V^2$，即当所有电抗器投入和电容器断开时电纳取到最小值时的无功功率。

SVC除了作为电压调节器在输电网中运行外，添加额外的PSS调节器后可以用来阻尼功率振荡。这将在第11章中讨论。

目前，基于传统晶闸管的SVC被认为是一种古老的技术。特别麻烦和昂贵的是，必须对TCR输出的畸变电流波形进行平滑。这种SVC的成本通常是不控并联电抗器组或固定电容器组的几倍，其中相当一部分成本是由滤波器造成的。对基于晶闸管的无功补偿所引出的问题，其现代解决方案是基于电压源换流器的静止补偿装置。

2.5.4.2 静止补偿器

静止补偿器（STATCOM）也称为静止无功发生器（SVG），以类似于SVC的方式提供并联补偿，但使用的是电压源换流器。因此，它具有非常高的电力电子元件比例，而其使用的传统元件则减少到了只有变压器和电容器。

STATCOM的工作原理如图2-30所示。在电压源换流器的直流侧只有一个电容器。与

图2-26中相比，其没有有功功率的电源或需求。电压源换流器配备有一个脉宽调制（PWM）控制器，该控制器具有两个控制参数 m 和 ψ。此换流器产生的交流电压由以下公式给出：

$$\underline{V}_{AC}=mkV_{DC}(\cos\psi+j\sin\psi) \tag{2.7}$$

m 的变化使换流器能够改变交流电压的幅值，从而改变流经变压器电抗 X 的交流电流，即

$$\underline{I}_{AC}=(\underline{V}_i-\underline{V}_{AC})/jX \tag{2.8}$$

如果 $V_{AC}>V_i$，则$\underline{I}_{AC}$超前于$\underline{V}_i$，无功功率输出至母线，补偿器的作用就像一个电容器。反过来，如果 $V_{AC}<V_i$，则$\underline{I}_{AC}$滞后于$\underline{V}_i$，补偿器从母线吸收无功功率，其作用就像一个电抗器。对于0.1pu的变压器电抗，±10%的 V_{AC}变化会产生注入无功功率的±1pu的变化。

改变交流电压的相角 ψ [见式（2.7）]，可以控制馈入电容器的有功功率，这是保持直流电压恒定值所必需的。

为了补偿电力系统中的无功功率，STATCOM必须配备一个AVR。其作用是通过影响换流器控制器的调节参数 m 和 ψ 来实现适当的无功功率改变。

与SVC一样，电压控制器的传递函数在静态电压-无功功率特性曲线中产生一个所要求的在参考电压 V_{ref}附近的小斜率。调节器有一个通过补偿电流反馈的镇定环。调节器也有电压限幅器和电流限幅器。达到最大电流值后，电流限幅器停止电流调节。它们对应于图2-31a中的垂直线 I_{min} 和 I_{max} 以及图2-31b中的对角线 $Q=VI_{min}$ 和 $Q=VI_{max}$。当电压超过允许值时电压限幅器断开装置。电压限幅器对应于特性曲线中 V_{min} 和 V_{max} 值处的虚线。

STATCOM可以作为一个电压调节器在输电网中运行，添加一个额外的PSS调节器可以用来抑制功率振荡。这将在第10章中讨论。

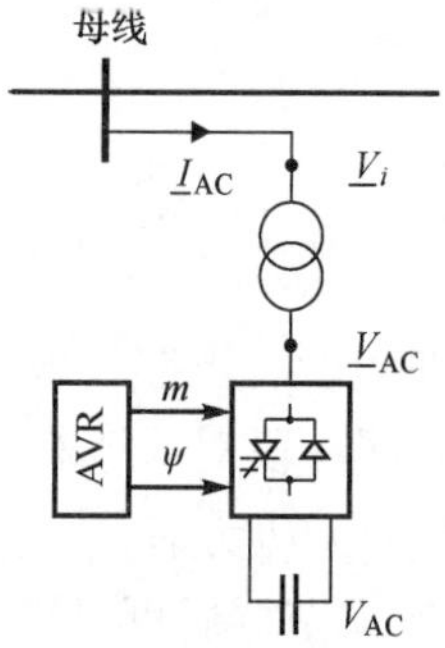

图2-30 基于电压源换流器的STATCOM

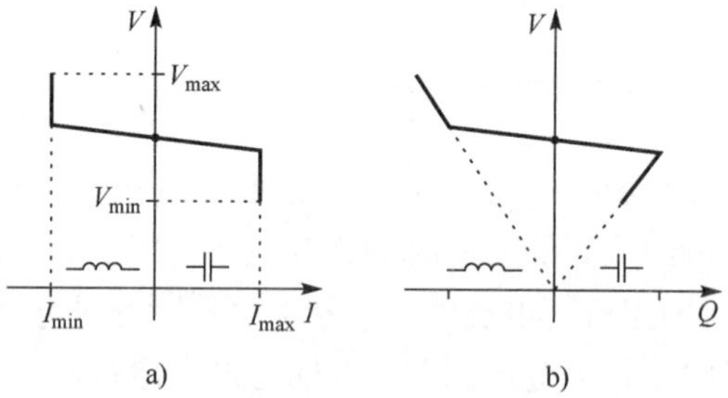

图2-31 装有电压调节器的STATCOM的静态特性：a）电压与电流；b）电压与功率

2.5.4.3 储能系统

图2-26显示，电压源换流器可以与发送或接收功率的直流装置一起运行。该功率将作为输送至电力系统或从电力系统接收的有功功率出现在交流侧。

如图2-32所示的电池储能系统（BESS）具有一个联接到直流侧的化学电池。电池电压 V_{DC}可以认为是恒定的，因此根据式（2.7），改变参数 m 和 ψ 就能调节交流电压$\underline{V}_{AC}$的幅值和相位，从而调节有功和无功潮流。m 和 ψ 的调节由功率调节系统（PCS）执行。该调节器以可接受的速率对电池进行充放电并强制实现所需的有功潮流。根据需要，BESS还可以像

STATCOM 一样控制无功潮流。

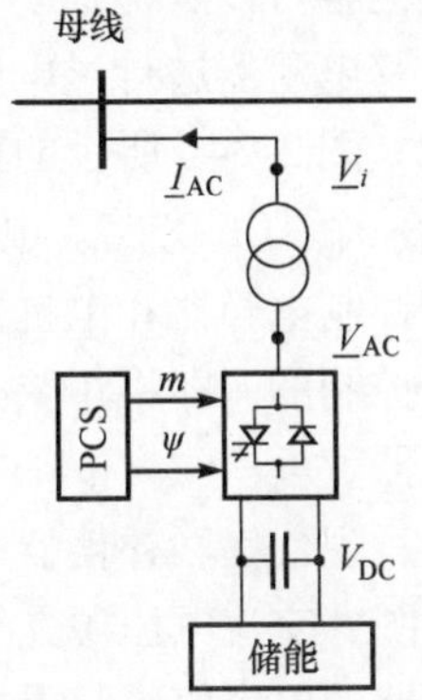

图 2-32　BESS

接在配电网的 BESS 容量范围从小于 1MW 到超过 20MW，已有多种应用，其中之一是平滑由间歇性负荷或可再生能源发电机产生的潮流。

在输电网中，额定功率为几十 MW 或更高的 BESS 具有应用潜力，包括大型机组跳闸后作为最初的旋转备用或频率控制（见第 9 章）。BESS 的有功功率也可用于阻尼功率摇摆和增强稳定性（见第 10 章）。

超导储能系统（SMES）的功能与 BESS 相似，但使用超导线圈在线圈磁场中存储能量。SMES 提供的有功和无功功率取决于线圈中存储的直流电流。对于给定的直流电流，SMES 的功率可以在复功率平面的四个象限中进行调节，调节范围是一个圆。

$$[P_s(t)]^2+[Q_s(t)]^2 \leqslant |S_{max}|^2 \tag{2.9}$$

式中，S_{max} 是最大可用视在功率。SMES 的应用与 BESS 类似。

2.5.4.4　晶闸管控制制动电阻

制动电阻专门用于提高暂态稳定性。当发电机附近发生严重故障时，它充当一个额外的电阻负载，能够吸收一些剩余的发电功率，从而防止失步发生。

传统上，制动电阻是一个铸铁构造的电阻器，通过机械断路器在故障清除后的很短时间内投入。由于机械断路器的使用寿命有限，制动电阻只在发生故障后投入和断开一次。

在较新的解决方案中，机械断路器可用一个由传统晶闸管制成的电子开关来替代，该电子开关采用晶闸管背靠背联接，如图 2-33 所示。这种装置被称为晶闸管投切制动电阻（TSBR）。允许的投切次数不再受到限制，并且可以在故障发生后通过一定次数的投切来实现砰-砰控制。

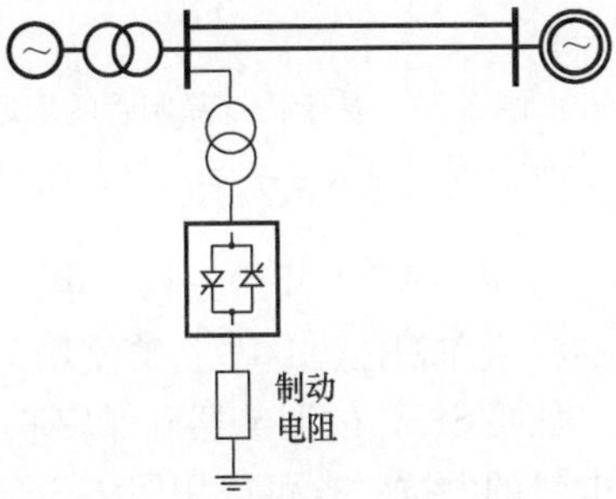

图 2-33　TSBR

理论上可以用电压源换流器来控制制动电阻。在这种情况下，电阻可以联接到直流侧，类似于 BESS。电压源换流器可以平滑地控制电阻从交流系统吸收的有功功率。这种装置可以被称为晶闸管控制制动电阻（TCBR）。与 BESS 一样，无功功率也可以在换流器的容量范围内进行控制。

2.5.4.5　串联补偿器

传统的串联电容器由机械断路器投切。因此，它们的控制性能是有局限性的，并且通常在恒定电容值下运行。

现代的 FACTS 串联补偿器，除了传统的补偿串联线路电抗外，还可以用来调节输电系统的总电抗，从而实现对有功潮流的调节。这种补偿器可以使用传统的晶闸管来实现，也可以使用电压源换流器来实现。

图 2-34 展示了两个基于传统晶闸管的串联补偿器的实例。图 2-34a 所示的第一个装置被称为可投切串联电容器（SSC），该串联电容器由固定电容器 C_F 和一组串联的电容器 C_1，C_2，…，C_N 组成。晶闸管控制系统可以投入或旁路若干个电容器。这样，插入电网的总串

联电容可以阶梯式改变，每个阶梯等于一个串联补偿级的电容值。其中的晶闸管由非线性氧化锌电阻器进行过电压保护，如图2-34所示。

图2-34b所示的第二个装置被称为可控串联电容器（CSC），电容值为C的一个电容器由一个TCR旁路。电容器电流通过电抗器电流进行补偿。因此，对电抗器电流的控制等价于控制电容器和电抗器并联组合的合成电抗。控制是平滑的，但缺点是电抗器电流是由晶闸管控制的，即将正弦的电流波形切掉一块，导致波形畸变，从而产生谐波，需要使用平滑滤波器。

现代串联补偿器采用晶闸管换流器。图2-35给出了静止同步串联补偿器（SSSC）的示意图。交流电压源是一个电压源换流器，该电压源换流器的直流侧接的是一个电容器。该电容器的电容值满足保持直流电压恒定的要求。该换流器作为电压源与交流电网保持同步运行。由该换流器产生的交流电压$\Delta \underline{V}$通过串联（升压）变压器ST插入到输电线路中。SSSC的结构类似于STATCOM。因此，SSSC有时被称为串联STATCOM。

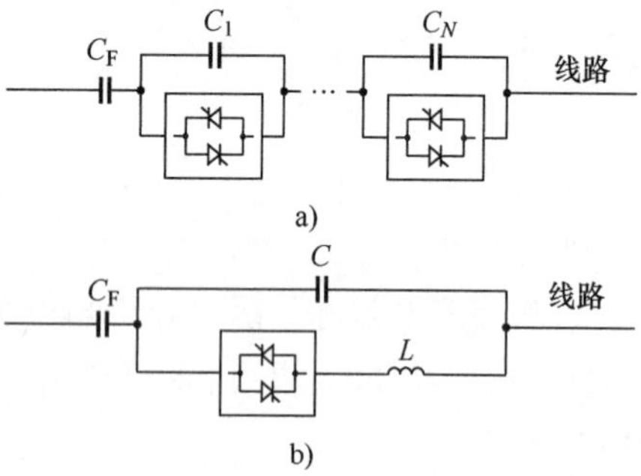

图2-34　基于传统晶闸管的串联补偿器：
a）晶闸管投切串联电容器；b）晶闸管控制串联电容器

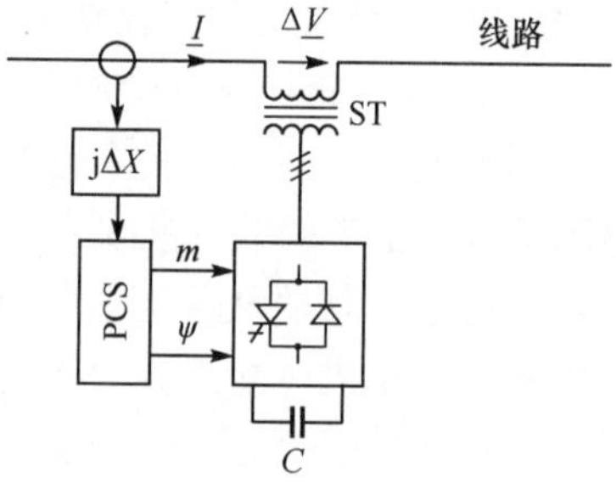

图2-35　SSSC

与在STATCOM中一样，电压源换流器由两个参数m和ψ控制，这两个参数决定交流电压的幅值和相位。这些参数使用PCS进行控制。

如果SSSC的调节器确保串联升压电压始终与输电线中的电流成正比，则SSSC会补偿输电线的电抗。这可以用图2-36来证明。假设升压器的电压为

$$\Delta \underline{V} \equiv -\mathrm{j}\Delta X \underline{I} \tag{2.10}$$

使用包括升压变压器在内的输电线路等效模型（见图2-36a），可以得到

$$\underline{V}_k - \underline{V}_j = \mathrm{j}X_L \underline{I} \tag{2.11}$$

$$\underline{V}_k = \underline{V}_i - \Delta \underline{V} \tag{2.12}$$

即

$$\underline{V}_i - \underline{V}_j = \mathrm{j}X_L \underline{I} + \Delta \underline{V} = \mathrm{j}X_L \underline{I} - \mathrm{j}\Delta X \underline{I} = \mathrm{j}(X_L - \Delta X)\underline{I}$$

因此最后有

$$\underline{V}_i - \underline{V}_j = \mathrm{j}(X_L - \Delta X)\underline{I} \tag{2.13}$$

最后一个方程对应于图2-36b所示的等效模型，其中等效线路电抗等于（$X_L - \Delta X$）。这意味着，将由式（2.10）表示的电压插入到线路中等价于将线路电抗X_L补偿掉ΔX。在图2-36c所示的相量图中，插入到线路中的电压补偿了线路电抗上的电压降。

应记住的是，只有根据式（2.10）控制电压源时，SSSC才补偿电抗。这个条件必须通

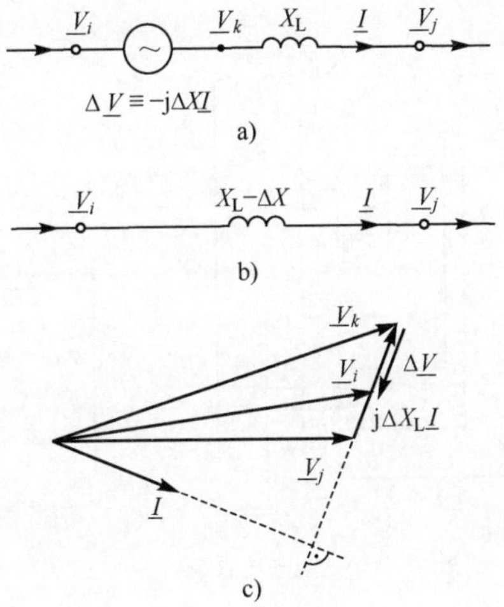

图 2-36　使用电流控制电压源补偿输电线路电抗：
a）具有串联电压源的输电线；b）等效电抗；c）相量图

过该装置的调节器来实现。

等效电抗 $X_L-\Delta X$ 上的无功损耗小于输电线路电抗 X_L 上的无功损耗。因此，电源 $\Delta\underline{V}$ 必须提供补偿输电线路电抗与等效电抗之间无功损耗差异所需的容性无功功率。而功率一定来自换流器直流侧的电容器。

串联电容器可用于调节稳态下的潮流。其运行速度也可用于阻尼功率摇摆，该应用将在第 10 章中讨论。

2.5.4.6　晶闸管控制相角调节器

图 2-22 所示的用于正交电压调节的机械抽头换接器可以用 FACTS 技术替代。图 2-37 显示了晶闸管控制相角调节器（TCPAR），其中晶闸管阀用作电子开关以取代传统的机械抽头开关。由于电源（励磁）变压器 ET 在二次绕组上有三组绕组，匝数比为 1∶3∶9，因此电子开关的数量限制为三个。晶闸管投切系统允许这三组绕组中的任何一组在正负方向与串联变压器 ST 串联投切。因此，每一组绕组都可以处于三种状态中的一种，即为串联变压器提供 $3^3=27$ 种可能的电压值。这相当于传统正交升压器中的 27 个抽头。例如，若要求升压器取值 1，则在电源电路中仅仅插入绕组 1；若要求升压器取值 $2=3-1$，则在电源电路中正方向插入绕组 3，反方向插入绕组 1；若要求升压器取值 $4=3+1$，则在电源电路中正方向插入绕组 3，正方向插入绕组 1。采用类似的方式可以获得其他的 ±13 个值。

2.5.4.7　统一潮流控制器

如图 2-38 所示的统一潮流控制器（UPFC）由并联部分和串联部分组成。并联部分由一个 ET 和一个电压源换流器 CONV 1 组成。串联部分由一个电压源换流器 CONV 2 和一个 ST 组成。两个电压源换流器 CONV 1 和 CONV 2 通过一个由电容器构成的公共直流链节背靠背联接。每个换流器都有其自身的 PWM 控制器，各自使用两个控制参数，分别是 m_1、ψ_1 和 m_2、ψ_2，如图 2-38 所示。

UPFC 的并联部分与 STATCOM 的工作原理相似（见图 2-30）。换流器 CONV 1 调节电压 $\underline{V}_{AC}$，从而调节 UPFC 从电网接收的电流。该电压可表示为

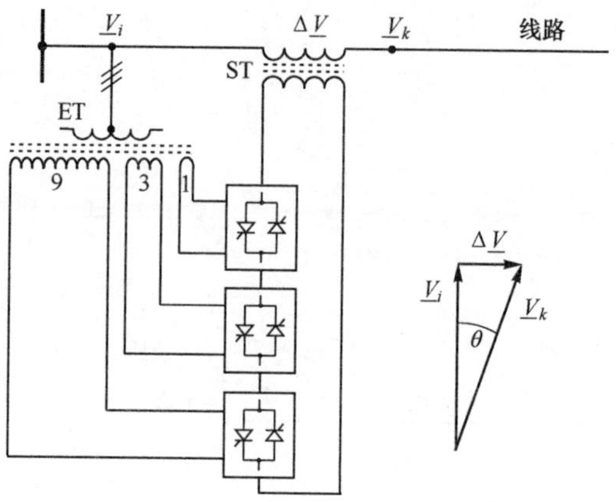

图 2-37　TCPAR

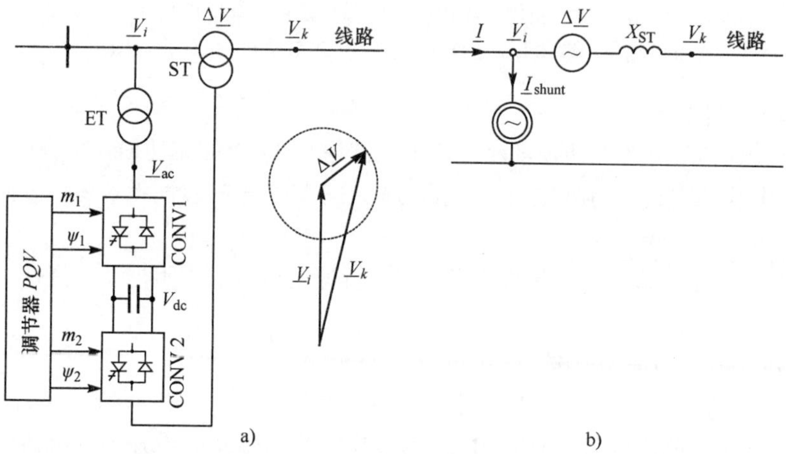

图 2-38　UPFC：a）功能图和相量图；b）等效电路

$$\underline{V}_{AC}=m_1kV_{DC}(\cos\psi_1+j\sin\psi_1) \tag{2.14}$$

控制器通过选择合适的 m_1 和 ψ_1 的值来达到所要求的值$\underline{V}_{AC}$。

UPFC 的串联部分与 SSSC 的工作原理类似（见图 2-35）。换流器 CONV 2 调节为升压变压器（串联）供电的交流电压 $\Delta\underline{V}$ 的幅值和相位。该电压可表示为

$$\Delta\underline{V}=m_2kV_{DC}(\cos\psi_2+j\sin\psi_2) \tag{2.15}$$

控制器通过选择合适的 m_2 和 ψ_2 的值来达到所要求的值 $\Delta\underline{V}$。由于可以对升压（串联）电压的幅值和相位同时进行控制，输电线路起点处的电压$\underline{V}_k$ 可以在相量$\underline{V}_i$ 创建的圆周内取任何值。这在图 2-38 的相量图中进行了说明。

对升压电压的幅值和相位的调节与图 2-23 所示的移相变压器的运行相对应。调节的主要限制是电压 ΔV 的允许值和流过 BT 的允许电流。

如图 2-38 所示的 UPFC 的简化稳态等效电路包含一个串联电压源 $\Delta\underline{V}$、升压变压器电抗 X_{ST}和并联电流源$\underline{I}_{shunt}$，而$\underline{I}_{shunt}$决定了维持直流电压恒定所需的并联部分的无功功率消耗。显然，该模型还必须包括上述串联和并联部分的限幅器。

UPFC 可以执行以下控制功能：

1）在串联部分，通过控制升压电压的正交分量 $\mathrm{Im}(\Delta \underline{V})$ 来控制有功潮流 P。

2）在串联部分，通过控制升压电压的同相分量 $\mathrm{Re}(\Delta \underline{V})$ 来控制无功潮流 Q。

3）通过控制电网向并联部分提供的无功电流 $\mathrm{Im}(\underline{I}_{\mathrm{shunt}})$，来控制联接点的电压 V_i。

UPFC 也可以像串联补偿器 SSSC 那样工作（见图 2-35）。在这种情况下，调节器必须选择升压器电压的同相和正交分量，使升压器的电压相量垂直于电流相量，以满足条件式(2.10)，从而补偿输电元件的电抗。

与其他 FACTS 装置一样，快速作用的 UPFC 也可用于阻尼功率摇摆，这将在第 9 章和第 10 章中讨论。

2.6　保护

没有一个系统元件是完全可靠的，任何元件可能会由于某些内部故障或外部故障而损坏。如果损坏的元件没有立即断开，它可能会进一步损坏直至完全毁掉。损坏的元件也可能干扰相邻元件的运行，从而威胁整个电力系统的运行和向用户供电的连续性。因此，需要使用保护装置来检测故障并断开故障元件。通常，电力系统保护装置包括电流和/或电压互感器、继电器、为继电器供电和控制断路器的二次电路以及继电器的辅助电源。

保护动作必须快速、可靠和有选择性。快速响应和高可靠性对于限制故障可能造成的损坏至关重要。此外，保护必须有选择性，只切除故障元件。可靠性是通过使用高质量的设备以及对每个元件使用两种不同的保护方案（即主保护和后备保护）来实现的。主保护和后备保护所根据的物理原理应该是不同的。如果后备保护与主保护置于同一变电站间隔内，则称为就地后备。如果相邻元件的主保护用作给定元件的后备保护，则称为远方后备。

详细论述电力系统保护的书有很多（Phadke and Thorap，1988；Wright and Christopoulos，1993；Ungrad，Winkler and Wisniewski，1995）。本节仅简要概述一些主要的保护方案，并引入对本书后面部分所需要的术语。

2.6.1　输电线路保护

输电线路的主要故障是短路。架空输电线路通过地线屏蔽雷击，地线悬挂在相导线的上方，而避雷器则直接与导线本身相联接。尽管如此，雷电仍然是架空输电线路故障的最常见原因，其中单相故障占所有故障的 75% ~90%。相反，多相接地故障占所有故障的 5% ~15%；而非接地的多相故障占所有故障的 5% ~10%，是最为罕见的。其他较罕见的故障原因包括绝缘子破损、强风引起的导线摆动和与其他物体的暂时接触。

架空线路上的大多数（80% ~90%）故障属于暂时性故障，由相导线之间或一个或多个相导线与接地金属或大地之间的闪络引起，造成闪络的原因有比如雷击等。其余 10% ~20% 的故障要么是半暂时性的，要么是永久性的。暂时性故障可以通过切除线路直到电弧熄灭，然后等待一段时间后再将线路投入来处理，等待的那一段时间被称为死区时间。而整个故障处理过程被称为自动重合闸。自动重合闸显著提高了供电的连续性。显然，在永久性故障的情况下，重新投入的线路将再次被其保护切除。可以有两到三次这样的尝试，但在高压输电网中通常只使用单次重合闸。

最古老的保护类型是基于基尔霍夫电流定律的差动电流保护。基尔霍夫电流定律阐述了流入和流出电路的电流之和等于零。图2-39展示了基本的差动电流保护方案，其中安装在线路两端的电流互感器通过电阻和导引线进行联接，联接方式满足相互平衡的要求。在健全状态或外部故障（如图2-39中的F_2）条件下，互联的导引线中无电流流动。在保护区内发生故障（故障F_1）时，会在电阻器之间产生电位差，从而有一个小的环流流过导引线，使过电压继电器通电并导致断路器动作。

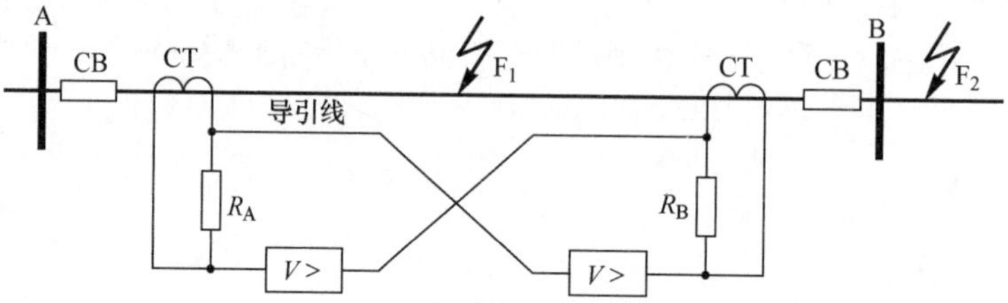

图2-39　差动电流保护：A和B为变电站母线；CB为断路器；CT为电流互感器；$V>$为过电压继电器；F_1和F_2为内部故障和外部故障

由于需要在受保护线路两端以相当高的精度连续传输信号，带导引线的差动方案仅用于保护最长为约20～30km的短输电线路。对于较长的线路，采用在保护区的每端安装方向继电器的联锁方案。如果两组继电器都指示电流流入线路，则这些继电器会启动线路两端的断路器断开。这种情况下继电器之间传递的信息必须是逻辑信号“是”或“否”，而不是在差动方案中使用的模拟信号。为了省去导引电缆的费用，通常使用高频信号通过被保护线路本身的导线传递逻辑信号，这种方式被称为电力线载波。

另一种更为流行的使用电力线载波的保护方案是相位比较方案，其对保护线路两端的电流相位进行比较。在正常运行或者外部故障条件下，线路两端的电流几乎是同相的，而当存在内部故障时，它们会拉开相当大的角度。

电力线载波所使用的频率通常为20～200kHz。较低的频率会增加载波的成本，而较高的频率会导致信号衰减过大。线路必须配备陷波器，陷波器是一种调谐电路，用于阻塞高频信号使其不能进入其他线路。

方向比较保护方案利用了与短路相伴随的行波。任何短路都会产生电压和电流行波，其从故障点向两侧方向传播。而故障检测通过比较线路两端的行波方向来实现。内部故障将导致行波向相反方向传播，而外部故障将导致行波向同一方向穿过保护区。

光纤技术的发展为远距离传递信息提供了新的可能性。目前，在方向比较和相位比较方案中，输电线路地线内的光纤链路被用来替代导引线或电力线载波。

最流行的输电线路保护方案是距离保护。它的主要优点是不需要导引线或电力线载波。另一个优点是，它可以为相邻的网络元件（线路和变压器）提供后备保护。其工作原理是基于高压输电线路的阻抗与其长度近似成正比。这意味着继电器在故障期间测得的视在阻抗与故障点和继电器之间的距离成正比。如果该阻抗小于线路的总串联阻抗，那么可以得出结论，保护区内发生了故障，线路应跳闸。不幸的是，由于电流和电压互感器、继电器本身以及其他因素（如故障阻抗）所引入的误差，视在阻抗的测量精度较低。因此，继电器必须具有与多个保护段对应的时间特性，每个保护段对应于不同的阻抗整定值和跳闸时间，如图2-40所示。母线A处的线路A-B的距离保护（用小实心矩形表示）分为Z_{A1}、Z_{A2}和Z_{A3}

三个保护段，跳闸时间分别为 t_{A1}、t_{A2}、t_{A3}。为了确保距离继电器不会超出保护段，即避免保护段外故障时不必要的跳闸，第一个保护段通常设置在线路长度的 85% ~ 90%。由于这个保护段 Z_{A1} 无法保护整条线路，距离继电器又配备了第二段 Z_{A2}，该段故意超出输电线路的远端。第二段的动作变慢，以便在相邻线路 B-C 上发生故障时，相邻线路的保护（位于 B）会在 A 处距离继电器的第二段动作之前动作。A 的第二段也作为相邻线路 B-C 距离继电器的部分后备。为了尽可能将此后备扩展到相邻线路，通常会再提供一个保护段 Z_{A3}。显然第三段是最慢的。

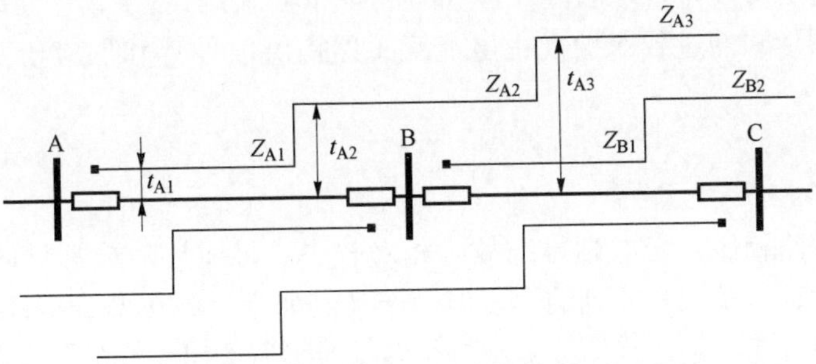

图 2-40　两条相邻线路的距离保护段

选择第三段的最大范围需要对重载下的继电器运行进行仔细的分析，特别是在电压下降的紧急状态下。当线路电流较大且电压较低时，继电器测量到的视在阻抗会逼近距离继电器的特性甚至会侵入第三段。这可能导致输电线路不必要的跳闸，并进一步使已被削弱了的系统重载，从而可能导致大停电。第 8 章将对此种大停电的例子进行讨论。

距离继电器在功率摇摆期间也可能导致输电线路不必要的跳闸。为了防止这种情况发生，距离保护必须配备功率摇摆闭锁继电器或功率摇摆闭锁功能。这将在 6.6 节中进一步讨论。

2.6.2　变压器保护

电力变压器是高压输电网络中的一个重要环节，必须对其外部故障和内部故障进行保护。内部故障可能是由绕组上的接地故障、相间故障、匝间故障和绕组间故障引起的。这个分类很重要，因为它也对应于采用不同类型的保护。

变压器保护的主要形式是差动电流保护。其工作原理类似于如图 2-39 所示的用于保护输电线路的电流差动保护。然而，由于一次和二次电流的幅值和相位不同，变压器保护方案具有一些特殊的特点。变压器保护方案还必须处理可能存在的较大的励磁涌流。励磁涌流取决于空载变压器通电的时刻，空载变压器通电时可能会有几倍于变压器额定电流的励磁电流流过；而且由于变压器中的损耗很小，励磁电流将以数秒的时间常数缓慢衰减至正常的小值。由于励磁特性的非线性，这种涌流具有很高的二次谐波，正可利用这种畸变来区分是正常电流还是故障电流。

差动保护虽然灵敏度高，但不能检测匝间故障。变压器通过安装在充油变压器主油箱和储油柜之间管道中的瓦斯保护装置来对这些故障进行保护。与匝间或绕组间故障相关的局部加热或电弧会分解油并产生氢气和一氧化碳等气体。气体从变压器中上升，并通过充满油的瓦斯继电器和倾斜管道向储油柜上升。在瓦斯继电器内部的上升通道中，这些气体被困在套管顶部而取代绝缘油。结果导致一个旋转的浮子或桶下降，根据释放的气体量，发出警报或使继电器跳闸。

大型变压器还配有两个距离保护装置，在变压器每侧各一个。两个继电器的第一段和第三段均指向变压器的阻抗，其跳闸信号传递至两个断路器的跳闸线圈电路，这构成了变压器差动保护的就地后备。第二段朝着相反方向指向网络，这构成了外部故障的主保护和母线保护的就地后备。

此外，变压器还可配备接地故障保护（检测零序电流）、组合式差动和限制接地故障保护、过电流继电器形式的过载保护（由电流互感器提供信号）和反应于变压器箱内温度的热继电器保护。

2.6.3 母线保护

与架空输电线路相比，变电站母线故障相对较少。母线故障最常见的原因是绝缘子闪络、电力设备故障，以及经常见到的人为误操作（例如带负载拉开或接地隔离开关）。变电站母线故障的后果可能比输电线路故障严重得多。对于所有出线都配备有距离保护的较不重要的变电站的母线，其本身受到邻站距离保护第二段的保护。如图2-40所示，变电站B的母线受变电站A和C的距离保护的保护。该方案的一个明显缺点是与距离保护第二段相关的故障清除时间较长。对于更重要的变电站来说，这是不可容忍的，因此它们通常为每个回路配备了差动电流保护，或配备了现代相位比较保护。在这种情况下，出线的距离保护构成了母线保护的远方后备。

2.6.4 发电机组保护

如图2-2所示，发电机组是一个复杂的系统，由发电机、励磁机、原动机、升压变压器以及可能配备的提供辅助服务的机组变压器组成。由于发电机组可能会受到各种故障或扰动的影响，因此通常由多个保护系统进行保护。最重要的是应对发电机和变压器内部故障的差动保护，通常包括三个差动保护系统：第一个用于发电机，第二个用于机组变压器，第三个用于带升压变压器的发电机（或带升压变压器和机组变压器的发电机）。大型发电机组以类似于变压器的方式通过指向电网的距离保护来应对外部故障。机组变压器通常由过电流继电器来应对外部故障。类似的过电流保护还用于定子绕组的过载保护和负载不对称保护以及转子绕组的过载保护。附加的保护系统用于应对发电机失磁、失步（滑极保护）、定子绕组故障（欠阻抗保护）、转子绕组接地故障和原动机故障（电动机运行保护）等。

发电机还配备有应对非电气扰动的保护装置，包括真空度低、润滑油故障、锅炉失火、超速、转子变形、过度振动以及旋转和静止部件之间的膨胀差异等。

2.7 广域测量系统

广域测量系统（WAMS）是使用公共时间基准对测量量进行同步（时间戳）的基于通信系统进行模拟和/或数字信息传递的测量系统。

WAMS使用的测量装置具有其自身的时钟，该时钟通过同步装置与公共时间基准同步。

这一概念并不是新的，从地面台发出的无线电信号已使用这个概念很多年了。作为参考，位于法国的国际计量局（BIMP）规定了协调世界时（UTC），UTC 是利用全球各地大约 200 个原子钟获得的时间来确定的。已经建造了许多地面无线电台用来传递 UTC 信号。在欧洲，使用了 DCF77 发射器，其位于德国法兰克福附近的 Mainfringen。很多应用于电力系统的监控和数据采集（SCADA）系统利用 DCF77 信号进行同步。使用 DCF77 获得的时间基准的精度为 1～10ms。从 SCADA 系统的角度来看，这种精度已足够好了，因为 SCADA 系统测量的是电流和电压的幅值以及对应的有功功率和无功功率。采用基于卫星的全球定位系统（GPS）可以获得更好的时间基准精度，至少达到 1μs。

2.7.1　基于 GPS 信号的 WAMS 和 WAMPAC

卫星 GPS 是美国民用和军用机构多年研究的成果，旨在开发一个非常精确的导航系统。世界各地的民用用户已可以使用该系统。该系统由空间段、地面段和用户组成。

空间段由位于六个轨道上的 24 颗卫星组成，即每个轨道上有 4 颗卫星。轨道和卫星的位置使得在任何时候都可以从地球上的任何位置看到 4～10 颗卫星。若使用三维坐标（经度、纬度和高度）和参考时间来确定任何接收器的位置，需要访问多颗卫星。每颗卫星都向地球发送一条关于发送时间和卫星相对于地球的实际坐标的编码信息。该信息还包含一个 1PPS（即每秒 1 个脉冲）的脉冲，通知协调世界时每秒钟的开始。该信号对于 WAMS 非常重要，因为它被用于对 WAMS 设备进行同步。

GPS 的地面部分由位于赤道附近的六个无线电台组成。其中一个位于美国 Colorado Springs 的是主站，其余的都是监测站。后者监测卫星运行的正确性，并向主站发送信息。相邻监测站的观测区域是重叠的，可以从两个监测站观测同一颗卫星。主站与卫星以及所有监测站通信。主站向卫星发送对其轨道的修正信息和对卫星时钟时间的修正信息。UTC 被用作参考时间，它是从美国海军的空间天文台发送出去的。

在 GPS 中，用户只是卫星信息的接收器，并不向系统发送任何信息。因此，用户数量不受限制。根据从若干颗卫星接收到的消息，在接收器中计算出给定接收器的坐标和时间。这意味着接收器配备了一种算法来求解一个方程，该方程中消息数据（卫星位置和参考时间）被视为已知数据，而接收器的坐标和参考时间被视为未知数据。参考时间隐含在求解的方程中，因为这些方程的建立方式可以不包含消息从卫星到接收器的传递时间。

GPS 参考时间约 1μs 的精度对测量频率为 50Hz 或 60Hz 的交流相量已经足够了。对于 50Hz 系统，与旋转一周 360°对应的周期时间为 $20\text{ms} = 20\times10^3\mu\text{s}$。1μs 的时间误差对应的角度误差为 $360°/(20\times10^3) = 0.018°$，即 0.005%。从相量测量的角度来看，这样的误差已足够小了。

可以对电力系统中电压和电流相量进行测量本身为新的控制创造了可能性：

1）从电压的相角、幅值和频率角度监测大型电力系统的运行情况，被称为广域监测（WAM）。

2）基于电力系统大范围相量测量的特殊电力系统保护被称为广域保护（WAP）。

3）基于电力系统大范围相量测量的控制系统被称为广域控制（WAC）。

WAMS 与 WAM、WAP 和 WAC 集成起来，就被称为广域测量、保护和控制（WAMPAC）。

近年来，WAMPAC 系统得到了动态扩展，测量技术和通信技术取得了长足的进步，但 WAMPAC 系统扩展的主要障碍是缺乏基于相量的 WAP 和 WAC 控制算法。关于这个问题已经有了很多研究，但是目前的知识状态还是不能令人满意。

2.7.2 相量

相量的定义与将周期波形表示成一个旋转向量密切相关。如图 2-41 所示，向量 $\vec{V}_m$ 以角速度 ω 相对于静止参考轴旋转。它在任何时刻的位置为

$$\vec{V}(t)=V_m e^{j(\omega t+\delta)} \tag{2.16}$$

式中，V_m 是幅值；δ 是相对于参考轴 Re 的相移角。该参考轴与正交轴 Im 一起构成了旋转复平面 Re-Im。

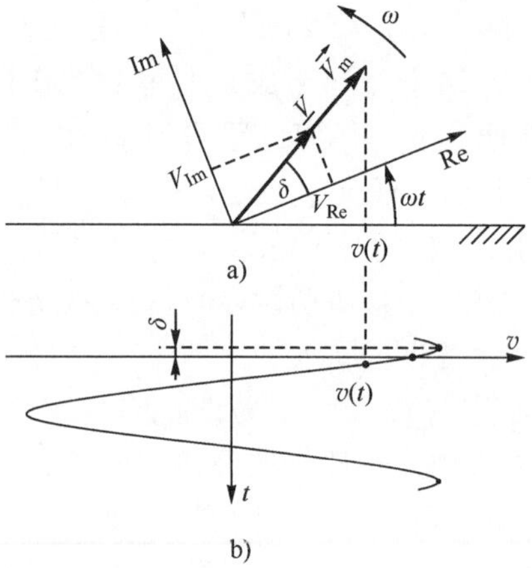

图 2-41 相量定义的图形说明：
a）旋转向量；b）相应的时域信号

向量 $\vec{V}(t)$ 在水平轴上的投影是周期性时变的（见图 2-41b），可以表示为 $v(t)=V_m\cos(\omega t+\delta)$。周期变化的频率 f 与角速度的关系为 $\omega=2\pi f=2\pi/T$，其中 T 是旋转的周期。正弦波形的有效值由 $V=V_m/\sqrt{2}$ 给出。式（2.16）可按照以下方式变换：

$$\vec{V}(t)=V_m e^{j(\omega t+\delta)}=\sqrt{2}\frac{V_m}{\sqrt{2}}e^{j\delta}e^{j\omega t}=\sqrt{2}Ve^{j\delta}e^{j\omega t}=\sqrt{2}\underline{V}e^{j\omega t} \tag{2.17}$$

向量 $\underline{V}=Ve^{j\delta}$ 被称为相量，其长度（模值）为 V，等于周期波形 $v(t)$ 的有效值；其角度 δ 根据旋转向量相对于轴 Re 的位置来定义。相量在复平面 Re-Im 中的分量可由下式确定：

$$\underline{V}=V_{Re}+jV_{Im}=Ve^{j\phi}=V(\cos\phi+j\sin\phi) \tag{2.18}$$

该相量包含了有效值和相对于参考轴的相移角的信息。若已知相量的分量 V_{Re} 和 V_{Im}，就很容易计算出它的长度 V 和相移角 δ。

上述定义假设了参考轴 Re 和复平面 Re-Im 是以和向量 $\vec{V}_m$ 相同的转速 ω 在旋转的。一般地，这两种转速可能不同，即向量 $\vec{V}_m$ 可以以转速 ω 旋转，而参考坐标系可能以转速 $\omega_{ref}\neq\omega$ 旋转。在这种情况下，相移角 δ 不是常数，而是随着时间而变化的，变化的速度等于两个转速之差，即 $d\delta/dt=\Delta\omega$，其中 $\Delta\omega=\omega-\omega_{ref}$。在 ω 围绕 ω_{ref} 振荡的特殊情况下，相量

在复平面上的运动被称为摇摆。

一个电网通常有 $i=1, 2, \cdots, n$ 个节点。所有节点电压的相量可放置在一个公共的复坐标系 Re-Im 中，如图 2-42 所示。这样节点 i 上的电压可以表示为

$$\underline{V}_i = V_i e^{j\delta_i} = V_i(\cos\delta_i + j\sin\delta_i) \tag{2.19}$$

式中，V_i 和 δ_i 分别是电压的有效值（模值）和相角。3.5 节将证明网络的电气状态是由电压模值和电压相角之间的差决定的。这意味着公共坐标系可以通过旋转一个角度来改变，因为向所有相角添加相同的值不会改变其差（$\delta_i - \delta_j$）。这就得出了一个重要的结论，即为了测量电压相量，可以假定任何但必须是公共的坐标系，也就是说，可以使用任何公共坐标系。

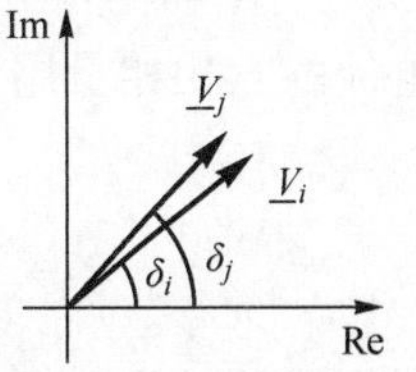

图 2-42　复平面上的两个相量

2.7.3　相量测量单元

可以为电力系统自由选择任意的公共坐标系对使用 WAMS 测量相量的方法来说是很重要的。通过使用从 GPS 获得的 1 PPS 信号进行同步测量，就得到了整个 WAMS 的公共坐标系。GPS 信号可以在地球上的任何点接收，因此也可以在任何测量系统中接收。这样，假设采用同一个 1 PPS 信号作为时间基准，就可以确保在 WAMS 中的所有测量都落在公共坐标系中。

可以测量电力系统中电压和电流相量的测量系统被称为相量测量单元（PMU），其示意图如图 2-43 所示。

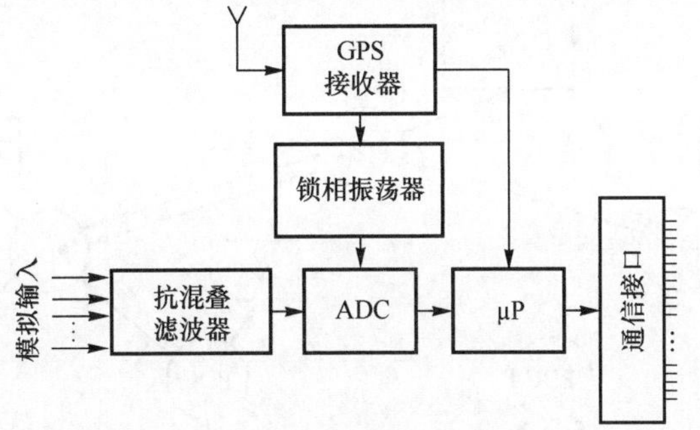

图 2-43　PMU 的功能框图

采用电流和电压互感器对需要确定其相量的电压和电流进行测量，并作为三相模拟信号传送至 PMU。使用抗混叠滤波器对每个模拟信号进行滤波，然后发送到模拟-数字转换器（ADC），并在这里对信号进行采样，即转换成数字样本。采样脉冲由一个振荡器产生，该振荡器在一个锁相环系统中与 GPS 接收器一起工作。随后的数据样本连同它们的时间戳一起被发送到微处理器。微处理器将与整个交流周期相对应的 N 个后续数据样本序列发送到存储器。然后，利用离散傅里叶变换（DFT）计算每个相量的正交分量，即

$$\underline{V} = V_{Re} + jV_{Im} = \frac{\sqrt{2}}{N}\sum_{k=1}^{N} v_k e^{-jk2\pi/N} = \frac{\sqrt{2}}{N}\sum_{k=1}^{N} u_k\left[\cos\left(k\frac{2\pi}{N}\right) - j\sin\left(k\frac{2\pi}{N}\right)\right] \tag{2.20}$$

这种测量算法的优点是，除了计算相量的正交分量外，它还使用基于正弦和余弦函数的两个正交滤波器来过滤这两个分量。因此，计算出来的相量的正交分量是基波的正交分量，高次

谐波和直流分量已被去掉。

从 N 个样本计算出来的每个相量都使用第一个样本的时间戳进行时间标记。然后将电压和电流的三相相量用其正序分量来替换：

$$\underline{V}_{1k}=\frac{1}{3}(\underline{V}_{L1k}+\underline{a}\,\underline{V}_{L2k}+\underline{a}^2\,\underline{V}_{L3k}) \tag{2.21}$$

式中，$\underline{V}_{L1k}$、$\underline{V}_{L2k}$、$\underline{V}_{L3k}$为三相相量，而$\underline{a}=e^{j120°}$为对称分量理论中使用的相移算子。

根据需要，每个测量量的正序相量及其时间戳每隔 40ms（每秒 25 次测量）或每隔 100ms（每秒 10 次测量）存储一次。存储采用的数据格式适用于 PMU 的远程通信端口。然后通信端口将数据传送到其他 WAMS 设备。

一些 PMU 设备还可以计算被测电压的频率，进行谐波分析，并将数据发送给 SCADA 系统。

越来越多的其他微处理器设备制造商，如故障录波器制造商，为其设备配备了执行 PMU 任务的软件功能。

2.7.4 WAMS 和 WAMPAC 的结构

根据所使用的通信媒介，基于 WAMS 构建的 WAMPAC 可能具有不同的结构。对于点对点连接，当 PMU 数据被发送到相量数据集中器（PDC）时，结构可能是多层的。一个数据集中器可以服务于 20～30 个 PMU。然后，来自于数据集中器的数据被发送到执行 SCADA/EMS 功能或相量型 WAP/WAC 功能的计算机。一个三层结构的实例如图 2-44 所示。

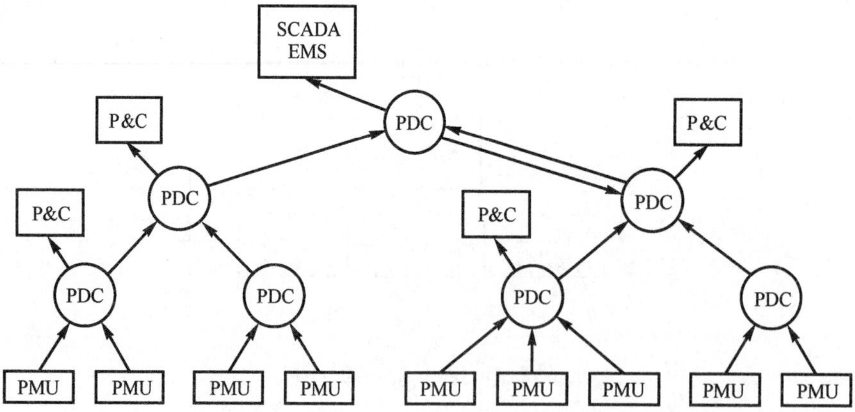

图 2-44 WAMPAC 的三层结构实例（PMU 为相量测量单元；PDC 为相量数据集中器；P&C 为基于相量的保护和控制）

在数据传输的每个层级都会产生延迟。最底层的集中器为 PMU 提供服务。由于这一层级的延迟最小，集中器不仅可以提供监测（WAM）数据，还可以提供保护（WAP）和控制（WAC）数据。

中间层集中器将来自电力系统各个区域的数据结合起来。这些数据可用于监视功能和某些 WAP 或 WAC 功能。

顶部的中央集中器为区域集中器提供服务。由于在这一层级延迟时间最长，因此中央层主要用于监视功能和那些不需要高速数据传输的 SCADA/EMS 功能。

分层结构的主要缺点是区域集中器之间缺乏直接连接。此种连接方式可能会使执行那些需要来自多个区域数据的 WAP 或 WAC 功能变得困难甚至不可能。从另一个区域访问数据的唯一方法是通过中央集中器，这会导致额外的延迟。这个问题可以通过在区域集中器之间增加额外的通信模块来解决。随着更多的链接被引入，这会导致更复杂的通信结构。

由多个局域网（LAN）和一个广域网（WAN）组成的计算机网络提供了进一步开发和应用 WAMPAC 的最大可能性，这种结构如图 2-45 所示。数字局域网为各个变电站的所有测量单元以及保护和控制装置提供服务。连接的数字广域网创建了一个灵活的通信平台，单个设备可以直接相互通信。这种灵活的平台可用于在本地、每个区域和中心创建特殊的保护和控制系统。该平台还可用于为本地和中央 SCADA/EMS 系统提供数据。

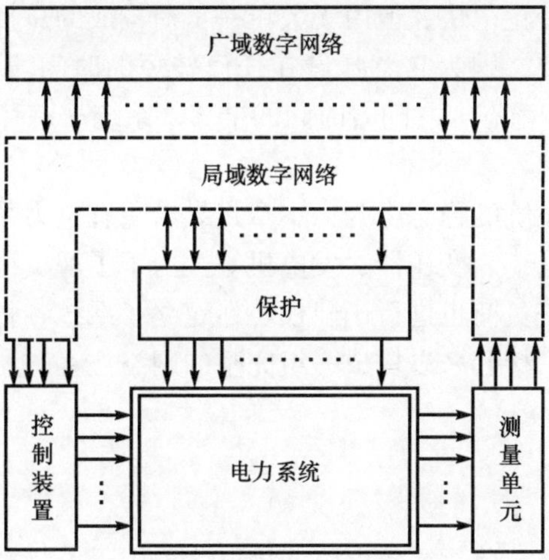

图 2-45　基于灵活通信平台的 WAMPAC 结构

第3章

电力系统稳态分析

电力系统运行的特征之一是需要不停地调节系统运行条件以满足不断变化的负荷需求。尽管特定负荷的需求可以变化很快，但由无数单一负荷构成的总负荷，变化就慢得多且是可预测的。这一特性非常重要，因为它意味着在任何较短的时间段内输电网和次输电网（见图2-1）都可以被看作处于稳态，并随着时间的推移，系统从一种稳态慢慢地过渡到另一种稳态。

为了帮助描述和量化系统的稳态行为，本章将导出所有电力系统主要元件的稳态数学模型，包括架空线路、输电电缆、变压器、发电机等。为了了解负荷需求随电压和频率而变化的特性，对主要类型的系统负荷也进行了建模。在建立了系统各种元件的模型后，本章还描述了如何将单个元件模型联接起来以构成一组完整的网络方程。

3.1 输电线路

图3-1给出了输电线路的单相等效电路，该电路可用于三相对称运行的分析。图中，线路两端的电压和电流是变量，而线路参数假定是沿线路长度均匀分布的。

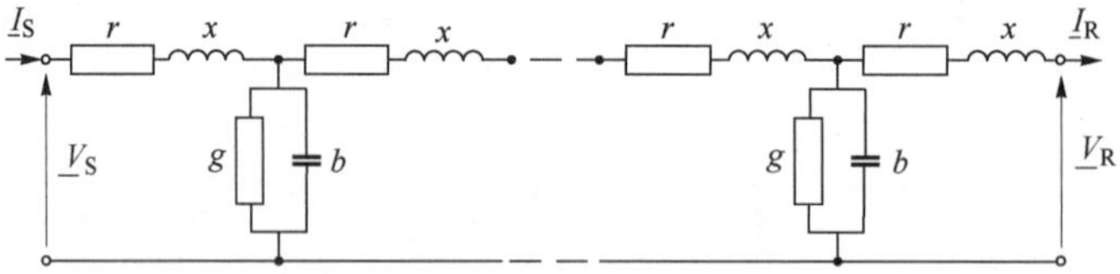

图3-1 具有分布参数的输电线路的单相等效电路

描述此电路的参数如下：

r——每相单位长度的串联电阻（Ω/km）。

$x=\omega L$——每相单位长度的串联电抗（Ω/km），L 是每相单位长度的串联电感（H/km）。

g——每相单位长度的并联电导（S/km）。

$b=\omega C$——每相单位长度的并联电纳（S/km），C 是每相单位长度的并联电容（F/km）。

l——线路长度（km）。

这里，$\omega=2\pi f$，f 是系统频率。每相单位长度的串联阻抗和并联导纳被定义为$\underline{z}=r+\mathrm{j}x$，$\underline{y}=g+\mathrm{j}b$。等效电路中的每一个参数都有其物理意义，并与输电线路某个方面的特定行为相关联。这样，电阻 r 描述了电流流过线路时的焦耳损耗（即发热），r 与所用导体的类型、结构和直径有关。串联电感 L 与导体本身截面内部的磁链及与外部导线间的磁链有关。并联电

导 g 描述了线路的电晕损耗和绝缘子中的泄漏电流；g 通常不是定值，因为电晕损耗与空气湿度有关，而泄漏电流与绝缘子表面的污秽和盐分浓度有关；在输电线路中，g 很小，通常被忽略掉。并联电容 C 是由于导体间的电势差产生的；因为电压是交流的，所以并联电容不断地充电和放电，从而产生了线路的充电和放电电流。

3.1.1　输电线路方程与 π 形等效电路

对于稳态分析，感兴趣的变量是线路两端的电压和电流 $\underline{V}_R$、$\underline{I}_R$、$\underline{V}_S$、$\underline{I}_S$，其中的下标 R 和 S 分别表示输电线路的受端和送端。电压和电流是通过如下的长线方程相关联的：

$$\begin{bmatrix} \underline{V}_S \\ \underline{I}_S \end{bmatrix} = \begin{bmatrix} \cosh \underline{\gamma} l & \underline{Z}_C \sinh \underline{\gamma} l \\ \sinh \underline{\gamma} l / \underline{Z}_C & \cosh \underline{\gamma} l \end{bmatrix} \begin{bmatrix} \underline{V}_R \\ \underline{I}_R \end{bmatrix} \tag{3.1}$$

式中，$\underline{Z}_C = \sqrt{\underline{z}/\underline{y}}$ 是线路的特征阻抗或称波阻抗，$\underline{\gamma} = \sqrt{\underline{z}\,\underline{y}}$ 是传播常数。由于 $\underline{\gamma}$ 和 $\underline{Z}_C$ 都是复数，所以传播常数 $\underline{\gamma}$ 可写成 $\underline{\gamma} = \alpha + j\beta$ 的形式，其中 α 被称为衰减常数，而 β 被称为相位常数。将送端和受端电压电流关联起来的矩阵中的 4 个元素通常被称为 $ABCD$ 常数，其中 $\underline{A} = \underline{D} = \cosh\underline{\gamma} l$，$\underline{B} = \underline{Z}_C \sinh\underline{\gamma} l$，而 $\underline{C} = \sinh\underline{\gamma} l/\underline{Z}_C$。感兴趣的读者可以参考 Grainger and Stevenson（1994）或 Gross（1986），以了解式（3.1）的详细推导过程。

由于电力网络是由很多输电线路构成的，直接运用式（3.1）进行分析是很不方便的，一种更简单的方法是将每条线路用图 3-2 所示的 π 形等效电路来替换。简短的电路分析表明，π 形等效电路的参数 $\underline{Z}_L$ 和 $\underline{Y}_L$ 可以用下式表达：

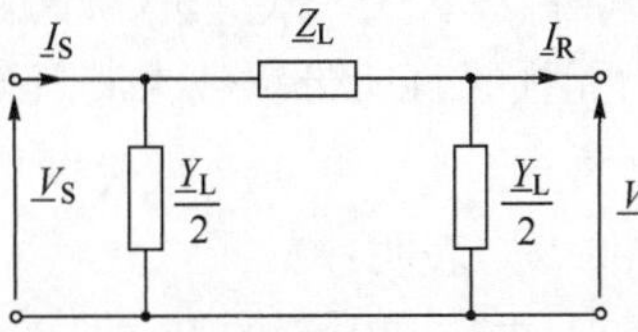

图 3-2　输电线路的 π 形等效电路

$$\underline{Z}_L = \underline{Z}\frac{\sinh \underline{\gamma} l}{\underline{\gamma} l}, \quad \underline{Y}_L = \underline{Y}\frac{\tanh(\underline{\gamma} l/2)}{\underline{\gamma} l/2} \tag{3.2}$$

式中，$\underline{Z} = \underline{z} l$ 是每相输电线路的总串联阻抗，$\underline{Y} = \underline{y} l$ 是每相输电线路的总并联导纳。

需要强调的是，π 形等效电路中的参数 $\underline{Z}_L$ 和 $\underline{Y}_L$ 一般不等于输电线路的总阻抗和总导纳，即 $\underline{Z}_L \neq \underline{Z} = \underline{z} l$，$\underline{Y}_L \neq \underline{Y} = \underline{y} l$。但对于典型的输电线路，$\underline{\gamma} l$ 值很小，双曲函数存在如下的近似式：$\sinh(\underline{\gamma} l) \approx \underline{\gamma} l$，$\tanh(\underline{\gamma} l/2) \approx \underline{\gamma} l/2$。将这些值代入到式（3.2）中，可以得到中等长度（l 在 80km 到约 200km 之间）的输电线路参数为

$$\underline{Z}_L = \underline{Z}, \quad \underline{Y}_L = \underline{Y} \tag{3.3}$$

对于短线路（$l < 80$km），充电电流（和电容 C）可以忽略，这样线路参数变为

$$\underline{Z}_L = \underline{Z}, \quad \underline{Y}_L = 0 \tag{3.4}$$

如今，随着计算机的广泛使用，上述这种近似已没有什么实际价值，因为线路参数很容易用式（3.2）计算得到。对于手算而言，最方便而实用的公式是适用于中等长度线路的式（3.3），即 π 形等效电路中的参数直接采用线路总阻抗 $\underline{Z}$ 和线路总导纳 $\underline{Y}$。

3.1.2　输电线路的性能

对于典型的高压输电线路，电导 g 可以被忽略，而 $r \ll x$。一种额外的对输电线路性能更深入的洞悉可以在假定线路为无损线，即同时忽略 r 的条件下得到。当 r 和 g 被忽略后，特征阻抗是纯阻性的：

$$\underline{Z}_C = Z_C = \sqrt{\underline{z}/\underline{y}} = \sqrt{L/C} \tag{3.5}$$

而传播常数$\underline{\gamma}$是一个纯虚数：

$$\underline{\gamma} = \sqrt{\underline{z}\underline{y}} = j\omega\sqrt{LC} \tag{3.6}$$

因此$\alpha = 0$，$\beta = \omega\sqrt{LC}$。当$\underline{Z}_C$和$\underline{\gamma}$取上述值时，双曲函数变为$\sinh\underline{\gamma}l = j\sin\beta l$，$\cosh\underline{\gamma}l = \cos\beta l$，这样式（3.1）可以简化为

$$\begin{aligned}\underline{V}_S &= \underline{V}_R\cos\beta l + jZ_C\underline{I}_R\sin\beta l \\ \underline{I}_S &= \underline{I}_R\cos\beta l + j(\underline{V}_R/Z_C)\sin\beta l\end{aligned} \tag{3.7}$$

而电压和电流是沿着线路长度方向按正弦波形变化的。一个周波的波长可以用下式计算：$\lambda = 2\pi/\beta$。对于50Hz的输电线路，波长约等于6000km；而对于60Hz线路，其波长是50Hz线路的50/60 = 5/6，即约为5000km。

电力工程师经常发现采用线路的自然功率来比较线路的实际负载是方便的。线路的自然功率或称波阻抗功率（SIL）是这样定义的：额定电压下负载阻抗等于Z_C时线路所传输的功率，即

$$P_{SIL} = \frac{V_n^2}{Z_C} \tag{3.8}$$

将$\underline{I}_R = \underline{V}_R/Z_C$代入式（3.7）的第一式，$\underline{V}_R = Z_C\underline{I}_R$代入式（3.7）的第二式，可以证明当线路为无损线且所带负载为波阻抗负载时，电流和电压存在如下关系：

$$\underline{V}_S = \underline{V}_R e^{j\beta l} \quad 和 \quad \underline{I}_S = \underline{I}_R e^{j\beta l} \tag{3.9}$$

式（3.9）表明：

1）电压和电流的沿线分布是平直的，即$V_S = V_R$，$I_S = I_R$。

2）线路任意一端以及沿线任意一点上的电压和电流都是同相位的，从而线路上的无功损耗为零；换句话说，由线路电容C发出的无功刚好被线路电感L所吸收。

由于线路上的无功损耗为零，相对于电压和无功控制来说，线路带自然功率负载是最佳的运行状态。

表3-1给出了架空输电线路自然功率的典型值以及其他特性参数。

表3-1　架空线路参数实例（NGC，1994；Kundur，1994）

f_n/Hz	V_n/kV	r/(Ω/km)	$x=\omega L$ /(Ω/km)	$b=\omega C$ /(μS/km)	β /(rad/km)	Z_C/Ω	P_{SIL}/MW
50(UK)	275	0.067	0.304	4.14	0.00112	271	279
	400	0.018	0.265	5.36	0.00119	222	720
	230	0.05	0.488	3.371	0.00128	380	140
60(USA)	345	0.037	0.367	4.518	0.00129	285	420
	500	0.028	0.325	5.2	0.0013	250	1000
	765	0.012	0.329	4.978	0.00128	257	2280
	1100	0.005	0.292	5.544	0.00127	230	5260

遗憾的是，输电线路上的负载很少会等于自然功率，晚上线路负载可能只是自然功率的一小部分，而负荷高峰期，线路负载可能远大于自然功率。为了检查这种负载变化对线路电

压的影响，图 3-3 给出了送端电压 V_S 随输送功率 P_R 和输电线路长度变化的 3 条曲线，假定受端为额定电压且带功率因数为 1 的负载。绘制上述曲线时，相关计算采用了式（3.1）的完整线路模型（包含串联电阻），而线路参数采用了表 3-1 中的 400kV 线路参数。从图中可以看出，当输送功率 P_R 小于自然功率 P_{SIL}时，V_S 小于 V_R；而当输送功率 P_R 大于P_{SIL}时，V_S 大于 V_R。当输送功率 P_R 等于自然功率 P_{SIL}时，实际上沿线电压并不是恒定的，而是朝着送端方向有轻微的上升。这是由于在计算中考虑了线路电阻的作用。注意电压沿输电线路的正弦波形变化。

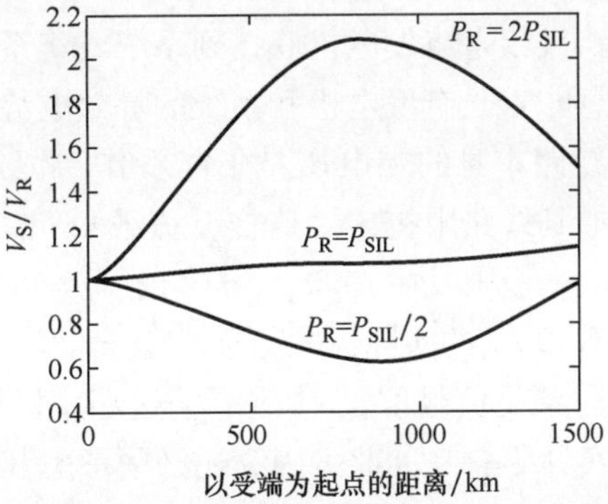

图 3-3　受端额定电压下带单位功率因数有功负载时送端电压随输送功率和输送距离的变化曲线

3.1.2.1　有功功率输送

在第 1 章中，当输电线路仅仅用其串联电抗 $X = xl$ 表示时，导出了有功功率的表达式（1.8）和无功功率的表达式（1.9）。现在采用输电线路的完整 π 形等效模型推导有功功率和无功功率的表达式。

令$\underline{V}_R$ 为参考相量，即其相角为 0°。设$\underline{V}_S$ 超前$\underline{V}_R$ 的相角为 δ_{SR}，即$\underline{V}_R = V_R$，$\underline{V}_S = V_S e^{j\delta_{SR}}$，角度 δ_{SR}被称为负载角或传输角。设线路为无损线，根据式（3.7）可以得到受端电流为

$$\underline{I}_R = \frac{\underline{V}_S - \underline{V}_R\cos\beta l}{jZ_C\sin\beta l} = \frac{V_S}{Z_C\sin\beta l}e^{j(\delta_{SR}-\pi/2)} - \frac{V_R\cos\beta l}{Z_C\sin\beta l}e^{-j\pi/2} \tag{3.10}$$

因此受端的复功率为

$$\underline{S}_R = \underline{V}_R\,\underline{I}_R^* = \frac{V_R V_S}{Z_C\sin\beta l}e^{j(\pi/2-\delta_{SR})} - \frac{V_R^2\cos\beta l}{Z_C\sin\beta l}e^{j\pi/2} \tag{3.11}$$

从而可得到受端的有功功率 P_R 为

$$P_R = \mathrm{Re}[\underline{S}_R] = \frac{V_S V_R}{Z_C\sin\beta l}\sin\delta_{SR} \tag{3.12}$$

上式表明，当送端和受端的电压模值固定时，受端有功功率 P_R的增加将导致负载角 δ_{SR}的增加，而最大输送功率发生在 $\delta_{SR} = \pi/2$ 时，最大输送功率为

$$P_{R,\max} = \frac{V_R V_S}{Z_C\sin\beta l} \approx \frac{P_{SIL}}{\sin\beta l} \tag{3.13}$$

表 3-1 表明，对于中等长度的线路（l 约小于 200km），βl 的值很小；这样可以认为如下的简化计算式成立：

$$\sin\beta l \cong \beta l, \quad \cos\beta l \approx 1, \quad Z_{C}\sin\beta l \cong \sqrt{\frac{L}{C}}\omega\sqrt{LC}l = \omega Ll = X \tag{3.14}$$

式中，X 是线路的总电抗。因而式（3.12）可以简化为

$$P_{R} \cong \frac{V_{R}V_{S}}{X}\sin\delta_{SR} \tag{3.15}$$

上式表明，线路的输送功率极限近似与线路串联电感和线路长度成反比。任何增大输送功率到超过 $P_{R,max}$ 的企图都将导致不稳定，这种不稳定性与第5章将要详细阐述的静态稳定性相关联。注意，式（3.15）与采用简化线路模型导出的式（1.8）是相对应的。

值得注意的是，输电线路仅仅是将发电机联接到系统或将系统中的两个部分联接起来的输电链路中的一个部分。这意味着只有发电机和系统的等效电势可以被认为是恒定的，并可以应用于式（3.12）中；而线路本身的端电压是不能看作为恒定的。显然，这种情况下发电机和系统的等效阻抗必须加到线路阻抗中。这样，负载角 δ_{SR} 一定小于送受端等效电势之间的相角差。实际上，输送功率极限发生在 $\delta_{SR} < \pi/2$ 时。此外，当考虑暂态稳定性（将在第6章讨论）的影响时，负载角 δ_{SR} 的实际极限值远小于 $\pi/2$。

虽然式（3.13）给人的印象是负载角 δ_{SR} 决定了输送功率极限，而输送功率极限决定了线路输送的最大功率；但事实并不总是如此，因为还必须考虑其他的因素，例如线路的热稳定极限、线路两端所允许的最大电压降等。对约小于100km的短线路，限制线路最大输送功率的是线路的热稳定极限而不是输送功率极限。另一方面，对大于300km的长线路，线路最大输送功率由输送功率极限决定，而输送功率极限远远低于热稳定极限。一般地，电力公司会用线路自然功率的分数倍或整数倍来描述线路的最大输送功率。

3.1.2.2 影响无功功率的因素

对于本节的讨论，如果设定送端电压为常数，那么问题就变成了在如下情况下受端电压会如何变化：①受端无功功率 Q_{R} 变化时；②受端有功功率 P_{R} 变化时。

首先考虑无功功率 Q_{R} 变化时的情况。受端无功功率的表达式可以从式（3.11）的虚部得到

$$Q_{R} = \mathrm{Im}[\underline{V}_{R}\underline{I}_{R}^{*}] = \frac{V_{S}V_{R}}{Z_{C}\sin\beta l}\cos\delta_{SR} - \frac{V_{R}^{2}\cos\beta l}{Z_{C}\sin\beta l} = \frac{V_{R}}{Z_{C}\sin\beta l}(V_{S}\cos\delta_{SR} - V_{R}\cos\beta l) \tag{3.16}$$

根据式（3.14）简化公式可以得到式（3.16）的近似公式为

$$Q_{R} \cong \frac{V_{R}}{X}(V_{S}\cos\delta_{SR} - V_{R}) \tag{3.17}$$

式（3.17）与采用简化线路模型得到的式（1.8）相对应。通常情况下，根据前面所考虑的稳定性因素，负载角 δ_{SR} 保持在较小的值，因此 $\cos\delta_{SR} \approx 1$。严格地说，这一假设对应于线路只传输无功而有功 $P_{R}=0$，因而根据式（3.12）得 $\delta_{SR}=0$。在上述简化条件下有

$$Q_{R} \approx \frac{V_{R}(V_{S} - V_{R})}{X} \tag{3.18}$$

式（3.18）清楚地表明，无功功率 Q_{R} 与线路两端的电压模值紧密相关，并且从电压高的地方向电压低的地方流动。设定 V_{S} 为常数，画出无功功率 Q_{R} 与受端电压 V_{R} 的关系曲线，可以得到如图3-4a所示的抛物线，其最大值发生在 $V_{R}=V_{S}/2$ 处。由于系统电压必须维持在额定电压 V_{n} 附近，实际运行点总是落在此峰值的右侧，即 $V_{R} > V_{S}/2$ 这一条件总是满足的。

因此，Q_R 的增加将会导致 V_R 的减小，而 Q_R 的减小将会导致 V_R 的增加。这个结论对引入无功补偿的有重要的作用。

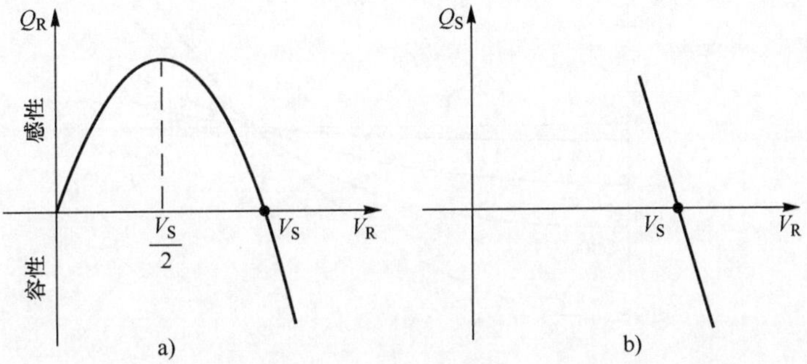

图 3-4　忽略有功潮流时受端电压的变化特性：a）Q_R 变化；b）Q_S 变化

采用与式（3.16）类似的推导，可以得到送端无功功率 Q_S 的表达式为

$$Q_S=\frac{V_S}{Z_C\sin\beta l}(V_S\cos\beta l-V_R\cos\delta_{SR}) \tag{3.19}$$

如果假设 βl 很小，可得

$$Q_S\cong\frac{V_S}{X}(V_S-V_R\cos\delta_{SR}) \tag{3.20}$$

再假设 δ_{SR} 也很小，可得

$$Q_S\approx\frac{V_S}{X}(V_S-V_R) \tag{3.21}$$

再次看到无功功率与电压模值之间的紧密关系。由于假设了 V_S 是恒定的，Q_S 与 V_R 的关系就是线性的，如图 3-4b 所示。

现在分析考虑有功功率输送条件（即 $P_R\neq0$，因而 $\delta_{SR}\neq0$）后上述结论会有什么改变。为此，考察由于有功 P_R 的传输而引起的线路本身的无功损耗。一般地，线路的无功损耗可以是正的，也可以是负的，因而线路的总体效应可以表现为无功功率的源或者无功功率的汇。线路电容发出无功功率，其大小决定于线路电压，通常线路电压都保持在额定电压附近，因此发出的无功功率相对恒定。线路电感消耗无功功率，其大小与线路电流的二次方成正比（$Q=I^2X$），并与线路上的实际负载水平紧密相关。为了定量地分析，可以根据式（3.16）和式（3.19）来计算无功损耗 $\Delta Q=Q_S-Q_R$：

$$\Delta Q=Q_S-Q_R=\frac{V_S^2\cos\beta l-2V_SV_R\cos\delta_{SR}+V_R^2\cos\beta l}{Z_C\sin\beta l} \tag{3.22}$$

假设 $V_S\approx V_R\approx V_n$，并用式（3.12）来消去 $\cos\delta_{SR}$，可以得到

$$\Delta Q(P_R)\approx\frac{2P_{SIL}}{\sin\beta l}\left[\cos\beta l-\sqrt{1-\left(\frac{P_R\sin\beta l}{P_{SIL}}\right)^2}\right] \tag{3.23}$$

上式所描述的特性已展示在图 3-5 中，对应于输电线路运行于不同的电压等级。只有当 $P_R=P_{SIL}$ 时无功损耗才为零。如果 $P_R<P_{SIL}$，那么输电线路的总体效应相当于一个无功电源；如果 $P_R>P_{SIL}$，那么情况刚好反过来，输电线路的总体效应相当于一个无功负载。

由图 3-4 和图 3-5 所揭示的结果具有深刻的意义。根据图 3-5，随着输送的有功功率的

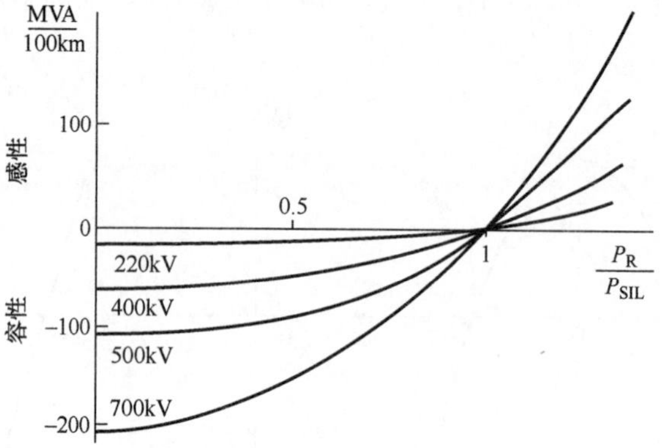

图 3-5　不同电压等级下无损线路吸收无功功率随有功功率变化的特性

增加，线路上的无功损耗也会增加。这个无功损耗必须由送端提供，也就是要求 Q_S 增大。而根据图 3-4b 可以看出，在 V_S 恒定的条件下要达到这个目的必须减小 V_R。如果所导致的 V_R 的减小是不可接受的，则根据图 3-4a，可以通过以某种方式减小 Q_R 来进行弥补，例如通过引入某种形式的无功补偿器，见 2.5.3 节的描述。

3.1.3　电缆线路

从数学角度看，地下电缆的模型与架空线路的模型是完全一样的，唯一的差别是特征参数不同。由于电缆具有很多种结构，不同结构的电缆其参数也有很大的不同。特别地，电缆的并联电容与三相导体是否屏蔽以及电缆是分相的还是三相一体的紧密相关。典型情况是，同电压等级电缆线路的单位长度串联电抗约为架空线路的一半，而单位长度的充电电流约为架空线路的 30 倍以上。这意味着即使只有几十千米长的短电缆线路，其充电电流也会占到热稳定允许的最大电流的相当部分，从而严重制约了电缆的输电容量。一个极端的例子是达到临界长度的电缆，其充电电流将等于热稳定允许的最大电流，从而没有剩余的电流容量用于实际输电。充电电流是将交流电缆实际应用于电力网络的主要障碍。

3.2　变压器

变压器的主要类型已在 2.5.2 节中讨论过。本节将导出变压器的等效电路并给出一种处理非标称电压比的方法。

3.2.1　等效电路

变压器的等效电路如图 3-6a 所示。该电路的主要元件是一个理想变压器，其电压比为 $\vartheta=N_1/N_2$，其中 N_1 和 N_2 分别为一次绕组和二次绕组的匝数。电阻 R_1 和 R_2 用以计及一次绕组和二次绕组中的 I^2R 损耗；而电抗 X_1 和 X_2 用以计及漏磁通的效应，所谓的漏磁通指的是只交链一次绕组或只交链二次绕组而不同时交链两个绕组的那部分磁通。供电电压的正弦形变化导致变压器铁心周期性地被反复磁化，而磁化的程度取决于变压器铁心所用材料的磁滞曲线；上述效应导致了磁化电流 I_μ 的产生，即使在空载状态下 I_μ 照样存在。磁化电流 I_μ 是与磁通同相位的，因此滞后于感应电动势 $E_1\pi/2$；此电流在电路模型中用并联电纳 B_μ 来表示。铁心中磁通的周期性变化也要消耗一定数量的能量，这些能量通过铁心发热的形式释放出来；这种形式的铁心损耗被称为磁滞损耗。由于铁心本身也是一种导电体，由磁通变化感应出来的电动势会导致铁心内产生环状流动的电流，此电流被称为涡流，涡流导致铁心发热所产生的能量损耗被称为涡流损耗。涡流损耗与磁滞损耗之和被称为铁心损耗 P_{Fe}，铁心损耗 P_{Fe}采用一个在一次绕组中流动的附加电流 I_{Fe}来表示，但此处的 I_{Fe}是与感应电动势同相位的；I_{Fe}的模拟采用在图 3-6a 的等效电路中插入一个并联电导 G_{Fe}来实现。空载时，一次电流等于磁化电流与铁心损耗电流的相量和，被称为励磁电流 I_E。当变压器带载时，励磁电流被叠加到负荷电流中。

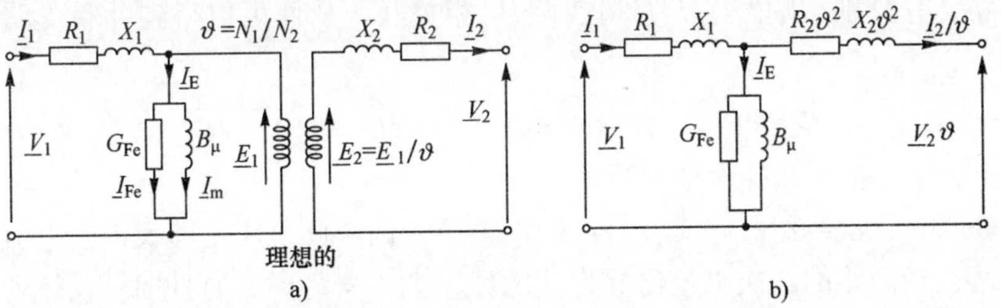

图 3-6　单相双绕组变压器：a）带理想变压器的等效电路；b）二次侧折算到一次侧的等效电路

如果等效电路中所有的物理量都折算到一次侧或二次侧，那么图中理想变压器的电压比 ϑ 可以被消掉。例如，图 3-6b 给出了将图 3-6a 等效电路中的所有电压、电流、阻抗全部折算到一次侧时的情景。为了得到此种变压器模型，二次侧的电压需要乘以电压比 ϑ，而二次侧的电流则需要除以电压比 ϑ，从而二次侧的阻抗必须乘以 ϑ^2。

上述等效电路是 T 形的，但在网络分析中处理 π 形等效电路经常更加方便。如果图 3-6b等效电路中的并联支路不能忽略，那么可以采用标准的星-三角变换将其转换为 π 形等效电路。但问题是，如果图 3-6b 中一次侧和二次侧的串联阻抗是不相等的，那么所得到的 π 形电路将是不对称的。为了避免这种情况的发生，通常做如下的近似：

1）折算到一次侧的二次侧串联阻抗（$\underline{Z}_2 = R_2\vartheta^2 + jX_2\vartheta^2$）等于一次侧串联阻抗（$\underline{Z}_1 = R_1 + jX_1$）。

2）并联阻抗（$1/(G_{Fe} + jB_\mu)$）比总串联阻抗（$\underline{Z}_T = \underline{Z}_1 + \underline{Z}_2$）大得多。

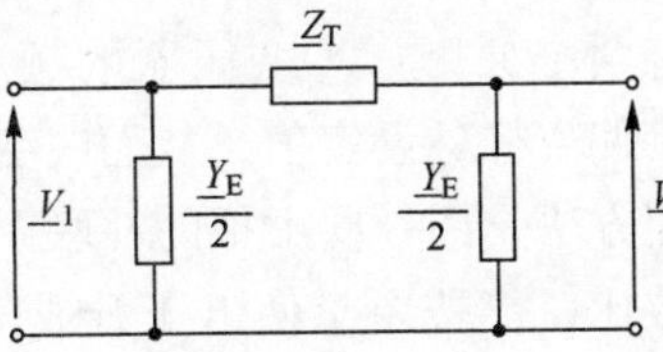

图 3-7　双绕组变压器的对称 π 形近似等效电路

在上述近似条件下，可以得到如图 3-7 所示的 π 形近似等效电路，其参数如下：

$$\underline{Z}_T = \underline{Z}_1 + \underline{Z}_2 = R + jX, \qquad Y_E = G_{FE} + jB_\mu \tag{3.24}$$

变压器等效电路中的参数值可以通过空载试验和短路试验测得。在上述两个试验中，都需要测量供电电压、电流和有功功率。表3-2给出了试验数据的一些例子。

表3-2 变压器参数的典型值（额定值下的标幺值）

S_n/MVA	V_{SHC}(pu)	P_{Cu}(pu)	I_E(pu)	P_{Fe}(pu)
150	0.11	0.0031	0.003	0.001
240	0.15	0.0030	0.0025	0.0006
426	0.145	0.0029	0.002	0.0006
630	0.143	0.0028	0.004	0.0007

空载试验时，变压器的二次侧开路，一次侧加上额定电压 $V_1=V_n$。在这种条件下，串联阻抗比并联导纳对应的阻抗要小得多，因而可以忽略；这样，测量到的电流和功率完全对应于并联支路，并分别与励磁电流 I_E 和铁耗 P_{Fe} 相关联；从而可以得到并联支路的参数标幺值计算式如下：

$$G_{Fe}=P_{Fe(pu)},\quad Y_E=I_{E(pu)},\quad B_\mu=\sqrt{Y_E^2-G_{Fe}^2} \tag{3.25}$$

式中，$P_{Fe(pu)}$ 和 $I_{E(pu)}$ 都采用标幺值表示。

短路试验时，二次绕组短路。在一次侧加电压，调节此电压足够大以使电流能够在短路的二次侧流通；当短路的二次电流恰好为额定值，即 $I_2=I_n$ 时，称此时一次侧所加的电压为短路电压 V_{SHC}；通常 V_{SHC} 比额定电压小得多，即 $V_{SHC}\ll V_n$。一次电压很小意味着励磁电流 I_E 远小于二次电流 $I_2=I_n$，因而可以忽略。这样，串联支路参数的标幺值可以根据下式得到：

$$Z_T=V_{SHC(pu)},\quad R_T=P_{Cu(pu)},\quad X_T=\sqrt{Z_T^2-R_T^2} \tag{3.26}$$

式中，$V_{SHC(pu)}$ 和 $P_{Cu(pu)}$ 都用标幺值表示。

多绕组变压器的等效电路可以用类似的方法得到。例如，三绕组变压器的等效电路由三条接成星形的阻抗支路加星点上的一条并联导纳支路构成。

3.2.2 非标称电压比

电力系统通常具有多个电压等级。如图3-7所示的等效电路使用起来并不方便，因为二次侧的电压必须折算到一次侧，导致等效电路中包含有变压器匝数比。如果等效电路中的参数都用标幺值来表示（见A.1节的说明），那么变压器的电压比 ϑ 必须与变压器两侧的电网标称电压相关联。如果变压器的额定电压等于电网的标称电压，那么变压器标称电压比的标幺值等于1，即 $\vartheta=1$，从而可以在图3-6a所示的变压器等效电路中忽略掉。然而，变压器的电压比标幺值不一定等于1，有两个原因：①变压器的额定电压与电网标称电压略微不同；②抽头换接器调节匝数比使其偏离标称设定值，从而改变变压器的电压比。

一种处理非标称电压比的便捷方法是用一些虚拟的并联无功元件来代替实际匝数比，而这些虚拟无功元件参数依赖于匝数比，能按要求使电压升或降。例如，考察图3-6a所示的变压器，忽略并联支路，并将二次侧的阻抗折算到一次侧，如图3-8a所示。为了使用节点分析法，已将串联阻抗 $\underline{Z}_T$ 用其倒数 $\underline{Y}_T$ 来代替。变压器的匝数比将作为一个复数来处理，以允许考虑相移变压器等一般性情况。

对于如图3-8a所示的变压器等效电路中的理想变压器部分，两侧的视在功率是相同的，而一次电流等于二次电流除以匝数比的共轭，即 $\underline{I}_2/\underline{\vartheta}^*$。与支路 $\underline{Y}_T$ 对应的二端口网络可以用

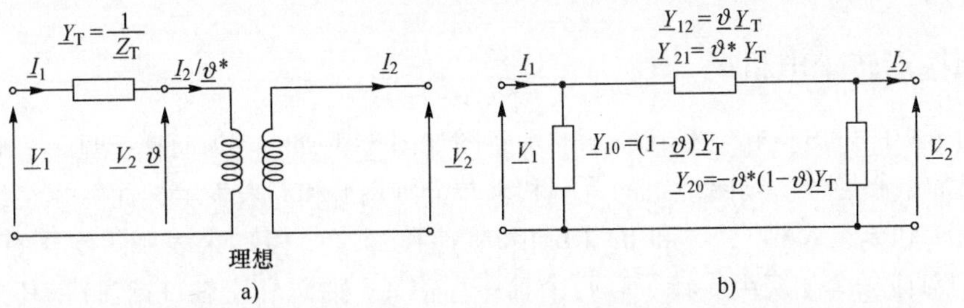

图 3-8　双绕组变压器等效电路：a）采用理想变压器；b）采用虚拟并联元件

如下的节点方程来描述：

$$\begin{bmatrix} \underline{I}_1 \\ -\underline{I}_2/\underline{\vartheta}^* \end{bmatrix} = \begin{bmatrix} \underline{Y}_T & -\underline{Y}_T \\ -\underline{Y}_T & \underline{Y}_T \end{bmatrix} \begin{bmatrix} \underline{V}_1 \\ \underline{\vartheta}\,\underline{V}_2 \end{bmatrix} \tag{3.27}$$

将匝数比$\underline{\vartheta}$从电压和电流向量中消去，可以得到

$$\begin{bmatrix} \underline{I}_1 \\ -\underline{I}_2 \end{bmatrix} = \begin{bmatrix} \underline{Y}_T & -\underline{\vartheta}\underline{Y}_T \\ -\underline{\vartheta}^*\,\underline{Y}_T & \underline{\vartheta}^*\,\underline{\vartheta}\underline{Y}_T \end{bmatrix} \begin{bmatrix} \underline{V}_1 \\ \underline{V}_2 \end{bmatrix} \tag{3.28}$$

此方程也可以解释为一个描述 π 形网络的节点电压方程$\underline{I}=\underline{Y}\underline{U}$。此 π 形网络中的串联支路的导纳等于上述节点导纳矩阵中的非对角元素（将符号取反），即

$$\underline{Y}_{12}=\underline{\vartheta}\underline{Y}_T,\quad \underline{Y}_{21}=\underline{\vartheta}^*\,\underline{Y}_T \tag{3.29}$$

而并联支路的导纳等于上述节点导纳矩阵对应行的元素之和，即

$$\underline{Y}_{10}=(1-\underline{\vartheta})\underline{Y}_T,\quad \underline{Y}_{20}=\underline{\vartheta}^*(1-\underline{\vartheta})\underline{Y}_T \tag{3.30}$$

与此节点导纳矩阵相对应的等效网络如图 3-8b 所示，它可能是不对称的，因为通常$\underline{\vartheta}\neq 1$。当变压器为移相变压器时，匝数比 ϑ 是一个复数并且等效网络的串联支路是各向异性的，即由于$\underline{Y}_{12}\neq\underline{Y}_{21}$，使得从变压器的不同侧看过去其阻抗值是不同的。变压器的电压比在图 3-8b的电路图中是用并联元件来模拟的，电流流过这些元件时会引起串联支路的电压化，这是与实际变压器中的电压变换关系相一致的。

如果需要包含与励磁电流相对应的并联支路，那么上述等效电路必须做一些小的修改，即在电路中添加两条并联支路（和图 3-7 类似）：其中左侧支路的并联导纳为$\underline{Y}_E/2$，而右侧支路的并联导纳为 $\vartheta^2\ \underline{Y}_E/2$。

3.3　同步发电机

第 2 章已描述过一台同步发电机是如何由一个定子和一个转子构成的，其中定子上绕有三相电枢绕组，转子上绕有一个直流励磁绕组。转子上的阻尼绕组不会影响发电机的稳态运行，因此本章将不予考虑。转子与原动机同轴，上面安装有凸出的磁极或非凸出（隐）的磁极。

本章对同步电机稳态行为的分析首先针对具有圆柱形转子的隐极机展开，然后再将结果一般化以包含转子的凸极效应。而转子磁场如何与定子磁场相互作用以产生电磁转矩是此项分析中特别重要的内容，对此种相互作用的理解比具体的公式本身要重要得多。在阐明了发电机产生转矩和电动势的机理以后，本章将分析发电机作为有功电源和无功电源在电力系统中所起的作用。

3.3.1 圆柱形转子电机

一台2个极的发电机在空载状态下的示意图如图3-9所示。为简单起见，只画出了每个分布式绕组的中心导体。励磁绕组的首端和末端分别用 f_1 和 f_2 来表示，而每相绕组的首端和末端分别用 a_1 和 a_2（A相）、b_1 和 b_2（B相）、c_1 和 c_2（C相）来表示。定子有3个轴A、B、C，分别对应一个相绕组。转子有两个轴：直轴（d轴）和交轴（q轴），其中直轴是励磁绕组的主磁场轴线，交轴滞后于直轴 π/2 电角度。图中虚线展示了由励磁绕组产生的旋转磁通（即励磁磁通）Φ_f 和励磁绕组漏磁通 Φ_{f1} 的路径。$\vec{F}_f$ 表示由励磁电流产生的磁动势波的方向（或峰值）。角度 $\gamma_m=\omega_m t$ 定义了转子d轴的瞬时位置，这里 ω_m 是转子的角速度，d轴位置以静止的A相轴线作为参考轴。

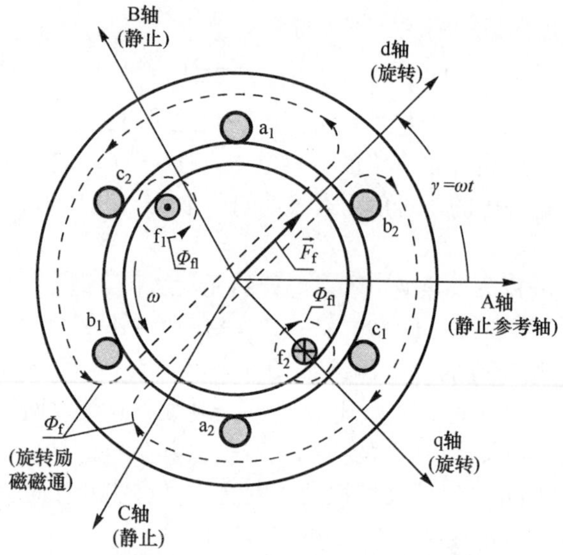

图3-9 空载状态下发电机及其磁通的符号表示

对一台双极电机，转子空间上旋转一周与一个电周期完全对应，因而电角度与机械角度完全一致。但是，如果发电机的极数为 p，那么空间上旋转一周就对应了 $p/2$ 个电周期。在一般性情况下，1rad的机械角度等于 $p/2$rad的电角度，即有

$$\gamma_e=\frac{p}{2}\gamma_m \tag{3.31}$$

式中，γ_m 是用机械弧度（或度）表示的 γ 角，而 γ_e 是用电弧度（或度）表示的 γ 角。类似地，用每秒多少电弧度表示的转子转速 ω_e 与用每秒多少机械弧度表示的转子转速 ω_m 之间存在如下关系：

$$\omega_e=2\pi f=\frac{p}{2}\omega_m \tag{3.32}$$

式中，f 是系统标称频率（欧洲为50Hz，美国为60Hz）。转子转速经常用每分多少转（r/min）来表示，这种情况下转子转速与系统频率之间的关系为 $n=120f/p$。

为简单起见，将以图3-9所示的双极机模型来推导发电机方程，这种情况下不管是转速还是角度，采用电单位或机械单位其数值都是一样的，从而可以去掉下标“e”和“m”。对发电机的分析将仅仅采用定子和转子空间磁动势波形的基波分量来进行。尽管只针对一台双极发电机推导其数学方程，但这些方程同样适用于p极发电机，只要将所有的角度和转速用电单位来表示即可。不管是采用国际单位制还是标幺制，所有的方程都是有效的。如果采用国际单位制，必须记住，所有的功率表达式指的是单相功率；如果采用标幺值，它们可以看作是发电机的功率（详见A.1节）。

3.3.1.1 空载状态下的发电机

在分析之前，首先假定发电机处于空载状态，即发电机不发出任何功率，电枢电流为零。直流励磁电流i_f[㊀]产生一个磁动势波，该磁动势波沿定子圆周近似正弦分布。该磁动势的峰值如式（3.33）所示，并处于d轴方向，在图3-9中用向量$\vec{F}_f$表示。

$$F_f = N_f i_f \tag{3.33}$$

上述方程中，N_f是每极励磁绕组的有效匝数，考虑到励磁绕组的几何结构及实际磁动势的梯形分布，N_f比励磁绕组的实际匝数N_F要小。可以证明（McPherson & Laramore，1990），$N_f=(1/p)(4/\pi)N_F k_{wF}$，其中励磁绕组的几何结构用绕组系数$k_{wF}$来表示，而磁动势的分布效应用系数$4/\pi$来表示。

励磁绕组的磁动势激发出沿磁路流通的励磁磁通Φ_f，每极磁通的计算式为

$$\Phi_f = \frac{F_f}{\mathfrak{R}} = \frac{N_f i_f}{\mathfrak{R}} \tag{3.34}$$

式中，$\mathfrak{R}$为每极磁路的磁阻。由于铁心的磁阻和空气的磁阻相比小到可以忽略，因此磁阻$\mathfrak{R}$可直接近似为与气隙的宽度成正比。

由励磁绕组磁动势产生的磁通密度沿定子圆周按正弦分布，对于圆柱形转子电机，其峰值位置与磁动势波的峰值位置重合。随着转子以同步转速旋转，励磁磁通也跟着旋转，并产生一个与每相电枢绕组交链的时变磁链。每当转子d轴旋转到与该相绕组磁场轴线重合时，相磁链Ψ_{fA}、Ψ_{fB}和Ψ_{fC}[㊁]分别达到其最大值。以A相作为参考相时，各相磁链的表达式为

$$\Psi_{fA}(t) = \Psi_{fa}\cos\omega t = N_\phi \Phi_f \cos\omega t = N_\phi \frac{N_f i_f}{\mathfrak{R}}\cos\omega t = M_f i_f \cos\omega t$$

$$\Psi_{fB}(t) = M_f i_f \cos\left(\omega t - \frac{2\pi}{3}\right), \quad \Psi_{fC}(t) = M_f i_f \cos\left(\omega t - \frac{4\pi}{3}\right) \tag{3.35}$$

式中，Ψ_{fa}[㊂]$=N_\phi \Phi_f$是每相电枢绕组的励磁磁链幅值；$M_f = N_\phi N_f/\mathfrak{R}$是励磁绕组与电枢绕组之间的互感；$N_\phi = k_w N$，而$N$是每相电枢绕组的串联匝数，$k_w$是电枢绕组的绕组系数。

在每个相绕组中，时变的磁链会感应出一个励磁电动势，也称为内电势。根据法拉第定律有

$$e_{fA} = -\frac{d\Psi_{fA}(t)}{dt} = \omega M_f i_f \sin\omega t, \quad e_{fB} = -\frac{d\Psi_{fB}(t)}{dt} = \omega M_f i_f \sin\left(\omega t - \frac{2\pi}{3}\right),$$

㊀ 注意，这里的下标“f”表示励磁绕组，英文是field winding。——译者注

㊁ 注意，这里的下标“A、B、C”分别表示电枢绕组的A、B、C三相。——译者注

㊂ 注意，这里的下标“a”表示电枢绕组的意思，英文是armature winding，不是a相的意思，本书中三相是用大写字母A、B、C表示的。——译者注

$$e_{fC} = -\frac{d\Psi_{fC}(t)}{dt} = \omega M_f i_f \sin\left(\omega t - \frac{4\pi}{3}\right) \tag{3.36}$$

当无电枢电流时，这些电动势就作为空载机端电压出现在发电机的机端上。图3-10a展示了每相磁链随$\gamma = \omega t$变化的曲线，同时给出了作为相位参考的电动势e_{fA}的曲线；而图3-10b则给出了磁链$\underline{\Psi}_{fA}$、$\underline{\Psi}_{fB}$、$\underline{\Psi}_{fC}$和由这些磁链所感应出来的电动势$\underline{E}_{fA}$、$\underline{E}_{fB}$、$\underline{E}_{fC}$的相量图。每个电动势的方均根（rms）值（即相量$\underline{E}_{fA}$、$\underline{E}_{fB}$、$\underline{E}_{fC}$的长度）为

$$E_f = \frac{1}{\sqrt{2}}\omega\Psi_{fa} = \frac{1}{\sqrt{2}}\omega N_\phi \Phi_f = \frac{1}{\sqrt{2}}\omega M_f i_f \cong 4.44 f M_f i_f \tag{3.37}$$

此方程就是著名的变压器方程，其阐明了一次绕组（励磁绕组）电流如何在二次绕组（电枢绕组）中感应出电动势。此电动势与频率和励磁电流都是成正比关系的。互感M_f实际上不是恒定的，而是与磁路饱和程度相关的。

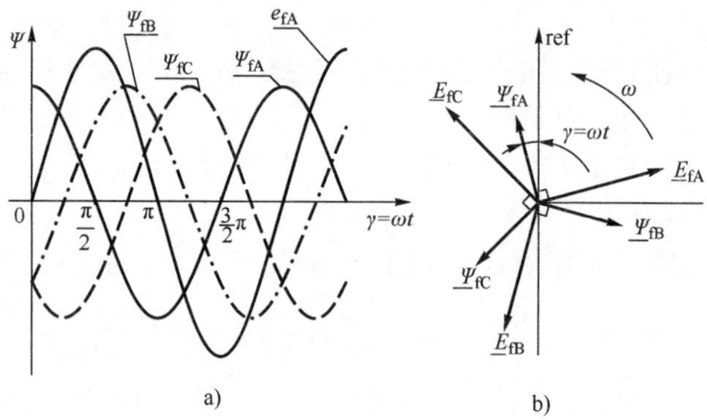

图3-10 每相磁链及所感应的电动势：a）时变波形；b）旋转相量

3.3.1.2 电枢反应与气隙磁通

现在考虑发电机带负载时的效应，此时每相定子绕组中有电枢电流流通。由于三相绕组之间是磁耦合的，因此第11章将阐述如何通过自感和互感来建立其等效电路，但本章将采用另一种更简单的方法来考虑三相绕组的合成磁场效应，这种效应被称为电枢反应。

一般地，相对于参考磁链$\psi_{fA}(t)$，定子相电流会滞后其一个角度λ；因此，定子三相电流可以表示为

$$i_A = I_m\cos(\omega t - \lambda),\quad i_B = I_m\cos\left(\omega t - \lambda - \frac{2\pi}{3}\right),\quad i_C = I_m\cos\left(\omega t - \lambda - \frac{4\pi}{3}\right) \tag{3.38}$$

式中，I_m是电枢电流的最大值（峰值）。每个相电流会在每极产生一个脉动的相磁动势：

$$F_A(t) = N_a I_m\cos(\omega t - \lambda),\quad F_B(t) = N_a I_m\cos\left(\omega t - \lambda - \frac{2\pi}{3}\right),\quad F_C(t) = N_a I_m\cos\left(\omega t - \lambda - \frac{4\pi}{3}\right) \tag{3.39}$$

式中，$N_a = (1/p)(4/\pi)N_\phi$是每相每极的有效匝数，而$N_\phi = k_w N$，前文中已提过。

由于每相绕组的磁场轴线在空间上依次移相$2\pi/3$电角度，因此相磁动势在时间上和空间上都存在着相位移动。考虑空间相位移动的一种方便方法是将磁动势表示成空间向量，其方向沿着它们各自的磁场轴线，而其瞬时值由式（3.39）给出。空间向量将用符号顶上加一个箭头来表示。这样，合成的电枢反应磁动势空间向量$\vec{F}_a$可以通过将各相磁动势空间向

量相加得到。

描述相磁动势空间位置的一种简洁方法是引入一个复平面，其实轴沿着 A 轴方向，而虚轴超前实轴 $\pi/2$（逆时针方向）。这样，空间旋转算子 $e^{j\theta}$就在复平面上引入了一个角度为 θ 的相位移动，当用它乘以某一相的磁动势值时，可以将其转化为一个空间向量，其空间位置就处于角度 θ 的方向，从而得到该相磁动势的空间向量。由于空间上 B 轴位置超前于 A 轴位置$2\pi/3$，而 C 轴位置超前于 A 轴位置 $4\pi/3$。因此 F_B 乘以 $e^{j2\pi/3}$ 就得到沿着 B 轴的空间向量$\vec{F}_B$，而 F_C 乘以 $e^{j4\pi/3}$就得到沿着 C 轴的空间向量$\vec{F}_C$。由此可得到合成的每极电枢磁动势空间向量$\vec{F}_a$为

$$\begin{aligned}\vec{F}_a &= \vec{F}_A + \vec{F}_B + \vec{F}_C = N_a i_A e^{j0} + N_a i_B e^{j2\pi/3} + N_a i_C e^{j4\pi/3}\\ &= N_a I_m\left[\cos(\omega t - \lambda) + \cos\left(\omega t - \lambda - \frac{2\pi}{3}\right)e^{j2\pi/3} + \cos\left(\omega t - \lambda - \frac{4\pi}{3}\right)e^{j4\pi/3}\right]\end{aligned} \tag{3.40}$$

利用恒等式：

$$\cos(\alpha - \beta) = \cos\alpha\cos\beta + \sin\alpha\sin\beta \tag{3.41}$$

可以得到

$$\begin{aligned}\vec{F}_a &= N_a I_m\{\cos(\omega t - \lambda) + [-0.5\cos(\omega t - \lambda) + 0.866\sin(\omega t - \beta)](-0.5 + j0.866)\\ &\quad + [-0.5\cos(\omega t - \lambda) - 0.866\sin(\omega t - \lambda)](-0.5 - j0.866)\}\\ &= N_a I_m[1.5\cos(\omega t - \lambda) + 1.5j\sin(\omega t - \lambda)] = 1.5N_a I_m e^{j(\omega t - \lambda)}\end{aligned} \tag{3.42}$$

式（3.42）表明，$\vec{F}_a$是一个具有恒定幅值，$F_a = 1.5N_a I_m$，并以角速度 ω 在复平面内旋转的空间向量。由于 ω 也是发电机转子的转速，因此转子的磁动势与定子的磁动势处于相对静止状态。为了确定磁动势的相对空间位置，回顾一下角度 λ 被定义为 A 相定子电流滞后于磁链 $\psi_{fA}(t)$ 的相角。由于$\vec{F}_f$是与 $\psi_{fA}(t)$ 同相位的（即$\vec{F}_f$与 A 轴同方向时 ψ_{fA}达到最大值），式（3.42）表明$\vec{F}_a$一定在空间上滞后于$\vec{F}_f$角度 λ。

由于两个旋转磁动势$\vec{F}_a$和$\vec{F}_f$是相对静止的，因此两者合并可以得到一个合成磁动势 $\vec{F}_r$㊀ $= \vec{F}_f + \vec{F}_a$，此合成磁动势激发出合成气隙磁通 Φ_r，如图 3-11 所示。必须明白的是，对于磁路而言，并没有看到单独的$\vec{F}_f$或$\vec{F}_a$，而只看到合成的磁动势$\vec{F}_r = \vec{F}_f + \vec{F}_a$。对于圆柱形转子发电机，其气隙磁通密度的峰值是与$\vec{F}_r$的峰重合的，因而在同一个方向。图 3-11 给出了当$\pi/2 < \lambda < \pi$时各磁动势典型的相对位置关系。从中可以看出，电枢反应磁场对发电机起去磁作用，合成的磁动势比励磁磁动势本身小。

由于合成磁动势是两个正弦分布的旋转磁动势的向量和，因此每极的合成磁动势和由它激发的气隙磁通密度都是沿气隙正弦分布的。实际上，磁饱和特性会使磁通密度波略显扁平，从而在电枢绕组中感应出三次谐波电压。通过将发电机绕组接成三角形或不接地星形，可以防止三次谐波电流出现在发电机机端上。

3.3.1.3　等效电路与相量图

旋转的气隙磁通产生与定子各相绕组交链的正弦变化的磁链。为了计算与 A 相绕组交

㊀ 注意，这里的下标“r”表示“合成的”意思，英文是 resultant，不是转子的意思。——译者注

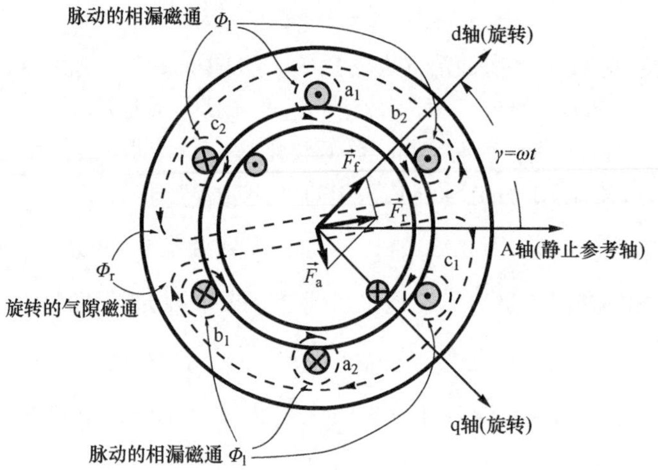

图3-11 运行在功率因数滞后状态时圆柱形转子发电机的合成磁通

链的磁链，首先计算与A相绕组对应的合成磁动势 F_{rA}。为此，可以将转子产生的磁动势与定子产生的磁动势都投影到A相绕组轴线上，从而算出沿着A相绕组轴线的磁动势。回顾一下前面的假设，$t=0$ 时 F_f 是与A轴重合的，而 F_a 滞后于 F_f 角度 λ，因此可以得到

$$F_{rA}(t)=F_f\cos\omega t+F_a\cos(\omega t-\lambda)=N_f i_f\cos\omega t+1.5N_a I_m\cos(\omega t-\lambda) \tag{3.43}$$

这个总磁动势必须除以磁阻 $\mathfrak{R}$ 再乘以电枢绕组的匝数 N_ϕ 才能得到与A相绕组交链的合成磁链 Ψ_{rA}：

$$\Psi_{rA}(t)=N_\phi\frac{F_{rA}(t)}{\mathfrak{R}}=M_f i_f\cos\omega t+L_a I_m\cos(\omega t-\lambda) \tag{3.44}$$

式中，$M_f=N_\phi N_f/\mathfrak{R}$ 是励磁绕组与电枢绕组之间的互感，而 $L_a=1.5N_a N_\phi/\mathfrak{R}$ 是电枢反应电感或磁化电感。在圆柱形转子电机中，气隙宽度均匀，磁阻 $\mathfrak{R}$ 与磁通的位置无关。

磁链 $\psi_{rA}(t)$ 在A相中感应出的气隙电动势，其表达式为

$$e_{rA}=-\frac{d\Psi_{rA}}{dt}=\omega M_f i_f\sin\omega t+\omega L_a I_m\sin(\omega t-\lambda)=e_{fA}(t)+e_{aA}(t) \tag{3.45}$$

式中，$e_{fA}(t)=\omega M_f i_f\sin\omega t$，$e_{aA}(t)=\omega L_a I_m\sin(\omega t-\lambda)$。式（3.45）表明，模拟同步发电机的技巧是将合成气隙电动势用两个虚拟电动势之和来表示。第一个电动势是励磁电动势（即内电动势）$e_{fA}(t)$，该电动势是由转子励磁绕组产生的并等于空载端电压，详见式（3.36）。第二个电动势为电枢反应电动势 $e_{aA}(t)$，它是由电枢反应磁场产生的，相位上比A相电流滞后 $\pi/2$（比较式（3.45）和式（3.38）可得）；如果用相量表示，这对应于将电流相量乘以 $-j$，因此电枢反应电动势的相量可以表示为 $\underline{E}_a=-jX_a\underline{I}$，其中 $X_a=\omega L_a$ 为电枢反应电抗或磁化电抗，而 $\underline{I}$ 是模值 $I=I_m/\sqrt{2}$ 的电流相量。因此，合成气隙电动势的相量可以表示为

$$\underline{E}_r=\underline{E}_f+\underline{E}_a=\underline{E}_f-jX_a\underline{I} \tag{3.46}$$

式中，$\underline{E}_f$ 是内电动势相量，其模值由式（3.37）给出。这样，$-\underline{E}_a=jX_a\underline{I}$ 就具有了由电枢电流引起的电抗压降的性质。当 $-\underline{E}_a$ 用电抗压降 $jX_a\underline{I}$ 来代替时，电路模型变成了图3-12中相量 $\underline{E}_r$ 左边的部分。

图3-12a展示了如何通过计及电机在电和磁方面的缺陷来得到完整的等效电路。首先，每个电枢绕组都有一定的电阻 R，会产生电压降 $R\underline{I}$；在同步发电机中，这个电枢电阻非常

小，经常可以被忽略掉。其次，虽然大部分由电枢绕组产生的磁通会穿过气隙与转子绕组交链，但有一小部分不会穿过气隙，被称为漏磁通；这个脉动的漏磁通在图 3-11 中被标记为 ϕ_1，它只与电枢绕组交链；可以通过在电路中插入一个漏电抗 X_1 来计及漏磁通的作用；由于漏磁通的闭合路径主要在空气中，所以 $X_1 \ll X_a$。

图 3-12a 给出了圆柱形转子同步电机的完整等效电路，包含了电和磁方面的所有缺陷。端电压$\underline{V}_g$ 可以表示为

$$\underline{V}_g = \underline{E}_f - jX_a\underline{I} - jX_1\underline{I} - R\underline{I} = \underline{E}_f - jX_d\underline{I} - R\underline{I} \tag{3.47}$$

式中，$X_d = X_a + X_1$ 是同步电抗，或更确切地说是直轴同步电抗。由于 $L_1 \ll L_a$、$X_1 \ll X_a$，因此实际运用中有 $X_d \approx X_a$。内电动势 E_f 有时被称为“同步电抗后的电动势”。与式（3.47）对应的相量图如图 3-12b 所示，此时发电机运行在功率因数滞后状态。

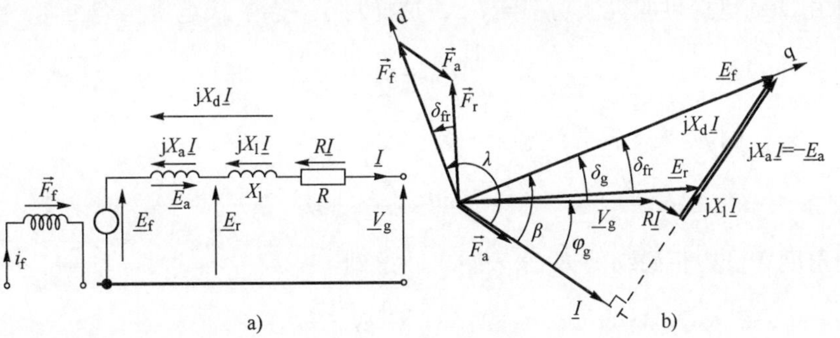

图 3-12　圆柱形转子同步发电机：a）等效电路；b）运行在功率因数滞后状态时的时间-空间相量图

通常画相量图时的已知量只有发电机电压 V_g 及每相的有功功率 P 和无功功率 Q。根据这些量可以算出电流和功率因数角：

$$I = \frac{\sqrt{P^2 + Q^2}}{V_g}, \qquad \varphi_g = \arctan\frac{Q}{P} \tag{3.48}$$

知道了电流相量相对于参考电压 V_g 的长度与方向后，就可以得到电压降相量$\underline{I}R$、$j\underline{I}X_1$ 和 $j\underline{I}X_a$ 的长度和方向，从而可以构造出相量图。

除了通常的电压和电流相量外，图 3-12b 也给出了磁动势的空间向量和 d 轴与 q 轴的位置。将空间向量与时间相量放在同一张图中展示是非常有用的，其实现方法如下：以 A 相作为参考，在同一个复平面中画出 $t=0$ 时刻的电压（和电流）时间相量及磁动势的空间向量。

为了得到时间-空间相量图中时间相量与空间向量的相对位置，现考察电枢电流相量$\underline{I}$ 和电枢磁动势向量 $\vec{F}_a$ 之间的相对位置。根据式（3.42），在 $t=0$ 时，向量 $\vec{F}_a$ 相对于 A 轴的空间角是（$-\lambda$）；而根据式（3.38），A 相电流的相角也是（$-\lambda$）；这表明电流相量$\underline{I}$ 与磁动势向量 $\vec{F}_a$ 在时间-空间相量图中是同相位的。由于$\underline{E}_a = -jX_a\underline{I}$，表明$\underline{E}_a$ 滞后于 $\vec{F}_a\,\pi/2$。类似的论证表明所有的电动势滞后于其对应的磁动势 $\pi/2$。

图 3-12b 所示的时间-空间相量图给出了所有角度的额外含义。由于所有的电动势与其对应的磁动势相垂直，所以磁动势三角形（F_f，F_a，F_r）与电压三角形（E_f，E_a，E_r）是相似的。因此图 3-12 中的所有角度都有双重含义：它们是旋转的磁动势之间的空间角度，同时又是交流电压之间的相位差。例如，角度 δ_{fr}，它既是励磁磁动势与合成气隙磁动势之间

的空间角度，同时它也是电动势$\underline{E}_f$和$\underline{E}_r$之间的相位差。

3.3.1.4 转矩产生的机理

同步发电机的转子是由原动机驱动的，原动机在转子上施加了一个机械转矩τ_m。为了转子转速保持恒定，发电机必须产生一个大小相等但方向相反的电磁转矩τ_e。将气隙磁动势分解成转子磁动势分量和定子磁动势分量为理解电磁转矩是如何产生的提供了一种途径。转子磁动势和定子磁动势可以比作两个磁体，两者以相同的速度旋转并试图达到相互对齐状态，即一个磁体的北极吸引另一个磁体的南极或者刚好相反。由这些吸引力所产生的转矩可以通过三相气隙功率P_{ag}计算出来，P_{ag}用电气量表示时为

$$P_{ag}=3E_fI\cos\beta \tag{3.49}$$

式中，β是$\underline{E}_f$和$\underline{I}$之间的相角差，并被称为内功率因数角（见图3-12b）。忽略机械损耗，P_{ag}一定等于由原动机提供的机械功率$\tau_m\omega_m$，这样对于一台p极电机，有

$$\tau=\frac{1}{\omega_m}P_{ag}=\frac{p}{2}\frac{1}{\omega}P_{ag} \tag{3.50}$$

如果用式（3.37）的E_f来代替并注意到$I=I_m/\sqrt{2}$，可得

$$\tau=\frac{3}{4}p\Phi_fN_\phi I_m\cos\beta \tag{3.51}$$

上式还可用角度λ和电枢磁动势F_a来表示，注意到

$$N_a=\frac{1}{p}\frac{4}{\pi}N_\phi$$

根据式（3.42）可得电枢磁动势F_a为

$$F_a=\frac{3}{2}N_aI_m=\frac{3}{2}\left(\frac{1}{p}\frac{4}{\pi}N_\phi\right)I_m \tag{3.52}$$

图3-12b表明$\lambda=\pi/2+\beta$，因此有$\sin\lambda=\cos\beta$，因此

$$\tau=\frac{\pi}{8}p^2\Phi_fF_a\sin\lambda=\frac{\pi}{8}p^2\frac{F_fF_a}{\mathfrak{R}}\sin\lambda \tag{3.53}$$

式中，λ是$\vec{F}_f$超前于$\vec{F}_a$的相角差。考察图3-12b表明$F_a\sin\lambda=F_r\sin\delta_{fr}$，因此式（3.53）可以重新写成

$$\tau=\frac{\pi}{8}p^2F_r\frac{F_f}{\mathfrak{R}}\sin\delta_{fr}=\frac{\pi}{8}p^2F_r\Phi_f\sin\delta_{fr} \tag{3.54}$$

式中，角δ_{fr}被称为转矩角。对于一台双极电机，此式可简化为

$$\tau=\frac{\pi}{2}F_r\Phi_f\sin\delta_{fr} \tag{3.55}$$

如果转子磁场超前于气隙磁场，如图3-11那样，那么电磁转矩的作用方向是与旋转方向相反的，即抵抗机械驱动转矩，因此电机工作在发电机状态。相反地，如果转子磁场滞后于气隙磁场，那么电磁转矩的作用方向与旋转方向相同，电机工作在电动机状态。

3.3.2 凸极电机

因为圆柱形转子的平衡相对容易且承受高离心力的能力强，圆柱形转子发电机（隐极机）通常被用于涡轮机组，由高速汽轮机或燃气轮机驱动。而低速运行的发电机，例如由

水轮机驱动的发电机，为了运行在50Hz或60Hz，需要很多磁极。由于低速电机的转子受到的离心力比相应的涡轮机组小，所以可以使用凸出的磁极，且转子直径也可以增大。通常，采用凸极的转子极数大于2，且用机械单位与用电气单位表示的角度和速度之间的关系由式（3.31）和式（3.32）给出。为了简化，这里将考察一台双极的凸极发电机，这样用机械单位与用电气单位表示的角度和速度是相同的。此种简化凸极发电机的横截面如图3-13所示。

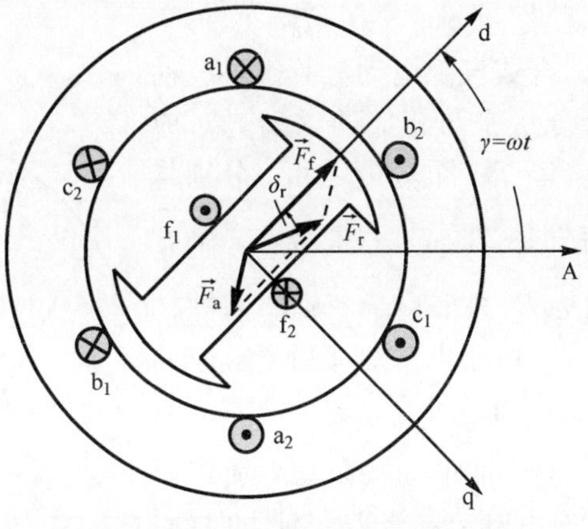

图3-13　简化的凸极发电机

模拟凸极电机的主要问题是气隙宽度沿着发电机圆周而变化，在d轴方向气隙最窄，而在q轴方向气隙最宽。因此气隙磁通的磁阻不是均匀的，而是在最小值$\mathcal{R}_d$和最大值$\mathcal{R}_q$之间变化，其近似的函数关系如图3-14所示。这就产生了一个问题，因为模拟均匀气隙的圆柱形转子发电机时的一个基本假设不再成立。该假设认为磁通密度波的峰值与磁动势波的峰值是重合的，换句话说，磁动势的空间向量与磁通的空间向量是同相位的。认识到这个假设对凸极机不再适用是非常重要的。因为磁通趋向于走最小磁阻的路径，因此磁通的空间向量与磁动势的空间向量相比，会向着d轴（即磁阻最小的地方）方向移动。而这两个空间向量同相位的唯一时刻是当磁动势向量处在d轴（磁阻最小的位置）方向或处于q轴（将磁通吸引到d轴的两个方向的平衡位置）方向时。在其他任何位置，磁通空间向量与磁动势空间向量是不同相的，因而用于分析圆柱形转子电机的简单方法不再适用。为了克服这个问题，A. Blondel提出了他的双反应理论，即将作用在电机上的磁动势沿着d轴和q轴分解，并分别考虑由这些磁动势分量感应的电动势，对穿过不同轴的磁通赋予不同的恒定磁阻值。

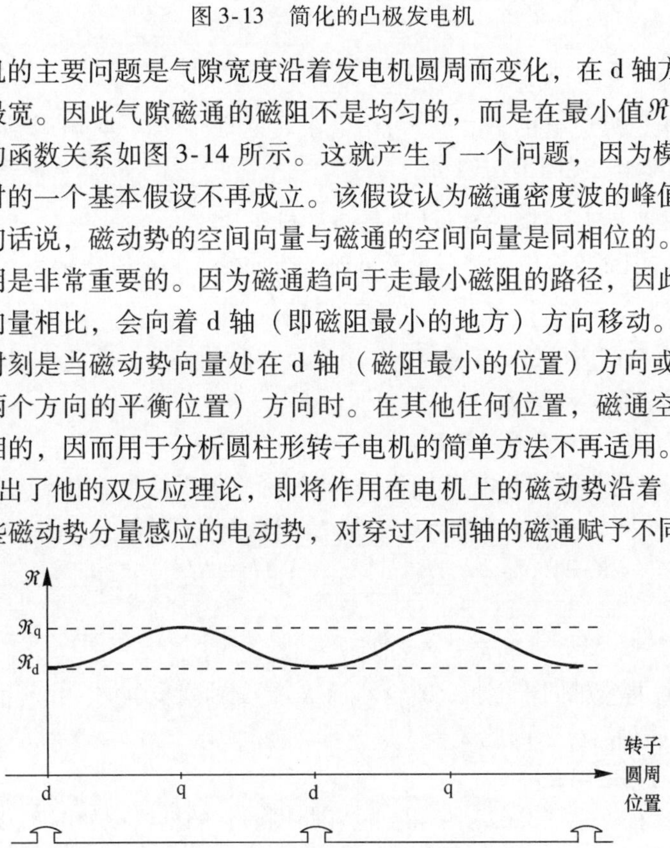

图3-14　磁阻随圆周位置的近似变化关系

图3-15对这个概念进行了描述。电枢磁动势$\vec{F}_a$和电枢电流$\underline{I}$被分解成两个分量：一个

沿着d轴方向（$\vec{F}_{ad}$，$\underline{I}_d$），另一个沿着q轴方向（$\vec{F}_{aq}$，$\underline{I}_q$）。对励磁磁动势$\vec{F}_f$没有必要进行分解，因为它总是沿着d轴方向的。合成的磁动势$\vec{F}_r$可以表达为

$$\vec{F}_r = \vec{F}_d + \vec{F}_q \tag{3.56}$$

式中，$\vec{F}_d = \vec{F}_f + \vec{F}_{ad}$，$\vec{F}_q = \vec{F}_{aq}$。类似地，电流可以表示为

$$\underline{I} = \underline{I}_d + \underline{I}_q \tag{3.57}$$

与圆柱形转子发电机类似，合成气隙电动势等于各电动势分量之和，而各电动势分量是与相应的磁动势对应的。对于本例，合成电动势等于三个分量之和，分别与$\vec{F}_f$、$\vec{F}_{ad}$和$\vec{F}_{aq}$对应。由于励磁磁动势$\vec{F}_f$总是沿着d轴方向的，与$\vec{F}_f$对应的内电动势E_f只依赖于d轴磁阻并在励磁电流给定时为一个常数。由于电动势滞后于对应的磁动势π/2，因此$\underline{E}_f$是沿着q轴方向的。

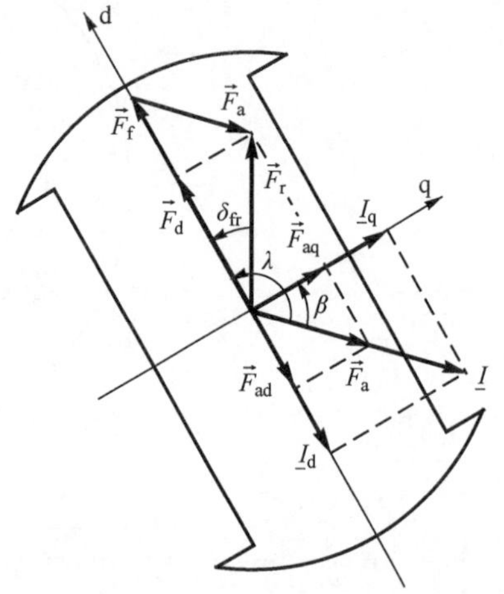

图3-15　将磁动势和电流分解为d轴分量和q轴分量

由d轴电枢磁动势$\vec{F}_{ad}$引起的电动势是与$\underline{I}_d$成正比的且滞后于$\underline{I}_d$π/2。因而这个电动势是沿着q轴方向的，并可以表示为

$$\underline{E}_{aq} = -jX_{ad}\underline{I}_d \tag{3.58}$$

式中，X_{ad}是直轴电枢反应电抗。由于$\vec{F}_{ad}$作用在最短的气隙上，因此X_{ad}与d轴磁阻$\mathfrak{R}_d$成反比。

由q轴电枢磁动势$\vec{F}_{aq}$引起的电动势是与$\underline{I}_q$成正比的且滞后于$\underline{I}_q$π/2。因而这个电动势是沿着d轴反方向的，并可以表示为

$$\underline{E}_{ad} = -jX_{aq}\underline{I}_q \tag{3.59}$$

式中，X_{aq}是交轴电枢反应电抗。由于$\vec{F}_{aq}$作用在最宽的气隙上，因此X_{aq}与q轴磁阻$\mathfrak{R}_q$成反比。这样，合成的气隙电动势为

$$\underline{E}_r = \underline{E}_f + \underline{E}_{aq} + \underline{E}_{ad} = \underline{E}_f - jX_{ad}\underline{I}_d - jX_{aq}\underline{I}_q \tag{3.60}$$

将这一电动势减去在电枢漏抗和电枢电阻上的电压降就可以得到端电压$\underline{V}_g$：

$$\begin{aligned}\underline{V}_g &= \underline{E}_r - jX_l\underline{I} - R\underline{I} = \underline{E}_f - jX_{ad}\underline{I}_d - jX_{aq}\underline{I}_q - jX_l(\underline{I}_d + \underline{I}_q) - R\underline{I} \\ &= \underline{E}_f - j(X_{ad} + X_l)\underline{I}_d - j(X_{aq} + X_l)\underline{I}_q - R\underline{I}\end{aligned} \tag{3.61}$$

即

$$\underline{E}_f = \underline{V}_g + jX_d\underline{I}_d + jX_q\underline{I}_q + R\underline{I} \tag{3.62}$$

式中，$X_d = X_{ad} + X_l$是直轴同步电抗，$X_q = X_{aq} + X_l$是交轴同步电抗。由于沿q轴的磁阻是最大的（因为这里气隙最宽），因此$X_d > X_q$。

3.3.2.1　相量图与等效电路

图3-16给出了根据式（3.62）所得到的相量图。它的结构比如图3-12所示的圆柱形转子发电机的相量图要复杂得多。为了确定$\underline{I}_d$和$\underline{I}_q$，有必要先确定角度δ_g，从而确定q轴相对于$\underline{V}_g$的位置。

为了解决这个问题，回顾一下电动势$\underline{E}_f$是沿着q轴的。重新整理式（3.62）得到

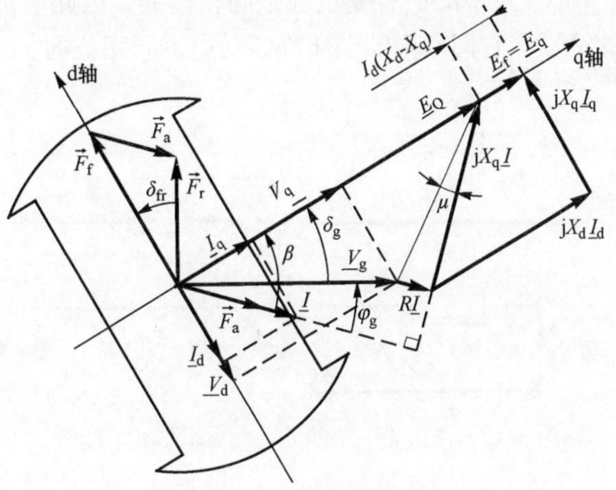

图3-16 凸极发电机相量图

$$\underline{E}_f=\underline{V}_g+R\underline{I}+jX_q\underline{I}+j(X_d-X_q)\underline{I}_d=\underline{E}_Q+j(X_d-X_q)\underline{I}_d \tag{3.63}$$

式中，

$$\underline{E}_Q=\underline{V}_g+(R+jX_q)\underline{I} \tag{3.64}$$

由于$\underline{I}_d$乘以j使合成的相量相位超前π/2，因此式（3.63）中的第二项$j(X_d-X_q)\underline{I}_d$是沿着q轴方向的。由于$\underline{E}_f$本身是沿着q轴方向的，因此$\underline{E}_Q$也一定是沿着q轴方向的。在已知$\underline{V}_g$和$\underline{I}$的情况下，相量$(R+jX_q)\underline{I}$与$\underline{V}_g$相加就可以得到$\underline{E}_Q$。这就确定了q轴的位置以及角度$\delta_g$。一旦确定了q轴的位置，就可以将$\underline{I}$分解成$\underline{I}_d$和$\underline{I}_q$分量，从而就能够画出完整的相量图了。对于圆柱形转子发电机，$X_d=X_q$，$\underline{E}_Q$就变成了$\underline{E}_f$（和$\underline{E}_q$）。

将式（3.62）分解成d轴和q轴分量就可以构造出发电机的等效电路。由于一个相量乘以j后就使该相量逆时针旋转π/2，因此相量$(jX_q\underline{I}_q)$是沿着d轴方向的。类似地，相量$(jX_d\underline{I}_d)$超前于d轴π/2，即它是沿着q轴的反方向的，因而它的q轴分量是负的[⊖]。这样，式（3.62）中的d轴和q轴分量分别为

$$\begin{aligned}&\text{d 轴：}E_d=V_d+RI_d+X_qI_q=0\\&\text{q 轴：}E_q=V_q+RI_q-X_dI_d=E_f\end{aligned} \tag{3.65}$$

上述方程可以写成矩阵形式为

$$\begin{bmatrix}E_d\\E_q\end{bmatrix}=\begin{bmatrix}0\\E_f\end{bmatrix}=\begin{bmatrix}V_{gd}\\V_{gq}\end{bmatrix}+\begin{bmatrix}R&+X_q\\-X_d&R\end{bmatrix}\begin{bmatrix}I_d\\I_q\end{bmatrix} \tag{3.66}$$

值的指出的是，上述每个方程中的变量都是同相位的并且是实数（不是复数）。端电压和端电流的d轴和q轴分量如下：

$$\begin{aligned}V_d&=-V_g\sin\delta_g,\quad V_q=V_g\cos\delta_g\\I_d&=-I\sin\beta,\quad I_q=I\cos\beta\end{aligned} \tag{3.67}$$

式中，$\beta=\delta_g+\varphi_g$。电压和电流的d轴分量中的负号表示它们是沿着d轴的反方向的。现在可以画出凸极发电机的等效电路，分为两个部分：一个对应于d轴，另一个对应于q轴，如

⊖ 图3-16显示相量$(jX_d\underline{I}_d)$是沿着q轴方向的，这是因为I_d是负的。——原书注

图3-17所示。由于式（3.65）中的所有变量都是同相位的，因此电抗 X_d 和 X_q 显示的是电阻的符号而不是电抗的符号，它们产生的电压降是与电流同相位的。

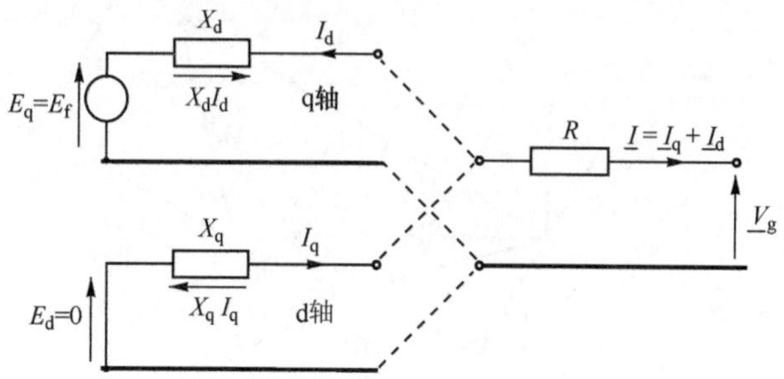

图3-17　凸极发电机的d轴和q轴等效电路图

图3-17所示等效电路中一个略微使人误解的特点是d轴电流是流入发电机的而不是流出发电机的。这是因为假设了d轴超前于q轴的结果。由于假设了发电运行时 δ_g 是正的，这就导致了端电压和端电流的d轴分量是负值，见式（3.67）。选择d轴超前于q轴完全是随意的，但得到了IEEE（1969）的推荐，主要原因是d轴电流通常是去磁化作用的，在发电机参考坐标系下应该是负的。尽管如此，很多作者假设d轴滞后于q轴，这样可以将式（3.67）中的负号去掉，同时也改变了式（3.65）中电抗项的符号。

3.3.2.2　d轴和q轴电枢线圈

在后面的章节将会看到，将三相电枢绕组的作用看作是由两个相位互差90°的等效线圈产生的，通常是有帮助的。如果把其中一个等效线圈放在d轴上，而另一个等效线圈放在q轴上，那么图3-17所示的等效电路就具有更直接的物理意义了。这两个等效电枢线圈被称为d轴电枢线圈和q轴电枢线圈，并假定与实际的相电枢绕组具有相同的匝数[⊖]。为了考虑式（3.65）的直流性质，还假设这两个等效电枢线圈随发电机转子一起旋转，并在对应的电枢线圈中插入感应电动势 $E_q=E_f$ 和 E_d。由于 E_f 和 E_d 都与旋转速度 ω 成正比，这两个电动势又被称为旋转电动势，此概念在d轴和q轴电枢线圈上的反映将在第11章详细讲述。

3.3.2.3　凸极电机中的转矩

电磁转矩产生的机理前面针对圆柱形转子发电机已给出了解释，从式（3.53）可以看出，电磁转矩正比于定子磁动势、转子磁通及两者之间夹角正弦值的乘积。对于凸极发电机，也具有类似的转矩产生机理，但现在必须考虑磁动势的d轴和q轴分量。对电枢磁动势进行分解可以得到

$$F_{ad}=F_a\cos\lambda\,;\qquad F_{aq}=F_a\sin\lambda \tag{3.68}$$

由于 Φ_f 与 F_{aq} 之间的夹角为 $\pi/2$，应用式（3.53）可以得到双极发电机的电磁转矩为

$$\tau_q=\frac{\pi}{2}\Phi_f F_{aq} \tag{3.69}$$

式（3.69）只表示了部分作用在电枢上的沿切线方向的力，因为还存在由d轴磁通的其他分量与q轴磁动势之间相互作用而产生的其他力。这些d轴磁通其他分量的作用可以通过将

⊖ 此假设不是严格必须的，但本书采用了这个假设，更详细的解释见第11章。——原书注

所有 d 轴磁通代数相加后再与 q 轴磁动势相乘包含进来。稳态时，沿 d 轴的唯一其他磁通是由 d 轴磁动势自身产生的，因此转矩表达式变为

$$\tau_q = \frac{\pi}{2}(\Phi_f + \Phi_{ad})F_{aq} \tag{3.70}$$

式中，$\Phi_{ad} = F_{ad}/\mathfrak{R}_d$。类似地，在 q 轴磁通与 d 轴磁动势之间的相互作用也将产生一个附加的转矩分量：

$$\tau_d = \frac{\pi}{2}\Phi_{aq}F_{ad} \tag{3.71}$$

式中，$\Phi_{aq} = F_{aq}/\mathfrak{R}_d$。由于 F_{ad}是由 d 轴电流产生的，而 d 轴电流是流入发电机而不是流出发电机的（见图 3-17），因此转矩 τ_d 的作用方向与 τ_q 相反。总的转矩等于这两个分量之差：

$$\tau = \tau_q - \tau_d = \frac{\pi}{2}(\Phi_f + \Phi_{ad})F_{aq} - \frac{\pi}{2}\Phi_{aq}F_{ad} \tag{3.72}$$

重新组织式（3.72）中的各项，并代入 $\Phi_{ad} = F_{ad}/\mathfrak{R}_d$，$\Phi_{aq} = F_{aq}/\mathfrak{R}_q$，$F_{aq} = F_a\sin\lambda = F_r\sin\delta_{fr}$ 和 $F_{ad} = F_a\cos\lambda = F_r\cos\delta_{fr}$，最终可得到

$$\tau = \frac{\pi}{2}\Phi_f F_r \sin\delta_{fr} + \frac{\pi}{4}F_r^2\frac{\mathfrak{R}_q - \mathfrak{R}_d}{\mathfrak{R}_q\mathfrak{R}_d}\sin 2\delta_{fr} \tag{3.73}$$

式（3.73）表明凸极发电机中产生的转矩由两个分量组成。第一个分量与 $\sin\delta_{fr}$成正比，是与圆柱形转子发电机的转矩表达式（3.55）完全一致的，被称为同步转矩。第二个分量被称为磁阻转矩，是由转子试图保持在磁阻最小位置而向着气隙磁动势运动而产生的。这个额外的转矩是由于气隙不均匀而产生的，是气隙磁动势与气隙磁通不同相的直接结果。即使没有任何励磁，磁阻转矩依然存在，并与 $\sin 2\delta_{fr}$成正比；当 $\delta_{fr} = 0$ 或 $\delta_{fr} = \pi/2$ 时，磁阻转矩消失。在这两个位置，气隙磁动势与气隙磁通是同相位的，作用在各极上的切线方向的力是相互平衡的。在圆柱形转子发电机中，$\mathfrak{R}_d = \mathfrak{R}_q$，转矩表达式退化为式（3.55）。

3.3.3 作为功率源的同步发电机

同步发电机是通过升压变压器按发电机-变压器单元联接到高压输电网上的（见图 2-2）。从电力系统的角度看，该单元是一个有功功率和无功功率源。本节将描述该单元的数学模型及其主要特性。

3.3.3.1 发电机-变压器单元的等效电路

图 3-18 给出了圆柱形转子发电机及其升压变压器单元的稳态等效电路和相量图。变压器用阻抗 $R_T + jX_T$ 来模拟。发电机单独的相量图是与图 3-12 一样的，但为了得到端电压$\underline{V}$需要将变压器阻抗上的电压降加到电压$\underline{V}_g$ 上。

可以得到类似于式（3.47）的如下方程：

$$\underline{V} = \underline{E}_f - jX_d\underline{I} - R\underline{I} - jX_T\underline{I} - R_T\underline{I} = \underline{E}_f - j(X_d + X_T)\underline{I} - (R + R_T)\underline{I} \tag{3.74}$$

或者简化为

$$\underline{V} = \underline{E}_f - jx_d\underline{I} - r\underline{I} \tag{3.75}$$

式中，$x_d = X_d + X_T$ 是被变压器电抗提升了的发电机电抗，而 $r = R + R_T$ 是被变压器电阻提升了的发电机电阻。

对于凸极发电机，变压器-发电机单元的相量图与发电机单独的相量图类似（见

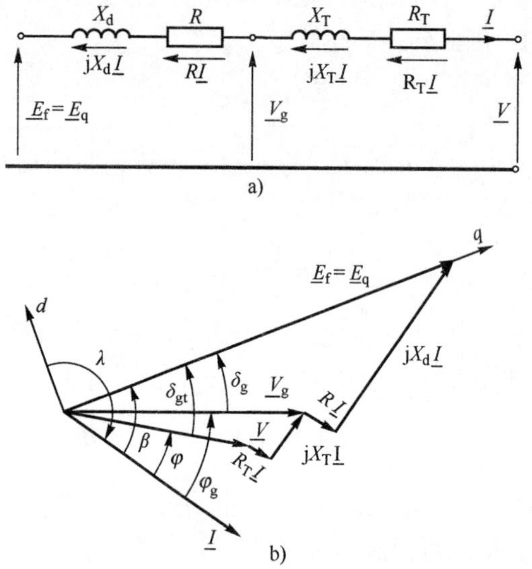

图 3-18　圆柱形转子发电机及其升压变压器单元的稳态等效电路和相量图

图 3-16)，但为了得到变压器的端电压$\underline{V}$，需要从发电机电压$\underline{V}_g$上减去变压器阻抗上的电压降，这是与图 3-18 类似的。对于凸极发电机，可以导出类似于式（3.63）的如下方程：

$$\begin{aligned}\underline{V}_g &= \underline{E}_f - jX_d \underline{I}_d - jX_q \underline{I}_q - R\underline{I} - X_T \underline{I} - R_T \underline{I} \\ &= \underline{E}_f - jX_d \underline{I}_d - jX_q \underline{I}_q - R\underline{I} - X_T(\underline{I}_d + \underline{I}_q) - R_T \underline{I}\end{aligned} \tag{3.76}$$

写成紧凑形式为

$$\underline{V}_g = \underline{E}_f - jx_d \underline{I}_d - jx_q \underline{I}_q - r\underline{I} \tag{3.77}$$

式中，$x_d = X_d + X_T$，$x_q = X_q + X_T$，$r = R + R_T$。因此，类似于式（3.66）有

$$E_q = V_q + rI_q - x_d I_d = E_f \tag{3.78a}$$

$$E_d = V_d + rI_d + x_q I_q = 0 \tag{3.78b}$$

式中，

$$I_d = -I\sin\beta \quad 和 \quad I_q = I\cos\beta \tag{3.79a}$$

$$V_d = -V\sin\delta_{gt} \quad 和 \quad V_q = V\cos\delta_{gt} \tag{3.79a}$$

式中，δ_{gt}是发电机电动势与变压器端口电压的相位差。

类似于式（3.66），式（3.78）也可以写成矩阵形式，有

$$\begin{bmatrix} E_d \\ E_q \end{bmatrix} = \begin{bmatrix} V_d \\ V_q \end{bmatrix} + \begin{bmatrix} r & +x_q \\ -x_d & r \end{bmatrix} \begin{bmatrix} I_d \\ I_q \end{bmatrix} = \begin{bmatrix} 0 \\ E_f \end{bmatrix} \tag{3.80}$$

在本书的后面部分，发电机-变压器单元的总电抗和总电阻将用小写字母表示。应当记住的是，电压与电流之间的相位差对于发电机机端电压$\underline{V}_g$和高压侧的变压器端口电压$\underline{V}$是不同的。变压器两侧测量到的功率是不同的，差一个变压器的功率损耗值。

3.3.3.2　发电机-变压器单元的有功功率和无功功率

从电力系统的角度看，感兴趣的是发电机-变压器单元高压侧的电压和功率。在单元端口测量的单相功率可以通过一般性表达式 $P = VI\cos\varphi$ 进行计算。图 3-18 表明 $\varphi = \beta - \delta_{gt}$。因此有

$$P = VI\cos\varphi = VI\cos(\beta - \delta_{gt}) = VI\sin\beta\sin\delta_{gt} + VI\cos\beta\cos\delta_{gt} \tag{3.81}$$

将式（3.79）代入有

$$P = V_d I_d + V_q I_q \tag{3.82}$$

电流分量 I_d 和 I_q 可以通过求解式（3.78）得到

$$I_d = \frac{1}{z^2}[r(E_d - V_d) - x_q(E_q - V_q)], \quad I_q = \frac{1}{z^2}[r(E_q - V_q) + x_d(E_d - V_d)] \tag{3.83}$$

式中，$z^2 = r^2 + x_d x_q$。

式（3.83）也可以写成矩阵形式，求解矩阵方程式（3.80）得到

$$\begin{bmatrix} I_d \\ I_q \end{bmatrix} = \frac{1}{z^2}\begin{bmatrix} r & -x_q \\ +x_d & r \end{bmatrix}\begin{bmatrix} E_d - V_d \\ E_q - V_q \end{bmatrix} \tag{3.84}$$

考虑到稳态时 $E_d = 0$，将式（3.83）代入到式（3.82），得到

$$P = \frac{1}{z^2}[-r(V_q^2 + V_d^2) - (x_d - x_q)V_d V_q + E_q(rV_q - x_q V_d)] \tag{3.85}$$

将式（3.79b）代入到式（3.83），得到

$$P = \frac{E_q V}{z}\frac{x_q}{z}\sin\delta_{gt} + \frac{1}{2}\frac{V^2}{z}\frac{x_d - x_q}{z}\sin 2\delta_{gt} + \frac{E_q V}{z}\frac{r}{z}\cos\delta_{gt} - \frac{V^2}{z}\frac{r}{z} \tag{3.86}$$

定子绕组和变压器绕组的电阻是非常小的，因此近似计算时后面的两项可以忽略。假定 $r \cong 0$ 和 $z^2 \cong x_d x_q$，式（3.86）可以简化为

$$P = \frac{E_q V}{x_d}\sin\delta_{gt} + \frac{V^2}{2}\frac{x_d - x_q}{x_d x_q}\sin 2\delta_{gt} \tag{3.87}$$

第一个分量是主导性的，依赖于端口电压与发电机电势之间相位差 δ_{gt} 的正弦值。第二个分量被称为磁阻功率，只存在于凸极发电机中（$x_d > x_q$）。对于圆柱形转子发电机（$x_d = x_q$），磁阻功率消失，式（3.87）可以进一步简化为

$$P = \frac{E_q V}{x_d}\sin\delta_{gt} \tag{3.88}$$

无功功率的方程可以用类似的方法导出。将表达式 $\varphi = \beta - \delta_{gt}$ 代入到一般性的无功功率方程 $Q = VI\sin\varphi$ 中，并利用式（3.79）可以得到

$$Q = -V_q I_d + V_d I_q \tag{3.89}$$

利用式（3.83）和式（3.79b）可以得到

$$Q = \frac{E_q V}{z}\frac{x_q}{z}\cos\delta_{gt} - \frac{V^2}{z}\frac{x_d \sin^2\delta_{gt} + x_q \cos^2\delta_{gt}}{z} - \frac{E_q V}{z}\frac{r}{z}\sin\delta_{gt} \tag{3.90}$$

对于圆柱形转子发电机，当忽略电阻时（$r = 0$），式（3.90）简化为

$$Q = \frac{E_q V}{x_d}\cos\delta_{gt} - \frac{V^2}{x_d} \tag{3.91}$$

本章中的所有方程都适合于标幺值计算。如果式（3.88）和式（3.91）采用相电压进行计算，得到的是每相的有功功率和无功功率；若采用线电压（$\sqrt{3}$倍的相电压）进行计算，得到的是三相总有功功率和无功功率。

3.3.4 圆柱形转子发电机的无功功率能力曲线

同步发电机是有功功率和无功功率源，并可以方便地大范围调节其出力，这可以通过上

面导出的无功功率与有功功率方程得到证明。式（3.88）和式（3.91）表明，在发电机电抗给定的条件下，发电机发出的有功功率和无功功率依赖于：

1）电动势 $E_q=E_f$，其与发电机励磁电流 I_f 成正比。

2）升压变压器端口的电压 V。

3）功率角 δ_{gt}。

在电力系统中运行的发电机其电压不能有很大的变化，必须保持在电网额定电压的一定范围内，典型值是10%。因此，有功功率 P 的大范围变化必然与角度 δ_{gt} 的变化相对应，如式（3.88）所示。注意，由涡轮机产生的机械功率必然呈现为发电机的电功率（扣除很小的损耗）。因此，稳态下涡轮机功率的任何变化一定与 P 的几乎相同的变化相对应，从而导致 $\sin\delta_{gt}$ 的几乎正比例变化。当角度 δ_{gt} 和需要的功率 P 确定时，可以利用励磁电流 I_f 来控制电动势 $E_q=E_f$，从而控制发电机发出的无功功率，如式（3.91）所示。

发电机有功功率和无功功率控制的极限取决于如下的结构约束和运行约束：

1）定子（电枢）电流 I 不能引起电枢绕组过热，因此 I 必须不能大于某个最大值 I_{max}，即 $I\leqslant I_{max}$。

2）转子（励磁）电流 I_f 不能引起励磁绕组过热，因此 I_f 必须不能大于某个最大值 I_{fmax}，即 $I_f\leqslant I_{fmax}$ 或 $E_q\leqslant E_{qmax}$。

3）由于发电机稳定运行的要求（静态稳定性将在第5章讨论），功率角不能大于某个最大值，即 $\delta_{gt}\leqslant\delta_{max}$。

4）定子磁路端部区域的温度不能超过最大值。

5）发电机的有功功率必须在涡轮机的极限功率范围内，即 $P_{min}\leqslant P\leqslant P_{max}$。

由上述约束条件所确定的发电机有功功率和无功功率运行区域如图3-19所示，图中的各个元素将在下面讨论。

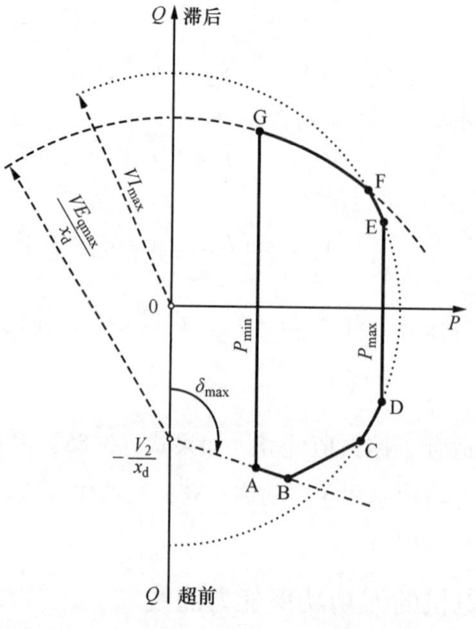

图3-19 电压给定时的无功功率能力曲线

约束条件1关注的是定子电流。在 P-Q 平面上，它对应于一个圆，其半径和圆心按照如下方式确定。有功功率和无功功率的表达式分别为 $P=VI\cos\varphi$ 和 $Q=VI\sin\varphi$，因为 $\sin^2\varphi+\cos^2\varphi=1$，所以将这两个式子的二次方相加得 $P^2+Q^2=(VI)^2$。在 P-Q 平面上，此方程对应于一个圆，其半径为 VI，圆心在原点。假设电压给定为 V，最大电流为 $I=I_{max}$，可得

$$P^2+Q^2=(VI_{max})^2 \tag{3.92}$$

式（3.92）对应于一个半径为 VI_{max} 的圆，已在图3-19中用点线画出。此圆内部的 PQ 运行点满足 $I\leqslant I_{max}$ 约束条件。

约束条件2关注的是转子电流。在 P-Q 平面上，它对应于一个圆，其半径和圆心按照如下方式确定。式（3.88）和式（3.91）可以写成

$$P=\frac{E_q V}{x_d}\sin\delta_{gt} \quad 和 \quad Q+\frac{V^2}{x_d}=\frac{E_q V}{x_d}\cos\delta_{gt} \tag{3.93}$$

两式二次方后相加可得

$$P^2+\left(Q+\frac{V^2}{x_d}\right)^2=\left(\frac{E_q V}{x_d}\right)^2 \tag{3.94}$$

对于 $E_q=E_{qmax}$，上式变为

$$P^2+\left(Q+\frac{V^2}{x_d}\right)^2=\left(\frac{E_{qmax} V}{x_d}\right)^2 \tag{3.95}$$

式（3.95）对应于一个圆，其半径为 $E_{qmax}V/x_d$，圆心在 Q 轴上，离开原点 $-V^2/x_d$。此圆相关的片段如图3-19中的虚线所示，从G到F那一段也是此圆上的一个片段。

约束条件3关注的是功率角的最大值。在 P-Q 平面上对应于一条直线，其位置和斜率可以按照如下方式导出。将式（3.93）中的两式相除可以得到

$$P=\left(Q+\frac{V^2}{x_d}\right)\cdot\tan\delta_{gt} \tag{3.96}$$

代入 $\delta_{gt}=\delta_{max}$，得到

$$P=mQ+c \quad 其中 \quad m=\tan\delta_{max} \quad 和 \quad c=\frac{V^2}{x_d}\tan\delta_{max} \tag{3.97}$$

在 P-Q 平面上，式（3.97）描述了一条直线，其与无功功率轴的交点是 $Q=-c/m=-V^2/x_d$，而其斜率由 $m=\tan\delta_{max}$ 确定。在图3-19中，这条直线用从A到B的点划线表示。

约束条件4关注的是发电机端部区域的热极限问题，此问题没有简单的数学描述，对应的曲线必须由制造商用试验方法得到。这个约束条件在发电机高负载吸收无功运行时达到，在图3-19中用直线B-C表示。

约束条件5关注涡轮机的功率，其依赖于涡轮机的类型。对应汽轮机，最大功率约束 P_{max} 是由涡轮机的最大（额定）输出决定的，而最小功率约束 P_{min} 是由锅炉在涡轮机低输出条件下的稳定运行要求决定的。在图3-19中，最高和最低功率约束对应于垂直线 P_{max} 和 P_{min}。

发电机不违反任何约束条件的可运行区域的边界线如图3-19中的粗线所示，是一个多边形ABCDEFG，其中任意一条边对应于一个前面讨论过的约束条件。

应当注意的是，所有的3个电气约束1、2和3都依赖于发电机单元的端口电压 V。该电压的值会影响式（3.92）所描述的圆的半径、式（3.95）所描述的圆的半径及其圆心位

置以及式（3.97）所描述的直线的位置。V 的值越大，多边形 ABCDEFG 所包围的面积越大。因此，图 3-19 所示的 $Q(P)$ 特性总是在假设电压给定（通常是额定电压）的条件下给出的。

特别感兴趣的是发电机单元端口电压取额定值且定子和转子绕组不过载，即其电流最大值为其额定值条件下 P 和 Q 的运行范围，即在 $V=V_n$、$I_{max}=I_n$、$I_{f\,max}=I_{fn}$（即 $E_{q\,max}=E_{qn}$）条件下 P 和 Q 的运行范围。图 3-20 对此问题进行了说明。其中，用点线画出的圆对应于定子额定电流 I_n；用虚线画出的圆对应于转子额定电流 $I_f=I_{fn}$；点 F 是上述 2 个圆的交点，表征了发电机的额定运行点，因为此时 $V=V_n$、$I=I_n$、$I_f=I_{fn}$。图 3-20 同时还给出额定有功功率 P_n、额定无功功率 Q_n 和额定功率因数角 φ_n 的值。

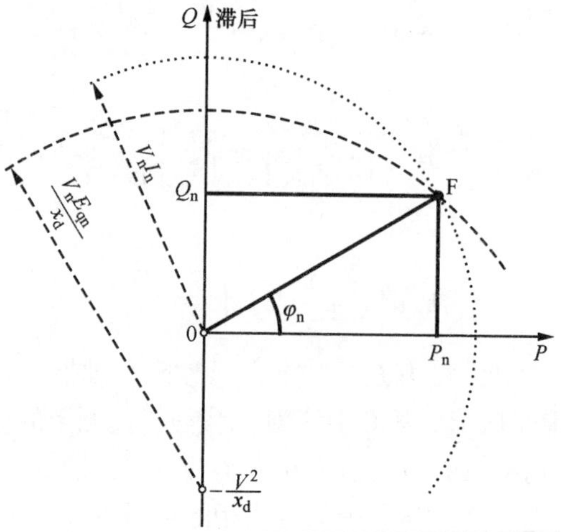

图 3-20　确定同步发电机的额定运行点

发电机的铭牌数据通常是 V_n、P_n 和 φ_n。为了进一步分析，确定 $E_{q\,max}=E_{qn}$ 与 V_n、P_n 和 φ_n 之间的关系是有用的。此关系可以根据式（3.95）导出，经过简单的代数运算可得到

$$E_q^2=V^2\left[\left(1+x_d\frac{Q}{V^2}\right)^2+\left(x_d\frac{P}{V^2}\right)^2\right] \tag{3.98}$$

额定值条件下有

$$E_{qn}^2=V_n^2\left[\left(1+x_d\frac{Q_n}{V_n^2}\right)^2+\left(x_d\frac{P_n}{V_n^2}\right)^2\right] \tag{3.99}$$

用 $x_d=x_{d\,pu}V_n^2/S_n$ 代入，其中 $x_{d\,pu}$ 是其标幺值形式，再利用 $\sin\varphi_n=Q_n/S_n$ 和 $\cos\varphi_n=P_n/S_n$（见图 3-20），可以得到

$$E_{qn}^2=V_n^2[(1+x_{d\,pu}\sin\varphi_n)^2+(x_{d\,pu}\cos\varphi_n)^2] \tag{3.100}$$

采用简单的变换可以得到

$$E_{qn}=k_{fn}V_n\quad 其中，k_{fn}=\sqrt{1+x_{d\,pu}(x_{d\,pu}+2\sin\varphi_n)} \tag{3.101}$$

式（3.101）意味着 E_{qn} 是与 V_n 成正比的，比例系数与电抗 $x_{d\,pu}$ 和 $\sin\varphi_n$ 有关。

3.3.5　电压-无功功率能力特性 $V(Q)$

图 3-19 所示的 $Q(P)$ 能力曲线描述了发电机-变压器单元作为有功功率和无功功率源

的特性，其中考虑了相关的约束条件并以变压器端口电压作为参数。当将发电机作为电压和无功功率源时，发电机的 $V(Q)$ 特性曲线就很重要了，这里认为发电机配备了自动电压调节器（AVR）（已在2.3.2节讨论过），同时将有功功率 P 作为参数。AVR的任务是维持电网内给定点的电压在设定值且满足相关约束条件。

根据图2-5，AVR维持一个测量点的电压恒定

$$\underline{V}_C = \underline{V}_g + \underline{Z}_C\,\underline{I} \tag{3.102}$$

此电压是发电机机端电压加上一个补偿阻抗 $\underline{Z}_C=(R_C+jX_C)$ 上的电压降。此电压可以理解为是输电网络内与发电机机端之间阻抗为 $\underline{Z}_C$ 的某个虚拟点上的电压。AVR的任务就是维持此虚拟测量点上的电压 $\underline{V}_C$ 恒定。

图3-21给出了一个简化等效电路和一个相量图以说明电压调节的原理，图中发电机和变压器的电阻已忽略掉，补偿阻抗中的电阻也已忽略掉，即 $R_C\cong 0$，从而 $\underline{Z}_C\cong -jX_C$，其中 $X_C=(1-\kappa)X_T$。因此，虚拟测量点位于离变压器端口阻抗为 κX_T 的位置，也就是离发电机机端阻抗为 $X_k=(1-\kappa)X_T$ 的位置，见图3-21。$\underline{V}_g$ 是发电机机端电压，而 $\underline{V}$ 是变压器端口电压。

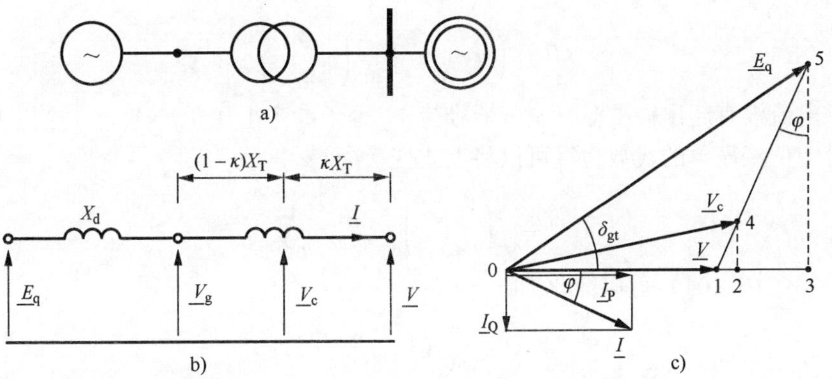

图3-21 发电机-变压器单元电压调节点的选择：a）示意图；b）简化等效电路；c）相量图

当发电机作为无功功率源时，以有功功率 P 作为参数，考察4种典型运行规则下发电机的 $V(Q)$ 特性曲线。这4种典型运行规则为

1）励磁电流小于其极限值，$I_f<I_{f\max}$，发电机控制输电网中给定点的电压。

2）励磁电流 I_f 等于其最大值，$I_f=I_{f\max}$，发电机以定电动势 $E_q=E_{q\max}$ 运行。

3）功率角 δ 处于其最大值，$\delta=\delta_{\max}$，无功功率 Q 控制在极限值之内。

4）定子电流 I 处于其最大值，$I=I_{\max}$，无功功率 Q 控制在极限值之内。

针对上述4种运行条件下的每一种，都可以画出一条单独的 $V(Q)$ 曲线，将这些单独的 $V(Q)$ 曲线画在一张图中，可以得到如图3-22所示的发电机-变压器单元总的 $V(Q)$ 特性曲线。

3.3.5.1 $I_f<I_{f\max}$ 条件下AVR控制某点电压运行

在此运行规则下，$V(Q)$ 特性曲线是由电压受控点的位置确定的。当 $\kappa=1$ 时，AVR控制的是发电机机端电压，而当 $\kappa=0$ 时，AVR控制的是变压器端口电压，见图3-21。实际上，通常选择 κ 为一个小的正值，以使电压受控点落在变压器内部靠近高压侧端口处。

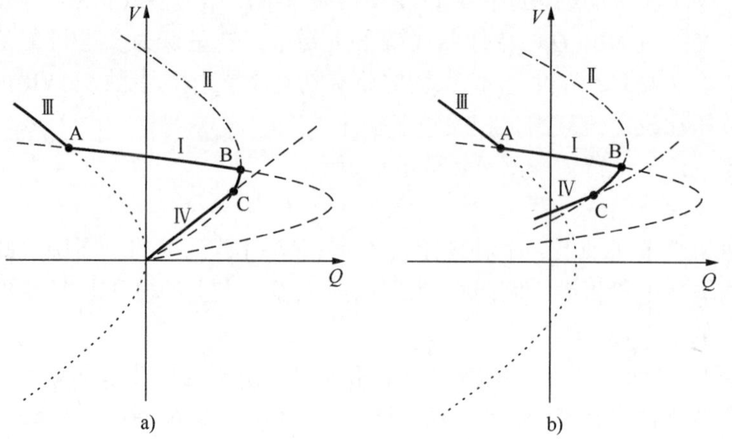

图 3-22　发电机-变压器单元 $V(Q)$ 特性曲线及其元素：a）$P=0$；b）$P\neq0$

参看图 3-21，变压器两侧的电压分别为 $\underline{V}_{C}$ 和 $\underline{V}$，两者之间的电抗是 κX_T，类似于式（3.94），容易导出如下的关系：

$$P^2+\left(Q+\frac{V^2}{\kappa X_T}\right)^2=\left(\frac{V_C V}{\kappa X_T}\right)^2 \tag{3.103}$$

当励磁电流没有超出极限时，调节器维持 V_C 等于参考电压 $V_C=V_{C\,ref}$，这里 $V_{C\,ref}$ 是受控点的电压设定值。简单的代数运算可以将上式变换为

$$Q=\sqrt{\left(\frac{V_{C\,ref}V}{\kappa X_T}\right)^2-P^2}-\frac{V^2}{\kappa X_T} \tag{3.104}$$

当 $P=0$ 时，式（3.104）可以简化为

$$Q=\frac{V}{\kappa X_T}(V_{C\,ref}-V) \tag{3.105}$$

根据式（3.105）得到的 $Q(V)$ 特性曲线如图 3-22 中的虚线所示，用罗马数字Ⅰ标示。此 $Q(V)$ 特性曲线的形状为一抛物线，与 V 轴的交点分别为 $V=0$ 和 $V=V_{C\,ref}$。该抛物线的顶点就是 Q 取到最大值的点，在 $V=V_{C\,ref}/2$ 时达到，$Q_{max}=V_{C\,ref}^2/4\kappa X_T$。$\kappa$ 值越小，Q_{max} 越大，抛物线形状越扁平。当 $P\neq0$ 时，该抛物线沿着 V 轴向上移动且其峰值 Q_{max} 变小。

3.3.5.2　最大励磁电流运行

当励磁电流按最大值运行时，$I_f=I_{f\,max}$，发电机变为电抗 $x_d=X_d+X_T$ 后电势 $E_q=E_{q\,max}$ 恒定的一个电压源。经过简单的代数运算，可以导出类似于式（3.95）的方程：

$$Q=\sqrt{\left(\frac{E_{q\,max}V}{x_d}\right)^2-P^2}-\frac{V^2}{x_d} \tag{3.106}$$

式（3.106）对应的 $Q(V)$ 特性曲线如图 3-22 中的点划线所示，用罗马数字Ⅱ标示。此 $Q(V)$ 特性曲线的形状也是一条抛物线。当 $P=0$ 时，该抛物线与 V 轴的交点分别为 $V=0$ 和 $V=E_{q\,max}$。在 $V=E_{q\,max}/2$ 时该抛物线达到其峰值 $Q_{max}=E_{q\,max}^2/4x_d$。当 $P\neq0$ 时，该抛物线也沿着 V 轴向上移动且其峰值 Q_{max} 也变小。

3.3.5.3　最大功角运行

当 $\delta_{gt}=\delta_{max}$ 时，式（3.96）可以变换为

$$Q = P \cdot \arctan\delta_{\max} - \frac{V^2}{x_d} \tag{3.107}$$

式（3.107）对应的 $Q(V)$ 特性曲线如图3-22中的点线所示，用罗马数字Ⅲ标示。此 $Q(V)$ 特性曲线的形状是一条关于 V 轴对称的抛物线。该抛物线与 V 轴的2个交点为 $V = \pm\sqrt{P \cdot x_d \cdot \arctan\delta_{\max}}$，而其峰值为 $Q_{\max} = P \cdot \arctan\delta_{\max}$。

3.3.5.4 最大定子电流运行

此条件下式（3.91）可以变换为

$$V = \frac{\sqrt{P^2 + Q^2}}{I_{\max}} \tag{3.108}$$

式（3.108）对应的 $Q(V)$ 特性曲线如图3-22中的双点划线所示，用罗马数字Ⅳ标示。当 $P=0$ 时，式（3.108）简化为 $V = Q/I_{\max}$，而 $Q(V)$ 特性曲线变成一条穿越原点（$V=0$，$Q=0$）的直线。当 $P \neq 0$ 时，该特性曲线变为一条曲线，与 V 轴的交点为 $V = P/I_{\max}$。

3.3.5.5 合成的特性曲线

考虑了所有约束条件后合成的特性曲线由4个线段构成，分别为线段Ⅰ、Ⅱ、Ⅲ和Ⅳ，如图3-22的粗实线所示。左半平面的特性曲线与发电机进相运行相对应。在线段Ⅲ上运行时，调节器受到功角的限制，且电压高低与无功功率密切相关，增大进相无功会使电压大幅上升。在线段Ⅰ上运行时，即在合成曲线的中间段A-B上运行时，调节器可以通过调节励磁电流来控制电压；因而改变无功功率大小对变压器机端电压影响很小，A-B段的斜率取决于特性曲线Ⅰ的扁平程度，下面将对此进行详细讨论。

当运行到B点时，发电机运行于最大励磁电流状态，不能发出更多的无功；此时若电压下降，发出的无功功率将沿着线段Ⅱ下降，直到C点；若再进一步降低电压，将会导致定子电流成为限制因素，如线段Ⅳ所示。

这些需要考虑的因素表明，作为无功功率源运行的同步发电机，由于AVR的很多限制，具有非常复杂的非线性特性。如下几点是特别重要的：

1）沿着线段Ⅰ，当电压下降时，发电机会发出更多的无功功率。当达到约束条件边界时，发电机会转变运行模式，即沿着线段Ⅱ和Ⅳ运行，这种情况下，电压下降时，发电机发出的无功功率减小。此种特性可能会引起无功功率平衡的恶化，导致电压不稳定（见第8章）。

2）有功功率对特性曲线的影响非常大，这可以通过比较图3-22中的两张图看出。当有功功率较小时，A-B之间的距离大；当有功功率增大时，A-B之间的距离变小，使得AVR能够稳定电压的无功功率变化范围变得很小。此外，当有功出力变大时，特性曲线的弯曲度也变大，这意味着电压下降时无功功率的降低速度更快，因而从电压稳定性的角度看更加危险。

式（3.104）或式（3.105）所描述的抛物线的A-B段斜率依赖于 κX_T 的值，即依赖于电压受控点的选择（见图3-21），这可以通过计算导数 dV/dQ 来进行证明。在简化条件 $P=0$ 下，式（3.105）成立，对于抛物线的上半段，根据式（3.105）可得

$$V = \frac{1}{2}V_{\text{C ref}} + \frac{1}{2}\sqrt{V_{\text{C ref}}^2 - 4\kappa X_T Q} \tag{3.109}$$

求导后得

$$\frac{\mathrm{d}V}{\mathrm{d}Q}=-\frac{\kappa X_{\mathrm{T}}}{\sqrt{V_{\mathrm{C\,ref}}^{2}-4\kappa X_{\mathrm{T}}Q}} \tag{3.110}$$

式（3.110）分母中的根号可以利用式（3.109）消去，得到

$$\frac{\mathrm{d}V}{\mathrm{d}Q}=-\frac{\kappa X_{\mathrm{T}}}{\sqrt{2V-V_{\mathrm{C\,ref}}}} \tag{3.111}$$

如果 $V=V_{\mathrm{C\,ref}}$，上式变为

$$\left.\frac{\mathrm{d}V}{\mathrm{d}Q}\right|_{V=V_{\mathrm{C\,ref}}}=-\frac{\kappa X_{\mathrm{T}}}{V_{\mathrm{C\,ref}}} \tag{3.112}$$

式（3.112）表明，κX_{T} 越小，图3-22所示电压调节特性曲线A-B段的斜率也越小。如果 κX_{T} 很小，那么线段Ⅰ所属的抛物线就会很扁平，抛物线取到峰值的点就会离纵轴很远，即 $Q_{\max}$ 的值很大。当斜率很小时，无功功率的变化对变压器端口电压 V 的影响很小。这是可以理解的，因为对于很小的 κX_{T} 值，电压受控点离变压器端口很近。

式（3.112）中的负号意味着增加无功功率会导致电压下降（见图3-22）。

当 $P\neq 0$ 时，一般性的 $\mathrm{d}V/\mathrm{d}Q$ 表达式可以根据式（3.104）导出，但这种情况下表达式会很复杂，不能非常清楚地说明内在的机理。

3.3.5.6 电压-电流调节特性 $V(I_{\mathrm{Q}})$

实际工程中，工程师使用非常简单的方程来描述电压-电流调节特性 $V(I_{\mathrm{Q}})$，这里 I_{Q} 表示电流的无功分量。相关的方程可以采用图3-21所示的相量图导出。点1与4之间的距离对应于电抗 κX_{T} 上的电压降，即 $|1-4|=\kappa X_{\mathrm{T}}I$；因此点1与2之间的距离是 $|1-2|=\kappa X_{\mathrm{T}}I\sin\varphi=\kappa X_{\mathrm{T}}I_{\mathrm{Q}}$；而点0与2之间的距离是 $|0-2|=V+\kappa X_{\mathrm{T}}I_{\mathrm{Q}}$。可以假定点0与4之间的距离和点0与2之间的距离近似相等，这样 $V_{\mathrm{C}}=|0-4|\cong|0-2|=V+\kappa X_{\mathrm{T}}I_{\mathrm{Q}}$，从而有

$$V\cong V_{\mathrm{C}}-\kappa X_{\mathrm{T}}I_{\mathrm{Q}} \tag{3.113}$$

类似的分析可应用于点1、5、3和0之间的距离。考虑到点1与4之间的距离对应于电抗 $x_{\mathrm{d}}=X_{\mathrm{d}}+X_{\mathrm{T}}$ 上的电压降，可以得到 $E_{\mathrm{q}}=|0-5|\cong|0-3|=V+(X_{\mathrm{d}}+X_{\mathrm{T}})I_{\mathrm{Q}}$。从而有

$$V\cong E_{\mathrm{q}}-(X_{\mathrm{d}}+X_{\mathrm{T}})I_{\mathrm{Q}} \tag{3.114}$$

式（3.113）和式（3.114）对应于图3-23所示的2条特性曲线。图3-23a所示的特性曲线在AVR起作用时有效，它大致上就是图3-22上的线段Ⅰ，是近似线性的；其斜率与角度 α 对应，其中 $\tan\alpha=\kappa X_{\mathrm{T}}$。这与式（3.112）是一致的，除了使用了 $V_{\mathrm{C\,ref}}$ 之外，因为式（3.112）关注的是无功功率，而式（3.113）关注的是电流的无功分量。

角度 α 的正切被称为特性曲线的下斜率，其依赖于 κX_{T} 中的系数 κ，即电压受控点的位置。

图3-23b所示的特性曲线在AVR不起作用、发电机同步电势保持恒定时有效，它大致上就是图3-22上的线段Ⅱ，该曲线的斜率与角度 α 对应，α 的定义为

$$\tan\alpha=x_{\mathrm{d}}=X_{\mathrm{d}}+X_{\mathrm{T}} \tag{3.115}$$

此斜率比图3-23a所示曲线的斜率陡得多，因为 $(X_{\mathrm{d}}+X_{\mathrm{T}})\gg\kappa X_{\mathrm{T}}$。更陡的斜率意味着当AVR不起作用时，发电机无功出力同样的变化会引起变压器端口电压更大的变化。

一般地，补偿电抗并不必须与升压变压器内部的测量点相匹配，见图3-21。当发电机通过放射形输电线路接到电网时，$\underline{Z}_{\mathrm{C}}$ 可以进入到线路上。

在AVR中采用电流补偿的主要目的是使发电厂出口电压对无功负载不敏感。调节器特

性曲线的下斜率依赖于补偿电抗。式（3.112）、式（3.113）和图 3-23 表明，特性曲线的下斜率越小，端口电压对无功功率变化的敏感性越小。

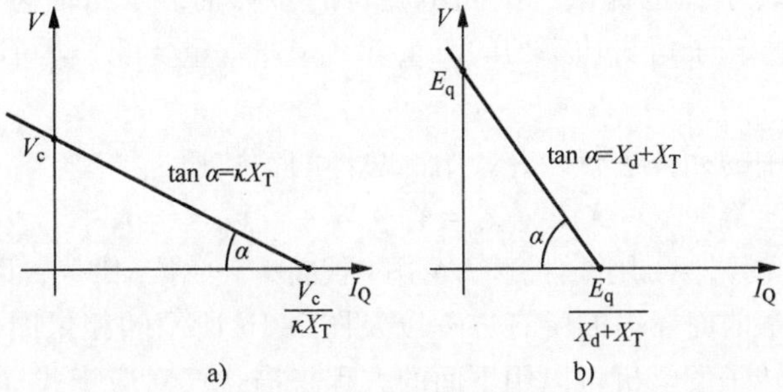

图 3-23　电压-电流特性曲线：a）AVR 控制起作用；b）发电机恒定同步电势运行

3.3.6　考虑网络的等效阻抗

同步发电机很少直接给单一负荷供电，而是接入到电力系统中运行。电力系统是由很多同步发电机和负荷通过输电网联接起来的系统（见图 2-1）。单台发电机的功率额定值往往比系统中其余发电机的功率额定值之和小很多倍。因此，为简化分析，系统中其余的那些发电机可以被处理成一台非常大的等效发电机，该等效发电机的功率额定值为无穷大，并被称为无穷大母线。该等效发电机的电路模型可以用“系统等效阻抗后的理想电压源”模型表示。无穷大母线能够维持端口电压不变，并能够吸收待研究发电机发出的所有有功功率和无功功率。

这个概念可以利用图 3-24 来阐明。图中，发电机通过一个升压变压器联接到系统中，升压变压器用其串联阻抗$\underline{Z}_T=R_T+jX_T$ 来表示（忽略其并联导纳），这里假定了变压器模型中的理想变压器已通过采用标幺制或折算到同一电压等级而被消去。电力系统的其余部分用无穷大母线来表示，即用系统等效阻抗$\underline{Z}_s=R_s+jX_s$（并联导纳再次被忽略）后的理想电压源$\underline{V}_s$ 来表示。系统等效阻抗$\underline{Z}_s$ 集合了输电网络和系统中其余发电机的阻抗。

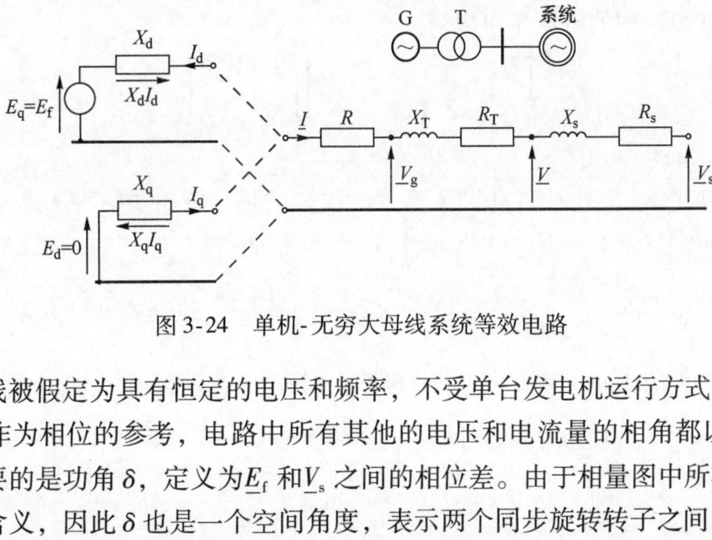

图 3-24　单机-无穷大母线系统等效电路

无穷大母线被假定为具有恒定的电压和频率，不受单台发电机运行方式的影响。这意味着电压$\underline{V}_s$ 可以作为相位的参考，电路中所有其他的电压和电流量的相角都以$\underline{V}_s$ 作为基准来度量。特别重要的是功角 δ，定义为$\underline{E}_f$ 和$\underline{V}_s$ 之间的相位差。由于相量图中所有角度都具有时间和空间双重含义，因此 δ 也是一个空间角度，表示两个同步旋转转子之间的空间夹角，即待研究发电机的转子与表示等效系统的虚拟发电机转子之间的空间夹角。这个空间角度被称为转子角，与功角具有相同的数值（用电角度表示）。由于无穷大母线的“转子”不受单台发电机的影响，此“转子”也提供一个同步旋转的参考轴，以此轴为基准，就能定义所有其他转子的空间位置。转子角与功率角的双重含义是非常重要的，本书中将会广泛使用这个概念。

可以将等效电路中的元件进行合并，给出总体的参数：

$$x_d = X_d + X_T + X_s ;\quad x_q = X_q + X_T + X_s ;\quad r = R + R_T + R_s \tag{3.116}$$

通过将 X_d 用 x_d 代替，X_q 用 x_q 代替，R 用 r 代替，$\underline{V}_g$ 用 $\underline{V}_s$ 代替，以及 δ_g 用 $\underline{E}_f$ 和 $\underline{V}_s$ 之间的相位差 δ 代替，本章前面导出的所有方程以及图 3-16 所示的相量图仍可使用。在进行了上述替代后，圆柱形转子发电机可以用下面的方程来描述（对应于式（3.47））：

$$\underline{E}_f = \underline{V}_s + r\,\underline{I} + jx_d\,\underline{I} \tag{3.117}$$

而凸极发电机可以用类似于式（3.62）的如下方程来描述：

$$\underline{E}_f = \underline{V}_s + r\,\underline{I} + jx_d\,\underline{I}_d + jx_q\,\underline{I}_q \tag{3.118}$$

上述方程可以被分解成 d 轴分量和 q 轴分量，从而得到类似于式（3.65）的如下方程：

$$\begin{aligned} E_d &= V_{sd} + rI_d + x_q I_q = 0 \\ E_q &= E_f = V_{sq} + rI_q - x_d I_d \end{aligned} \tag{3.119}$$

式（3.119）可以写成矩阵形式：

$$\begin{bmatrix} E_d \\ E_q \end{bmatrix} = \begin{bmatrix} 0 \\ E_f \end{bmatrix} = \begin{bmatrix} V_{sd} \\ V_{sq} \end{bmatrix} + \begin{bmatrix} r & x_q \\ -x_d & r \end{bmatrix} \begin{bmatrix} I_d \\ I_q \end{bmatrix} \quad 或 \quad \boldsymbol{E}_{dq} = \boldsymbol{V}_{sdq} + \boldsymbol{Z}_{dq}\boldsymbol{I}_{dq} \tag{3.120}$$

式中，

$$\begin{aligned} V_{sd} &= -V_s \sin\delta, \quad V_{sq} = V_s \cos\delta \\ I_d &= -I\sin\beta, \quad I_q = I\cos\beta \end{aligned} \tag{3.121}$$

并且 $\beta = \delta + \varphi$。

式（3.120）和式（3.121）可用于推导发电机向无穷大母线输出的有功功率和无功功率方程。

3.3.6.1 有功功率

求解式（3.120）中的电流量可以得到

$$\begin{bmatrix} I_d \\ I_q \end{bmatrix} = \frac{1}{Z^2} \begin{bmatrix} r & -x_q \\ x_d & r \end{bmatrix} \begin{bmatrix} 0 - V_{sd} \\ E_q - V_{sq} \end{bmatrix} \tag{3.122}$$

式中，$Z^2 = \det Z_{dq} = r^2 + x_d x_q$。

发电机输出到电网（图 3-24 中是无穷大母线）的每相有功功率表达式为

$$\begin{aligned} P_s &= V_s I\cos\varphi = V_s I\cos(\beta - \delta) = V_s I\sin\beta\sin\delta + V_s I\cos\beta\cos\delta \\ &= V_{sd}I_d + V_{sq}I_q = \frac{1}{Z^2}\{V_{sd}[-rV_{sd} - x_q(E_q - V_{sq})] + V_{sq}[-x_d V_{sd} + r(E_q - V_{sq})]\} \\ &= \frac{1}{Z^2}[-r(V_{sq}^2 + V_{sd}^2) - (x_d - x_q)V_{sd}V_{sq} + E_q(rV_{sq} - x_q V_{sd})] \end{aligned} \tag{3.123}$$

若将式（3.121）中 V_{sd} 和 V_{sq} 代入，可得

$$P_s = \frac{E_q V_s}{Z}\frac{x_q}{Z}\sin\delta + \frac{V_s^2}{2}\frac{x_d - x_q}{Z^2}\sin 2\delta + \frac{E_q V_s}{Z}\frac{r}{Z}\cos\delta - \frac{V_s^2}{Z}\frac{r}{Z} \tag{3.124}$$

式（3.124）中的第二项被称为磁阻功率，与凸极发电机中的磁阻转矩相对应，它依赖于 $\sin 2\delta$，当 $\delta=0°$ 或 $\delta=90°$ 时消失，并与 $x_d-x_q=X_d-X_q$ 成正比，与 Z^2 成反比。由于 $x_d-x_q=X_d-X_q$ 与 X_s 无关，分母 Z^2 在第二项中将起主导作用，因此经长输电线路（X_s 和 Z 很大）接入系统的发电机的磁阻功率常可忽略。

对于圆柱形转子发电机，$X_d=X_q$，不管功角 δ 是多少，磁阻功率项不存在，且 $Z^2=r^2+x_d^2$，因此式（3.124）可以重新写成

$$\begin{aligned}P_s&=\frac{E_qV_s}{Z}\cos\mu\sin\delta+\frac{E_qV_s}{Z}\sin\mu\cos\delta-\frac{V_s^2}{Z}\sin\mu\\&=\frac{E_qV_s}{Z}\sin(\delta+\mu)-\frac{V_s^2}{Z}\sin\mu\end{aligned}\tag{3.125}$$

式中，$\sin\mu=r/Z$，$\cos\mu=x_d/Z$。发电机发出的有功功率大于供给系统的有功功率，由于存在 I^2r 的电阻损耗。如果忽略发电机和电网上的电阻（$r<<Z$），P_s 就等于发电机输出的有功功率。这种情况下，对于凸极发电机有

$$P_s=\frac{E_qV_s}{x_d}\sin\delta+\frac{V_s^2}{2}\frac{x_d-x_q}{x_dx_q}\sin 2\delta\tag{3.126}$$

而对于圆柱形转子发电机有

$$P_s=\frac{E_qV_s}{x_d}\sin\delta\tag{3.127}$$

在标幺制下，上述这些方程也可用来表示发电机的气隙转矩。

3.3.6.2 无功功率

提供给电网的无功功率为

$$\begin{aligned}Q_s&=V_sI\sin\varphi=V_sI\sin(\beta-\delta)=V_sI\sin\beta\cos\delta-V_sI\cos\beta\sin\delta\\&=-V_{sq}I_d+V_{sd}I_q=\frac{1}{Z^2}\{V_{sq}[rV_{sd}+x_q(E_q-V_{sq})]+V_{sd}[-x_dV_{sd}+r(E_q-V_{sq})]\}\\&=\frac{1}{Z^2}(E_qV_{sq}x_q-V_{sq}^2x_q-V_{sd}^2x_d+E_qV_{sd}r)\end{aligned}\tag{3.128}$$

将式（3.121）中的 V_{sq} 和 V_{sd} 代入上式可得

$$Q_s=\frac{E_qV_s}{Z}\frac{x_q}{Z}\cos\delta-\frac{V_s^2}{Z}\frac{x_d\sin^2\delta+x_q\cos^2\delta}{Z}-\frac{E_qV_s}{Z}\frac{r}{Z}\sin\delta\tag{3.129}$$

对于圆柱形转子发电机有 $x_d=x_q$，第二项就与 δ 无关。式（3.129）可以写成

$$Q_s=\frac{E_qV_s}{Z}\cos(\delta-\mu)-\frac{V_s^2}{Z}\cos\mu\tag{3.130}$$

如果忽略电阻 r，那么 $Z=x_d$，$\mu=0$，$\cos\mu=1$，上式可以简化为

$$Q_s=\frac{E_qV_s}{x_d}\cos\delta-\frac{V_s^2}{x_d}\tag{3.131}$$

当励磁电流足够大，也就是 E_q 足够大，使上式的第一项比第二项大时，发电机向电网提供无功功率，并运行在功率因数滞后状态。这种运行状态被称为过励磁状态。

另一方面，如果励磁电流很小，也就是 E_q 很小，使上式的第二项比第一项大，那么发电机将向系统提供负的无功功率，即运行在功率因数超前状态。这种运行状态被称为欠励磁

状态。

正如在 3.5 节将会解释的，典型的电力系统负荷包含有很高比例的感应电动机。此种负荷工作在滞后功率因数状态，消耗正的无功功率。由于这个原因，发电机通常是过励磁的，即运行在滞后功率因数状态，向电力系统提供正的无功功率。过励磁的发电机运行在高 E_q 值下，这对系统的稳定性来说也是很重要的，详细解释参看第 5 章和第 6 章。

3.3.6.3 稳态功率-功角特性

图 3-16 给出了发电机在特定负载下运行时的相量图，负载的特性表现在电流相量 $\underline{I}$ 的长度和方向上。显然，如果负载改变则相量图也会改变。但是，相量图变化的方式取决于 AVR 是否起作用。当 AVR 起作用时，它试图通过改变励磁大小维持发电机机端后某个点的电压恒定（见 2.3.2 节）。这种运行模式与系统的静态稳定性紧密相关，将在第 5 章讨论。本章只讨论 AVR 不起作用时的情景。当 AVR 不起作用时，励磁电流恒定不变，$E_f = E_q$ = 常数，负载的任何变化都将改变发电机机端电压 V_g、角度 δ_g 和功角 δ。如果忽略电阻 r，发电机供给系统的有功功率如式（3.126）所示，为叙述方便重新写出如下：

$$P_{sE_q} = \frac{E_q V_s}{x_d}\sin\delta + \frac{V_s^2}{2}\frac{x_d - x_q}{x_d x_q}\sin 2\delta \tag{3.132}$$

式中，P_{sE_q} 添加了下标 E_q，以强调此式只有在 E_q 恒定时才成立。注意 P_{sE_q} 只是功角 δ 的函数。函数 P_{sE_q} 被称为联接到无穷大母线的发电机的功率-功角特性，如图 3-25 所示。

磁阻功率项使功率-功角特性偏离正弦波形，因此 $P_{sE_q}(\delta)$ 的最大值发生在 $\delta < \frac{\pi}{2}$ 时。对圆柱形转子发电机，$P_{sE_q}(\delta)$ 的最大值发生在 $\delta = \frac{\pi}{2}$ 时。

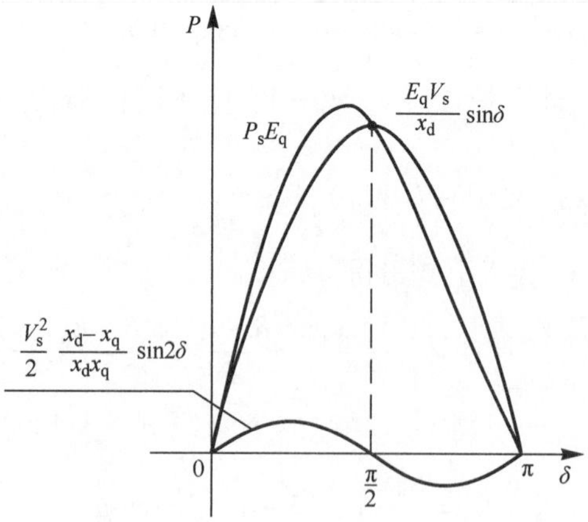

图 3-25 E_q 恒定时发电机的功率-功角特性 $P_{sE_q}(\delta)$

3.4 电力系统负荷

术语“负荷”在电力系统工程中有多种含义，包括：

1）接在电力系统中消耗功率的设备。

2）所有接入电力系统的设备所消耗的总有功功率和无功功率。

3）特定发电机或发电厂的输出功率。

4）在系统模型中没有明确表示出来的系统的一个部分，被处理成单个消耗功率的设备。

本节讨论与上述第4条定义相一致的负荷特性。第2章已阐述过电力系统是一个大型复杂结构的系统，包含了电源、输电网、次输电网、配电网和各种类型的耗能设备。由于输电网和次输电网联接的是主要的发电厂与负荷中心，因此它们很稀疏；然而配电网因必须延伸到服务区中的每个用户，因此很稠密。这意味着典型的电力系统在输电网和次输电网级可能只含有数百个节点，而在配电网级节点数可能达到数万个。因此，在分析电力系统时，通常只考虑输电网级和次输电网级，而将配电网用等效负荷来模拟，此种等效负荷经常被称为综合负荷。通常每个综合负荷代表了电力系统中的一片电网，该片电网一般包含有低压和中压配电网、接在配电网上的小型电源、无功补偿器、配电网电压调节器等，还包括大量不同特性的负荷，如电动机、照明设备和其他用电设备等。因此，构建一个简单而有效的综合负荷模型并不是一件简单的事情，目前仍然是得到广泛关注的研究课题（IEEE Task Force, 1995）。本章只讨论一个简单的静态综合负荷模型，而动态负荷模型将在第11章讨论。

稳态下，综合负荷消耗的功率取决于母线电压 V 和系统频率 f。描述有功负荷和无功负荷消耗功率与电压和频率之间关系的函数 $P(V,f)$、$Q(V,f)$ 被称为静态负荷特性。当频率取定值时，特性方程 $P(V)$ 和 $Q(V)$ 被称为电压特性；而当电压取定值时，特性方程 $P(f)$ 和 $Q(f)$ 被称为频率特性。

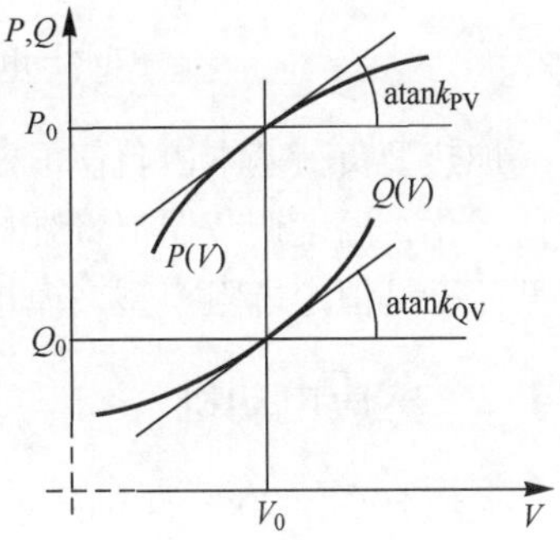

图3-26 电压灵敏度的定义

电压或频率特性的斜率被称为负荷的电压灵敏度或频率灵敏度。图3-26对电压灵敏度的概念进行了说明；频率灵敏度的概念也可用类似的方法定义。

电压灵敏度系数 k_{PV} 与 k_{QV} 和频率灵敏度系数 k_{Pf} 与 k_{Qf} 是相对于特定的运行点而言的，通常用标幺值来表示，其表达式为

$$k_{PV}=\frac{\Delta P/P_0}{\Delta V/V_0},\quad k_{QV}=\frac{\Delta Q/Q_0}{\Delta V/V_0},\quad k_{Pf}=\frac{\Delta P/P_0}{\Delta f/f_0},\quad k_{Qf}=\frac{\Delta Q/Q_0}{\Delta f/f_0} \tag{3.133}$$

式中，P_0、Q_0、V_0 和 f_0 分别是特定运行点上的有功功率、无功功率、电压和频率。

如果在特定的运行点上，其电压灵敏度系数很小，则这种负荷被认为是刚性的；如果其电压灵敏度系数等于零，那么这种负荷被认为是理想刚性的，这种情况下，该负荷消耗的功率将不依赖于电压。对电压敏感的负荷其电压灵敏度系数大，电压的较小变化就会引起该负荷消耗功率的很大变化。通常，有功功率与电压之间的灵敏度小于无功功率与电压之间的灵敏度。

由于综合负荷的特性取决于单个负荷的特性，因此首要任务是研究某些较重要的单个负荷特性，然后再建立较一般性的综合负荷模型。

3.4.1 照明与加热设备

大约有1/3的电能是用于照明和加热的。传统的灯泡照明在家居中占主导地位，而放电

型照明设备（如荧光灯、汞气灯、钠气灯）在商业和工业建筑中居主导地位。传统的电灯泡不消耗无功功率且其有功功率与频率无关，因灯丝温度与电压有关，故电灯泡不能当作恒定阻抗处理。图3-27a给出了电灯泡相关特性。

放电型照明设备对供电电压非常敏感，当电压降低到额定电压的65%～80%以下时，它们就熄灭，只有当电压恢复到高于熄灭电压水平时，灯才会重新点亮，但有1～2s的延时。当电压高于熄灭电压水平时，其消耗的有功功率和无功功率与电压呈非线性关系，如图3-27b所示。

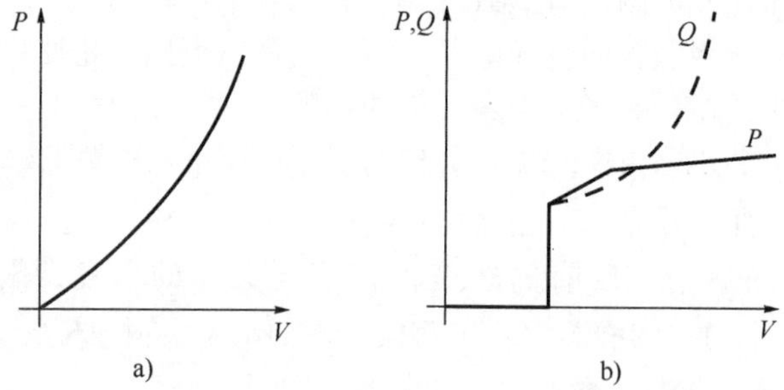

图3-27　电压特性曲线：a）电灯泡；b）放电型照明设备

加热型负荷基本由阻值恒定的电阻构成。如果加热器配备了温度调节器，那么不管电压如何变化，温度调节器都将维持温度恒定和功率输出。这种情况下，该负荷可以用恒定功率模型而不是恒定电阻模型来模拟。

3.4.2　感应电动机

大约50%～70%的电能是被电动机消耗的，而其中的90%是被感应电动机消耗的。一般来说，感应电动机在工业负荷中所占的比重要比在商业负荷和民用负荷中大得多。

图3-28给出了著名的感应电动机简化等效电路，其中，X是定子和转子绕组的等效电抗，R是转子电阻，X_m是励磁电抗，s是电动机的转差率，s定义为$s=(\omega_s-\omega)/\omega_s$。此等效电路将在第7章中详细讨论，这里我们用它来导出作为电力系统负荷的感应电动机的无功功率-电压特性。

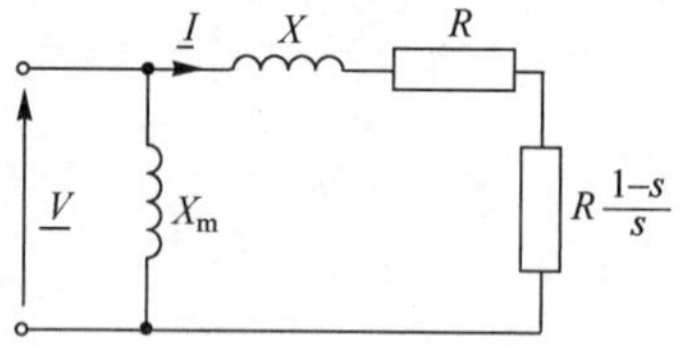

图3-28　感应电动机的简化等效电路

3.4.2.1　有功功率-转差率特性曲线

流入串联支路的电流的二次方为$I^2=V^2/[X^2+(R/s)^2]$，其中V是供电电压。由此电流产生的有功消耗为

$$P_e=I^2\frac{R}{s}=V^2\frac{Rs}{R^2+(Xs)^2} \tag{3.134}$$

图3-29a中的实线给出了不同电压V下P_e随转差率的变化曲线。通过对功率表达式求导，可以证明最大有功功率为$P_{max}=V^2/2X$，并在转差率为临界转差率时达到，临界转差率的表达式为$s=s_{cr}=R/X$，注意临界转差率与电压无关。

感应电动机特性曲线中的稳定运行区域是其峰值的左边部分，即$s<s_{cr}$部分。为了证明这点，考察最高的那条特性曲线上的点1′，该点位于峰值的右边。暂时忽略任何损耗，如果

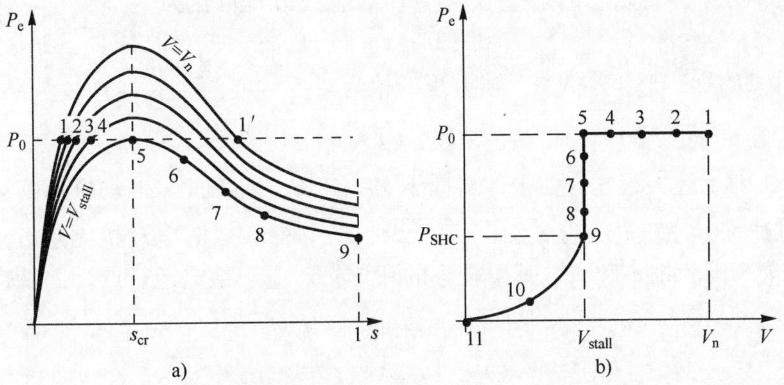

图 3-29　感应电动机特性：a）不同 V 下 $P_e(s)$ 的特性曲线簇；
b）定转矩负载下的电动机 $P_e(V)$ 特性曲线

点 1′是一个平衡点，那么电功率 P_e 等于机械功率 P_m，P_m 在图中用 P_0 标示。现在假定电动机经受了一个短暂的扰动导致其转差率下降，即转速上升；这就会引起电功率上升。由于 P_m 可以假定为保持不变，电动机吸收的电功率大于负载消耗的功率，即 $P_e > P_m$，电功率盈余会使转子加速导致转速进一步上升，此转速的上升导致运行点进一步向左边移动，更加离开点 1′。现在假定另一个短暂扰动导致其转差率上升，即转速下降；这就会引起 P_e 下降，导致电功率亏缺，从而使转速进一步下降，这样转差率就会进一步上升，最终导致电动机停转于 $s=1$。

这种情况在稳定的平衡点 1 处是反过来的，在此平衡点上任何导致转差率下降（转速上升）的扰动都会导致电功率的下降，此电功率亏缺（$P_e < P_m$）会导致电动机转速下降（转差率上升），直到回到平衡点 1。类似地，当电动机遭受到一个暂时性扰动使其转差率上升时，最终也会回到平衡点 1。

3.4.2.2　有功功率-电压特性曲线

电动机的运行点是电动机特性曲线 $P_e(s)$ 与机械负载特性曲线 $P_m(s)$ 的交点。机械负载可以被分类为轻起动负载（零起动转矩）和重起动负载（非零起动转矩）两类。为了进一步分析，这里将考察重起动负载中的一种特殊情境，即恒定机械转矩 τ_m 负载。采用此种负载类型，有功功率-电压特性就能用解析方法导出；之后，再将这些特性一般化，就能包括其他类型的机械负载。

如果 τ_m 恒定，那么由电动机产生的机械功率为 $P_m=\tau_m\omega=\tau_m\omega_s(1-s)=P_0(1-s)$，其中 $P_0=\tau_m\omega_s$；P_m 在等效电路中是用电阻 $R(1-s)/s$ 上的功率消耗来表示的。电动机消耗的总功率 P_d 可以通过 P_m 加转子电阻上的功率损耗 $P_{loss}=I^2R$ 得到，即

$$P_d=P_m+P_{loss}=P_0(1-s)+I^2R=P_0(1-s)+\frac{V^2Rs^2}{(Xs)^2+R^2} \tag{3.135}$$

转差率的运行值是由 $P_e(s)$ 和 $P_d(s)$ 的交点决定的。因此转差率 s 的运行值是方程 $P_e(s)=P_d(s)$ 的解，令 $P_e(s)=P_d(s)$ 得

$$\frac{V^2Rs}{(Xs)^2+R^2}=P_0(1-s)+\frac{V^2Rs^2}{(Xs)^2+R^2} \tag{3.136}$$

在假定电动机不处于停转状态的条件下（$s\neq1$），上述方程可化为

$$s^2-2as_{\mathrm{cr}}s+s_{\mathrm{cr}}^2=0 \tag{3.137}$$

式中，$a=V^2/(2P_0X)$，$s_{\mathrm{cr}}=R/X$。上述方程的根为

$$s_{1,2}=s_{\mathrm{cr}}\left[a\pm\sqrt{a^2-1}\right] \tag{3.138}$$

只有当$|a|\geqslant1$时上述方程才有实根，对应于$V\geqslant\sqrt{2P_0X}$。因此，电动机能够运行的最低供电电压值，也被称为停转电压为$V_{\mathrm{stall}}=\sqrt{2P_0X}$，即当$V<V_{\mathrm{stall}}$时电动机无运行点。而当$V>V_{\mathrm{stall}}$时，有2个不同的根$s_1$和$s_2$，其中较小的那个根对应于稳定运行点（即特性曲线中峰值左边的部分）。将此根代入到式（3.134）中可得

$$P_{\mathrm{e}}\big|_{s=s_{1,2}}=\frac{V^2}{X}\frac{Rs_{\mathrm{cr}}(a\pm\sqrt{a^2-1})}{R^2+X^2s_{\mathrm{cr}}^2(a\pm\sqrt{a^2-1})^2}=\frac{V^2}{X}\frac{a\pm\sqrt{a^2-1}}{1+(a\pm\sqrt{a^2-1})^2}=\frac{V^2}{2aX}=P_0 \tag{3.139}$$

式（3.139）表明，对于τ_{m}恒定的重起动负载，要求的有功功率与供电电压和转差率都无关。这种特性在图3-29a中用水平的虚线$P=P_0$给出，图3-29b展示了用如下方式得到的电功率与电压之间关系的特性曲线$P_{\mathrm{e}}(V)$。

假定电动机开始时运行在额定电压（$V=V_{\mathrm{n}}$）下，这样平衡点对应于最上面那条曲线上的点1。供电电压下降会使有功功率-转差率特性曲线下降，从而使运行点向右移动，如图3-29a中的点2、3和4。由于有功功率需求是恒定的，与点1、2、3和4对应的$P_{\mathrm{e}}(V)$特性曲线是水平的，如图3-29b所示。图3-29a中最低那条曲线对应于停转电压$V=V_{\mathrm{stall}}$。在运行点5，转差率等于临界值$s=s_{\mathrm{cr}}$；电压进一步的微小下降将导致电动机转差率沿着最低的不稳定曲线（点6、7、8）上升，直到电动机最终停转于点9（$s=1$）。由于电动机的运行点沿着这条停转曲线移动，因此电压为常数，有功功率减小，转差率上升。这样，$P_{\mathrm{e}}(V)$的特性曲线上的点6、7、8是垂直线，如图3-29b所示。在运行点9，转差率$s=1$，电动机消耗的功率为其短路功率$P_{\mathrm{SHC}}=V^2R/(X^2+R^2)$。电压进一步的下降将导致有功功率需求的下降，根据式（3.135）可以算出此时的功率为

$$P_{\mathrm{e}}(s)\big|_{s=1}=\frac{V^2R}{X^2+R^2} \tag{3.140}$$

式（3.140）在图3-29b中为抛物线，而点9、10、11是此抛物线上的点。

3.4.2.3 无功功率-电压特性

电动机每相消耗的无功功率由两部分组成，分别与图3-28中的两条并联支路相对应：

$$Q_{\mathrm{m}}=\frac{V^2}{X_{\mathrm{m}}}\quad\text{和}\quad Q_{\mathrm{s}}=I^2X=\frac{P_{\mathrm{e}}s}{R}X=P_{\mathrm{e}}\frac{s}{s_{\mathrm{cr}}} \tag{3.141}$$

分量Q_{m}与电动机的励磁电抗有关，而分量Q_{s}与电动机的负载有关。对于τ_{m}为常数的重起动负载，有功功率$P_{\mathrm{e}}=P_0$，与稳定运行点对应的转差率$s=s_{\mathrm{cr}}(a-\sqrt{a^2-1})$（见式（3.138））。将这些变量代入到$Q_{\mathrm{s}}$的表达式中有

$$Q_{\mathrm{s}}=\frac{V^2}{2X}-\sqrt{\left(\frac{V^2}{2X}\right)^2-P_0^2}\quad\text{对于}\quad V>V_{\mathrm{stall}} \tag{3.142}$$

图3-30给出了Q_{m}、Q_{s}和$Q=Q_{\mathrm{m}}+Q_{\mathrm{s}}$随电压$V$变化的特性曲线。分量$Q_{\mathrm{m}}$与$V$之间的关系是一条过原点的抛物线，随着$V$的增大不断增大；而分量$Q_{\mathrm{s}}$在$V\to\infty$时会趋于0。$Q_{\mathrm{s}}$与$V$之间的关系为：在$V$从无穷大减小到$V=V_{\mathrm{stall}}$的区间内，$Q_{\mathrm{s}}$是增加的；在$V=V_{\mathrm{stall}}$这一点，

Q_s 是一条垂直线，对应于电动机的运行点沿着图 3-29a 的点 5、6、7、8、9 特性曲线运动，到达点 9 时，电动机停转（$s=1$）。电压小于 V_{stall} 后，Q_s 按照描述电动机短路特性的抛物线继续减小，如点 9、10 和 11 所示。

合成的无功特性曲线 $Q(V)=Q_m(V)+Q_s(V)$ 如图 3-30 的连续实线所示。仔细检查该特性曲线可以得到以下结论：

1）当电压在额定电压 V_n 附近时，特性曲线的斜率为正。

2）当电压小于额定电压 V_n 后，随着电压的下降，特性曲线首先变得平坦（显示电压灵敏度下降）；然后，随着电压的进一步下降，无功消耗快速上升；当电压下降到电动机停转电压时，无功消耗会上升到一个很大的值。

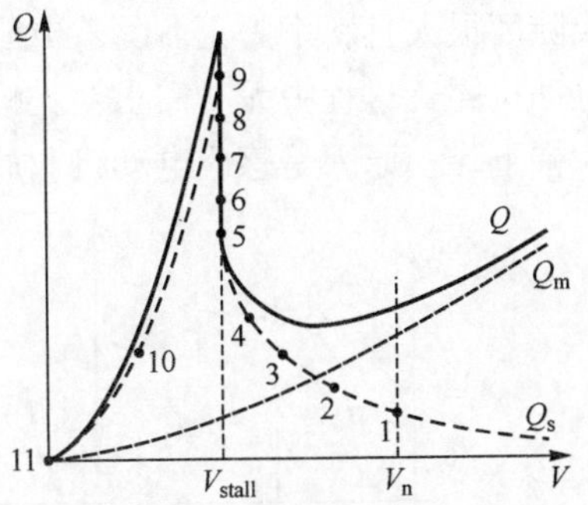

图 3-30　感应电动机的无功功率-电压特性

到此我们已经考察了重起动负载时的特性，实际的停转电压是与电动机所带的机械负载类型有关的。对于带重起动负载的重载电动机，停转电压可能与额定电压很接近；对于轻载电动机，特别是带轻起动机械负载的电动机，停转电压可能很低。

3.4.2.4　电动机保护和起动器控制的影响

上面的讨论没有考虑电动机保护和起动器控制。很多工业电动机都配备了由机电式交流接触器构成的起动器。如果电压太低，此类接触器立刻脱扣，切断电动机电源。接触器的脱扣电压大致在 0.3～0.7pu。上述控制的作用可以通过如下方法模拟：当电压低于脱扣电压时直接设置电动机的有功功率和无功功率为零，如图 3-31 所示。只有重载电动机有可能在高于脱扣电压时停转，并引起无功需求的大量增加，如图 3-31a 所示。当停转电压比脱扣电压小时，电动机不会停转，也不会表现出很大的无功增加，如图 3-31b 所示。

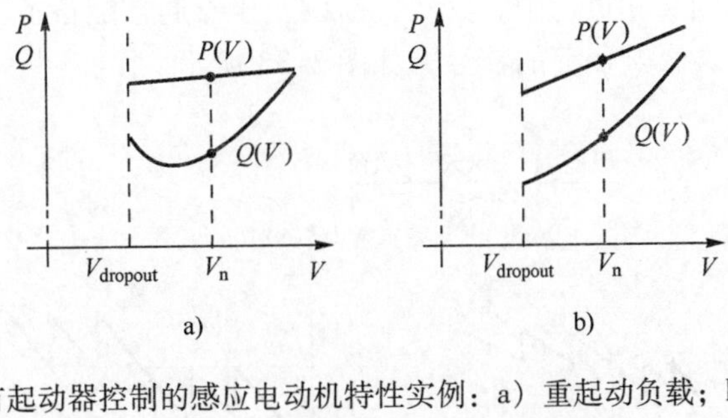

图 3-31　具有起动器控制的感应电动机特性实例：a）重起动负载；b）轻起动负载

在低电压下，电动机也可能会被过电流保护切除，此种保护通常会有一些时间延时。

带民用负载与商业负载的电动机容量通常是过大的，运行在额定功率的 60% 以下，因此其特性曲线与图 3-31b 中的很类似。但另一方面，大型工业电动机通常是容量适配的，带重起动机械负载时，其特性与图 3-31a 中的很相似。

3.4.3　负荷的静态特性

负荷的综合特性取决于单个负荷的特性。若从馈线变压器的负荷侧粗略估计负荷的综合特性，可以通过将各单个负荷的特性进行叠加来实现。图 3-32 给出了两个采用这种技术得到负荷特性的例子。图 3-32a 给出了一种工业负荷的综合特性，其中，重载感应电动机和放电型照明设备占主导。在额定运行点（额定电压 V_n）附近，$P(V)$ 曲线是平坦的，而 $Q(V)$ 曲线陡度很大且斜率为正。随着电压的下降，$Q(V)$ 曲线变得平坦甚至会上升，上升的原因是电动机停转过程中无功需求会大幅增加。当电压下降到 0.7pu 以下时，$P(V)$ 和 $Q(V)$ 曲线大幅下降，原因是感应电动机和放电型照明设备因低电压而被切除。

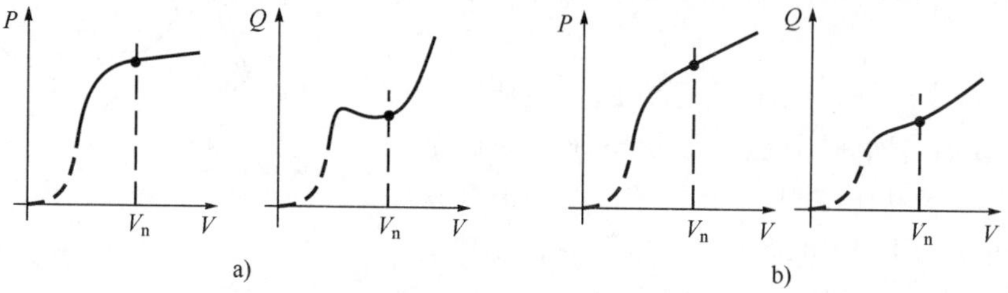

图 3-32　负荷电压特性实例：a）大型重载电动机占主导；b）照明和加热设备占主导

图 3-32b 给出了一个民用和商业负荷的例子，其中传统的照明灯泡和加热设备占主导。在额定电压附近，$P(V)$ 和 $Q(V)$ 曲线陡度都很大；当电压下降到 0.7pu 以下时，$P(V)$ 和 $Q(V)$ 曲线也同样大幅下降；由于这种负荷的电动机停转电压比接触器的脱扣电压低，因此不存在电压下降到脱扣电压之前无功大幅上升这种情况。

图 3-32 只是给出了负荷电压特性可能形状的一种参考，它们不能被用作一般性的负荷特性曲线，因为特定负荷可能具有非常不同的特性。例如，采用无功补偿可以导致 $Q(V)$ 曲线在额定电压附近很平坦；另外，相对较小的非电力公司发电设备嵌入到负荷区域的话，会对负荷特性产生很大的影响。

从馈线变压器的电网侧和负荷侧看负荷时，其特性曲线是不一样的。首先，变压器中的有功和无功损耗必须加到实际负荷中；其次，馈线变压器通常配备了帮助控制配电网电压的有载抽头调节器，这也会影响负荷的特性，如图 3-33 所示。

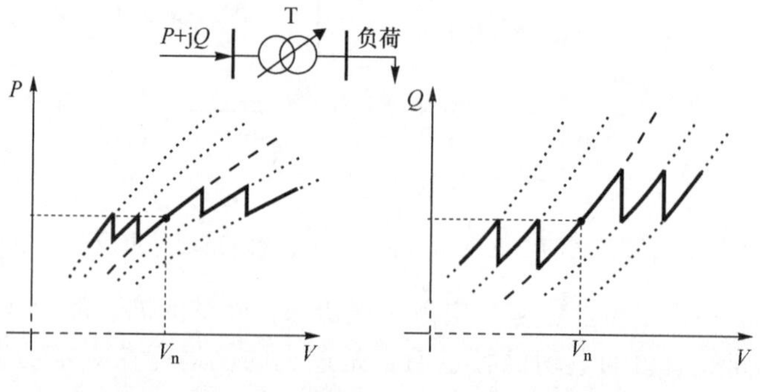

图 3-33　有载调压变压器对综合负荷电压特性的影响

在图 3-33 中，中间的粗虚线是额定电压比下的负荷电压特性曲线。变压器抽头是离散分档控制的，电压特性曲线按照档位向左或向右移动，如图 3-33 中的点线所示。最左边和最右边的特性曲线表示了抽头的极限档位。抽头调节器中设置有死区，在电压变化不越限时保持抽头档位不变。综合的电压特性曲线如图中的粗实线所示，在电压可调的范围内是相当平坦的，这点可以通过画出综合特性曲线的平均值曲线看出。

3.4.4　负荷模型

3.4.3 节描述了特定类型负荷的有功功率和无功功率是如何随电压而变化的，但没有说明如何用数学模型来描述这些负荷。由于所有的电力系统分析程序，如潮流计算程序或动态仿真程序，都需要负荷的数学模型，因此本小节将描述目前正在使用和普遍接受的几种模型。

3.4.4.1　恒功率恒电流恒阻抗模型

最简单的负荷模型假定具有如下特性中的一种：

1）恒功率（P）。

2）恒电流（I）。

3）恒阻抗（Z）。

恒功率模型中负荷消耗的功率是不随电压而变化的，负荷对电压具有刚性，即 $k_{PV} \approx k_{QV} \approx 0$。此种模型通常用于潮流计算，见 3.7 节；但对电压存在大幅度变化的其他类型分析，如暂态稳定性分析，通常是不能满足要求的。恒电流模型中，负荷随电压线性变化，即 $k_{PV}=1$，用来表示由电阻性设备和电动机构成的综合负荷的有功功率是比较合理的。当用恒阻抗来模拟负荷时，负荷功率与电压的二次方成正比，即 $k_{PV} \approx k_{QV} \approx 2$；这种模型可以很好地模拟某些照明负荷，但不能模拟刚性负荷。为了得到一种更通用的负荷电压特性，可以采用所谓的多项式模型或 *ZIP* 模型把上述各种特性的优势都结合起来，即将恒阻抗项、恒电流项和恒功率项都加起来构成一种综合模型：

$$P = P_0\left[a_1\left(\frac{V}{V_0}\right)^2 + a_2\left(\frac{V}{V_0}\right) + a_3\right]$$

$$Q = Q_0\left[a_4\left(\frac{V}{V_0}\right)^2 + a_5\left(\frac{V}{V_0}\right) + a_6\right] \tag{3.143}$$

式中，V_0、P_0 和 Q_0 通常取初始运行条件下的值。此多项式模型的参数有系数 $a_1 \sim a_6$ 以及负荷的功率因数。

在缺乏负荷组成的详细信息时，有功功率通常用恒电流模型表示，而无功功率通常用恒阻抗模型表示。

3.4.4.2　指数负荷模型

指数负荷模型中功率与电压的关系为

$$P = P_0\left(\frac{V}{V_0}\right)^{n_p} \quad 和 \quad Q = Q_0\left(\frac{V}{V_0}\right)^{n_q} \tag{3.144}$$

式中，n_p 和 n_q 为模型的参数。注意，通过将参数分别设置为 0、1 和 2，该负荷可以分别表示为恒功率模型、恒电流模型和恒阻抗模型。

式（3.144）描述的负荷特性曲线的斜率依赖于参数 n_p 和 n_q。通过将上述特性线性化可以证明，n_p 和 n_q 就等于式（3.133）给出的电压灵敏度系数，即 $n_p = k_{PV}$、$n_q = k_{QV}$。

3.4.4.3　分段近似法

到此为止已讨论的负荷模型中，还没有一种模型可以很好地模拟电压下降到低于约

0.7pu时的负荷突降。这可以通过双重表示法来进行修正，即当电压在额定电压附近时，采用负荷的指数模型或多项式模型；而当电压低于0.3～0.7pu时，采用恒阻抗模型。图3-34给出了这种近似方法的一个例子，图中的特性曲线与图3-32中的负荷特性相似。

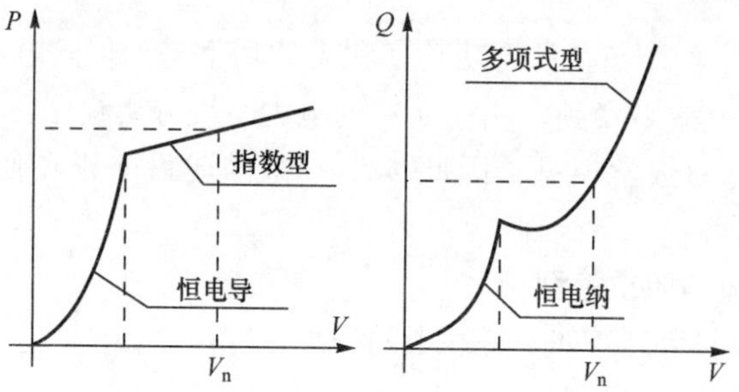

图3-34　负荷电压特性的双重表示法实例

3.4.4.4　考虑依频特性的负荷模型

负荷的依频特性通常在负荷的多项式模型或指数模型基础上乘以一个因数 $[1+a_f(f-f_0)]$ 来表示，其中 f 为实际频率，f_0 为额定频率，a_f 为负荷的频率灵敏度系数。若使用指数模型有

$$P=P(V)\left[1+k_{Pf}\frac{\Delta f}{f_0}\right]$$

$$Q=Q(V)\left[1+k_{Qf}\frac{\Delta f}{f_0}\right] \tag{3.145}$$

式中，$P(V)$ 和 $Q(V)$ 表示任何类型的电压特性曲线，而 k_{Pf} 和 k_{Qf} 为频率灵敏度系数，$\Delta f=f-f_0$。

3.4.4.5　测试结果

针对不同负荷模型的参数辨识问题，已经发表了多篇论文描述现场测试的结果，参见综述性论文Concordia and Ihara（1982）和Vaahedi et al.（1987）。除了必须进行现场测试的负荷模型构建方法之外，还有一种替代方法是基于成分分析法的（IEEE，1993），该方法通过聚合单个成分模型来得到综合负荷的模型。采用该方法时，成分与特定类型的负荷相对应，如居民用户、商业用户或工业用户；对应特定的成分，其特性可以通过理论分析或试验方法获得。然后，通过对各种特定类型的负荷按照其比例进行聚合，就能构建出综合负荷的模型。这种方法的优势是不要求现场测试，且适用于不同的系统和条件。表3-3给出了通过这种方法得到的一些典型负荷类型的电压和频率灵敏度系数。

表3-3　典型的负荷模型参数（IEEE，1993）

负荷类型	功率因数	k_{PV}	k_{QV}	k_{Pf}	k_{Qf}
居民	0.87～0.99	0.9～1.7	2.4～3.1	0.7～1	−1.3～−2.3
商业	0.85～0.9	0.5～0.8	2.4～2.5	1.2～1.7	−0.9～−1.6
工业	0.8～0.9	0.1～1.8	0.6～2.2	−0.3～2.9	0.6～1.8

3.5 网络方程

所有电力网络都是由相互联接的输电线路和变压器构成的，而输电线路和变压器均可用3.1节和3.2节已描述过的π形等效电路来模拟。通过建立网络的节点电压方程，这些单一元件的模型就被结合起来用以模拟整个网络：

$$\begin{bmatrix} \underline{I}_1 \\ \vdots \\ \underline{I}_i \\ \vdots \\ \underline{I}_N \end{bmatrix} = \begin{bmatrix} \underline{Y}_{11} & \cdots & \underline{Y}_{1i} & \cdots & \underline{Y}_{1N} \\ \vdots & \ddots & \vdots & & \vdots \\ \underline{Y}_{i1} & \cdots & \underline{Y}_{ii} & \cdots & \underline{Y}_{iN} \\ \vdots & & \vdots & \ddots & \vdots \\ \underline{Y}_{N1} & \cdots & \underline{Y}_{Ni} & \cdots & \underline{Y}_{NN} \end{bmatrix} \begin{bmatrix} \underline{V}_1 \\ \vdots \\ \underline{V}_i \\ \vdots \\ \underline{V}_N \end{bmatrix} \quad 或 \quad \underline{\boldsymbol{I}} = \underline{\boldsymbol{YV}} \tag{3.146}$$

式中，下标 i 和 j 表示节点号；$\underline{V}_i$ 表示节点 i 的电压；$\underline{I}_i$ 表示注入节点 i 的电流，其等于所有以 i 为端点的支路电流的代数和；$\underline{Y}_{ij}$为节点 i 和 j 之间的互导纳，其等于联接节点 i 和 j 的所有支路的串联导纳之和的负值；$\underline{Y}_{ii} = \sum_{i=1}^{N} \underline{Y}_{ij}$ 为节点 i 的自导纳，其等于所有以 i 为端点的支路导纳之和，包括任何对地的并联导纳$\underline{Y}_{i0}$，N 为网络中的节点总数。

矩阵$\underline{\boldsymbol{Y}}$ 被称为节点导纳矩阵。在$\underline{\boldsymbol{Y}}$ 中，任一行 i 的所有元素之和等于节点 i 对参考节点（地）的并联导纳 Y_{i0}，即$\underline{Y}_{i0} = \sum_{j=1}^{N} \underline{Y}_{ij}$。如果网络没有任何对地支路，那么节点导纳矩阵是奇异的。这种情况下，任一行的所有元素之和为0，且 $\det\underline{\boldsymbol{Y}} = 0$。如果节点导纳矩阵是非奇异的，那么它的逆矩阵$\underline{\boldsymbol{Z}} = \underline{\boldsymbol{Y}}^{-1}$存在，式（3.146）可以重新写成

$$\begin{bmatrix} \underline{V}_1 \\ \vdots \\ \underline{V}_i \\ \vdots \\ \underline{V}_N \end{bmatrix} = \begin{bmatrix} \underline{Z}_{11} & \cdots & \underline{Z}_{1i} & \cdots & \underline{Z}_{1N} \\ \vdots & \ddots & \vdots & & \vdots \\ \underline{Z}_{i1} & \cdots & \overline{Z}_{ii} & \cdots & \underline{Z}_{iN} \\ \vdots & & \vdots & \ddots & \vdots \\ \underline{Z}_{N1} & \cdots & \underline{Z}_{Ni} & \cdots & \underline{Z}_{NN} \end{bmatrix} \begin{bmatrix} \underline{I}_1 \\ \vdots \\ \underline{I}_i \\ \vdots \\ \underline{I}_N \end{bmatrix} \quad 或 \quad \underline{\boldsymbol{V}} = \underline{\boldsymbol{ZI}} \tag{3.147}$$

式中，$\underline{\boldsymbol{Z}}$ 为节点阻抗矩阵。

当且仅当节点 i 与 j 之间存在支路联接时，非对角元素$\underline{Y}_{ij}$才不为0。如果系统中存在 L 条支路，那么 $k = L/N$ 就是支路数与节点数之比，而$\underline{\boldsymbol{Y}}$ 有 N^2 个元素，其中的 $(2k+1)N$ 个元素不为零。非零元素与总元素之比为 $(2k+1)/N$。高压输电网络是相当稀疏的，其典型的 k 值在1～3之间；例如对于一个100个节点的网络，其导纳矩阵中的非零元素只有3%～7%。此种矩阵被称为稀疏矩阵。网络矩阵通常是稀疏的，为了节省计算机内存，只存储非零元素及用于确定其在矩阵中位置的附加索引号。采用稀疏矩阵技术后，所有矩阵运算都只针对非零元素进行。对稀疏矩阵的讨论已超出本书的范围，但可以参考 Tewerson（1973）或 Brameller, Allan and Hamam（1976）。由于本书的主要目标是从工程的角度讨论电力系统的动态和稳定性，因此后文的叙述还是基于正规的满矩阵符号。

对于任何节点 i，注入该节点的电流可以从式（3.146）中抽取出来：

$$\underline{I}_i = \underline{Y}_{ii}\underline{V}_i + \sum_{j=1;j\neq i}^{N} \underline{Y}_{ij}\underline{V}_j \tag{3.148}$$

式中，复数电压和导纳可以一般性地写成$\underline{V}_i = V_i \angle \delta_i$，$\underline{Y}_{ij} = Y_{ij} \angle \theta_i$。若采用极坐标形式，那么注入任一节点 i 的视在功率为

$$\underline{S}_i = P_i + \mathrm{j}Q_i = \underline{V}_i \underline{I}_i^* = V_i \mathrm{e}^{\mathrm{j}\delta_i} \left[Y_{ii} V_i \mathrm{e}^{-\mathrm{j}(\delta_i + \theta_{ii})} + \sum_{j=1;j\neq i}^{N} V_j Y_{ij} \mathrm{e}^{-\mathrm{j}(\delta_j + \theta_{ij})} \right]$$
$$= V_i^2 Y_{ii} \mathrm{e}^{-\mathrm{j}\theta_{ii}} + V_i \sum_{j=1;j\neq i}^{N} V_j Y_{ij} \mathrm{e}^{\mathrm{j}(\delta_i - \delta_j - \theta_{ij})} \tag{3.149}$$

将实部和虚部分开可得

$$P_i = V_i^2 Y_{ii} \cos\theta_{ii} + \sum_{j=1;j\neq i}^{N} V_i V_j Y_{ij} \cos(\delta_i - \delta_j - \theta_{ij})$$
$$Q_i = -V_i^2 Y_{ii} \sin\theta_{ii} + \sum_{j=1;j\neq i}^{N} V_i V_j Y_{ij} \sin(\delta_i - \delta_j - \theta_{ij}) \tag{3.150}$$

与采用极坐标形式相对的另外一种表达方式是采用直角坐标（a，b）形式，如图 3-35 所示，这种情况下，注入节点 i 的视在功率可以写成

$$\underline{S}_i = P_i + \mathrm{j}Q_i = \underline{V}_i \underline{I}_i^* = (V_{ai} + \mathrm{j}V_{bi})(I_{ai} - \mathrm{j}I_{bi})$$

而

$$P_i = V_{ai} I_{ai} + V_{bi} I_{bi}, \quad Q_i = V_{bi} I_{ai} - V_{ai} I_{bi} \tag{3.151}$$

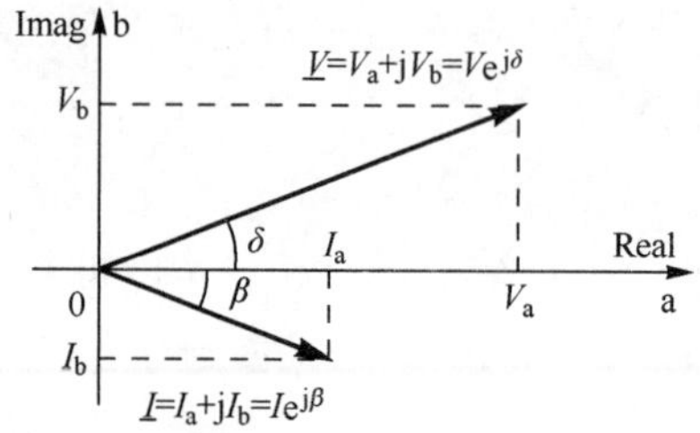

图 3-35　在复平面上的电压和电流（a，b 直角坐标）

将导纳表示成直角坐标形式$\underline{Y}_{ij} = G_{ij} + \mathrm{j}B_{ij}$，则由式（3.146）表达的注入任一节点 i 的电流为

$$\underline{I}_i = I_{ai} + \mathrm{j}I_{bi} = \sum_{j=1}^{N} \underline{Y}_{ij} \underline{V}_j = \sum_{j=1}^{N} (G_{ij} + \mathrm{j}B_{ij})(V_{aj} + \mathrm{j}V_{bj}) \tag{3.152}$$

将实部与虚部分开可得

$$I_{ai} = \sum_{j=1}^{N} (G_{ij} V_{aj} - B_{ij} V_{bj}), \quad I_{bi} = \sum_{j=1}^{N} (B_{ij} V_{aj} + G_{ij} V_{bj}) \tag{3.153}$$

采用这种标记法后，网络的复数方程式（3.146）可以转换为实数方程：

$$\begin{bmatrix} \boldsymbol{I}_1 \\ \vdots \\ \boldsymbol{I}_i \\ \vdots \\ \boldsymbol{I}_N \end{bmatrix} = \begin{bmatrix} \boldsymbol{Y}_{11} & \cdots & \boldsymbol{Y}_{1i} & \cdots & \boldsymbol{Y}_{1N} \\ \vdots & & \vdots & & \vdots \\ \boldsymbol{Y}_{i1} & \cdots & \boldsymbol{Y}_{ii} & \cdots & \boldsymbol{Y}_{iN} \\ \vdots & & \vdots & & \vdots \\ \boldsymbol{Y}_{N1} & \cdots & \boldsymbol{Y}_{Ni} & \cdots & \boldsymbol{Y}_{NN} \end{bmatrix} \begin{bmatrix} \boldsymbol{V}_1 \\ \vdots \\ \boldsymbol{V}_i \\ \vdots \\ \boldsymbol{V}_N \end{bmatrix} \quad \text{或} \quad \boldsymbol{I} = \boldsymbol{Y}\boldsymbol{V} \tag{3.154}$$

现在上述方程中的所有元素都是 2×1 或 2×2 的实数子矩阵：

$$\boldsymbol{I}_i = \begin{bmatrix} I_{ai} \\ I_{bi} \end{bmatrix}, \quad \boldsymbol{V}_i = \begin{bmatrix} V_{ai} \\ V_{bi} \end{bmatrix}, \quad \boldsymbol{Y}_{ij} = \begin{bmatrix} G_{ij} & -B_{ij} \\ B_{ij} & G_{ij} \end{bmatrix} \tag{3.155}$$

将不同的坐标系混合使用常常是更方便的，例如，电压用极坐标表示$\underline{V}_i = V_i \angle \delta_i$，而导纳用直角坐标表示$\underline{Y}_{ij} = G_{ij} + \mathrm{j}B_{ij}$。采用混合坐标系后，式（3.150）可以写成如下形式：

$$P_i = V_i^2 G_{ii} + \sum_{j=1;j\neq i}^{N} V_i V_j [B_{ij}\sin(\delta_i - \delta_j) + G_{ij}\cos(\delta_i - \delta_j)]$$

$$Q_i = -V_i^2 B_{ii} + \sum_{j=1;j\neq i}^{N} V_i V_j [G_{ij}\sin(\delta_i - \delta_j) - B_{ij}\cos(\delta_i - \delta_j)] \tag{3.156}$$

由于采用了极坐标系和直角坐标系中的混合复数变量，因此上述方程被称为混合网络方程。

1. 电力系统网络方程的线性化

注入每个节点的有功功率和无功功率是系统电压的非线性函数，即 $P = P(V, \delta)$、$Q = Q(V, \delta)$，因此，很多情况下对这些方程在其运行点附近进行线性化是方便而必要的。实现线性化的方法是采用泰勒级数展开，保留其一次项，忽略其高次项。这样，注入所有系统节点的有功功率和无功功率变化量可以基于混合网络方程写成矩阵形式：

$$\begin{bmatrix} \Delta \boldsymbol{P} \\ \Delta \boldsymbol{Q} \end{bmatrix} = \begin{bmatrix} \boldsymbol{H} & \boldsymbol{M} \\ \boldsymbol{N} & \boldsymbol{K} \end{bmatrix} \begin{bmatrix} \Delta \boldsymbol{\delta} \\ \Delta \boldsymbol{V} \end{bmatrix} \tag{3.157}$$

式中，$\Delta \boldsymbol{P}$ 为所有系统节点的有功功率变化量向量，$\Delta \boldsymbol{Q}$ 为所有系统节点的无功功率变化量向量，$\Delta \boldsymbol{V}$ 为电压模值增量向量，$\Delta \boldsymbol{\delta}$ 为电压相角增量向量；而 $\boldsymbol{H}$、$\boldsymbol{M}$、$\boldsymbol{N}$ 和 $\boldsymbol{K}$ 为雅可比矩阵的子矩阵，其对应的元素是式（3.156）的偏导数：

$$H_{ij} = \frac{\partial P_i}{\partial \delta_j}, \quad M_{ij} = \frac{\partial P_i}{\partial V_j}, \quad N_{ij} = \frac{\partial Q_i}{\partial \delta_j}, \quad K_{ij} = \frac{\partial Q_i}{\partial V_j} \tag{3.158}$$

为了得到更简单和更对称的雅可比子矩阵，常对式（3.157）中的子矩阵 $\boldsymbol{M}$ 和 $\boldsymbol{K}$ 进行修正，修正的方法是用节点电压模值乘 $\boldsymbol{M}$ 和 $\boldsymbol{K}$；这样，为了保持方程的一致性，对应的电压增量需要除以节点电压模值；因而式（3.157）可以化为如下形式：

$$\begin{bmatrix} \Delta P_1 \\ \vdots \\ \Delta P_N \\ \hdashline \Delta Q_1 \\ \vdots \\ \Delta Q_N \end{bmatrix} = \left[\begin{array}{ccc:ccc} \dfrac{\partial P_1}{\partial \delta_1} & \cdots & \dfrac{\partial P_1}{\partial \delta_N} & V_1 \dfrac{\partial P_1}{\partial V_1} & \cdots & V_N \dfrac{\partial P_1}{\partial V_N} \\ \vdots & \ddots & \vdots & \vdots & \ddots & \vdots \\ \dfrac{\partial P_N}{\partial \delta_1} & \cdots & \dfrac{\partial P_N}{\partial \delta_N} & V_1 \dfrac{\partial P_N}{\partial V_1} & \cdots & V_N \dfrac{\partial P_N}{\partial V_N} \\ \hdashline \dfrac{\partial Q_1}{\partial \delta_1} & \cdots & \dfrac{\partial Q_1}{\partial \delta_N} & V_1 \dfrac{\partial Q_1}{\partial V_1} & \cdots & V_N \dfrac{\partial Q_1}{\partial V_N} \\ \vdots & \ddots & \vdots & \vdots & \ddots & \vdots \\ \dfrac{\partial Q_N}{\partial \delta_1} & \cdots & \dfrac{\partial Q_N}{\partial \delta_N} & V_1 \dfrac{\partial Q_N}{\partial V_1} & \cdots & V_N \dfrac{\partial Q_N}{\partial V_N} \end{array}\right] \begin{bmatrix} \Delta \delta_1 \\ \vdots \\ \Delta \delta_N \\ \hdashline \Delta V_1 / V_1 \\ \vdots \\ \Delta V_N / V_N \end{bmatrix} \tag{3.159}$$

即

$$\begin{bmatrix} \Delta \boldsymbol{P} \\ \Delta \boldsymbol{Q} \end{bmatrix} = \begin{bmatrix} \boldsymbol{H} & \boldsymbol{M}' \\ \boldsymbol{N} & \boldsymbol{K}' \end{bmatrix} \begin{bmatrix} \Delta \boldsymbol{\delta} \\ \Delta \boldsymbol{V}/\boldsymbol{V} \end{bmatrix}$$

这样，雅可比子矩阵各元素为

$$H_{ij} = \frac{\partial P_i}{\partial \delta_j} = -V_i V_j [B_{ij}\cos(\delta_i - \delta_j) - G_{ij}\sin(\delta_i - \delta_j)] \quad 对于 \quad i \neq j$$

$$H_{ii}=\frac{\partial P_i}{\partial \delta_i}=\sum_{\substack{j=1\\ j\neq i}}^{N} V_iV_j[B_{ij}\cos(\delta_i-\delta_j)-G_{ij}\sin(\delta_i-\delta_j)]=-Q_i-V_i^2B_{ii} \tag{3.160}$$

$$N_{ij}=\frac{\partial Q_i}{\partial \delta_j}=-V_iV_j[G_{ij}\cos(\delta_i-\delta_j)+B_{ij}\sin(\delta_i-\delta_j)] \quad 对于\quad i\neq j$$

$$N_{ii}=\frac{\partial Q_i}{\partial \delta_i}=\sum_{\substack{j=1\\ j\neq i}}^{N} V_iV_j[G_{ij}\cos(\delta_i-\delta_j)+B_{ij}\sin(\delta_i-\delta_j)]=P_i-V_i^2G_{ii} \tag{3.161}$$

$$M'_{ij}=V_j\frac{\partial P_i}{\partial V_j}=V_iV_j[G_{ij}\cos(\delta_i-\delta_j)+B_{ij}\sin(\delta_i-\delta_j)] \quad 对于\quad i\neq j$$

$$M'_{ii}=V_i\frac{\partial P_i}{\partial V_i}=2V_i^2G_{ii}+\sum_{\substack{j=1\\ j\neq i}}^{N} V_iV_j[G_{ij}\cos(\delta_i-\delta_j)+B_{ij}\sin(\delta_i-\delta_j)]=P_i+V_i^2G_{ii} \tag{3.162}$$

$$K'_{ij}=V_j\frac{\partial Q_i}{\partial V_j}=V_iV_j[G_{ij}\sin(\delta_i-\delta_j)-B_{ij}\cos(\delta_i-\delta_j)] \quad 对于\quad i\neq j$$

$$K'_{ii}=V_i\frac{\partial Q_i}{\partial V_i}=-2V_i^2B_{ii}+\sum_{\substack{j=1\\ j\neq i}}^{N} V_iV_j[G_{ij}\sin(\delta_i-\delta_j)-B_{ij}\cos(\delta_i-\delta_j)]=Q_i-V_i^2B_{ii} \tag{3.163}$$

注意式（3.160）展示了矩阵 $\boldsymbol{H}$ 和 $\boldsymbol{N}$ 的一个很重要的性质，矩阵的对角元素等于负的非对角元素之和，因而每一行的所有元素之和为零，即

$$H_{ii}=-\sum_{j\neq i}^{N}H_{ij} \quad 和 \quad \sum_{j=1}^{N}H_{ij}=0 \tag{3.164}$$

$$N_{ii}=-\sum_{j\neq i}^{N}N_{ij} \quad 和 \quad \sum_{j=1}^{N}N_{ij}=0 \tag{3.165}$$

上述性质对子矩阵 $\boldsymbol{M}'$ 和 $\boldsymbol{K}'$ 是不成立的，因为网络中存在并联导纳。这些并联导纳只加到对角元素上，而没有加到非对角元素上。

2. 参考坐标系的变换

网络方程，即式（3.146）和式（3.154），是在网络复数坐标系（a，b）下给出的；而发电机方程，即式（3.120），是在发电机的 d-q 垂直坐标系中给出的。图 3-36 给出了两种系统坐标系的相对位置。特定发电机的 q 轴超前于网络复数坐标系实轴的角度定义为 δ。这样，两种坐标系之间的关系为

$$\begin{bmatrix}E_a\\ E_b\end{bmatrix}=\begin{bmatrix}-\sin\delta & \cos\delta\\ \cos\delta & \sin\delta\end{bmatrix}\begin{bmatrix}E_d\\ E_q\end{bmatrix} \quad 或 \quad \boldsymbol{E}_{ab}=\boldsymbol{T}\boldsymbol{E}_{dq} \tag{3.166}$$

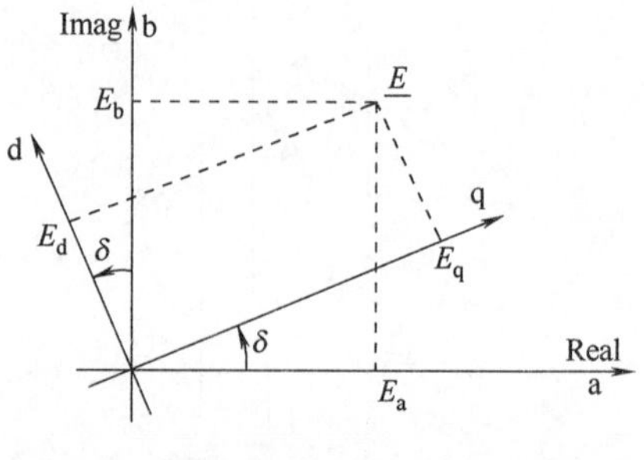

图 3-36　发电机直角坐标（d，q）相对于网络复数坐标（a，b）的位置

因为 $\boldsymbol{T}=\boldsymbol{T}^{-1}$，因此变换矩阵 $\boldsymbol{T}$ 为酉矩阵。因此逆变换由同一个矩阵决定。

$$\begin{bmatrix}E_d\\ E_q\end{bmatrix}=\begin{bmatrix}-\sin\delta & \cos\delta\\ \cos\delta & \sin\delta\end{bmatrix}\begin{bmatrix}E_a\\ E_b\end{bmatrix} \quad 或 \quad \boldsymbol{E}_{dq}=\boldsymbol{T}\boldsymbol{E}_{ab} \tag{3.167}$$

所有其他的电流和电压相量都可以采用类似的方式进行变换。显然，各台发电机可能运行在不同的转子角δ下，因此，电网中有多少台发电机，就有多少个（d，q）坐标系。

3.6　输电网中的潮流

输电网络具有网格形结构，因此在发电机与负荷之间会存在很多可能的并列路径。流过每个网络元件的实际潮流是由基尔霍夫定律和欧姆定律决定的，如式（3.150）所示。一般来说，流过各条输电线路和各台变压器的潮流是不能直接控制的，因为它是所有网络节点上的发电出力和负荷需求的函数。也就是说，对流过输电线路的潮流进行直接控制的可能性是很有限的，这在本节后面将会讨论。

预测未来的潮流分布在未来电网的扩展规划和既有电网的最优运行两个方面都是非常重要的。本书中，将对如下2个问题进行讨论：①潮流计算问题，即计算潮流分布以确定电力系统的稳态特性；②在稳态和动态条件下如何对电网中的潮流进行控制。

3.6.1　潮流的控制

在不改变电网总的发电出力和负荷需求场景下，利用可控的电网元件，可以在一定程度上改变有功潮流和无功潮流的分布。而对发电出力的控制将在第9章讨论。

图1-4和简化的潮流方程式（1.8）和式（1.9）表明，流过网络元件（即线路和变压器）的有功潮流和无功潮流主要取决于：

1）元件两端的电压模值。

2）功角，即元件两端电压的相角差。

3）元件本身的串联电抗。

有功功率和无功功率在交流输电网中是2个强相关的量，然而，正如1.3节所讨论过的，有功潮流主要取决于功角而无功潮流主要取决于电压模值。因此，无功潮流的控制是通过改变电压模值来实现的，主要的方式有：①改变发电机电压；②改变变压器电压比；③改变2.5.3节讨论过的无功补偿装置所消耗或发出的无功功率。由于无功功率不能远距离传输（见3.1.2节），因此无功控制是一个就地的问题。

有功潮流的控制是通过余下的2个量，即功角和串联电抗来实现的。此种控制的实现方式有：①正交升压变压器；②诸如SSSC等串联补偿器；③诸如UPFC和TCPAR（见2.5.4节）等串联FACTS装置。下面将讨论如何利用正交升压变压器和诸如UPFC、TCPAR等FACTS装置来控制功角。

有功潮流对功角的依赖性如图1-4所示，可以看出，通过改变功角可以使有功潮流在大范围内变化，从负值变化到正值。图3-37给出了实现功角改变的一种方式。为了简化讨论，考察一个具有2回并联输电线路Ⅰ和Ⅱ的案例。设并联输电线路Ⅰ和Ⅱ的参数完全相同，线路两端的电压为$\underline{V}_i$和$\underline{V}_j$，功角（即两端电压之间的相角差）为δ。

线路Ⅰ的相量图如图3-37b所示，线路电流是$\underline{I}_{\mathrm{I}}$而有功潮流为$P_{\mathrm{I}}=(V_iV_j/X)\sin\delta$。线路Ⅱ的相量图如图3-37c所示，该线路上安装了一个正交升压变压器；而线路两端的电压，对线路Ⅰ和线路Ⅱ都是一样的，为$\underline{V}_i$和$\underline{V}_j$。从图3-37c可以看出，升压变压器电压$\Delta\underline{V}_k$是与$\underline{V}_i$正交且加到$\underline{V}_i$上的。因此，线路Ⅱ上位于升压变压器后的那点上的电压为$\underline{V}_k=\underline{V}_i+\Delta\underline{V}_k$。线

路Ⅱ的功角为（$\delta+\Delta\delta$），电流为$\underline{I}_{\mathrm{II}}$，而有功潮流为$P_{\mathrm{II}}=(V_kV_j/X)\sin(\delta+\Delta\delta)$。由于（$\delta+\Delta\delta$）$>\delta$，功率$P_{\mathrm{II}}$大于$P_{\mathrm{I}}$。流过这2回线路的总功率为$P=P_{\mathrm{I}}+P_{\mathrm{II}}$。

改变升压变压器的电压$\Delta\underline{V}_k$就能改变功角$\Delta\delta$，从而改变流过线路Ⅱ的潮流P_{II}。升压变压器的电压$\Delta\underline{V}_k$是可控的，可以在正值和负值之间连续变化。当$\Delta\underline{V}_k$是负值时，功角减小，从而潮流P_{II}减小。当$\Delta\underline{V}_k=0$时，即正交升压变压器不起作用时，流过2回线路的潮流是均分的，即$P_{\mathrm{I}}=P_{\mathrm{II}}=P/2$。结论是，改变升压器的电压$\Delta\underline{V}_k$可以改变并联线路中的潮流$P_{\mathrm{I}}$和$P_{\mathrm{II}}$之间的比例。显然，该正交升压变压器并不能改变电网中的总的潮流分布。

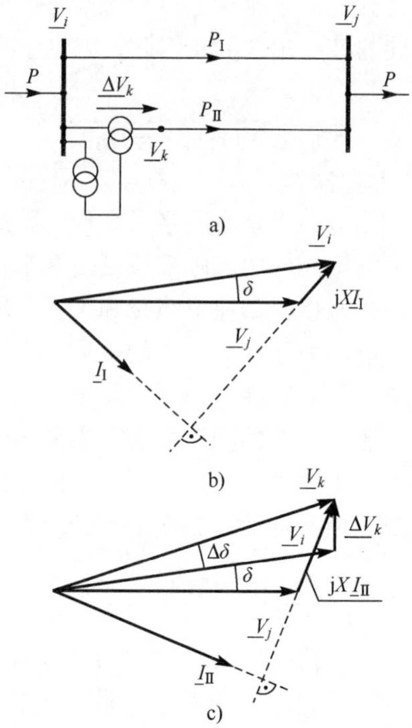

图3-37　通过改变功角控制有功潮流：a）电路图；b）线路Ⅰ的相量图；c）线路Ⅱ的相量图

前面讨论的并联线路中的潮流控制原理也可用于更复杂的网络的潮流控制，特别是网格形电网中的并列输电走廊之间的潮流控制。通常正交升压变压器应用于如下场合：

1）在并列输电走廊中，对轻载线路提高其负载率，对重载线路降低其负载率。

2）消除网格形电网中的环流潮流。

3）在互联电力系统中改变输入或输出潮流的方向。

4）在互联电力系统中防止有害环流进入到子系统中。

下面将对上述几种场景进行简要的讨论。

输电网络通常呈网格形结构，在没有安装正交升压变压器时，并列输电走廊的负载率与该走廊的电抗成反比。因此，可能会发生这样的情况：短线路重载而长线路轻载；这种情况下，可以使用正交升压变压器来实现期望的线路负载率。降低过载线路的潮流并同时提升轻载线路的潮流具有提高区域间总交换功率的效果。

大型互联电网可能会发生潮流环流问题，即潮流从一个子系统进入而从另一个子系统返回。这意味着区域间有很大的功率交换需求，但由于潮流环流将输送功率转移走了，使得净输送功率很小。安装正交升压变压器后，可以消除或者大幅度减小潮流环流，这通常会使得一些输电走廊负载率降低，其代价是输电损耗会有少量增加。

图3-38给出了一个正交升压变压器应用的例子，该例子是采用正交升压变压器改变互联电网中输入或输出潮流的方向。设定系统A具有盈余功率，需要输出到系统B和C。当前场景下，系统A的运行人员希望提升输送到系统B的功率而降低输送到系统C的功率。这可以通过在联络线上安装一个正交升压变压器或FACTS装置来实现，假定该装置安装在联络线A-B上。从一个区域输出的总功率等于该区域的发电出力减去该区域的负荷需求，即从系统A输出的功率为（$P_{\mathrm{AB}}+P_{\mathrm{AC}}$）$=(P_{\mathrm{T}}^{\mathrm{A}}-P_{\mathrm{L}}^{\mathrm{A}})$。显然，正交升压变压器或FACTS装置并不能够改变从一个区域输出的总功率。此类装置仅仅能够改变功率在输入区域中的分配比例，也就是说，它能够改变P_{AB}与P_{AC}之间的比例，但总的输出功率（$P_{\mathrm{AB}}+P_{\mathrm{AC}}$）是保持恒

定的。应当领会的是，是否安装正交升压变压器必须征得相关各方的同意，一方运行人员违背其他方运行人员的意志而采取的单边行动可能是无效的，因为其他方运行人员也可以安装类似的正交升压变压器，其作用方向刚好相反，从而导致合成的总效果并不改变潮流分布，但花费了安装这些设备的大量成本。

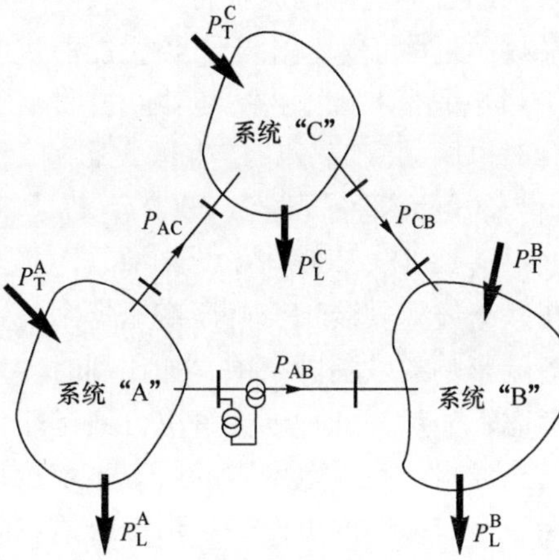

图3-38　3个控制区域之间的功率交换

在2.2节中，我们简略讨论了近年来的电力市场自由化问题。电力市场自由化的结果之一是，互联电网中跨边界（跨区域）交易大量增加。跨边界交易的问题是，交易的电力不会沿着卖方和买方约定的“合同路径”传输，而是如前面已提到过的，会沿着很多并列路径传输。不通过合同路径的潮流被称为并列潮流或环流。例如，图3-39给出了从法国北部到意大利的1000MW交易电力的不同传输路径（Haubrich and Fritz，1999），其中只有38%的电力是从法国直接传输到意大利的，剩下的62%将通过不同的并列路径传输，加重了转运电网的负载率。注意，15%的电力甚至会通过比利时和荷兰的迂回路径传输。

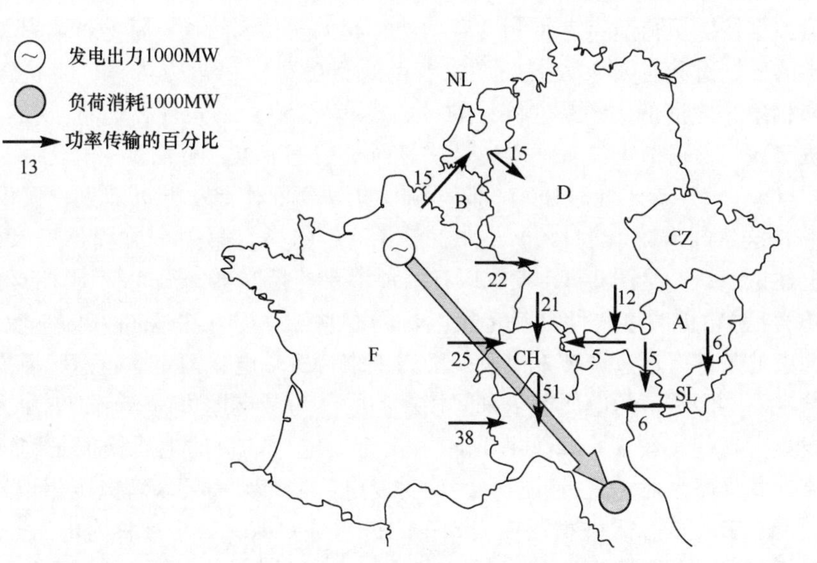

图3-39　从法国北部到意大利的某个电力交易不同传输路径上的潮流分布比例（Haubrich and Fritz，1999）

并列潮流在 1990 年之前并不会引起大的问题，因为区域间的功率交换通常是事先经系统运行人员同意的，并且数量相对较小。1990 年后，区域间的电力交易不但数量大大增加，而且开始由独立代理商而不是系统运行人员来组织。这样，系统运行人员经常发现其运行的电网正在传输他们并不清楚的功率，因为他们并没有得到此类电力交易的通知。这种情况就会产生环流潮流，并对电力系统的安全运行构成威胁，且实际上导致了 20 世纪 90 年代末在比利时差点发生的数起停电事故。近些年来，由于可再生能源发电渗透率特别是风电渗透率的提升，情况在进一步恶化。风电是间歇性能源，实际的风电出力可能与前一天预测的不同；与计划不同的风电出力会对电网的潮流分布产生重大影响，从而影响电网的安全运行。例如，实际风电出力与计划出力的巨大差别是导致 2006 年 11 月 UCTE 电网损失 17GW 负荷的电网广域扰动的重要因素之一（UCTE，2007）。

系统运行人员可以通过在联络线上安装正交升压变压器来防止环流潮流进入其所运行的电网。此种方案在深受环流潮流影响的欧洲国家中，如比利时、瑞士、斯洛文尼亚等，已经得到实施或者至少得到认真考虑。显然，此种硬件解决方案是非常昂贵的，而性价比更高的方案是将系统中的所有交易信息通报给互联电网中的所有系统运行人员，并且要对输电网的使用给予经济补偿。然而，在一个跨多国的电网中，由于政治和制度上的障碍，要达到此种和谐状态是相当困难的（Bialek，2007）。

3.6.2 潮流计算

潮流计算基本上用于预测电力网络在特定负荷条件下的电气状态，潮流计算的结果是系统每个节点的电压模值和相角。而系统每个节点的电压模值和相角被定义为系统的状态变量（或独立变量），因为由它们就可以确定系统的所有其他物理量，如有功潮流、无功潮流、电流、电压降、功率损耗等。

潮流分析的起点是一组发电出力数据和负荷数据以及描述电力网络特性的节点导纳矩阵 $\underline{\boldsymbol{Y}}$，$\underline{\boldsymbol{Y}}$ 的表达式见式（3.146）。通常发电出力按照发电机节点上计划的有功功率和无功功率给出，负荷数据按照负荷节点上预测的有功功率和无功功率给出，注意两者都不是用节点注入电流给出的。这意味着输入数据（注入节点的有功功率和无功功率）与状态变量（节点电压模值和相角）之间的关系是非线性的，如式（3.150）或式（3.156）所示。

发电机节点与负荷节点具有不同的性质。对于负荷节点，有功需求和无功需求是可以预测到的，式（3.150）或式（3.156）都是可用的。然而对于发电机节点，仅仅有功出力是可以确定的，这意味着式（3.150）或式（3.156）中只有第一个方程是可以包括进来的。为了理解上述论点，参看图 2-2，发电厂有两种主要的控制器，涡轮机调速器和自动电压调节器（AVR）。涡轮机调速器可以确定发电机的有功功率输出并保持其为常数；而 AVR 在满足运行约束的条件下通过调节发电机的励磁来维持机端电压恒定。这意味着发电厂的无功出力是由给定发电厂端口的电压需求来间接控制的。为了支撑负荷节点的电压，发电厂端口电压通常设置得高些（约为 1.05～1.1pu）。由于发电厂端口的电压模值是确定的，没有必要通过潮流计算程序来对它进行计算，因此对发电厂端口只需要求解电压相角就可以了。

系统中所有节点的输入数据已在表 3-4 中进行了归纳。对于被称为电压受控节点或 PV 节点的发电机节点，需要输入的数据是净有功注入（计划发电出力减去预测的本地需求）和母线电压模值，而电压相角是未知的状态量，其净无功注入需要在求出系统状态变量后才能计算出来。对于被称为 PQ 节点的负荷节点，需要输入的数据为预测的有功功率和无功功率需求（负的注入），未知状态变量为母线电压的模值和相角。通常发电机节点中的一个节点被选为平衡节点，对于平衡节点，电压的模值和相角是给定的，其未知量是注入节点的有功功率和无功功率（即发电出力和无功需求），一旦其他所有节点上的状态量都被计算出来，这两个量也就确定了。系统中的任何不平衡都会在平衡节点的发电出力需求上表现出来。将节点导纳矩阵中与平衡节点对应的行和列去掉，可以解决因网络没有对地并联支路而引起的节点导纳矩阵奇异问题。

表 3-4 潮流计算中的节点类型

节点类型	节点数	给定的量	未知状态量	其他未知变量
平衡	通常1	$\delta=0$，V	—	P，Q
PV（源）	NG	P，V	δ	Q
PQ（负荷）	$N-NG-1$	P，Q	δ，V	—
总计	N	$2N$	$2N-NG-2$	$NG+2$

由式（3.150）和式（3.156）描述的潮流问题是一个非线性问题，因此必须用迭代的方法求解。第一个潮流计算程序采用了高斯-赛德尔算法，因为此种算法要求的计算机内存很小。目前，随着计算机运算速度和单片内存量的增加，几乎无例外地采用了牛顿-拉夫逊算法。对这些算法的详细描述已超出了本书的范围，但可以在一些电力系统分析的教科书中找到，如 Gross（1986）和 Grainger and Stevenson（1994）。在潮流计算程序中如何模拟 FACTS 装置可以在 Acha，Fuerte-Esquivel and Angeles-Camancho（2004）中找到详细的描述。

第 2 部分

电力系统动态导论

第4章 电磁暂态过程

第1章介绍了如何根据电力系统动态过程的时间尺度对它们进行分类，同时还确定了本书所关注和有兴趣讨论的几种动态过程类型，这其中最快的动态过程是与系统出现扰动后立刻发生在发电机内的电磁相互作用有关的动态过程。此种动态过程导致发电机内产生大电流和大转矩，其时间尺度一般为数毫秒。在此时间段内，涡轮机和发电机的惯性足以防止转子转速有任何明显的变化，从而可以假定转子的转速是恒定的。后面的章节将考虑更长时间尺度上的机电暂态过程，此时转子转速变化的影响必须考虑进来。

为了帮助理解故障电流和转矩是如何产生的，本章将使用基本的物理定律来解释发生在发电机内部的电磁相互作用。虽然这种做法需要进行一些简化，但它允许采用物理的和定性的方法。这些解释然后被用来推导适用于气隙均匀发电机的电流和转矩量化方程。不幸的是，对于气隙不均匀的发电机，例如凸极发电机，情况就更复杂些。然而，此种发电机中电流和转矩产生的机理与具有均匀气隙的发电机是完全相同的，只是它们的影响更难以量化，其细节留待第11章介绍了更好的分析方法后再来解决。尽管如此，在每节的末尾，还是讨论了在凸极发电机中如何对电流和转矩的表达式进行修改。

本章首先讨论了与磁链有关的基本原理及其在单相电路短路中的应用。然后，这些原理被用于研究同步发电机中的短路效应，此时必须包括电枢和转子电路之间的相互作用。考虑的故障类型有两种：一是发电机机端的三相短路，二是发电机机端的相间短路。幸运的是，机端三相短路是罕见的，但是，如果发生的话，发电机必须能够承受所产生的大电流和力，并保持完整；从理论的角度来看，对此种故障的分析需要引入一些重要的术语和量化的参数。一种更常见的故障类型是相间故障，此种类型的故障将不对称性引入到问题中，其处理方法在本章的后面讨论。本章最后还分析了发电机并网时可能产生的电流和转矩。

4.1 基本原理

故障后发电机内部的电流和磁通可以利用磁链守恒定律进行分析。这一定律的基础是能量守恒原理，说的是与闭合线圈交链的磁链不能突变。因为存储于磁场中的能量是与磁链成正比的，因此磁链不能突变就是由储能不能突变导出的。

将磁链守恒定律应用于一个由直流电源供电的简单线圈，如图4-1a所示。$t=0$ 时，开关将线圈从电源断开并同时将线圈短路。在开关动作之前，线圈的磁链为 $\Psi_0 = N\Phi_0 = Li_0$，这里，L 是线圈电感，N 是线圈匝数，i_0 是线圈电流。磁链守恒定律要求在故障前和短路后瞬间线圈磁链保持不变，即 $\Psi(t=0^+) = \Psi(t=0^-)$。如果线圈电阻为零，此电路就是纯感性的，电流将保持初始值不变，即 $i(t)=i_0$，如图 4-1b 中的水平虚线所示。通常线圈电阻不会为零，从而线圈中存储的磁场能量将会在一段时间内耗尽，而电流将会以时间常数 $T=L/R$ 按指数律衰减到零，如图 4-1b 中的粗实线所示。

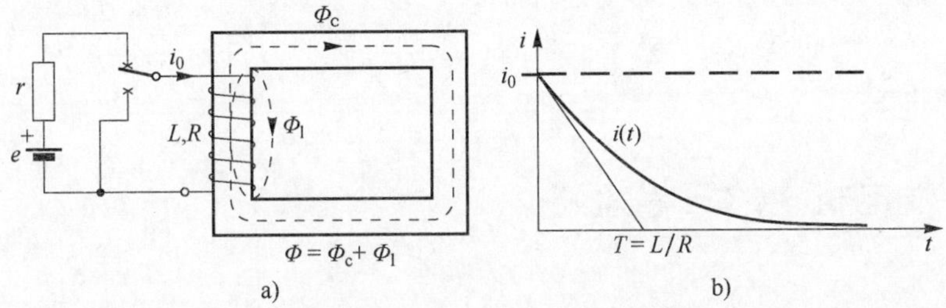

图 4-1　电路结构改变后线圈磁链的连续性（Φ_l：漏磁通；Φ_c：铁心磁通）：
a）电路图；b）电流随时间的变化

现在可以用磁链守恒定律来分析发电机对短路的响应特性。很自然地，第一步先考察如图 4-2a 所示的简单 RL 电路的响应特性，因为此电路包含的一些特征与第 3 章所描述的发电机等效电路有相似性。在此电路中，交流激励电压为 $e=E_m\sin(\omega t+\theta_0)$，由于假定此电路初始时是开路的，从而有 $i(0^+)=i(0^-)=0$。如果现在开关突然闭合，就会流过一个短路电流 $i(t)$，此电流可通过求解如下微分方程得到。

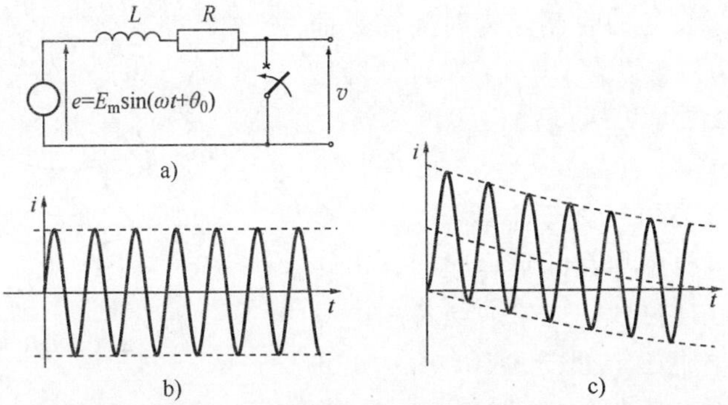

图 4-2　单相 RL 电路：a）等效电路；b）$(\theta_0-\phi)=0$ 时的短路电流；
c）$(\theta_0-\phi)=-\pi/2$ 时的短路电流

$$E_m\sin(\omega t+\theta_0)=L\frac{\mathrm{d}i}{\mathrm{d}t}+Ri \tag{4.1}$$

初始条件为 $i(0)=0$。求解此方程得到电流表达式为

$$i(t)=\frac{E_m}{Z}\sin(\omega t+\theta_0-\phi)-\frac{E_m}{Z}\sin(\theta_0-\phi)\mathrm{e}^{-Rt/L} \tag{4.2}$$

式中，θ_0 定义为一个交流周期中短路发生时刻的角度，$\phi=\arctan(\omega L/R)$ 为阻抗角，而 $Z=\sqrt{\omega^2L^2+R^2}$。短路发生时刻被定义为时间零点。

式（4.2）的第一项给出的是电路的强制响应分量，此交流电流分量是由正弦电动势激励的，并且当电路停息于其最终稳定状态时仍然存在。第二项由电路的自由响应构成，被称为直流偏移量。交流分量有一个恒定的幅值 E_m/Z，而直流偏移量的初始幅值与故障发生时

处于交流周期的哪个点有关，并且以时间常数 $T=L/R$ 按指数衰减。图4-2b 展示了当 $(\theta_0-\phi)=0$时的电流波形，此时无直流偏移量。图4-2c 展示了当 $(\theta_0-\phi)=-\pi/2$ 时的电流波形，此时初始直流偏移量取到其最大值。

同步发电机的短路响应和以上描述相似，也包括交流分量（强制分量）和直流分量（自由分量）。然而，考虑到发电机是三相的且激励电源的内阻抗是变化的，因此需要对式（4.2）进行修正。

4.2 同步发电机上的三相短路

4.2.1 发电机空载且忽略绕组电阻时的三相短路

图4-3 给出了一台基本发电机的截面图，展示了所有绕组的相对位置。此图可以同时表征圆柱形转子发电机和凸极发电机。与图3-13 中的截面图相比，此图显示转子上有一个附加绕组，即用D表示的转子d轴阻尼绕组。转子在任意时刻的位置是以A相轴线为基准来定义的，即用转子轴线（d轴）与A相轴线之间的夹角 γ 来表示转子的位置。由于故障可以发生在转子处于任意位置时，因此将故障发生的时刻定为时间零点而故障发生时刻的转子位置设为 $\gamma=\gamma_0$，从而故障后某个时刻 t 的转子位置可以表示为

$$\gamma=\gamma_0+\omega t \tag{4.3}$$

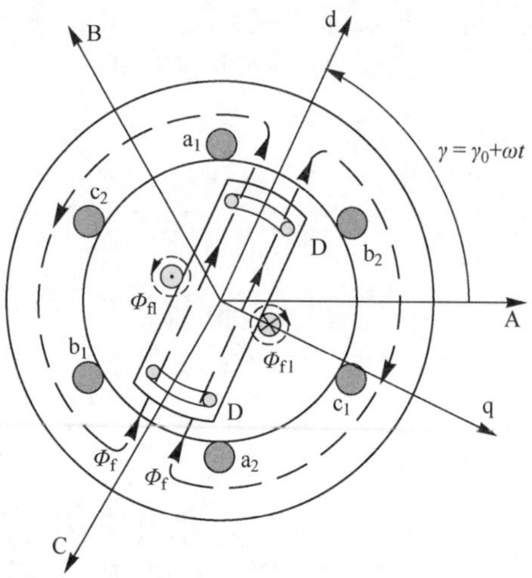

图4-3 发电机及其绕组

假定故障发生前发电机处于空载状态，3个电枢绕组开路，发电机中存在的唯一磁通是由转子励磁绕组产生的励磁磁通。此磁通与各相电枢绕组交链，产生的电枢磁链如图3-10a 所示，并可用式（3.35）表示。当故障发生时，$\gamma=\gamma_0$，此时各相电枢绕组的总磁链为

$$\Psi_{fA0}=\Psi_{fa}\cos\gamma_0,\quad \Psi_{fB0}=\Psi_{fa}\cos(\gamma_0-2\pi/3),\quad \Psi_{fC0}=\Psi_{fa}\cos(\gamma_0-4\pi/3) \tag{4.4}$$

式中，$\Psi_{fa}=N_\phi\Phi_{f0}$[⊖]为故障发生前与一相电枢绕组交链的励磁磁链幅值，Φ_{f0}是故障前每极励磁磁通，而 $N_\phi=k_wN$，N 为各相电枢绕组的匝数，k_w为电枢绕组系数。作为例子，假定故障发生在 $\gamma_0=0$ 时刻，那么各相电枢绕组的磁链如图4-4 中水平虚线所示。

若忽略电枢绕组的电阻，那么根据磁链守恒定律，故障后交链各相绕组的磁链一定保持不变，等于由式（4.4）给出的 Ψ_{fA0}、Ψ_{fB0}、Ψ_{fC0}。故障后，转子继续旋转，磁链 Ψ_{fA}、Ψ_{fB}、Ψ_{fC}继续按正弦规律变化，如图4-4 中的实线所示，其作用等效于图4-2a 中的电源电动势。为了保持各相绕组的总磁链恒定，在短路了的各相绕组中必须感应出额外的电流 i_A、i_B、i_C

⊖ 这里的下标f表示励磁绕组，英文是 field winding；而下标a表示电枢绕组，英文是 armature winding。——译者注

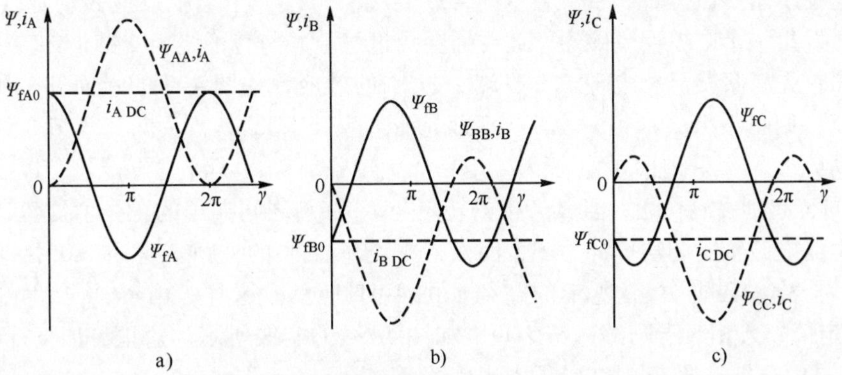

图 4-4 针对 $\gamma_0=0$ 时刻发生的三相短路应用磁链守恒定律来确定故障电流：a）A 相；b）B 相；c）C 相

以产生磁链 Ψ_{AA}、Ψ_{BB}、Ψ_{CC}，如图 4-4 中的正弦形虚线所示。现在将上述 2 个磁链分量相加，可得到各相绕组的总磁链为

$$\begin{aligned}\Psi_A(t)&=\Psi_{AA}+\Psi_{fA}=\Psi_{fA0}=\text{常数}\\ \Psi_B(t)&=\Psi_{BB}+\Psi_{fB}=\Psi_{fB0}=\text{常数}\\ \Psi_C(t)&=\Psi_{CC}+\Psi_{fC}=\Psi_{fC0}=\text{常数}\end{aligned}\tag{4.5}$$

上式经移项整理后，可得 Ψ_{AA}、Ψ_{BB}、Ψ_{CC} 为

$$\Psi_{AA}=\Psi_{fA0}-\Psi_{fA},\qquad \Psi_{BB}=\Psi_{fB0}-\Psi_{fB},\qquad \Psi_{CC}=\Psi_{fC0}-\Psi_{fC}\tag{4.6}$$

由于磁链等于电感与电流的乘积，因此现在这些磁链就可用于求出各相电流的表达式，只要电感值已知[⊖]。当发电机具有均匀气隙时，各相绕组的等效电感是相同的，与转子位置无关（见 3.3 节）。这种情况下三相短路电流 $i_A=\Psi_{AA}/L_{eq}$、$i_B=\Psi_{BB}/L_{eq}$、$i_C=\Psi_{CC}/L_{eq}$ 与三相磁链 Ψ_{AA}、Ψ_{BB}、Ψ_{CC} 具有相同的波形，包含有交流分量和直流分量。其中，交流分量可表示为

$$\begin{aligned}&i_{A\,AC}=-i_m(t)\cos(\omega t+\gamma_0),\quad i_{B\,AC}=-i_m(t)\cos(\omega t+\gamma_0-2\pi/3)\\ &i_{C\,AC}=-i_m(t)\cos(\omega t+\gamma_0-4\pi/3)\end{aligned}\tag{4.7}$$

它们与磁链 Ψ_{fA}、Ψ_{fB}、Ψ_{fC} 成正比；而直流分量可表示为

$$i_{A\,DC}=i_m(0)\cos\gamma_0,\quad i_{B\,DC}=i_m(0)\cos(\gamma_0-2\pi/3),\quad i_{C\,DC}=i_m(0)\cos(\gamma_0-4\pi/3)\tag{4.8}$$

它们与磁链 Ψ_{fA0}、Ψ_{fB0}、Ψ_{fC0} 成正比。为了将这 2 组方程一般化，式（4.7）中的电流幅值用 $i_m(t)$ 定义；而式（4.8）中的 $i_m(0)$ 指的是故障瞬间 $i_m(t)$ 的值。当忽略绕组电阻时，$i_m(t)$ 是常数且等于其初始值 $i_m(0)$。将这 2 个电流分量相加得到总电流为

$$\begin{aligned}i_A&=-i_m(t)\cos(\omega t+\gamma_0)+i_m(0)\cos\gamma_0\\ i_B&=-i_m(t)\cos(\omega t+\gamma_0-2\pi/3)+i_m(0)\cos(\gamma_0-2\pi/3)\\ i_C&=-i_m(t)\cos(\omega t+\gamma_0-4\pi/3)+i_m(0)\cos(\gamma_0-4\pi/3)\end{aligned}\tag{4.9}$$

式中，直流偏移量依赖于 γ_0，也就是故障发生时在交流周期中所处的位置，三相的直流偏移量是不相等的。

⊖ 所需要的电感值不仅仅是绕组的自电感，而是考虑了绕组与发电机中所有其他绕组耦合作用后的等效电感，此种耦合的重要性将在 4.2.3 节和 4.2.4 节讨论 L_{eq} 实际值时进行阐述。——原书注

三相电枢绕组交流分量和直流分量的合成效应会产生一个电枢反应磁动势（mmf），该磁动势会激发出一个电枢反应磁通，此磁通会穿过气隙并与转子绕组交链，在转子绕组中感应出电流。首先考察交流相电流 $i_{\mathrm{A\,AC}}$、$i_{\mathrm{B\,AC}}$、$i_{\mathrm{C\,AC}}$的效应，如图 4-5 的上面部分所示。这些交流相电流，见图 4-5a，产生一交流电枢反应磁动势 $F_{\mathrm{a\,AC}}$，其行为与 3.3 节介绍的稳态电枢反应磁动势 F_{a}类似。请回顾稳态下 F_{a}是一个旋转磁动势，其转速与转子（以及励磁磁动势 F_{f}）相同，起到去磁作用，且其产生的转矩与 F_{a}和 F_{f}之间夹角的正弦值成正比。短路期间，所产生的电磁转矩和功率都为零，因而 $F_{\mathrm{a\,AC}}$与 F_{f}之间的夹角一定为 180°，即 $F_{\mathrm{a\,AC}}$恰与 F_{f}反向，其产生的磁通 $\Phi_{\mathrm{a\,AC}}$所走的路径如图 4-5b 所示。这样，由 $\Phi_{\mathrm{a\,AC}}$产生的转子磁链 $\Psi_{\mathrm{a\,AC\,r}}$为恒定值，且相对于励磁磁链为负，如图 4-5c 的实线所示。这里，加下标“r”用来强调 $\Psi_{\mathrm{a\,AC\,r}}$是由电枢磁通 $\Phi_{\mathrm{a\,AC}}$在转子中产生的磁链。

图 4-5 的下面部分给出了直流相电流 $i_{\mathrm{A\,DC}}$、$i_{\mathrm{B\,DC}}$和 $i_{\mathrm{C\,DC}}$的合成作用。这些如图 4-5a 下面部分所示的电流，产生了一个静止的直流磁动势 $F_{\mathrm{a\,DC}}$，并激发出了一个静止电枢磁通 $\Phi_{\mathrm{a\,DC}}$，如图 4-5b 所示。$F_{\mathrm{a\,DC}}$的空间方向可以采用类似于式（3.40）所用的方法，通过将由 $i_{\mathrm{A\,DC}}$、$i_{\mathrm{B\,DC}}$和 $i_{\mathrm{C\,DC}}$单独产生的磁动势分量相加得到，从而发现合成的磁动势 $F_{\mathrm{a\,DC}}$总是指向与 A 相轴线成 γ_0角度的方向。由于故障发生瞬间转子也处于 γ_0位置，因此故障初始时刻 $F_{\mathrm{a\,DC}}$总是与转子 d 轴在同一方向上，之后相对于转子反向旋转。这意味着由 $\Phi_{\mathrm{a\,DC}}$产生的转子磁链 $\Psi_{\mathrm{a\,DC\,r}}$初始时刻是正的（助磁作用），之后随着转子的旋转，$\Psi_{\mathrm{a\,DC\,r}}$按余弦规律变化，如图 4-5c 所示。

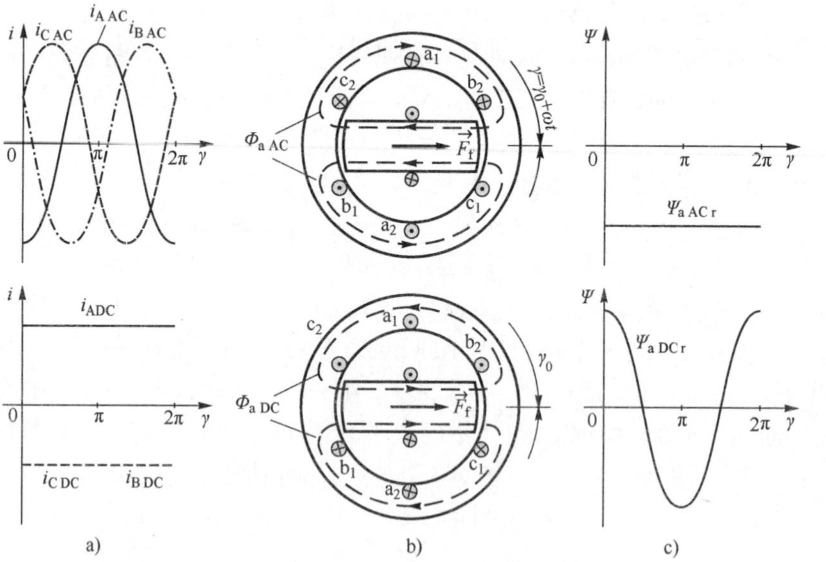

图 4-5 电枢电流交流分量（上面部分）和直流分量（下面部分）的作用（对应于故障发生时刻为 $\gamma_0=0$ 时的位置）：a）电流的交流分量和直流分量；b）电枢反应磁通的路径（交流分量旋转，直流分量静止）；c）转子磁链

由于转子的励磁绕组和阻尼绕组都是闭合的，各绕组总磁链在故障前后瞬间一定保持不变。这样，转子绕组中必须流过额外的电流来补偿与转子交链的电枢磁链 $\Psi_{\mathrm{ar}}=\Psi_{\mathrm{a\,AC\,r}}+\Psi_{\mathrm{a\,DC\,r}}$。图 4-6 展示了所需的等于 $-\Psi_{\mathrm{ar}}$的转子磁链以及为产生此磁链励磁绕组和阻尼绕组中必须流过的电流。两个电流均包含有交流分量和直流分量。这样，从电枢侧看，合成的转子

磁通可以认为在故障前后是保持不变的。由这个磁通产生的磁链 Ψ_{fA}、Ψ_{fB} 和 Ψ_{fC} 如图 4-4 所示。

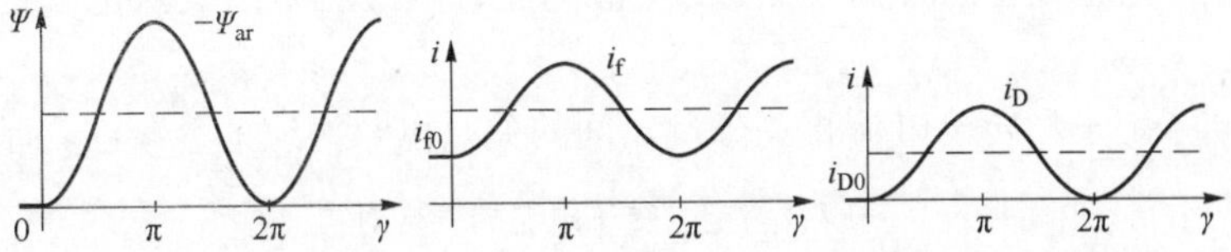

图 4-6　应用磁链守恒定律确定流过转子绕组的电流：Ψ_{ar}，为补偿电枢反应磁链转子绕组中产生的感应磁链；i_f，励磁绕组电流；i_D，阻尼绕组电流

总结起来，三相故障导致电枢绕组流过短路电流，短路电流包含有交流分量和直流分量。在故障瞬间，由这两个电流分量产生的电枢磁动势都与转子 d 轴同方向；之后，随着转子旋转，交流电枢磁动势与转子一起旋转，在转子中感应出额外的直流电流；而直流电枢磁动势是静止的，在转子中感应出额外的交流电流。在定子电流与转子电流之间总存在一个互补对的关系，其形式是“交流→直流”和“直流→交流”。直流偏移量的值对定子的各相是不同的，其取决于故障发生的时刻。

4.2.2　将绕组的电阻效应考虑进来

绕组电阻消耗能量的速度与流过的电流的二次方成正比，因而绕组存储的磁场能量会随着时间而衰减。这样，为维持磁链恒定而感应出来的直流电流[⊖]将以回路时间常数 $T = L/R$ 按指数律衰减到零。

电枢相电流中的直流分量以电枢时间常数 T_a 衰减，T_a 由相绕组的等效电感和电阻决定。考虑这一衰减后，式（4.8）的直流电流表达式修正为

$$i_{A\,DC} = i_m(0)e^{-t/T_a}\cos\gamma_0,\quad i_{B\,DC} = i_m(0)e^{-t/T_a}\cos(\gamma_0 - 2\pi/3)$$
$$i_{C\,DC} = i_m(0)e^{-t/T_a}\cos(\gamma_0 - 4\pi/3) \tag{4.10}$$

则总的相电流变为

$$i_A = -i_m(t)\cos(\omega t + \gamma_0) + i_m(0)e^{-t/T_a}\cos\gamma_0$$
$$i_B = -i_m(t)\cos(\omega t + \gamma_0 - 2\pi/3) + i_m(0)e^{-t/T_a}\cos(\gamma_0 - 2\pi/3)$$
$$i_C = -i_m(t)\cos(\omega t + \gamma_0 - 4\pi/3) + i_m(0)e^{-t/T_a}\cos(\gamma_0 - 4\pi/3) \tag{4.11}$$

上面的方程在形式上与描述单相电路短路电流的方程式（4.2）完全一致，其中 $\gamma_0 = \theta_0$，阻抗角 $\phi = \pi/2$。不过，式（4.2）中的 $i_m(t)$ 是恒定值，而对于同步发电机，它会随时间而改变，原因将在下面解释。

电流 $i_{A\,AC}$、$i_{B\,AC}$ 和 $i_{C\,AC}$ 在转子绕组中感应出直流电流。这些直流电流也会按指数律衰减，其时间常数由直流电流实际流过的特定回路决定。这样，阻尼绕组电流的直流分量以阻尼绕组时间常数衰减，该时间常数被称为 d 轴次暂态短路时间常数 T''_d，而励磁绕组电流中的直流分量以励磁绕组时间常数衰减，该时间常数被称为 d 轴暂态短路时间常数 T'_d。通常阻尼绕组的电阻比励磁绕组的电阻大得多，从而有 $T''_d \ll T'_d$，即阻尼绕组电流的直流分量比励磁

⊖ 此电流总对应于自由分量。——译者注

绕组电流的直流分量衰减快得多。由于转子直流电流感应出定子交流电流，定子电流交流分量的幅值 $i_{\mathrm{m}}(t)$ 将以这两个时间常数衰减到稳态值。反过来，由于相电流的直流分量 $i_{\mathrm{A\,DC}}$、$i_{\mathrm{B\,DC}}$和 $i_{\mathrm{C\,DC}}$在励磁绕组和阻尼绕组中感应出交流电流，因此转子的交流电流也会以时间常数 T_{a}衰减。

表 4-1 总结了定子和转子电流相关分量之间的关系以及对应的衰减时间常数。

表 4-1　定、转子电流的耦合对

三相定子绕组	转子绕组（励磁绕组和阻尼绕组）	能量耗散的途径	时间常数
直流	交流	电枢绕组电阻	T_{a}
交流	直流	阻尼绕组电阻	T''_{d}
		励磁绕组电阻	T'_{d}

图 4-7 展示了由机端三相短路引起的发电机各绕组电流随时间而变化的典型曲线。图 4-7中的各图是这样安排的，第一行是电枢绕组 A 相电流，第二行是励磁绕组电流，第三行是阻尼绕组电流。图中只给出电枢绕组的 A 相电流，因为 B 相和 C 相电流是类似的，只是相位移动了 $\pm 2\pi/3$。图 4-7 中的第一列展示了电枢电流的直流分量及其在转子中的感应电流，第二列展示了电枢电流的交流分量及其在转子中的感应电流，第三列展示了各绕组中的总电流，即包括直流分量和交流分量的总和。图中虚线标示了不同时间常数对应的指数型包络线。

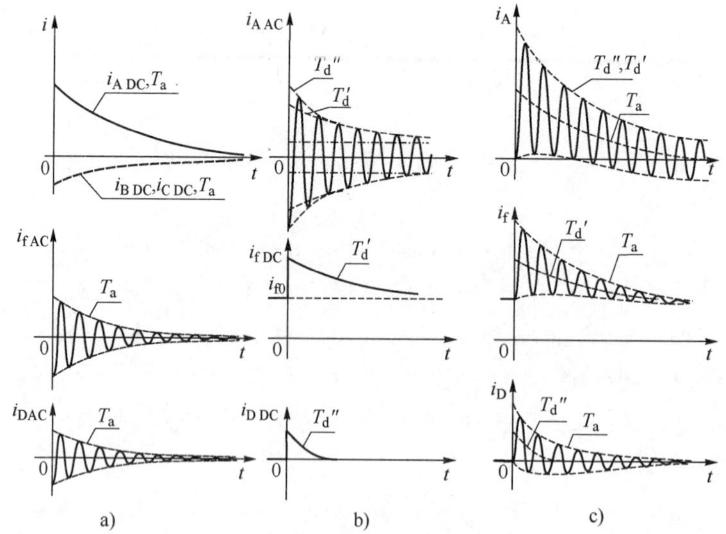

图 4-7　发电机中的短路电流：a）电枢绕组相电流的直流分量及对应的励磁绕组和阻尼绕组交流分量；b）电枢绕组相电流的交流分量及对应的励磁绕组和阻尼绕组直流分量；c）由图 a 和图 b 中电流相加得到的各绕组中的总电流

注意，电枢电流的交流分量并非完全衰减到零，而是衰减到其稳态值；励磁电流衰减到其故障前的值 i_{f0}；阻尼绕组电流完全衰减到零，即其故障前的值。

现在，可以将图 4-7c 第一行所示的发电机三相短路后的电枢电流与图 4-2c 所示的单相 *RL* 电路的短路电流进行对比。两个电流都包含一个取决于短路时刻的直流分量，该直流分量按指数律衰减，其时间常数取决于回路的电阻与电感。所不同的是，图 4-2c 所示的交流分量具有恒定的幅值，而图 4-7c 所示的电枢电流的交流分量幅值是以 2 个不同的时间常数衰减的，这 2 个时间常数分别取决于励磁绕组和阻尼绕组的电阻和电感。时变的交流分量幅值表明发电机的内阻抗不像图 4-2 那样是一个恒定值，而是会随时间而变化的，这是由于电枢绕组、励磁绕组和阻尼绕组之间相互作用的结果，这一点将在下一节做进一步的讨论。

若 $T_a > T''_d$，则 $\gamma_0 = 0$ 时的 A 相故障电流在最初几个周期是正的，没有过零点，直至直流分量衰减到足够小为止，而这是大型发电机的典型情况。若 $T'_d > T_a$，则励磁电流将始终在其稳态值 i_{f0} 之上振荡。若 $T''_d < T_a$，则阻尼绕组电流 i_D 会变负。

4.2.3　电枢磁通路径与等效电抗

第 3 章 3.3 节解释了如何在等效电路中将稳态下电枢绕组磁通对发电机行为的影响用同步电抗 X_d 和 X_q 上的电压降来模拟。类似的方法可应用于故障期间，但现在由于转子绕组中感应出来的电流迫使电枢磁通走与稳态下不同的路径，从而使得电枢电抗的值与稳态下不同。由于这些感应出来的附加转子电流阻止电枢磁通进入转子绕组，因而这些附加电流具有屏蔽转子的作用。

图 4-8 展示了与转子屏蔽 3 个不同阶段对应的 3 种特征状态。故障发生后的瞬间，在励磁绕组和阻尼绕组中感应出来的电流将电枢反应磁通完全阻挡在转子绕组之外，以保持转子绕组的磁链恒定，如图 4-8a 所示，此时称发电机处于次暂态阶段。随着能量在转子绕组电阻中耗散，维持转子绕组磁链恒定的电流随时间而衰减，从而允许磁通进入转子绕组。由于阻尼绕组的电阻是最大的，因此阻尼绕组电流最先衰减，从而允许电枢磁通进入转子极面。但此时电枢磁通仍被屏蔽在励磁绕组之外，如图 4-8b 所示，此时称发电机处于暂态阶段。之后，励磁电流也随时间衰减到稳态值，电枢磁通最终按照最小磁阻路径进入整个转子。这种稳定状态如图 4-8c 所示，其对应的磁通路径与图 4-5b 上图一样。

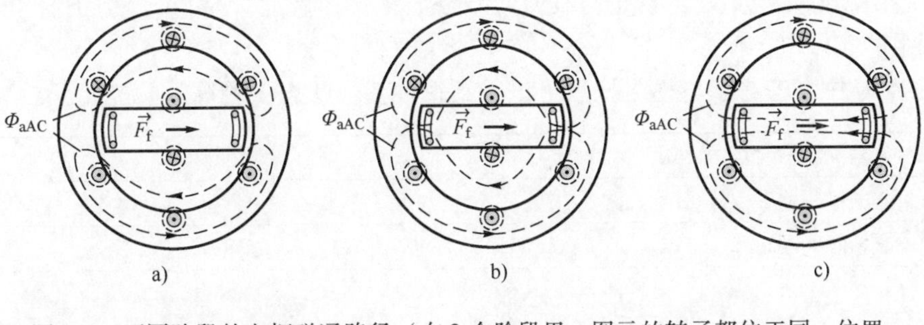

图 4-8　不同阶段的电枢磁通路径（在 3 个阶段里，图示的转子都位于同一位置，事实上 3 个阶段之间各相隔了数个旋转周期）：a）次暂态阶段（励磁绕组和阻尼绕组同时起屏蔽作用）；b）暂态阶段（只有励磁绕组起屏蔽作用）；c）稳态阶段

将发电机动态分为次暂态、暂态和稳态单独进行分析是一种方便的做法。其实现途径是针对每个状态确定一个对应的等效电路，为此首要的任务是推导上述特征状态下的发电机电抗。

绕组的电感被定义为磁链与产生此磁链的电流之比，因此，低磁阻的路径产生大的磁通和大的电感（电抗），反之亦然。通常，磁通路径由几个部分组成，每个部分具有不同的磁阻。这种情况下，方便的做法是对磁通路径的不同部分赋予不同的电抗，从而总的电抗就等于各部分电抗的合成。在合成各个电抗时，必须记住并联的磁通路径对应于电抗的串联，而串联的磁通路径对应于电抗的并联。这个规则在图4-9中针对一个简单的含气隙铁心线圈磁路进行了阐明。这里线圈总的磁通 Φ 由漏磁通 Φ_l 和磁心磁通 Φ_c 构成。漏磁通路径的电抗为 X_l，而铁心磁通电抗对应的路径包含两个部分：第一个部分是跨越气隙的磁通路径，对应的电抗为 X_{ag}；第二个部分是铁心中的磁通路径，对应的电抗为 X_{Fe}。在等效电路中，X_{ag} 和 X_{Fe} 是并联关系，两者并联后再与 X_l 串联。由于铁心中的磁通路径相对于空气中的磁通路径磁阻很小，因此有 $X_{Fe} >> X_{ag}$，这样线圈的总电抗由空气中的磁通路径主导，即气隙路径和漏磁通路径主导，从而有 $X \approx X_l + X_{ag}$。

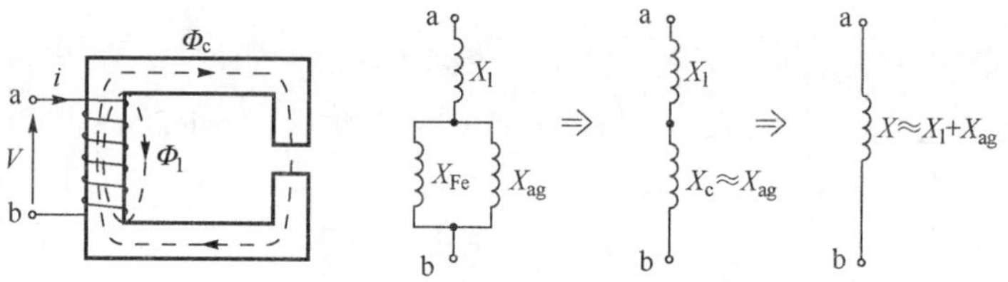

图4-9　含气隙的线圈及其等效电路

将上述原理应用于同步发电机中，可以得到对应3种特征状态的等效电路如图4-10所示。图中，对应于特定的磁通路径，引入了几个不同的电抗：

X_l	与围绕定子绕组的电枢漏磁通路径相对应，被称为电枢漏电抗
X_a	与跨越气隙的磁通路径相对应，被称为电枢反应电抗
X_D	与围绕阻尼绕组的磁通路径相对应
X_f	与围绕励磁绕组的磁通路径相对应

阻尼绕组和励磁绕组的电抗也与其磁通路径成正比，因此 X_D 和 X_f 分别正比于阻尼绕组和励磁绕组的实际电抗值。

在图4-10中，考虑了电枢电抗后可以得到每种特征状态下的等效电抗如下：

X''_d	直轴次暂态电抗
X'_d	直轴暂态电抗
X_d	直轴同步电抗

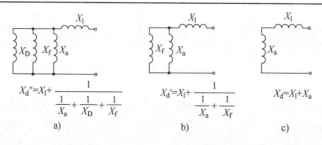

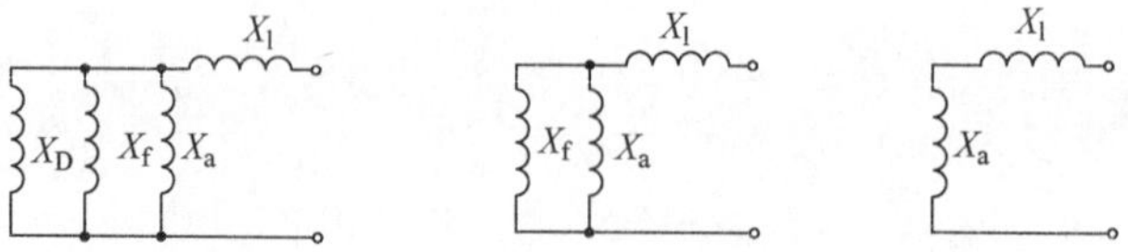

$$X_d''=X_l+\frac{1}{\frac{1}{X_a}+\frac{1}{X_D}+\frac{1}{X_f}}$$

a)

$$X_d'=X_l+\frac{1}{\frac{1}{X_a}+\frac{1}{X_f}}$$

b)

$$X_d=X_l+X_a$$

c)

图4-10　不同阶段同步发电机的等效电抗：a）次暂态阶段；b）暂态阶段；c）稳态阶段

在次暂态阶段，磁通路径几乎全在空气中，因此该路径的磁阻很大。相反，在稳态阶段，磁通路径主要通过铁心，磁阻由气隙长度主导。因此电抗按数值上升的次序为 $X''_d < X'_d < X_d$。对于大容量同步发电机，X'_d约为 X''_d的两倍，而 X_d约为 X''_d的10倍。

正如前面所讨论的那样，故障后发电机变成了一个具有时变同步电抗 $X(t)$ 和时变电动势 $E(t)$ 的动态电源。将发电机的响应划分成3种具有恒定电抗的特征状态可以简化对发电机动态过程的分析。与其采用一个具有时变电抗和时变内电动势的发电机模型，还不如采用传统的交流电路分析方法将3种状态分离开来单独分析来得方便。图4-11阐明了后者的分析方法。电枢电流 $I_{AC}(t)$ 的交流分量方均根值如图4-11a所示。这个交流分量之前在图4-7b的上图展示过。连续变化的同步电抗 X，如图4-11b所示，可以由空载电动势 E 除以电枢电流 $I_{AC}(t)$ 计算得到。对应3种特征状态的每一种，发电机将分别用一个恒定电抗 X''_d、X'_d、X_d后的恒定电动势来表示。将该电动势除以对应的电抗将得到次暂态、暂态和稳态电流。

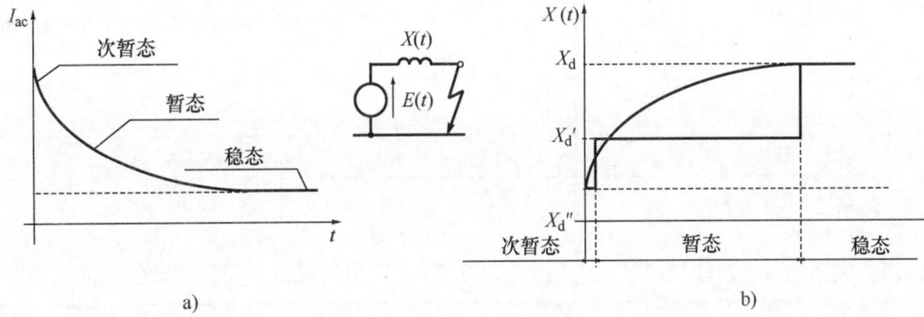

图4-11　发电机模型的三阶段近似：a）电枢电流交流分量的方均根值；b）发电机电抗

4.2.3.1　q轴电抗

图4-8展示了交流电枢磁通在3个特征状态下的路径，假定了电枢磁动势是沿着d轴方向的。当发电机在三相故障前处于空载状态时，此假设是成立的。但是一般情况下，当发生其他类型的扰动或扰动前发电机处于带负载运行状态时，电枢磁动势将既有d轴分量又有q轴分量。在这种更一般性的情况下，采用3.3节介绍的双反应方法分别独立分析这两个磁动势分量的作用是必要的。

如果发电机处于次暂态阶段且电枢磁动势是沿着转子d轴方向的，那么电枢反应磁通将被转子励磁绕组、d轴阻尼绕组和转子铁心中感应出来的附加电流排挤在转子之外。此磁通路径对应于d轴次暂态电抗 X''_d。另一方面，若电枢磁动势是沿着转子q轴方向的，那么将电枢磁通排挤在转子之外的只有转子铁心中的涡流和q轴阻尼绕组中的电流。如果发电机只有d轴阻尼绕组而没有q轴阻尼绕组，那么q轴的屏蔽效应将比d轴弱得多，从而对应的q轴次暂态电抗 X''_q将大于 X''_d。这种 X''_q与 X''_d的差别被称为次暂态凸极效应。对于在转子d轴和q轴都有阻尼绕组的发电机，在两轴方向上的屏蔽效应是类似的，次暂态凸极效应可以忽略不计，认为 $X''_q \approx X''_d$。

当发电机处于暂态阶段时，起屏蔽作用的只有位于d轴的励磁绕组。不过，在圆柱形转子发电机中，转子铁心中的涡流也会在q轴方向起到一定的屏蔽作用，其结果是 $X'_q > X'_d$。X'_q的实际值大致介于 X'_d与 X_q之间，典型情况为 $X'_q \approx 2X'_d$。在凸极机中，转子的叠片结构使得涡流不能在转子铁心中流通，因此q轴方向无屏蔽效应，于是有 $X'_q = X_q$。由于q轴方向没有励磁绕组，所有类型的发电机都存在一定程度的暂态凸极效应。

表4-2总结了不同类型的凸极效应及其原因，而所有发电机参数的典型值列于表4-3中。

表4-2　同步发电机在3个特征状态下的凸极效应

状态	发电机类型	电抗	凸极效应	
			是/否	原因
次暂态	任何类型但仅d轴有阻尼绕组	$X''_q > X''_d$	是	q轴屏蔽较弱因为无阻尼绕组
	任何类型但d轴和q轴都有阻尼绕组	$X''_q \approx X''_d$	否	两个轴上屏蔽类似
暂态	圆柱形转子	$X'_q > X'_d$	是	由于励磁绕组作用d轴强屏蔽，但由于转子体电流q轴弱屏蔽
	凸极	$X'_q = X_q$	是	由于叠层转子铁心q轴上没有屏蔽
稳态	圆柱形转子	$X_q \approx X_d$	否	两轴气隙对称
	凸极	$X_q < X_d$	是	q轴上的气隙较大

表4.3　大型发电机典型参数值（电抗为基于额定MVA的标幺值，时间常数的单位是s）

参数	圆柱形转子			凸极转子	
	200MVA	600MVA	1500MVA	150MVA	230MVA
X_d	1.65	2.00	2.20	0.91	0.93
X_q	1.59	1.85	2.10	0.66	0.69
X'_d	0.23	0.39	0.44	0.3	0.3
X'_q	0.38	0.52	0.64	—	—
X''_d	0.17	0.28	0.28	0.24	0.25
X''_q	0.17	0.32	0.32	0.27	0.27
T'_d	0.83	0.85	1.21	1.10	3.30
T'_q	0.42	0.58	0.47	—	—
T''_d	0.023	0.028	0.030	0.05	0.02
T''_q	0.023	0.058	0.049	0.06	0.02

表4-3中，q轴次暂态短路时间常数 T''_q 和暂态短路时间常数 T'_q 的定义方法与表4-1中的d轴时间常数 T''_d、T'_d 相同。对于圆柱形转子发电机，由于q轴没有励磁绕组，可以认为转子体的涡流对q轴参数有影响。

短路时间常数 T'_d、T'_q、T''_d、T''_q 与电枢绕组短路相对应。某些制造商可能会将电枢绕组开路时的时间常数标记为 T'_{do}、T'_{qo}、T''_{do}、T''_{qo}。通过图4-10所示的等效电路可以得到短路时间常数与开路时间常数之间的近似关系。如果忽略 X_1，有

$$X'_d \cong \frac{X_a X_f}{X_a + X_f}, \quad \frac{1}{X'_d} \cong \frac{1}{X_a} + \frac{1}{X_f} \tag{4.12}$$

和

$$X''_d \cong \frac{1}{\dfrac{1}{X_D} + \dfrac{1}{X'_d}}, \quad X_D \cong \frac{X'_d X''_d}{X'_d - X''_d} \tag{4.13}$$

为了确定时间常数 T''_d、T''_{do}，需要在图 4-10a 的 X_D 支路上插入电阻 R_D，如图 4-12 所示的那样。忽略 X_l 后，图 4-12a 中的短路将所有并联支路旁路掉，因此时间常数为

$$T''_d = \frac{X_D}{\omega R_D} \tag{4.14}$$

当此电路如图 4-12b 所示为开路时，时间常数为

$$T''_{do} = \frac{X_D + \dfrac{X_a X_f}{X_a + X_f}}{\omega R_D} \cong \frac{X_D + X'_d}{\omega R_D} \tag{4.15}$$

用式（4.15）除式（4.14）且 X_D 用式（4.13）代入，可得 $T''_d / T''_{do} \approx X''_d / X'_d$。对剩下的 d 轴和 q 轴时间常数采用类似方法可得短路时间常数与开路时间常数之间的关系为

$$T''_d \cong T''_{do} \frac{X''_d}{X'_d}, \quad T''_q \cong T''_{qo} \frac{X''_q}{X'_q}, \quad T'_d \cong T'_{do} \frac{X'_d}{X_d}, \quad T'_q \cong T'_{qo} \frac{X'_q}{X_q} \tag{4.16}$$

开路时间常数大于短路时间常数。

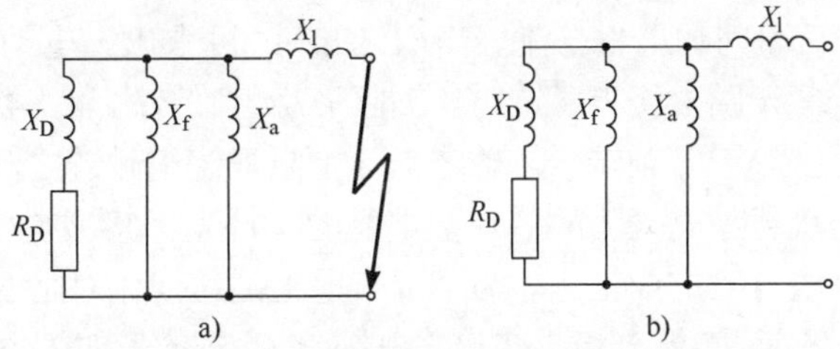

图 4-12 确定次暂态时间常数的等效电路：a）短路；b）开路

4.2.4 发电机电动势与等效电路

第 3 章 3.3 节首次使用了等效电路来分析发电机的稳态行为，本节中，等效电路的应用将扩展到包含所有 3 种特征状态。由于这些等效电路只适用于交流电路分析，因此它们只能用来分析电枢电流的交流分量，直流分量必须被忽略掉。本节后续内容将从物理意义上说明用等效电路来模拟同步发电机的合理性，而完整的数学推导将在第 11 章完成。

稳态下发电机可以采用图 3-17 所示的等效电路来模拟，其中，发电机是用 d 轴和 q 轴同步电抗 X_d 和 X_q 后的恒定内电动势 E_d 和 E_q 来表示的。电动势 E_q 与励磁磁通成正比，而励磁磁通又和励磁电流成正比，因此 E_q 又可记作 E_f。由于在 q 轴方向没有励磁绕组，对应的电动势 E_d 为零。因此总的内部电动势为 $\underline{E} = \underline{E}_q + \underline{E}_d = \underline{E}_q = \underline{E}_f$。

类似的表示方式可用于发电机处于次暂态和暂态时。然而，由于 3 种特征状态的每一种由一对不同的电抗值描述，因而就存在 3 种不同的等效电路，每种等效电路在对应状态的初

始阶段成立，这些等效电路中发电机用一对“合适电抗后的恒定内电动势”来表示。必须明白，对应每种状态，内电动势是不同的，其等于在该特定状态下被假定为保持恒定的那部分转子磁链。

稳态下3个电动势E、E_f和E_q都是相等的，但在扰动期间它们具有不同的解释，须注意区分。E_q与励磁电流（其产生d轴磁动势）成正比，并随励磁电流的变化做正比例变化。扰动期间在q轴方向转子体中也会感应出电流，于是E_d将不再为零，而是正比于这些转子体电流。因此在次暂态和暂态阶段E_q和E_d将都不是恒定的。

电动势E_f被定义为与施加在励磁绕组上的电压V_f成正比，只是在稳态下当励磁电流$i_f = i_{f0} = V_f/R_f$时有$E_f = E_q$（R_f为励磁绕组电阻）。在所有其他特征状态下$i_f \neq V_f/R_f$、$E_f \neq E_q$。E_f的重要性在于它反映了励磁控制的效果。

4.2.4.1 次暂态过程

在次暂态期间，电枢磁通被励磁绕组和阻尼绕组中的感应电流排挤到转子电路外的高磁阻路径中，图4-8a给出了沿着d轴方向的磁通所走的路径。一般情况下电枢磁通具有d轴和q轴分量，此时磁通路径不但受到d轴励磁绕组和阻尼绕组电流的影响，还受到q轴阻尼绕组（如果存在的话）电流和q轴方向转子体涡流的影响。与此磁通路径对应的电抗为X''_d和X''_q。由于假定在整个次暂态期间d轴和q轴方向的转子磁链皆保持恒定，因此与这些磁链对应的内电动势也可假定保持恒定，这样发电机就可以用“次暂态电抗X''_d和X''_q后的恒定次暂态内电动势$\underline{E}'' = \underline{E}''_d + \underline{E}''_q$”来表示。从而发电机的电路方程为

$$\underline{E}'' = \underline{V}_g + R\,\underline{I} + \mathrm{j}\,\underline{I}_d X''_d + \mathrm{j}\,\underline{I}_q X''_q \tag{4.17}$$

式中，$\underline{I} = \underline{I}_d + \underline{I}_q$是故障后瞬间的电枢电流。当$\underline{E}''$已知时$\underline{I}$可求出。电动势$\underline{E}''_q$与d轴方向的转子磁链成正比，此磁链等于励磁绕组磁链与d轴阻尼绕组磁链之和。类似地，$\underline{E}''_d$与q轴方向转子磁链成正比，此磁链等于q轴转子体磁链与q轴阻尼绕组磁链之和。

理解稳态电动势与次暂态电动势的差别是重要的。首先考察E_q和E''_q。E_q与励磁电流成正比，从而也与励磁绕组自磁链成正比。为了屏蔽电枢磁通变化对励磁绕组的作用，故障后励磁绕组电流会改变，因而E_q也会相应变化。电动势E''_q与转子d轴方向总磁链（励磁绕组和阻尼绕组）成正比，该总磁链包括了电枢磁通产生的磁链，且在故障发生后瞬间必须保持其故障前的值不变。若发电机故障前处于空载状态，那么故障前电枢电流和电枢磁通为零，这种情况下故障前的转子总磁链只有励磁绕组电流产生的磁链，因此故障前E_q和E''_q是相同的且等于发电机机端电压。然而，如果故障前发电机是带有负载的，那么电枢电流不为零，故障前转子总磁链将包括由电枢磁通产生的磁链。这种情况下故障前E_q和E''_q就不相等。对q轴方向磁链和电动势也有类似的论据，因此只有当发电机故障前处于空载状态时，故障前E''_d才为零。

通过观察可以得到电动势$\underline{E} = \underline{E}_q + \underline{E}_d$为

$$\begin{aligned}\underline{E} &= \underline{V}_g + R\underline{I} + \mathrm{j}\underline{I}_d X_d + \mathrm{j}\underline{I}_q X_q \\ &= \underline{V}_g + R\underline{I} + \mathrm{j}\underline{I}_d(X_d - X''_d) + \mathrm{j}\underline{I}_d X''_d + \mathrm{j}\underline{I}_q(X_q - X''_q) + \mathrm{j}\underline{I}_q X''_q \\ &= \underline{E}'' + \mathrm{j}\underline{I}_d(X_d - X''_d) + \mathrm{j}\underline{I}_q(X_q - X''_q)\end{aligned} \tag{4.18}$$

图4-13给出了次暂态阶段发电机的等效电路和相量图。$\underline{E}$不再沿着q轴方向，其具有E_d和E_q分量。通常R很小，因此IR也很小。图4-13中IR的长度被有意夸大了以更清楚地显示其影响。

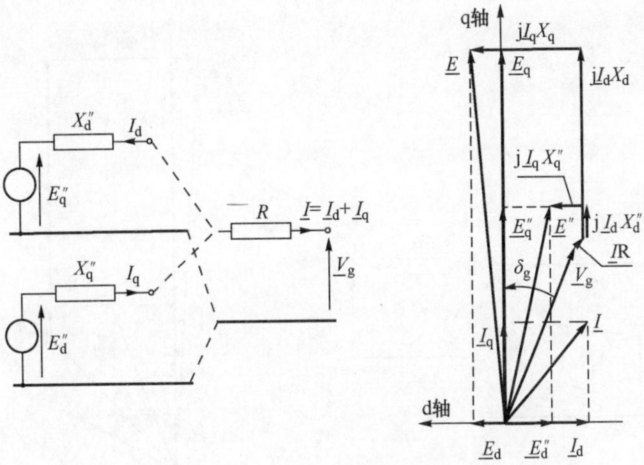

图 4-13　次暂态阶段发电机的等效电路和相量图

4.2.4.2　暂态阶段

在暂态阶段，电枢磁通被励磁绕组中的感应电流排挤到励磁绕组之外的高磁阻磁通路径中。图 4-8a 给出了沿着 d 轴方向的磁通所走的路径，但一般情况下电枢磁通具有 d 轴和 q 轴分量。在这种更一般性的情况下，磁通路径不但受到 d 轴励磁绕组电流的影响，还受到 q 轴转子体涡流的影响。与此磁通路径对应的电抗为 X'_d 和 X'_q。由于假定了在整个暂态阶段 d 轴和 q 轴转子磁链都保持恒定，因此与这些磁链对应的内电动势也可以假定保持恒定并等于其故障前的值。这样发电机就可以用“暂态电抗 X'_d 和 X'_q 后的恒定暂态内电动势 $\underline{E}' = \underline{E}'_d + \underline{E}'_q$”来表示。从而发电机的电路方程为

$$\underline{E}' = \underline{E}'_q + \underline{E}'_d = \underline{V}_g + R\,\underline{I} + \mathrm{j}\,\underline{I}_d X'_d + \mathrm{j}\,\underline{I}_q X'_q \tag{4.19}$$

式中，$\underline{I} = \underline{I}_d + \underline{I}_q$ 是暂态阶段开始时的电枢电流，其值与式（4.17）中的是不同的，当 $\underline{E}'$ 已知时其值可求出。E'_q 与励磁绕组磁链 Ψ_f 成正比，而 E'_d 与 q 轴方向转子体磁链成正比。这两个分量都包括了故障前电枢电流的作用并被假定为在整个暂态阶段保持恒定。采用与次暂态阶段类似的论据，只有当故障前发电机处于空载状态（电枢反应磁通为零）时，才有 $E'_{q0} = E_{q0} = V_g$ 和 $E'_{d0} = E_{d0} = 0$。如果故障前发电机处于带负载状态，那么 E'_q 和 E'_d 就包含有负载电流的影响，于是 $\underline{E}'_0 \neq \underline{E}''_0 \neq \underline{E}_0$。

与次暂态阶段类似，内电动势 $\underline{E}$ 可通过下式求得：

$$\underline{E} = \underline{V}_g + R\,\underline{I} + \mathrm{j}\,\underline{I}_d X_d + \mathrm{j}\,\underline{I}_q X_q = \underline{E}' + \mathrm{j}\,\underline{I}_d (X_d - X'_d) + \mathrm{j}\,\underline{I}_q (X_q - X'_q) \tag{4.20}$$

图 4-14 给出了暂态阶段圆柱形转子发电机的等效电路和相量图。此种发电机的暂态电动势具有 d 轴分量和 q 轴分量。对于凸极发电机，由于转子的叠片结构，q 轴方向无屏蔽效应，$X'_q = X_q$，因此 $E'_d = 0$，$E' = E'_q$。

4.2.4.3　确定电动势的初始值

前面的讨论解释了次暂态和暂态电动势在其对应的阶段保持不变（忽略电阻的影响）并等于其故障前的值的原因。

最简单的情况发生在发电机故障前处于空载状态时，这种情况下次暂态和暂态电动势的初始值等于故障前的稳态电动势 E（也是发电机故障前的端电压）。当发电机故障前处于带

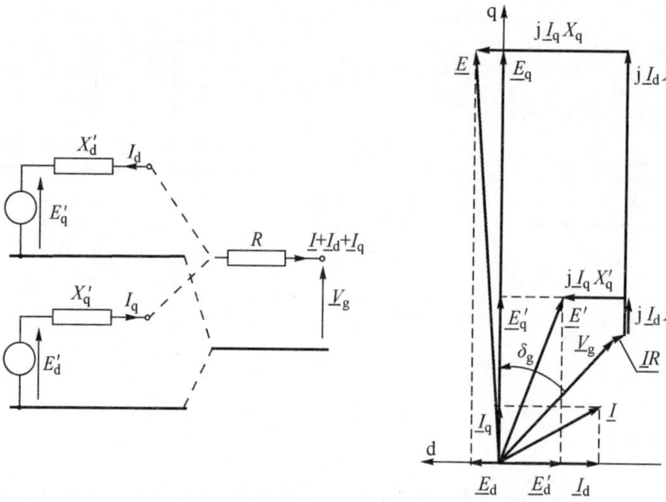

图4-14　暂态阶段圆柱形转子发电机的等效电路和相量图（为清楚起见，夸大了 IR 的长度）

负载状态时，必须考虑故障前的电枢电流 $\underline{I}_0$ 对内电动势的影响。特别注意，图 3-17、图4-13和图4-14 所示的3 种等效电路适用于发电机的不同状态及相对应的电流$\underline{I}$。然而，由于次暂态和暂态电动势等于其故障前的值，这3 种等效电路一定也适用于故障前的电流$\underline{I}_0$。这样，根据基尔霍夫定律，3 个等效电路可以用同一个电流$\underline{I}_0$而复合在一起，如图 4-15a 所示。

遵循类似于3.3 节描述过的步骤，在$\underline{I}_0$及其相角 φ_{g0}已知的条件下，$\underline{E}_0$、$\underline{E}'_0$和$\underline{E}''_0$的初始值可以根据图4-15b 中的相量图求出。由于励磁只存在于d 轴方向，因而$\underline{E}_0$是沿着q 轴方向的，而$\underline{E}''_0$和$\underline{E}'_0$通常具有非零的d 轴和q 轴分量。对于凸极机，相量图如图4-15c 所示，有 $E'_{d0}=0$，$\underline{E}'_0=\underline{E}'_{q0}$。在相量图中，为清楚起见，夸大了发电机电阻上的电压降，实际上电阻值很小，通常可忽略。一旦求出了暂态和次暂态电动势初始值后，就可以利用式（4.17）和式（4.19）来分别计算次暂态和暂态起始阶段交流电流分量的模值。

例4.1　某200MVA 圆柱形转子发电机，其参数见表4-3，负荷为1pu 有功和0.5pu 无功（滞后）。发电机机端电压为1.1pu。试求故障前的稳态、暂态和次暂态电动势。假设 $X_d=X_q=1.6$并忽略电枢电阻。

解：以发电机机端电压为相位基准，负载电流为

$$\underline{I}_0=\left(\frac{S}{\underline{V}_g}\right)^*=\frac{P-jQ}{V_g}=\frac{1-j0.5}{1.1}=1.016\angle-26.6°$$

因此，$\varphi_{g0}=26.6°$。稳态内电动势为

$$E_{q0}=\underline{V}_g+jX_d\underline{I}_0=1.1+j1.6\times1.016\angle-26.6°=2.336\angle38.5°$$

这样，$E_{q0}=2.336$ 而 $\delta_{g0}=38.5°$。电流和电压的d 轴分量和q 轴分量为

$$I_{d0}=-I_0\sin(\varphi_{g0}+\delta_{g0})=-1.016\sin(26.6°+38.5°)=-0.922$$

$$I_{q0}=I_0\cos(\varphi_{g0}+\delta_{g0})=0.428$$

$$V_{gd}=-V_g\sin\delta_{g0}=-1.1\sin38.5°=-0.685,\quad V_{gq}=V_g\cos\delta_{g0}=0.861$$

现在就可以根据图4-15 所示的相量图求出暂态和次暂态电动势的d 轴分量和q 轴分量

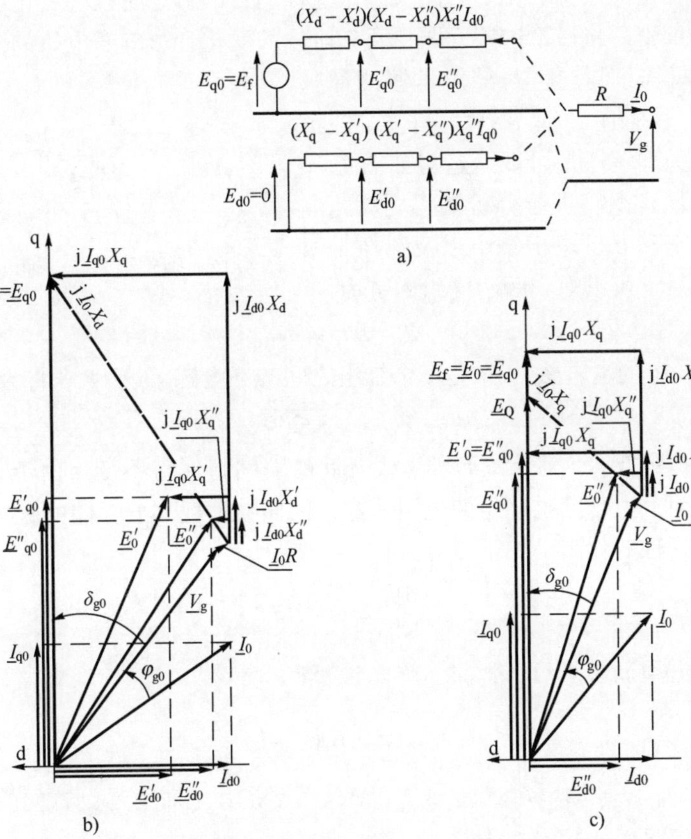

图 4-15 求取电动势初始值（为清楚起见，夸大了 IR 的长度）：
a）等效电路；b）圆柱形转子发电机相量图；c）凸极机相量图

了，为

$$E'_{d0}=V_{gd}+X'_{q}I_{q0}=-0.685+0.38\times 0.428=-0.522$$
$$E'_{q0}=V_{gq}-X'_{d}I_{d0}=0.861-0.23\times(-0.922)=1.073$$
$$E''_{d0}=V_{gd}+X''_{q}I_{q0}=-0.612$$
$$E''_{q0}=V_{gq}-X''_{d}I_{d0}=1.018$$

例 4.2 将例 4.1 中的发电机换为表 4-3 中的 230MVA 凸极机重新求解。

解： 对凸极机来说，主要问题是确定 q 轴的方向。式（3.64）给出

$$\underline{E}_{Q}=\underline{V}_{g}+\mathrm{j}X_{q}\,\underline{I}_{0}=1.1+\mathrm{j}0.69\times 1.016\angle-26.6°=1.546\angle 23.9°$$

这样，$\delta_{g0}=23.9°$，从而有

$$I_{d0}=-1.016\sin(26.6°+23.9°)=-0.784,\quad I_{q0}=-1.016\cos(26.6°+23.9°)=0.647$$
$$V_{gd}=-1.1\sin 23.9°=-0.446,\quad V_{gq}=1.1\cos 23.9°=1.006$$
$$E_{q0}=V_{gq}-I_{d0}X_{d}=1.006-(-0.784)\times 0.93=1.735$$
$$E'_{d0}=-0.446+0.69\times 0.647=0,\quad E'_{q0}=1.006-0.3\times(-0.784)=1.241$$
$$E''_{d0}=-0.446+0.27\times 0.647=-0.271,\quad E''_{q0}=1.006-0.25\times(-0.784)=1.202$$

4.2.4.4 磁通减小效应

虽然故障后瞬间次暂态和暂态电动势保持恒定，但之后由于电枢磁通逐渐进入转子绕组

其值会随时间而变化。这些变化的时间尺度是这样的：次暂态阶段的变化会影响短路电流和转矩的大小，本章稍后将讨论这些问题；暂态阶段的变化会影响发电机的稳定性，这将在第5章和第6章进行详细讨论。虽然对这些磁通减小效应的完整数学描述必须留到第11章进行，但对其基本机理的理解还是可以通过对如图4-16所示的简单d轴耦合电路进行分析来得到。此电路模拟了励磁绕组和d轴电枢绕组以及存在于两者之间的耦合关系。可以得到励磁绕组磁链为

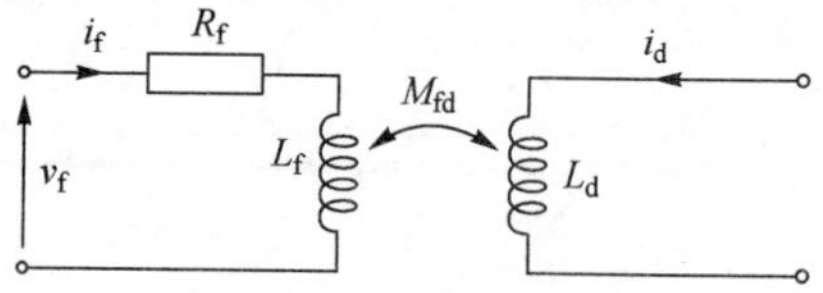

图4-16　励磁绕组与d轴电枢绕组的耦合关系

$$\Psi_f = L_f i_f + M_{fd} i_d \tag{4.21}$$

式中，L_f是励磁绕组的自电感，M_{fd}是2个绕组之间的互电感。第11章将会证明

$$M_{fd} = \sqrt{3/2} M_f$$

根据磁链守恒定律，Ψ_f在i_f或i_d发生改变后的瞬间将保持不变，由于$E'_q \propto \Psi_f$，因此E'_q将保持不变。然而，由于励磁绕组的电阻非零，因而会消耗部分存储的磁场能量，从而使磁链变化。磁链的这种变化满足如下微分方程：

$$\frac{\mathrm{d}\Psi_f}{\mathrm{d}t} = v_f - R_f i_f \tag{4.22}$$

代入式（4.21）并重新整理有

$$v_f = L_f \frac{\mathrm{d}i_f}{\mathrm{d}t} + R_f i_f + M_{fd} \frac{\mathrm{d}i_d}{\mathrm{d}t} \tag{4.23}$$

到这里，考虑i_f、i_d和v_f的增量Δi_f、Δi_d和Δv_f而不是其绝对值是更方便的，采用拉普拉斯算子改写增量形式的式（4.23）得

$$\Delta v_f(s) = L_f s \Delta i_f(s) + R_f \Delta i_f(s) + M_{fd} s \Delta i_d(s) \tag{4.24}$$

这样，上述方程可以写成传递函数形式为

$$\Delta i_f(s) = \frac{1/R_f}{(1+T'_{do}s)} \Delta v_f(s) - \frac{M_{fd}/R_f}{(1+T'_{do}s)} s \Delta i_d(s) \tag{4.25}$$

式中，$T'_{do} = L_f/R_f$。将式（4.25）代入到式（4.21）中得到

$$\Delta \Psi_f(s) = \frac{L_f/R_f}{(1+T'_{do}s)} \Delta v_f(s) + \frac{M_{fd}}{(1+T'_{do}s)} \Delta i_d(s) \tag{4.26}$$

由于$\Delta E'_q \propto \Delta \Psi_f$和$\Delta E_f \propto \Delta v_f$，上式可用变量$\Delta E'_q$和$\Delta E_f$进行改写。图4-14展示了发电机的$I_d$流入绕组而$I$流出绕组时的情况。这样，在假定转子角不变的情况下，Δi_d可用正比于$-\Delta I$的某项来替换。利用第11章建立的关系基于上述类似的分析方法估算正比例系数可得

$$\Delta E'_q(s) = \frac{1}{(1+T'_{do}s)} \Delta E_f(s) - \frac{K}{(1+T'_{do}s)} \Delta I(s) \tag{4.27}$$

式中，K是一常数。可见，励磁绕组磁链的变化，从而E'_q的变化，既可以由励磁电压的改变引起，也可以由电枢电流的改变引起。这些变化产生作用的速度取决于暂态时间常数T'_{do}，即励磁绕组可以滤除ΔI和ΔE_f中的高频变化量。这里先假定$\Delta I = 0$并使E_f做阶跃变化，则E'_q将按指数规律变化，如图4-17a所示。类似地，若电枢电流I做阶跃变化，例如发生短路时那样，将导致E'_q按指数规律下降，如图4-17b所示。

实际上，电枢绕组是通过电抗为有限值的输电线路联接到系统（等效为一个电压源）

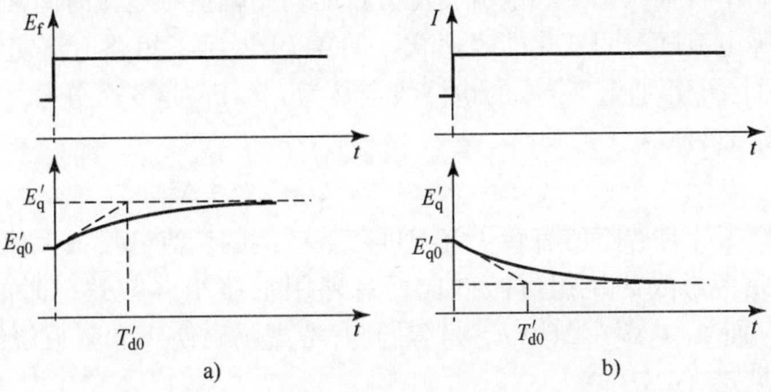

图 4-17　E'_q的响应特性：a）励磁 ΔE_f做阶跃变化；b）负载电流 ΔI 做阶跃变化

的，实际的时间常数与电枢回路的阻抗值有关。对于通过输电环节联接到无穷大母线的发电机，Anderson and Fouad（1977）证明，式（4.27）需修正为

$$\Delta E'_q(s)=\frac{B}{(1+BT'_{do}s)}\Delta E_f(s)-\frac{AB}{(1+BT'_{do}s)\Delta\delta(s)} \tag{4.28}$$

式中，用功角的变化 $\Delta\delta$（相对于无穷大母线）来反映发电机负载的变化，而 B 是考虑了电枢回路阻抗效应的常数。如果发电机电枢绕组电阻和输电环节电阻都被忽略掉，那么 $B=(X'_d+X_s)/(X_d+X_s)=x'_d/x_d, A=[(1-B)/B]V_s\sin\delta_0$。式（4.27）和式（4.28）的重要性怎样强调都是不为过的，因为它们展示了励磁电压和发电机负载的变化将如何改变 E'_q。

4.2.5　初始状态为空载时的发电机短路电流

为了分析故障电流随时间的变化，假定故障前发电机处于空载状态。这种情况下故障前 3 个内电动势 E、E'和 E''都等于发电机端口电压，即 $E''=E'=E=E_f=V_g$，它们的 d 轴分量均为零，只需考虑 q 轴变量就可以了。这意味着如图 3-16、图 4-13 和图 4-14 所示的 d 轴和 q 轴分离的相量图，可以用如图 4-18 所示的单一 d 轴等效电路来代替。与 3 种特征状态相对应的交流故障电流分量幅值可以直接由这些等效电路得到，只要将等效电路的发电机机端短路。因此有

对应次暂态阶段：
$$i''_m=\frac{E_{fm}}{X_d} \tag{4.29}$$

对应暂态阶段：
$$i'_m=\frac{E_{fm}}{X'_d} \tag{4.30}$$

对应最终的稳态阶段：
$$i^{\infty}_m=\frac{E_{fm}}{X_d} \tag{4.31}$$

式中，$E_{fm}=\sqrt{2}E_f$。

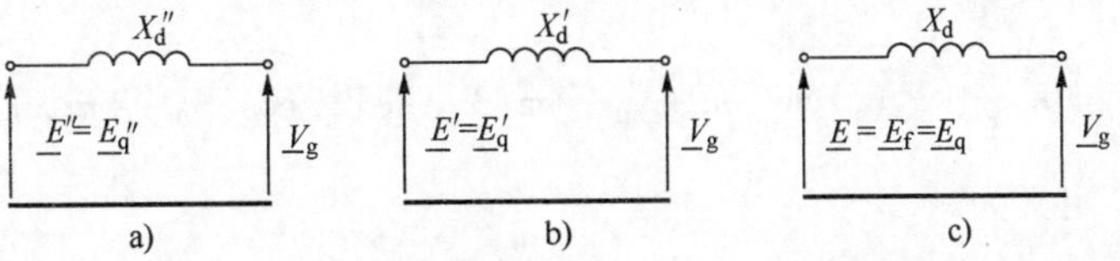

图 4-18　同步发电机的等效电路（故障前处于空载状态）：a）次暂态阶段；b）暂态阶段；c）稳态阶段

由于在所有3个特征状态下相电流交流分量的初始幅值和衰减时间常数都是已知的，因而可以推导出故障电流随时间变化的表达式。图4-19展示了短路电流交流分量最大值的包络线，与图4-7b上图相对应。合成的包络线定义为$i_m(t)$，是3个分量之和，且每个分量以各自不同的时间常数衰减：

$$i_m(t)=\Delta i''e^{-t/T''_d}+\Delta i'e^{-t/T'_d}+\Delta i \tag{4.32}$$

式中，$\Delta i=i_m^\infty=E_{fm}/X_d$是忽略所有转子绕组屏蔽效应后的交流分量最大值（见式（4.31））；$\Delta i+\Delta i'=E_{fm}/X'_d$是考虑励磁绕组屏蔽效应而忽略阻尼绕组屏蔽效应时的交流分量最大值（见式（4.30））；而$\Delta i+\Delta i'+\Delta i''=E_{fm}/X''_d$是同时考虑励磁绕组和阻尼绕组屏蔽效应时的交流分量最大值（见式（4.29））。

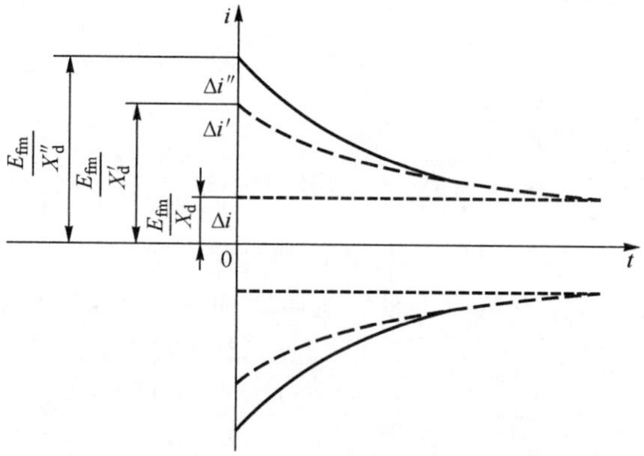

图4-19　短路电流3个特征交流分量的包络线

对图4-19应用简单的代数运算可以得到短路电流3个分量的表达式为

$$\Delta i=E_{fm}\frac{1}{X_d},\qquad \Delta i'=E_{fm}\left(\frac{1}{X'_d}-\frac{1}{X_d}\right),\qquad \Delta i''=E_{fm}\left(\frac{1}{X''_d}-\frac{1}{X'_d}\right) \tag{4.33}$$

将式（4.33）代入式（4.32）可得故障电流交流分量包络线的表达式为

$$i_m(t)=E_{fm}\left[\left(\frac{1}{X''_d}-\frac{1}{X'_d}\right)e^{-t/T''_d}+\left(\frac{1}{X'_d}-\frac{1}{X_d}\right)e^{-t/T'_d}+\frac{1}{X_d}\right] \tag{4.34}$$

$t=0$时式（4.34）的初始值为

$$i_m(0)=\frac{E_{fm}}{X''_d} \tag{4.35}$$

将式（4.34）和式（4.35）代入式（4.11）可得三相短路电流表达式为

$$\begin{aligned}
i_A&=-\frac{E_{fm}}{X''_d}\left[g_3(t)\cos(\omega t+\gamma_0)-e^{-t/T_a}\cos\gamma_0\right]\\
i_B&=-\frac{E_{fm}}{X''_d}\left[g_3(t)\cos(\omega t+\gamma_0-2\pi/3)-e^{-t/T_a}\cos(\gamma_0-2\pi/3)\right]\\
i_C&=-\frac{E_{fm}}{X''_d}\left[g_3(t)\cos(\omega t+\gamma_0-4\pi/3)-e^{-t/T_a}\cos(\gamma_0-4\pi/3)\right]
\end{aligned} \tag{4.36}$$

式中，函数$g_3(t)$定义为

$$g_3(t)=X''_d\left[\left(\frac{1}{X''_d}-\frac{1}{X'_d}\right)e^{-t/T''_d}+\left(\frac{1}{X'_d}-\frac{1}{X_d}\right)e^{-t/T'_d}+\frac{1}{X_d}\right] \tag{4.37}$$

其考虑了交流分量从次暂态值衰减到暂态值再到稳态值，而下标“3”表示三相短路。

每一相短路电流的最大瞬时值与故障发生时刻所处交流周期的位置有关。例如，当故障发生在 $\gamma_0=0$ 时，即当交链 A 相的励磁磁链 Ψ_{fA} 达到其最大值而电动势 E_{fA} 等于零时发生短路，那么 A 相短路电流达到其最大值。图 4-7 展示了大型发电机发生三相短路后的电流波形，假定了电枢时间常数 T_a 远大于一个交流周期。在如此大的电枢时间常数下，电流 i_A 的峰值将几乎达到 $2E_{fm}/X''_d$。另一方面，当故障发生在 $\gamma_0=\pi/2$ 时，励磁磁链 Ψ_{fA} 为零，电流 i_A 由于没有直流分量而达到最小值。不过此时电流 i_B 和 i_C 中将有明显的直流分量。

4.2.5.1　转子次暂态凸极效应的影响

当考虑凸极效应的影响时，需要采用双反应理论（Jones, 1967）来分析由 d 轴和 q 轴方向磁阻不同而导致的电枢磁动势对短路电流的影响。然而，通过分别考虑电枢磁动势的交流分量和直流分量，可以获得对凸极效应的直观理解。

4.2.1 节解释了由定子故障电流产生的电枢磁动势包含有一个旋转分量 $F_{a\,AC}$ 和一个静止分量 $F_{a\,DC}$，其中旋转分量 $F_{a\,AC}$ 是沿着 d 轴方向的，而静止分量 $F_{a\,DC}$ 在故障瞬间也是沿着 d 轴方向的，之后相对于转子做反方向旋转。由于 $F_{a\,AC}$ 始终沿着 d 轴方向，与之对应的电抗等于 X''_d，因此式（4.36）中的交流项保持不变，不受转子凸极效应的影响。

另一方面，静止磁动势分量 $F_{a\,DC}$ 在气隙中激发出一个磁通，而气隙的宽度是连续变化的。这产生两个效果。第一，短路电流中直流分量的最大值，即式（4.36）的第二项，需要加以修正，使之依赖于次暂态电抗的平均值，等于 $E_{fm}(1/X''_d+1/X''_q)/2$。第二，短路电流中需引入一个附加的二倍频分量，其幅值为 $E_{fm}(1/X''_d-1/X''_q)/2$，这是因为 $F_{a\,DC}$ 在一个周期内两次与 d 轴或 q 轴同方向。直流分量与二倍频分量以相同的时间常数衰减，此时间常数为 d 轴和 q 轴时间常数的平均值，为 $T_a=(X''_d+X''_q)/(2\omega R)$；而两个分量的幅值与短路发生时刻有关。

式（4.36）描述的 A 相短路电流包含修正的直流分量和二倍频分量后变为

$$i_A=-\frac{E_{fm}}{X''_d}[g_3(t)\cos(\omega t+\gamma_0)]+\frac{E_{fm}}{2}e^{-t/T_a}\left[\left(\frac{1}{X''_d}+\frac{1}{X'_q}\right)\cos\gamma_0+\left(\frac{1}{X''_d}-\frac{1}{X''_q}\right)\cos(2\omega t+\gamma_0)\right] \tag{4.38}$$

$t=0$ 时，上式第二项等于 $E_{fm}\cos\gamma_0/X''_d$，对应于短路发生时刻电枢磁动势的静止分量总是沿着 d 轴方向。当发电机两个轴上都有阻尼绕组时，有 $X''_d\approx X''_q$，此时式（4.38）退化为式（4.36）。

4.2.6　带载发电机的短路电流

当故障前发电机带有负载时，各电动势的初始值 E''_{q0}、E'_{q0}、E''_{d0} 和 E'_{d0} 是负载电流的函数；在已知初始负载的条件下，各电动势的初始值可以通过图 4-15 的相量图确定。基于这些电动势可以对式（4.38）做进一步的修正以考虑故障前的负载电流。现在将同时考虑 d 轴和 q 轴的交流电动势和交流电流。q 轴的电动势将激发出 d 轴交流电流（按余弦规律变化），而 d 轴电动势将激发出 q 轴交流电流（按正弦规律变化）。将发电机机端电压 V_g 与 q 轴之间的夹角记为 δ_g，可得 A 相短路电流的表达式为

$$i_A=-\left[\left(\frac{E''_{qm0}}{X''_d}-\frac{E'_{qm0}}{X'_d}\right)e^{-t/T''_d}+\left(\frac{E'_{qm0}}{X'_d}-\frac{E_{qm0}}{X_d}\right)e^{-t/T'_d}+\frac{E_{qm0}}{X_d}\right]\cos(\omega t+\gamma_0)$$

$$+\left[\left(\frac{E''_{\mathrm{dm0}}}{X''_{\mathrm{q}}}-\frac{E'_{\mathrm{dm0}}}{X'_{\mathrm{q}}}\right)\mathrm{e}^{-t/T''_{\mathrm{q}}}+\frac{E'_{\mathrm{dm0}}}{X'_{\mathrm{q}}}\mathrm{e}^{-t/T'_{\mathrm{q}}}\right]\sin(\omega t+\gamma_0)$$

$$+\frac{V_{\mathrm{gm0}}}{2}\mathrm{e}^{-t/T_{\mathrm{a}}}\left[\left(\frac{1}{X''_{\mathrm{d}}}+\frac{1}{X''_{\mathrm{q}}}\right)\cos(\gamma_0+\delta_{\mathrm{g}})+\left(\frac{1}{X''_{\mathrm{d}}}-\frac{1}{X''_{\mathrm{q}}}\right)\cos(2\omega t+\gamma_0+\delta_{\mathrm{g}})\right] \quad (4.39)$$

所有的电动势和机端电压都加了下标“0”，以强调它们是故障前的值。前面的 2 个分量是由 d 轴和 q 轴电动势分量产生的基频交流电流；最后的那个分量包含了直流项和由次暂态凸极效应产生的二倍频项。

4.2.6.1 AVR 的影响

根据所采用的励磁装置类型，AVR 对短路电流的波形会产生很大的影响。对于旋转励磁机，如图 2-3a 所示，故障不会影响励磁机的发电能力，而巨大的电压控制偏差（等于参考电压与实际机端电压之差）将快速提升励磁电压。与 AVR 不起作用时相比，这将使短路电流增大，如图 4-20a 所示。由于 E_{q}是跟随励磁电流的，因此现在 E_{q}不会衰减到 E_{q0}，而是稳定在与新的励磁电流相对应的一个更高的值。这样，E'_{q}也不会衰减到无 AVR 时的水平。如果采用的是静止励磁装置，且仅仅反馈机端电压，如图 2-3e 所示，则三相短路会使励磁电压降到零，使发电机完全失去励磁，从而所有电动势会衰减到零，如图 4-20b 所示。如果静止励磁装置由机端电压和机端电流复合反馈，如图 2-3f 所示，则短路期间静止励磁装置的输入电压会被故障电流加强。短路电流将不会衰减到零，但其波形将取决于复合励磁信号中电流分量所占的强度，图 4-20c 为对应这种情况的一个例子。

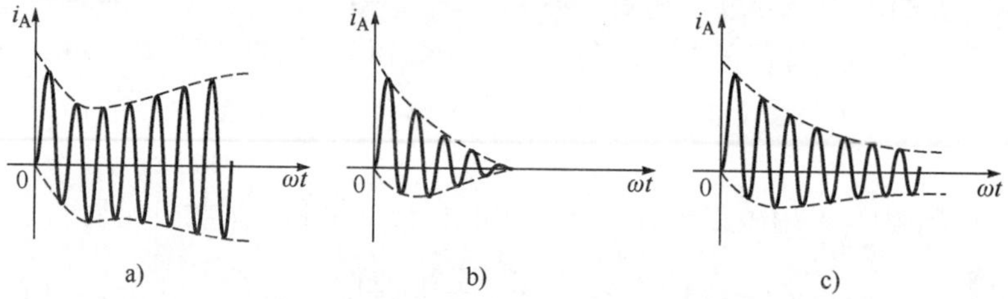

图 4-20　AVR 对短路电流的影响：a）旋转励磁机；
b）只反馈机端电压的静止励磁装置；c）同时反馈机端电压和电流的静止励磁装置

4.2.7 次暂态转矩

转矩产生的机理已在 3.3.2 节针对双极发电机的稳态工况讨论过，见式（3.71）。这一机理对次暂态工况仍然适用，但需要将 d 轴和 q 轴阻尼绕组磁通 Φ_{D}和 Φ_{Q}加入到式（3.71）中，得到

$$\tau=\tau_{\mathrm{d}}-\tau_{\mathrm{q}}=\frac{\pi}{2}(\Phi_{\mathrm{f}}+\Phi_{\mathrm{D}}+\Phi_{\mathrm{ad}})F_{\mathrm{aq}}-\frac{\pi}{2}(\Phi_{\mathrm{Q}}+\Phi_{\mathrm{aq}})F_{\mathrm{ad}} \quad (4.40)$$

式中，励磁磁通 Φ_{f}包含了 Φ_{f0}和 $\Delta\Phi_{\mathrm{f}}$两个分量，Φ_{f0}是由初始励磁电流 i_{f0}产生的，而 $\Delta\Phi_{\mathrm{f}}$是由励磁电流增量产生的增量磁通。如果忽略电阻的作用，则阻尼绕组磁通 Φ_{D}和 Φ_{Q}以及励磁增量磁通 $\Delta\Phi_{\mathrm{f}}$将完全抵消电枢反应磁通，从而有 $\Phi_{\mathrm{D}}+\Delta\Phi_{\mathrm{f}}=-\Phi_{\mathrm{ad}}$，$\Phi_{\mathrm{Q}}=-\Phi_{\mathrm{aq}}$㊀。将这些

㊀ 此节分析时假定了故障前发电机处于空载状态，原文对此没有说明。——译者注

值代入式（4.40）表明，电磁转矩完全由 q 轴磁动势和初始励磁磁通 Φ_{f0} 的相互作用决定。将此转矩记作 τ_ω，有

$$\tau_\omega(t)=\frac{\pi}{2}\Phi_{f0}F_{aq} \tag{4.41}$$

前面解释过，短路后电枢磁动势的交流分量是沿着 d 轴方向的，对 q 轴的电枢磁动势没有作用。相反，电枢磁动势的直流分量在故障瞬间是沿着 d 轴方向的，但之后相对于转子旋转，励磁磁动势与电枢磁动势之间的夹角 λ 随时间变化为 $\lambda=\omega t$。采用与推导式（3.42）所用方法相类似的方法，可以估算出电枢磁动势直流分量的幅值为 $F_{a\,DC}=1.5N_a i_m(0)$。这样，转子 q 轴方向的电枢磁动势为

$$F_{aq}=F_{a\,DC}\sin\lambda=\frac{3}{2}N_a i_m(0)\sin\omega t \tag{4.42}$$

由于 F_{aq} 只依赖于电枢故障电流的直流分量，转矩是由初始励磁磁通与电枢反应磁动势的直流分量之间相互作用而产生的。这可以比作两块磁体，一块旋转而另一块静止，如图 4-21a 所示。特别注意，对于三相短路，角 λ 是与故障发生时刻无关的，只是按照 ωt 变化。将式（4.42）代入式（4.41）得

$$\tau_\omega(t)=\frac{\pi}{2}\Phi_{f0}N_a\frac{3}{2}i_m(0)\sin\omega t \tag{4.43}$$

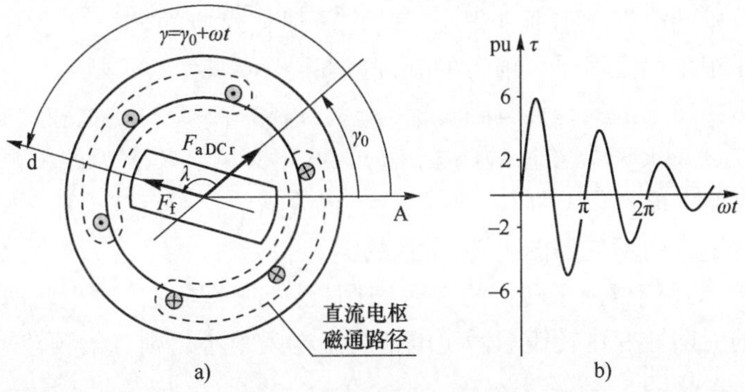

图 4-21　三相短路后的次暂态电磁转矩：a）转矩产生的机理；b）转矩随时间变化的例子

对于这里考虑的双极发电机，由式（3.39）知 $N_\phi=\pi N_a/2$，根据式（3.37）有 $E_f=\omega N_\phi\Phi_{f0}/\sqrt{2}$，再根据式（4.35）对 $i_m(0)$ 做替换，最终可得短路转矩为

$$\tau_\omega(t)=\frac{3}{\omega}\frac{E_f^2}{X''_d}\sin\omega t\quad \text{Nm} \tag{4.44}$$

此式表明，短路电磁转矩与短路发生时刻无关，只按照 $\sin\omega t$ 变化。在起初的半个周期内，此电磁转矩与机械转矩方向相反，而在随后的半个周期内与机械转矩方向相同。此转矩的平均值为零。式（4.44）的表达式是在 SI 单位制下的，根据 A.1 节的推导，将两边同乘 $\omega/3$ 即可变换为标幺制形式，$\tau_\omega(t)=E_f^2\sin\omega t/X''_d$，此式对于任何极数的发电机都成立。

将绕组电阻考虑进来具有两方面的效应。首先，维持定子磁链 $\Psi_{a\,DC}$ 恒定的直流相电流将以时间常数 T_a 衰减；其次，维持转子磁链恒定的转子电流将以时间常数 T''_d 和 T'_d 衰减，从而使电枢反应磁通能够进入转子。其合成的效应是转矩 τ_ω 将以电枢时间常数 T_a 及次暂态和

暂态时间常数 T''_d 和 T'_d 衰减到零，从而式（4.44）可以修正为

$$\tau_{\omega}(t)=\frac{3}{\omega}\frac{E_f^2}{X''_d}g_3(t)e^{-t/T_a}\sin\omega t \quad \text{Nm} \tag{4.45}$$

式中，$g_3(t)$ 由式（4.37）定义。由于电磁转矩是两个衰减函数的乘积，因此消失得很快，如图4-21b所示。

严格地说，式（4.45）的转矩表达式还需做进一步修正以考虑由电枢电阻功率损耗而产生的转矩。由于此功率损耗是由电枢电流的交流分量引起的，其按照次暂态和暂态时间常数 T''_d 和 T'_d 衰减，见式（4.37）给出的函数 $g_3(t)$，与三相总损耗对应的转矩 $\tau_R(t)$ 可表示为

$$\tau_R(t)=\frac{3}{\omega}\left[\frac{E_f}{X''_d}g_3(t)\right]^2 R \quad \text{Nm} \tag{4.46}$$

类似地，转子绕组（励磁绕组和阻尼绕组）中感应出来的交流电流也会产生功率损耗。这些电流以时间常数 T_a 衰减，与此损耗对应的转矩可以近似表示为

$$\tau_r(t)=\frac{3}{\omega}\left(\frac{i_m(0)}{\sqrt{2}}e^{-t/T_a}\right)^2 r=\frac{3}{\omega}\left(\frac{E_f}{X''_d}\right)^2 re^{-2t/T_a} \quad \text{Nm} \tag{4.47}$$

式中，r 为折算到定子侧（类似于变压器的方法）的所有转子绕组的等效电阻。转矩 τ_r 初始时很大，但迅速衰减到零。

由于大型发电机的电枢电阻通常很小，与定子损耗对应的转矩 τ_R 相比于与转子损耗对应的转矩 τ_r，要小很多倍。但是，前者的衰减速度要小得多。

故障期间作用在转子上的合成电磁转矩为 τ_ω、τ_R 和 τ_r 3个分量之和。所有3个分量均与故障时刻 γ_0 无关。式（4.37）给出的函数 $g_3(t)$ 并不衰减到零，因此 τ_R 将衰减到一个稳态值，对应于稳态短路电流产生的损耗。如果发电机故障前带有负载，那么转矩的初始值将等于故障前的负载转矩，而不是如图4-21所示的零。

式（4.38）启示我们，由于转子的次暂态凸极效应，与二倍频电流分量相对应，应该还存在一个另外的周期性变化转矩。假定电枢绕组电阻很小，则二倍频转矩 $\tau_{2\omega}$ 可表示为

$$\tau_{2\omega}(t)=-\frac{3}{2}\frac{E_f^2}{\omega}\left(\frac{1}{X''_d}-\frac{1}{X''_q}\right)e^{-2t/T_a}\sin 2\omega t \quad \text{Nm} \tag{4.48}$$

一般地，$X''_d \approx X''_q$，因此二倍频转矩 $\tau_{2\omega}$ 相对于基频转矩 τ_ω 是很小的。对一些罕见的次暂态凸极效应很强的情形，二倍频转矩的存在会使交变转矩的最大值有很大的增加。

4.3 相间短路

相间短路的分析将采用类似于三相短路的方法。第一步，假定发电机故障前处于空载状态并忽略绕组电阻和次暂态凸极效应。第二步，考虑绕组电阻和凸极效应对短路电流的影响。第三步，推导出短路转矩的表达式。假定短路发生在定子绕组B相和C相之间。

4.3.1 忽略绕组电阻时的短路电流和磁通

图4-22给出了电枢绕组B相和C相之间短路的示意图。短路使电枢绕组相互联接并流过同一个电流，即 $i_B=-i_C$。在三相短路的情况下，存在3个闭合的电枢回路，每相绕组各

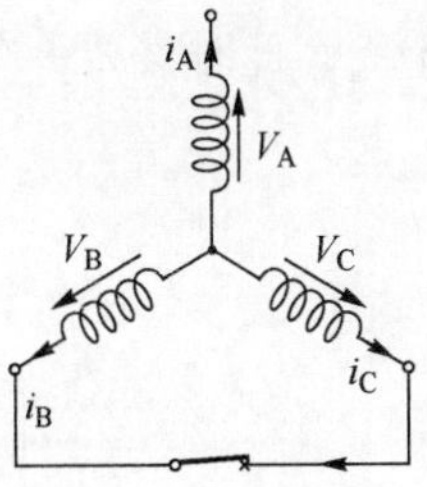

图4-22　相间短路：$i_B=-i_C$；$V_B=V_C=0$；$i_A=0$；$V_A\neq 0$

一个，每相绕组的磁链可单独考虑。但对于相间短路，只有一个闭合回路，两个相绕组串联联接。短路发生时，存储在这一闭合回路中的能量不能突变，即这一闭合回路的总磁链$\Psi_B-\Psi_C$必须保持恒定。

两个短路绕组的磁链Ψ_B和Ψ_C各包含两个分量：由故障电流产生的绕组自磁链Ψ_{BB}和Ψ_{CC}，以及由励磁磁通产生的磁链Ψ_{fB}和Ψ_{fC}。由于故障电流在两个短路相中大小相等方向相反，因此有$\Psi_{BB}=-\Psi_{CC}$，从而总磁链$\Psi_B-\Psi_C$可表示为

$$\Psi_B-\Psi_C=(\Psi_{BB}+\Psi_{fB})-(\Psi_{CC}+\Psi_{fC})=\Psi_{fB}-\Psi_{fC}-2\Psi_{CC} \quad (4.49)$$

故障前，由于发电机处于空载状态，$\Psi_{CC}(0^-)\propto i_C(0^-)=i_B(0^-)=0$，因此与绕组交链的磁通只有励磁磁通，即

$$\Psi_B(0^-)-\Psi_C(0^-)=\Psi_{fB0}-\Psi_{fC0} \quad (4.50)$$

磁链守恒定律要求总磁链$\Psi_B-\Psi_C$在故障发生的前后瞬间保持不变，有

$$\Psi_{fB}-\Psi_{fC}-2\Psi_{CC}=\Psi_{fB0}-\Psi_{fC0} \quad (4.51)$$

整理得

$$\Psi_{CC}=\frac{1}{2}[(\Psi_{fB}-\Psi_{fC})-(\Psi_{fB0}-\Psi_{fC0})] \quad (4.52)$$

磁链Ψ_{fB}和Ψ_{fC}的变化曲线如图4-4所示，其初始值由式（4.4）给出，因此

$$\Psi_{fB}=\Psi_{fa}\cos(\gamma-2\pi/3),\quad \Psi_{fC}=\Psi_{fa}\cos(\gamma-4\pi/3)$$
$$\Psi_{fB0}=\Psi_{fa}\cos(\gamma_0-2\pi/3),\quad \Psi_{fC0}=\Psi_{fa}\cos(\gamma_0-4\pi/3) \quad (4.53)$$

将其代入式（4.52）得

$$\Psi_{CC}=\frac{\sqrt{3}}{2}\Psi_{fa}(\sin\gamma-\sin\gamma_0) \quad (4.54)$$

回顾一下式（3.37）$E_{fm}=\omega\Psi_{fa}$，且短路发生后瞬间次暂态电流$i_C=\Psi_{CC}/L''_d$。这样即可得出相间短路时的短路电流为

$$i_C=-i_B=\frac{\sqrt{3}}{2}\frac{E_{fm}}{X''_d}(\sin\gamma-\sin\gamma_0) \quad (4.55)$$

此短路电流包含两个分量，交流分量为

$$i_{C\,AC}=-i_{B\,AC}=\frac{\sqrt{3}E_{fm}}{2X''_d}\sin\gamma \quad (4.56)$$

其幅值与故障发生时刻无关。直流分量为

$$i_{C\,DC}=-i_{B\,DC}=-\frac{\sqrt{3}E_{fm}}{2X''_d}\sin\gamma_0 \quad (4.57)$$

其值依赖于故障发生时刻。如果故障发生在$\gamma_0=0$时刻，A相的电压为零，故障电流是完全正弦形的，没有直流分量。而另一方面，如果故障发生在$\gamma_0=-\pi/2$时刻，A相电压处于其负峰值处，故障电流的直流分量达到其最大值。

$\gamma_0=0$和$\gamma_0=-\pi/2$时的磁链变化曲线分别如图4-23a和图4-23b所示。$\gamma_0=0$时，磁链Ψ_{fB0}和Ψ_{fC0}相等，总磁链$\Psi_{fB0}-\Psi_{fC0}$为零，不需要直流分量来维持磁链恒定。磁链Ψ_{BB}和Ψ_{CC}，以及i_B和i_C，均按正弦规律变化，但符号相反，见图4-23a。然而，当故障发生在$\gamma_0=-\pi/2$时，A相电压达到最大值，而磁链Ψ_{fB0}和Ψ_{fC0}大小相等符号相反。总磁链为

$\sqrt{3}\Psi_{fa}$，此时需要一个很大的直流环流 $i_{C\,DC} = -i_{B\,DC}$ 来维持磁链恒定，见图4-23b。

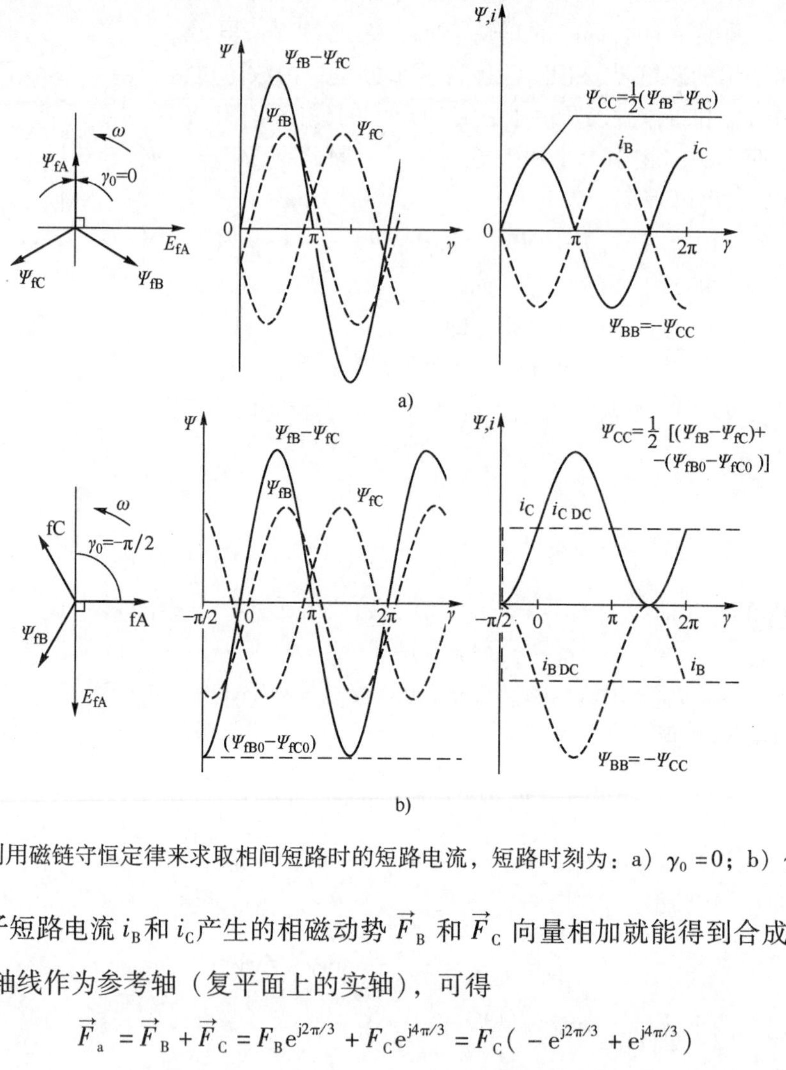

图4-23 利用磁链守恒定律来求取相间短路时的短路电流，短路时刻为：a）$\gamma_0=0$；b）$\gamma_0=-\pi/2$

将由定子短路电流 i_B 和 i_C 产生的相磁动势 $\vec{F}_B$ 和 $\vec{F}_C$ 向量相加就能得到合成电枢磁动势 $\vec{F}_a$。以A相轴线作为参考轴（复平面上的实轴），可得

$$\vec{F}_a=\vec{F}_B+\vec{F}_C=F_B e^{j2\pi/3}+F_C e^{j4\pi/3}=F_C(-e^{j2\pi/3}+e^{j4\pi/3})$$

$$=-j\sqrt{3}F_C=-j\sqrt{3}N_a i_C=j\sqrt{3}N_a\frac{\sqrt{3}}{2}\frac{E_{fm}}{X''_d}(\sin\gamma-\sin\gamma_0) \tag{4.58}$$

这个向量相加的结果如图4-24所示，其中，合成电枢磁动势 $\vec{F}_a$ 始终与A相轴线垂直并与短路电流 i_C 成正比。因此，$\vec{F}_a$ 在空间上是静止的但以频率 ω 脉动。由于任意时刻转子的位置是通过它与A相轴线之间的夹角 γ 来确定的，故此静止磁动势相对于转子来说是反向旋转的，电枢磁动势与励磁磁动势之间的夹角为 $\lambda=\gamma+\pi/2$，从而可以得到沿着d轴和q轴方向的磁动势分量为

$$F_{ad}=F_a\cos\lambda=-\sqrt{3}F_C\sin\gamma,\qquad F_{aq}=F_a\sin\lambda=\sqrt{3}F_C\cos\gamma \tag{4.59}$$

利用式（4.55）替换 i_C 项，可得

$$F_{ad}=-\frac{3}{2}N_a\frac{E_{fm}}{X''_d}(\sin\gamma-\sin\gamma_0)\sin\gamma=-\frac{3}{4}N_a\frac{E_{fm}}{X''_d}(1-2\sin\gamma_0\sin\gamma-\cos2\gamma)$$

$$F_{aq}=\frac{3}{2}N_a\frac{E_{fm}}{X''_d}(\sin\gamma-\sin\gamma_0)\cos\gamma \qquad (4.60)$$

这样，d 轴电枢磁动势包含 3 个分量：直流分量、基频交流分量和二倍频交流分量。直流分量和二倍频分量的幅值与故障发生时刻无关，而基频交流分量的值与 γ_0 有关。

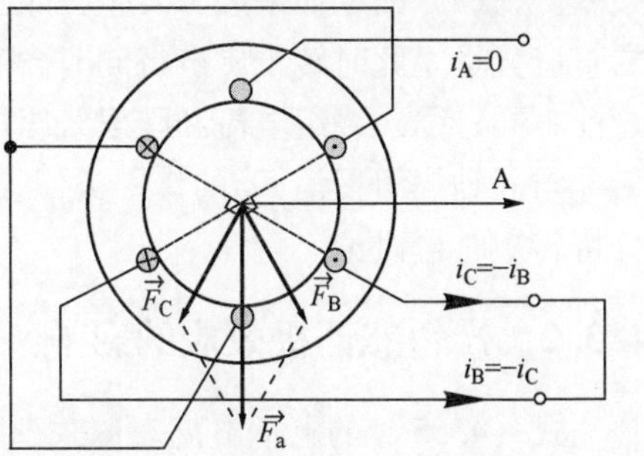

图 4-24　相间故障电流产生一个垂直于 A 相轴线的静止电枢磁动势 $\vec{F}_a$（发电机三相绕组星形联结）

上述 d 轴电枢磁动势的变化也可以解释故障后转子励磁电流和 d 轴阻尼绕组电流的变化。d 轴电枢磁动势激发出一个穿越气隙的电枢磁通，从而在转子励磁绕组中产生磁链 Ψ_{ar}。此磁链与 F_{ad} 成正比，如图 4-25 所示。由于故障后转子回路中的磁链必须保持恒定，励磁绕组和 d 轴阻尼绕组中必须流过一个附加的电流，以产生一个磁链用以抵消由电枢磁动势产生的磁链。因此，励磁绕组和阻尼绕组中产生的附加电流与 F_{ad} 具有相同的形式但符号相反。励磁电流的实际大小取决于 d 轴阻尼绕组对其的屏蔽程度。如果是完全屏蔽，则励磁电流将保持不变，电枢磁通完全由 d 轴阻尼绕组电流补偿掉。如果故障发生在 $\gamma_0=0$ 时，则电枢电流和合成的电枢磁动势不含直流分量（见图 4-25a），由电枢磁动势在励磁绕组和 d 轴阻尼绕组中产生的磁链只是以 2 倍系统频率脉动。所感应出来的转子电流与三相故障时的情形类似，只是现在的频率为 2 倍系统

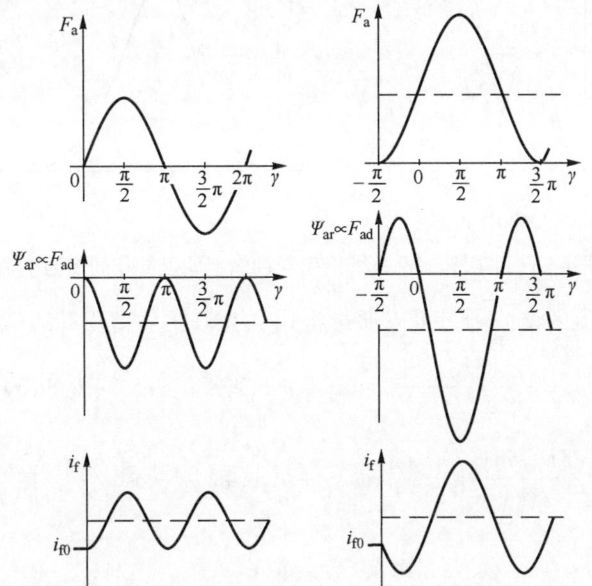

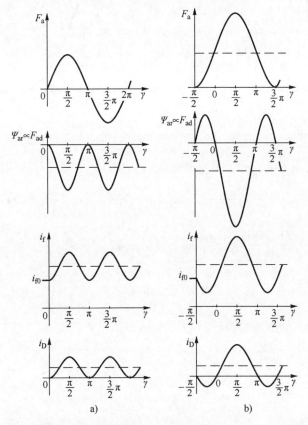

图 4-25　不同故障时刻下电枢磁通对转子电流的影响：a）$\gamma_0=0$；b）$\gamma_0=-\pi/2$

频率。另一方面，如果故障发生在 $\gamma_0=\pi/2$ 时（见图4-25b），则电枢磁动势含有一个很大的直流分量。此时转子磁链将同时含有基频分量和二倍频分量，感应出来的转子电流波形与之前不同，励磁绕组电流和阻尼绕组电流起初都下降，如图4-25b所示。

与d轴绕组抵消 F_{ad} 的作用类似，q轴磁动势 F_{aq} 也被q轴阻尼绕组电流抵消，其影响在分析转矩时再讨论。

4.3.2 次暂态凸极效应的影响

式（4.55）的电枢电流表达式适用于转子磁性对称的情形，即电枢磁通遇到的磁阻是恒定的，并不随转子位置而变。然而，如果发电机具有显著的次暂态凸极效应，d轴和q轴的磁阻将不同，此时必须用双反应理论（Ching and Adkins，1954；Kundur，1994）进行求解。此种分析得到的结果表明，式（4.55）中 X''_d 需要用（$X''_d\sin^2\gamma+X''_q\cos^2\gamma$）替换，得到

$$i_C=-i_B=\frac{\sqrt{3}E_{fm}(\sin\gamma-\sin\gamma_0)}{2(X''_d\sin^2\gamma+X''_q\cos^2\gamma)}=\frac{\sqrt{3}E_{fm}(\sin\gamma-\sin\gamma_0)}{X''_d+X''_q-(X''_d-X''_q)\cos2\gamma} \tag{4.61}$$

若发电机没有q轴阻尼绕组，就可能存在显著的次暂态凸极效应，从而使短路电流产生明显的畸变。图4-26展示了畸变电流的波形，与之前的图4-23具有同样的 γ_0，但之前的图4-23对应于 X''_d 等于 X''_q，为正弦波形。

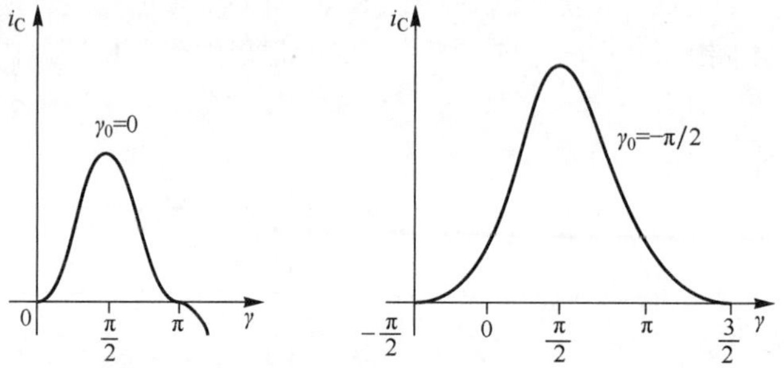

图4-26 由次暂态凸极效应引起的畸变明显的相间短路电流

上述畸变短路电流的谐波分量可以通过将式（4.61）做傅里叶级数展开得到[⊖]：

$$\begin{aligned}i_C&=-i_B=\frac{\sqrt{3}E_{fm}}{X''_d+\sqrt{X''_dX''_q}}(\sin\gamma-b\sin3\gamma+b^2\sin5\gamma-b^3\sin7\gamma+\cdots)\\&\quad-\frac{\sqrt{3}E_{fm}\sin\gamma_0}{\sqrt{X''_dX''_q}}\left(\frac{1}{2}-b\cos2\gamma+b^2\cos4\gamma-b^3\cos6\gamma+\cdots\right)\end{aligned} \tag{4.62}$$

式中，不对称系数b为

⊖ 式（4.61）中两个分量的傅里叶级数展开式为

$$\frac{\sin\gamma}{A+B-(A-B)\cos2\gamma}=\frac{1}{A+\sqrt{AB}}(\sin\gamma-b\sin3\gamma+b^2\sin5\gamma-b^3\sin7\gamma+\cdots)$$

$$\frac{1}{A+B-(A-B)\cos2\gamma}=\frac{1}{\sqrt{AB}}\left(\frac{1}{2}-b\sin2\gamma+b^2\cos4\gamma-b^3\cos6\gamma+\cdots\right)$$

式中，

$b=\frac{\sqrt{B}-\sqrt{A}}{\sqrt{B}+\sqrt{A}}$——原书注

$$b=\frac{\sqrt{X''_{\mathrm{q}}}-\sqrt{X''_{\mathrm{d}}}}{\sqrt{X''_{\mathrm{q}}}+\sqrt{X''_{\mathrm{d}}}}=\frac{\sqrt{X''_{\mathrm{d}}X''_{\mathrm{q}}}-X''_{\mathrm{d}}}{\sqrt{X''_{\mathrm{d}}X''_{\mathrm{q}}}+X''_{\mathrm{d}}} \tag{4.63}$$

在图 4-26 所示的例子中，发电机具有高度的次暂态凸极效应，$X''_{\mathrm{q}}=2X''_{\mathrm{d}}$，导致不对称系数 $b\approx0.17$，而 3 次、5 次和 7 次谐波分量的幅值分别为基波的 17%、3% 和 0.5%。

偶次谐波只在故障电流含有直流分量时才出现，即当 $\sin\gamma_0\neq0$ 且次暂态凸极效应存在时才出现。但是，只要发电机存在次暂态凸极效应，即 $b\neq0$，无论何时故障发生，奇次谐波总会出现。奇次谐波的源是故障电流的负序分量，将在下面讨论。

4.3.2.1　相间故障的对称分量法分析

基于对称分量法，任意一组不对称的三相电流都可表示为三组对称交流分量的相量和。包括正序分量$\underline{i}_1$、负序分量$\underline{i}_2$和零序分量$\underline{i}_0$。其详细推导可以在任何电力系统分析的标准教科书中找到，例如 Grainger and Stevenson (1994)。

图 4-23a 所示的相间故障电流可以表达为：$i_{\mathrm{A}}=0$，$i_{\mathrm{B}}=-i_{\mathrm{C}}=i$。应用对称分量变换可得

$$\begin{bmatrix}\underline{i}_0\\\underline{i}_1\\\underline{i}_2\end{bmatrix}=\frac{1}{3}\begin{bmatrix}1&1&1\\1&\underline{a}&\underline{a}^2\\1&\underline{a}^2&\underline{a}\end{bmatrix}\begin{bmatrix}0\\\underline{i}\\-\underline{i}\end{bmatrix}=\frac{\underline{i}}{3}\begin{bmatrix}0\\\underline{a}-\underline{a}^2\\\underline{a}^2-\underline{a}\end{bmatrix}=\frac{\underline{i}}{\sqrt{3}}\begin{bmatrix}0\\\mathrm{j}\\-\mathrm{j}\end{bmatrix} \tag{4.64}$$

式中，$\underline{a}=\mathrm{e}^{\mathrm{j}2\pi/3}$。正序分量$\underline{i}_1$，超前 B 相电流 $\pi/2$；而负序分量$\underline{i}_2$，滞后 B 相电流 $\pi/2$；零序分量为零。从对称分量到相分量的逆变换将得到实际的相电流，实际相电流可以方便地写成 2 个交流系统的相电流之和，分别为正序交流系统的相电流和负序交流系统的相电流，即

$$\begin{bmatrix}\underline{i}_{\mathrm{A}}\\\underline{i}_{\mathrm{B}}\\\underline{i}_{\mathrm{C}}\end{bmatrix}=\begin{bmatrix}1&1&1\\1&\underline{a}^2&\underline{a}\\1&\underline{a}&\underline{a}^2\end{bmatrix}\begin{bmatrix}0\\\underline{i}_1\\\underline{i}_2\end{bmatrix}=\begin{bmatrix}\underline{i}_{\mathrm{A1}}\\\underline{i}_{\mathrm{B1}}\\\underline{i}_{\mathrm{C1}}\end{bmatrix}+\begin{bmatrix}\underline{i}_{\mathrm{A2}}\\\underline{i}_{\mathrm{B2}}\\\underline{i}_{\mathrm{C2}}\end{bmatrix} \tag{4.65}$$

式中，$\underline{i}_{\mathrm{A1}}=\underline{i}_1$，$\underline{i}_{\mathrm{B1}}=\underline{a}^2\,\underline{i}_1$，$\underline{i}_{\mathrm{C1}}=\underline{a}\underline{i}_1$，$\underline{i}_{\mathrm{A2}}=\underline{i}_2$，$\underline{i}_{\mathrm{B1}}=\underline{a}\underline{i}_2$，$\underline{i}_{\mathrm{C2}}=\underline{a}^2\,\underline{i}_2$。

图 4-27 展示了相间故障电流的相分量和对称分量。

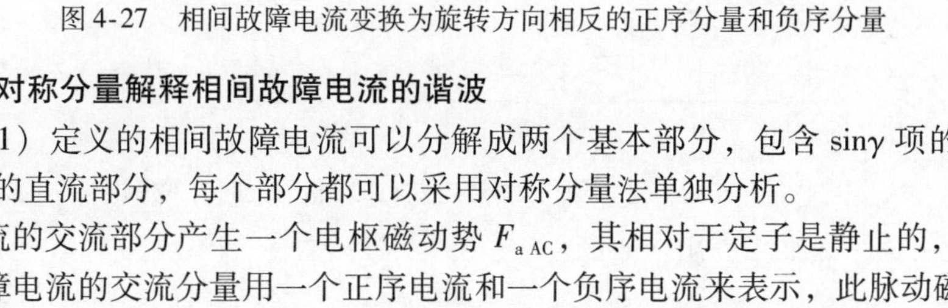

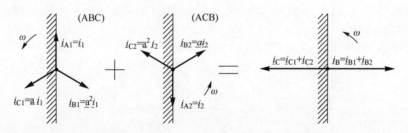

图 4-27　相间故障电流变换为旋转方向相反的正序分量和负序分量

4.3.2.2　用对称分量解释相间故障电流的谐波

式 (4.61) 定义的相间故障电流可以分解成两个基本部分，包含 $\sin\gamma$ 项的交流部分和包含 $\sin\gamma_0$项的直流部分，每个部分都可以采用对称分量法单独分析。

故障电流的交流部分产生一个电枢磁动势 $F_{\mathrm{a\,AC}}$，其相对于定子是静止的，但随时间而脉动。将故障电流的交流分量用一个正序电流和一个负序电流来表示，此脉动磁动势的效果可以用两个分别由序电流产生的旋转方向相反的磁动势来复现。正序电流（$\underline{i}_{\mathrm{A1}}$，$\underline{i}_{\mathrm{B1}}$，$\underline{i}_{\mathrm{C1}}$）产生一个磁动势 $\vec{F}_{\mathrm{a\,AC1}}$，其和转子一起旋转，相对于转子静止。转子绕组中由这个磁动势产

生的磁链改变将由直流电流来抵消，这就与图 4-25 所示的无次暂态凸极效应的发电机一样。负序电流（$\underline{i}_{A2}$，$\underline{i}_{B2}$，$\underline{i}_{C2}$）产生磁动势 $\vec{F}_{a\,AC2}$，其旋转方向与转子相反，在转子绕组感应出二倍频电流，这与图 4-25 所示的无次暂态凸极效应的发电机也一样。这样，二倍频转子电流产生的脉动磁动势相对于转子是静止的。此脉动磁动势可以表示为 2 个磁动势波，一个以（-2ω）速度相对于转子旋转，另一部分以 2ω 速度相对于转子旋转，两个旋转磁动势波的相对幅值与次暂态凸极效应的程度有关。由于转子自身以速度 ω 旋转，因此这两个转子磁动势相对于定子的旋转速度分别为（$-\omega$）和 3ω，从而在故障电流中引入了 3 次谐波分量。分析此 3 次谐波电流对转子电流的作用，再分析转子电流对电枢电流的作用，即可解释故障电流中存在 5 次谐波分量的原因。继续重复此种分析，能够解释为什么电枢故障电流中存在所有的奇次谐波分量。对于无次暂态凸极效应的发电机，相对于定子以 3ω 速度旋转的转子磁动势的幅值为零，因而 3 次以及更高次的谐波就不存在了。

当 $\sin\gamma_0 \neq 0$ 时，故障电流中就存在直流分量，产生一个静止的磁动势 $\vec{F}_{a\,DC}$，其相对于转子反向旋转。转子绕组感应出一个基频交流电流来抵消此磁动势的作用。这些转子电流产生一个相对于转子静止的正弦脉动磁动势。和前面一样，此脉动磁动势也可以表示为两个旋转方向相反的磁动势，它们相对于转子的速度分别为 ω 和 $-\omega$。同样，这两个旋转磁动势相对幅值取决于次暂态凸极效应的程度。由于转子的旋转速度是 ω，两个磁动势一个相对于定子静止，另一个的旋转速度为 2ω，于是在故障电流中感应出了 2 次谐波分量。继续对此 2 次谐波的影响进行分析，可以解释存在次暂态凸极效应时 4 次谐波和更高偶数次谐波存在的原因。这样，相间故障电流可表示为各次谐波之和：

$$i_C = -i_B = i_{(\omega)} + \underbrace{i_{(3\omega)} + i_{(5\omega)} + \cdots}_{\text{由负序电流感应出}} + i_{DC} + \underbrace{i_{(2\omega)} + i_{(4\omega)} + i_{(6\omega)} + \cdots}_{\text{由和短路发生时刻有关的非周期电流分量感应出}} \tag{4.66}$$

4.3.3 正序和负序电抗

现在可以用式（4.62）来确定发电机抵御负序电流的电抗。图 4-28a 给出了针对正负序电流的发电机等效电路，而图 4-28b 给出了针对相间短路的序等效电路的联接方式（Grainger and Stevenson，1994）。

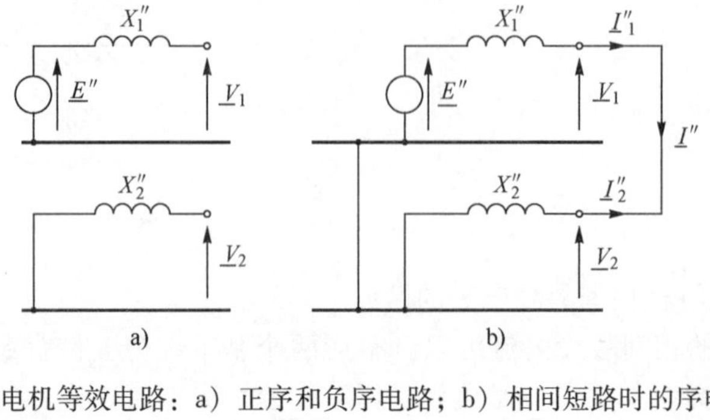

图 4-28　发电机等效电路：a）正序和负序电路；b）相间短路时的序电路联接方式

对图 4-28b 的电路使用欧姆定律可得

$$\underline{I}_1'' = -\underline{I}_2'' = \frac{\underline{E}''}{j(X_1'' + X_2'')} \tag{4.67}$$

式中，X_1''为正序次暂态电抗，X_2''为负序次暂态电抗。使用对称分量逆变换可得相电流为

$$-\underline{I}_B = \underline{I}_C = \frac{\sqrt{3}\underline{E}''}{X_1'' + X_2''} \tag{4.68}$$

故障电流的正序分量产生一个旋转磁通，其与转子间的相互作用与由三相短路电流中的交流分量产生的旋转磁通类似。由于发电机是以电抗 X_d'' 抵御由此磁通产生的电流的，因此发电机抵御正序电流的电抗也为 X_d''，即

$$X_1'' = X_d'' \tag{4.69}$$

对比式（4.68）和式（4.62）的第一项，可求得负序电抗 X_2'' 为

$$X_2'' = \sqrt{X_d''X_q''} \tag{4.70}$$

即发电机抵御负序电流流通的电抗为两轴次暂态电抗的几何平均值。最后，式（4.62）的第二项表明，发电机抵御故障电流直流分量流通的电抗与负序电抗相等，即为 $\sqrt{X_d''X_q''}$。

4.3.4 绕组电阻的影响

绕组电阻消耗存储在绕组中的磁场能，引起绕组中直流电流分量的衰减。正如前面解释过的，发电机抵御相间短路电流直流分量流动的电抗为 $X_2'' = \sqrt{X_d''X_q''}$。相绕组中的电阻将引起短路电流直流分量的衰减，其衰减时间常数为

$$T_\alpha = \frac{X_2''}{\omega R} = \frac{\sqrt{L_d''L_q''}}{R} \tag{4.71}$$

这样，现在就可以对式（4.61）进行修正了，将其 $\sin\gamma_0$ 项乘上指数函数 e^{-t/T_α}。

故障电流交流分量的衰减最好用前面已导出的正序分量和负序分量来解释。正序分量产生一个旋转磁通，其进入转子绕组的阻碍是转子绕组中的直流电流。转子绕组中的电阻引起此直流电流分量衰减，阻尼绕组中的直流电流先衰减，然后是励磁绕组中的直流电流，从而使电枢反应磁通越来越深入地进入转子绕组。由于此磁通进入转子绕组的程度分别对应了次暂态、暂态和稳态阶段，发电机抵御故障电流交流正序分量流通的电抗与三相短路时的情况一致，即

$X_1'' = X_d''$	次暂态阶段
$X_1' = X_d'$	暂态阶段
$X_1 = X_d$	稳态阶段

由负序电流产生的电枢磁动势其旋转方向与转子旋转方向相反。阻碍此磁动势产生的磁通进入转子绕组的是转子绕组中的二倍频交流电流分量，因此在发电机的 3 个特征状态下阻碍负序电流流通的电抗是一样的。这一负序电抗的值为

$$X_2'' = X_2' = X_2 = \sqrt{X_d''X_q''} \tag{4.72}$$

由于正序电抗与负序电抗的联接方式对于稳态、暂态和次暂态都是一样的，如图 4-28 所示，相间短路电流交流分量在暂态和稳态阶段的值分别为次暂态阶段值的 $(X_d'' + X_2)/(X_d' + X_2)$ 和 $(X_d'' + X_2)/(X_d + X_2)$ 倍。式（4.61）可用来表达 3 个特征状态下故障电流的交流分量：

$$i_{C\,AC}''(t) = \frac{\sqrt{3}E_{fm}\sin\gamma}{2(X_d''\sin^2\gamma + X_q''\cos^2\gamma)}$$

$$i'_{\mathrm{C\,AC}}(t)=i''_{\mathrm{C\,AC}}(t)\frac{X''_{\mathrm{d}}+X_2}{X'_{\mathrm{d}}+X_2},\quad i_{\mathrm{C\,AC}}(t)=i''_{\mathrm{C\,AC}}(t)\frac{X''_{\mathrm{d}}+X_2}{X_{\mathrm{d}}+X_2} \tag{4.73}$$

与三相短路时一样，电流差（$i''_{\mathrm{C\,AC}}-i'_{\mathrm{C\,AC}}$）以次暂态时间常数衰减，而电流差（$i'_{\mathrm{C\,AC}}-i_{\mathrm{C\,AC}}$）以暂态时间常数衰减。用类似于推导式（4.33）和式（4.36）的方法，可得考虑了绕组电阻的相间短路电流表达式为

$$i_{\mathrm{C}}(t)=\frac{\sqrt{3}E_{\mathrm{fm}}}{2(X''_{\mathrm{d}}\sin^2\gamma+X''_{\mathrm{q}}\cos^2\gamma)}[g_2(t)\sin\gamma-\mathrm{e}^{-t/T_\alpha}\sin\gamma_0] \tag{4.74}$$

式中，

$$g_2(t)=(X''_{\mathrm{d}}+X_2)\left[\left(\frac{1}{X''_{\mathrm{d}}+X_2}-\frac{1}{X'_{\mathrm{d}}+X_2}\right)\mathrm{e}^{-t/T''_\beta}+\left(\frac{1}{X'_{\mathrm{d}}+X_2}-\frac{1}{X_{\mathrm{d}}+X_2}\right)\mathrm{e}^{-t/T'_\beta}+\frac{1}{X_{\mathrm{d}}+X_2}\right] \tag{4.75}$$

用于描述故障电流交流分量的衰减（下标“2”表示相间短路）。

由于发电机抵御相间短路电流的电抗与抵御三相短路电流的电抗不同，因此次暂态和暂态时间常数也要根据电抗的比例关系做相应的改变，这样有

$$T''_\beta=T''_{\mathrm{d}}\left(\frac{X'_{\mathrm{d}}}{X''_{\mathrm{d}}}\right)\left(\frac{X''_{\mathrm{d}}+X_2}{X'_{\mathrm{d}}+X_2}\right),\qquad T'_\beta=T'_{\mathrm{d}}\left(\frac{X_{\mathrm{d}}}{X'_{\mathrm{d}}}\right)\left(\frac{X'_{\mathrm{d}}+X_2}{X_{\mathrm{d}}+X_2}\right) \tag{4.76}$$

4.3.5 次暂态转矩

与三相短路一样，相间短路时阻尼绕组产生的磁通在 d 轴和 q 轴方向与电枢磁通大小相等方向相反，电磁转矩完全由励磁磁通与电枢反应磁动势 q 轴分量间的相互作用而产生。忽略次暂态凸极效应并将式（4.60）代入式（4.41），类似于三相短路，可得到

$$\tau_{\mathrm{AC}}=\frac{\pi}{2}\Phi_{\mathrm{f0}}\frac{3}{2}N_{\mathrm{a}}\frac{E_{\mathrm{fm}}}{X''_{\mathrm{d}}}(\sin\gamma-\sin\gamma_0)\cos\gamma \tag{4.77}$$

又由于

$$E_{\mathrm{f}}=\frac{1}{\sqrt{2}}\omega\left(\frac{\pi}{2}N_{\mathrm{a}}\right)\Phi_{\mathrm{f0}}$$

故次暂态转矩可表示为

$$\tau_{\mathrm{AC}}=\frac{3}{\omega}\frac{E_{\mathrm{f}}^2}{X''_{\mathrm{d}}}(\sin\gamma-\sin\gamma_0)\cos\gamma\quad \mathrm{Nm} \tag{4.78}$$

上式忽略了绕组电阻，绕组电阻的作用是使转子电流按 $g_2(t)$ 规律随时间衰减，而定子电流将按照 $g_2(t)$ 和 e^{-t/T_β}规律衰减。在式（4.78）中的相应项乘上这些衰减函数可得

$$\begin{aligned}\tau_{\mathrm{AC}}&=\frac{3}{\omega}\frac{E_{\mathrm{f}}^2}{X''_{\mathrm{d}}}[g_2(t)\sin\gamma-\mathrm{e}^{-t/T_\beta}\sin\gamma_0]g_2(t)\cos\gamma\\&=\frac{3}{\omega}\frac{E_{\mathrm{f}}^2}{X''_{\mathrm{d}}}\left[\frac{1}{2}g_2^2(t)\sin2\gamma-\sin\gamma_0\mathrm{e}^{-t/T_\beta}g_2(t)\cos\gamma\right]\mathrm{Nm}\end{aligned} \tag{4.79}$$

与三相短路时的转矩不同，相间短路时的电磁转矩与短路发生时刻有关。与 γ_0有关的转矩分量以基频做周期变化，当 A 相电压达负峰值即 $\gamma_0=-\pi/2$ 时，此分量达到最大值。这种情况下，此基频分量在初始时幅值最大，为二倍频分量幅值的两倍。随着时间的推移，

此基频转矩分量不断衰减，直到稳态时完全消失，此后电磁转矩以二倍频变化，如图 4-29 所示。

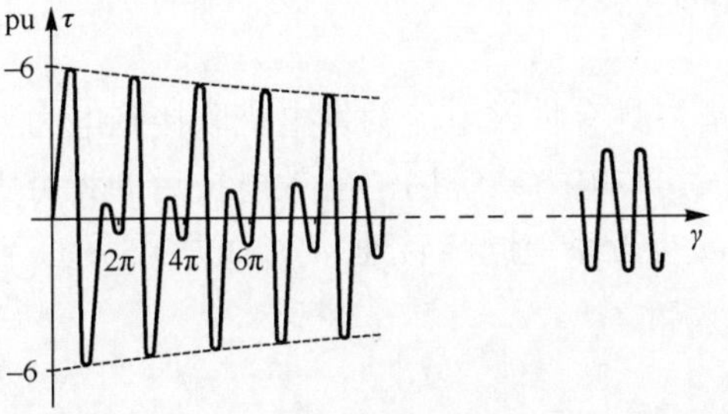

图 4-29　对应 $\gamma_0=-\pi/2$ 发生相间短路时的电磁转矩变化实例

考虑次暂态凸极效应后，表达式会变得非常复杂。第一，与电流表达式类似，应用双反应理论后将使分母出现 $X''_d\sin^2\gamma+X''_q\cos^2\gamma$ 项。第二，与三相短路情况一样，会出现二倍频交流分量，其与（$X''_q-X''_d$）有关。这样，电磁转矩可表示为

$$\tau_{AC}=\frac{3}{\omega}\frac{E_f^2}{X''_d\sin^2\gamma+X''_q\cos^2\gamma}\left\{[g_2(t)\sin\gamma-e^{-t/T_\beta}\sin\gamma_0]g_2(t)\cos\omega t\right.$$

$$\left.+\frac{1}{2}\frac{(X''_q-X''_d)[g_2(t)\sin\gamma-e^{-t/T_\beta}\sin\gamma_0]^2\sin2\gamma}{X''_d\sin^2\gamma+X''_q\cos^2\gamma}\right\}\ \text{Nm} \tag{4.80}$$

当（$X''_q-X''_d$）很小时，式（4.80）给出的转矩在波形和最大值上与式（4.79）都类似。如果次暂态凸极效应很强，则式（4.80）中的第二项将使转矩形状畸变并可能使转矩瞬时值增大。图 4-30 给出了次暂态凸极效应很强时转矩的变化曲线，此时 $X''_q\approx2X''_d$。

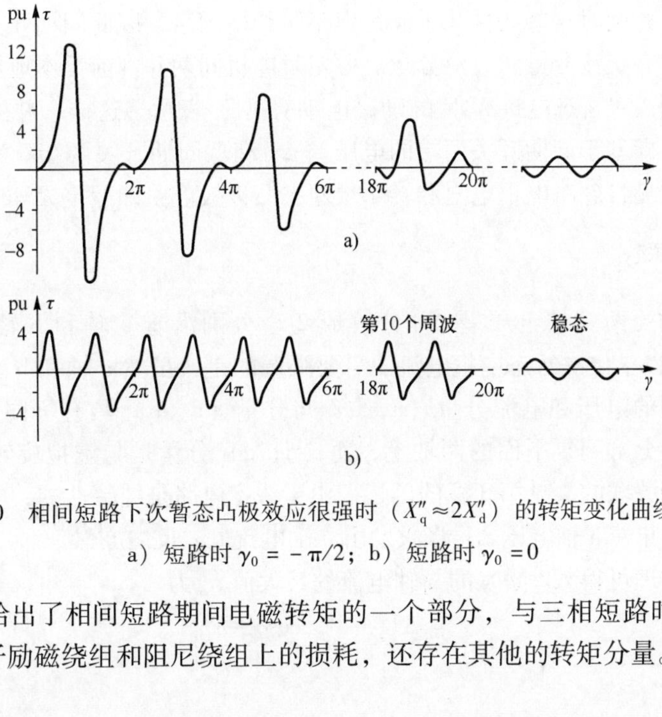

图 4-30　相间短路下次暂态凸极效应很强时（$X''_q\approx2X''_d$）的转矩变化曲线实例：

a）短路时 $\gamma_0=-\pi/2$；b）短路时 $\gamma_0=0$

式（4.80）给出了相间短路期间电磁转矩的一个部分，与三相短路时的情况一样，由于电枢绕组及转子励磁绕组和阻尼绕组上的损耗，还存在其他的转矩分量。不过，其他的转

矩分量与式（4.80）定义的这部分转矩相比通常很小。

4.4 发电机同期并网

发电机同期并网指的是将具有励磁电流的发电机联接到电力系统的过程。同期并网过程的示意图如图4-31a所示，其中电力系统用“等效电抗后的无穷大母线电压$\underline{V}_s$”来代替。假定开关闭合前发电机转速ω接近系统同步转速ω_s，而励磁系统产生的空载机端电压E_f接近于系统电压V_s。

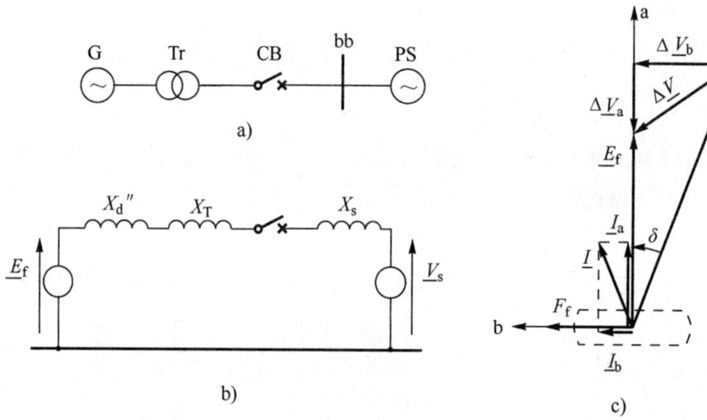

图4-31 发电机同期并网：a）示意图；b）次暂态下的等效电路；c）相量图
G—发电机 Tr—变压器 bb—升压站母线 PS—电力系统 CB—断路器（同期开关）

理想的同期并网发生在$\omega=\omega_s$、$\underline{E}_f=\underline{V}_s$和$\delta=0$条件下，此时，同期开关闭合时没有环流流动。通常发电机并网时这些条件几乎满足但不是严格满足，因此同期开关闭合时将会有环流流动，此环流含有交流分量和直流分量。假定发电机同期并网前无本地负荷，那么在次暂态下发电机可以用“次暂态电抗X''_d后的励磁电动势E_f”表示。这样，并网环流可以用戴维南定理进行计算，即基于同期开关两端的电压差$\Delta\underline{V}$和从同期开关两端看进去的等效阻抗进行计算。为简便起见，忽略电枢电阻和转子次暂态凸极效应，即假定$R=0$且$X''_d=X''_q$。

4.4.1 电流与转矩

通过将同期开关两端的电压差$\Delta\underline{V}$分解成2个分别沿着a轴和b轴的正交分量，如图4-31c所示，可以求出次暂态电枢电流。需要强调的是，虽然a轴和b轴分别与d轴和q轴重合，但所得到的电压和电流分量（a，b）与分量（d，q）具有不同的含义。（a，b）分量仅仅是将相量分解到复平面的两轴上，而（d，q）分量是与虚拟旋转的正交电枢绕组上的电流或电压相关联的，见第3章的阐述。由于假定电路是纯感性的，电流必然滞后于激励电压$\pi/2$。这意味着a轴电压ΔV_a将激发出b轴电流I_b，反之亦然。

利用戴维南定理可得ΔV_a激发的b轴电流的最大值i_{bm}为

$$i_{bm}=\frac{\Delta V_{am}}{x''_d}=\frac{V_{sm}\cos\delta-E_{fm}}{x''_d} \tag{4.81}$$

式中，$x''_{\mathrm{d}}=X''_{\mathrm{d}}+X_{\mathrm{T}}+X_{\mathrm{s}}$，$E_{\mathrm{fm}}=\sqrt{2}E_{\mathrm{f}}$，$V_{\mathrm{sm}}=\sqrt{2}V_{\mathrm{s}}$。由于电压分量 ΔV_{a} 是沿着 q 轴方向的，对于从同期开关两端看进去的戴维南等效电路，其作用类似于空载发电机三相短路时的电动势 E_{f}。这样，电枢绕组中感应出来的交流电流和直流电流分量，与式（4.7）和式（4.8）所表达的类似，仅仅是用 i_{bm} 替换 i_{m}。

与三相短路情况一样，来自于 I_{b} 的相电流交流分量产生了一个电枢磁动势，该磁动势与转子一起旋转并与励磁磁动势 F_{f} 同相位（见图 4-31c）。由于这两个磁动势之间没有相角差，因此不产生电磁转矩。另一方面，相电流的直流分量产生了一个静止磁动势，其相对于转子反向旋转。因此，励磁磁通与电枢磁动势之间的夹角随时间变化，产生一个如式（4.43）所示的周期变化的转矩，为

$$\tau_{\mathrm{I}}=-\frac{3}{2}\frac{1}{\omega}E_{\mathrm{fm}}i_{\mathrm{bm}}\sin\omega t=-\frac{3}{\omega}\frac{E_{\mathrm{f}}}{x''_{\mathrm{d}}}(V_{\mathrm{s}}\cos\delta-E_{\mathrm{f}})\sin\omega t\quad \mathrm{Nm} \tag{4.82}$$

与式（4.43）相比，负号是因为 $\Delta\underline{V}_{\mathrm{a}}$ 与 E_{f} 方向相反。

b 轴电压 $\Delta\underline{V}_{\mathrm{b}}$ 产生 a 轴环流 $\underline{I}_{\mathrm{a}}$。此电流的幅值为

$$i_{\mathrm{am}}=\frac{\Delta V_{\mathrm{bm}}}{x''_{\mathrm{d}}}=\frac{V_{\mathrm{sm}}\sin\delta}{x''_{\mathrm{d}}} \tag{4.83}$$

$\underline{I}_{\mathrm{a}}$ 产生一个与转子一起旋转并沿着 q 轴方向的磁动势（见图 4-31c）。电枢磁动势的这个分量与励磁磁通相互作用产生一个恒定的驱动转矩：

$$\tau_{\mathrm{II}}=\frac{3}{2}\frac{1}{\omega}E_{\mathrm{fm}}i_{\mathrm{am}}=\frac{3}{\omega}\frac{E_{\mathrm{f}}V_{\mathrm{s}}}{x''_{\mathrm{d}}}\sin\delta\quad \mathrm{Nm} \tag{4.84}$$

由 $\Delta\underline{V}_{\mathrm{b}}$ 激发的相电流直流分量产生了一个静止磁通，其与由 ΔV_{a} 产生的静止磁通相角差 π/2，因此产生的周期变化转矩为

$$\tau_{\mathrm{III}}=\frac{3}{2}\frac{1}{\omega}E_{\mathrm{fm}}i_{\mathrm{am}}\sin\left(\omega t-\frac{\pi}{2}\right)=-\frac{3}{\omega}\frac{E_{\mathrm{f}}V_{\mathrm{s}}}{x''_{\mathrm{d}}}\sin\delta\cos\omega t\quad \mathrm{Nm} \tag{4.85}$$

这里需要注意的是，虽然由同期并网产生的环流与三相短路电流具有类似的波形，其直流分量可以大于或小于三相短路电流，取决于 X_{T}、X_{s} 和 δ 的实际值。此外，同期并网转矩可能由于 $\Delta\underline{V}_{\mathrm{b}}$ 分量的影响而与三相短路转矩大不一样。将由式（4.82）、式（4.84）和式（4.85）描述的 3 个转矩分量相加可得

$$\tau=\tau_{\mathrm{I}}+\tau_{\mathrm{II}}+\tau_{\mathrm{III}}=\frac{3}{\omega}\left[\frac{E_{\mathrm{f}}V_{\mathrm{s}}}{x''_{\mathrm{d}}}\sin\delta(1-\cos\omega t)-\frac{E_{\mathrm{f}}}{x''_{\mathrm{d}}}(V_{\mathrm{s}}\cos\delta-E_{\mathrm{f}})\sin\omega t\right]\quad \mathrm{Nm} \tag{4.86}$$

用 $\cos\delta=1-\sin\delta\tan(\delta/2)$ 作替换可得

$$\tau=\frac{3}{\omega}\left[\frac{E_{\mathrm{f}}V_{\mathrm{s}}}{x''_{\mathrm{d}}}\sin\delta\left(1-\cos\omega t+\tan\frac{\delta}{2}\sin\omega t\right)+\frac{E_{\mathrm{f}}(E_{\mathrm{f}}-V_{\mathrm{s}})}{x''_{\mathrm{d}}}\sin\omega t\right]\quad \mathrm{Nm} \tag{4.87}$$

同期并网产生的转矩最大值高度依赖于开关闭合时的 δ 角。当 $E_{\mathrm{f}}\approx V_{\mathrm{s}}$ 时，上式第 2 项为零，转矩由如下三角函数表达式确定：

$$T_{\delta}(t)=\sin\delta\left(1-\cos\omega t+\tan\frac{\delta}{2}\sin\omega t\right) \tag{4.88}$$

在 3 个不同的 δ 值下式（4.88）随时间变化的曲线如图 4-32a 所示，而图 4-32b 展示了转矩 $T_{\delta}(t)$ 的最大值与 δ 之间的关系。从这些图可以看出，δ 大时转矩最大值也大，并在一个周期的前面部分出现，当 $\delta=2\pi/3$ 时转矩达到最大值。

如果 $E_f \neq V_s$，则根据式（4.87），转矩中还增加一项周期性变化的增量，其依赖于差值（$E_f - V_s$）。

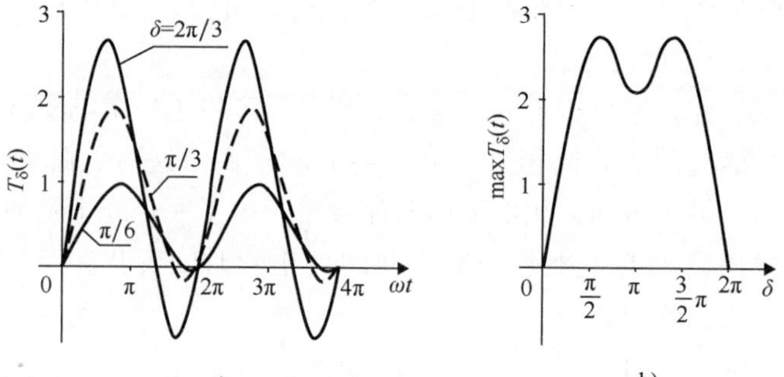

图4-32 式（4.88）展示：
a）同期并网角 δ 取不同值时的变化曲线；b）最大值与同期并网角 δ 之间的关系

例4.3 以发电机额定值为基准的电网参数标幺值为 $X''_d = X''_q = 0.18$，$X_T = 0.11$，$X_s = 0.01$，$E_f = V_s = 1.1$。同期并网时产生的次暂态转矩标幺值可以将式（4.87）乘以 $\omega/3$ 得到，这样有 $\tau = T_\delta(1.1)^2/(0.18+0.11+0.01) = 4T_\delta$。可利用图4-32b 所示 $T_\delta(t)$ 求取不同同期并网角 δ 下的转矩最大值。下表所示结果表明，此转矩可能会超出额定转矩。

同期角	π/6	π/3	π/2	2π/3	5π/6	π
转矩（pu）	4.08	7.48	9.64	10.4	9.64	8

本节导出的表达式在同期并网瞬间是成立的，即在次暂态阶段成立。随着时间的推移，磁场能将在绕组电阻上耗散，环流将会衰减，发电机将从次暂态进入暂态直至最终到达稳态。随着环流的衰减，相应的转矩分量也衰减。

4.5 网络中的短路及其清除

4.2节较详细地讨论了发电机机端发生三相短路时的效应。所幸这种故障并非经常发生，更常见的情况是故障发生在电力系统的其他位置，距离发电机有一定的距离。图4-33给出了一种一般性的情况，其中发电机升压后通过两回并行输电线路联接到电力系统。

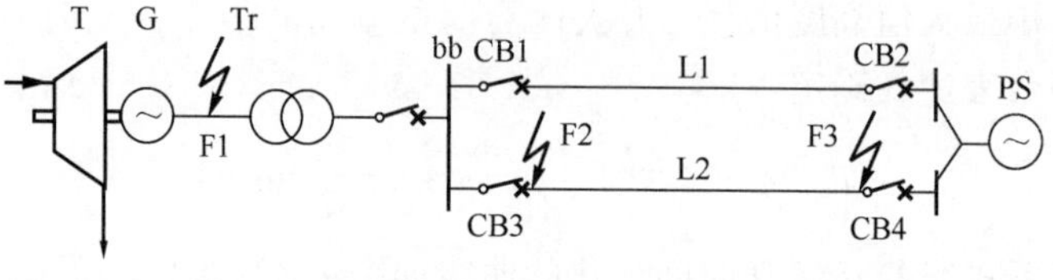

图4-33 电力系统一个局部的示意图及其短路点示例 F1、F2 和 F3
G—发电机 Tr—变压器 bb—母线 PS—电力系统（无穷大母线）

当其中一回线路的始端F2处发生三相对地短路时，可按照发电机短路来处理，但需要对某些电抗和时间常数进行修正以计及变压器的作用。首先，变压器电抗 X_T 须和电抗 X''_d、X'_d 和 X_d 串联相加以得到合成电抗：

$$x''_d = X''_d + X_T, \quad x'_d = X'_d + X_T, \quad x_d = X_d + X_T \tag{4.89}$$

这会使由式（4.29）~式（4.31）给出的短路电流和由式（4.45）~式（4.48）给出的电磁转矩周期分量和非周期分量变小。其次，变压器电阻 R_T 的存在加速了绕组存储的磁场能的耗散，因此短路电流中的直流分量衰减更快。如在式（4.76）中所做的那样，时间常数需加以修正：

$$T''_{d(network)} = T''_d\left(\frac{X'_d}{X''_d}\right)\left(\frac{X''_d + X_T}{X'_d + X_T}\right), \quad T'_{d(network)} = T'_d\left(\frac{X_d}{X'_d}\right)\left(\frac{X'_d + X_T}{X_d + X_T}\right) \tag{4.90}$$

由于时间常数的减小，短路电流瞬时值在第一个周期中就可能过零。

故障期间和故障清除后的电流和转矩波形如图4-34所示。故障期间，三相中流过大电流，而转矩在接近于零的平均值上振荡。由于故障清除时间很短，在转矩图中虚线标出的转子角仅略微增大。故障清除后，转矩和电流的变化类似于同期并网时的情况，转子角先增大后减小，而转矩在平均值上振荡。

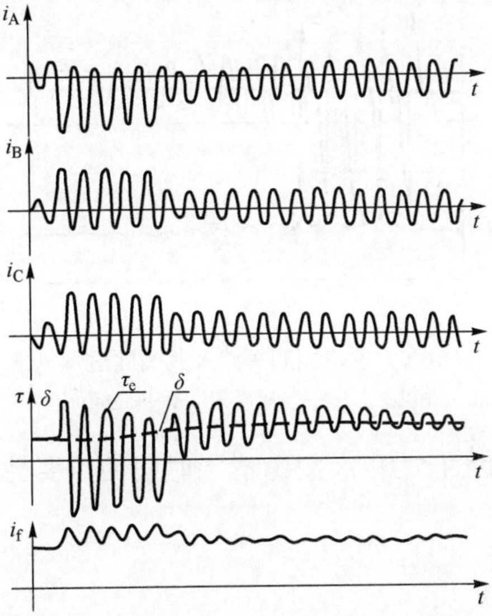

图4-34　在发电机接入系统的输电线上发生三相短路及其清除过程

[来自 Kulicke and Webs (1975)] i_A、i_B 和 i_C—相电流　τ_e—电磁转矩　i_f—励磁电流　δ—转子角

当网络中发生不对称故障时，发电机电流因升压变压器而发生畸变。这种效应的示意图如图4-35所示，假定变压器为Y-△联结，当变压器网侧发生相间短路时，如图4-35a所示，从机侧看到的是三相不对称电流。当变压器网侧发生单相接地短路时，如图4-35b所示，从机侧看相当于相间短路。

图4-36给出了在发电机接入系统的输电线上发生B相与C相相间短路及其清除过程中相电流、气隙转矩和励磁电流随时间的变化曲线。此种不对称故障产生负序电流，使得电磁转矩包含有二倍频分量。

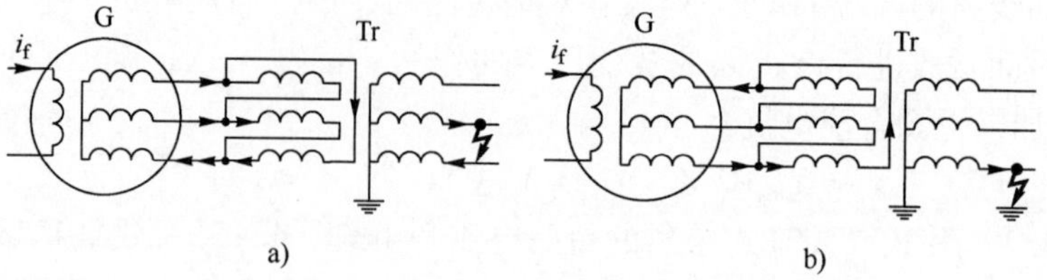

图4-35　短路电流在Y-△联结的变压器中的传递：a）相间短路；b）单相短路

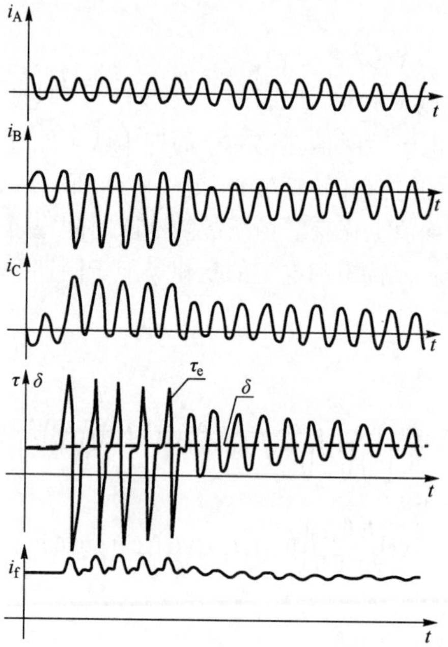

图4-36　在发电机接入系统的输电线上发生相间短路及其清除过程［来自 Kulicke and Webs（1975）］

i_A、i_B和i_C—相电流　τ_e—电磁转矩　i_f—励磁电流　δ—转子角

发电机在短路期间的动态行为以及故障清除时间的重要性将在第5章进行更详细的讨论。

第5章

小扰动机电动态过程

上一章中，对由系统扰动引起的同步发电机电流和转矩进行了讨论，由于扰动持续的时间很短，发电机的转速可以视为恒定不变。本章将考虑更长的时间尺度，在此时间尺度内转子速度会发生变化，并与电磁变化相互作用，从而产生机电动态效应。与这些动态效应相关的时间尺度足够长，使得它们会受到涡轮机和发电机控制系统的影响。

本章的目的是解释发电机转子的机械运动如何以及为什么会受到电磁效应的影响，并考察这种运动是如何与发电机的运行状态相关的。在讨论过程中，将介绍一些重要的稳定性概念以及它们的基本数学描述，并对其物理意义做出解释。

5.1 摇摆方程

第2章2.3节描述了涡轮机的结构特征，并解释了多级汽轮机如何通过共同的传动轴驱动发电机转子。图5-1给出了一台由高压、中压和低压级组成的多级汽轮机示意图，其中每个汽轮机级贡献一定比例的机械驱动转矩。该驱动系统可用一系列旋转质量块来模拟，每个质量块表示一个汽轮机级的惯性，质量块之间通过弹簧进行连接，因而弹簧表示传动轴的扭转刚度和轴间耦合器。这种模型可用于计算传动系统的固有扭振频率，也可用于详细的计算机仿真，以获得重大故障或扰动后传动轴上产生的实际转矩信息，这将在6.7节做进一步讨论。涡轮机-发电机传动系统的固有频率之一是0Hz，表示自由体旋转，即其中的涡轮机和发电机的所有质量块一起运动，转子各个质量块之间没有相对位移。当联接到电力系统时，此自由体旋转将表现为典型的1~2Hz的低频振荡。本节讨论的正是此种自由体旋转。

当考察自由体旋转时，可以假定传动轴是刚性的，此时转子的总惯量J只是各个质量块惯量的总和。根据牛顿第二定律，作用在转子上的任何不平衡转矩都将导致转子作为一个完整的单元加速或减速。

$$J\frac{\mathrm{d}\omega_{\mathrm{m}}}{\mathrm{d}t}+D_{\mathrm{d}}\omega_{\mathrm{m}}=\tau_{\mathrm{t}}-\tau_{\mathrm{e}} \tag{5.1}$$

式中，J是涡轮机和发电机转子的总转动惯量（$\mathrm{kg\cdot m^2}$），ω_{m}是转子传动轴的旋转速度（机械弧度每秒），τ_{t}是涡轮机产生的转矩（Nm），τ_{e}是反向作用的电磁转矩，D_{d}是与风和摩擦引起的机械旋转损耗相对应的阻尼转矩系数（Nms）。

由于与锅炉和汽轮机相关联的热时间常数比较大，因而汽轮机转矩τ_{t}的变化相对缓慢，但电磁转矩τ_{e}几乎可以瞬间变化。稳态下转子的角速度是同步转速ω_{sm}，而汽轮机转矩τ_{t}等于电磁转矩τ_{e}与阻尼转矩（即旋转损耗）$D_{\mathrm{d}}\omega_{\mathrm{sm}}$之和：

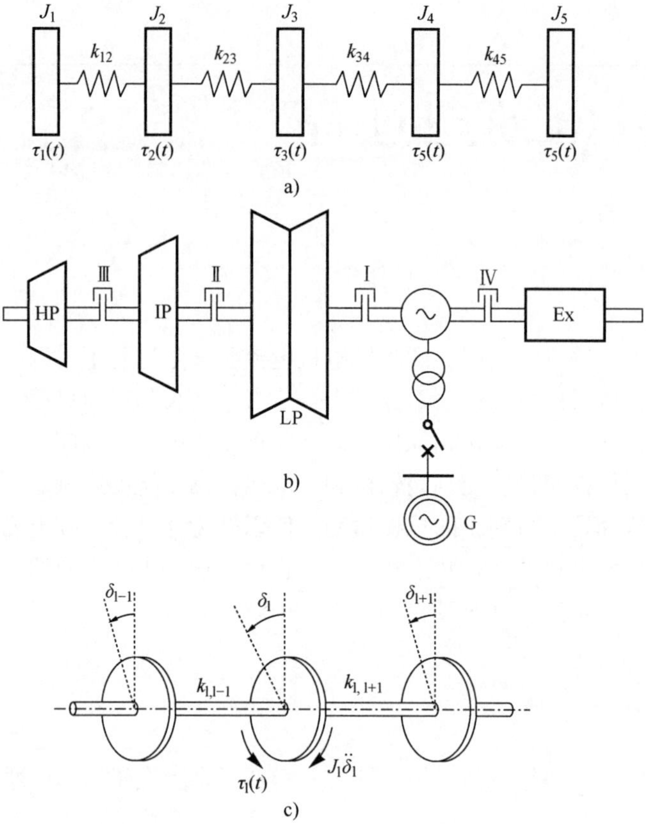

图5-1　作为一个振荡系统的发电机组；a）将转子质量分成各个部分；b）示意图；c）扭转位移

HP、IP、LP—汽轮机的高压、中压和低压级　G—发电机　Ex—旋转励磁机　J—单个部分的转动惯量

τ—作用在质量块上的外部转矩　k—轴段的刚度　δ—质量块的角位移　Ⅰ、Ⅱ、Ⅲ、Ⅳ—轴耦合器

$$\tau_{\mathrm{t}} = \tau_{\mathrm{e}} + D_{\mathrm{d}}\omega_{\mathrm{sm}} \quad 即 \quad \tau_{\mathrm{m}} = \tau_{\mathrm{t}} - D_{\mathrm{d}}\omega_{\mathrm{sm}} = \tau_{\mathrm{e}} \tag{5.2}$$

式中，τ_{m}是传动轴净机械转矩，即在$\omega_{\mathrm{m}} = \omega_{\mathrm{sm}}$条件下汽轮机转矩减去旋转损耗。正是这个转矩转化为了电磁转矩。如果由于某个扰动使$\tau_{\mathrm{m}} > \tau_{\mathrm{e}}$，那么转子会加速；而如果$\tau_{\mathrm{m}} < \tau_{\mathrm{e}}$，那么转子会减速。

在3.3节，转子相对于同步旋转参考轴的位置被定义为转子角或功率角δ。因此转子速度可以表达为

$$\omega_{\mathrm{m}} = \omega_{\mathrm{sm}} + \Delta\omega_{\mathrm{m}} = \omega_{\mathrm{sm}} + \frac{\mathrm{d}\delta_{\mathrm{m}}}{\mathrm{d}t} \tag{5.3}$$

式中，δ_{m}是用机械弧度表示的转子角，$\Delta\omega_{\mathrm{m}} = \frac{\mathrm{d}\delta_{\mathrm{m}}}{\mathrm{d}t}$是用机械弧度每秒表示的转速偏差。

将式（5.3）代入式（5.1）可以得到

$$J\frac{\mathrm{d}^2\delta_{\mathrm{m}}}{\mathrm{d}t^2} + D_{\mathrm{d}}\left(\omega_{\mathrm{sm}} + \frac{\mathrm{d}\delta_{\mathrm{m}}}{\mathrm{d}t}\right) = \tau_{\mathrm{t}} - \tau_{\mathrm{e}} \quad 即 \quad J\frac{\mathrm{d}^2\delta_{\mathrm{m}}}{\mathrm{d}t^2} + D_{\mathrm{d}}\frac{\mathrm{d}\delta_{\mathrm{m}}}{\mathrm{d}t} = \tau_{\mathrm{m}} - \tau_{\mathrm{e}} \tag{5.4}$$

两边同乘以转子的同步角速度ω_{sm}，可得

$$J\omega_{sm}\frac{d^2\delta_m}{dt^2}+\omega_{sm}D_d\frac{d\delta_m}{dt}=\omega_{sm}\tau_m-\omega_{sm}\tau_e \tag{5.5}$$

由于功率是角速度和转矩的乘积，上式右边部分可以用功率表示：

$$J\omega_{sm}\frac{d^2\delta_m}{dt^2}+\omega_{sm}D_d\frac{d\delta_m}{dt}=\frac{\omega_{sm}}{\omega_m}P_m-\frac{\omega_{sm}}{\omega_m}P_e \tag{5.6}$$

式中，P_m 是输入到发电机的净轴功率，P_e 是通过气隙的电磁功率，两者的单位都是 W。扰动期间，同步电机的转速通常非常接近于同步转速，因而 $\omega_m\approx\omega_{sm}$，因此式（5.6）变为

$$J\omega_{sm}\frac{d^2\delta_m}{dt^2}+\omega_{sm}D_d\frac{d\delta_m}{dt}=P_m-P_e \tag{5.7}$$

系数 $J\omega_{sm}$ 是转子在同步转速下的角动量，当用符号 M_m 表示时，式（5.7）可以写成

$$M_m\frac{d^2\delta_m}{dt^2}=P_m-P_e-D_m\frac{d\delta_m}{dt} \tag{5.8}$$

式中，$D_m=\omega_{sm}D_d$ 是阻尼系数。式（5.8）被称为摇摆方程，是决定转子动态过程的基本方程。

通常用归一化惯性常数来表示转子的角动量，这样，特定类型的所有发电机无论额定值如何都将具有相似的“惯性常数”值。“惯性常数”用符号 H 来表示，定义为转子在同步速下存储的动能（单位 MJ）除以发电机的额定容量（单位 MVA）。因此有

$$H=\frac{0.5J\omega_{sm}^2}{S_n}\quad 和\quad M_m=\frac{2HS_n}{\omega_{sm}} \tag{5.9}$$

H 的单位是 s。实际上，“惯性常数”H 也可以称为“全容量输出时间常数”，这里的全容量指的是发电机的额定 MVA 值，即若发电机按照全容量输出电功率时，经过 H 秒其输出的能量等于转子在同步转速下的动能。

在欧洲大陆，用符号 T_m 来表示“机械时间常数”，定义为

$$T_m=\frac{J\omega_{sm}^2}{S_n}=2H\quad 和\quad M_m=\frac{T_mS_n}{\omega_{sm}} \tag{5.10}$$

T_m 的单位仍然是 s，但其物理解释与 H 是不同的。“机械时间常数”也可以称为“全转矩输入时间常数”，这里的全转矩指的是发电机的额定容量除以同步转速，为 $\frac{S_n}{\omega_{sm}}$。若发电机开始时静止不动，突然在汽轮机转轴上施加全转矩 $\frac{S_n}{\omega_{sm}}$，转子就会加速，其转速会线性增长，转速达到同步转速 ω_{sm} 所需要的时间就是 T_m。

第 3 章 3.3 节表明，功角和角速度不是必须用机械角和机械角速度来表示的，也可以用电角度和电角速度来表示，只要采用如下的替换式：

$$\delta=\frac{\delta_m}{p/2}\quad 和\quad \omega_s=\frac{\omega_{sm}}{p/2} \tag{5.11}$$

式中，p 是发电机的极数。引入“惯性常数”并将式（5.11）代入式（5.8），摇摆方程可以写为

$$\frac{2HS_n}{\omega_s}\frac{d^2\delta}{dt^2}+D\frac{d\delta}{dt}=P_m-P_e\quad 即\quad \frac{T_mS_n}{\omega_s}\frac{d^2\delta}{dt^2}+D\frac{d\delta}{dt}=P_m-P_e \tag{5.12}$$

式中，D 是阻尼系数，$D=2D_m/p$。通过定义“惯性系统”M 和“阻尼功率”P_D，可以对式（5.12）进行精简。

$$M=\frac{2HS_n}{\omega_s}=\frac{T_m S_n}{\omega_s} \quad 和 \quad P_D=D\frac{d\delta}{dt} \tag{5.13}$$

于是摇摆方程变成常见的形式：

$$M\frac{d^2\delta}{dt^2}=P_m-P_e-P_D=P_{acc} \tag{5.14}$$

式中，P_{acc}是净加速功率。转子角的时间导数$\frac{d\delta}{dt}=\Delta\omega=\omega-\omega_s$ 是转子转速偏差，单位是电弧度每秒。通常，用两个一阶方程代替式（5.14）的二阶微分方程显得更简便：

$$M\frac{d\Delta\omega}{dt}=P_m-P_e-P_D=P_{acc}$$

$$\frac{d\delta}{dt}=\Delta\omega \tag{5.15}$$

将摇摆方程写成标幺值形式也是电力系统的一种常见做法。这仅仅意味着将式（5.14）归一化到共同的 MVA 基准值上。假定此基准值是发电机的额定容量，那么在式（5.14）两边同除以 S_n 并不改变方程的结构，但这样做后所有的参数都归一化到三相 MVA 基准值上了。

5.2 阻尼功率

由于机械损耗对转子运动的阻尼作用很小，因此实际上可以将其忽略。同步发电机中阻尼的主要来源是 2.3.1 节所描述的阻尼器即阻尼绕组。阻尼绕组的电阻电抗比很高，其作用与感应电动机中短路的笼型转子绕组类似。在次暂态过程中，这些绕组构成一个完美的屏障，将电枢磁通的变化屏蔽在它们之外。在暂态过程中，以同步转速旋转的气隙磁通，会穿过阻尼绕组；且当转子转速 ω 与同步转速 ω_s 不同时，在阻尼绕组中会感应出电动势和电流。此感应电流会产生一个阻尼转矩，并且根据楞次定律，此阻尼转矩试图使转子转速恢复到同步转速。由于这个附加转矩只在 $\omega\neq\omega_s$ 时才会出现，因此它与 $\Delta\omega=\frac{d\delta}{dt}$成正比，并被称为“异步转矩”。

阻尼绕组可以同时存在于转子的 d 轴和 q 轴上，也可只存在于转子的 d 轴上。在圆柱形转子发电机中，实心钢转子体为涡流提供了通路，其作用等同于阻尼绕组。叠片型的凸极电机需要具体的阻尼绕组才能实现有效阻尼。

阻尼功率表达式的严格推导冗长且复杂，但对于单机-无穷大母线系统，在如下的假设条件下可以导出一个近似的表达式：

1）忽略电枢绕组和励磁绕组的电阻。

2）阻尼只由阻尼绕组产生。

3）忽略电枢绕组的漏电抗。

4）励磁不会影响阻尼转矩。

在这些假设条件下，利用图 3-28 所示的感应电动机等效电路，可以导出阻尼功率的表达式。

图4-10a表明，在次暂态下，从电网侧看进去的发电机等效电抗是由4个电抗串并联构成的，其中并联在一起的3个电抗分别为阻尼绕组漏抗 X_D、励磁绕组漏抗 X_f 和电枢反应电抗 X_a，这3个电抗并联后再与电枢绕组漏抗 X_l 相串联。图5-2a给出了一个类似的等效电路，与一个单机-无穷大母线系统相对应，其中的发电机运行在感应电动机状态。图中，电抗 X 表示升压变压器和网络的合成电抗，而 V_s 是无穷大母线电压。根据假设4，励磁绕组是闭合的，没有加励磁电压。为了考虑转速偏差的作用，采用与感应电动机一样的方式，将阻尼绕组支路中的等效电阻除以 $s=\Delta\omega/\omega_s$。开始分析阶段先忽略转子凸极效应。

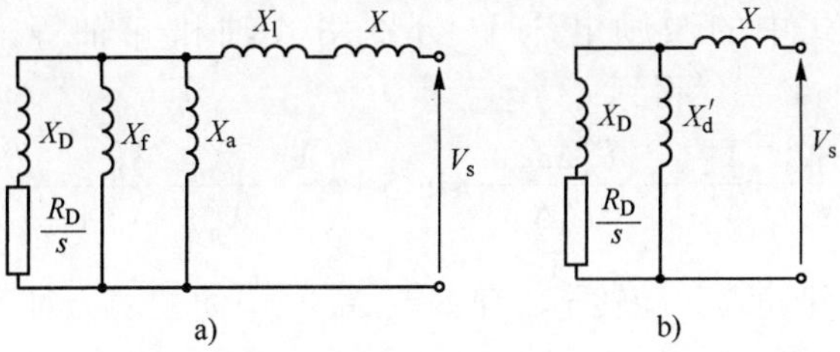

图5-2 同步发电机运行于感应电动机状态的等效电路：a）包括漏抗；b）忽略漏抗

根据假设3，允许忽略电抗 X_l 从而根据式（5.16）计算次暂态和暂态电抗：

$$X'_d \cong \frac{1}{\frac{1}{X_f}+\frac{1}{X_a}}, \quad X''_d \cong \frac{1}{\frac{1}{X_f}+\frac{1}{X_a}+\frac{1}{X_D}} \tag{5.16}$$

上述第一个方程允许图5-2a中并联的 X_f 和 X_a 用 X'_d 替代，如图5-2b所示。

式（5.16）还表明，阻尼绕组漏抗可以近似地用次暂态电抗和暂态电抗来表示：

$$X_D \cong \frac{X'_d X''_d}{X'_d - X''_d} \tag{5.17}$$

因此现在次暂态短路时间常数 $T''_d=\frac{X_D}{\omega_s R_D}$ 可以按下式计算：

$$T''_d=\frac{X_D}{\omega_s R_D} \cong \frac{X'_d X''_d}{\omega_s R_D (X'_d - X''_d)} \tag{5.18}$$

因此可以将从电枢侧看进去的阻尼绕组电阻（R_D/s）写成

$$\frac{R_D}{s}=\frac{X'_d X''_d}{X'_d - X''_d}\frac{1}{T''_d \omega_s s}=\frac{X'_d X''_d}{X'_d - X''_d}\frac{1}{T''_d \Delta\omega} \tag{5.19}$$

由于转速偏差很小，$\frac{R_D}{s}$ 的值很大，因此电流大部分流过 X'_d，从而可以将串联联接的 X 和 X'_d 当作为分压器。在此条件下，X'_d 上的电压降等于 $\frac{V_s X'_d}{X+X'_d}$。将欧姆定律应于到阻尼绕组等效支路上有

$$I_D^2 \cong V_s^2 \left(\frac{X'_d}{X+X'_d}\right)^2 \frac{1}{\left(\frac{R_D}{s}\right)^2 + X_D^2} \tag{5.20}$$

阻尼功率为

$$P_{\mathrm{D}}=I_{\mathrm{D}}^{2}\frac{R_{\mathrm{D}}}{s}\cong V_{\mathrm{s}}^{2}\left(\frac{X_{\mathrm{d}}'}{X+X_{\mathrm{d}}'}\right)^{2}\frac{\dfrac{R_{\mathrm{D}}}{s}}{\left(\dfrac{R_{\mathrm{D}}}{s}\right)^{2}+\left(\dfrac{X_{\mathrm{d}}'X_{\mathrm{d}}''}{X_{\mathrm{d}}'-X_{\mathrm{d}}''}\right)^{2}} \tag{5.21}$$

将式（5.19）中的$\frac{R_{\mathrm{D}}}{s}$代入上式可以得到

$$P_{\mathrm{D}}\cong V_{\mathrm{s}}^{2}\frac{X_{\mathrm{d}}'-X_{\mathrm{d}}''}{(X+X_{\mathrm{d}}')^{2}}\frac{X_{\mathrm{d}}'}{X_{\mathrm{d}}''}\frac{T_{\mathrm{d}}''\Delta\omega}{1+(T_{\mathrm{d}}''\Delta\omega)^{2}} \tag{5.22}$$

当考虑转子凸极效应时，可以在交轴上导出一个类似的表达式。合成的阻尼功率可以将d轴和q轴上对应公式中的激励电压V_{s}分别用d轴和q轴等效电路中的电压分量$V_{\mathrm{d}}=-V_{\mathrm{s}}\sin\delta$和$V_{\mathrm{q}}=V_{\mathrm{s}}\cos\delta$替代得到：

$$P_{\mathrm{D}}=V_{\mathrm{s}}^{2}\left[\frac{X_{\mathrm{d}}'-X_{\mathrm{d}}''}{(X+X_{\mathrm{d}}')^{2}}\frac{X_{\mathrm{d}}'}{X_{\mathrm{d}}''}\frac{T_{\mathrm{d}}''\Delta\omega}{1+(T_{\mathrm{d}}''\Delta\omega)^{2}}\sin^{2}\delta+\frac{X_{\mathrm{q}}'-X_{\mathrm{q}}''}{(X+X_{\mathrm{q}}')^{2}}\frac{X_{\mathrm{q}}'}{X_{\mathrm{q}}''}\frac{T_{\mathrm{q}}''\Delta\omega}{1+(T_{\mathrm{q}}''\Delta\omega)^{2}}\cos^{2}\delta\right] \tag{5.23}$$

阻尼功率依赖于转子角δ并随转子转速偏差$\Delta\omega=\frac{\mathrm{d}\delta}{\mathrm{d}t}$而波动。对于小的转速偏差，阻尼功率与转速偏差成正比；而对于大的转速偏差，它是转速偏差的非线性函数，且与图3-29所示的感应电动机功率-转差率特性相似。

对于小的转速偏差$s=\Delta\omega/\omega_{\mathrm{s}}\ll 1$，因而式（5.23）分母中的$(T_{\mathrm{d}}''\Delta\omega)^{2}$项可以忽略。这样，式（5.23）可以简化为

$$P_{\mathrm{D}}=V_{\mathrm{s}}^{2}\left[\frac{X_{\mathrm{d}}'-X_{\mathrm{d}}''}{(X+X_{\mathrm{d}}')^{2}}\frac{X_{\mathrm{d}}'}{X_{\mathrm{d}}''}T_{\mathrm{d}}''\sin^{2}\delta+\frac{X_{\mathrm{q}}'-X_{\mathrm{q}}''}{(X+X_{\mathrm{q}}')^{2}}\frac{X_{\mathrm{q}}'}{X_{\mathrm{q}}''}T_{\mathrm{q}}''\cos^{2}\delta\right]\Delta\omega \tag{5.24}$$

此式与由Dahl（1938）导出并被Kimbark（1956）引用的表达式是完全一样的。在上述两个方程中，时间常数T_{d}''和T_{q}''是次暂态短路时间常数。

当δ较大时，阻尼在d轴方向最大；而当δ较小时，q轴阻尼绕组产生最大的阻尼。式（5.24）可以重写成如下有用的形式：

$$P_{\mathrm{D}}=[D_{\mathrm{d}}\sin^{2}\delta+D_{\mathrm{q}}\cos^{2}\delta]\Delta\omega=D(\delta)\Delta\omega \tag{5.25}$$

式中，$D(\delta)=D_{\mathrm{d}}\sin^{2}\delta+D_{\mathrm{q}}\cos^{2}\delta$，而$D_{\mathrm{d}}$、$D_{\mathrm{q}}$是d轴和q轴的阻尼系数。图5-3展示了根据式（5.25）得到的阻尼系数D随δ而变化的曲线。该曲线在$\delta=0$、π，或者$\delta=\pi/2$、$3\pi/2$时达到极值，而且相应的极值分别与D_{d}和D_{q}的极值相对应。阻尼系数的平均值是$D_{\mathrm{av}}=(D_{\mathrm{d}}+D_{\mathrm{q}})/2$。

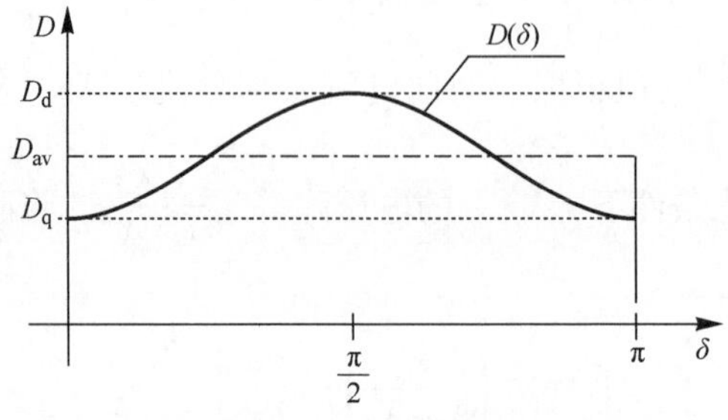

图5-3 阻尼系数随转子角的变化曲线

网络等效电抗 X 对阻尼（异步）功率具有重要影响，因为其二次方出现在式（5.23）和式（5.24）的分母中。作为比较，网络电抗 X 对同步功率的影响要小得多，同步功率的表达式见式（3.88），其中网络电抗 X 出现在分母中，但不是其二次方。

5.2.1 大转速偏差下的阻尼功率

当在很宽的转速偏差值范围内分析阻尼功率时，可以方便地将式（5.23）改写为

$$P_{\mathrm{D}}=P_{\mathrm{D(d)}}\sin^2\delta+P_{\mathrm{D(q)}}\cos^2\delta \tag{5.26}$$

式中，$P_{\mathrm{D(d)}}$ 和 $P_{\mathrm{D(q)}}$ 都依赖于转速偏差。这两个分量都与 $\alpha/(1+\alpha^2)$ 形式的转速偏差非线性函数成正比，对第一个分量而言，$\alpha=T''_{\mathrm{d}}\Delta\omega$，对第二个分量而言，$\alpha=T''_{\mathrm{q}}\Delta\omega$。该非线性函数在 $\alpha=1$ 时达到最大值，因此阻尼功率的每个分量在由下式给定的不同临界转速偏差时取得最大的临界值：

$$s_{\mathrm{cr(d)}}=\frac{\Delta\omega_{\mathrm{cr(d)}}}{\omega_{\mathrm{s}}}=\frac{1}{T''_{\mathrm{d}}\omega_{\mathrm{s}}},\qquad s_{\mathrm{cr(q)}}=\frac{\Delta\omega_{\mathrm{cr(q)}}}{\omega_{\mathrm{s}}}=\frac{1}{T''_{\mathrm{q}}\omega_{\mathrm{s}}} \tag{5.27}$$

和

$$P_{\mathrm{D(d)cr}}=\frac{V_{\mathrm{s}}^2}{2}\frac{X'_{\mathrm{d}}-X''_{\mathrm{d}}}{(X+X'_{\mathrm{d}})^2}\frac{X'_{\mathrm{d}}}{X''_{\mathrm{d}}},\qquad P_{\mathrm{D(q)cr}}=\frac{V_{\mathrm{s}}^2}{2}\frac{X'_{\mathrm{d}}-X''_{\mathrm{d}}}{(X+X'_{\mathrm{d}})^2}\frac{X'_{\mathrm{d}}}{X''_{\mathrm{d}}} \tag{5.28}$$

图 5-4 给出了 $P_{\mathrm{D(d)}}$ 和 $P_{\mathrm{D(q)}}$ 随转速偏差而变化的曲线。当 $\Delta\omega=0$ 时两个因子都等于 0，而随着转速偏差的增大两个因子都增大，直到达到临界值后才下降。当改变 δ 时，阻尼功率 P_{D} 会在 $P_{\mathrm{D(d)}}$ 与 $P_{\mathrm{D(q)}}$ 之间取值，而其平均值为如图 5-4 所示的粗实线。

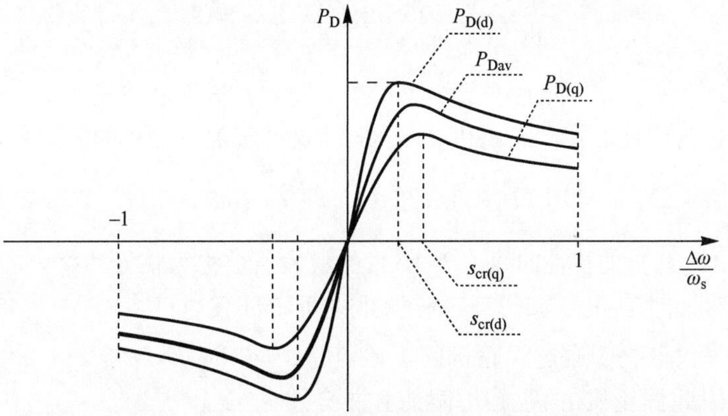

图 5-4 阻尼功率平均值随转速偏差的变化曲线

5.3 平衡点

5.1 节阐明了加速功率取决于涡轮机功率 P_{m} 与气隙电功率 P_{e}（减去阻尼功率 P_{D}）之差。机械功率是由涡轮机提供的，其值受到涡轮机调速器的控制。而气隙电功率依赖于发电机的负载条件，并随发电机的参数和功角而变；同时它也与发电机的运行状态有关，但本节仅考虑单机-无穷大母线系统的稳态模型。在 3.3 节引入的如图 3-24 所示的无穷大母线电压 V_{s}，被设定为相位基准，从而此虚拟的系统等效发电机的转子将提供一个以恒定转速旋转的

参考轴。在推导 P_e 的表达式时，将假定发电机和系统合起来的电阻 r 很小，可以忽略。但是，很重要的一点是明确气隙电功率等于提供给系统的功率 P_s 加上等效电阻上的功率损耗 I^2r。

3.3 节表明，稳态下发电机可以表示成"同步电抗 X_d 和 X_q 下的恒定电动势 E_q"。如果将图3-24 所示的单机-无穷大母线系统中的所有电阻和并联导纳忽略掉，那么气隙电功率 P_e 就等于式（3.132）给出的传送到系统的功率 P_{sE_q}。

$$P_e = P_{E_q} = \frac{E_q V_s}{x_d}\sin\delta + \frac{V_s^2}{2}\frac{x_d - x_q}{x_q x_d}\sin 2\delta \tag{5.29}$$

式中，$x_d = X_d + X$，$x_q = X_q + X$，$X = X_T + X_s$ 是升压变压器和等效网络的合成电抗。下标"E_q"表示气隙电功率是在假设 E_q 恒定的条件下计算的。

3.3 节表明，被称为功角的角 δ 是相量 $\underline{E}_q$ 和 $\underline{V}_s$ 之间的夹角；同时，它也是发电机转子与虚拟系统发电机转子之间的空间夹角，此角度被称为转子角。这一点是至关重要的，因为它允许将描述转子运动的摇摆方程式（5.14）与描述发电机电气状态的式（5.29）联系起来。

式（5.29）描述了发电机的稳态即静态功率-功角特性。对于恒定的 E_q 和 V_s，该特性变成了一个功率与转子角 δ 的唯一函数，即 $P_e = P_e(\delta)$，而式（5.14）可以被重新写为

$$M\frac{\mathrm{d}^2\delta}{\mathrm{d}t^2} = P_m - P_e(\delta) - D\frac{\mathrm{d}\delta}{\mathrm{d}t} \tag{5.30}$$

以强调 P_e 是 δ 的函数，而 P_D 与 $\mathrm{d}\delta/\mathrm{d}t$ 成正比。

在平衡状态下，发电机运行在同步转速 $\omega = \omega_s$ 下，所以

$$\left.\frac{\mathrm{d}\delta}{\mathrm{d}t}\right|_{\delta=\hat{\delta}} = 0 \quad 和 \quad \left.\frac{\mathrm{d}^2\delta}{\mathrm{d}t^2}\right|_{\delta=\hat{\delta}} = 0, \tag{5.31}$$

式中，$\hat{\delta}$ 是平衡点的转子角。将上述条件代入式（5.30）表明在平衡点 $P_m = P_e(\hat{\delta})$。为简化起见，假定发电机为圆柱形转子发电机，$x_d = x_q$，这样气隙电功率的表达式可以简化为

$$P_e(\delta) = P_{E_q}(\delta) = \frac{E_q V_s}{x_d}\sin\delta \tag{5.32}$$

图5-5 画出了式（5.32）的特性曲线。$P_{E_q}(\delta)$ 的最大值被称为临界功率 $P_{E_q\mathrm{cr}}$，而对应的转子角被称为临界角 δ_{cr}。对于由式（5.32）描述的圆柱形转子发电机，$P_{E_q\mathrm{cr}} = E_q V_s / x_d$ 和 $\delta_{cr} = \pi/2$。

由于机械功率仅取决于通过涡轮机的工质流量，而与角 δ 无关，因此涡轮机的机械功率特性曲线可以认为是在（δ，P）平面上的一条水平线 P_m = 常数。水平的 P_m 特性曲线与类似于正弦形的 $P_e(\delta)$ 特性曲线的交点就是发电机的平衡点。如图 5-5 所示，存在 3 种可能性：

1）$P_m > P_{E_q\mathrm{cr}}$，显然不存在平衡点，发电机不能运行在此种状态下。

2）$P_m = P_{E_q\mathrm{cr}}$，只存在一个平衡点 δ_{cr}。

3）$P_m < P_{E_q\mathrm{cr}}$，有两个平衡点 $\hat{\delta}_s$ 和 $\hat{\delta}_u$。这种情况对应于正常运行状态，将在下一节继续讨论。

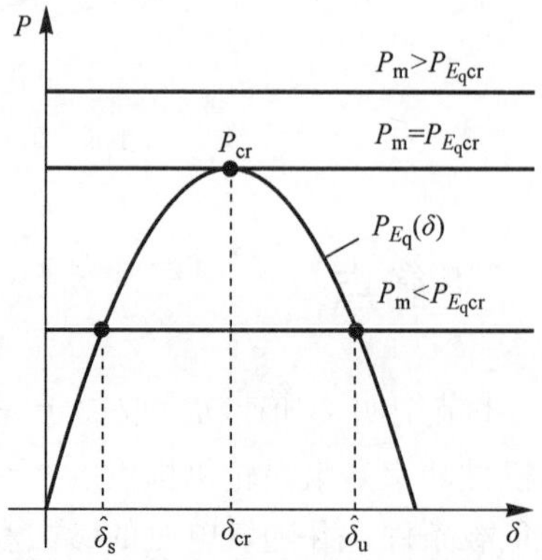

图5-5　不同机械功率下的平衡点

5.4　不控系统的静态稳定性

一般来说，如果系统在受到任何小扰动之后达到的稳态运行点与扰动前的运行点完全一样或很接近，则该系统对于特定的运行点是静态稳定的。这也被称为小扰动稳定性或者小信号稳定性。小扰动是这样一种扰动，为了对此种扰动进行分析，描述电力系统动态特性的方程可以被线性化。

发电机的动态和稳定性通常受到发电机和涡轮机自动控制的影响（见图 2-2）。为简化起见，对发电机动态的分析将分成两节进行。本节将考察“不控系统”，即假定机械功率和励磁电压是恒定不变的。这对应于分析系统的固有静态稳定性或自然静态稳定性。而 AVR 的影响将会在 5.5 节中考虑。

5.4.1　失步功率

第 4 章 4.4 节表明，当发电机即将与系统同步时，它必须以同步转速旋转，其端电压必须等于母线电压并与母线电压同相位。当同期开关闭合时，稳态平衡点在 $\delta=0$ 和 $P_m=0$ 处达到，并且与图 5-5 所示的功率-功角特性曲线的原点相对应。如果现在机械功率 P_m 以很小的增量缓慢增加，电功率 P_e 一定也跟随此功率变化，从而达到新的功率平衡点 $P_m=P_e$。换句话说，如果机械功率增加（减少）引起电功率相应地增加（减少），则系统是静态稳定的。

如果系统的反应与此刚好相反，即机械功率增加时伴随着电功率的减小，那么就不能达到平衡点。这些关于稳定性的考虑如图 5-6 所示。

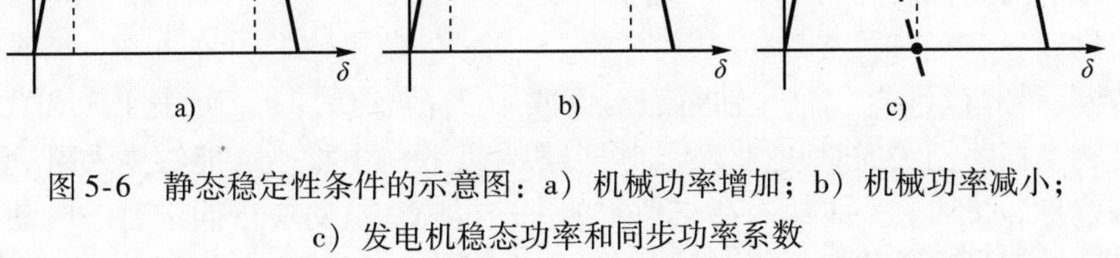

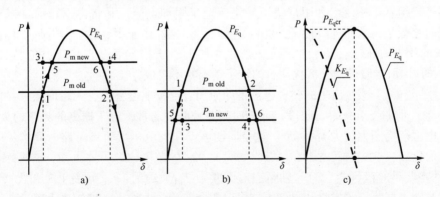

图 5-6　静态稳定性条件的示意图：a）机械功率增加；b）机械功率减小；c）发电机稳态功率和同步功率系数

对于特定的机械功率，用下标“old”表示，存在两个平衡点：1 和 2。如果机械功率增加到一个新值，用下标“new”表示，见图 5-6a，那么对于点 1 来说便产生了一个功率盈余。这个盈余功率就是加速功率，等于点 3 与点 1 之间的纵坐标差，根据式（5.14），转子会加速并使功角和电功率增大。引起的运动如箭头所示，是向着新的平衡点 5 移动的。

相反的情况发生在平衡点 2 上。对于平衡点 2，加速功率等于点 4 与点 2 之间的纵坐标差，同样会使转子加速并导致功角增大，但此时电功率将是减小的。其运动方向如图 5-6a

中箭头所示，是离开新的平衡点6方向的。

如果机械功率降低，也可以得到类似的响应，如图5-6b所示。对于功率-功角特性曲线左侧的平衡点，转子是从点1向着新的平衡点5运动。另一方面，当从曲线右侧的平衡点2开始时，就不可能达到新的平衡点6，因为转子的运动是朝着相反方向进行的。显然当机械功率增加到一个超出 P_{cr} 的值后，会由于缺少平衡点而失去同步。

通过上述讨论，很明显对于励磁电动势 E_f 恒定的单机-无穷大母线系统，只有在功率-功角特性曲线左侧的运行点才是静态稳定的，即要求功率-功角特性曲线的斜率 K_{E_q} 为正：

$$K_{E_q}=\left.\frac{\partial P_{E_q}}{\partial\delta}\right|_{\delta=\hat{\delta}_s}>0 \tag{5.33}$$

K_{E_q} 被称为静态同步功率系数，而临界功率 $P_{E_q cr}$ 经常被称为失步功率，以强调更大的功率会导致不控发电机与系统的其余部分失去同步性。图5-6c展示了 $K_{E_q}(\delta)$ 的曲线和 $P_{E_q cr}$。$P_{E_q cr}$ 的值也被称为静态稳定极限，可以被用来确定静态稳定裕度，如下式所示：

$$c_{E_q}=\frac{P_{E_q cr}-P_m}{P_{E_q cr}} \tag{5.34}$$

式中，P_m 是发电机的实际负载。稳定裕度在 $c_{E_q}=1$（对应发电机空载）和 $c_{E_q}=0$（对应发电机带临界负载）之间变化。

需要强调的是，失步功率是由稳态特性曲线 $P_{E_q}(\delta)$ 确定的，而发电机对扰动的动态响应是由暂态功率-功角特性曲线确定的，这将在下一小节中讨论。

5.4.2 暂态功率-功角特性

第4章解释了作用在发电机上的任何扰动如何引起电枢电流和磁通产生突变。这种磁通变化在转子绕组（励磁绕组和阻尼绕组）中感应出附加电流，并将电枢磁通排挤到转子周围的高磁阻路径中，从而屏蔽转子并保持转子磁链恒定。由于电动势 E_q 与励磁电流成正比，感应出来的附加励磁电流会引起 E_q 变化，因此用于推导静态功率-功角特性［见式(5.32)］的 E_q 恒定假设在分析扰动后的转子动态时不再成立。

第4章还解释了感应出来的转子电流是如何随着电枢磁通首先进入阻尼绕组（次暂态阶段）然后进入励磁绕组（暂态阶段）而随时间衰减的。通常，转子振荡的频率约为1~2Hz，对应于机电振荡周期大约为1~0.5s。这个周期可以和发电机次暂态开路时间常数 T''_{d0} 和 T''_{q0} 进行有用的比较，这些时间常数一般落在百分之几秒的范围内。另一方面，d轴暂态时间常数 T'_{d0} 大约在几秒的范围内，而q轴暂态时间常数 T'_{q0} 大约为1s［见表4-3和式（4.16)］。因此，在与转子振荡相关的时间尺度上，可以假定变化的电枢磁通能够进入阻尼绕组，但励磁绕组和圆柱形转子体充当了维持磁链恒定的完美屏障。这对应于假定暂态电动势 E'_d 和 E'_q 是恒定的。这个假设将会修改发电机的功率-功角特性，见下面的讨论。

5.4.2.1 恒定磁链模型

假定发电机联接到无穷大母线，如图3-24所示，且与变压器和网络相关的所有电阻和并联阻抗可以忽略掉。这样，圆柱形转子发电机和凸极发电机在暂态下的对应等效电路和相量图就如图5-7所示。以无穷大母线的虚拟转子作为同步旋转参考轴。升压变压器和连接网络的电抗可以与发电机电抗结合在一起，得到

$$x'_d=X'_d+X,\quad x'_q=X'_q+X \tag{5.35}$$

式中，X'_d 和 X'_q 是发电机 d 和 q 轴的暂态电抗，而 $X = X_T + X_s$。现在利用图5-7b 可以构造出电压方程为

$$E'_d = V_{sd} + x'_q I_q, \qquad E'_q = V_{sq} - x'_d I_d \tag{5.36}$$

式中，V_{sd} 和 V_{sq} 是无穷大母线电压 V_s 的 d 轴和 q 轴的分量，且 $V_{sd} = -V_s\sin\delta$ 和 $V_{sq} = V_s\cos\delta$。由于所有电阻已被忽略，气隙功率就是 $P_e = V_{sd}I_d + V_{sq}I_q$。将 V_{sd}、V_{sq} 以及根据式（5.36）得到的电流 I_d、I_q 代入得到

$$P_e = P_s = V_{sd}I_d + V_{sq}I_q = -\frac{E'_q V_{sd}}{x'_d} + \frac{V_{sd}V_{sq}}{x'_d} + \frac{E'_d V_{sq}}{x'_q} - \frac{V_{sd}V_{sq}}{x'_q}$$

$$P_e = P_{E'}(\delta) = \frac{E'_q V_s}{x'_d}\sin\delta + \frac{E'_d V_s}{x'_q}\cos\delta - \frac{V_s^2}{2}\frac{x'_q - x'_d}{x'_q x'_d}\sin 2\delta \tag{5.37}$$

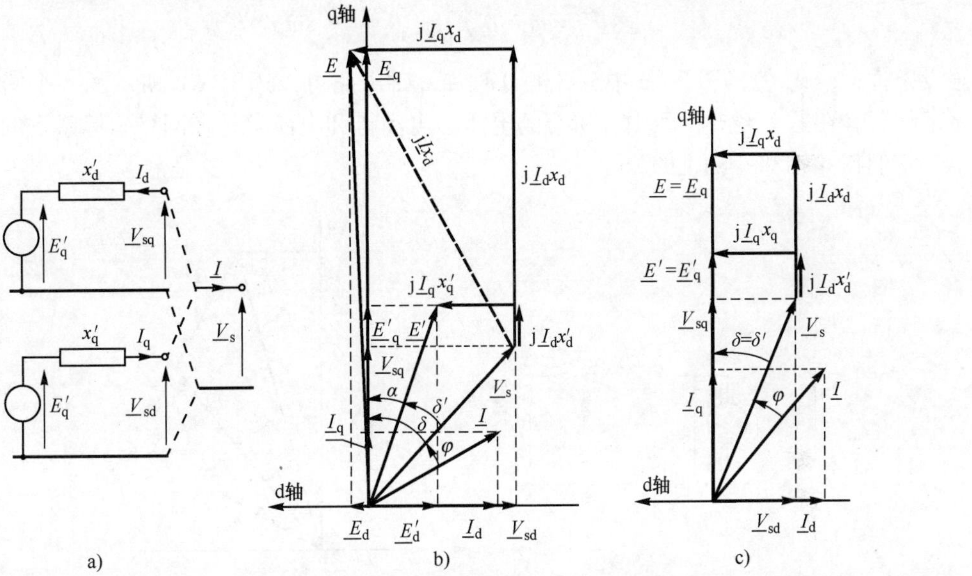

图5-7　暂态下的单机-无穷大母线系统：a）电路图；b）圆柱形转子发电机的相量图；c）凸极发电机的相量图（$x'_q = x_q$）

式（5.37）定义的气隙功率是 δ 与暂态电动势的 d 轴和 q 轴分量的函数，它对任何发电机都成立（有和无暂态凸极效应都成立）。图5-7b 中的相量图表明，$E'_d = -E'\sin\alpha$，$E'_q = E'\cos\alpha$ 和 $\delta = \delta' + \alpha$[㊀]。将这些关系代入式（5.37），进行简单但冗长的代数运算后，可以得到

$$P_e = P_{E'}(\delta') = \frac{E'V_s}{x'_d}\left[\sin\delta'\left(\cos^2\alpha + \frac{x'_d}{x'_q}\sin^2\alpha\right) + \frac{1}{2}\left(\frac{x'_q - x'_d}{x'_q}\right)\cos\delta'\sin 2\alpha\right]$$

$$-\frac{V_s^2}{2}\frac{x'_q - x'_d}{x'_d x'_q}\sin 2(\delta' + \alpha) \tag{5.38}$$

假定转子磁链恒定，那么电动势 E'_d 和 E'_q 也恒定，意味着 E' = 常数和 α = 常数。式

㊀ 请读者注意，δ' 和 α 角的定义是在这里给出的，其中 δ' 在后文中会经常用到，对照图5-7，δ' 是 $\underline{V}_s$ 与 $\underline{E}'$ 之间的夹角，而 α 是 $\underline{E}'$ 与 q 轴之间的夹角。——译者注

(5.38) 根据暂态电动势和暂态功角描述了发电机功率-功角特性 $P_e(E', \delta')$，并且适用于任何类型的发电机。

具有叠片凸极转子的发电机不能在 q 轴上产生有效的屏蔽，其效应是 $x'_q = x_q$。检查图 5-7c的相量图表明，在这种情况下 E'落在 q 轴上，所以 $\alpha = 0$，$\delta = \delta'$。因此，在这种特殊情况下，式（5.38）可以简化为

$$P_e = P_{E'_q}(\delta') \mid_{x'_q = x_q} = \frac{E'_q V_s}{x'_d}\sin\delta' - \frac{V_s^2}{2}\frac{x_q - x'_d}{x_q x'_d}\sin 2\delta' \qquad (5.39)$$

5.4.2.2 经典模型

通过忽略暂态凸极效应，也就是假定 $x'_d \approx x'_q$，可以对式（5.38）表述的恒定磁链模型进行简化。在此假设条件下，式（5.38）简化为

$$P_e = P_{E'}(\delta') \mid_{x'_d \approx x'_q} \approx \frac{E' V_s}{x'_d}\sin\delta' \qquad (5.40)$$

假设条件 $x'_d = x'_q$ 使得图 5-7a 中分开的 d 轴和 q 轴电路可以用图 5-8 所示的一个简单等效电路来代替。在这个经典模型中，所有的电压、电动势和电流都是在网络坐标系下的相量，而不是它们在 d 轴和 q 轴上的分量。

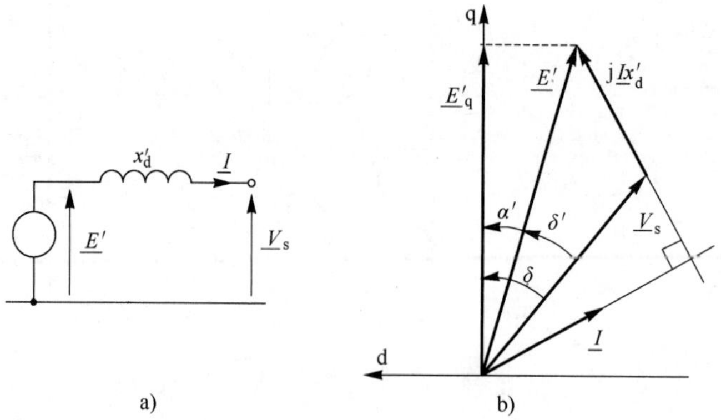

图 5-8 暂态下的发电机经典模型：a）电路图；b）相量图

一般地，如表 4-3 所示，总存在一定程度的暂态凸极效应，即 $x'_q \neq x'_d$。但是，应当注意到发电机是通过电抗 $X = X_T + X_s$ 联接到无穷大母线的，所以，$x'_d = X'_d + X$、$x'_q = X'_q + X$。X 的影响是这样的，随着其幅值的增加，项 x'_d/x'_q 越趋近于 1，而项 $(x'_q - x'_d)/x'_d x'_q$ 越趋近于 0。因此当网络电抗较大时，经典模型与由式（5.38）所定义的恒定磁链模型，将给出非常接近的结果，即使对于叠片式的凸极发电机也是如此。

有一点非常重要，就是 δ'是$\underline{V}_s$ 和$\underline{E}'$之间的夹角，而不是$\underline{V}_s$ 和 q 轴之间的夹角。但是在暂态阶段，电动势 E'_d 和 E'_q 是假定为恒定的（相对于转子轴），因此 α（或者 α'）㊀也是恒定的，这样有

㊀ 请读者注意 α'的定义，见图 5-8b，其是经典模型中$\underline{E}'$与 q 轴之间的夹角，因而 α 与 α'实际上是同一个角。——译者注

$$\delta=\delta'+\alpha,\qquad \frac{\mathrm{d}\delta}{\mathrm{d}t}=\frac{\mathrm{d}\delta'}{\mathrm{d}t},\qquad \frac{\mathrm{d}^2\delta}{\mathrm{d}t^2}=\frac{\mathrm{d}^2\delta'}{\mathrm{d}t^2} \tag{5.41}$$

因而可以用 δ' 来代替摇摆方程中的 δ，这样式（5.14）就变为

$$M\frac{\mathrm{d}^2\delta'}{\mathrm{d}t^2}=P_{\mathrm{m}}-\frac{E'V_{\mathrm{s}}}{x'_{\mathrm{d}}}\sin\delta'-D\frac{\mathrm{d}\delta'}{\mathrm{d}t} \tag{5.42}$$

经典模型的一个重要优点是，发电机电抗可以用与输电线路和其他网络元件电抗类似的方法处理。这对于多机系统特别重要，因为此时将描述发电机的代数方程与描述网络的代数方程联立起来并不像单机-无穷大系统那样容易。由于经典模型的简单性，本书将广泛使用此模型来分析和解释转子的动态行为。

5.4.2.3　稳态和暂态下的功率-功角特性曲线

现在很重要的一点是理解发电机的功率-功角特性曲线在暂态下与在稳态下的差别。对于给定的稳定平衡点，当 $P_{\mathrm{e}}=P_{\mathrm{m}}$ 时，无论考察哪种特性曲线，都必须保持功率平衡，因而静态特性与动态特性一定会在稳定平衡点相交。通常 δ_0 和 δ'_0 之间的角度 α 不等于 0，暂态特性曲线会向右移动。对于凸极发电机，$\alpha=0$，这两种特性曲线都源于同一点，并且它们在平衡点处相交是由于暂态特性曲线的正弦形状被扭曲所致。

例 5.1　例 4.1 中考虑的圆柱形转子发电机通过一个串联电抗为 $X_{\mathrm{T}}=0.13\mathrm{pu}$ 的变压器和串联电抗为 $X_{\mathrm{L}}=0.17\mathrm{pu}$ 的输电线路联接到电力系统（无穷大母线）。用恒定磁链模型和经典模型分别计算并画出稳态和暂态特性曲线。

解： 正如例 4.1 一样，发电机的有功输出为 1pu，无功输出为 0.5pu，机端电压为 1.1pu。根据例 4.1 可知，$I_0=1.016$，$\varphi_{\mathrm{g}0}=26.6°$，$E_{\mathrm{q}0}=2.336$，$\delta_{\mathrm{g}0}=38.5°$，$I_{\mathrm{d}0}=-0.922$，$I_{\mathrm{q}0}=0.428$，$E'_{\mathrm{q}}=E'_{\mathrm{q}0}=1.073$，$E'_{\mathrm{d}}=E'_{\mathrm{d}0}=0.522$。角度 α 为 $\alpha=\arctan(E'_{\mathrm{d}}/E'_{\mathrm{q}})=26°$。总的电抗为

$$x_{\mathrm{d}}=x_{\mathrm{q}}=x_{\mathrm{d}}+X_{\mathrm{T}}+X_{\mathrm{L}}=1.9$$
$$x'_{\mathrm{d}}=X'_{\mathrm{d}}+X_{\mathrm{T}}+X_{\mathrm{L}}=0.53$$
$$x'_{\mathrm{q}}=X'_{\mathrm{q}}+X_{\mathrm{T}}+X_{\mathrm{L}}=0.68$$

将 V_{g} 作为参考相量，则暂态电动势相量为 $\underline{E}'=1.193\angle 12.5°$。现在有必要计算系统电压 $\underline{V}_{\mathrm{s}}$，从而确定 $\underline{E}_{\mathrm{q}}$ 和 $\underline{E}'$ 相对于 V_{s} 的位置。系统电压可以由下式计算：

$$\underline{V}_{\mathrm{s}}=\underline{V}_{\mathrm{g}}-\mathrm{j}(X_{\mathrm{T}}+X_{\mathrm{L}})\underline{I}=1.1-\mathrm{j}0.3\times1.016\angle-26.6°=1.0\angle-15.8°$$

因此角度 δ_0 就等于 $38.5°+15.8°=54.3°$，δ'_0 就是 $12.5°+15.8°=28.3°$，而 $\varphi_0=26.6°-15.8°=10.8°$。系统电压的 d 轴和 q 轴分量为

$$V_{\mathrm{sd}}=-1\sin54.3°=-0.814,\qquad V_{\mathrm{sq}}=1\cos54.3°=0.584$$

稳态功率-功角特性为

$$P_{E_{\mathrm{q}}}(\delta)=\frac{E_{\mathrm{q}}V_{\mathrm{s}}}{x_{\mathrm{d}}}\sin\delta=\frac{2.336\times1}{1.9}\sin\delta=1.23\sin\delta$$

暂态特性（即恒定磁链模型）可以根据式（5.37）计算：

$$P_{E'}(\delta)=\frac{1.07\times1}{0.53}\sin\delta+\frac{-0.5224\times1}{0.68}\cos\delta-\frac{1^2}{2}\frac{0.68-0.53}{0.68\times0.53}\sin2\delta$$
$$=2.02\sin\delta-0.768\cos\delta-0.208\sin2\delta$$

经典模型下的近似暂态特性可以在假定 $x'_{\mathrm{d}}=x'_{\mathrm{q}}$ 的条件下计算。相对于 V_{s} 的暂态电动势为

$\underline{E}' = V_s + jx'_d\underline{I}_0 = 1 + j0.53 \times 1.016\angle -10.8° = 1.223\angle 25.7°$。因此，$E' = 1.233$，$\delta'_0 = 25.7°$，于是 $\alpha' = \delta - \delta'_0 = 54.3° - 25.7° = 28.6°$。近似的暂态特性可以根据式（5.40）计算得到：

$$P_{E'}(\delta') \approx \frac{1.223 \times 1}{0.53}\sin\delta' = 2.31\sin\delta'$$

这个特性曲线相对于 $P_{E_q}(\delta)$ 移动了 28.6°。图 5-9a 画出了这 3 种特性曲线。可以看出，经典模型能够很好地近似恒定磁链模型。

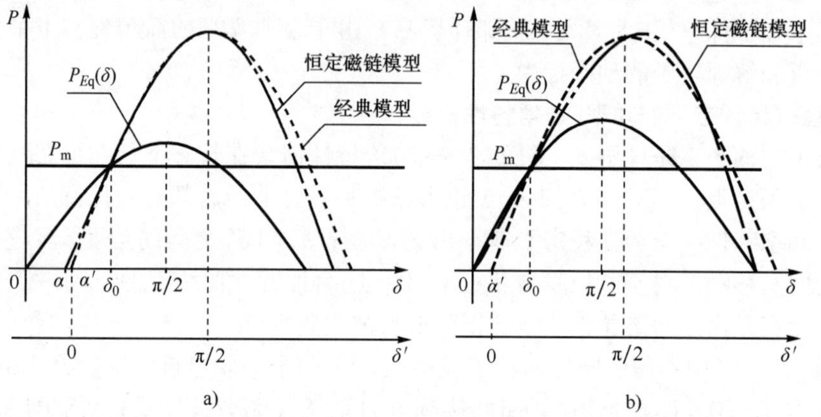

图 5-9　稳态和暂态特性：a）圆柱形转子发电机（$\alpha > 0$）；b）叠片式凸极发电机（$\alpha = 0$）

例 5.2　对例 4.2 所考虑的凸极发电机，重新计算例 5.1 的特性曲线。

解：根据例 4.2 可知，$I_0 = 1.016$，$\varphi_{g0} = 26.6°$，$E_q = E_{q0} = 1.735$，$I_{d0} = -0.784$，

$$I_{q0} = 0.647,\ E'_q = E'_{q0} = 1.241,\ E'_d = 0,\ \delta_{g0} = 23.9°,\ \alpha = 0$$

总电抗为

$$x_d = X_d + X_T + X_L = 1.23$$

$$x_q = x'_q = X_q + X_T + X_L = 0.99$$

$$x'_d = X'_d + X_T + X_L = 0.6$$

将 V_g 作为参考相量，则暂态电动势相量为 $\underline{E}' = 1.241\angle 23.9°$。系统电压在例 5.1 中已经计算出来，为 $\underline{V}_s = 1.0\angle -15.8°$。因此 $\delta_0 = \delta'_0 = 23.9° + 15.8° = 39.7°$，$\delta_0 + \varphi_0 = 39.7° + 10.8° = 50.5°$。系统电压的 d 轴和 q 轴分量为

$$V_{sd} = -1\sin 39.7° = -0.64,\quad V_{sq} = 1\cos 39.7° = 0.77$$

稳态功率-功角特性为

$$P_{E_q}(\delta) = \frac{E_q V_s}{x_d}\sin\delta + \frac{V_s^2}{2}\frac{x_d - x_q}{x_d x_q}\sin 2\delta = \frac{1.735 \times 1}{1.23}\sin\delta + \frac{1}{2}\frac{1.23 - 0.99}{1.23 \times 0.99}\sin 2\delta$$
$$= 1.41\sin\delta + 0.099\sin 2\delta \cong 1.41\sin\delta$$

恒定磁链模型下的暂态特性可以根据式（5.39）计算得到：

$$P_{E'}(\delta) = \frac{1.241 \times 1}{0.6}\sin\delta - \frac{1^2}{2}\frac{0.99 - 0.6}{0.99 \times 0.6}\sin 2\delta = 2.07\sin\delta - 0.322\sin 2\delta$$

经典模型下的近似暂态特性可以在假定 $x'_d = x'_q$ 的条件下计算。相对于 V_s 的暂态电动势为

$\underline{E}'=\underline{V}_s+jx_d'\underline{I}=1+j0.6\times1.016\angle-10.8°=1.265\angle28.3°$。因此，$E'=1.265$，$\delta'=28.3°$和 $\alpha=\delta-\delta'=39.7°-28.3°=11.4°$。现在可以根据式（5.40）计算近似的暂态特性为

$$P_{E'}(\delta')\approx\frac{1.265\times1}{0.6}\sin\delta'=2.108\sin\delta'$$

这个特性曲线相对于 $P_{E_q}(\delta)$ 移动了 $\alpha=11.4°$。图 5-9b 画出了这 3 种特性曲线。可以看出，经典模型能够很好地近似恒定磁链模型。

图 5-9 表明，通过忽略暂态凸极效应，经典模型一般不会对暂态特性曲线造成明显的扭曲。由于 $x_d>x_d'$，暂态特性曲线的幅值大于稳态特性曲线的幅值。因此，暂态特性曲线在稳定平衡点上的斜率比稳态特性曲线在稳定平衡点上的斜率 K_{E_q} 大，K_{E_q} 的定义见式（5.33）。暂态特性曲线在稳定平衡点上的斜率被称为暂态同步功率系数，其表达式为

$$K_{E'}=\left.\frac{\partial P_{E'}}{\partial\delta'}\right|_{\delta'=\hat{\delta}_s'}\tag{5.43}$$

对于经典模型，$K_{E'}=E'V_s\cos\hat{\delta}_s'/x_d'$

当发电机负载变化时，P_m 会变化，只要 P_m 没有超出失步功率，稳态特性曲线 $P_{E_q}(\delta)$ 上的稳定平衡点就会移动到一个新的位置。此种负载增加会改变暂态特性曲线，如图 5-10a 所示。图 5-10a 给出了对应于 3 种机械功率 $P_{m(1)}$、$P_{m(2)}$ 和 $P_{m(3)}$ 的暂态特性曲线。假定发电机励磁是不变的，因而稳态特性曲线的幅值是不变的。每个新的稳态平衡点对应于一个不同的 E'值和一个不同的穿越此平衡点的暂态特性曲线 $P_E(\delta)$。注意，负载增加导致暂态电动势 E'下降，从而暂态特性曲线的幅值也下降。这可以通过考察图 4-15 所示的扰动前的 d 轴相量图（假定 E_f 恒定）来验证；此相量图表明，电枢电流 I_0 的增加会导致在电抗（x_d-x_d'）和（x_q-x_q'）上的电压降增大，从而使 $E_0'=E'$下降。图 5-10b 展示了与图 5-10a 相同的效应，只是方式有所不同。图 5-10b 给出了稳态电功率 P_{E_q}、稳态同步功率系数 K_{E_q} 和暂态同步功率系数 $K_{E'}$ 与发电机负载之间的关系曲线，其中发电机负载是用稳态平衡点功角 $\hat{\delta}$ 来表示的。图 5-10 针对的圆柱形转子发电机，发电机负载的增加导致稳态和暂态同步功率系数 K_{E_q} 和 $K_{E'}$变小，但 $K_{E'}$总是比 K_{E_q} 大。

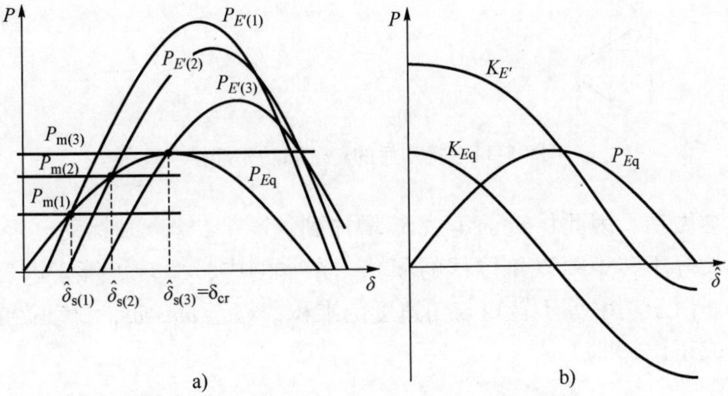

图 5-10　圆柱形转子发电机负载增加时的效应：a）3 种不同负载下的稳态和暂态特性曲线；b）稳态电功率及稳态和暂态同步功率系数与稳态平衡点转子角的关系曲线

5.4.3 转子摇摆和等面积法则

5.4.2节导出的发电机模型现在可用来描述和分析发电机受到突然扰动后的转子动态过程。此种扰动将导致转子绕组中感应出附加电流以维持转子磁链恒定，从而维持 E' 恒定。由于同步电动势 E_q 和 E_d 会分别随着励磁绕组电流和转子体电流的变化而变化，因此不能设定它们为常数，因而转子摇摆一定遵循暂态功率-功角特性曲线 $P_e = P_{E'}(\delta')$。

单机-无穷大系统中的扰动可以由涡轮机机械功率变化引起，也可以由等效系统电抗变化引起。此类实际发生的扰动的影响将在后面详细考察，但在这里，考察转子角 δ 从平衡值 $\hat{\delta}_s$ 扰动到一个新值（$\hat{\delta}_s + \Delta\delta_0$）的影响就足够了。虽然从学术观点来看这种扰动是不大可能发生的，但它确实可以引入一些重要概念，这些概念对理解其他更符合实际的扰动的影响具有基础性的作用。用于求解系统微分方程的初始扰动条件为

$$\Delta\delta(t=0^+) = \Delta\delta_0 \neq 0, \quad \Delta\omega(t=0^+) = \Delta\omega_0 = 0 \tag{5.44}$$

系统对此扰动的反应如图5-11所示。图中画出稳态和暂态功率与转子角 δ 之间的特性曲线。由于扰动不能改变转子磁链，受扰动后的初始发电机运行点在暂态特性曲线 $P_{E'}(\delta)$ 上的点2，而暂态特性曲线 $P_{E'}(\delta)$ 会穿过扰动前的稳定平衡点1。

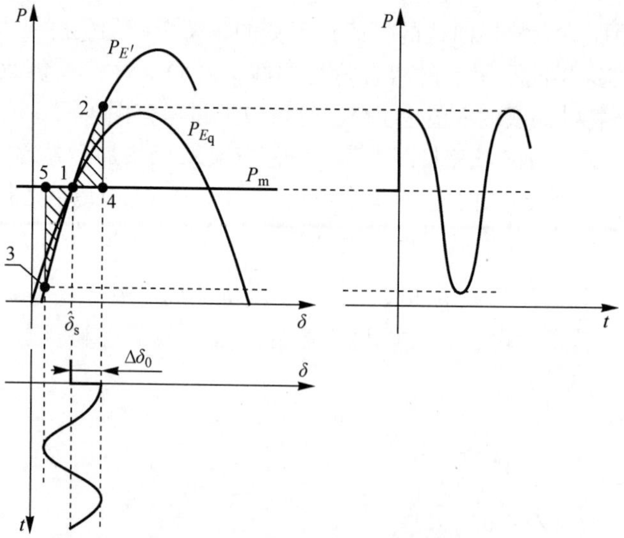

图5-11 扰动后的转子和功率摇摆

任何运动都会做功，因此将转子角从 $\hat{\delta}_s$ 增加到（$\hat{\delta}_s + \Delta\delta_0$）时扰动已经对转子做功了。在旋转运动中，功等于转矩乘以角位移的积分，在本例中，净转矩等于电磁（暂态）转矩与机械转矩之差。由于功率等于转矩与角速度的乘积，假定 $\omega \approx \omega_s$，扰动做的功与净功率乘以角位移的积分成正比，即

$$W_{1\text{-}2} = \int_{\hat{\delta}_s}^{\hat{\delta}_s+\Delta\delta_0} [P_{E'}(\delta) - P_m]\,d\delta = \text{面积 1-2-4} \tag{5.45}$$

在本书中，量 W 将被看作为能量（或功），尽管严格地说，它还应该除以同步转速 ω_s。由于假定了点2处转子转速偏差 $\Delta\omega$ 为0（转速为同步转速），转子的动能与在平衡点1处一

样。这意味着扰动做的功 $W_{1\text{-}2}$增加了系统势能（相对于平衡点 1 来说），即

$$E_{\mathrm{p}} = W_{1\text{-}2} = \text{面积}\ 1\text{-}2\text{-}4 \tag{5.46}$$

这种初始势能提供了转子返回其平衡点 1 所必需的推动力。在受扰后的转子角位置 2，机械驱动转矩（功率）小于作用方向相反的电磁转矩（功率），产生的净减速功率（等于线段 4-2）开始减小转子转速（相对于同步转速），从而转子角开始减小。到达平衡点 1 时，式（5.46）中的所有势能都转化成动能（相对于同步转速），而所做的减速功等于：

$$E_{\mathrm{k}} = W_{1\text{-}2} = \text{面积}\ 1\text{-}2\text{-}4 = \frac{1}{2}M\Delta\omega^2 \tag{5.47}$$

现在此动能将推动转子越过平衡点 $\hat{\delta}_{\mathrm{s}}$，从而继续沿着曲线 1-3 运动。在特性曲线的这一段上，机械驱动转矩大于电气制动转矩，转子开始加速。加速会一直持续到加速转矩所做的功（与加速功率的积分成正比）等于先前减速转矩做的功。这发生在点 3 处，有

$$\text{面积}\ 1\text{-}3\text{-}5 = \text{面积}\ 1\text{-}2\text{-}4 \tag{5.48}$$

在点 3 处，发电机转速再次等于同步转速，但是由于 $P_{\mathrm{m}} > P_{E'}$，转子会继续加速，使转速超过同步转速，从而会向着 $\hat{\delta}_{\mathrm{s}}$ 回摆。在没有任何阻尼的情况下，正如摇摆方程式（5.30）所描述的那样，转子会在点 2 和点 3 之间来回振荡。产生的摇摆曲线如图 5-11 的下图所示，而对应的功率摇摆曲线如图 5-11 的右图所示。

基于减速期间和加速期间所做的功相等的原理，式（5.48）定义了转子在两个方向上的最大位置偏移量。这个概念将在后面的第 6 章中得到应用，并被定义为判断稳定性的等面积法则。

5.4.4 阻尼绕组的影响

式（5.24）表明，当转速偏差很小时，阻尼绕组产生的阻尼功率为 $P_{\mathrm{D}} = D\Delta\omega$，即与转速偏差成正比。为了有助于理解阻尼绕组对系统行为的作用，将摇摆方程式（5.30）进行改写是方便的：

$$M\frac{\mathrm{d}^2\delta}{\mathrm{d}t^2} = P_{\mathrm{m}} - [P_{\mathrm{e}}(\delta) + P_{\mathrm{D}}] \tag{5.49}$$

式中，阻尼功率的正、负与转速偏差的符号有关。如果 $\Delta\omega < 0$，那么 P_{D} 是负的，与气隙功率方向相反，从而使得 $P_{E'} + P_{\mathrm{D}}$ 特性曲线下移。如果 $\Delta\omega > 0$，那么 P_{D} 是正的，与气隙功率方向相同，从而使合成的特性曲线上移。这样，转子会沿着修正过的功率-功角特性曲线运动，如图 5-12 所示。为了增加清晰度，图中平衡点附近的功率-功角特性曲线是放大过的。

和前面一样，初始时转子受到扰动而从平衡点 1 移到了点 2。在点 2 处机械驱动功率小于制动的电磁功率，减速转矩会迫使转子向平衡点回摆。在减速阶段转子速度下降，因此 P_{D} 变负，使合成的减速转矩减小。这样，转子会沿着曲线 2-6 运动，而减速转矩做的功就等于面积 2-4-6。此面积比图 5-11 中不考虑阻尼时的面积 2-4-1 小。在点 6 处转子速度达到最小值，但会继续沿着曲线 6-3 运动，此时加速转矩会阻碍此运动，而负的阻尼项使得加速转矩更大。当面积 6-3-5 等于面积 2-4-6 时，转子再次达到同步转速，这个过程与无阻尼情况相比发展更快。然后转子开始回摆，依然加速，从而速度超出同步转速。阻尼项改变符号，变成正的，使合成的加速转矩减小。转子沿着曲线 3-7 运动，而在加速期间做的功等于

很小的面积3-5-7。这样，转子在点8处达到同步转速，比无阻尼情况时早得多。转子振荡是衰减的，系统会快速到达平衡点1。

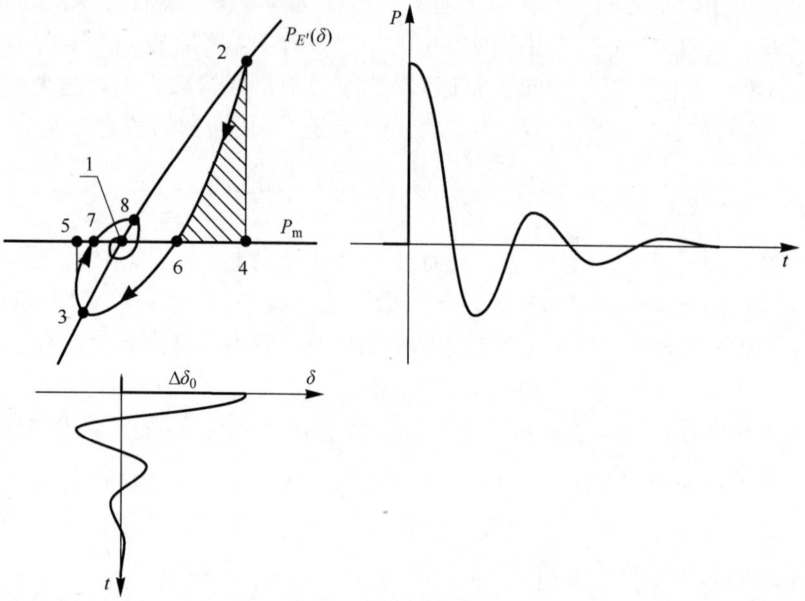

图5-12　考虑阻尼时的转子和功率振荡特性

5.4.5　转子磁链变化的影响

到目前为止的讨论都是在假设励磁绕组和转子体的总磁链在转子振荡期间保持恒定，即 $E'=$ 常数的条件下进行的。但是，随着电枢磁通进入转子绕组（见第4章），转子磁链会随着时间而变化，现在必须考虑此种效应对转子摇摆的影响。

5.4.5.1　发电机方程的线性化形式

对于适用于静态稳定性研究的小扰动分析，描述发电机行为的方程可以在扰动前的运行点附近线性化。假设此运行点由暂态转子角度 $\hat{\delta}'_s$ 和暂态电动势 E'_0 定义。那么相对于稳态平衡点的功率变化 $\Delta P=P_e(\delta')-P_m$ 的近似表达式是暂态转子角变化 $\Delta\delta'=\delta'(t)-\hat{\delta}'_s$ 和暂态电动势变化 $\Delta E'=E'(t)-E'_0$ 的函数：

$$\Delta P_e=\left.\frac{\partial P_e(\delta',E')}{\partial\delta'}\right|_{E'=E'_0}\Delta\delta'+\left.\frac{\partial P_e(\delta',E')}{\partial E'}\right|_{\delta'=\hat{\delta}'_s}\Delta E'=K_{E'}\Delta\delta+D_{\delta'}\Delta E' \tag{5.50}$$

式中，$P_e(\delta',E')$ 是由式（5.38）、式（5.39）或式（5.40）给出的气隙功率，$K_{E'}=\dfrac{\partial P_e}{\partial\delta'}$ 是暂态同步功率系数，$D_{\delta'}=\dfrac{\partial P_e}{\partial E'}$ 是常系数，所有这些都与发电机负载水平有关。由于角度 $\alpha=\delta-\delta'$ 假设为常数，因此 $\Delta\delta'=\Delta\delta$。这就使得摇摆方程式（5.30）可以在运行点附近线性化为

$$M\frac{d^2\Delta\delta}{dt^2}+D\frac{d\Delta\delta}{dt}+K_{E'}\Delta\delta+D_{\delta'}\Delta E'=0 \tag{5.51}$$

暂态电动势可以分解为沿转子 d 轴和 q 轴方向的两个分量 E'_d 和 E'_q。分析两个分量随时间的变化是复杂的，因为其变化的时间常数不同。为了简化讨论，考虑凸极机的例子，其满足 $\delta=\delta'$，$E'=E'_q$，$E'_d=0$，且只需要考虑励磁绕组的磁链。

现假设凸极发电机运行在由 $\delta'=\delta=\hat{\delta}_s$ 和 $E'_q=E'_{q0}$ 定义的稳态平衡点上。增量摇摆方程式（5.51）变为

$$M\frac{d^2\Delta\delta}{dt^2}+D\Delta\omega+K_{E'_q}\Delta\delta+D_{\delta'}\Delta E'_q=0 \tag{5.52}$$

式中，$\Delta\omega=d\Delta\delta/dt$，系数 $K_{E'_q}=\dfrac{\partial P_e}{\partial\delta'}$和 $D_{\delta'}=\dfrac{\partial P_e}{\partial E'_q}$的值可以通过对凸极发电机的气隙功率表达式（5.39）求导得到。分析式（5.52）可知，如果 $\Delta E'_q$ 与转子的转速偏差 $\Delta\omega$ 同相位，那么就会像阻尼绕组一样在系统中引入一个附加的正阻尼功率。

第 4 章已证明，磁通进入励磁绕组的速度主要取决于励磁绕组的暂态时间常数 T'_{d0}，尽管发电机和系统的电抗以及运行点对此也有一定的影响。假设励磁电动势 E_f 和无穷大母线的电压 V_s 恒定，式（4.28）可以被重新写为

$$\Delta E'_q=-\frac{AB}{1+BT'_{d0}s}\Delta\delta \tag{5.53}$$

式中，A 和 B 是依赖于运行点（角 δ_0）和发电机及网络电抗的常数。如果同时忽略发电机电枢电阻和网络电阻，那么有

$$A=\left(\frac{1-B}{B}\right)V_s\sin\delta_0 \quad 和 \quad B=(X'_d+X)/(X_d+X)=x'_d/x_d$$

时间常数 BT'_{d0}经常被称为有效励磁绕组时间常数。

如果考虑的 $\Delta\delta$ 变化形式是正弦形的，那么式（5.53）的频率响应可以通过令 $s=j\Omega$ 得到。其中 Ω 是转子摇摆的频率，单位为 rad/s，而 $2\pi/\Omega$ 是摇摆周期，将在本章的后面讨论，见式（5.67）。这就可以将 $\Delta E'_q$ 的相位与 $\Delta\delta$ 的相位进行比较。因为 T'_{d0}通常比摇摆周期大得多，$T'_{d0}\gg 2\pi/\Omega$，因此可以假设 $BT'_{d0}\Omega>1$，于是有

$$\Delta E'_q(j\Omega)\cong-\frac{AB}{BT'_{d0}j\Omega}\Delta\delta(j\Omega)=j\frac{A}{T'_{d0}\Omega}\Delta\delta(j\Omega) \tag{5.54}$$

因此可以看出，$\Delta E'_q$ 超前 $\Delta\delta\pi/2$，也就是说，$\Delta E'_q$ 与转子的转速偏差 $\Delta\omega=d\Delta\delta/dt$ 同相位，因此能产生一定的附加正阻尼转矩。

式（5.54）同时还表明，通过系数 $A=\left(\dfrac{1-B}{B}\right)V_s\sin\delta_0$ 的关系，$\Delta E'_q$ 模值的变化依赖于扰动前运行点的功角 δ_0。因此，对于相同的 $\Delta\delta$ 变化，当系统负载越重（δ_0 的值越大）时引起的 $\Delta E'_q$ 变化越大；且磁链恒定（E' = 常数）这个假设在发电机轻载（很小的 δ_0）从而 $\Delta E'_q$ 变化很小时会更加精确。

转子磁链变化的影响将采用等面积法则在两种情况下进行考察。第一种情况是发电机的机械功率 $P_m<P_{E_q cr}$，而第二种情况是 $P_m=P_{E_q cr}$。在此两种情况下，为了更清楚地了解转子磁链变化对阻尼的影响，分析时都忽略了阻尼绕组的影响。

5.4.5.2　$P_m<P_{E_q cr}$时的平衡点

图 5-13a 展示了如何修改图 5-11 以包括转子磁链变化的影响。这里再次仅给出运行点

附近的功率-功角特性曲线。和以前一样，扰动引起电功率沿着扰动前的暂态 $P_{E'_{q0}}(\delta)$ 特性曲线从点1移动到点2，因为初始时励磁绕组就像一个完美的屏障，维持了转子磁链恒定。当转子开始减速时，其转速下降，从而转速偏差 $\Delta\omega$ 变负。励磁绕组的电阻消耗磁场能量，从而转子磁链开始衰减，导致暂态电动势 E'_q 减小，如图5-13b所示。因此，当前的电功率比 E'_q = 常数时小，转子沿着曲线2-6而不是曲线2-1运动。所产生的减速面积2-4-6要小于面积2-4-1，因此减小了导致转子回摆的起始动能。当转子经过点6后其开始加速，电动势 E'_q 开始恢复，在点3处 $\Delta\omega=0$ 时，达到其扰动前的值。而面积6-3-5等于面积2-4-6。然后转子继续加速并向着平衡点前摆，转速偏差 $\Delta\omega$ 增大，E'_q 继续增大，使得动态特性曲线改变到了在曲线 $P_{E'_{q0}}(\delta)$ 的上方。这减小了加速面积和转子前摆的动能。加速面积是3-5-7，前摆在点8处终止。摇摆周期继续重复，而转子的摇摆幅度变小。

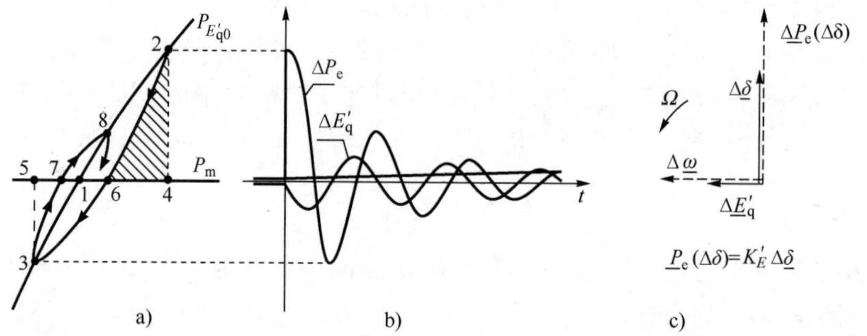

图5-13 包括转子磁链变化的影响：a）运行点轨迹；b）电功率和暂态电动势以摇摆频率 Ω 摇摆的时间波形；c）增量 $\Delta\delta$、$\Delta E'_q$ 和 $\Delta\omega=\mathrm{d}\Delta\delta/\mathrm{d}t$ 的旋转相量

图5-13b展示了 E'_q 的变化与 $\Delta\omega$ 同相位且超前于 $\Delta\delta\pi/2$。图5-13c采用相量图的形式说明了相同的效应。图5-13c中所示的所有增量都以摇摆频率 Ω 摇摆，摇摆频率 Ω 将在本章后面讨论，见式（5.67）。因此，这些量可以用相量图的形式给出，其原理遵从任何正弦变化量的相量表示法。显然此图中的相量是以摇摆频率 Ω 而不是通常交流相量的50Hz或60Hz旋转的。严格地说，图中所示的相量表示了这些量初始时刻的相位和初始值，因为其方均根值是随时间衰减的。同步功率 $\Delta\underline{P}_e$ 与转子角 $\Delta\underline{\delta}$ 同相位，而 $\Delta\underline{E}'_q$ 与转子转速偏差 $\Delta\underline{\omega}$ 同相位。显然 $\Delta\omega$ 是 $\Delta\delta$ 的导数并超前于 $\Delta\delta\pi/2$。需要强调的是，E'_q 的变化很小（在很小的百分点内）。

图5-13表明，励磁绕组提供了与阻尼绕组类似的阻尼作用，但要弱得多。两种阻尼机制结合的效果有助于转子更快地回到平衡点。如果阻尼作用更大的话，转子的运动可能是非振荡型的。

式（5.53）和式（5.54）中的常数 A 和 B 是建立在假设网络电阻可忽略的基础上的。一个更完整的分析表明（Anderson and Fouad，1977），A 和 B 与网络电阻有关，当网络电阻很大时，A 可能会变符号。根据式（5.54），具有 $\Delta E'_q$ 的项变负（相对于 $\Delta\omega$），从而在系统中引入负阻尼。这种情况在发电机接入中压配电网时可能发生（Venikov，1978b），此种情况如图5-14所示。如果 $\Delta E'_q$ 滞后于 $\Delta\delta$，那么在回摆时，转子会从点2沿着一条比原来特性曲线高的特性曲线运动，因而所做的减速功等于面积2-3-2′。此面积比转子沿着原始曲线2-1运动更大（与图5-11相比）。为了平衡此减速功，转子必须回摆到点4，才能使面积

3-4-4′等于面积 2-3-2′。这样，转子摇摆的幅度增大了，如果此负阻尼大于阻尼绕组提供的正阻尼，发电机就可能失去稳定。

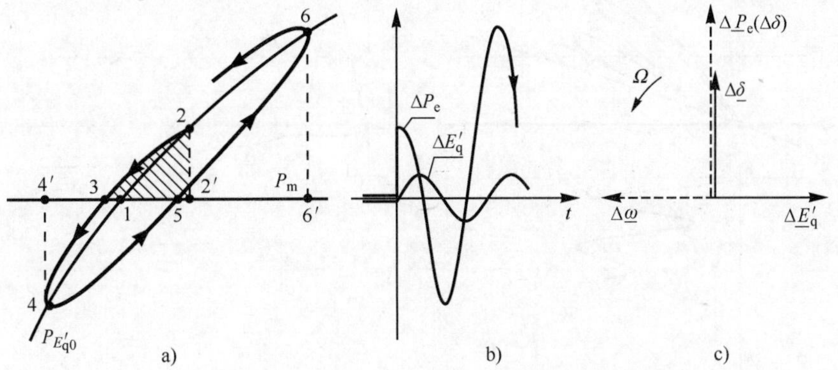

图 5-14　负阻尼：a）运行点的轨迹；b）电功率和暂态电动势随时间变化的波形；c）与振荡增量相对应的相量的相对位置

通过分析与图 5-13 和图 5-14 相似的转子摇摆过程，可以证明，由上述磁链变化引起的正阻尼只可能在如下条件下发生（Machowski and Bernas，1989）：暂态特性曲线的斜率比稳态特性曲线的斜率陡，即 $K_{E'} > K_{E_q}$。因此，为了考虑转子绕组的动态特性，由式（5.33）定义的静态稳定条件必须修改为

$$K_{E_q} = \frac{\partial P_{E_q}}{\partial \delta} > 0 \quad 和 \quad K_{E'} = \frac{\partial P_{E'}}{\partial \delta} > K_{E_q} \tag{5.55}$$

另一种类型的扰动，由机械功率的小幅增大引起，例如从 P_m 增大到（$P_m + \Delta P_m$），如图 5-15 所示。这里特性曲线还是只画出平衡点附近的部分。最初系统运行在点 1 上，点 1 是特性曲线 P_m、P_{E_q} 和 $P_{E'_{q0}}$ 的交点。机械功率的增大产生了一个新的最终平衡点∞。正如图 5-10 所示，暂态电动势的最终值 $E'_{q\infty}$ 小于其初始值 E'_{q0}。因此在转子从点 1 向点∞运动时 E'_q 一定是减小的。这意味着转子的振荡过程会与图 5-13 所示的相类似，但会沿着一系列幅值减小的动态特性曲线运动，且都位于初始特性曲线 $P_{E'_{q0}}$ 之下。E'_q 围绕其不断衰减的平均值的小幅振荡会产生一些类似于图 5-13 所示的阻尼。此阻尼也会叠加到来自于阻尼绕组的主要阻尼上。

5.4.5.3　$P_m = P_{E_q cr}$ 时的平衡点

如果 $P_m = P_{E_q cr}$，那么只有一个稳态平衡点。正如图 5-10a 所示，穿过点（δ_{cr}，$P_{E_q cr}$）的暂态特性曲线 $P_{E'_q}(\delta)$ 有一个正斜率，角 δ 上的一个瞬时扰动会在平衡点附近产生振荡，而该振荡会受到阻尼绕组和励磁绕组的阻尼。虽然这似乎显示了稳定的运行状态，但实际上系统是不稳定的，其原因在下面解释。

由于振动和供电功率轻微变化以及网络元件操作等，任何发电机都会遭受小扰动。当系统运行在 $P_m = P_{E_q cr}$ 时，任何此种扰动都会引起 P_m 和 $P_{E_q}(\delta)$ 曲线的相对移动，如图 5-16 所示。其中，假设 P_m 增加了 ΔP_m，使得新的机械功率特性曲线（$P_m + \Delta P_m$）位于 $P_{E_q}(\delta)$ 的上面。初始时，由于暂态特性曲线 $P_{E'_q}(\delta)$ 具有正的斜率，转子会类似于图 5-15 所示的那样围绕（$P_m + \Delta P_m$）振荡。渐渐地，电枢磁通进入励磁绕组，电动势 E'_q 衰减，而转子会沿

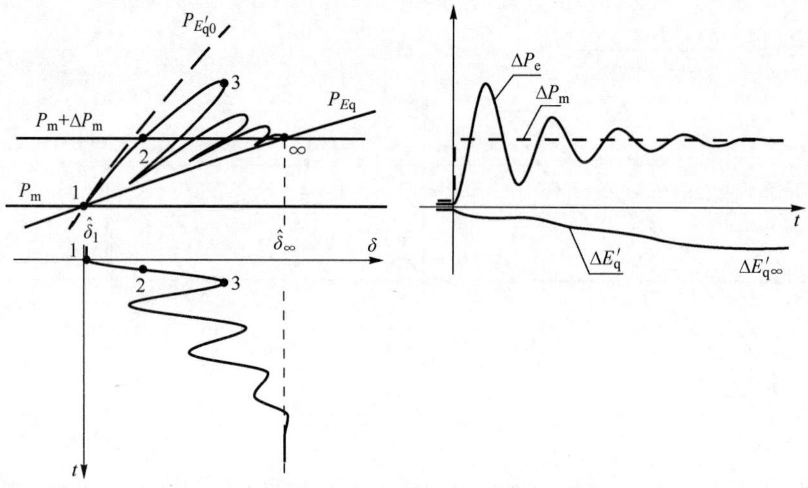

图5-15　机械功率扰动引起的转子和功率摇摆

着幅值衰减的曲线 $P_{E'_q}(\delta)$ 运动。最终由于 E'_q 的衰减会使得 $P_{E'_q}(\delta)$ 曲线落在新的机械功率曲线（$P_m+\Delta P_m$）的下面，从而发电机失去同步。发电机在非同步运行阶段的行为将在6.5节中描述。

如图5-16所示的振荡失稳情形是在忽略阻尼绕组影响时发生的。实际上，重载时的阻尼是很大的，失稳方式可能是非振荡型的，其原因将在下一小节讨论。

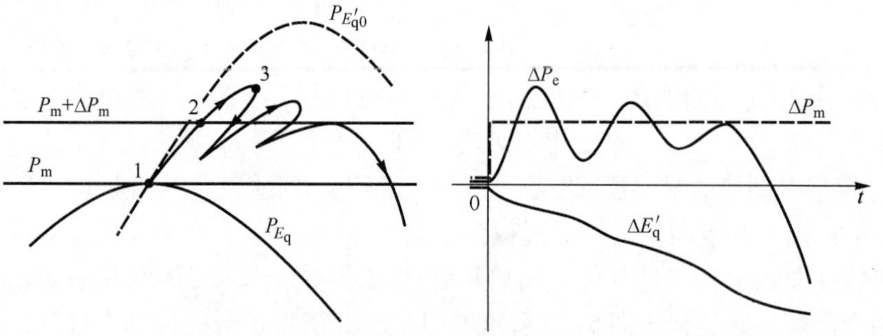

图5-16　临界平衡点上 P_m 小幅增大后的转子、功率和暂态电动势的振荡

5.4.6　围绕平衡点的转子摇摆分析

本小节将定量分析围绕平衡点摇摆的转子动态过程。采用恒定磁链发电机模型，E' 恒定不变，摇摆方程式（5.51）的增量方程变为

$$M\frac{\mathrm{d}^2\Delta\delta}{\mathrm{d}t^2}+D\frac{\mathrm{d}\Delta\delta}{\mathrm{d}t}+K_{E'}\Delta\delta=0 \tag{5.56}$$

初始的受扰条件为

$$\Delta\delta(t=0^+)=\Delta\delta_0\neq 0\quad 和\quad \Delta\omega=\Delta\dot{\delta}(t=0^+)=0 \tag{5.57}$$

式（5.56）是一个二阶线性微分方程。如A.3节所证明的，任何阶数的线性微分方程的解具有如下形式：$\Delta\delta(t)=\mathrm{e}^{\lambda t}$。对于此种形式的解有

$$\Delta\delta = e^{\lambda t}, \quad \frac{d\Delta\delta}{dt} = \lambda e^{\lambda t}, \quad \frac{d^2\Delta\delta}{dt^2} = \lambda^2 e^{\lambda t} \tag{5.58}$$

将这些方程代入式（5.56）中并除以非零项 $e^{\lambda t}$ 可得到如下的代数方程：

$$\lambda^2 + \frac{D}{M}\lambda + \frac{K_{E'}}{M} = 0 \tag{5.59}$$

此特征方程所确定的根 λ 就构成了微分方程式（5.56）的通解函数 $\Delta\delta(t) = e^{\lambda t}$。此特征方程的根 λ 被称为特征根。

特征方程式（5.59）具有两个根 λ_1 和 λ_2：

$$\lambda_{1,2} = -\frac{D}{2M} \pm \sqrt{\left(\frac{D}{2M}\right)^2 - \frac{K_{E'}}{M}} \tag{5.60}$$

可能有 3 种情形（见 A.3 节）：

1）两个根是不相等的实数，则解的形式是 $\Delta\delta = A_1 e^{\lambda_1 t} + A_2 e^{\lambda_2 t}$，其中 A_1 和 A_2 是两个常数。这种情况在 A.3 节的例 A3.2 中进行了详细的讨论。将式（5.57）的初始条件代入，就得到了非振荡型的响应：

$$\Delta\delta(t) = \frac{\Delta\delta_0}{\lambda_2 - \lambda_1}\left[\lambda_2 e^{\lambda_1 t} - \lambda_1 e^{\lambda_2 t}\right] \tag{5.61}$$

式中，$-1/\lambda_1$ 和 $-1/\lambda_2$ 是时间常数。

2）两个根是相等的实数，$\lambda_1 = \lambda_2 = \lambda$，则解的形式为 $\Delta\delta = e^{\lambda t}(A_1 + A_2 t)$。这种情况在 A.3 节的例 A3.3 中进行了详细的讨论。将式（5.57）的初始条件代入，就得到了非振荡型的响应：

$$\Delta\delta(t) = \Delta\delta_0 e^{\lambda t}(1 - \lambda t) \tag{5.62}$$

式中，$-1/\lambda$ 是时间常数。

3）两个根构成一对共轭复数：

$$\lambda_{1,2} = -\frac{D}{2M} \pm j\sqrt{\frac{K_{E'}}{M} - \left(\frac{D}{2M}\right)^2} \tag{5.63}$$

令

$$\alpha = -\frac{D}{2M}, \quad \Omega = \sqrt{\frac{K_{E'}}{M} - \left(\frac{D}{2M}\right)^2} \tag{5.64}$$

可以得到 $\lambda_{1,2} = \alpha \pm j\Omega$，其中 Ω 是振荡频率（rad/s）而 α 是阻尼系数。因子

$$\zeta = \frac{-\alpha}{\sqrt{\alpha^2 + \Omega^2}} \tag{5.65}$$

被称为阻尼比。采用上述符号后，式（5.56）可以重新写成标准的二阶微分方程形式：

$$\frac{d^2\Delta\delta}{dt^2} + 2\zeta\Omega_{nat}\frac{d\Delta\delta}{dt} + \Omega_{nat}^2\Delta\delta = 0 \tag{5.66}$$

其根为

$$\lambda_{1,2} = -\zeta\Omega_{nat} \pm j\Omega \tag{5.67}$$

式中，Ω_{nat} 是转子小幅振荡的无阻尼自然频率（rad/s），ζ 是阻尼比，而 $\Omega = \Omega_{nat}\sqrt{1-\zeta^2}$ 现在被称为转子振荡的阻尼自然频率（rad/s）。这种情况在 A.3 节的例 A3.4 和例 A3.5 中进行了详细的讨论。将式（5.66）与式（5.56）对比可以得到 $\Omega_{nat} = \sqrt{K_{E'}/M}$ 和 $\zeta = D/2\sqrt{K_{E'}M}$。

而 $\Delta\delta(t)$ 的解可以写成

$$\Delta\delta(t)=\frac{\Delta\delta_0}{\sqrt{1-\zeta^2}}e^{-\zeta\Omega_{nat}t}\cos[\Omega t-\phi] \tag{5.68}$$

式中，$\phi=\arcsin\zeta$。

阻尼比 ζ 决定了系统响应中存在的阻尼量，表示在随后的周期中转子摇摆幅度下降的速度。让我们把时间表示为周期 $t=2\pi N/\omega_{nat}$ 的乘数，其中 N 为振荡周期的个数，那么根据式（5.68）可以得到

$$k_N=\frac{\Delta\delta(N)}{\Delta\delta_0}=\frac{e^{-2\pi N\zeta}}{\sqrt{1-\zeta^2}} \tag{5.69}$$

式中，$\Delta\delta(N)$ 表示经过 N 个振荡周期后的振荡幅度。对于实用的阻尼估计，分析 $N=5$ 个周期是合适的。式（5.69）在 $N=5$ 时的图形表示如图5-17所示。例如，当分别取 $\zeta=0.03$、$\zeta=0.05$ 和 $\zeta=0.10$ 时，经过 $N=5$ 个振荡周期后，振荡幅值分别下降到初始值的39%、21%和4%。

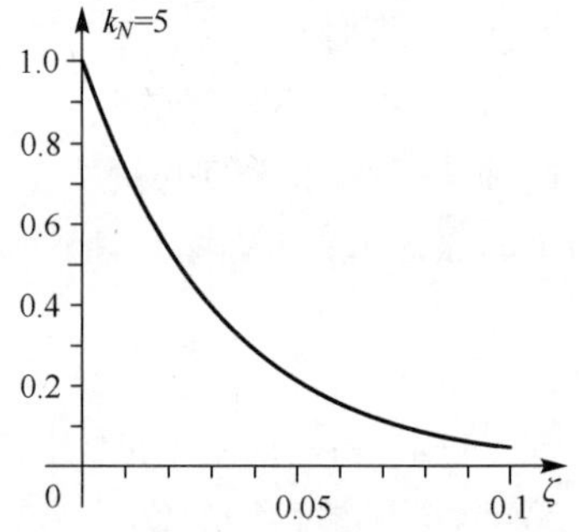

图5-17　$N=5$ 个周期时振幅 $\Delta\delta/\Delta\delta_0$ 与阻尼比 ζ 之间的函数关系

实际上，如果阻尼比 $\zeta=0.05$，就可以认为转子振荡的阻尼是令人满意的了。

由于根的值 $\lambda_{1,2}$ 取决于 $K_{E'}$、D 和 M 的实际值，因此响应的类型也取决于这些值。惯性系数 M 是常数，而 D 和 $K_{E'}$ 都是与发电机负载水平有关的。图5-3表明阻尼系数 D 随着负载水平的增大而增大，而图5-10b表明暂态同步功率系数 $K_{E'}$ 随着负载水平的增大而减小。

式（5.60）表明，如果 $K_{E'}>0$，那么特征方程的根可以是实数也可以是复数，与 $K_{E'}$ 和 D 的实际值有关。对于小的初始功角 $\hat{\delta}_s$，阻尼系数也小，而暂态同步功率系数 $K_{E'}$ 很大，从而有 $(K_{E'}/M)>(D/2M)^2$，此时两个根就构成为一对共轭复根。这种情况下，此微分方程的解由式（5.68）给出，系统响应是振荡型的，转子振荡的幅值随着时间而衰减，其示意图如图5-18中A附近的插图。振荡的频率是 Ω，其略小于无阻尼自然振荡频率 Ω_{nat}。

随着功角初始值 $\hat{\delta}_s$ 的增加，同步功率系数 $K_{E'}$ 减小，而阻尼会增大。因此 Ω_{nat} 会下降而阻尼比 ζ 会增大，导致转子振荡变慢而阻尼变大，如图5-18中B附近的插图所示。在某一点，当 $(K_{E'}/M)=(D/2M)^2$ 时，阻尼比 ζ 等于1，这种情况被称为临界阻尼；此时，两个根是相等的实数，$\lambda_1=\lambda_2=-\Omega_{nat}$，呈现出如式（5.62）所表达的非振荡型响应，如图5-18中C附近的插图所示。

随着初始功角 $\hat{\delta}_s$ 的进一步增大，在某些点满足 $(K_{E'}/M)<(D/2M)^2$，两个根是负实数，转子的摇摆特性如式（5.61）所示。这种情况下阻尼比 $\zeta>1$，转子摇摆是过阻尼的，响应缓慢并且非振荡地衰减到零。这种情况通常出现在初始运行点接近于稳态特性曲线的峰值时，如图5-18所示。

当功角 $\hat{\delta}_s$ 等于其临界值 δ_{cr} 时，已不可能使用恒磁链模型（E' = 常数）来分析系统的动

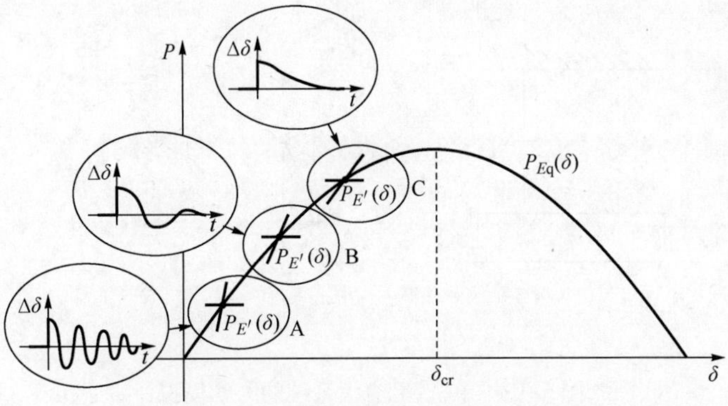

图5-18　不同稳定平衡点下转子摇摆的例子

态，因为此时必须考虑磁通的衰减效应，这已在图5-16中进行了解释。

第12章将考虑类似的问题，但在多机系统中，那时微分方程将以矩阵形式$\dot{\boldsymbol{x}}=\boldsymbol{A}\boldsymbol{x}$表示，其中$\boldsymbol{x}$是状态向量，$\boldsymbol{A}$是状态矩阵。采用矩阵形式后，式（5.56）变为

$$\begin{bmatrix}\Delta\dot{\delta}\\ \Delta\dot{\omega}\end{bmatrix}=\begin{bmatrix}0 & 1\\ -\dfrac{K_{E'}}{M} & -\dfrac{D}{M}\end{bmatrix}\begin{bmatrix}\Delta\delta\\ \Delta\omega\end{bmatrix}\tag{5.70}$$

系统矩阵的特征值可以求解下式得到：

$$\det\begin{bmatrix}-\lambda & 1\\ -\dfrac{K_{E'}}{M} & -\lambda-\dfrac{D}{M}\end{bmatrix}=\lambda^2+\frac{D}{M}\lambda+\frac{K_{E'}}{M}=0\tag{5.71}$$

显然，此式与式（5.59）完全相同。因此，微分方程式（5.56）的特征方程式（5.59）的根等于状态方程式（5.70）的状态矩阵的特征值。

5.4.7　单机-无穷大系统的力学模拟

通过将单机-无穷大母线系统与图5-19a所示的标准质量-弹簧-阻尼器系统做比较，可以进一步了解发电机对小扰动的响应。图5-19a的力学系统可以用如下方程来描述：

$$m\frac{\mathrm{d}^2\Delta x}{\mathrm{d}t^2}+c\frac{\mathrm{d}\Delta x}{\mathrm{d}t}+k\Delta x=0\tag{5.72}$$

将此方程与式（5.56）做对比，显示单机-无穷大系统可以看作为一个“电磁弹簧”，其中，弹簧的长度增量Δx等价于转子角增量$\Delta\delta$，质量块m等价于惯性系数M，弹簧的阻尼系数c等价于发电机的阻尼系数D，而弹簧的刚度系数k等价于同步功率系数$K_{E'}$。这个类比允许将如式（5.61）~式（5.68）所表示的发电机响应与标准的质量-弹簧-阻尼器系统的响应直接关联。与机械弹簧不同，“电磁弹簧”是非线性的，因为$K_{E'}$强依赖于功角$\hat{\delta}_s$的初始值，如图5-10b所示。

另一种有用的力学模拟系统是一个质量为m、长度为l的单摆，如图5-19b所示。可见，单摆有一个高位平衡点和一个低位平衡点，在平衡点处，球的重量与臂的作用力相平衡。当单摆在平衡点受到一个扰动时，就会产生一个$F=-mg\sin\delta$的作用力，如果忽略阻

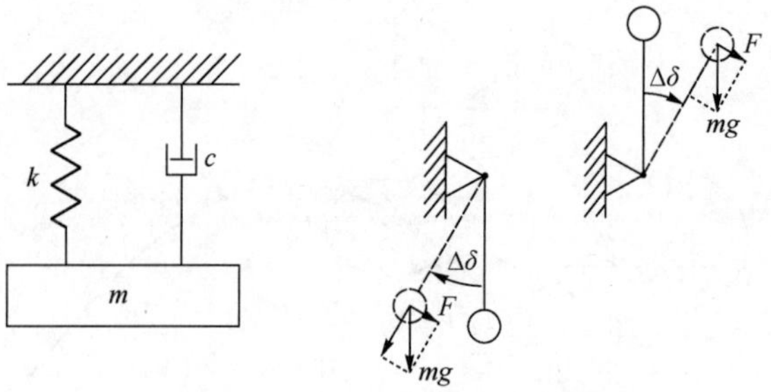

图 5-19　单机-无穷大系统的力学模拟：
a）质量-弹簧-阻尼器系统；b）在稳定平衡点与不稳定平衡点的单摆

尼，单摆的运动可以用如下微分方程来描述：

$$m\frac{\mathrm{d}^2\delta}{\mathrm{d}t^2}=-\frac{mg}{l}\sin\delta \tag{5.73}$$

在低位（稳定的）平衡点附近时，力 F 的方向总是指向低位平衡点，因而单摆在低位平衡点周围振荡。在高位（不稳定的）平衡点附近时，力 F 驱使单摆离开高位平衡点，造成不稳定。单摆在这两个平衡点的行为可以直接与发电机在如图 5-6 所示的稳定和不稳定平衡点处的行为相类比。

在研究发电机动态时，单摆也可以提供一个有用的类比。这种情况下，式（5.73）必须与发电机的经典模型式（5.42）做对比。再次表明，两个方程在形式上是完全相同的。

5.5　受控系统的静态稳定性

5.4 节在假设励磁电压（从而励磁电动势 E_f）恒定的条件下，分析了单机-无穷大母线系统的功率-功角特性，以及所对应的静态稳定即小信号稳定条件。本节将讨论考虑 AVR 作用后的静态稳定性。AVR 的影响将分 3 个阶段考虑。首先推导修正的功率-功角特性；其次讨论超过临界点（由失步功率所定义）运行的可能性；最后分析 AVR 对转子摇摆的影响。

5.5.1　受控发电机的稳态功率-功角特性

式（5.29）所示的静态功率-功角特性 $P_{E_q}(\delta)$ 是在假设稳态励磁电动势 $E_f=E_q=$ 常数的条件下导出的。实际上，每个发电机都配备了 AVR，AVR 的作用是通过调节励磁电压（从而 E_f）来维持发电机机端电压的恒定（或者机端后某个点的电压恒定）。由于去除 $E_f=$ 常数的条件后，推导得出的有功功率和无功功率计算公式将更加复杂，因此下面的讨论将局限于圆柱形转子发电机（$x_d=x_q$）且忽略电阻（$r=0$）。这种情况下，发电机的稳态等效电路和相量图如图 5-20 所示。有功功率和无功功率的计算公式将基于电压、电流的分解式进行推导，将系统电压 V_s 的方向设为 a 轴方向，b 轴超前于 a 轴 90°。

$\underline{E}_q$ 在（a，b）坐标系中的坐标为

$$E_{qa}=E_q\cos\delta,\quad E_{qb}=E_q\sin\delta \tag{5.74}$$

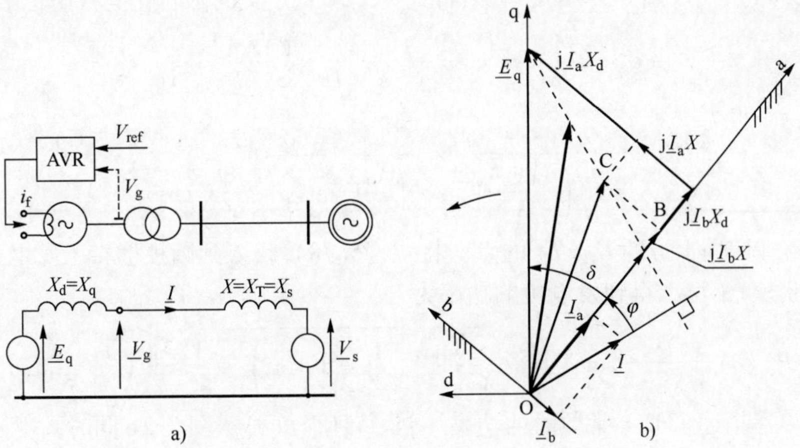

图 5-20　运行于无穷大母线的发电机：a）示意图和等效电路；
b）（d，q）坐标系和（a，b）坐标系中的相量图

根据相量图可以得出

$$I_a = \frac{E_{qb}}{X_d + X}, \quad I_b = \frac{E_{qa} - V_s}{X_d + X} \tag{5.75}$$

而电流的坐标为 $I_a = I\cos\varphi$，$I_b = -I\sin\varphi$。将 Pythagoras 定理应用于三角形 OBC 得到 $(V_s + I_b X)^2 + (I_a X)^2 = V_g^2$，考虑式（5.75）后可以得到

$$\left(E_{qa} + \frac{X_d}{X}V_s\right)^2 + E_{qb}^2 = \left[\frac{X_d + X}{X}V_g\right]^2 \tag{5.76}$$

这个方程描述了一个半径为 $\rho = (X_d/X + 1)V_g$ 的圆，其圆心落在 a 轴上且离原点距离为 $A = -X_d V_s/X$。这意味着当 V_g = 常数和 V_s = 常数时，E_q 的端点在此圆周上运动。图 5-21 给出了一个由相量 V_g = 常数构成的圆心在原点的一个圆周轨迹，同时还给出了另一个由相量 E_q 决定的圆心偏左边的圆周轨迹。

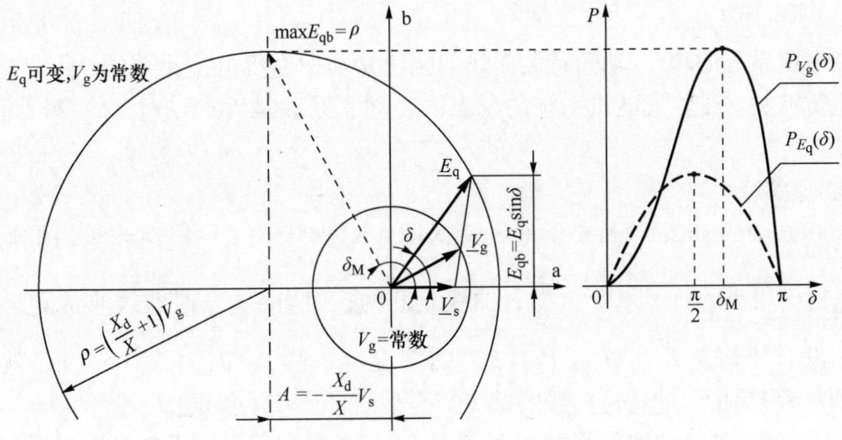

图 5-21　运行于无穷大母线的圆柱形转子发电机的圆图和功率-功角特性曲线

将式（5.74）代入式（5.76），可以将式（5.76）定义的圆转化为极坐标形式：

$$E_q^2+2\frac{X_d}{X}E_qV_s\cos\delta+\left(\frac{X_d}{X}V_s\right)^2=\left[\frac{X_d+X}{X}V_g\right]^2 \tag{5.77}$$

上述方程的一个根为

$$E_q=\sqrt{\left(\frac{X_d+X}{X}V_g\right)^2-\left(\frac{X_d}{X}V_s\sin\delta\right)^2}-\frac{X_d}{X}V_s\cos\delta \tag{5.78}$$

此根对应于落在圆周上方的 $E_f=E_q$ 的点。将式（5.78）代入到圆柱形转子发电机的功率-功角方程式（5.32），可以得到发电机的功率为

$$P_{V_g}(\delta)=\frac{V_s}{X_d+X}\sin\delta\sqrt{\left(\frac{X_d+X}{X}V_g\right)^2-\left(\frac{X_d}{X}V_s\sin\delta\right)^2}-\frac{1}{2}\frac{X_d}{X}\frac{V_s^2}{X_d+X}\sin2\delta \tag{5.79}$$

式（7.79）描述了 V_g = 常数时的功率-功角特性 $P_{V_g}(\delta)$。图5-21同时画出了 $P_{V_g}(\delta)$ 与 $P_{E_g}(\delta)$ 的特性曲线，比较这两条特性曲线表明，AVR可以大大提高稳态功率-功角特性曲线的幅值。

式（5.79）给出的最大功率值可以很容易从图5-21中找到。将式（5.74）中的第二个方程代入式（5.32）得

$$P_{V_g}(\delta)=\frac{V_s}{X_d+X}E_{qb} \tag{5.80}$$

式（5.80）表明发电机功率与 E_q 在b轴上的投影成正比。式（5.80）定义的函数在 E_{qb} 达到最大值时达到最大值。从图5-21可以看出，这种情况发生在 E_q 落在与圆心对应的正上方时。此时 E_q 的坐标如下：

$$E_{qb}=\rho=\left(\frac{X_d}{X}+1\right)V_g \quad 且 \quad \delta_M=\arctan\left(\frac{\rho}{A}\right)=\arctan\left(-\frac{X_d+X}{X_d}\frac{V_g}{V_s}\right) \tag{5.81}$$

不管电压 V_g 和 V_s 为多少，$P_{V_g}(\delta)$ 达到最大值时的角度 δ_M 总是大于$\frac{\pi}{2}$。这对于配备有AVR的系统是典型情况。将式（5.81）的第一部分代入式（5.80）得

$$P_{V_gM}=P_{V_g}(\delta)\big|_{\delta=\delta_M}=\frac{V_gV_s}{X} \tag{5.82}$$

表明受控发电机系统的功率-功角特性曲线的幅值是与发电机电抗无关的，但是它与输电系统的等效电抗有关。受控发电机系统的稳态同步功率系数是 $K_{V_g}=\partial P_{V_g}(\delta)/\partial\delta$，且当 $\delta<\delta_M$ 时，$K_{V_g}>0$。

5.5.1.1 物理解释

式（5.79）中的 $\sin2\delta$ 分量是负的，使得图5-21中 $P_{V_g}(\delta)$ 特性曲线的最大值出现在 $\delta_M>\frac{\pi}{2}$时。对于很小的转子角 $\delta<<\frac{\pi}{2}$，曲线是凹的；而当 $\delta>\frac{\pi}{2}$时曲线非常陡。$\sin2\delta$ 分量与磁阻功率没有任何关系（这与 $P_{E_q}(\delta)$ 的情况不一样），因为式（5.79）就是在假设 $x_d=x_q$的条件下导出的。此特性曲线的畸变完全是由于AVR的影响。

物理上 $P_{V_g}(\delta)$ 特性曲线的形状可以用图5-22进行解释。假设初始时发电机运行于点1，对应于特性曲线 $P_{E_{q1}}=P_{E_q}(\delta)\big|_{E_q=E_{q1}}$，如图中的虚线1所示。发电机负载的增加导致电枢电流的增加以及等效网络电抗上的电压降的增加，如图5-20所示，从而引起发电机机端

电压 V_g 的下降。所产生的电压偏差使得 AVR 增大励磁电压，从而 E_q 增大到 $E_{q2} > E_{q1}$，于是在更高的特性曲线 $P_{E_{q2}} = P_{E_q}(\delta)\mid_{E_q=E_{q2}}$ 上建立了一个新的运行点，标记为 2。负载进一步增大，使所得到的 $P_{V_g}(\delta)$ 特性曲线穿过幅值不断增加的 $P_{E_q}(\delta)$ 曲线上的点 2、3、4、5 和 6。需要注意的是，从点 5 $\left(对应\ \delta > \dfrac{\pi}{2}\right)$ 开始，同步功率系数 $K_{E_q} = \partial P_{E_q}(\delta)/\partial\delta$ 是负的，而 $K_{V_g} = \partial P_{V_g}(\delta)/\partial\delta$ 仍然是正的。

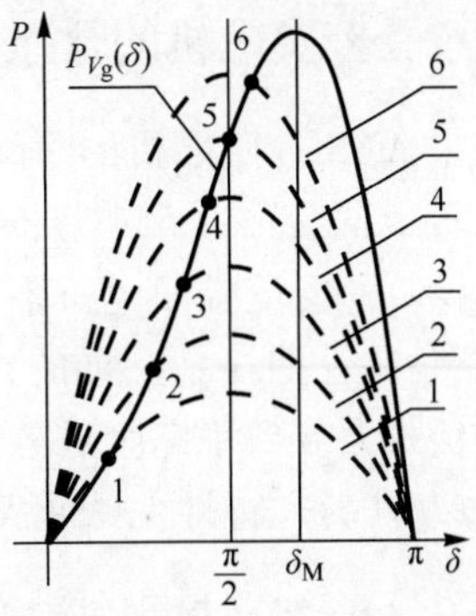

图 5-22　从 $P_{E_q}(\delta)$ 特性曲线簇中构造特性曲线 $P_{V_g}(\delta)$

5.5.1.2　稳定性

如果 AVR 动作很慢（即具有很大的时间常数），那么就可以假设发生小扰动后，AVR 在暂态过程中没有反应，从而受控发电机与不控发电机具有类似的行为。那么稳定极限与点 5 相对应，而稳定条件由式（5.33）给出，对应于圆柱形转子发电机 $\delta = \dfrac{\pi}{2}$。如果 AVR 是快速动作的，从而在暂态过程中能够有反应，那么稳定极限可以超过 $\delta = \dfrac{\pi}{2}$，达到 $P_{V_g(\delta)}$ 曲线顶点下面的曲线段。这种情况下，稳定性依赖于系统和 AVR 的参数，此时的系统稳定性被称为条件稳定性。

快速动作的 AVR 也可以使情况反转，使稳定极限比不控发电机系统还低，即在 $\delta < \dfrac{\pi}{2}$ 时就达到稳定极限，即在点 4 甚至在点 3 达到稳定极限，如图 5-22 所示。这种情形下，系统可能因为 AVR 的不利作用而以振荡方式失去稳定。此种情形以及条件稳定性所对应的条件将在本节后面进行讨论。

5.5.1.3　励磁电流限制器的影响

式（5.79）和图 5-21 是在如下假设条件下得出的：为了保持机端电压的恒定，AVR 可以没有任何限制地改变 $E_q = E_f$，即对 $E_q = E_f$ 的最大值没有限制。实际上，正如第 2 章所描述的，AVR 配备了多种限幅器，其中之一就是励磁电流限幅器，因而也是 E_f 限幅器，这个限幅器的滞后时间很大。如果励磁机在缓慢变化的运行条件下达到了励磁电流的最大值，那么负载的进一步增加不会提升励磁电流，不管机端电压 V_g 如何下降。任何进一步变化都只反映在 $E_q = E_{f\max} =$ 常数上，运行点会沿着 $P_{E_q}(\delta)\mid_{E_q=E_{q\max}}$ 曲线移动。

励磁电流限幅器是否会在 $P_{V_g}(\delta)$ 曲线到达顶点之前动作，不仅取决于励磁电流限幅值的设置，还取决于等效网络电抗 X。式（5.82）表明，$P_{V_g}(\delta)$ 特性曲线的幅值依赖于电抗 X。如果 X 很大，那么幅值就很小，励磁电流限幅就不会达到。如果 X 很小，那么幅值就很大，励磁电流限幅就在曲线达到其顶点之前先达到。此种情形如图 5-23 所示，励磁电流限幅在点 Lim 达到。在点 Lim 以下，稳态特性曲线是 $P_{V_g}(\delta)$；而在点 Lim 以上，发电机沿着 $P_{E_q}(\delta)\mid_{E_q=E_{q\max}}$ 曲线运行。合成的特性曲线用粗线表示。

从稳定的观点来看，更有趣的情形是励磁电流没有达到限幅值的情形。但是，重要的一点是记住励磁电流的热限制可能比稳定极限更早达到。

5.5.2 受控发电机的暂态功率-功角特性

如果AVR或励磁机的时间常数很大，那么调节过程很慢，转子就会遵循5.4节描述过的暂态功率-功角特性曲线摇摆。此时受控发电机系统与不控发电机系统的暂态功率-功角特性曲线是一样的，唯一的差别是受控系统中增大的负载会导致稳态励磁电流的增加，因而导致更高的E'_q值和$P_{E'}(\delta')$特性曲线更高的幅值。此外，在角δ达到其临界值δ_M之前角δ'会达到其临界值$\frac{\pi}{2}$。这在图5-24中进行了描绘，图5-24重新画出了图5-21相量图中的一个部分。

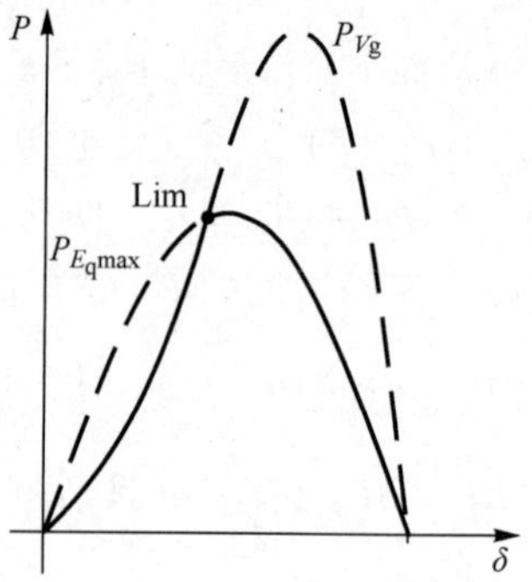

图5-23 励磁电流限幅器对稳态功率-功角特性曲线影响的例子

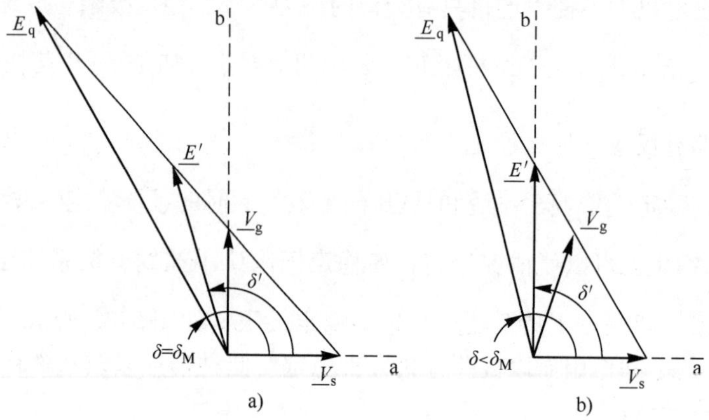

图5-24 受控发电机的相量图：a）当$\delta=\delta_M$时；b）当$\delta'=\frac{\pi}{2}$时

对于临界角$\delta=\delta_M$，相量$\underline{V}_g$落在垂直轴上，如图5-24a所示，而$\delta'>\frac{\pi}{2}$，因为电动势$\underline{E}'$超前$\underline{V}_g$。这意味着在临界点δ_M，暂态同步功率系数$K_{E'}=\partial P_{E'}(\delta)/\partial\delta$是负的。当$\delta'=\frac{\pi}{2}$时，如图5-24b所示，电动势$E'$落在垂直轴上，而$\delta<\delta_M$。现在的问题是，在$P_{V_g}(\delta)$曲线上的哪一点，暂态同步功率系数变为零？

如果采用忽略暂态凸极效应的经典发电机模型，这个问题是很容易回答的。若采用图5-20b的相量图，可以得到如下关于暂态电动势的类似于式（5.76）的方程：

$$\left(E'_a+\frac{X'_d}{X}V_s\right)^2+E'^2_b=\left[\frac{X'_d+X}{X}V_g\right]^2 \tag{5.83}$$

这个方程描述了一个圆，当功角和励磁增加时，$\underline{E}'$的端点在此圆周上运动。这个圆与图5-21中的圆类似，但是其半径和水平偏移量与X'_d有关。将$E'_a=E'\cos\delta'$和$E'_b=E'\sin\delta'$代入式（5.83）得

$$E'^2+2\frac{X'_d}{X}E'V_s\cos\delta'+\left(\frac{X'_d}{X}V_s\right)^2=\left[\frac{X'_d+X}{X}V_g\right]^2 \tag{5.84}$$

求解此方程中的E'得

$$E' = \sqrt{\left(\frac{X'_{\mathrm{d}}+X}{X}V_{\mathrm{g}}\right)^2 - \left(\frac{X'_{\mathrm{d}}}{X}V_{\mathrm{s}}\sin\delta\right)^2} - \frac{X'_{\mathrm{d}}}{X}V_{\mathrm{s}}\cos\delta \tag{5.85}$$

对于 $\delta' = \frac{\pi}{2}$，上式的第 2 个分量为 0，因而暂态电动势为

$$E'\Big|_{\delta'=\pi/2} = \frac{V_{\mathrm{g}}}{X}\sqrt{(X'_{\mathrm{d}}+X)^2 - \left(X'_{\mathrm{d}}\frac{V_{\mathrm{s}}}{V_{\mathrm{g}}}\right)^2} \tag{5.86}$$

将此值代入式（5.40），并注意到 $x'_{\mathrm{d}} = X'_{\mathrm{d}} + X$ 得

$$P_{V_{\mathrm{g\,cr}}} = P_{V_{\mathrm{g}}}(\delta')\Big|_{\delta'=\pi/2} = \frac{V_{\mathrm{s}}V_{\mathrm{g}}}{X}\sqrt{1-\left(\frac{X'_{\mathrm{d}}}{X'_{\mathrm{d}}+X}\right)^2\left(\frac{V_{\mathrm{s}}}{V_{\mathrm{g}}}\right)^2} \tag{5.87}$$

根据式（5.82），此式中的因子 $V_{\mathrm{s}}V_{\mathrm{g}}/X$ 就是 $P_{V_{\mathrm{g}}}$（δ）曲线的幅值。这意味着 $K_{E'}=0$ 时的功率与 $K_{V_{\mathrm{g}}}=0$ 的功率之比对应于式（5.87）根号中的表达式，为

$$\alpha = \frac{P_{V_{\mathrm{g}}}(\delta'=\pi/2)}{P_{V_{\mathrm{g}}}(\delta=\delta_{\mathrm{M}})} = \frac{P_{V_{\mathrm{g\,cr}}}}{P_{V_{\mathrm{g\,M}}}} = \sqrt{1-\left(\frac{X'_{\mathrm{d}}}{X'_{\mathrm{d}}+X}\right)^2\left(\frac{V_{\mathrm{s}}}{V_{\mathrm{g}}}\right)^2} \tag{5.88}$$

这个系数强依赖于网络等效电抗 X。如果 X 很大，α 就接近于 1，而暂态同步功率系数 $K_{E'}=0$。这发生在接近于 $P_{V_{\mathrm{g}}}(\delta)$ 的顶点 $K_{V_{\mathrm{g}}}=0$ 处。另一方面，如果 X 很小，$K_{E'}$ 在 $P_{V_{\mathrm{g}}}(\delta)$ 顶点下面很远的地方就达到 0，如图 5-25 所描绘的。

图 5-25a 展示了当功角很小时的情况，所有的曲线都有正的斜率，所有的同步功率系数是正的。图 5-25b 给出了两个运行点。低的那个点对应于 $K_{E_{\mathrm{q}}}=0$ 和 $K_{E'}>0$ 的自然稳定极限 $\left(\delta=\frac{\pi}{2}\right)$。进一步增大负载（和功角）会引起 $K_{E_{\mathrm{q}}}<0$，而 $K_{E'}>0$，直至到达顶点，此时用虚线表示的 $P_{E'}(\delta')$ 曲线在其顶点与 $P_{V_{\mathrm{g}}}(\delta)$ 曲线相交。在此点之上，$K_{E'}$ 变负，尽管 $K_{V_{\mathrm{g}}}>0$。两个峰值之比由式（5.88）定义的系数 α 给出。

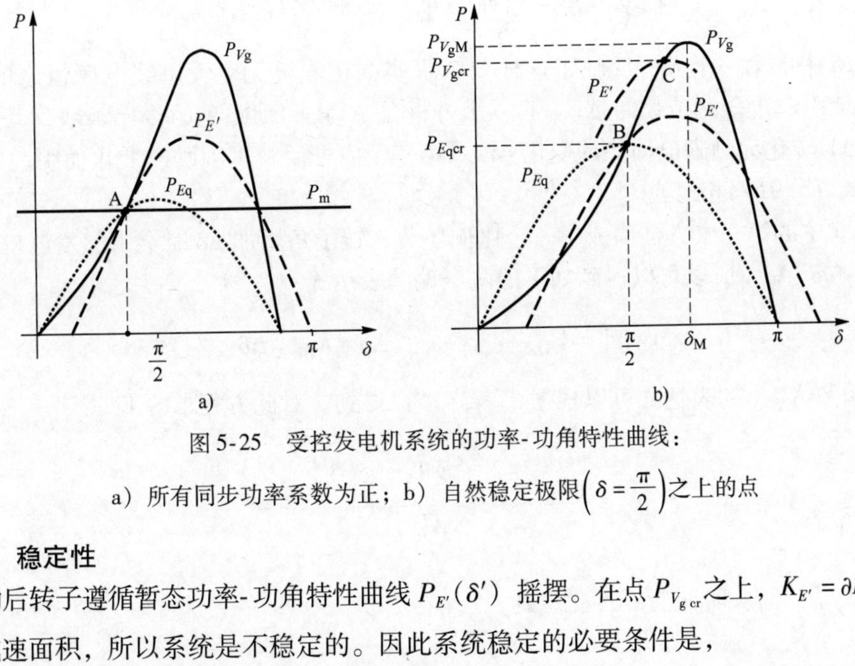

图 5-25 受控发电机系统的功率-功角特性曲线：

a）所有同步功率系数为正；b）自然稳定极限$\left(\delta=\frac{\pi}{2}\right)$之上的点

5.5.2.1 稳定性

扰动后转子遵循暂态功率-功角特性曲线 $P_{E'}(\delta')$ 摇摆。在点 $P_{V_{\mathrm{g\,cr}}}$ 之上，$K_{E'}=\partial P_{E'}/\partial\delta<0$，不再有减速面积，所以系统是不稳定的。因此系统稳定的必要条件是，

$$K_{E'}=\frac{\partial P_{E'}}{\partial \delta}>0 \tag{5.89}$$

在点 $P_{V_{g\,cr}}$，机械功率的任何增加都会引起异步运行，因为机械功率比电磁功率大。发电机能否运行在此点之下的 $P_{V_g}(\delta)$ 曲线上（即 $P_m<P_{V_{g\,cr}}$）与发电机参数、网络参数和AVR参数有关。有两个因素是决定性的：①AVR对转子摇摆过程中由励磁磁链改变引起的 E'_q 变化的影响；②AVR对由阻尼绕组感应出的附加电流引起的阻尼转矩的影响。

5.5.3 转子磁链变化的影响

励磁电动势 E_f 的变化对暂态电动势 E' 的影响由式（4.28）给出。对于凸极机，当 $E'=E'_q$ 时，此方程可以写为

$$\Delta E'_q=\Delta E'_{q(\Delta\delta)}+\Delta E'_{q(\Delta E_f)} \tag{5.90}$$

式中，

$$\Delta E'_{q(\Delta\delta)}=-\frac{AB}{1+BT'_{d0}s}\Delta\delta,\qquad \Delta E'_{q(\Delta E_f)}=+\frac{B}{1+BT'_{d0}s}\Delta E_f \tag{5.91}$$

而 $\Delta\delta=\Delta\delta'$。这两个分量分别由转子摇摆和电压调节引起。$\Delta E'_{q(\Delta\delta)}$ 的影响已在5.4.5节和式（5.53）中描述，其中，图5-13表明这个分量与速度偏差 $\Delta\omega$ 同相位，从而在式（5.52）引进一个附加阻尼转矩。这里的问题是电压控制分量 $\Delta E'_{q(\Delta E_f)}$ 会产生什么样的影响。为了回答这个问题，有必要确定 $\Delta E'_{q(\Delta E_f)}$ 相对于 $\Delta\omega$（或者 $\Delta\delta$）的相位移。借助于图5-26，对此问题可以有更好的理解，图5-26展示了转子角的变化是如何影响 $\Delta E'_{q(\Delta E_f)}$ 的。

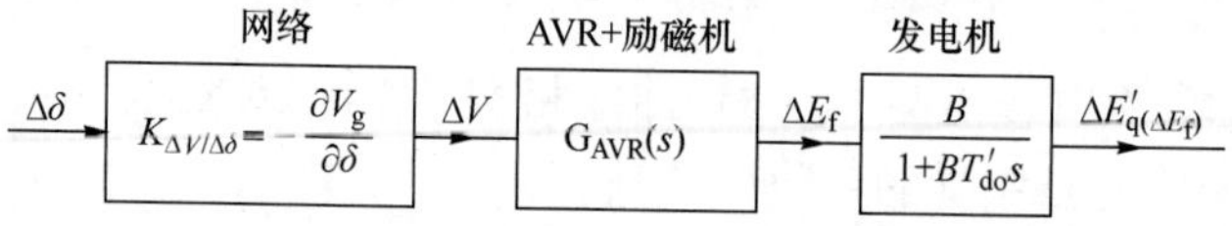

图5-26 决定 $\Delta\delta$ 和 $\Delta E'_{q(\Delta E_f)}$ 之间相位移的各分量

图5-26中的第一个方框反映了这样一个事实：在假设无穷大母线电压恒定的条件下，$\Delta\delta$ 的改变会引起电压调节偏差 ΔV。第二个方框是AVR和励磁机的传递函数，其作用是将调节偏差 ΔV 转化为励磁电动势的变化 ΔE_f。第三个方框反映了因励磁变化而引起的 $\Delta E'_q$ 的变化并与式（5.91）相对应。

图5-26中的第一个方框构成了一个比例环节，转子角增加 $\Delta\delta$ 时会引起发电机电压下降 $\Delta V_g\cong(\partial V_g/\partial\delta)\Delta\delta$，所以可以得到如下的电压偏差表达式：

$$\Delta V=V_{ref}-V_g=-\frac{\partial V_g}{\partial\delta}\Delta\delta=K_{\Delta V/\Delta\delta}\Delta\delta \tag{5.92}$$

比例系数 $K_{\Delta V/\Delta\delta}$ 的表达式可以根据式（5.84）得到。对此方程求解 V_g 得

$$V_g=\frac{\sqrt{E'^2+2\frac{X'_d}{X}E'V_s\cos\delta'+\left(\frac{X'_d}{X}V_s\right)^2}}{\frac{X'_d}{X}+1} \tag{5.93}$$

对上式在点 δ'_0、E'_0、V_{g0} 进行线性化得到

$$K_{\Delta V/\Delta\delta}=-\frac{\partial V_{g}}{\partial\delta'}=\frac{X'_{d}X}{(X'_{d}+X)^{2}}\frac{E'_{0}}{V_{g0}}V_{s}\sin\delta'_{0} \tag{5.94}$$

此系数在一个很宽的角度变化范围内都是正的，这意味着由式（5.92）给出的调节偏差总是与功角变化 $\Delta\delta$ 同相位的。ΔV 的幅度与发电机负载有关。对于较小的负载（和 δ'_0），系数 $K_{\Delta V/\Delta\delta}$ 很小，引起的电压偏差也很小。随着负载增加，由 $\Delta\delta$ 变化引起的 ΔV 变化变大。

图 5-26 中的第二个方框引入了 ΔE_f 与 ΔV 之间的相位移，它取决于 AVR 和励磁机的传递函数。对于采用如图 2-3d ~ f 所示的比例型调节器的静止励磁机，相位移很小，可以假设 ΔE_f 与 ΔV 同相位。相比于如图 2-3a ~ c 所示的直流串级励磁机或带整流器的交流励磁机，其行为就像一个惯性环节，在 1Hz 左右的振荡频率处会引入几十度的相位移。

图 5-26 中的发电机方框会引入了一个等于 $\frac{\pi}{2}$ 的相位移，如式（5.54）所示。但是，式（5.53）、式（5.54）和式（5.91）的第一个方程中的负号会引起 $\Delta E'_{q(\Delta\delta)}$ 超前 $\Delta\delta$ $\frac{\pi}{2}$，而式（5.91）中第二个方程的正号会引起 $\Delta E'_{q(\Delta E_f)}$ 滞后 $\Delta\delta$ $\frac{\pi}{2}$。

知道了这些相位移以后，就可以画出一个类似于图 5-13c 的相量图，但已考虑了式（5.90）中的两个分量。此相量图如图 5-27 所示，对应于两种通用型 AVR 系统，描述了以摇摆频率 Ω（rad/s）旋转的增量之间的相量关系。在图 5-27 的两个相量图中，相量 $\Delta\underline{\delta}$ 和 $\Delta\underline{V}$ 是同相位的，如式（5.94）所示；而分量 $\Delta\underline{E}'_{q(\Delta\delta)}$ 超前于 $\Delta\underline{\delta}$，与图 5-13c 类似。

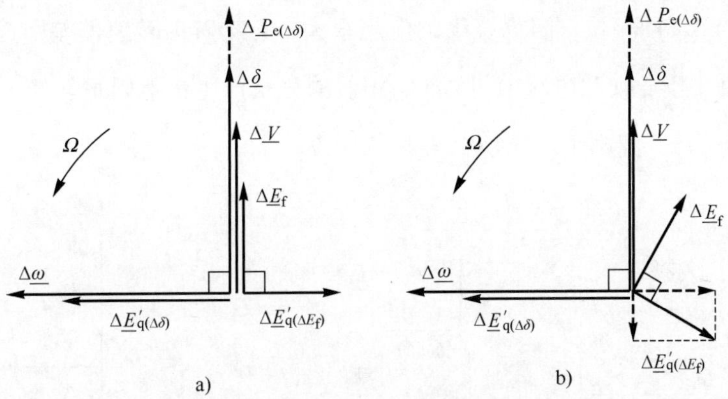

图 5-27　以摇摆频率 Ω 旋转的增量的相量：
a）采用比例控制的 AVR；b）采用比例控制的带惯性的 AVR

图 5-27a 中的相量图适用于采用比例控制的 AVR 系统，此时 $\Delta\underline{E}_f$ 与 $\Delta\underline{V}$ 几乎是同相位的。分量 $\Delta\underline{E}'_{q(\Delta E_f)}$ 滞后 $\Delta\underline{E}_f$ $\frac{\pi}{2}$，且与 $\Delta\underline{E}'_{q(\Delta\delta)}$ 直接方向相反。此图清楚地表明，用 $\Delta\underline{E}'_{q(\Delta E_f)}$ 表示的电压调节，削弱了由励磁绕组引入的用 $\Delta\underline{E}'_{q(\Delta\delta)}$ 表示的阻尼。如果 $\Delta\underline{E}'_{q(\Delta E_f)}$ 的模值大于 $\Delta\underline{E}'_{q(\Delta\delta)}$ 的模值，那么电压调节会给系统引入一个净负阻尼。此负阻尼会被如下因素放大：

1）发电机重载（δ'_0 很大），导致式（5.94）中的系数 $K_{\Delta V/\Delta\delta}$ 变大。

2）大的 AVR 增益 $|G_{AVR}(s)|$，其决定了 $\Delta\underline{E}_f$ 的模值。

3）大的网络电抗 X，其决定了系数 $K_{\Delta V/\Delta\delta}$ 的值[⊖]。

图5-27b展示了采用串级直流励磁机或带有整流器的交流励磁机的AVR系统，典型情况下 $\Delta\underline{E}_f$ 滞后 $\Delta\underline{V}$ 几十度。相量 $\Delta\underline{E}'_{q(\Delta E_f)}$ 滞后于 $\Delta\underline{E}_f$ $\pi/2$，导致在 $\Delta\underline{\delta}$ 方向有两个分量：①引入负阻尼的正交分量，与图5-27a中的情况一样；②与 $\Delta\underline{P}_e$ 同相位的分量，此分量对阻尼没有影响。后一个分量的作用是减小同步功率系数 $K_{E'_q}$，如式（5.52）所示，因此会改变振荡的频率。

以上关于AVR系统对发电机阻尼的影响分析本质上是定性的，目的是帮助理解这些复杂的现象。详细的定量分析可以在De Mello and Concordia（1969）中找到，后面更扩展的分析见Anderson and Fouad（1977）、Yao-nan Yu（1983）和Kundur（1994）。

5.5.4 AVR作用于阻尼绕组的影响

5.5.3节描述了AVR系统如何影响由励磁绕组产生的阻尼转矩，其是摇摆方程式（5.52）的最后一个分量。此方程的第二个分量是 $P_D = D\Delta\omega$，对应于阻尼绕组产生的阻尼功率。在假设励磁电压恒定，即 E_f = 常数的条件下，阻尼功率由式（5.24）给出。回顾一下此功率产生的机理与感应电机的运行原理相类似。转子角 δ 的变化导致转速偏差 $\Delta\omega$。根据法拉第定律，所产生的感应电动势与转速偏差成正比。由此电动势产生的电流与气隙磁通相互作用，产生一个被称为自然阻尼转矩的转矩。为了简化分析，只对d轴阻尼绕组进行分析。

图5-28a给出了d轴阻尼绕组的相量图，此图与图5-27类似。如图所示，绕组中感应的电动势 $\underline{e}_{D(\Delta\omega)}$ 与 $\Delta\underline{\omega}$ 同相位。阻尼绕组的电阻很大，意味着由转速偏差引起的电流 $\underline{i}_{D(\Delta\omega)}$ 滞后于 $\underline{e}_{D(\Delta\omega)}$ 的角度小于 $\frac{\pi}{2}$。此电流中与 $\Delta\underline{\omega}$ 同相位的分量产生自然阻尼转矩。而另一个与 $\Delta\underline{\delta}$ 同相位的正交的分量，提高了同步功率系数。

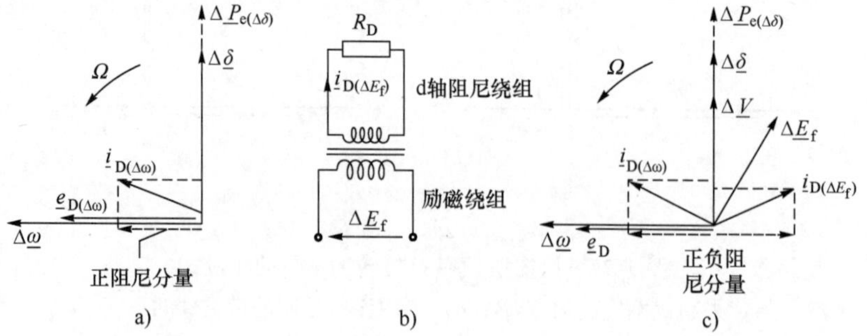

图5-28 针对阻尼绕组的以摇摆频率 Ω 振荡的增量相量图：a）只有自然阻尼；b）励磁绕组与阻尼绕组构成的变压器；c）自然和人工阻尼

现在考察AVR对阻尼绕组的影响。d轴阻尼绕组落在由励磁绕组产生的励磁磁通路径上，如图4-3所示。这意味着这两个绕组是磁耦合的，可以当作一个变压器来处理，如

⊖ $K_{\Delta V/\Delta\delta}$ 的最大值在 $X = X'_d$ 时取到，一般情况下 $X \ll X'_d$，因此在此假设条件下，网络电抗 X 越大，系数 $K_{\Delta V/\Delta\delta}$ 越大。——原书注

图 5-28b所示。变压器的一次侧由 $\Delta \underline{E}_f$ 提供电源，而变压器的二次侧为阻尼绕组，二次侧的负载为阻尼绕组的电阻 R_D。因此，阻尼绕组中感应出来的附加电流$\underline{i}_{D(\Delta E_f)}$一定滞后于 $\Delta \underline{E}_f$。图 5-28c 给出了各相量的位置。$\underline{i}_{D(\Delta E_f)}$的水平分量直接与$\underline{i}_{D(\Delta\omega)}$的水平分量方向相反。由于前者是由 AVR 产生的，而后者是由转速偏差产生的并造成了自然阻尼，因此可以得出这样的结论：电压调节会削弱自然阻尼。这种削弱作用被称为人工阻尼。

电流$\underline{i}_{D(\Delta E_f)}$越大，人工阻尼就越强。此电流与 $\Delta \underline{E}_f$ 和由 $\Delta \underline{\delta}$ 引起的 $\Delta \underline{V}$ 成正比。一些影响人工阻尼的因素已在 5.5.3 节中描述过，它们包括：发电机负载水平、输电网络电抗和电压调节器的增益。

5.5.5　对负阻尼分量的补偿

5.5.3 节和 5.5.4 节的主要结论是，只反应于电压偏差的电压调节器会削弱由阻尼绕组和励磁绕组产生的阻尼。在发电机重载和长输电线路的极端情况下，电压调节器的大增益会导致净阻尼为负，从而引起振荡失稳。此种 AVR 的负面作用可以用一种被称为电力系统稳定器（PSS）的辅助控制环来补偿，10.1 节将对 PSS 做更详细的讨论。PSS 在美国、加拿大和西欧得到了广泛的应用。另一种苏联特别偏好的解决方案也是由电压调节器构成的，它由反应于电压偏差时间导数和其他物理量的多个内置反馈环构成（Glebov, 1970）。

第 6 章 大扰动机电动态过程

上一章解释了在小扰动下电力系统是如何响应的，并给出了电力系统在遭受此种扰动后保持稳定的必要条件。从稳定性的角度来看，更引人注目的是系统对诸如短路或线路跳闸之类的大扰动的响应特性。当此种故障发生时，会产生大电流和大转矩，并且如果要保持系统稳定，则必须迅速采取措施。本章将讨论此种大扰动稳定性问题以及此种扰动对系统行为的影响。

6.1 暂态稳定性

假设故障发生前电力系统运行于某种稳定的稳态工况下，那么电力系统的暂态稳定性问题就定义为评估故障后系统是否能够达到一个可接受的稳态运行点。

由于相比于转子的摇摆周期，通常次暂态阶段持续的时间很短，故次暂态现象对机电动态过程的作用可以忽略不计。这就使得发电机经典模型可以被用来研究暂态稳定性问题，对应的转子摇摆方程为式（5.15），而气隙功率方程为式（5.40）。在诸如短路等严重故障期间，式（5.40）中出现的等效电抗 x'_d 会发生变化，使得气隙功率 $P_e = P_{E'}$ 也随之变化，从而打破系统的功率平衡。这会导致能量在发电机之间传递并产生相对应的转子振荡。通常，与一个扰动相伴随的有 3 种状态，每种状态下 x'_d 的值一般是不同的：①故障前状态，$x'_d = x'_{d\,PRE}$；②故障状态，$x'_d = x'_{d\,F}$；③故障后状态，$x'_d = x'_{d\,POST}$。本节将从其清除后不会改变网络结构的故障开始研究，这种情况下 $x'_{d\,POST} = x'_{d\,PRE}$。

6.1.1 故障清除不改变等效网络阻抗时的稳定性分析

图 6-1a 给出了一个例子，通过跳开故障元件清除故障但并未改变等效网络阻抗。假设双回线路中只有线路 L1 在使用，线路 L2 虽然带电但并未与系统侧相连。如果故障发生在未使用的线路 L2 上，然后通过断开线路 L2 发电机侧的断路器来清除故障，那么故障前与故障后发电机与系统之间的阻抗是相同的。

6.1.1.1 故障前、故障中和故障后的电抗值

系统的等效电路如图 6-1b 所示。发电机用经典模型表示，即用“暂态电抗 X'_d 后的恒定暂态电动势 E'”模型，而系统用“等效电抗 X_s 后的恒定电压 V_s”来表示。变压器电抗和线路 L1 的电抗分别为 X_T 和 X_L。故障前输电环节的总电抗 $x'_{d\,PRE}$ 为

$$x'_{d\,PRE} = X'_d + X_T + X_L + X_s \tag{6.1}$$

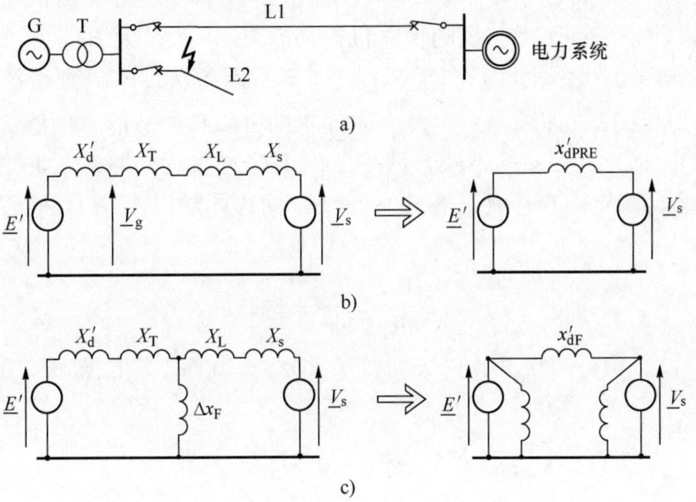

图 6-1　故障前后阻抗相同的一个例子：a）示意图；
b）故障前和故障后的等效电路；c）故障中的等效电路

对称分量的使用使得任何类型的故障都可以用正序网络来表示，只要在故障点和中性点之间接入一个故障并联电抗 Δx_F，如图 6-1c 所示（Gross，1986）㊀。故障并联电抗 Δx_F 的值是与故障类型有关的，见表 6-1。其中，X_1、X_2 和 X_0 分别为从故障点向系统看进去的戴维南正序、负序和零序等效电抗。

表 6-1　对应于不同故障类型的故障并联电抗

故障类型	三相短路（3ph）	两相对地短路（2ph - g）	相间短路（2ph）	单相短路（1ph）
Δx_F	0	$\dfrac{X_2X_0}{X_2+X_0}$	X_2	X_1+X_2

通过星-三角变换，故障网络可以变换为如图 6-1c 所示的电路，这样电动势 E' 和 V_s 就由一个等效故障电抗直接相连了：

$$x'_{d\,F}=X'_d+X_T+X_L+X_s+\frac{(X'_d+X_T)(X_L+X_s)}{\Delta x_F} \tag{6.2}$$

此电抗的值强依赖于表 6-1 所示的故障并联电抗 Δx_F。当通过跳开线路 L2 上的断路器清除故障后，系统的等效电路与故障前的电路是一样的，因此 $x'_{d\,POST}=x'_{d\,PRE}$。

图 6-1c 所示的电路图对应于正序网络，因此基于式（6.2）所给出的电抗计算式（5.40）的功率-功角特性时，只考虑了由正序电流所产生的转矩和功率。由负序和零序故障电流所产生的转矩的影响在本章的后续讨论中将被忽略。

6.1.1.2　三相故障

图 6-2 给出了如何应用 5.4.3 节所介绍的等面积法则来分析三相故障对系统稳定性的影

㊀ 此原理国内常称为“正序等效定则”。——译者注

响。为了简化讨论，阻尼将被忽略（$P_D=0$），并认为转子转速的变化很小，不至于触发涡轮机调速系统。因此，来自于涡轮机的输入机械功率 P_m 可假设为恒定。

三相故障时 $\Delta x_F=0$，根据式（6.2）有 $x'_{dF}=\infty$。因此从发电机到系统的功率传递完全被故障所阻断，而故障电流为纯感性电流。故障瞬间电磁功率从故障前的值跌落到零，如图6-2中的直线1-2所示，且在断路器跳开清除故障前一直保持为零。在此期间转子加速度 ε 可以通过摇摆方程式（5.15）得到，在式（5.15）两边同除以 M 并代入 $P_e=0$、$P_D=0$，并用 δ' 来表示有

$$\varepsilon=\frac{d^2\delta'}{dt^2}=\frac{P_m}{M}=常数 \tag{6.3}$$

对式（6.3）连续积分两次，并代入初始条件 $\delta'(t=0)=\delta'_0$ 和 $\Delta\omega(t=0)=0$，可以得到功角的轨迹为

$$\delta'=\delta'_0+\frac{\varepsilon t^2}{2} \quad 即 \quad \Delta\delta'=\delta'-\delta'_0=\frac{\varepsilon t^2}{2} \tag{6.4}$$

这对应于图6-2a中抛物线a-b-d。在故障清除前转子沿着功率-功角曲线从点2移动到点3，并获得与阴影面积1-2-3-4成正比的动能。

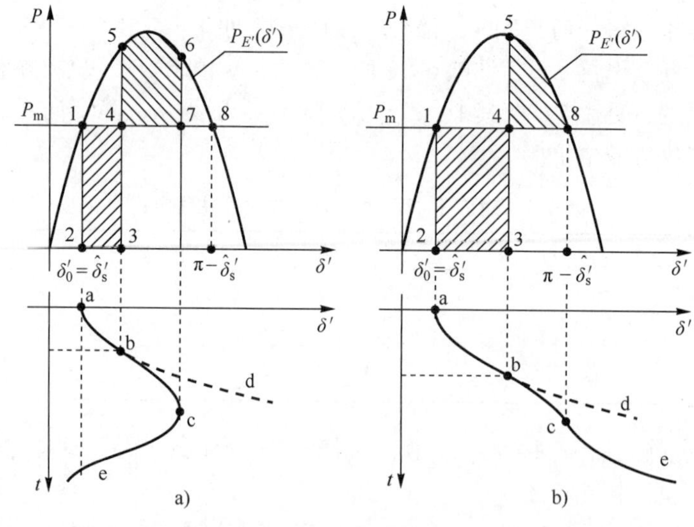

图6-2　加速面积和减速面积：a）故障清除时间短；b）故障清除时间长

当在 $t=t_1$ 时刻通过断路器清除故障后，转子再次沿着与由式（6.1）给出的电抗相对应的功率-功角特性曲线 $P_{E'}(\delta')$ 运动，从而运行点会从点3跳到点5。此时转子承受减速转矩而开始减速，减速转矩的幅值与线段4-5的长度成正比。然而，由于其自身的动量，转子功角会继续增大，直到减速过程中所做的功（面积4-5-6-7）等于加速过程中所获得的动能（面积1-2-3-4）为止。转子在点6处再次达到同步转速，此时

$$面积4\text{-}5\text{-}6\text{-}7=面积1\text{-}2\text{-}3\text{-}4 \tag{6.5}$$

如果没有阻尼，上述过程将会重复，转子围绕点1来回摇摆，称为同步摇摆。而发电机没有失去同步，系统是稳定的。

图6-2b给出了一种类似的场景，但故障清除时间 $t=t_2$ 要长得多，使得在加速过程中转

子所获得的动能，其正比于面积 1-2-3-4，相比于图 6-2a 要大得多。这样，减速过程中所做的功，其正比于面积 4-5-8，不能抵消加速过程中所获得的动能，使得转子在到达点 8 前速度偏差不能变为零。经过点 8 后，电磁功率 $P_{E'}(\delta')$ 小于机械功率 P_m，转子受到净加速转矩作用，使得功角进一步加大。转子做异步旋转并与系统失去同步。关于异步运行的更详细的分析见 6.5 节。

在上述讨论中有两个重点。第一点是，如果在某一摇摆中运行点超过特性曲线上的点 8，则发电机会失去稳定性。点 8 对应的暂态功角为 $(\pi-\hat{\delta}'_s)$，其中 $\hat{\delta}'_s$ 是暂态功角的稳定平衡点。因此面积 4-5-8 是用来阻止发电机转子摇摆的最大减速面积。对应的暂态稳定性条件可以表述为：最大减速面积必须大于由故障引起的加速面积。对于图 6-2a 所示的例子，此法则可以写为

$$\text{面积 } 1\text{-}2\text{-}3\text{-}4 < \text{面积 } 4\text{-}5\text{-}8 \tag{6.6}$$

当发电机没有用尽最大减速面积时，则剩余面积 6-7-8 除以最大减速面积，被定义为暂态稳定裕度：

$$K_{\text{area}} = \frac{\text{面积 } 6\text{-}7\text{-}8}{\text{面积 } 4\text{-}5\text{-}8} \tag{6.7}$$

第二个重点是故障清除时间是决定发电机稳定性的一个主要因素。这可由式（6.4）得到证实，根据式（6.4），加速面积 1-2-3-4 是与故障清除时间的二次方成正比的。在发电机保持同步稳定前提下的最长故障清除时间被称为临界清除时间。这样，临界清除时间与实际清除时间之间的相对偏差可用来作为暂态稳定裕度的另一种度量方法：

$$K_{\text{time}} = \frac{t_{\text{cr}} - t_{\text{f}}}{t_{\text{cr}}} \tag{6.8}$$

式中，t_{cr} 和 t_{f} 分别为临界清除时间和实际清除时间。

6.1.1.3　不对称故障

不对称故障期间至少有一相是不受影响的，从而使得部分功率仍然能够输送到系统。现在的等效故障电抗 x'_{dF} 不会像三相故障那样上升到无穷大，而是如式（6.2）定义的那样是一个有限值。电抗的增加与 Δx_F 成反比并与故障类型有关，见表 6-1。因此，按故障严重程度依次递减对故障类型进行排序的结果如下：①三相故障（3ph），②两相接地故障（2ph-g），③相间故障（2ph），④单相故障（1ph）。

故障期间对应的功率-功角特性曲线如图 6-3a 所示。不对称故障对系统稳定性的影响仅以最不严重的单相故障为例进行考察。假定故障清除时间比三相故障时的临界清除时间稍微长些。加速面积和减速面积如图 6-3b 所示。如果是三相故障的话，加速面积 1-2-3-4 大于减速面积 4-5-8，系统不稳定，如图 6-2b 所示。

对于单相故障而言，功率传输并没有完全被阻塞，气隙功率从故障前特性曲线的点 1 跌落到故障时特性曲线的点 9。与线段 1-9 对应的加速转矩小于三相故障时的加速转矩（线段 1-2），因此转子加速减缓。设故障清除时转子运动到点 10，此时转子功角小于三相故障时的功角。加速面积是 1-9-10-2，远小于最大减速面积 11-8-12，系统稳定且具有很大的稳定裕度。显然，更长的故障清除时间会导致发电机失去稳定，但单相故障下的临界清除时间比三相故障下的临界清除时间长得多。其他故障类型的临界清除时间长短排序与表 6-1 所列的 Δx_F 的大小排序一致。

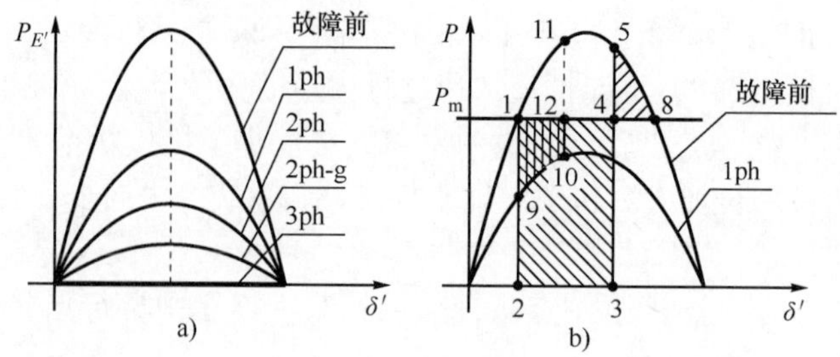

图6-3 不对称故障的影响：a）功率-功角特性曲线的比较；b）三相和单相故障时的加速和减速面积

6.1.1.4 故障前负载水平的影响

图6-4展示了一台发电机，三相故障前其负载为 P_{m1}。故障清除时加速面积1-2-3-4小于最大减速面积4-5-8，系统稳定，稳定裕量为面积6-7-8。将故障前的负载水平提高50%到 $P_{m2}=1.5P_{m1}$，则加速功率 $P_{acc}=P_m-P_{E'}(\delta')=P_m$ 变为原来的1.5倍，根据式（6.3）和式（6.4），功角增量 $\Delta\delta'$ 也随之增加到原来的1.5倍。这样，由于加速面积矩形1-2-3-4的每一边都增加了1.5倍，现在的加速面积远大于最大减速面积4-5-8，系统失稳。

可见，确定临界清除时间和发电机稳定性时，故障前的负载水平是一个很重要的因素。负载水平越高，临界清除时间越短。

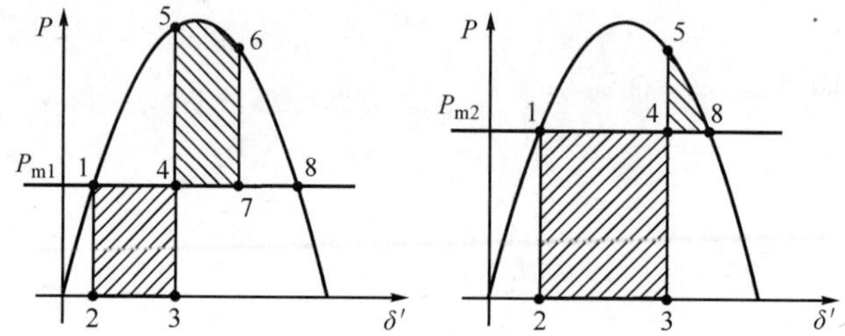

图6-4 两种故障前负载水平 P_{m1} 和 $P_{m2}=1.5P_{m1}$ 下的加速面积和减速面积（故障清除时间相同）

6.1.1.5 故障距离的影响

到目前为止都假定了图6-1中的故障发生在靠近母线处。如果故障点位于线路上较远的点，如图6-5a所示，那么故障线路的阻抗 Δx_L 将与故障距离和线路的单位长度电抗成正比。这样，故障期间的等效电路就如图6-5b所示。等效串联电抗 x'_{dF} 还是可以通过式（6.2）求得，不过此时 Δx_F 要用 $\Delta x=\Delta x_F+\Delta x_L$ 替代。

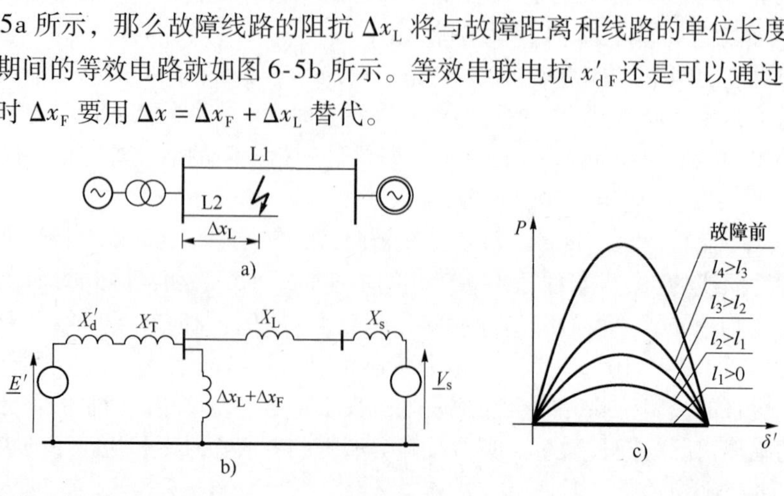

图6-5 故障距离的影响：a）示意图；b）等效电路图；c）不同故障距离下的功率-功角特性曲线

图 6-5c 给出了一簇功率-功角特性曲线，分别对应于沿线距离逐渐增加的三相故障（$\Delta x_F = 0$）。与不对称故障时的讨论相比较，可以看出，故障发生点越远，故障严重程度越轻，临界清除时间越长。

对于不对称故障，$\Delta x_F \neq 0$，故障期间功率-功角特性曲线的幅值比三相故障时更高。因此，故障的严重程度更轻。远处的单相故障对发电机的扰动可能会很小。

6.1.2　有自动重合闸与无自动重合闸的短路清除

6.1.1 节描述了一种特殊的场景，故障清除后网络等效电抗不变。在大多数情况下，围绕故障而发生的事件要复杂得多。首先，故障本身通常发生在带负载的元件上，例如发生在与两端系统相联接的线路 L2 上。其次，通常不是清除故障本身，而是将发生故障的元件从系统中切除。

输电线路上的大多数故障是间歇性的，因此，通过断开必要的断路器清除故障后，经过足够的时间让断路器端口熄弧，然后故障线路可以再次投入运行。这个过程被称为自动重合闸。一个成功的自动重合闸周期的时序如图 6-6 所示，包括：

1）两回线路都运行（故障前），见图 6-6b。

2）发生短路故障，见图 6-6c。

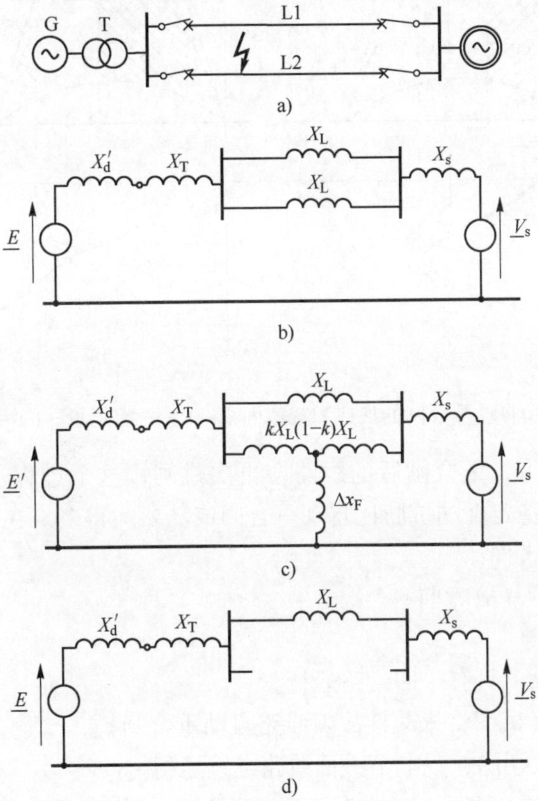

图 6-6　自动重合闸周期：a）示意图；b）两回线都运行时的等效电路；c）一回线上发生短路；d）只有一回线运行

3）故障线路被切除，只剩一回线路运行，见图6-6d。

4）故障线路自动重合闸，两回线路再次都运行，见图6-6b。

在图6-6中，假定故障发生在线路L2上，与断路器隔了某个距离 k。每种状态都可以用式（5.40）中的不同等效电抗 x_d' 及与之对应的功率-功角特性曲线来表示。

图6-7展示了三相故障在2个不同故障清除时间下的响应特性，其中一个产生稳定的响应，而另一个产生不稳定响应。两种场景下，故障期间加速功率1-2都将转子从点2加速运动到点3。当线路L2跳开后，运行点跳变到点5，且由于转子已获得的动能，会沿着特性曲线c继续运动。经过熄弧所必需的时间后，自动重合器将线路L2重新接入到系统中，运行点从点6跳变到点7。功角沿着特性曲线a移到点8，在系统稳定的场景下，减速面积4-5-6-7-8-10等于加速面积1-2-3-4，且系统的稳定裕量与面积8-9-10相对应。在不稳定的场景下，如图6-7b所示，延长的清除时间增大了加速面积1-2-3-4，使得最大减速面积太小，不能将多余的动能吸收掉，从而使转子停止超速。发电机转子将做异步旋转并与系统失去同步。

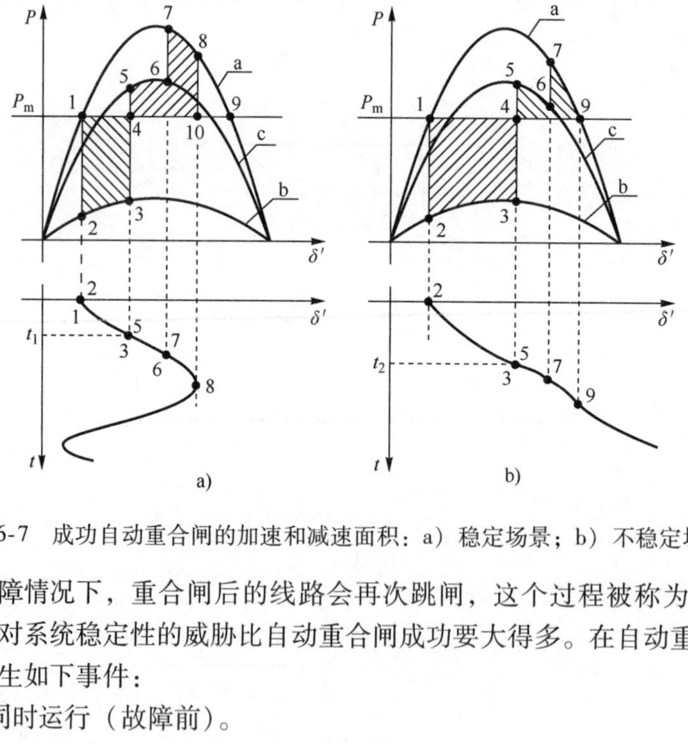

图6-7　成功自动重合闸的加速和减速面积：a）稳定场景；b）不稳定场景

在永久性故障情况下，重合闸后的线路会再次跳闸，这个过程被称为自动重合闸不成功，此种情况下对系统稳定性的威胁比自动重合闸成功要大得多。在自动重合闸不成功的情况下，会依次发生如下事件：

1）两回线同时运行（故障前）。

2）短路发生。

3）故障线路被切除，只有一回线路运行。

4）再次发生短路（试图将永久性故障线路自动重合闸）。

5）故障线路被永久切除，只剩下一回线路继续运行。

图6-8展示了自动重合闸不成功情况下系统不稳定与稳定两种场景。在第一种场景下，故障期间转子获得的动能正比于面积1-2-3-4。然后，在故障线路被切除期间，转子开始减速，释放的动能正比于面积4-5-6-7。试图将永久性故障线路重新接入导致动能增加，其增

量正比于面积7-8-9-11。当故障线路被永久切除时，剩下的减速面积是10-13-11。由于加速面积1-2-3-4和7-8-9-11之和大于减速面积4-5-6-7和10-13-11之和，转子经过点13后进入异步旋转状态。

如果现在故障清除时间和自动重合闸时间减小，另外，故障前发电机的负载水平从P_{m1}降到P_{m2}，如图6-8b所示，则系统可能保持稳定。现在加速面积1-2-3-4和7-8-9-11之和等于减速面积4-5-6-7和10-11-14-12之和，系统稳定且稳定裕量对应于面积12-14-13。假设振荡是衰减的，则新的平衡点1′对应于一回线路切除后的功率-功角特性曲线。

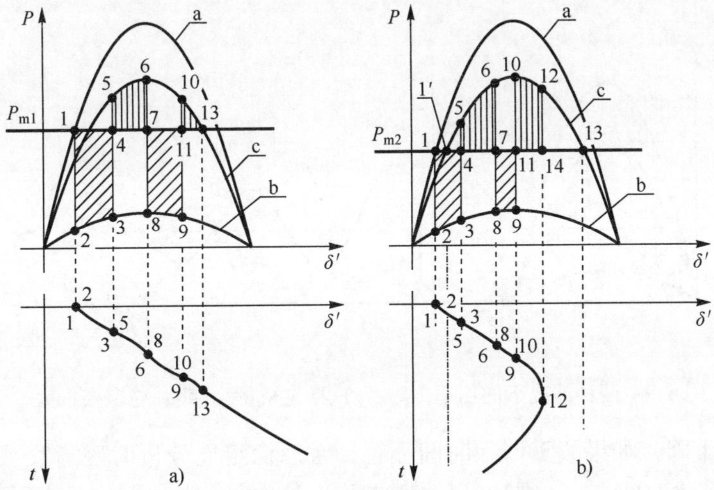

图6-8 自动重合闸不成功时的加速和减速面积：a）不稳定场景；b）稳定场景

6.1.3 功率振荡

与故障相伴随的转子摇摆会导致输出功率的振荡。功率变化的形状是分析暂态稳定裕度的一种尽管不太准确但有用的信息源。再次考察如图6-5a所示的系统，并假定线路L2上的故障是通过跳开其两端的断路器被清除的，且不考虑自动重合闸。如果如图6-9a所示的稳定裕量面积6-7-8很小，功角振荡会很大且有可能超过π/2。对应的功率振荡也会增大直到δ'超出功率-功角特性曲线的峰值为止，此时功率振荡开始下降。在转子回摆期间，伴随转子角越过特性曲线峰值的过程，功率首先增大然后减小。这样，功率波形$P_e(t)$呈现出典型的“驼峰”，其会随着振荡的衰减而消失。如果暂态稳定裕量面积6-7-8很大，如图6-9b所示，那么驼峰不会出现，因为功角振荡的最大值小于π/2，振荡只处于功角特性曲线的一个边上。

应当强调的是，功率振荡是沿着暂态功率-功角特性曲线$P_{E'}(\delta')$而不是静态功率-功角特性曲线$P_{E_q}(\delta')$进行的。这就意味着驼峰出现时的功率值通常大大高于静态临界功率$P_{E_q\mathrm{cr}}$，见图6-9。

6.1.4 磁通衰减的影响

用于分析暂态稳定性的暂态功率-功角特性$P_{E'}(\delta')$是在假定励磁绕组磁链恒定从而E'=常数的条件下成立的。事实上，随着磁场能量在励磁绕组电阻上的耗散，磁通衰减效应

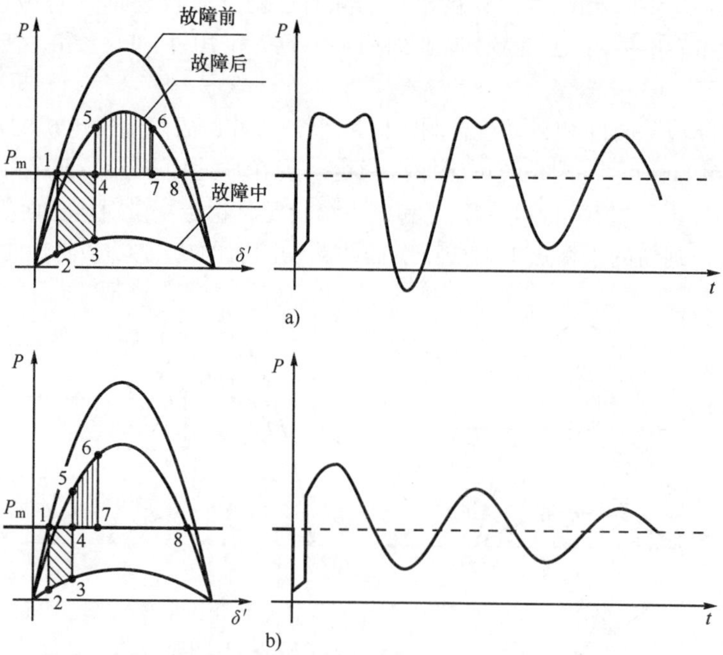

图6-9　两种情况下的功率振荡：a）稳定裕量小；b）稳定裕量大

会导致 E'随时间下降。如果故障清除时间很短，暂态稳定性分析时磁通衰减效应可以被忽略；但如果故障清除时间很长，那么 E'的衰减可能会产生很大的影响。为了理解这些特性，可以参考图6-2，其中给出了 E' = 常数时的情况。如果现在需要考虑磁通衰减的效应，那么故障后 $P_{E'}(\delta')$ 特性曲线的幅值会减小，从而导致最大减速面积4-5-8减小和暂态稳定性恶化。因此，使用经典模型可能会导致对临界清除时间的乐观估计。

6.1.5　AVR的影响

5.5节解释了AVR的行为如何在小扰动下可能会降低转子摇摆的阻尼。在大扰动下，AVR的影响是类似的。但是，在故障发生和被清除后的很短时间内，强劲动作的AVR有可能会阻止失步，这将在下面解释。

当故障发生时，发电机机端电压跌落，很大的调节偏差 ΔV 迫使AVR增加发电机励磁电流。不过，励磁电流由于AVR的时延和发电机励磁绕组时间常数的作用并不会立刻改变，AVR的时延与其增益和时间常数有关。为了检验AVR行为对暂态稳定性的影响，将考察如图6-5a所示的系统，并假定沿线路L2一段距离上某点发生三相短路故障，从而 $\Delta x_L \neq 0$ 而 $\Delta x_F = 0$。

当不存在AVR时此系统可能会失去稳定，如图6-10a所示。AVR的作用是增加励磁电流从而增大暂态电动势 E'，正如4.2.4节所解释和图4-17a所说明的那样，其对稳定性的影响如图6-10b所示。对 E'增大的作用分析，可以通过画出对应不同 E'的一簇功率-功角特性曲线 $P_{E'}(\delta')$ 来实现。快速动作的AVR和励磁机能够在故障清除前就将励磁电压提升到其顶值，尽管励磁电流和 E'的变化会由于发电机励磁绕组的时间常数而滞后于电压变化。这种励磁电流以及 E'的增大具有两方面的积极作用。首先，随着 E'的增大，加速功率减小同时加速面积 1-2-3-4 略微减小。其次，故障清除后，由于新的 E' 较大，系统运行于更高的功率-功角特性曲线上，从而减速面积更大。在本例中，当转子达到最大功角点 6 开始向平衡点回摆前，减速面积 4-5-6-6′等于加速面积 1-2-3-4。

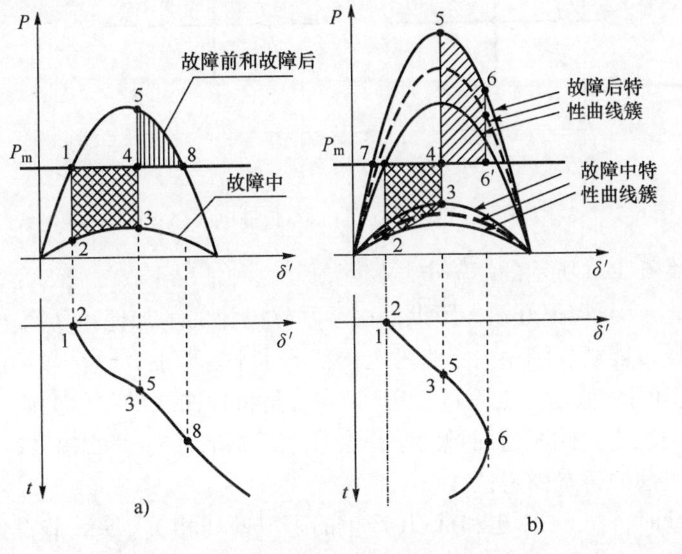

图 6-10 是否考虑电压调节器作用时的加速面积和减速面积：a）不考虑；b）考虑

虽然快速动作的 AVR 减小了转子的第一次摇摆，但可能会增大第二次及后续的摇摆，这取决于系统参数、AVR 的动态特性以及励磁绕组的时间常数。考察故障清除时的电压调节偏差 $\Delta V = V_{ref} - V_g$，式（5.93）现在很重要，因为它揭示了 V_g 与 δ' 和 X'_d/X 的依赖关系。这种依赖关系的一个实例如图 6-11 所示。

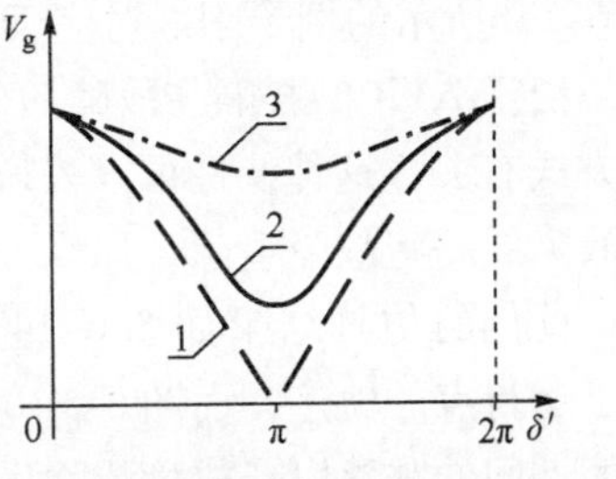

图 6-11 发电机机端电压与 δ' 的关系：曲线 1 对应于 $X'_d/X = E'/V_s$；曲线 2 对应于 $X'_d/X = 1$；曲线 3 对应于 $X'_d/X > 1$

当 $\delta' = \pi$ 时，机端电压 V_g 达到最小值，此最小值的取值与 X'_d/X 有关：

1）当 $\delta' = \pi$ 且 $X'_d/X = E'/V_s$ 时，$V_g = 0$（曲线 1）。

2）当 $\delta' = \pi$ 且 $X'_d/X = 1$ 时，$V_g = (E' - V_s)/2$（曲线 2）。

由于发电机电抗通常在各输电环节电抗中占主导地位，因此 $X'_d/X = 1$ 对应于很长的输电线路。对于较短的输电线路 $X'_d/X > 1$，V_g 最小值比较大（曲线 3）。

首先考察长输电线路的情况，假定故障清除时角 δ' 很大。故障一旦清除，机端电压将从很小的故障值恢复到故障后的某个小值（见图 6-11 曲线 1）。因此，AVR 试图恢复机端电压会持续增加励磁电流。这种情况下，转子回摆将沿着可达到的最高暂态特性曲线 $P_{E'}(\delta')$ 运动，如图 6-12a 所示，其给出了故障清除后的系统运动轨迹。在转子回摆过程中，AVR 继续增大励磁电流，从而增大减速面积 6-7-8-6′。这会导致后续转子摇摆幅度的增大，因此在这种情况下，AVR 可能会对发电机的暂态稳定性产生不利影响。

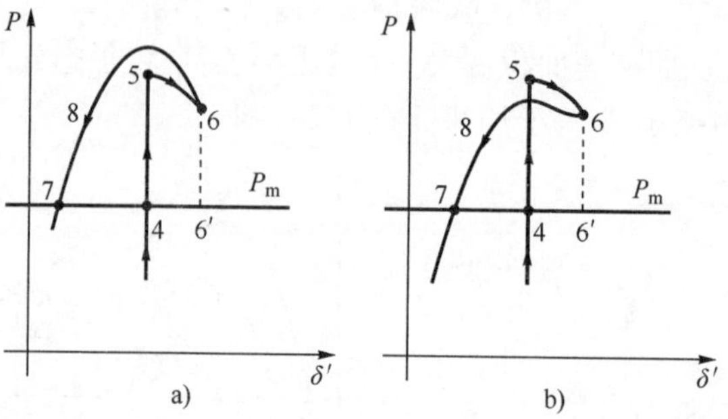

图6-12　故障清除后的转子摇摆：a）长输电线路；b）短输电线路

现在考察如图6-12b所示的短输电线路场景。这种情况下，尽管δ'角很大，一旦故障清除，机端电压V_g会恢复得很好。故障期间由于励磁电流的增加使得暂态电动势E'有少量增加，使得机端电压可能恢复到稍大于参考电压值的水平。随后，这个较高的机端电压会迫使AVR在转子回摆期间降低励磁电流；暂态功率-功角特性曲线的幅值会减小，因此，减速面积6-7-8-6′也随之减小。此减速面积的减小会导致随后转子摇摆的幅度减小。这样AVR提升了转子前摆和回摆的暂态稳定性。

当发生小扰动时，图6-12也和AVR产生的阻尼密切相关。5.5节得到的结论为，AVR产生的负阻尼的大小随着线路长度的增加而增大，因为这增大了$\Delta\delta'$与ΔV之间的比例系数$K_{\Delta V/\Delta\delta}$，见图5-26。图6-12a所示的例子对应于负阻尼大于系统正阻尼时的情况，而图6-12b所示的例子刚好对应于相反的情况。

由于AVR的影响与故障后的网络电抗紧密相关，因此系统的动态响应与故障位置和清除方式有关，这种特性可以采用图6-13进行说明。如果故障F1发生在线路L1上并通过跳开故障线路将故障清除，那么故障后的发电机将通过由L2和L3构成的长输电线路与系统相连。此例的仿真结果如图6-14所示。图6-14a展示了运行点的轨迹，而图6-14b展示了机端电压在故障期间的跌落以及故障清除后不能很好恢复的特性。机端电压的低值会迫使AVR连续地提升励磁电流，使得转子回摆时会沿着图6-14a中较高的那条特性曲线运动。这一过程在每一个摇摆周期都会重复，其效果是转子的摇摆不能得到很好阻尼，如图6-14c所示。

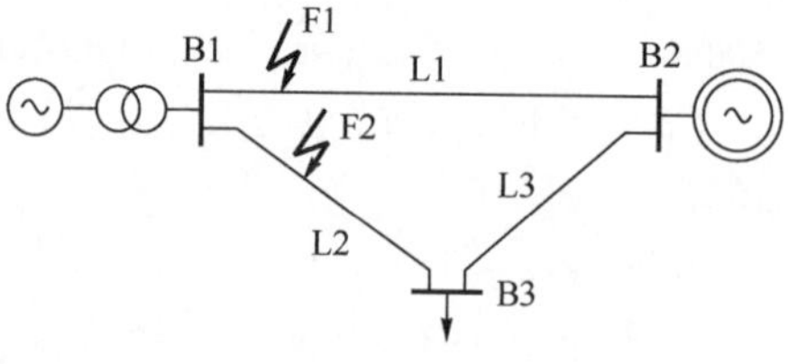

图6-13　简单电力系统实例

如果故障发生在线路L2上，同样也通过跳开故障线路来清除故障，那么故障后发电机只通过短线路L1与系统相连。图6-15给出了这种情况下的仿真结果。现在一旦故障清除，发电机机端电压恢复得很好，并保持在一个较高的水平，如图6-15b所示。所以AVR会减小励磁电流，转子回摆时会沿着图6-15a中较低的那条功率-功角特性曲线运动，减速面积较小。这一过程在每一个摇摆周期都会重复，其结果是摇摆得到很好阻尼，如图6-15c所示。

这些例子展示了当输电线路过长时转子摇摆是如何增大的，同时说明了在转子回摆期间AVR迫使励磁电压取过高的值。理想状态下，调节器应该在功角δ'增大时增大励磁，在δ'

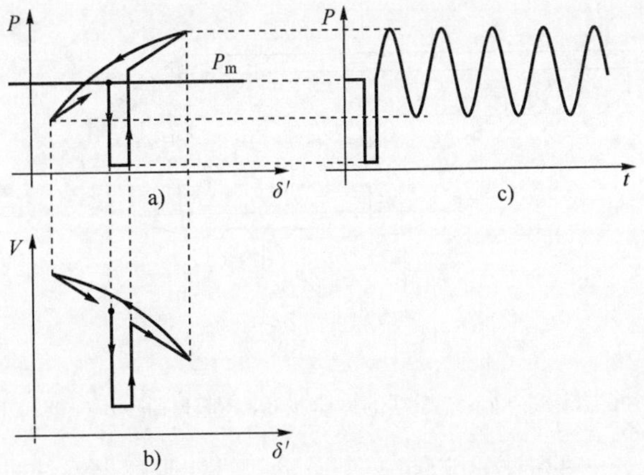

图 6-14　线路 L1 发生故障且通过跳开故障线路清除故障时的仿真结果：
a）等面积法则；b）发电机电压变化；c）功率振荡

减小时减小励磁，而不管调节偏差 ΔV 为多少。10.1 节将展示如何给 AVR 配置一个辅助控制环以提供一个依赖于转子转速偏差 $\Delta\omega$ 或有功功率变化率的调节偏差值。此种辅助控制环将转子摇摆与调节过程协调起来，以保证获得正确的阻尼。

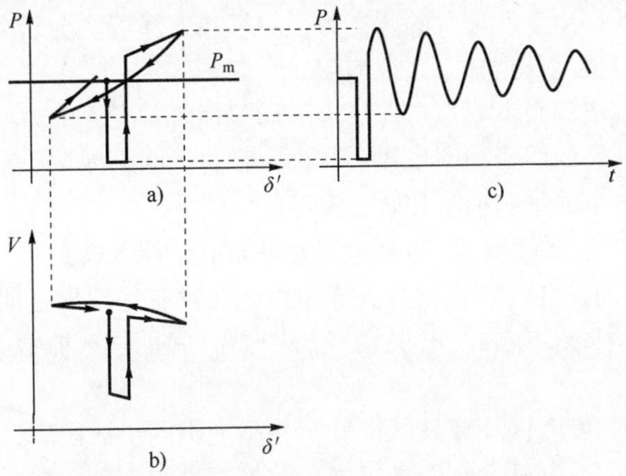

图 6-15　线路 L2 发生故障且通过跳开故障线路清除故障时的仿真结果：
a）等面积法则；b）发电机电压变化；c）功率振荡

6.2　多机系统中的转子摇摆

虽然将多机系统简化为单机-无穷大母线模型，可以得出许多关于电力系统机电动态过程和稳定性的重要结论，但此种简化能够成立的条件是故障仅仅影响一台发电机，对系统中的其他发电机影响很小。现代电力系统具有良好的输电网络，其中发电厂之间相对位置较近，使得上述条件不会总能得到满足。在这些情况下，一个发电厂附近的故障也会影响相邻发电厂的功率平衡。电力系统中产生的机电摇摆，其特性可以与图 6-16 所示的力学系统中的质量块的摇摆做类比。

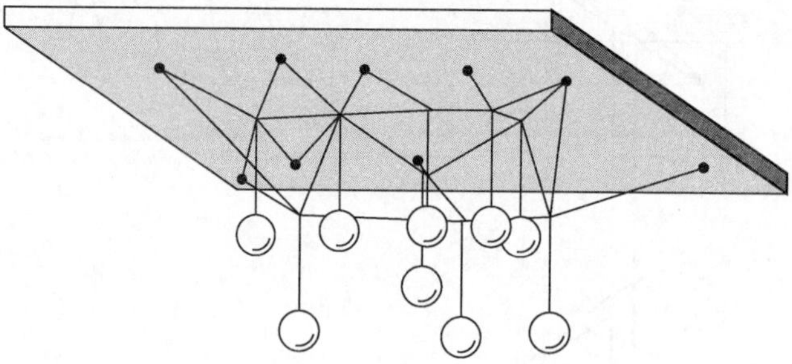

图6-16　多机系统摇摆的力学模拟［基于 Elgerd (1982)］

5.2节表明，单个转子的摇摆可以与一个质量-弹簧-阻尼器系统进行类比。因此，一个多机系统也可以与悬挂在由弹力绳（代表输电线）组成的“网络”上的许多质量块（代表发电机）进行类比。在稳态下，各条弹力绳的负载水平低于其断裂水平（静态稳定极限）。如果一条弹力绳突然被切断（代表一回线路跳闸），各质量块就会经历耦合的暂态运动（转子的摇摆）并伴随弹力绳中力的波动（线路功率）。

此种突然的扰动有两种可能的结果：一种结果是使系统达到一个新的平衡状态，该状态的特征是建立起了一组新的弹力绳力（线路功率）和弹力绳延伸度（转子角度）；另一种结果是导致整个系统崩溃，由于所涉及的暂态力，一根弹力绳可能会断裂，从而削弱网络并导致弹力绳的连锁断裂，最终导致整个系统崩溃。

显然，此种电力系统的力学模拟具有一定的局限性。首先，弹力绳的刚度应该是非线性的，以便正确模拟非线性的同步功率系数。其次，弹力绳的刚度在稳态和暂态下应该是不同的，以便正确表达发电机的稳态模型和暂态模型。

实际上，扰动对电力系统稳定性的影响不外乎如下4种方式：

1）离故障点最近的发电机（或发电机群）可能在没有呈现出任何同步摇摆的情况下失去同步性；而其他受故障影响的发电机会经历一段时间的同步摇摆，最终回到同步运行状态。

2）离故障点最近的发电机（或发电机群）在呈现出同步摇摆后失去同步性。

3）离故障点最近的发电机（或发电机群）首先失去同步性，然后系统中的其他发电机失去同步性。

4）离故障点最近的发电机（或发电机群）呈现出同步摇摆后没有失去同步性；但是，远离故障点的其他发电机中的一台或多台与系统失去同步。

到目前为止仅仅对第一种失稳方式进行了讨论，因为此种方式可以用单机-无穷大母线系统来描述。对于其他3种失稳方式，不稳定是由于远离故障点的其他发电机的相互作用而产生的。对于第二种失稳方式，发电机最初有机会保持稳定性，但随着其他发电机的转子开始摇摆，情况开始恶化，最终发电机失去同步。对于第三种失稳方式，离故障点最近的发电机是最早失去同步的，这对系统中的其他发电机有重大影响，它们因此也可能失去同步性。第四种失稳方式在如下情况下具有典型性，远离故障点的某些发电机与系统的联系非常薄弱；随着振荡的扩散，弱联系的发电机的运行条件开始恶化，从而可能失去稳定性。第四种失稳方式的另一个例子是故障清除后导致网络结构改变。虽然被切除的线路可能只是离故障点最近的发电机与系统之间的联接线路之一，但它也可能是与相邻发电厂之间的主要联接线路。下面的例 6.1 对上述所有方式进行了说明（Omahen，1994）。

例 6.1　图 6-17 给出了一个电力系统的示意图，该系统包括 3 个子系统，而节点 2 是这 3 个子系统的公共联接点。发电机 5 的容量很大，可以看作为无穷大母线。图 6-18a ~ d 分别展示了所有发电机相对于发电机 5 的功角变化曲线，对应的故障分别位于点 a、b、c 和 d。上述每个故障点分别对应 4 种失稳方式中的一种，且假定故障清除后没有自动重合闸。

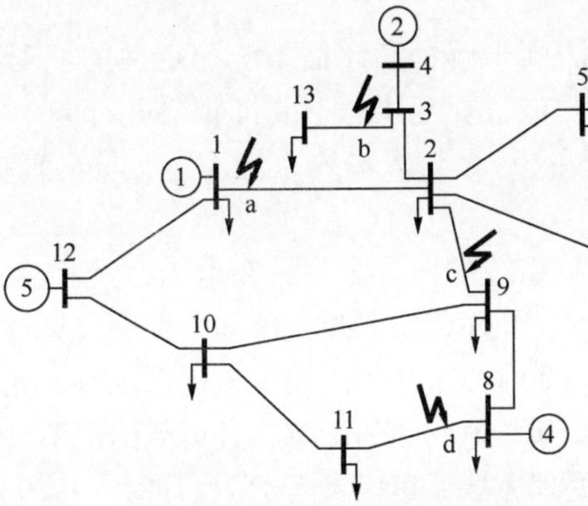

图 6-17　测试系统示意图

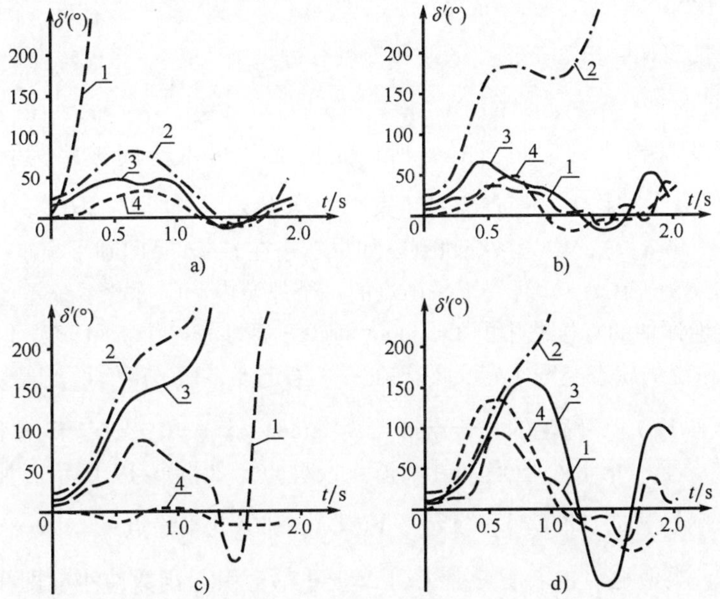

图 6-18　不同故障点下相对于发电机 5 的转子角变化曲线［基于 Omahen（1994）］

场景 a：当线路 1-2 发生故障时，发电机 1 迅速失去同步，而其他发电机的转子经历了一段时间的同步振荡。场景 b：当故障发生在线路 3-13 时，对应给定的故障清除时间，发电机 2 可以保持同步，就像它接在无穷大母线上运行一样；然而，在此特定情况下，其他发电机转子的振荡使其相对功角增大，发电机 2 的运行情况恶化，并在其第二摆时失去稳定性。场景c：当线路9-2故障时，弱联系的发电机2和3立即失去稳定性，虽然发电机1最初与发电机5保持同步，但在一段时间后也失去同步。场景d：当线路8-11故障时，所有发电机的功角都显著增加；在故障被清除之后，所有系统负荷从其相邻的发电机1、3、4和5获取功率，但由于发电机2远离这些负荷，因此失去稳定性。

6.3 用于稳定性评估的直接法

本章到此为止都是使用等面积法则来解释和评估系统稳定性的。现在将采用 Lyapunov 直接法和 Lyapunov 能量函数对此方法进行规范化。本节将介绍 Lyapunov 直接法所依据的基本概念，并将这些基本概念应用于单机-无穷大母线系统。Lyapunov 直接法也被称为 Lyapunov 第二方法。

由于 Lyapunov 直接法不需要求解系统的微分方程，在电力系统稳定性评估中具有很大的潜力，因此一直是人们研究的热点。然而，由于建模的局限性和计算技术的不可靠性，直接法在实时安全评估中的实际应用还为时尚早。当应用于多机系统时，尤其对于运行于稳定极限附近的多机系统，直接法容易受到数值问题的影响，且可能给出不可靠的结果。感兴趣的读者若想查阅此主题的更详细的处理方法，可以参考 Pai（1981、1989）、Fouad and Vittal（1992）以及 Pavella and Murthy（1994）。

6.3.1 数学背景

动态系统一般可用一组如下形式的非线性微分方程来描述：

$$\dot{\boldsymbol{x}} = \boldsymbol{F}(\boldsymbol{x}) \tag{6.9}$$

式中，$\boldsymbol{x}$ 是状态变量构成的向量。由 $\boldsymbol{x}$ 所确定的欧几里得空间被称为状态空间，而使 $\boldsymbol{F}(\hat{\boldsymbol{x}})=0$ 成立的点 $\hat{\boldsymbol{x}}$，被称为平衡点。对于某个初始点 $\boldsymbol{x}_0 \neq \hat{\boldsymbol{x}}$，$\dot{\boldsymbol{x}}(t=0)=\boldsymbol{0}$，式（6.9）在状态空间中有一个解 $\boldsymbol{x}(t)$，称为系统轨迹。如果轨迹在 $t\to\infty$ 时回到平衡点，则称此系统是渐近稳定的。如果轨迹在 $t\to\infty$ 时处于平衡点的一个邻域内，则称此系统是稳定的。

应用于稳定性评估的直接法中的 Lyapunov 理论，是基于一个标量函数 $V(\boldsymbol{x})$ 而展开的，$V(\boldsymbol{x})$ 是在动态系统的状态空间中定义的。在一个给定点，$V(\boldsymbol{x})$ 值增加最快的方向是由其梯度 $\mathrm{grad}V(\boldsymbol{x})=[\partial V/\partial x_i]$ 确定的。若点 $\tilde{\boldsymbol{x}}$ 满足 $\mathrm{grad}V(\tilde{\boldsymbol{x}})=\boldsymbol{0}$，则点 $\tilde{\boldsymbol{x}}$ 被称为平稳点。每个平稳点可能对应于一个最小值点、最大值点或鞍点，如图6-19所示。如果任一小扰动 $\Delta\boldsymbol{x}\neq\boldsymbol{0}$ 都会引起函数增加，即 $V(\tilde{\boldsymbol{x}}+\Delta\boldsymbol{x})>V(\tilde{\boldsymbol{x}})$，那么此平稳点 $\tilde{\boldsymbol{x}}$ 对应于一个最小值点，如图6-19a所示。类似地，如果任一小扰动 $\Delta\boldsymbol{x}\neq\boldsymbol{0}$ 都会引起函数减小，即 $V(\tilde{\boldsymbol{x}}+\Delta\boldsymbol{x})<V(\tilde{\boldsymbol{x}})$，那么此平稳点 $\tilde{\boldsymbol{x}}$ 对应于一个最大值点，如图6-19b所示。检验一个函数的平稳点是最大值点或最小值点的数学条件可以通过将 $V(\boldsymbol{x})$ 展开成泰勒级数来导出：

$$V(\tilde{\boldsymbol{x}}+\Delta\boldsymbol{x}) \cong V(\tilde{\boldsymbol{x}}) + \Delta\boldsymbol{x}^{\mathrm{T}}[\mathrm{grad}V] + \frac{1}{2}\Delta\boldsymbol{x}^{\mathrm{T}}\boldsymbol{H}\Delta\boldsymbol{x} + \cdots \tag{6.10}$$

式中，$\boldsymbol{H}=[\partial^2 V/\partial x_i \partial x_j]$ 是 Hessian 矩阵。在平稳点处，$\mathrm{grad}V(\tilde{\boldsymbol{x}})=\boldsymbol{0}$，由扰动引起的 $V(\boldsymbol{x})$ 增量为

$$\Delta V = V(\tilde{\boldsymbol{x}} + \Delta\boldsymbol{x}) - V(\tilde{\boldsymbol{x}}) \cong \frac{1}{2}\Delta\boldsymbol{x}^{\mathrm{T}}\boldsymbol{H}\Delta\boldsymbol{x} = \sum_{i=1}^{N}\sum_{j=1}^{N} h_{ij}\Delta x_i \Delta x_j \tag{6.11}$$

式中，h_{ij}是矩阵 $\boldsymbol{H}$ 的元素（i，j）。上式表明，V 的增量等于用 Hessian 矩阵构造的状态变量的二次型。Sylvester 定理（Bellman，1970）指出，当且仅当矩阵 $\boldsymbol{H}$ 的所有顺序主子式为正时，此种二次型在给定的平稳点处具有最小值，如图 6-19a 所示。具有此种特性的矩阵 $\boldsymbol{H}$ 被认为是正定的。如果矩阵 $\boldsymbol{H}$ 的所有顺序主子式都是负的，那么矩阵 $\boldsymbol{H}$ 是负定的，对应的二次型在给定的平稳点处具有最大值，如图 6-19b 所示。如果某些顺序主子式是正的，而某些是负的，那么该矩阵是不定的，对应的平稳点是一个鞍点，如图 6-19c 所示。图 6-19c 底部的点划线给出了鞍座穿过鞍点的脊线。由于垂直于脊线的梯度对于脊上的每一点为零，因此函数 $V(x)$ 对于脊上的每一点在该方向上达到局部最大值。函数沿脊线的方向达到一个局部最小值，正好在鞍点处。

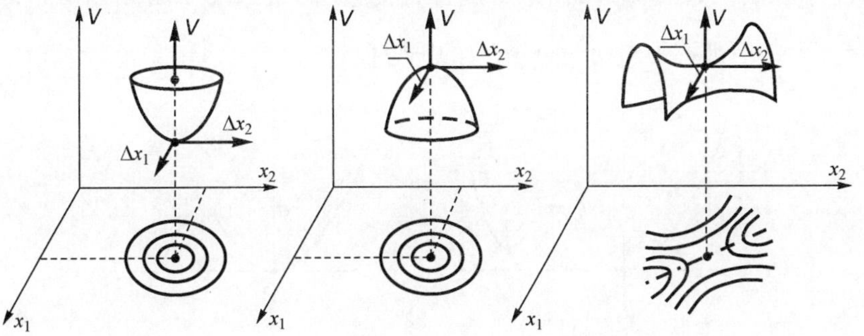

图 6-19　具有 3 种不同平稳点类型的双变量标量函数：a）最小值点；b）最大值点；c）鞍点

由于标量函数 $V(\boldsymbol{x})$ 是定义在状态空间中的，所以系统轨迹 $\boldsymbol{x}(t)$ 上的每一点对应于一个值 $V(\boldsymbol{x}(t))$。$V(x)$ 沿着系统轨迹的变化率（即 $\mathrm{d}V/\mathrm{d}t$）可以表示为

$$\dot{V} = \frac{\mathrm{d}V}{\mathrm{d}t} = \frac{\partial V}{\partial x_1}\frac{\mathrm{d}x_1}{\mathrm{d}t} + \frac{\partial V}{\partial x_2}\frac{\mathrm{d}x_2}{\mathrm{d}t} + \cdots + \frac{\partial V}{\partial x_n}\frac{\mathrm{d}x_n}{\mathrm{d}t} = [\mathrm{grad}\,V(x)]^{\mathrm{T}}\ \dot{\boldsymbol{x}} = [\mathrm{grad}\,V(\boldsymbol{x})]^{\mathrm{T}}\boldsymbol{F}(\boldsymbol{x}) \tag{6.12}$$

为了引入 Lyapunov 直接（或第二）法，假定一个正定的标量函数 $V(\boldsymbol{x})$，存在一个平稳点（最小值点）刚好与系统平衡点重合，即 $\tilde{\boldsymbol{x}} = \hat{\boldsymbol{x}}$。任何扰动 $\Delta\boldsymbol{x} \neq \boldsymbol{0}$ 都会将系统轨迹移动到一个初始点 $\boldsymbol{x}_0 \neq \hat{\boldsymbol{x}}$，如图 6-20 所示。如果系统是渐近稳定的，如图 6-20a 所示，则轨迹$\boldsymbol{x}(t)$会趋向于平衡点，而 $V(\boldsymbol{x})$ 会沿着轨迹减小直到 $\boldsymbol{x}(t)$停息在最小值点 $\tilde{\boldsymbol{x}} = \hat{\boldsymbol{x}}$ 为止。如果系统是不稳定的，如图 6-20b 所示，则轨迹会离开平衡点，而 $V(\boldsymbol{x})$沿着轨迹会增大。

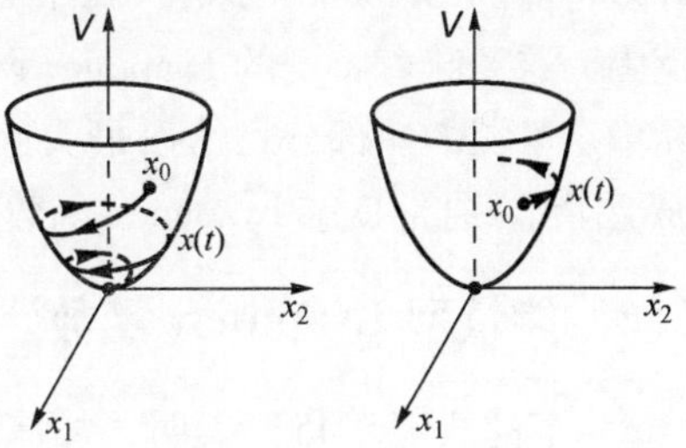

图 6-20　Lyapunov 稳定性定理的示意图：a）渐近稳定；b）不稳定

上述分析的本质可以归纳为 Lyapunov 稳定性定理：

设 $\hat{\boldsymbol{x}}$ 是动态系统 $\dot{\boldsymbol{x}} = \boldsymbol{F}(\boldsymbol{x})$ 的一个平衡点。如果存在一个连续可微的正定函数 $V(\boldsymbol{x})$，满足 $\dot{V}(\boldsymbol{x}) \leqslant 0$，则点 $\hat{\boldsymbol{x}}$ 是稳定的；如果满足 $\dot{V}(\boldsymbol{x}) < 0$，

则点 $\hat{x}$ 是渐近稳定的。

Lyapunov 定理的吸引力之一是不需要求解微分方程式（6.9）就可以用来评估系统的稳定性；而其主要问题是如何找到一个合适的正定 Lyapunov 函数 $V(\boldsymbol{x})$，且在没有实际求出系统运动轨迹的条件下能够确定 $V(\boldsymbol{x})$ 的导数 $\dot{V}(\boldsymbol{x})$ 的符号。

一般情况下 Lyapunov 函数是非线性的且具有多个平稳点。图 6-21 用两个单变量函数对此进行了说明：图 6-21a 中的函数有 3 个平稳点，而图 6-21b 中的函数有 2 个平稳点。假定在两种情况下第一个平稳点都刚好与系统平衡点重合，即 $\tilde{\boldsymbol{x}}_1=\hat{\boldsymbol{x}}$。只有当初始点 $\boldsymbol{x}_0=\boldsymbol{x}(t=0)$ 与平衡点 $\tilde{\boldsymbol{x}}_1=\hat{\boldsymbol{x}}$ 之间不存在其他的平稳点 $\tilde{\boldsymbol{x}}_2$ 时，Lyapunov 函数才能判别系统的稳定性。如果初始点 $\boldsymbol{x}_0$ 超出第二个平稳点 $\tilde{\boldsymbol{x}}_2$，那么导数 $\dot{V}(\boldsymbol{x})<0$ 可能意味着系统轨迹趋向于另一个平稳点，如图 6-21a 所示，或者直接逃离，如图 6-21b 所示。$V(\boldsymbol{x})$ 在最近的平稳点 $\tilde{\boldsymbol{x}}_2\neq\hat{\boldsymbol{x}}$ 上的值被称为 Lyapunov 函数的临界值。

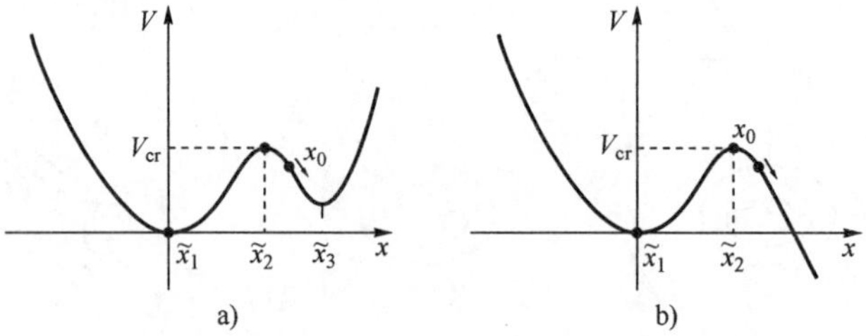

图 6-21　具有多个平稳点的非线性函数的例子

上述分析可引出如下的定理：

给定动态系统 $\dot{\boldsymbol{x}}=\boldsymbol{F}(\boldsymbol{x})$，如果在平衡点 $\hat{\boldsymbol{x}}$ 的邻域内存在一个正定标量函数 $V(\boldsymbol{x})$，且 $V(\boldsymbol{x})$ 关于时间的导数为负（$\dot{V}(\boldsymbol{x})<0$），那么系统对于满足如下条件的任意初始状态：

$$V(\boldsymbol{x}_0)<V_{cr} \tag{6.13}$$

在点 $\hat{\boldsymbol{x}}$ 处是渐近稳定的。其中 $V_{cr}=V(\tilde{\boldsymbol{x}}\neq\hat{\boldsymbol{x}})$ 是 Lyapunov 函数在最近的平稳点上的值。

有一点很重要，就是由 Lyapunov 定理得出的稳定条件是充分条件。候选的 Lyapunov 函数不能满足稳定性条件并不意味着平衡点不稳定。此外，对于任何给定的动态系统，通常存在许多可能的 Lyapunov 函数，每个 Lyapunov 函数给出满足稳定性定理的或大或小的初始状态范围。这意味着特定的 Lyapunov 函数给出的稳定性评估通常是保守的，因为它仅覆盖了实际稳定区域的一部分。给出最大区域同时又最接近实际稳定区域的函数被称为良态 Lyapunov 函数。通常良态 Lyapunov 函数是具有物理意义的。

6.3.2　能量型 Lyapunov 函数

5.4 节的式（5.45）表明，加速功率的积分与加速转矩所做的功成正比。在忽略比例常数 ω_s 的条件下，功率的积分可以处理成“功”或者“能量”。这里将采取类似的处理方法。

6.3.2.1　能量函数

假定发电机可以用由式（5.15）和式（5.40）定义的经典模型来表示，那么描述单机-

无穷大母线系统的方程为

$$M\frac{\mathrm{d}\Delta\omega}{\mathrm{d}t}=P_{\mathrm{m}}-b\sin\delta'-D\frac{\mathrm{d}\delta'}{\mathrm{d}t} \tag{6.14}$$

式中，$b=E'V_{\mathrm{s}}/x'_{\mathrm{d}}$ 是暂态功率-功角特性曲线 $P_{E'}(\delta')$ 的幅值，$\Delta\omega=\mathrm{d}\delta'/\mathrm{d}t=\mathrm{d}\delta/\mathrm{d}t$ 是转速偏差。此方程有两个平衡点：

$$(\hat{\delta}'_{\mathrm{s}};\Delta\hat{\omega}=0)\quad 和 \quad(\hat{\delta}'_{\mathrm{u}}=\pi-\hat{\delta}'_{\mathrm{s}};\Delta\hat{\omega}=0) \tag{6.15}$$

在式（6.14）两边同时乘以 $\Delta\omega$，忽略阻尼项，并将右边各项移到左边得到

$$M\Delta\omega\frac{\mathrm{d}\Delta\omega}{\mathrm{d}t}-(P_{\mathrm{m}}-b\sin\delta')\frac{\mathrm{d}\delta'}{\mathrm{d}t}=0 \tag{6.16}$$

由于此方程左边的函数等于零，因此它的积分必为常数。对此函数从式（6.15）所定义的第一个平衡点积分到系统暂态轨迹上的任一点，得到

$$V=\int_{0}^{\Delta\omega}(M\Delta\omega)\mathrm{d}\Delta\omega-\int_{\hat{\delta}'_{\mathrm{s}}}^{\delta'}(P_{\mathrm{m}}-b\sin\delta')\mathrm{d}\delta'=常数 \tag{6.17}$$

计算上述积分得到如下形式的函数：

$$V=\frac{1}{2}M\Delta\omega^2-[P_{\mathrm{m}}(\delta'-\hat{\delta}'_{\mathrm{s}})+b(\cos\delta'-\cos\hat{\delta}'_{\mathrm{s}})]=E_{\mathrm{k}}+E_{\mathrm{p}}=E \tag{6.18}$$

式中，

$$E_{\mathrm{k}}=\frac{1}{2}M\Delta\omega^2,\quad E_{\mathrm{p}}=-[P_{\mathrm{m}}(\delta'-\hat{\delta}'_{\mathrm{s}})+b(\cos\delta'-\cos\hat{\delta}'_{\mathrm{s}})] \tag{6.19}$$

E_{k} 是系统动能的一种度量，而 E_{p} 是系统势能的一种度量，两者都是相对于第一个平衡点（$\hat{\delta}'_{\mathrm{s}}$，$\Delta\hat{\omega}=0$）而言的，在本章的后续部分都以能量对待。忽略阻尼后，式（6.17）表明，势能与动能之和 $V=E_{\mathrm{k}}+E_{\mathrm{p}}$ 是常数。

现在有必要检验一下由式（6.18）所定义的函数能否满足 Lyapunov 函数的定义，即①由式（6.15）定义的系统平衡点是 Lyapunov 函数的平稳点；②它在其中一个平衡点的邻域内是正定的；③其导数是非正的（$\dot{V}\leqslant 0$）。

第一个条件可以通过计算 V 的梯度来检验。对式（6.18）求导得

$$\mathrm{grad}\,V=\begin{bmatrix}\dfrac{\partial V}{\partial\Delta\omega}\\[2mm]\dfrac{\partial V}{\partial\delta'}\end{bmatrix}=\begin{bmatrix}\dfrac{\partial E_{\mathrm{k}}}{\partial\Delta\omega}\\[2mm]\dfrac{\partial E_{\mathrm{p}}}{\partial\delta'}\end{bmatrix}=\begin{bmatrix}M\Delta\omega\\-(P_{\mathrm{m}}-b\sin\delta')\end{bmatrix} \tag{6.20}$$

在平稳点处梯度为零，从而有 $\Delta\tilde{\omega}=0$ 和电磁功率等于机械功率，即有

$$\tilde{\delta}'_1=\hat{\delta}'_{\mathrm{s}},\quad \tilde{\delta}'_2=\pi-\hat{\delta}'_{\mathrm{s}} \tag{6.21}$$

上述两点都是式（6.14）的平衡点。

第二个条件可以通过确定如下的 Hessian 矩阵进行检验：

$$\boldsymbol{H}=\begin{bmatrix}\dfrac{\partial^2 V}{\partial\Delta\omega^2} & \dfrac{\partial^2 V}{\partial\Delta\omega\partial\delta'}\\[2mm]\dfrac{\partial^2 V}{\partial\delta'\partial\Delta\omega} & \dfrac{\partial^2 V}{\partial\delta'^2}\end{bmatrix}=\begin{bmatrix}M & 0\\0 & b\cos\delta'\end{bmatrix} \tag{6.22}$$

Sylvester 定理表明，此矩阵为正定的条件是，①$M>0$（总是成立的）；②$b\cos\delta'>0$，此条件在$|\delta'|<\pi/2$时总成立，因此对于第一个平稳点$\hat{\delta}'_1=\hat{\delta}'_s$成立。因此函数$V$在第一个平衡点$\hat{\delta}'_s$处是正定的。

第三个条件可以通过计算沿着式（6.14）确定的轨迹导数$\dot{V}=\mathrm{d}V/\mathrm{d}t$的值进行检验。由于$V$表示系统总能量，其导数$\dot{V}=\mathrm{d}V/\mathrm{d}t$对应于由阻尼作用而引起的能量耗散的速率。这可以通过列出V的导数形式来证明：

$$\dot{V}=\frac{\mathrm{d}V}{\mathrm{d}t}=\frac{\mathrm{d}E_k}{\mathrm{d}t}+\frac{\mathrm{d}E_p}{\mathrm{d}t} \tag{6.23}$$

动能的导数可以通过式（6.18）进行计算：

$$\frac{\mathrm{d}E_k}{\mathrm{d}t}=\frac{\partial E_k}{\partial\Delta\omega}\frac{\mathrm{d}\Delta\omega}{\mathrm{d}t}=M\Delta\omega\frac{\mathrm{d}\Delta\omega}{\mathrm{d}t}=\left[M\frac{\mathrm{d}\Delta\omega}{\mathrm{d}t}\right]\Delta\omega \tag{6.24}$$

方括号中的因子对应于式（6.14）左边的一项。将其用该式的右边替代得到

$$\frac{\mathrm{d}E_k}{\mathrm{d}t}=\frac{\partial E_k}{\partial\Delta\omega}\frac{\mathrm{d}\Delta\omega}{\mathrm{d}t}=+[P_m-b\sin\delta']\Delta\omega-D\Delta\omega^2 \tag{6.25}$$

对由式（6.18）所定义的势能求导可得到

$$\frac{\mathrm{d}E_p}{\mathrm{d}t}=\frac{\partial E_p}{\partial\delta'}\frac{\mathrm{d}\delta'}{\mathrm{d}t}=-[P_m-b\sin\delta']\Delta\omega \tag{6.25}$$

将式（6.25）和式（6.26）代入式（6.23）得到

$$\dot{V}=\frac{\mathrm{d}V}{\mathrm{d}t}=-D\Delta\omega^2 \tag{6.27}$$

式（6.27）表明，系统总能量的衰减速率与阻尼系数（$D>0$）和速度偏差的二次方（$\Delta\omega^2$）成正比。由于$\dot{V}<0$，函数$V(\delta',\ \Delta\omega)$是一个 Lyapunov 函数且系统的第一个平衡点$\hat{\delta}'_s$是渐近稳定的。

系统的第二个平衡点$\hat{\delta}'_u=\pi-\hat{\delta}'_s$是不稳定的，因为由式（6.22）定义的矩阵$\boldsymbol{H}$在该点的值不是正定的。

6.3.3 暂态稳定区域

由式（6.13）引入的 Lyapunov 函数的临界值，与最近平稳点上的V值相对应。对于这里所考察的系统，Lyapunov 函数的最近平稳点就是系统的第二个平衡点（$\pi-\hat{\delta}'_s$，$\Delta\hat{\omega}=0$）。将这些值代入式（6.18）得到

$$V_{cr}=2b\cos\hat{\delta}'_s-P_m(\pi-2\hat{\delta}'_s) \tag{6.28}$$

根据式（6.13），此单机-无穷大母线系统对于满足如下条件的任意初始状态都是稳定的：

$$V(\delta'_0,\Delta\omega_0)<V_{cr} \tag{6.29}$$

对于当前考虑的系统，初始状态指的是故障清除瞬间发电机开始自由摇摆时的暂态转子角和转子转速偏差。

仔细检查式（6.28）可以发现，Lyapunov 函数（系统总能量）的临界值依赖于稳定平衡

点 $\hat{\delta}'_s$，而 $\hat{\delta}'_s$ 又依赖于发电机负载功率 P_m。空载运行时 $\hat{\delta}'_s=0$，临界值 V_{cr} 最大。增大发电机负载水平，$\hat{\delta}'_s$ 也增大，导致 V_{cr} 减小，直到 $\hat{\delta}'_s=\pi/2$ 时 $V_{cr}=0$。图6-22给出了在（δ'，$\Delta\omega$）相平面上 $V(\delta',\Delta\omega)$ = 常数的等值线簇。

图6-22a展示了 $\hat{\delta}'_s=0$ 时的情况。对于 $V(\delta',\Delta\omega)<V_{cr}$ 的较小的值，$V(\delta',\Delta\omega)$ = 常数的等值线是围绕平衡点 $\hat{\delta}'_s=0$ 的封闭曲线。与 $V(\delta',\Delta\omega)=V_{cr}$ 对应的临界等值线在图中用粗黑线表示，该曲线穿越了与系统不稳定平衡点相重合的平稳点 $\pm\pi$。随着 $V(\delta',\Delta\omega)$ = 常数中常数值的增大，等值线不再是封闭曲线。系统平衡点 $\hat{\delta}'_s=0$ 处是 V 值最小的点，而平稳点 $\pm\pi$ 是 V 的鞍点。现在假定在故障清除瞬间［即初始点（δ'_0，$\Delta\omega_0$）］，对应的 V 值的等值线轨迹处于临界等值线 $V(\delta',\Delta\omega)<V_{cr}$ 的内部。如果忽略阻尼，那么根据式（6.27）知，$V(\delta',\Delta\omega)$ 的值保持为常值，系统的运行轨迹将是一条封闭曲线 $V(\delta',\Delta\omega)=V(\delta'_0,\Delta\omega_0)$ = 常值。如果考虑阻尼 $D>0$，那么 $V(\delta',\Delta\omega)$ 的值会随着时间而减小，系统的运行轨迹将以螺旋形式趋向于平衡点 $\hat{\delta}'_s=0$。

图6-22b展示了 $0<\hat{\delta}'_s<\pi/2$ 时的情况。这种情况下 $V(\delta',\Delta\omega)=V_{cr}$ = 常数对应的等值线穿越了与系统不稳定平衡点相重合的平稳点（$\pi-\hat{\delta}'_s$）。现在由此等值线所包围的区域比前面讨论的情况要小多了。

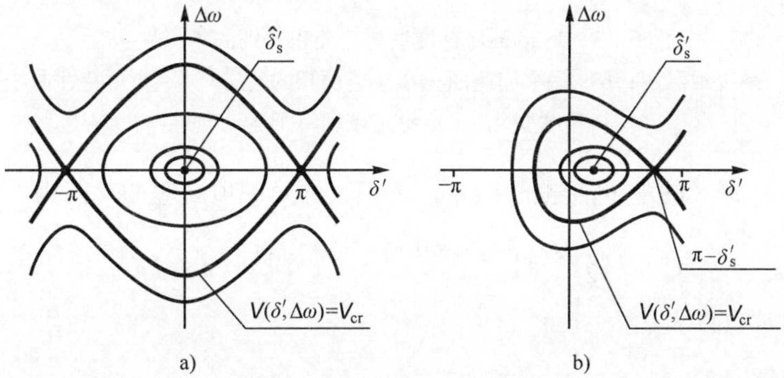

图6-22　两个平衡点处总系统能量等值线簇：a）$\hat{\delta}'_s=0$；b）$\hat{\delta}'_s<\pi/2$

如果在故障清除的瞬间满足暂态稳定性条件式（6.29），那么此时的总能量 $V_0=V(\delta'_0,\Delta\omega_0)$ 值可以用来计算暂态稳定裕度：

$$K_{\text{energy}}=\frac{V_{cr}-V_0}{V_{cr}} \tag{6.30}$$

式（6.30）描述了扰动产生的能量与暂态稳定能量临界值之间的相对距离。K_{energy} 确定了实际能量等值线与暂态稳定临界等值线之间的相对距离。

6.3.4　等面积法则

作为评估暂态稳定性的一种手段，由式（6.6）引入的等面积法则与式（6.29）的Lyapunov稳定性条件一样，都是基于能量来进行分析的。通过考察图6-23可以证明两种方法是等价的，图6-23展示了与图6-1和图6-2a同样的三相故障。

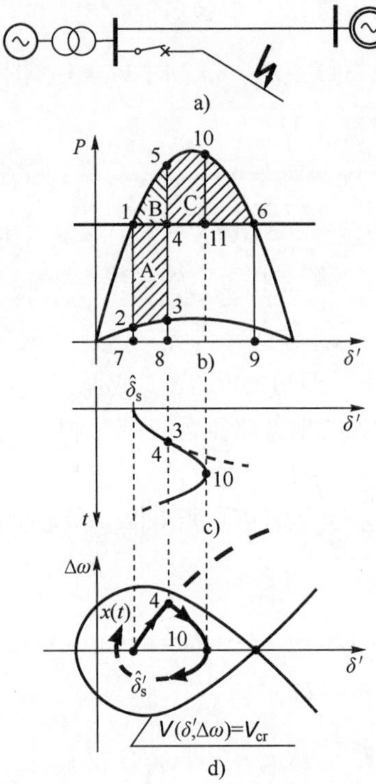

图6-23　Lyapunov 直接法与等面积法则的等价性：
a）系统示意图；b）标示加速面积和减速面积的暂态功率-功角特性曲线；
c）角度变化；d）稳定域和转子运动轨迹

由式（6.18）定义的基于能量的 Lyapunov 函数的第一项对应的动能为

$$\frac{1}{2}M\Delta\omega^2 = \text{面积 1-2-3-4} = \text{面积 A} \tag{6.31}$$

等于势能的第二项可以表达为

$$-\int_{\hat{\delta}_s'}^{\delta'}(P_m - b\sin\delta')\mathrm{d}\delta' = -[\text{面积 1-7-8-4} - \text{面积 1-7-8-5}] = \text{面积 B} \tag{6.32}$$

Lyapunov 函数等于这两项之和：

$$V(\delta', \Delta\omega) = \text{面积 A} + \text{面积 B} \tag{6.33}$$

Lyapunov 函数的临界值等于不稳定平衡点上的势能值，即

$$V_{cr} = -\int_{\hat{\delta}_s'}^{\pi-\hat{\delta}_s'}(P_m - b\sin\delta')\mathrm{d}\delta' = \text{面积 1-7-9-6-5} - \text{面积 1-7-9-6} = \text{面积 B} + \text{面积 C} \tag{6.34}$$

这样，稳定条件 $V(\delta_0', \Delta\omega_0) < V_{cr}$ 可以表达为

$$\text{面积 A} + \text{面积 B} < \text{面积 B} + \text{面积 C}，\text{也就是面积 A} < \text{面积 C} \tag{6.35}$$

这与等面积法则是等价的。

在 $(\delta', \Delta\omega)$ 平面上的 $V(\delta', \Delta\omega) = V_{cr}$ 的临界等值线确定了稳定域，如图6-23d 所

示。如果在短路故障期间轨迹 $\boldsymbol{x}(t)$ 处于此稳定域内，那么故障清除后，轨迹仍将留在稳定域内，因此系统是稳定的。当 $D>0$ 时，此轨迹将趋向于平衡点，系统是渐近稳定的。随着故障清除时间的增加，初始点向临界等值线靠近，当故障时间等于临界清除时间时，初始点就落在临界等值线上。如果故障清除时间更长的话，则面积 A > 面积 C，轨迹将超出稳定域，系统将不稳定。

对于这里考察的例子，式（6.30）定义的暂态稳定裕度可以写为

$$K_{\text{energy}}=\frac{V_{\text{cr}}-V_0}{V_{\text{cr}}}=\frac{\text{面积 B}+\text{面积 C}-\text{面积 A}}{\text{面积 B}+\text{面积 C}}=\frac{\text{面积 10-6-11}}{\text{面积 1-5-6}}=K_{\text{area}} \tag{6.36}$$

式（6.36）与采用等面积法则定义的暂态稳定裕度式（6.7）完全一样。所以，对于单机-无穷大母线系统，等面积法则与基于能量型 Lyapunov 函数的 Lyapunov 直接法是等价的。

6.3.5　用于多机系统的 Lyapunov 直接法

在简化的稳定性分析中，每台发电机是采用经典模型来模拟的，即采用摇摆方程和“暂态电抗后的恒定电动势”来模拟。所有发电机的摇摆方程可以写为

$$\frac{\mathrm{d}\delta_i'}{\mathrm{d}t}=\Delta\omega_i \tag{6.37a}$$

$$M_i\frac{\mathrm{d}\Delta\omega_i}{\mathrm{d}t}=P_{\text{m}i}-P_i(\delta')-D_i\Delta\omega_i \tag{6.37b}$$

式中，δ_i' 和 $\Delta\omega_i$ 分别为暂态功角和转子转速偏差，$P_{\text{m}i}$和 $P_i(\delta')$ 为机械功率和电磁功率，δ' 是系统中所有发电机暂态功角构成的向量，D_i 是阻尼系数，而 M_i 是惯性系数（见 5.1 节），$i=1, \cdots, N$。

发电机的暂态电抗在网络模型中统一考虑。所有的网络元件（输电线和变压器）都用它们的 π 形等效电路来模拟。对于简化的电力系统暂态稳定性分析，输电网络是显性模拟的，而注入或流出配电网的功率用负荷来模拟。每个此种负荷再用恒定的节点并联导纳来替代。负荷节点用 {L} 来表示。发电机暂态电抗后的虚拟发电机节点用 {G} 来表示。

所得到的多机系统的网络模型采用节点导纳方程来描述（见 3.6 节）。然后对此模型通过使用 12.2 节中所描述的消去方法消去 {L} 节点进行降阶。一旦负荷节点 {L} 被消去，降阶后的网络只包含虚拟发电机节点 {G}。降阶后的网络可以用如下的节点导纳方程来描述：

$$\underline{\boldsymbol{I}}_{\text{G}}=\underline{\boldsymbol{Y}}_{\text{G}}\,\underline{\boldsymbol{E}}_{\text{G}} \tag{6.38}$$

对第 i 个发电机展开上述方程得

$$\underline{I}_i=\sum_{j=1}^{N}\underline{Y}_{ij}\,\underline{E}_j \tag{6.39}$$

式中，$\underline{E}_j=E_j\mathrm{e}^{\mathrm{j}\delta_j'}$和$\underline{Y}_{ij}=G_{ij}+\mathrm{j}B_{ij}$是降阶后的导纳矩阵的元素。应当记住的是，节点导纳矩阵的非对角元素取负号，并且与联接节点的支路导纳相对应。因此，$\underline{y}_{ij}=-\underline{Y}_{ij}$是联接节点 i 和 j 的等效支路的导纳。此种联接虚拟发电机节点 i 和 j 的等效支路被称为转移支路，而对应的导纳$\underline{y}_{ij}$被称为转移导纳。

描述节点电流注入（这里也是发电机功率）的式（6.39）与 3.6 节描述的式（3.156）是类似的，有

$$P_i = E_i^2 G_{ii} + \sum_{j \neq i}^{N} E_i E_j G_{ij} \cos(\delta_i' - \delta_j') + \sum_{j \neq i}^{N} E_i E_j B_{ij} \sin(\delta_i' - \delta_j') \tag{6.40}$$

即

$$P_i = P_{0i} + \sum_{j=1}^{N} b_{ij} \sin\delta_{ij}' \tag{6.41}$$

式中，$b_{ij} = E_i E_j B_{ij}$是与等效转移支路对应的功率-功角特性曲线的幅值，而

$$P_{0i} = E_i^2 G_{ii} + \sum_{j \neq i}^{N} E_i E_j G_{ij} \cos(\delta_i' - \delta_j') \tag{6.42}$$

通常P_{0i}依赖于功角δ_i'，并且在转子摇摆的暂态过程中不是恒定的。用 Lyapunov 直接法对多机系统进行稳定性分析时直接假定$P_{0i} \cong P_{0i}(\hat{\delta}') =$常数，即此功率是恒定的并等于在稳定平衡点上的值，即

$$P_{0i}(\hat{\delta}') = E_i^2 G_{ii} + \sum_{j \neq i}^{N} E_i E_j G_{ij} \cos(\hat{\delta}_i' - \hat{\delta}_j') \tag{6.43}$$

此假设在实践中意味着，转移支路中的输电损耗被假设为常数，并被添加到虚拟发电机节点的等效负荷上。

由式（6.37）和式（6.41）得到的简化电力系统模型可以概括为如下的一组状态空间方程：

$$\frac{\mathrm{d}\delta_i'}{\mathrm{d}t} = \Delta\omega_i \tag{6.44a}$$

$$M_i \frac{\mathrm{d}\Delta\omega_i}{\mathrm{d}t} = (P_{mi} - P_{0i}) - \sum_{j=1}^{n} b_{ij} \sin\delta_{ij}' - D_i \Delta\omega_i \tag{6.44b}$$

式（6.44b）右边的第三个分量是耗散能量的。在输电网络中没有能量耗散，因为转移电导上的功率损耗已作为常数添加到了等效负荷上。此种模型被称为保守模型。

忽略转子阻尼，式（6.44 b）可以写成

$$M_i \frac{\mathrm{d}\Delta\omega_i}{\mathrm{d}t} - (P_{mi} - P_{0i}) + \sum_{j=1}^{n} b_{ij} \sin\delta_{ij}' = 0 \tag{6.45}$$

由于式（6.45）的右边等于零，对其进行积分可以得到一个恒定值的$V(\hat{\delta}', \Delta\omega)$，$V(\hat{\delta}', \Delta\omega) = E_k + E_p$等于系统总能量，这里

$$E_k = \sum_{i=1}^{N} \int_0^{\omega_i} M_i \Delta\omega_i \mathrm{d}\omega_i = \frac{1}{2} \sum_{i=1}^{N} M_i \Delta\omega_i^2 \tag{6.46}$$

$$E_p = -\sum_{i=1}^{N} \int_{\hat{\delta}_i'}^{\delta_i'} (P_{mi} - P_{0i}) \mathrm{d}\delta_i' + \sum_{i=1}^{N} \int_{\hat{\delta}_i'}^{\delta_i'} \left(\sum_{i=1}^{N} b_{ij} \sin\delta_{ij}' \right) \mathrm{d}\delta_i' \tag{6.47}$$

式中，$\hat{\delta}_i'$是故障后稳定平衡点的功角，而E_k和E_p是电力系统保守模型的动能和势能。由于忽略了阻尼，此模型不耗散能量，因此等于动能与势能之和的总能量为常数（保守模型）。

在式（6.47）中存在一个双重求和，其对应于如下方阵元素的求和：

$$
\begin{array}{c|c|c|c|c}
 & & i & j & \\
 & \ddots & \vdots & \vdots & \\
\hline
i & \cdots & 0 & b_{ij}\sin\delta'_{ij} & \cdots \\
\hline
j & \cdots & b_{ji}\sin\delta'_{ji} & 0 & \cdots \\
\hline
 & & \vdots & \vdots & \ddots
\end{array}
\tag{6.48}
$$

矩阵的对角元素等于零，因为 $\sin\delta'_{ii}=\sin(\delta'_i-\delta'_i)=\sin0=0$。下三角元素具有与上三角元素相同的值，但具有相反的符号，因为 $\sin\delta'_{ij}=-\sin\delta'_{ji}$。因此有

$$
\int\sin\delta'_{ij}\mathrm{d}\delta'_i+\int\sin\delta'_{ji}\mathrm{d}\delta'_j=\int\sin\delta'_{ij}\mathrm{d}\delta'_i-\int\sin\delta'_{ij}\mathrm{d}\delta'_j=\int\sin\delta'_{ij}\mathrm{d}\delta'_{ij}=-\cos\delta'_{ij} \tag{6.49}
$$

因此，不用对矩阵的上三角元素和下三角元素都进行积分，仅对上三角元素关于 $\mathrm{d}\delta'_{ij}$ 进行积分就足够了。这样，式（6.47）右边的第二个分量可以写为

$$
\sum_{i=1}^{N}\int_{\hat{\delta}'_i}^{\delta'_i}\left(\sum_{j=1}^{n}b_{ij}\sin\delta'_{ij}\right)\mathrm{d}\delta'_i=-\sum_{i=1}^{N-1}\sum_{j=i+1}^{N}b_{ij}[\cos\delta'_{ij}-\cos\hat{\delta}'_{ij}] \tag{6.50}
$$

现在让我们考察式（6.50）右边的“和”的指数。由于只对上三角元素进行求和，求和只针对 $j>i$ 进行。此外，最后一行可以被忽略，因为它不包含上三角元素。因此，求和是针对 $i\leqslant(N-1)$ 进行的。

最后，式（6.47）为

$$
E_{\mathrm{p}}=\sum_{i=1}^{N}(P_{\mathrm{m}i}-P_{0i})(\delta'_i-\hat{\delta}'_i)-\sum_{i=1}^{N-1}\sum_{j=i+1}^{N}b_{ij}[\cos\delta'_{ij}-\cos\hat{\delta}'_{ij}] \tag{6.51}
$$

系统总能量等于动能和势能之和：

$$
V(\delta',\Delta\omega)=E_{\mathrm{k}}+E_{\mathrm{p}} \tag{6.52}
$$

此函数为 Lyapunov 函数的必要条件是其为正定的且在平稳点（$\hat{\delta}'$，$\Delta\hat{\omega}=\mathbf{0}$）处具有最小值（见图 6-20），此点也是微分方程式（6.44a）和式（6.44b）的平衡点。根据与式（6.10）和式（6.11）类似的考虑，如果函数式（6.52）的 Hessian 矩阵是正定的，则满足必要条件。因此，有必要研究动能和势能的 Hessian 矩阵。

动能的 Hessian 矩阵为 $\boldsymbol{H}_{\mathrm{k}}=[\partial E_{\mathrm{k}}^2/\partial\Delta\omega_i\partial\Delta\omega_j]=\mathrm{diag}[M_i]$，是一个正定矩阵。因此式（6.46）给出的函数 V_{k} 是正定的。

势能的 Hessian 矩阵为 $\boldsymbol{H}_{\mathrm{p}}=[\partial E_{\mathrm{p}}^2/\partial\delta'_{iN}\partial\delta'_{iN}]$，是一个由发电机的自同步功率和互同步功率构成的方阵：

$$
H_{ii}=\sum_{j=1}^{N-1}b_{ij}\cos\delta'_{ij},\quad H_{ij}=-b_{ij}\cos\delta'_{ij} \tag{6.53}
$$

12.2.2 节将证明，对于任何稳定平衡点，所有发电机满足 $|\delta'_{ij}|<\pi/2$，该矩阵是正定的。因此，在故障后平衡点的邻域内，由式（6.51）给出的势能 V_{p} 是正定的。

由于系统总能量 $V(\hat{\delta}',\Delta\omega)$ 是两个正定函数之和，所以它也是正定的。对于由式（6.44a）和式（6.44b）定义的系统模型，如果沿系统运动轨迹的时间导数 $\mathrm{d}V/\mathrm{d}t$ 为负，则可将系统总能量视为 Lyapunov 函数。函数式（6.52）沿任意系统轨迹的时间导数 $\mathrm{d}V/\mathrm{d}t$ 可以表示为

$$\dot{V}=\frac{\mathrm{d}V}{\mathrm{d}t}=\frac{\mathrm{d}E_{\mathrm{k}}}{\mathrm{d}t}+\frac{\mathrm{d}E_{\mathrm{p}}}{\mathrm{d}t} \tag{6.54}$$

式中，

$$\frac{\mathrm{d}E_{\mathrm{k}}}{\mathrm{d}t}=\sum_{i=1}^{N}\frac{\partial E_{\mathrm{k}}}{\partial\Delta\omega_i}\frac{\mathrm{d}\Delta\omega_i}{\mathrm{d}t} \tag{6.55}$$

$$\frac{\mathrm{d}E_{\mathrm{p}}}{\mathrm{d}t}=\sum_{i=1}^{N}\frac{\partial E_{\mathrm{p}}}{\partial\delta_i'}\frac{\mathrm{d}\delta_i'}{\mathrm{d}t}=\sum_{i=1}^{N}\frac{\partial E_{\mathrm{p}}}{\partial\delta_i'}\Delta\omega_i \tag{6.56}$$

对式（6.46）和式（6.47）求导得

$$\frac{\partial E_{\mathrm{k}}}{\partial\Delta\omega_i}=M_i\Delta\omega_i \tag{6.57}$$

$$\frac{\partial E_{\mathrm{p}}}{\partial\delta_i'}=-(P_{\mathrm{m}i}-P_{0i})-\sum_{i\neq i}^{N}b_{ij}\sin\delta_{ij}' \tag{6.58}$$

将式（6.57）代入式（6.55）得

$$\frac{\mathrm{d}E_{\mathrm{k}}}{\mathrm{d}t}=\sum_{i=1}^{N}\frac{\partial E_{\mathrm{k}}}{\partial\Delta\omega_i}\frac{\mathrm{d}\Delta\omega_i}{\mathrm{d}t}=\sum_{i=1}^{N}\Delta\omega_iM_i\frac{\mathrm{d}\Delta\omega_i}{\mathrm{d}t} \tag{6.59}$$

最后，将式（6.44b）代入式（6.59）得到 V_{k} 关于时间的导数为

$$\frac{\mathrm{d}E_{\mathrm{k}}}{\mathrm{d}t}=\sum_{i=1}^{N}\Delta\omega_i(P_{\mathrm{m}i}-P_{0i})-\sum_{j=1}^{N}\Delta\omega_i\sum_{i=1}^{N}b_{ij}\sin\delta_{ij}'-\sum_{i=1}^{N}D_i\Delta\omega_i^2 \tag{6.60}$$

类似地，通过将式（6.56）中的相关分量用式（6.58）替换，可得到势能关于时间的导数为

$$\frac{\mathrm{d}E_{\mathrm{p}}}{\mathrm{d}t}=-\sum_{i=1}^{N}\Delta\omega_i(P_{\mathrm{m}i}-P_{0i})+\sum_{i=1}^{N}\Delta\omega_i\sum_{j\neq i}^{N}b_{ij}\sin\delta_{ij}' \tag{6.61}$$

由式（6.61）表述的势能的导数与式（6.60）的前两个分量相同，但符号相反。这表明在势能和动能项之间存在连续的能量交换。按式（6.54）的要求将上两式相加得

$$\dot{V}=\frac{\mathrm{d}V}{\mathrm{d}t}=\frac{\mathrm{d}E_{\mathrm{k}}}{\mathrm{d}t}+\frac{\mathrm{d}E_{\mathrm{p}}}{\mathrm{d}t}=-\sum_{i=1}^{N}D_i\Delta\omega_i^2 \tag{6.62}$$

这就完成了由式（6.52）以及式（6.46）、式（6.51）给出的函数 $V(\delta',\Delta\omega)$ 是 Lyapunov 函数的证明，$V(\delta',\Delta\omega)$ 可以被用来研究电力系统的暂态稳定性。此种 Lyapunov 函数最初是由 Gless（1966）提出的。还有其他函数可用于多机电力系统的暂态稳定分析，但对它们的详细介绍超出了本书的范围。

类似于 6.3.3 节中讨论的单机-无穷大母线系统，给定故障后状态下多机系统的稳定性条件为

$$V(\delta_0',\Delta\omega_0)<V_{\mathrm{cr}} \tag{6.63}$$

式中，V_{cr} 是 Lyapunov 函数的临界值，而 δ_0' 和 $\Delta\omega_0$ 是故障后的初始状态。

对于单机-无穷大母线系统，Lyapunov 函数的临界值是在不稳定平衡点式（6.28）上计算的。多机系统的主要困难是不稳定平衡点的数量非常大。如果一个系统具有 N 台发电机，则存在（$N-1$）个相对功角，这样甚至可能有 2^{N-1} 个平衡点，也就是说，存在一个稳定的平衡点和（$2^{N-1}-1$）个不稳定平衡点。例如，若 $N=11$，则 $2^{10}=1024$，即超过 1000 个平衡点；若 $N=21$，则 $2^{20}=1048576$，即超过 100 万个平衡点。

尽管可能存在的最大平衡点数目是 2^{N-1}，但实际的平衡点数目与系统负荷有关。图 5-5

表明，对于单机-无穷大母线系统（即对于 $N=2$），当负荷很小时存在 $2^{2-1}=2^1=2$ 个平衡点。随着负荷的增加，这 2 个平衡点相互靠近，当负荷增加到失步功率（静态稳定极限功率）时，2 个平衡点变为 1 个不稳定平衡点。如果负荷继续增加，就没有平衡点了。类似地，在多机系统中，当负荷很小时可能存在的最大平衡点数目为 2^{N-1} 个。随着负荷的增加，相邻的稳定和不稳定平衡点对趋向于彼此靠近，直到它们在静态稳定极限处变成单个点。当负荷进一步增加时，系统失去稳定性且平衡点消失。

选择合适的用于确定 V_{cr} 的不稳定平衡点是困难的。选择 $V(\delta')$ 值最小的不稳定平衡点需要搜索大量的点，通常会导致非常悲观的暂态稳定性评估结果。如果假定在一个给定的扰动作用下，存在一个不稳定平衡点位于轨迹 $\delta'(t)$ 上，并针对此不稳定平衡点计算 V_{cr}，那么就能得到一个更为实际的暂态稳定性评估方法。选择此种不稳定平衡点的方法有很多种，每种方法都有其优点和缺点。图 6-24 给出了由 Athay，Podmore and Virmani（1979）提出的势能边界面法的图形说明。

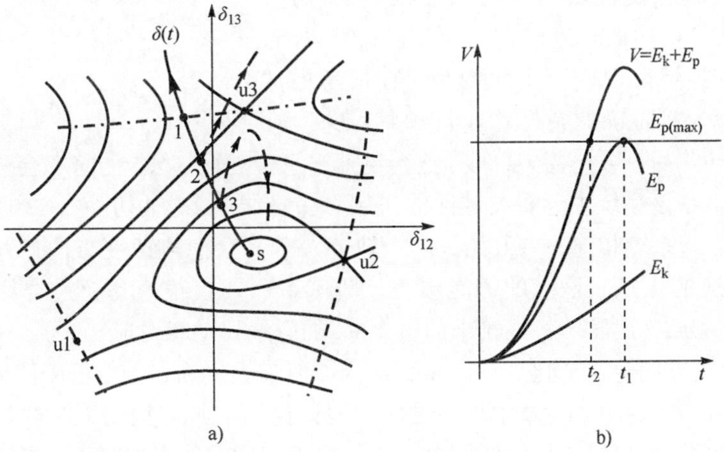

图 6-24　势能边界面法的图形说明

图 6-24a 中的实线对应于特定负载条件下某 3 机系统的势能等值线。稳定平衡点用字母 s 表示，存在 3 个不稳定平衡点（鞍点）u1、u2、u3。图中的点划线表示鞍点的脊线（另请参见图 6-19c）。每个鞍点的脊线对应一种不同的失稳模式。图中的黑粗线展示了永久性故障后的轨迹 $\delta'(t)$。该轨迹超过鞍点 u3 的脊线，对应于发电机 3 与发电机 1 和发电机 2 失去同步。如果轨迹超过鞍点 u2 的脊线，就意味着发电机 2 与发电机 1 和发电机 3 失去同步。如果轨迹超过鞍点 u1 的脊线，则意味着发电机 1 与发电机 2 和发电机 3 失去同步。

从稳定平衡点向着鞍点的脊线方向，由于转子角的增大，势能是增加的。超过脊线后，势能开始减小。图 6-24b 展示了对应于图 6-24a 所示超过鞍点 u3 脊线后轨迹 $\delta'(t)$ 对应的势能、动能和总能量的变化。由于轨迹 $\delta'(t)$ 对应的是永久性短路，因此故障期间由于转子加速而动能持续增大。势能在点 1 处达到其最大值，对应于图 6-24b 中的 $E_{p(max)}$。脊线通常在鞍点附近是平坦的，因此可以假定 $E_p(u3)\cong E_{p(max)}$；也就是说，鞍点 u3 处的势能等于沿轨迹 $\delta'(t)$ 的最大势能。这样，u3 就是所寻求的不稳定平衡点，且可以假设 $V_{cr}=E_p(u3)\cong E_{p(max)}$。当 $V(\delta'_0,\ \Delta\omega_0)<E_{p(max)}$ 时，系统是稳定的，对应于图 6-24b 中故障清除时间 $t<t_2$。当故障清除

时间 $t=t_2$ 时，总能量（动能和势能）略高于点 u3 的势能，且轨迹超过鞍点 u3 的脊线。这种情况如图 6-24a 中从故障清除点 2 开始的虚线所示。当 $t<t_2$ 时，总能量很小，不会超过鞍点 u3 的脊线，轨迹然后就改变方向并回到稳定平衡点；这种情况如图 6-24a 中从故障清除点 3 开始的虚线所示。结论是故障临界清除时间略微小于 t_2。

利用势能边界面法，可以求出 Lyapunov 函数的临界值，其等于永久性短路后沿轨迹的势能最大值。做出永久性故障假设的缺点是，故障清除后轨迹方向可能会发生急剧变化，导致暂态稳定性评估错误。例如，考察图 6-25 中发电机 G1 附近的线路 L1 发生永久性故障。轨迹 $\delta'(t)$ 趋向于与发电机 G1 失步相对应的鞍点。故障期间 G2 的转子不会很快加速，因为故障距离较远且该发电机还有邻近的负载要带。发电机 G1 与系统紧密相连，从而与其鞍点对应的势能很大。因此，利用该永久性故障期间的轨迹确定的 V_{cr} 值很大，导致了一个较大的临界清除时间。不幸的是，在所考虑的情况下，这是一个不正确的暂态稳定性评估结果。在故障线路 L1 被切除后，发电机 G1 的摇摆会迅速平息。然而，发电机 G2 会失去同步，因为被切除的线路 L1 在该系统中起着关键性的作用。一旦线路 L1 被切除，G2 通过长链式线路 L2、L3、L4、L5 与系统相连，并开始失步。轨迹 $\delta'(t)$ 会急剧改变方向，并趋向于与发电机 G2 失步相对应的鞍点。该点的势能很小，轨迹 $\delta'(t)$ 会很容易超过脊线。这种情况与图 6-24a 中轨迹从点 3 出发向势能较小的鞍点 u2 的脊线移动相对应。

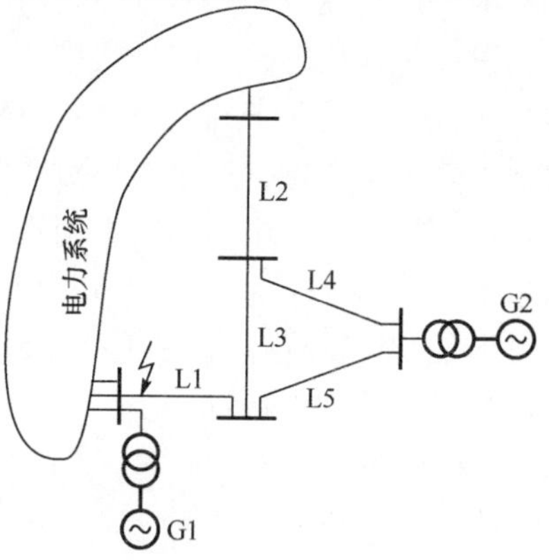

图 6-25 电力系统示例

在考虑了轨迹方向急剧变化后，Lyapunov 函数的临界值确定方法可以使用基于同调辨识的方法，同调辨识方法在第 14 章中将会更详细地讨论。在给定扰动下一群具有相似动态响应和转子摇摆特性的发电机被称为同调机群。找出近似同调的机群可以限制不稳定平衡点的数量，因每个不稳定平衡点对应于一条脊线，该脊线在给定扰动后可能会被发电机运动轨迹所超过。这可以用图 6-25 所示的例子来进行解释。同调辨识将显示，对于所考虑的扰动，发电机 G1 和 G2 与任何其他发电机都不同调。因此，需要研究 3 种失去同步的可能性：①发电机 G1 失去同步而 G2 与系统其余部分保持同步；②发电机 G2 失去同步而 G1 与系统其余部分保持同步；③发电机 G1 和 G2 一起失去同步。这 3 种失去同步的方式对应于 3 个鞍点，其 3 条脊线可以被轨迹 $\delta'(t)$ 所超过。V_{cr}的值由这 3 个鞍点中通过选择 E_p最小的点来确定。这种选择方法是由 Machowski et al.（1986）提出的，能够给出较谨慎的暂态稳定性评估结果。

应用 Lyapunov 直接法于暂态稳定性评估，已经有很多书籍讨论过，例如 Pai（1981，1989）或 Pavella and Murthy（1994）。

6.4 同期过程

4.4 节描述了一台发电机同期并网时产生的电磁动态过程。本节将扩展此方面的讨论，考虑与同期过程相伴随的机电动态效应并确定再同步的必要条件。

考察如图 4-31 所示的电路。当闭合同期开关时，产生的电磁转矩会通过减速或加速试图将转子拖入与系统同步的状态，直到最终发电机达到平衡点为止，这里的平衡点由稳态转子角 $\hat{\delta}'_s=0$ 和转子转速 $\omega=\omega_s$ 来定义。为了分析转子的这些动态特性，只需要考虑转矩的暂态非周期分量就可以了，因为次暂态时间段通常很短，不会对转子摇摆过程产生明显的作用。然而，在确定轴系转矩额定值和疲劳强度时，次暂态转矩是决定性的，如 4.2.7 节所描述的。

发电机采用式（5.15）和式（5.40）所确定的经典模型来表示。由于在同期过程开始前发电机处于空载状态，故有 $E'=E_f$ 和 $\delta=\delta'$。现考察如图 6-26 所示的场景，此时除了向量$\underline{V}_s$ 和$\underline{E}_f$ 有轻微的错相，即 $P_m\approx 0$，$\omega_0\approx\omega_s$，$\delta'(t=0^+)=\delta'_0>0$ 外，所有同期条件都已满足。当同期开关闭合时，初始运行点位于图 6-26a 的点 1。而平衡点定义为 $P_m=P_e$ 和$\hat{\delta}'_s=0$，即点 3。在同期过程开始的瞬间，$P_e(\delta')>0$，摇摆方程的右边为负，转子减速，转子角 δ' 减小。这会导致电磁转矩和电磁功率平均值减小，用于使转子减速的能量与阴影面积 1-2-3 成正比。在平衡点 3 处，由于转子的惯性作用，使得转子角继续向负的 δ'方向运动，直至到达点 4 为止，此时面积 3-4-5 = 面积 1-3-2。在点 4 处加速功率为正，转子开始向 δ'_0 方向回摆。此种振荡会一直持续，直到阻尼转矩使得转子停息在其平衡点 $\hat{\delta}'_s=0$ 处。

由转子摇摆引起的 δ'的变化，会导致转矩和电流产生相应的振荡，如图 6-26b 所示。开始时，由于 δ'较大，转矩的平均值（如虚线所示）和电流的幅值都较大。随着能量在绕组中逐渐耗散，发电机从次暂态过渡到暂态再过渡到稳态，转矩的周期分量和电流的幅值都随着时间而逐渐衰减到零。

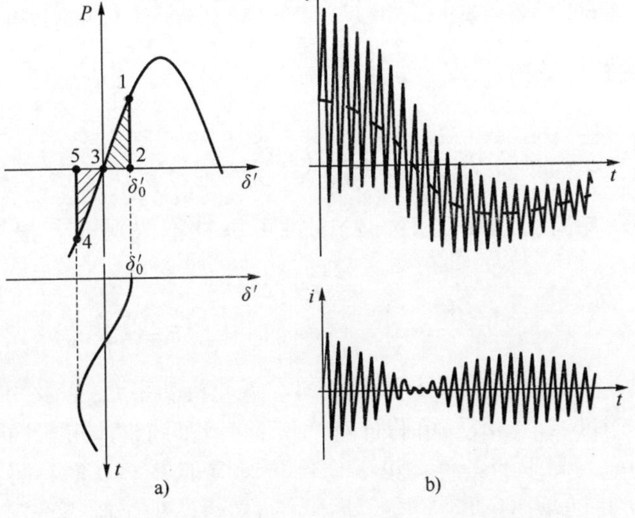

图 6-26　当 $\delta'_0>0$ 和 $\omega_0\approx\omega_s$ 时的同期过程：
a）功率- 功角特性和摇摆曲线；b）转矩和电流随时间的变化曲线

如果在同期过程开始的瞬间 $\delta'_0\neq 0$ 和 $\omega_0\neq\omega_s$，那么 δ'的变化可能会比上述讨论的要大得多。图 6-27 展示了当 $\omega_0>\omega_s$ 即转子具有多余动能时的场景。一旦闭合同期开关，此多余的动能就会驱使转子沿着线段 1-2 朝着 δ'增大的方向运动，直到阴影面积等于多余的动能为止。然后转子朝着平衡点 $\hat{\delta}'_s$ 回摆。能够成功拖入同步的必要条件可以用等面积法则来确定。在同期过程开始的瞬间，相对于同步旋转坐标系（无穷大母线），转子具有多余的动能。此多余的动能等于：

$$E_k = \frac{1}{2}M\Delta\omega_0^2 \tag{6.64}$$

式中，M 是惯性系数，而 $\Delta\omega_0 = \dot{\delta}'(t=0^+) = \omega_0 - \omega_s$。

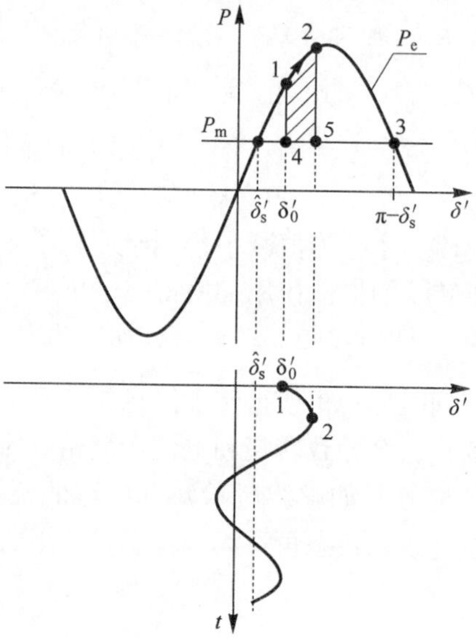

图6-27 等面积法则应用于当 $\delta'_0 \neq 0$ 和 $\omega_0 \neq \omega_s$ 时的同期过程

发电机可以作的最大减速功 W_{max} 与图6-27中面积4-1-2-3成正比：

$$W_{max} = \int_{\delta'_0}^{\pi-\hat{\delta}'_s}\left[\frac{E'V_s}{x'_d}\sin\delta' - P_m\right]d\delta' = \frac{E'V_s}{x'_d}(\cos\hat{\delta}'_s + \cos\delta'_0) - P_m[(\pi - \hat{\delta}'_s) - \delta'_0] \tag{6.65}$$

根据等面积法则，只有当 $E_k < W_{max}$ 时，发电机可以被拖入同步。根据式（6.64）和式（6.65）可以得到

$$\Delta\omega_0^2 < \frac{2}{M}\left[\frac{E'V_s}{x'_d}(\cos\hat{\delta}'_s + \cos\delta'_0) - P_m(\pi - \hat{\delta}'_s - \delta'_0)\right] \tag{6.66}$$

由上式可见，$\Delta\omega_0$ 的最大允许值与同期角 δ'_0、涡轮机功率 P_m 以及用 x'_d 表示的发电机和输电系统参数有关。图6-28展示了相平面（δ'，$\Delta\omega$）上两个区域的例子，两者都满足由式（6.66）定义的成功拖入同步的条件：第一个例子对应于 $P_m = 0$ 时；另一个例子则对应于 $P_m = 0.5E'V_s/x'_d$ 时。虚线给出了运行点的轨迹，而实线给出了临界能量等效线，该等效线是根据式（6.66）确定的关于 δ'_0 和 $\Delta\omega_0$ 的限制条件得出的。图6-28表明，增大 P_m 对拖入同步具有不利的影响，因为最大减速面积，定义在 $\delta'_0 < \delta' < \pi - \hat{\delta}'_s$ 区间上 P_m 和 P_e 之间的面积，会随着 P_m 的增大而减小。当 $P_m > E'V_s/x'_d$ 时，系统没有平衡点。虽然在发电机同期过程中涡轮机保持大转矩输出这种情况是很少见的，但在将某种类型的风力机拖入同步过程中必须考虑类似的情况（Westlake, Bumby and Spooner, 1996）。

由式（6.66）定义的条件包含了关于再同步的有用信息，如图6-7 和图6-8 所示，清除故障后的自动重合闸实际上是一个再同步的过程。在这种情况下，最后一次合闸瞬间的转子角和转速偏差可以看作是再同步过程的初始值 δ_0 和 $\Delta\omega_0$。

6.3 节证明了当采用能量型 Lyapunov 函数时 Lyapunov 直接法与等面积法则等价。因此式（6.66）的拖入同步条件可以根据式（6.29）的稳定性条件推出。图 6-22 所示的稳定区域与图 6-28 所示的可拖入同步区域是一致的。当式（6.66）的拖入同步条件不满足时，点（δ_0，$\Delta\omega_0$）落在可拖入同步区域的外面，发电机将开始异步运行。此种运行方式将在 6.5 节讨论。

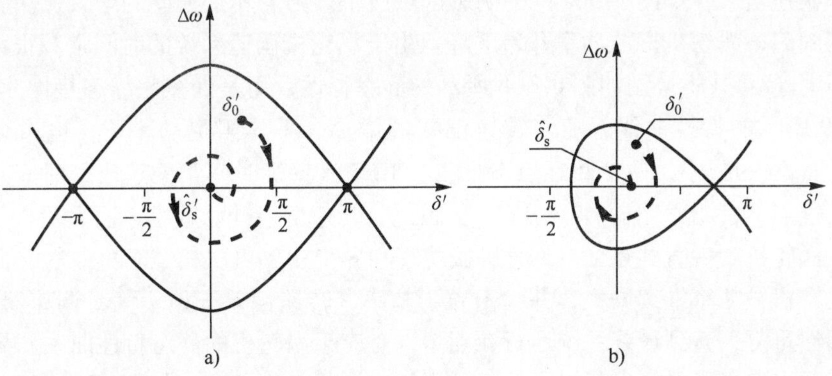

图 6-28　相平面上的运行点轨迹和可拖入同步区域：a）对应于 $P_m = 0$；b）对应于 $P_m = 0.5E'V_s/x'_d$

6.5　异步运行与再同步

6.4 节解释了当发电机以高于同步转速几 Hz 的滑差频率异步旋转时，发电机可能会与系统其余部分失去同步。对于如此高速的变化，相对于励磁绕组的时间常数，可以认为励磁绕组的总磁链大致保持恒定，因此经典的恒定磁链发电机模型是有效的，从而发电机的同步功率 $P_{E'}$ 可以用式（5.40）表示。然而，由于 $P_{E'}$ 随着 $\sin\delta'$ 的变化而变化，而在一个异步旋转周期中 δ' 会变化360°，因此在一个异步旋转周期中 $P_{E'}$ 的平均值为零。此外，由于转速超出了同步转速，涡轮机调速系统就开始起作用；而异步阻尼转矩，其与 $\Delta\omega$ 成正比，也是很大的。这样，发电机的运行点将取决于涡轮机-调速器特性和异步阻尼转矩的特性。

正如2.3.3 节所解释的，涡轮机的静态特性曲线 $P_m(\Delta\omega)$ 是一条下斜率为 ρ 的直线，如图 6-29 所示，其与垂直的功率轴的交点是 P_{m0}，其与水平的转速偏差轴的交点是 $\rho\omega_s$。平均异步阻尼功率 $P_{Dav}(\Delta\omega)$ 的形状已在 5.2 节讨论过了，图 6-29也同时给出了该曲线。由于同步功率 $P_{E'}$ 在每个异步旋转周期上的平均值为零，因此涡轮机静态特性曲线和异步阻尼功率特性曲线的交点将决定发电机异步运行时的运行点。

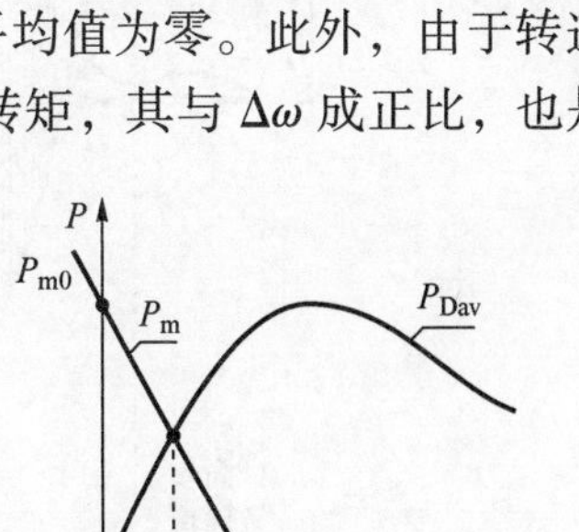

图 6-29　涡轮机功率与阻尼功率的静态特性

6.5.1 过渡到异步运行的过程

为了解释发电机与系统失去同步时将会发生什么，下面将考察如图6-6所示的系统。假设线路L2发生三相故障并通过跳开故障线路L2来清除故障，不考虑自动重合闸，设故障清除时间较长，使得图6-30a中的加速面积1-2-3-4大于最大减速面积4-5-6。故障前的功率-功角特性是$P_{E'}(\delta')$，用虚线表示；而故障后的功率-功角特性是$P(\delta')$，用实线表示。故障期间转子转速偏差增大，但故障清除后其开始下降。当转子功角越过点6时失去同步，并沿着功率-功角特性曲线较低的那部分运动。由于涡轮机功率与同步功率之间的巨大差异，转子转速偏差快速增大，如图6-30a中的阴影区域所示。随着转速偏差的增大，涡轮机调速系统开始关闭阀门，涡轮机机械功率开始下降。由于涡轮机调速系统的时间常数很大，涡轮机的动态功率$P_m(t)$并不遵循如图6-30b所示的静态特性，而是处在此静态特性曲线的上方。根据图6-29所示的特性曲线，随着转速偏差的增加，平均阻尼功率P_{Dav}也增加。而随着P_{Dav}的增加和P_m的减小，两者将在点B相交。由于涡轮机时间常数造成的时间延迟，机械功率会在经过点B后继续下降并小于P_{Dav}。因此，转速偏差开始减小，而涡轮机调速器开大阀门以增大涡轮机功率直到点C，此时机械功率和异步功率再次相等。再一次，由于涡轮机的时间延迟，机械功率继续增大，并大于异步功率，转速偏差开始增大，调速器阀门关小。此过程周期性重复，直到最终系统运行在点D，对应于涡轮机的静态特性曲线与异步功率曲线的交点。此点定义了异步运行时涡轮机的平均转速偏差和功率，如图6-29所示。

同步功率$P_{E'}$的作用是使转速偏差在其平均值附近振荡，如图6-30b中的下图所示。图6-30b中的虚线是功率变化和转速偏差变化的包络线，而这些变化是由同步功率对转子的周期性加速和减速所引起的。

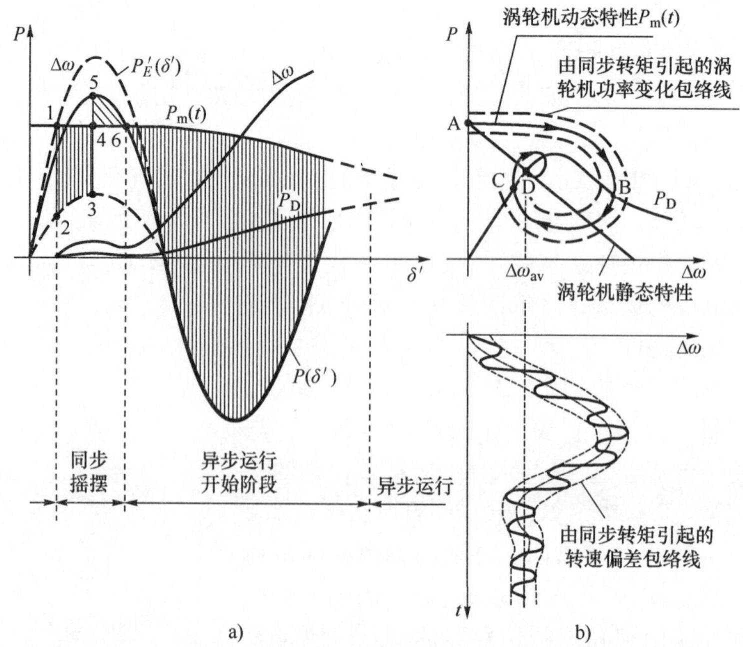

图6-30　过渡到异步运行的过程［基于Venikov（1978b）］：

a）高转速偏差和高异步功率的产生；b）异步运行点的落定过程

6.5.2　异步运行

假定发电机可以落定在异步运行点上，那么某些电气量的典型变化会如图 6-31 所示。等效电抗 x'_d 上的电压降 ΔV 可以根据图 5-8b 中的相量图进行计算。由余弦定理得

$$\Delta V^2=(Ix'_d)^2=(E')^2+(V_s)^2-2E'V_s\cos\delta' \tag{6.67}$$

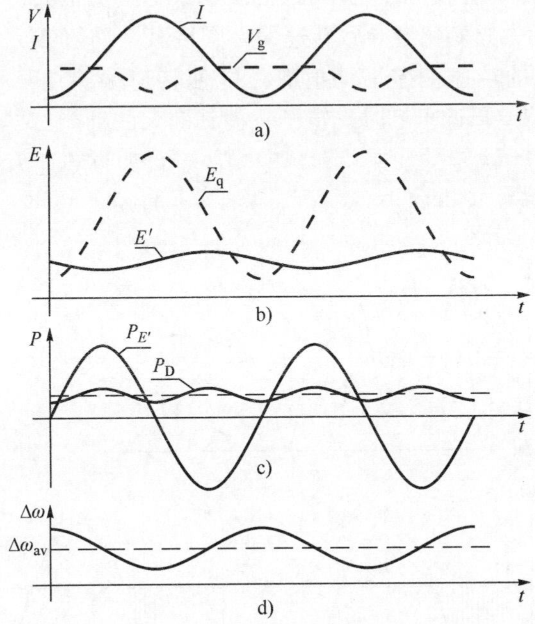

图 6-31　异步运行点上发电机电气量的变化：a）电流和机端电压；b）内电动势和暂态电动势；c）同步功率和异步功率；d）转速偏差

可以看出，定子电流会随着转子功角的变化而变化，且当 $\delta'=\pi$ 时其值最大，而当 $\delta'=0$ 时其值最小；而发电机的机端电压，其由式（5.93）给出，等于无穷大母线电压加上系统等效电抗上的电压降。考虑到如图 6-11 所示的功角 δ' 的变化，可以得到如图 6-31a 所示的电流和电压随时间变化的典型曲线。

随着电枢电流的变化，转子闭合回路中的电枢反应磁链也会变化，根据磁链守恒定律，转子绕组中必然会感应出电流来以保持磁链恒定。所以，励磁电流会跟随电枢电流而波动，从而导致内电动势 E_q 产生较大的波动和 E' 产生较小的波动，如图 6-31b 所示。由于暂态电动势 E' 几乎是恒定的，同步功率 $P_{E'}$ 由式（5.40）给出并随 $\sin\delta'$ 而变化，如图 6-31c 所示。异步阻尼功率平均值 P_{Dav} 如图 6-31c 所示，将其与同步功率相加可以得到气隙电功率 $P_e=P_{E'}+P_D$，这是一条有畸变的正弦曲线。

图 6-29 表明，平均转速偏差 $\Delta\omega_{av}$ 是由涡轮机特性曲线 $P_m(\Delta\omega)$ 与异步阻尼功率平均值特性曲线 $P_{Dav}(\Delta\omega)$ 的交点确定的。然而，由于同步功率 $P_{E'}$ 的正弦变化，实际的转速偏差会围绕 $\Delta\omega_{av}$ 振荡，如图 6-31d 所示。

6.5.3　再同步的可能性

为了与系统再同步，发电机必须满足同期并网的一般性要求，即转速偏差和功角都很

小，见式（6.66）的条件。本小节将研究在什么条件下前述2个条件都能满足。

图6-30是在假定由同步功率造成的转速偏差变化相比于转速偏差平均值 $\Delta\omega_{av}$ 很小的条件下导出的，而 $\Delta\omega_{av}$ 本身依赖于如图6-29所示的异步功率特性曲线 $P_{Dav}(\Delta\omega)$。由于 $P_{Dav}(\Delta\omega)$ 的最大值与电抗 $x'_d = X'_d + X$ 和 $x'_q = X'_q + X$ 的二次方成反比，如式（5.24）所示，因此如果等效电抗 X 很小，那么 $P_{Dav}(\Delta\omega)$ 特性曲线与 $P_m(\Delta\omega)$ 特性曲线的交点处转速偏差可能很小。此外，很小的 X 会使同步功率特性曲线 $P_{E'}$ 的幅值很大，如式（5.40）所示；这样，异步运行期间 $P_{E'}$ 的大幅变化会导致转速偏差围绕其平均值 $\Delta\omega_{av}$ 做大幅度变化。大幅度的转速偏差变化结合小的转速偏差平均值有可能使转速偏差在某个时间点趋近于零，如图6-32a所示。当转速偏差趋近于零时，转子失去其多余的动能，异步功率为零，此时转子的行为由根据同步功率 $P_{E'}$ 决定的加速功和减速功决定。如果转速偏差达到零时 $P_{E'}$ 足够小，那么发电机可能会与系统实现再同步。

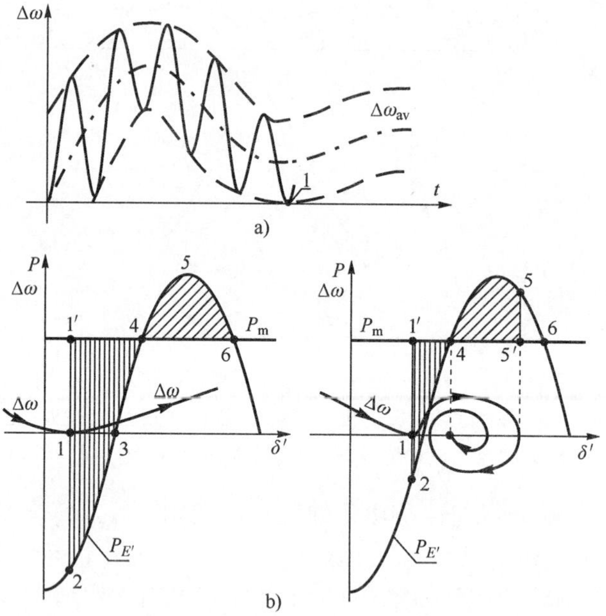

图6-32　转速偏差达到其平均值 $\Delta\omega_{av}$ 前发电机的再同步：a）转速偏差瞬时值趋近于零；b）应用等面积法则检验再同步的条件［基于 Venikov（1978b）］

图6-32b给出了两种情况。第一种情况下，转速偏差在点1处变为零，此时同步功率很大且为负。同步功率所做的功与面积1′-2-4成正比，该面积大于最大减速面积4-5-6。因此不可能实现再同步，转子进入另一个异步旋转周期。第二种情况下，转速偏差达到零时同步功率比第一种情况小很多，加速面积1′-2-4远小于最大减速面积4-5-6，并且在达到点5后，减速功率占优势，转子开始向转子角减小方向回摆。经过数次振荡后，转子将停息在同步平衡点4上。再同步获得成功，但发电机能否保持稳定依赖于涡轮机调速系统和电压调节器的后续动作特性。

6.5.3.1　电压调节器的影响

图6-31表明，在每一个异步旋转周期中发电机机端电压在恢复到较高值前会有一个很

明显的跌落。这意味着电压调节器的偏差会以转速偏差的振荡频率振荡。通常此频率很高，即使是快速 AVR 也难以跟踪。因此，AVR 或多或少会按照此误差信号的平均值做出响应，因此励磁电压会维持在一个较高的水平上，如图 6-33a 所示。由于机端电压平均值低于故障前的电压值，AVR 会提升励磁电压 V_f 几乎到其顶值，因此 $P_{E'}(\delta')$ 特性曲线的幅值也会增大。

前面已经解释过了，转速偏差围绕其平均值振荡的幅度越大，转速偏差达到零值的可能性越大。因此，通过提升励磁电压，AVR 提升了 $P_{E'}(\delta')$ 特性曲线的幅值，导致了更大幅度的转速偏差变化。这就增大了转速偏差达到零值的机会，如图 6-33b 所示。此外，随着同步功率幅值的增大，图 6-32b 中的最大减速面积也增大，满足再同步条件的转子功角范围也增大。

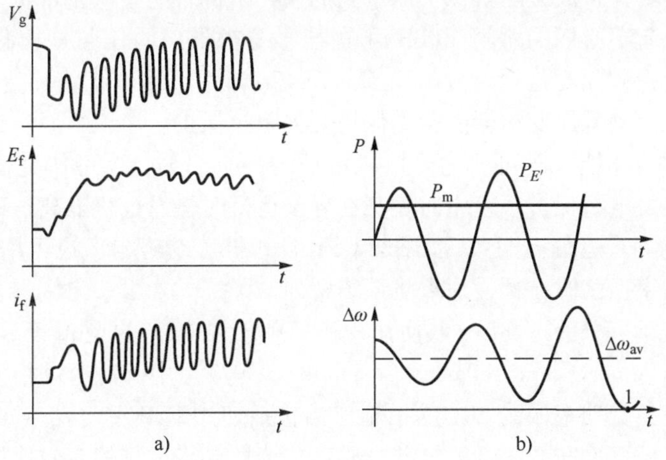

图 6-33　AVR 对再同步的作用：a）故障后异步运行阶段发电机机端电压、励磁电压和励磁电流的变化特性；b）由电压调节作用引起的同步功率振荡幅度增大和转速偏差振荡幅度增大

显然，再同步会经历一段大的转子角摇摆过程，此过程会由于 AVR 的作用而衰减或放大，其原因在 6.1.5 节已讨论过。

6.5.3.2　再同步的其他可能性

再同步是否成功依赖于 AVR 和涡轮机调速系统的动作特性。涡轮机调速系统可以配备辅助控制环，以使涡轮机功率在故障后快速降低，从而保护发电机避免失步或帮助其再同步。这被称为快关汽门，将在 10.2 节详细讨论。如果发电机没有配备此种调速器，运行人员将通过手动降低汽轮机功率进而降低转速偏差的平均值，以使异步旋转的发电机再同步。不过，为了避免系统中出现大的功率振荡以及对发电机可能造成的损伤，通常在几个异步旋转周期后切除发电机。

6.6　失步保护系统

大幅度的同步功率振荡或异步功率振荡会伴随大幅度的电压和电流变化，并对电力系统运行构成严重威胁。其可能导致一些保护系统的误动作，特别是距离保护和欠阻抗保护

（见2.6节），进而可能导致级联跳闸和停电。

为了避免这些后果，通常需要对电力系统保护进行加强，即通过附加设备和附加功能来构成失步保护系统。失步保护的主要元件有：

1）特殊保护和辅助控制。

2）距离保护和欠阻抗保护的功率振荡闭锁（PSB）。

3）同步发电机的滑极保护（PSP）。

4）输电网络中的失步跳闸（OST）。

特殊保护和辅助控制的任务是防止失步和异步运行的发生以及对功率振荡进行快速阻尼，这些问题将在关于稳定性增强方法的第10章中进行讨论。

如果，尽管有特殊保护和辅助控制系统，系统中还是出现了异步运行或大幅度同步功率振荡，那么通过距离保护或欠阻抗保护测量到的视在阻抗可能会从正常负荷区域移动到距离保护区域，从而引起不必要的跳闸。PSB继电器（或功能）的任务是检测所测量到的阻抗变化是由功率振荡引起而不是短路故障引起。PSB应当用于输电线路和变压器的距离保护，也用于同步发电机及其升压变压器的距离保护和欠阻抗保护。

OST继电器（或功能）既可作为发电机保护的一个部分，也可作为输电网络保护的一个部分；当安装在发电机保护系统中时，其在异步运行时将发电机隔离。PSP继电器（或功能）在达到设定的异步运行周期数后动作。OST继电器（或功能）也可用于输电网络内部，以便在发生异步功率振荡时在预设地点将系统解列。

对于电力系统运行人员，有一个使用PSB、PSP和OST的逻辑策略是很重要的。在IEEE Report to the Power System Relaying Committee（1977）中已讨论过相关的例子。一般来说，保护电力系统免受功率振荡影响的措施应当包括使用PSB继电器（或功能）来有效闭锁同步振荡和异步振荡期间的阻抗继电器。避免持续性异步运行的有效保护对发电机应采用PSP继电器（或功能），对输电网络采用OST继电器（或功能）。

6.6.1 功率振荡时的阻抗轨迹

功率振荡对阻抗轨迹的影响可以采用如图6-34所示的简单等效电路来进行研究，图中，两台等效同步发电机通过阻抗$\underline{Z}'_a$和$\underline{Z}'_b$进行联接。继电器安装点在这2个阻抗之间，通过测量该点的电压和电流以获取视在阻抗$\underline{Z}(t)$。继电器安装点的电流和电压为

$$\underline{I}=\frac{\underline{E}'_a-\underline{E}'_b}{\underline{Z}'_a+\underline{Z}'_b},\qquad \underline{V}=\underline{E}'_a-\underline{I}\underline{Z}'_a \tag{6.68}$$

式中，$\underline{E}'_a$、$\underline{E}'_b$是等效发电机的暂态电动势，$\underline{Z}'_a$、$\underline{Z}'_b$是包含了输电网络阻抗和发电机暂态电抗的等效阻抗。如果假定等效暂态电动势的模值恒定，则有

$$\frac{\underline{E}'_a}{\underline{E}'_b}=\frac{|\underline{E}'_a|}{|\underline{E}'_b|}e^{j\delta'}=ke^{j\delta'} \tag{6.69}$$

式中，$k=|\underline{E}'_a|/|\underline{E}'_b|=$常数，而暂态功角差$\delta'$是2个电动势的相角之差。

由继电器测量到的视在阻抗为$\underline{Z}(t)=\underline{V}/\underline{I}$，将式（6.68）中的$\underline{V}$和$\underline{I}$代入并考虑式（6.69）可得

$$\underline{Z}(t)=\frac{\underline{V}}{\underline{I}}=\frac{\underline{Z}'_a+\underline{Z}'_bke^{j\delta'(t)}}{ke^{j\delta'(t)}-1} \tag{6.70}$$

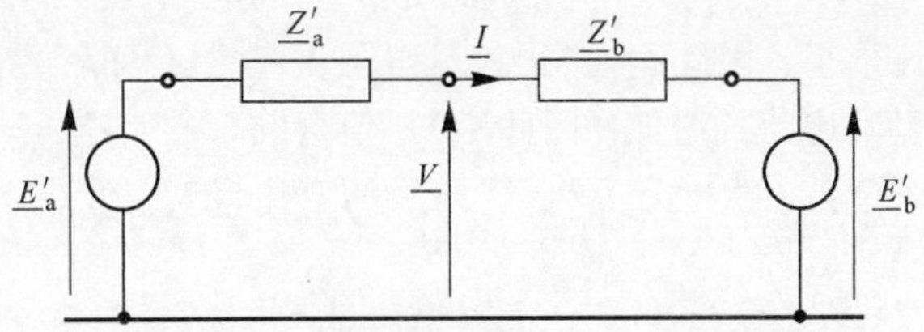

图 6-34 带继电器安装点的系统等效电路

注意，功率振荡期间功角和视在阻抗两者都是与时间有关的。对式（6.70）求解功角得到

$$k e^{j\delta'(t)} = \frac{\underline{Z}(t) - (-\underline{Z}'_a)}{\underline{Z}(t) - \underline{Z}'_b} \tag{6.71}$$

式（6.71）中除了系数 k 之外其他变量都是复数。对式（6.71）两边取模值并注意到 $|e^{j\delta'}| = 1$ 可以得到

$$\left| \frac{\underline{Z}(t) - (-\underline{Z}'_a)}{\underline{Z}(t) - \underline{Z}'_b} \right| = k = \text{常数} = \frac{|\underline{E}'_a|}{|\underline{E}'_b|} \tag{6.72}$$

式（6.72）确定了在复平面上具有同一个 k 值的阻抗的轨迹，该轨迹如图 6-35 所示。阻抗（$-\underline{Z}'_a$）和 $\underline{Z}'_b$ 分别确定了点 A 和点 B 的位置，而视在阻抗 $\underline{Z}(t)$ 确定了点 C 的位置，如图 6-35a 所示。由于 $|\underline{Z}(t) - (-\underline{Z}'_a)| = \text{AC}$ 而 $|\underline{Z}(t) - \underline{Z}'_b| = \text{BC}$，根据式（6.72）比率 $k = \text{AC}/\text{BC} = $ 常数。随着 $\underline{Z}(t)$ 的变化，就可以得到具有定值 k 的 C 点的轨迹。对于给定的 k 值，该轨迹是一个围绕点 A 或点 B 的圆。该圆的直径及其圆心位置依赖于 k 和阻抗 $\underline{Z}'_a$、$\underline{Z}'_b$ 的值。每个圆的圆心都落在由点 A 和点 B 所确定的直线上，见图 6-35b 所示的虚线。当 $k = 1$ 时，圆的直径趋向于无穷大，此时该圆变成为平分线段 AB 的一条直线。当 $k < 1$ 时，$|\underline{E}'_a| < |\underline{E}'_b|$，该圆位于复平面的下部并围绕点 A。当 $k > 1$ 时，$|\underline{E}'_a| > |\underline{E}'_b|$，该圆位于复平面的上部并围绕点 B。

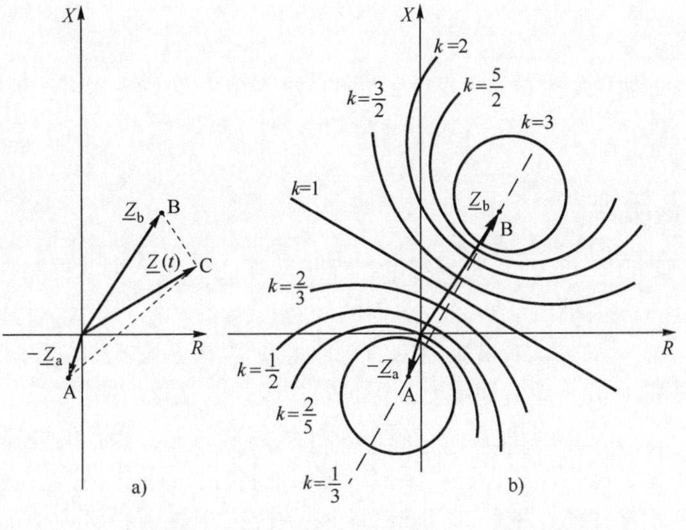

图 6-35 式（6.72）的图解：a）复平面上的阻抗；b）确定阻抗 $\underline{Z}(t)$ 轨迹的圆簇

现在考察功率振荡对$\underline{Z}(t)$轨迹的影响。对于故障前的运行状态，电压V接近于额定电压而电流I与故障电流相比很小，因此$\underline{Z}(t)$很大且电阻占主导（因为通常功率因数接近于1）。故障导致电压的大幅跌落和电流的增加，因此$\underline{Z}(t)$值会跌落。假定$k=|\underline{E}'_{\mathrm{a}}|/|\underline{E}'_{\mathrm{b}}|=$常数，那么当故障被清除后，$Z$值会再次上升。$\underline{Z}(t)$之后的变化将仅仅取决于功角$\delta'$的变化并一定会沿着图6-35中的某个圆移动。

图6-36a给出了异步功率振荡时$\underline{Z}(t)$的轨迹，而图6-36b给出了继电器保护区外故障后同步功率振荡时$\underline{Z}(t)$的轨迹。在两种情况下，轨迹都从位于正常负荷区域的点O出发，当故障发生时，它会跳变到位于保护区域1和2外面的点F处。在短路故障期间，阻抗轨迹会移动到点C，设在点C处故障被清除。故障一旦清除，阻抗轨迹会跳变到点P，点P不会刚刚与点O落在同一个圆上，因为故障期间电动势的大小会有微小变化。之后δ'的变化会导致$\underline{Z}(t)$沿着一个具有恒定比率k的圆周移动，或者更精确地说，$\underline{Z}(t)$会沿着一簇相近的圆周移动，这簇圆周对应于电动势的微小变化，从而对应于比率k的微小变化。

当$\delta'(t)$增大时，$\underline{Z}(t)$减小，并有可能侵入距离继电器跳闸区。对于如图6-36a所示的异步功率振荡，当$\delta'(t)$变化整360°时，$\underline{Z}(t)$轨迹会走完一个整圆周。对于如图6-36b所示的同步功率振荡，$\underline{Z}(t)$轨迹会达到阻抗圆上的点B1，然后回头向点B2移动，因为在回摆过程中$\delta'(t)$会减小。对于恒定的$|\underline{E}'_{\mathrm{a}}|/|\underline{E}'_{\mathrm{b}}|$，轨迹总是落在同一个圆周上。由AVR引起的暂态电动势的变化会使得轨迹从一个圆周移动到另一个圆周上，从而功率得到阻尼，轨迹最终趋向于负荷区域内的故障后的平衡点。

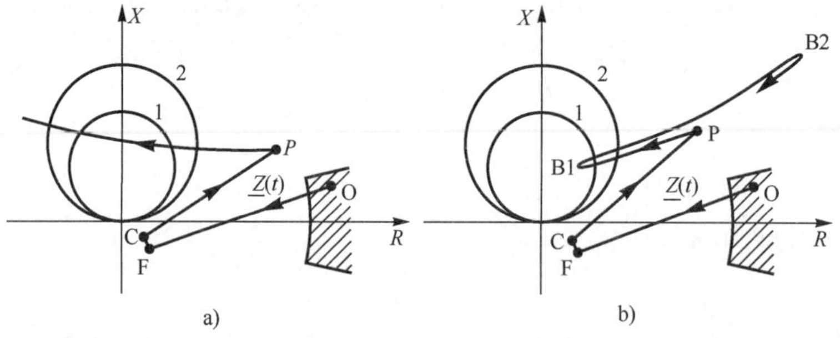

图6-36　阻抗轨迹实例（1和2表示距离继电器的跳闸区域，而阴影部分为负荷区域）：
a）异步功率振荡；b）同步功率振荡

6.6.2　功率振荡闭锁

通过监视阻抗轨迹$\underline{Z}(t)$进入距离继电器保护动作区的速度可以检测功率振荡。如果故障的后果是点F落在距离继电器的保护动作区外（见图6-36），那么$\underline{Z}(t)$会以有限的速度进入保护动作区。另一方面，如果故障的后果是点F落在如图6-36所示的保护动作区内，那么阻抗轨迹会从点O几乎瞬时地跳变到保护动作区内的某点。

图6-37给出了偏置阻抗型距离继电器的动作原理示意图。PSB继电器（或功能）具有与距离继电器同类型的特性曲线，并将距离继电器的特性曲线包围起来。用一个计时器来测量轨迹穿过两条特性曲线所花费的时间Δt。如果故障发生在保护区内，那么功率振荡继电器和故障检测继电器实际上会同时动作，且不会产生闭锁命令。如果故障发生在保护区域

外，那么在所引起的功率振荡期间，轨迹需要花费一定的时间穿越两个继电器的特性曲线，并产生一个闭锁命令使断路器延迟动作，延迟时间等于阻抗轨迹落在故障检测区域内的时间。为了避免在远方不平衡故障和单相自动重合闸死区时间内闭锁继电器，需要检测电流的零序分量。如果存在零序分量，就不产生闭锁命令。

上述闭锁原理也应用于具有其他特性的距离继电器上，如四边形、菱形和椭圆形。显然，功率振荡继电器必须具有与距离继电器同类型的特性曲线。

这种检测功率振荡的方法在机电式继电器中得到了广泛的应用。现代数字保护则通过附加的决策准则来进行加强。功率振荡检测（PSD）功能会检查这些准则是否满足。数字保护系统中 PSB 功能中的附加决策准则通过检测其他信号来实现。当信号的轨迹平滑且具有预期形状时，就不产生闭锁命令。在 PSD 功能中使用决策准则是因为仅仅依靠测量阻抗穿越两个区域之间的时间来做判据是不可靠的。存在继电器拒动和误动的实例。

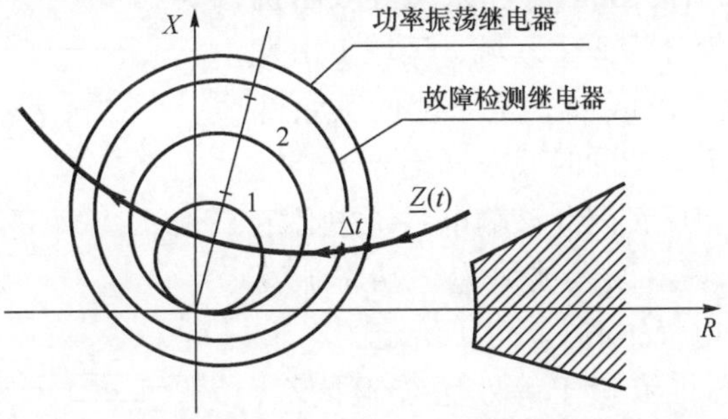

图 6-37　偏置阻抗型 PSB 和距离继电器的动作特性

仅仅依靠测量阻抗轨迹$\underline{Z}(t)$ 穿越两个区域之间的时间来做 PSB 的判据而导致继电器误闭锁的一个例子是在高阻抗故障时。故障期间阻抗值的变化可能非常缓慢，以至于误触发了距离保护的闭锁功能。这种情况对短路故障的网络元件和整个电力系统都是很危险的。

图 6-38 给出了一个失步继电器拒动的实例，该继电器仅仅依靠测量$\underline{Z}(t)$ 通过的时间作为其动作的判据。如图 6-38a 所示，继电器安装在线路 L2 的始端，而短路故障发生在线路 L1 上，阻抗的轨迹$\underline{Z}(t)$ 如图 6-38b 所示。在故障发生的瞬间，阻抗轨迹$\underline{Z}(t)$ 跳变到第 4 象限的 F_1点，故障期间$\underline{Z}(t)$ 向 F_2点移动。当故障清除时，轨迹$\underline{Z}(t)$ 跳变到 P 点，而 P 点落在第 2 跳闸段内。然后，轨迹$\underline{Z}(t)$ 向着位于第 1 跳闸段内的 M 点移动，保护按照第 1 跳闸段的时间动作，将健全的线路 L2 误切除。失步继电器并没有动作，因为在故障清除后，轨迹$\underline{Z}(t)$ 并没有移动到特性曲线 B 的外面。因此，就不存在轨迹$\underline{Z}(t)$ 在特性曲线 B 和 F 之间的穿越，而这是失步继电器动作所必需的。这样，采用其他的决策准则来加强失步继电器的动作原理就非常必要了。

关于距离保护误闭锁和误动作的多个原因的描述可以参见相关文献，例如 Troskie and de Villiers（2004）。

6.6.3　同步发电机的滑极保护

此种保护的目的是检测同步发电机是否已失去同步性。继电器的测量点是发电机的机端，如图 6-39 所示。测量点左边的阻抗$\underline{Z}_a$ 对应于发电机的暂态阻抗$\underline{Z}_a \cong jX'_d$。测量点右边的

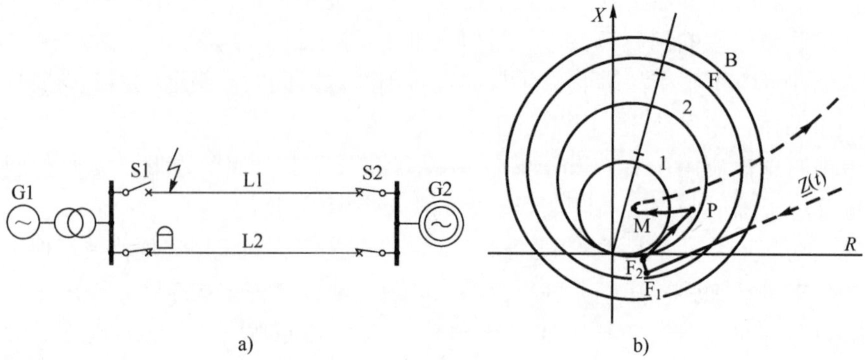

图6-38 失步继电器不动作的实例：a）简单系统结构图；b）同步振荡期间阻抗变化的例子

阻抗$\underline{Z}_b$包括了升压变压器的阻抗$\underline{Z}_T$和系统等效阻抗$\underline{Z}_S$。整个输电系统可以划分为2个区域，区域1由发电机和升压变压器组成，而区域2是系统的其余部分。在完成异步旋转半个周期的时候，即当$\delta'=180°$时，等效电势彼此方向相反，因此该输电系统中必定存在一点，其电压等于零。该点被称为"功率振荡中心"或简单地称为"电气中心"。对于给定的$\underline{Z}_a$和$\underline{Z}_T$的值，功率振荡中心将依赖于等效系统阻抗$\underline{Z}_S$，而可能落在区域1或区域2内。在图6-39中，该中心在区域1内，且落在升压变压器的阻抗内部。式(6.70)表明，当$\delta'=180°$时，继电器看到的视在阻抗与等效阻抗之差成正比，即

$$\underline{Z}(\delta'=180°)=\frac{\underline{Z}_a-k\,\underline{Z}_b}{-k-1}=\frac{k\,\underline{Z}_b-\underline{Z}_a}{k+1} \tag{6.73}$$

由于k是实数，式(6.73)表明当$\delta'=180°$时，轨迹$\underline{Z}(t)$与图6-35中穿过点A和B的直线相交。这意味着异步旋转可以通过一个继电器来进行识别，该继电器的阻抗特性曲线包围由$(-\underline{Z}_a)$和$\underline{Z}_b$构成的直线段AB。

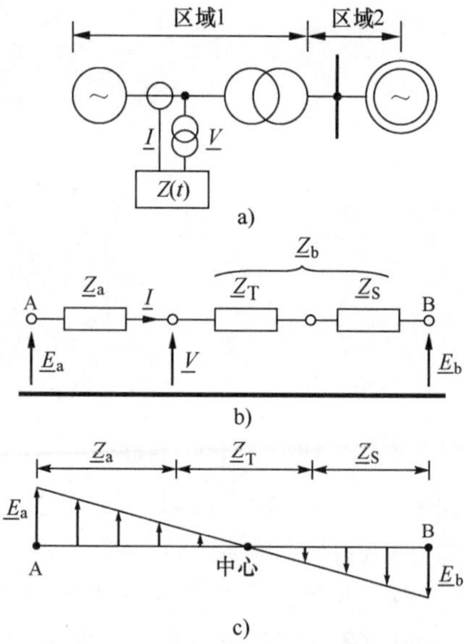

图6-39 同步发电机的PSP：a）结构图；b）等效电路；c）功率振荡中心示意图

图6-40给出了3种满足上述条件的特性曲线[⊖]。第一种类型（见图6-40a）具有一个偏置的阻抗特性曲线，即特性曲线3的左右部分分别被2个方向继电器的特性曲线1和特性曲线2切掉。第二种类型（见图6-40b）具有对称的透镜状特性，其通过使用2个具有偏置的阻抗继电器获得，这2个阻抗继电器的特性曲线如图中的虚线圆圈1和2所示。第三种类型（见图6-40c）具有不对称的透镜状特性曲线。

PSP通常还有一条额外的阻抗特性曲线，其将$\underline{Z}(t)$分成两个区域，如图6-40中的曲线

⊖ 这里的特性曲线实际上是阻抗平面上的封闭曲线。——译者注

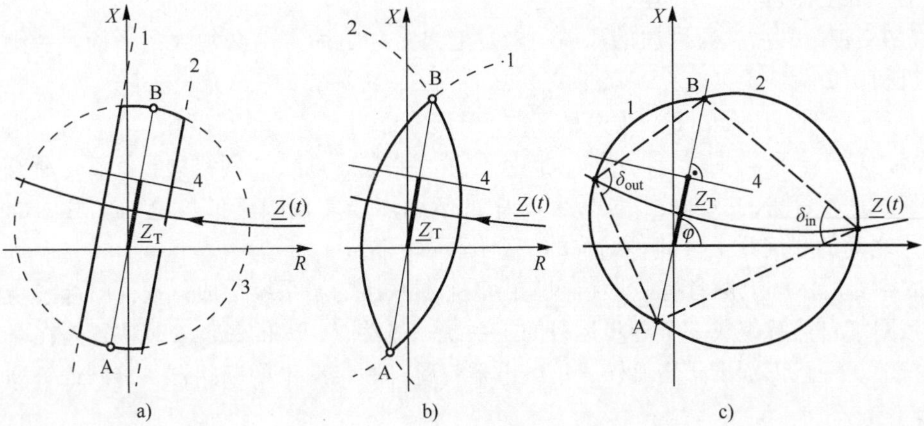

图 6-40　3 种类型的 PSP 特性曲线：a）偏置阻抗型；b）对称透镜型；c）不对称透镜型

4 所示。如果阻抗轨迹从右到左完全穿越继电器特性曲线，则继电器将此识别为异步旋转。如果阻抗轨迹$\underline{Z}(t)$ 在曲线 4 的下方从右到左穿越阻抗特性曲线，则意味着功率振荡中心（见图 6-39）在区域 1 的内部。这种情况下，发电机应在阻抗$\underline{Z}(t)$ 离开阻抗特性曲线（即在第 1 次异步旋转期间）后立即被切除。另一方面，如果阻抗轨迹$\underline{Z}(t)$ 在曲线 4 的上方从右到左穿越阻抗特性曲线，则意味着功率振荡中心（见图 6-39）在区域 2 的内部，也就是在输电网络内。这种情况下，发电机可以在 2 ~ 4 次异步旋转后被切除。引入此种延迟的目的是为安装在输电网络中的失步继电器提供一个动作的机会，并将网络解列成几块（如 6.6.4 节所述）。只有当发电机能够承受异步旋转数个周期所引起的热量和机械力的过载时，此种延迟才是可接受的。如果网络中没有 OST 继电器，那么延迟动作是没有理由的，这种情况下发电机将在 1 个异步旋转周期后被切除，而不受功率振荡中心位置的影响。

发电机被切除的方式取决于机组的结构，机组结构在 2.3 节已经描述过。对于包含升压变压器的发电机组，发电机通过跳开高压侧的主断路器而被切除（见图 2-2）。涡轮机没有被切除，而是将其输出功率降低到提供机组辅助服务所需的水平。这种做法可以使发电机能够快速重新与系统同步。

6.6.4　电网中的失步跳闸

前面已提到过，在异步旋转过程中，靠近功率振荡中心的输电线路距离保护装置测量的阻抗$\underline{Z}(t)$ 可能会进入距离保护的跳闸区。如果不使用功率振荡闭锁继电器（或功能），很多输电线路可能会跳闸，导致网络随机分裂成多个不平衡的孤岛网。发电出力过剩的孤岛网中的发电机将被过频保护切除，而发电出力不足的孤岛网将由于低频而切除负荷。这些问题将在第 9 章中讨论。

为了防止异步运行期间网络的随机解列，在网络中需要使用前面描述过的距离保护 PSB，而在发电机中则需要使用前面描述过的 PSP。此外，可将 OST 继电器（或功能）安装在网络的解列线路上，以便在检测到异步运行后使所选输电线路跳闸。解列线路按照如下准则进行选择：

1）线路必须非常靠近功率振荡的中心，从而使阻抗轨迹进入这些线路的距离保护跳闸区。否则，继电器将不会发出跳闸命令。

2）网络被解列后，解列后的孤岛网内发电出力和负荷需求必须大致平衡。否则，就会触发切机和切负荷。

3）解列后的孤岛网内部必须是稳定的，即不会发生进一步的解列。

显然，对于导致异步运行的所有故障点位置，在紧密联接的网络中寻找满足所有上述条件的解列点是不容易的。因此，实际系统中的解列点通常仅限于孤岛电网（其内部是紧密联接的）之间的联络线上。此种结构的一个例子如图6-41所示。

图6-41a所示的电网具有链形结构，由2个弱联接的子系统构成。任何引起失步的扰动都会导致网络自然解裂成2个异步运行的子系统。显然，OST的最佳安装位置是在联络线的距离保护上。一旦识别出异步旋转，该继电器将跳开联络线上的断路器，将网络解列成2个子系统。

图6-41b所示的第二个网络由若干个内部联接紧密的子系统构成，这些子系统之间通过相对较弱的联络线进行联接。这种情况在互联系统中是典型的。子系统之间的弱联接有可能导致故障后联络线两端的异步旋转。安装在联络线上的继电器将在若干个异步旋转周期后将系统解列。在图6-41所示的两种情况下，具有自动切负荷功能的自动发电控制（见第9章）应能在各子系统中实现发电出力和负荷需求的平衡。再同步之前必须先检查各子系统的频率是否匹配以及是否满足同期的条件。

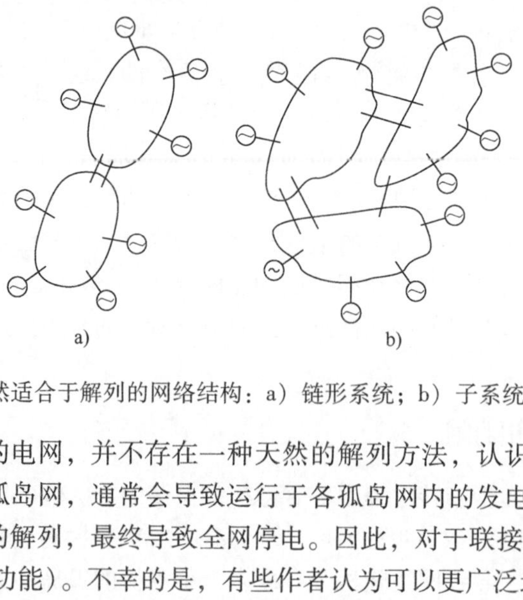

图6-41　天然适合于解列的网络结构：a）链形系统；b）子系统之间弱联接

对于一个联接紧密的电网，并不存在一种天然的解列方法，认识到这一点是很重要的。将这样一个电网解列成孤岛网，通常会导致运行于各孤岛网内的发电机的稳定性条件恶化，从而有可能引起进一步的解列，最终导致全网停电。因此，对于联接紧密的输电网络，不建议安装OST继电器（或功能）。不幸的是，有些作者认为可以更广泛地安装OST装置，并且认为将电网解列成孤岛网比切除发电机更好。此种观点仅仅对于如图6-41所示的弱联系的网络结构是有价值的。在联接紧密的电网中，保持网络的完整性是最重要的，为达到此目的而切除一些发电机是值得的。当网络仍然是完整的时候，发电机可以很容易地重新并入电网并恢复供电。另一方面，一个联接紧密的电网被解列后，重新联网非常困难，可能需要花费数个小时，因为需要运行人员进行一系列复杂的操作。往往一些线路难以重新接入电网，因为相邻子系统的电压或相角存在很大的差异。

在事先设定的点上将网络解列成孤岛网，可以通过OST继电器来实现，在较新的数字保护方案中也可以将 OST 功能加到距离保护装置中。图 6-42 给出了这种功能的阻抗特性曲线。为了区分功率振荡和短路故障，使用了 2 个多边形的特性曲线，分别标记为封闭曲线 1 和封闭曲线 2，封闭曲线 1 为外部的特性曲线，封闭曲线 2 为内部的特性曲线。当阻抗轨迹在小于设定的时间内穿过一个多边形区域时，表示发生了短路故障；而当阻抗轨迹在大于设定的时间内穿过一个多边形区域时，表示发生了功率振荡。

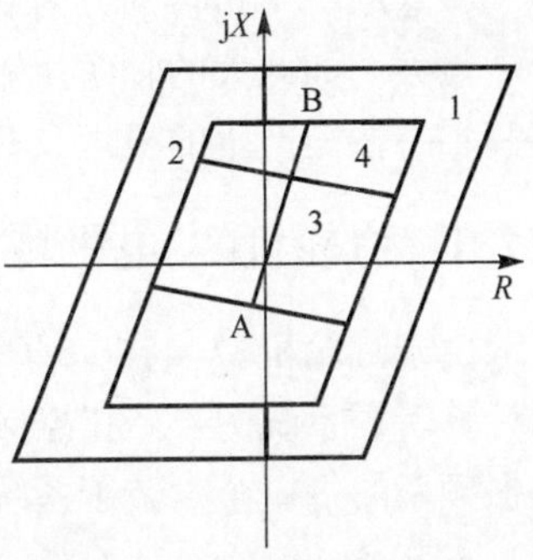

图 6-42　OST 功能的特性曲线

如果阻抗轨迹从多边形的一侧进入，穿过线段 AB（对应于角度 $\delta' = 180°$），然后从多边形的另一侧离开，则检测到的一定是异步功率振荡。可以用 2 个线段将内部区域划分为两个区域，分别用区域 3 和区域 4 表示，这样保护装置将可达区域划分成了近区域和远区域，就像在 PSP 中一样。如果阻抗轨迹穿越区域 3，则认为是近区功率振荡。如果阻抗轨迹穿越区域 4，则认为是远区功率振荡。每个区域都有其自身的异步旋转周期计数器。只有当给定区域内识别到的异步旋转周期数达到设定值时，才会发出线路跳闸信号。

6.6.5　大停电的例子

已经发表了很多论文和报告，描述由于距离保护的 PSB 功能缺失或误动，引起线路误跳闸而导致电力系统扰动的实例。大多数案例以警戒状态或恢复到正常状态结束（见 1.5 节）。但也有案例导致电力系统从正常状态转移到紧急状态，甚至在极端情况下引起部分停电或全网停电。Troskie and de Villiers（2004）描述一个发生在南非 ESCOM 电网的由失步继电器引起大停电的有趣的案例。

2001 年 9 月 14 日，非洲东南部 Drakensberg 山脉地区的大雪导致架空线路故障，随后从距离保护的段 3 发出了跳闸命令，从而导致电网发生严重功率振荡。目前并没有统一的概念来使用失步保护系统。一些继电器仅对跳闸段 1 具有闭锁功能，而其他继电器仅对跳闸段 2 或 3 具有闭锁功能。由于缺乏统一的概念和不完善的 PSB 功能，导致了更多的线路跳闸，最终失去整个网络。详细的事故后分析和仿真表明，需要修改失步保护系统，对整定值应进行更仔细的选择。

6.7　传动轴系中的扭转振荡

本节将讨论系统故障对传动轴和联轴器上扭矩的影响，联轴器将汽轮机中的各个汽轮机级、汽轮机与发电机以及发电机与励磁机联接起来。在本章的前面几节里，如图 5-1 所示的这些传动轴和联轴器，是假定为完全刚性的，因为当时是将整个传动系统作为一个刚体来看待的，并用一个单一惯量来表示。实际上，传动轴和联轴器的刚度是有限的，因此每个汽轮机质块之间会产生微小的相对偏移。这样，任何转子部件上受到的外转矩的变化，都会激发起等效质块的运动。联接该部件及其邻近部件的轴段会出现微小的扭转，从而产生扭转转矩并被传递到邻近的部件上。这个过程会沿着整个轴系重复下去，从而在整个轴系中产生扭转振荡。这些振荡的扭矩会叠加在外转矩上，既可能使轴段的扭矩增大，也可能使轴段的扭矩减小，这取决于扭转的方向和外转矩变化的频率和相位。这样，在某些条件下轴系扭矩会变得非常大。如此大的轴系扭矩会导致轴系疲劳寿命的下降并有可能使轴系损坏。因此，对这些高轴系扭矩产生的机理及其发生的场景有透彻的了解是非常重要的。

6.7.1 汽轮机-发电机转子的自然扭振频率

由于汽轮机-发电机转子可以被视为由弹簧连接在一起的若干个离散的质量块，因此为了计算转子系统的自然扭振频率，可以建立一个转子系统的集中质量块模型。对应这些自然扭振频率的每一个，转子系统都会以一种特定的方式振荡，这种特定的振荡方式被定义为振型（mode shape）。

图6-43给出了作用在每个转子质量块上的转矩，对于一般性的质量块 l，应用牛顿第二定律可以得到其运动方程为

$$J_l\frac{\mathrm{d}^2\delta_{\mathrm{m}l}}{\mathrm{d}t^2}=\tau_l+\tau_{l,l+1}-\tau_{l,l-1} \tag{6.74}$$

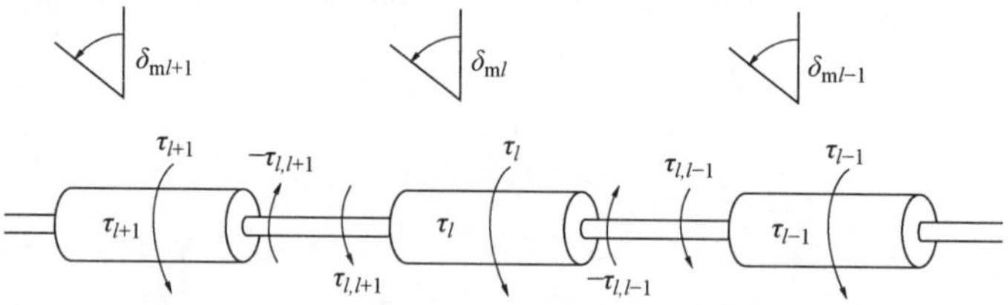

图6-43 作用在质块 l 上的转矩：τ_l 是外加转矩，$\tau_{l,l+1}$ 和 $\tau_{l,l-1}$ 是轴段转矩，$\delta_{\mathrm{m}l}$ 是质量块的位移角，J_l 是质量块的转动惯量

式中，J_l 是质量块 l 的转动惯量，τ_l 是由外部施加到质量块 l 上的转矩，而 $\tau_{l,l+1}$ 和 $\tau_{l,l-1}$ 是与质量块 l 相邻的两个轴段（l，$l+1$）和（l，$l-1$）产生的转矩。这两个轴段产生的转矩分别为

$$\tau_{l,l+1}(t)=k_{l,l+1}(\delta_{\mathrm{m}l+1}-\delta_{\mathrm{m}l})+D_{l,l+1}\left(\frac{\mathrm{d}\delta_{\mathrm{m}l+1}}{\mathrm{d}t}-\frac{\mathrm{d}\delta_{\mathrm{m}l}}{\mathrm{d}t}\right) \tag{6.75}$$

$$\tau_{l,l-1}(t)=k_{l,l-1}(\delta_{\mathrm{m}l}-\delta_{\mathrm{m}l-1})+D_{l,l-1}\left(\frac{\mathrm{d}\delta_{\mathrm{m}l}}{\mathrm{d}t}-\frac{\mathrm{d}\delta_{\mathrm{m}l-1}}{\mathrm{d}t}\right) \tag{6.76}$$

式中，$k_{l,l-1}$ 是质量块 l 与质量块 $l-1$ 之间轴段的刚度系数，$\delta_{\mathrm{m}l}$ 是第 l 个质量块以弧度表示的机械角度，而 $D_{l,l-1}$ 是轴段的阻尼系数。轴段的阻尼是由轴段中的能量损耗引起的，而该能量损耗来源于振荡过程中所经历的应力/应变滞后循环。将上述两式代入到式（6.74）中，可以得到如下的运动方程：

$$\begin{aligned}J_l\frac{\mathrm{d}^2\delta_{\mathrm{m}l}}{\mathrm{d}t^2}=&\tau_l(t)-k_{l,l-1}(\delta_{\mathrm{m}l}-\delta_{\mathrm{m}l-1})-k_{l,l+1}(\delta_{\mathrm{m}l}-\delta_{\mathrm{m}l+1})\\&-D_{l,l+1}\left(\frac{\mathrm{d}\delta_{\mathrm{m}l}}{\mathrm{d}t}-\frac{\mathrm{d}\delta_{\mathrm{m}l+1}}{\mathrm{d}t}\right)-D_{l,l-1}\left(\frac{\mathrm{d}\delta_{\mathrm{m}l}}{\mathrm{d}t}-\frac{\mathrm{d}\delta_{\mathrm{m}l-1}}{\mathrm{d}t}\right)-D_{l,l}\frac{\mathrm{d}\delta_{\mathrm{m}l}}{\mathrm{d}t}\end{aligned} \tag{6.77}$$

式中，$D_{l,l}$是一个附加的阻尼项，用来表示由蒸汽流经汽轮机而在每个汽轮机级上产生的阻尼效应。一般来说，轴段和蒸汽的阻尼效应都是很小的。式（6.77）采用的是国际单位制，但是采用与5.1节类似的推导过程可以得到标幺值形式的上述方程⊖。

现在考察一个简单的汽轮机-发电机转子系统，该转子系统由3个汽轮机级和一个发电机构成，如图6-44所示。

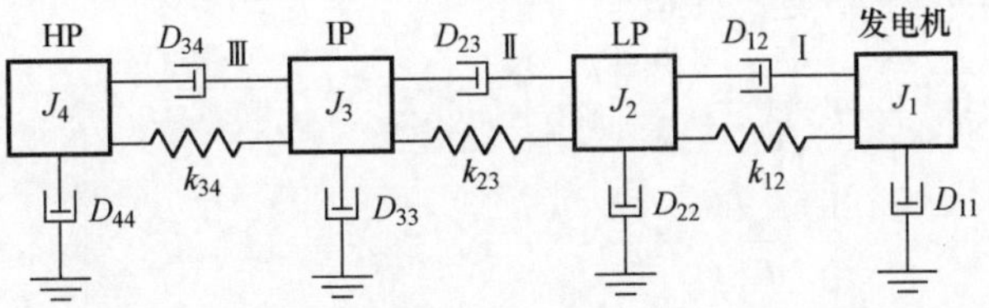

图6-44　4个质量块的汽轮机-发电机转子模型

假定该系统采用的是静止励磁器，这样就不需要采用旋转质量块来表示励磁机。针对每个质量块依次运用式（6.77），可以得到由4个2阶常微分方程构成的方程组：

$$J_1\frac{\mathrm{d}\delta_{m1}^2}{\mathrm{d}t^2}=\tau_1-k_{12}(\delta_{m1}-\delta_{m2})-D_{12}\left(\frac{\mathrm{d}\delta_{m1}}{\mathrm{d}t}-\frac{\mathrm{d}\delta_{m2}}{\mathrm{d}t}\right)-D_{11}\frac{\mathrm{d}\delta_{m1}}{\mathrm{d}t}$$

$$J_2\frac{\mathrm{d}\delta_{m2}^2}{\mathrm{d}t^2}=\tau_2-k_{12}(\delta_{m2}-\delta_{m1})-k_{23}(\delta_{m2}-\delta_{m3})-D_{12}\left(\frac{\mathrm{d}\delta_{m2}}{\mathrm{d}t}-\frac{\mathrm{d}\delta_{m1}}{\mathrm{d}t}\right)-D_{23}\left(\frac{\mathrm{d}\delta_{m2}}{\mathrm{d}t}-\frac{\mathrm{d}\delta_{m3}}{\mathrm{d}t}\right)-D_{22}\frac{\mathrm{d}\delta_{m2}}{\mathrm{d}t}$$

$$J_3\frac{\mathrm{d}\delta_{m3}^2}{\mathrm{d}t^2}=\tau_3-k_{23}(\delta_{m3}-\delta_{m2})-k_{34}(\delta_{m3}-\delta_{m4})-D_{23}\left(\frac{\mathrm{d}\delta_{m3}}{\mathrm{d}t}-\frac{\mathrm{d}\delta_{m2}}{\mathrm{d}t}\right)-D_{34}\left(\frac{\mathrm{d}\delta_{m3}}{\mathrm{d}t}-\frac{\mathrm{d}\delta_{m4}}{\mathrm{d}t}\right)-D_{33}\frac{\mathrm{d}\delta_{m3}}{\mathrm{d}t}$$

$$J_4\frac{\mathrm{d}\delta_{m4}^2}{\mathrm{d}t^2}=\tau_4-k_{34}(\delta_{m4}-\delta_{m3})-D_{34}\left(\frac{\mathrm{d}\delta_{m4}}{\mathrm{d}t}-\frac{\mathrm{d}\delta_{m3}}{\mathrm{d}t}\right)-D_{44}\frac{\mathrm{d}\delta_{m4}}{\mathrm{d}t} \tag{6.78}$$

注意到对质量块 i 有下面的关系，这组2阶常微分方程组可以写成8个1阶常微分方程组。

$$\frac{\mathrm{d}\delta_{mi}}{\mathrm{d}t}=\omega_{mi}-\omega_{sm}=\Delta\omega_{mi},\qquad \frac{\mathrm{d}^2\delta_{mi}}{\mathrm{d}t^2}=\frac{\mathrm{d}\Delta\omega_{mi}}{\mathrm{d}t} \tag{6.79}$$

采用这种置换方法，并以质量块 l 为例，可以得到

$$J_1\frac{\mathrm{d}\Delta\omega_{m1}}{\mathrm{d}t}=\tau_1-k_{12}(\delta_{m1}-\delta_{m2})-D_{11}\Delta\omega_{m1}-D_{12}(\Delta\omega_{m1}-\Delta\omega_{m2}) \tag{6.80}$$

$$\frac{\mathrm{d}\delta_{m1}}{\mathrm{d}t}=\Delta\omega_{m1}$$

考虑到针对的是小扰动，先定义一组状态变量 $\boldsymbol{x}$：

$x_1=\Delta\delta_{m1}$，$x_2=\Delta\delta_{m2}$，$x_3=\Delta\delta_{m3}$，$x_4=\Delta\delta_{m4}$，$x_5=\Delta\omega_{m1}$，$x_6=\Delta\omega_{m2}$，$x_7=\Delta\omega_{m3}$，$x_8=\Delta\omega_{m4}$

并代入到式（6.80），可以得到线性化了的矩阵形式的方程如下：

$$\dot{\boldsymbol{x}}=\boldsymbol{Ax}+\boldsymbol{Bu} \tag{6.81}$$

式中，$\boldsymbol{A}$ 被称为对象矩阵或状态矩阵，$\boldsymbol{B}$ 被称为激励矩阵，$\boldsymbol{x}$ 被称为状态向量，$\boldsymbol{u}$ 被称为输

⊖ 在标幺值形式下，J 变为 $2H/\omega_s$，而 τ 和 k 可以通过将国际单位值分别除以如下的基准值得到：$T_{base}=\frac{S_{base}}{\omega_{sm}}=\frac{S_{base}}{\omega_s}\frac{p^2}{4}$ 和 $k_{base}=T_{base}\frac{p}{2}=\frac{S_{base}}{\omega_s}\frac{p^2}{4}$，这里 δ_l 以电弧度表示。——原书注

入向量。在这种情况下，外加转矩的变化量 $\Delta\tau$ 施加于每一个质量块上。状态方程式（6.81）的一般解将会在第12章和A.3节中讨论，对象矩阵可由下式给出：

$$\boldsymbol{A}=\begin{bmatrix}\boldsymbol{0} & \boldsymbol{1}\\ \boldsymbol{K} & \boldsymbol{D}\end{bmatrix} \tag{6.82}$$

式中，$\boldsymbol{0}$ 是一个零矩阵，$\boldsymbol{1}$ 为单位矩阵，$\boldsymbol{K}$ 为刚度系数矩阵，$\boldsymbol{D}$ 为阻尼系数矩阵。对于这里所考虑的4个质量块的问题，这些矩阵为

$$\boldsymbol{K}=\begin{bmatrix}\dfrac{-k_{12}}{J_1} & \dfrac{k_{12}}{J_1} & & \\ \dfrac{k_{12}}{J_2} & \dfrac{-k_{12}-k_{23}}{J_2} & \dfrac{k_{23}}{J_2} & \\ & \dfrac{k_{23}}{J_3} & \dfrac{-k_{23}-k_{34}}{J_3} & \dfrac{k_{34}}{J_3}\\ & & \dfrac{k_{34}}{J_4} & \dfrac{-k_{34}}{J_4}\end{bmatrix} \tag{6.83}$$

$$\boldsymbol{D}=\begin{bmatrix}\dfrac{-D_{12}-D_{11}}{J_1} & \dfrac{D_{12}}{J_1} & & \\ \dfrac{D_{12}}{J_2} & \dfrac{-D_{12}-D_{23}-D_{22}}{J_2} & \dfrac{D_{23}}{J_2} & \\ & \dfrac{D_{23}}{J_3} & \dfrac{-D_{23}-D_{34}-D_{33}}{J_3} & \dfrac{D_{34}}{J_3}\\ & & \dfrac{D_{34}}{J_4} & \dfrac{-D_{34}-D_{44}}{J_4}\end{bmatrix} \tag{6.84}$$

而激励矩阵 $\boldsymbol{B}=[\boldsymbol{0}\quad \boldsymbol{J}^{-1}]^{\mathrm{T}}$，其中$\boldsymbol{J}^{-1}$仅仅是一个4×4的对角矩阵，其元素分别为 $1/J_1$、$1/J_2$、$1/J_3$ 和 $1/J_4$。所有这些矩阵的结构是非常清晰的，因此如果需要的话可以添加更多的质量块进来。

根据式（6.81），在假设外加转矩没有变化即输入向量 $\boldsymbol{u}=\boldsymbol{0}$ 的条件下，可以计算出转子的自然扭振频率。这时有

$$\dot{\boldsymbol{x}}=\boldsymbol{A}\boldsymbol{x} \tag{6.85}$$

12.1节将证明上述方程具有如下形式的解：

$$x_k(t)=\sum_{i=1}^{n}w_{ki}\mathrm{e}^{\lambda_i t}\sum_{j=1}^{n}u_{ij}x_{j0} \tag{6.86}$$

式中，λ_i 是矩阵 $\boldsymbol{A}$ 的特征值，w_{ki}和 u_{ij}是由矩阵 $\boldsymbol{A}$ 的右特征向量和左特征向量所构成的矩阵的元素，而 x_{i0}是状态变量 $x_j(t)$ 的初始值。

特征值 λ_i 与转子的自然扭振频率相对应。由于阻尼很小，系统将是欠阻尼的，因而特征值将呈现为一对一对的共轭复数：

$$\lambda_{i,i+1}=-\zeta_i\Omega_{\mathrm{nat}i}\pm \mathrm{j}\Omega_i \tag{6.87}$$

式中，ζ_i 是与特定振荡模式（mode）相对应的阻尼比，Ω_i 是特定振荡模式下的阻尼自然频率（rad/s），而 $\Omega_{\mathrm{nat}\,i}$是特定振荡模式下的无阻尼自然频率（rad/s）。阻尼自然频率与无阻尼

自然频率之间的关系可由标准表达式 $\Omega=\Omega_{nat}\sqrt{1-\zeta^2}$ 给出。

为了得到振型（见 12.1 节），将所有阻尼系数都置零，这时所有特征值为纯虚数，对应于无阻尼自然频率。与这些无阻尼自然频率中的每一个对应的特征向量现在是实数，描述了当在此特定频率下振荡时转子中不同质量块之间的相对位移。这就是振型的含义，既适用于转速偏移也适用于角度偏移。另外，常见的做法是将特征向量归一化，以使最大位移等于 1。

任何特定轴段对施加在发电机上的谐波转矩的灵敏度，可以通过式（6.81）求得，即定义如下的输出方程来求解：

$$\boldsymbol{y}=\boldsymbol{C}\boldsymbol{x} \tag{6.88}$$

式中，$\boldsymbol{y}$ 是所要求的输出向量。在这种情况下，为了得到一个或多个特定轴段上的扭矩，输出矩阵 $\boldsymbol{C}$ 中的元素可以根据式（6.75）或式（6.76）直接得到。如果除了发电机转矩假设为正弦变化外，其余所有外加转矩均置零，那么通过将式（6.88）代入到式（6.81）中，可以建立起联系轴段扭矩 $\boldsymbol{y}$ 与输入 $\boldsymbol{u}$ 之间关系的传递函数，其标准的传递函数矩阵为

$$\boldsymbol{G}(s)=\boldsymbol{C}(s1-\boldsymbol{A})^{-1}\boldsymbol{B} \tag{6.89}$$

式中，$\boldsymbol{B}$ 现在变为简单的$[0\quad 0\quad 0\quad 0\quad 0\quad 1/\boldsymbol{J}_1\quad 0\quad 0\quad 0]$，而 $G_{11}(s)=y_1/u$、$G_{12}(s)=y_2/u$ 等。$\boldsymbol{B}$ 中惯量项对应于发电机，因此其在此矩阵中的位置将取决于哪一个质量块代表发电机。

如果要对式（6.89）进行频率响应计算的话，最好采用某些标准化的软件包，例如 MATLAB（Hicklin and Grace，1992），此时只需要定义矩阵 $\boldsymbol{A}$、$\boldsymbol{B}$、$\boldsymbol{C}$ 和 $\boldsymbol{D}$，其余工作可以采用标准子程序来完成。

例 6.2　某 577MVA、3000r/min 汽轮发电机的轴结构如图 6-45 所示，其详细参数见表 6-2。

首先根据式（6.83）和式（6.84）计算出对应的子矩阵，然后构成如式（6.82）所示的对象矩阵，再采用标准的 MATLAB 子程序计算出特征值和特征向量。图 6-45 给出了无阻尼自然频率和振型。与标准做法一致，所有的振型都进行了规格化，设置最大偏移值为 1.0。模式 0 表示自由体旋转，当发电机接入系统时，该模式对应的振荡频率会增大，且其是转子作为一个刚体时的振荡频率。这一点可以很容易得到证明，只要将发电机通过一个“电磁弹簧”接入到无穷大系统，且该“电磁弹簧”的刚度系数取暂态同步功率系数 $K_{E'}$。这个概念是在 5.4 节引入的。由于 $K_{E'}$ 的值依赖于系统的负荷条件，因此这里假定 $K_{E'}=2.0$pu。这个“电磁弹簧”将取代发电机的转矩变化。由于 $\Delta\tau_2=-K_{E'}\Delta\delta_2$，所以现在 $K_{E'}$ 必须包含到刚度矩阵中，这样元素 $\boldsymbol{K}[2,\ 2]$ 变为 $\boldsymbol{K}[2,2]=-(k_{12}+k_{23}+K_{E'})/J_2$。现在由特征值得到的转子振荡频率为 1.14Hz，但转子系统继续作为一个刚体旋转，其振型如图 6-45 最下面的分图所示。

对每个单独的轴段沿着振型图检查一遍，表明发电机-励磁机轴段在所有自然扭振频率下都有一定程度的运动。对应模式 1，其振荡频率为 5.6Hz，汽轮机与发电机质量块保持相对静止，而励磁机相对于它们已有运动。模式 4 表明 HP 与 LP_1 之间有较大程度的运动，而 LP_3 与发电机之间的轴段除了模式 1 外在其他模式下都有相对运动。

为了进一步研究发电机-励磁机轴段和 LP_3-发电机轴段的频率灵敏度，图 6-46 给出了这两个轴段对正弦变化的发电机转矩的频率响应特性。为了得到此频率响应特性，设置了如

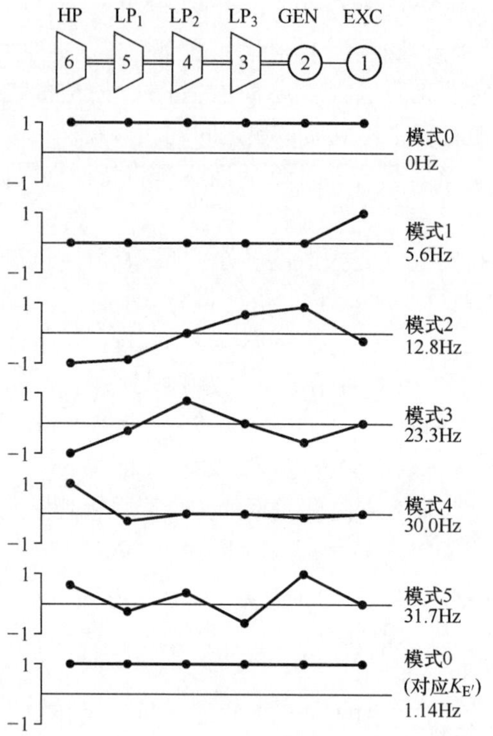

图6-45　某577MVA、3000r/min汽轮发电机的自然扭振频率及其振型

下所示的矩阵 **B** 和矩阵 **C**：

$$\boldsymbol{B}=\left[0,\ 0,\ 0,\ 0,\ 0,\ 0,\ 0,\ \frac{1}{J_2},\ 0,\ 0,\ 0,\ 0\right]$$

$$\boldsymbol{C}=\begin{bmatrix} -k_{12} & k_{12} & 0 & 0 & 0 & 0 & -D_{12} & D_{12} & 0 & 0 & 0 & 0 \\ 0 & -k_{23} & k_{23} & 0 & 0 & 0 & 0 & -D_{23} & D_{23} & 0 & 0 & 0 \end{bmatrix}$$

表6-2　某577MVA、3000r/min汽轮发电机参数（Ahlgren，Johansson and Gadhammar，1978）

节点	H_i/s	k_{ij}（pu 转矩/rad）	D_{ii}（pu 转矩/rad/s）	D_{ij}（pu 转矩/rad/s）
1	0.09	—	0.0	—
1-2	—	0.7	—	0.00007
2	0.74	—	0.0	—
2-3	—	110	—	0.001
3	1.63	—	0.001	—
3-4	—	95	—	0.001
4	1.63	—	0.001	—
4-5	—	87	0	0.001
5	1.63	—	0.001	—
5-6	—	40	—	0.001
6	0.208	—	0.001	—

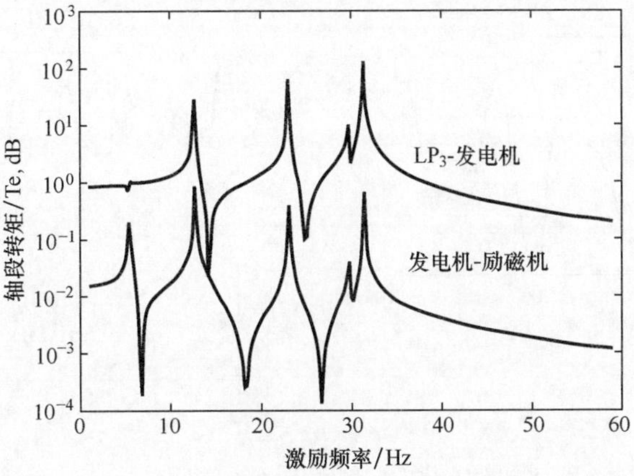

图 6-46　某 577MVA、3000r/min 汽轮发电机的发电机-励磁机轴段和 LP_3-发电机轴段的频率灵敏度

正如所预料的，发电机-励磁机轴段对所有 5 个模式都是敏感的，但是其扭矩比 LP_3-发电机轴段要小一点；LP_3-发电机轴段对 31.7Hz 左右的频率特别敏感，但对模式 1 的振荡很不敏感。这些曲线特别明显的形状变化是由系统中的低阻尼水平引起的。附加的阻尼可以降低这些曲线的峰值，但不幸的是通常情况下是做不到的，尽管在电气系统中可以引入少量的附加阻尼。

注意，发电机设计时总是避免自然扭振频率出现在 50Hz 和 100Hz 附近，这样，外部系统故障时产生的基频和二倍频转矩（见第 4 章）所造成的轴段扭矩会相对比较小。

上述的特征值分析技术可以很容易进行扩展，以包括电力系统的细节部分，并且在进行全系统稳定性分析或评估新发电机设计的可行性时都是非常有价值的（Bumby，1982；Bumby and Wilson，1983；Westlake，Bumby and Spooner，1996）。

6.7.2　系统故障的效应

当系统发生故障时，最大扭矩通常出现在连接发电机与汽轮机的轴段上，因为作用在这两个转子部件上的转矩刚好方向相反。最后 2 个汽轮机级之间的轴段，即如图 5-1 所示的 LP 与 IP 之间的轴段，也会承受很大的扭矩。图 6-47a～c 给出了当发电机承受 3 种不同类型的电磁转矩时，出现在 LP-发动机轴段上（用 I 表示）的扭矩的典型变化曲线。这 3 种不同类型的电磁转矩分别为阶跃变化、50Hz 振荡和 100Hz 振荡。轴段扭矩的最高瞬时值出现在转子承受外加非周期变化转矩时，这是因为轴段扭矩的振荡波形在转子质量块回摆时被外加转矩放大。这样，轴段扭矩会围绕外加转矩的平均值而振荡，其振荡频率由各个不同的自然扭振频率决定。在本例中，与图 6-46 类似的频率响应分析表明，LP-发动机轴段对 12Hz 和 24Hz 的振荡特别敏感，可以观察到这 2 个频率主导了整个时间响应特性。

根据上面的考察可以得到如下结论：最大的轴段扭矩与具有最大非周期分量的电磁转矩相对应，而根据前面章节的讨论，这种情况出现在当发电机以很大的合闸角并网或者在清除电网故障后瞬间。图 6-48 给出了 3 种情况下主联轴器 I 上转矩变化的例子：第 1 种情况是发电机机端发生两相短路故障，第 2 种情况是发电机以很大的合闸角并网，第 3 种情况是清除网络中的三相短路故障。

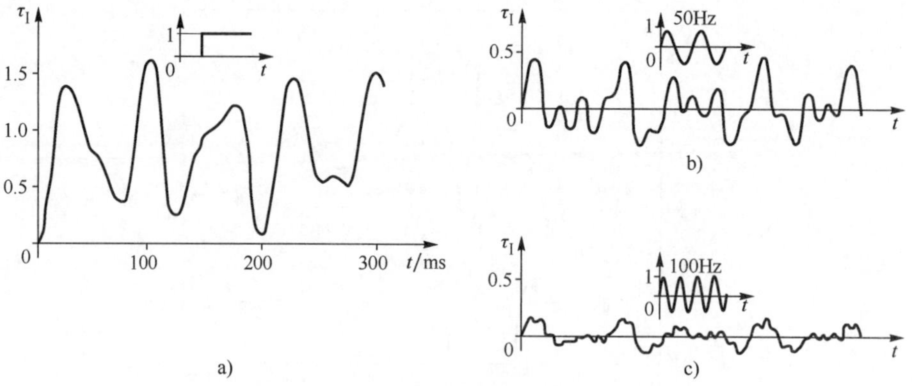

图6-47　主联轴器上扭矩变化的实例［Bolderl, Kulig and Lambrecht（1975）］：
a）电磁转矩的非周期分量；b）基频分量；c）二倍频分量

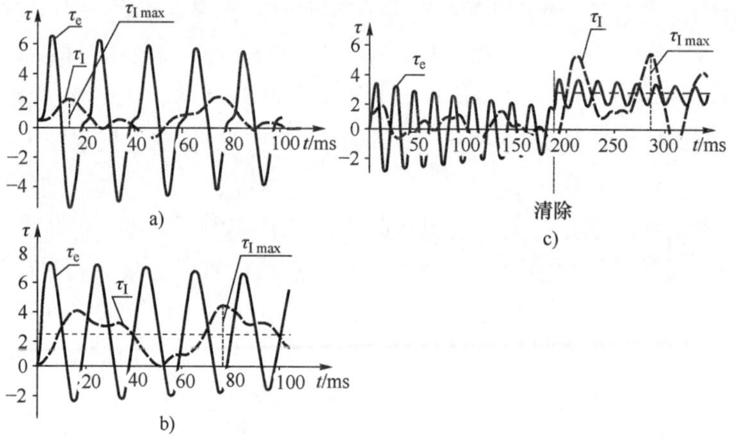

图6-48　3种情况下作用于主联轴器上的扭矩（Lage and Lambrecht（1974））：a）发电机机端发生两相短路；
b）当$\delta=2\pi/3$的同期并网；c）网络故障在发生后0.187s被清除

对比最后两种情况会发现很有趣的现象。轴段扭矩的平均值（以虚线表示）在两种情况下是相同的，但第3种情况下的峰值要大得多。其原因是在故障清除时轴段已经被扭曲，在此基础上再叠加故障清除时产生的非周期电磁转矩，从而使扭曲变得更加厉害。故障清除后，轴段扭曲程度对轴扭矩的影响，如图6-49所示。从图6-49可以看出，如果故障清除时刻轴段扭矩为负值，那么随后的轴扭矩会大幅度增大。自动重合闸不成功会加剧此种影响。

图6-48a所示的例子对应于发电机负载转矩很大时发生机端相间短路故障时的情况。然而，此时主联轴器上的扭矩却比清除系统三相故障时所对应的扭矩要小得多，如图6-48c所示。这是对应于大容量机组的特性，对于中小容量机组，最大轴扭矩通常发生在发电机机端故障时。主联轴器上的最大扭矩与故障清除时间之间的近似关系如图6-50所示。大容量机组对网络短路故障的敏感性更大，其主要原因是与大容量机组对应的发电机升压变压器的标幺阻抗更低，从而使其对转移电抗的影响比小容量发电机小。另外，随着发电机容量的增大，转子的转动惯量标幺值会下降，从而对于大容量机组，即使故障清除时间很短，也会产生相对较大的功角增量，使得故障清除时刻产生很大的非周期变化转矩值。

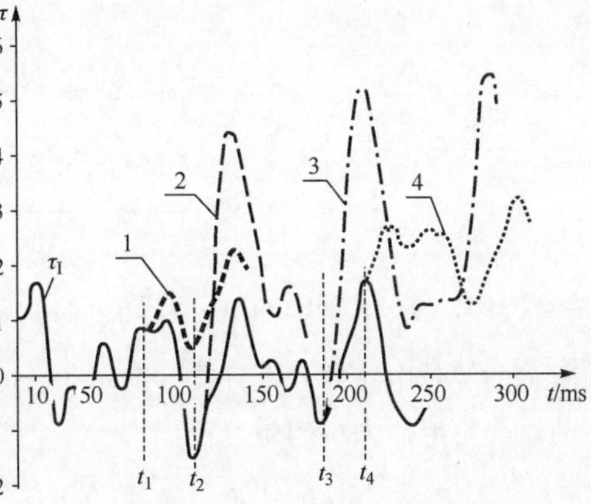

图 6-49　不同故障清除时间下轴段初始扭转程度对轴段扭矩的影响［Kulicke and Webs (1975)］：
1：$t_1=80\text{ms}$；2：$t_2=110\text{ms}$；3：$t_3=187\text{ms}$；4：$t_4=213\text{ms}$

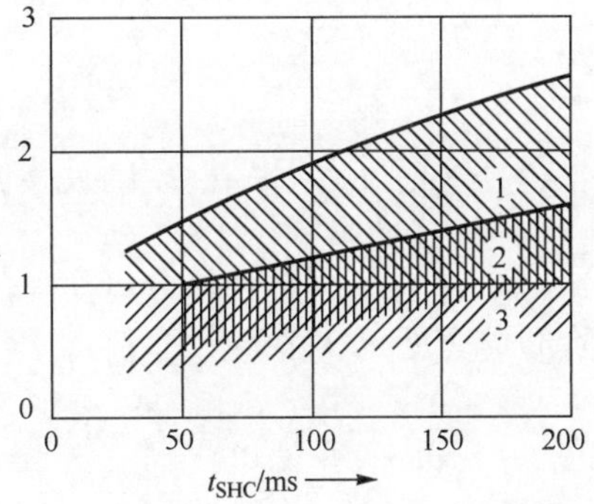

图 6-50　不同发电机容量下主联轴器上的最大扭矩与故障清除时间之间的近似关系，
其中 τ_I 以机端发生两相短路时最大扭矩为基准值［Bolderl, Kulig and Lambrecht (1975)］：
1：$S>>500\text{MVA}$；2：$S<500\text{MVA}$；3：$S<300\text{MVA}$

6.7.3　次同步谐振

4.2 节解释了当电力系统发生故障时，具有直流偏置和交流分量的很大的故障电流是如何产生的。其中，交流分量与故障的类型有关，如果是对称故障，交流分量将由正序分量构成；而如果是非对称故障，交流分量将包含正序分量和负序分量。由于转子与定子的相对速度和定子电枢绕组的空间分布，这些不同的电流分量会在转子上分别产生频率为 f_s、0 和 $2f_s$ 的转矩。上述结论是在假设输电系统是纯感性且没有容性补偿的条件下得到的。此种系统通常被称为无补偿系统。

如果现在输电线路电抗通过串联电容器 SC 进行补偿，如图 6-51a 所示，那么取决于电路的总电阻 R、电感 L 和电容 C 的相对大小，前面讨论过的几个电流分量都会包含一种振荡频率为 f_d 的暂态分量，且该分量的衰减会很慢。此振荡频率与线路的无阻尼自然频率 $f_n=1/2\pi\sqrt{LC}$十分接近。此种振荡会在转子中产生频率为（f_s-f_n）的电流和转矩，如果此频率接近于转子的某一自然扭振频率，就会产生非常高的轴扭矩，最终导致轴损坏。频率

$(f_s - f_n)$ 被称为线路自然频率 f_n 的补频率，因为这两个频率之和为系统频率 f_s。

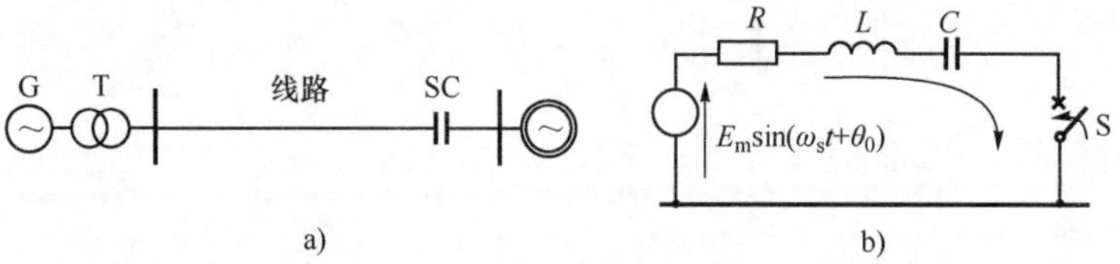

图 6-51 串联补偿输电线路：a）示意图；b）计算线路短路电流的简单等效电路图

通过考察如图 6-51b 所示的等效电路并计算开关 S 突然闭合时的电流，可以理解此种阻尼型振荡电流是如何产生的。决定电流大小的微分方程为

$$L\frac{\mathrm{d}i}{\mathrm{d}t} + Ri + \frac{1}{C}\int i\mathrm{d}t = E_m\sin(\omega_s t + \theta_0) \tag{6.90}$$

两边同时求导有

$$\frac{\mathrm{d}^2 i}{\mathrm{d}t^2} + \frac{R}{L}\frac{\mathrm{d}i}{\mathrm{d}t} + \frac{1}{LC}i = \omega E_m\cos(\omega_s t + \theta_0) \tag{6.91}$$

上述方程的解具有如下形式：

$$i(t) = i_{\text{trans}}(t) + \frac{E_m}{Z}\sin(\omega_s t + \theta_0 + \psi) \tag{6.92}$$

式中，$Z = \sqrt{R^2 + (X_L - X_C)^2}$，$X_L = \omega_s L$，$X_C = 1/(\omega_s C)$，$\psi = \arctan[(X_C - X_L)/R]$。式（6.91）的左边是标准的二阶形式（见 A.3 节）：

$$\frac{\mathrm{d}^2 x}{\mathrm{d}t^2} + 2\zeta\Omega_n\frac{\mathrm{d}x}{\mathrm{d}t} + \Omega_n^2 = 0 \tag{6.93}$$

此方程的解决定了暂态电流的形式。取决于阻尼比 ζ 的值，式（6.93）具有不同类型的解。特别值得关注的是，当 $0 < \zeta < 1$ 时得到的欠阻尼解，其形式为

$$i_{\text{trans}}(t) = A\mathrm{e}^{-\zeta\Omega_n}\sin(\Omega t + \psi_2) \tag{6.94}$$

式中，A 和 ψ_2 是常量，而阻尼自然频率 $\Omega = \Omega_n\sqrt{1-\zeta^2}$（rad/s）。无阻尼自然频率 Ω_n（rad/s）和阻尼比 ζ 可以通过电路参数求出。通过将式（6.93）与式（6.91）的左边进行对比，可以得到

$$\Omega_n = \sqrt{\frac{1}{LC}} = \omega_s\sqrt{\frac{X_C}{X_L}} \quad 和 \quad \zeta = \frac{R}{2}\sqrt{\frac{C}{L}} \tag{6.95}$$

将式（6.94）代入到式（6.92）中，可以得到欠阻尼条件下的全电流为

$$i(t) = A\mathrm{e}^{-\zeta\Omega_n}\sin(\Omega t + \psi_2) + \frac{E_m}{Z}\sin(\omega_s t + \theta_0 + \psi) \tag{6.96}$$

当频率为 Ω 和 ω_s 的电流流经各相电枢绕组时，在转子上就会感应出频率为这些频率之和及之差的转矩，从而在转子上产生频率低于（次同步）和高于（超同步）系统频率的电流和转矩，次同步频率为 $(\omega_s - \Omega)$，超同步频率为 $(\omega_s + \Omega)$。其中特别重要的是，次同步转矩以及它们与汽轮机-发电机转子相互作用的方式。如果转子上的任何次同步转矩的频率等于或接近于转子的任何一个自然扭振频率，那么附加的能量就会馈入到机械振荡中，造成机械系统的共振效应并产生很大的轴扭矩。如此大的轴扭矩会产生非常大的轴应力，造成轴

疲劳寿命的下降，有可能导致轴损坏。为了避免此种次同步谐振效应，确保没有次同步转矩的频率等于或接近于转子的任何一个自然扭振频率是很重要的。对于 3000r/min、50Hz 的发电机，其自然扭振频率的典型范围是在 10 ~40Hz 之间。

对于如图 6-51a 所示的简单系统，在假定补偿度已知的条件下，其次同步振荡频率可以采用式（6.95）进行估算，即 $\Omega_{n}=\omega_{s}\sqrt{X_{C}/X_{L}}$。针对一个 50Hz 系统的此种计算的一个示例见表 6-3。其中假定例 6.2 中的发电机运行在如图 6-51 所示的简单系统中，且串补度约为 30%。从表 6-3 的结果可以看出，可能会与转子的自然扭振频率为 23.3Hz 的模式 3 发生次同步谐振问题。

表 6-3　线路自然频率作为补偿度的函数

补偿度 X_C/X_L	线路自然频率/Hz $f_n=\Omega_n/2\pi$	补频率/Hz $(50-f_n)$
0.1	15.8	34.2
0.2	22.4	27.6
0.3	27.4	22.6
0.4	31.6	18.4
0.5	35.4	14.6

对包含所有系统阻尼机制的次同步谐振问题进行更全面的分析需要使用完整的系统特征值分析，如由文献 Ahlgren, Johansson and Gadhammar（1978）所做的。上述方法和其他技术可用于分析更实际的互联电力系统，其中可能存在很多次同步谐振频率（Anderson, Agrawal and Van Ness, 1990）。

第7章

风力发电

前两章讨论了静态稳定性问题（第5章）和暂态稳定性问题（第6章），主要涉及由汽轮机或水轮机驱动的同步发电机组成的系统的运行。然而，第2章讨论过的环境压力促使许多国家制定了雄心勃勃的可再生能源发电目标，通常超过能源生产的20%。目前，风能是主要的可再生能源，而风力发电机通常使用感应电机而不是同步电机。由于此类电机的大量进入会改变系统的动力学特性，本章将专门讨论感应发电机及其对电力系统运行的影响。

7.1 风力机

风力机可用来抽取风功率。风力机既可以绕着水平轴旋转，也可以绕着垂直轴旋转，绕着水平轴旋转的风力机被称为水平轴风力机（HAWT），绕着垂直轴旋转的风力机被称为垂直轴风力机（VAWT）。一般的做法是使用3个叶片的水平轴风力机。尽管可以使用任何数量的叶片，但如果使用的叶片太多，它们往往会在空气动力学上相互干扰，而仅使用两个叶片往往会在叶片经过塔架时导致较大的功率脉动；3个叶片减少了这些功率脉动，通常也被认为更美观。因此，三叶片的水平轴风力机是最受欢迎的。现代风力机通过使用气动叶片从风中抽取能量，气动叶片沿其长度方向会产生升力。这些升力合成起来就产生了风力机轴上的转矩。风力机的叶尖速度通常限制在80～100m/s，因此当风力机变大时，其转速会降低，从而使大型MW级风力机以大约15～20r/min的转速缓慢旋转。

尽管存在多种发电机驱动方式（如本节后面将介绍的），但在一般情况下，风力机还是通过变速箱驱动发电机，变速箱将风力机轴的转速从大约20r/min提高到发电机轴的1500r/min。然后，发电机通过变压器与主电网相连。发电机和变速箱以及其他相关设备都安装在塔顶上的机舱内。典型风力机的布置如图7-1所示。除发电系统外，还需要其他子系统，包括将风力机对准风向的偏航系统以及制动系统等。在变速箱的风轮侧，传动轴转速低而转矩大，因此需要大直径的传动轴；在变速箱的发电机侧，传动轴转速高而转矩相对小，因此可以使用较细的传动

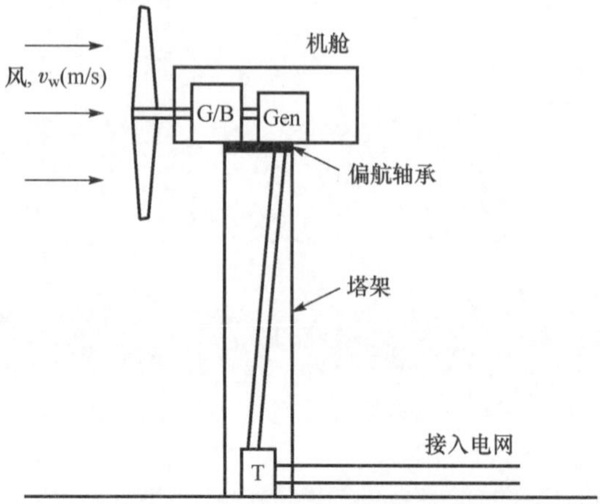

图7-1 风力机的典型布置

G/B—变速箱 Gen—发电机 T—变压器

轴。通常，发电机输出电压为690V，变压器被放置在塔底或靠近风力机的独立建筑物内。只有在海上风力机中，变压器才会放置于机舱内。

风中的功率随风速的三次方而变化，但不幸的是，风力机只能从中抽取一部分功率，抽取的功率表达式为

$$P = \frac{1}{2}\rho A c_{\mathrm{p}} v_{\mathrm{w}}^{3} \quad \mathrm{W} \tag{7.1}$$

式中，ρ 是空气密度；A 是风力机的扫掠面积；v_{w} 是风速；c_{p} 是风力机的性能系数。如果风力机能够从风中抽取所有动能的话，就意味着风力机后面的风速为零。这是不可能的，因为气流必须是连续的。因此理论上可以抽取的最大能量对应的 c_{p} 为 $c_{\mathrm{p}}=0.599$，并被称为 Betz 极限。实际上，性能系数小于此值并随叶尖速比 λ 而变化，如图7-2所示。叶尖速比 λ 是一个无量纲的量，定义为风轮叶尖速度与风速 v_{w} 之比，即

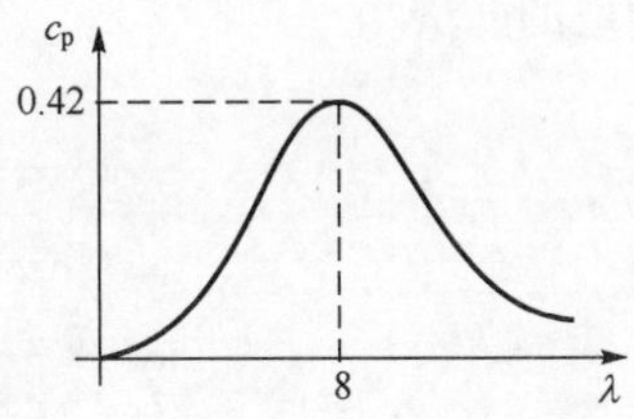

图7-2 风力机的典型 c_{p}/λ 曲线

$$\lambda = \frac{\omega_{\mathrm{T}} r}{v_{\mathrm{w}}} \tag{7.2}$$

式中，ω_{T} 为风轮转速；r 为风轮半径。

对于特定设计的风力机，c_{p}/λ 曲线是唯一的，而为了抽取最大功率，风力机必须运行在此曲线的峰值处，被称为峰功率跟踪。对于任何给定的风速，式（7.1）和式（7.2）以及 c_{p}/λ 曲线可用于计算风力机功率，其为风轮转速的函数，如图7-3a所示。

对于给定的 c_{p}，风力机功率与风速的关系可根据式（7.1）计算得出，如图7-3b所示。在很低的风速下功率非常小，风力机在风速低于切入风速（通常约为3～4m/s）时不会运行。风速高于切入风速后，风力机将产生越来越大的功率，直到达到额定风速时功率被限制在额定值上。然后功率一直保持不变直到风速达到停机风速或收卷风速（通常为25m/s），此时为了防止风力机损坏将停机并脱离风口。风力机可以承受的最大设计风速约为50m/s，此风速被称为生存风速。

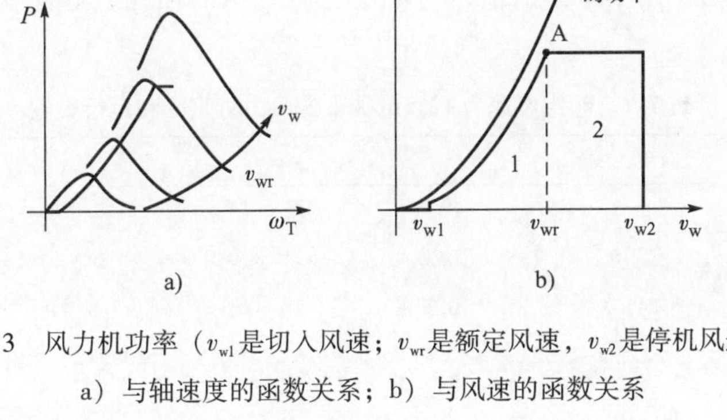

图7-3 风力机功率（v_{w1}是切入风速；v_{wr}是额定风速，v_{w2}是停机风速）：

a）与轴速度的函数关系；b）与风速的函数关系

由于风功率随着风速的三次方而增加，因此高风速下功率可能非常大，必须以某种方式减小功率以防止损坏风力机和功率变换设备。风力机的额定风速通常为12.5m/s，高于此风

速时需采用某种方式将功率限制在额定功率；这样，典型的功率输出曲线如图7-3所示。在这些高风速下，含有的功率可能很大，但每年发生的小时数很小；因此与中速范围内的可用能量相比，高风速下的能量比例很小。这种效应在图7-4中得到了很好的表述。图7-4对应的场地年平均风速（MAWS）为7m/s。该图显示了某一风速每年发生的小时数；它还以1m/s的间隔显示了与这些风速相关的能量成分。这些数据来自于一台直径为60m的风力机，显示在每个风速下可得到的总能量以及当风速高于额定风速而将输出功率限制在额定值时所抽取的能量。

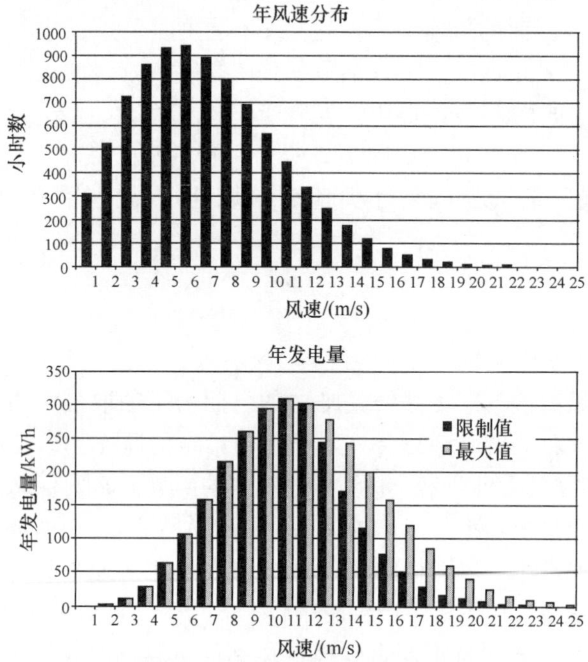

图7-4　年平均风速7m/s处一台直径为60m的风力机的年发电量

对额定值在一定范围内的风力机，利用式（7.1）和式（7.2）可以很容易计算出风力机的直径和转速，见表7-1。这里假定额定风速为12.5m/s。虽然对于大型风力机c_p的典型值约为0.42，但这里使用了减小的值以考虑电气系统中的损耗，这样就使输出功率变为了电功率。

表7-1　额定风速为12.5m/s下的风力机直径和运行转速

功率P/kW$_e$	面积A/m^2	c_p	λ	直径$2r$/m	转速ω_T（r/min）
1	2.5	0.3	4.5	1.8	629
10	24.8	0.3	4.5	5.6	199
100	247.7	0.3	5	17.8	70
500	1238.5	0.3	6	39.7	38
1000	2477.1	0.3	6	56.2	27
2000	4954.2	0.3	7	79.4	22
5000	12385.5	0.3	8	125.6	16

这些风力机必须安装在塔架上，塔架上的机舱高度通常与叶片长度大致相同，但通常所用塔架的实际高度与位置有关，由制造商决定。

图7-4中的能量数据展示了捕获的能量是如何在风速范围内分布的。虽然经常会测量风速分布的数据，但利用威布尔分布，可以根据现场的年平均风速得到一个很好的分布估计：

$$F(v)=\exp\left[-\left(\frac{v}{c}\right)^{m}\right] \tag{7.3}$$

这个方程给出了风速 v_{w} 大于 v 的概率。在这个方程中，m 是形状因子，而 c 是依赖于年平均风速的比例因子。

形状因子随位置而变，对于西欧的平坦地形，当比例因子可与年平均风速关联时，形状因子通常取2。威布尔分布的这种特殊情形有时被称为瑞利分布，这样，风速大于 v 的概率变为

$$F(v)=\exp\left[-\frac{\pi}{4}\left(\frac{v}{v_{\text{mean}}}\right)^{2}\right] \tag{7.4}$$

此方程可转换为风速大于 v 的每年小时数，即

$$\text{小时数}=8760\times\exp\left[-\frac{\pi}{4}\left(\frac{v}{v_{\text{mean}}}\right)^{2}\right]=\frac{8760}{\exp\left[\frac{\pi}{4}\left(\frac{v}{v_{\text{mean}}}\right)^{2}\right]} \tag{7.5}$$

现在，风速在 v（m/s）并以（例如）1m/s为间隔的小时数，可以很容易通过计算 $v-0.5$ 和 $v+0.5$ 下的小时数并相减而得到。此种方法生成的曲线与图7-4中的曲线类似。特别重要的是容量因子 c_{f}，其定义为在指定时间段内产生的实际能量与风电场如果以最大额定值连续运行时将产生的能量之比。通常使用的时间段为一年（8760h），即

$$c_{f}=\frac{\text{年实际产出能量}}{\text{最大风电场额定值}\times 8760} \tag{7.6}$$

对于年平均风速约为7m/s的站点，容量系数约为30%；但如果年平均风速降为5m/s，容量系数将下降至约12%。

风中携带的能量以离散的频率传递，3个主要能量峰值分别出现在约100h、12h和1min，分别由大规模天气系统、昼夜变化和大气湍流造成（Van der Hoven，1957）。较长时间段内的变化是相对可预测的，而短时段的波动会对风力机的气动性能产生显著影响，从而导致功率由于风的湍流特性而发生很大的变化。尽管单个风力机的输出功率可以按秒变化，但许多风力机的输出叠加后就会产生平稳的能量流。尽管如此，电力系统必须能够容纳这些功率波动。

7.1.1 发电机系统

在风能变换中使用了多种发电机结构，图7-5～图7-11对这些结构进行了总结。在所有这些图中，$1:n$ 表示变速箱的传动比。大多数大型风力机的传动系统使用变速箱将风力机侧从15～30r/min的转速提高到50Hz系统发电机侧的1200～1500r/min转速。在所示的发电机系统中，图7-5中的同步发电机以恒定转速运行，而图7-6中的感应发电机系统以非常接近恒定的转速运行，从空载到满载转速可能变化2%～4%。由于感应发电机的转速变化很小，因此通常被称为定速发电机。

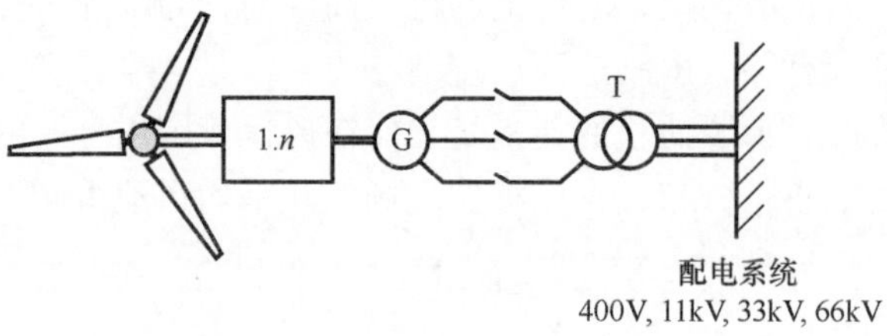

图7-5　同步发电机

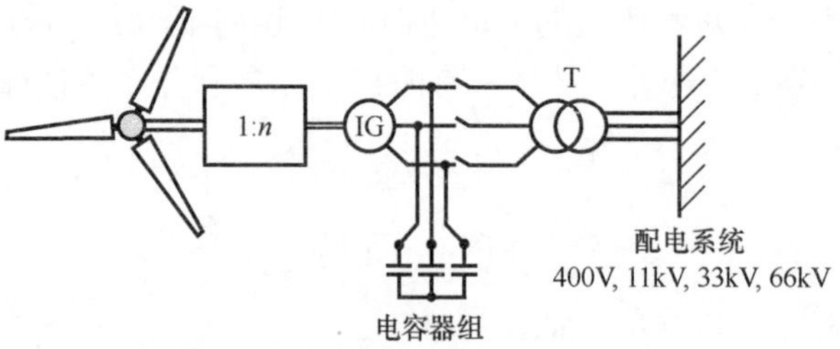

图7-6　笼型感应发电机

图7-7～图7-11中的其他结构发电机都具有不同程度的转速变化能力。正如前面2.3.1节所描述的，同步发电机通常用于常规燃气轮机、汽轮机或水轮机的发电。为完整起见，图7-5展示了这种发电机与风力机配合的结构，但同步发电机通常不用于并网型风电机组。其主要原因是，由于发电机以恒定转速运行，这种系统中发电机与电网之间的耦合是非常刚性的（见5.4节）；其结果是，由于风湍流而在风力机传动轴上产生的所有暂态转矩都会在齿轮上产生显著的机械应力，从而降低系统的可靠性。因此，柔软度更大的发电机系统更受欢迎。这里给出的所有其他系统都具有不同程度的柔软度，因为在受到暂态转矩时，传动系统的转速可以发生变化。然而，认识到如下这点也是重要的：同步发电机可用于某些系统频率可变的独立风力机系统（非并网型系统）。

传统上，图7-6所示的定速感应发电机在陆地风电机组中使用时转速可以高达1500r/min，容量可以高达750kW。这种结构通常被称为丹麦概念，所产生的功率随风速变化而自然变化（见7.2节）。当风力机受到阵风作用时，其转速会有较小的变化，相比于刚性的同步电机系统，其暂态转矩会减小。由于这种发电机结构在固定的标称转速下运行，所以能量捕获不能最大化，但可以通过使用具有四极和六极定子绕组的感应发电机来进行改进。这样，这种结构发电机就可以在两种转速下运行，即对于50Hz系统，分别为1000r/min和1500r/min，从而能够提高能量捕获水平。图7-7展示了一种改进的定速感应电机，其中定速电机中的笼型转子已更换为绕线转子。通过控制绕线转子的电阻，可以稍微增加风力机运行的转速范围，从而使系统具有更大的柔软度（见7.4节）。为了在电机中产生励磁磁通，必须为所有感应电机提供无功功率。这些无功功率必须由系统提供，为了尽量减少这种需求，通常在发电机机端安装功率因数校正电容器。运行中，风电机组可以运行在任何功率水平，因此传统上被视为负的负荷。随着风力机技术的发展，电网运行人员要求对风力机进行更多的控制，以使发电机组能够在电压控制（无功功率控制）和频率控制（有功功率控制）方面发挥或多或少的作用。

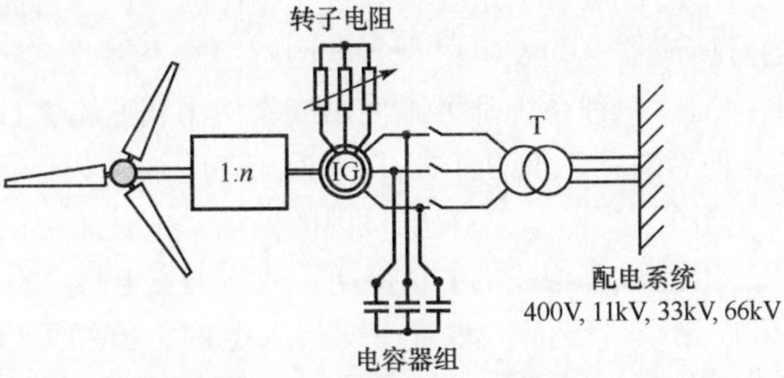

图 7-7 绕线转子感应发电机

如图 7-8～图 7-11 所示，通过将电力电子控制引入发电机系统，可以扩大发电机运行的转速范围，从而捕获更大的能量。由于现在转速可以随着风力机功率的变化而发生显著的变化，因此系统已具有相当的柔软度，暂态转矩得到了进一步的降低。此外，电力电子控制使得发电机机端的功率因数可以根据电网运行人员的要求而变化。如图 7-8 所示的带有全功率换流器的感应发电机，可被控制的程度很高，但电力电子换流器的容量等于风力机输出的全 MVA 数，并承载发电机的全部输出。这种全功率换流器价格昂贵，降低成本的一种方法是使用部分功率换流器和双馈感应发电机（DFIG）。此种发电机的结构如图 7-9 所示，是目前许多制造商青睐的 MW 级风电系统结构。DFIG 是一种带有绕线转子的感应电机，其定子直接以系统频率接入系统。转子电路的电源由换流器提供，电源频率为转差频率，换流器的容量通常为发电机额定容量的 25%～30%。此种容量的换流器允许转速有相近比例的变化，即 ±25%～30%；通过对换流器的正确控制可以同时控制发电机的转速和输出功率因数（见 7.5 节）。然而，此种系统必须使用集电环，因为换流器要向转子电路供电。

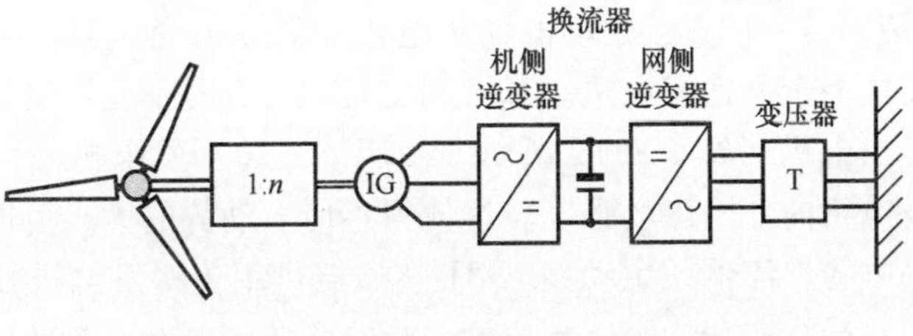

图 7-8 带全功率换流器的笼型感应发电机

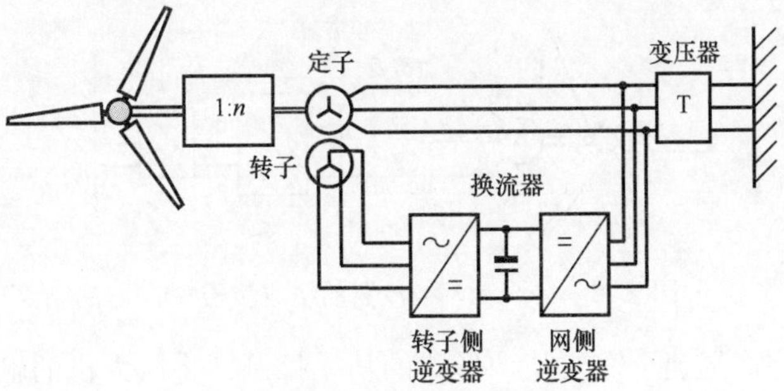

图 7-9 双馈感应发电机

图7-10和图7-11所示的最后两个系统具有一些相似的特点，它们都使用了全功率换流器和同步电机。由于通过换流器这些发电机是与电网解耦的，因此它们没有图7-5中与电网直接联接同步发电机的问题。两种系统都可以使用或不使用变速箱，且都能够变速运行。由于采用了全功率换流器，两者对其产生的有功功率和无功功率都可以进行完全的控制。图7-10展示了一个使用永磁发电机的方案，其中发电机内的磁场是由转子上的永磁体产生的。由于该发电机没有励磁绕组，因此没有相关的 I^2R 损耗，故该型发电机具有非常高的效率，远高于90%。发电机的输出首先经过整流，然后逆变接入电网。虽然可以使用被动型整流器，但对于大型机组，通常使用基于IGBT技术的主动型整流器，从而能够对传送到直流链节的功率进行完全的控制，并提高发电机的形状因子，降低发电机损耗和谐波引起的力。这种结构的一个特别之处是，永磁体确保了转子磁场的永远存在，这样只要发电机转动，它总会在电枢绕组中感应出电动势。这一特性可以得到利用，因为如果发电机绕组短路（可能通过一个小电阻来限制电流），将产生很大的电磁转矩，从而阻止风力机的旋转，即它可被用于制动系统。

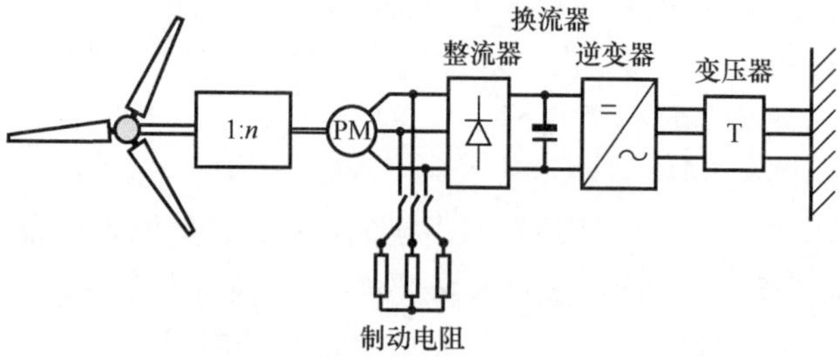

图7-10　带全功率换流器的永磁发电机（齿轮箱可选）

图7-11所示的结构是一种直接驱动的同步电机，去除了变速箱，从而消除了系统中的一个故障源，但它需要一个低速发电机。尽管永磁发电机有时不使用变速箱，但一种替代的方案是使用绕线转子发电机，如图7-11所示。使用绕线转子发电机，可以通过调节励磁绕组中的电流来控制发电机内部的磁场强度。这使得感应电动势的大小可以根据发电机转速的变化而得到控制。晶闸管整流器或主动型IGBT整流器可用于将发电机发出的频率变化的交流电整流为直流电，并最终逆变为固定频率的交流电联接到电网。全功率换流器使得在逆变侧可以对有功功率和无功功率进行完全的控制。

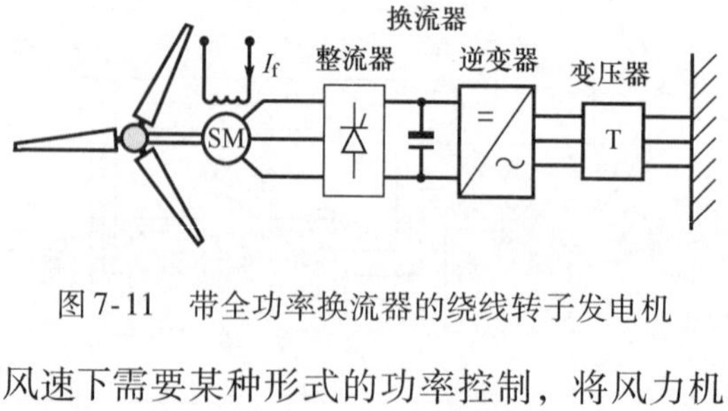

图7-11　带全功率换流器的绕线转子发电机

图7-3展示了在高风速下需要某种形式的功率控制，将风力机的输出功率限制在额定值，从而使风力机的转速不超过其额定转速。一般来说，存在两种可能的功率控制方式。第一种方式是对风力机叶片进行设计，使得随着风速的增加，风力机叶片上的升力减小，这样

风力机叶片沿其长度逐渐失速。这种方法被称为被动失速控制。由于失速是由风攻击叶片的相对角（攻角）决定的，因此这种功率控制通常只用于定速风力机。另一种控制方式是主动变桨控制，其通过改变叶片桨距角以减少功率输出。这种类型的控制需要一个主动控制系统，该系统根据一些反馈参数（如转速或输出功率）改变叶片的桨距角，其功能类似于图2-12所示的常规调速系统。第三种可能的控制策略是，当叶片进入失速状态时，叶片的桨距角沿着常规变桨控制的相反方向调节，这种控制方法有时被称为主动失速。表7-2对图7-5~图7-11中不同发电系统以及功率控制类型进行了分类，其分类方法与Hansen提出的类似，见Ackermann（2005）。

表7-2 发电机选项

转速变化范围	被动失速控制	变桨控制
固定	图7-6	图7-6
小范围	—	图7-7
有限范围（±30%）：部分功率换流器	—	图7-9
大范围：全功率换流器	—	图7-8、图7-10和图7-11

图7-12比较了带失速控制的定速风力机与带变桨控制的变速风力机功率输出的典型变化曲线。由于定速风力机的转速没有显著变化，因此当风速变化时，叶尖速比不能保持恒定，式（7.2）和c_p值会变化，见图7-2。风速高于额定值时，由于叶片设计为逐渐失速，使得c_p的变化能够保持所发出的功率大致恒定。然而，在较低的风速下，这意味着所捕获的能量比在固定叶尖速比和最大c_p值下运行时要小。为了实现最大功率输出，必须允许叶尖速比随风速变化而变化，以使c_p保持在其峰值，这被称为最大功率跟踪。因此，与定速运行相比，允许风力机转速变化具有多个优点，包括允许风力机在其c_p/λ曲线的峰值处运行，从而最大限度地实现能量捕获。此外，在高于额定风速时，主动控制的风电机组可以保持更恒定的功率输出，如图7-12所示。为了提高能量捕获，一些定速风电机组可以通过使用具有四极和六极绕组的感应发电机在两种转速下运行。

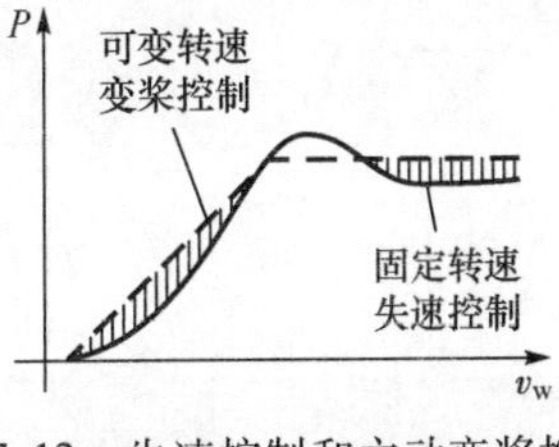

图7-12 失速控制和主动变桨控制风力机的典型功率输出曲线

除了提高能量捕获，允许风力机的转速随着风速的变化而变化还可以保证与电网的耦合比固定转速风力机特别是直接耦合的同步电机更柔软。这会产生一个重要结果，因为通过允许转速变化而引入系统的柔软度，可以减少传动轴和变速箱上的应力载荷，从而提高其可靠性。

7.2 感应电机等效电路

感应电机由于其结构简单、运行方便而在许多场合得到了广泛的应用。它们主要用作电动机，因此从电力系统的角度来看，它们构成负荷。3.5节对此进行了讨论。然而，在风电场中感应电机也经常被用作发电机。为了考察感应电机是如何作为发电机工作的，有必要对其等效电路进行详细的考察。感应电机由三相定子绕组和一个转子组成。这个转子可以是一个笼型转子，其中转子绕组仅仅简单地联接到转子两端的大型短路环上；也可以是一个全绕线转子，其绕组的端部通过集电环引出。对于绕线转子电机，为星形联结的三相绕组，每相绕组的一端联接到 3 个集电环中的一个。然后，这些集电环可以短接形成等效的笼型绕组，或与其他外部电路联接以帮助形成所需的电机特性。本节将介绍几种不同的联接方案。

感应电机本质上是一个带有旋转二次绕组的变压器，可以用图 7-13a 所示的等效电路来表示。在该电路中，$\underline{I}_1$ 和 $\underline{I}_r$ 分别是定子和转子电流，$\underline{V}$ 是机端电压。电流 $\underline{I}_2$ 是从定子电流 $\underline{I}_1$ 减去励磁电流 $\underline{I}_m$ 后得到的一个虚拟电流。电流 $\underline{I}_2$ 流过变压器的等效一次绕组且是转子电流 $\underline{I}_r$ 折算到定子侧即电机一次绕组的电流。电流 $\underline{I}_1$ 从机端电压 $\underline{V}$ 流向转子，这里采用了电动机惯例而不是发电机惯例。尽管本节的讨论主要涉及感应发电机而不是电动机，但仍然保留了电动机惯例的符号，主要是考虑到读者可能更习惯于这种惯例。

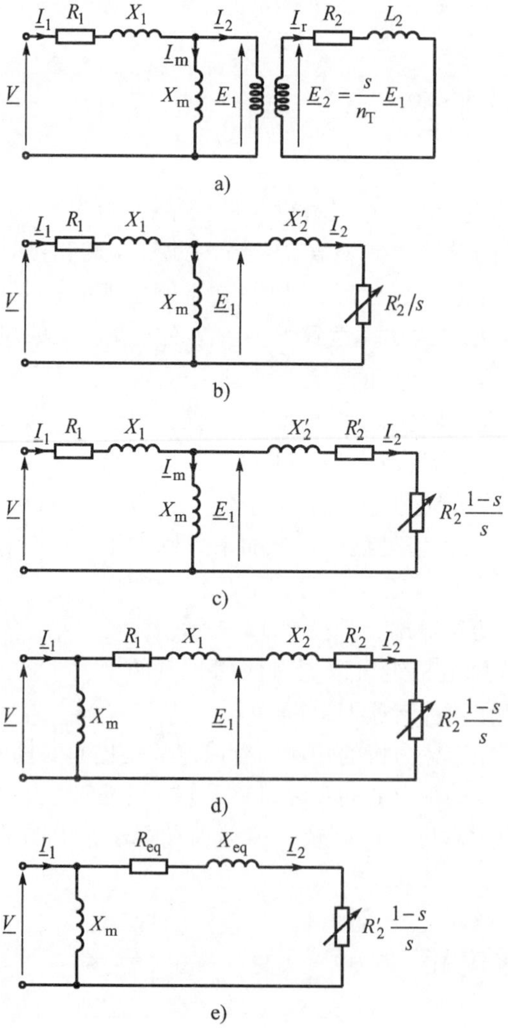

图 7-13　感应电机等效电路的推导过程（电动机惯例）

图 7-13a 中，R_1 和 X_1 是定子相绕组的电阻和漏抗；R_2 和 L_2 是每相转子的电阻和漏电感；X_m 是励磁电抗，正是励磁电流 $\underline{I}_m$ 流经该电抗而建立起旋转磁场的。有时，用一个电阻

与励磁电抗相并联以表示定子铁损，即定子铁心的磁滞损耗和涡流损耗。然而，铁损一般很小，因此与铁损对应的等效电阻与励磁电抗相比很大，故通常从等效电路中略去。三相定子绕组产生一个以同步转速 ω_{sm}旋转的磁场，如果转子的旋转速度为 ω_{rm}，其与同步转速 ω_{sm}稍有不同的话，则会在转子中感应出一个电动势。此电动势的频率正比于这两个转速之差，且反比于电机的极数，这个频率被称为转差频率 f_{slip}。转差速度被定义为这两个转速之差，而标幺值的转差速度（即转差率）是以同步转速为基准进行标幺化的，即

$$s=\frac{(\omega_{sm}-\omega_{rm})}{\omega_{sm}}=\frac{(\omega_s-\omega_r)}{\omega_s} \tag{7.7}$$

式中，$\omega_s=2\pi f=\omega_{sm}p$ 为同步电气角频率；$\omega_r=\omega_{rm}p$ 为转子电气角频率；p 为极对数。

在图 7-13a 的等效电路中，一次绕组中的电流频率为电网频率 f，而转子中感应出来的电流频率为转差频率 f_{slip}。转子电流为

$$\underline{I}_r=\frac{\dfrac{s}{n_T}\underline{E}_1}{R_2+j\omega_{slip}L_2} \tag{7.8}$$

式中，E_1 为气隙电动势；n_T 为转子绕组与定子绕组的匝数比；$\omega_{slip}=2\pi f_{slip}$为电气转差角频率。由于定子和转子中的电流频率不同，因此直接对此等效电路进行简化是不可能的。然而，如果式（7.8）右边的分子和分母都除以转差率 s，并注意电气转差角频率是定子和转子的电气频率之差，即 $\omega_{slip}=\omega_s-\omega_r=s\omega_s$，那么通过除以匝数比将转子侧电流折算到定子绕组一次侧时的转子电流$\underline{I}_2$ 为

$$\underline{I}_2=\frac{\underline{E}_1}{\dfrac{R_2'}{s}+j\omega_s L_2'} \tag{7.9}$$

在这个方程中，R_2'和 L_2'是折算到定子侧的转子电阻和漏感。式（7.9）描述了折算到电网频率下的定子侧的转子电流，从而可以将等效电路简化成图 7-13b 的形式。在图 7-13c 中，与转差率相关的电阻元件被方便地拆分成固定电阻 R_2'和可变电阻 $R_2'(1-s)/s$，分别代表转子电阻和机械功率。图 7-13c 所示的等效电路被称为精确等效电路。最后的简化是这样进行的，认识到励磁电流与转子主电流相比很小，因此将定子电阻和漏抗移到励磁电抗的转子侧，从而产生了如图 7-13d 所示的近似等效电路。R_1 和 R_2'连同 X_1 和 X_2'可以分别合并成等效电阻 R_{eq}和等效电抗 X_{eq}，从而给出最终的近似等效电路如图 7-13e 所示。为了充分理解感应电机作为发电机运行的原理，精确等效电路和近似等效电路都是必要的。

由于其在电力系统中的含义，不管感应电机是按发电机运行还是按电动机运行，认为在感应电机中产生旋转磁场的励磁电流 $\underline{I}_m$ 总是从电源端抽取是很重要的。励磁电流如图 7-13a 所示，用励磁电抗 X_m 来表示。由于励磁电流必须从电源端抽取，因此感应电机总是吸收无功功率，并且必须联接到能够提供无功功率的电力系统才能运行。只有在特定场合，感应电机是自励磁的，但这与本书的主题无关。

对图 7-13d 所示的简化电路进行分析，可得

$$I_2=\frac{V}{\sqrt{\left(R_1+\dfrac{R_2'}{s}\right)^2+(X_1+X_2')^2}} \tag{7.10}$$

此等效电路还定义了流入电机的功率流，如果忽略定子电阻和铁心的损耗，则从电网提供给电机的功率等同于电网提供给转子的功率，并由如下公式给出：

$$P_s \approx P_{rot} = 3I_2^2\frac{R_2'}{s} = \tau_m\omega_{sm} \tag{7.11a}$$

而转子电阻的功率损耗和传递的机械功率为

$$\Delta P_{rot} = 3I_2^2R_2' = sP_s \tag{7.11b}$$

$$P_m = 3I_2^2\frac{R_2(1-s)}{s} = P_s(1-s) = \tau_m\omega_{rm} \tag{7.11c}$$

由于机械功率输出等于转矩与转子角速度 ω_{rm} 的乘积，并注意到转差率 s 由式（7.7）给出，因此，提供给转子的功率可以用转矩和同步角速度 ω_{sm} 来表示，写成 $P_s \approx P_{rot} = \tau_m\omega_{sm}$，如式（7.11a）所示。

根据式（7.11a），电机的效率可以表示为

$$\eta_{motor} = \frac{P_m}{P_s} = (1-s), \quad \eta_{gen} = \frac{P_s}{P_m} = \frac{1}{(1-s)} \tag{7.12}$$

电机产生的轴转矩由式（7.11c）得到为

$$\tau_m = \frac{P_m}{\omega_{rm}} = \frac{P_m}{\omega_{sm}(1-s)} = \frac{3}{\omega_{sm}}\frac{V^2}{\left[\left(R_1+\frac{R_2'}{s}\right)^2+(X_1+X_2')^2\right]}\frac{R_2'}{s} \tag{7.13}$$

图7-14展示了转矩随转差率变化的曲线，包括转差率为正和转差率为负两个部分。当转子转速小于同步转速时，转差率为正，对应于电动机运行，这在3.5节中讨论过；当转子转速大于同步转速时，转差率为负，对应于发电机运行。同样，正转矩对应于电动机运行，负转矩对应于发电机运行。如果电机被驱动到高于同步转速，它自然会向电网发出电功率。如果电机转速降到同步转速以下，则自然是电动机运行。

式（7.11a）描述的功率流特性可以用图7-15进行解释，其中 P_g 是来自电网的或向电网供给的功率。该图中，参考方向取的是电动机运行为正方向。如果现在是向电网供电，即按发电机运行，那么 P_m 和 P_s 反向，转差率 s 变为负值。正如所预期的，不管是电动机运行还是发电机运行，转子损耗 ΔP_{rot} 的方向都保持不变。

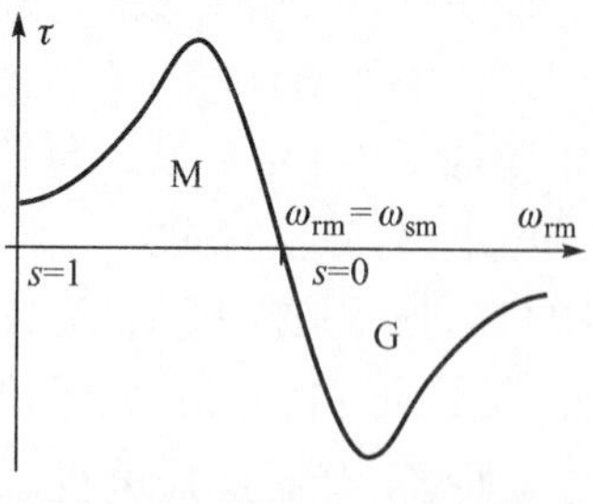

图7-14　同时反映发电机运行和电动机运行的感应电机转矩-转速特性（电动机惯例）

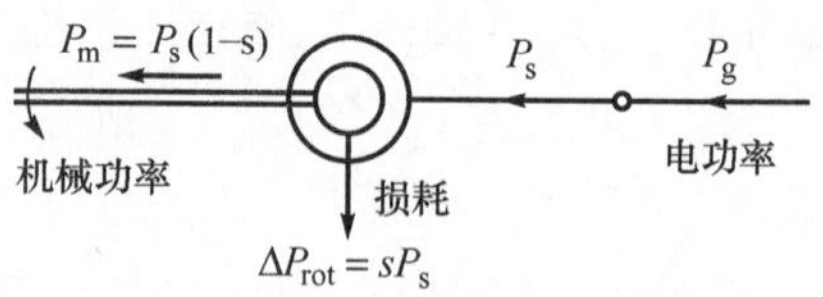

图7-15　感应电机中的功率流（电动机惯例）

7.3　接入电网的感应发电机

5.4.7节解释了同步发电机接入电网时其行为方式与机械质量-弹簧-阻尼系统的相似

性，其中等效弹簧刚度等于同步功率系数 $K_{E'}$。这与电网之间就构成了一个非常刚性的耦合，如图7-16a所示；此种耦合方式对于风电机组来说，可能会在传动轴和变速箱中产生很大的应力，这是由风电机组对风湍流产生的动态转矩的响应方式决定的。与电力系统更加“柔软”的耦合以及允许发电机有一定程度的运动，将有助于降低这些冲击转矩。此种耦合可以由如下所述的感应发电机提供。

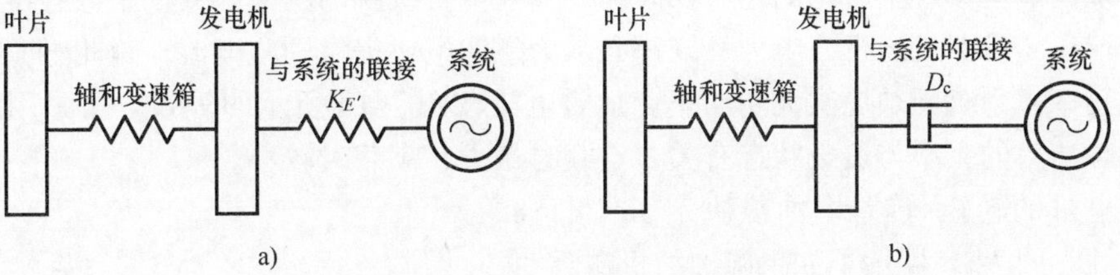

图7-16 接入电网时的等效系统：a）同步发电机；b）感应发电机

如果转差率很小，式（7.13）给出的感应电机转矩可近似为

$$\tau_m = \frac{3}{\omega_{sm}} \frac{V^2}{\left[\left(R_1 + \frac{R_2'}{s}\right)^2 + (X_1 + X_2')^2\right]} \frac{R_2'}{s} \approx \frac{3V^2}{\omega_{sm}} \frac{1}{R_2'} s = D_c \Delta\omega \tag{7.14}$$

式中，$\Delta\omega = \omega_s - \omega_r$ 是转子转速相对于同步转速的偏差；D_c 是等效的“阻尼常数”。式（7.14）表明，感应电机的转矩与转速偏差成正比，这意味着感应电机与电网之间的耦合类似于图7-16b所示的机械阻尼器。此种耦合给系统引入了相当程度的柔软度，比与同步发电机相关联的刚性耦合要柔软得多。这对某些能量转换系统（如大型风力机）具有重要的优势，因为额外的柔软度有助于减小传动轴上由阵风和风湍流产生的动态转矩而导致的应力。式（7.14）还表明，“阻尼常数”D_c 决定了等效柔软度，并且其可以通过改变转子电阻来加以控制。

一般地，当感应电机作为发电机联接到电网时，它将位于配电网内而不会在主输电网内。以这种方式使用的发电机被称为嵌入式发电，是风力发电和其他形式可再生能源发电的典型方式。

当评估嵌入在系统中的感应发电机的性能时，系统电抗 X_s 和电阻 R_s 会影响感应发电机的运行并会改变等效电路，如图7-17所示（Holdsworth, Jenkins and Strbac, 2001）。感应发电机所“看到”的系统阻抗受多个因素的影响：

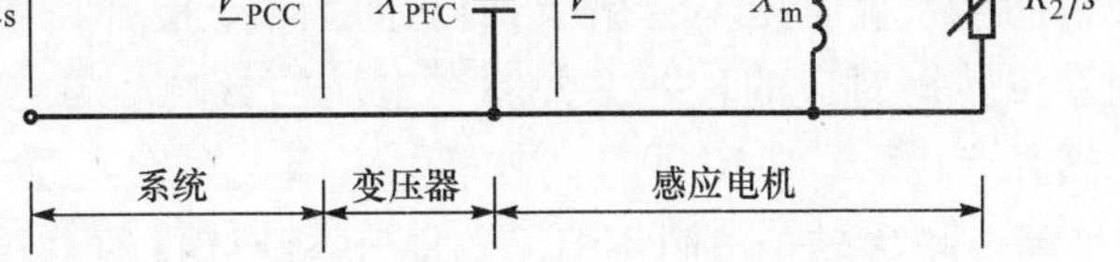

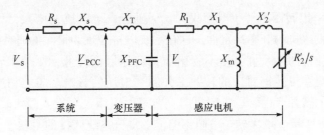

图7-17 包括系统电抗和电阻的感应电机等效电路
（V_{PCC} 为公共联接点的电压；X_{PFC} 为功率因数校正电容）

1）电网的“强度”。如果电网很强，发电机与系统之间的电抗将很小，从而导致短路电流水平很大。短路电流水平是在公共联接点上定义的，为 V_s/X_s。另一方面，系统弱时电抗很大，短路电流水平很低。

2）对于配电网，电阻的影响比输电网或次输电网更明显，X/R 从输电网的典型值10变为配电网的典型值2。

对系统性能也会产生影响的还有安装在感应发电机机端的功率因数校正电容器。无论是电动机运行还是发电机运行，电力系统都必须为感应电机提供励磁电流，因此感应电机总是消耗无功功率，系统必须提供无功功率。励磁电流在图7-13所示的等效电路中用励磁电抗表示。无功功率的大小与负载状态有关，空载时最大，满载时较小。

感应电机的转矩-转差率曲线决定了发电机的静态稳定性。图7-18展示了如果施加的机械驱动转矩增加会发生什么。初始时，施加的机械转矩为 $-\tau_{m1}$，感应发电机运行在点1处。现在机械转矩增大到 τ_{m2}，由于现在施加的机械转矩大于电气转矩，发电机将加速（转差率增大），并运行在点2处，该点的转差率稍高为 s_2。如果现在施加的转矩增大到 τ_{m3}，则施加的转矩与电气转矩曲线不相交，因而没有稳态运行点，系统将是不稳定的。转矩-转差率曲线的峰值决定了牵出转矩和系统静态稳定极限。

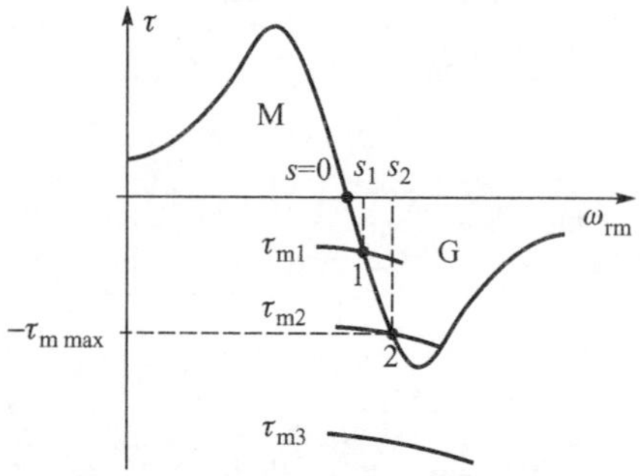

图7-18 感应发电机的静态稳定性（电动机惯例）

如果将等效电路修改成如图7-13d所示的非常近似的电路，并将电网电阻 R_s 并入 R_1，电网电抗 X_s 和变压器电抗 X_T 并入 X_1，定子电压变为系统供电电压 V_s，则式（7.13）可用来查看系统电抗是如何改变转矩-转差率曲线的。然而，精确计算必须使用图7-13中的精确等效电路。转矩峰值出现在 $d\tau_m/ds=0$ 时，对应的转差率 s_{max} 为

$$s_{max}\frac{R_2'}{\sqrt{R_1^2+(X_1+X_2')^2}}\approx\frac{R_2'}{X_1+X_2'} \tag{7.15}$$

对应的牵出转矩为

$$\tau_{m\,max}=\frac{3}{2\omega_{sm}}\frac{V_s^2}{[R_1+\sqrt{R_1^2+(X_1+X_2')^2}]} \tag{7.16}$$

式（7.16）表明，牵出转矩与转子电阻无关，但随着系统电抗的增大，X_1 增大，牵出转矩减小，从而降低了发电机的静态稳定性。这在系统电抗表现为最大的弱系统上最为明显，如图7-19a所示。此外，如果系统电压不管出于任何原因而降低，则牵出转矩也会减小，如图7-19b所示，但与牵出转矩对应的转差率并不受电压的影响。与之相反，式（7.15）表明，产生最大转矩的转差率由转子电阻决定。转子电阻增大会增大最大转矩对应的转差率，这种效应如图7-19c所示。增大转子电阻不但能够提升系统联接的柔软度，如式（7.14）所示，而且还能够提升达到牵出转矩时的转速，这可能会对感应电机的暂态稳定性有一定的作用（见7.9节）。

通常，感应发电机运行的转差率变化范围为0.02，表示最大的转速变化是2%，对于

1500r/min 的发电机就是 30r/min。由于这是一个相对较小的转速变化范围，因此使用这种类型感应发电机的风力机通常被称为定速机。

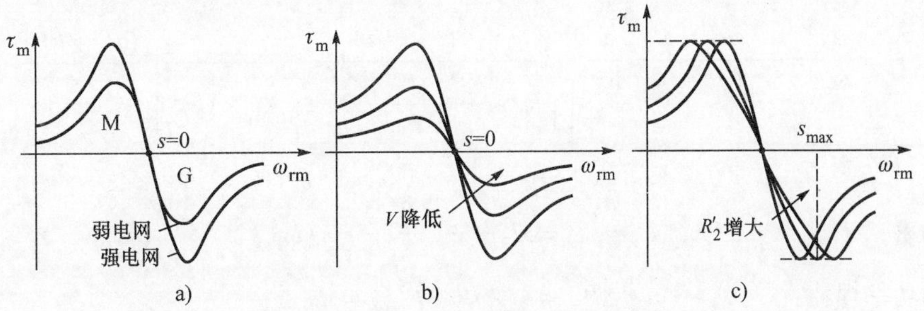

图 7-19 系统电抗和电压对牵出转矩的影响（电动机惯例）：
a）系统电抗；b）系统电压；c）转子电阻

7.4 通过外部转子电阻略微增大转速变化范围的感应发电机

在某些情况下，需要增大感应发电机运行的转速变化范围。例如，对于风力机，允许转速变化就可能增加捕获的能量，同时还会降低风力机和变速箱上由于风湍流产生的冲击转矩。式（7.15）表明，最大转差率随着转子电阻的增加而增加，但实际的牵出转矩并不受影响，如图 7-19c 所示。为了实现这一点，通常使用绕线转子感应电机，通过集电环将三相转子绕组连接到一个可变电阻箱上，如图 7-20 所示。尽管为了避免使用集电环采用与传动轴一起旋转的电阻也是可以的，但这样的结构往往能增大转速变化范围 5% ~10% 。

考虑外部转子电阻后，现在必须对等效电路进行修改，如图 7-21 所示，其中 R'_{ext} 是外部转子电阻 R_{ext} 折算到定子侧的值。利用图 7-21b 所示的近似等效电路，式（7.10）和式（7.13）的电流和转矩表达式变为

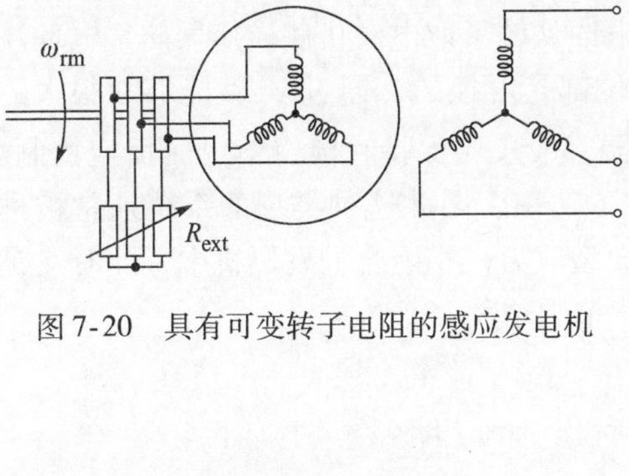

图 7-20 具有可变转子电阻的感应发电机

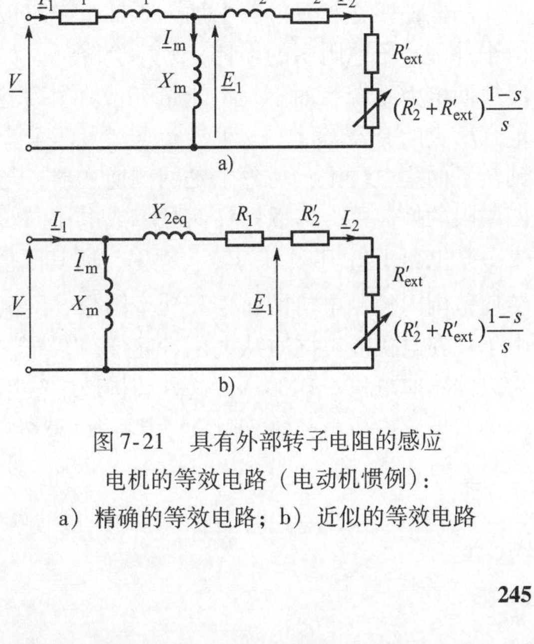

图 7-21 具有外部转子电阻的感应电机的等效电路（电动机惯例）：
a）精确的等效电路；b）近似的等效电路

$$I_2=\frac{V}{\sqrt{\left(R_1+\frac{(R_2'+R_{ext}')}{s}\right)^2+(X_1+X_2')^2}} \tag{7.17}$$

$$\tau_m=\frac{P_m}{\omega_{rm}}=\frac{P_m}{\omega_{sm}(1-s)}=\frac{3}{\omega_{sm}}\frac{V^2}{\left[\left(R_1+\frac{(R_2'+R_{ext}')}{s}\right)^2+(X_1+X_2')^2\right]}\frac{(R_2'+R_{ext}')}{s} \tag{7.18}$$

而式（7.11）变为

供给的功率：
$$P_s\approx P_{rot}=3I_2^2\frac{(R_2'+R_{ext}')}{s}=\tau_m\omega_{sm} \tag{7.19a}$$

转子上的功率损耗：
$$\Delta P_{rot}=3I_2^2(R_2'+R_{ext}')=sP_s \tag{7.19b}$$

机械功率：
$$P_m=3I_2^2\frac{(R_2'+R_{ext}')(1-s)}{s}=P_s(1-s)=\tau_{sm}\omega_{rm} \tag{7.19c}$$

式（7.17）和式（7.18）表明，如果比率（$R_2'+R_{ext}'$）/s 保持恒定，则电流和转矩就不会改变。也就是说，如果总有效转子电阻增加一倍，则相同的转矩和电流将在两倍的转差率下发生。这样，额定转矩总是在额定电流下发生，只是转差率（转速）不同，即转差率按系数（$R_2'+R_{ext}'$）/R_2'进行了缩放（O'Kelly, 1991）。

效率仍然由式（7.12）给出，但由于现在转差率大于无外部转子电阻的发电机，因此效率会由于外部转子电阻中的额外损耗而降低。然而，对于风电机组，允许速度变化而实现的能量捕获的增大以及与电网耦合的更加柔软化，其代价是发电机本身在效率方面的损失。这种情况下的功率流如图7-22所示。

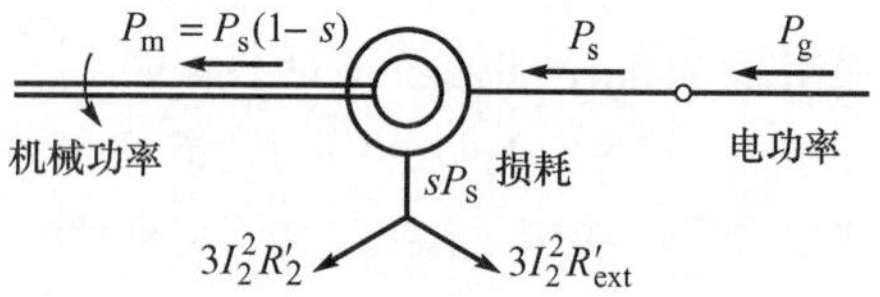

图7-22 具有附加外电阻的感应电机的功率流（电动机惯例）

7.5 转速变化范围显著增大的感应发电机：DFIG

已经证明在转子电路中加入外部电阻可以使感应电机运行的转速变化范围稍微增大，但由于外部转子电阻中的损耗，效率会降低。如果使用电力电子换流器（见图7-23）将能量反馈回电力系统，而不是将能量耗散在外部电阻中，则可以保留（和扩大）运行转速变化范围增大的有益特性。这种换流器[⊖]由两个全控型IGBT桥组成：一个是机侧逆变器，联接到转子的集电环上；另一个是网侧逆变器，与电网直接相连。这两个逆变器一起构成了一个四象限的换流器，可以以任何频率或电压向转子供电或从转子取电。机侧逆变器向集电环注入一个电压 $\underline{V}_s$，其频率为转差频率，而其幅值和相位都是可控的，通过 $\underline{V}_s$ 就能够在很大的转速范围内控制电机的转矩和功率因数。网侧逆变器一般按照保持直流链节电压恒定控制。由于现在电机能够同时从电网向定子和转子“馈入”功率，因此这种类型的系统通常被称为双馈感应电机（DFIM）。这种结构通常被用于与大型风力机相配合的发电机中，此时它被称为双馈感应发电机（DFIG），其往往能将转速变化范围增大30%左右。

⊖ 本章中换流器、整流器、逆变器等术语的含义与业界普遍接受的含义不同，请读者注意。——译者注

图7-23所示的DFIM系统与过去用于控制感应电机转速的静止Kramer方案和Scherbius方案非常相似（O′Kelly, 1991）。它与静止Kramer方案的不同点是，其使用了一个IGBT逆变器而不是一个被动型的整流器作为机侧的换流器，从而使注入的电压在相位和幅值上都能够得到完全的控制，且允许馈入转子的功率可以双向流动。在概念上，它与静止Scherbius系统是一样的，只是将Scherbius系统中的三相到三相周波换流器用两个全控型的IGBT桥替代而已。

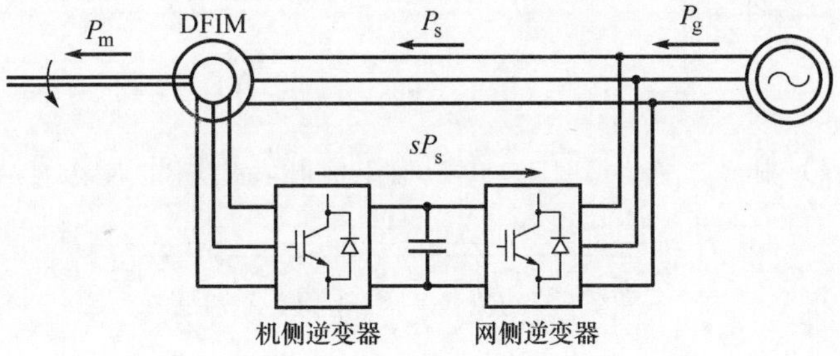

图7-23 双馈感应电机系统

由于注入转子的电压和电流的频率为转差频率，因此DFIM既可以被看作为感应电机，也可以被看作为同步电机。当电机以同步转速运行时，转差频率为零，注入转子的电流为直流，电机的行为与同步电机完全相同。在其他转速下，同步电机的类比仍然可以使用，但现在注入的转子电流是转差频率的。将此电机同时按照感应电机和同步电机进行分析可以对其运行原理有更深刻的理解。

DFIM的等效电路如图7-24a所示，其中$\underline{V}_s$为注入转子的电压。按照与7.2节相同的程序，对于标准的笼型感应电动机，允许运行在转差频率的转子电路折算到运行在电网频率的定子侧，从而给出图7-24b所示的等效电路。与以前一样，折算的作用是使转子电阻随转差率而变化，但现在还增加了一个注入电压，其也随转差率而变化。这两个元件可分为固定值和可变值，如图7-24c所示。固定值反映实际的转子电阻R_2和实际的注入电压$\underline{V}_s$，而可变项代表了机械功率。如果需要，可以通过移动励磁电抗到定子元件R_1和X_1的前面，将精

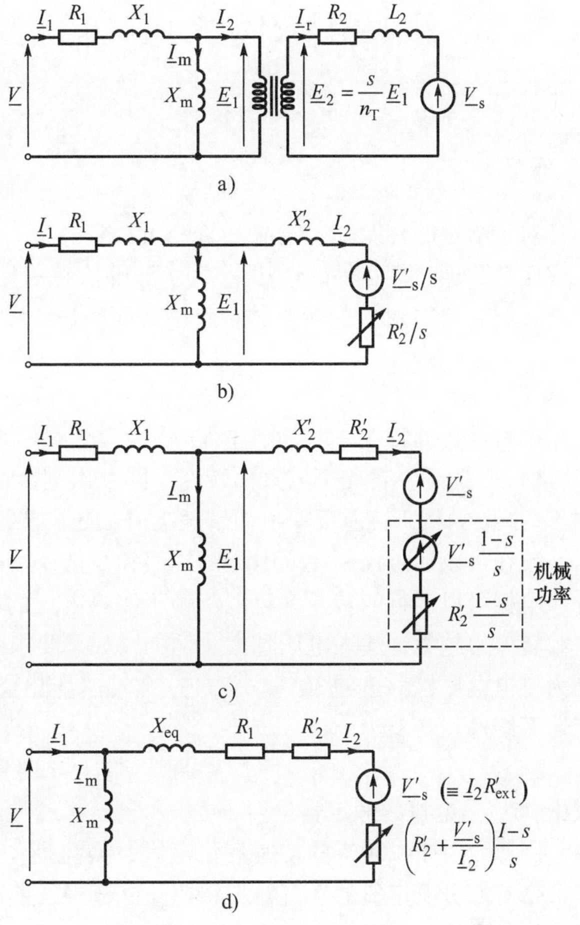

图7-24 DFIM的等效电路（电动机惯例）：a）定子和转子；b）、c）转子折算到定子侧的精确等效电路；d）转子折算到定子侧的近似等效电路

确等效电路再次修改为近似的等效电路，如图7-24d所示。

7.5.1 注入电压与转子电流同相时的运行特性

假设注入电压 $\underline{V}_s$ 与转子电流同相。这相当于在转子电路中添加了一个等于注入电压与转子电流之比的外部电阻。将图7-24c所示的等效电路与图7-21a所示的等效电路进行比较，显然两者相同的条件是

$$V_s' = I_2 R_{ext}' \quad 即 \quad R_{ext}' = \frac{V_2'}{I_2} \tag{7.20}$$

将 R_{ext}' 代入式（7.17）和式（7.18）中，可以将电流和转矩用注入电压表示为

$$I_2 = \frac{V}{\sqrt{\left[R_1 + \left(R_2' + \frac{V_s'}{I_2}\right)\frac{1}{s}\right]^2 + (X_1 + X_2')^2}} \tag{7.21}$$

和

$$\tau_m = \frac{P_m}{\omega_{rm}} = \frac{P_m}{\omega_{sm}(1-s)} = \frac{3}{\omega_{sm}} \frac{V^2}{\left\{\left[R_1 + \left(R_2' + \frac{V_s'}{I_2}\right)\frac{1}{s}\right]^2 + (X_1 + X_2')^2\right\}}\left(R_2' + \frac{V_s'}{I_2}\right)\frac{1}{s} \tag{7.22}$$

令 $X_{eq} = X_1 + X_2'$，重新整理式（7.21）可得到作为电流和注入电压函数的转差率为

$$s = \frac{I_2 R_2' + V_s'}{\sqrt{V^2 - [I_2 X_{eq}]^2} - I_2 R_1} \tag{7.23}$$

对于给定的转差率，电流和转矩可根据式（7.21）和式（7.22）进行计算，但这些方程式比较繁琐；更容易的做法是考虑 I_2 的值在一定范围内变化，并分别根据式（7.22）和式（7.23）计算对应的转矩和转差率（O'Kelly, 1991）。空载时 $I_2 = 0$，式（7.23）简化为

$$s_0 = \frac{V_s'}{V} \tag{7.24}$$

电机运行的转差率取决于注入电压 V_s 的大小和极性：

1）V_s 为正，转差率增大而转速下降：次同步运行。

2）V_s 为负，转差率变负而转速上升：超同步运行。

现在可以通过控制注入电压的幅值和极性，在高于或低于同步转速的较宽范围内运行。

电机可以运行的转差率范围依赖于注入电压的幅值，而电压的幅值是受控于逆变器的。空载转差率越大，注入电压越大。例如，如果要求的转速变化范围是 ±30%，则注入电压必须为供电电压标称值的30%。正是这个转速变化范围决定了逆变器系统的额定值。通过换流器系统的伏安数为

$$VA_{inv} = 3V_s' I_2 = 3 s_0 V I_2 \approx s_0 S_{rat} \tag{7.25}$$

式中，S_{rat} 是电机的额定容量。

因此，对于 ±30% 的转速变化范围，换流器的额定值必须为电机额定值的30%。正是这种带有部分额定值的换流器的转速控制范围，使得这种类型的电机与感应发电机或带有全功率换流器（电机输出的所有功率都经过一个昂贵的全功率的换流器）的永磁发电机（7.1节）相比更具有经济上的吸引力。

将式（7.20）中的 R_{ext}' 代入功率流方程式（7.19），可将电机提供的功率（忽略电枢电

阻损耗）写为

$$P_s \approx P_{rot} = 3I_2^2\frac{R_2'}{s} + 3\frac{V_2'}{s}I_2 = \tau_m\omega_{sm} \tag{7.26}$$

将式（7.26）展开并重新整理得

$$P_s \approx P_{rot} = 3I_2^2R_2 + 3V_sI_2 + 3I_2(V_s + I_2R_2)\frac{(1-s)}{s} = \tau_m\omega_{sm}$$

$$\equiv 转子损耗 + 注入功率 + 机械功率 \tag{7.27}$$

式中的第一项是转子电阻损耗功率，第二项是换流器抽取或注入转子的功率，第三项是产生的机械功率。根据注入电压的极性，功率可以是

1）从转子中抽出并反馈给电源。

2）从电源注入转子。

在式（7.27）中，前两项与转子电路中的功率损耗或传递有关，而第三项表示机械功率，即

传递功率 $$\Delta P_{rot} = 3I_2^2R_2' + 3V_s'I_2 = sP_s \tag{7.28a}$$

机械功率 $$P_m = 3I_2(V_s' + I_2R_2')\frac{(1-s)}{s} = P_s(1-s) = \tau_m\omega_{rm} \tag{7.28b}$$

定子功率和电源功率分别为

定子功率 $$P_s \approx \tau_m\omega_{sm} \tag{7.28c}$$

电源功率 $$P_g = P_s - \Delta P_{rot} = P_s(1-s) \tag{7.28d}$$

这个功率流如图7-25所示，若假设转子电阻损耗可忽略，则可将再生功率 sP_s 代数地添加到定子功率中，从而得到电源功率。由于忽略了电枢电阻和转子电阻上的损耗，电源供给的功率或馈入电源的功率与机械功率相同，效率为100%；也就是说，这种情况与外部转子电阻控制时不一样，现在效率与转差率无关，因为转子电路中的任何额外“损耗”都反馈给电源了。

假定定子功率 P_s 恒定（恒定机械转矩），式（7.28）解释了此种类型的电机是如何控制的。图7-26展示了在约±30%的转差率变化范围内电动机运行和发电机运行时通过转子的功率流。

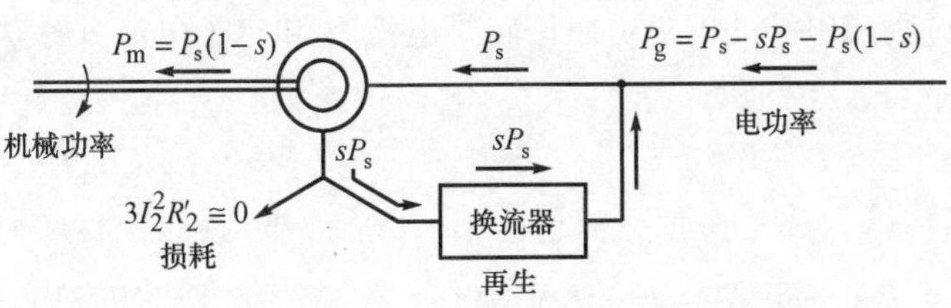

图7-25 DFIM 中的功率流（电动机惯例）

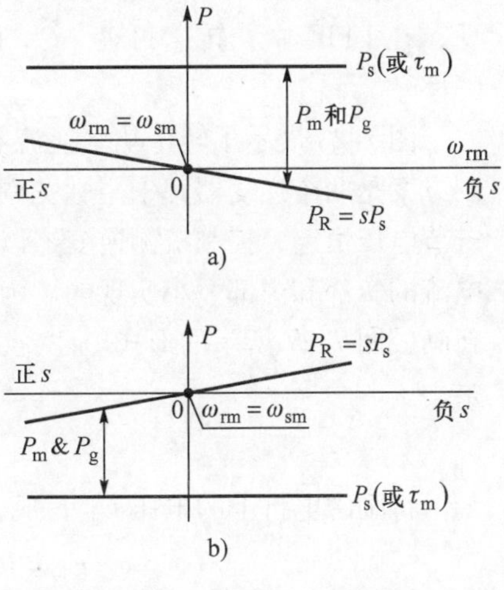

图7-26 DFIM 中的功率流：a）电动机运行；b）发电机运行

从图中可以得到如下结论：

1）转子转速高于同步转速（超同步运行）：转差率为负：

—如果功率从电源注入转子，则为电动机运行；

—如果从功率从转子抽取并反馈给电源，则为发电机运行。

2）转子转速低于同步转速（次同步运行）：转差率为正：

—如果功率从转子抽取并反馈给电源，则为电动机运行；

—如果功率从电源注入转子，则为发电机运行。

3）对于恒定的转差率，注入转子或从转子抽取的功率的量决定了定子功率和电机转矩；增大注入转子或从转子抽取的功率的量会增大转矩。

这是图 7-23 中为转子电路供电的两个逆变器所实施控制策略的基础，并将在本节后面做进一步的讨论。

7.5.2 注入电压与转子电流非同相时的运行特性

式（7.20）假设注入转子的电压 $\underline{V}_s$ 的频率为转差频率，相位与转子电流相同。然而，如果电压以某个任意控制的相角注入转子，则式（7.20）变为

$$\frac{\underline{V}'_s}{\underline{I}_2} = R'_{ext} + jX'_{ext} \tag{7.29}$$

注入电压似乎引入了一个虚拟阻抗 $R'_{ext} + jX'_{ext}$。R'_{ext}的作用已经讨论过了，而 X'_{ext}的影响是增大或减小转子的有效阻抗，这与 X'_{ext}的符号有关（由注入电压相对于转子电流的相位决定）。这就能控制转子的功率因数，从而控制电机的功率因数。这样，通过控制注入电压的幅值和相位，从而潜在地控制电机的转速、转矩以及功率因数。

7.5.3 作为同步发电机的 DFIG

前面的讨论将 DFIM 视为一个感应电机，但将它视为一个同步电机也是有用的。同步电机以同步转速旋转，电流以直流电的形式馈入转子励磁电路以产生同步旋转磁场。相反，在 DFIG 中，转速可变，为了产生同步旋转的磁场，馈入转子的电流频率为转差频率。

图 7-23 展示了转子功率换流器包括一个网侧逆变器和一个机侧逆变器。一种常见的控制方案是两个逆变器都采用脉宽调制（PWM）和电流控制模式。控制网侧逆变器保持直流链节电压恒定，控制机侧逆变器以达到所需的转矩水平和机端无功功率。这是通过控制转子电流的实部和虚部大小实现的。为了理解这种控制方案，将图 7-24c 所示的精确等效电路重新画成图 7-27 所示的形式。注意，通过励磁电抗的电流可以用转子电流 $\underline{I}_2$ 和定子电流 $\underline{I}_1$ 表示为

$$\underline{I}_m = \underline{I}_2 - \underline{I}_1 \tag{7.30}$$

将励磁电抗上的电压 $\underline{E}_m$ 写成

$$\underline{E}_m = j\underline{I}_m X_m = j\underline{I}_2 X_m - j\underline{I}_1 X_m = \underline{E} - j\underline{I}_1 X_m \tag{7.31}$$

这使得励磁电抗可以在转子电流和定子电流之间进行划分，而将等效电路修改为如图 7-27b 所示的样子。其中的同步电抗是定子漏抗 X_1 和励磁电抗 X_m 之和（见 4.2.3 节）。如果假设

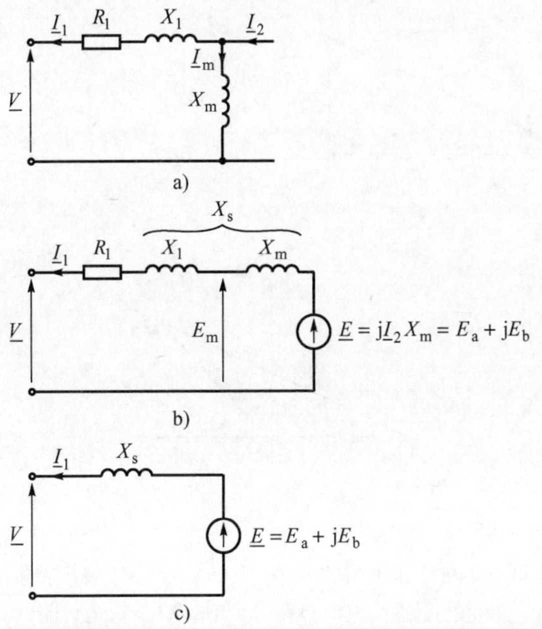

图 7-27　作为同步电机的 DFIG 等效电路（发电机惯例）：a）作为感应电机的定子和转子电流；b）作为电压源的转子电流；c）作为同步电机的等效电路

定子电阻可以忽略，那么上述等效电路可以简化为图 7-27c 所示的标准同步发电机等效电路。现在很重要的是，通过控制感应电动势 $\underline{E}$ 的实部和虚部，可以完全控制感应电动势相对于定子电压的大小和相位。为了与本书其他章节关于同步电机的讨论保持一致，采用的是发电机惯例。

根据式（7.31），转子电流引起的电动势 $\underline{E}$ 为

$$\underline{E} = \mathrm{j}\underline{I}_2 X_\mathrm{m} \tag{7.32}$$

转子电流可以用它的实部和虚部来表示：

$$\underline{I}_2 = I_{2\mathrm{a}} + \mathrm{j}I_{2\mathrm{b}} \tag{7.33}$$

因此有

$$\underline{E} = E_\mathrm{a} + \mathrm{j}E_\mathrm{b} = -X_\mathrm{m}I_{2\mathrm{b}} + \mathrm{j}X_\mathrm{m}I_{2\mathrm{a}} \tag{7.34}$$

这样，通过分别控制转子电流的同相分量和垂直分量 $I_{2\mathrm{a}}$ 和 $I_{2\mathrm{b}}$，使得感应电动势 $\underline{E}$ 在大小和相位上都是可控的。

上述结果如图 7-28 的相量图所示。图 7-28a 中的第一个相量图展示了转子电流的实部分量和虚部分量是如何对电动势 $\underline{E}$ 起作用的。如果将系统电压 $\underline{V}$ 设定为沿实轴方向，则图 7-28b 所示的相量图与标准同步发电机的相量图是非常相似的，只是电流 I_2 将完全控制 $\underline{E}$ 的幅值和相位。相反，在标准同步电机中，电动势是由转子中的直流电流感应的，因而只有感应电动势的幅值是受控的，也就是只能控制一个输出变量，即无功功率。

设定子电压沿实轴方向并定义为

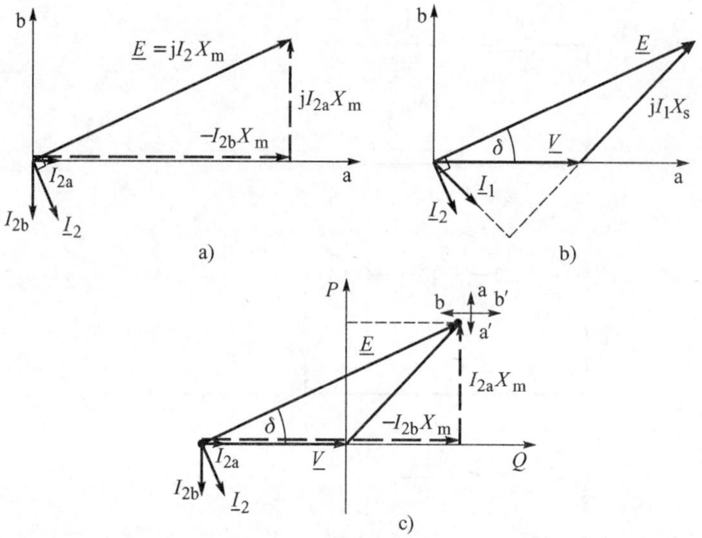

图7-28　作为同步电机的DFIG的相量图：a）展示转子电流如何控制感应电动势；b）相量图；c）运行图

$$\underline{V}=V_a+\mathrm{j}0 \tag{7.35}$$

忽略定子电阻，有

$$\underline{I}_s=\frac{\underline{E}-\underline{V}}{\mathrm{j}X_s}=\frac{E_a+\mathrm{j}E_b-V_a}{\mathrm{j}X_s}=\frac{E_b}{X_s}-\mathrm{j}\frac{(E_a-V_a)}{X_s} \tag{7.36}$$

这样定子功率为

$$\underline{S}_s=3\underline{VI}_s^*=P_s+\mathrm{j}Q_s=3\frac{V_aE_b}{X_s}+\mathrm{j}3\frac{V_a(E_a-V_a)}{X_s} \tag{7.37}$$

用式（7.34）替换E_a和E_b，可以得到如下的重要表达式：

$$S_s=\left[3V_a\frac{X_m}{X_s}\right]I_{2a}+\mathrm{j}\left[\frac{3V_a}{X_s}\right][-X_mI_{2b}-V_a] \tag{7.38}$$

根据上述方程可以将图7-28b所示的相量图重新画成如图7-28c所示，以生成与同步电机类似的运行图（见3.3.4节）。但请注意，与图3.19相比，现在P轴和Q轴的方向进行互换。此运行图清楚地展示了此种类型发电机的控制选项：

1）控制转子电流与定子电压同相位的分量I_{2a}的大小以控制有功功率（沿aa′）。

2）控制转子电流与定子电压相垂直的分量I_{2b}的大小以控制无功功率（沿bb′）。

7.5.4　DFIG的控制策略

这种类型发电机的正常控制策略是独立地控制I_{2a}和I_{2b}以同时控制发电机的转矩（I_{2a}）和无功功率（I_{2b}）。通常，所有的计算都在同步参考坐标系中进行，该坐标系使用定子电压空间向量作为参考（与式（7.35）一样），并被称为向量控制器。作为对照，很多电机驱动系统使用电机磁通向量作为参考，并被称为磁场定向控制器（Muller, Deicke and De Donker, 2002）。在这种定子电压空间向量作为参考的坐标系中，I_a将变为I_q，而I_b将变为I_d。

当与风力机一起使用时，要求 DFIG 输出的功率被定义为转速的函数，以最大化风力机系统的功率输出，如 7.1 节所述。如果已知需要的有功功率 P_d（或转矩），并且需要的无功功率输出 Q_d 也已定义好，那么式（7.38）的实部和虚部分别定义了转子电流分量 I_{2ad} 和 I_{2bd} 的需求值，即

$$I_{2ad}=\frac{P_d}{3V_a}\frac{X_s}{X_m} \quad 和 \quad I_{2bd}=-\left[\frac{Q_d}{3V_a}+\frac{V_a}{X_s}\right]\frac{X_s}{X_m} \tag{7.39}$$

此种控制在图 7-23 所示的机侧换流器中实现，而网侧换流器的控制用以保持直流链节的电压恒定。此种控制方案的示意图如图 7-29 所示。这是一个复杂的控制结构，需要使用快速变换算法将相坐标中的值变换到 d 和 q 向量空间中的值。采用比例积分（PI）控制器来确定 PWM 的相关变量，而 PWM 的输出用于控制注入转子电流以得到所需要的无功功率和转矩。感兴趣的读者可参考 Ekanayake，Holdsworth and Jenkins（2003a）、Ekanayake et al.（2003b）、Holdsworth et al.（2003）、Muller，Deicke and De Donker（2002）、Slootweg，Polinder and Kling（2001）以及 Xiang et al.（2006）等文献。

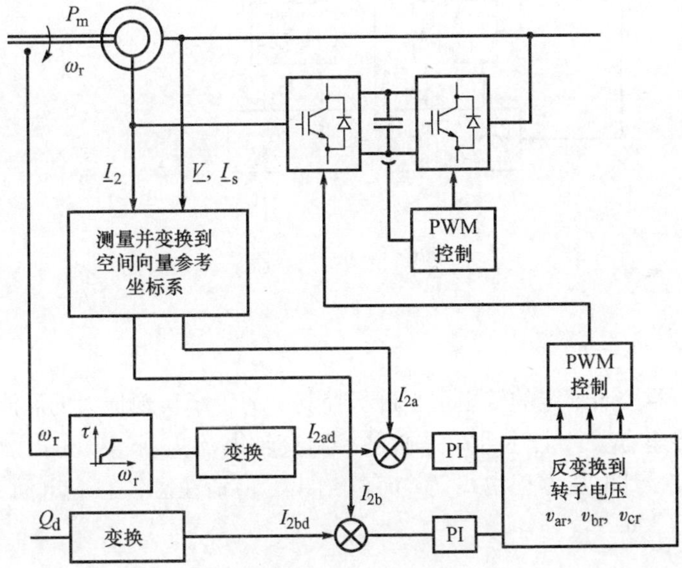

图 7-29 DFIG 控制的实现

7.6 全功率换流器系统：大范围变速控制

如 7.1 节所述，全功率换流器可用于控制从感应发电机或同步发电机注入系统的有功功率和无功功率，而不使用部分功率的换流器。在这种情况下，同步发电机可以采用绕线式励磁，也可以采用永磁体来提供旋转磁场。这种方案用于可再生能源系统时可以得到最大的转速控制范围，但其代价是换流器必须是全额定值的，以处理发电机的全功率输出。这种功率变换方案的示意图如图 7-30 所示，感应电机与同步电机的区别仅在机侧逆变器的细节上。永磁电机一个吸引人的点是它的高效率，因为不需要励磁电流来提供磁场，而且还能接受新的发电机拓扑设计以适合特定的应用。随着电力电子技术的发展，全功率换流器系统很可能

会取代部分功率换流器系统和DFIG。

全功率换流器系统可以实现对有功功率和无功功率的完全控制。尽管存在多种可能的控制方案，但通常机侧换流器用于控制发电机的转矩水平，而网侧逆变器用以控制直流链节的电压恒定以及无功功率的输出，其无功功率控制方式与静止补偿器类似（见2.5.4节）。

通常，两个换流器都按照电流控制以实现其控制目标。然而，必须认识到PWM换流器只能调节注入相电压的幅值和相位。因此，对于网侧换流器，只能调节注入电压 $\underline{E}$ 相对于系统电压 $\underline{V}$ 的相位和幅值。通过PI控制器来调节电流从而将其控制到设定值的是相位和幅值这两个量，如图7-29所示。

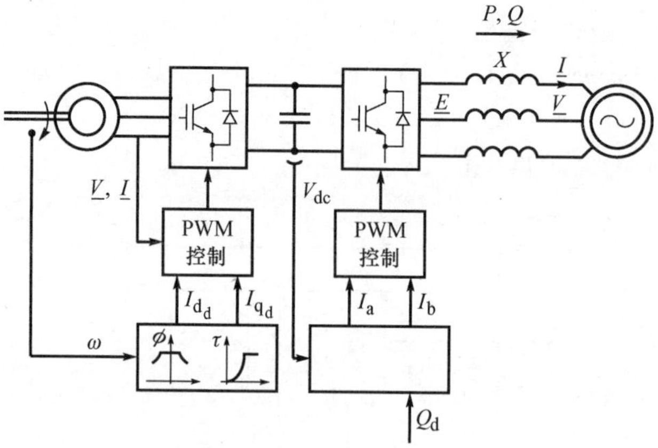

图7-30　全功率换流器系统

7.6.1　机侧逆变器

通常机侧逆变器按照给定的转矩水平进行控制，而为了实现最大的风能捕获，要求的转矩水平与具体的转速有关。上述目标是通过控制交轴电流 I_q 来实现的。为了证明这一点，考察一台永磁电机，其电压方程由式（3.65）给出，但请注意，感应电动势 E_f 与永磁体产生的每极磁链有关，即

$$E_f = \omega\psi_{pm} \tag{7.40}$$

随着这一变化，电压方程式（3.65）变为

$$V_d = -RI_d - X_qI_q \quad 和 \quad V_q = \omega\psi_{pm} - RI_q + X_dI_d \tag{7.41}$$

这样，机端功率由式（3.82）给出为

$$P = V_dI_d + V_qI_q = I_dI_q(X_d - X_q) + \omega\psi_{pm}I_q - R(I_d^2 + I_q^2) \tag{7.42}$$

式中的前面两项定义了轴功率，而第三项定义了电枢电阻中损耗的功率，因此电机转矩可以写为

$$\tau_m = \frac{I_dI_q(X_d - X_q)}{\omega_{rm}} + p\psi_{pm}I_q \tag{7.43}$$

对于永磁电机，电抗 X_d 和 X_q 取决于永磁体是如何安装在转子上的；对于表面安装的永磁体，$X_d \approx X_q$，因为稀土永磁材料的相对磁导率约为1。在这种情况下，式（7.43）退化为

$$\tau_m = \rho\psi_{pm} I_q \tag{7.44}$$

即转矩水平可以通过控制交轴电流 I_q 来调节。

在感应电机中，转矩也可以用类似的方式进行控制，但现在励磁磁通必须由电枢产生，因此任何时候将电机中的磁通保持在正确值非常重要。式（3.37）展示了磁通、电动势和频率是如何关联的，如果电机不过励磁（饱和）的话，在转速低于额定值下运行时，电压必须按比例降低。这意味着在转速低于额定值时按照恒定的电压/频率比值运行，而在转速高于额定值时按照定额定电压和低磁通运行。这是通过控制直轴电流 I_d 来实现的。

7.6.2 网侧逆变器

一般通过控制网侧逆变器传输的有功功率来保持直流链节电容器上的电压恒定。如果电容器上的电荷增加，控制环就会增加传输的功率以降低电压，反之亦然。另外，网侧换流器也控制传输到系统的无功功率。该换流器的一个重要部分是如图7-30所示的线路电抗 X。

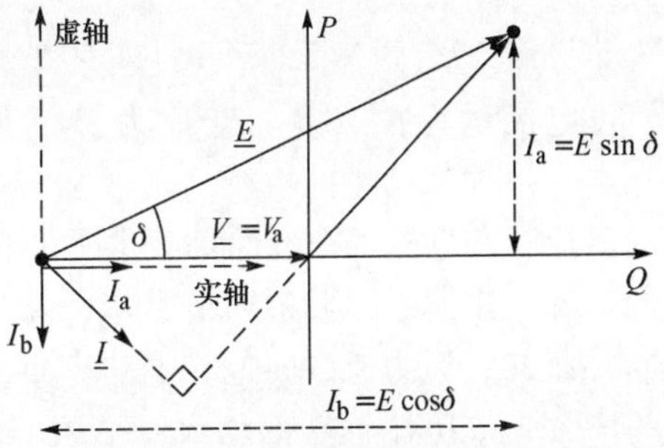

图7-31 描述网侧逆变器运行的相量图

假设系统电压是沿实轴方向的，$\underline{V} = V_a + j0$，而由换流器输出的电压为 $\underline{E} = E_a + jE_b$，注入系统的电流为 $\underline{I} = I_a + jI_b$。该系统的相量图如图7-31所示。流过线路电抗的电流为

$$\underline{I} = I_a + jI_b = \frac{\underline{E} - \underline{V}}{jX} = \frac{E_b}{X} - j\frac{(E_a - V_a)}{X} \tag{7.45}$$

即

$$I_a = \frac{E_b}{X} \quad 和 \quad I_b = -\frac{(E_a - V_a)}{X} \tag{7.46}$$

而注入系统的视在功率为

$$\underline{S} = 3V_a\underline{I}^* = 3V_aI_a + 3jV_aI_b = 3\frac{V_aE_b}{X} + 3j\frac{V_a(E_a - V_a)}{X} \tag{7.47}$$

根据相量图，电动势的分量 E_a 和 E_b 可以用电动势的模值 E 及其相角 δ 来表示，为

$$E_a = E\cos\delta \quad 和 \quad E_b = E\sin\delta \tag{7.48}$$

代入式（7.47）得到

$$\underline{S} = 3\frac{V_aE\sin\delta}{X} + 3j\frac{V_a(E\cos\delta - V_a)}{X} \tag{7.49}$$

通常 δ 很小，式（7.49）变为

$$\underline{S} \approx 3\frac{V_aE}{X}\delta + 3j\frac{V_a(E - V_a)}{X} \tag{7.50}$$

式（7.50）展示了相角 δ 是如何控制有功功率和模值 E 是如何控制无功功率的。虽然这两者之间存在一定的交叉耦合，但可以在控制结构中进行考虑。

7.7 变速风力机的峰值功率跟踪

前几节的讨论解释了如何使用感应电机来发电以及如何借助电力电子设备使感应电机在较大的转速变化范围内运行。为了优化风力机的能量捕获，通常电磁转矩按照转速的函数进行控制，而发电机的转速将根据风力机产生的机械转矩上升或下降。转速的变化由运动方程式（5.1）确定。转速变化的速率取决于转矩不平衡的大小以及包括变速箱的风力机和发电机系统的转动惯量。

例如，考察图7-32所示的风力机情况。当风速为 v_{w1} 时，发电机运行在点 p_1，转速为 ω_1，发出的功率为 P_1。在点 p_1，风力机产生的机械功率（和转矩）与电功率是平衡的。控制发电机跟踪最优负载水平的运行线是线ab，参见图7-3。如果现在风速增加到 v_{w2}，新的最优稳态运行点是 p_2。最初，风力机的转速和电功率负载水平不变，但风速的增大导致机械轴功率增大了 ΔP，从而导致机械转矩也相应增大，运行点移动到点c。机械功率的增加会使风电机组加速，转速从 ω_1 向 ω_2 变化。随着转速的变化，电功率也会变化，直到当电功率再次与机械功率平衡时，转速在新的平衡点 p_2 停息下来。很重要的一点是，实际上风是湍流性的，因此转速和功率的变化是一直不断发生的（Stannard and Bumby, 2007）。

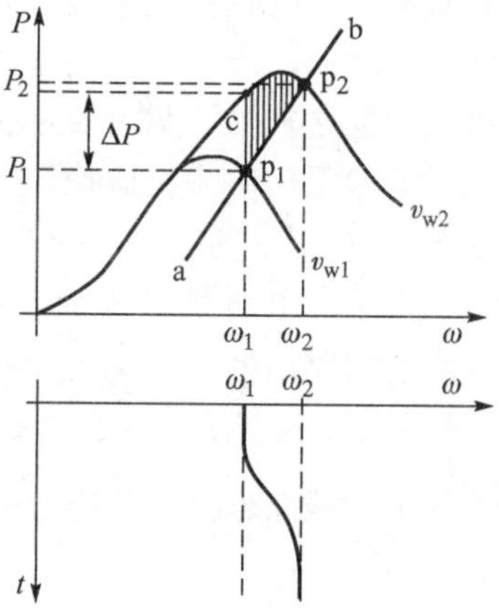

图7-32 风电机组中的转速变化（发电机惯例）

7.8 海上风电场的接入

尽管大多数风电机组是位于陆上的，但将风电机组放置在海上的需求也在不断增长，现在已有一些大型海上风电场开始运行（Christiansen, 2003）。开发海上站点的原因是技术和政治两方面都有的，其中海上风电机组似乎造成的规划问题更少一些，而且海上的风力往往比陆上的风力更强劲、更连续。但这并不意味着海上站点总是比陆上站点好，因为一些陆上站点比海上站点有更好的风况。

对于所有的海上能源转换系统，一个公共问题是通过电缆联接到陆上变电站。这必须采用埋入海底的电缆来实现，而这存在一个距离问题：因为所有的交流电缆都具有很大的电容，使得长距离电缆的线路充电电流达到很高的水平（见3.1节）。为了将海上风电场的功率传输到陆上，可能需要多回独立的电缆线路。另外，还可能需要在海上站点安装某种形式的无功功率补偿，以帮助抵消较大的电缆电容。由于电缆具有很大的电容，目前海底交流电缆的输电距离限制在100~150km之内，145kV级三芯海底电缆的最大额定功率目前约为200MW（Kirby et al., 2002），但更大额定功率的电缆正在开发中。通常，海上变电站将很多风电机组的输出功率收集在一起后再向陆上输送。一旦将若干风电机组的功率收集在一起，就可以使用直流输电方案替代交流输电方案向陆上送电。新的直流传输技术在送端（也可以在受端）使用IGBT电压源换流器以实现对送端的完全控制。对于更高的功率水平，可以使用基于GTO的传统直流技术。感兴趣的读者可参考Kirby et al.（2002）。

目前，海上风电场离岸足够近，可以使用交流电缆，尽管可能需要多回电缆来传输要送的功率。需要注意的一个实际问题是，到岸上的距离其实还包括到陆上变电站的陆上电缆长度。在某些情况下，陆上电缆可能是很长的。

潮汐流发电机和波浪能发电机也面临着与海上风电场向岸上输送功率的同样问题。潮汐流发电机往往相对靠近海岸，但在这些涡轮机所在的强水流中铺设电缆并不容易。波浪能的利用正处于起步阶段，在海上有大量的资源。利用这种能源并将其输送到岸上是一个重大的挑战。

7.9　感应发电机的故障行为

7.7节描述了感应发电机的稳态行为，讨论了当与风力机一起使用时感应发电机的功率输出会如何变化以及受风速变化的影响。然而，与任何发电机一样，联接到电力系统的风电机组将会受到系统故障的影响，其在故障期间和之后的行为对于系统稳定性至关重要。本节将对此进行讨论。

7.9.1　定速感应发电机

定速感应发电机通常被认为是“负的负荷”，即它们在可以发电时就发电，但不会对系统电压或频率产生支撑作用。7.2节解释了这些发电机是如何始终消耗无功功率的，以及随着转差率的增加，无功功率是如何增加的；因而当真的故障发生并随后被清除时，这些发电机可能对系统电压的恢复产生不利的影响。为了避免这种情况的发生，通常的做法是一旦检测到电压跌落，就立刻将这些发电机与系统断开；等到系统恢复正常运行状态时再将这些发电机重新连上。

尽管如此，在假设故障后感应发电机仍与系统相连的情况下考察故障后感应发电机的稳定性仍然具有指导意义。考察如图7-33所示的系统，其中风力机和感应发电机通过变压器和一条短线路与系统相连。线路和变压器的有效阻抗会影响发电机的转矩-转差率曲线，如7.3节所描述的。基于发电机的转矩-转差率曲线，三相接地故障后事件发生的时序如图7-34所示。在图7-34中，转矩-转差率曲线已进行了反转，这样发电机转矩现在为正。转子转速变化时风力机产生的转矩用线段 τ_m 表示。

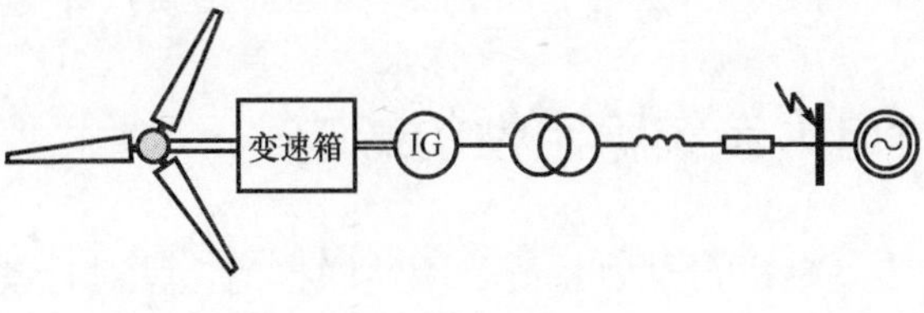

图7-33　风力机和定速感应发电机系统示例（IG指感应发电机）

最初时，发电机电磁转矩和风力机机械转矩是平衡的，发电机和风力机运行在转速 ω_{r1}

和负转差率 s_1 下。当 $t=t_0$ 时故障发生，电磁转矩跌落至0（点2），而机械转矩使转子加速，转速增加。设在 $t=t_1$ 时故障清除，此时转子转速增大到 ω_{r3}，转差率为 s_3。此时系统电压恢复，电磁转矩从0增加到 τ_5。现在电磁转矩大于机械转矩 τ_4，其作用就像一个制动转矩，使转子转速下降直到再次达到稳态运行点1。这个系统是稳定的。

如果故障持续时间较长直到 $t=t_2$ 时刻才清除，此时转子转速已增大到 ω_{r6}，这样当电磁转矩恢复时，电磁转矩与机械转矩是相同的，这是暂态稳定的极限点。如果在 $t<t_2$ 时清除故障，系统是稳定的；如果在 $t>t_2$ 时清除故障，系统是不稳定的，如图7-34所示。

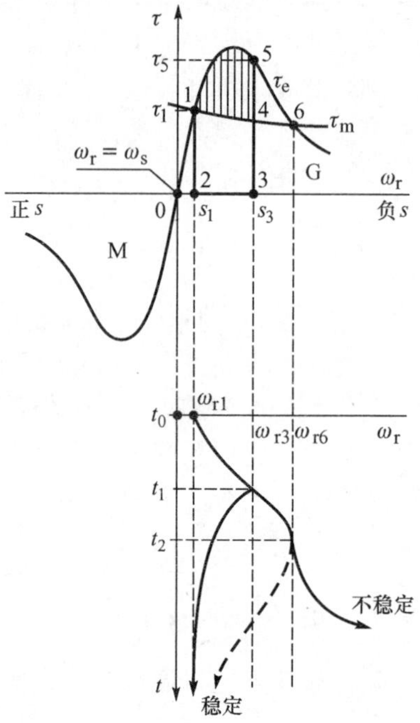

图7-34 定速感应发电机-风力机系统的暂态稳定性（发电机惯例）

请注意，尽管上面应用了类似于等面积法则（见第5章）的推理，但由于转矩与转速的积分不是能量而是功率，因此等面积法则不能应用于图7-34。此外，重新建立磁通需要时间，因此图7-34所做的仅仅是展示稳定性的主要影响，即电磁和机械转矩的相对大小。其他任何事情都需要进行详细的仿真再来确定。

7.3节中描述的其他一些因素会影响上述讨论的结果。首先，故障清除后重新建立转矩-转差率曲线需要一定的时间，因为必须恢复电机内部的磁通。这势必又会从电网中吸取大量的无功功率，从而使系统电压下降，从而降低转矩-转差率曲线的峰值。正是出于这些原因，需要采用11.4节所描述的对感应电机的详细模拟。最后，通过改变转子电阻可以提高暂态稳定极限，因为这会使转矩-转差率曲线的峰值进一步向左移动（见7.3节）。

7.9.2 变速感应发电机

大型变速感应发电机（如7.5节所述的DFIG和7.6节所述的全功率换流器型感应发电机）都能够通过分别控制其无功功率和（在某种程度上）有功功率输出，为系统电压和频率控制做出贡献。这些发电机需要“穿越”故障，以便在故障清除后能够对系统稳定性有贡献。要实现这一点，需要对功率换流器进行复杂的控制，感兴趣的读者可参阅Muller, Deicke and De Donker（2002）、Slootweg, Polinder and Kling（2001）、Ekanayake, Holdsworth and Jenkins（2003a）、Holdsworth et al.（2003）和Xiang et al.（2006）等文献。

7.10 风电机组对电力系统稳定性的影响

如第5章所述，同步发电机与电力系统是刚性联接的，其对扰动呈现出固有的振荡响应，因为其功率输出近似与转子角的正弦成正比。对于较小的转子角，功率与转子角本身成正比，从而产生弹簧式的振荡，见5.4.7节以及图7-16a。另一方面，7.3节解释了笼型（定速）感应发电机与电网耦合的刚性程度比同步发电机与电网耦合的刚性程度弱。

图7-16b表明，定速感应发电机的转矩与转速偏差（转差率）成正比，因此提供了固有的振荡阻尼。但这种积极影响被固定转速感应发电机对系统故障的脆弱性所抵消，见7.9节。

由变速 DFIG 产生的阻尼在很大程度上取决于所采用的特定控制策略。7.5节解释了由于可以控制注入电压的幅值和相位，DFIG 具有良好的控制能力。这使得可以设计一种电力系统稳定器，该稳定器可以在不降低电压控制质量的情况下改善功率摇摆的阻尼（Hughes et al.，2006）。全功率换流器风电系统有效地解耦了发电机与电网的关联，因此提供了改善功率摇摆阻尼的很大可能性。因此一般性的结论是，使用可再生能源发电机部分替代采用同步发电机的传统火力发电厂，将改善系统机电摇摆的阻尼；因为前者表现出了更好的阻尼，而后者表现出了相对较差的自然阻尼。这种积极影响将在一定程度上被诸如风能、海洋能或太阳能等可再生能源本身的高度可变性所抵消，但它们的可变性可以通过使用能量存储或部分加载风电场中的风力机或利用备用容量来平滑功率振荡等措施来加以控制（Lubosny and Bialek，2007）。

用可再生能源机组替代大型传统发电机组对电网的影响在很大程度上取决于所讨论的具体系统。回想一下，如果同步发电机负荷很重、距离很远，并以低功率因数甚至超前功率因数运行，则其稳定性会下降。如果可再生能源发电厂联接在靠近负荷的地方，那么输电网的负载将减轻，从而会降低系统的无功功率消耗，电压也会升高。这种效应也可以通过无功补偿装置来实现，如电抗器或静止无功补偿装置，但这需要额外的投资。如果认为这是不经济的，而要求余下的同步发电机来进行无功功率补偿，其运行点将向电容负载（超前功率因数）移动，因此它们的动态特性可能会恶化。由于可再生能源的渗透率增加，余下运行的同步发电机数量将会减少，其整体补偿能力也会下降。因此，总体性的影响可能是系统动态特性的恶化（Wilson，Bialek and Lubosny，2006）。

另一方面，如果可再生能源离负荷中心较远，例如像英国这样的情况，则通过输电网络的功率传输将会增加。大功率传输意味着网络节点间的电压相角差将增大，因而系统动态特性会恶化（稳定裕度变小）。

可再生能源渗透率的增加也可能影响频率稳定性。由于其结构，风力发电厂具有较小的惯性和转速，因此与相同额定值的传统发电厂相比，风力发电厂存储的动能减少了约1.5倍。如第9章所讨论的，由于存储的动能减少，会使频率的变化幅度增大，因而会对系统的运行和安全性产生影响。

第 8 章

电压稳定性

第 2 章解释了电力网络是如何由许多不同的元件构成的，是如何被划分成输电网、次输电网和配电网 3 个层级的，同时指出了这些不同的层级通常归属于不同的电力公司。由于电力系统规模巨大，即使采用超级计算机，对一个完整的电力系统进行分析也是不可能的。通常，整个系统被划分成若干个大小合理的子系统，对其中的一部分子系统进行详细的模拟，而对另一部分子系统只进行粗略的模拟。显然，采用的系统模型必须能够描述所要研究的问题，因此当研究配电网时，输电网和次输电网可以用一个运行在给定电压的电压源来等效；而另一方面，当要对输电网和次输电网进行分析时，配电网可以被看成是有功功率和无功功率的接收端（见 3.5 节），并采用综合负荷或简单负荷来模拟。

配电网与输电网的联接点被称为电网侧电源点，该点上的电压变化会在配电网内部引起复杂的动态相互作用，其主要原因是

1）来自于变压器抽头改变的电压控制作用。

2）由无功补偿装置或小型嵌入式发电机产生的控制作用。

3）由供电电压降低导致的负荷功率变化，包括感应电机停转或放电照明设备熄弧。

4）保护装置动作，包括过电流和欠电压继电器、机电型接触器等。

5）供电电压恢复后放电照明设备的电弧重燃和感应电机的自起动。

本章将采用 3.5 节引入的综合负荷静态特性来分析上述各种行为对电压稳定性的影响，这种简化的分析方法对理解最终导致电压崩溃的不同机理以及评估特定系统电压稳定性的各种技术将有所帮助。采用计算机仿真的方法，这些技术可以被扩展用于分析大型电力系统（Taylor，1994；Kundur，1994；Van Cutsem and Vournas，1998）。

8.1 网络可行性

图 8-1 展示了一台发电机供电给一个综合负荷的简单供电系统，可以作为一般性电力供应问题的典型模型。一般来说，对可以供给的负荷功率水平存在一定的约束，而这些约束决定了该种供电方式的稳定程度。为了分析此种稳定性问题，综合负荷将用其静态电压特性来表示，从而将问题转化为确定网络方程解的问题，即确定解是否存在，以及若解存在对解需要追加何种限制。上述过程通常被称为确定网络可行性，即确定网络的承载能力。

网络可行性问题可以采用图 8-1 所示的简单系统来说明。此系统中网络用一台等效发电机来表示，稳态下此发电机可以用一个“等效电抗 X_g 后的等效电压源 E”来表示。正常运行条件下发电机的 AVR 将维持机端电压恒定，此时，等效电压源 E 等于机端电压 V_g 而等效

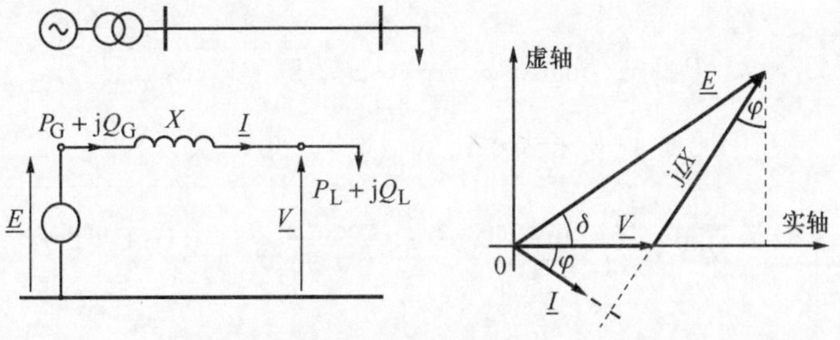

图 8-1　输电环节的等效电路及其相量图

电抗为 0。然而，如果 AVR 不起作用或者等效发电机运行在励磁极限值附近，那么励磁电压将保持不变，等效发电机必须用“同步电抗 X_d 后的同步电势 E_f”来模拟。一般来说，发电机和输电环节的电阻都很小可以忽略不计，而等效电抗 X 必须包括电源、变压器和输电线路的电抗。负荷吸收的有功功率 $P_L(V)$ 和无功功率 $Q_L(V)$ 可以通过图 8-1 的相量图计算得到。因为有 $IX\cos\varphi = E\sin\delta$ 和 $IX\sin\varphi = E\cos\delta - V$，因此可以得到

$$P_L(V) = VI\cos\varphi = V\frac{IX\cos\varphi}{X} = \frac{EV}{X}\sin\delta$$

$$Q_L(V) = VI\sin\varphi = V\frac{IX\sin\varphi}{X} = \frac{EV}{X}\cos\delta - \frac{V^2}{X} \tag{8.1}$$

利用恒等式 $\sin^2\delta + \cos^2\delta = 1$，可以消去 $\underline{E}$ 和 $\underline{V}$ 之间的角度 δ，得到

$$\left(\frac{EV}{X}\right)^2 = [P_L(V)]^2 + \left[Q_L(V) + \frac{V^2}{X}\right]^2 \tag{8.2}$$

式（8.2）被称为静态功率-电压方程，一旦 $P_L(V)$ 和 $Q_L(V)$ 给定，网络的所有可能的解都由这个方程确定。

8.1.1　理想刚性负荷

对于理想刚性负荷（见 3.5 节），负荷的功率大小是与电压无关的常数，即

$$P_L(V) = P_n \quad 和 \quad Q_L(V) = Q_n \tag{8.3}$$

式中，P_n 和 Q_n 是负荷在其额定电压下的有功功率和无功功率。现在式（8.2）可以改写成

$$\left(\frac{EV}{X}\right)^2 = P_n^2 + \left[Q_n + \frac{V^2}{X}\right]^2 \tag{8.4}$$

将方程 $Q_n = P_n\tan\varphi$ 代入到式（8.4）中，可以得到

$$P_n^2 + P_n^2\tan^2\varphi + 2P_n\tan\varphi\frac{V^2}{X} = \left(\frac{EV}{X}\right)^2 - \left(\frac{V^2}{X}\right)^2 \tag{8.5}$$

考虑到 $\tan\varphi = \sin\varphi/\cos\varphi$ 和 $\sin^2\varphi + \cos^2\varphi = 1$，经过简单的运算有

$$P_n^2 + 2P_n\frac{V^2}{X}\sin\varphi\cos\varphi = \frac{V^2}{X^2}(E^2 - V^2)\cos^2\varphi \tag{8.6}$$

式中的左边是一个不完全的和的二次方，因此，可以被变换为

$$\left(P_n + \frac{V^2}{X}\sin\varphi\cos\varphi\right)^2 - \left(\frac{V^2}{X}\right)^2\sin^2\varphi\cos^2\varphi = \frac{V^2}{X^2}(E^2 - V^2)\cos^2\varphi$$

即

$$P_n+\frac{V^2}{X}\sin\varphi\cos\varphi=\frac{V}{X}\cos\varphi\sqrt{E^2-V^2\cos^2\varphi} \tag{8.7}$$

将负荷母线上的电压 V 用比值 V/E 来表示，式（8.7）可以改写为

$$P_n=-\frac{E^2}{X}\left(\frac{V}{E}\right)^2\sin\varphi\cos\varphi+\frac{E^2}{X}\frac{V}{E}\cos\varphi\sqrt{1-\left(\frac{V}{E}\right)^2\cos^2\varphi}$$

即

$$p=-v^2\sin\varphi\cos\varphi+v\cos\varphi\sqrt{1-v^2\cos^2\varphi} \tag{8.8}$$

式中，

$$v=\frac{V}{E},\quad p=\frac{P_n}{\dfrac{E^2}{X}} \tag{8.9}$$

式（8.8）描述了一簇以 φ 为参数的曲线，图 8-2 给出了 4 个 φ 值下的此种曲线。由于其特征形状，这些曲线被称为鼻形曲线。对于滞后功率因数（曲线 1 和 2），随着有功功率的增加，电压下降；对于较小的超前功率因数（曲线 4），初始时电压上升，然后下降。

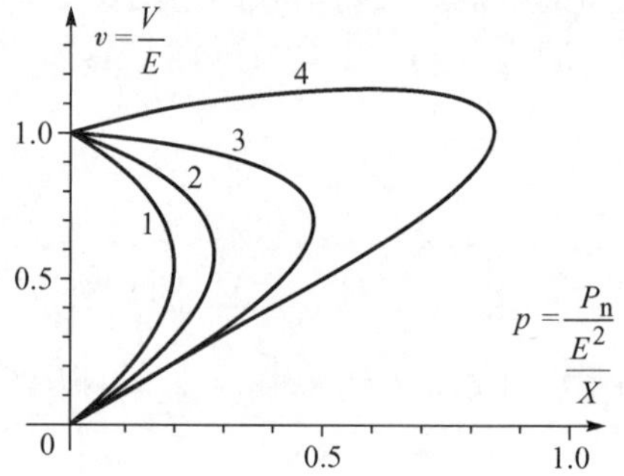

图 8-2　以 φ 为参数的一簇鼻形曲线

1—$\varphi=45°$滞后　2—$\varphi=30°$滞后

3—$\varphi=0°$　4—$\varphi=30°$超前

本章后面将会证明，对于如图 8-1 所示的发电机-负荷系统，鼻形曲线的上半支（即电压较高部分）是稳定的，而其下半支是不稳定的。必须强调的是，正导数的条件 $\mathrm{d}v/\mathrm{d}p>0$ 并不是系统稳定的判据，尽管在超前功率因数下（图 8-2 的曲线 4），鼻形曲线 $v(p)$ 的上半支具有正的导数。然而，实际工程中鼻形曲线是非常有用的，因为在功率因数给定的条件下由鼻形曲线确定的最大负荷功率与当前负荷功率的差值就是稳定裕度。

应当注意的是，当 $Q_n=0$ 即功率因数角 $\varphi=0$ 时，鼻形曲线的峰值发生在 $p=0.5$ 时，即 $P_n=0.5E^2/X=E^2/2X$。

鼻形曲线 $V(P)$ 给出了电压对综合负荷有功功率的依赖关系，这里假定功率因数是一个参数。下面将要讨论的曲线 $Q(P)$，则是在假定电压为参数的条件下导出的。

对于给定的 V 值，式（8.4）在（P_n，Q_n）平面中描述了一个圆，如图 8-3a 所示。该圆的圆心位于 Q_n 坐标轴上，偏移原点向下 V^2/X。增大电压 V 将得到一簇半径逐渐增大且不断向下偏移的圆，但这一簇圆有一条包络线，如图 8-3b 所示。

对于包络线内的任意一点，例如 A 点，式（8.4）存在 2 个可能的解，分别对应 2 个不同的圆，电压值分别为 V_1 和 V_2。而对于包络线上的任意一点 B，满足式（8.4）的 V 值只有一个。因此，通过确定在哪些 P_n 和 Q_n 下式（8.4）关于 V 只有一个解，就可以得到此包络线的表达式。对式（8.4）重新整理得到

$$\left(\frac{V^2}{X}\right)^2+\left(2Q_n-\frac{E^2}{X}\right)\left(\frac{V^2}{X}\right)+(P_n^2+Q_n^2)=0 \tag{8.10}$$

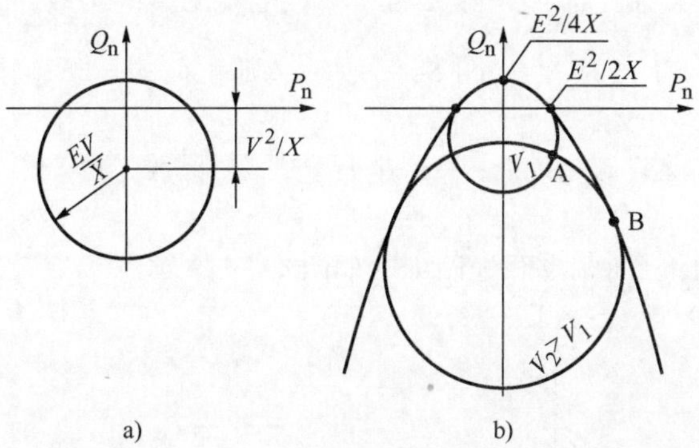

图8-3 理想刚性负荷条件下确定可传输功率的圆簇：
a）给定电压V下的一个圆；b）一簇圆及其包络线

这是一个关于（V^2/X）的二次方程，且在下式成立时只有一个解：

$$\Delta=\left(2Q_n-\frac{E^2}{X}\right)^2-4(P_n^2+Q_n^2)=0 \tag{8.11}$$

对式（8.11）求解Q_n可以得到

$$Q_n=\frac{E^2}{4X}-\frac{P_n^2}{\frac{E^2}{X}} \tag{8.12}$$

这是一个倒置的抛物线方程，其与P_n轴的交点是$P_n=E^2/2X$，而其最大值在$P_n=0$时达到，即

$$P_n=0 \quad 且 \quad Q_{n\max}=\frac{E^2}{4X} \tag{8.13}$$

图8-3中坐标点（$P_n=E^2/2X$，$Q_n=0$）是与图8-2中$\varphi=0$即$Q_n=0$时鼻形曲线的峰值相对应的。

由式（8.12）给出的抛物线很重要，因为它定义了包围网络方程式（8.4）所有可能解的包络线的形状，如图8-3b所示。在此抛物线内的任意一点（P_n，Q_n）都对应网络方程式（8.4）的2个解，即对应负荷端电压V的2个值；而在抛物线上的每一点，只对应网络方程式（8.4）的1个解，即只对应负荷端电压V的1个值。在此抛物线外的任意点都不是网络方程式（8.4）的解；换句话说，系统传输给负荷的功率值（P_n，Q_n）不可能落在抛物线的外面。

8.1.2 负荷特性的影响

对于更一般的情况，负荷功率大小是依赖于电压的，用负荷的电压特性$P_L(V)$、$Q_L(V)$来描述。与刚性负荷$P_L(V)=P_n$、$Q_L(V)=Q_n$时的情况不同，现在式（8.2）的解域（负荷的运行范围）不再以简单的抛物线作为边界了，即负荷的运行范围将取决于实际的负荷电压特性，如图8-4所示。总的来说，负荷的刚性越弱，其运行范围越大。对于前述的恒定负荷，其运行范围在一条抛物线内，如图8-4a所示。如果负荷的无功功率特性是关于电压的二次函数，$Q_L(V)=\left(\frac{V}{V_n}\right)^2Q_n$，则负荷的运行范围将从顶部开放，如图8-4b所示；因此，当

$P_n=0$ 时，对 Q_n 就没有限制了。如果除无功功率是电压的二次函数外，负荷的有功功率是电压的线性函数，$P_L(V)=\left(\dfrac{V}{V_n}\right)P_n$，如图 8-4c 所示，则负荷的运行范围是两条垂直平行线之间的区域。如果有功和无功功率特性都是电压的二次函数，$P_L(V)=\left(\dfrac{V}{V_n}\right)^2P_n$、$Q_L(V)=\left(\dfrac{V}{V_n}\right)^2Q_n$，则负荷的运行范围就没有限制了，如图 8-4d 所示。

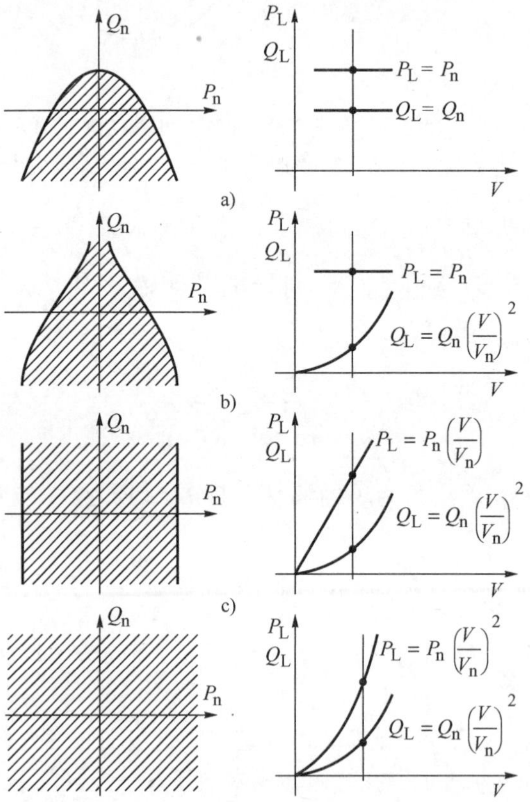

图 8-4　负荷运行范围与负荷电压特性之间的关系

再次考察图 8-4d，其对（P_n，Q_n）的运行范围没有限制。这个特性可以证明如下：

$$P_L(V)=P_n\left(\frac{V}{V_n}\right)^2=\frac{P_n}{V_n^2}V^2=G_nV^2,\quad Q_L(V)=Q_n\left(\frac{V}{V_n}\right)^2=\frac{Q_n}{V_n^2}V^2=B_nV^2 \tag{8.14}$$

式（8.14）表明，该负荷可以用一个等效导纳 $\underline{Y}_n=G_n+jB_n$ 来表示，如图 8-5 所示。将 P_n 和 Q_n 从 0 变化到无穷大，对应于将等效导纳从 0（开路）变化到无穷大（短路）。由于对于任意的 $\underline{Y}_n$，都会有电流流过图 8-5 所示的电路，所以对于任意的 P_n 和 Q_n，式（8.2）的解总是存在的。数学上的证明如下，将式（8.14）代入到式（8.2）中，可以得到如下表达式：

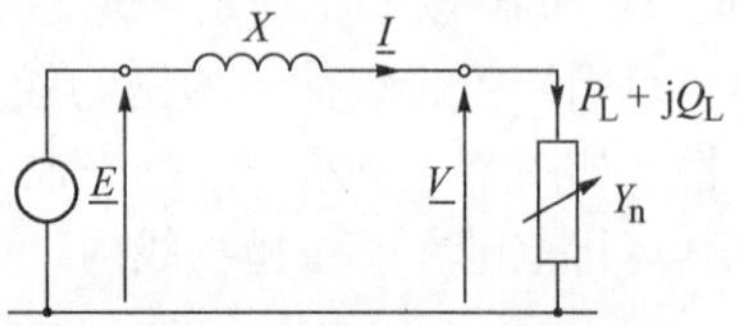

图 8-5　负荷为等效可变导纳的输电环节

$$V = \frac{E}{\sqrt{(G_n X)^2 + (B_n X + 1)^2}} \tag{8.15}$$

从而验证了对于任意的 G_n、B_n，网络方程关于 V 的解总是存在的。

8.2　稳定性判据

对于网络方程解域包络线内的每一点，例如图 8-3 中的 A 点，关于电压 V 有 2 个解，一个值较大，一个值较小。因此有必要考察两个解中的哪个解对应于稳定的平衡点。本节中将考察电压稳定性问题，并导出不同但相互等价的电压稳定性判据。

8.2.1　$d\Delta Q/dV$ 判据

这一经典的电压稳定判据（Venikov，1978b；Weedy，1987）是在有功功率给定的条件下，考察系统供给负荷无功功率的能力，从而得到电压稳定的判据。为了解释这一判据，将有功功率和无功功率分开来考虑是方便的，如图 8-6 所示。为了区分电网在负荷节点上提供的功率与负荷本身的功率需求，用 $P_S(V)$ 和 $Q_S(V)$ 表示电网在负荷节点上提供的功率，而用 $P_L(V)$ 和 $Q_L(V)$ 表示负荷本身吸收的功率。

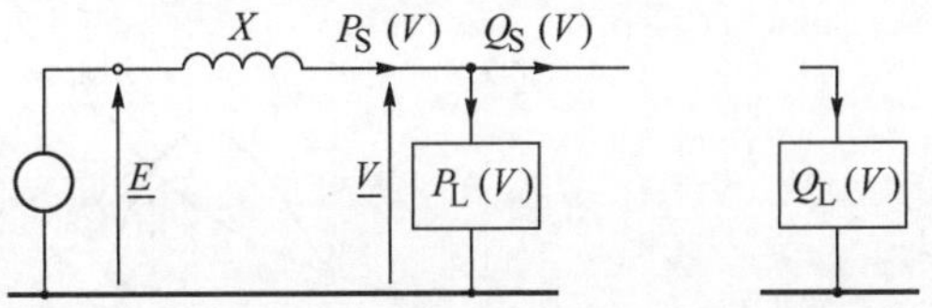

图 8-6　确定电网侧无功功率特性的等效电路

由于有功功率总是与传输环节相联接的，因此有 $P_L(V) = P_S(V)$。同样地，在正常运行条件下有 $Q_L(V) = Q_S(V)$。但是，为了稳定性分析，概念上将 $Q_L(V)$ 和 $Q_S(V)$ 分离。$Q_S(V)$ 被处理成电网提供的无功功率，且假设其不受负荷无功大小的影响。传输的有功功率和无功功率表达式与式（8.1）类似：

$$P_L(V) = P_S(V) = \frac{EV}{X}\sin\delta \quad 和 \quad Q_S(V) = \frac{EV}{X}\cos\delta - \frac{V^2}{X} \tag{8.16}$$

利用恒等式 $\sin^2\delta + \cos^2\delta = 1$ 消去式（8.16）中的三角函数有

$$\left(\frac{EV}{X}\right)^2 = P_L^2(V) + \left[Q_S(V) + \frac{V^2}{X}\right]^2 \tag{8.17}$$

求解 $Q_S(V)$ 有

$$Q_S(V) = \sqrt{\left(\frac{EV}{X}\right)^2 - [P_L(V)]^2} - \frac{V^2}{X} \tag{8.18}$$

式（8.18）确定了无功-电压特性，并给出了如果系统只供给有功功率 $P_L(V)$ 时电网需要提供的无功功率大小，其中负荷端的电压被作为一个变量处理。对于理想刚性的有功负荷，$P_L(V) = P_L =$ 常值，式（8.18）呈现为一条倒置抛物线，如图 8-7 所示。式（8.18）的第一项依赖于等效系统电抗 X 和负荷有功功率 P_L，其效果是使抛物线向下和向右移动，如图 8-7 所示。当 $P_L = 0$ 时，该抛物线在 $V = E$ 和 $V = 0$

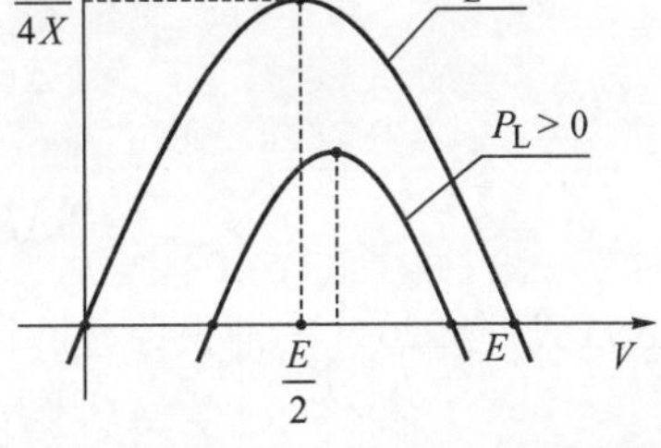

图 8-7　$P_L = 0$ 与 $P_L > 0$ 时的 $Q_S(V)$ 特性

两点穿越横轴，且抛物线的最大值在 $V=E/2$ 处达到，最大值 $Q_{max}=E^2/4X$。当 $P_L>0$ 时，$Q_S(V)$ 的最大值出现在电压 $V=\sqrt{(E/2)^2+[P_L(V)X/E]^2}$处，其值大于 $E/2$。

如果将概念上分开的无功负荷重新联接到系统中，那么可以在同一张图上一起画出 $Q_S(V)$ 与 $Q_L(V)$的特性曲线，如图 8-8a 所示。在平衡点上，供需平衡，即 $Q_S(V)=Q_L(V)$，满足这个条件的平衡点有 2 个，V^s和 V^u。这种情况与图 8-3b 所示的情况是一致的，对应一种负荷功率水平，如图中的 A 点，存在 2 个可能的但不同的电压值 V_1和 V_2，且 $V_1\neq V_2$。

这两个平衡点的稳定性可以用小扰动法来测定。回顾一下 3.1.2 节中的图 3.4，图中显示无功功率从大往小变化将使电压上升，而无功功率从小往大变化将使电压下降。现在考察图 8-8a 中平衡点 s，假定电压有一个负的小扰动 ΔV，这将导致供给的无功功率 $Q_S(V)$ 大于消耗的无功功率 $Q_L(V)$，为了使 $Q_S(V)$ 等于 $Q_L(V)$，这个过剩的无功功率必然会从大往小变化，因而导致电压升高，从而使电压回到 s 点；如果扰动导致了电压的上升，由此引起 $Q_S(V)$ 小于 $Q_L(V)$，$Q_S(V)$ 必然会由小往大变化，迫使电压下降，从而回到 s 点。所以平衡点 s 是稳定的。

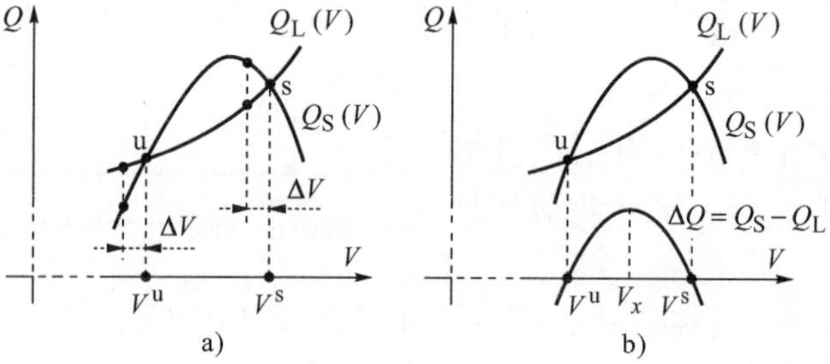

图 8-8　$Q_S(V)$ 与 $Q_L(V)$特性；a）两个平衡点；b）展示经典稳定判据

另一方面，平衡点 u 附近的扰动若导致电压下降，就有 $Q_S(V)<Q_L(V)$，产生无功功率不足，这将导致电压的进一步下降。由于受扰动系统无法回到平衡点，因此平衡点 u 是不稳定的。

经典的电压稳定性判据是根据图 8-8b 得出的。图中，无功功率盈余的导数 $\mathrm{d}(Q_S-Q_L)/\mathrm{d}V$ 在 2 个平衡点处是符号相反的：在稳定平衡点 s 处为负，而在不稳定平衡点 u 处为正。这就是经典 $\mathrm{d}\Delta Q/\mathrm{d}V$ 稳定判据的精髓。经典电压稳定判据为

$$\frac{\mathrm{d}(Q_S-Q_L)}{\mathrm{d}V}<0 \quad 即 \quad \frac{\mathrm{d}Q_S}{\mathrm{d}V}<\frac{\mathrm{d}Q_L}{\mathrm{d}V} \tag{8.19}$$

在图 8-6 所示的简单系统中，供给的有功功率和无功功率可以用式（8.16）表示，其是 2 个变量 V 和 δ 的函数。其微增量为

$$\begin{aligned}\Delta Q_S&=\frac{\partial Q_S}{\partial V}\Delta V+\frac{\partial Q_S}{\partial \delta}\Delta\delta\\ \Delta P_L=\Delta P_S&=\frac{\partial P_S}{\partial V}\Delta V+\frac{\partial P_S}{\partial \delta}\Delta\delta\end{aligned} \tag{8.20}$$

将 $\Delta\delta$ 从式（8.20）中消去，并除以 ΔV 得到

$$\frac{\Delta Q_S}{\Delta V}=\frac{\partial Q_S}{\partial V}+\frac{\partial Q_S}{\partial \delta}\left(\frac{\partial P_S}{\partial \delta}\right)^{-1}\left(\frac{\Delta P_L}{\Delta V}-\frac{\partial P_S}{\partial V}\right) \tag{8.21}$$

即

$$\frac{\mathrm{d}Q_{\mathrm{S}}}{\mathrm{d}V}\approx\frac{\partial Q_{\mathrm{S}}}{\partial V}+\frac{\partial Q_{\mathrm{S}}}{\partial \delta}\left(\frac{\partial P_{\mathrm{S}}}{\partial \delta}\right)^{-1}\left(\frac{\mathrm{d}P_{\mathrm{L}}}{\mathrm{d}V}-\frac{\partial P_{\mathrm{S}}}{\partial V}\right) \tag{8.22}$$

式中，偏导数可以根据式（8.16）得到，为

$$\frac{\partial P_{\mathrm{S}}}{\partial \delta}=\frac{EV}{X}\cos\delta,\quad \frac{\partial P_{\mathrm{S}}}{\partial V}=\frac{E}{X}\sin\delta,\quad \frac{\partial Q_{\mathrm{S}}}{\partial \delta}=-\frac{EV}{X}\sin\delta,\quad \frac{\partial Q_{\mathrm{S}}}{\partial V}=\frac{E}{X}\cos\delta-2\frac{V}{X} \tag{8.23}$$

将这些偏导数代入到式（8.22）中可得

$$\frac{\mathrm{d}Q_{\mathrm{S}}}{\mathrm{d}V}\approx\frac{E}{X}\cos\delta-\frac{2V}{X}-\frac{EV}{X}\sin\delta\,\frac{X}{EV\cos\delta}\left(\frac{\mathrm{d}P_{\mathrm{L}}}{\mathrm{d}V}-\frac{E}{X}\sin\delta\right)=\frac{E}{X\cos\delta}-\left(\frac{2V}{X}+\frac{\mathrm{d}P_{\mathrm{L}}}{\mathrm{d}V}\tan\delta\right) \tag{8.24}$$

这使得由式（8.19）描述的稳定条件可以表示成如下形式：

$$\frac{\mathrm{d}Q_{\mathrm{L}}}{\mathrm{d}V}>\frac{E}{X\cos\delta}-\left(\frac{2V}{X}+\frac{\mathrm{d}P_{\mathrm{L}}}{\mathrm{d}V}\tan\delta\right) \tag{8.25}$$

式中，导数 $\mathrm{d}Q_{\mathrm{L}}/\mathrm{d}V$ 和 $\mathrm{d}P_{\mathrm{L}}/\mathrm{d}V$ 可以通过用于近似模拟负荷特性的函数得到。

一般地，对于多机系统，不大可能导出稳定判据的解析公式。但是，可以通过使用潮流计算程序来得到电网侧的无功-电压特性 $Q_{\mathrm{S}}(V)$。具体做法是，将待研究的负荷节点定义为 PV 节点，设定该节点的电压为不同的值，通过潮流计算得到相对应的无功功率，从而得到该节点的 $Q_{\mathrm{S}}(V)$ 特性。将此 $Q_{\mathrm{S}}(V)$ 特性与负荷的 $Q_{\mathrm{L}}(V)$ 特性做比较，就能检查系统的稳定状况。

8.2.2　dE/dV 判据

求解方程式（8.2）可以得到用负荷电压表示的系统等效电势 E：

$$E(V)=\sqrt{\left(V+\frac{Q_{\mathrm{L}}(V)X}{V}\right)^2+\left(\frac{P_{\mathrm{L}}(V)X}{V}\right)^2} \tag{8.26}$$

式中，$Q_{\mathrm{L}}(V)X/V$ 和 $P_{\mathrm{L}}(V)X/V$ 分别为图 8-1 中电压降 $\underline{I}X$ 的水平分量和正交分量。

图 8-9 给出了 $E(V)$ 特性的一个例子，负荷通常运行在电压较高的点，对应于特性曲线的右侧。由于 V 很大，远大于电压降的水平分量和正交分量；因此，根据式（8.26）电压的下降将引起电势 $E(V)$ 的下降。当 V 继续下降时，$Q_{\mathrm{L}}(V)X/V$ 和 $P_{\mathrm{L}}(V)X/V$ 就变得越来越重要了，当 V 降低到某个值以下时，这 2 个分量的作用会使 $E(V)$ 上升。因此，$E(V)$ 的每个值，对应于网络方程的 2 个可能解 V。和前面一样做法，这些解的稳定性可以采用小扰动法来检验。

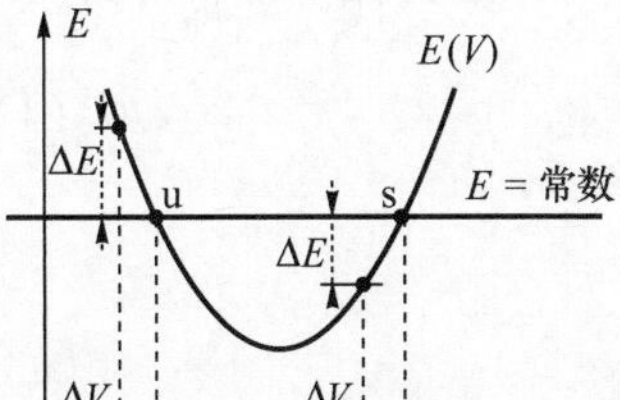

图 8-9　稳定性判据 $\mathrm{d}E/\mathrm{d}V>0$ 的图示

首先考虑图 8-9 $E(V)$ 特性曲线右侧 s 点的系统行为，假设电源的电动势 E 保持恒定值。负荷电压下降 ΔV 将引起电势 $E(V)$ 的下降，使其小于电源电动势 E。由于 E 过大，不能维持负荷电压在较低的水平，电压 V 被迫返回到初始的平衡值。相似地，电压上升 ΔV 将导致电源电动势 E 小于维持升高了的负荷电压 V 所需的电动势，因此电源电动势再次强迫电压回到初始值。

现在考察在特性曲线左侧的平衡点 u，设 u 点受到一个小扰动使电压下降了 ΔV，这个

扰动导致电源电动势 E 小于维持降低了的负荷电压 V 所需的电动势。由于 E 太小，负荷电压将进一步下降而无法返回其初始值，所以 u 是不稳定点。

从以上讨论可以看出，当平衡点位于特性曲线右侧时系统才稳定，即要求

$$\frac{\mathrm{d}E}{\mathrm{d}V}>0 \tag{8.27}$$

Venikov（1968）和 Abe Isono（1975）都已经证明，这个判据与式（8.19）所定义的经典稳定判据是等价的。

基于式（8.27）所定义的稳定判据，用潮流计算的方法来判断多节点系统的稳定性是很不方便的，因为导数 $\mathrm{d}E/\mathrm{d}V$ 是基于图 8-1 的等效电路的。在潮流计算时，负荷节点被定义为 PQ 节点（P_L、Q_L给定，V、δ 未知），其电压是不能被设定的。因此，导数 $\mathrm{d}E/\mathrm{d}V$ 必须通过强迫发电机节点（PV 节点）改变电压值得到，因为其电压值是可以设置的。由于系统中往往有大量的发电机节点，为了考虑各种可能的电压设定值的组合，需要进行大量的潮流计算。

8.2.3 $\mathrm{d}Q_G/\mathrm{d}Q_L$判据

为了理解这一判据，必须分析当负荷无功功率 $Q_L(V)$ 变化时发电机发出的无功功率 $Q_G(V)$ 的行为。与前两小节只考虑由电源提供给负荷节点的无功功率 $Q_S(V)$ 不同，$Q_G(V)$ 不仅包括了负荷的无功功率 $Q_L(V)$，也包括了网络的无功消耗 I^2X。

$Q_G(V)$的表达式与式（8.1）是类似的，但 E 和 V 互换了位置：

$$Q_G(V)=\frac{E^2}{X}-\frac{EV}{X}\cos\delta \tag{8.28}$$

式中，V 和 δ 取决于 $P_L(V)$和 $Q_L(V)$。联系式（8.1），可以替换掉式（8.28）的第二项：

$$Q_G(V)=\frac{E^2}{X}-\frac{V^2}{X}-Q_L(V) \quad 即 \quad \frac{V^2}{X}=\frac{E^2}{X}-Q_L(V)-Q_G(V) \tag{8.29}$$

将式（8.29）代入到式（8.2）并进行一些简单的代数运算可得

$$Q_G^2(V)-\frac{E^2}{X}Q_G(V)+P_L^2(V)+\frac{E^2}{X}Q_L(V)=0 \tag{8.30}$$

即

$$Q_L(V)=-\frac{Q_G^2(V)}{\dfrac{E^2}{X}}+Q_G(V)-\frac{P_L^2(V)}{\dfrac{E^2}{X}} \tag{8.31}$$

对于理想刚性负荷的有功功率，$P_L(V)=P_L=$常数，式（8.31）在（Q_G，Q_L）平面描述为一条水平方向的抛物线，如图 8-10a 所示。抛物线的顶点在 $Q_G=E^2/2X$ 处，而 Q_L的最大值取决于 P_L，当 $P_L=0$ 时 Q_L最大值为 $E^2/4X$。增大 P_L，抛物线会沿着 Q_L轴左移，但相对于 Q_G轴没有移动。

值得注意的是，抛物线的顶点（给定 P_L下 Q_L的最大值）对应于图 8-3b 中 Q_L（P_L）特性包络线上的一点，也对应于图 8-7 中 $Q_S(V)$ 特性曲线的顶点。显然对于 $P_L=0$，3 个特性都给出了同样的最大值 $Q_{n\max}=E^2/4X$，与式（8.13）相对应。

图 8-10b 展示了如何利用 $Q_G(Q_L)$ 特性曲线分析系统稳定性。假定负荷无功功率 Q_L低

于其最大值，那么总存在两个平衡点与之对应，即对于一个给定的负荷水平会有两个发电机无功与之对应。在较小的发电机无功点 s，一个瞬时的扰动使得负荷无功消耗增加 ΔQ_L，这将引起发电机无功功率增加；而一个瞬时的扰动若使得负荷无功消耗减少，则发电机无功功率也将减少。由于发电机无功跟随负荷无功需求，因此较低的平衡点 s 是稳定的。对于较高的平衡点 u，情况刚好相反。此时，Q_L上升会导致 Q_G下降，而 Q_L下降将引起 Q_G上升。由于发电机无功变化与负荷无功需求的变化相反，因此平衡点 u 是不稳定的。

这样，若一个系统是稳定的，则负荷无功需求的一个微小变化将引起发电机无功的同号变化，换句话说，导数 dQ_G/dQ_L是正的：

$$\frac{dQ_G}{dQ_L}>0 \tag{8.32}$$

值得注意的是，在 $Q_G(Q_L)$ 鼻形特性曲线的最大负荷点处，导数 dQ_G/dQ_L趋向于无穷大。

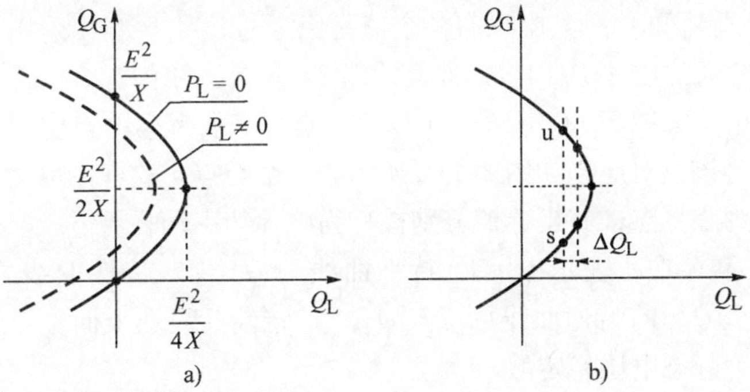

图 8-10　发电机和负荷特性：a）以 P_L为参量的 $Q_G(Q_L)$特性；b）小扰动法应用于 $Q_G(Q_L)$特性

式（8.31）所描述的特性，如图 8-10 所示，仅仅在理想刚性负荷有功功率 $P_L(V)=P_L=$常数的条件下是一条抛物线。对于随电压而变化的负荷特性，$P_L(V)$会随电压而变化，此时不可能得到以 $P_L(V)$为参量的 Q_L与 Q_G之间关系的明确表达式。但是，Q_L与 Q_G之间的关系可以通过反复计算的方法得到。具体做法为：对于给定的负荷功率 P_L和 Q_L及发电机节点电势 E，求解网络方程得到 Q_G，不断地改变 Q_L的值，就能得到 Q_L与 Q_G之间的关系曲线。

dQ_G/dQ_L判据的主要优点是，基于这个判据并借助于潮流计算，可以很容易分析多节点系统（Carpentier, Girard and Scano, 1984; Taylor, 1994）。发电机无功功率 Q_G可以用所有发电机的无功功率之和代替；导数 dQ_G/dQ_L可以用所有发电机无功功率之和的微增量除以所研究的负荷节点处无功功率的微增量来代替，即 $\sum \Delta Q_{Gi}/\Delta Q_L$。

8.3　临界负荷水平与电压崩溃

图 8-4 展示了负荷特性的形状对网络解域的影响，而图 8-8 解释了经典的稳定判据 $d\Delta Q/dV$。图 8-11 扩展了这些结果并显示了网络方程可能有 2 个解、1 个解或完全没有解，这取决于 Q_L和 Q_S特性曲线的相对位置和形状。

在图 8-11a 中，有 2 个平衡点，对应于 $Q_L(V)$和 $Q_S(V)$ 特性曲线的 2 个交点，其中只

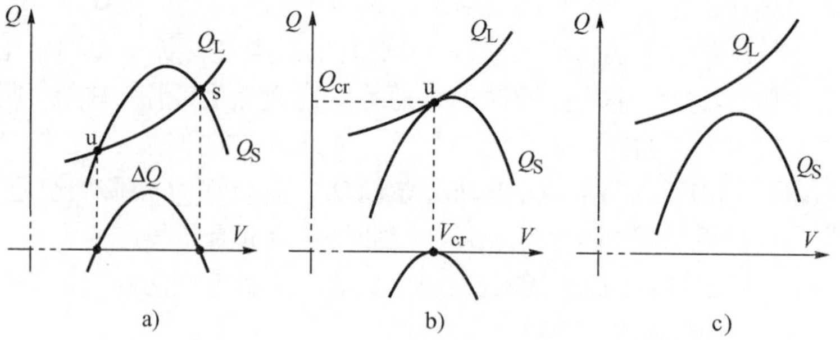

图 8-11　发电机和负荷特性曲线的相对位置：
a）两个平衡点；b）一个临界平衡点；c）没有平衡点

有点 s 是稳定的。对于 $Q_L(V)$ = 常数和 $P_L(V)$ = 常数的特殊情况，这两个电压值对应于图 8-3b 中 A 点所示的电压值 V_1 和 V_2，其中只有一个值是稳定的。对于如图 8-4b、c、d 所示的更一般性的情况，$Q_L(V) \neq$ 常数 、$P_L(V) \neq$ 常数，图 8-3b 包络线内存在一个等效于 A 点的点，该点具有 2 个电压解，如图 8-11a 所示的 u 点和 s 点。若所考察的点位于包络线上，那么只存在一个平衡点，且该点对应于如图 8-11b 所示的一个交点。这样的电力系统处在一个临界状态，而该点被称为临界点，其坐标值分别被称为临界功率和临界电压。对于图 8-4 网络解域外的点，平衡点不存在，表示 $Q_L(V)$ 特性曲线与 $Q_S(V)$ 特性曲线之间没有交点，如图 8-11c 所示，这里 $Q_L(V)$ 特性曲线总位于 $Q_S(V)$ 特性曲线的上面。一般地，如图 8-4 所示的网络解域被称为静态电压稳定域。

切记图 8-11 只是针对理想刚性负荷的特殊情况画出的，即有功负荷是恒定的，$P_L(V) = P_L$ = 常数，因此临界功率 Q_{cr}、P_{cr} 可以用坐标（Q_{cr}，P_L）来表示，而图 8-11b 只标注出了 Q_{cr} 和 V_{cr}。

8.3.1　负荷增加的效应

系统负荷的缓慢增加，例如一天中负荷的正常变化所导致的负荷增加，会对电压稳定性产生不利的影响，表现在两个方面：①根据式（8.18），有功负荷的增加会导致 $Q_S(V)$ 特性曲线的下降，如图 8-7 所示；②无功负荷的增加会使 $Q_L(V)$ 特性曲线上移。因此，稳定平衡点 s 会朝着较小的电压值方向移动，而不稳定平衡点 u 会朝着较大的电压值方向移动。随着负荷水平的进一步上升，两个平衡点越来越靠近，直到两者最终会合于临界平衡点，如图 8-11b 所示。

当负荷运行于临界点时，负荷无功的任何增加都会导致无功不足，无功需求将大于无功供给，电压将会下降。随着电压的下降，无功不足进一步增大，电压进一步下降，直到最终下降到一个很小的值。这个现象通常被称为电压崩溃，有些国家采用了更形象化的术语“电压雪崩”。文献中已确认了两种形式的电压崩溃：①若电压崩溃是永久性的，有些作者将其称为完全电压崩溃（Taylor，1994）；②当负荷大幅度上升导致电压下降到某个技术上可接受的限值以下时，称这种情况为部分电压崩溃。由于部分电压崩溃并不与系统不稳定性相对应，也许将这种状态理解为系统处于紧急状态更合理，因为尽管电压较低，但系统仍然在运行。

一个实际的电压崩溃例子如图 8-12 所示（Nago, 1975）。图中，曲线 2 表示典型日电压随时间变化的曲线：上午时段，由于负荷增加导致电压略有下降；午休期间，负荷下降电压略有上升；午休过后 13 点左右，负荷再次增加导致电压下降。而曲线 1 表示某特殊日电压随时间变化的曲线，该日整个系统负荷较大，从而使局部地区的电压值比正常日更低；当午休后负荷开始增加时，电压下降到其临界值，继而崩溃。系统运行人员随后介入，在一段较长时间的停电后人工恢复到正常运行状态。

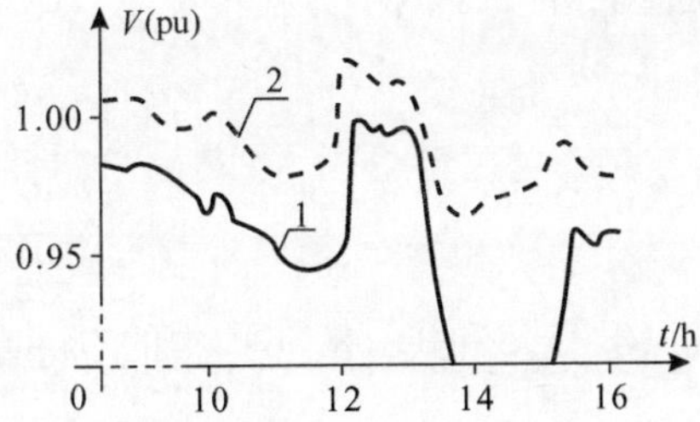

图 8-12　电压崩溃的一个例子（Nago, 1975）
1—电压崩溃那天的电压变化曲线
2—前一天的电压变化曲线

从电力系统安全性的角度来看，为了使系统节点的运行电压和功率值尽可能远离其临界值，知道临界功率和临界电压的值是非常重要的。不幸的是，由于电压特性的非线性，即使采用假设的简单电力系统模型，也不可能导出对任意类型有功功率和无功功率变化都成立的临界电压表达式。但是，如果采用如下 3 个假设条件，可以导出一些简单的迭代公式：

假设条件 1：通过无功功率补偿使负荷增加时功率因数保持不变，即

$$\frac{P_{\mathrm{n}}(t)}{P_0}=\frac{Q_{\mathrm{n}}(t)}{Q_0}=\xi \tag{8.33}$$

式中，$P_{\mathrm{n}}(t)$ 和 $Q_{\mathrm{n}}(t)$ 是 t 时刻负荷水平的标称值，P_0、Q_0是负荷水平的初始值，ξ 是负荷增长系数。

假设条件 2：负荷含有大量感应电动机，其特性可以用工业综合负荷特性来表示，即近似地可以用如下的多项式来表示（见 3.5.4 节）：

$$\frac{Q_{\mathrm{L}}}{Q_{\mathrm{n}}}=a_2\left(\frac{V}{V_{\mathrm{n}}}\right)^2-a_1\left(\frac{V}{V_{\mathrm{n}}}\right)+a_0,\quad \frac{P_{\mathrm{L}}}{P_{\mathrm{n}}}=b_1\left(\frac{V}{V_{\mathrm{n}}}\right) \tag{8.34}$$

分别为一条抛物线和一条直线。

假设条件 3：负荷成分是恒定的，从而认为系数 a_0、a_1、a_2 和 b_1 是常数。

根据式（8.33），可以将式（8.34）所定义的特性转化为如下形式：

$$Q_{\mathrm{L}}=\xi[\alpha_2V^2-\alpha_1V+\alpha_0],\quad P_{\mathrm{L}}=\xi\beta_1V \tag{8.35}$$

式中，

$$\alpha_2=\frac{Q_0}{V_{\mathrm{n}}^2}a_2,\quad \alpha_1=\frac{Q_0}{V_{\mathrm{n}}}a_1,\quad \alpha_0=Q_0a_0,\quad \beta_1=\frac{P_0}{V_{\mathrm{n}}}b_1$$

将式（8.35）的第二式代入式（8.18）可得

$$Q_{\mathrm{S}}(V)=V\sqrt{\left(\frac{E}{X}\right)^2-\xi^2\beta_1^2}-\frac{V^2}{X} \tag{8.36}$$

图 8-11b 展示了在临界点处供给曲线和需求曲线是如何相互相切的，从而可以得到计算临界

电压值 V_{cr} 的如下两个方程：

$$Q_S(V_{cr}) = Q_L(V_{cr}) \tag{8.37}$$

$$\left.\frac{dQ_S}{dV}\right|_{V=V_{cr}} = \left.\frac{dQ_L}{dV}\right|_{V=V_{cr}} \tag{8.38}$$

将式（8.35）和式（8.36）中的 Q_S 和 Q_L 代入，得

$$V_{cr}\sqrt{\left(\frac{E}{X}\right)^2 - \xi_{cr}^2\beta_1^2} - \frac{V_{cr}^2}{X} = \xi_{cr}(\alpha_2 V_{cr}^2 - \alpha_1 V_{cr} + \alpha_0) \tag{8.39}$$

$$\sqrt{\left(\frac{E}{X}\right)^2 - \xi_{cr}^2\beta_1^2} - 2\frac{V_{cr}}{X} = \xi_{cr}(2\alpha_2 V_{cr} - \alpha_1) \tag{8.40}$$

式（8.40）描述了临界电压 V_{cr} 是系统参数和一个未知负荷增长系数 ξ_{cr} 的函数，即

$$V_{cr} = \frac{\sqrt{\left(\frac{E}{\beta_1 X}\right)^2 - \xi_{cr}^2} + \frac{\alpha_1}{\beta_1}\xi_{cr}}{2\frac{\alpha_2}{\beta_1}\xi_{cr} + \frac{2}{\beta_1 X}} \tag{8.41}$$

将式（8.40）乘以（$-V_{cr}$），将结果加到式（8.39），得

$$\frac{V_{cr}^2}{X} = \xi_{cr}[\alpha_0 - \alpha_2 V_{cr}^2] \tag{8.42}$$

式（8.42）最终可写成

$$\xi_{cr} = \frac{1}{\frac{\alpha_0 X}{V_{cr}^2} - \alpha_2 X} \tag{8.43}$$

式（8.41）和式（8.43）可以作为求解临界电压 V_{cr}、临界负荷增长系数 ξ_{cr} 的迭代算式。

例 8.1 一个综合负荷的额定值为 $S_n = (150 + j100)$MVA 和 $V_n = 110$kV，通过单回输电线路和2台并联变压器供电，输电线路的参数为130km、220kV、线路电抗0.4Ω/km，单台变压器的参数为160MVA、短路电抗0.132pu。假设系统可以用一个内电抗为13Ω的251kV电压源代替；负荷特性为 $P_L = 0.682\xi V$ 和 $Q_L = \xi(0.0122V^2 - 4.318V + 460)$，其中电压的单位为kV，功率的单位为MVA。求临界电压值和临界负荷增长系数。

求解过程如下：

通过简单计算，就可以得到相关的参数值，如图8-13所示。根据式（8.41）和式（8.43）有

$$V_{cr} = \frac{\sqrt{18.747 - \xi_{cr}^2} + 6.331\xi_{cr}}{0.03578\xi_{cr} + 0.0345}, \quad \xi_{cr} = \frac{1}{\frac{39100}{V_{cr}^2} - 1.037} \tag{8.44}$$

将初始值 $\xi_{cr} = 1$ 代入上面的第1个式子中得 $V_{cr} = 151.69$。将这个值代入第2个式子得 $\xi_{cr} = 1.51$。如此5次迭代之后可得最终结果 $\xi_{cr} = 1.66$、$V_{cr} = 154.5$kV。表明若负荷增长到原来的1.66倍，系统将失稳。变压器一次电压154.5kV换算至变压器二次侧为77.25kV，即额定

电压 110kV 的 70%。图 8-13b、c 展示了初始和临界状态下的系统和负荷特性。最初系统运行在 s 点，电压为 208kV，或换算至二次侧为 104kV，即额定电压的 94.5%。

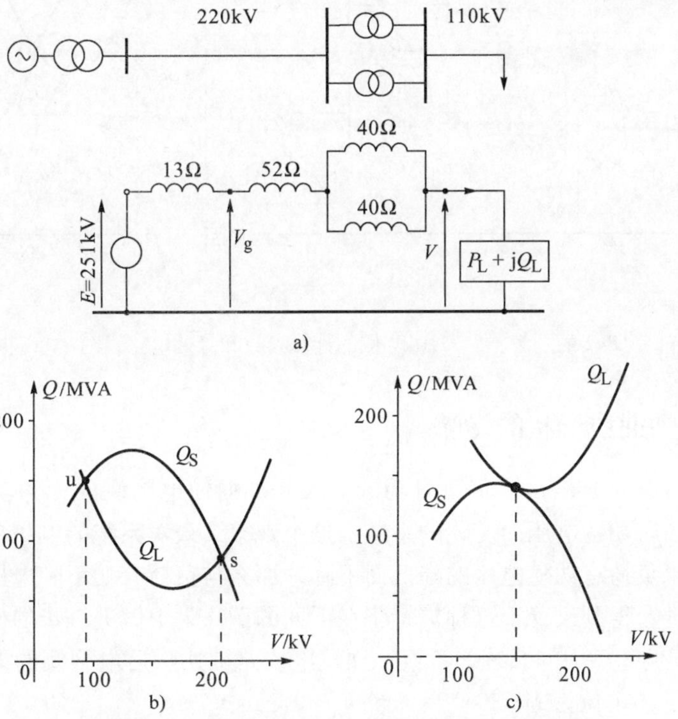

图 8-13　例 8.1 的图解：a）220kV 侧的等效电路及参数；b）初始特性；c）临界状态下的特性

8.3.2　网络故障的影响

式（8.18）所定义的电网侧特性曲线相对位置取决于系统的等效电抗。在诸如网络故障等情况下，此等效电抗会发生很大的变化，有可能使电网侧特性曲线下移，导致电压不稳定问题。

例 8.2　一个综合负荷的额定值为 $S_n = (240 + j160)$MVA 和 $V_n = 110$kV，通过双回输电线路和 2 台并联变压器供电，输电线路的参数为 130km、220kV、线路电抗 0.4Ω/km，单台变压器的参数为 160MVA、短路电抗 0.132pu。假设系统可以用一个内电抗为 13Ω、电动势为 251kV 的电压源代替。负荷特性为 $P_L = 1.09V$ 和 $Q_L = 0.0195V^2 - 6.9V + 736$。检查一回线路被切除后的系统稳定性。

求解过程如下：

图 8-14 给出了负荷的特性曲线以及一回输电线路被切除前后的电网侧特性曲线 Q'_S 和 Q''_S。切除一回线路导致负荷电压降至 170kV，或变压器二次电压 85kV，即额定电压的 77%。系统位于失稳的边缘。通过与例 8.1 类似的计算，表明负荷增加 3.8% 将导致系统失稳。由于不可接受的低电压，系统正处于很可能失去稳定的紧急状态。

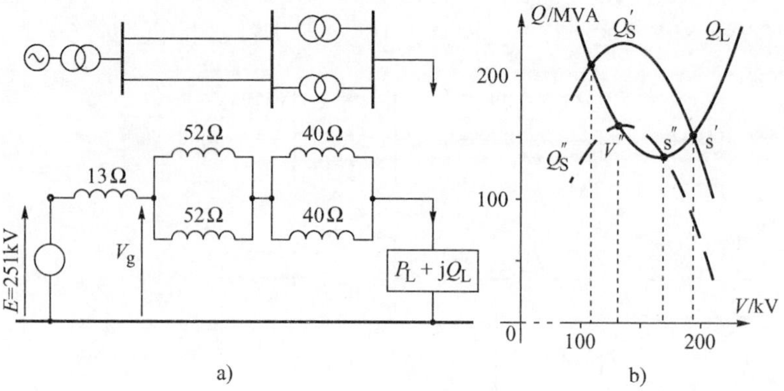

图8-14　例8.2的图解：a）220kV侧的计算参数和等效电路；b）电压特性曲线

8.3.3　负荷特性曲线形状的影响

图8-7和式（8.18）展示了负荷有功的增长是如何使电网侧的无功功率特性曲线顶点下移的。对于负荷有功随电压而变化的系统，这个观察结果对系统的电压稳定性具有重要的含义。例如，如果负荷有功随电压的降低而下降，那么与负荷有功不随电压而变化的情况相比，系统的稳定性会得到改善。这种情景将在下面的例8.3中做进一步的检验。

例8.3　对于例8.2中的系统，考察一回输电线路被切除后电网侧的无功特性，假设负荷的有功特性如下（单位为MW）：

（1）$P_L=240=$常数，（2）$P_L=16.18\sqrt{V}$，（3）$P_L=1.09V$，（4）$P_L=0.004859V^2$

求解过程如下：

图8-15a给出了上述4种类型有功功率的特性曲线，其中曲线1表示理想刚性负荷，曲线2、3、4表示对电压敏感的负荷。通过式（8.14）容易确定对应的电网侧无功功率特性曲线，如图8-15b所示。对于曲线1所示的理想刚性负荷，此系统没有平衡点，线路的切除立刻导致电压崩溃。刚性稍差的负荷2处于临界状态，线路的切除同样会导致系统失稳。负荷3接近于临界状态，若负荷增加3.8%，系统就会失稳（见例8.2）。负荷4的电压敏感性更高，其稳定裕度更大，当需求增加大约15%后系统会失稳。

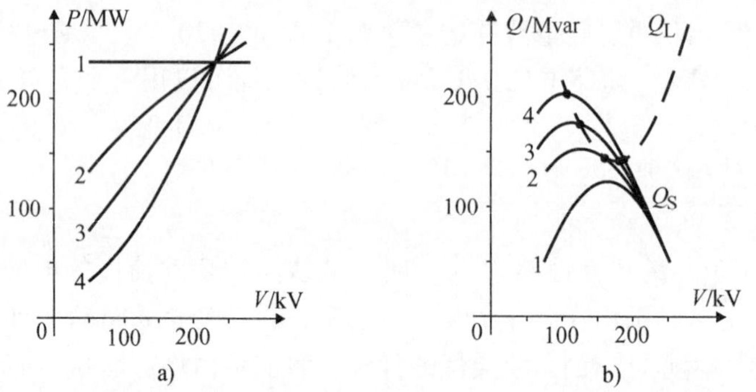

图8-15　例8.3中的有功和无功特性曲线

绝对稳定的负荷

图 8-4 展示了网络解域是如何依赖于负荷特性的形状的，其中图 8-4d 对应于恒定导纳的负荷。负荷为恒定导纳时的等效电路如图 8-5 所示，8.1 节解释了为什么负荷为恒定导纳时，每一个 $V>0$ 的平衡点都是稳定的且系统不会出现电压崩溃的原因。这一结果也可以通过经典的 $\mathrm{d}\Delta Q/\mathrm{d}V$ 判据来证明。

负荷为恒定导纳时，$P_L(V)$ 的特性曲线由式（8.14）给出，将其代入到式（8.18），可以得到电网侧供给的无功功率特性为

$$Q_S = V\left[\sqrt{\left(\frac{E}{X}\right)^2 - (G_n V)^2} - \frac{V}{X}\right] \tag{8.45}$$

图 8-16 画出了此特性曲线，可以看出，对于任意值的负荷电导 G_n，电网侧无功功率特性曲线总是在 $V=0$ 处过原点。再次根据式（8.14）得到负荷侧无功功率为 $Q_L = B_n V^2$，因此对于任意值的负荷电纳 B_n，原点总是一个平衡点。当负荷电纳增加时，由 $Q_L = B_n V^2$ 所定义的抛物线将变得更陡，但对于 $V>0$ 的所有平衡点，稳定条件式（8.19）总是满足的。甚至对于电网侧无功功率抛物线特性曲线左侧的平衡点 $s_{(4)}$ 也是成立的。因此，恒定导纳负荷是绝对稳定的，因为不存在 Y_L 的值能够导致电压崩溃，尽管很大的负荷导纳值会导致不可接受的低运行电压。

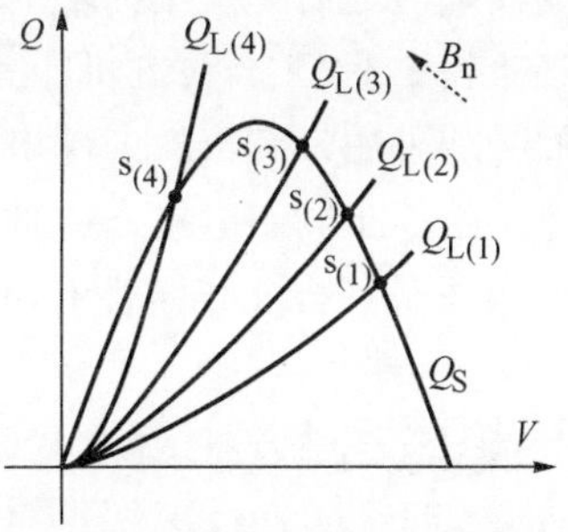

图 8-16　负荷电导固定条件下增加负荷电纳时的负荷无功功率特性曲线簇

8.3.4　电压控制的影响

8.1 节阐述了系统等效发电机的电抗，即网络模型中的电压恒定点，是依赖于发电机的电压控制能力的。只要没有超出励磁限制和发电机定子电流限制，那么 AVR 将保持发电机的机端电压恒定，因此就不需要将发电机的同步电抗 X_d 加到图 8-1 的电网等效电抗 X 上。但是，如果任一台发电机达到了其励磁电流限值，那么励磁电压将保持恒定，发电机就必须用一个"X_d 后的电动势 E_f"来模拟，因而图 8-1 的电网等效电抗 X 必须增大以包括 X_d 的影响。由于发电机-输电线路-负荷模型中的等效系统电抗很大程度上依赖于发电机的电压控制能力，因此电压稳定性也在很大程度上依赖于发电机的电压控制能力。

不管是 8.1 节的网络解域还是 8.2 节用于分析电压稳定性的特性曲线，都依赖于系统的等效电抗。这个电抗在式（8.18）的两个项中出现，一项是 $-V^2/X$，另一项是 EV/X，两者都决定了抛物线的陡度和抛物线顶点的位置。如果 X 变大，那么电网侧的特征抛物线变浅，其顶点下移，如图 8-7 所示。这就导致了最大无功功率的下降和临界功率的下降。

例 8.4　对于例 8.2，设系统运行在只剩单回输电线的情况下，确定电网侧的特性曲线；假设系统等效发电机能够维持线路送端的电压恒定。

在一回线路被切除之前，负荷的运行电压为 208kV（折算到变压器的电网侧）。图 8-14 表明，考虑了发电机电抗上的电压降后，发电机的机端电压 $V_g = 245\text{kV}$；假设 AVR 保持此电压恒定，那么系统可以用 $E = V_g = 245\text{kV} =$ 恒定值来表示，不存在内电抗。一回输电线路加两台并联变压器的总电抗为 $X = 52 + 40/2 = 72\Omega$。图 8-17 表明，现在的电网侧特性曲线比

不考虑电压控制的特性曲线高很多。通过类似于例8.1中的计算，表明当负荷增加大约12%时系统会失稳；而不考虑电压控制时，临界负荷增长是3.8%。

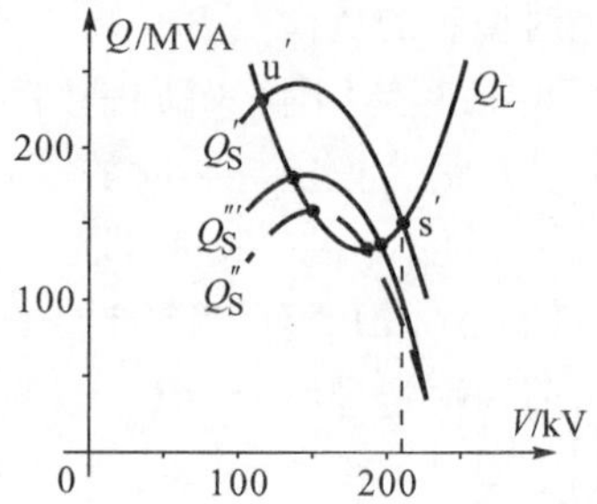

图8-17　例8.4的发电机和负荷特性曲线：Q_S'—跳开一回线之前；Q_S''—跳开一回线之后且$E=$常值；Q_S'''—跳开一回线之后且$V_g=$常值

上面的例子中假定了系统等效发电机的电压调节器能够保持机端电压恒定，这是一种理想化的情况。实际上，每个电源的调节范围都是有限的。对于同步发电机，电压调节器所受到的限制已在3.3.4节讨论过。发电机作为无功电源的特性曲线如图3.22所示。该图表明，在达到励磁（转子）电流或电枢（定子）电流的极限值之后，发出无功的能力随着电压的下降而迅速下降；此时，发电机不能再被视为恒定电压源，而必须采用具有较大内部电抗的电源来表示，该内部电抗就等于同步电抗；这种情况下，发电机发出的无功功率Q_S特性曲线（图8-17中的Q_S''）显著下移，电压稳定性有可能通过电压崩溃的方式失去。

8.4　静态分析

到目前为止的分析仅仅涉及简单发电机-无穷大母线系统[㊀]。对于通过网格型网络为很多综合负荷供电的多机系统，其电压稳定性的分析要复杂得多。

当用于电网规划时，临界负荷功率可以通过改进的潮流计算程序和dQ/dV或dQ_G/dQ_L稳定判据离线计算得到（Van Cutsem, 1991, Ajjarapu et al 1992, Taylor 1994）。此计算过程类似于8.3节所描述的简单发电机-线路-负荷系统，其思路是通过增加所选负荷或一组负荷的功率水平来迫使系统逼近其临界状态。采用潮流计算程序后可以将众多的因素考虑进来，如发电机的电压控制、无功补偿、调速器作用下的机组有功分配、负荷的电压特性等。

不幸的是，此种方法要消耗大量的计算时间，不能用于在线分析，如静态安全评估，因为静态安全评估需要对电压稳定状态做出快速判断，并估计给定的运行点离临界状态之间的距离。与临界状态之间的距离通常采用一种电压稳定性指标来进行量化（Kessel et al, 1986, Tiranuchit et al, 1987, Löf et al, 1992 和其他参考文献）。而所谓的电压稳定性指标实际上有多种，Taylor（1994）的书中对多种不同的电压稳定指标进行了论述。

8.4.1　电压稳定性与潮流的关系

8.3节表明，当负荷增长到临界值时，网络方程只有一个解，它对应于负荷特性曲线$Q_L(V)$与电网侧特性曲线$Q_S(V)$的交点。如果负荷依赖于电压，则其特性曲线$Q_L(V)$会以一定的角度弯曲（见图3-26），该角度与被称为电压灵敏度的系数k_{QV}相对应。这种情况下（见图8-11和图8-13），临界点接近于电网侧特性曲线$Q_S(V)$的峰值。另一方面，对于理想刚性负荷，其电压特性曲线是一条水平线，$Q_L(V)=Q_n=$常数，临界点正好与电网侧特

㊀　实际上是简单发电机-线路-负荷系统。——译者注

性曲线 $Q_S(V)$ 的峰值相对应，即临界点满足 $dQ_S/dV=0$。

理想刚性负荷的有功功率和无功功率由方程 $Q_n=P_n\tan\varphi$ 相关联。因此，对于给定的 $\tan\varphi$，当无功功率达到最大值时，有功功率也达到最大值。这意味着在临界状态，当 $dQ_S/dV=0$ 时，$dP_n/dV=0$ 也成立。这对应于鼻形曲线上的鼻子的峰值（见图 8-2）。因此，对于理想刚性负荷，当负荷增长到临界值时，下式成立：

$$dP/dV\to 0 \quad 和 \quad dQ/dV\to 0 \tag{8.46}$$

也就是说，从网络方程计算得到的有功功率和无功功率的导数趋于零。这一观察结果是使用潮流计算程序确定临界负荷水平的基础。

8.4.1.1　临界负荷水平

3.6 节阐述了在给定的运行点网络方程可以被线性化，即

$$\begin{bmatrix}\Delta \boldsymbol{P}\\ \Delta \boldsymbol{Q}\end{bmatrix}=\begin{bmatrix}\boldsymbol{H} & \boldsymbol{M}\\ \boldsymbol{N} & \boldsymbol{K}\end{bmatrix}\begin{bmatrix}\Delta \boldsymbol{\delta}\\ \Delta \boldsymbol{V}\end{bmatrix} \quad 或 \quad \Delta \boldsymbol{y}=\boldsymbol{J}\Delta \boldsymbol{x} \tag{8.47}$$

式中，$\boldsymbol{J}$ 是雅可比矩阵。在临界状态，对于非零的电压变化（即 $\Delta\boldsymbol{x}\neq\boldsymbol{0}$），功率变化等于零（即 $\Delta\boldsymbol{y}=\boldsymbol{0}$）。因此，可以得到方程 $\boldsymbol{J}\Delta\boldsymbol{x}=\boldsymbol{0}$，并且只有满足 $\det\boldsymbol{J}=0$ 时才存在非平凡解 $\Delta\boldsymbol{x}\neq\boldsymbol{0}$。因此，当负荷达到临界水平时有

$$\det\boldsymbol{J}=\det\begin{bmatrix}\boldsymbol{H} & \boldsymbol{M}\\ \boldsymbol{N} & \boldsymbol{K}\end{bmatrix}=0 \tag{8.48}$$

即雅可比矩阵的行列式为零，雅可比矩阵是奇异的。此种类型的点被称为分岔点。

可以通过不同的负荷增长模式达到临界状态，例如单个负荷增长，或者特定区域内的负荷增长，或者特定子系统内的负荷增长。从一个基准（典型）的潮流分布开始，对选定的负荷按步长增加，并重新计算潮流分布。在每一步中，计算雅可比矩阵的行列式并监视其变化。如果 $\det\boldsymbol{J}$ 接近于零，可以得出系统接近于临界状态。显然，越接近临界状态，求解网络方程的迭代过程收敛性越差。在临界状态下，基于牛顿法的求解网络方程的迭代过程将不收敛。

在上述计算的每一步中，已确定了前面连贯步上的潮流分布，因而可以将影响电压稳定的其他因素考虑进来，如负荷的电压特性、变压器抽头控制、发电机电压控制及其限制等。这显然要求潮流计算程序配备有适当的子程序。在负荷不断增长的每一步中都可以确定鼻形曲线，这样就能将计算的结果用图形的形式显示出来，如图 8-2 所示。

鼻形曲线可以针对单个综合负荷进行计算，也可以针对电气联系紧密的一个负荷区域进行计算。鼻形曲线的尖确定了有功负荷的临界值。显然，在确定有功负荷的鼻形曲线时，合理模拟负荷的增长方式是必要的，比如，在每个仿真步长增加有功功率时也需要相应地增加无功功率。

如果类似于式（8.33），ξ 表示负荷增长的系数，那么此系数的临界值为 $\xi_{cr}=P_{n\,max}/P_0$，这里 P_0 是给定运行条件下的负荷值，而 $P_{n\,max}$ 是与所确定的鼻形曲线尖相对应的临界负荷值。这种方法应用的一个例子将会在 8.5.2 节给出（见图 8-20）。

8.4.1.2　V-Q 灵敏度分析

在图 8-6 中，电网侧特性 $Q_S(V)$ 是在如下假设条件下得到的：①负荷节点的电压可变，②电源电压不变，③负荷的有功功率为常数。类似的假设也可用于网络方程式（8.47）。在假设有功功率为常数的条件下有 $\Delta\boldsymbol{P}=\boldsymbol{0}$。现在，采用 A.2 节中描述的部分求逆法，式

（8.47）变为

$$\Delta \boldsymbol{Q}=(\boldsymbol{K}-\boldsymbol{N}\boldsymbol{H}^{-1}\boldsymbol{M})\Delta \boldsymbol{V} \tag{8.49}$$

或

$$\Delta \boldsymbol{V}=\boldsymbol{W}\Delta \boldsymbol{Q} \tag{8.50}$$

式中，

$$\boldsymbol{W}=(\boldsymbol{K}-\boldsymbol{N}\boldsymbol{H}^{-1}\boldsymbol{M})^{-1} \tag{8.51}$$

式（8.50）描述了节点电压对系统节点无功功率变化的灵敏度，可用来评估在给定节点进行无功补偿或发电机发出的无功功率变化对节点电压的影响。这种类型的研究被称为 V-Q 灵敏度分析。式（8.51）的对角元素确定了 $Q_S(V)$ 在网络方程给定线性化点的斜率。

8.4.2 电压稳定指标

从负荷增长的角度来看，前面讨论的系数 $\xi_{cr}=P_{n\,max}/P_0$ 可以被视为电压稳定裕度的一种量度。在8.2节讨论的电压稳定性准则也可以用来确定电压稳定指标。

基于经典的 dQ/dV 准则可以构造一个电压稳定指标，因为随着负荷趋近于临界值，图8-11中的2个平衡点彼此朝着对方移动，直到变为一个不稳定点。如图8-8b所示，在2个平衡点之间总存在一个点 V_x，使得

$$\left.\frac{d(Q_S-Q_L)}{dV}\right|_{V=V_x}=0 \tag{8.52}$$

随着综合负荷水平的增长，电压 V_x将趋向于临界电压值 V_{cr}。因此可以定义一个电压临近指标为（Venikov，1978b）

$$k_V=\frac{V_S-V_x}{V_S} \tag{8.53}$$

式中，V_x必须满足式（8.52）。实际上，计算由式（8.53）定义的临近指标是相当繁琐的，因为它需要通过潮流计算来确定电网侧的一段特性曲线 $Q_S(V)$。一个更容易确定的替代性临近指标可以用给定平衡点附近的导数值来表示：

$$k_{\Delta Q}=\frac{d(Q_S-Q_L)}{dV}\frac{V_S}{Q_S} \tag{8.54}$$

随着负荷水平趋近于临界值，式（8.54）描述的指标趋向于0。

另一个电压临近指标可以直接由 dQ_G/dQ_L判据导出

$$k_Q=\frac{dQ_G}{dQ_L} \tag{8.55}$$

当网络负载很轻，从而吸收的无功功率很小时，由负荷无功功率增长引起的发电机的无功功率增长几乎是相等的，因此式（8.55）定义的指标接近于1。而当系统接近临界状态时，该指标趋于无穷（见图8-10）。对于多节点系统，上述指标值可以通过潮流计算得到。

电压稳定性问题是目前一个迅速发展的研究领域，有很多论文发表，涉及新的临近指标的提出、临近指标的改进计算方法以及如何利用就地测量在线识别临近指标等。

8.5　动态分析

本章到目前为止所阐述的电压稳定性分析方法都假定了负荷可以用其静态电压特性来表示。虽然这有助于理解电压稳定性原理及其与电网可行性问题之间的关系，但负荷的静态电压特性只能近似地描述综合负荷在电压缓慢变化下的行为。实际上，综合负荷和电网的实际行为是一个紧密耦合的动态过程，该过程受到负荷的动态特性，特别是感应电动机的动态特性，以及自动电压调节装置、自动频率调节装置和保护系统动作的影响。所有这些因素或这些因素中的任何一个都可能加速、减速，甚至防止电压崩溃。

8.5.1　电压崩溃的动态过程

作为对前几节只考虑静态特性的补充，下面将给出一些典型的电压崩溃的发展途径实例（Taylor，1994；Bourgin et al.，1993）。

8.5.1.1　发展途径 1：负荷逐渐增长

8.3 节解释了一个非常大的负荷增长是如何导致电压崩溃的，特别是针对电网负荷本来就很重且负荷突然超出由网络参数确定的临界值时的情况。在这种发展路径下，导致电压崩溃的主要因素有：

1）尽管负荷区域的电压已经开始下降，但负荷特性的刚性却继续要求供给更多的有功功率和无功功率。正如第 3 章所解释的，感应电动机是产生刚性负荷特性的主要根源。

2）配电网和次输电网中的变压器抽头控制使得电压保持不变，从而在供电电压下降的情况下，负荷的有功功率和无功功率仍然保持不变，保持高的负荷水平在紧急状态下是不合要求的。

3）发电机的无功控制能力有限。由于励磁电流和电枢电流的限制，负荷对无功功率的高需求会导致发电机丧失其作为恒定电压源的能力。于是发电机的行为类似于“同步电抗后的电压源”，导致机端电压下降。

由负荷逐渐增长引起的电压崩溃可能是由上述的一些因素或所有因素造成的。不同电压控制装置（发电机、补偿器、变压器）的动态过程会相互作用，由此引起的实际电压崩溃过程与只考虑静态特性时的过程不同。

电压崩溃期间的电压变化如图 8-12 所示，该动态包含有一个由负荷缓慢增加引起的长期电压漂移。

8.5.1.2　发展途径 2：网络故障

如本章前面几节所述，电网参数在决定可送达负荷区域的最大功率时起着关键性的作用。电网中退出一回线路会导致等效电源与负荷之间的等效电抗增加，从而增大了线路上的电压降，降低了电网侧的电压。降低了的电网侧电压和增大了的等效电抗导致临界功率降低并增加了电压崩溃的概率。发电机退出运行具有类似的效果，一方面增大了等效系统电抗，另一方面降低了发出有功功率和无功功率的能力。系统中的不同电压控制装置的动态过程同样会对实际的电压崩溃过程产生影响。

电压崩溃期间典型的电压变化曲线如图 8-18 所示。该动态过程包含约 10s 的由线路跳闸引起的暂态振荡，以及由缓慢加剧的电网无功功率供给不足和考虑了各种控制装置及其极限特性后的电压漂移。

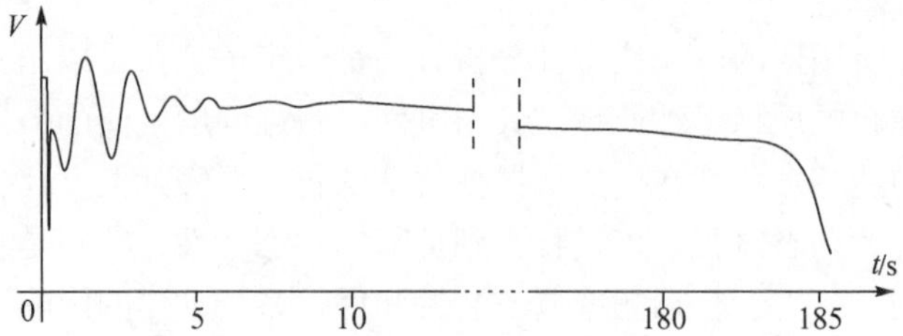

图8-18　由网络故障所触发的电压崩溃实例

8.5.1.3　发展途径3：电压崩溃与异步运行

在一个或若干个电网节点发生的电压崩溃可能会引起临近节点的电压下降，导致这些临近节点的电压崩溃。然后其他节点的电压也开始下降，从而传播至整个电网并影响同步发电机。如果受影响的发电机与电网的联系很弱，它们可能会失去同步。

如果电压跌落引起了有功负荷下降和无功负荷上升，其对同步发电机的影响与电网发生短路故障对同步发电机的影响是类似的。此种行为的一个例子如图8-19所示，其中，线路L2的跳闸导致发电机通过一回相当长的线路向受端负荷供电；该负荷的大小已处于临界状态，很小的负荷增量就导致了电压崩溃，从而引起受端发电机与主网失去同步。这种情况下，负荷电压将经历带有非同步运行特征的周期性变化。现在该异步运行的同步发电机必须从电网中切除，这进一步恶化了负荷节点的状态，导致最终电压完全崩溃。

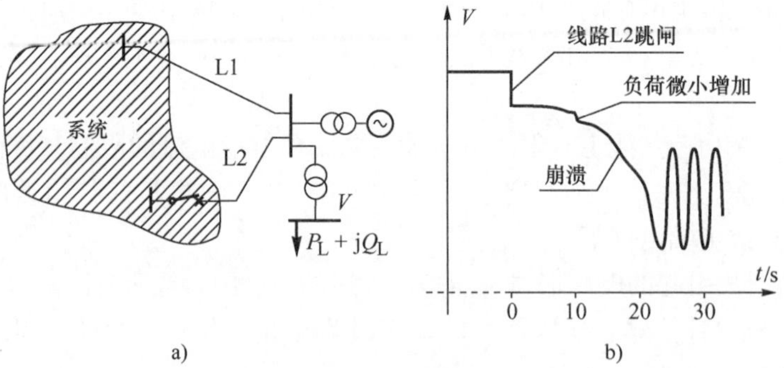

图8-19　由电压崩溃引起的丧失同步性（Venikov，1978）：
a）系统接线图；b）电压变化

8.5.1.4　发展途径4：综合负荷内部的现象

如前所述，负荷特性的刚性是导致电压崩溃的主导因素之一。然而，综合负荷的动态响应可能会导致负荷的动态特性与其静态特性不同。这种不同的主要原因是感应电动机，并可能导致系统稳定性的下降，最终引发电压崩溃。例如，在延迟切除短路故障期间出现的快速而严重的电压跌落，会引起电动机转矩的下降，继而引发电动机停转。如3.5节所论述的，停转的电动机需求的无功功率将进一步降低电压稳定性，这将导致其他附近的电动机停转。在这种发展路径下，电压将继续降低，直到保护设备或机电接触器将电动机从系统中切除，从而减少无功需求为止。然后，电压开始恢复，但综合负荷不受控制的恢复，例如大型感应电动机的自起动，将再次使电压降低并导致电压完全崩溃。

8.5.2　电力系统大停电事故实例

在这个新千年的前几年，欧洲和北美已经出现了数个广为人知的大停电事故。虽然每个事故都是由一个特定的技术问题引起的，但这种前所未有的大停电的集中爆发还是引起了很多观察者的争论，认为在几乎同一时间发生如此多的大扰动一定存在潜在的系统性原因（Bialek，2007）。20 世纪 90 年代电力行业的进一步自由化导致了在北美和欧洲的互联电网中跨区域（或跨境）交易的显著增加。这意味着互联电网被用于当初设计时并不针对的目标。通过联接自我维持的区域，互联电网越来越大，这样联络线往往相对薄弱，需要仔细监视联络线的潮流（这将在第 9 章进一步讨论）。应该强调的是，网格型电网中的任何交易可能会影响整个电网中的潮流分布，有时影响范围与联接交易的送端和受端的直接路径可能很远。这种特性被称为环流效应（见 3.7 节）。环流有时是一个问题，因为由于 TSO（输电系统运营商）并不知道影响其区域的所有交易，因此在评估系统安全性时跨区域的交易经常不能得到合理的考虑。这种效应还会与不断提高的风电渗透率相混合，由于天气模式的变化会导致风电出力的巨大变化，意味着实际电网的潮流与预测的电网潮流有很大的不同。所有这一切意味着，由 TSO 主导的传统的非集中式系统运行，即每个 TSO 看管住自己的控制区域并很少与其他区域实时交换信息的电网运行模式，会导致对突发事件响应不足和响应迟钝。Bialek（2007）认为，为了保持互联电网的安全性，需要一种新的具有实时信息交换和实时安全评估和控制的协调运行模式。

本节的其余部分将致力于描述与电压问题有关的大停电事故。本节讨论的第一个大停电事故是由负荷增长和失去发电厂共同作用而导致电压崩溃的教科书级案例。其他的大停电事故是由输电线路级联跳闸而引起的电压崩溃。

8.5.2.1　2004 年雅典大停电事故

此次大停电事故影响了包括雅典在内的希腊南部超过 500 万人口，参考文献 Vournas，Nikolaidis and Tassoulis（2006）对此次事故进行了描述。众所周知，由于希腊的主要电源集中在北部和西部，而负荷中心在雅典，两者之间通过长距离输电线路联接，使得希腊电网容易出现电压不稳定问题。因此，在 2004 年奥运会筹备阶段，为了对系统进行加强，订购了一些新的设备，如新的输电线路、自耦变压器和电容器组。大停电事故发生时，这些加强系统的措施还没有实施完成。

在炎热的 7 月的一天中午，扰动开始，空调负荷迅速增加，而雅典附近的一台发电机突然跳闸，从而使系统处于紧急状态。切负荷开始启动，但在同一个发电厂的另一台发电机跳闸前还没有实施完成。图 8-20 中的曲线 1 展示了 PV 鼻形曲线，是事故发生后第 2 台发电机跳闸前的仿真曲线。此时的负荷为 9320MW，比 PV 曲线的峰值约 9390MW 略小，图 8-20 中的曲线 2 给出了仿真得到的第 2 台发电机跳闸后的 PV 曲线。显然，此 PV 曲线已向左移动，其临界负荷约为 9230MW，比实际负荷小约 90MW。在没有平衡点的情况下，电压崩溃是不可避免的。当电压开始崩溃时，安装在北-南 400kV 输电线路上的距离继电器的欠电压元件动作，将希腊电网分裂成南部部分和北部部分，其中南部部分中仍在运行的发电机由于欠电压保护动作而被切除，从而导致大停电事故发生。

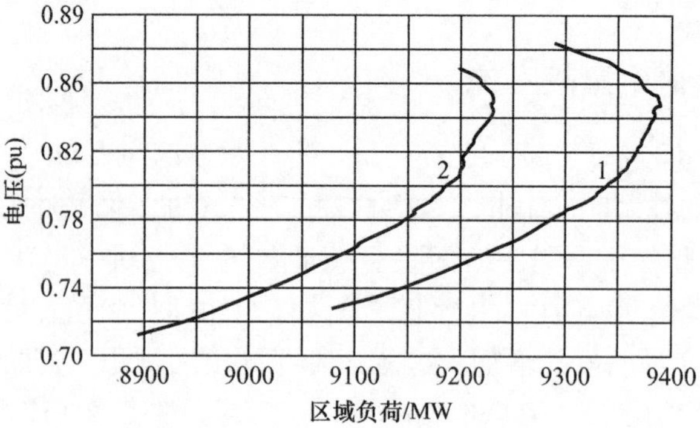

图 8-20　PV 曲线（Vournas, Nikolaidis and Tassoulis 2006）

1—雅典大停电前　2—第 2 台发电机跳闸后

8.5.2.2　2003 年美国-加拿大大停电事故

此次大停电事故影响了美国-加拿大约 5000 万人口，研究报告 US—Canada Power System Outage Task Force（2004）对此次事故进行了描述。扰动的直接原因是未检测到输电线路级联跳闸。每次线路跳闸导致剩余线路上的潮流增加和电压下降，如图 8-21 所示。随后的分析表明，当关键的 Sammis—Star 输电线路被距离保护 3 段（见 2.6 节）不必要地切除后，此停电事故就无法避免了。确定跳闸阈值的恒定阻抗的轨迹是一个圆，如图 8-22 所示。正常运行点在圆圈外的叉点；然而，由于其他输电线路先期跳闸引起的大电流和低电压导致继电器测量到的视在阻抗值降低，如圆圈内的叉点所示；从而导致继电器满足动作条件切除此线路，然后造成其他线路和发电机的快速级联跳闸，最终导致美国和加拿大的大部分地区停电。

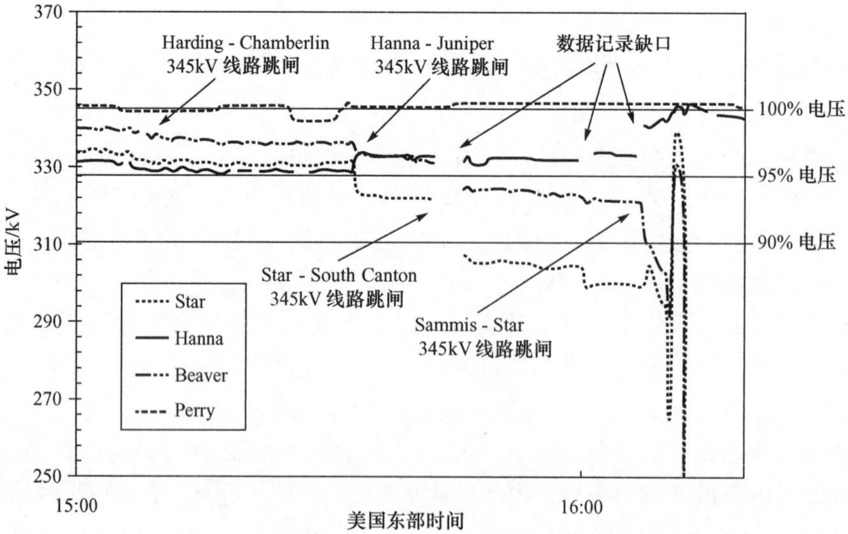

图 8-21　在美国-加拿大大停电故障期间线路级联跳闸导致的电压降低

（US—Canada Power System Outage Task Force, 2004）

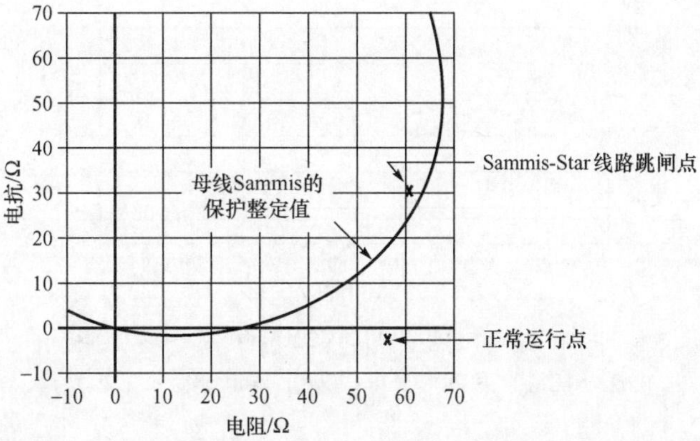

图 8-22 2003 年美国-加拿大大停电期间 Sammis—Star 线路的正常运行点和跳闸动作点（US—Canada Power System Outage Task Force，2004）

8.5.2.3 2003 年斯堪的纳维亚大停电事故

此次大停电事故影响了丹麦东部和瑞典南部的 240 万人口，研究报告 Elkraft Systems（2003）对此次事故进行了描述。起先，Oskarshamn 发电站的一台 1200MW 机组由于给水回路中的阀门出现故障而跳闸，15min 后在瑞典南部的一个变电站发生了双母线故障，造成四回 400kV 线路和 Ringhals 核电站两台机组（1800MW）跳闸，如图 8-23 所示。如此巨大的发电和线路损失造成了瑞典南部剩余输电线路潮流很重，因此，没有剩余发电机支撑的瑞典南部电网电压开始大幅下降，但在丹麦东部（Zealand）电压下降没有那么严重，因为当地的发电厂能够支撑电压，如图 8-24 所示。过负荷造成了瑞典南部 130kV 和 220kV 输电线路的进一步跳闸，随之而来的是电压减半。与美国-加拿大大停电事故期间类似，重潮流和低电压的结合导致了瑞典中部和东部的400kV 线路距离保护3 段动作跳闸，使得这些区域成为孤岛网。最后，在变电站故障后 90s，电压跌落到零，随后是彻底停电。

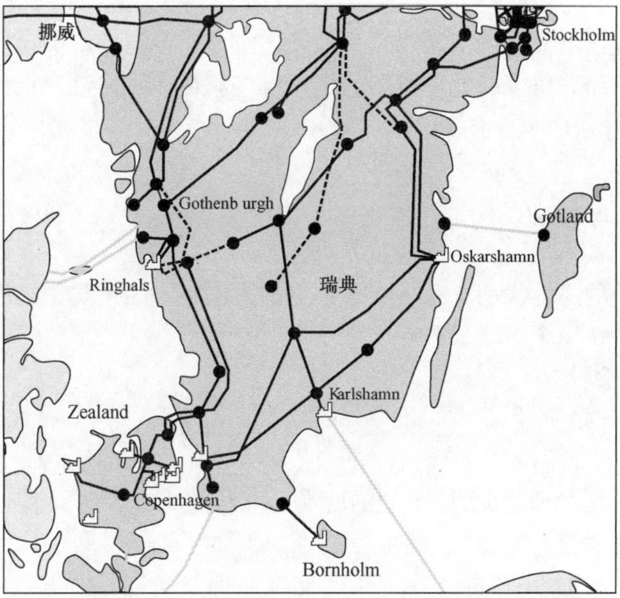

图 8-23 变电站故障后 10s 的电网：虚线表示已跳闸的输电线路；Karlshamn 发电站没有运行（Elkraft Systems，2003）

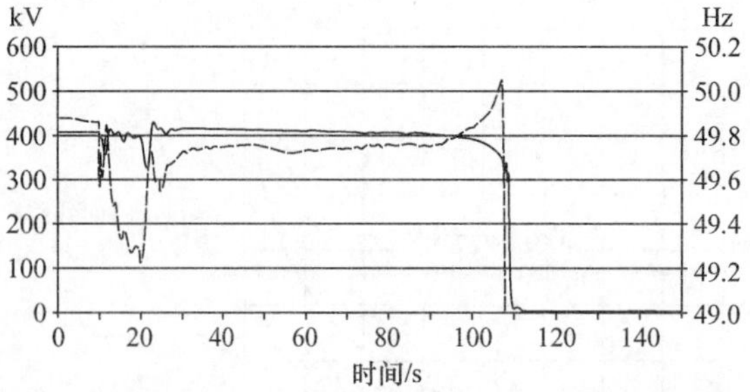

图 8-24 在瑞典和丹麦之间的 400kV 联络线的某点测得的电压（实线）和频率（虚线）（Elkraft Systems，2003）

8.5.3 电压崩溃的计算机仿真

如上所述，电压崩溃是一个动态过程。在考虑了综合负荷的结构与动态的详细模型的情况下，建立大规模电力系统的数学模型实际上是不可能的。然而，建立各种任务导向的动态模型以专门研究电压崩溃的某些发展途径是可能的。

由负荷逐渐增长引起的电压崩溃（发展途径 1）是一个长期过程。电压的缓慢漂移可能需要几分钟甚至数小时，如图 8-12 所示。因此一般不要求采用动态仿真来研究此种过程。容易得多的做法是采用 8.4 节中描述的静态方法，研究扰动发展过程中若干个时间断面上的快照；研究应考虑所有无功功率补偿装置、电压调节器和相关调节器的限幅环节的影响。

由网络故障引起的电压崩溃（发展途径 2）和电压崩溃结合异步运行（发展途径 3），可以采用专门用于短期和中期动态仿真的计算机程序来进行研究。这种程序应当包括具有限幅环节的同步发电机的励磁和电压控制系统的模型，以及所有并联和串联 FACTS 装置和专用无功补偿装置（如 STATCOM）的模型。综合负荷应采用其动态等效模型进行模拟。

由综合负荷内部现象而导致的电压崩溃（发展途径 4）的仿真需要采用专门的计算机程序，其中输电系统可以采用动态等效模型来表示，但配电网络必须进行详细模拟。特别地，必须模拟有载调压变压器及其调节器以及采用动态模型来模拟感应电动机组。

用于短期和中期动态仿真的此种模型的例子将在第 11 章描述，而计算机算法将在第 13 章描述。

8.6 电压崩溃的预防

电压崩溃是一种危险的扰动，有可能导致电网大停电。为了防止电压不稳定，需要负责电力系统安全的人员在每个阶段采取行动：

1）在电网规划阶段。

2）在系统运行计划阶段。

3）在系统运行监控阶段。

在电网规划阶段，对于至少 $N-1$ 型的所有可能预想事故，必须满足可靠性准则。对于每个预想事故，应当确保：

1）不超过最大允许的电压降。

2）对每个综合负荷和负荷区域，有功功率和无功功率的稳定裕度都足够大。

通过在负荷增长时适当地加强网络和在系统中安装适当的无功补偿和电压调节装置，可以确保满足上述这些准则。

在运行计划和实时监控阶段，应持续保持期望的电压分布，并投入适当的无功功率补偿装置。发电机应保持足够的备用有功功率和无功功率。备用指的是在不超过3.3.4节所述的和图3-19所示的无功功率能力曲线的情况下，运行中的发电机可以额外加载的功率量。为了防止电压崩溃，无功功率备用更为重要。在检测到电压崩溃的症状时，由同步发电机提供的无功备用必须快速补充无功功率亏缺。

发电机的功率能力曲线（见图3-19）和电压特性曲线（见图3-22）清楚地表明，如果在给定的运行点，无功功率输出落在由功率能力曲线（图3-19中的曲线G-F-E）确定的区域内部，并且发电机运行在电压调节范围（图3-22中的曲线A-B）内且具有足够的裕量（图3-22中的点B），则发电机可以通过附加的无功功率支持系统。

除了在运行计划和实时监控阶段满足可靠性准则外，每个系统还应配备额外的防御设施，以防止极端扰动后的电压崩溃。最常用的方法包括：

1）使用正常运行时没有使用的应急备用无功储备。

2）出现越来越大的功率不平衡时，自动快速启动备用发电（水电机组和燃气轮机）。

3）在电压很低的区域，通过减少发电机发出的有功功率紧急提升发电机发出的无功功率，条件是可以通过加大有功功率的外部输入以弥补由此产生的有功功率不平衡。这种做法可以解释如下：在给定区域内消除无功功率不平衡，最容易的做法是在当地完成，如果当地发电机已运行在其功率能力曲线的极限上，那么任何额外的无功功率增加只能通过减少它们发出的有功功率来实现（见图3-22），这就导致了有功功率的不平衡，但如果可能的话，这可以通过增加有功功率的外部输入来弥补。

4）通过使用有载调压变压器降低负荷母线上的电压来减小给定区域的负荷水平。当在给定区域出现无功功率不平衡时，如果不可能增加无功出力，则可以通过降低负荷母线的电压来减小无功负荷水平。这种做法利用了典型综合负荷的特性（见图3-32），即无功负荷的水平会随着电压的降低而降低。通过在有载调压变压器的控制器中设置一个辅助控制回路，可以实现上述做法。通常，如果电网侧的电压高于阈值，则当负荷侧的电压下降时，调节器改变抽头位置以提升负荷侧电压。然而，如果输电网中无功功率缺乏，且联接配电网的变压器的电网侧电压小于阈值，那么当配电网侧电压下降时，调节器应该在相反的方向上动作，即进一步降低配电网侧的电压，从而降低负荷水平。这可以被称为有载抽头调节器的反向动作。只有当电压的降低伴随无功负荷水平的降低时，调节器的反向动作才是合理的。对于一些运行在低电压水平的用户，电压的进一步降低可能会导致无功负荷的增加（见图3-32a）。如果发生这种情况，则必须阻止调节器的反向动作，以使情况不会进一步恶化。

5）当电压深度跌落时，若上述的预防措施还不够充分，则当电压下降到阈值时可以切除负荷。这种做法被称为欠电压切负荷。欠电压切负荷的阈值选择必须与极端情况相对应，例如发生了$N-2$或$N-3$故障。

如何选择有载抽头调节器的反向动作阈值或欠电压切负荷的阈值，这是一个微妙的问题。这些值可以基于离线电压稳定性分析来确定。实际上，当真实的运行条件与假定的运行条件不同时，计算得到的阈值可能过于乐观从而导致电压崩溃，或过于悲观从而导致不必要的电压降低或负荷切除。由于基于阈值的简单算法的这些缺点，需要进一步研究处于电压崩溃附近时的新的电压控制方法。

这里可以确定两种不同的方法。第一种是基于就地信号的改进决策方法，例如应用基于Hopf分岔理论、Lyapunov指数和系统熵的非常复杂的方法（即崩溃预测继电器）。第二种方法使用大范围的量测量来做出决策，例如采用WAMS系统或WAMPAC系统（见第2章的描述和CIGRE第316号报告）来获得量测量。

8.7 发电机带容性负荷时的自励磁

电压不稳定也可以由自励磁引起，即电压自发上升。这种现象与*RLC*电路的参数谐振有关，当发电机供电给容性负荷时可能出现。

8.7.1 *RLC*电路中的参数谐振

图8-25给出了一个*RLC*串联电路，该电路已经连接到电压源足够长的时间，从而电容器已被完全充电。然后，电源被突然断开，使电容器能够通过电阻*R*和电感*L*放电。由此产生的电流是周期性的，其振幅取决于电感是恒定的还是周期性变化的。当电感*L*是恒定的时，所产生的电流将是周期性的（曲线1），并随着时间而衰减，因为当能量在电容器与线圈之间来回传递时，其中一些能量会被电阻消耗掉。

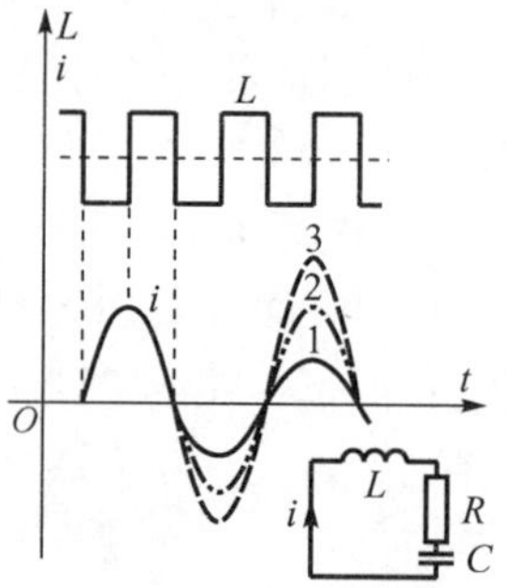

图8-25　电感变化的*RLC*电路中的电流振荡

1—恒定电感　2—电感小幅变化　3—电感大幅变化

现假定在此过程中，线圈被施加了一个外部作用，使其电感发生周期性变化，这是可以通过改变铁心中的气隙长度来实现的。此外，还假定当电流达到最大值时电感上升，而当电流过零时电感下降。由于存储在电感中的磁能为$Li^2/2$，外力的作用使存储的磁能增加，其大小与电感的增加成正比。这个能量在电感下降时不会传递回外力，因为电感的下降发生在电流过零时，此时所有能量都已传递到电容器上。这种存储能量的增加在下一个周期当能量被传递回线圈时会导致电流增加（曲线2）。如果*L*的变化很大，那么电路中增加的能量可能大于电阻中消耗的能量，从而使电流每个周期都增加（曲线2）。这种电流的增加使得电容器两端电压周期性地增加。这种现象被称为参数谐振，在线圈电感按正弦规律变化时也可能发生，下面所描述的同步发电机自励磁就属于这种情况。

8.7.2 励磁绕组开路时发电机的自励磁

考察一台如图8-26所示的凸极发电机，其励磁绕组开路，所带负荷为一个*RC*串联电路。这种情况对于同步发电机来说是很少见的，但有助于对自励磁的理解。

对于凸极发电机，电枢绕组所看到的气隙是周期性变化的（见图8-26a），使得发电机的电抗在X_d和X_q之间波动，相量图如图8-26b所示。如果发电机励磁绕组开路，那么考虑了剩磁的作用后，其同步电动势很小，$E_q \cong 0$。因此最初发电机的电流很小，因为它是由剩磁引起的小电动势驱动的。发电机电压*V*滞后于电流角度φ，与q轴的夹角为$\delta = \varphi - \beta$。因此，有功功率可以表示为

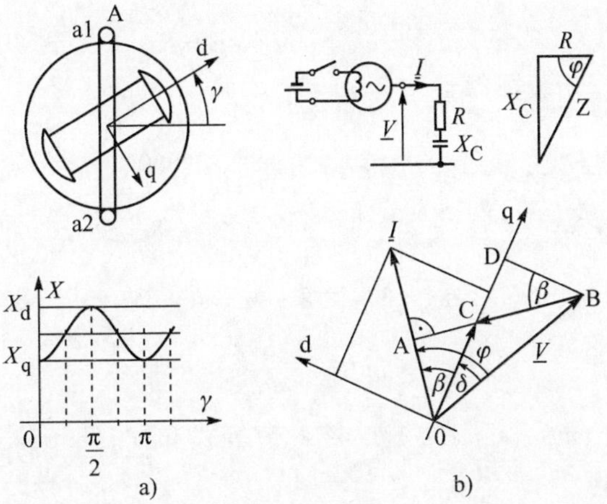

图 8-26　凸极发电机供电给一个容性负荷：a）同步电抗的周期性变化；b）框图和相量图。对于励磁绕组开路的发电机，$\overline{0C}=E_q\cong 0$

$$
\begin{aligned}
P &= VI\cos\varphi = VI\cos(\delta+\beta) \\
&= VI\cos\delta\cos\beta - VI\sin\delta\sin\beta = VI_q\cos\delta - VI_d\sin\delta
\end{aligned} \tag{8.56}
$$

检查图 8-26b 所示的相量图可得

$$I_qX_q = V\sin\delta,\quad E_q + I_dX_d = V\cos\delta \tag{8.57}$$

现在式（8.56）可以被改写为

$$P = \frac{E_qV}{X_d}\sin\delta + \frac{V^2}{2}\frac{X_d - X_q}{X_dX_q}\sin 2\delta \tag{8.58}$$

这个方程类似于在 3.3.6 节中导出的式（3.126）。有功功率有 2 个分量，即同步功率和磁阻功率。前者是由定子磁场和转子磁场相互作用而产生的；而后者是由转子的磁路不对称而产生的，且没有励磁的情况下也会产生。对于所考察的励磁绕组开路的发电机，即对于 $E_q\cong 0$ 的情况，同步功率可以忽略不计，因此式（8.58）可以简化为

$$P \cong \frac{V^2}{2}\frac{X_d - X_q}{X_dX_q}\sin 2\delta \tag{8.59}$$

式（8.59）仅仅对应于磁阻功率。

当发电机所带的负荷如图 8-26 所示时，存在这样的可能性，电阻 R 消耗的有功功率 I^2R 小于发电机产生的磁阻功率，因而就会产生过剩能量，从而导致发电机电流增加。这种情况发生的条件为

$$\frac{V^2}{2}\frac{X_d - X_q}{X_dX_q}\sin 2\delta > I^2R \tag{8.60}$$

即

$$\frac{V^2}{I^2}\frac{X_d - X_q}{X_dX_q}\sin\delta\cos\delta > R \tag{8.61}$$

在考虑 $E_q\cong 0$ 的情况下，应用式（8.57）有 $\sin\delta = I_qX_q/V$ 和 $\cos\delta\cong I_dX_d/V$。将这 2 个关系式代入到式（8.61）中可得

$$(X_d - X_q)\frac{I_d}{I}\frac{I_q}{I} > R \tag{8.62}$$

式中，$I_d = I\sin\beta$ 和 $I_q = I\cos\beta$。因此，可以得到

$$(X_d - X_q)\sin\beta\cos\beta > R \tag{8.63}$$

电流 I 的角度 β 可以根据相量图得到

$$\tan\beta = \frac{\overline{AC}}{\overline{OA}} = \frac{\overline{AB} - \overline{BC}}{\overline{OA}} = \frac{V\sin\varphi - IX_q}{V\cos\varphi} = \frac{\frac{V}{I}\sin\varphi - X_q}{\frac{V}{I}\cos\varphi} = \frac{Z\sin\varphi - X_q}{Z\cos\varphi} \tag{8.64}$$

图 8-26 中的阻抗三角形给出了 $Z\sin\varphi = X_C$ 和 $Z\cos\varphi = R$。现在式（8.64）变为

$$\tan\beta = \frac{X_C - X_q}{R} \tag{8.65}$$

注意，恒等式 $\sin\beta\cos\beta = \tan\beta/(\tan^2\beta + 1)$，将此恒等式和式（8.65）代入到式（8.63）中，可以得到自励磁的条件为

$$(X_C - X_q)(X_C - X_d) + R^2 < 0 \tag{8.66}$$

对于图 8-27 所示的复阻抗平面上圆圈内的所有点，上述不等式都是满足的。因此，对于此圆圈内的所有参数，都会发生自励磁。

物理上，发电机自励磁可以做如下解释，定子绕组每一相的自电感会随着转子的旋转而做正弦变化，因为转子旋转时气隙宽度在做周期性变化。这些周期性变化会产生参数谐振，并导致电流的增加。如果 R 和 X_C 是常数，自励磁也会导致发电机机端电压的上升。在图 8-27 所示的圆圈外面，发电机提供的能量太小，不足以克服电阻损耗，因此不会发生自励磁。

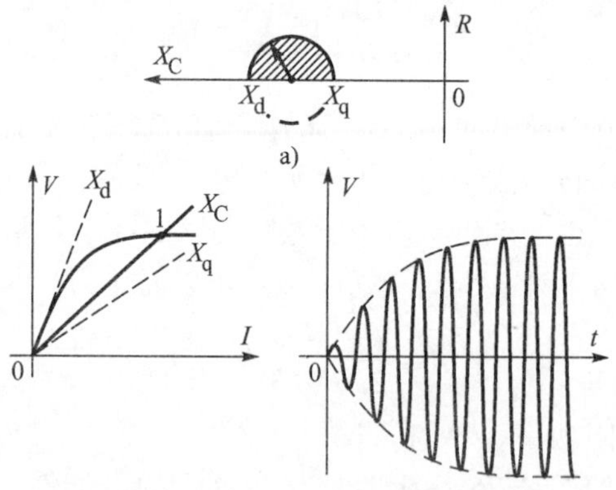

图 8-27　同步自励磁：a）自励磁的条件；b）磁化特性和电压变化

如果发电机具有线性的磁化特性，那么自励磁将会导致发电机电流和机端电压的无限增长。而实际上，两个电抗 X_d 和 X_q 都随着电流的增加而减小。图 8-27b 给出了 4 种特性曲线。粗体曲线给出了包含饱和效应后的发电机电压-电流特性。虚线 X_d 和 X_q 分别是 X_d 和 X_q 的非饱和电抗特性曲线，表示发电机阻碍电流变化的理想特性。直线 X_C 对应于电容器的电压-电流特性。由于 X_C 在 X_d 和 X_q 之间，满足式（8.66）的条件，因此自励磁会发生。然而，随着电压和电流的上升，电枢开始饱和，X_d 和 X_q 都开始下降。电压上升过程在点 1 处停止，此处饱和电抗 X_d 变得与 X_C 相等。超过点 1 后，电抗 X_C 大于饱和电抗 X_d，式（8.66）的条件不再满足。超过此点的任何瞬时电压增加都会导致电阻损耗超过磁阻功率，

从而会使电流下降，系统返回到运行点 1。这样，发电机电压就在对应于运行点 1 的地方稳定下来。

当电流与 q 轴之间的角度 β（见图 8-26）保持恒定时，此种自励磁被称为同步自励磁。实际上，同步自励磁是很少见的；但当凸极发电机联接到轻载的长线路上且励磁电流很小时，同步自励磁是可能发生的；这种情况下，机端电压将会增大，但其速度会比图 8-27 所示的慢。

8.7.3　励磁绕组闭合时的发电机自励磁

当励磁电路闭合时，也可以发生自励磁，但与前述的同步自励磁特性不同。如果忽略励磁绕组的电阻，则励磁绕组可被视为一个理想的磁屏蔽元件，电枢电流的任何变化都会引起一个附加的励磁电流，其完全补偿由电枢引起的转子磁链的变化。这对应于发电机的暂态过程，此时发电机与电枢电流对抗的是暂态电抗 X'_d（见第 4 章）。由于 q 轴上没有励磁绕组，所以 $X'_q \neq X'_d$。这被称为暂态凸极效应（见表 4-2 和表 4-3）。每相产生的有功功率可以用类似于式（8.59）的方程来表示：

$$P' = \frac{V^2}{2}\frac{X'_q - X'_d}{X'_d X'_q}\sin 2\delta \tag{8.67}$$

并称之为动态磁阻功率。如前所述，只有当动态磁阻功率大于电阻器 R 消耗的有功功率 I^2R 时才会出现参数谐振。类似于式（8.60）和式（8.66）的情况，动态自励磁的条件是

$$(X_C - X'_q)(X_C - X'_d) + R^2 < 0 \tag{8.68}$$

如图 8-28 所示，基于 X'_d 和 X'_q 的圆内的点满足式（8.68）的条件。如果忽略磁饱和，则定子电流和励磁电流（其抵抗定子磁场的变化）将增加到无穷大，因为在每个周期中都由动态磁阻转矩连续地提供能量。磁饱和限制了电流的增加，但与励磁电路开路时的方式是不同的。

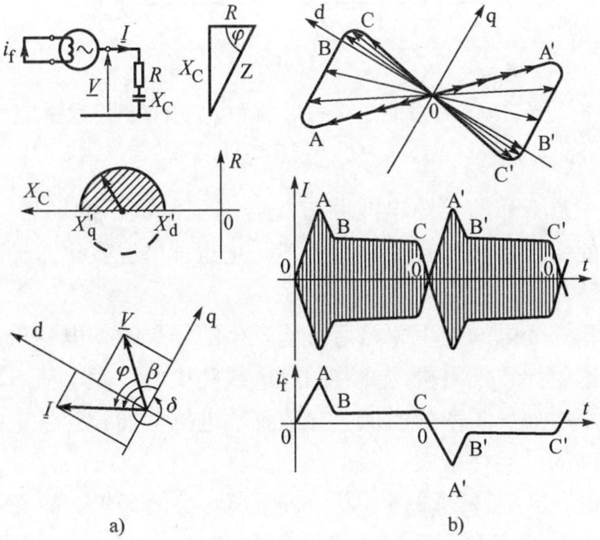

图 8-28　排斥性自励磁：a）电路图，自励磁面积，相量图；
b）电枢电流相量的变化，电枢电流的包络线，励磁电流

初始时相量的相对位置如图8-28a所示，而动态磁阻功率引起电枢电流迅速增加。根据磁链守恒定律，这会伴随着励磁电流的增加，如图8-28b中的线段0A。随着转子铁心的饱和，在闭合励磁绕组中感应的电动势减小，直到励磁电流不再增大。现在闭合励磁电路中的电阻将起决定性的作用，因为存储在励磁绕组中的磁场能量开始消散。这导致励磁电流衰减，并允许电枢磁通进入转子铁心，导致d轴电抗增大。结果，动态磁阻功率减小，使对应的电枢电流下降，如图8-28b中的线段AB。同时，随着角度β的变化，定子磁场开始在转子磁场的后面滑动，结果是该电机运行在感应发电机状态，电枢电流由一个异步感应功率维持。这种状态一直持续到所产生的发电机磁通相对于d轴有一个小的偏移。此时维持异步运行的条件不再存在，从而电枢电流迅速消失，如图8-28b中的线段C0。然后，整个循环不断重复，如图8-28b中的0A′B′C′0所标示的。上面所描述的谐振被称为排斥自励磁或异步自励磁。

8.7.4 自励磁的实际可能性

从技术的角度来看，发电机满足同步自励磁条件或异步自励磁条件的可能性是有限的。图8-29给出了3种可能的场景。

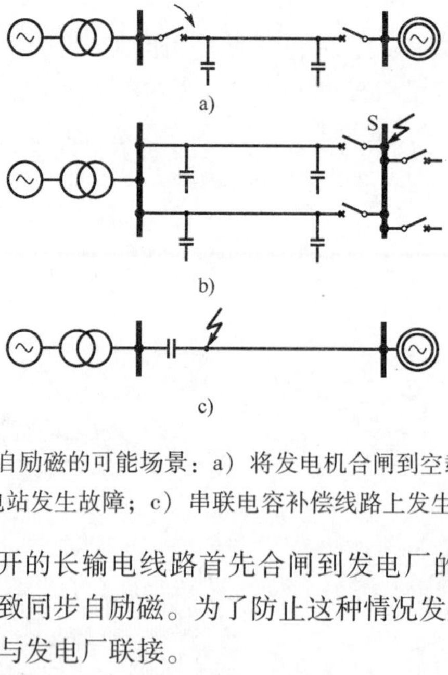

图8-29 自励磁的可能场景：a）将发电机合闸到空载线路上；b）相邻变电站发生故障；c）串联电容补偿线路上发生近距离短路

图8-29a描述了一条断开的长输电线路首先合闸到发电厂的场景。这种场景与图8-26所示的场景类似，可能会导致同步自励磁。为了防止这种情况发生，输电线路必须首先与网络的其余部分联接，然后再与发电厂联接。

图8-29b给出了相邻变电站发生短路后可能发生的场景。变电站母线上的故障是通过跳开断路器来清除的，这就导致发电机向开路的输电线路供电。发电机有功功率的突然下降使得发电机角速度和频率增加。频率的增加会导致感性电抗增加和容性电抗下降。随着电抗的变化，满足自励磁条件的可能性增大。

图8-29c给出了串联电容补偿线路上发生近距离短路的场景。故障造成了大电容而低电抗的闭合回路。这种情况也可能导致如6.7.3节和Anderson，Agrawal and Van Ness（1990）所述的次同步谐振。

第9章 频率稳定和控制

前面的章节已经描述了电力系统中的发电机对破坏功率平衡的瞬时扰动是如何响应的，这里的功率平衡指的是系统中消耗的电功率与涡轮机传输的机械功率之间的平衡。此种扰动是由输电网中的短路引起的，通常在不降低发电出力或负荷消耗功率的情况下被清除。但是，如果一个大型负荷突然接入（或退出）系统，或者一台发电机突然被保护装置从系统中断开，就会在系统消耗的电功率与涡轮机传输的机械功率之间产生一个长期的功率不平衡扰动。此种不平衡起先是由涡轮机、发电机和电动机的转子动能来承担的，从而使得系统中的频率会发生变化。这种频率变化可以被划分为若干个阶段，以方便对与每个阶段相对应的动态行为进行分别描述。这种分阶段的方法有助于阐明系统中不同的动态是如何发展的。然而，首先必须对自动发电控制（AGC）的运行原理进行描述，因为它是决定频率如何响应负荷变化的基础。

本章所描述的一般性频率控制框架起先是在传统的垂直结构电力公司框架下发展起来的，在这种垂直结构电力公司框架下，电力公司控制其服务区域内的发电、输电以及大部分配电，控制区域之间的功率交换是事先计划并得到严格遵守的。第2章描述了自20世纪90年代以来发生在很多国家的电力工业自由化，在电力工业自由化的国家，电力公司不再是垂直结构，发电公司之间是相互竞争的，而维持系统可靠运行的协调控制，包括频率控制等，则是由输电系统运营商（TSO）来负责的。这样，频率控制的框架必须适应于市场环境，TSO必须获得并支付来自独立发电厂的频率支持。这些服务的获得方式各个国家之间是不同的，故本书将不讨论商业协议。但是，总体的分层控制框架大致上是保留了，仅仅在三次控制层面有些变化，这将在本章的后面讨论。

本章将采用欧洲UCTE系统作为例子，集中讨论互联电力系统的频率控制。值得指出的是，孤岛电力系统的频率控制框架，例如英国电力系统，可能与互联电力系统的频率控制框架不同。另外，某些术语的意义，可能各个国家之间是不同的。

9.1 自动发电控制

第2章的2.2节解释了电力系统是如何由很多的发电单元和很多的负荷构成的，且负荷总量在一天里总是连续地变化的，其变化方式或多或少是可以预测的。负荷的大幅度缓慢变化是按照一定的时间间隔由发电机集中满足的，包括哪台发电机将运行、哪台发电机将停机以及哪台发电机将发部分功率以处于热备用状态。这种机组起停组合的过程可能每天执行一次以确定每天的运行计划，而在更短的时间间隔内，典型值是每30min，经济调度决定了每台投运机组的实际出力。而更小更快速的负荷变化则是由 AGC 来处理的，以达到如下效果：

1）保持频率在预定值（频率控制）。

2）保持与相邻控制区域的功率交换在预定值（联络线控制）。

3）保持各机组之间的出力分配与区域调度的需求相一致（电力市场、安全性或紧急控制）。

在有些系统中，AGC 的作用可能被限制在上述目标的一条或两条上。例如，联络线控制只在多个独立电力系统互联且两两之间存在互利协议的运行条件下才需要。

9.1.1 发电出力特性曲线

第2章的2.3.3节讨论了涡轮机的运行原理及其调速系统。稳态下单台机组的理想功率-转速特性由式（2.3）给出。由于转速与频率成正比，对于第 i 台发电机，式（2.3）可以被重写为

$$\frac{\Delta f}{f_{\mathrm{n}}}=-\rho_i\frac{\Delta P_{\mathrm{m}i}}{P_{\mathrm{n}i}},\quad \frac{\Delta P_{\mathrm{m}i}}{P_{\mathrm{n}i}}=-K_i\frac{\Delta f}{f_{\mathrm{n}}} \tag{9.1}$$

稳态下所有发电机以相同频率同步运行，此时，总的功率变化 ΔP_{T}可以由各发电机的功率变化之和计算出来：

$$\Delta P_{\mathrm{T}}=\sum_{i=1}^{N_{\mathrm{G}}}\Delta P_{\mathrm{m}i}=-\frac{\Delta f}{f_{\mathrm{n}}}\sum_{i=1}^{N_{\mathrm{G}}}K_iP_{\mathrm{n}i}=-\Delta f\sum_{i=1}^{N_{\mathrm{G}}}\frac{K_iP_{\mathrm{n}i}}{f_{\mathrm{n}}} \tag{9.2}$$

式中，N_{G}是系统中发电机的数目，下标‘T’表示涡轮机。图9-1阐明了如何根据式(9.2)，通过单台发电机的发电出力特性曲线，得到整个系统的等效发电出力特性曲线。此等效发电出力特性曲线定义了整个系统以频率偏差为代价补偿功率不平衡的能力。对于一个具有大量发电机的电力系统，发电出力特性曲线几乎是水平的，从而即使一个相对大的功率变化也只会造成很小的频率偏差。这是将许多发电机联接起来构成一个大同步电网的优势之一。

为了得到图9-1所示的整个系统的等效发电出力特性曲线，假定了单台涡轮机的转速下斜特性在整个功率和频率的变化范围内是线性的。实际上，每台涡轮机的出力是受其技术参数限制的。例如，燃煤蒸汽涡轮机为了维持其锅炉的稳定运行具有一个最低出力限制；而由于热应力和机械强度的限制，又存在一个最高出力限制。在本节的余下部分，只考虑最高出力限制，因此涡轮机的转速下斜特性曲线将如图9-2所示。

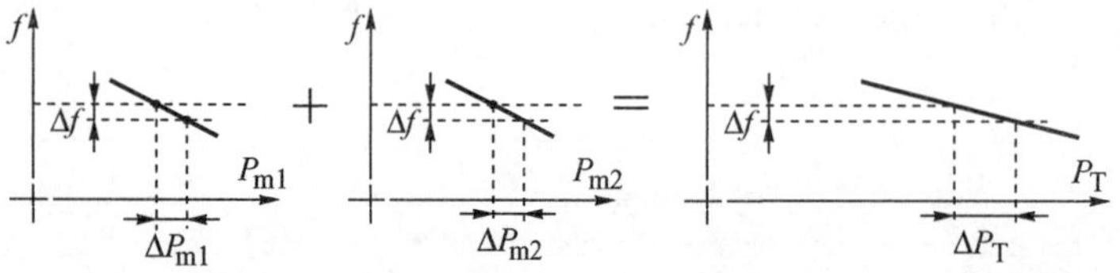

图9-1　作为所有发电机组转速下斜特性总和的发电出力特性曲线

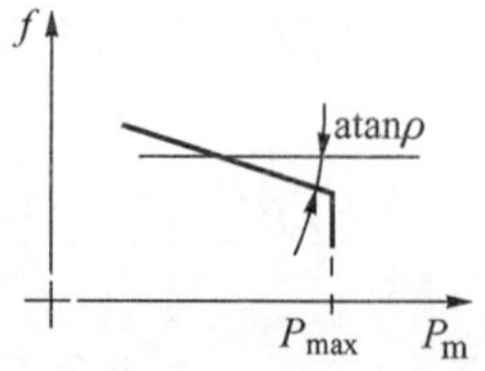

图9-2　具有最高出力限制的涡轮机转速下斜特性曲线

如果涡轮机正运行在其出力上限上，那么系统频率的降低将不会导致相应的输出功率增加。在极限条件 $\rho=\infty$ 即 $K=0$ 下，此涡轮机对系统的等效发电出力特性曲线没有贡献。因

此，系统总的发电出力特性曲线将依赖于非满载运行的那部分机组，也就是说，将依赖于旋转备用。这里的旋转备用指的是所有运行机组的额定出力之和与所有机组的实际总出力之差。旋转备用的分配是电力系统运行的一个重要事项，因为它决定了发电出力特性曲线的形状。图9-3对此给出了一个简化演示，所讨论的系统由2台机组构成。图9-3a中，旋转备用按比例分配给2台机组，从而2台机组都在相同的频率f_1下达到其出力上限。这种情况下，由式（9.2）得到的系统等效发电出力特性在系统没有达到功率上限时是线性的。图9-3b中，同样大小的旋转备用仅仅由第2台机组来承担，第1台机组满载运行。此时，系统总的发电出力特性曲线是非线性的，由2段不同下斜率的线段构成。

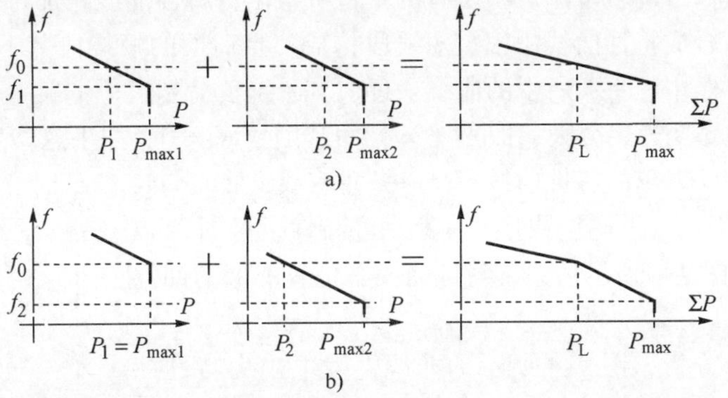

图9-3　涡轮机最大出力限制与旋转备用分配方案对发电出力特性曲线的影响

类似地，实际电力系统的发电出力特性曲线也是非线性的，且由许多下斜率不断上升的短线段组成，因为随着总负荷的不断增加，越来越多的机组会达到其出力极限，直到整个系统不再有旋转备用为止。此时，发电出力特性曲线变成一条垂直线。对于小的功率和频率扰动，将此非线性的发电出力特性曲线在其运行点附近用一段线性特性曲线来近似是方便的，该线性特性曲线的下斜率取发电特性曲线在运行点处的下斜率。系统总的发电出力等于系统总负荷P_L（包括输电损耗）：

$$\sum_{i=1}^{N_G} P_{mi} = P_L \tag{9.3}$$

式中，N_G是发电单元的数目，用P_L除式（9.2）可得

$$\frac{\Delta P_L}{P_L} = -K_T\frac{\Delta f}{f_n} \quad 即 \quad \frac{\Delta f}{f_n} = -\rho_T\frac{\Delta P_T}{P_L} \tag{9.4}$$

式中，

$$K_T = \frac{\sum_{i=1}^{N_G} K_i P_{ni}}{P_L}, \rho_T = \frac{1}{K_T} \tag{9.5}$$

式（9.4）给出了在系统总负荷确定条件下发电出力特性曲线的一个线性近似计算式。因此，式（9.5）中的系数是基于总负荷计算的，而不是基于发电机的总额定值计算的。因此ρ_T是发电出力特性曲线在当前负荷水平下的下斜率，它依赖于系统中的旋转备用及其分配，如图9-3所示。

在如图9-3a所示的第1种情况下，假设了旋转备用在2台发电机中均匀分配，即2台

发电机在运行点（频率f_0）上的负载程度是相同的，并且在同一点（频率f_1）达到各自的最大出力极限。这样，两条特性曲线之和在直到最大功率$P_{max}=P_{max1}+P_{max2}$点的范围内是一条直线。在如图9-3b所示的第2种情况下，系统总的旋转备用是相同的，但只分配给了第2台发电机，此发电机在频率f_2处的运行点达到其最大出力。这样，总的发电出力特性曲线是非线性的，由两段下斜率不同的线段构成。第1个线段通过式（9.5）中的下斜率的倒数$K_{T1}\neq 0$和$K_{T2}\neq 0$相加得到。构成第2个线段时，注意到第1台发电机已在最大出力下运行，$K_{T1}=0$，因而在式（9.5）中只有$K_{T2}\neq 0$。因此，该线段的下斜率就较大。

实际系统中运行的发电机数量很大，有些处于满载状态，有些处于部分负载状态，且通常以非均匀的方式保持旋转备用。将所有的单台机组出力特性曲线相加将得到一条非线性的合成特性曲线，该合成特性曲线由很多短线段构成，且后面的短线段其下斜率会越来越大。该合成特性曲线可以用图9-4所示的曲线来近似。系统负荷越大，下斜率越大，当达到最大功率P_{max}时，下斜率变为无穷大，即$\rho_T=\infty$，而其倒数$K_T=0$。如果忽略发电厂辅助设备对频率的依赖性，则此部分的特性曲线将是一条垂直线（如图9-4中的虚线所示）。然而，发电厂往往有一个回卷特性，见图2.13中的曲线4。因而图9-4所示的系统特性曲线中也有类似的回卷特性。

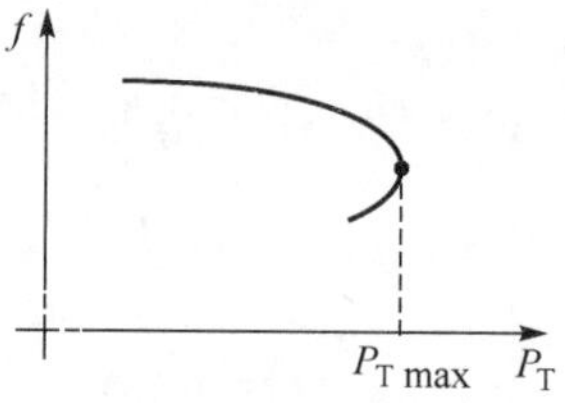

图9-4　系统的静态发电出力特性曲线

为了做进一步分析，图9-4所示的非线性发电出力特性曲线将在给定的运行点线性化，即采用式（9.4）的线性近似，其下斜率ρ_T由式（9.5）给出。

9.1.2　一次控制

当总的发电出力等于总负荷（包括损耗）时，频率是恒定的，系统处于平衡状态，发电出力特性曲线可以用式（9.4）来近似。但是，正如3.5节所讨论的，系统负荷也是与频率相关的，并且可以采用类似于式（9.4）的表达式来线性近似系统总负荷的频率响应特性：

$$\frac{\Delta P_L}{P_L}=K_L\frac{\Delta f}{f_n} \tag{9.6}$$

式中，K_L是负荷需求的频率灵敏度系数。式（3.133）定义了一个类似的系数k_{Pf}，并被称为单个综合负荷的频率灵敏度系数，两者不可混淆，K_L是描述系统总负荷的灵敏度系数。在实际系统上所做的试验表明，发电出力对频率的依赖性大大高于负荷对频率的依赖性。通常K_L值在0.5和3之间（见表3-3），而$K_T\approx 20$（$\rho=0.05$）。在式（9.4）和式（9.6）中，K_T和K_L符号相反，意味着频率上升对应于发电出力下降而负荷上升。

在（P，f）平面上，发电出力特性曲线与负荷特性曲线的交点，即式（9.4）与式（9.6）的交点，定义了系统的平衡点。总负荷变化ΔP_{demand}对应于负荷特性曲线的移动，如图9-5所示，平衡点从点1移到了点2。系统负荷的增长通过两种方式得到补偿：第一，涡轮机提升发电出力ΔP_T；第二，系统负荷从要求的点3降低负荷需求量ΔP_L后达到点2所需要的量。图9-5表明，考虑上述2个因素后：

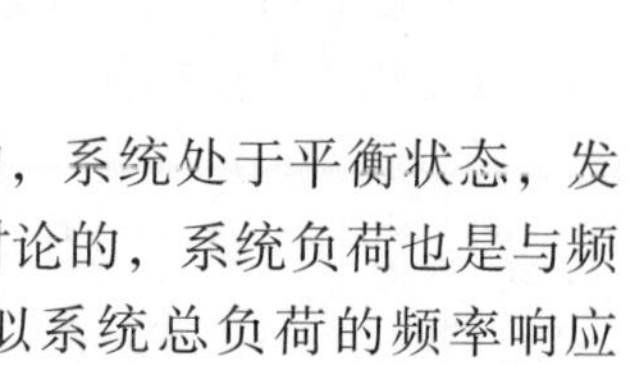

图9-5　负荷需求增长时的平衡点

$$\Delta P_{\text{demand}} = \Delta P_{\text{T}} - \Delta P_{\text{L}} = -(K_{\text{T}} + K_{\text{L}}) P_{\text{L}} \frac{\Delta f}{f_{\text{n}}} = -K_{\text{f}} P_{\text{L}} \frac{\Delta f}{f_{\text{n}}} \tag{9.7}$$

系统新的运行点对应于新的负荷需求和新的频率。系统频率的新值f_2小于系统旧的频率值f_1。式（9.7）描述了系统总的频率响应，而系数$K_{\text{f}} = K_{\text{T}} + K_{\text{L}}$被称为刚度。必须强调的是$\Delta P_{\text{T}} >> \Delta P_{\text{L}}$。

负荷减少ΔP_{L}是由于负荷本身的频率灵敏性。发电出力提升ΔP_{T}是由于涡轮机的调速器的作用。当调速器的参考值保持为恒定值时，由于频率变化而引起涡轮机调速器的动作被称为一次频率控制。

当系统负荷增加时，显然只有当所有运行机组中存在非满载的发电机组时，一次控制才会启动。图9-3b表明，如果任何机组都运行在最大出力下，频率的降低并不能增加机组的出力。只有那些非满载的机组，即具有旋转备用的机组，才有可能提升其出力水平。

为了确保系统的安全运行和保障一次控制的可实施性，系统运行人员必须具有足够的可以支配的旋转备用。可用于一次控制的旋转备用应当在全系统范围内均匀分布，即均匀分布于全系统的发电厂中。这样，旋转备用将来自不同的地点，从而最小化某些输电通道的过载风险。从输电网络安全性的角度来看，将旋转备用安排在一个区域可能是危险的。如果一个或多个发电厂停运退出，所缺失的功率将只会来自一个区域，从而导致某些输电通道过载，使扰动范围进一步扩大。

互联电力系统需要协调，因此关于一次控制的要求，通常是互联系统中各合作伙伴之间协议的主题。对于欧洲电力传输协调联盟（UCTE）的互联电力系统，其要求在文件“UCTE基础规则-涉及频率和有功功率的一次控制和二次控制规则的应用监督”中给出。

对于一次频率控制，UCTE互联系统中的每个子系统必须确保具有足够大的旋转备用，其大小与给定子系统在整个UCTE发电出力中的份额成正比。这个规则被称为“齐心协力原则”。要求旋转备用均匀分布于每个子系统中，并且提供备用的单台机组的运行点在频率偏差不大于200mHz时，能够使系统中的所有一次备用被释放出来。释放一次备用所需要的时间不应超过15~23s。为了满足这一条件，参与一次备用控制的机组，应能在调节幅度小于额定功率±5%的范围内迅速动作。这些机组的涡轮机调速器通常具有如图9-6a所示的带死区的转速下斜特性曲线，第一个死区宽度为±10mHz，这使得机组在小频率偏差$|\Delta f| < 10\text{mHz}$的情况下运行在恒定的功率设定值$P_{\text{ref}}$上。当出现频率偏差$|\Delta f| > 10\text{mHz}$时，该机组运行在一次控制状态，其快速调节范围为±5%。当频率偏差达到约±200mHz时，此范围内（±5%）的所有旋转备用都被释放出来。这些要求意味着当频率偏差不大于200mHz时，系统中的全部一次备用都被释放出来。在快速调节范围内的下斜率可以根据式（9.1）计算出来。将$\Delta f = (200-10)\text{mHz} = 190\text{mHz} = 0.190\text{Hz}$代入，即$\Delta f/f_{\text{n}} = 0.190/50 = 0.0038$，且$\Delta P_{\text{m}}/P_{\text{n}} = -0.05$，从而得到$\rho = 0.0038/0.05 = 0.076 = 7.6\%$。这是一个典型的值，因为根据2.3.3节，下斜率通常被假定为在4%~9%之间。对于超出±5%快速调节范围的情况，涡轮机调速器保持恒定功率不变直到频率偏差达到$|\Delta f| > 1300\text{mHz} = 1.3\text{Hz}$，调速器从功率控制方式切换到转速控制方式。

不参与一次频率控制的机组调速器，其转速下斜特性曲线的第一个死区宽度为±200mHz（见图9-6b）。它们构成了一个额外的一次备用，只在大扰动情况下释放。这在防止系统大停电事故时是必需的（详见9.1.6节）。

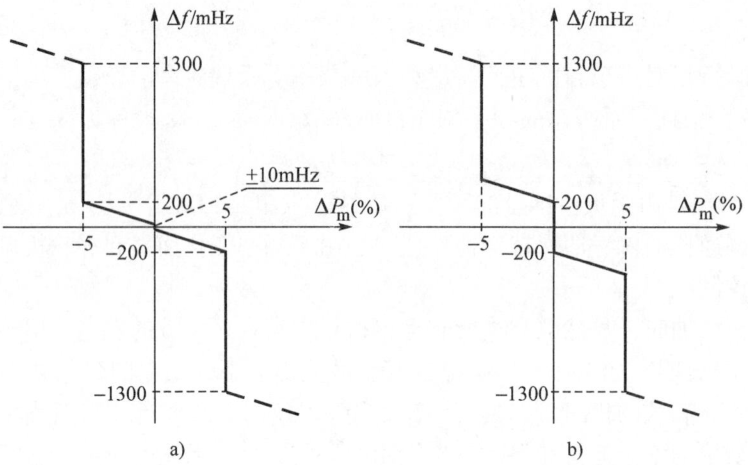

图9-6　转速下斜特性曲线的例子：a）具有小的死区；b）具有大的死区

9.1.3　二次控制

如果涡轮发电机配置了调速系统，如2.3.3节所描述的那种系统，那么在总负荷变化后，如果没有额外的控制作用，系统本身没有能力回到其初始的频率点。根据图9-5，为了能够回到初始频率点，发电出力特性曲线必须移动到虚线所示的位置。此种移动可以通过改变涡轮机调速系统中P_{ref}设定值（图2-14中的负荷参考值设定点）来实现。如图9-7所示，设定值$P_{ref(1)}$、$P_{ref(2)}$和$P_{ref(3)}$的改变使特性曲线移动到了对应的新位置$P_{m(1)}$、$P_{m(2)}$和$P_{m(3)}$。为了简化起见，图9-6所示的P_{ref}附近的第一个死区在图9-7中被忽略掉了。显然，设定值的改变不可能使涡轮机超出其最大额定功率P_{max}运行。涡轮机的设定值P_{ref}改变越多，系统总的发电出力特性就会移动得越多。最终这将导致频率恢复到额定值，但这是在负荷需求增大了的新条件下实现的。此种对单台机组调速系统的控制行为被称为二次控制。

在一个孤岛电力系统中，自动二次控制可以分散地通过在涡轮机调速系统中增加一个辅助控制环来实现。这种方式将图2-14所示的涡轮机调速器框图改变成了如图9-8所示的框图，其中P_{ref}和P_m是以额定功率P_n为基准值的标幺值。用虚线表示的辅助控制环，由一个积分环节构成，它将控制信号ΔP_ω加到功率参考值P_{ref}上，而控制信号ΔP_ω是与转速（频率）偏差的积分成正比的。ΔP_ω改变了控制电路中的功率参考值P_{ref}，从而使转速下斜特性曲线按照图9-7所示的方式移动。

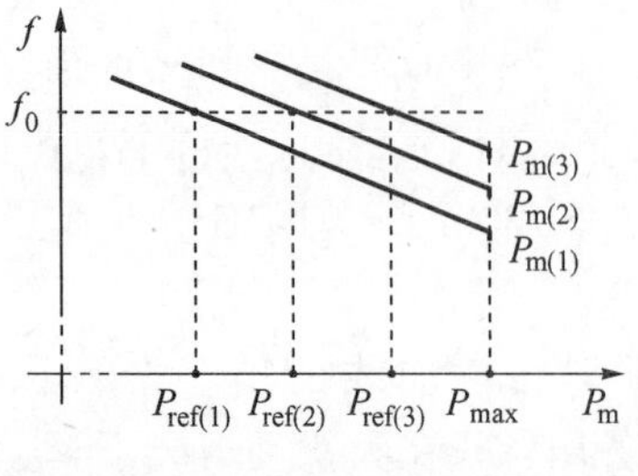

图9-7　不同设定值P_{ref}下涡轮机的转速下斜特性曲线

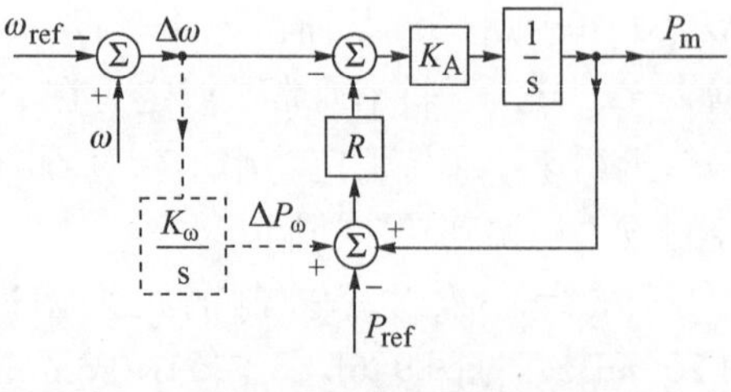

图9-8　加在涡轮机调速系统中的辅助控制

不是系统中所有执行分散式控制的发电机组都需要配置参与二次控制的辅助控制环。通常中等容量的机组被用以频率调节，而大容量的带基荷机组是独立地按照事先设定的功率水平运行的。在联合循环燃气和蒸汽轮机发电厂中，辅助控制可能只安装在燃气轮机机组上，也可能同时安装在燃气轮机和蒸汽轮机机组上。

在一个具有多个不同控制区域的互联电力系统中，二次控制不能采用分散式控制，因为辅助控制环并不能得到何处发生了功率不平衡的信息，从而会造成一个控制区域中的负荷变化引起所有控制区域中控制器动作的结果。此种分散式控制会造成不希望的联络线潮流改变，从而违反合作系统之间的输送功率协议。为了避免这种情况的发生，需要采用集中式的二次控制。

在互联电力系统中，AGC是按如下方式执行的：每个区域或子系统具有其自身的中央调节器。如图9-9所示，如果对每个区域，总的发电出力 P_T、总的负荷需求 P_L 和联络线净交换功率 P_{tie} 满足：

$$P_T-(P_L+P_{tie})=0 \tag{9.8}$$

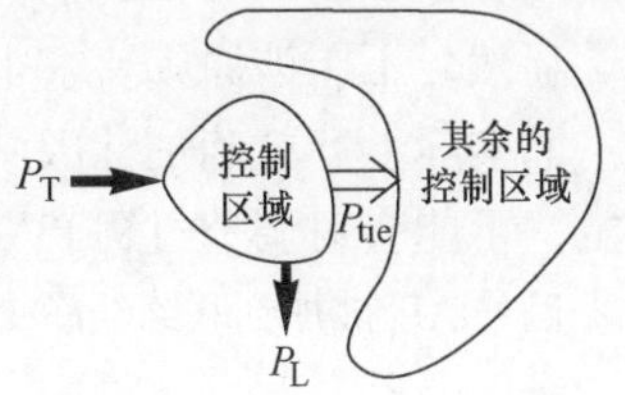

图9-9　一个控制区域的功率平衡

那么互联系统处于平衡状态。

每个区域调节器的目标是维持频率在预定值上（频率控制）和保持与给定区域之间的联络线净交换功率在预定值上（联络线控制）。如果在一个子系统中存在一个大的功率不平衡扰动（例如发生了跳机事故），那么在各区域中的调节器将试图恢复频率和联络线净交换功率到原先的值。这个目标通过如下方式实现：处于功率不平衡区域中的调节器发出增加发电出力等于功率缺额的命令并得到执行。换句话说，每个控制区域的调节器应当控制本区域的发电出力以实现本区域的功率平衡，从而维持联络线净交换功率在预定值上。这个原则被称为“不干涉原则”。

这种调节是通过改变此区域中涡轮机的输出功率来实现的，而涡轮机的输出功率改变是通过改变其调速系统中的功率参考值 P_{ref} 来实现的。图9-10给出了中央调节器的功能框图。频率在当地的低压网络上测量，然后与频率参考值进行比较，产生一个与频率偏差 Δf 成正比的信号。联络线上的潮流信号通过远程通信传输到中央调节器，然后与参考值进行比较产生一个与联络线交换功率偏差 ΔP_{tie} 成正比的信号。在把这2个信号加到一起之前，先要把频率偏差信号放大 λ_R 倍，λ_R 被称为频率偏差因子，从而得到

$$\Delta P_f=\lambda_R\Delta f \tag{9.9}$$

此式表示为了补偿该区域中功率不平衡引起的频率偏差，该区域中的发电出力必须变化的量。

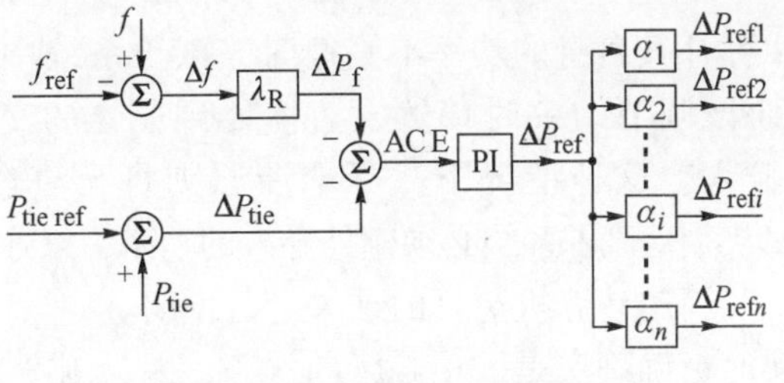

图9-10　中央调节器的功能框图

频率偏差因子 λ_R 的选择对不干涉原则起到了重要的作用。根据此原则，每个子系统应当解决其自身的功率不平衡问题并试图维持与其余子系统的交换功率值。如果在失去发电出力后导致了频率下降，那么应用式（9.7）可以得到 $\Delta P_{demand}=-(K_f P_L/f_n)\Delta f$。中央调节器应当迫使发电出力提升 $\Delta P_f=\lambda_R\Delta f$ 以弥补发电出力的不足，因此有 $\Delta P_f=-\Delta P_{demand}$。这样就有 $\lambda_R\Delta f=(K_f P_L/f_n)\Delta f$，即

$$\lambda_R=\frac{K_f P_L}{f_n}=K_{f\,MW/Hz} \tag{9.10}$$

此式表明频率偏差因子 λ_R 的值是可以估计的，只要已知给定区域的刚度和总负荷需求。$K_{f\,MW/Hz}$ 表示了以 MW/Hz 为单位的系统频率刚度。

显然，不干涉原则要求中央调节器设定的频率偏差因子等于以 MW/Hz 表示的区域刚度值。而实际上，精确估计区域刚度值是困难的，这样，在中央调节器中对 λ_R 值的不精确的设定，可能会对调节过程产生一些不希望的影响。这个问题将在本章的后面讨论。

信号 ΔP_f 被加到联络线净交换功率偏差 ΔP_{tie} 上，从而构成了所谓的“区域控制偏差（ACE）”：

$$\mathrm{ACE}=-\Delta P_{tie}-\lambda_R\Delta f \tag{9.11}$$

与图9-8所示的分散式调节器类似，为了消除偏差，中央调节器也必须要有一个积分环节，同时可配置一个辅助的比例环节。对于此种 PI 调节器，其输出信号为

$$\Delta P_{ref}=\beta_R(\mathrm{ACE})+\frac{1}{T_R}\int_0^t(\mathrm{ACE})\,dt \tag{9.12}$$

式中，ΔP_{ref} 为调节器输出的增发功率指令信号，β_R 和 T_R 是调节器的参数。通常，调节器采用的比例系数很小或为零，这样就成为一个积分环节了。

ACE 对应于为了同时维持频率和联络线交换功率在预定值上，本区域发电出力应做出的改变量。调节器输出的增发功率指令信号 ΔP_{ref} 被分别乘上代表各发电机组在总发电控制中的贡献程度的参与因子 α_1、α_2、…、α_n 后，得到各发电机组的增发功率指令信号 ΔP_{ref1}、ΔP_{ref2}、…、ΔP_{refn}，如图9-10所示。然后增发功率指令信号 ΔP_{ref1}、ΔP_{ref2}、…、ΔP_{refn} 被传输到发电厂，再传递到涡轮机调速系统的参考值设定点上（见图2-11）。与分散式控制一样，并不是所有机组都要参与到发电控制中。

值得注意的是，基于式（9.11）定义的 ACE 进行的调节并不总是随着偏差 Δf 和 ΔP_{tie} 的消除而结束。根据式（9.11），ACE 归零通常可以通过两种方式实现：

1）两个偏差同时归零，即实现 $\Delta P_{tie}=0$ 和 $\Delta f=0$。这是一个非常希望得到的结果。当给定子系统中的可用调节功率足够大以弥补其自身的功率不足时，则不干涉原则强制将交换功率返回到原来的参考值，并且频率偏差和交换功率偏差同时被消除。

2）在两个偏差之间实现折中，使 $\Delta P_{tie}+\lambda_R\Delta f=0$ 即 $\Delta P_{tie}=-\lambda_R\Delta f$。当给定子系统中的所有可用调节功率不足以弥补其自身的功率不平衡时，该子系统中的调节机组在偏差消除之前已耗尽其能力，因而该调节结束时仍然没有恢复到原先的交换功率参考值。所缺少的功率必须从邻近网络输入。这种情况下，不干涉原则将无法遵守，并出现以下偏差：$\Delta P_{tie\infty}=-\lambda_R\Delta f_\infty$，其中 $\Delta P_{tie\infty}$ 是该子系统必须额外导入的功率，以弥补其自身的功率不足。

这两种情况将在9.2节利用计算机仿真的结果进行说明。

实际刚度 $K_{fMW/Hz}$ 的实时精确确定是一项艰巨的任务，因为刚度是随负荷及其结构以及发电厂组成的变化而连续变化的。实时测定 $K_{fMW/Hz}$ 是一项正在进行的研究课题。一般来说，它

需要一种复杂的动态辨识方法。实际上，在欧洲 UCTE 系统的中央调节器中，使用了一种简化的方法来设置频率偏差因子 λ_{R}。每年，给定控制区域在总发电量中的份额是确定的，然后对整个互联系统估计 $K_{\mathrm{fMW/Hz}}$ 的值。此 $K_{\mathrm{fMW/Hz}}$ 估计值在各控制区域中以它们的年发电量份额进行分配，此分配到的值就被设置为每个控制区域的频率偏差因子。

例如，设整个互联系统的刚度估计值是 $K_{\mathrm{fMW/Hz}}=20000\mathrm{MW/Hz}$，第 k 个和第 j 个控制区域的年发电量份额分别为 $\alpha_k=0.05$ 和 $\alpha_j=0.20$。根据上述近似方法，在中央调节器中设置的频率偏差因子为

$$\lambda_{\mathrm{R}k}=\alpha_k K_{\mathrm{fMW/Hz}}=0.05\times 20000\mathrm{MW/Hz}=1000\mathrm{MW/Hz}$$

$$\lambda_{\mathrm{R}j}=\alpha_j K_{\mathrm{fMW/Hz}}=0.02\times 20000\mathrm{MW/Hz}=4000\mathrm{MW/Hz}$$

上述方法是简单的，并能近似实现不干涉原则。

二次频率控制比一次频率控制要慢得多。作为例子，下面给出欧洲 UCTE 系统成员所同意的指标要求。

联络线潮流测量值必须周期性地或当潮流超出某个值时向中央调节器发送，延迟不超过 1 ~5s。改变参考值的指令大约每 10min 从中央调节器（见图 9-10）发送到区域调节器。为了实现二次控制的最大速度，全部二次备用必须在 15min 内释放完成。

参与二次控制的发电厂，即由中央调节器控制的发电厂，必须具有大范围的可调节功率，这个范围与发电厂的类型有关。对于热电厂，运行在一次控制下的功率调节的典型范围（见图 2-13）是从 40%（技术最小出力）到 100%（最大出力）。通常一次控制使用该范围内 ±5% 最大功率的调节范围。调节的速度也依赖于机组的类型。要求的调节速度不能低于：

1）燃气或烧油机组：每分钟 8% 的额定功率。

2）煤和褐煤机组：每分钟 2% ~4% 的额定功率。

3）核电机组：每分钟 1% ~5% 的额定功率。

4）水电机组：每分钟 30% 的额定功率。

所有参与二次控制的发电机组的调节范围（向上调节或向下调节）的总和被称为二次控制的带宽。带宽的正值，即从最大功率点到实际的运行功率点，构成了二次控制的备用。在欧洲 UCTE 系统中，每个控制区域要求的二次备用值在该区域发电出力的 1% 范围内；另外还要求二次备用至少等于该区域中运行的最大机组的容量。这一要求是根据不干涉原则考虑最大机组突然失去而导出的。如果这种情况发生，在该区域中的二次控制必须快速地，不超过 15min，增加发电出力，以弥补缺失的功率。

要求的交换功率预定值 $P_{\mathrm{tie\ ref}}$ 是基于整个互联电网计划交换功率被送到中央调节器的。为了防止由于参考值快速变化而引起的控制区域之间的功率摇摆，$P_{\mathrm{tie\ ref}}$ 的改变是按照如图 9-11 所示的爬坡方式进行的，功率变化指令到达时刻前 5min 开始爬坡，功率变化指令到达时刻后 5min 爬坡结束。

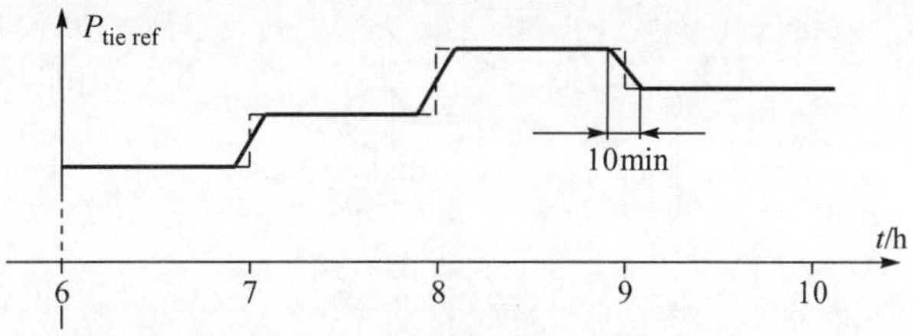

图 9-11　交换功率参考值变化执行表

9.1.4 三次控制

三次控制是附加在一次和二次频率控制后面的，比一次和二次频率控制慢。三次控制的任务取决于特定电力系统的组织结构和发电厂在这种结构中扮演的角色。

在垂直一体化的电力系统结构下（见第2章），系统运行人员基于经济调度或更一般的最优潮流（OPF），即基于网络约束条件下使运行发电厂的总成本最小原则，设定单个发电厂的运行点。因此，三次控制将由最优调度计算得出的值设置为单个发电机组的功率参考值，从而使总的负荷需求和联络线功率交换值同时得到满足。

在世界上的很多地方，电力供应系统已经自由化，私人拥有的发电厂并不直接受系统运行人员控制。这样，经济调度是通过能源市场来实施的。根据实际的市场结构，发电厂要么将其价格报送到一个集中的电力池中，要么直接与供电给用户的电力公司签订双边合同。因此，系统运行人员的主要任务是调整供电价格或合同，以确保网络约束得到满足并从单个发电厂获得所需的一次和二次备用量。在此种市场结构下，三次控制的任务是手动或自动调节各涡轮机调速器的功率设定点以满足如下的要求：

1）参与一次控制的机组具有足够的旋转备用。

2）优化调度参与二次控制的机组。

3）在给定的周期内恢复二次控制的带宽。

三次控制是对二次控制进行监督的，它校正控制区域内各台机组的功率水平。三次控制通过如下方式执行：

1）自动改变单台机组的出力参考值。

2）以自动或手动方式并网或断开作为三次控制备用的机组。

三次控制的备用是由那些得到请求后可以在15min内手动或自动并网的机组构成的。使用三次备用的目的是恢复二次控制的带宽。

9.1.5 作为多级控制的AGC

AGC实际上是多级控制系统的一个极好例子，其总体结构如图9-12所示。

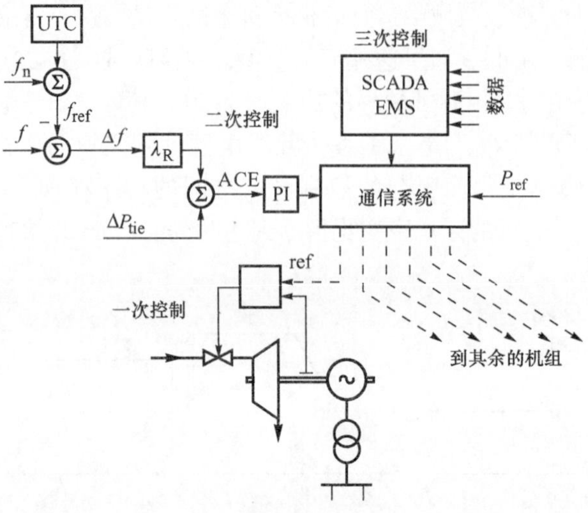

图9-12 AGC的层级

具有功率参考值设定功能的涡轮机调速系统处于控制层级的最底层，即一次控制层级，所有来自更高层的命令都在这一层执行。一次控制是分散式的，因为它安装在地理位置不同的发电厂中。

频率控制和联络线控制构成了二次控制，并迫使一次控制消除频率偏差和联络线交换功率偏差。在孤岛系统中，二次控制仅限于频率控制，因而可以不需要中央调节器的协调而就地执行。在互联电力系统中，二次控制采用中央计算机来实现频率控制和联络线功率控制。二次控制应当慢于一次控制。

三次控制的任务是确保二次控制具有一个合适的带宽。显然，三次控制必须比一次控制和二次控制更慢。因此，在考虑一次控制和二次控制之间相互协调的动态特性时可以忽略三次控制的作用。

现代解决方案采用能量管理系统（SCADA-EMS，支撑运行人员的管理系统）控制算法中的负荷-频率控制（LFC）功能来实现二次控制和三次控制的任务。除了控制频率和交换功率外，SCADA-EMS还包含许多其他的优化和安全管理功能，对SCADA-EMS的详细描述超出了本书的范围，但感兴趣的读者可以参考Wood and Wollenberg (1996)。

图9-12所示的分层结构中还包含了一个与同步时间控制相对应的环节UTC，同步时间指的是基于系统频率的同步时钟测量到的时间。电力系统频率是连续变化的，因此同步时钟往往具有一个与系统频率的积分成正比的偏差。这个偏差可以通过偶尔改变频率的参考值来消除。

在欧洲的UCTE系统中，标称频率为$f_n = 50$Hz。同步时间偏差在位于瑞士Laufenberg的控制中心采用UTC时间标准进行计算。在每个月的某几天，控制中心广播一个频率校正值，该校正值被插入到二次控制系统中以消除同步时间偏差。如果同步时钟是慢的，则频率校正值被设置为0.01Hz，即频率设定值为$f_{ref} = 50.01$Hz。如果同步时钟是快的，则频率校正值被设置为−0.01Hz，即频率设定值为$f_{ref} = 49.99$Hz。通常UCTE系统在校正值为−0.01Hz下运行几十天，在校正值为0.01Hz下运行几天，而在一年的其他日子里没有校正值。

在大型互联系统中，通常控制区域是分组的，其中一个区域的中央调节器（通常是最大的区域）调节给定区域之间的交换功率。在这种结构中，每个区域的中央控制器调节其自身的交换功率，而主区域中的中央控制器额外调节整个组的交换功率。

9.1.6 抗频率不稳定的防御计划

上面讨论的频率和功率控制系统对于实际功率平衡中的典型扰动是充足的，此种典型扰动主要是大型发电机组的非计划停运。频率和功率控制系统所能处理的最大扰动被称为“参考事件”。对于欧洲UCTE系统，参考事件对应于失去总功率为3000MW的发电机组。更大的扰动必须由每个系统的运行人员使用其自己的防御计划及合适的设施来处理，以防御扰动在整个系统内的蔓延。此种防御计划的例子见表9-1和表9-2。

表9-1和表9-2所描述的防御计划应该被看作为一个例子，它是基于Kuczynski, Paprocki and Strzelbicki (2005) 的论文并包括了由2006年11月4日发生在UCTE互联电力系统中的广域扰动而获得的经验的更新结果。感兴趣的读者可以参考UCTE总体规划文件（网址

www. ucte. org)。

表 9-1　针对频率下降的防御计划实例

f/Hz	Δf/Hz	防御动作类型
50.000	<0.200	正常运行，具有小死区的一次控制（见图 9-6a）及进行频率和联络线功率控制的二次控制：$$\mathrm{ACE} = -\Delta P_{\mathrm{tie}} - \lambda_{\mathrm{R}} \Delta f$$
49.800	0.200	子系统的中央二次控制器被闭锁。发电机组只带一次控制和手动设置功率参考值运行
		一次控制被隐藏的具有大死区 ±200mHz 的发电机组（见图 9-6b）被自动激活
		抽水蓄能电站从抽水模式切换到发电模式
		起动可快速起动的机组（柴油机和开式循环燃气轮机）
49.000 48.700	1.000 1.300	低频减载（前两个阶段）
48.700	1.300	根据图 9-6 的下斜控制特性曲线，涡轮机调速器（一次控制）从功率调节切换到转速控制
48.500 48.300 48.100	1.500 1.700 1.900	低频减载（后三个阶段）
47.500	2.500	允许发电机组由涡轮机保护动作而跳闸。机组在非并网状态下带自身的厂用负荷（如果机组能够继续运行的话）。系统运行人员通过重新联接孤岛系统和跳闸的发电机组开始对系统进行恢复

表 9-2　针对频率上升的防御计划实例

f/Hz	Δf/Hz	防御动作类型
51.500	1.500	允许发电机组由涡轮机保护动作而跳闸。机组在非并网状态下带自身的厂用负荷（如果机组能够继续运行的话）
51.300	1.300	根据图 9-6 的下斜控制特性曲线，涡轮机调速器（一次控制）从功率调节切换到转速控制
50.200	0.200	抽水蓄能电站从发电模式切换到抽水模式
		停运可快速起动的机组（柴油机和开式循环燃气轮机）
		一次控制被隐藏的具有大死区 ±200mHz 的发电机组（见图 9-6b）被自动激活
		子系统的中央二次控制器被闭锁。发电机组只带一次控制和手动设置功率参考值运行
50.000	<0.200	正常运行，具有小死区的一次控制（见图 9-6a）及进行频率和联络线功率控制的二次控制：$$\mathrm{ACE} = -\Delta P_{\mathrm{tie}} - \lambda_{\mathrm{R}} \Delta f$$

9.1.7　频率控制的质量评估

频率和交换功率控制的质量评估可分为两种类型：

1）系统正常运行期间的控制质量评估。

2）诸如非计划发电机组停运等大扰动下的控制质量评估。

正常运行时的控制质量评估采用频率偏差的标准偏差指标：

$$\sigma = \sqrt{\frac{1}{n}\sum_{i=1}^{n}(f - f_{\text{ref}})^2} \tag{9.13}$$

式中，n 是测量的数目。一个月中每 15min 做一次测量。此外，还计算了频率偏差大于 50mHz 的百分比份额以及它们出现的总次数。

一个大扰动后频率控制的质量评估如图 9-13 所示。图中，粗线给出了在一台大型发电机非计划退出运行后的频率变化特性。扰动发生前的一小段时间内频率偏差为 Δf_0。扰动发生在对同步时间进行校正的过程中，此时 $f_{\text{ref}} = 50.01\text{Hz}$。扰动之后，频率下降的最大值为 Δf_2。频率控制将频率恢复到了参考值的允许偏差范围内，频率变化的整个范围被限制在虚线所示的区域内，并被称作为喇叭特性。喇叭特性是由两条指数曲线定义的：

$$H(t) = f_{\text{ref}} \pm A\text{e}^{-t/T} \quad 对于 \quad t \leqslant 900\text{s}$$
$$H(t) = \pm 20\text{mHz} \quad 对于 \quad t \geqslant 900\text{s} \tag{9.14}$$

式中，± 符号对应于特性曲线的上下部分，A 是初始宽度。指数特性在 $t = 900\text{s}$，即 $t = 15\text{min}$ 时结束。然后，该特性曲线由两条水平线组成，将频率偏差限制在 ±20mHz 内，与正常运行时要求的频率控制精度相对应。指数曲线必须平滑地下降到水平线。为了做到这一点，指数曲线的时间常数必须等于

$$T = \frac{900}{\ln(A/d)} \tag{9.15}$$

初始宽度 A 与扰动大小 ΔP_0 有关，其关系式为

$$A = 1.2\left(\frac{|\Delta P_0|}{\lambda_{\text{R}}} + 0.030\right) \tag{9.16}$$

式中，λ_{R} 是电力系统的频率刚度。作为一个例子，如果一台数百 MW 的机组跳闸，那么喇叭曲线的宽度，同时也是频率变化的范围，大概是数百 mHz。

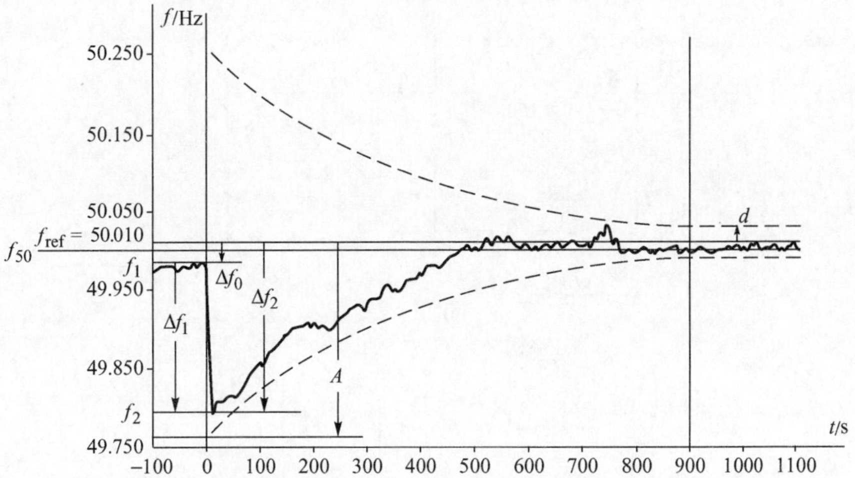

图 9-13　采用喇叭特性曲线进行频率控制的质量评估示意图：基于文件“UCTE 基础规则-涉及频率和有功功率的一次控制和二次控制规则的应用监督”

如果扰动 ΔP_0 之后，频率的变化特性在喇叭曲线内，那么可以认为频率控制是令人满意的。

9.2 阶段Ⅰ：发电机群中的转子摇摆

描述了 AGC 后，现在可以分析电力系统对由跳机等引起的功率不平衡的响应了。这个响应依据其动态过程的持续时间可以被分为 4 个阶段：

阶段Ⅰ：发电机群中的转子摇摆（最初的小几秒）

阶段Ⅱ：频率下降（小几秒到大几秒）

阶段Ⅲ：涡轮机调速系统的一次控制（大几秒）

阶段Ⅳ：中央调节器的二次控制（大几秒到 1min）。

为了阐明这 4 个阶段是如何在系统中发展的，需要对与每个阶段相关的动态过程进行单独的描述。为了开始讨论，首先考察如图 9-14a 所示的电力系统，该系统由一个发电厂通过双回输电线路输电到受端构成。而发电厂本身被假定为由 2 台相同的发电机组构成，2 台发电机联接到同一条母线上。所考察的扰动是其中一台发电机与系统断开。在扰动后的阶段Ⅰ，将特别关注厂内继续运行的发电机是如何弥补失去的发电功率的。

厂内一台发电机的突然断开，最初会使厂内剩下的继续运行的发电机的转子产生大幅度摇摆，而系统中其他发电机的转子摇摆幅度就要小得多。为简单起见，将忽略系统中其他发电机的这些小幅振荡，以允许将系统的其余部分用一个无穷大母线来代替。根据转子摇摆的时间尺度，采用发电机的暂态模型并认为由涡轮机提供的机械功率保持恒定。为了简化需考虑的因素，发电机将用经典模型来表示，即采用式（5.15）和式（5.40）来描述发电机。图 9-14b 给出了扰动前的系统等效电路图。由于这两台发电机是相同的，因而都可以表示为一个相同的暂态电势 $\underline{E}'$ 串联一个等效电抗（采用“等效电抗后的暂态电势”模型），而该等效电抗包括了发电机暂态电抗 X'_d 和变压器电抗 X_T。图中的 X_s 表示系统其余部分的等效电抗。

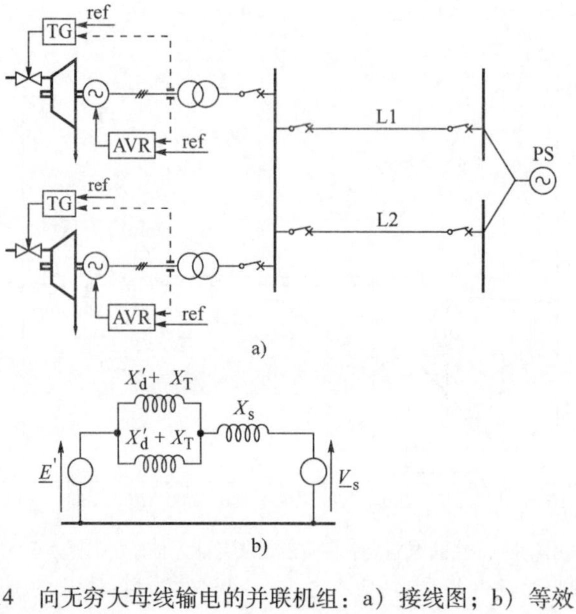

图 9-14　向无穷大母线输电的并联机组：a）接线图；b）等效电路

图 9-15 展示了如何将等面积法则应用到这个问题上。图中，$P_{-}(\delta')$ 和 $P_{+}(\delta')$ 是暂态功率-功角特性曲线，而 P_{m-} 和 P_{m+} 是扰动前后的机械功率。初始状态发电厂运行在点 1，相对于无穷大母线的等效功角是 δ_0'。一台机组断开后，产生两种影响。首先，整个系统的等效电抗增大，从而功率-功角特性曲线下降。这样，扰动前和扰动后的功率-功角特性方程为

$$P_{-}(\delta_0') = \frac{E'V_s}{\dfrac{X_d'+X_T}{2}+X_s}\sin\delta_0', \quad P_{+}(\delta_0') = \frac{E'V_s}{X_d'+X_T+X_s}\sin\delta_0' \tag{9.17}$$

其次，因为失去了 1 台机组，因而发电厂传递到系统的机械功率也下降一半，即 $P_{m+}=0.5P_{m-}$。

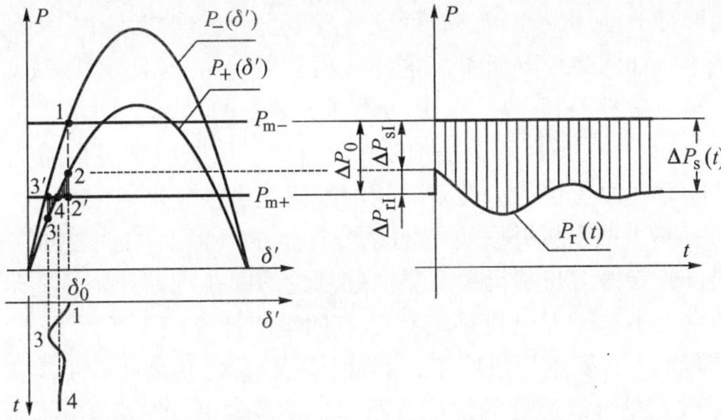

图 9-15　应用等面积法则确定阶段 I 的动态过程（此现象持续时间：最初几秒）

由于扰动发生后继续运行的发电机的转子角不可能突变，系统运行在点 2，发电机输出的电功率大于原动机提供的机械功率，因而转子开始减速并损失与面积 2-2′-4 相对应的动能。由于动量作用，转子角会越过点 4 并最终停止于点 3，而点 3 满足条件：面积 4-3-3′等于面积 2-2′-4。随后，阻尼转矩将使后续的振荡衰减，转子最终趋向于其平衡点 4。

对任何给定机组，其转子振荡的振幅依赖于扰动发生后瞬间其所拾取的损失了的发电功率的份额。使用图 9-15 的符号可以得到

$$\begin{aligned} \Delta P_0 &= P_{-}(\delta_0') - P_{m+} = P_{m-} - P_{m+} \\ \Delta P_{rI} &= P_{+}(\delta_0') - P_{m+} \\ \Delta P_{sI} &= \Delta P_0 - \Delta P_{rI} \end{aligned} \tag{9.18}$$

式中，ΔP_0是跳机所损失的发电功率，ΔP_{rI} 和 ΔP_{sI} 分别是扰动发生后阶段 I 继续运行的发电机所增发的功率和系统其余部分所增发的功率（假定负荷在扰动前后恒定不变）。下标“I”表示这些方程是针对扰动后的第一个阶段即阶段 I 的；下标“r”表示剩下的继续运行的发电机；下标“s”表示系统的其余部分。利用式（9.18）中的第 1 个方程，ΔP_{rI} 可以重新表达为

$$\Delta P_{rI} = P_{+}(\delta_0') - P_{m+} = [P_{+}(\delta_0') - P_{m+}]\frac{1}{P_{-}(\delta_0') - P_{m+}}\Delta P_0 \tag{9.19}$$

将式（9.17）代入到式（9.19）中并注意到 $P_{m+}=0.5P_{m-}$ 得到

$$\Delta P_{\mathrm{r\,I}}=\frac{1}{1+\beta}\Delta P_0 \tag{9.20}$$

式中，$\beta=(X_{\mathrm{d}}'+X_{\mathrm{T}})/X_{\mathrm{s}}$。在跳机所损失的发电功率中，系统其余部分增发的功率值为

$$\Delta P_{\mathrm{s\,I}}=\Delta P_0-\Delta P_{\mathrm{r\,I}}=\frac{\beta}{\beta+1}\Delta P_0 \tag{9.21}$$

根据式（9.20）和式（9.21），继续运行的发电机所增发的功率与系统其余部分所增发的功率之比为

$$\frac{\Delta P_{\mathrm{r\,I}}}{\Delta P_{\mathrm{s\,I}}}=\frac{1}{\beta}=\frac{X_{\mathrm{s}}}{X_{\mathrm{d}}'+X_{\mathrm{T}}} \tag{9.22}$$

式（9.22）表明，为弥补跳机所损失的功率，继续运行的发电机所增发的功率 ΔP_{r} 与系统其余部分等效电抗 X_{s} 成正比。图9-15画出了 ΔP_{r} 和 ΔP_{s} 的变化曲线。由于继续运行的发电机的惯性比系统其余部分的惯性要小得多，因此该发电机会很快减速并失去动能，其转子角和发出的功率都会减小，如图9-15b所示。这样，功率不平衡开始增大，从而使系统其余部分增发的功率 ΔP_{s} 增大。在图9-15中，系统其余部分增发的功率已用阴影标出，当加上发电机增发的功率 $P_{\mathrm{r}}(t)$ 后，一定等于扰动前的负荷功率。从此图中可以看出，系统其余部分增发的功率份额是随时间而变化的，随着时间的推移此份额越来越大。

虽然式（9.22）是由两台机并联运行的系统导出的，但对于一般的多机系统，也可以导出类似的表达式，并能得出与两机系统类似的结论，即在扰动开始后的阶段Ⅰ，任何给定发电机所增发的功率大小与该发电机距离扰动点的电气距离（系数 β）有关。对于图9-14的例子，功率不平衡发生在发电厂母线上，因此，X_{s} 是系统其余部分距离扰动点的电气距离的度量，而（$X_{\mathrm{d}}'+X_{\mathrm{T}}$）是继续运行的发电机距离扰动点的电气距离的度量。

9.3 阶段Ⅱ：频率下降

图9-15所示的情形只会持续几秒钟，然后，功率不平衡会导致系统中所有发电机减速，从而导致频率下降；这样就开始了动态过程的第二个阶段，即阶段Ⅱ。在阶段Ⅱ，任何一台发电机为弥补功率不平衡而增发的功率份额只与其惯性有关，而与其距扰动点的电气距离无关。假定所有发电机仍然保持同步运行，则在经历了动态过程阶段Ⅰ的几次转子间摇摆后，它们将以近似相同的速率减速，即有如下表达式：

$$\frac{\mathrm{d}\Delta\omega_1}{\mathrm{d}t}\approx\frac{\mathrm{d}\Delta\omega_2}{\mathrm{d}t}\approx\cdots\approx\frac{\mathrm{d}\Delta\omega_{N_{\mathrm{G}}}}{\mathrm{d}t}=\varepsilon \tag{9.23}$$

式中，$\Delta\omega_i$ 是第 i 台发电机的转速偏差，ε 是平均加速度，N_{G} 是发电机的数目。

根据摇摆方程式（5.14），转速偏差的导数可以用第 i 台发电机的加速功率 ΔP_i 与其惯性系数 M_i 的比率来替代，从而式（9.23）可以改写为

$$\frac{\Delta P_1}{M_1}\approx\frac{\Delta P_2}{M_2}\approx\cdots\approx\frac{\Delta P_{\mathrm{n}}}{M_{\mathrm{n}}}\approx\varepsilon \tag{9.24}$$

如果忽略系统负荷由于频率变化而发生的变化，那么每台发电机所增发的功率必然等于已损失的功率 ΔP_0，即

$$\Delta P_0=\sum_{i=1}^{N_{\mathrm{G}}}\Delta P_i \tag{9.25}$$

将式（9.25）中的ΔP_i用$\Delta P_i = M_i\varepsilon$替代可得

$$\Delta P_0 = \varepsilon\sum_{i=1}^{N_G} M_i \quad \text{即} \quad \varepsilon = \frac{\Delta P_0}{\sum_{i=1}^{N_G} M_i}, \quad \text{于是} \quad \Delta P_i = M_i\varepsilon = \frac{M_i}{\sum_{k=1}^{N_G} M_k}\Delta P_0 \tag{9.26}$$

这个方程确定了在动态过程的阶段Ⅱ，为弥补已损失的功率，每台发电机所增发的功率与其惯量成正比。实际上，惯性常数H_i对于所有的发电机都是相似的[㊀]，因此用式（5.13）中的$M_i = 2H_iS_{ni}/\omega_s$代替式（9.26）中的$M_i$得到

$$\Delta P_i \approx \frac{S_{ni}}{\sum_{i=1}^{N_G} S_{ni}}\Delta P_0 \tag{9.27}$$

这样在阶段Ⅱ，发电厂中继续运行的发电机和系统其余部分为弥补已损失的功率所增发的功率根据式（9.26）可以表达为

$$\Delta P_{r\text{Ⅱ}} = \frac{M_r}{M_r + M_s}\Delta P_0 \quad \text{和} \quad \Delta P_{s\text{Ⅱ}} = \frac{M_s}{M_r + M_s}\Delta P_0 \tag{9.28}$$

式中，增加了下标“Ⅱ”以强调这些方程只适用于阶段Ⅱ。采用类似于式（9.22）的做法，两者增发功率的比率为

$$\frac{\Delta P_{r\text{Ⅱ}}}{\Delta P_{s\text{Ⅱ}}} = \frac{M_r}{M_s} \approx \frac{S_{nr}}{S_{ns}} \tag{9.29}$$

即等于惯性系数的比值，也约等于额定功率的比值。由于$S_{ns} >> S_{nr}$（无穷大母线假设），发电厂中剩下的发电机所增发的功率与系统其余部分所增发的功率相比是非常小的。在画出图9-15时所做的假设是$\Delta P_{r\text{Ⅱ}} \approx \Delta P_0 S_{nr}/S_{ns} \approx 0$。

图9-16a给出了当系统只有有限等效惯量时的情况，剩下的发电机和系统其余部分等效发电机的转子角会随着频率的下降而减小。初始的转子角振荡特性与图9-15给出的阶段Ⅰ的振荡特性相同；然后转子角一起减小，因为机组是同步运行的。

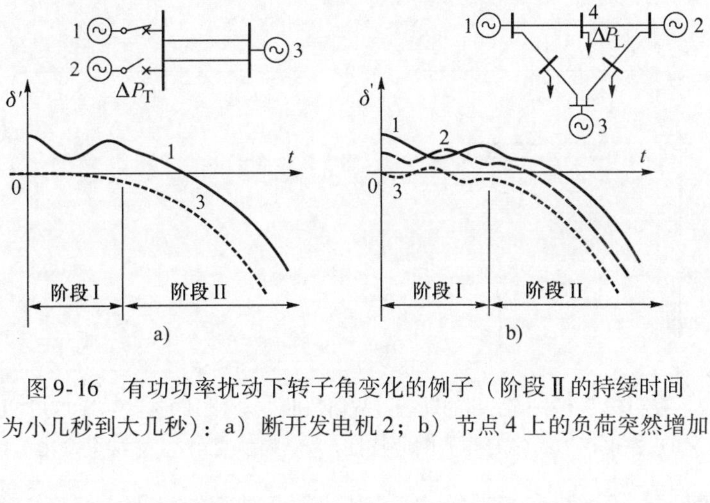

图9-16　有功功率扰动下转子角变化的例子（阶段Ⅱ的持续时间为小几秒到大几秒）：a）断开发电机2；b）节点4上的负荷突然增加

㊀　指近似相等。——译者注

图9-16给出了一个三机系统的情况，该系统的节点4负荷突然增加。发电机1和2离扰动点较近，因此在阶段Ⅰ它们比发电机3参与得更多。在阶段Ⅱ，功率角同步减小，系统频率下降。

9.4 阶段Ⅲ：一次控制

动态过程中的阶段Ⅲ取决于发电机组和负荷对频率下降是如何反应的。第2章2.3.3节解释了当频率（转速）下降时，涡轮机调速器是如何打开主控制阀门以增加流过涡轮机的工质从而提高涡轮机输出的机械功率的。在稳态和频率变化非常缓慢的时段，每台机组的机械功率增加量与涡轮机的静态特性曲线下斜率成反比。式（9.4）和式（9.6）可以重新写为

$$
\begin{aligned}
P_{\mathrm{T}} &= P_{\mathrm{T0}} + \Delta P_{\mathrm{T}} = P_{\mathrm{T0}} - K_{\mathrm{T}} \Delta f \frac{P_{\mathrm{T0}}}{f_{\mathrm{n}}} \\
P_{\mathrm{L}} &= P_{\mathrm{L0}} + \Delta P_{\mathrm{L}} = P_{\mathrm{L0}} + K_{\mathrm{L}} \Delta f \frac{P_{\mathrm{L0}}}{f_{\mathrm{n}}}
\end{aligned}
\tag{9.30}
$$

系统的频率运行点是由这两条特性曲线的交点决定的。

典型的发电出力和负荷特性曲线如图9-17所示，其中，扰动前的发电出力特性曲线用$P_{\mathrm{T}-}$表示，扰动后的发电出力特性曲线用$P_{\mathrm{T}+}$表示。如果一台机组跳闸，系统的发电出力特性曲线P_{T}就会向左移动与损失功率值ΔP_0相对应的距离；根据式（9.4），新的特性曲线的下斜率会略微增大，因为K_{T}值有减小。

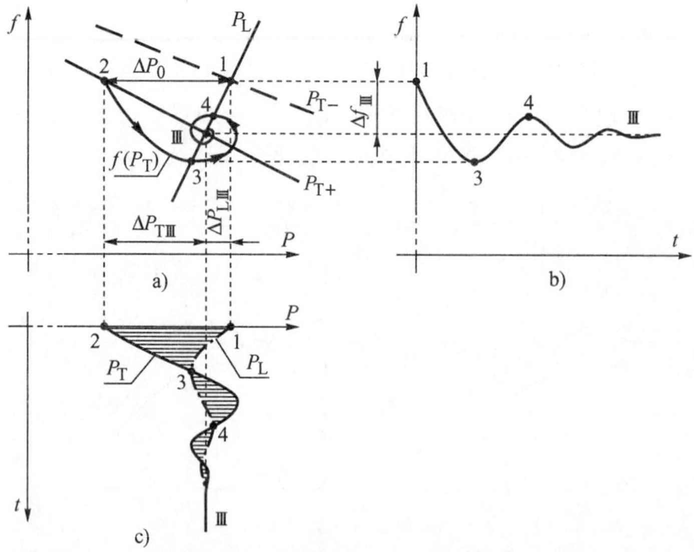

图9-17 有功功率不平衡引起的动态过程阶段Ⅲ（阶段Ⅲ的持续时间为大几秒）：
a）发电出力特性与频率响应特性；b）频率变化；c）功率变化

在扰动出现前，系统运行在与曲线P_{L}和$P_{\mathrm{T}-}$交点对应的点1上。在一台发电机跳闸以后，初始时频率仍然保持不变，发电出力运行点移动到点2。然后发电出力趋向于移动到点

Ⅲ，即曲线 P_L 与 P_{T+} 的交点；但由于涡轮机及其调速器时间常数所引起的延时，不可能立刻到达该点。初始阶段，发电出力（对应点 2）与负荷功率（对应点 1）之差很大，频率按照已描述过的阶段Ⅰ和阶段Ⅱ动态过程开始下降。在阶段Ⅲ，涡轮机通过增加其输出功率开始对频率下降做出反应，但是由于前述的涡轮机及其调速器的延时，涡轮机输出功率的运行点轨迹曲线 $f(P_T)$ 落在静态发电出力特性曲线 P_{T+} 的下面。随着频率的下降，发出的功率增加，而负荷吸收的功率下降。到点 3 时发出的功率与负荷吸收的功率相等。根据摇摆方程，减速功率为零意味着

$$\frac{d\Delta\omega}{dt}=2\pi\frac{d\Delta f}{dt}=0 \tag{9.31}$$

频率 $f(t)$ 达到其局部最小值，如图 9-17b 所示。

由于涡轮机调节系统的固有惯性，过点 3 后机械功率继续增大，以致发电功率超出了负荷功率，从而频率又开始上升。在点 4 功率再次平衡，频率达到其局部最大值，如图 9-17b 所示。这样的振荡一直继续到频率达到稳态值 $f_{Ⅲ}$，对应于 P_L 与 P_{T+} 静态特性曲线的交点，即点Ⅲ。根据图 9-17a 可得确定 $f_{Ⅲ}$ 的方程为

$$\Delta P_0=\Delta P_{TⅢ}-\Delta P_{LⅢ}=-K_T\frac{P_L}{f_n}\Delta f_{Ⅲ}-K_L\frac{P_L}{f_n}\Delta f_{Ⅲ}=-P_L(K_T+K_L)\frac{\Delta f_{Ⅲ}}{f_n} \tag{9.32}$$

因此频率偏差 $f_{Ⅲ}$ 为

$$\frac{\Delta f_{Ⅲ}}{f_n}=\frac{-1}{K_T+K_L}\frac{\Delta P_0}{P_L}\quad 即\quad \frac{\Delta f_{Ⅲ}}{f_n}=\frac{-1}{K_f}\frac{\Delta P_0}{P_L} \tag{9.33}$$

式中，系数 $K_f=K_T+K_L$ 是式（9.7）引入的系统刚度。图 9-17c 展示了此阶段发电出力和负荷功率是如何变化的。两者之差用阴影标出，其对应于转子的减速（$P_T<P_L$）或加速（$P_T>P_L$）功率。

对于图 9-14 所示的系统，阶段Ⅲ动态过程中发电厂中剩下的发电机所增发的功率与系统其余部分所增发的功率，根据式（9.4）可以得出为

$$\Delta P_{rⅢ}=-K_{Tr}\frac{\Delta f_{Ⅲ}}{f_n}P_{nr},\quad \Delta P_{sⅢ}=-K_{Ts}\frac{\Delta f_{Ⅲ}}{f_n}P_{ns} \tag{9.34}$$

式中，增加下标“Ⅲ”用以强调这些关系式只在动态过程阶段Ⅲ中成立。由上述方程可以得出发电机增发功率与系统其余部分增发功率的比率为

$$\frac{\Delta P_{rⅢ}}{\Delta P_{sⅢ}}=\frac{K_{Tr}P_{nr}}{K_{Ts}P_{ns}}\approx\frac{P_{nr}}{P_{ns}} \tag{9.35}$$

上述近似等式在所有涡轮机特性曲线的下斜率近似相同时成立。实际上，式（9.35）与式（9.29）所描述的比率是非常相似的。这在物理上对应于这样一个事实，在阶段Ⅱ向阶段Ⅲ过渡期间，发电厂中继续运行的发电机与系统其余部分是同步运行的，相互之间没有振荡。

9.4.1 旋转备用的重要性

到目前为止所进行的讨论都是在如下假设下进行的：在讨论的频率变化范围内，每台发电机组的发电出力特性曲线都是线性的，并且所有机组合成的总发电出力特性曲线也是线性的。实际上，每台发电机组必须运行在由热应力和机械应力所限制的范围内。为了保证这些限制得到遵守，其调速系统配备了一些必要的设备，以确保机组不超出其最大功率限制，或

转速不超出从功率控制切换到转速控制的切换转速。这些限制在系统频率变化时对机组行为有实质性的影响。

图9-3展示了旋转备用及其在系统中的分配是如何对发电出力特性曲线形状产生影响的。为了帮助量化分析旋转备用的影响，特定义如下系数：

$$r = \frac{\sum_{i=1}^{N_G} P_{ni} - P_L}{P_L}, \quad p = \frac{\sum_{i=1}^{R} P_{ni}}{\sum_{i=1}^{N_G} P_{ni}} \tag{9.36}$$

式中，$\sum_{i=1}^{N_G} P_{ni}$ 是所有接入系统的发电机的额定功率之和，$\sum_{i=1}^{R} P_{ni}$是所有运行在发电出力特性曲线线性段（即运行在其功率上限以下部分）的发电机的额定功率之和，系数 r 是旋转备用系数，它定义了系统最大出力容量与实际负荷水平之差的相对值。

发电出力特性曲线局部下斜率的一个简单表达式可以这样得到，假定非满载的所有机组的下斜率都是近似相等的，即 $\rho_i = \rho$ 和 $K_i = K = 1/\rho$。对于那些运行于极限状态的机组，取 $\rho_i = \infty$ 和 $K_i = 0$。在这些条件下有

$$\begin{aligned} \Delta P_T &= -\sum_{i=1}^{N_G} K_i P_{ni} \frac{\Delta f}{f_n} = -\sum_{i=1}^{R} K_i P_{ni} \frac{\Delta f}{f_n} \cong -K \sum_{i=1}^{R} P_{ni} \frac{\Delta f}{f_n} \\ &= -Kp \sum_{i=1}^{N_G} P_{ni} \frac{\Delta f}{f_n} = -Kp(r+1) P_L \frac{\Delta f}{f_n} \end{aligned} \tag{9.37}$$

除以 P_L得到

$$\frac{\Delta P_T}{P_L} = -K_T \frac{\Delta f}{f_n} \tag{9.38}$$

式中，

$$K_T = p(r+1)K \quad 和 \quad \rho_T = \frac{\rho}{p(r+1)} \tag{9.39}$$

式（9.38）与式（9.4）是相似的，是在给定负荷水平下对非线性的发电出力特性曲线的近似线性描述。局部下斜率 ρ_T随着旋转备用的下降而增大。在极限状态，当负荷 P_L等于系统的发电出力总容量时，系数 r 和 p 都等于 0，而 $\rho_T = \infty$，这对应于所有的发电机组都满载运行。

现在可以确定在动态过程的阶段Ⅲ旋转备用对频率下降的影响了。有了式（9.38）的发电机出力特性曲线的线性近似式，就可以根据式（9.33）确定频率下降的表达式为

$$\frac{\Delta f_{Ⅲ}}{f_n} = \frac{-1}{p(r+1)K + K_L} \frac{\Delta P_0}{P_L} \tag{9.40}$$

式（9.40）表明，旋转备用系数 r 越小，对应于功率损失 ΔP_0 的频率下降越大。对应于较大的旋转备用，如图9-18所示的静态出力特性曲线 $P_{T(1)}$ 具有较浅的下斜率；而反过来，当旋转备用较小时，对应的 $P_{T(2)}$ 出力特性曲线下斜率就很大，对应于同样的功率扰动 ΔP_0，频率下降就增大。在无旋转备用的极端情况下，发电机组将不能提升其出力，所有的不平衡功率 ΔP_0只能由负荷的频率调节效应来填补。由于负荷的频率灵敏度 K_L一般来说是很小的，

因而频率下降会很大。

式（9.37）定义了每台机组在阶段Ⅲ结束时对弥补不平衡功率的贡献，式（9.38）对涡轮机一次控制在弥补功率损失方面的总效果进行了量化。

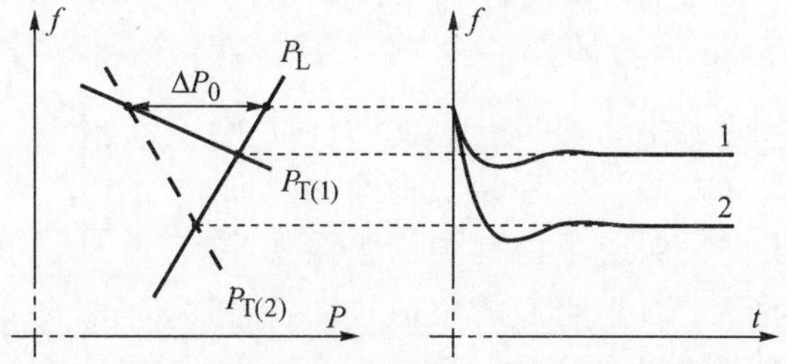

图 9-18　旋转备用对功率不平衡引起的频率下降的影响

1—大旋转备用　2—小旋转备用

例 9.1　有一个 50Hz 的系统，总负荷 $P_L = 10000\text{MW}$，可提供旋转备用的机组占 60%，其余的 40% 的机组是满载运行，即 $p = 60\%$，而旋转备用系数 $r = 15\%$。具有旋转备用的机组的平均下斜率是 $\rho = 7\%$，而负荷的频率灵敏度系数 $K_L = 1$。如果系统突然失去一台大型机组，导致发电出力损失 $\Delta P_0 = 500\text{MW}$，计算频率跌落量和由一次控制作用而增发的功率。

解：根据式（9.39），$K_T = 0.6(1+0.15)1/0.07 = 9.687$；再根据式（9.33），可得一次控制起作用的阶段Ⅲ的频率跌落为

$$\Delta f_{\mathrm{III}} = \frac{-1}{9.867+1} \times \left[\frac{500}{10000}\right] \times 50\text{Hz} \approx 0.23\text{Hz}$$

式中，由涡轮机调速器主导的一次控制所增发功率为

$$\Delta P_{\mathrm{T III}} = 9.867 \times \frac{0.23}{50} \times 10000\text{MW} = 454\text{MW}$$

剩下的功率不足量由负荷的频率效应补偿，

$$\Delta P_{\mathrm{L III}} = 1 \times \frac{0.23}{50} \times 10000\text{MW} = 46\text{MW}$$

如果没有旋转备用，功率不足量将完全由负荷的频率效应补偿，这种情况下的频率跌落为

$$\Delta f_{\mathrm{III}} = \frac{-1}{0+1} \times \left[\frac{500}{10000}\right] \times 50\text{Hz} = 2.5\text{Hz}$$

这个频率跌落约为具有 15% 旋转备用时的频率跌落的 10 倍。

9.4.2　频率崩溃

旋转备用比式（9.40）的近似公式所表示的要重要得多。实际上，涡轮机的功率输出是与频率相关的，如果频率比标称频率低很多，涡轮机输出的功率比式（9.38）给出的还要小，这样，频率就会进一步下降，直到最后系统频率崩溃。

在图 9-18 所示的发电出力特性曲线中，有一个隐含的假设条件：当机组满载时，由涡轮机传递的机械功率与频率偏差的大小无关。这个假设只对于频率变化很小的情况适用，当

频率下降很大时，会恶化锅炉给水泵的运行性能，见第2章的2.3.3节，从而使机械功率减小。这种情况下，静态发电出力特性曲线的形状如图2-13所示。将单台机组的功率-频率特性曲线相加，就能得到系统的发电出力特性曲线 P_T，如图9-19所示。

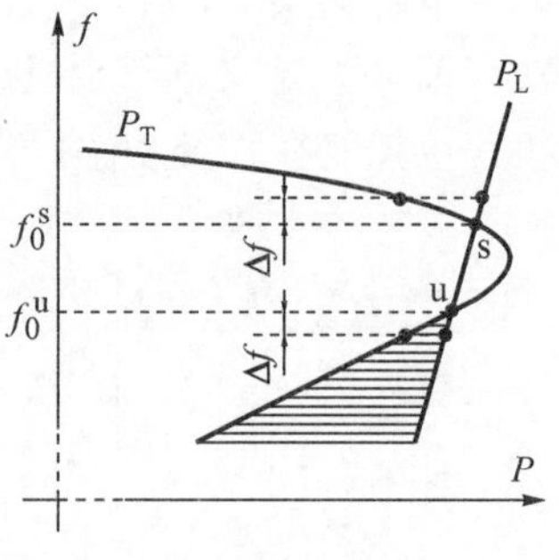

图9-19　系统的静态发电出力特性曲线和负荷特性曲线以及平衡点

s—局部稳定平衡点　u—局部不稳定平衡点

在发电出力特性曲线的上半支，每一点上的局部下斜率都是正的，且根据式（9.39）与系统负荷有关。而发电出力特性曲线的下半支，对应于由锅炉给水泵功能恶化而引起的输出功率下降。对于给定的负荷频率特性曲线 P_L，由于发电出力特性曲线的弯曲，会产生两个平衡点。对于上面的点s，任何使得 $\Delta f>0$ 的小扰动都会导致负荷功率大于发电功率；从而使发电机减速，系统又回到平衡点s。类似地，任何使频率下降的小扰动都会导致发电功率大于负荷功率，从而使转子加速，频率上升，系统又重新回到平衡点s。因此点s是局部稳定的，因为对于任何此点邻域内的小扰动，系统都会重新回到点s。此种条件成立的区域被称为“吸引域”。

与上述情况相反，下位的点u是局部不稳定的，因为此点邻域内的任何扰动都会导致系统偏离此平衡点。此种状况发生的区域被称为“排斥域”。例如，当一个扰动使频率下降，$\Delta f<0$，系统就运行到点u下面的阴影区域，发电功率减小，从而使得系统负荷功率大于系统发电功率，转子减速，频率进一步下降。

记住了涡轮机性能的这些特点，现在假定系统运行在低旋转备用状态下，如图9-20中的点1。当突然损失 ΔP_0 的发电出力时，运行点从点1移动到点2。负荷功率大大超出发电功率，使得初始阶段频率快速下降。随着负荷功率与发电出力之间差别的减小，频率下降的速度减慢，系统的发电出力运行点轨迹 $f(P_T)$ 趋近于平衡点u。当运行点轨迹 $f(P_T)$ 进入点u的排斥域时，系统被迫离开平衡点，最终造成系统频率崩溃。

图9-20所示的频率崩溃出现在不平衡功率 ΔP_0 突然发生之后。如果通过缓慢地降低发电出力使系统的发电出力特性曲线从 P_{T+} 缓慢地变化到 P_{T-}，则系统会遇到局部稳定的点并停留在该点上。显然，如果不平衡功率 ΔP_0 大于旋转备用，那么扰动后的负荷需求特性曲线 P_L 就会位于发电出力鼻形曲线 P_{T+} 的右边，这样频率就会崩溃，而不管功率不平衡是突然发生的还是缓慢发生的。

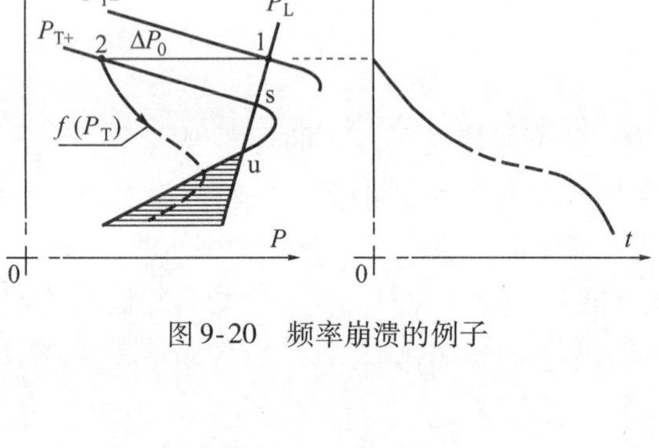

图9-20　频率崩溃的例子

9.4.3　低频切负荷

很多系统可以通过从相邻系统大量输入功率来弥补损失的功率，从而防止频率崩溃的发生。但是，在一个孤岛系统或缺乏联络线容量的互联系统中，这种做法并不可行。因而在遭受大扰动后防止频率崩溃的唯一方法是采用自动切负荷。

自动切负荷是通过低频继电器来实现的。这些继电器检测到系统频率开始下降后，就开始切除一定数量的系统负荷，直到发电出力与负荷再次平衡，系统可以回到正常运行频率。切负荷继电器通常安装在配电网变电站或次输电网变电站中，因为从这里可以控制馈线负荷。

由于切负荷是一种比较极端的控制措施，因此通常是按照不同的频率降低水平分阶段执行的，每个阶段切除那些最不重要的负荷。图9-21给出了一个低旋转备用系统在发生功率不平衡 ΔP_0 时采用切负荷措施的效果。如果不采取切负荷措施，系统将发生频率崩溃，如图中的点线所示。第一轮切负荷是在点3触发的，将总负荷限制到与特性曲线 P_{L_1} 对应的值上。这样，由于负荷功率与发电出力之差变小，频率下降的速度大大降低。第二轮切负荷是在点4触发的，进一步将总负荷减小到与特性曲线 P_{L_2} 对应的值上。现在发电出力已大于负荷功率，频率上升，系统运行点轨迹趋向于 P_{L_2} 特性曲线与 P_{T+} 特性曲线的交点s2。

切负荷除了用于防止频率崩溃外，也用以防止系统频率深度跌落。

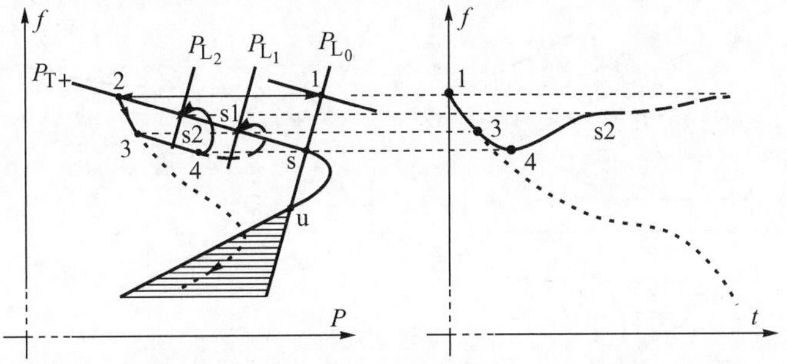

图9-21　防止频率崩溃的两阶段切负荷示例

9.5　阶段Ⅳ：二次控制

在动态过程的阶段Ⅳ，系统频率跌落和联络线功率偏差会触发中央AGC动作，其基本运行原理已在9.1节描述过。

9.5.1　孤岛系统

在孤岛系统中，没有联接相邻系统的联络线，因此中央调节器只控制系统的频率。当频率下降时，中央调节器对参与机组发出控制信号，使其增加发电出力。这在（f，P）平面上就使发电出力特性曲线向上移动。

图9-22阐明了一个动作非常慢的中央调节器的调控过程，该中央调节器在阶段Ⅲ结束时即对应于点Ⅲ时发出其第一个控制信号。此控制信号将发电出力特性向上移动一个小量，

从而在给定的频率上，点5，发电出力大于负荷功率。这样，发电机就开始加速，频率上升直到点6。此时，中央调节器再次发出信号增大发电出力，于是发电出力特性曲线进一步上移。这样经过少数几步就达到点Ⅳ，系统频率回到了参考值，中央调节器停止动作。

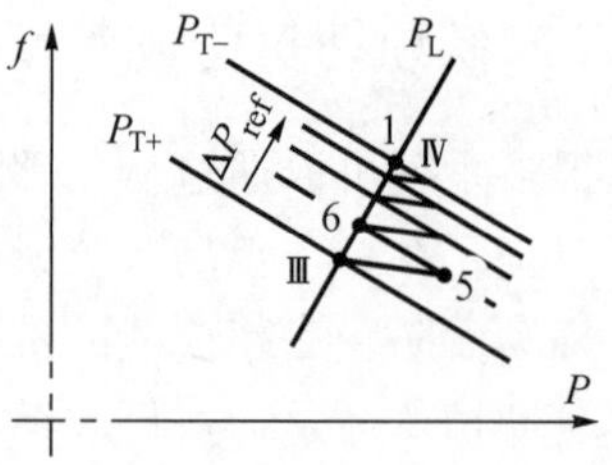

图9-22　慢速动作的中央调节器分步提升发电出力特性曲线

虽然图9-22中的之字形线只是对实际运行点轨迹的粗略近似，但它阐明了中央调节器的二次控制与涡轮机调速系统的一次控制之间的相互作用；其中，中央调节器的二次控制使发电出力特性曲线向上移动，而涡轮机调速系统的一次控制使运行点沿着静态发电出力特性曲线移动。在实际电力系统中，功率调节过程中的惯性确保了功率在之字形线周围的平滑变化，从而使得总的响应特性如图9-23所示。阶段Ⅰ、Ⅱ和Ⅲ的频率变化已在前面描述过，在阶段Ⅲ的末尾，运行点轨迹趋向于围绕暂时平衡点Ⅲ运动，如图9-23a所示，但不会停息在该点上。现在阶段Ⅳ的AGC开始动作，运行点轨迹开始趋向新的平衡点Ⅳ。虽然点Ⅲ与点Ⅳ的频率相差很小，但由于中央调节器的动作很慢，使得阶段Ⅳ的频率跌落校正需要经过很长一段时间，如图9-23b、c所示的折断线所示。

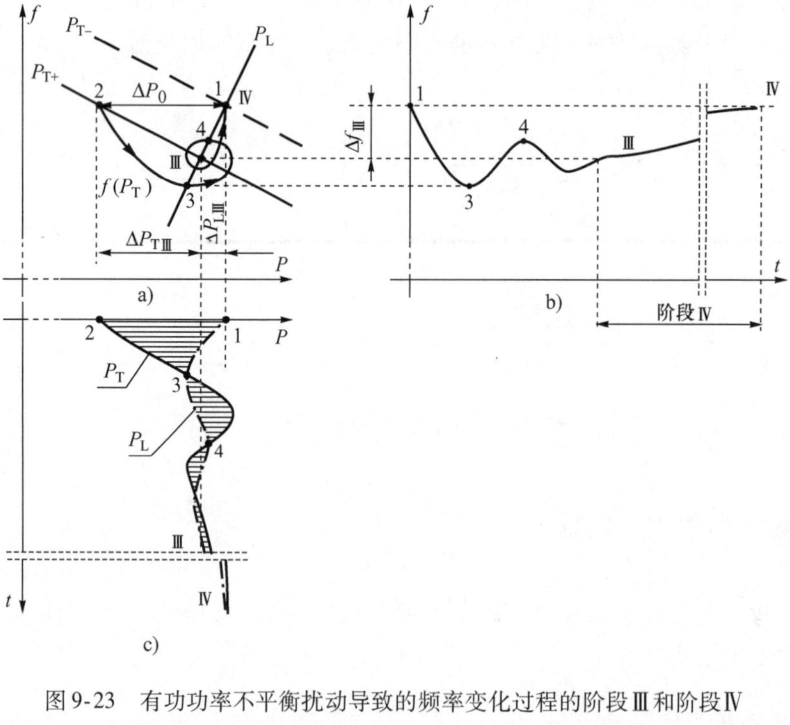

图9-23　有功功率不平衡扰动导致的频率变化过程的阶段Ⅲ和阶段Ⅳ（阶段Ⅳ的持续时间为大几秒到1min）：a）发电和负荷特性曲线与系统运行点轨迹；b）频率变化；c）功率变化

如果中央频率控制的动作速度比图9-23所示的快，它就会在阶段Ⅲ结束前开始发挥作用。这样，运行点轨迹$f(P_T)$就不会绕着点Ⅲ运动，频率开始恢复的时间会更早，如图9-24中的曲线2所示。

频率恢复到其标称值的方式依赖于图9-10所示的中央调节器的动态特性，该动态特性由式（9.12）确定。调节器的动态包括比例作用和积分作用，在频率下降时两者都会增加调节器的输出信号 ΔP_{ref}。积分作用的量值是由积分时间常数 T_R 决定的，而比例作用的量值依赖于系数 β_R。仔细选择这两个系数可以确保频率平稳地回到其参考值，如图9-24所示。特别引起问题的是积分时间常数过小，因为积分时间常数越小，调节信号增加得越快。这个问题可以在一定程度上通过系数 β_R 来补偿，每当频率开始上升时，就会使信号 ΔP_{ref} 减小。在 β_R 和 T_R 都取小值的极端情况下，频率响应曲线是欠阻尼的，并以振荡的方式达到频率参考值。

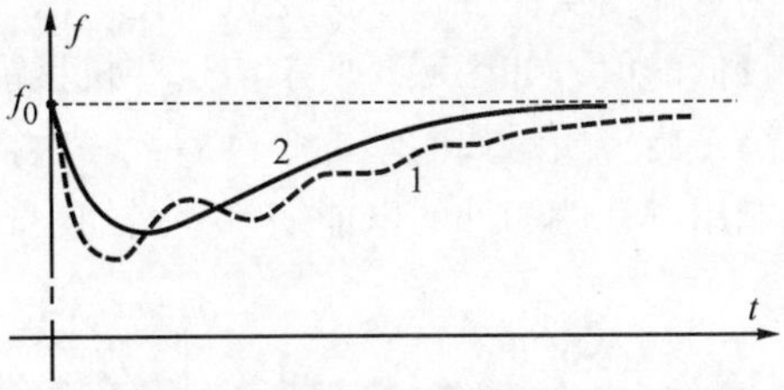

图9-24　频率变化的例子

1—慢速中央调节器　2—快速中央调节器

9.1节解释了为什么并非所有机组都必须参与AGC。这意味着只有部分旋转备用可以在二次控制期间被中央调节器释放出来。属于参与二次控制的发电机的那部分旋转备用被称为“可用调节功率”。

如果可用调节功率小于损失的功率，那么当所有可用调节功率被用完时动态过程的阶段Ⅳ就停止了。这对应于系统运行点轨迹会停息在图9-23所示的点Ⅲ和点Ⅳ之间的某个平衡点上，对应的频率值小于频率参考值。此时系统运行人员可能会口头指令其他不受中央调节器控制的发电站增加其出力以帮助消除频率偏差。对于功率缺口巨大的情况，进一步的措施包括将冷备用的机组并网，且并网后受中央调节器控制。涉及此过程的频率变化是非常慢的，不在这里考虑。

式（9.35）给出了阶段Ⅲ末每台发电机为弥补功率不平衡所增发的功率。在阶段Ⅳ，发电出力的增加是由中央调节器强制实施的，每台发电机所增发的功率以及比率 $\Delta P_{rⅣ}/\Delta P_{sⅣ}$ 取决于该特定发电机是否参与了中央调节器的控制。

只要旋转备用和可用调节功率足够大，那么在很多情况下就可以防止系统发生频率崩溃。图9-25展示了一个例子，用于说明频率变化是如何依赖于旋转备用系数的。这里的扰动为损失10%总负荷量的发电功率 ΔP_0。在前两种情况下 $r \geqslant 14\%$，在一次控制和二次控制的作用下频率回到了其参考值上。第三种情况对应于图9-20所示的频率崩溃。第四种情况下，发电出力特性曲线与负荷特性曲线之间没有交点，频率很快崩溃。

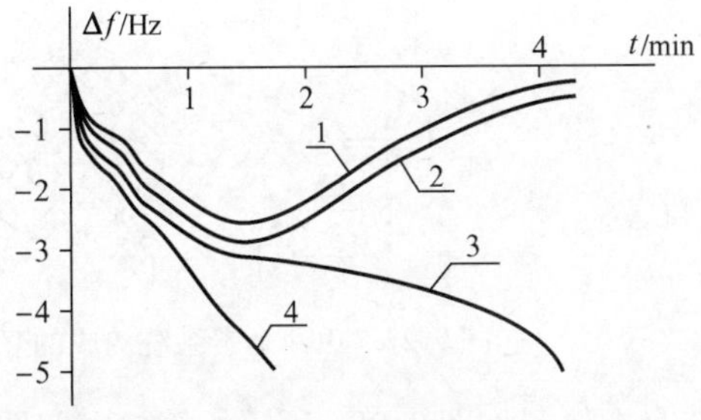

图9-25　当 $\Delta P_0 = 10\% P_L$ 时频率变化的一个例子：曲线1对应于 $r = 16\%$；曲线2对应于 $r = 14\%$；曲线3对应于 $r = 12\%$；曲线4对应于 $r = 8\%$

9.5.1.1　四个阶段的能量平衡

当电力系统失去一台发电机时，它同时失去了一个电能和机械能的源。在动态响应过程的末期，损失的能量已经被补偿回来，如图9-26所示。上面那条粗实线展示了由系统提供的机械功率的变化，而下面那条粗实线展示了由于频率变化而引起的负荷的电功率的变化。所有这些变化都与图9-23c所示的类似。初始阶段的能量缺口是通过将发电机和负荷中旋转质量块的动能转化为电能来平衡的，如图中区域1和区域2所示。这种动能的下降导致了频率的下降，从而触发了涡轮机调速器的一次控制动作，使供给系统的机械能增加，而频率处于较低的值，如区域 3 所示。这些机械能一部分用来补偿电能量的缺口，另一部分用来返还借自于旋转质量块的动能。然后，二次控制进一步增大机械能，如图中的区域 4 所示，此机械能用以补偿额外的电能缺口并增加旋转质量块的动能，从而恢复系统的频率。

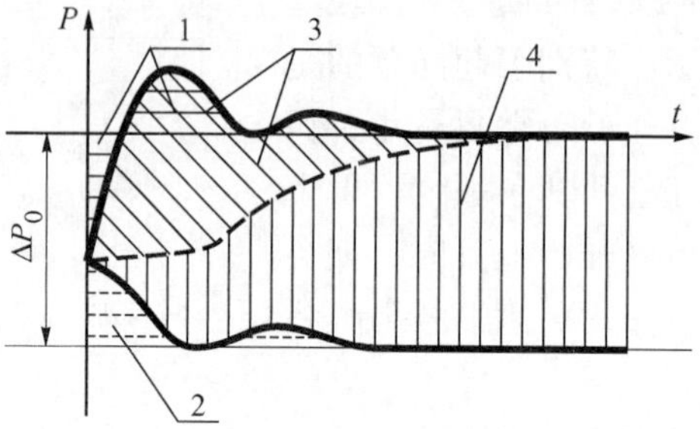

图 9-26　用于补偿功率不平衡的各分量的份额（根据 Welfonder（1980））
1—发电机的旋转质量块　2—负荷的旋转质量块　3——一次控制　4—二次控制

9.5.2　互联系统与联络线功率振荡

这里的讨论将只限于对如图 9-27 所示的互联系统而展开，该互联系统由 2 个规模悬殊的子系统构成，系统 A 和系统 B，分别被称为大系统和小系统。假定联络线交换功率 P_{tie} 是从大系统流向小系统，而功率不平衡 ΔP_0 假定发生在小系统中。在动态过程的前三阶段，2 个系统中的中央调节器的影响都可以被忽略。

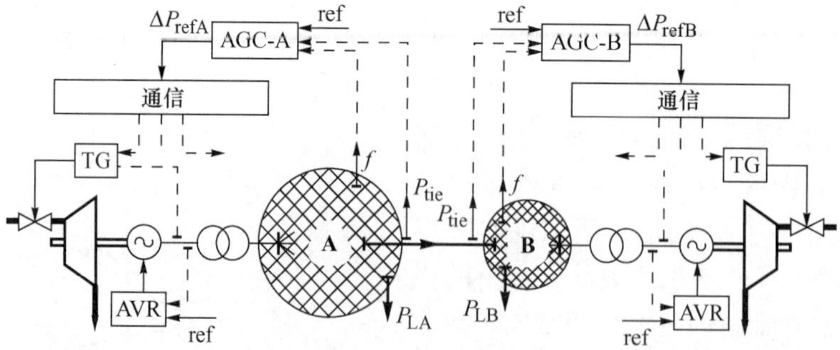

图 9-27　由两个子系统构成的互联系统功能框图：大系统 A 和小系统 B

为了得到如图 9-28a 所示的等效电路图，仿照图 9-14b 的做法，每个系统都用一台等效发电机来代替。图中，电抗 X 包含了联接 2 个系统的联络线电抗、2 个系统本身的等效电抗以及所有发电机的暂态电抗。由于一个子系统相对于另一个子系统很大，因此在分析动态过程的阶段 I 时，可以采用单机-无穷大母线模型和等面积法则。

小系统的功率-相角特性曲线 $P_{\text{B}}(\delta')$ 是在一个常值上面叠加一条正弦曲线，其中，常值对应于小系统的负荷需求 P_{LB}，正弦曲线对应于两个系统之间的交换功率。并假设系统 B 从系统 A 输入功率，即 $P_{\text{TB}} < P_{\text{LB}}$，且相对于系统 A，系统 B 的功角是负值。扰动发生前，系统运行在点 1，对应于特性曲线 $P_{\text{B}}(\delta')$ 与代表机械功率 $P_{\text{TB-}}$ 的水平线的交点。现在，小系统 B 损失发电出力 ΔP_0，其总发电出力降低为 $P_{\text{TB+}}$。这样，系统 B 的电功率大于机械功

率，系统B中的发电机转子减速。等效系统的转子从点1移动到点2然后到点3，如图9-28b所示。顺着这个运动过程，系统B中发出的电功率下降，这样，额外的功率就开始从系统A流到系统B，如图9-28d所示；联络线瞬时功率的最大改变量，即点1与点3的功率差，增加到了所损失功率的几乎两倍；这样，功率开始振荡，在这个阶段，靠2个系统中的动能来弥补所损失的发电出力。从而导致发动机转子角转速下降，系统进入动态过程的阶段Ⅱ。

从稳定性的角度来看，动态过程的阶段Ⅰ是危险的，因为如果面积1-1′-2大于面积2-3-4，系统将失去稳定性，小系统B将与大系统A异步运行，且$\omega_B < \omega_A$。当联络线的输送容量很小而功率不平衡扰动很大时，此种情况就有可能发生。在异步运行期间，联络线功率就会发生振荡，其最大值与最小值之差可以达到如图9-28b所示的正弦曲线振幅的2倍。由于系统重新回到同步运行的可能性很小，通常将2个系统断开以避免损害各自系统的设备。

在阶段Ⅱ，功率的补偿量与等效系统的惯性系数成正比，如式（9.28）所示，即

$$\Delta P_{A\text{Ⅱ}} = \frac{M_A}{M_A + M_B}\Delta P_0 \quad 和 \quad \Delta P_{B\text{Ⅱ}} = \frac{M_B}{M_A + M_B}\Delta P_0 \tag{9.41}$$

式中，$M_A = \sum_{i=1}^{N_{GA}} M_i$ 和 $M_B = \sum_{i=1}^{N_{GB}} M_i$ 是每个系统中旋转质量块的惯性系数之和。式（9.41）表明，大系统A几乎补偿了所有的功率不平衡量，因为$M_A >> M_B$，因此在频率变化过程的阶段Ⅱ，联络线的功率增量$\Delta P_{tie\text{Ⅱ}} \approx \Delta P_0$，即联络线功率额外加载了系统B损失的功率。

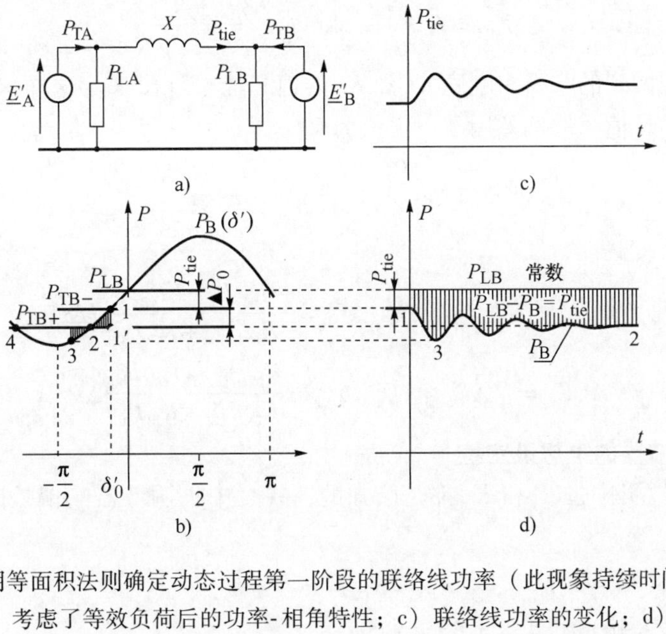

图9-28　运用等面积法则确定动态过程第一阶段的联络线功率（此现象持续时间为小几秒）：
a）等效电路；b）考虑了等效负荷后的功率-相角特性；c）联络线功率的变化；d）发电出力的变化

在阶段Ⅲ末，频率跌落值$\Delta f_{\text{Ⅲ}}$可以根据式（9.33）定义的系统刚度K_f进行计算。ΔP_0由下式计算：

$$\Delta P_0 = (\Delta P_{TA\text{Ⅲ}} - \Delta P_{LA\text{Ⅲ}}) + (\Delta P_{TB\text{Ⅲ}} - \Delta P_{LB\text{Ⅲ}}) \tag{9.42}$$

如果将从式（9.39）和式（9.6）得到的K_{TA}、K_{LA}、K_{TB}和K_{LB}值代入，可以得到一个用于计算阶段Ⅲ频率跌落的与式（9.33）类似的公式：

$$\frac{\Delta f_{Ⅲ}}{f_n}=\frac{-1}{K_{fA}P_{LA}+K_{fB}P_{LB}}\Delta P_0 \tag{9.43}$$

式中，$K_{fA}=K_{TA}+K_{LA}$和$K_{fB}=K_{TB}+K_{LB}$分别为大系统和小系统的刚度。联络线交换功率的增加量可以由其中一个系统的功率平衡要求确定，如对大系统A应用功率平衡原理，有

$$\begin{aligned}\Delta P_{tieⅢ}&=\Delta P_{TAⅢ}-\Delta P_{LAⅢ}=-(K_{TA}+K_{LA})P_{LA}\frac{\Delta f_{Ⅲ}}{f_n}\\&=-K_{fA}P_{LA}\frac{\Delta f_{Ⅲ}}{f_n}=\frac{K_{fA}P_{LA}}{K_{fA}P_{LA}+K_{fB}P_{LB}}\Delta P_0\end{aligned} \tag{9.44}$$

在假定$P_{LA}>>P_{LB}$的条件下，上述方程简化为$\Delta P_{tieⅢ}\approx\Delta P_0$。说明在阶段Ⅲ，与阶段Ⅱ一样，联络线交换功率的增加量与所损失的功率相等。联络线交换功率的此种增加量，可能会导致互联系统的不稳定，从而使系统解列为异步运行的两个子系统。另外，如此大的输送功率可能会超出联络线的热极限，过电流保护继电器会切除联络线，从而造成两个系统的异步运行。

假定联络线仍保持完好，那么联络线交换功率增加结合频率下降，必然会使两个系统中的中央调节器动作。阶段Ⅲ末的ACE可以根据式（9.11）并利用式（9.43）和式（9.44）计算出来：

$$\mathrm{ACE}_A=-\Delta P_{tieⅢ}-\lambda_{RA}\Delta f_{Ⅲ}\quad 和\quad \mathrm{ACE}_B=+\Delta P_{tieⅢ}-\lambda_{RB}\Delta f_{Ⅲ} \tag{9.45}$$

正如在9.1节说明过的，见式（9.10），理想的调节器偏差因子设定值为

$$\lambda_{RA}=K_{fA}\frac{P_{LA}}{f_n}\quad 和\quad \lambda_{RB}=K_{fB}\frac{P_{LB}}{f_n} \tag{9.46}$$

但实际上这是很难做到的，因为刚度K_{fA}和K_{fB}的值只能估计出来。这样，假定K_{RA}和K_{RB}分别为K_{fA}和K_{fB}的估计值，取偏差因子设定值为

$$\lambda_{RA}=K_{RA}\frac{P_{LA}}{f_n}\quad 和\quad \lambda_{RB}=K_{RB}\frac{P_{LB}}{f_n} \tag{9.47}$$

这样，式（9.45）变为

$$\mathrm{ACE}_A=-\Delta P_{tieⅢ}-\lambda_{RA}\Delta f_{Ⅲ}=\frac{-K_{fA}P_{LA}+K_{RA}P_{LA}}{K_{fA}P_{LA}+K_{fB}P_{LB}}\Delta P_0 \tag{9.48}$$

$$\mathrm{ACE}_B=+\Delta P_{tieⅢ}-\lambda_{RB}\Delta f_{Ⅲ}=\frac{K_{fA}P_{LA}+K_{RB}P_{LB}}{K_{fA}P_{LA}+K_{fB}P_{LB}}\Delta P_0 \tag{9.49}$$

9.5.2.1 中央调节器的理想设定值

假定两个系统的刚度K_{fA}和K_{fB}都是已知的，并且中央调节器的偏差因子设定值λ_{RA}和λ_{RB}选为

$$K_{RA}=K_{fA},\quad K_{RB}=K_{fB} \tag{9.50}$$

这种情况下，式（9.48）和式（9.49）就变为

$$\mathrm{ACE}_A=0\quad 和\quad \mathrm{ACE}_B=\Delta P_0 \tag{9.51}$$

从而大系统A的中央调节器不需要要求它的系统增加发电出力，只有小系统B需要增加它的发电出力以补偿功率不平衡。如果小系统B中的可用调节功率足够大，能够补偿所损失的发电功率，那么大系统A将完全不干预，随着小系统B发电出力的增加，联络线交换功率将回降至其预定值。

系统的刚度值 $K_f = K_T + K_L$ 永远不是恒定的，因为它依赖于系统负荷和发电出力的组成，而且与旋转备用也有关。这样，式（9.50）所定义的条件几乎总是不能满足的，因而大系统 A 的中央调节器会参与到二次控制，其参与量由式（9.48）给出。

例 9.2　一个互联系统由两个不同规模的子系统构成。子系统数据为 $f_n = 50\text{Hz}$，$P_{LA} = 37500\text{MW}$，$K_{TA} = 8(\rho_{TA} = 0.125)$，$K_{LA} \approx 0$，$K_{RA} = K_{TA}$，$P_{LB} = 4000\text{MW}$，$K_{TB} = 10(\rho_{TB} = 0.1)$，$K_{LB} \approx 0$，$K_{RB} = K_{TB}$。

小系统中突然有两台大机组跳闸，损失功率 $\Delta P_0 = 1300\text{MW}$，即为小系统总发电出力的 32.5%。在假定发电出力无限制（处于发电出力特性曲线的线性段）的条件下，其引起的两个系统的频率和功率变化特性如图 9-29 所示。

发电出力特性曲线 P_{TA} 的下斜率较小，其对应于 $K_{TA}P_{LA}/f_n = 6000\text{MW/Hz}$。而小系统的发电出力特性曲线下斜率要大得多，对应于 $K_{TB}P_{LB}/f_n = 800\text{MW/Hz}$。发电出力特性曲线 P_{TB+} 被倒置过来并水平移动 $\Delta P_0 = 1300\text{MW}$，这样特性曲线 P_{TB+} 与 P_{TA} 的交点就决定了点Ⅲ的频率偏差 $\Delta f_{Ⅲ}$。小系统的中央调节器动作足够快，使得 P_{TB} 特性曲线移动，从而无法达到点Ⅲ。由调节器积分项作用产生的进一步动作，将 P_{TB} 特性曲线缓慢地移动到对应于标称频率的 $P_{TB\infty}$ 的位置。

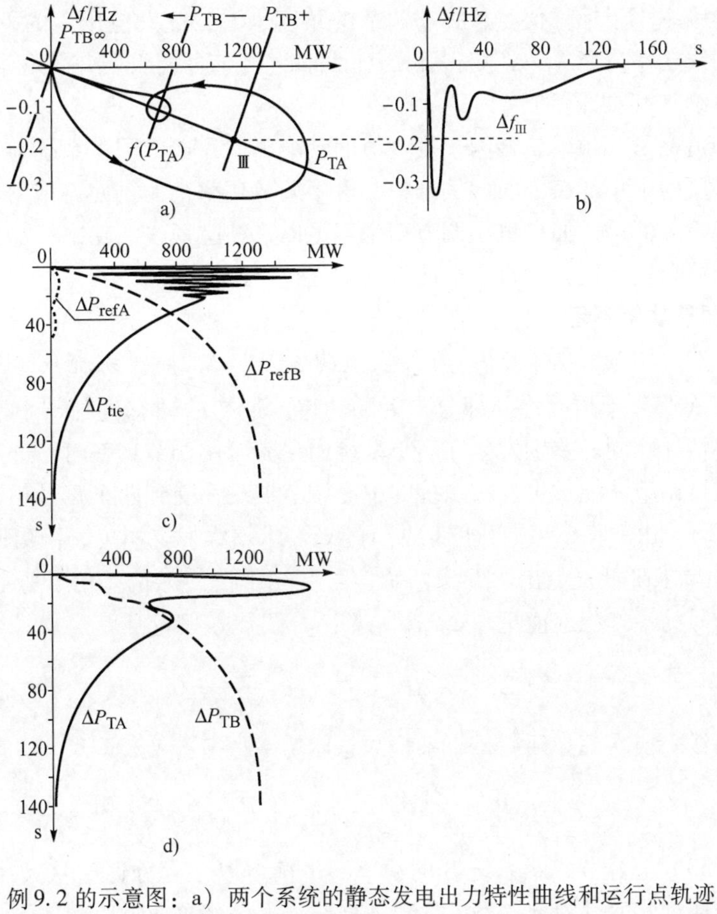

图 9-29　例 9.2 的示意图：a）两个系统的静态发电出力特性曲线和运行点轨迹 $f(P_{TA})$；b）频率变化；c）联络线交换功率振荡和两个系统中央调节器的增发功率指令值的变化；d）由涡轮机提供的机械功率的变化

需要注意动态过程第三阶段的低频率振荡特性。由于中央调节器的快速动作，这些振荡在大于 Δf_{III} 值时发生，如图 9-29b 所示。联络线上的功率在动态过程的阶段 I 快速增大，然后在因损失功率而增大了的联络线功率预定值附近振荡，振荡的持续时间约 3s。然后，随着小系统中的中央调节器强制提升发电出力，联络线功率慢慢下降到其原先的预定值。

中央调节器的 PI 控制器快速产生一个增发功率指令信号 ΔP_{refB}，如图 9-29c 所示。发电机组通过增发功率 ΔP_{TB} 来响应此增发功率指令信号，如图 9-29d 所示。由于涡轮机的一次控制，初始阶段大系统的机械功率 P_{TA} 增大以弥补功率不平衡，但然后迅速跌落到与阶段Ⅲ末对应的瞬时平衡点的功率。此后，随着由二次控制驱动的 P_{TB} 的上升，P_{TA} 慢慢下降。同时，频率上升，使得大系统中的中央调节器的频率偏差小到忽略不计，调节器不再动作。

9.5.2.2 中央调节器的非理想设定值

如果 $K_{\mathrm{RA}}>K_{\mathrm{fA}}$，那么信号 $\lambda_{\mathrm{RA}}\Delta f$ 初始时大于信号 ΔP_{tie}，调节器试图增加系统 A 的发电出力。虽然增加的发电出力加速了频率上升的速度，但减小了联络线功率偏差 ΔP_{tie} 的下降速度，且在某些情况下可能导致此偏差的暂时增大。这样，信号 ΔP_{tie} 变得比信号 $\lambda_{\mathrm{RA}}\Delta f$ 大，中央调节器开始减小系统 A 的发电出力，从而系统 A 本质上退出二次控制。

如果 $K_{\mathrm{RA}}<K_{\mathrm{fA}}$，那么信号 ΔP_{tie} 初始时大于信号 $\lambda_{\mathrm{RA}}\Delta f$，那么大系统的调节器试图减小其发电出力而不管频率小于标称值。从频率调节的角度来看，此发电出力的下降是不希望的，但却减小了联络线功率。当 $\lambda_{\mathrm{RA}}\Delta f$ 变得比 ΔP_{tie} 大时，调节器将开始增大最初减小的发电出力，重新确定系统 A 所要求的功率。

在上述两种情况下，频率偏差因子设定值的不准确性，造成了大系统为弥补小系统中的功率损失而不必要的干预。在上面的例子中，可用调节功率很大，使得采用非理想的调节器设定值并没有危险。但是，如果可用调节功率不足以弥补已损失的功率，那么，调节器采用非理想设定值的后果就会比较严重，下面将对此进行讨论。

9.5.2.3 可用调节功率不足

当小系统中的可用调节功率 ΔP_{regB} 小于发电功率损失 ΔP_0 时，系统 B 本身不能弥补此功率损失，大系统 A 必须干预以弥补部分损失的功率。最初的动态过程与小系统具有无限制的可用调节功率情况相同。差别发生在当小系统用尽其可用调节功率时。进一步的变化只能通过对大系统进行调节才能发生。大系统的中央调节器现在受到两个符号相反的偏差信号的作用（见图 9-12）。由频率偏差产生的信号 $\lambda_{\mathrm{RA}}\Delta f$ 要求增大发电出力，而由联络线功率偏差产生的信号 ΔP_{tie} 要求降低发电出力。当两个信号互相平衡使总偏差信号等于零时调节过程停止。把偏差信号的最终稳态值记作 Δf_{∞} 和 $\Delta P_{\mathrm{tie}\infty}$，调节方程为

$$\mathrm{ACE}_{\mathrm{A}}=-\Delta P_{\mathrm{tie}\infty}-K_{\mathrm{RA}}P_{\mathrm{LA}}\frac{\Delta f_{\infty}}{f_{\mathrm{n}}}=0 \tag{9.52}$$

另一方面，联络线交换功率必须满足小系统的总体功率平衡：

$$\Delta P_0-\Delta P_{\mathrm{regB}}=\Delta P_{\mathrm{tie}\infty}-(K_{\mathrm{TB}}+K_{\mathrm{LB}})P_{\mathrm{LB}}\frac{\Delta f_{\infty}}{f_{\mathrm{n}}} \tag{9.53}$$

物理上，式（9.53）意味着，小系统 B 的功率不平衡可以一部分通过从大系统 A 输入功率来补偿，一部分通过改变其内部的发电出力来补偿，另一部分通过因频率下降导致整个互联系统的负荷功率下降来补偿。求解方程式（9.52）和式（9.53）可得

$$\Delta P_{\text{tie}\infty}=\frac{K_{\text{RA}}P_{\text{LA}}}{K_{\text{RA}}P_{\text{LA}}+K_{\text{fB}}P_{\text{LB}}}(\Delta P_0-\Delta P_{\text{regB}}) \tag{9.54}$$

$$\frac{\Delta f_\infty}{f_n}=-\frac{1}{K_{\text{RA}}P_{\text{LA}}+K_{\text{fB}}P_{\text{LB}}}(\Delta P_0-\Delta P_{\text{regB}}) \tag{9.55}$$

在 $P_{\text{LA}}>>P_{\text{LB}}$ 的假设下，式（9.54）和式（9.55）可以被简化为

$$\Delta P_{\text{tie}\infty}\cong(\Delta P_0-\Delta P_{\text{regB}}) \tag{9.56}$$

$$\frac{\Delta f_\infty}{f_n}\cong-\frac{1}{K_{\text{RA}}P_{\text{LA}}}(\Delta P_0-\Delta P_{\text{regB}}) \tag{9.57}$$

对上述简化的额外的有效性证明如下：如果小系统是满载的，$\Delta P_{\text{regB}}=0$ 和 $K_{\text{TB}}=0$，刚度 $K_{\text{fB}}=K_{\text{TB}}+K_{\text{LB}}$ 与负荷的频率灵敏度 K_{LB} 相对应，值较小。这种情况下，所有的不平衡功率都由联络线交换功率来补偿。

频率偏差 Δf_∞ 与设置在中央调节器中的 $\lambda_{\text{RA}}=K_{\text{RA}}P_{\text{LA}}/f_n$ 呈反比。如果可用调节功率不是足够大，那么如果中央调节器的设定值太低，就会产生一个频率的稳态偏差。如果 $K_{\text{RA}}=K_{\text{fA}}$，那么频率的最终值将对应于小系统的可用调节功率用尽时的频率水平。如果 $K_{\text{RA}}>K_{\text{fA}}$，那么大系统的中央调节器会增大其发电出力，减小频率偏差，但会使联络线交换功率偏差增大。如果 $K_{\text{RA}}<K_{\text{fA}}$，那么大系统的中央调节器会减小其发电出力，增大频率偏差，但联络线的交换功率偏差不会增大。这可以从下面的例子中得到说明。

例 9.3　在例 9.2 中，小系统的可用调节功率考虑为 $\Delta P_{\text{regB}}=500\text{MW}$。中央调节器的设定值 $K_{\text{RA}}=5.55<K_{\text{TA}}$ 并且 $K_{\text{RB}}=12.5>K_{\text{TB}}$。忽略负荷的频率敏感效应，由式（9.56）和式（9.57）得出，$\Delta P_{\text{tie}\infty}=800\text{MW}$ 和 $\Delta f_\infty=-0.16\text{Hz}$。功率和频率变化如图 9-30 所示。在扰动开始后第 1 个 20s，运行点轨迹与图 9-29 所示的一样，但现在 P_{TB} 特性曲线最终停息在了 $P_{\text{TB}\infty}$。轨迹 $f(P_{\text{TA}})$ 开始围绕瞬时平衡点Ⅳ旋转，但是大系统 A 的调节器减少它的发电出力，将发电出力特性曲线从 $P_{\text{TA}+}$ 位置移动到了 $P_{\text{TA}\infty}$ 位置。此动态过程终止于点∞，此点上互联系统的频率较低，比要求的值低大约 $\Delta f_\infty=-0.16\text{Hz}$，在点Ⅳ和点∞之间的轨迹 $f(P_{\text{TA}})$ 的一小部分对应于一个持续几十秒的频率慢速下降。联络线上的交换功率的变化与图 9-29 所示的类似，但停息于对应点∞的功率水平，即 $\Delta P_{\text{tie}\infty}=800\text{MW}$（发电出力损失为 $\Delta P_0=1300\text{MW}$）。

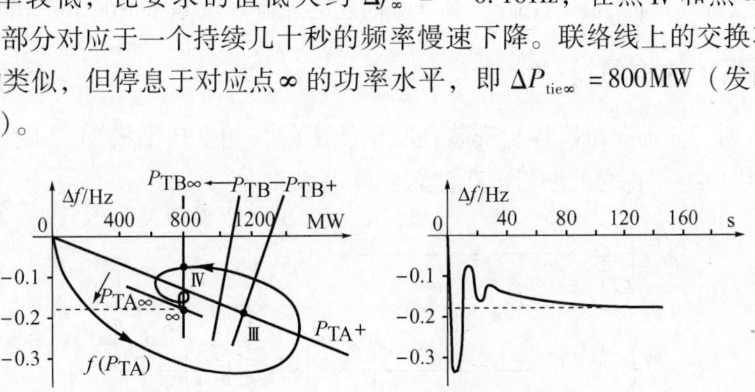

图 9-30　例 9.3 的图示

如果由式（9.54）确定的联络线交换功率大于联络线的热极限功率，则联络线会被切除，而系统会解列。小系统中的功率不平衡会引起频率进一步下降，在没有自动切负荷的情况下，可能会引起小系统的频率崩溃。

9.6 联络线上的FACTS装置

第2章的2.5.4节介绍的串联型FACTS装置，可以安装在联接互联电力系统各控制区域的联络线上，其主要功能是实现第3章3.6节描述的稳态控制。在某子系统突发功率不平衡扰动引起的暂态过程中，安装在联络线上的串联型FACTS装置可以影响联络线交换功率P_{tie}的值，因此也会影响由式（9.11）给出的ACE的值，从而影响由图9-10所示的中央调节器执行的二次控制的动态过程。因此，必须在串联型FACTS装置的调节器上采用适当的控制算法并选择合适的参数，以使其控制不会恶化频率和联络线交换功率的调节过程。这个问题将以晶闸管控制的相角调节器（TCPAR）为例进行详细讨论，从电力系统的角度来看，TCPAR的作用与一个快速移相变压器相同。

TCPAR的示意图如图9-31所示。在主控制路径中设置了一个具有负反馈的积分型调节器。此调节器的任务是调节安装了TCPAR的线路上的有功潮流，其控制参考值由监控系统提供。在图的下部给出一个专用于阻尼功率摇摆和改善功率稳定性的辅助控制环。

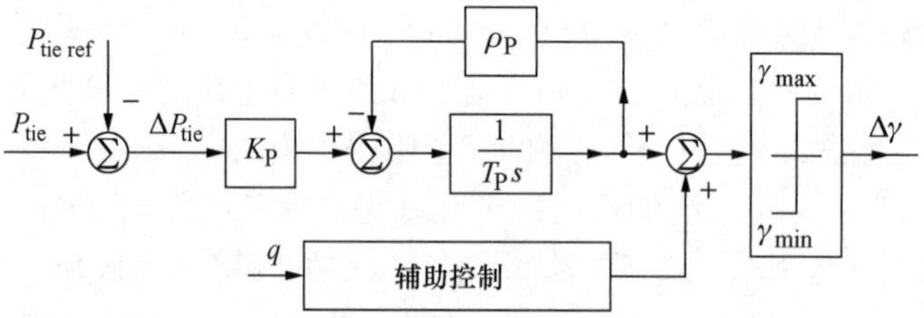

图9-31 安装在互联系统联络线上的潮流控制器

从电力系统动态的角度来看，对于安装在联络线上的串联型FACTS装置，一个重要问题是其用于阻尼区域间功率振荡的辅助控制环的控制算法设计，要求确保此控制算法不干扰由中央调节器执行的负荷-频率控制。本节所描述的控制算法基于Nogal（2008）。

9.6.1 多机系统的增量模型

图9-32说明了如何分阶段导出安装在联络线上的移相变压器模型。采用一个升压变压器，将一个与供电电压正交的增量电压注入到输电线路中：

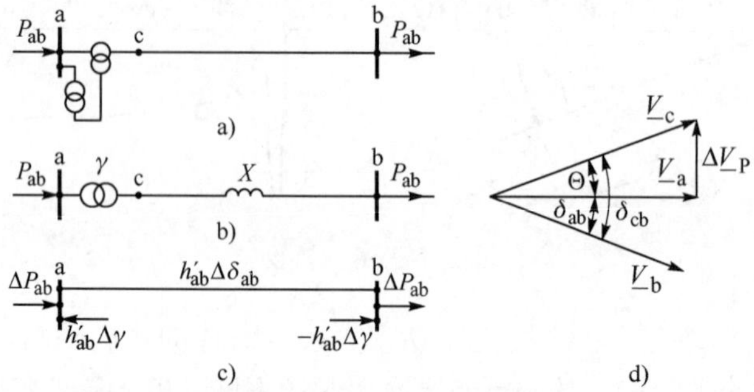

图9-32 分阶段推导带移相变压器的输电线路的增量模型：a）单线图；b）具有理想电压比的导纳模型；c）增量模型；d）相量图

$$\Delta V_{\mathrm{P}}=\gamma V_{\mathrm{a}} \tag{9.58}$$

式中，γ 是受控变量。设升压变压器的电抗已加入到线路的等效电抗中，为简化考虑，忽略线路和变压器的电阻。

利用图 9-32 的相量图可以导出如下关系：

$$\sin\theta=\frac{\Delta V_{\mathrm{P}}}{V_{\mathrm{c}}}=\frac{\gamma V_{\mathrm{a}}}{V_{\mathrm{c}}};\quad \cos\theta=\frac{V_{\mathrm{a}}}{V_{\mathrm{c}}};\quad \delta_{\mathrm{cb}}=\delta_{\mathrm{ab}}+\theta \tag{9.59}$$

根据式（3.15），流过输电线路的有功功率为

$$P_{\mathrm{ab}}=P_{\mathrm{cb}}=\frac{V_{\mathrm{c}}V_{\mathrm{b}}}{X}\sin\delta_{\mathrm{cb}} \tag{9.60}$$

将式（9.59）代入得

$$\begin{aligned}P_{\mathrm{ab}}&=\frac{V_{\mathrm{c}}V_{\mathrm{b}}}{X}\sin(\delta_{\mathrm{ab}}+\theta)=\frac{V_{\mathrm{c}}V_{\mathrm{b}}}{X}(\sin\delta_{\mathrm{ab}}\cos\theta+\cos\delta_{\mathrm{ab}}\sin\theta)\\&=\frac{V_{\mathrm{a}}V_{\mathrm{b}}}{X}\sin\delta_{\mathrm{ab}}+\gamma\frac{V_{\mathrm{a}}V_{\mathrm{b}}}{X}\cos\delta_{\mathrm{ab}}\end{aligned} \tag{9.61}$$

式（9.61）也可以写为

$$P_{\mathrm{ab}}=b_{\mathrm{ab}}\sin\delta_{\mathrm{ab}}-b_{\mathrm{ab}}\cos\delta_{\mathrm{ab}}\gamma(t) \tag{9.62}$$

式中，$b_{\mathrm{ab}}=V_{\mathrm{a}}V_{\mathrm{b}}/X$ 是输电线路的功率-功角特性的幅值。

在给定的运行点上，各变量的值为（$\hat{P}_{\mathrm{ab}}$，$\hat{\delta}$，$\hat{\gamma}$）。利用这些值，式（9.62）变为

$$\hat{P}_{\mathrm{ab}}=b_{\mathrm{ab}}\sin\hat{\delta}_{\mathrm{ab}}-b_{\mathrm{ab}}\cos\hat{\delta}_{\mathrm{ab}}\hat{\gamma} \tag{9.63}$$

式（9.62）中的联络线功率既依赖于功角 δ_{ab}，也依赖于正交变比 $\gamma(t)$。考虑到这个因素并对式（9.62）在运行点附近求微分得

$$\Delta P_{\mathrm{ab}}=\left.\frac{\partial P_{\mathrm{ab}}}{\partial\delta_{\mathrm{ab}}}\right|_{\delta_{\mathrm{ab}}=\hat{\delta}_{\mathrm{ab}}}\Delta\delta_{\mathrm{ab}}+\left.\frac{\partial P_{\mathrm{ab}}}{\partial\gamma}\right|_{\gamma=\hat{\gamma}}\Delta\gamma \tag{9.64}$$

因此，考虑到式（9.62）有

$$\Delta P_{\mathrm{ab}}=(b_{\mathrm{ab}}\cos\hat{\delta}_{\mathrm{ab}}+\hat{\gamma}b_{\mathrm{ab}}\sin\hat{\delta}_{\mathrm{ab}})\Delta\delta-(b_{\mathrm{ab}}\cos\hat{\delta}_{\mathrm{ab}})\Delta\gamma \tag{9.65}$$

此式中的系数 $b_{\mathrm{ab}}\cos\hat{\delta}_{\mathrm{ab}}$ 和 $b_{\mathrm{ab}}\sin\hat{\delta}_{\mathrm{ab}}$ 与式（9.63）中的是相同的。利用式（9.63），分量 $b_{\mathrm{ab}}\sin\hat{\delta}_{\mathrm{ab}}$ 可以按如下方式从式（9.65）中消去。式（9.63）给出了

$$b_{\mathrm{ab}}\sin\hat{\delta}_{\mathrm{ab}}=\hat{P}_{\mathrm{ab}}+\hat{\gamma}b_{\mathrm{ab}}\cos\hat{\delta}_{\mathrm{ab}} \tag{9.66}$$

即

$$\hat{\gamma}b_{\mathrm{ab}}\sin\hat{\delta}_{\mathrm{ab}}=\hat{\gamma}\hat{P}_{\mathrm{ab}}+\hat{\gamma}^2b_{\mathrm{ab}}\cos\hat{\delta}_{\mathrm{ab}} \tag{9.67}$$

将式（9.67）代入到式（9.65）中有

$$\Delta P_{\mathrm{ab}}=[(1+\hat{\gamma}^2)(b_{\mathrm{ab}}\cos\hat{\delta}_{\mathrm{ab}})+\hat{\gamma}\hat{P}_{\mathrm{w}}]\Delta\delta_{\mathrm{ab}}-(b_{\mathrm{ab}}\cos\hat{\delta}_{\mathrm{ab}})\Delta\gamma \tag{9.68}$$

引入如下的标记：

$$h_{\mathrm{ab}}=\left.\frac{\partial P_{\mathrm{ab}}}{\partial\delta_{\mathrm{ab}}}\right|_{\delta_{\mathrm{ab}}=\hat{\delta}_{\mathrm{ab}},\hat{\gamma}=0}=b_{\mathrm{ab}}\cos\hat{\delta}_{\mathrm{ab}} \tag{9.69}$$

$$h'_{\mathrm{ab}}=(1+\hat{\gamma}^2)(b_{\mathrm{ab}}\cos\hat{\delta}_{\mathrm{ab}})+\hat{\gamma}\hat{P}_{\mathrm{ab}}=(1+\hat{\gamma}^2)h_{\mathrm{ab}}+\hat{\gamma}\hat{P}_{\mathrm{ab}} \tag{9.70}$$

式（9.69）中的变量 h_{ab} 对应于忽略升压变压器时线路 ab 的互同步功率；而另一方面，

式（9.70）中的h'_{ab}对应于考虑升压变压器后的同步功率。采用此标记法，式（9.68）变为

$$\Delta P_{ab} = h'_{ab}\Delta\delta_{ab} - h_{ab}\Delta\gamma \tag{9.71}$$

式（9.71）描述了图9-32c所示输电线路的增量模型，在节点a和b之间有一条等效输电线路。该线路中的潮流变化对应于这两个节点上的电压相角变化。节点注入功率对应于由于正交电压比$\gamma(t)$的调节而引起的潮流变化。节点a和b的功率注入分别为$+h_{ab}\Delta\gamma$和$-h_{ab}\Delta\gamma$。为了理解此点，注意式（9.71）对节点a是成立的，而对节点b成立的方程是

$$h'_{ab}\Delta\delta_{ab} = \Delta P_{ab} + h_{ab}\Delta\gamma \tag{9.72}$$

后面将证明，所导出的具有移相变压器支路的增量模型，对于网络分析特别是大型网络的分析是方便的，因为它将正交电压比变化的模拟用注入功率的变化来替代，从而不需要改变支路的参数。

第3章3.6节导出的式（3.157），模拟了网络中节点电压小值变化的影响。在分析系统频率调节时，可以假定电压幅值的变化可以忽略，只要考虑电压角度的变化。这样，式（3.157）变为

$$\boldsymbol{\Delta P} \cong \boldsymbol{H}\boldsymbol{\Delta\delta} \tag{9.73}$$

式中，$\boldsymbol{\Delta P}$和$\boldsymbol{\Delta\delta}$分别是有功功率注入和电压相角的变化量向量。矩阵$\boldsymbol{H}$是雅可比矩阵，由偏导数$H_{ij} = \partial P_i / \partial\delta_j$构成。式（9.73）描述了网络的增量模型。将移相变压器包括到网络的增量模型中的过程如图9-33所示。存在如下几种节点类型：

1）{G}：发电机暂态电抗后的发电机节点。

2）{L}：负荷节点。

3）a，b：具有移相变压器的线路的端点（见图9-32）。

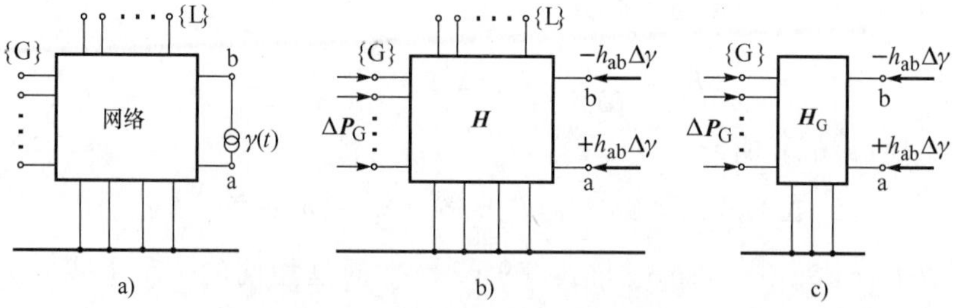

图9-33　推导增量模型的几个阶段：a）具有移相变压器的导纳模型；b）增量模型；c）消去节点{L}后的增量模型

图9-33中带移相变压器的输电线路，是采用电压比和一条支路来模拟的。在图9-33所示的增量模型中，此线路的模拟与图9-32所示的方法是相同的。矩阵$\boldsymbol{H}$描述的网络包括了从带移相变压器的输电线路增量模型得到的支路h'_{ab}。与图9-32c类似，对应于由$\gamma(t)$电压比调节引起的潮流变化，用节点a和b的有功功率注入来表示。

现在，描述如图9-33b所示模型的式（9.73）可以扩展为

$$\begin{matrix}\{G\}\\ a\\ b\\ \{L\}\end{matrix}\begin{bmatrix}\boldsymbol{\Delta P}_G\\ \hdashline +h_{ab}\Delta\gamma\\ \hdashline -h_{ab}\Delta\gamma\\ \hline \boldsymbol{0}\end{bmatrix} \cong \begin{bmatrix}\boldsymbol{H}\end{bmatrix}\begin{bmatrix}\Delta\delta_G\\ \hdashline \Delta\delta_a\\ \hdashline \Delta\delta_b\\ \hline \Delta\delta_L\end{bmatrix} \tag{9.74}$$

式（9.74）的左侧已经用 $\Delta \boldsymbol{P}_{\mathrm{L}}=0$ 进行替换，因为在 {L} 节点上的负荷是用恒定功率来模拟的。通过使用 A.2 节中所示的部分求逆方法，可以在式（9.74）中消去与负荷节点 {L} 有关的变量，从而可以将式（9.74）转换为如下形式：

$$\begin{matrix}\{G\}\\ a\\ b\end{matrix}\begin{bmatrix}\Delta \boldsymbol{P}_{\mathrm{G}}\\ +h_{\mathrm{ab}}\Delta\gamma\\ -h_{\mathrm{ab}}\Delta\gamma\end{bmatrix}\cong\begin{bmatrix}\boldsymbol{H}_{\mathrm{GG}} & \boldsymbol{H}_{\mathrm{Ga}} & \boldsymbol{H}_{\mathrm{Gb}}\\ \boldsymbol{H}_{\mathrm{aG}} & \boldsymbol{H}_{\mathrm{aa}} & \boldsymbol{H}_{\mathrm{ab}}\\ \boldsymbol{H}_{\mathrm{bG}} & \boldsymbol{H}_{\mathrm{ba}} & \boldsymbol{H}_{\mathrm{bb}}\end{bmatrix}\begin{bmatrix}\Delta\delta_{\mathrm{G}}\\ \Delta\delta_{\mathrm{a}}\\ \Delta\delta_{\mathrm{b}}\end{bmatrix}\tag{9.75}$$

式（9.75）通过部分求逆可以进一步转换为如下形式：

$$\Delta \boldsymbol{P}_{\mathrm{G}}\cong\boldsymbol{H}_{\mathrm{G}}\Delta\delta_{\mathrm{G}}+[\boldsymbol{K}_{\mathrm{Ga}}\ \vdots\ \boldsymbol{K}_{\mathrm{Gb}}]\begin{bmatrix}+h_{\mathrm{ab}} & \Delta\gamma\\ -h_{\mathrm{ab}} & \Delta\gamma\end{bmatrix}\tag{9.76}$$

$$\begin{bmatrix}\Delta\delta_{\mathrm{a}}\\ \Delta\delta_{\mathrm{b}}\end{bmatrix}\cong-\begin{bmatrix}\boldsymbol{K}_{\mathrm{aG}}\\ \boldsymbol{K}_{\mathrm{bG}}\end{bmatrix}\Delta\delta_{\mathrm{G}}+\begin{bmatrix}H_{\mathrm{aa}} & H_{\mathrm{ab}}\\ H_{\mathrm{ba}} & H_{\mathrm{ba}}\end{bmatrix}^{-1}\begin{bmatrix}+h_{\mathrm{ab}} & \Delta\gamma\\ -h_{\mathrm{ab}} & \Delta\gamma\end{bmatrix}\tag{9.77}$$

式中，

$$\boldsymbol{H}_{\mathrm{G}}=\boldsymbol{H}_{\mathrm{GG}}-[\boldsymbol{H}_{\mathrm{Ga}}\ \vdots\ \boldsymbol{H}_{\mathrm{Gb}}]\begin{bmatrix}H_{\mathrm{aa}} & H_{\mathrm{ab}}\\ H_{\mathrm{ba}} & H_{\mathrm{ba}}\end{bmatrix}^{-1}\begin{bmatrix}\boldsymbol{H}_{\mathrm{aG}}\\ \boldsymbol{H}_{\mathrm{bG}}\end{bmatrix}\tag{9.78}$$

$$[\boldsymbol{K}_{\mathrm{Ga}}\ \vdots\ \boldsymbol{K}_{\mathrm{Gb}}]=[\boldsymbol{H}_{\mathrm{Ga}}\ \vdots\ \boldsymbol{H}_{\mathrm{Gb}}]\begin{bmatrix}H_{\mathrm{aa}} & H_{\mathrm{ab}}\\ H_{\mathrm{ba}} & H_{\mathrm{ba}}\end{bmatrix}^{-1}\tag{9.79}$$

$$\begin{bmatrix}\boldsymbol{K}_{\mathrm{aG}}\\ \boldsymbol{K}_{\mathrm{bG}}\end{bmatrix}=\begin{bmatrix}H_{\mathrm{aa}} & H_{\mathrm{ab}}\\ H_{\mathrm{ba}} & H_{\mathrm{ba}}\end{bmatrix}^{-1}\begin{bmatrix}\boldsymbol{H}_{\mathrm{aG}}\\ \boldsymbol{H}_{\mathrm{bG}}\end{bmatrix}\tag{9.80}$$

式（9.76）和式（9.77）描述了图 9-33c 所示的增量模型，前者描述了移相变压器的电压比变化如何影响所有发电机的功率变化，后者描述了移相变压器的电压比变化如何影响带有移相变压器的线路两端的电压相角变化。

式（9.76）可以被转换为

$$\Delta \boldsymbol{P}_{\mathrm{G}}\cong\boldsymbol{H}_{\mathrm{G}}\Delta\delta_{\mathrm{G}}+\Delta\boldsymbol{K}_{\mathrm{ab}}h_{\mathrm{ab}}\Delta\gamma\tag{9.81}$$

式中，

$$\Delta\boldsymbol{K}_{\mathrm{ab}}=\boldsymbol{K}_{\mathrm{Ga}}-\boldsymbol{K}_{\mathrm{Gb}}\tag{9.82}$$

因此，第 i 台发电机中的功率变化可以表示为

$$\Delta P_i\cong\sum_{j\in\{G\}}H_{ij}\Delta\delta_j+\Delta K_i h_{\mathrm{ab}}\Delta\gamma\tag{9.83}$$

式中，$\Delta K_i=K_{i\mathrm{a}}-K_{i\mathrm{b}}$。这样，如果 $K_{i\mathrm{a}}\cong K_{i\mathrm{b}}$，那么 $\Delta\gamma$ 的变化就不能影响第 i 台发电机的功率变化。换言之，采用移相变压器并不能控制发电机。系数 $K_{i\mathrm{a}}$ 和 $K_{i\mathrm{b}}$ 可以作为节点 a 和 b 到第 i 台发电机的距离的量度。这意味着，如果节点 a 和 b 与第 i 台发电机的距离相同，则该装置不能对发电机产生影响。这可以用图 9-33c 来进行检查，因为注入节点 a 和 b 的功率具有相反的符号。因此，如果距离是相同的，那么对发电机的影响就相互抵消了。

描述转子角增量运动的摇摆方程是第 5 章 5.1 节的式（5.15），即

$$\begin{aligned}\frac{\mathrm{d}\Delta\delta_i}{\mathrm{d}t}&=\Delta\omega_i\\ M_i\frac{\mathrm{d}\Delta\omega_i}{\mathrm{d}t}&=-\Delta P_i-D_i\Delta\omega_i\end{aligned}\tag{9.84}$$

式中，$i \in \{G\}$。由于网络方程是以矩阵形式导出的，所以将上述方程写成矩阵形式也是方便的：

$$\begin{aligned} \Delta\dot{\boldsymbol{\delta}}_{G} &= \Delta\boldsymbol{\omega}_{G} \\ \boldsymbol{M}\Delta\dot{\boldsymbol{\omega}}_{G} &= -\Delta\boldsymbol{P}_{G} - \boldsymbol{D}\Delta\boldsymbol{\omega}_{G} \end{aligned} \tag{9.85}$$

式中，$\boldsymbol{M}$ 和 $\boldsymbol{D}$ 是与惯性系数和阻尼系数对应的对角矩阵，而 $\Delta\boldsymbol{\delta}_{G}$、$\Delta\boldsymbol{\omega}_{G}$ 和 $\Delta\boldsymbol{P}_{G}$ 分别是转子角、转子转速偏差和有功功率变化的列向量。

将式（9.81）代入到式（9.85）的第2个方程，可得到如下的状态方程：

$$\boldsymbol{M}\Delta\dot{\boldsymbol{\omega}}_{G} = -\boldsymbol{H}_{G}\Delta\boldsymbol{\delta}_{G} - \boldsymbol{D}\Delta\boldsymbol{\omega}_{G} - \Delta\boldsymbol{K}_{ab}h_{ab}\Delta\gamma(t) \tag{9.86}$$

式中，$\Delta\gamma(t)$ 是与移相变压器的电压比变化相对应的控制函数。函数 $\Delta\gamma(t)$ 对转子运动的影响与系数 $\Delta K_i h_{ab} = (K_{ia} - K_{ib})h_{ab}$ 成正比。

主要问题是如何改变 $\Delta\gamma(t)$，从而控制给定的移相变压器以提高振荡的阻尼。$\Delta\gamma(t)$ 的控制算法将采用 Lyapunov 直接法推导。

9.6.2 基于 Lyapunov 方法的状态变量控制

在第6章的6.3节，将系统总能量 $V(\delta,\omega) = E_k + E_p$ 作为非线性系统模型中的 Lyapunov 函数（忽略线路电导）。在所考虑的线性模型式（9.86）中，系统总能量可以表示为转子转速增量和角度增量之和。这对应于将 $V(\delta,\omega) = E_k + E_p$ 在运行点附近做泰勒级数展开，如式（6.11）所示。该式表明，基于函数 $V(x)$ 的 Hessian 矩阵，$V(x)$ 在运行点附近可以用二次型来近似。

对于由式（6.47）给出的势能 E_p，Hessian 矩阵对应于有功发电的梯度，因此也对应于上述增量模型中使用的雅可比矩阵：

$$\left[\frac{\partial^2 E_p}{\partial\delta_i\,\partial\delta_j}\right] = \left[\frac{\partial P_i}{\partial\delta_j}\right] = \boldsymbol{H}_{G} \tag{9.87}$$

由式（6.11）和式（9.85），可以得到

$$\Delta E_p = \frac{1}{2}\Delta\boldsymbol{\delta}_{G}^{T}\boldsymbol{H}_{G}\Delta\boldsymbol{\delta}_{G} \tag{9.88}$$

在第12章中将证明，如果忽略网络电导，矩阵 $\boldsymbol{H}_{G}$ 在运行点（稳定平衡点）是正定的。因此，二次型式（9.88）也是正定的。

使用式（6.11），由式（6.46）给出的动能 E_k 可以表示为

$$\Delta E_k = \frac{1}{2}\Delta\omega_{G}^{T}\boldsymbol{M}\Delta\boldsymbol{\omega}_{G} \tag{9.89}$$

这是一个由转速变化向量和惯性系数对角阵构成的二次型。矩阵 $\boldsymbol{M}$ 是正定的，因此上述二次型也是正定的。

总能量增量 $\Delta V(\delta,\omega) = \Delta E_k + \Delta E_p$ 为

$$\Delta V = \Delta E_k + \Delta E_p = \frac{1}{2}\Delta\boldsymbol{\omega}_{G}^{T}\boldsymbol{M}\Delta\boldsymbol{\omega}_{G} + \frac{1}{2}\Delta\boldsymbol{\delta}_{G}^{T}\boldsymbol{H}_{G}\Delta\boldsymbol{\delta}_{G} \tag{9.90}$$

这个函数是正定的，因为它是正定函数之和。这样，只要此函数在运行点附近的时间导数是

负定的，那么此函数就可以作为 Lyapunov 函数。

对式（9.88）和式（9.89）求微分得到

$$\Delta\dot{E}_{\mathrm{p}}=\frac{1}{2}\Delta\boldsymbol{\omega}_{\mathrm{G}}^{\mathrm{T}}\boldsymbol{H}_{\mathrm{G}}\Delta\boldsymbol{\delta}_{\mathrm{G}}+\frac{1}{2}\Delta\boldsymbol{\delta}_{\mathrm{G}}^{\mathrm{T}}\boldsymbol{H}_{\mathrm{G}}\Delta\boldsymbol{\omega}_{\mathrm{G}} \tag{9.91}$$

$$\Delta\dot{E}_{\mathrm{k}}=\frac{1}{2}\Delta\dot{\boldsymbol{\omega}}_{\mathrm{G}}^{\mathrm{T}}\boldsymbol{M}\Delta\boldsymbol{\omega}_{\mathrm{G}}+\frac{1}{2}\Delta\boldsymbol{\omega}_{\mathrm{G}}^{\mathrm{T}}\boldsymbol{M}\Delta\dot{\boldsymbol{\omega}}_{\mathrm{G}} \tag{9.92}$$

现在，转置式（9.86）得到

$$\Delta\dot{\boldsymbol{\omega}}_{\mathrm{G}}^{\mathrm{T}}\boldsymbol{M}=-\Delta\delta_{\mathrm{G}}^{\mathrm{T}}\boldsymbol{H}_{\mathrm{G}}-\Delta\omega_{\mathrm{G}}^{\mathrm{T}}\boldsymbol{D}-\Delta\boldsymbol{K}_{\mathrm{ab}}^{\mathrm{T}}h_{\mathrm{ab}}\Delta\boldsymbol{\gamma}(t) \tag{9.93}$$

将式（9.93）的右边替换式（9.92）的第一个分量 $\Delta\dot{\boldsymbol{\omega}}_{\mathrm{G}}^{\mathrm{T}}\boldsymbol{M}$ 得到

$$\begin{aligned}\Delta\dot{E}_{\mathrm{k}}=&-\frac{1}{2}\Delta\boldsymbol{\delta}_{\mathrm{G}}^{\mathrm{T}}\boldsymbol{H}_{\mathrm{G}}\Delta\boldsymbol{\omega}_{\mathrm{G}}-\frac{1}{2}\Delta\boldsymbol{\omega}_{\mathrm{G}}^{\mathrm{T}}\boldsymbol{H}_{\mathrm{G}}\Delta\boldsymbol{\delta}_{\mathrm{G}}-\Delta\boldsymbol{\omega}_{\mathrm{G}}^{\mathrm{T}}\boldsymbol{D}\Delta\boldsymbol{\omega}_{\mathrm{G}}\\&-\frac{1}{2}(\Delta\boldsymbol{K}_{\mathrm{ab}}^{\mathrm{T}}\Delta\boldsymbol{\omega}_{\mathrm{G}}+\Delta\boldsymbol{\omega}_{\mathrm{G}}^{\mathrm{T}}\Delta\boldsymbol{K}_{\mathrm{ab}})h_{\mathrm{ab}}\Delta\boldsymbol{\gamma}(t)\end{aligned} \tag{9.94}$$

可以很容易检查出式（9.94）的最后一个分量中的两个表达式是相同的标量，即

$$\Delta\boldsymbol{K}_{\mathrm{ab}}^{\mathrm{T}}\Delta\boldsymbol{\omega}_{\mathrm{G}}=\Delta\boldsymbol{\omega}_{\mathrm{G}}^{\mathrm{T}}\Delta\boldsymbol{K}_{\mathrm{ab}}=\sum_{i\in\{\mathrm{G}\}}\Delta K_i\Delta\omega_i \tag{9.95}$$

因此式（9.94）可以被重新写为

$$\Delta\dot{E}_{\mathrm{k}}=-\frac{1}{2}\Delta\boldsymbol{\delta}_{\mathrm{G}}^{\mathrm{T}}\boldsymbol{H}_{\mathrm{G}}\Delta\boldsymbol{\omega}_{\mathrm{G}}-\frac{1}{2}\Delta\boldsymbol{\omega}_{\mathrm{G}}^{\mathrm{T}}\boldsymbol{H}_{\mathrm{G}}\Delta\boldsymbol{\delta}_{\mathrm{G}}-\Delta\boldsymbol{\omega}_{\mathrm{G}}^{\mathrm{T}}\boldsymbol{D}\Delta\boldsymbol{\omega}_{\mathrm{G}}-\Delta\boldsymbol{K}_{\mathrm{ab}}^{\mathrm{T}}\Delta\boldsymbol{\omega}_{\mathrm{G}}h_{\mathrm{ab}}\Delta\boldsymbol{\gamma}(t) \tag{9.96}$$

将式（9.96）和式（9.91）两边同时相加，有

$$\Delta\dot{V}=\Delta\dot{E}_{\mathrm{k}}+\Delta\dot{E}_{\mathrm{p}}=-\Delta\boldsymbol{\omega}_{\mathrm{G}}^{\mathrm{T}}\boldsymbol{D}\Delta\boldsymbol{\omega}_{\mathrm{G}}-\Delta\boldsymbol{K}_{\mathrm{ab}}^{\mathrm{T}}\Delta\boldsymbol{\omega}_{\mathrm{G}}h_{\mathrm{ab}}\Delta\boldsymbol{\gamma}(t) \tag{9.97}$$

在没有控制的特殊情况下，即当 $\Delta\gamma(t)=0$ 时，式（9.97）变为

$$\Delta\dot{V}=\Delta\dot{E}_{\mathrm{k}}+\Delta\dot{E}_{\mathrm{p}}=-\Delta\boldsymbol{\omega}_{\mathrm{G}}^{\mathrm{T}}\boldsymbol{D}\Delta\boldsymbol{\omega}_{\mathrm{G}} \tag{9.98}$$

由于矩阵 $\boldsymbol{D}$ 是正定的，因此上面的函数是负定的。这样，函数式（9.90）可以被看作是由式（9.86）所描述系统的 Lyapunov 函数。

为了使所考虑的系统在 $\Delta\gamma(t)\neq0$ 变化时是稳定的，式（9.97）中的第二个分量应当总是正的：

$$\Delta\boldsymbol{K}_{\mathrm{ab}}^{\mathrm{T}}\Delta\omega_{\mathrm{G}}h_{\mathrm{ab}}\Delta\boldsymbol{\gamma}(t)\geqslant0 \tag{9.99}$$

这个可以通过以下的控制律来得到保证：

$$\Delta\gamma(t)=\kappa h_{\mathrm{ab}}\Delta\boldsymbol{K}_{\mathrm{ab}}^{\mathrm{T}}\Delta\omega_{\mathrm{G}} \tag{9.100}$$

采用这个控制律，Lyapunov 函数的导数式（9.97）变为

$$\Delta\dot{V}=-\Delta\omega_{\mathrm{G}}^{\mathrm{T}}\boldsymbol{D}\Delta\omega_{\mathrm{G}}-\kappa(h_{\mathrm{ab}}\Delta\boldsymbol{K}_{\mathrm{ab}}^{\mathrm{T}}\Delta\omega_{\mathrm{G}})^2\leqslant0 \tag{9.101}$$

式中，κ 是控制增益。考虑式（9.95）后，式（9.100）的控制律可以写成

$$\Delta\gamma(t)=\kappa h_{\mathrm{ab}}\sum_{i\in\{\mathrm{G}\}}\Delta K_i\Delta\omega_i \tag{9.102}$$

式中，$\Delta K_i = K_{ia} - K_{ib}$。这个控制律对移相变压器安装于任何位置都是适用的。对移相变压器安装于联络线上这种特殊情况，此控制律可以进行如下所述的简化。

在互联系统中的发电机集合 $\{G\}$ 可以对应于子系统被划分成多个子集。让我们考虑如图9-34所示的3个子系统的情况，即 $\{G\} = \{G_A\} + \{G_B\} + \{G_C\}$。现在式（9.102）中的求和可分为3个和：

$$\Delta\gamma(t) = \kappa h_{ab}\left[\sum_{i\in\{G_A\}} \Delta K_i \Delta\omega_i + \sum_{i\in\{G_B\}} \Delta K_i \Delta\omega_i + \sum_{i\in\{G_C\}} \Delta K_i \Delta\omega_i\right] \tag{9.103}$$

当一个子系统发生扰动之后，发电机转子存在每个子系统内部的局部摇摆和子系统之间的区域间摇摆。局部摇摆的频率约为1Hz，而区域间摇摆的频率要低得多，通常约为0.25Hz。因此，当研究区域间摇摆时，局部摇摆可以被近似忽略。因此可以假定

$$\begin{aligned}
&\Delta\omega_1 \cong \cdots = \Delta\omega_i \cong \cdots \cong \Delta\omega_{n_A} \cong 2\pi\Delta f_A \quad 对于 \quad i \in \{G_A\} \\
&\Delta\omega_1 \cong \cdots = \Delta\omega_i \cong \cdots \cong \Delta\omega_{n_B} \cong 2\pi\Delta f_B \quad 对于 \quad i \in \{G_B\} \\
&\Delta\omega_1 \cong \cdots = \Delta\omega_i \cong \cdots \cong \Delta\omega_{n_C} \cong 2\pi\Delta f_C \quad 对于 \quad i \in \{G_C\}
\end{aligned} \tag{9.104}$$

现在式（9.103）可以表达为

$$\Delta\gamma(t) = \kappa 2\pi h_{ab}\left[\Delta f_A \sum_{i\in\{G_A\}} \Delta K_i + \Delta f_B \sum_{i\in\{G_B\}} \Delta K_i + \Delta f_C \sum_{i\in\{G_C\}} \Delta K_i\right] \tag{9.105}$$

系数求和之后有

$$\Delta\gamma(t) = \kappa 2\pi h_{ab}(\Delta K_A \Delta f_A + \Delta K_B \Delta f_B + \Delta K_C \Delta f_C) \tag{9.106}$$

式中，

$$\Delta K_A = \sum_{i\in\{G_A\}} \Delta K_i, \quad \Delta K_B = \sum_{i\in\{G_B\}} \Delta K_i \quad \Delta K_C = \sum_{i\in\{G_C\}} \Delta K_i \tag{9.107}$$

式（9.106）表明，移相变压器的控制应采用由式（9.107）给出的系数加权的频率偏差信号。

基于式（9.106）的辅助控制环的框图如图9-34所示。辅助控制环加入到整个调节器中的方式在前面的图9-31中已经给出。

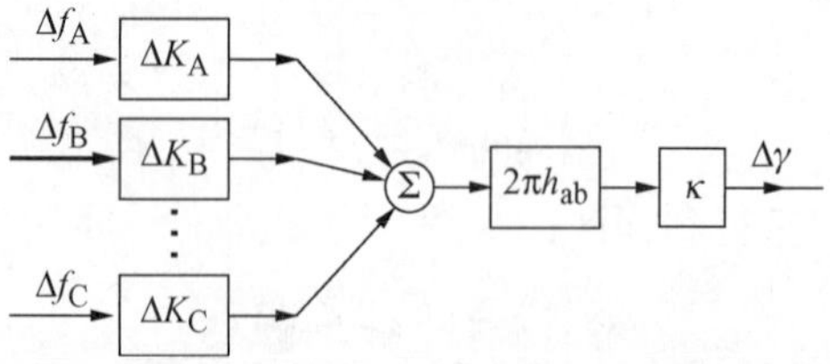

图9-34 安装在互联系统联络线上的潮流控制器的稳定控制环框图

辅助控制的输入信号是各子系统的频率偏差 Δf。这些信号应该采用第2章2.7节讨论过的远程通信链路或WAMS送给调节器。对于约0.25Hz的区域间摇摆频率，振荡周期约为4s，信号传送到调节器的速度不必很高。信号每0.1s发送一次就足够了，对现代远程通信系统来说这不是一个高的要求。

式（9.106）中的系数 h_{ab}、ΔK_A、ΔK_B、ΔK_C，必须通过适当的 SCADA/EMS 功能并采用当前的状态估计结果和系统结构计算出来。显然，这些计算不必经常重复；只有当系统结构改变或系统负荷水平发生很大变化之后才需要修改。

在导出式（9.106）时，为简化起见只假定存在一个移相变压器。对于安装在任意多条联络线上的任意数量的移相变压器，可以采用类似的做法。对于每个移相变压器，可以得到相同的控制律，但显然对于不同的联络线具有不同的系数。

9.6.3　仿真结果实例

忽略互联系统中子系统内的局部摇摆，可以采用增量网络模型建立式（9.104）的简化系统模型。此模型，由 Rasolomampionona（2007）给出，可以考虑频率和联络线控制，并且包括了安装在联络线上的移相变压器模型。下面将用实例基于仿真结果描述移相变压器调节产生的影响。

图 9-35 给出了一个带有参数的测试系统。所有 3 条联络线都包含有如图 9-34 所示由调节器控制的 TCPAR 型装置。稳定控制器使用频率偏差作为它们的输入信号。

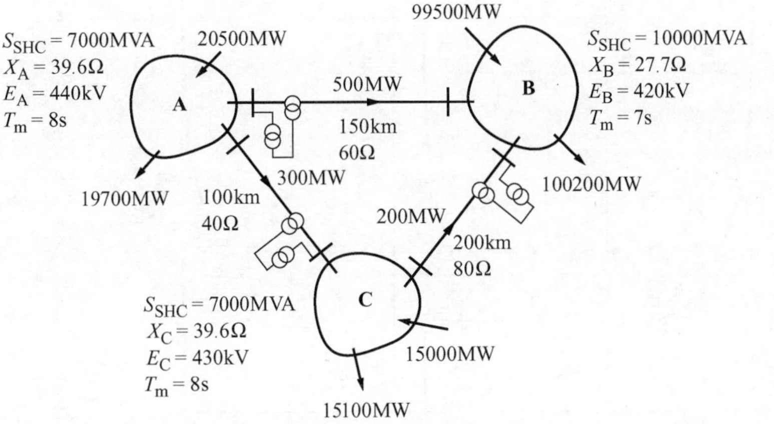

图 9-35　测试系统

图 9-36 给出一个功率不平衡扰动下的仿真结果，该功率不平衡扰动由系统 A 中失去一台发电机导致发电出力损失 ΔP_0 = 200MW 构成。粗线给出 TCPAR 投入时的响应特性，细线给出 TCPAR 退出时的响应特性。各子系统中的频率变化如图 9-36a 所示。当 TCPAR 退出时，频率响应受区域间振荡（细线）的影响。TCPAR 投入能够快速阻尼区域间振荡，剩下的频率慢速变化是由于频率和联络线功率控制引起的（粗线）。由于 TCPAR 的作用，子系统 B 和 C 中的最大频率偏差减小了。

联络线功率变化如图 9-36b 所示。当 TCPAR 退出时，由频率和联络线功率控制引起的功率变化叠加在区域间的摇摆功率上（细线）。TCPAR 投入很快阻尼了区域间的摇摆。剩下的联络线偏差随着时间推移趋向于零，表明满足不干涉原则。图 9-36b 中发电出力的变化也可以看作满足不干涉原则。在子系统 A 的功率不平衡扰动发生后，子系统 B 和 C 短时间内通过注入功率来支持 A。随着频率回归到其参考值以及子系统 A 增加其发电出力，子系统 B 和 C 中的发电出力回归到其初始值。该图还给出了当 TCPAR 退出时发电出力的区域间振荡（特别是在子系统 C 中）。

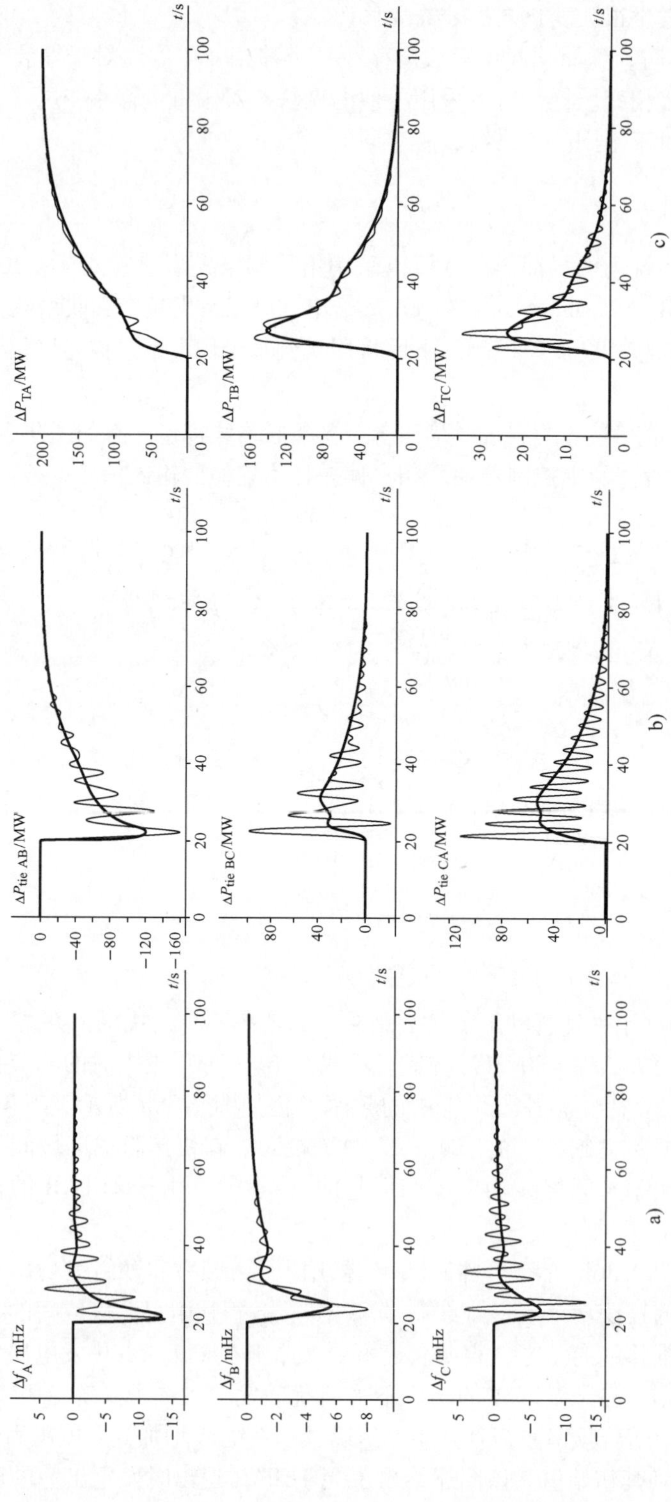

图 9-36　子系统 A 中发生功率不平衡后的仿真结果：a）当地频率变化；b）联络线功率变化；c）发电出力变化

9.6.4　AGC 与联络线中串联型 FACTS 装置的协调

如图 9-31 所示的潮流控制器可以被视为由 3 个控制路径构成的多级控制器：

第 1 级：以频率偏差 Δf_A、Δf_B、Δf_C 作为输入信号的辅助控制环（见图 9-34）。

第 2 级：以有功功率 P_{tie} 作为输入信号的主控制路径。

第 3 级：SCADA/EMS 层级设定值 $P_{tie\ ref}$ 的监视控制。

这 3 个控制环的作用是相互叠加的，并且通过改变 $\gamma(t)$，影响联络线功率，从而也影响互联系统内各子系统 AGC 的运行。为了使 FACTS 和 AGC 控制都有效且都对电力系统有益，必须具有适当的协调。这种协调必须通过调整 FACTS 装置的 3 个控制路径的动作速度以适应 3 级 AGC（一次、二次、三次）的动作速度来实现。AGC 的 3 个控制环（见图 9-12）在其动作速度上差别很大。安装在互联系统联络线上的 FACTS 装置的 3 个控制路径也必须呈现出类似的不同的动作速度。

参看在大扰动功率不平衡后由 AGC 作用导致的电力系统动态 4 个阶段的描述（见 9.2 ~9.5 节），以及关于 TCPAR 型 FACTS 装置的描述（见 9.4.4 节），对各控制级的时间协调可以得出如下结论。

辅助环控制（第 1 级）应该对区域间功率摇摆引起的频率变化按照控制律式（9.106）快速响应。因此，此级上控制的反应速度必须是最快的，类似于由 AGC 执行的一次控制（原动机控制）。

在主路径（第 2 级）中执行的控制不能太快，并且必须慢于由 AGC 执行的二次控制（频率和联络线功率控制）。这可以用如下方式解释。在给定子系统中发生有功功率不平衡后，会存在来自于其他子系统的持续几十秒的注入功率（见图 9-36b）。这个注入功率导致 P_{tie} 与 $P_{tie\ ref}$ 不同，从而在此控制路径中出现了控制误差。如果控制器反应太快，那么 FACTS 装置会影响注入功率，这将对 AGC 第 2 级的频率控制产生不利影响。最大的频率偏差就会增加，调节的质量就会下降（见图 9-13）。为了防止这一点，所讨论的控制级应当具有大的时间常数。图 9-31 给出了主控制路径包含有一个带有反馈环的积分器。该环节的传递函数是 $G(s)=1/(\rho_P+T_Ps)$，意味着此环节的动作速度是由时间常数 T_P/ρ_P 决定的，如果此时间常数比注入功率的持续时间高数倍，那么所讨论的控制级将不会对由 AGC 执行的二次控制产生不利影响。

由 SCADA/EMS 执行的监视控制（第 3 级）设定值 $P_{tie\ ref}$ 必须是最慢的。对于动态性能尤其重要的是如图 9-36d 所示的情况，当发生功率不平衡扰动的子系统没有足够的可用调节功率时，必然导致联络线交换功率的永久偏差。由图 9-31 所示的调节器控制的 FACTS 装置将试图调节 P_{tie} 到 $P_{tie\ ref}$。此种调节可能对系统不利，并且导致诸如其他输电线路过载等问题。此级的调节必须在 SCADA/EMS 中基于整个网络的分析集中执行。

第 10 章

提高稳定性的措施

电力系统的稳定性指的是其受到物理扰动后返回平衡状态的能力。电力系统平衡点的重要变量包括转子角（功角）、节点电压和频率。因此电力系统稳定性可以被分为：①转子角（功角）稳定，②电压稳定，③频率稳定。这些术语在第 1 章讨论图 1-5 时已介绍过。防止电压失稳（电压崩溃）问题在第 8 章的 8.6 节已讨论过，而关于频率失稳的防御计划已在第 9 章的 9.1.6 节讨论过。本章将讨论抵御转子角（功角）失稳的可能性。

通过正确的系统设计和运行，电力系统的转子角（功角）稳定性可以得到加强，且其动态响应性能可以得到改善。例如，下述特殊措施有助于提高稳定性：

1）使用能确保最快速度清除故障的保护装置和断路器。

2）使用单相断路器，以使单相故障时只切除故障相，非故障相保持完整。

3）采用适合于特定运行条件的系统结构（如避免长距离重载输电线路）。

4）确保输电容量有适当的备用。

5）避免系统在低频率或低电压状态下运行。

6）避免由于同时退出大量线路和变压器而削弱系统。

实际上，经济因素决定了以上特殊措施可以实施到何种程度；并且，系统是运行在接近稳定极限状态还是运行在具有过多发电和输电备用容量状态，一直是需要进行折中考虑的问题。采用插入到系统中的附加元件，以帮助平滑系统的动态响应特性，可以降低系统失稳的风险。这种做法通常被称为提高稳定性的措施，也是本章讨论的主题。

10.1 电力系统稳定器

电力系统稳定器（PSS）是这样一种装置，它为发电机组的自动电压调节器（AVR）系统或涡轮机调速器系统提供附加的辅助控制环。PSS 也是提高电力系统稳定性的最具性价比的措施之一。

10.1.1 应用于励磁系统的 PSS

在发电机 AVR 上增加辅助控制环是提高小扰动稳定性（静态）和大扰动稳定性（暂态）的最常用方法之一。增加此种附加控制环必须特别小心。第 5 章 5.5 节解释了没有安装辅助控制环的 AVR 是如何削弱阻尼绕组和励磁绕组的阻尼的。这种阻尼转矩的降低主要是由于电压调节效应在转子回路中感应出的附加电流与转子转速偏差 $\Delta\omega$ 感应出的转子回路电流方向相反所致。它们间的相位关系已在图 5-27 中针对励磁绕组进行了阐明（图 5-28 针对

d 轴阻尼绕组进行了阐明)，这就为要求 PSS 做什么提供了一个直观的了解。

电力系统镇定的主要思路是，认识到在稳态时，即转速偏差为零或接近于零时，电压控制器应当只由电压偏差 ΔV 驱动。但是，在暂态下发电机转速不是恒定值，转子摇摆，从而电压偏差 ΔV 会随着转子角的变化经历一个振荡过程。PSS 的任务是加入一个附加信号以补偿 ΔV 的振荡并提供与 $\Delta\omega$ 同相位的阻尼分量；这在图 10-1a 中阐明，图中，信号 V_{PSS} 加入到主信号电压偏差 ΔV 上。稳态时，V_{PSS} 必须等于零，从而不会影响电压调节过程。图 10-1b 展示了暂态时各信号的相量图。与第 5 章 5.5.3 节一样，假定各信号以转子摇摆的频率正弦变化，从而可以表示成相量。相量 $\underline{V}_{PSS}$ 与 $\Delta\underline{V}$ 方向相反且其模值更大。因此总的电压偏差相量 $\Delta\underline{V}_{\Sigma}$ 现在超前于转速偏差相量 $\Delta\underline{\omega}$，而不是像图 5-27b 中那样滞后于 $\Delta\underline{\omega}$。如在第 5 章 5.5.3 节所解释的，增量励磁电动势相量 $\Delta\underline{E}_{f}$ 滞后于 $\Delta\underline{V}_{\Sigma}$ 一个由 AVR 和励磁系统引起的角度，这样，相量 $\Delta\underline{E}'_{q(\Delta E_f)}$ 的交轴分量（相对于 $\Delta\underline{\delta}$）由于励磁控制作用现在与 $\Delta\underline{\omega}$ 同相位了。这与 $\Delta E'_{q(\Delta\delta)}$ 一起为系统引入了一个很大的阻尼转矩。然而，如果 $\underline{V}_{PSS}$ 的模小于 $\Delta\underline{V}$ 的模，那么，由 AVR 引入的负阻尼分量只得到部分补偿。

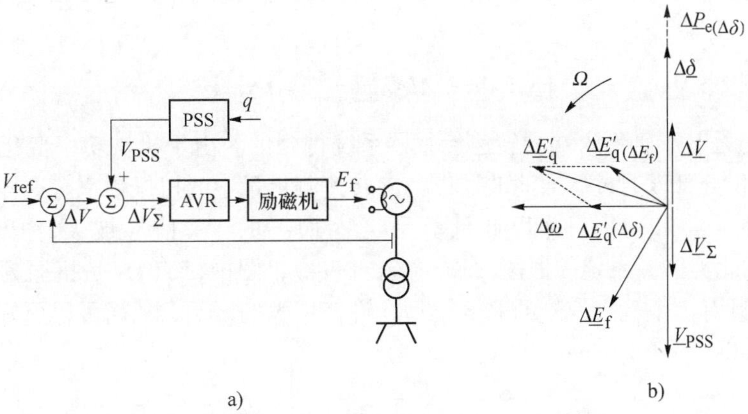

图 10-1　AVR 系统的辅助控制环：a）框图；b）相量图

PSS 的一般性结构如图 10-2 所示，其中，PSS 的输入信号 V_{PSS} 可以从发电机机端测量得到，有多种不同的输入信号。测量到的物理量（有时不止一个）需要通过低通或高通滤波器滤波，滤波后的信号再通过超前或滞后环节以得到所需要的相位移动，最后，信号被放大并通过限幅环节。在进行相位补偿设计时，必须考虑输入信号本身的相位移动与由低通和高通滤波器引入的相位移动。有时候，滤波器被设计成在转子振荡频率处所产生的总相位移为零（Huwei，1992)。PSS 的详细数学模型将在第 11 章 11.2 节进行详细介绍。

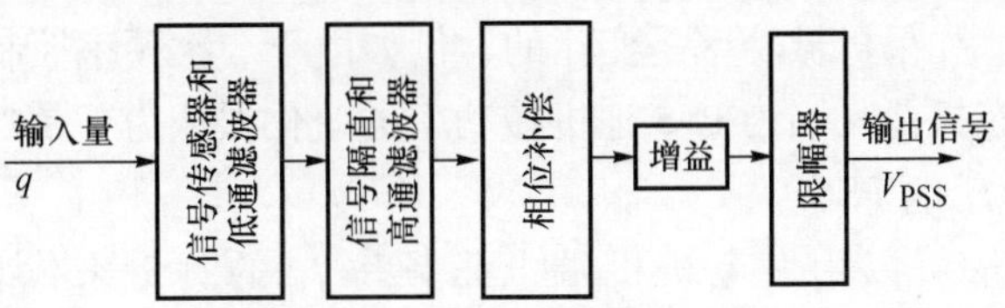

图 10-2　PSS 的主要环节

一般地，用作 PSS 输入信号的测量量有转速偏差、发电机有功功率或发电机机端电压的频率。根据所选取的输入信号的不同，存在多种构造PSS的可能方式。

10.1.1.1 基于$\Delta\omega$的PSS

最古老的PSS类型以发电机轴的转速偏差测量量为输入信号。显然，此信号必须经过处理以除去所有的测量噪声。这种方法的主要问题是，当用于长轴型的涡轮发电机时，由于长轴容易发生扭转振荡，如何在长轴上选取测量点以准确表达转子磁极的转速偏差。对于长轴，有必要沿着长轴的多个点测量转速偏差，然后利用这些信息计算出平均转速偏差。此外，稳定器的增益还受到扭转振荡对PSS影响的限制。这些问题在Watson and Coultes（1973）和Kundur，Lee and Zein El-Din（1981）中有描述。

10.1.1.2 基于$\Delta\omega$和P_e的PSS

通过电气量测量来计算出平均转速偏差，可以避免沿长轴多点测量转速偏差的麻烦。这种方法通过对加速功率进行积分，间接计算等效的转速偏差$\Delta\omega_{eq}$：

$$\Delta\omega_{eq}=\frac{1}{M}\int(\Delta P_m-\Delta P_e)\,dt \tag{10.1}$$

式中，ΔP_e由发电机有功功率测量量P_e计算得到。机械功率改变量ΔP_m的积分由下式计算：

$$\int\Delta P_m dt=M\Delta\omega_{measured}+\int\Delta P_e dt \tag{10.2}$$

式中，$\Delta\omega_{measured}$是基于轴系末端的转速传感器系统得到的。由于机械功率变化相对较慢，上述机械功率的积分可以通过低通滤波器以消除转速测量量中的扭振频率。这样PSS包含2个输入信号：$\Delta\omega_{measured}$和ΔP_e，并以此计算$\Delta\omega_{eq}$。最终的V_{PSS}信号被设计成超前于$\Delta\omega_{eq}$。图10-3给出了此类PSS系统的框图（Kundur，1994），图中，$G(s)$是扭振频率滤波器的传递函数。这种具有2个输入信号的PSS类型允许使用大的增益，从而可以更好地阻尼功率振荡（Lee，Beaulieu and Service，1981）。

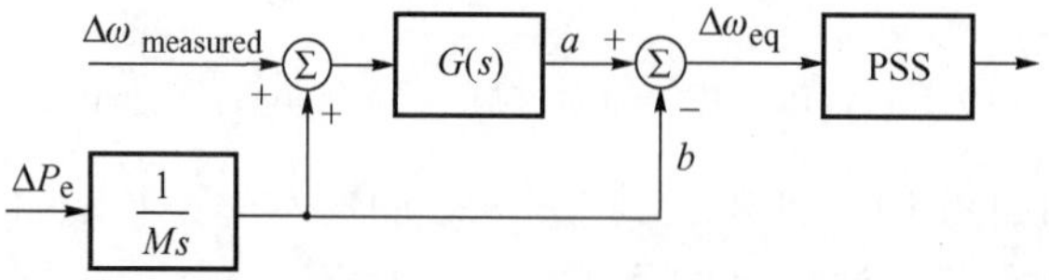

图10-3 采用转速偏差和有功功率作为输入信号的PSS系统框图

10.1.1.3 基于P_e的PSS

通过忽略轴系上的转速测量量，只使用发电机的有功功率测量量P_e，图10-3所示的PSS系统可以进行简化。采用这种简化结构，只需要一个输入信号，但只在假设机械功率为定值的条件下才成立。如果机械功率是变化的，例如由于二次频率控制，这种做法就会产生电压和无功功率的暂态振荡，因为PSS把机械功率的变化误认为了是功率振荡。

10.1.1.4 基于f_{Vg}和$f_{E'}$的PSS

轴系上的转速测量可以用发电机机端电压频率f_{Vg}的测量来代替（Larsen and Swan，1981）。这种做法的缺点是，机端电压波形可能包含诸如电弧炉等工业负荷所产生的噪声。将暂态电抗上的电压降加到发电机的机端电压上，从而得到暂态电动势E'及其频率$f_{E'}$，可以提高上述测量转速信号做法的精度。这样，PSS接收2个信号，发电机的电流和电压。与采用轴系转速偏差测量量的 PSS 类似，此种 PSS 增益也受限于轴系扭转振荡效应。与其他 PSS 类型相比，此种做法的优势是提高了互联电力系统区域间振荡的阻尼。

10.1.1.5　PSS 设计

设计并应用 PSS 并不是一项简单的工作，需要对调节器的结构及其参数进行彻底的分析。设计不当的 PSS 会成为多种不期望的振荡的来源。应当记住的是，图 5-27、图 5-28 和图 10-1 中的相量图只对忽略了所有电阻及就地负荷的单机-无穷大母线系统成立。更详细的分析表明，$\Delta \underline{E}_{\mathrm{f}}$和 $\Delta \underline{E}'_{\mathrm{q}(\Delta E_{\mathrm{f}})}$ 的相位移不是严格的 $\pi/2$，其依赖于负荷和系统参数（De Mellon and Concordia，1969）。这就需要相位补偿与实际的负荷和系统参数有更精确的匹配。

PSS 的参数通常是按照阻尼小扰动功率摇摆进行优化的。然而，设计良好的 PSS 也能提高大扰动情况下的阻尼。为了提高电力系统的首摆暂态稳定性，可以将一个附加控制环加入到 PSS 中，其作用与老式机电型 AVR 系统中的强励类似。此种强励通过短接励磁绕组中的电阻器来实现，从而提升 E_{f} 到其顶值并维持约 0.5s。然后电阻器重新插入，E_{f} 下降。类似的做法被应用于所谓的非连续励磁控制系统中。在 Kundur（1994）描述的做法中，一个附加的元件通过继电器接入，其与 PSS 并列，提供一个信号迫使励磁提升到高值；而当转速偏差的符号改变时（即转子减速），此元件被切除。

在苏联，AVR 中并不使用独立的辅助 PSS 控制环，而是采用包含内部反馈环的多变量 AVR 来实现镇定的功能（Glebov，1970）。

10.1.2　应用于涡轮机调速器的 PSS

由于电力系统中的所有发电机都是通过电力网联接在一起的，其中任意一台发电机上的电压控制会影响到其他所有发电机的动态响应。因此，提高某台发电机阻尼的 PSS 未必会提高其他发电机的阻尼。因此，局部的设计不一定能提供全局的最优方案，需要采用协调和综合的设计。此种协调过程增加了设计的计算量，且通常只对典型的网络结构和负荷水平有效。当发生严重故障时，故障后的网络结构和负荷水平可能与故障前有很大的不同，有可能引发弱阻尼振荡。由于这些因素，兴趣集中到了利用涡轮机调速器来阻尼局部和区域间的振荡。

在涡轮机调速系统中包括 PSS 信号以提高阻尼的想法由来已久。Moussa and Yu（1972）描述了一些针对水轮机的做法。由涡轮机调速器来提供附加阻尼转矩的原理与在励磁系统中增加 PSS 环来提供附加阻尼转矩的原理是类似的。涡轮机调速器中的时间常数在转速偏差振荡 $\Delta\omega$ 与涡轮机机械功率振荡之间引入了一个相位移。由于辅助控制环 PSS 的输入信号是转速偏差 $\Delta\omega$，该 PSS 的传递函数必须按如下方式选择：在转子振荡频率处补偿由涡轮机调速器引入的相位移。这样，PSS 将迫使机械功率的改变量 ΔP_{m} 与 $\Delta\omega$ 同相位，从而根据摇摆方程式（5.15），提供正阻尼。

将 PSS 环应用于涡轮机调速器的主要优势是，涡轮机调速器的动态与系统的其余部分是弱耦合的。这样，PSS 的参数就不依赖于网络的参数。Wang et al.（1993）针对 PSS 应用于汽轮机调速器的电力系统，给出了有趣的仿真结果。尽管实际上此类 PSS 目前并没有得到应用，但未来并不能将此类方案排除掉。

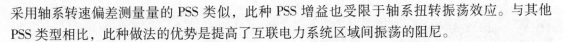

10.2 快关汽门

第 6 章解释了靠近发电机的大扰动（如突然短路）是如何造成发电机输出功率突然跌落并使发电机转子快速加速的。抵消此种电功率跌落的自然手段是快速降低机械功率输入，从而限制加速转矩。此种手段的效果可以采用图 10-4 来解释，图 10-4 给出了应用等面积法则分析图 6-6 所示电力系统在线路 L2 发生故障并切除（不采取自动重合闸）时采用快关汽门的效果。假定图 10-4a 中的加速面积 1-2-3-4 大于可能的最大减速面积 4-5-7，那么当线路被切除时，转子将异步旋转，系统将失稳。现在假定机械功率 P_m 在扰动发生后立刻降低，技术上实现此种机械功率突降的可能性将在后面讨论。图 10-4b 展示了在前摆过程中降低 P_m 可以减少加速面积 1-2-3-4 并将减速面积增大到 4-5-6-6′。系统将保持稳定并具有与面积 6-7-6′成正比的稳定裕度。P_m 减少得越早、越快，系统稳定性提高得越多。

图 10-4c 展示了在回摆过程中情况会有所不同。随着输入机械功率的减小，系统向转子角 δ'回归，而 δ' 比初始转子角小，所做的减速功等于机械功率与输出功率差值的积分。在此阶段，机械功率的进一步降低，如图中实线 6′-8-10 所示，对系统的动态性能具有不利的影响；因为在回摆阶段所做的减速功 6′-6-5-8 只能通过大的加速面积 8-9-10 来平衡，导致转子角趋向于 $-\delta'$，偏差更大。P_m 的减少使得回摆幅度增大。图 10-4c 中的虚线展示了如何在回摆期间增大 P_m 以使回摆幅度减小。这会导致更小的减速面积 6′-6-5-11，其可以由较小的加速面积 11-13-12 来平衡。

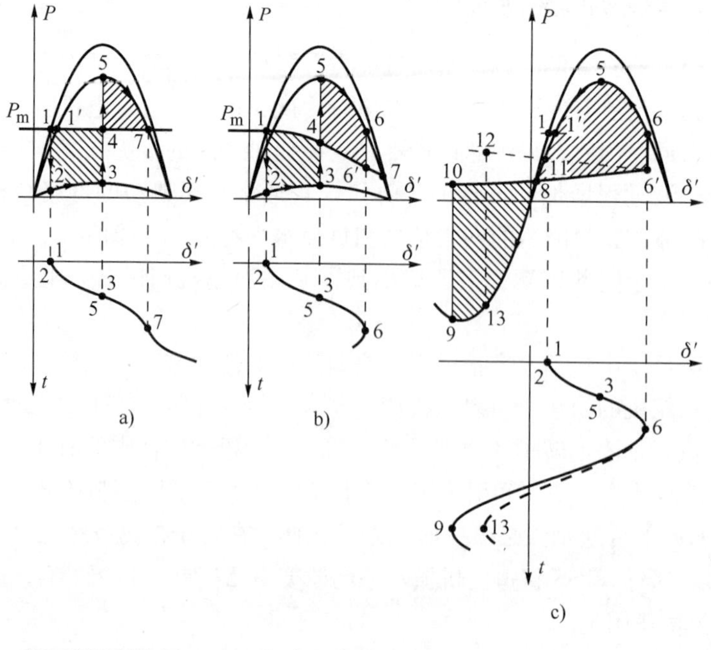

图 10-4　等面积法则应用于：a）恒定机械功率；b）前摆过程中快速降低机械功率；c）回摆期间机械功率的影响

扰动之后，图 10-4c 所示的系统其机械功率恢复到故障前的值。对于运行在接近其静态稳定极限的系统，故障清除有可能导致系统等效电抗增大到对应于其静态不稳定的值，即机械功率大于故障后功率-功角特性曲线的幅值。为了保证此种情况下的静态稳定，有必要降低故障后机械功率的最终值。图 10-5a 对此进行了说明。图中，故障清除后，功率-功角特性曲线位于虚线 P_{m0} 下方，即使故障瞬间被清除，系统也会失去稳定。为了防止此种不稳定性，故障后的最终机械功率值必须降低至 $P_{m\infty}$，如图 10-5b 所示。

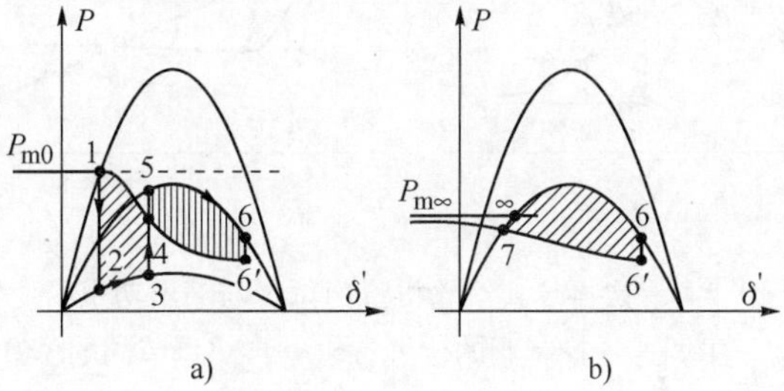

图 10-5　等面积法则应用于机械功率快速变化对运行于接近静态稳定极限的系统的作用：a）前摆过程；b）回摆过程

如图 10-4 和图 10-5 所示的快速机械功率变化需要涡轮机能够非常快速地响应。上述示例表明，涡轮机功率降低须在 1/3 摇摆周期内实现，即在扰动发生后的数百毫秒内实现。将机械功率恢复到故障后要求的值，需在约 1/2 摇摆周期内实现，也就是少于 1s。如此快的控制速度对于水轮机是不可能的，因为移动控制门需要巨大的压力变化和转矩。但是，对于汽轮机这种做法是可行的，因为汽轮机几乎可以按照要求快速响应。涡轮机中产生此种快速响应的控制作用被称为快关汽门。当机械功率恢复到的最终值等于故障前的值时，这种快关方式被称为瞬时性快关汽门。当机械功率的最终值小于故障前的值时，这种快关方式被称为持久性快关汽门。对应于这两种快关汽门方式的功率变化如图 10-6 所示。

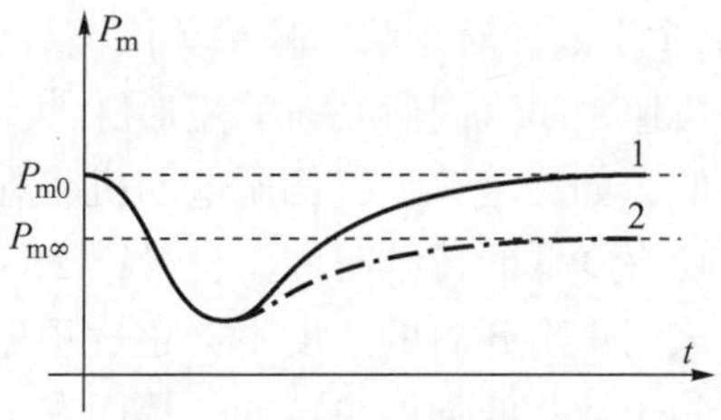

图 10-6　机械功率变化情况

1—瞬时性快关汽门　2—持久性快关汽门

汽轮机的快关汽门不能采用如图 2-12 所示的标准闭环涡轮机调速器来实现，因为此种情况下汽门设定值的改变只在控制器输入中出现转速偏差时才发生。由于涡轮发电机转子的巨大惯性，转速变化很慢，使得以转速为控制变量的闭环系统响应太慢。由于一旦检测到故障就需要控制立刻动作，故通常采用开环控制系统。

在现代汽轮机中，快关汽门是采用既有的控制阀来执行的。例如，考虑如图 2-7 所示的一次再热式汽轮机，快速关闭主调速器控制阀并不能大幅降低汽轮机的功率，因为高压级只产生约 30% 的功率。再热器存储了大量的蒸汽，即使主调速器控制阀关闭，汽轮机仍然能够通过中低压级提供约 70% 的功率。要想大幅度、快速地降低功率，必须关闭再热调节阀，因为是这些调节阀控制了进入中低压级的蒸汽。

如图 10-7a 所示的瞬时性快关汽门，是通过迅速关闭再热调节阀来实现的，维持关闭状态一段时间后再重新打开，使功率恢复到故障前的初始值。在再热调节阀被关闭的短时间里，从锅炉中出来的蒸汽通过高压级并存储在再热器中。

持久性快关汽门是通过快速关闭再热调节阀，然后缓慢地部分关闭主调速器阀来实现的，如图 10-7b 所示。一段短时间后，再热调节阀重新开启。这样就保证了初期机械功率快速降低，之后机械功率恢复到小于故障前的初始值。

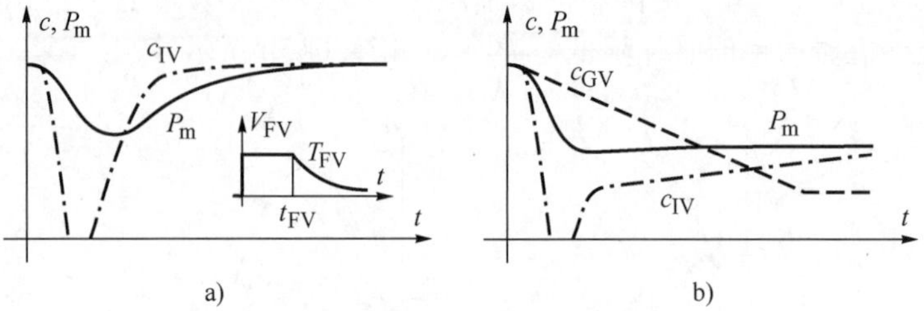

图 10-7　一次再热式汽轮机汽门位置与输出功率的变化
（c_{GV}—主调速器控制阀的位置；c_{IV}—再热调节阀的位置）：
a）瞬时性快关汽门；b）持久性快关汽门

如图 2-12b 所示的装有电液调速系统的现代汽轮机，快关汽门可以通过直接向电液转换器线圈输送一个快关汽门信号 $V_{FV}(t)$ 来实现。此信号是由运行在开环模式下的附加控制器 FV 产生的。对于瞬时性快关汽门，信号 $V_{FV}(t)$ 由两部分组成，如图 10-7a 所示。第一部分是快速关闭汽门所必需的矩形脉冲。矩形脉冲信号的高度决定了施加到转换器线圈上的电压幅值，如果足够大，伺服电动机将在 0.1 ~ 0.4s 内关闭汽门。矩形脉冲信号的宽度 t_{FV} 决定了功率降低的持续时间。信号第二部分是一个以时间常数 T_{FV} 衰减的脉冲，T_{FV} 的选择需要满足汽门重新开启的速度不会超过预先设定的最大值。这个对汽门重新开启的速度限制主要是由转子叶片的强度决定的，从而在重新开启汽门时，通常汽门位置 100% 的变化需要历时不少于 1s 完成。

一般情况下，快关汽门控制器 FV 的控制参数，是在离线模式下通过执行大量的系统仿真计算预先设定好的。仿真计算时考虑了如下因素：

1）故障前的网络结构。

2）故障前的负荷水平。

3）故障的位置，即哪条线路发生故障。

4）用诸如加速功率或电压跌落来度量的故障距离与类型。

5）故障清除是否采用自动重合闸。

对于大量可能的故障场景，都离线准备了一个控制信号。当故障发生时，该控制器被馈入包含上述所有因素的实时信息，使控制器能够从预设的信号集合中选取一个与实际故障条件最匹配的控制策略。

实际上，从提高稳定性的需求角度来看，如图 10-7 所示的功率降低与恢复往往比如图 10-4 所描述的要慢。如果汽门重新开启得太迟，回摆过程会延长并可能导致二摆失稳。当发电机配备有快速 AVR 和 PSS 时，情况可以得到改善，如图 10-8 所说明的。在故障后的数百毫秒内能够实现快速功率降低，从而使转子不失稳，但摇摆超过了功率-功角特性曲线的最高点，表现为功率首摆曲线的两个驼峰（见图 6-9a）。恢复汽轮机的功率需要小几秒时间，这太慢了，从而会引起转子的两次深度回摆，达到了电动机运行的范围（负的电功率）。这些回摆的深度可以通过对励磁电压的快速控制来降低，而励磁电压控制是通过装有

PSS 的 AVR 来实现的。E_f 的平均值降低了，而 P_e 的平均值跟随机械功率 P_m。

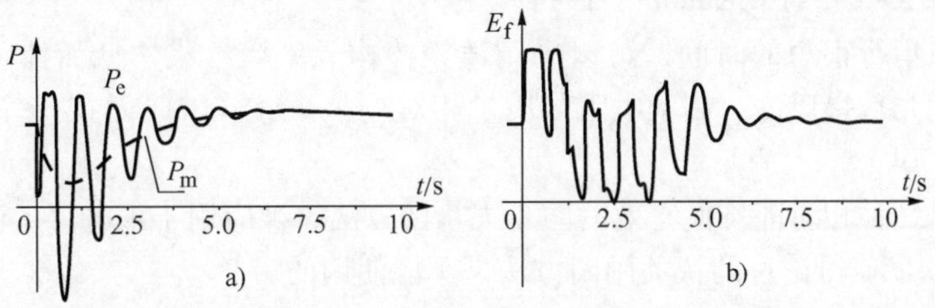

图 10-8　快关汽门和 PSS 对暂态过程的影响［基于 Brown et al.（1970）］：
a）机械功率和电功率的变化；b）励磁电压的变化

虽然采用快关汽门的成本通常不大，但对汽轮机和锅炉的负面影响可能是严重的。一般来说，快关汽门只在 AVR 和 PSS 本身不能防止系统失稳的困难场景下才会使用。

10.3　制动电阻

扰动后能影响转子运动的可能方法之一是在发电机或变电站端口接入制动电阻（BR），此种方法相当于对加速运动的转子进行电气制动。

制动电阻既可以采用机械断路器投入，也可以用 FACTS 装置进行控制，前者将在本节介绍，后者将在 10.5 节介绍。

将制动电阻投入到单机-无穷大母线系统的作用可以用图 10-9 来说明。为简化分析，与图 6-1 类似，假定一个短路故障发生在放射形网络上，在假定的故障持续时间和系统负荷水平下，没有制动电阻系统会失稳。这个结果前面已在图 6-2b 中给出，现重新画在图 10-9b 中。

除了并联电阻外其他条件都与图 6-1 相同的情况下，可以证明：制动电阻的投入，使得功率-功角特性曲线 $P(\delta')$ 的幅值增大，并且与 δ'轴的交点左移。图 10-9 中，制动电阻投入后的功率-功角特性曲线用虚线表示。

制动电阻的投入信号是从输电线路的保护装置中获得的。此保护装置同时发出切除故障线路信号和闭合制动电阻断路器信号。在图 10-9c 所示的特性曲线中，制动电阻是在故障线路切除的瞬间投入的，此时电功率对应于点 5。在点 5 处，有制动电阻时的发电机功率比无制动电阻时大（见图 10-9b）。转子摇摆到点 6，使面积 4-5-6-6′与面积 1-2-3-4 相等。现在系统是稳定的，其稳定裕度与面积 6′-6-8 相对应。

在转子回摆期间继续接入制动电阻是不合适的，因为转子将做大量的减速功，向着电动机运行的方向进一步摇摆。为了避免这种情况发生，制动电阻必须在转子转速偏差从正变负时切除。对于所讨论的例子（见图 10-9c），制动电阻在点 6 处被切除。制动电阻切除后，系统沿着无制动电阻的功率-功角特性曲线运动到点 9，然后做减速功回到平衡点，减速面积是 9-1-6′。

在转子第二轮摇摆期间，当转速偏差再次变正时，制动电阻可以被再次接入。这种类型的控制是砰-砰型的，当转速偏差为正时投入制动电阻，转速偏差为负时切除制动电阻。为了避免断路器的过度磨损，通常故障后制动电阻的投入次数最多为 2 ~ 3 次。如果无法测量转子的转速偏差，可以采用一种更简单的控制策略：一次性投入制动电阻并维持一段预先设定的时间（约 0.3 ~ 0.5s）（Kundur，1994）。

制动电阻只运行很短的时间，可以采用铸铁棒构成铁塔，成本低而体积小，承受热量强，可以加热到几百摄氏度。制动电阻的质量相对较小，每 100MW 的功率消耗需要的制动电阻重量约为 150kg。

制动电阻是一种相对廉价而有效的防止失步的方法，被应用于水电厂。由于水电厂的控制闸门太大，10.2 节讨论过的快关闸门方法是不能使用的。

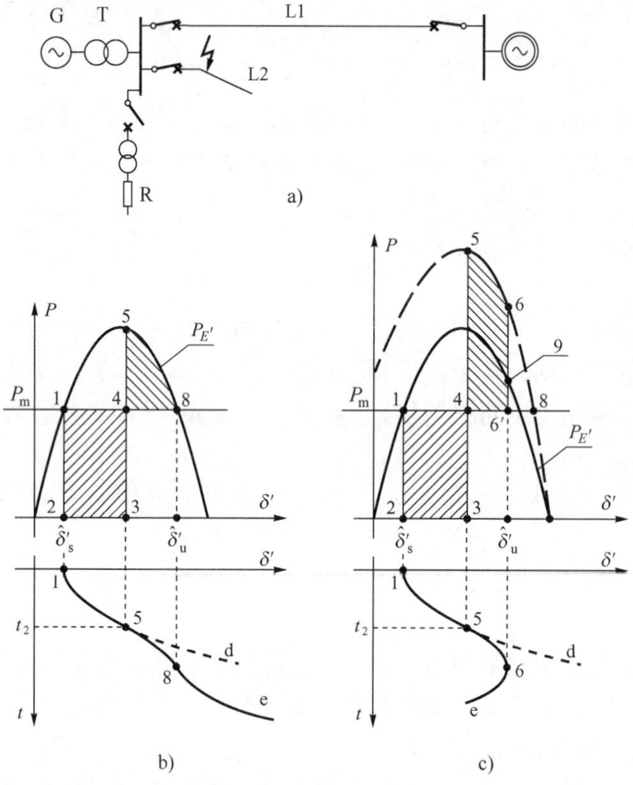

图 10-9　制动电阻的作用：a）电路图；b）无制动电阻；c）有制动电阻

10.4　切机

从并联在相同母线上一起运行的发电机群中切除一台或多台发电机，也许是最简单也是最有效的快速改变发电机转子转矩平衡的措施。历史上，切机只限于在水电厂使用，因为水电厂的闸门是不能快速关闭的；然而现在，很多电力公司将切机扩展应用到火电机组和核电机组，试图防止严重扰动后的系统失稳。

当一台发电机被切除后，通常需要经历标准的关机-开机循环，这个过程可能花费数小时。为了避免这个冗长的过程，发电机通常只是与电网断开，但仍然为厂用辅助设备供电。这种做法可以使发电机在几分钟内重新并入电网并满载或部分负载运行。

切机的主要缺点是造成了长时间的功率不平衡，引起如第 9 章所描述的频率和互联系统联络线交换功率变化。此外，切机导致作用在转子上的电磁转矩突然增大，会缩短发电机轴系的疲劳寿命。尽管两台或多台发电机在同一时刻被切除的可能性不大，但如果发生的话，剩下的发电机轴系上的负载情况就会变得非常严峻。

切机可以分为两类：预防性切机和恢复性切机。预防性切机指的是切机与故障清除是相协调的，其目标是确保剩下的发电机能够保持同步运行。恢复性切机指的是从已经失步的发电机群中切除一台或多台机组，其目标是使剩下的发电机组更容易再同步。

10.4.1　预防性切机

预防性切机如图 10-10 所示。本例中，假定 2 台发电机是完全相同的，因为它们并联在同一条母线上，所以可以用一台等效发电机来表示。这意味着等效发电机的电抗是每台发电机电抗的一半，而输入功率是每台发电机的两倍。将故障前、故障中和故障后的发电机功率-功角特性曲线分别标记为Ⅰ、Ⅱ和Ⅲ。在不切机情况下，如图 10-10b 所示，加速面积 1-2-3-4 大于可得到的减速面积 4-5-6，系统是不稳定的，两台机都失步。第二种情况如图 10-10c 所示，其中一台发电机在故障被清除时刻也被切除。故障后的功率-功角特性曲线Ⅲ 的幅值将比图 10-10b 中的小，因为切除一台发电机增大了系统的等效电抗。但是，一台机的机械功率是等效机机械功率的一半，因此与一台机对应的加速面积是图 10-10b 所示加速面积 1-2-3-4 的一半。现在转子在点 6 处达到同步转速（即转速偏差等于零），此时面积 8-5-6-7 是面积 1-2-3-4 的一半。系统保持稳定且具有稳定裕度面积 6-9-7。经过多次转子的深度摇摆，系统到达新的稳定平衡点∞，其对应于功率-功角特性曲线Ⅲ与机械功率 P_m 的交点。本例中，以切除一台发电机为代价，保证了另一台发电机能与系统同步。

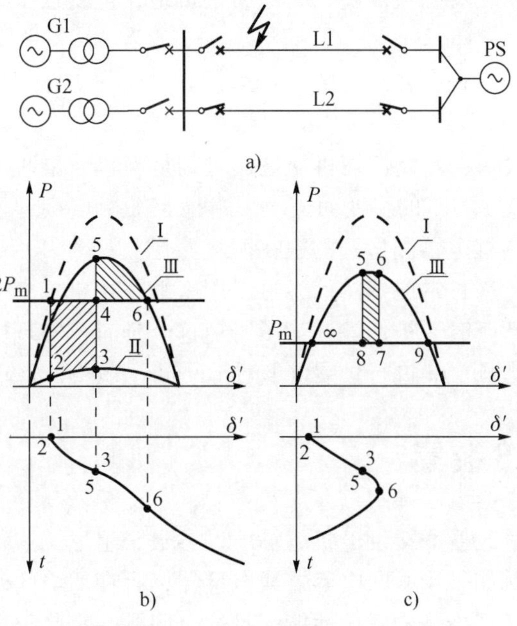

图 10-10　切机图解：

a）系统接线图；b）不切机时的加速和减速面积；c）切一台机时的减速面积

由于切机的目标是保证同一母线上并联运行的数台机组的稳定性，因此切除一台机也许是不够的，而需要切除多台机。必须切除的发电机台数决定于多个因素，包括故障前的负荷水平，故障的类型与位置，以及故障清除的时间等。实施切机的控制系统必须能够考虑所有这些因素，以在切除最少机组的条件下防止异步运行。

笼统地说，有两种类型的控制系统能够实现上述目标。第一种类型与前一节描述的选择快关汽门控制信号的控制系统类似。此种控制系统的核心是，基于详细的系统稳定性分析，在离线模式下预先设计好控制逻辑。与快关汽门的控制系统一样，该控制系统获取故障的实时信息，根据这些信息确定要切除的机组台数。由于预先设计的控制逻辑不能保证对实际故障情况的估计总是精确的，过分悲观的估计往往导致过多的发电机被切除。这是预防性切机的主要不足。

第二种类型的控制系统更加复杂，它基于微型计算机系统的实时仿真结果（Kumano et al.，1994）。简单地说，这个系统由一定数量的连接在快速远程通信网络上的微型计算机组成。每个微型计算机获取发电厂实时测量信息和扰动信息，然后微型计算机以超实时的速度进行动态仿真，以预测系统是否失稳以及为保持系统稳定所需的最小切机量。

10.4.2 恢复性切机

如前所述，预防性切机可能会考虑得过分悲观而切除过多机组，采用超实时仿真的更复杂的控制方案非常新且价格昂贵。一种替代的方案是采用恢复性切机，并利用来自失步继电器的信号，如6.6.3节所描述的。当并联运行于同一条母线的发电机群失去同步时，切除其中一台发电机，可以使剩下的发电机能更容易地恢复同步。然而，如果在设定的异步旋转次数后再同步仍然没有成功，群中就需要再切除一台机组，重复这个过程，直到再同步成功实现为止。

恢复性切机的主要缺点是存在短时的异步运行。对比预防性切机，其主要优点是绝对不会切除过多的机组。

仔细研究图6-30a表明，恢复性切机的最佳时刻是当转子角通过不稳定平衡点，点6后的大加速面积（阴影）通过 P_m 的突变而减小。不稳定平衡点接近于 $\pi/2$，因而当系统运行轨迹通过该点时，由失步继电器测量到的视在阻抗穿越如图6-40所示的透镜状或偏移的继电器阻抗特性曲线。因此来自继电器的信号可以用来触发切机。由于断路器有一定的动作时间，因而发电机经过短暂延时后被切除。为了避免这个延时，实现更快的切机，继电器可以通过测量视在电阻的导数 dR/dt 进行扩展（Taylor et al.，1983；Taylor，1986）。

10.5 并联FACTS装置

功率摇摆也可以通过改变联接发电机的输电网参数来阻尼。这种参数改变可以通过采用附加网络元件来实现，例如采用并联电容器或电抗器，且在适当的时刻投入或切除。通过正确控制投切的时刻可以实现最优的系统性能，且这个问题一直是很多出版物的主题。本节的目的不是介绍此种控制方案，而是解释合适的投切策略是如何强制阻尼功率摇摆以及何种控制信号可以用来实现投切时序。下面的讨论基于文献 Machowski and Nelles（1992a，1992b，1993，1994）和 Machowski and Bialek（2008）。

10.5.1　功率-功角特性曲线

图 10-11 展示了一个并联元件接入到输电线路上某点的情形。发电机采用暂态电抗后恒定电势 $E_g = E'$ = 恒定值模型和摇摆方程模型（经典模型）。并联元件采用导纳 $\underline{Y}_{sh} = G_{sh} + jB_{sh}$ 来表示。根据所使用的并联元件类型，导纳值是根据该并联元件的电流或功率以及实际电压值 V_{sh} 计算出来的。例如，对于超导磁储能系统（SMES）和蓄电池储能系统（BESS），导纳是根据 $\underline{Y}_{sh} = G_{sh} + jB_{sh} = \underline{S}_{sh}^*/V_{sh}^2$ 计算出来的。类似地，与式（2.9）的情况一样，必须满足以下的约束条件：

$$[G_{sh}(t)]^2 + [B_{sh}(t)]^2 \leqslant |Y_{max}|^2 \quad 其中 \quad |\underline{Y}_{max}| = \frac{|\underline{S}_{max}|}{|\underline{V}_{sh}|^2} \tag{10.3}$$

显然对于 SVC 和 STATCOM，有功功率为零，故 $G_{sh}(t) = 0$。对于制动电阻，无功功率为零，故 $B_{sh}(t) = 0$。为了强调导纳并不是恒定值，故用时间函数标记 $\underline{Y}_{sh}(t) = G_{sh}(t) + jB_{sh}(t)$。

并联元件左边的电抗（包括发电机暂态电抗）用 X_g 来表示，右边的电抗（包括系统电抗）用 X_s 来表示。

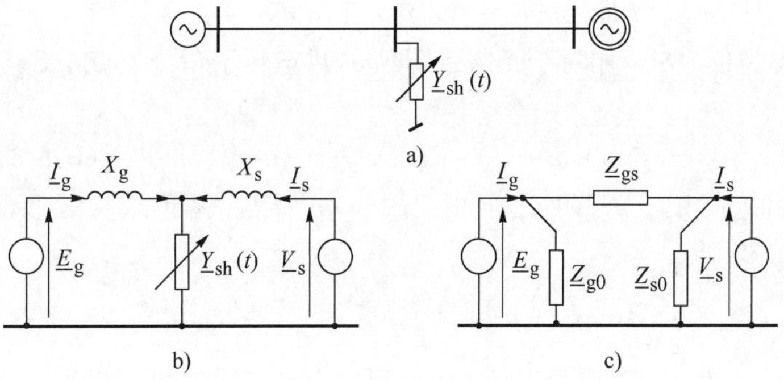

图 10-11　具有并联元件的单机-无穷大母线系统及其等效电路

利用Y-△变换，可以得到一个 π 形等效电路，如果并联元件的导纳 $\underline{Y}_{sh} = G_{sh} + jB_{sh}$ 包含有非零的电导，则 π 形等效电路的等效串联支路中包含有一个电阻。所得到的 π 形等效电路参数为

$$\underline{Z}_{gs} = (X_g + X_s)[-X_{SHC}G_{sh} + j(1 - X_{SHC}B_{sh})]$$

$$\tan\mu_{gs} = \frac{\mathrm{Re}\,\underline{Z}_{gs}}{\mathrm{Im}\,\underline{Z}_{gs}} = -\frac{X_{SHC}G_{sh}}{1 - X_{SHC}B_{sh}}$$

$$\underline{Y}_{g0} = \frac{1}{\underline{Z}_{g0}} = \frac{1}{X_g}\frac{X_{SHC}G_{sh} + jX_{SHC}B_{sh}}{(1 - X_{SHC}B_{sh}) + jX_{SHC}G_{sh}} \tag{10.4}$$

式中，$X_{SHC} = X_g X_s/(X_g + X_s)$，是从并联元件接入点看出去的系统短路电抗。通常，短路功率 $S_{SHC} = V_n^2/X_{SHC}$ 介于几千至 20000MVA 之间，而并联元件的额定功率 $P_{n\,sh} = G_{sh}V_n^2$ 和 $Q_{n\,sh} = B_{sh}V_n^2$ 往往小于 100MVA。因此，$P_{n\,sh}$ 和 $Q_{n\,sh}$ 至多不到 S_{SHC} 的 1/10，故可以安全地假定：

$$X_{SHC}G_{sh} \ll 1, \quad X_{SCH}B_{sh} \ll 1 \tag{10.5}$$

当实数 $\alpha \ll 1$ 时，以下等式具有很好的精确度：

$$\frac{1}{1-\alpha} \cong 1 + \alpha \quad 和 \quad \frac{1}{1+\alpha} \cong 1 - \alpha \tag{10.6}$$

综合利用式（10.5）和式（10.6），式（10.4）可以简化为

$$\underline{Y}_{gs}=G_{gs}+jB_{gs}=\frac{1}{\underline{Z}_{gs}}\cong\frac{1}{X_g+X_s}[-X_{SHC}G_{sh}-j(1+X_{SHC}B_{sh})] \tag{10.7}$$

$$Y_{gs}\cong\frac{1}{X_g+X_s}(1+X_{SHC}B_{sh}) \tag{10.8}$$

$$\tan\mu_{gs}\cong-X_{SHC}G_{sh}(1+X_{SHC}B_{sh})=-X_{SHC}G_{sh} \tag{10.9}$$

$$\underline{Y}_{g0}=G_{g0}+jB_{g0}\cong\frac{1}{X_g}(X_{SHC}G_{sh}+jX_{SHC}B_{sh}) \tag{10.10}$$

$$G_{gg}=G_{g0}+G_{gs}\cong\frac{1}{X_g+X_s}\frac{X_s}{X_g}X_{SHC}G_{sh} \tag{10.11}$$

勤奋的读者也许会对式（10.7）中的加号感到吃惊，但它是正确的，是由于使用了式（10.6）的小值近似式所致。利用这些导出的参数，并将式（3.150）给出的通用公式[⊖]应用于图10-11c中的π形等效电路，可以得到发电机的有功功率：

$$P(\delta')=G_{g0}E_g^2+Y_{gs}E_gV_s\sin(\delta'-\mu_{gs}) \tag{10.12}$$

式中，$E_g=E'=$恒定值，δ'是相对于无穷大母线的暂态转子角（功角）。其中的正弦函数可以表示为

$$\sin(\delta'-\mu_{gs})=\sin\delta'\cos\mu_{gs}-\cos\delta'\sin\mu_{gs}=\cos\mu_{gs}(\sin\delta'-\tan\mu_{gs}\cos\delta') \tag{10.13}$$

根据式（10.5）和式（10.9），角μ_{gs}很小，故$\cos\mu_{gs}\approx1$。基于这种近似，并把式（10.9）代入式（10.13），得到

$$\sin(\delta'-\mu_{gs})\cong\sin\delta'-X_{SHC}G_{sh}\cos\delta' \tag{10.14}$$

把式（10.14）、式（10.8）和式（10.10）一起代入式（10.12），得到

$$P(\delta')\cong b\sin\delta'+b(\xi+\cos\delta')X_{SHC}G_{sh}+(b\sin\delta')X_{SHC}B_{sh} \tag{10.15}$$

式中，$b=E_gV_s/(X_g+X_s)$，$\xi=(E_g/V_s)/(X_s/X_g)$。对式（10.15）进行仔细检查发现，系数b是无并联元件时的功率-功角特性曲线幅值，而系数ξ由并联元件接入点的位置决定。当并联元件断开时，式（10.15）定义的特性曲线就是式（5.40）定义的暂态功率-功角特性曲线。

图10-12展示了G_{sh}和B_{sh}对暂态功率-功角特性曲线的影响。投入纯电阻性的并联元件，即$G_{sh}\neq0$，$B_{sh}=0$，会使功率-功角特性曲线左移或者右移角度μ_{gs}，决定于G_{sh}的符号，如图10-12a所示，这个结论也可以从式（10.12）中清楚地看出。图10-12b展示了投入纯电抗性并联元件，即$G_{sh}=0$，$B_{sh}\neq0$，是如何使功率-功角特性曲线的幅值增大$X_{SHC}B_{sh}$的。

进一步检查图10-12可以发现，G_{sh}的主要影响是在δ'值较小的时候，在功率-功角特性曲线到达峰值前；对于大值的δ'和功率-功角特性曲线过了峰值后，G_{sh}的影响就微不足道了。相反，B_{sh}的影响主要是在大值δ'范围，在接近功率-功角特性曲线的峰值附近。

⊖ 式（3.150）使用$\theta=\arg(\underline{Y})$，但这里使用$\mu=\pi/2-\theta$更方便。——原书注

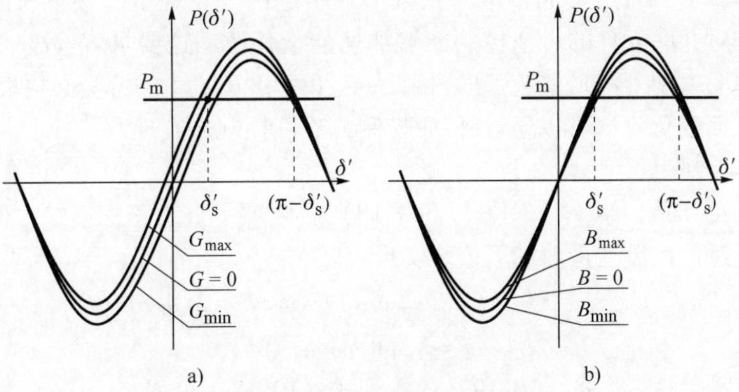

图 10-12 并联元件对功率-功角特性曲线的影响：
a）纯电导 G_{sh}；b）纯电纳 B_{sh}

10.5.2 状态变量控制

由于并联元件影响功率-功角特性曲线的形状，故可以用来阻尼转子的摇摆，其控制方式既可以是在合适时刻的投切操作（砰-砰控制），也可以是适当的连续控制（只要并联元件可以连续控制）。用于控制并联元件的方法被称为控制策略。利用系统状态变量实现控制的方法被称为状态变量控制。

将式（10.15）中的发电机有功功率代入摇摆方程式（5.15），可以得到系统状态方程：

$$\frac{\mathrm{d}\delta'}{\mathrm{d}t} = \Delta\omega$$

$$M\frac{\mathrm{d}\Delta\omega}{\mathrm{d}t} = (P_{\mathrm{m}} - b\sin\delta') - D\frac{\mathrm{d}\delta'}{\mathrm{d}t} - b(\xi + \cos\delta')X_{\mathrm{SHC}}G_{\mathrm{sh}}(t) - (b\sin\delta')X_{\mathrm{SHC}}B_{\mathrm{sh}}(t) \quad (10.16)$$

第 2 个方程中的最后两项取决于受控并联元件的电导和电纳，这 2 个参数都用时间函数表示以强调它们是随时间变化的控制变量。

10.5.2.1 能量耗散

为了导出所需要的控制策略，将使用第 6 章 6.3 节描述过的能量方法。当电力系统发生扰动时，存储在发电机和负荷旋转质量块中的部分动能被释放出来，经历从动能到势能的振荡转换，并在后续的转子摇摆过程中重复。振荡过程一直持续到阻尼转矩耗尽所有释放出来的能量，并且系统运行轨迹回到平衡点为止。控制 $G_{\mathrm{sh}}(t)$ 和 $B_{\mathrm{sh}}(t)$ 的目标是使能量耗散的速度最大化。这可以通过在微分方程式（10.16）的轨迹上最大化系统总能量对时间的导数来实现。

单机-无穷大母线系统的总能量 $V = E_{\mathrm{k}} + E_{\mathrm{p}}$ 由式（6.18）确定。能量变化的速度是

$$\frac{\mathrm{d}V}{\mathrm{d}t} = \frac{\partial V}{\partial\delta'}\frac{\mathrm{d}\delta'}{\mathrm{d}t} + \frac{\partial V}{\partial\Delta\omega}\frac{\mathrm{d}\Delta\omega}{\mathrm{d}t} \quad (10.17)$$

偏导数$\frac{\partial V}{\partial\delta'}$和$\frac{\partial V}{\partial\Delta\omega}$可通过对式（6.18）中的总能量求微分得到。常规的时间导数$\frac{\mathrm{d}\delta'}{\mathrm{d}t}$和$\frac{\mathrm{d}\Delta\omega}{\mathrm{d}t}$可以用式（10.16）代入，从而得到

$$\frac{\mathrm{d}V}{\mathrm{d}t} = -\left[D\Delta\omega^2 + \Delta\omega b(\xi + \cos\delta')X_{\mathrm{SHC}}G_{\mathrm{sh}}(t) + \Delta\omega(b\sin\delta')X_{\mathrm{SHC}}B_{\mathrm{sh}}(t)\right] \quad (10.18)$$

式中，第一项对应于由自然阻尼转矩（系数 D）引起的能量耗散，接下来的两项则是由并联元件引起的。对并联元件的合适控制能够加速能量耗散。这要求 $G_{sh}(t)$ 和 $B_{sh}(t)$ 的变化能保证式（10.18）的后两项总是为正。因此，$G_{sh}(t)$ 和 $B_{sh}(t)$ 的符号必须根据状态变量 $\Delta\omega$ 和 δ' 的符号变化而变化。这可以通过砰-砰控制或连续控制来实现。

10.5.2.2 连续控制

连续控制的目标是，第一，确保式（10.18）后两项一直为正；第二，使这两项之和最大化。这可以通过使控制变量取如下值来实现：

$$\begin{aligned} G_{sh}(t) &= K\Delta\omega[b(\xi+\cos\delta')]X_{SHC} \\ B_{sh}(t) &= K\Delta\omega[b\sin\delta']X_{SHC} \end{aligned} \tag{10.19}$$

式中，K 为控制器增益。将式（10.19）代入到式（10.18）可得

$$\frac{dV}{dt} = -D\Delta\omega^2 - D_{sh}\Delta\omega^2 \tag{10.20}$$

式中，

$$D_{sh} = K\{[b(\xi+\cos\delta')]^2 + (b\sin\delta')^2\}X_{SHC}^2 \tag{10.21}$$

是由并联元件控制引入的等效阻尼系数。对于式（10.19）的控制策略，摇摆方程式变为

$$\begin{aligned} \frac{d\delta'}{dt} &= \Delta\omega \\ M\frac{d\Delta\omega}{dt} &= (P_m - b\sin\delta') - D\frac{d\delta'}{dt} - D_{sh}\frac{d\delta'}{dt} \end{aligned} \tag{10.22}$$

在式（10.19）的第一个方程中，表达式（$\xi+\cos\delta'$）在 $\delta'(-\pi/2<\delta'<\pi/2)$ 的很大范围内均为正，从而 $G_{sh}(t)$ 的符号与转子转速偏差 $\Delta\omega$ 的符号同时变号。另一方面，$B_{sh}(t)$ 的符号由 $\Delta\omega$ 和 $\sin\delta'$ 两项决定，当 δ' 过零点时总变号。

图10-13给出了为产生正阻尼，$G_{sh}(t)$ 和 $B_{sh}(t)$ 沿着系统运行点轨迹必须发生的符号改变。每当系统运行点轨迹越过横轴时，$\Delta\omega$ 改变符号，这会引起 $G_{sh}(t)$ 和 $B_{sh}(t)$ 也随之改变符号。这些改变符号的点已经用小方块标注在系统运行点轨迹上。每当系统运行点轨迹越过垂直轴时，δ' 改变符号，此时只有 $B_{sh}(t)$ 的符号随之改变，这些改变符号的点已经用小实心圆标注在系统运行点轨迹上。

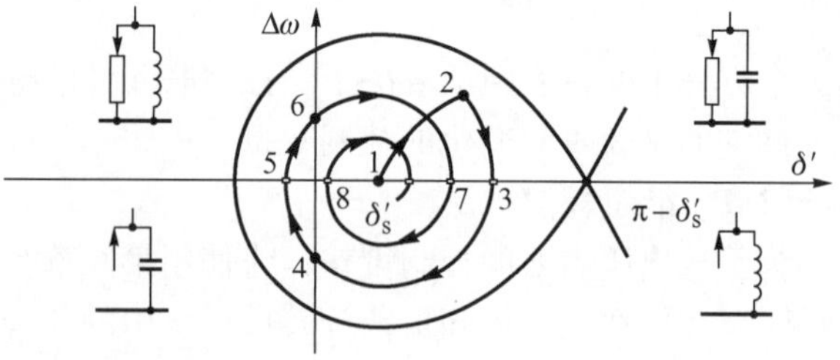

图10-13 系统运行点轨迹的稳定域

在图10-13中，并联元件的特征状态已经在相平面的每个象限中用图形标出。负电纳用线圈符号标出，正电纳用电容符号标出，正电导用电阻符号标出，而负电导（即有功电源）用箭头表示。显然，这是与并联元件可以在复功率平面的四象限内调节功率的一般性情形相对应的。

10.5.2.3 砰-砰控制

术语砰-砰控制指的是这样的控制模式，并联元件在合适的时刻被投入或者被切除。这种类型的控制通常用于参数不能平滑调节的并联元件。投入或切除操作发生在系统运行点轨

迹穿越相平面轴进入下一个象限的时刻，如图 10-13 所示。

从式（10.19）可导出如下的砰-砰控制策略：

$$G_{sh}(t)=\begin{cases}G_{max} & 对于 \quad [b(\xi+\cos\delta')\Delta\omega]\geqslant+\varepsilon\\ 0 & 对于 +\varepsilon>[b(\xi+\cos\delta')\Delta\omega]>-\varepsilon\\ G_{min} & 对于 \quad [b(\xi+\cos\delta')\Delta\omega]\leqslant-\varepsilon\end{cases} \tag{10.23}$$

$$B_{sh}(t)=\begin{cases}B_{max} & 对于 \quad [\Delta\omega(b\sin\delta')]\geqslant+\varepsilon\\ 0 & 对于 +\varepsilon<[\Delta\omega(b\sin\delta')]>-\varepsilon\\ B_{min} & 对于 \quad [\Delta\omega(b\sin\delta')]\leqslant-\varepsilon\end{cases} \tag{10.24}$$

式中，G_{max} 和 B_{max} 是元件参数最大值，G_{min} 和 B_{min} 是元件参数最小值。如果元件参数不能为负，则其最小值为零；ε 是一个小的正数，确定了控制变量置零的死区的范围（$\pm\varepsilon$）。为了避免小信号时控制器的不稳定运行，设置死区是很有必要的。

由于在 δ' 的很大范围内 $(\xi+\cos\delta')>0$，电导 $G_{sh}(t)$ 的控制策略可以简化为

$$G_{sh}(t)=\begin{cases}G_{max} & 对于 \quad \Delta\omega\geqslant+\varepsilon\\ 0 & 对于 +\varepsilon>\Delta\omega>-\varepsilon\\ G_{min} & 对于 \quad \Delta\omega\leqslant-\varepsilon\end{cases} \tag{10.25}$$

也就是电导的投切操作由转速偏差的符号改变触发。

10.5.2.4　用等面积法则解释并联元件的控制策略

由于能量方法直接与等面积法则（见 6.3.4 节）相关，以上导出的控制策略也能用等面积法则进行有价值的解释。

图 10-14 展示了在每一次转子前摆过程中，砰-砰控制策略是如何扩大可得到的减速面积并减小加速面积的；而在转子回摆过程中，砰-砰控制策略是如何减小减速面积并扩大可得到的加速面积的。故障前的初始状态是点 1。故障导致系统电功率下降到与点 2 对应的值，转子加速，转子角增大，直到在点 3 处故障被清除，形成的第 1 个加速面积 1-2-3-4。故障清除后，$\Delta\omega$ 和 δ' 为正，因此 G_{max} 和 B_{max} 被投入，电功率沿着较高的那条 $P(\delta')$ 曲线变化。由于最大可得到的减速面积是 4-5-6-7，因此发电机能够保持稳定且具有与面积 6-7-8 成正比的稳定裕度。在点 6 处转速偏差变号，并联导纳值切换到 G_{min} 和 B_{min}，电功率按照较低的那条 $P(\delta')$ 曲线变化。这样就在回摆过程中减小了减速面积并扩大了加速面积，从而使回摆的幅度变小。如此不断循环，有助于阻尼转子后续的摇摆。

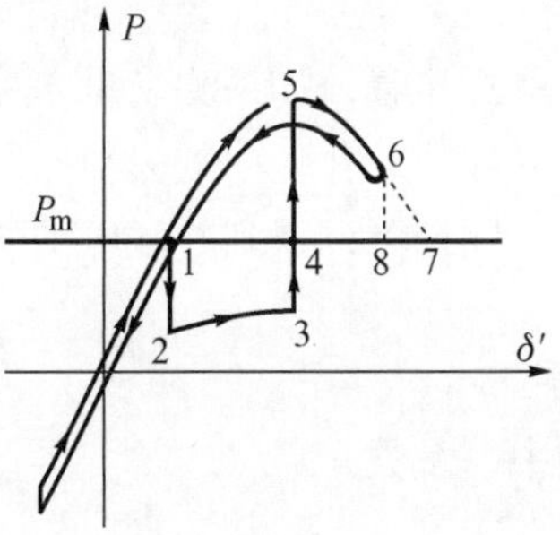

图 10-14　用等面积法则解释并联元件的控制策略

10.5.3　基于就地测量量的控制

式（10.19）给出的控制策略是基于状态变量 $\Delta\omega$ 和 δ' 的。由于在并联元件母线上通常不能得到这些物理量，因此上述控制的实际实现方法必须基于就地可测量的其他信号。此种基于就地信号的控制对状态变量控制进行模仿的精确程度，取决于所选择的测量量以及控制器的结构。

10.5.3.1 就地测量量的动态性能

令 q_G 和 q_B 是作为并联元件控制器输入信号的2种物理量。在由式（10.19）给出的控制策略中，并联元件导纳取决于转子转速偏差 $\Delta\omega$。如果假定暂态电动势模值恒定不变（经典模型），任何电气量 q_G 关于时间的导数可表示为

$$\frac{\mathrm{d}q_G}{\mathrm{d}t}=\frac{\partial q_G}{\partial \delta'}\Delta\omega+\alpha_{GG}\frac{\mathrm{d}G_{sh}}{\mathrm{d}t}+\alpha_{GB}\frac{\mathrm{d}B_{sh}}{\mathrm{d}t} \tag{10.26}$$

式中，系数

$$\alpha_{GG}=\frac{\partial q_G}{\partial G_{sh}},\qquad \alpha_{GB}=\frac{\partial q_G}{\partial B_{sh}} \tag{10.27}$$

决定了 q_G 对控制变量 $G_{sh}(t)$ 和 $B_{sh}(t)$ 变化的灵敏度。式（10.26）可以写成

$$\Delta\omega\frac{\partial q_G}{\partial \delta'}=\frac{\mathrm{d}q_G}{\mathrm{d}t}-\alpha_{GG}\frac{\mathrm{d}G_{sh}}{\mathrm{d}t}-\alpha_{GB}\frac{\mathrm{d}B_{sh}}{\mathrm{d}t} \tag{10.28}$$

如果灵敏度系数 α_{GG} 和 α_{GB} 是已知的，则式（10.28）的右边是可以实时计算的，其结果可用来确定一个与转子转速偏差成正比的信号，进而控制 $G_{sh}(t)$。将式（10.19）第一个方程的右边与式（10.28）的左边进行对比表明，在如下条件下从式（10.28）得到的信号与状态变量控制信号完全一样：

$$\frac{\partial q_G}{\partial \delta'}=[b(\xi+\cos\delta')]X_{SHC} \tag{10.29}$$

将式（10.28）代入到式（10.19）第一个方程的右边，就得到如下的控制律：

$$G_{sh}(t)=K\left[\frac{\mathrm{d}q_G}{\mathrm{d}t}-\alpha_{GG}\frac{\mathrm{d}G_{sh}}{\mathrm{d}t}-\alpha_{GB}\frac{\mathrm{d}B_{sh}}{\mathrm{d}t}\right] \tag{10.30}$$

这就意味着，如果测量量 q_G 满足式（10.29）的条件，那么调制控制器只要对 q_G 求关于时间的导数，并从中减去与控制变量 $G_{sh}(t)$ 和 $B_{sh}(t)$ 的变化率成正比的2个量就可以了。

同理可以得到并联电纳的控制律为

$$B_{sh}(t)=K\left[\frac{\mathrm{d}q_B}{\mathrm{d}t}-\alpha_{BG}\frac{\mathrm{d}G_{sh}}{\mathrm{d}t}-\alpha_{BB}\frac{\mathrm{d}B_{sh}}{\mathrm{d}t}\right] \tag{10.31}$$

式中，系数

$$\alpha_{BG}=\frac{\partial q_B}{\partial G_{sh}},\quad \alpha_{BB}=\frac{\partial q_B}{\partial B_{sh}} \tag{10.32}$$

决定 q_B 对控制变量 $G_{sh}(t)$ 和 $B_{sh}(t)$ 变化的灵敏度。与式（10.19）的第二个方程进行对比表明，输入变量 q_B 应当满足如下条件：

$$\frac{\partial q_B}{\partial \delta'}=[b\sin\delta']X_{SHC} \tag{10.33}$$

现在剩下的是确定哪些就地测量量 q_G 和 q_B 能满足式（10.29）和式（10.33）的条件。

10.5.3.2 基于电压的量

图10-11中从电网流入并联元件的电流为

$$\underline{I}_{sh}=\underline{V}_{sh}\underline{Y}_{sh}=\frac{\underline{E}_g-\underline{V}_{sh}}{\mathrm{j}X_g}+\frac{\underline{V}_s-\underline{V}_{sh}}{\mathrm{j}X_s} \tag{10.34}$$

式中，$\underline{Y}_{sh}=G_{sh}(t)+\mathrm{j}B_{sh}(t)$，$X_g$ 和 X_s 是图10-11中标记的等效电抗。将式（10.34）两边同

乘以短路电抗 X_{SHC}，并把$\underline{V}_{\mathrm{sh}}$移到左边，可得

$$\underline{V}_{\mathrm{sh}}\{[X_{\mathrm{SHC}}G_{\mathrm{sh}}(t)]+\mathrm{j}[1-X_{\mathrm{SHC}}B_{\mathrm{sh}}(t)]\}=\frac{\underline{E}_{\mathrm{g}}X_{\mathrm{s}}+\underline{V}_{\mathrm{s}}X_{\mathrm{g}}}{\mathrm{j}(X_{\mathrm{g}}+X_{\mathrm{s}})} \tag{10.35}$$

将复数电压用下式代入：

$$\underline{E}_{\mathrm{g}}=E_{\mathrm{g}}(\cos\delta'+\mathrm{j}\sin\delta')\quad 和 \quad \underline{V}_{\mathrm{s}}=V_{\mathrm{s}} \tag{10.36}$$

并将结果乘以其共轭复数，再进行少量的代数运算得

$$V_{\mathrm{sh}}^2=\frac{bX_{\mathrm{SHC}}\left(\xi+\dfrac{1}{\xi}+2\cos\delta'\right)}{[X_{\mathrm{SHC}}G_{\mathrm{sh}}(t)]^2+[1-X_{\mathrm{SHC}}B_{\mathrm{sh}}(t)]^2} \tag{10.37}$$

式中，系数 ξ 由式（10.15）定义。在推导式（10.37）时，也可以推导出并联元件电压相对于无穷大母线的相角 θ：

$$\tan\theta=\frac{\left(\dfrac{1}{\xi}+\cos\delta'\right)X_{\mathrm{SHC}}G_{\mathrm{sh}}(t)+\sin\delta'[1-X_{\mathrm{SHC}}B_{\mathrm{sh}}(t)]}{\sin\delta' X_{\mathrm{SHC}}G_{\mathrm{sh}}(t)+\left(\dfrac{1}{\xi}+\cos\delta'\right)[1-X_{\mathrm{SHC}}B_{\mathrm{sh}}(t)]} \tag{10.38}$$

利用式（10.5）的不等式，式（10.37）和式（10.38）可以简化为

$$V_{\mathrm{sh}}^2\cong b\left(\xi+\frac{1}{\xi}+2\cos\delta'\right)X_{\mathrm{SHC}};\quad \tan\theta\cong\frac{\sin\delta'}{\dfrac{1}{\xi}+\cos\delta'} \tag{10.39}$$

利用式（10.39）中的第一个方程，并关于 δ' 求导，可得

$$\frac{\partial V_{\mathrm{sh}}^2}{\partial\delta'}=-2[b\sin\delta']X_{\mathrm{SHC}} \tag{10.40}$$

计算 $\partial\theta/\partial\delta'$ 比较困难。式（10.39）第二个方程可以写为 $f(\theta,\delta')=0$，因此 θ 是 δ' 的隐函数，该函数的导数为

$$\frac{\partial\theta}{\partial\delta'}=-\frac{\dfrac{\partial f}{\partial\delta'}}{\dfrac{\partial f}{\partial\theta}} \tag{10.41}$$

利用上式可得

$$\frac{\partial\theta}{\partial\delta'}=\frac{\xi+\cos\delta'}{\xi+\dfrac{1}{\xi}+2\cos\delta'} \tag{10.42}$$

式（10.42）的分母与式（10.39）第一个方程括号中的表达式相同，代入可得

$$V_{\mathrm{sh}}^2\frac{\partial\theta}{\partial\delta'}=[b(\xi+\cos\delta')]X_{\mathrm{SHC}} \tag{10.43}$$

式（10.40）和式（10.43）表明，测量就地并联元件的电压模值二次方及电压相角，可以为并联元件的控制提供很好的信号。对比式（10.40）和式（10.33）表明，信号 V_{sh}^2 满足对应于并联电纳控制策略的条件式（10.33）。类似地，对比式（10.43）和式（10.29）表明，只要将$\dfrac{\partial\theta}{\partial\delta'}$乘以 V_{sh}^2，θ 满足对应于并联电导控制策略的条件式（10.29）。

利用式（10.37）和式（10.38）计算式（10.27）和式（10.32）中的灵敏度系数，可以得到 V_{sh}^2 和 θ 变化对控制变量 $G_{\mathrm{sh}}(t)$ 和 $B_{\mathrm{sh}}(t)$ 变化的灵敏性分析。这涉及许多短小但困

难的代数和三角变换，最终得到如下的简化公式：

$$\alpha_{GG}=\frac{\partial q_G}{\partial G_{sh}}\cong -X_{SHC},\quad \alpha_{GB}=\frac{\partial q_G}{\partial B_{sh}}\cong 0$$

$$\alpha_{BG}=\frac{\partial q_B}{\partial G_{sh}}\cong 0,\quad \alpha_{BB}=\frac{\partial q_B}{\partial B_{sh}}\cong -V_{sh}^2X_{SHC} \tag{10.44}$$

灵敏度系数 α_{GB}、α_{BG} 为零表示并联电纳和电导的变化对给定变量的作用可以忽略不计。

10.5.3.3 控制方案

将式（10.44）代入式（10.30）和式（10.31），取 V_{sh}^2 和 θ 为控制信号，可得

$$G_{sh}(t)=KV_{sh}^2\left[\frac{d\theta}{dt}+X_{SHC}\frac{dG_{sh}}{dt}\right] \tag{10.45a}$$

$$B_{sh}(t)=K\left[-\frac{1}{2}\frac{d(V_{sh}^2)}{dt}+X_{SHC}V_{sh}^2\frac{dB_{sh}}{dt}\right] \tag{10.45b}$$

转子角 δ' 和电压相角 θ 都是相对于无穷大母线电压即同步坐标系的。由于 θ 关于时间的导数等于就地频率的偏差，即 $d\theta/dt=2\pi\Delta f$，因此控制律式（10.45）被称为基于频率和电压的控制。

图10-15展示了合适的控制电路的框图。求导运算已用一个实际的具有很小时间常数 T 的微分元件替代。并联电纳控制器是非线性的，因为主反馈回路中的输出信号要乘以主输入信号。并联电导控制器是线性的，但是它的有效增益受到 V_{sh}^2 的调制，而 V_{sh}^2 同时也是电纳控制器的输入信号。短路电抗 X_{SHC} 只起到校正作用，其设定值可以存在较大误差；实际运用中，X_{SHC} 的值可以离线估计并把它设置为恒定参数。

值得注意的是，电压相角关于时间的导数 $d\theta/dt$ 就等于就地频率偏差 Δf，因此所提出的并联元件控制器是一种频率和电压型控制器。此控制系统的输入信号可以采用 Phadke, Thorap and Adamiak（1983）或 Kamwa and Grondin（1992）描述过的数字技术进行测量。

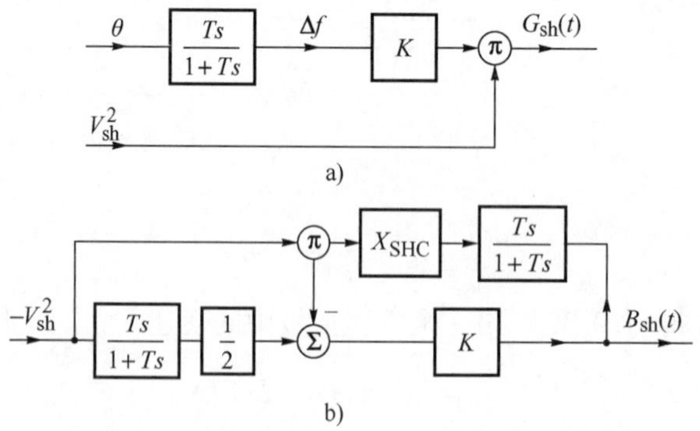

图10-15 采用频率-电压控制方案的调制控制器：a）$G_{sh}(t)$；b）$B_{sh}(t)$

10.5.4 可控并联元件实例

连续的状态变量控制及其基于就地测量量的实际实现，在假定 $G_{sh}(t)$ 和 $B_{sh}(t)$ 在正值和负值范围都可以平滑变化的条件下是可能的。第2章2.5.4节介绍了一些采用晶闸管控制的不同类型的并联元件，其 $G_{sh}(t)$ 和 $B_{sh}(t)$ 的调节能力视具体设备而定。当使用某一特定

类型的并联元件时，必须考虑上述这些限制条件，通过在控制电路中插入适当的限幅环节达到这个目的，如图 10-15 所示。

10.5.4.1　SVC 和 STATCOM 的辅助控制

基于常规晶闸管的 SVC（见图 2-27）配备有电压调节器（见图 2-28），其静态特性曲线（见图 2-29）在调节区域具有小的下斜率。在稳态下，此种调节器能有效地迫使稳态电压偏差到零。但在暂态下，此种调节器并不能提供足够的阻尼，因为电压偏差并不包含系统动态响应的合适信息。当电压调节器再配备上如图 10-16 所示的辅助控制环时，就能得到一个鲁棒性更好的控制器。此附加的辅助控制环可用于迫使 $B_{sh}(t)$ 的控制信号有利于加强功率摇摆的阻尼。此辅助控制环的响应速度比主电压控制器的响应速度快得多。辅助控制环中的控制器将基于式（10.45），且如图 10-15b 所示。

类似地，此种辅助控制环也可以安装在 STATCOM（见图 2-30）的电压调节器上。

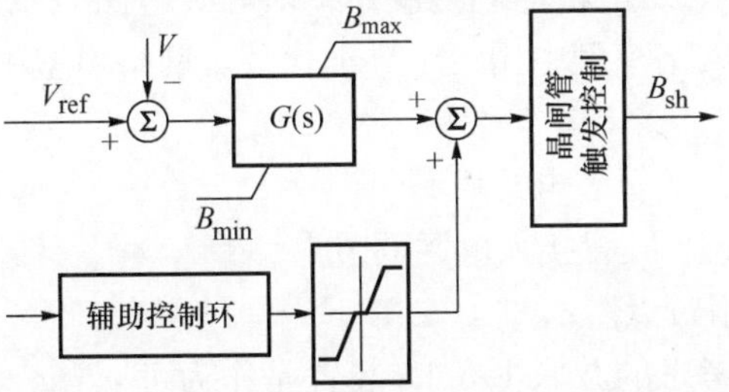

图 10-16　具有辅助控制环的 SVC 电压调节器

10.5.4.2　制动电阻控制

采用机械断路器投切的制动电阻的应用已在 10.3 节介绍过。另一种更贵的方案是采用晶闸管来投切或控制制动电阻，如第 2 章 2.5.4 节所描述的。

晶闸管投切制动电阻（见图 2-33）可以配备砰-砰控制器，以实现式（10.25）所定义的控制策略，其中 $G_{min}=0$。另外的替代方案是，制动电阻配备连续型控制器，以实现式（10.23）所定义的控制策略，其中 $G_{min}=0$。如果得不到转子转速偏差 $\Delta\omega$，可以用就地频率偏差 $2\pi\Delta f = \mathrm{d}\theta/\mathrm{d}t$ 来代替，就如图 10-15a 所示的并联控制器那样。显然，在控制器框图中，信号输出前需要加入限幅环节和死区环节，正如图 10-16 所示的那样。在稳态下，制动电阻被切除，调制控制器（见图 10-15a）是唯一的控制电路。

10.5.4.3　STATCOM + 制动电阻构成更有效的装置

图 10-12 展示了纯电阻性和纯电抗性并联元件对发电机有功功率的影响。当功角 δ' 很小时，电抗性并联元件的影响是很小的。因此，当发电机运行在较小功角下时，只使用 STATCOM 能获得的阻尼效果是很小的。但如果在 STATCOM 中加装晶闸管控制的制动电阻，情况会有所改善。此种制动电阻可以加入到 STATCOM 的直流侧电路中，就像将电池加入到蓄电池储能系统（BESS）（见图 2-32）中一样。这样，稳态时 STATCOM 单独作用，发挥电压控制和无功补偿的作用以取得投资回报。制动电阻的加入将在暂态下支持 STATCOM 提供附加的对功率摇摆的阻尼。

10.5.4.4　储能装置 SMES 或 BESS 的调制

采用电压源换流器的储能系统 BESS 或 SMES 的接线图如图 2-32 所示。此种电压源换流器采用功率调节系统（PCS）进行控制。当视在功率（或等效导纳）满足式（2.9）所描述的限制时，PCS 允许 BESS 或 SMES 从复功率平面的任何象限短时发出功率。图 10-15 所示频率-电压型控制器可以用作 SMES 的调制控制器，只要使需要的有功功率和无功功率与信号 $G_{sh}(t)$ 和 $B_{sh}(t)$ 成正比。如果 $G_{sh}(t)$ 和 $B_{sh}(t)$ 的值过大，可以按比例缩小以满足限制条件。

10.5.5 多机系统的推广

式（10.19）和式（10.45）给出的控制策略是从单机-无穷大母线系统推导出来的。这些方程可以被推广到多机系统而不管并联元件安装在系统何处。详细的证明参见 Machowski and Bialek（2008）。这里仅仅给出证明的一般性框架和最终的方程式。

10.5.5.1 数学模型

属于待模拟网络的所有线路和变压器都用 π 形等效电路表示。从输电网流向配电网的潮流作为负荷处理，并在网络模型中用恒定导纳代替。网络模型中的所有节点可以划分为 3 种类型：

{G}：发电机内部节点（暂态电抗后）。

k：所考虑的并联 FACTS 装置接入电网的节点。

{L}：剩下的其余网络节点。

与图 10-11 类似，所考虑的并联 FACTS 装置是作为可变并联导纳 $\underline{Y}_{sh}(t)=G_{sh}(t)+jB_{sh}(t)$ 加入到网络模型中的。证明的第一步，应用第 14 章 14.2 节描述的网络变换方法，将所有负荷节点 {L} 从网络模型中消去，从而得到一个如图 10-17 所示的等效网络。该等效网络联接所有发电机节点 {G}，而 k 是所考虑的并联 FACTS 装置接入网络的节点。

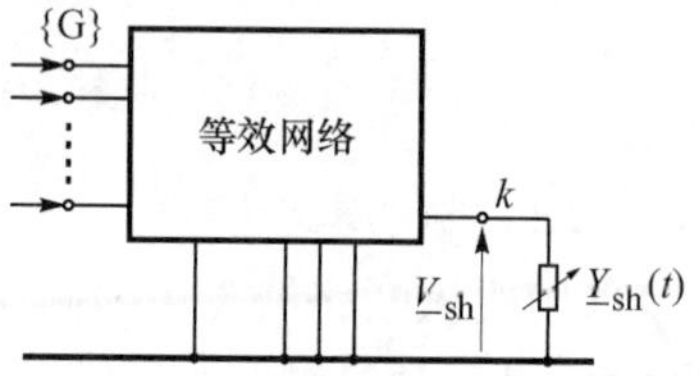

图 10-17 等效网络示意图

就像图 10-11 那样，忽略等效网络中的电导 G_{ij}，只考虑等效网络中的电纳 B_{ij}。为了保持发电出力与负荷之间的平衡，{G} 节点中需要加入虚拟负荷节点，用来代表电导 G_{ij} 上的有功损耗。这显然是一种用于处理电导和有功损耗的简化方法。

在经过冗长的代数变换之后，可以得到如下的发电机节点有功功率表达式：

$$P_i = P_{0i}^0 + \sum_{j=1}^{n} b_{ij}\sin\delta_{ij} + \left[\sum_{j=1}^{n}\beta_{ik}\beta_{kj}\cos\delta_{ij}\right]G_{sh}(t) + \left[\sum_{j=1}^{n}\beta_{ik}\beta_{kj}\sin\delta_{ij}\right]B_{sh}(t) \quad (10.46)$$

式中，P_{0i}^0 是发电机节点等效负荷的有功功率，$b_{ij}=|\underline{E}_i||\underline{E}_j|B_{ij}$ 是联接发电机内部节点 {i，j} 的等效支路的功率-功角特性曲线的幅值。系数 β_{ik}、β_{jk} 分别代表节点 k 与发电机内部节点 {i，j} 之间电气距离的一种度量。其计算式为

$$\beta_{ik} = X_{SHC}B_{ik}|\underline{E}_i|,\quad \beta_{jk} = X_{SHC}B_{jk}|\underline{E}_j| \quad (10.47)$$

式中，B_{ik}、B_{jk} 是发电机节点 {i，j} 与节点 k 之间等效支路的电纳，X_{SHC} 是从节点 k 看进去的系统短路电抗。式（10.46）的重要性表现在，并联 FACTS 装置在发电机的有功功率表达式中引入了两个分别与 $G_{sh}(t)$ 和 $B_{sh}(t)$ 成正比的分量。注意式（10.15）和式（10.46）的相似性。

10.5.5.2 控制策略

利用式（10.46），式（10.16）描述的发电机摇摆方程式可化为

$$\frac{d\delta_i}{dt} = \Delta\omega$$

$$\frac{d\Delta\omega_i}{dt} = \frac{1}{M_i}[P_{mi} - P_{0i}^0] - \frac{1}{M_i}\sum_{j=1}^{n} b_{ij}\sin\delta_{ij} - \frac{D_i}{M_i}\Delta\omega_i$$

$$-\frac{1}{M_i}\left[\sum_{j=1}^{n}\beta_{ik}\beta_{kj}\cos\delta_{ij}\right]G_{sh}(t) - \frac{1}{M_i}\left[\sum_{j=1}^{n}\beta_{ik}\beta_{kj}\sin\delta_{ij}\right]B_{sh}(t) \quad (10.48)$$

式中，转子角 δ_i 和转速偏差 $\Delta\omega_i$ 是系统的状态变量。式（10.48）构成了一个非线性状态空间模型，该模型描述了考虑并联 FACTS 装置等效导纳改变时的系统动态响应。

系统总能量也许可以作为 Lyapunov 函数，其等于动能和势能之和：

$$V(\delta,\omega) = E_k + E_p \quad (10.49)$$

式中，E_k和 E_p分别由式（6.46）和式（6.47）给出。利用式（6.55）、式（6.56）和状态空间方程式（10.48），可得动能和势能关于时间的导数为

$$\frac{dE_k}{dt} = \sum_{i=1}^{n}\Delta\omega_i[P_{mi} - P_{0i}^0] - \sum_{i=1}^{n}\Delta\omega_i\sum_{j=1}^{n} b_{ij}\sin\delta_{ij} - \sum_{i=1}^{n} D_i\Delta\omega_i^2$$

$$-\left[\sum_{i=1}^{n}\Delta\omega_i\sum_{j=1}^{n}\beta_{ik}\beta_{kj}\cos\delta_{ij}\right]G_{sh}(t) - \left[\sum_{i=1}^{n}\Delta\omega_i\sum_{j=1}^{n}\beta_{ik}\beta_{kj}\sin\delta_{ij}\right]B_{sh}(t) \quad (10.50)$$

$$\frac{dE_p}{dt} = -\sum_{i=1}^{n}\Delta\omega_i(P_{mi} - P_{0i}^0) + \sum_{i=1}^{n}\Delta\omega_i\sum_{j\neq i}^{n} b_{ij}\sin\delta_{ij} \quad (10.51)$$

注意式（10.50）前两项与式（10.51）相同，只是符号相反。这意味着在暂态期间动能与势能之间存在持续的能量交换。此外，如式（10.50）所展示的，并联 FACTS 装置对动能的变化率有直接的影响。

将式（10.50）和式（10.51）相加得

$$\dot{V} = \frac{dV}{dt} = \frac{dE_k}{dt} + \frac{dE_p}{dt} = -\sum_{i=1}^{n} D_i\Delta\omega_i^2 + \dot{V}(sh) \quad (10.52)$$

式中，

$$\dot{V}(sh) = -\left[\sum_{i=1}^{n}\Delta\omega_i\beta_{ik}\sum_{j=1}^{n}\beta_{kj}\cos\delta_{ij}\right]G_{sh}(t) - \left[\sum_{i=1}^{n}\Delta\omega_i\sum_{j=1}^{n}\beta_{ik}\beta_{kj}\sin\delta_{ij}\right]B_{sh}(t) \quad (10.53)$$

式（10.52）的第一项表示发电机本身的阻尼特性，因 $D_i > 0$，故总是为负值。式（10.52）的第二项表示由并联 FACTS 装置辅助控制引入的阻尼。

当$\dot{V}$（sh）为负时，并联 FACTS 装置对系统阻尼有贡献。检查式（10.53）表明，若使 $G_{sh}(t)$ 和 $B_{sh}(t)$ 与对应方括号中值的符号相同，则可以使$\dot{V}$（sh）总保持为负值。因此，基于状态变量测量量的镇定控制应采用如下的控制策略：

$$G_{sh}(t) = K\cdot\sum_{i=1}^{n}\Delta\omega_i\beta_{ik}\sum_{j=1}^{n}\beta_{kj}\cos\delta_{ij} \quad (10.54)$$

$$B_{sh}(t) = K\cdot\sum_{i=1}^{n}\Delta\omega_i\beta_{ik}\sum_{j=1}^{n}\beta_{kj}\sin\delta_{ij} \quad (10.55)$$

式中，K 为控制器增益。

基于上述控制策略的状态变量控制可看作为多环控制，其中发电机转速偏差是输入信号，而动态增益与功角有关。这可以将式（10.54）和式（10.55）展开成如下形式进行证明：

$$G_{sh}(t) = K \cdot \sum_{i=1}^{n} \Delta\omega_i \beta_{ik} g_i(\delta) \tag{10.56}$$

$$B_{sh}(t) = K \cdot \sum_{i=1}^{n} \Delta\omega_i \beta_{ik} b_i(\delta) \tag{10.57}$$

式中，

$$g_i(\delta) = \sum_{j=1}^{n} \beta_{kj}\cos\delta_{ij} \quad \text{和} \quad b_i(\delta) = \sum_{j=1}^{n} \beta_{kj}\sin\delta_{ij} \tag{10.58}$$

是由功角 $\boldsymbol{\delta} = [\delta_1, \delta_2, \cdots, \delta_n]$ 当前值决定的动态增益，而系数 β_{ik}、β_{jk} 是由式（10.47）给出的电气距离的一种度量。此种 $G_{sh}(t)$ 的多环控制框图如图10-18所示。对于 $B_{sh}(t)$ 控制，框图是完全一样的，只是将 $g_i(\boldsymbol{\delta})$ 用 $b_i(\boldsymbol{\delta})$ 替代。

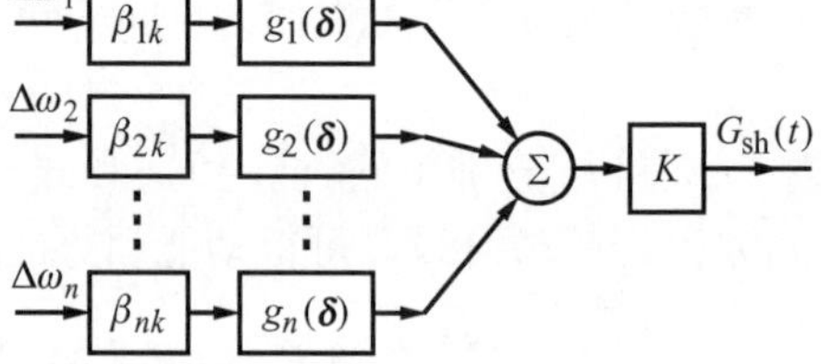

图10-18 $G_{sh}(t)$ 的多环控制示意图

应用动态增益 $g_i(\boldsymbol{\delta})$ 和 $b_i(\boldsymbol{\delta})$，对控制过程的动态性能有重要影响，表现在两个方面：

1）远方的发电机（β_{ik} 较小）对输出信号影响很小。输出信号主要受节点 k 附近的发电机影响（β_{ik} 较大）。这种增益对电气距离依赖关系的合理性可以这样解释，因为并联FACTS装置对远方发电机的输出功率几乎没有影响。这样，FACTS装置的控制律就没有必要依赖于远方发电机的状态变量了。

2）功角的当前值改变动态增益。对于 $G_{sh}(t)$，动态增益 $g_i(\boldsymbol{\delta})$ 随功角增大而减小（余弦函数）。对于 $B_{sh}(t)$，动态增益 $b_i(\boldsymbol{\delta})$ 随功角增大而增大（正弦函数）。此种增益动态变化的合理性可以这样解释，因为只有当功角较大时无功元件 $B_{sh}(t)$ 对发电机出力的影响才明显（见图10-12b）。而另一方面，有功元件 $G_{sh}(t)$ 对发电机出力的影响在功角增大时变小（见图10-12a）。

因此，满足上述性质1和2的控制算法是智能的，表现在当控制不能为系统动态响应带来预期效果时，该控制就不起作用了。显然，该控制器阻尼某特定模式振荡的效果取决于它在系统中的位置。这个结论可以通过可观测性和可控性分析得出，但此种分析已超出本书的讨论范围。

式（10.55）中的双重累加对应于对一个方阵元素的求和，该方阵的元素为 $\Delta\omega_i\beta_{ik}\beta_{kj}\sin\delta_{ij}$。该方阵的对角元素为0，因为 $\sin\delta_{ii} = \sin 0 = 0$；而该方阵的上三角元素的符号与下三角元素的符号相反，因为 $\sin\delta_{ij} = -\sin\delta_{ji}$。所以

$$\sum_{i=1}^{n} \Delta\omega_i \sum_{j=1}^{n} \beta_{ik}\beta_{kj}\sin\delta_{ij} = \sum_{i=1}^{n} \sum_{j>i}^{n} \Delta\omega_{ij}\beta_{ik}\beta_{kj}\sin\delta_{ij} \tag{10.59}$$

式中，$\Delta\omega_{ij} = \Delta\omega_i - \Delta\omega_j$。式（10.59）使控制策略式（10.57）变为

$$B_{sh}(t) = K \cdot \sum_{i=1}^{n} \sum_{j>i}^{n} \beta_{ik}\beta_{kj} \Delta\omega_{ij}\sin\delta_{ij} \tag{10.60}$$

这意味着 $B_{sh}(t)$ 取决于相对转速偏差 $\Delta\omega_{ij}$。当扰动引起系统频率变化时，这个性质对辅助

控制的响应非常重要。若所有发电机同调改变其转子转速，那么由式（10.60）或式（10.57）产生的信号为 0，即 $B_{sh}(t)=0$。这是有道理的，因无功并联元件不影响系统频率。

对于 $G_{sh}(t)$ 控制，由于 $\cos\delta_{ij}=\cos\delta_{ji}$，因此不能采用上述方法对式（10.54）进行变换。这样，$G_{sh}(t)$ 由单个的 $\Delta\omega_i$ 决定，而不由相对值 $\Delta\omega_{ij}$ 决定。这是有道理的，因为当系统能量过剩时频率会升高，图 10-18 中的所有控制环都产生正的信号，受控的 SMES 或制动电阻就吸收能量以减少过剩能量；而另一方面，当系统能量不足时，频率会下降，图 10-18 中所有控制环都产生负的信号，受控的 SMES 将发出有功功率以减少能量缺额。

值得注意的是，在能量型 Lyapunov 函数中存在的故障后平衡点 δ_i^s 的坐标，在式（10.54）和式（10.55）描述的控制策略中是不存在的。这意味着故障后不必计算 δ_i^s 的坐标。式（10.54）和式（10.55）描述的控制策略只利用暂态过程中的转子角 δ_i。

10.5.5.3　广域控制系统 WAMPAC

辅助稳定控制的每个环包含一个系数 β_{ik}，β_{ik} 对应于发电机节点 i 与 FACTS 装置安装节点 k 之间的电气距离的一种度量。当距离远时，β_{ik} 很小，可近似认为 $\beta_{ik}\cong 0$，从而对应的控制环可以被忽略掉。因此，实际应用时所提出的多环控制器将只包含很少几个环，与离并联 FACTS 装置较近区域内的发电机相对应。因此，从并联 FACTS 装置的状态变量稳定控制观点来看，没有必要测量整个电力系统的相量 $\underline{E}_i=E_i e^{j\delta_i}$，只要测量并联 FACTS 装置附近小范围内的相量就可以了。此种控制被称为区域控制。

利用相量测量，简化为区域控制的控制策略式（10.56）和式（10.57）可以被应用于广域控制系统 WAMPAC（见 2.7 节）。此种系统的一种可能结构如图 10-19 所示。稳态控制主环（见图 10-19 的上面部分）基于测量可被 FACTS 装置控制的就地可观测信号。例如，对于 STATCOM，此信号是系统中给定节点的电压。辅助稳定控制环（见图 10-19 下面部分）采用状态变量作为输入信号，从整个系统的角度来看，属于状态变量控制。此种闭环控制的主要问题是数据传输的速度。现代灵活的通信平台（见见图 2-45）仍不能满足阻尼功率振荡对数据快速传输的要求。但是，可以预期在不远的将来，数据传输速度可以更快，从而使与图 10-19 类似的 WAMPAC 系统能够实现。

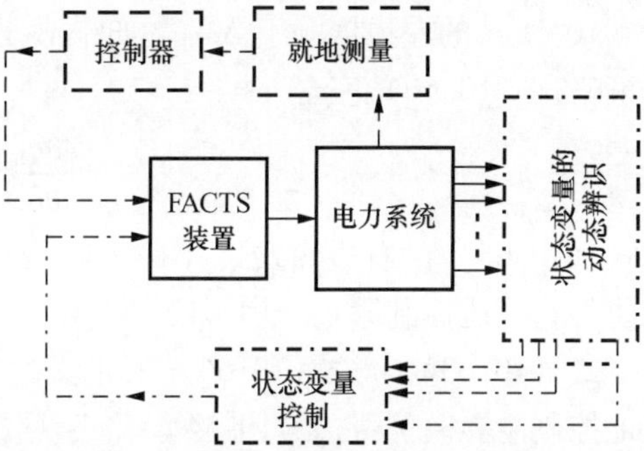

图 10-19　就地控制与状态变量稳定控制示意图

10.5.5.4　用就地控制模仿状态变量控制

由于数据传输速度不足以实现图 10-19 所示的广域控制系统，寻找使用就地测量量且能够模仿控制策略式（10.54）和式（10.55）的控制器就很有必要。此种就地控制模仿最优控制的精确程度取决于所选择就地测量信号和调节器的结构。对测量信号选择的详细分析见 EPRI（1991）。这里将基于 Machowski and Nelles（1994）给出一种分析方法。该论文导出的方程式表明，用于实现控制律式（10.45）的如图 10-15 所示的控制器对多机系统仍然是成立的，而不管并联 FACTS 装置安装于系统何处。

对于多机系统，与式（10.26）类似的方程可以被写为

$$\frac{\mathrm{d}q_{\mathrm{G}}}{\mathrm{d}t} = \sum_{i=1}^{n} \Delta\omega_i \frac{\partial q_{\mathrm{G}}}{\partial \delta_i} + \alpha_{\mathrm{GG}} \frac{\mathrm{d}G_{\mathrm{sh}}}{\mathrm{d}t} + \alpha_{\mathrm{GB}} \frac{\mathrm{d}B_{\mathrm{sh}}}{\mathrm{d}t} \tag{10.61}$$

式中，α_{GG}、α_{GB}是由式（10.27）确定的灵敏度系数。式（10.61）可以被变换为

$$\sum_{i=1}^{n} \Delta\omega_i \frac{\partial q_{\mathrm{G}}}{\partial \delta_i} = \frac{\mathrm{d}q_{\mathrm{G}}}{\mathrm{d}t} - \alpha_{\mathrm{GG}} \frac{\mathrm{d}G_{\mathrm{sh}}}{\mathrm{d}t} - \alpha_{\mathrm{GB}} \frac{\mathrm{d}B_{\mathrm{sh}}}{\mathrm{d}t} \tag{10.62}$$

式（10.62）的左边依赖于 $\Delta\omega_i$。如果满足以下条件，式（10.62）就能与理论上的最优控制策略式（10.54）完全一样：

$$\frac{\partial q_{\mathrm{G}}}{\partial \delta_i} = \sum_{j=1}^{n} \beta_{ik}\beta_{kj}\cos\delta_{ij} \tag{10.63}$$

将此偏导数代入到式（10.62）的左边，并将得到的结果再代入式（10.54）中就能得到就地控制律式（10.30）。

在式（10.60）给出的控制策略中，并联电纳依赖于相对转速偏差 $\Delta\omega_{ij}$。用相对转速偏差表示的时间导数 q_{B} 为

$$\frac{\mathrm{d}q_{\mathrm{B}}}{\mathrm{d}t} = \sum_{i=1}^{n} \sum_{j>i}^{n} \Delta\omega_{ij} \frac{\partial q_{\mathrm{B}}}{\partial \delta_{ij}} + \alpha_{\mathrm{BG}} \frac{\mathrm{d}G_{\mathrm{sh}}}{\mathrm{d}t} + \alpha_{\mathrm{BB}} \frac{\mathrm{d}B_{\mathrm{sh}}}{\mathrm{d}t} \tag{10.64}$$

式中，α_{BG}、α_{BB}是由式（10.32）定义的灵敏度系数。重新整理式（10.64）得

$$\sum_{i=1}^{n} \sum_{j>i}^{n} \Delta\omega_{ij} \frac{\partial q_{\mathrm{B}}}{\partial \delta_{ij}} = \frac{\mathrm{d}q_{\mathrm{B}}}{\mathrm{d}t} - \alpha_{\mathrm{BG}} \frac{\mathrm{d}G_{\mathrm{sh}}}{\mathrm{d}t} - \alpha_{\mathrm{BB}} \frac{\mathrm{d}B_{\mathrm{sh}}}{\mathrm{d}t} \tag{10.65}$$

式（10.65）的左边依赖于 $\Delta\omega_{ij}$。如果满足以下条件，式（10.65）就能与理论上的最优控制策略式（10.60）完全一样：

$$\frac{\partial q_{\mathrm{B}}}{\partial \delta_{ij}} = \beta_{ik}\beta_{kj}\sin\delta_{ij} \tag{10.66}$$

将式（10.66）的右边代入式（10.65）左边的偏导数，再将得到的结果代入式（10.60），就能得到就地控制律式（10.31）。

式（10.63）和式（10.66）所定义的条件，是由式（10.30）和式（10.31）所定义的就地控制能够模仿由式（10.54）和式（10.60）所给出的理论上的最优控制律的基本条件。另一个条件是，对于给定的输入变量，由式（10.27）和式（10.32）所定义的灵敏度系数必须是已知的或者是可以忽略的。

在图 10-17 所示的模型中，若忽略网络电导，那么节点 k 的电压$\underline{V}_k$ 可表示为

$$\underline{V}_k \cong \varphi(\mathrm{sh})\varphi(\delta) \tag{10.67}$$

式中，

$$\varphi(\mathrm{sh}) = (1 + X_{\mathrm{SHC}}B_{\mathrm{sh}}) - \mathrm{j}X_{\mathrm{SHC}}G_{\mathrm{sh}} \tag{10.68}$$

$$\varphi(\boldsymbol{\delta}) = -\sum_{j=1}^{n} \beta_{kj}[\cos\delta_j + \mathrm{j}\sin\delta_j] \tag{10.69}$$

这里 $\varphi(\mathrm{sh})$ 和 $\varphi(\boldsymbol{\delta})$ 都是复函数。

利用式（10.5）对电压$\underline{V}_k$ 进行简化分析，可以假定式（10.68）中 $X_{\mathrm{SHC}}G_{\mathrm{sh}}$和 $X_{\mathrm{SHC}}B_{\mathrm{sh}}$都可以忽略，从而可得到如下对后续分析非常重要的简化表达式：

$$\varphi(\mathrm{sh}) \cong 1 \quad 和 \quad \underline{V}_k \cong \varphi(\delta) \tag{10.70}$$

利用上面的简化表达式，式（10.67）和式（10.69）变为

$$\underline{V}_k \cong \varphi(\boldsymbol{\delta}) = -\sum_{j=1}^{n} \beta_{kj}[\cos\delta_j + \mathrm{j}\sin\delta_j] \tag{10.71}$$

符号 θ 表示电压$\underline{V}_k$ 的相角，此相角采用网络模型中所有节点采用的公共相位基准为基准。这样，式（10.71）变为

$$|\underline{V}_k|\cos\theta = -\sum_{j=1}^{n}\beta_{kj}\cos\delta_j \quad 和 \quad |\underline{V}_k|\sin\theta = -\sum_{j=1}^{n}\beta_{kj}\sin\delta_j \tag{10.72}$$

因此有

$$\tan\theta \cong \frac{\sum_{j=1}^{n}\beta_{kj}\sin\delta_j}{\sum_{j=1}^{n}\beta_{kj}\cos\delta_j} \tag{10.73}$$

$$|\underline{V}_k|^2 = \left[\sum_{j=1}^{n}\beta_{kj}\sin\delta_j\right]^2 + \left[\sum_{j=1}^{n}\beta_{kj}\cos\delta_j\right]^2 \tag{10.74}$$

与式（10.39）的第二个方程类似，式（10.73）将 θ 表示成了 δ 的隐函数，即 $f(\theta,\delta)=0$。利用式（10.41），式（10.73）和式（10.74）可得

$$\begin{aligned}|\underline{V}_k|^2\frac{\partial\theta}{\partial\delta_i} &= \beta_{ki}\cos\delta_i\sum_{j=1}^{n}\beta_{kj}\cos\delta_j + \beta_{ki}\sin\delta_i\sum_{j=1}^{n}\beta_{kj}\sin\delta_j\\ &= \sum_{j=1}^{n}\beta_{ki}\beta_{kj}[\cos\delta_i\cos\delta_j + \sin\delta_i\sin\delta_j] = \sum_{j=1}^{n}\beta_{ki}\beta_{kj}\cos\delta_{ij}\end{aligned} \tag{10.75}$$

对比式（10.75）和式（10.63）可推出

$$|\underline{V}_k|^2\frac{\partial\theta}{\partial\delta_i} = \sum_{j=1}^{n}\beta_{ik}\beta_{kj}\cos\delta_{ij} = \frac{\partial q_{\mathrm{G}}}{\partial\delta_i} \tag{10.76}$$

式（10.76）表明，电压相角 θ 的时间导数乘以电压模值的二次方 $|\underline{V}_k|^2$，满足作为就地控制 $G_{\mathrm{sh}}(t)$ 合适输入信号的条件。

当考虑 θ 相对于 $G_{\mathrm{sh}}(t)$ 和 $B_{\mathrm{sh}}(t)$ 的灵敏度时，需要将式（10.68）给出的 $\varphi(\mathrm{sh})$ 代入式（10.67），计算隐函数的导数并进一步化简得

$$|\underline{V}_k|^2\frac{\partial\theta}{\partial G_{\mathrm{sh}}} = -|\underline{V}_k|^2 X_{\mathrm{SHC}} \quad 和 \quad |\underline{V}_k|^2\frac{\partial\theta}{\partial B_{\mathrm{sh}}} \cong 0 \tag{10.77}$$

这就意味着电压$\underline{V}_k$ 的相角 θ 主要对 $G_{\mathrm{sh}}(t)$ 的变化敏感，而其灵敏度系数可以基于短路电抗 X_{SHC}的预期值进行评估。

将式（10.77）和式（10.76）的相关灵敏度系数代入式（10.30），可以得到与式（10.45a）相同的控制方案。

利用式（10.67）~式（10.69），依赖于电压幅值二次方的信号可表示为

$$q_{\mathrm{B}} = -\frac{1}{2}|\underline{V}_k|^2 = -\frac{1}{2}\underline{V}_k^*\underline{V}_k = -\frac{1}{2}|\varphi(\mathrm{sh})|^2|\varphi(\delta)|^2 \tag{10.78}$$

式中，

$$|\varphi(\mathrm{sh})|^2 = [1 + X_{\mathrm{SHC}}B_{\mathrm{sh}}(t)]^2 + [X_{\mathrm{SHC}}G_{\mathrm{sh}}(t)]^2 \tag{10.79}$$

$$|\varphi(\delta)|^2 = \sum_{i=1}^{n}\sum_{j=1}^{n}\beta_{ik}\beta_{kj}\cos\delta_{ij} = \sum_{i=1}^{n}\beta_{ik}^2 + 2\sum_{i=1}^{n}\sum_{j>1}^{n}\beta_{ik}\beta_{kj}\cos\delta_{ij} \tag{10.80}$$

为了计算式（10.78）中信号相对于功角的灵敏度，可以如式（10.70）那样假定

$\varphi(\mathrm{sh})\cong 1$，这样，式（10.78）和式（10.80）变为

$$\frac{\partial q_{\mathrm{B}}}{\partial \delta_{ij}}=-\frac{1}{2}\frac{\partial\,|\underline{V}_k|^2}{\partial \delta_{ij}}\cong-\frac{1}{2}\frac{\partial\,|\varphi(\delta)|^2}{\partial \delta_{ij}}=\beta_{ik}\beta_{kj}\sin\delta_{ij} \tag{10.81}$$

式（10.81）与式（10.66）完全相同，表明式（10.78）给出的信号满足作为控制并联电纳 $B_{\mathrm{sh}}(t)$ 合适输入信号的条件。

在假定 $\underline{V}_k\cong\varphi(\delta)$ 的条件下，由式（10.32）定义的灵敏度系数 α_{GG}、α_{GB} 是很容易求出的。在此假设下，对式（10.78）进行微分可得

$$\frac{\partial q_{\mathrm{B}}}{\partial G_{\mathrm{sh}}}\cong-|\underline{V}_k|^2 X_{\mathrm{SHC}}[X_{\mathrm{SHC}}G_{\mathrm{sh}}(t)]\cong 0 \tag{10.82a}$$

$$\frac{\partial q_{\mathrm{B}}}{\partial B_{\mathrm{sh}}}\cong-|\underline{V}_k|^2 X_{\mathrm{SHC}}[1+X_{\mathrm{SHC}}B_{\mathrm{sh}}(t)]\cong-|\underline{V}_k|^2 X_{\mathrm{SHC}} \tag{10.82b}$$

这意味着电压模值的二次方主要对 $B_{\mathrm{sh}}(t)$ 的变化敏感，灵敏度系数可以基于短路电抗 X_{SHC} 的预期值和电压模值进行评估。

10.5.6 仿真结果示例

基于就地测量信号的并联 FACTS 装置的控制器的仿真结果参见文献 Machowski and Nelles（1992a，1992b，1993，1994）。这里只给出如图 10-19 所示的采用 WAMPAC 型结构的状态变量稳定控制的仿真结果。WAMPAC 中由通信系统引入的延时用时间常数为 30ms 的一阶环节模拟。当前技术条件下，记录的 WAMPAC 系统典型延时约为 100ms。如此大的延时会严重恶化控制过程。

仿真针对 CIGRE 测试系统（见图 10-20）进行。此系统中的发电机 G4 具有非常大的惯性，可以作为无穷大母线和参考机。此测试系统暂态稳定的薄弱点主要是发电机 G7 和 G6，尤其是当线路 L7 发生短路时（不使用重合闸）。此种故障方式被选择来展示所提出的控制算法的鲁棒性。

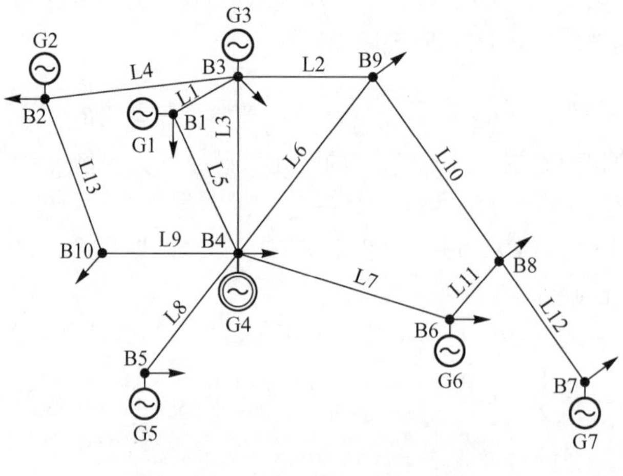

图 10-20　CIGRE 测试系统接线图

表 10-1 列出了节点 B6、B7、B8 与所有发电机内部节点（暂态电抗后的节点）间的电气距离度量 β_{ik} 的值。列 L7 中的符号“On”和“Off”表示线路 L7 的状态是“投入”和“切除”。从表中可以看出，当考虑并联 FACTS 装置安装在节点 B6、B7、B8 的任意一个节

点上时，只有发电机 G4、G6 和 G7 对并联 FACTS 装置是重要的。对于其他发电机，电气距离的度量值要小一个数量级以上，因此可以安全地假定 $\beta_{ik}\cong 0$。这样，对于安装在节点 B6、B7、B8 上的并联 FACTS 装置，控制只需要基于发电机 G4、G6、G7 的状态变量 ω_i、δ_i 就可以了。从而对应的多环辅助控制器（见图 10-18）只需要包含 3 个环就可以了，其输入信号是 $[\omega_4, \omega_6, \omega_7]$。

表 10-1　S_{base} = 100MVA 时的电气距离度量 β_{ik}

—	L7	G1	G2	G3	G4	G5	G6	G7
B6	On	0.024	0.006	0.034	0.406	0.008	0.538	0.134
	Off	0.023	0.005	0.038	0.147	0.003	0.762	0.188
B7	On	0.024	0.006	0.037	0.283	0.005	0.279	0.552
	Off	0.015	0.003	0.025	0.094	0.002	0.121	0.482
B8	On	0.034	0.008	0.053	0.397	0.008	0.387	0.229
	Off	0.034	0.008	0.056	0.214	0.004	0.547	0.268

图 10-21 给出了当一个容量为 40MVA 的 SMES 安装在节点 B8 时的仿真结果。这种情况下，状态变量控制只针对与 B8 最近的发电机 G4、G6、G7 实现（就地控制）。图 10-21 下

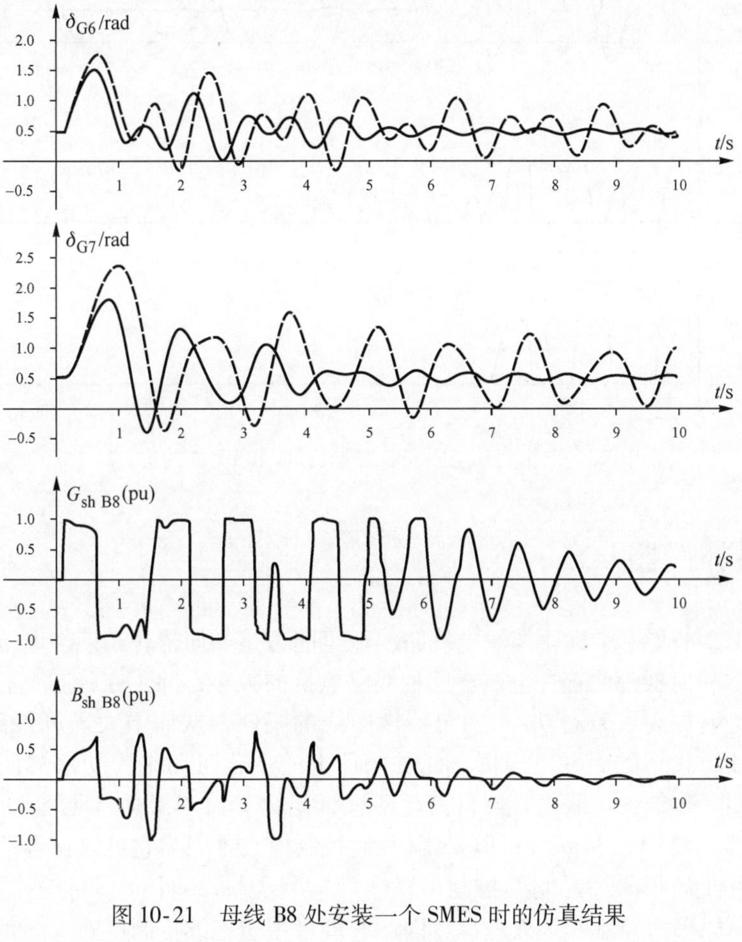

图 10-21　母线 B8 处安装一个 SMES 时的仿真结果

面的两幅分图给出了 $G_{sh\ B8}$ 和 $B_{sh\ B8}$ 的变化曲线，其分别对应 SMES 的有功功率和无功功率。从电网吸收或注入电网的视在功率受到式（10.3）的限制。因此，此控制算法使用了较多的有功功率（电导 $G_{sh\ B8}$）和较少的无功功率（电纳 $B_{sh\ B8}$）。图 10-21 上面的两幅分图给出了发电机 G6 和 G7 的转子角的变化曲线。作为对比，虚线对应于没有 SMES 时的情况。

使用并联在发电机母线上的晶闸管控制制动电阻，可以提高阻尼水平。图 10-22 给出了此种情况的仿真结果，两个制动电阻（每个功率 40MW）分别被安装在母线 B6 和 B7 上。这种情况下转子摇摆能够很快衰减。

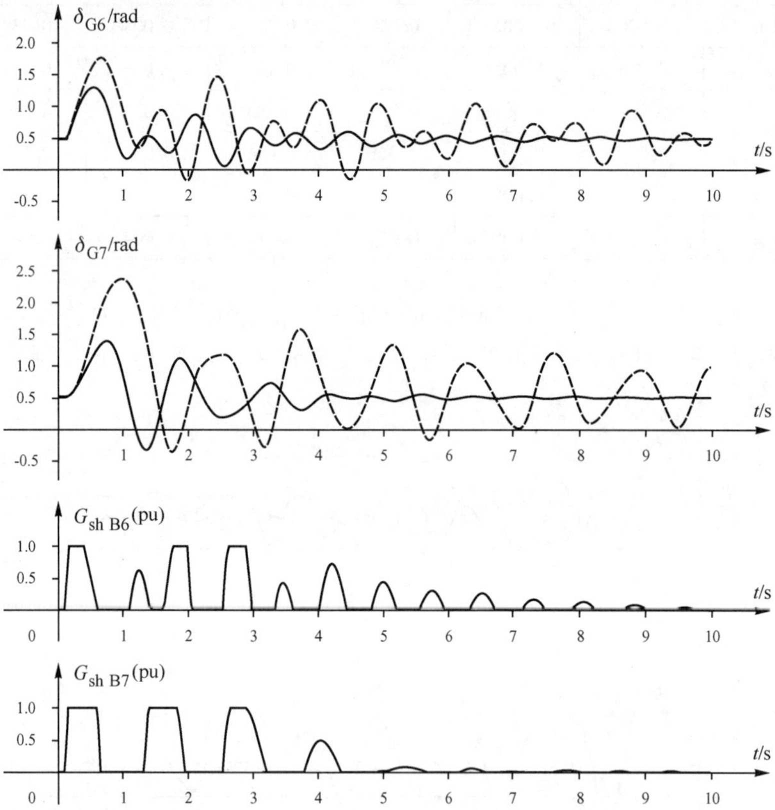

图 10-22　两个制动电阻安装在母线 B6 和 B7 处的仿真结果

10.6　串联补偿器

第 3 章 3.1.2 节展示了远距离输电线路的输电能力是如何依赖于感性电抗的，以及通过插入串联电容器如何抵消此感性电抗。此种线路电抗的减小，除了在稳态下有用外，在暂态下也有用，因为它提高了暂态功率-功角特性曲线的幅值，从而增大了可得到的减速面积。通过适当地控制可投切的串联电容器，此种幅值上的变化可用来为功率摇摆提供额外的阻尼。特别地，对于传统的串联电容器，其配备有氧化锌避雷器保护（见图 2-24）和晶闸管投切串联电容器（见图 2-34a），可以采用砰-砰控制模式，因为它可以在合适的时刻几乎瞬时地被旁路掉和重新投入。晶闸管控制串联电容器（见图 2-34b）和静态同步串联补偿器（见图 2-35）可以平滑控制其等效电抗，因此它们可用于连续控制模式。

10.6.1　状态变量控制

考察如图 10-23a 所示的简单单机-无穷大母线系统。假定故障前线路 L2 是开路的。故障导致线路 L2 在延迟与故障清除对应的时间后被切除。发电机采用经典模型，即暂态电抗 X'_d 后的恒定暂态电势 E' 模型。忽略电阻和并联电容，发电机输出的有功功率为

$$P(\delta') = \frac{E'V_s}{X_\Sigma}\sin\delta' \tag{10.83}$$

式中，V_s 是无穷大母线电压，δ' 是 V_s 和 E' 之间的暂态功角，而

$$X_\Sigma = (X'_d + X_T + X_{L1} + X_s) - X_C(t) = X - X_C(t) \tag{10.84}$$

是整个输电环节的等效电抗，其中 X_T 是变压器电抗，X_{L1} 是线路电抗，X_s 是无穷大母线的等效电抗，X 是整个输电环节没有串联补偿器时的等效电抗。$X_C(t)$ 取正值对应于电容，而 $X_C(t)$ 取负值对应于电感。

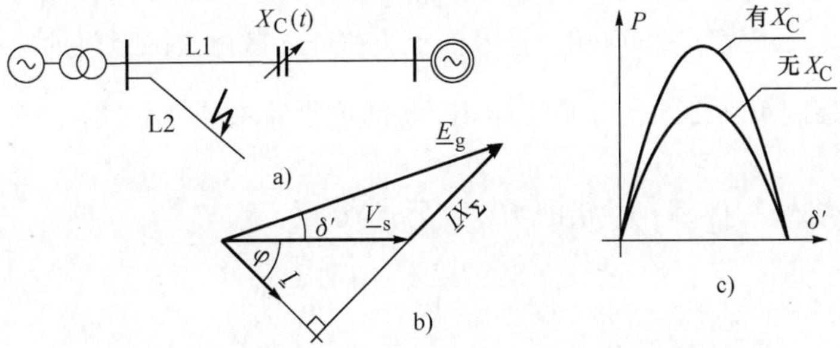

图 10-23　含有串联电容器的系统：

a）电网接线图；b）相量图；c）有无串联补偿时的功率-功角特性曲线

补偿器电抗 $X_C(t)$ 的变化会引起 X_Σ 的变化，进而引起功率-功角特性曲线幅值的变化。图 10-23c 给出了 X_Σ 取最大值和最小值时的功率-功角特性曲线。

为了进一步简化分析，将系统电抗拆分成有补偿器分量和无补偿器分量是合适的。这可以按如下方式进行：

$$\frac{1}{X_\Sigma} = \frac{1}{X - X_C(t)} = \frac{1}{X} + \frac{1}{X_\Sigma}\frac{X_C}{X} \tag{10.85}$$

这样，式（10.83）可以化为如下形式：

$$P(\delta') = \frac{E'V_s}{X}\sin\delta' + \frac{E'V_s}{X_\Sigma}\frac{X_C(t)}{X}\sin\delta' = b\sin\delta' + b_\Sigma\frac{X_C(t)}{X}\sin\delta' \tag{10.86}$$

式中，$b_\Sigma = E'V_s/X_\Sigma$，$b = E'V_s/X$，分别表示有和无补偿器时的功率-功角特性曲线幅值。式（10.86）的第一项表示无串联补偿器时，即 $X_C(t) = 0$ 时的系统有功潮流；第二项表示由于补偿器电抗变化而引起的有功潮流变化量。由于串联补偿电抗通常小于线路电抗的 100%，因此总能假定 X_Σ 是正的，这对于下面的进一步分析非常重要。

考虑了式（10.86）后，系统的摇摆方程可以写为

$$\frac{d\delta'}{dt} = \Delta\omega$$

$$M\frac{d\Delta\omega}{dt} = P_m - b\sin\delta' - D\frac{d\delta'}{dt} - (b_\Sigma\sin\delta')\frac{X_C(t)}{X} \tag{10.87}$$

式中，$\Delta\omega$ 是转速偏差，M 是惯性系数，P_m是原动机输入的机械功率，D 是阻尼系数。此方程的平衡点为$(\hat{\delta}', \Delta\hat{\omega}=0)$。控制变量为 $X_C(t)$。

式（10.87）描述的系统是非线性的。推导此种系统最优状态变量控制的标准方法是在其运行点附近对系统进行线性化。这里，就像本书前面所做的那样，直接基于此非线性模型采用 Lyapunov 直接法推导最优状态变量控制律。

此系统的 Lyapunov 函数等于动能和势能之和，$V=E_k+E_p$，其中：

$$E_k=\frac{1}{2}M\Delta\omega^2 \tag{10.88}$$

$$E_p=-\left[P_m(\delta'-\hat{\delta}')+b(\cos\delta'-\cos\hat{\delta}')\right]$$

在平衡点$(\hat{\delta}', \Delta\hat{\omega}=0)$处，式（10.88）给出的总能量为零。故障会释放出一些能量，即会引起由式（10.88）描述的总能量的增加，最初表现为转子的加速以及 δ' 和 $\Delta\omega$ 的增大。控制策略的目标是迫使整个输电环节的等效电抗按某种方式改变，从而能尽快地将系统带回到平衡点（$\hat{\delta}'$，$\Delta\hat{\omega}=0$），平衡点处 $V=0$。这等价于快速地耗散由故障释放的能量或快速阻尼转子的摇摆。因此控制策略必须使导数 $\dot{V}=\mathrm{d}V/\mathrm{d}t$ 的值沿着由式（10.87）描述的微分方程轨迹最大化。

容易证明，对式（10.88）给出的函数，下式成立：

$$\frac{\mathrm{d}E_k}{\mathrm{d}t}=\frac{\partial E_k}{\partial\omega}\frac{\mathrm{d}\Delta\omega}{\mathrm{d}t}=M\frac{\mathrm{d}\Delta\omega}{\mathrm{d}t}\Delta\omega \tag{10.89}$$

$$\frac{\mathrm{d}E_p}{\mathrm{d}t}=\frac{\partial E_p}{\partial\delta'}\frac{\mathrm{d}\delta'}{\mathrm{d}t}=\frac{\partial E_p}{\partial\delta'}\Delta\omega=-\left[P_m-b\sin\delta'\right]\Delta\omega \tag{10.90}$$

将式（10.87）第二个方程的左边代入式（10.89）的右边可得

$$\frac{\mathrm{d}E_k}{\mathrm{d}t}=+\left[P_m-b\sin\delta'\right]\Delta\omega-D\Delta\omega^2-(b_\Sigma\sin\delta')\frac{X_C(t)}{X}\Delta\omega \tag{10.91}$$

将式（10.90）和式（10.91）相加得到 Lyapunov 函数关于时间的导数：

$$\dot{V}=\frac{\mathrm{d}V}{\mathrm{d}t}=\frac{\mathrm{d}E_k}{\mathrm{d}t}+\frac{\mathrm{d}E_p}{\mathrm{d}t}=-D\Delta\omega^2-(b_\Sigma\sin\delta')\frac{X_C(t)}{X}\Delta\omega \tag{10.92}$$

若此导数为负，系统就是稳定的。而且，系统回到平衡点的速度与 $\dot{V}$ 成正比，即 $\dot{V}$ 绝对值越大（$\dot{V}$ 本身为负值），由故障释放出来的能量耗散得越快，转子摇摆衰减得也越快。

式（10.92）的第二项依赖于控制变量 $X_C(t)$ 和状态变量（δ'，$\Delta\omega$），如果串联补偿器的控制策略满足如下条件则此项为负：

$$X_C(t)=KX(\sin\delta')\Delta\omega \tag{10.93}$$

式中，K 为调节器增益。回顾一下 X 为恒定值，是无补偿器时整个输电环节的电抗。将式（10.93）代入（10.92）得到

$$\frac{\mathrm{d}V}{\mathrm{d}t}=\frac{\mathrm{d}E_k}{\mathrm{d}t}+\frac{\mathrm{d}E_p}{\mathrm{d}t}=-D\Delta\omega^2-Kb_\Sigma(\sin\delta')^2\Delta\omega^2 \tag{10.94}$$

这意味着采用式（10.93）给出的控制策略，导数$\dot{V}$总是负的。在暂态过程中的任何时刻，此种控制总能提高阻尼水平。这可以将式（10.93）中的 $X_C(t)$ 直接代入摇摆方程

式（10.87）得到额外的证明，此时摇摆方程变为

$$\frac{d\delta'}{dt} = \Delta\omega$$
$$M\frac{d\Delta\omega}{dt} = P_m - b\sin\delta' - D\frac{d\delta'}{dt} - D_{ser}\frac{d\delta'}{dt} \tag{10.95}$$

式中，

$$D_{ser} = Kb_{\Sigma}(\sin\delta')^2 \geqslant 0 \tag{10.96}$$

是由串联补偿器控制引入的正阻尼系数。

10.6.2　基于等面积法则的解释

式（10.93）给出的控制律对暂态稳定性的影响，可以在假定 FACTS 装置为晶闸管投切串联电容器（见图 2-47a）的条件下进行简单解释。这种情况下由式（10.93）给出的控制律只能用砰-砰控制来实现：

$$X_C(t) = \begin{cases} X_{Cmax} & 对于(\sin\delta')\Delta\omega \geqslant +\varepsilon \\ 0 & 对于(\sin\delta')\Delta\omega < +\varepsilon \end{cases} \tag{10.97}$$

式中，ε 决定死区大小。

再次考察图 10-23 的简单单机-无穷大母线系统，故障发生在线路 L2 上。图 10-24 给出了 $X_C = 0$ 时的功率-功角特性曲线（较低的曲线）和 $X_C = X_{Cmax}$ 时的功率-功角特性曲线（较高的曲线）。故障使发电机输出功率下降，与面积 1-2-3-4 成比例的动能被释放出来。在故障清除的瞬间，表达式（$\Delta\omega\sin\delta'$）为正，所以信号 $X_C(t)$ 被设置为其最大值 $X_C = X_{Cmax}$，即整个电容器被投入。可得到的减速面积为 4-5-6-10。转子到达点 6 时转速偏差 $\Delta\omega$ 为 0，此时面积 4-5-6-7 与面积 1-2-3-4 相等，然后转子开始回摆。回摆时，表达式（$\Delta\omega\sin\delta'$）变负，式（10.93）给出的控制律将电容器旁路掉，$X_C(t) = 0$。转子按照较低的功率-功角特性曲线 $P(\delta')$ 运动，功率从点 6 跳降到点 8，转子沿着路径 8-9 回摆，减速面积为 8-9-7。现在此回摆减速面积大大小于面积 6-7-1，面积 6-7-1 为 $X_C = X_{Cmax}$ 时可得到的回摆减速面积。当转子开始前摆时，转速偏差变号，$X_C(t)$ 增大，加速面积减小。这样，完整的投切周期不断重复，转子摇摆幅度越来越小。因此，此种控制律是可行的。在前摆过程中加速面积应被最小化而可得到的减速面积应被最大化；在回摆过程中减速面积被最小化而可得到的加速面积应被最大化。

在某些情况下带死区的砰-砰控制可能导致大的功角摇摆并引起失稳。为了解释这种情况再次考察图 10-24，假定在前摆过程中转子到达点 11，电容器的突然被旁路使系统运行点跳到点 12，从点 12 开始转子再次加速，最终导致异步运行。这种情况在连续控制时不会发生，因为控制信号和 $X_C(t)$ 都是平滑变化的。连续控制可以采用晶闸管控制串联电容器（见图 2-34b）或静止同步串联补偿器（见图 2-35）来实现。下一节将介绍基于式（10.93）的串联补偿器状态变量稳定控制，该控制可以采用就地测量量来进行模仿。

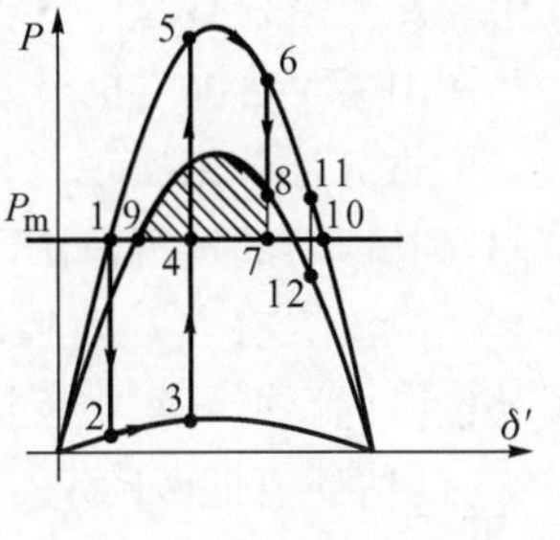

图 10-24　采用等面积法则解释串联电容器控制

10.6.3 基于电流二次方的控制策略

控制策略式（10.93）需要使用状态变量（δ'，$\Delta\omega$），此状态变量在串联补偿器的安装点是不容易得到的。因此，采用另一种基于就地测量量的控制策略来模仿上述最优控制策略是更方便的。类似的思路已应用于10.5.3节，不过是针对并联补偿的。

对于所考虑的情况，将余弦定理应用于图10-23b的电压三角形可得

$$(IX_{\Sigma})^2 = (E')^2 + V_s^2 - 2E'V_s\cos\delta' \tag{10.98}$$

故

$$I^2 = \frac{1}{X_{\Sigma}^2}[(E')^2 + V_s^2 - 2E'V_s\cos\delta'] \tag{10.99}$$

设E'和V_s为恒定值，由式（10.99）给出的信号依赖于X_{Σ}和δ'。所以此信号变化的速度可以表示为

$$\frac{d(I^2)}{dt} = \frac{\partial(I^2)}{\partial\delta'}\frac{d\delta'}{dt} + \frac{\partial(I^2)}{\partial X_{\Sigma}}\frac{dX_{\Sigma}}{dt} \tag{10.100}$$

式中的偏导数为

$$\frac{\partial(I^2)}{\partial\delta'} = \frac{2}{X_{\Sigma}^2}E'V_s\sin\delta' \quad 和 \quad \frac{\partial(I^2)}{\partial X_{\Sigma}} = -\frac{2}{X_{\Sigma}}I^2 \tag{10.101}$$

因为$X_{\Sigma} = X - X_C(t)$而X为定值，所以$dX_{\Sigma}/dt = -dX_C/dt$。将式（10.101）代入式（10.100）得到

$$\frac{d(I^2)}{dt} = \frac{2}{X_{\Sigma}^2}E'V_s(\sin\delta')\Delta\omega + \frac{2}{X_{\Sigma}}I^2\frac{dX_C}{dt} \tag{10.102}$$

重新整理后得到

$$(\sin\delta')\Delta\omega = \frac{X_{\Sigma}^2}{2E'V_s}\left[\frac{d(I^2)}{dt} - \frac{2}{X_{\Sigma}}I^2\frac{dX_C}{dt}\right] \tag{10.103}$$

将式（10.103）代入式（10.93）得到

$$X_C(t) = K_C\left[\frac{d(I^2)}{dt} - \frac{2}{X_{\Sigma}}I^2\frac{dX_C}{dt}\right] \tag{10.104}$$

式中，K为控制器的等效增益。

图10-25给出了执行式（10.104）控制律的控制器的框图。微分运算采用一个小时间常数T的微分环节来实现。控制器输出信号前的限幅器限制输出信号的幅度，使其满足特定类型串联补偿器的运行范围。此控制器是非线性的，因为它包含了输入信号和输出信号导数的乘积。电流二次方I^2对控制变量$X_C(t)$变化的灵敏度用一个增益与X_{Σ}成反比的反馈环进行了补偿。此反馈环与主反馈环相比，只起次要作用。因此，此校正环的增益可以根据等效电抗X_{Σ}的估计值近似确定。

如果此串联补偿器配备有稳态潮流控制器，那么所考虑的控制器可以作为一个辅助控制环加入进去，其作用是阻尼功率振荡。

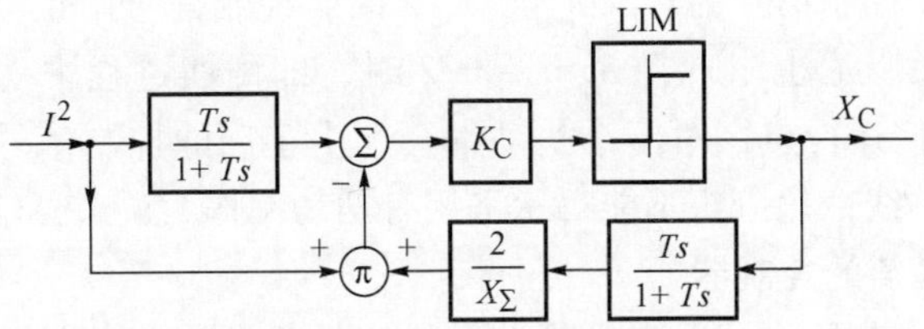

图 10-25　$X_C(t)$ 的辅助控制

10.6.4　基于其他就地测量量的控制

以上所述表明基于电流二次方的控制可以实现最优控制策略。有些学者认为其他就地测量信号，如有功功率或电流模值（不是电流二次方）也可以作为调节器的输入信号。这样就产生了一个问题，采用这 3 种输入信号的控制器在涉及功角大范围变化的大扰动时其性能有何差别。

当给定信号 $q(t)$ 对 X_Σ 变化的灵敏度被忽略时，就像式（10.100）那样，控制信号可表达为

$$\frac{dq}{dt} \cong \frac{\partial q}{\partial \delta'} \frac{d\delta'}{dt} = \frac{\partial q}{\partial \delta'} \Delta\omega \tag{10.105}$$

对于给定的转速偏差 $\Delta\omega$，控制信号 dq/dt 的值是由偏导数 $\partial q/\partial \delta'$ 的值决定的。对比式（10.93）可知，$\partial q/\partial \delta'$ 理想条件下应当是正弦形的，即当 $\delta' > 0$ 时为正，$\delta' < 0$ 时为负。图 10-26 给出了有功功率 P、电流 I 和电流模值二次方 I^2 的偏导数 $\partial q/\partial \delta'$。

有功功率的偏导数 $\partial P/\partial \delta'$，在 $\delta' = 0$ 时最大，然后逐渐变小，当 $\delta' > \pi/2$ 后变负。电流模值的偏导数很大且不连续，在 $\delta' = 0$ 处变号。电流模值二次方的偏导数为正弦形，在 $\delta' = 0$ 时为 0，在 $\delta' = \pi/2$ 时最大。从中可以推出 10.6.4.1 节 ~ 10.6.4.3 节所描述的结论。

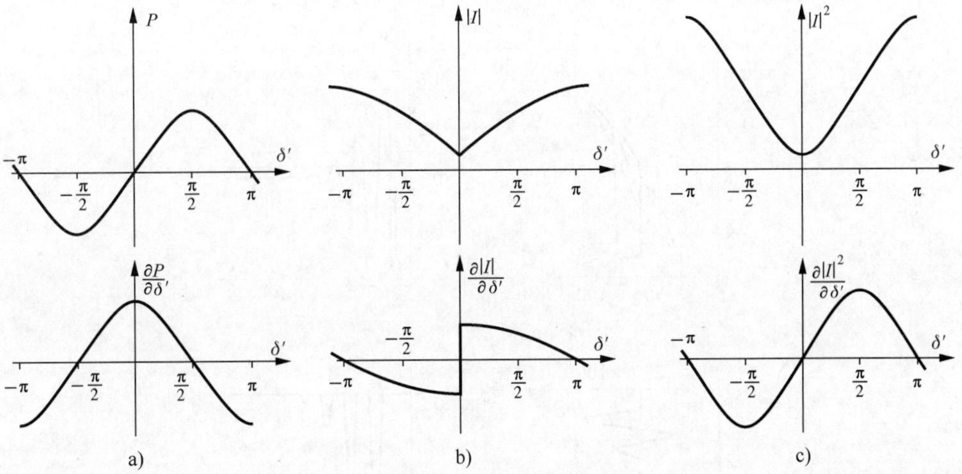

图 10-26　电气量及其偏导数：a）有功功率；b）电流模值二次方；c）电流模值

10.6.4.1　基于有功功率的控制器

在 $\delta' = 0$ 附近，由于控制对阻尼的影响很小因而控制没有作用，此时产生的控制信号却很大。当功角增大控制作用开始影响阻尼时，控制信号反而减小。在 $\delta' = \pi/2$ 附近，也就是

控制最有效果的时候，控制信号为 0。当 $\delta' > \pi/2$ 时，控制信号由正变负，产生负阻尼，危害系统稳定。类似的负阻尼也出现在 $\delta' < -\pi/2$ 时，即回摆过程中功角较大时。显然，在 $-\pi/2 < \delta' < \pi/2$ 的任何运行点，对于小扰动都会产生正确的控制信号和正阻尼。因此，在运行点附近对控制器的线性化分析不能揭示采用有功功率作为调节器输入信号的缺陷。

10.6.4.2 基于电流模值的控制器

在功角变化的整个范围内，此控制器产生的信号具有正确的符号。然而，在 $\delta' = 0$ 附近，也就是控制行为不起作用时，控制器却产生了过大的信号。而且，在越过 $\delta' = 0$ 时，控制信号是不连续的。

10.6.4.3 基于电流模值二次方的控制器

在功角变化的整个范围内，此控制器产生的信号具有正确的符号和形状。在 $\delta' = 0$ 附近，也就是控制行为不起作用时，控制信号很小；但随着功角的增大，控制信号也逐渐增大，到 $\delta' = \pi/2$ 时，即控制作用最大时，控制信号也达到最大值。此外，还请注意控制信号是连续的。

10.6.5 仿真结果

本节所提出的控制器已在很多系统中测试过。限于篇幅，只给出针对简单的单机-无穷大母线系统的仿真结果。假定在线路末端，即在串联补偿器安装点的后面，发生短路故障。所考察的场景是稳定的。无串联补偿器时功角摇摆在约 10s 后消失。有串联补偿器时的调节过程如图 10-27 所示。

图 10-27a 给出了在（P，δ）平面上的系统轨迹，可以看到故障发生和清除时有功功率的突然变化。回摆过程的系统轨迹在前摆过程的系统轨迹的下面。振荡在约 3s 后消失（见图 10-27b、c），表明功率振荡的阻尼很大。故障后 $X_C(t)$ 的最初两次变化很大（见图 10-27d），随着振荡的消失，控制器产生的 $X_C(t)$ 的变化也变小。

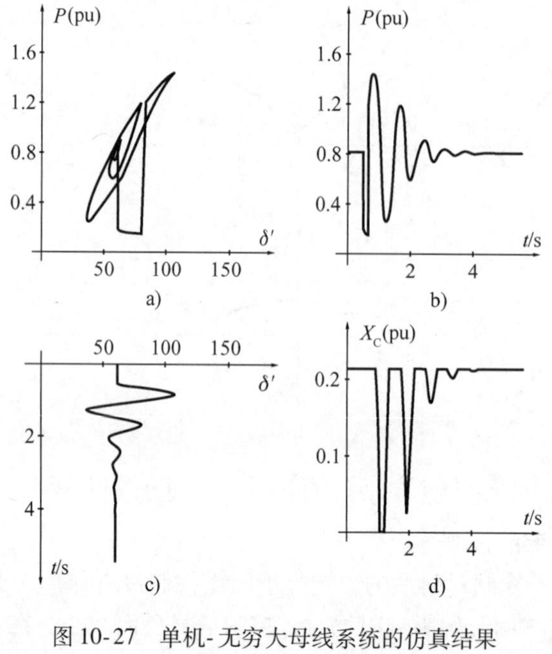

图 10-27 单机-无穷大母线系统的仿真结果

10.7　统一潮流控制器

如第 2 章 2.5.4 节所讨论的，除了可控串联电容器外，串联 FACTS 装置还包括 TCPAR（见图 2-37）和 UPFC（见图 2-38）。UPFC 可以控制 3 个信号：①升压器电压的交轴分量；②升压器电压的直轴分量；③并联无功电流。而 TCPAR 只能控制第一个信号，即升压器电压的交轴分量。因此，本节将讨论更一般性的情形，即 UPFC 辅助稳定控制。

10.7.1　功率-功角特性曲线

为了简化分析，将讨论如图 10-28 所示的单机-无穷大母线系统。发电机用经典模型表示。UPFC 的并联部分用可变电纳 $B_{sh}(t)$ 模拟。插入升压器电压的串联部分用复数电压比来模拟，复数电压比定义为

$$\eta = \frac{\underline{V}_a}{\underline{V}_b} = |\eta| e^{j\theta} \quad 和 \quad \frac{\underline{I}_b}{\underline{I}_a} = \eta^* = |\eta| e^{-j\theta} \tag{10.106}$$

升压变压器的电抗加在发电机侧的网络等效电抗中。

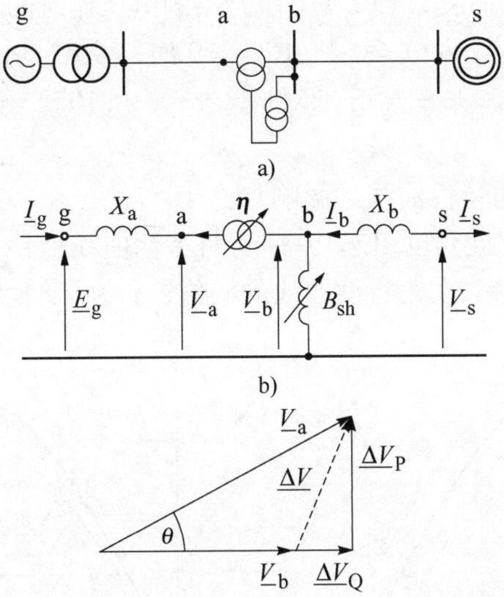

图 10-28　用于研究 UPFC 控制的单机-无穷大母线系统：
a）框图；b）等效网络；c）相量图

图 10-28c 所示的相量图将升压器电压分解为直轴分量 ΔV_Q 和交轴分量 ΔV_P。这些分量可以表示为母线电压的一小部分：

$$\Delta V_P = \gamma V_b \quad 和 \quad \Delta V_Q = \beta V_b \tag{10.107}$$

式中，β 和 γ 是 UPFC 辅助控制的输出变量，为了强调其时间依赖性，用 $\beta(t)$ 和 $\gamma(t)$ 表示。根据图 10-28c 的电压三角形有

$$\sin\theta = \frac{\Delta V_P}{V_a} = \frac{\gamma V_b}{V_a} = \frac{\gamma}{|\eta|} \tag{10.108}$$

$$\cos\theta = \frac{V_b + \Delta V_Q}{V_a} = \frac{V_b + \beta V_b}{V_a} = \frac{1+\beta}{|\eta|} \tag{10.109}$$

$$(1+\beta)^2 + \gamma^2 = |\eta|^2 \quad 或 \quad |\eta| = \sqrt{(1+\beta)^2 + \gamma^2} \tag{10.110}$$

即使对于简单的单机-无穷大母线系统，推导包含所有3个控制变量 $B_{sh}(t) \neq 0$，$\gamma(t) \neq 0$ 和 $\beta(t) \neq 0$ 的发电机功率表达式需要进行至少3页的代数变换。为了阐明此问题，这里只讨论忽略并联补偿即 $B_{sh}(t) = 0$ 的简单情形。

忽略并联电纳 $B_{sh}(t)$ 后，从发电机看出去的等效系统电抗等于 $X_\Sigma = X_a + |\eta|^2 X_b$，其中第二项与电抗 X_b 通过电压比折算到发电机侧相对应。发电机电动势相对无穷大母线电压的相角为 δ'。升压器两侧的电压相角差为 θ，见式（10.106）。这就意味着在电抗 X_Σ 上的电压降的相角为（$\delta' - \theta$）。折算到发电机侧的无穷大母线电压为 $V_s|\eta|$。因此，根据通用式（1.8）有

$$P = \frac{E_g V_s |\eta|}{X_\Sigma} \sin(\delta' - \theta) = \frac{E_g V_s}{X_\Sigma} |\eta| (\sin\delta' \cos\theta - \cos\delta' \sin\theta) \tag{10.111}$$

将式（10.108）和式（10.109）代入式（10.111）可得

$$P = b_\Sigma \sin\delta' - b_\Sigma \cos\delta' \gamma(t) + b_\Sigma \sin\delta' \beta(t) \tag{10.112}$$

式中，$b_\Sigma = E_g V_s / X_\Sigma$ 是不考虑由式（10.110）给出的电压比时的功率-功角特性曲线的幅值。当升压器电压不存在时，即当 $\gamma(t) = 0$ 和 $\beta(t) = 0$ 时，功率-功角特性曲线与式（10.112）的第一项是对应的。第二项和第三项分别对应于式（10.107）给出的升压器电压的直轴分量和交轴分量。

升压器电压对功率-功角特性曲线的影响如图10-29所示。交轴分量产生一个非零值的角度 θ，根据式（10.111），此角度引起功率-功角特性曲线平移，若 $\gamma > 0$ 则左移，若 $\gamma < 0$ 则右移；而直轴分量改变功率-功角特性曲线的幅值，若 $\beta > 0$ 则增大，若 $\beta < 0$ 则减小。

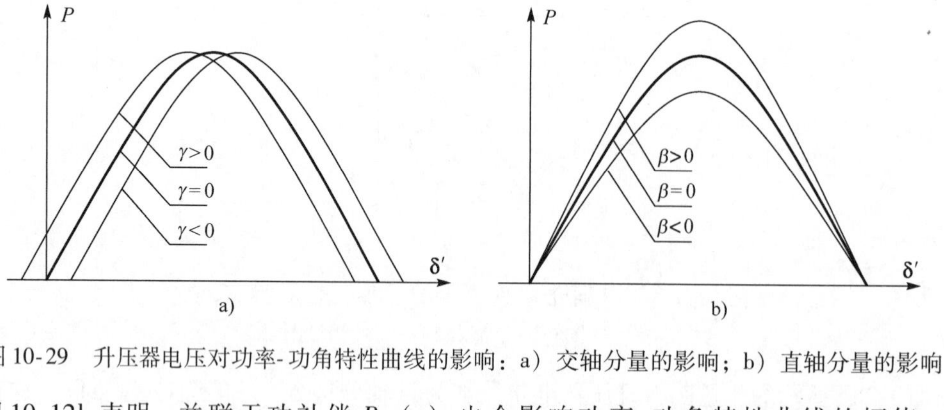

图10-29　升压器电压对功率-功角特性曲线的影响：a）交轴分量的影响；b）直轴分量的影响

图10-12b表明，并联无功补偿 $B_{sh}(t)$ 也会影响功率-功角特性曲线的幅值。因此式（10.111）忽略并联元件 $B_{sh}(t)$ 也会对功率-功角特性曲线的幅值有影响，就像升压器电压的直轴分量对功率-功角特性曲线幅值有影响一样。

Januszewski（2001）推出了与式（10.112）类似的方程，但包含了同时可控的所有3个变量。其方程为

$$P \cong b_\Sigma \sin\delta' - b_\Sigma \sin\delta' X_{SHC} B_{sh}(t) + b_\Sigma \sin\delta' (1 - X_{SHC} B_{sh}) \beta(t) - b_\Sigma \cos\delta' (1 - X_{SHC} B_{sh}) \gamma(t) \tag{10.113}$$

值得记起的是，与式（10.5）中的情况一样，$X_{SHC}B_{sh} \ll 1$ 是成立的。这就意味着表达式（$1-X_{SHC}B_{sh}$）为正且（$1-X_{SHC}B_{sh}$）$\cong 1$。

10.7.2 状态变量控制

考虑式（10.113），现在系统的摇摆方程式可以写为

$$M\frac{d\Delta\omega}{dt}=P_m-b_\Sigma\sin\delta'-D\frac{d\delta'}{dt}$$

$$+b_\Sigma X_{SHC}B_{sh}\sin\delta'-(1-X_{SHC}B_{sh})[\beta b_\Sigma\sin\delta'-\gamma b_\Sigma\cos\delta'] \tag{10.114}$$

式中，$\Delta\omega$、δ'是状态变量，而 $X_C(t)$ 是控制变量。与并联装置类似，将采用 Lyapunov 直接法推导控制律。

将系统总能量 $V=E_k+E_p$ 选为 Lyapunov 函数，对并联装置和串联电容器一样，有

$$V=\frac{1}{2}M\Delta\omega^2-[P_m(\delta-\hat{\delta}')+b_\Sigma(\cos\delta'-\cos\hat{\delta}')] \tag{10.115}$$

计算沿着式（10.114）给出的系统轨迹的偏导数有

$$\dot{V}=\frac{dE_k}{dt}+\frac{dE_p}{dt}=-D\Delta\omega^2+\Delta\omega(b_\Sigma\sin\delta')X_{SHC}B_{sh}(t)$$

$$+\Delta\omega(1-X_{SHC}B_{sh})(b_\Sigma\cos\delta')\gamma(t)-\Delta\omega(1-X_{SHC}B_{sh})(b_\Sigma\sin\delta')\beta(t) \tag{10.116}$$

考虑到（$1-X_{SHC}B_{sh}$）>0，可以得出结论，如果控制满足如下条件，那么控制 3 个变量中的每一个都能在式（10.116）中引入负项：

$$\beta(t)=+K_\beta[b_\Sigma\sin\delta']\Delta\omega \tag{10.117}$$

$$\gamma(t)=-K_\gamma[b_\Sigma\cos\delta']\Delta\omega \tag{10.118}$$

$$B_{sh}(t)=-K_B[b_\Sigma\sin\delta']\Delta\omega \tag{10.119}$$

式中，K_β、K_γ、K_B是控制增益。按上述控制，系统能量会按下式变化：

$$\dot{V}-D\Delta\omega^2-[K_\beta(\sin\delta')^2+K_\gamma(\cos\delta')^2]b_\Sigma^2\Delta\omega^2+K_BX_{SHC}(\sin\delta')^2b_\Sigma^2\Delta\omega^2 \tag{10.120}$$

当 $K_\beta=K_\gamma=K_\eta$ 时，控制升压器电压的两个分量将得到独立于功角的恒定阻尼，因为式（10.120）中方括号内的表达式等于 K_η，从而式（10.120）变为

$$\dot{V}=-D\Delta\omega^2-K_\eta b_\Sigma^2\Delta\omega^2+K_BX_{SHC}(\sin\delta')^2b_\Sigma^2\Delta\omega^2 \tag{10.121}$$

基于升压器电压直轴分量（信号 β）和并联补偿器（信号 B_{sh}）进行控制的实现方式与式（10.45）中控制并联无功功率补偿器的实现方式相同。控制行为与转速偏差 $\Delta\omega$ 和功角的正弦 $\sin\delta'$成正比。当功角为正且 $\Delta\omega>0$ 时，根据图 10-29b，控制器输出 $\beta>0$，使得功率-功角特性曲线幅值增大，从而可得到的减速面积增大。在 $\Delta\omega<0$ 的回摆过程中，根据图 10-29b，控制器输出 $\beta<0$，使得功率-功角特性曲线幅值减小，导致回摆过程中减速面积减小，从而使最大转子角偏移减小。

基于电压交轴分量［信号 $\gamma(t)$］的控制与转速偏差 $\Delta\omega$ 和功角的余弦 $\cos\delta'$成正比。此种控制的影响如图 10-30 所示。短路故障期间，转子增加的能量对应于面积 1-2-3-4。同时，控制系统施加控制 $\gamma>0$，功率-功角特性曲线左移，从而使点 5 处的电气功率比不加控制时的电气功率（中间的粗实线）大。然后功率沿着特性曲线 5-6 变化，也就是功率-功角特性曲线比之前向左移了。在功率-功角特性曲线的峰值处，$\cos\delta'$趋近于零，信号 $\gamma(t)$ 也趋近

于零，因此功率沿着中间的对应于无控制时的功率-功角特性曲线变化。然后 $\cos\delta'$ 变号，信号 $\gamma(t)$ 也变号，从而使功率-功角特性曲线右移，功率就按照右移后的特性曲线变化。可得到的减速面积为4-5-6-7-8。在所考虑的情形下，减速面积大于面积1-2-3-4，因而系统是稳定的。转子运动不会超过点8，因为在过了点7以后，转速偏差大幅下降导致信号 $\gamma(t)$ 也大幅下降。因此，功率的运动轨迹不是沿着7-8而是沿着中间的粗实线。在到达 $\Delta\omega=0$ 后，转子开始回摆，只要 $\cos\delta'<0$，控制信号 $\gamma(t)>0$。回摆过程就沿着左移了的功率-功角特性曲线运动。根据以上描述，就可以构造出转子的运动轨迹了，此轨迹与针对制动电阻的图10-14类似。

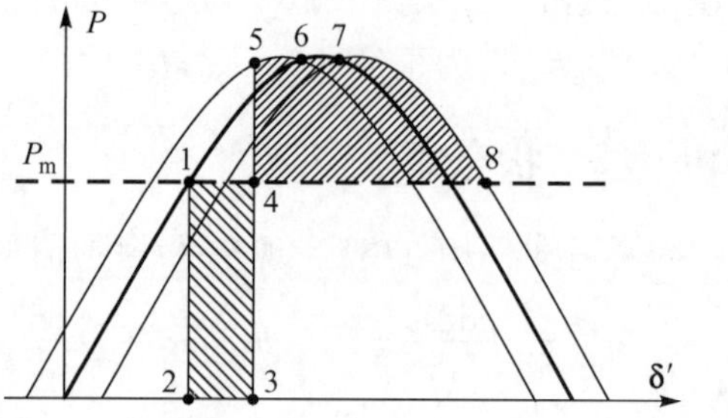

图10-30　单机-无穷大母线系统中控制策略的影响

基于式（10.117）~式（10.119）的控制律属于状态变量控制，需要测量发电机的转速偏差和转子角，这两项在多机系统中都很难实现。所以，类似于并联FACTS装置和串联电容器的情况，式（10.117）~式（10.119）必须由基于就地测量量对UPFC实施控制的控制律替代。

10.7.3　基于就地测量量的控制

为了得到与转速偏差成正比的信号，需要使用一个可得到的就地信号 $q(t)$。类似于之前的式（10.61）和式（10.64），有

$$\dot{q}=\frac{\mathrm{d}q}{\mathrm{d}t}=\frac{\partial q}{\partial\delta'}\frac{\mathrm{d}\delta'}{\mathrm{d}t}+\frac{\partial q}{\partial\beta}\frac{\mathrm{d}\beta}{\mathrm{d}t}+\frac{\partial q}{\partial\gamma}\frac{\mathrm{d}\gamma}{\mathrm{d}t}+\frac{\partial q}{\partial B_{\mathrm{sh}}}\frac{\mathrm{d}B_{\mathrm{sh}}}{\mathrm{d}t}\tag{10.122}$$

式中，只有第一项是与转速偏差成正比的，可以用于状态变量控制。其他项对导数值的影响应当尽可能小。因此，式（10.122）可重新写为

$$\dot{q}=\frac{\mathrm{d}q}{\mathrm{d}t}=\frac{\partial q}{\partial\delta'}\Delta\omega+\varepsilon(t)\tag{10.123}$$

式中，$\Delta\omega=\mathrm{d}\delta'/\mathrm{d}t$，$\varepsilon(t)$ 是变量 β、γ、B_{sh} 的函数。如果就地测量量 $q(t)$ 能够很好地模仿状态变量控制，必须满足以下两个条件：

1）对于 $\beta(t)$、$B_{\mathrm{sh}}(t)$ 的控制，偏导数 $\partial q/\partial\delta'$ 应当与 $\sin\delta'$ 成正比。对于 $\gamma(t)$ 的控制，偏导数 $\partial q/\partial\delta'$ 应当与 $\cos\delta'$ 成正比。

2）与转速偏差成正比的第一项，在式（10.123）的右边应当起主导作用；而第二项应当可以忽略不计，即给定的信号应当对 β、γ、B_{sh} 的变化不敏感。

Januszewski（2001）证明，在升压变压器连接处测量线路的无功功率 Q 和有功功率 P（见图10-28）可以相当好地满足以上条件。因此，式（10.117）~式（10.119）定义的状态变量控制可以近似地用以下采用就地测量量的控制律替代：

$$\gamma(t)\cong+K_{\gamma}\frac{\mathrm{d}P}{\mathrm{d}t}\tag{10.124}$$

$$\beta(t)\cong+K_{\beta}\frac{\mathrm{d}Q}{\mathrm{d}t}\tag{10.125}$$

$$B_{\mathrm{sh}}(t) \cong -K_{\mathrm{B}}\frac{\mathrm{d}Q}{\mathrm{d}t} \tag{10.126}$$

式中，K_{β}、K_{γ}、K_{B} 是恰当选择的控制增益。

根据式（10.120）和式（10.121），升压器电压通过 $\gamma(t)$、$\beta(t)$ 进行控制时，能得到不依赖于功角值的强阻尼。而调节并联补偿器的 $B_{\mathrm{sh}}(t)$ 所引入的阻尼相对来说是很弱的。因此，UPFC 可只用来控制其节点电压而不采用并联补偿的辅助控制。

串联控制器可以采用如图 10-31 所示的结构。对升压器电压分量的控制可以采用一个带反馈环的积分调节器和按照式（10.124）和式（10.125）动作的 PSS 来实现。有一个公用的输出限幅器，对升压器输出电压 ΔV 的两个分量进行限制，如图 10-28c 所示，其中 ΔV 满足如下方程：

$$(\Delta V)^2 = (\Delta V_{\mathrm{P}})^2 + (\Delta V_{\mathrm{Q}})^2 \tag{10.127}$$

此限制在图 10-31 中用一个圆来表示。

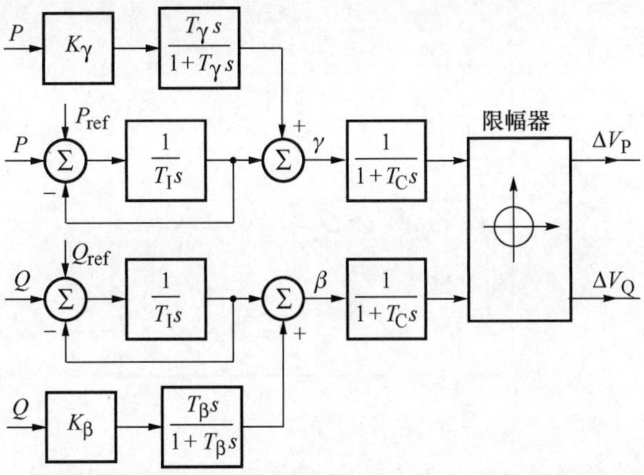

图 10-31　升压器电压控制器的框图

10.7.4　仿真结果示例

采用如图 10-32 所示的简单测试系统，来说明使用 UPFC 辅助控制可以提高系统稳定性。安装的 UPFC 装置用于控制由线路 L4 和 L5 组成的路径上的潮流，该输电路径与由线路 L3 和 L2 构成的路径成并联关系。UPFC 的结构如图 10-31 所示。假设在线路 L6 上有一个短路故障，并通过切除该线路来清除故障。系统响应的仿真结果如图 10-33 所示。

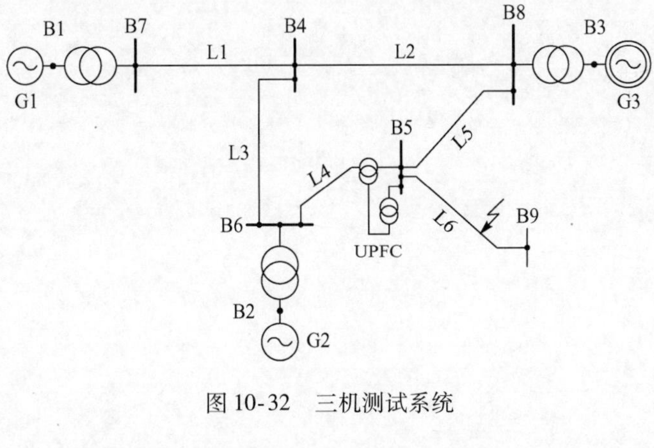

图 10-32　三机测试系统

故障引起两台发电机摇摆，因为两台发电机的参数不同，转子摇摆的频率有很大不同，使得衰减困难（见图 10-33 中的虚线）。然而，图 10-33 表明，安装了 UPFC 辅助控制器后，摇摆很快衰减并在小几秒后进入新的稳定状态（见图中的实线）。

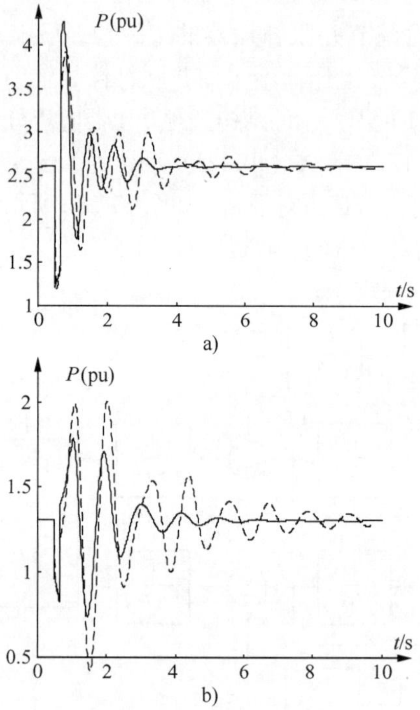

图 10-33　仿真结果示例：a）发电机 G1 的有功功率；b）发电机 G2 的有功功率

第 3 部分

电力系统动态高级专题

第 11 章

电力系统高级建模

在第 4 章中，扰动下发电机内部发生的动态相互作用是通过分析电枢和转子磁动势及磁链的变化来解释的。尽管这种方法可以解释产生电流和转矩的机理，但量化分析发电机在所有运行工况下的行为还是困难的。本章将采用一种更一般性的数学方法来量化分析电流和转矩的变化，而对物理意义的关注会少一点。为了建立这个数学模型，发电机将用若干个电气回路来代替，每个电气回路都有其自己的电感和电阻，并且回路之间存在互耦合。通过对特定类型扰动期间发电机内部的主导性变化进行适当的假设，此种详细数学模型可以被简化为一系列的发电机模型，而这些简化了的发电机模型就可以应用于特定的场合。

为了充分利用发电机的数学模型，建立涡轮机及其调速器的数学模型是必需的，同样建立 AVR 的数学模型也是必需的。这些内容将在本章的第二部分进行阐述。本章最后部分将讨论电力系统负荷和 FACTS 装置的合适模型。

11.1 同步发电机

为了考察同步电机在运行状态突然改变时其内部会发生什么，4.2 节对发电机机端突然发生短路后的发电机行为进行了描述。此故障的效应是使各绕组中的电流和磁链发生变化，而变化的模式与 3 种特征状态相对应。这 3 种特征状态被称为次暂态、暂态和稳态。在这 3 种特征状态的任何一种状态下，发电机可以用“一个电抗后的一个电动势”来表示，而电抗和电动势的取值与电枢反应磁通路径的磁阻有关，见 4.2.3 节的解释。实际上，从一种状态到另一种状态的转换是平滑的，因此虚拟的内电动势的值也是随着时间平滑变化的。在前面的章节中，这些平滑变化被忽略而假定内电动势在每一种特征状态下是恒定的。本章中，同步发电机内部的磁通变化将采用代数和微分方程进行更严格的分析，而这些代数和微分方程构成了同步发电机的高级动态数学模型。

11.1.1 假设汇总

一台发电机的横截面示意图如图 11-1 所示。假定该发电机具有三相定子电枢绕组（A，B，C），一个转子励磁绕组（F），两个转子阻尼绕组［其中一个在 d 轴（D）上，另一个在 q 轴（Q）上］。图 11-1 也给出了以 A 相轴线为基准的绕组之间的相对位置及其轴线。图中的标记法与图 4-3 中所用的是相同的，遵循正规的 IEEE 惯例（IEEE Committee Report，1969）。在推导数学模型时，采用了如下假设：

1）三相定子绕组是对称的。

2）所有绕组的电容可以忽略。

3）每个分布式绕组可以用一个集中绕组来表示。

4）因转子位置而引起的定子绕组电感变化是正弦形的，不含高次谐波。

5）磁滞损耗可以忽略，但阻尼绕组模型可以考虑涡流的影响。

6）在暂态和次暂态下，转子转速接近于同步转速（$\omega \approx \omega_s$）。

7）磁路为线性（不饱和），因而电感值不随电流而变。

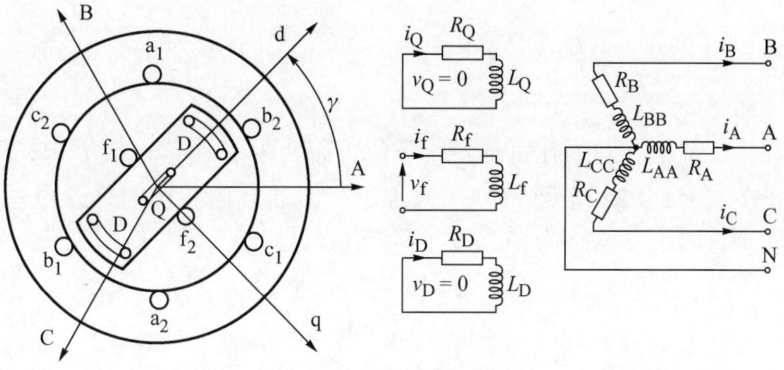

图 11-1　同步发电机的绕组及其轴线

11.1.2　定子坐标系下的磁链方程

发电机的所有绕组都是磁耦合的，从而每个绕组的磁链依赖于所有其他绕组的电流，这可以用如下的矩阵方程来表示：

$$\begin{bmatrix} \psi_A \\ \psi_B \\ \psi_C \\ \hdashline \psi_f \\ \psi_D \\ \psi_Q \end{bmatrix} = \left[\begin{array}{ccc:ccc} L_{AA} & L_{AB} & L_{AC} & L_{Af} & L_{AD} & L_{AQ} \\ L_{BA} & L_{BB} & L_{BC} & L_{Bf} & L_{BD} & L_{BQ} \\ L_{CA} & L_{CB} & L_{CC} & L_{Cf} & L_{CD} & L_{CQ} \\ \hdashline L_{fA} & L_{fB} & L_{fC} & L_{ff} & L_{fD} & L_{fQ} \\ L_{DA} & L_{DB} & L_{DC} & L_{Df} & L_{DD} & L_{DQ} \\ L_{QA} & L_{QB} & L_{QC} & L_{Qf} & L_{QD} & L_{QQ} \end{array}\right] \begin{bmatrix} i_A \\ i_B \\ i_C \\ \hdashline i_f \\ i_D \\ i_Q \end{bmatrix}$$

即

$$\begin{bmatrix} \psi_{ABC} \\ \hdashline \psi_{fDQ} \end{bmatrix} = \left[\begin{array}{c:c} \boldsymbol{L}_S & \boldsymbol{L}_{SR} \\ \hdashline \boldsymbol{L}_{SR}^T & \boldsymbol{L}_R \end{array}\right] \begin{bmatrix} \boldsymbol{i}_{ABC} \\ \hdashline \boldsymbol{i}_{fDQ} \end{bmatrix} \tag{11.1}$$

式中，$\boldsymbol{L}_S$是定子的自电感和互电感子矩阵，$\boldsymbol{L}_R$是转子的自电感和互电感子矩阵，$\boldsymbol{L}_{SR}$是转子到定子的互电感子矩阵。这些电感中的大多数由于凸极效应和转子旋转两个因素同时作用而做周期性变化。为了与上述假设相一致，这些电感变化的高次谐波将被忽略掉，从而每个电感可以用一个恒定分量加一个周期分量来表示。

对于图 11-1 所示的双极电机，当转子 d 轴与该相绕组轴线重合时定子相绕组的自电感系数达到最大值，因为当转子处于这一位置时该相磁通路径的磁阻取最小值。转子每旋转一周，这种磁阻取最小值的情况发生两次，因此定子自电感具有如下形式：

$$L_{AA} = L_S + \Delta L_S \cos 2\gamma,\quad L_{BB} = L_S + \Delta L_S \cos\left(2\gamma - \frac{2}{3}\pi\right),\quad L_{CC} = L_S + \Delta L_S \cos\left(2\gamma + \frac{2}{3}\pi\right) \tag{11.2}$$

式中，L_S和 ΔL_S为恒定值且 $L_S > \Delta L_S$。

由于每相定子绕组在空间上相对移动 120°，定子绕组之间的互电感是负的。当转子 d 轴处于两相绕组轴线中间时互电感的幅值最大，参考图 11-1 有

$$\begin{aligned} L_{AB} = L_{BA} &= -M_S - \Delta L_S \cos 2\left(\gamma + \frac{1}{6}\pi\right) \\ L_{BC} = L_{CB} &= -M_S - \Delta L_S \cos 2\left(\gamma - \frac{1}{2}\pi\right) \\ L_{CA} = L_{AC} &= -M_S - \Delta L_S \cos 2\left(\gamma + \frac{5}{6}\pi\right) \end{aligned} \tag{11.3}$$

式中，$M_S > \Delta L_S$。

定子绕组和转子绕组之间的互电感随转子位置而变化，当定子绕组和转子绕组轴线重合且具有相同的正磁通方向时互电感取到最大值；当磁通方向相反时，互电感取到负的最大值；当绕组轴线垂直时，互电感为零。再次参考图 11-1 有

$$\begin{gathered} L_{Af} = L_{fA} = M_f \cos\gamma \\ L_{AD} = L_{DA} = M_D \cos\gamma \\ L_{AQ} = L_{QA} = M_Q \sin\gamma \\ L_{Bf} = L_{fB} = M_f \cos\left(\gamma - \frac{2}{3}\pi\right), \quad L_{Cf} = L_{fC} = M_f \cos\left(\gamma + \frac{2}{3}\pi\right) \\ L_{BD} = L_{DB} = M_D \cos\left(\gamma - \frac{2}{3}\pi\right), \quad L_{CD} = L_{DC} = M_D \cos\left(\gamma + \frac{2}{3}\pi\right) \\ L_{BQ} = L_{QB} = M_Q \sin\left(\gamma - \frac{2}{3}\pi\right), \quad L_{CQ} = L_{QC} = M_Q \sin\left(\gamma + \frac{2}{3}\pi\right) \end{gathered} \tag{11.4}$$

转了绕组的自电感和互电感是恒定的，且与转子位置无关。由于 d 轴和 q 轴绕组是相互垂直的，故它们之间的互电感为零

$$L_{fQ} = L_{Qf} = 0 \quad 且 \quad L_{DQ} = L_{QD} = 0 \tag{11.5}$$

磁链方程式（11.1）中构成电感矩阵 $\boldsymbol{L}$ 的大多数元素依赖于转子位置，因此是时间的函数。

11.1.3 转子坐标系下的磁链方程

任何时刻转子相对于定子参考轴的位置是由角 γ 来定义的，如图 11-1 所示。定子坐标系（A，B，C）中的每相分量，不管是电压、电流还是磁链，都可以通过坐标系的变换而映射到（d，q）坐标系下，变换方程是角 γ 的三角函数。使用图 11-1 中的记号，电流向量为

$$\begin{aligned} i_d &= \beta_d\left[i_A \cos\gamma + i_B \cos\left(\gamma - \frac{2}{3}\pi\right) + i_C \cos\left(\gamma + \frac{2}{3}\pi\right)\right] \\ i_q &= \beta_q\left[i_A \sin\gamma + i_B \sin\left(\gamma - \frac{2}{3}\pi\right) + i_C \sin\left(\gamma + \frac{2}{3}\pi\right)\right] \end{aligned} \tag{11.6}$$

式中，β_d和 β_q为由于坐标系改变而引入的任意非零系数。式（11.6）描述了从定子（A，B，C）坐标系到转子坐标系（d，q）的一种单值变换。但从（d，q）到（A，B，C）的逆变换则不是单值的，因为式（11.6）中 2 个方程有 3 个未知变量 i_A、i_B、i_C。通过给（d，q）坐标

系补充一个附加坐标可以实现单值变换。采用与对称分量法相同的做法，假设这个附加坐标为零序坐标将会非常方便，即

$$i_0=\beta_0(i_A+i_B+i_C) \tag{11.7}$$

式中，β_0也是由于坐标系改变而引入的任意系数。将式（11.6）和式（11.7）结合起来有以下矩阵方程：

$$\begin{bmatrix} i_0 \\ i_d \\ i_q \end{bmatrix}=\begin{bmatrix} \beta_0 & \beta_0 & \beta_0 \\ \beta_d\cos\gamma & \beta_d\cos\left(\gamma-\frac{2}{3}\pi\right) & \beta_d\cos\left(\gamma+\frac{2}{3}\pi\right) \\ \beta_q\sin\gamma & \beta_q\sin\left(\gamma-\frac{2}{3}\pi\right) & \beta_q\sin\left(\gamma+\frac{2}{3}\pi\right) \end{bmatrix}\begin{bmatrix} i_A \\ i_B \\ i_C \end{bmatrix} \quad 即 \quad \boldsymbol{i}_{0dq}=\boldsymbol{W}\boldsymbol{i}_{ABC} \tag{11.8}$$

式中，系数β_0、β_d和β_q非零。由于矩阵 $\boldsymbol{W}$ 是非奇异的，因此逆变换是唯一的，有

$$\boldsymbol{i}_{ABC}=\boldsymbol{W}^{-1}\boldsymbol{i}_{0dq} \tag{11.9}$$

对相分量定子电压和磁链也有类似的变换。

转子电流、电压和磁链已经在（d，q）坐标系下，故不需要做变换，这样所有绕组电流的变换式可以写成

$$\begin{bmatrix} \boldsymbol{i}_{0dq} \\ \boldsymbol{i}_{fDQ} \end{bmatrix}=\begin{bmatrix} \boldsymbol{W} & \boldsymbol{0} \\ \boldsymbol{0} & \boldsymbol{1} \end{bmatrix}\begin{bmatrix} \boldsymbol{i}_{ABC} \\ \boldsymbol{i}_{fDQ} \end{bmatrix} \tag{11.10}$$

在此方程中，$\boldsymbol{i}_{fDQ}$为电流 $\boldsymbol{i}_f$、$\boldsymbol{i}_D$、$\boldsymbol{i}_Q$的列向量，而 $\boldsymbol{1}$ 为单位矩阵。对转子电压和磁链可以定义类似的变换。式（11.10）的反变换为

$$\begin{bmatrix} \boldsymbol{i}_{ABC} \\ \boldsymbol{i}_{fDQ} \end{bmatrix}=\begin{bmatrix} \boldsymbol{W}^{-1} & \boldsymbol{0} \\ \boldsymbol{0} & \boldsymbol{1} \end{bmatrix}\begin{bmatrix} \boldsymbol{i}_{0dq} \\ \boldsymbol{i}_{fDQ} \end{bmatrix} \tag{11.11}$$

将以上的反变换和类似的磁链变换代入磁链方程式（11.1），得到

$$\begin{bmatrix} \boldsymbol{\psi}_{0dq} \\ \boldsymbol{\psi}_{fDQ} \end{bmatrix}=\begin{bmatrix} \boldsymbol{W} & \boldsymbol{0} \\ \boldsymbol{0} & \boldsymbol{1} \end{bmatrix}\begin{bmatrix} \boldsymbol{L}_S & \boldsymbol{L}_{SR} \\ \boldsymbol{L}_{SR}^T & \boldsymbol{L}_W \end{bmatrix}\begin{bmatrix} \boldsymbol{W}^{-1} & \boldsymbol{0} \\ \boldsymbol{0} & \boldsymbol{1} \end{bmatrix}\begin{bmatrix} \boldsymbol{i}_{0dq} \\ \boldsymbol{i}_{fDQ} \end{bmatrix} \tag{11.12}$$

将式（11.12）中 3 个方阵相乘后，得到

$$\begin{bmatrix} \boldsymbol{\psi}_{0dq} \\ \boldsymbol{\psi}_{fDQ} \end{bmatrix}=\begin{bmatrix} \boldsymbol{W}\boldsymbol{L}_S\boldsymbol{W}^{-1} & \boldsymbol{W}\boldsymbol{L}_{SR} \\ \boldsymbol{L}_{SR}^T\boldsymbol{W}^{-1} & \boldsymbol{L}_W \end{bmatrix}\begin{bmatrix} \boldsymbol{i}_{0dq} \\ \boldsymbol{i}_{fDQ} \end{bmatrix} \tag{11.13}$$

由于坐标系改变而引入的系数现选定为$\beta_0=1/\sqrt{3}$和$\beta_d=\beta_q=\sqrt{2/3}$，得到如下变换矩阵

$$\boldsymbol{W}=\sqrt{\frac{2}{3}}\begin{bmatrix} \frac{1}{\sqrt{2}} & \frac{1}{\sqrt{2}} & \frac{1}{\sqrt{2}} \\ \cos\gamma & \cos\left(\gamma-\frac{2}{3}\pi\right) & \cos\left(\gamma+\frac{2}{3}\pi\right) \\ \sin\gamma & \sin\left(\gamma-\frac{2}{3}\pi\right) & \sin\left(\gamma+\frac{2}{3}\pi\right) \end{bmatrix} \tag{11.14}$$

采用上面选定的系数，有 $\boldsymbol{W}^{-1}=\boldsymbol{W}^T$，其中 $\boldsymbol{W}^{-1}$和 $\boldsymbol{W}^T$分别是 $\boldsymbol{W}$ 的逆矩阵和转置矩阵。对于满足条件 $\boldsymbol{W}^{-1}=\boldsymbol{W}^T$的矩阵，有 $\boldsymbol{W}\boldsymbol{W}^T=\boldsymbol{1}$，称这种矩阵为正交的。下面将会讲到，这样一种正交变换对于确保在（A，B，C）和（d，q）坐标系下计算出来的功率保持一致是必要的，同时此种变换被称为功率不变的变换。变换矩阵 $\boldsymbol{W}$ 将定子绕组的自电感和互电感子矩阵 $\boldsymbol{L}_S$

变换为

$$\boldsymbol{W}\boldsymbol{L}_{\mathrm{S}}\boldsymbol{W}^{-1}=\boldsymbol{W}\begin{bmatrix}L_{\mathrm{AA}} & L_{\mathrm{AB}} & L_{\mathrm{AC}}\\ L_{\mathrm{BA}} & L_{\mathrm{BB}} & L_{\mathrm{BC}}\\ L_{\mathrm{CA}} & L_{\mathrm{CB}} & L_{\mathrm{CC}}\end{bmatrix}\boldsymbol{W}^{-1}=\begin{bmatrix}L_0 & & \\ & L_{\mathrm{d}} & \\ & & L_{\mathrm{q}}\end{bmatrix} \tag{11.15}$$

这是一个对角矩阵，其中，$L_0=L_{\mathrm{S}}-2M_{\mathrm{S}}$，$L_{\mathrm{d}}=L_{\mathrm{S}}+M_{\mathrm{S}}+3\Delta L_{\mathrm{S}}/2$，$L_{\mathrm{q}}=L_{\mathrm{S}}+M_{\mathrm{S}}-3\Delta L_{\mathrm{S}}/2$。类似地，定子绕组和转子绕组之间的互电感子矩阵可以变换为

$$\boldsymbol{W}\boldsymbol{L}_{\mathrm{SR}}=\boldsymbol{W}\begin{bmatrix}L_{\mathrm{Af}} & L_{\mathrm{AB}} & L_{\mathrm{AQ}}\\ L_{\mathrm{Bf}} & L_{\mathrm{BD}} & L_{\mathrm{BQ}}\\ L_{\mathrm{Cf}} & L_{\mathrm{CD}} & L_{\mathrm{CQ}}\end{bmatrix}=\begin{bmatrix} & & \\ kM_{\mathrm{f}} & kM_{\mathrm{D}} & \\ & & kM_{\mathrm{Q}}\end{bmatrix}$$

式中，$k=\sqrt{3/2}$。转子绕组和定子绕组之间的互电感子矩阵也可以变换为相同形式，因为 $\boldsymbol{W}^{-1}=\boldsymbol{W}^{\mathrm{T}}$ 有

$$\boldsymbol{L}_{\mathrm{SR}}^{\mathrm{T}}\boldsymbol{W}^{-1}=\boldsymbol{L}_{\mathrm{SR}}^{\mathrm{T}}\boldsymbol{W}^{\mathrm{T}}=(\boldsymbol{W}\boldsymbol{L}_{\mathrm{SR}})^{\mathrm{T}}$$

转子绕组的自电感和互电感矩阵没有变化。通过这些变换，式（11.13）最终变为

$$\begin{bmatrix}\psi_0\\ \psi_{\mathrm{d}}\\ \psi_{\mathrm{q}}\\ \psi_{\mathrm{f}}\\ \psi_{\mathrm{D}}\\ \psi_{\mathrm{Q}}\end{bmatrix}=\begin{bmatrix}L_0 & & & & & \\ & L_{\mathrm{d}} & & kM_{\mathrm{f}} & kM_{\mathrm{D}} & \\ & & L_{\mathrm{q}} & & & kM_{\mathrm{Q}}\\ & kM_{\mathrm{f}} & & L_{\mathrm{f}} & L_{\mathrm{fD}} & \\ & kM_{\mathrm{D}} & & L_{\mathrm{fd}} & L_{\mathrm{D}} & \\ & & kM_{\mathrm{Q}} & & & L_{\mathrm{Q}}\end{bmatrix}\begin{bmatrix}i_0\\ i_{\mathrm{d}}\\ i_{\mathrm{q}}\\ i_{\mathrm{f}}\\ i_{\mathrm{D}}\\ i_{\mathrm{Q}}\end{bmatrix} \tag{11.16}$$

上述方程的一个重要特点是电感矩阵是对称的。这是因为正确选择了变换矩阵 $\boldsymbol{W}$ 的变换系数 β_0、β_{d}、β_{q}，从而确保了变换矩阵 $\boldsymbol{W}$ 的正交性。

将发电机的所有绕组变换到转子坐标系下的变换被称为 0dq 变换或 Park 变换。原始的变换矩阵是由 Park 提出的（Concordia，1951），该变换矩阵不是正交的，因此所得出的等效电感矩阵不是对称的。Concordia 对此进行了修正，但习惯上此变换仍被称为 Park 变换或改进的 Park 变换。式（11.16）中电感矩阵的所有元素都是恒定的且与时间无关，这是 Park 变换的主要优势。

对变量进行重新排序后，式（11.16）可以写成三组独立的方程：

$$\psi_0=L_0 i_0 \tag{11.17}$$

$$\begin{bmatrix}\psi_{\mathrm{d}}\\ \psi_{\mathrm{f}}\\ \psi_{\mathrm{D}}\end{bmatrix}=\begin{bmatrix}L_{\mathrm{d}} & kM_{\mathrm{f}} & kM_{\mathrm{D}}\\ kM_{\mathrm{f}} & L_{\mathrm{f}} & L_{\mathrm{fD}}\\ kM_{\mathrm{D}} & L_{\mathrm{fD}} & L_{\mathrm{D}}\end{bmatrix}\begin{bmatrix}i_{\mathrm{d}}\\ i_{\mathrm{f}}\\ i_{\mathrm{D}}\end{bmatrix} \tag{11.18}$$

$$\begin{bmatrix}\psi_{\mathrm{q}}\\ \psi_{\mathrm{Q}}\end{bmatrix}=\begin{bmatrix}L_{\mathrm{q}} & kM_{\mathrm{Q}}\\ kM_{\mathrm{Q}} & L_{\mathrm{Q}}\end{bmatrix}\begin{bmatrix}i_{\mathrm{q}}\\ i_{\mathrm{Q}}\end{bmatrix} \tag{11.19}$$

这些方程描述了如图 11-2 所示的 3 个不同集合的磁耦合绕组。集合之间是相互独立的，即不同集合的绕组之间不存在磁耦合。图 11-2 将 3 个集合的绕组显示为相互垂直以反映这一特性。由式（11.18）表示的第一个集合的绕组包括了 d 轴上的 3 个绕组；其中的两个绕组 f

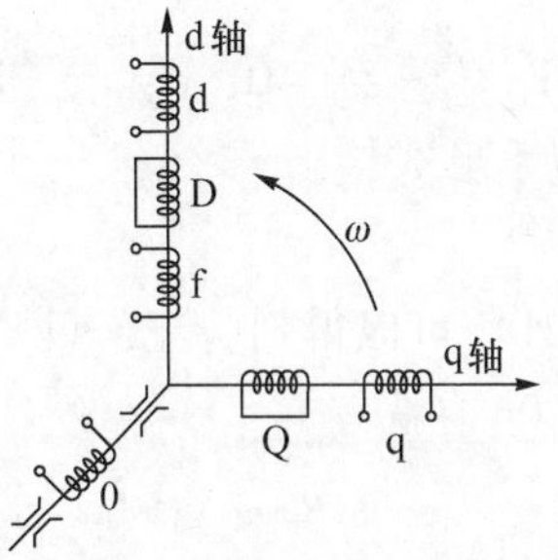

图 11-2　表示同步发电机的
3 个不同集合虚拟绕组
（不同集合绕组之间相互正交）

和 D，对应于转子的真实励磁绕组和阻尼绕组；而用 d 标记的第 3 个绕组是虚拟的，表示三相定子绕组在转子 d 轴方向的效应。此虚拟的 d 轴绕组是与转子一起旋转的。

由式（11.19）表示的第二个集合的绕组包括 2 个绕组；第 1 个标记为 Q，对应于转子 q 轴的真实阻尼绕组；而第 2 个标记为 q 的是一个虚拟的绕组，表示三相定子绕组在转子 q 轴方向的效应。显然 2 个绕组都是与转子一起旋转的。

式（11.17）表示的第三个集合的绕组只有 1 个绕组，该集合绕组与另外 2 个集合的绕组在磁场上是分离的。如图 11-2 所示，此绕组与 d 轴和 q 轴均垂直且其轴线与等效转子的旋转轴重合。若定子三相绕组为星形联结且中性点不接地，则此绕组可以省略。因为采用此种接法时，定子相电流之和必须为零；因为 $i_0 = (i_A + i_B + i_C)/\sqrt{3} = 0$，故流过这个第三集合绕组的电流也为零。

通过考察式（11.16）可以给出 d 轴和 q 轴绕组的物理解释。此式定义了发电机内部的磁链，但将实际的定子三相电枢绕组用一个 d 轴上的绕组和一个 q 轴上的绕组来代替。正如第 3 章已证明的，三相定子电枢绕组中的电流会产生一个旋转电枢反应磁通，此磁通会以一定的角度进入转子，此角度依赖于电枢的负载状态。在转子的（d，q）坐标系下，此旋转磁通可以简单地用两个直流磁通分量表示：一个沿着 d 轴方向，另一个沿着 q 轴方向。这些（d，q）分量磁通是由流过两个虚拟（d，q）电枢绕组的电流产生的。循着这个思路，就涉及确定虚拟 d 轴和 q 轴电枢绕组的匝数问题，因而选择变换系数 $\beta_d = \beta_q = \sqrt{2/3}$ 具有非常重要的意义。在三相电枢电流平衡的情况下，式（3.42）证明与转子一起旋转的电枢磁动势的值等于 $3/2N_aI_m$，其中 N_a 为每相串联的有效匝数，且 $I_m = \sqrt{2}I_g$。但是，在式（11.82）中将会证明，相同的三相平衡电流产生的 i_d 和 i_q 的最大值为 $\sqrt{3/2}I_m$。因此，如果 i_d 和 i_q 需要产生与实际三相电枢绕组相同的磁动势，d 轴和 q 轴电枢绕组必须具有实际相电枢绕组 $\sqrt{3/2}$ 倍的匝数。这个结果可通过令因数 $k = \sqrt{3/2}$ 来反映，k 出现在 d 轴电枢绕组和 d 轴 2 个转子绕组之间的互电感中。这个相同的因数也存在于 q 轴电枢绕组和 q 轴阻尼绕组之间的互电感中。

其他的变换系数值也可以用来产生一个正交变换。特别地，2/3 这个变换系数受到很多作者的偏爱，例如 Adkins（1957）。其原因在文献 Harris，Lawrenson and Stephenson（1970）中通过比较不同的变换系统进行了讨论。在他们的讨论中，认为 2/3 这个变换系数相比于 $\sqrt{2/3}$ 与发电机内的磁通条件联系更紧密。当电流变换系数为 2/3 时，d 轴和 q 轴电枢绕组与每相绕组具有相同的匝数。但是，为了维持恒功率变换，用于电压变换的系数与用于电流变换的系数是不同的，除非采用标幺值系统。在此种系统中，相绕组电流与 d 轴和 q 轴绕组电流的基准值是不同的；（d，q）基准电流与（A，B，C）基准电流相差一个 3/2 的因数。

11.1.3.1　（0dq）坐标系下的功率

发电机三相功率输出等于定子电压和电流的标量积

$$p_g = v_A i_A + v_B i_B + v_C i_C = \boldsymbol{v}_{ABC}^T \boldsymbol{i}_{ABC} \tag{11.20}$$

从（A，B，C）到（0，d，q）坐标系的正交变换确保了变换过程中功率不变，因此功率也可以用以下形式给出

$$p_g = v_0 i_0 + v_d i_d + v_q i_q = \boldsymbol{v}_{0dq}^T \boldsymbol{i}_{0dq} \tag{11.21}$$

式（11.21）可以得到验证，只要把电压和电流的变换式 $\boldsymbol{v}_{ABC} = \boldsymbol{W}^{-1}\boldsymbol{v}_{0dq}$ 和 $\boldsymbol{i}_{ABC} = \boldsymbol{W}^{-1}\boldsymbol{i}_{0dq}$ 代入式（11.20），就有

$$\begin{aligned} p_g &= \boldsymbol{v}_{ABC}^T \boldsymbol{i}_{ABC} = (\boldsymbol{W}^{-1}\boldsymbol{v}_{0dq})^T \boldsymbol{W}^{-1}\boldsymbol{i}_{0dq} = \boldsymbol{v}_{0dq}^T (\boldsymbol{W}^{-1})^T \boldsymbol{W}^{-1}\boldsymbol{i}_{0dq} \\ &= \boldsymbol{v}_{0dq}^T (\boldsymbol{W}^T)^T \boldsymbol{W}^{-1}\boldsymbol{i}_{0dq} = \boldsymbol{v}_{0dq}^T \boldsymbol{W}\boldsymbol{W}^{-1}\boldsymbol{i}_{0dq} = \boldsymbol{v}_{0dq}^T \boldsymbol{i}_{0dq} \end{aligned}$$

注意，由于矩阵 $\boldsymbol{W}$ 是正交的，$\boldsymbol{W}^{-1} = \boldsymbol{W}^T$。

11.1.4 电压方程

图11-1所示的绕组电路可以分为两种特征类型。第一种类型包括定子绕组（A，B，C）和阻尼绕组（D，Q），其特征是绕组中的感应电动势激励绕组中的电流；基尔霍夫电压定律在此种电路中的应用如图11-3a所示。第二种类型的代表是转子励磁绕组f，其流过的电流是由外部电压源激励的；这种情况下，绕组中感应出来的电动势是阻碍此电流流通的；此种类型电路的等效电路如图11-3b所示。电压参考方向遵循与图11-1相同的惯例。

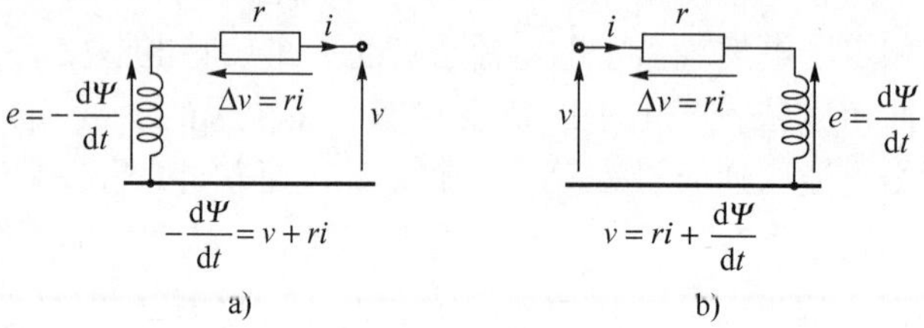

图11-3　将基尔霍夫电压定律应用于两种类型的电路：a）发电机电路；b）电动机电路

使用这个惯例，在（A，B，C）坐标系下的电压方程为

$$\begin{bmatrix} v_A \\ v_B \\ v_C \\ -v_f \\ 0 \\ 0 \end{bmatrix} = -\begin{bmatrix} R_A & & & & & \\ & R_B & & & & \\ & & R_C & & & \\ & & & R_f & & \\ & & & & R_D & \\ & & & & & R_Q \end{bmatrix}\begin{bmatrix} i_A \\ i_B \\ i_C \\ i_f \\ i_D \\ i_Q \end{bmatrix} - \frac{d}{dt}\begin{bmatrix} \psi_A \\ \psi_B \\ \psi_C \\ \psi_f \\ \psi_D \\ \psi_Q \end{bmatrix} \tag{11.22}$$

或者，写成紧凑的矩阵形式：

$$\begin{bmatrix} \boldsymbol{v}_{ABC} \\ \boldsymbol{v}_{fDQ} \end{bmatrix} = -\begin{bmatrix} \boldsymbol{R}_{ABC} & \\ & \boldsymbol{R}_{fDQ} \end{bmatrix}\begin{bmatrix} \boldsymbol{i}_{ABC} \\ \boldsymbol{i}_{fDQ} \end{bmatrix} - \frac{d}{dt}\begin{bmatrix} \boldsymbol{\psi}_{ABC} \\ \boldsymbol{\psi}_{fDQ} \end{bmatrix} \tag{11.23}$$

式中，$\boldsymbol{R}_{ABC}$ 和 $\boldsymbol{R}_{fDQ}$ 为对角电阻矩阵。将式（11.11）的变换关系应用于电流、电压和磁链，上述方程可以被变换到旋转坐标系下。经过一些代数运算后可得

$$\begin{bmatrix} \boldsymbol{W}^{-1} & \\ & \boldsymbol{1} \end{bmatrix}\begin{bmatrix} \boldsymbol{v}_{0dq} \\ \boldsymbol{v}_{fDQ} \end{bmatrix} = -\begin{bmatrix} \boldsymbol{R}_{ABC} & \\ & \boldsymbol{R}_{fDQ} \end{bmatrix}\begin{bmatrix} \boldsymbol{W}^{-1} & \\ & \boldsymbol{1} \end{bmatrix}\begin{bmatrix} \boldsymbol{i}_{0dq} \\ \boldsymbol{i}_{fDQ} \end{bmatrix} - \frac{d}{dt}\begin{bmatrix} \boldsymbol{W}^{-1} & \\ & \boldsymbol{1} \end{bmatrix}\begin{bmatrix} \boldsymbol{\psi}_{0dq} \\ \boldsymbol{\psi}_{fDQ} \end{bmatrix}$$

上式在左乘变换矩阵 $\boldsymbol{W}$ 后变为

$$\begin{bmatrix} \boldsymbol{v}_{0\mathrm{dq}} \\ \boldsymbol{v}_{\mathrm{fDQ}} \end{bmatrix} = -\begin{bmatrix} \boldsymbol{W} & \\ & \boldsymbol{1} \end{bmatrix}\begin{bmatrix} \boldsymbol{R}_{\mathrm{ABC}} & \\ & \boldsymbol{R}_{\mathrm{fDQ}} \end{bmatrix}\begin{bmatrix} \boldsymbol{W}^{-1} & \\ & \boldsymbol{1} \end{bmatrix}\begin{bmatrix} \boldsymbol{i}_{0\mathrm{dq}} \\ \boldsymbol{i}_{\mathrm{fDQ}} \end{bmatrix} - \begin{bmatrix} \boldsymbol{W} & \\ & \boldsymbol{1} \end{bmatrix}\frac{\mathrm{d}}{\mathrm{d}t}\left\{\begin{bmatrix} \boldsymbol{W}^{-1} & \\ & \boldsymbol{1} \end{bmatrix}\begin{bmatrix} \boldsymbol{\psi}_{0\mathrm{dq}} \\ \boldsymbol{\psi}_{\mathrm{fDQ}} \end{bmatrix}\right\} \tag{11.24}$$

如果定子各相绕组的电阻相等，$R_{\mathrm{A}} = R_{\mathrm{B}} = R_{\mathrm{C}} = R$，而式（11.24）右边前 3 个矩阵的乘积是对角矩阵，即

$$\boldsymbol{W}\boldsymbol{R}_{\mathrm{ABC}}\boldsymbol{W}^{-1} = \boldsymbol{R}_{\mathrm{ABC}} \tag{11.25}$$

根据式（11.14），变换矩阵 $\boldsymbol{W}$ 为时间的函数，而式（11.24）最后一项的导数必须作为两个函数的积的导数来计算，即

$$\frac{\mathrm{d}}{\mathrm{d}t}(\boldsymbol{W}^{-1}\boldsymbol{\psi}_{0\mathrm{dq}}) = \dot{\boldsymbol{W}}^{-1}\boldsymbol{\psi}_{0\mathrm{dq}} + \boldsymbol{W}^{-1}\dot{\boldsymbol{\psi}}_{0\mathrm{dq}}$$

式中，变量顶上的“点”表示对时间的导数。乘以变换矩阵后得到

$$\boldsymbol{W}\frac{\mathrm{d}}{\mathrm{d}t}(\boldsymbol{W}^{-1}\boldsymbol{\psi}_{0\mathrm{dq}}) = (\boldsymbol{W}\dot{\boldsymbol{W}}^{-1})\boldsymbol{\psi}_{0\mathrm{dq}} + \dot{\boldsymbol{\psi}}_{0\mathrm{dq}} = -(\dot{\boldsymbol{W}}\boldsymbol{W}^{-1})\boldsymbol{\psi}_{0\mathrm{dq}} + \dot{\boldsymbol{\psi}}_{0\mathrm{dq}} \tag{11.26}$$

由于积 $\boldsymbol{W}\boldsymbol{W}^{-1} = 1$ 的导数为 $\dot{\boldsymbol{W}}\boldsymbol{W}^{-1} + \boldsymbol{W}\dot{\boldsymbol{W}}^{-1} = \boldsymbol{0}$，有 $\dot{\boldsymbol{W}}\boldsymbol{W}^{-1} = -\boldsymbol{W}\dot{\boldsymbol{W}}^{-1}$。记 $\dot{\boldsymbol{W}}$ 为 $\dot{\boldsymbol{W}} = \mathrm{d}\boldsymbol{W}/\mathrm{d}t$，并乘以 $\boldsymbol{W}^{-1} = \boldsymbol{W}^{\mathrm{T}}$，则 $\dot{\boldsymbol{W}}\boldsymbol{W}^{-1}$ 为

$$\boldsymbol{\Omega} = \dot{\boldsymbol{W}}\boldsymbol{W}^{-1} = \omega\begin{bmatrix} 0 & 0 & 0 \\ 0 & 0 & -1 \\ 0 & 1 & 0 \end{bmatrix} \tag{11.27}$$

这个矩阵被称为旋转矩阵，因为它将与旋转速度有关的项引入到电压方程中。

（d，q）坐标系下的电压方程可以通过把式（11.25）~式（11.27）代入到式（11.24）中得到

$$\begin{bmatrix} \boldsymbol{v}_{0\mathrm{dq}} \\ \boldsymbol{v}_{\mathrm{fDQ}} \end{bmatrix} = -\begin{bmatrix} \boldsymbol{R}_{\mathrm{ABC}} & \\ & \boldsymbol{R}_{\mathrm{fDQ}} \end{bmatrix}\begin{bmatrix} \boldsymbol{i}_{0\mathrm{dq}} \\ \boldsymbol{i}_{\mathrm{fDQ}} \end{bmatrix} - \begin{bmatrix} \dot{\boldsymbol{\psi}}_{0\mathrm{dq}} \\ \dot{\boldsymbol{\psi}}_{\mathrm{fDQ}} \end{bmatrix} + \begin{bmatrix} \boldsymbol{\Omega} & \\ & \boldsymbol{0} \end{bmatrix}\begin{bmatrix} \boldsymbol{\psi}_{0\mathrm{dq}} \\ \boldsymbol{\psi}_{\mathrm{fDQ}} \end{bmatrix} \tag{11.28}$$

上述方程，如果没有 $\boldsymbol{\Omega}\boldsymbol{\psi}_{0\mathrm{dq}}$ 项，就是对如图 11-2 所示的等效发电机电路的基尔霍夫电压定律描述。旋转项代表了因磁场旋转而在定子绕组中感生的电动势。这些旋转电动势可表示为

$$\boldsymbol{\Omega}\boldsymbol{\psi}_{0\mathrm{dq}} = \omega\begin{bmatrix} 0 & 0 & 0 \\ 0 & 0 & -1 \\ 0 & 1 & 0 \end{bmatrix}\begin{bmatrix} \psi_0 \\ \psi_{\mathrm{d}} \\ \psi_{\mathrm{q}} \end{bmatrix} = \begin{bmatrix} 0 \\ -\omega\psi_{\mathrm{q}} \\ +\omega\psi_{\mathrm{d}} \end{bmatrix} \tag{11.29}$$

这个方程的重要性在于表明了，d 轴旋转电动势是由 q 轴磁通感生的，而 q 轴旋转电动势是由 d 轴磁通感生的；其中的正号和负号是由假定的转子轴参考方向及其旋转方向以及感应电动势必须滞后于磁通 90°所决定的。

电枢电动势与磁通的变化率成正比，用 $\dot{\boldsymbol{\psi}}$ 项表示，因此将 $\dot{\boldsymbol{\psi}}$ 项称为变压器电动势，其是由处于同一个轴上的绕组中的电流变化引起的。即使电机处于静止状态，变压器电动势也是存在的。

式（11.28）可以展开成如下形式：

$$\left.\begin{aligned} v_0 &= -Ri_0 - \dot{\psi}_0 \\ v_d &= -Ri_d - \dot{\psi}_d - \omega\psi_q \\ v_q &= -Ri_q - \dot{\psi}_q + \omega\psi_d \end{aligned}\right\}\text{定子} \tag{11.30}$$

$$\left.\begin{aligned} v_f &= R_f i_f + \dot{\psi}_f \\ 0 &= R_D i_D + \dot{\psi}_D \\ 0 &= R_Q i_Q + \dot{\psi}_Q \end{aligned}\right\}\text{转子} \tag{11.31}$$

如果只考虑三相平衡运行，那么不存在零序电流，与零序相对应的定子方程组中的第1个方程可以省略[⊖]。一般地，发电机的转速变化是很小的（$\omega \approx \omega_s$），而变压器电动势（$\dot{\psi}_d$ 和 $\dot{\psi}_q$）与旋转电动势（$-\omega\psi_q$ 和 $+\omega\psi_d$）相比也很小，而旋转电动势的值与对应的发电机电压分量值接近。若忽略变压器电动势，那么描述定子电压的微分方程组式（11.30）就可以用如下两个代数方程来替代：

$$\begin{bmatrix} v_d \\ v_q \end{bmatrix} \approx -\begin{bmatrix} R & 0 \\ 0 & R \end{bmatrix}\begin{bmatrix} i_d \\ i_q \end{bmatrix} + \omega\begin{bmatrix} -\psi_q \\ +\psi_d \end{bmatrix} \tag{11.32}$$

描述转子绕组电压的微分方程式（11.31）保持不变，并可以重写为如下形式：

$$\begin{bmatrix} \dot{\psi}_f \\ \dot{\psi}_D \\ \dot{\psi}_Q \end{bmatrix} = -\begin{bmatrix} R_f & 0 & 0 \\ 0 & R_D & 0 \\ 0 & 0 & R_Q \end{bmatrix}\begin{bmatrix} i_f \\ i_D \\ i_Q \end{bmatrix} + \begin{bmatrix} v_f \\ 0 \\ 0 \end{bmatrix} \tag{11.33}$$

电压方程式（11.32）和式（11.33）以及磁链方程式（11.18）和式（11.19）构成了同步发电机在忽略变压器电动势时的完整模型。

在应用于电力系统分析时，发电机方程必须与描述输电网络的方程相接口。如果模型中包含电枢变压器电动势，即用两个微分方程来描述电枢电压，那么就意味着输电网络本身也必须用微分方程来描述。除了最简单的系统外，这种做法将使系统方程变得异常复杂，需要耗费大量的计算时间；同时也意味着对参数精度有不切实际的要求；除了研究转子轴系转矩外，这种做法对研究机电动态特性也是不必要的。通过忽略变压器电动势，上述电枢微分方程可以用两个代数方程来替代，从而使电力系统可以用一组代数方程来描述，如第3章的式（3.146）所示。这大大简化了发电机与输电网之间的接口。

对于很多种类的电力系统研究来说，重新叙述并简化发电机的完整模型，即式（11.32）、式（11.33）、式（11.18）和式（11.19），以使它们在形式上更容易被接受

⊖ 因为0轴电压和磁链方程与其他两个轴的方程是解耦的，故这些方程在三相不平衡运行状态下可以分别单独求解。——原书注

并更容易与输电网络相接口，是有可能且被高度期望的。在考察如何进行这些变更前，把这些电路方程与发电机在稳态、暂态或次暂态下的内部磁通条件联系起来是十分必要的。这些磁通条件和特征状态在第 4 章已进行了广泛的描述和讨论。

11.1.5　基于电路量的发电机电抗

d 轴上有 3 个 *RL* 耦合电路，分别为 d 轴电枢绕组、励磁绕组和 d 轴阻尼绕组，如图 11-4a 所示。而在 q 轴上只有两个绕组，分别为 q 轴电枢绕组和 q 轴阻尼绕组，如图 11-4b 所示。当从电枢端口看进去的时候，电枢绕组对任何电流变化的有效阻抗与不同电气回路的参数、电气回路之间的耦合情况以及电气回路是闭合还是开路有关。

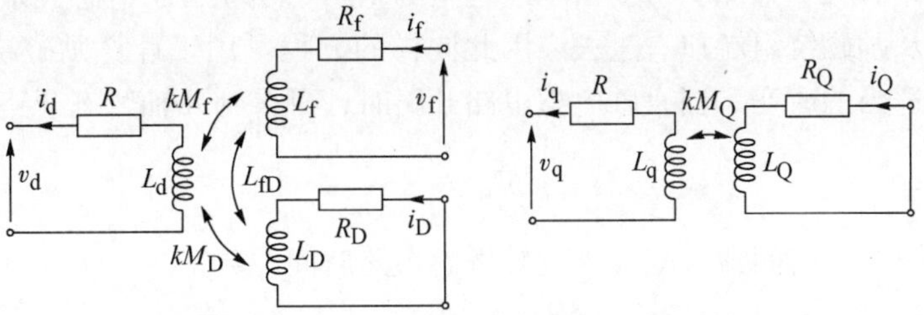

图 11-4　d 轴和 q 轴耦合电路：a）d 轴；b）q 轴

11.1.5.1　稳态分析

稳态时，电枢磁通已进入到所有的转子绕组，励磁绕组和阻尼绕组电流是恒定的，电枢电流仅仅在 d 轴方向看到直轴同步电感 L_d 和在 q 轴方向看到交轴同步电感 L_q。

11.1.5.2　暂态分析

暂态时电枢磁通已进入阻尼绕组，而励磁绕组将电枢磁通屏蔽在转子体之外。此时阻尼绕组不再有效，可以从模型中去除，而励磁绕组的屏蔽作用可以通过将励磁绕组短路并设定其电阻为零来进行模拟，如图 11-5a 所示。这有效地表达了励磁绕组为维持其磁链恒定而产生的电流变化情况，这是与暂态阶段的定义相一致的。d 轴方向的电路方程可以写为

$$\begin{aligned} v_d &= Ri_d + L_d\frac{\mathrm{d}i_d}{\mathrm{d}t} + kM_f\frac{\mathrm{d}\Delta i_f}{\mathrm{d}t} \\ \Delta v_f &= 0 = L_f\frac{\mathrm{d}\Delta i_f}{\mathrm{d}t} + kM_f\frac{\mathrm{d}i_d}{\mathrm{d}t} \end{aligned} \tag{11.34}$$

这里，采用拉普拉斯变换法来对上述微分方程组进行求解是方便的。由于初始条件都为零，因此 d/dt 可以直接用拉普拉斯算子 s 来代替，从而可以将上述微分方程组写成矩阵形式

$$\begin{bmatrix} v_d \\ 0 \end{bmatrix} = \begin{bmatrix} R+sL_d & skM_f \\ skM_f & sL_f \end{bmatrix}\begin{bmatrix} i_d \\ \Delta i_f \end{bmatrix} \tag{11.35}$$

这个方程[⊖]可以通过消去 Δi_f求出 v_d，为

$$v_d = (R + sL'_d)\,i_d \tag{11.36}$$

⊖　一般性的矩阵方程 $\begin{bmatrix} \boldsymbol{v}_1 \\ \boldsymbol{0} \end{bmatrix} = \begin{bmatrix} z_{11} & z_{12} \\ z_{21} & z_{22} \end{bmatrix}\begin{bmatrix} \boldsymbol{i}_1 \\ \boldsymbol{i}_2 \end{bmatrix}$ 有解 $\boldsymbol{v}_1 = z_{eq}\boldsymbol{i}_1$，其中 $z_{eq} = [z_{11} - z_{12}z_{22}^{-1}z_{21}]$。——原书注

式中，d 轴暂态电感为

$$L_d' = L_d - \frac{k^2 M_f^2}{L_f}, \qquad X_d' = \omega L_d' \tag{11.37}$$

由于交轴无励磁绕组

$$L_q' = L_q, \qquad X_q' = \omega L_q' = X_q \tag{11.38}$$

但是在许多情况下，将汽轮发电机的转子体用一个附加的 q 轴转子绕组来表示是方便的，这样，类似于 L_d'，会产生一个关于 L_q' 的方程。此点的重要性后面讨论发电机模型时还会再次提及。

对于感应出来的励磁电流，定义其衰减时间常数也是有用的。此时间常数与 d 轴电枢绕组是开路还是短路有关，如图 11-5b 所示。这里的电路与建立暂态电感关系所用的电路十分相似，但现在是从励磁绕组端口看进去。因此同样的方程可用于计算励磁绕组的有效电感，只需要将符号做适当的改变。当直轴电枢电路开路时，可得到 d 轴暂态开路时间常数 T_{do}' 为

$$T_{do}' = \frac{L_f}{R_f} \tag{11.39}$$

而当电枢电路短路时，时间常数变成为 d 轴暂态短路时间常数 T_d'

$$T_d' = \left(L_f - \frac{k^2 M_f^2}{L_d}\right)\frac{1}{R_f} = T_{do}'\frac{L_d'}{L_d} \tag{11.40}$$

由于不存在交轴励磁电路，因此也不存在 q 轴暂态时间常数。

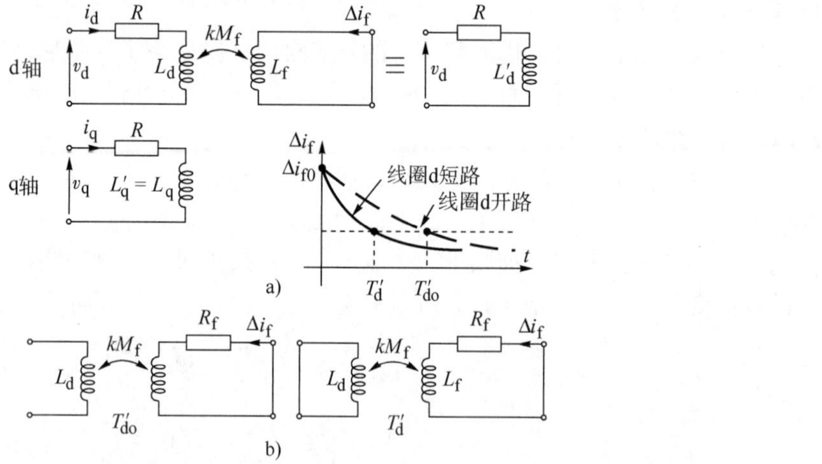

图 11-5　暂态下 d 轴和 q 轴耦合电路：a）确定暂态电感；b）确定励磁绕组时间常数

11.1.5.3　次暂态分析

在次暂态下，电枢磁通在阻尼绕组附近偏转并被励磁绕组排挤在外。反映这种磁通状态的电路结构如图 11-6a 所示。现在所有转子电路都是短路的且电阻为零。

在 d 轴方向，耦合电路的矩阵方程变为

$$\begin{bmatrix} v_d \\ 0 \\ 0 \end{bmatrix} = \begin{bmatrix} R + sL_d & skM_f & skM_D \\ skM_f & sL_f & sL_{fD} \\ skM_D & sL_{fD} & L_D \end{bmatrix} \begin{bmatrix} i_d \\ \Delta i_f \\ i_D \end{bmatrix} \tag{11.41}$$

即

$$v_d = (R + sL''_d)\,i_d \tag{11.42}$$

运用与之前相同的矩阵处理方法消去后面的两行和两列，得到

$$L''_d = L_d - \left[\frac{k^2M_f^2L_D + k^2M_D^2L_f - 2kM_fkM_DL_{fD}}{L_DL_f - L_{fD}^2}\right] \quad 和 \quad X''_d = \omega L''_d \tag{11.43}$$

在交轴上有一个与表示 d 轴暂态电抗方程式（11.37）相类似的方程，为

$$L''_q = L_q - \frac{k^2M_Q^2}{L_Q}, \qquad X''_q = \omega L''_q \tag{11.44}$$

与暂态下的分析类似，对于阻尼绕组电流的衰减，可以建立一组直轴时间常数，采用如图 11-6b 所示的等效电路，有

$$\begin{aligned} T''_{do} &= \left(L_D - \frac{L_{fD}^2}{L_f}\right)\frac{1}{R_D} \\ T''_d &= \left[L_D - \left(\frac{L_{fD}^2L_d + k^2M_D^2L_f - 2L_{fD}kM_DkM_f}{L_dL_f - k^2M_f^2}\right)\right]\frac{1}{R_D} = T''_{do}\frac{L''_d}{L'_d} \end{aligned} \tag{11.45}$$

式中，T''_{do}为 d 轴次暂态开路时间常数，而 T''_d 为 d 轴次暂态短路时间常数。

如果 q 轴不存在转子体屏蔽效应，那么交轴等效时间常数为

$$T''_{qo} = \frac{L_Q}{R_Q}, \qquad T''_q = \left(L_Q - \frac{k^2M_Q^2}{L_q}\right)\frac{1}{R_Q} = T''_{qo}\frac{L''_q}{L'_q} \tag{11.46}$$

回顾一下，开路和短路时间常数之间的类似关系已在第 4 章的式（4.16）中导出过，只不过所用的方法没有这里精确。

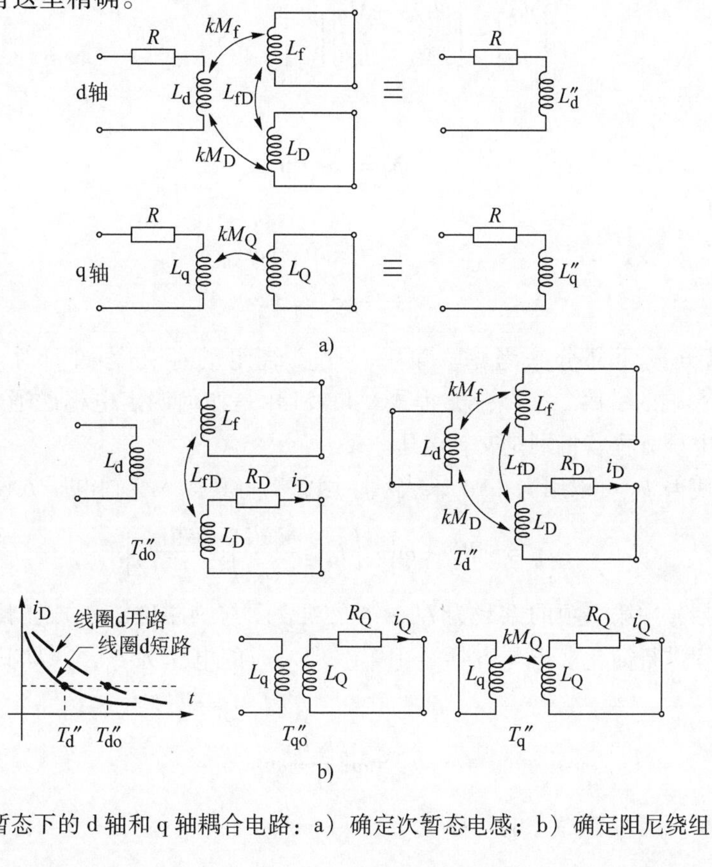

图 11-6　次暂态下的 d 轴和 q 轴耦合电路：a）确定次暂态电感；b）确定阻尼绕组时间常数

11.1.6 同步发电机方程

在确定了耦合电路参数与发电机电抗和时间常数之间的关系之后，在忽略电枢变压器电动势的情况下，现在可以对构成完整发电机模型的方程组进行更仔细的考察，以建立更加有意义的表达式。

11.1.6.1 稳态运行

稳态下，励磁绕组电流是恒定的而阻尼绕组电流 $i_D = i_Q = 0$，因此式（11.18）和式（11.19）中的电枢磁链 ψ_d 和 ψ_q 变为

$$\psi_d = L_d i_d + kM_f i_f, \quad \psi_q = L_q i_q \tag{11.47}$$

把这些磁链代入电枢电压方程式（11.32）得

$$v_d = -Ri_d - X_q i_q, \quad v_q = -Ri_q + X_d i_d + e_q \tag{11.48}$$

式中，$e_q = \omega kM_f i_f$ 为励磁电流 i_f 感应出来的开路电枢电压。开路时电枢电流为零，励磁电流与自磁链 $\psi_{f(i_d=0)}$ 之间的关系见磁通方程式（11.18），从而有

$$e_q = \omega kM_f i_f = \omega \frac{kM_f}{L_f}\psi_{f(i_d=0)} \tag{11.49}$$

11.1.6.2 暂态运行

当发电机处于暂态时，电枢磁通已进入阻尼绕组，阻尼电流已衰减到一个相对小的值。这样表示阻尼绕组的电路就可以从方程组中去掉，从而磁链方程变为

$$\begin{bmatrix}\psi_d \\ \psi_f\end{bmatrix} = \begin{bmatrix} L_d & kM_f \\ kM_f & L_f\end{bmatrix}\begin{bmatrix} i_d \\ i_f\end{bmatrix}, \quad \psi_q = L_q i_q \tag{11.50}$$

而式（11.33）变为

$$\dot{\psi}_f = v_f - R_f i_f \tag{11.51}$$

式（11.32）变为

$$\begin{aligned} v_d &= -Ri_d - \omega\psi_q \\ v_q &= -Ri_q + \omega\psi_d \end{aligned} \tag{11.52}$$

这些方程可以分成两部分来考虑。第一，励磁绕组的存在是如何对电枢电压方程式（11.52）产生影响的；第二，微分方程式（11.51）是如何确定电枢磁通进入励磁绕组的。首先考察电枢电压方程，特别是交轴电压。

磁链方程使得 ψ_d 可以用 i_d 和 ψ_f 来表示，因此当将其代入交轴电压方程时，有

$$v_q = -Ri_q + \omega\left[i_d\left(L_d - \frac{k^2M_f^2}{L_f}\right) + \frac{kM_f}{L_f}\psi_f\right] \tag{11.53}$$

注意到上式方括号中第一项的系数为 L_d'，第二项表示与励磁磁链 ψ_f 成正比的电压，因此很容易对上述方程进行简化。记与方括号中第二项对应的电压为 e_q'，并称其为交轴暂态电动势，有

$$e_q' = \omega\left(\frac{kM_f}{L_f}\right)\psi_f \tag{11.54}$$

此电动势通常可以与q轴稳态电动势

$$e_q = \omega \frac{kM_f}{L_f}\psi_{f(i_d=0)}$$

做比较，其中 $\psi_{f(i_d=0)}$ 是稳态下的励磁绕组自磁链，而 e_q 是对应的励磁电流在电枢绕组中感应出来的电动势，且此电动势等于电枢开路电压。与此相反，暂态下 ψ_f 是包括了电枢反应效应的励磁绕组磁链。电压 e'_q 是等效电枢电动势，其是由励磁电流感应出来的且与励磁绕组磁链成正比的。由于此励磁绕组磁链在扰动后的短时期内一定保持不变，ψ_f 的值变化缓慢。用暂态电感和暂态电动势做替换，并假设 $\omega \approx \omega_s$，有

$$v_q = -Ri_q + X'_d i_d + e'_q \tag{11.55}$$

由于交轴不存在励磁绕组 $X'_q = X_q$，有

$$v_d = -Ri_d - X'_q i_q \tag{11.56}$$

虽然式（11.56）对于所假定的转子模型是正确的，但实际上对于很多发电机，特别是汽轮发电机，具有固体钢结构转子体，其在 q 轴方向起到了屏蔽的作用。用一个附加 q 轴短路绕组来表示这种效应是方便的，此附加 q 轴短路绕组通常用符号 g 来表示。当考虑了 g 绕组的作用后，q 轴磁链方程变为

$$\begin{bmatrix} \psi_q \\ \psi_g \end{bmatrix} = \begin{bmatrix} L_q & kM_g \\ kM_g & L_g \end{bmatrix} \begin{bmatrix} i_q \\ i_g \end{bmatrix} \tag{11.57}$$

g 绕组磁链的变化可以用一个附加的微分方程来描述：

$$\dot{\psi}_g = v_g - R_g i_g = -R_g i_g \quad (v_g = 0) \tag{11.58}$$

这与 d 轴转子绕组的相似性立刻就显现出来了，从而 d 轴电枢绕组电压变为

$$v_d = -Ri_d - X'_q i_q + e'_d \tag{11.59}$$

式中，$X'_q \neq X_q$ 且

$$e'_d = -\omega\left(\frac{kM_g}{L_g}\right)\psi_g \tag{11.60}$$

励磁绕组磁链 ψ_f 在整个暂态过程中并非保持不变，而是随着电枢磁通进入励磁绕组而做缓慢变化。励磁磁链的此种变化由微分方程式（11.51）确定。虽然此方程与式（11.54）的 e'_q 方程一起，可直接用来估算 e'_q 随时间的变化，但通常一种更方便的方法是将磁链微分方程重新叙述以便其更容易与电枢联系起来。这个改进可以通过把由磁链方程式（11.50）中得到的 i_f 代入式（11.51）来实现，有

$$v_f = \dot{\psi}_f + \frac{R_f}{L_f}\psi_f - R_f \frac{kM_f}{L_f} i_d \tag{11.61}$$

对式（11.54）求导有

$$\dot{e}'_q = \omega \frac{kM_f}{L_f}\dot{\psi}_f \tag{11.62}$$

将其重排并代入式（11.61），在进行一些化简之后得到

$$e_f = \dot{e}'_q T'_{do} + e'_q - (X_d - X'_d) i_d \tag{11.63}$$

式中，e_f 是折算到电枢侧的励磁电压 v_f，有

$$e_f = \omega k M_f v_f / R_f \tag{11.64}$$

同时 e_f 也是折算到电枢侧的励磁机输出电压。重新整理式（11.63）有

$$\dot{e}'_{q}=\frac{e_{f}-e'_{q}+i_{d}(X_{d}-X'_{d})}{T'_{do}} \tag{11.65}$$

在交轴上也可以重复上述分析过程，在假定用一个附加转子绕组来表示转子体时有

$$\dot{e}'_{d}=\frac{-i_{q}(X_{q}-X'_{q})-e'_{d}}{T'_{qo}},\quad X'_{q}\neq X_{q} \tag{11.66}$$

如果不存在此附加绕组，那么 $X'_{q}=X_{q}$，$e'_{d}=0$。

11.1.6.3 次暂态运行

在次暂态阶段，转子阻尼绕组将励磁绕组和转子体一起屏蔽于电枢磁通的变化之外。在此阶段励磁绕组磁链 ψ_{f} 保持不变，而阻尼绕组磁链在故障或扰动后瞬间保持不变，但随后随着发电机向暂态过渡而衰减。这些变化可以采用与暂态阶段类似的处理方法进行量化分析。至此关于磁链和磁通衰减的全套方程式（11.18）、式（11.19）和式（11.33）都是适用的。

电枢电压方程式（11.32）现在可以根据其与d轴和q轴转子电路之间的耦合关系进行修改。d轴磁链方程允许电枢磁链 ψ_{d} 用 i_{d}、ψ_{D} 和 ψ_{f} 来表示：

$$\psi_{d}=L''_{d}i_{d}+(k_{1}\psi_{f}+k_{2}\psi_{D}) \tag{11.67}$$

式中，

$$k_{1}=\frac{kM_{f}L_{D}-kM_{D}L_{fD}}{L_{f}L_{D}-L_{fD}^{2}},\qquad k_{2}=\frac{kM_{D}L_{f}-kM_{f}L_{fD}}{L_{f}L_{D}-L_{fD}^{2}} \tag{11.68}$$

当将其代入电枢电压方程式（11.32）时有

$$v_{q}=-Ri_{q}+X''_{d}i_{d}+e''_{q} \tag{11.69}$$

式中，

$$e''_{q}=\omega\,(k_{1}\psi_{f}+k_{2}\psi_{D}) \tag{11.70}$$

这里，e''_{q} 代表了一个与d轴转子磁链成正比的电枢电压。这些磁链在故障后瞬间保持不变并且仅当 ψ_{D} 变化时才变化。

对交轴电枢电压也可以进行类似的分析，得到

$$v_{d}=-Ri_{d}-X''_{q}i_{q}+e''_{d} \tag{11.71}$$

采用与暂态阶段类似的分析方法可以分析次暂态电压的衰减方式。决定d轴阻尼绕组磁链衰减的微分方程由式（11.33）给出，为

$$\dot{\psi}_{D}=-R_{D}i_{D} \tag{11.72}$$

根据d轴磁链方程式（11.18），i_{D} 可以用 i_{d}、ψ_{D} 和 ψ_{f} 来表示，得到

$$\dot{\psi}_{D}=k_{2}i_{d}+\frac{1}{T''_{do}}\frac{L_{fD}}{L_{f}}\psi_{f}-\frac{1}{T''_{do}}\psi_{D} \tag{11.73}$$

对 e''_{q} 求导，式（11.70）变为

$$\dot{e}''_{q}=\omega k_{2}\dot{\psi}_{D} \tag{11.74}$$

因为次暂态阶段励磁绕组磁链 ψ_{f} 保持不变。至此可以把 e''_{q} 和 $\dot{e}''_{q}$ 的表达式代入式（11.73），在进行一些简化后有

$$\dot{e}''_{q}=\frac{e'_{q}+(X'_{d}-X''_{d})i_{d}-e''_{q}}{T''_{do}} \tag{11.75}$$

对 q 轴电枢绕组进行类似的分析后得到

$$\dot{e}''_{\mathrm{d}} = \frac{e'_{\mathrm{d}} - (X'_{\mathrm{q}} - X''_{\mathrm{q}})i_{\mathrm{q}} - e''_{\mathrm{d}}}{T''_{\mathrm{qo}}} \tag{11.76}$$

11.1.6.4 发电机（d，q）坐标系与系统（a，b）坐标系

到目前为止导出的所有发电机方程都是在（d，q）坐标系下描述的，然而第 3 章导出的网络方程则是在系统坐标系（a，b）下对相分量进行描述的。现在需要考察如何将这两个坐标系联系起来。当发电机稳态运行且相电压和相电流的瞬时值构成一个平衡组时，这是最方便实现的。因为

$$\begin{aligned} v_{\mathrm{A}} &= \sqrt{2}V_{\mathrm{g}}\sin(\omega t), & i_{\mathrm{A}} &= \sqrt{2}I_{\mathrm{g}}\sin(\omega t + \phi) \\ v_{\mathrm{B}} &= \sqrt{2}V_{\mathrm{g}}\sin(\omega t - 2\pi/3), & i_{\mathrm{B}} &= \sqrt{2}I_{\mathrm{g}}\sin(\omega t - 2\pi/3 + \phi) \\ v_{\mathrm{C}} &= \sqrt{2}V_{\mathrm{g}}\sin(\omega t - 4\pi/3), & i_{\mathrm{C}} &= \sqrt{2}I_{\mathrm{g}}\sin(\omega t - 4\pi/3 + \phi) \end{aligned} \tag{11.77}$$

当时间 $t=0$ 时，A 相机端电压为零，且 A 相轴线与转子 d 轴之间的夹角为转子角 δ_{g}。由于发电机的旋转速度为 ω，任何时刻转子相对于 A 相轴线的位置为 $\gamma = \omega t + \delta_{\mathrm{g}}$。对式（11.77）的相电压应用式（11.8）的变换得

$$v_{\mathrm{d}} = -\sqrt{3}V_{\mathrm{g}}\sin\delta_{\mathrm{g}}, \quad v_{\mathrm{q}} = \sqrt{3}V_{\mathrm{g}}\cos\delta_{\mathrm{g}} \tag{11.78}$$

如图 11-7 所示的相量图与图 3-36 所示的相量图是类似的，展示了有效值相电压 V_{g} 如何在（d，q）坐标系下分解为两个正交分量 V_{d} 和 V_{q}，其中

$$V_{\mathrm{q}} = V_{\mathrm{g}}\cos\delta_{\mathrm{g}}, \quad V_{\mathrm{d}} = -V_{\mathrm{g}}\sin\delta_{\mathrm{g}}, \quad \underline{V}_{\mathrm{g}} = V_{\mathrm{q}} + \mathrm{j}V_{\mathrm{d}} \tag{11.79}$$

将式（11.79）代入式（11.78），使发电机瞬时电压 v_{d} 和 v_{q} 与有效值机端电压正交分量 V_{d} 和 V_{q} 联系起来

$$v_{\mathrm{d}} = \sqrt{3}V_{\mathrm{d}}, \quad v_{\mathrm{q}} = \sqrt{3}V_{\mathrm{q}} \tag{11.80}$$

同样的过程应用于电流有

$$I_{\mathrm{q}} = I_{\mathrm{g}}\cos(\delta_{\mathrm{g}} + \phi), \quad I_{\mathrm{d}} = -I_{\mathrm{g}}\sin(\delta_{\mathrm{g}} + \phi) \tag{11.81}$$

而瞬时电流为

$$i_{\mathrm{d}} = -\sqrt{3}I_{\mathrm{g}}\sin(\delta_{\mathrm{g}} + \phi) = \sqrt{3}I_{\mathrm{d}}, \quad i_{\mathrm{q}} = \sqrt{3}I_{\mathrm{g}}\cos(\delta_{\mathrm{g}} + \phi) = \sqrt{3}I_{\mathrm{q}} \tag{11.82}$$

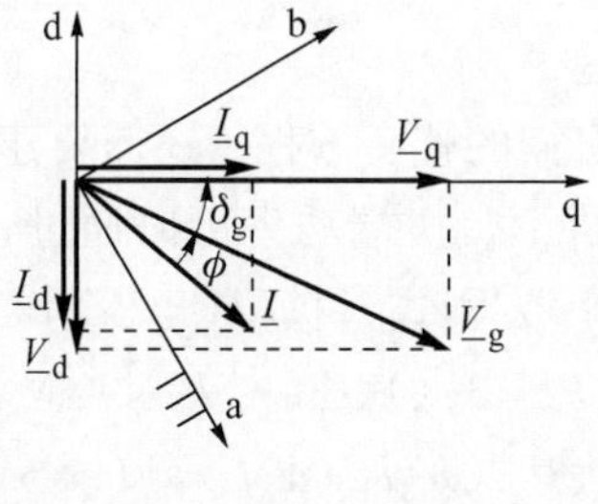

图 11-7 展示机端电压和电流如何分解为两个正交分量的（d，q）坐标系下的相量图［同时给出了系统（a，b）坐标系的相对位置］

式（11.80）和式（11.82）中的恒等关系表明，瞬时（d，q）电流和电压为直流量，其与有效值相电流和电压的正交分量成正比。因此，稳态电枢电压方程式（11.48）中的瞬时电压和电流可以用相电压和电流的正交分量来替代：

$$V_d = -RI_d - X_q I_q$$
$$V_q = -RI_q + X_d I_d + E_q \tag{11.83}$$

用矩阵形式可以表示为

$$\begin{bmatrix} V_d \\ V_q \end{bmatrix} = \begin{bmatrix} 0 \\ E_q \end{bmatrix} - \begin{bmatrix} R & X_q \\ -X_d & R \end{bmatrix} \begin{bmatrix} I_d \\ I_q \end{bmatrix} \tag{11.84}$$

式中，

$$E_q = \omega M_f i_f / \sqrt{2} \tag{11.85}$$

现在 E_q 的含义更加明确，它是当发电机开路时励磁电流 i_f 在电枢每相感应出来的有效值电压。式（11.83）与第3章导出的式（3.65）完全相同，且与此式对应的等效电路和相量图如图3-17和图3-18所示。

认识到忽略电枢电压方程中的变压器电动势项时，不对称电枢电流效应（直流偏移）已经被排除，因此电枢电流总是幅值可变的交流量。这样，上述概念就可以扩展到发电机的暂态和次暂态阶段。因此，用式（11.8）做变换的效果是产生（d，q）电流，其只有一个直流量，没有交流分量。直流的（d，q）电流和电压（i_d，i_q，v_d，v_q）通过式（11.80）和式（11.82）中的恒等式与电枢有效值（I_g，V_g）相关联。这就实现了在所有的3种特征状态下，发电机被表示成（d，q）坐标系下缓慢变化的直流量。上一节导出的所有电动势方程和电枢电压方程保持其形式不变，仅仅是瞬时值 i_d、i_q、e_d、e_q 等需要用正交相量 I_d、I_q、E_d、E_q 等替代。这样，与4.2节类似的等效电路和相量图就可以用来对不同运行状态的发电机进行模拟。

由于网络方程都是在系统坐标系（a，b）下描述的，各发电机的电流和电压方程必须从其自身的（d，q）坐标系转换到系统坐标系。这两个坐标系是由机端电压相联系的，因为机端电压既显式地出现在（d，q）坐标系下的发电机方程中，也显式地出现在（a，b）坐标系下的系统方程中。尽管图11-7正确地展示了发电机（d，q）坐标系与系统（a，b）坐标系之间的关系，但通过参考图3-36可以更清楚地看到所需要的变换。相量 $\underline{E}$ 既可以在（d，q）坐标系下定义，也可以在（a，b）坐标系下定义，两者通过式（3.166）和式（3.167）定义的 $\boldsymbol{T}$ 变换相联系。

11.1.6.5 功率、转矩与摇摆方程

为了补充完整描述发电机所必需的整套方程，还需要建立三相机端功率和气隙功率的表达式。在忽略变压器电动势的条件下，机端功率可以通过将式（11.80）和式（11.82）中的 v_d、v_q、i_d、i_q 代入瞬时机端功率方程式（11.21）得到

$$P_g = 3\,(V_d I_d + V_q I_q) \quad \text{W} \tag{11.86}$$

这个方程与通常的三相功率输出表达式 $V_d I_d + V_q I_q = VI\cos\phi$ 相一致，并且正如所预期的，发电机机端功率为相功率的3倍。

气隙功率是从机端功率得到的，在式（11.86）中加入电阻损耗有

$$P_e = 3\,[V_d I_d + V_q I_q + (I_d^2 + I_q^2)R] \quad \text{W} \tag{11.87}$$

因为 $P = \omega\tau$，气隙转矩可以写成

$$\tau = \frac{3}{\omega}[V_d I_d + V_q I_q + (I_d^2 + I_q^2)R] \quad \text{Nm} \tag{11.88}$$

完成整套方程所需要的最后一个方程是第 5 章导出的摇摆方程，式（5.15）为

$$\frac{\mathrm{d}\Delta\omega}{\mathrm{d}t}=\frac{1}{M}\left(P_{\mathrm{m}}-P_{\mathrm{e}}-D\Delta\omega\right),\qquad \Delta\omega=\omega-\omega_{\mathrm{s}}=\frac{\mathrm{d}\delta}{\mathrm{d}t} \tag{11.89}$$

式中，P_e 是气隙电功率，P_m 是涡轮机机械功率，D 为阻尼功率系数，ω 为发电机旋转速度，ω_s 为同步转速，$\Delta\omega$ 为转速偏差。

11.1.6.6　标幺值系统

在电力系统分析中，将所有的量相对于一个公共的 MVA 基准进行标幺化是一种标准做法。在本书采用的标幺值系统（见 A.1 节）中，此公共 MVA 基准就取发电机的额定 MVA/相，$S_{1\phi}$。基准电压 V_b 也定义为与发电机额定相电压相等。这样基准电流和基准阻抗就可以定义为

$$I_{\mathrm{b}}=\frac{S_{1\phi}}{V_{\mathrm{b}}},\qquad Z_{\mathrm{b}}=\frac{V_{\mathrm{b}}}{I_{\mathrm{b}}} \tag{11.90}$$

现在采用附录中描述的适当的基准值，就可以对所有的参数和方程进行标幺化。特别重要的是标幺化对功率和转矩的影响，因为功率和转矩是以发电机三相总额定输出功率 $S_{3\phi}$ 为基准值的。如附录所示，当电流、电压和磁链都用标幺值表示时，三相功率表达式（11.86）和式（11.87）以三相 *MVA* 为基准值时变为

$$\begin{aligned}P_{\mathrm{g}}&=\left(V_{\mathrm{d}}I_{\mathrm{d}}+V_{\mathrm{q}}I_{\mathrm{q}}\right)\\P_{\mathrm{e}}&=\left[V_{\mathrm{d}}I_{\mathrm{d}}+V_{\mathrm{q}}I_{\mathrm{q}}+\left(I_{\mathrm{d}}^{2}+I_{\mathrm{q}}^{2}\right)R\right]\quad \mathrm{pu}\end{aligned} \tag{11.91}$$

而采用的标幺值系统要求 $\tau_{pu}=P_{pu}$，因此式（11.88）变为

$$\tau=\frac{\omega_{\mathrm{s}}}{\omega}\left[V_{\mathrm{d}}I_{\mathrm{d}}+V_{\mathrm{q}}I_{\mathrm{q}}+\left(I_{\mathrm{d}}^{2}+I_{\mathrm{q}}^{2}\right)R\right]\quad \mathrm{pu} \tag{11.92}$$

关于标幺值系统的完整解释在附录中给出。总体上，所有的电压、电流和磁链方程在国际单位制下与在标幺制下形式均保持不变。只有功率方程和转矩方程其形式会改变，功率方程相差一个 1/3 的因子，而转矩方程相差一个 $\omega_s/3$ 的因子。在总功率表达式中引入 1/3 因子表示以 $S_{3\phi}$ 为基准的发电机总功率输出与采用 $S_{1\phi}$ 为基准的发电机单相功率输出，其标幺值是相等的，这里 $S_{1\phi}=S_{3\phi}/3$。

就像在 11.1.5 节中所做的那样，将所有的转子量折算到电枢绕组侧，其中的一个好处是只需要考虑电枢电路的基准值；如果没有将转子侧方程折算到电枢侧，那么就需要针对转子侧电路的额外的基准值。本书所用的这种标幺值系统是基于互磁链相等概念（Anderson and Fouad，1977）导出的，在附录中对此进行了描述。此种标幺值系统保证了本章中之前导出的所有方程不管在标幺制下还是在国际单位制下其形式都保持不变。此种标幺值系统还有如下效果：一个坐标轴上的所有互电感的标幺值相等，若 d 轴上的互电感标幺值用符号 L_{ad} 表示，q 轴上的互电感标幺值用符号 L_{aq} 表示，那么有

$$kM_{\mathrm{f}}=kM_{\mathrm{D}}=L_{\mathrm{fD}}\equiv L_{\mathrm{ad}},\qquad kM_{\mathrm{Q}}\equiv L_{\mathrm{aq}} \tag{11.93}$$

自电感也可以表示为励磁电感与漏电感之和，有

$$\begin{aligned}&L_{\mathrm{d}}=L_{\mathrm{md}}+l_{1},\qquad L_{\mathrm{f}}=L_{\mathrm{mf}}+l_{\mathrm{f}},\qquad L_{\mathrm{D}}=L_{\mathrm{mD}}+l_{\mathrm{D}}\\&L_{\mathrm{q}}=L_{\mathrm{mq}}+l_{1},\qquad L_{\mathrm{Q}}=L_{\mathrm{mQ}}+l_{\mathrm{Q}}\end{aligned} \tag{11.94}$$

在标幺值系统下有

$$L_{\mathrm{md}}=L_{\mathrm{mf}}=L_{\mathrm{mD}}\equiv L_{\mathrm{ad}},\qquad L_{\mathrm{mq}}=L_{\mathrm{mQ}}\equiv L_{\mathrm{aq}} \tag{11.95}$$

在标幺制下，对于11.1.4节导出的所有电抗和时间常数表达式等，使用以上的替代是一种普遍的做法。

11.1.7 同步发电机模型

现在可以将11.1.6节导出的方程用于同步发电机行为的模拟了。本节将导出几种不同的同步发电机模型，分别表示为“某个适当电抗后的次暂态或暂态电动势”。故障时电枢磁通逐渐进入转子并影响电动势的方式是由微分方程式（11.75）、式（11.76）、式（11.65）和式（11.66）描述的。将这些微分方程集合起来并用正交的轴分量表示，可以得到

$$T''_{do}\dot{E}''_q = E'_q - E''_q + I_d(X'_d - X''_d) \tag{11.96}$$

$$T''_{qo}\dot{E}''_d = E'_d - E''_d - I_q(X'_q - X''_q) \tag{11.97}$$

$$T''_{do}\dot{E}'_q = E'_f - E'_q + I_d(X_d - X'_d) \tag{11.98}$$

$$T''_{qo}\dot{E}'_d = -E'_d - I_q(X_q - X'_q) \tag{11.99}$$

值得注意的是，这些方程具有相似的结构。方程的左边是电动势对时间的导数乘以相关的时间常数；而方程的右边则将如图11-8所示的d轴和q轴等效电枢电路联系起来，其中忽略了电阻作用。这些电枢电路最初是在第4章的图4-15中引入的。这些方程右边的第一个分量可看作为一个激励电压，而最后一个分量可看作为在相关电抗上的一个电压降。

式（11.96）的右边可看作为基尔霍夫电压定律应用于图11-8a所示电路的中间部分，即激励电压为E'_q，电压降为I_d（$X'_d - X''_d$），电动势为E''_q。类似地，式（11.97）的右边可看作为基尔霍夫电压定律应用于图11-8b所示电路的中间部分。而式（11.98）对应于图11-8a的左边部分，其中激励电压为E_f，电压降为I_d（$X_d - X'_d$），电动势为E'_q。式（11.99）对应于图11-8b的左边部分，由于q轴无励磁绕组，故激励电压不存在。

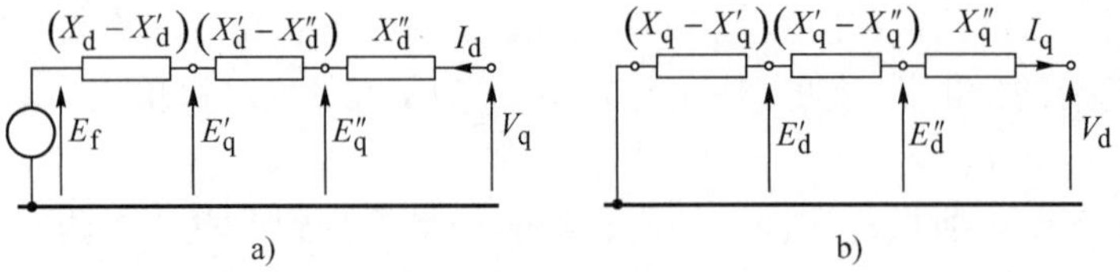

图11-8 忽略电阻后的发电机等效电路：a）d轴；b）q轴

根据式（11.96）~式（11.99），可以导出5种复杂度和精确度不断降低的发电机模型。每种模型都给定一个模型数以表示该模型所包含的微分方程个数。模型数越大，则模型的复杂度越高，求解对应微分方程所需要的时间越长。模型数后括号内的一组变量用来说明该模型使用了哪些微分方程。在推导发电机模型时，假定所有量都采用标幺值表示。

11.1.7.1 6阶模型：($\dot{\delta}$，$\dot{\omega}$，$\dot{E}''_d$，$\dot{E}''_q$，$\dot{E}'_d$，$\dot{E}'_q$)

在这个模型中，发电机用“次暂态电抗X''_d和X''_q后的次暂态电动势E''_d和E''_q”来表示。根据改进后的电枢电压方程式（11.69）和式（11.71）有

$$\begin{bmatrix} V_d \\ V_q \end{bmatrix} = \begin{bmatrix} E''_d \\ E''_q \end{bmatrix} - \begin{bmatrix} R & X''_q \\ -X''_d & R \end{bmatrix}\begin{bmatrix} I_d \\ I_q \end{bmatrix} \tag{11.100}$$

此式与第4章导出的式（4.17）相对应，其对应的等效电路和相量图如图4-12所示。

微分方程式（11.96）~式（11.99）描述了转子磁链衰减过程中各种电动势的变化。除了这些方程外，还必需加入式（11.89），以包括转子的转速和角度变化。由于微分方程式(11.96）和式（11.97）包括了阻尼绕组的影响，摇摆方程中的阻尼系数只需要考虑空气阻力和摩擦引起的机械阻尼，此种阻尼通常很小，可以忽略，因而摇摆方程中的阻尼系数 $D\approx 0$。

在上述假设条件下，描述发电机的整套 6 个微分方程为

$$
\begin{aligned}
M\Delta\dot{\omega} &= P_{\mathrm{m}} - P_{\mathrm{e}} \\
\dot{\delta} &= \Delta\omega \\
T'_{\mathrm{do}}\dot{E}'_{\mathrm{q}} &= E_{\mathrm{f}} - E'_{\mathrm{q}} + I_{\mathrm{d}}(X_{\mathrm{d}} - X'_{\mathrm{d}}) \\
T'_{\mathrm{qo}}\dot{E}'_{\mathrm{d}} &= -E'_{\mathrm{d}} - I_{\mathrm{q}}(X_{\mathrm{q}} - X'_{\mathrm{q}}) \\
T'_{\mathrm{do}}\dot{E}''_{\mathrm{q}} &= E'_{\mathrm{q}} - E''_{\mathrm{q}} + I_{\mathrm{d}}(X'_{\mathrm{d}} - X''_{\mathrm{d}}) \\
T'_{\mathrm{qo}}\dot{E}''_{\mathrm{d}} &= E'_{\mathrm{d}} - E''_{\mathrm{d}} - I_{\mathrm{q}}(X'_{\mathrm{q}} - X''_{\mathrm{q}})
\end{aligned} \tag{11.101}
$$

第一个方程中机械功率 P_{m} 的变化应根据描述涡轮机及其调速系统模型的微分方程来计算，这部分内容将在 11.3 节讨论。第三个方程中电动势 E_{f} 的变化应根据描述励磁系统模型的微分方程来计算，这部分内容将在 11.2 节讨论。

发电机气隙功率可以采用式（11.91）进行计算，在用式（11.100）的电枢电压代入之后有

$$
P_{\mathrm{e}} = (E''_{\mathrm{d}}I_{\mathrm{d}} + E''_{\mathrm{q}}I_{\mathrm{q}}) + (X''_{\mathrm{d}} - X''_{\mathrm{q}})I_{\mathrm{d}}I_{\mathrm{q}} \tag{11.102}
$$

此功率方程中的第二项定义了第 4 章中讨论的次暂态凸极效应功率。

11.1.7.2　5 阶模型：($\dot{\delta}$，$\dot{\omega}$，$\dot{E}''_{\mathrm{d}}$，$\dot{E}''_{\mathrm{q}}$，$\dot{E}'_{\mathrm{q}}$)

在这个模型中，q 轴转子体由涡流产生的屏蔽效应被忽略掉，因而 $X'_{\mathrm{q}} = X_{\mathrm{q}}$ 且 $E'_{\mathrm{d}} = 0$。在忽略电枢变压器电动势的条件下，这个模型回到了最早叙述的 5 阶模型。在前述的 6 阶模型方程组中去除式（11.99），就得到 5 阶模型对应的 5 个微分方程：

$$
\begin{aligned}
M\Delta\dot{\omega} &= P_{\mathrm{m}} - P_{\mathrm{e}} \\
\dot{\delta} &= \Delta\omega \\
T'_{\mathrm{do}}\dot{E}'_{\mathrm{q}} &= E_{\mathrm{f}} - E'_{\mathrm{q}} + I_{\mathrm{d}}(X_{\mathrm{d}} - X'_{\mathrm{d}}) \\
T''_{\mathrm{do}}\dot{E}''_{\mathrm{q}} &= E'_{\mathrm{q}} - E''_{\mathrm{q}} + I_{\mathrm{d}}(X'_{\mathrm{d}} - X''_{\mathrm{d}}) \\
T''_{\mathrm{qo}}\dot{E}''_{\mathrm{d}} &= E'_{\mathrm{d}} - E''_{\mathrm{d}} - I_{\mathrm{q}}(X'_{\mathrm{q}} - X''_{\mathrm{q}})
\end{aligned} \tag{11.103}
$$

机械功率 P_{m} 和电动势 E_{f} 的变化与前述 6 阶模型的处理方法一样。

11.1.7.3　4 阶模型：($\dot{\delta}$，$\dot{\omega}$，$\dot{E}'_{\mathrm{d}}$，$\dot{E}'_{\mathrm{q}}$)

在这个模型中，忽略 6 阶模型中阻尼绕组的作用，对应地将式（11.96）和式（11.97）从 6 阶模型的微分方程组中去掉。这样，发电机就用“暂态电抗 X'_{d} 和 X'_{q} 后的暂态电动势 E'_{q} 和 E'_{d}”来表示，其方程为

$$\begin{bmatrix} V_{d} \\ V_{q} \end{bmatrix} = \begin{bmatrix} E'_{d} \\ E'_{q} \end{bmatrix} - \begin{bmatrix} R & X'_{q} \\ -X'_{d} & R \end{bmatrix} \begin{bmatrix} I_{d} \\ I_{q} \end{bmatrix} \tag{11.104}$$

这个方程与第 4 章中导出的式（4.19）相同。对应的等效电路和相量图如图 4-14 所示。

电动势 E'_{q} 和 E'_{d} 的变化由微分方程式（11.98）和式（11.99）决定，而气隙电功率为

$$P_{e} = E'_{q}I_{q} + E'_{d}I_{d} + (X'_{d} - X'_{q})I_{d}I_{q} \tag{11.105}$$

此方程的第二部分为暂态凸极效应功率。

由于忽略了阻尼绕组，由式（11.105）计算的气隙功率忽略了由阻尼绕组产生的异步转矩。因此，摇摆方程中的阻尼系数应该考虑此异步转矩的作用，这可以应用简化式（5.25）计算平均异步转矩或功率来实现。

根据这些假设，模型由以下四个微分方程描述：

$$\begin{aligned} M\Delta\dot{\omega} &= P_{m} - P_{e} - D\Delta\omega \\ \dot{\delta} &= \Delta\omega \\ T'_{do}\dot{E}'_{q} &= E_{f} - E'_{q} + I_{d}(X_{d} - X'_{d}) \\ T''_{qo}\dot{E}'_{d} &= -E'_{d} - I_{q}(X_{q} - X'_{q}) \end{aligned} \tag{11.106}$$

机械功率 P_{m} 和电动势 E_{f} 的变化应按六阶模型计算。

普遍认为这个同步发电机的简化模型对机电动态过程的分析已足够精确（Stott，1979）。经验表明，引入第二个微分方程以计及转子体在 q 轴的作用提高了此模型的精度。这个模型的主要缺点是摇摆方程中的等效阻尼系数只能做近似的估算。

11.1.7.4　3 阶模型：($\dot{\delta}$，$\dot{\omega}$，$\dot{E}'_{q}$)

这个模型与 4 阶模型类似，除了假定 d 轴暂态电动势 E'_{d} 保持恒定，从而可以把式（11.97）从整套方程中去掉。发电机仅仅由式（11.98）和式（11.89）描述，而有功功率仍然由式（11.105）给出。除了通过假定 E'_{d} 恒定而忽略阻尼绕组的作用外，这个模型还忽略了转子体涡流产生的阻尼，当然也忽略了用来表示转子体涡流作用的附加绕组。如果交轴上不存在绕组来表达转子体的涡流效应，那么 $E'_{d}=0$，$X'_{q}=X_{q}$，式（11.105）缩减为

$$P = E'_{q}I_{q} + (X'_{d} - X_{q})I_{d}I_{q} \tag{11.107}$$

与 4 阶模型一样，由于阻尼绕组的作用被忽略，其作用必须在摇摆方程的阻尼系数中体现出来，即通过增大阻尼系数的值来计及阻尼绕组的作用。与 3 阶模型对应的 3 个微分方程如下：

$$\begin{aligned} M\Delta\dot{\omega} &= P_{m} - P_{e} - D\Delta\omega \\ \dot{\delta} &= \Delta\omega \\ T'_{do}\dot{E}'_{q} &= E_{f} - E'_{q} + I_{d}\ (X_{d} - X'_{d}) \end{aligned} \tag{11.108}$$

机械功率 P_{m} 和电动势 E_{f} 的变化与前述 6 阶模型的处理方法一样。

11.1.7.5　2 阶模型：经典模型（$\dot{\delta}$，$\dot{\omega}$）

同步发电机的经典模型，已在前面各章中广泛用于电力系统动态过程的简化分析，其假定 d 轴电枢电流 I_{d} 和代表励磁电压的内部电动势 E_{f} 在暂态过程中都变化不大。在这个模型

中，发电机用“暂态电抗 X'_d 后的恒定电动势 E'”表示，而微分方程是 2 阶的摇摆方程：

$$M\Delta\dot{\omega} = P_m - P_e - D\Delta\omega$$
$$\dot{\delta} = \Delta\omega \tag{11.109}$$

经典模型合理性的解释是，式（11.98）中的时间常数 T'_{do} 相对较大，为几秒量级，因此只要 E_f 和 I_d 的变化很小，E'_q 也变化很小。这意味着 E'_q 约为常数，又因为已经假定了 E'_d 为常数，因此暂态电动势 E' 的幅值及其相对于转子的位置 α 都可假定为恒定。如果忽略转子暂态凸极效应，则 $X'_q = X'_d$，对于联接到无穷大母线的发电机，图 4-13a 中的两个等效电路可以用图 5-8 中的一个等效电路来代替，即

$$\underline{I} = \underline{I}_q + j\underline{I}_d, \quad \underline{V} = \underline{V}_q + j\underline{V}_d,$$
$$\underline{E}' = \underline{E}'_q + j\underline{E}'_d \tag{11.110}$$

式（11.104）中描述电枢电压的两个代数方程现在可以用一个方程来代替：

$$\underline{V} = (\underline{E}'_q + j\underline{E}'_d) - jX'_d(\underline{I}_q + j\underline{I}_d) = \underline{E}' - jX'_d\underline{I} \tag{11.111}$$

假设发电机电流的直轴分量以及内电动势只有微小变化，意味着只有当发电机远离扰动点时才可采用此经典模型来表示。

11.1.7.6　总结

用于表示发电机的电抗个数和时间常数个数取决于特定模型所用的等效绕组数目。五绕组模型在 d 轴上有两个等效转子绕组及其时间常数（T''_{do}，T'_{do}），还有 3 个电枢电抗（X''_d，X'_d，X_d）；在 q 轴上有一个等效转子绕组及其时间常数（T''_{qo}），以及两个电枢电抗（X''_q，X_q）。虽然对于转子由铁磁性的电绝缘钢片构成的发电机采用上述五绕组模型及其参数已能很好地刻画其行为，但对于转子由固体钢块构成的发电机情况并非如此。对于此种发电机，转子涡流在 q 轴阻尼中起到了重要的作用。此种阻尼可以近似地通过引入一个附加的 q 轴绕组来模拟，这就是 6 阶模型所采用的方法。这种做法通过一个附加电抗 $X'_q \neq X'_d$ 和一个描述附加绕组磁通衰减的时间常数 T'_{qo}，对模型进行了扩展。如果制造商没有给出这些参数的值，典型的做法是假定 $X'_q = 2X''_q$ 和 $T'_q = 10T''_q$。由于励磁绕组的屏蔽效应，d 轴方向转子体涡流的影响很小，没有必要引入一个附加绕组来计及这一点。对于变化缓慢的扰动，以及为了对复杂系统进行快速求解，可以对发电机模型进行简化。当在电气方程中略去阻尼绕组时，可以得到 4 阶和 3 阶模型，而阻尼绕组的阻尼作用可以在发电机摇摆方程中增大阻尼系数来体现。最简单的 2 阶模型传统上用于对电力系统进行定量分析；它很简单，但比较近似，仅适用于表示远离故障点的发电机；此外，此模型也适用于研究转子的首摆过程。

在导出所有发电机模型时，已经假定了 $\omega \approx \omega_s$，并略去电枢电压方程中的变压器电动势。通过在所有模型的电抗前引入因子 ω/ω_s 可以考虑速度的变化；而将电枢变压器电动势考虑进来则要困难得多，只有当需要对故障后很短时间内的电磁暂态过程进行模拟时，如计算短路电流等，采用考虑电枢变压器电动势的详细模型才是合理的。

11.1.8　饱和效应

在 11.1.7 节中导出的发电机方程忽略了定子和转子中铁心的磁饱和效应，以及饱和效应对发电机参数和运行条件的影响。饱和效应是高度非线性的，且依赖于发电机的负载条件，因此试图在发电机模型中对饱和效应进行精确描述几乎是不可能的。所需要的是一个相

对简单的饱和模型，能够给出可接受的结果，且这个模型与物理过程相联系，采用较容易获得的数据。

在此阶段，考察图4-8中与不同发电机电抗相对应的磁通路径是有意义的。由于只有铁中的路径才会饱和，因此可以期望磁通路径主要在空气中的那些电抗，即 X_d'、X_q'、X_d''、X_q''，比磁通路径主要在铁中（至少是对于圆柱形转子发电机）的电抗 X_d 和 X_q 更不容易受饱和的影响。这种参数敏感性的概念将在本节的后面讨论，而首先有必要研究饱和本身的一般性效应。如果所有的发电机的参数都在标幺制下给出，对饱和效应的分析就会更容易实现和更容易理解。

11.1.8.1 饱和特性

对于任何包含有铁中路径和空气路径的磁路，其磁动势与磁通的关系可以用图11-9a所示的一般性曲线来表示。当铁中路径未饱和时，磁动势与磁通的关系是线性的，用气隙线0A表示。这种情况下，磁路的磁阻以气隙磁阻为主导。随着磁动势增大，铁心饱和，磁动势与磁通的关系不再是线性的，而是沿着饱和曲线0B发展。因此，对于某个磁链 ψ_T，产生该磁通所要求的磁动势可以认为具有2个分量，气隙磁动势 F_a 和铁心磁动势 F_i，这样总的磁动势为

$$F_T = F_a + F_i \tag{11.112}$$

现在可以定义一个饱和因子 S 为

$$S = \frac{\text{气隙磁动势}}{\text{气隙磁动势}+\text{铁心磁动势}} = \frac{F_a}{F_a + F_i} = \frac{F_a}{F_T} \tag{11.113}$$

通过相似三角形有

$$S = \frac{F_a}{F_a + F_i} = \frac{\psi_T}{\psi_T + \psi_s} \tag{11.114}$$

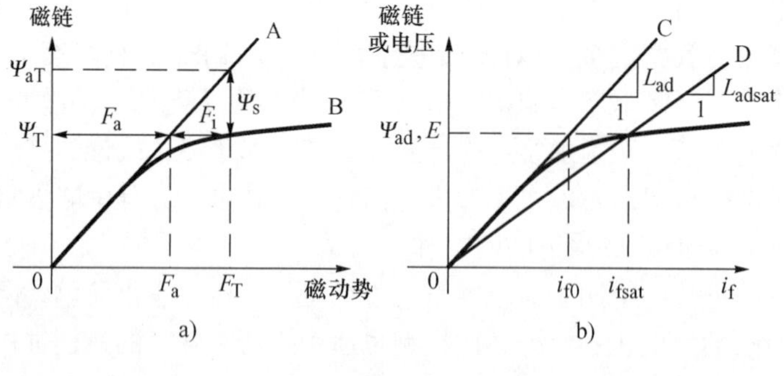

A：气隙线；B：饱和气隙线；C：气隙线；D：饱和气隙线

图11-9 饱和：a）磁通路径在铁中和空气中的典型饱和曲线；b）发电机开路饱和特性

定义了饱和因子后，现在有必要提供一种简单方法来计算发电机在任何负载条件下的饱和因子，然后在计算发电机参数时将饱和因子考虑进去。为了达到这些目标，通常做如下假设：

1）发电机的开路饱和曲线可以用在负载条件下。空载时，d轴方向的磁动势是由励磁电流 i_f 产生的，而有负载时是由（$i_f + i_D + i_d$）产生的。正如Kundur（1994）所指出的那样，这通常是唯一可得到的饱和数据。

2）由于漏磁通路径主要在空气中，认为漏电感与饱和无关。这意味着只有互电感 L_{ad} 和

L_{aq}受到饱和的影响，当然自电感 $L_d=L_{ad}+l_l$，$L_f=L_{ad}+l_f$等，见式（11.94）和 A.1.3 节。

3）d 轴方向的饱和度与 q 轴方向的饱和度相互独立。

11.1.8.2　饱和因子的计算

发电机空载时，式（11.85）表明，单相电枢绕组上的感应电压 $\boldsymbol{V}_{g0}$为

$$V_{g0}=E=E_q=\frac{1}{\sqrt{2}}\omega_s M_f i_{f0}=\frac{1}{\sqrt{3}}\omega k M_f i_{f0}=\left[\frac{1}{\sqrt{3}}\omega_s\right]L_{ad}i_{f0}=\left[\frac{1}{\sqrt{3}}\omega_s\right]\psi_{ad} \tag{11.115}$$

式中，$\psi_{ad}=L_{ad}i_{f0}$为式（A.34）中定义的互磁链。这个方程现在可以与图 11-9b 所示的开路特性曲线关联起来，图中气隙线的斜率与 L_{ad}成正比。同时应该认识到，由于磁链与电压之间存在式（11.115）的关系，图中的纵轴既可以解释为电压，也可以解释为磁链。

如果在某个开路电压 E 下，要求的磁链是 ψ_{ad}，那么若铁心不饱和，建立此磁链的励磁电流将会是 i_{f0}；但若铁心存在饱和，那么要求的励磁电流为 i_{fsat}。根据式（11.114）定义的饱和因子得出

$$i_{fsat}=\frac{i_{f0}}{S} \tag{11.116}$$

而

$$L_{ad}=\frac{\psi_{ad}}{i_{f0}}\quad 和\quad L_{adsat}=\frac{\psi_{ad}}{i_{fsat}} \tag{11.117}$$

把式（11.116）代入式（11.117）有

$$L_{adsat}=SL_{ad} \tag{11.118}$$

式中，L_{adsat}为如图 11-9b 所示的饱和气隙线的斜率。因此，如果ψ_{ad}已知，那么饱和因子 S 可以根据式（11.114）进行计算，认为ψ_{ad}与ψ_T是等价的。这样 L_{ad}的饱和值就可以根据式（11.118）进行计算，然后在 11.1.4 节导出的所有发电机参数方程中使用 L_{ad}的饱和值，从而将饱和效应的影响考虑进来。

磁链 ψ_{ad}是可以计算的，只要与 ψ_{ad}成正比的电枢电压已知。如图 11-10 所示，此电压是“漏电抗 X_l后的电枢电压”，由于 X_l不受饱和影响，有

$$\underline{E}_l=\underline{V}_g+(R+jX_l)\underline{I} \tag{11.119}$$

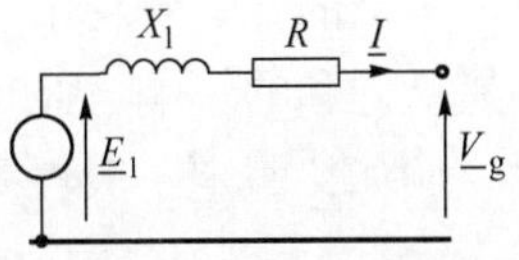

图 11-10　计算“漏电抗后电枢电压”的等效电路

因此，只要 $\underline{V}_g$ 和 $\underline{I}$ 已知，E_l和 ψ_{ad}可以在任何负载条件下计算出来。在某些情况下，使用的是“Potier 电抗 X_p后的电压 E_p”而不是 E_l（Arrillaga and Arnold，1990）。

此过程的最后一步是找到能够在计算机内存中方便地存储饱和曲线的方法以方便饱和因子的计算。在这方面已有多种方法，其中最简单的也许是用以下函数来拟合饱和曲线：

$$I_f=V+C_nV^n \tag{11.120}$$

式中，n 为 7 或 9，而 C_n 对应特定的曲线为一个常数（Hammons and Winning，1971；Arrillaga and Arnold，1990）。另外一种选择是使用多项式函数。

一种稍有不同的方法是使用两阶段指数过程（Anderson and Fouad，1977；Anderson，Agrawal and Van Ness，1990；Kundur，1994），表达式为

$$\begin{aligned}\psi_{ad}<0.8,\quad &\psi_s=0\\ \psi_{ad}\geqslant 0.8,\quad &\psi_s=A_{sat}e^{B_{sat}(\psi_{ad}-0.8)}\end{aligned} \tag{11.121}$$

式中，A_{sat}和B_{sat}为常数，从已知的饱和曲线上取两点就很容易计算出来。当使用这种方法时，通常在$\psi_{ad}=0.8$处存在一个轻微的不连续点，但通常没有不良后果（Anderson and Fouad，1977）。

在发电机方程中考虑饱和效应的过程现在可以总结如下：

第1步：已知$\underline{V}_g$和$\underline{I}$用式（11.119）计算E_1。

第2步：将E_1除以$\frac{\omega_s}{\sqrt{3}}$得到$\psi_{ad}$。

第3步：用式（11.121）计算ψ_s。

第4步：用式（11.114）计算饱和因子S。

第5步：用式（11.118）修正L_{ad}以考虑饱和效应。

第6步：修正所有与L_{ad}相关的发电机参数。

以上描述的步骤定义了d轴的饱和效应，虽然类似的步骤也可用于q轴，但通常有如下的假定：

1）对于圆柱形转子发电机，饱和因子在两个轴上是一样的，即$S_d=S_q$。

2）对于凸极发电机，由于q轴磁阻由气隙路径主导，L_{aq}随饱和的变化不像L_{ad}那么大，因此假定在所有负载条件下$S_q=1$。

虽然饱和因子在动态仿真过程中可以变化，但比较常见的做法是在仿真开始时就计算出饱和因子并假定其在整个仿真过程中保持不变。这种做法保证了初始条件计算的正确性。如果饱和因子在动态仿真过程中是变化的，那么每个积分步长都需要从第1步到第6步进行迭代计算以求出L_{adsat}。这是因为$\underline{V}_g$和$\underline{I}$与饱和程度有关，而饱和因子本身又与$\underline{V}_g$和$\underline{I}$有关。上述考虑饱和效应方法的其他变种可以参考Arrillaga and Arnold（1990）和Pavella and Murthy（1994）。

11.1.8.3 参数对饱和的灵敏度

本节的开头解释了为什么磁通路径主要在空气中的电抗比磁通路径主要在铁中的电抗不容易受饱和的影响。此种参数灵敏度将通过特定参数对L_{ad}（或L_{aq}）变化的灵敏度来进行量化。例如，假定一般性参数X是L_{ad}的函数，那么L_{ad}微小变化引起的X的变化为

$$X=X_0+\Delta X \tag{11.122}$$

式中，X的变化量ΔX由下式给出

$$\Delta X=\left.\frac{\partial X}{\partial L_{ad}}\right|_0\Delta L_{ad} \tag{11.123}$$

下标“0”表示初始值。

在目前讨论的背景下，对于11.1.4节定义的d轴稳态和暂态参数，表11-1总结了其标幺制下关于L_{ad}的增量表达式，其定义见式（11.122）。例如，同步电感$L_d=L_{ad}+l_1$，因此，

$$\Delta L_d=\left.\frac{\partial L_d}{\partial L_{ad}}\right|_0\Delta L_{ad}$$

但由于

$$\left.\frac{\partial L_d}{\partial L_{ad}}\right|_0=1$$

因此，$\Delta L_d=\Delta L_{ad}$。类似地，对于d轴暂态电感

$$L'_d = L_d - \frac{L_{ad}^2}{L_f} = L_{ad} + l_l - \frac{L_{ad}^2}{L_f} \tag{11.124}$$

微分后有

$$\Delta L'_d = \Delta L_{ad} - \left[\frac{2L_{ad0}\Delta L_{ad}}{L_{f0}} - \frac{L_{ad0}^2 \Delta L_f}{L_{f0}^2}\right] \tag{11.125}$$

但是 $L_f = L_{ad} + l_l$，故 $\Delta L_f = \Delta L_{ad}$，因此有

$$\Delta L'_d = \Delta L_{ad} - \left[\frac{2L_{ad0}\Delta L_{ad}}{L_{f0}} - \frac{L_{ad0}^2 \Delta L_{ad}}{L_{f0}^2}\right] \tag{11.126}$$

重排方程，并写 $L_{f0} = L_{ad0} + l_f$，有

$$\Delta L'_d = \left[\frac{l_f}{L_{f0}}\right]^2 \Delta L_{ad} \tag{11.127}$$

表 11-1　d 轴参数对饱和的灵敏度（基于 Anderson，Agrawal and Van Ness，1990）

参数	公式	公式编号	参数增量	互磁链变化 10% 时的典型灵敏度（%）
L_d	$L_{ad} + l_l$	(11.94)	ΔL_{ad}	21
L'_d	$L_d - \frac{L_{ad}^2}{L_f}$	(11.37)	$\left[\frac{l_f}{L_{f0}}\right]^2 \Delta L_{ad}$	1.5
T'_{d0}	$\frac{L_f}{R_f}$	(11.39)	$\frac{1}{R_f}\Delta L_{ad}$	20
E_f	$\omega_s L_{ad}\frac{v_f}{R_f}$	(11.64)	$\left[\frac{\omega_s v_f}{R_f}\right]\Delta L_{ad}$	21

文献 Anderson，Agrawal and Van Ness（1990）在假设互磁链 ψ_{ad} 做 10% 变化时计算了一些参数灵敏度的典型值，见表 11-1。与预测相同，同步电感对饱和特别敏感，而磁通路径主要在空气中的暂态电感则变化很小。事实上，如果把分析扩展到包含次暂态电感，此参数的变化就可以忽略不计。

11.2　励磁系统

在第 2 章中，对为发电机提供励磁电流的不同类型励磁系统及用来控制励磁电流的自动电压调节器（AVR）进行了描述，图 2-4 给出了完整的励磁机和 AVR 系统的框图。一般地，励磁机会同时配置一个 AVR 和手动调节器，在某些情况下还会配置一个后备 AVR。这里将对 AVR 进行重点讨论。由于电力系统使用的励磁机和 AVR 种类广泛，不同的制造商有不同的做法，因此本节的目标是针对某些最常见类型的励磁系统建立通用模型。通过仔细的参数选择，这些模型可用来表示不同制造商的不同励磁系统。对励磁系统模型的综合性研究可参见 IEEE 励磁系统专业委员会的报告（IEEE Committee Report，1968，1973a，1973b，1973c，1981，1992），对此感兴趣的读者应当查阅这些优秀资料。

励磁机和 AVR 的模型最终必须与 11.1.6 节导出的发电机模型相接口。这个接口是通过变量 E_f 来实现的，E_f 表示已折算到发电机电枢绕组侧的主励磁电压 v_f，而 v_f 也是励磁机的输出电压 v_{ex}。最初励磁机子系统模型是以励磁绕组的电流和电压形式导出的，然后被折算到电枢绕组侧，最后采用标幺制给出数值。这种做法等价于用标幺制来表示励磁机变量。在这

种标幺制下，励磁机 1 个单位的输出电压对应的实际励磁电压能够在气隙线上产生 1 个单位的电枢电压。此种标幺制在制造商中是通用的。

11.2.1 传感器与比较器的模型

图 11-11 给出了传感器、比较器及负荷补偿元件结合在一起的框图；其中第一个方框对应于前面已展示过的如图 2-5 所示的负荷补偿元件，它根据补偿阻抗的值来校正发电机端口的电压；第二个方框代表由信号传感器引入的时延，通常传感器等效时间常数很小，从而此环节可以被忽略掉；第三个元件表示比较器，它将校正后的发电机电压与参考电压 V_{ref} 进行代数相加。

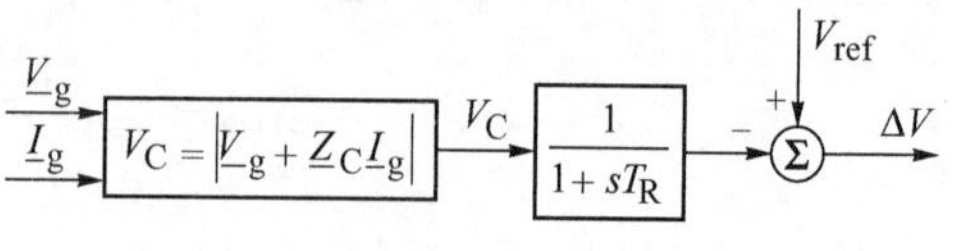

图 11-11 传感器与比较器的框图

11.2.2 励磁机和调节器

第 2 章 2.3.2 节讨论了不同类型的励磁机。通常现代励磁系统要么使用无刷交流励磁机，要么使用静止励磁机；所配的 AVR 要么是模拟式的，要么是数字式的，然而数字式 AVR 已变得越来越常见。但是，很多老式发电机配置的是直流励磁系统，为此，本节将针对当前使用的典型励磁系统导出其模型。

11.2.2.1 直流励磁机

图 11-12 给出了两种不同的直流励磁机：第一种是他励型的，第二种是自励型的。为了导出这两种励磁机的数学模型，首先考察如图 11-12a 所示的他励型励磁机。励磁机励磁电流 i_{exf} 的变化可以用如下方程描述：

$$v_R = R_{exf} i_{exf} + L_{exf} \frac{di_{exf}}{dt} \tag{11.128}$$

式中，L_{exf} 与饱和程度有关，是一个增量电感。由于励磁机铁心的磁饱和特性，励磁机励磁电流 i_{exf} 和励磁机电枢电动势 e_{ex} 之间的关系是非线性的；而励磁机的输出电压 v_{ex} 与饱和程度和电枢负载水平都有关。通过使用如图 11-13 所示的恒定电阻负载饱和曲线，这两种效应都可以在建模过程中考虑进来。

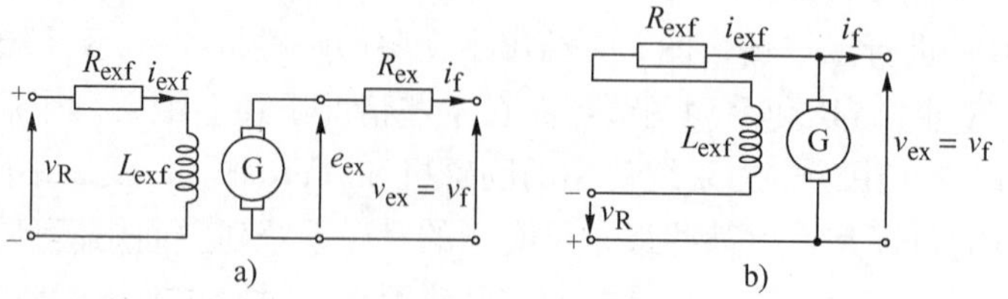

图 11-12 直流励磁机的等效电路图：a）他励型；b）自励型

建模过程的第一步是观察到图 11-13 中气隙线的斜率是空载饱和曲线线性部分的切线，因此可以用一个阻值为 $R = v_A / i_C$ 的恒定电阻来表示。与恒定电阻负载特性曲线非线性部分相对应的励磁机励磁电流可以用相似三角形表示为

$$i_A = i_C \frac{v_B}{v_A} = i_C (1 + S_e) = \frac{v_A}{R}(1 + S_e) \tag{11.129}$$

式中，S_e为图 11-13 定义的饱和系数，其以恒定电阻负载饱和曲线为基准。这意味着恒定电阻负载饱和特性上的任意一点可用下式表示

$$i_{exf}=\frac{v_{ex}}{R}(1+S_e) \tag{11.130}$$

把式（11.130）代入式（11.128）有

$$L_{exf}\frac{\mathrm{d}i_{exf}}{\mathrm{d}t}=L_{exf}\left[\frac{\mathrm{d}i_{exf}}{\mathrm{d}v_{ex}}\right]_{v_{ex0}}\frac{\mathrm{d}v_{ex}}{\mathrm{d}t}$$

得到

$$v_R=\frac{R_{exf}}{R}(1+S_e)\ v_{ex}+L_{exf}\left[\frac{\mathrm{d}i_{exf}}{\mathrm{d}v_{ex}}\right]_{v_{ex0}}\frac{\mathrm{d}v_{ex}}{\mathrm{d}t} \tag{11.131}$$

式中，方括号中的导数仅仅是初始运行点上饱和特性曲线的斜率。

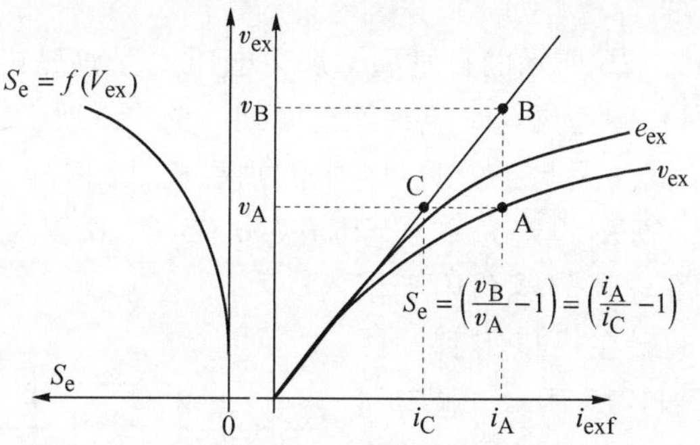

图 11-13　定义饱和系数的示意图

（饱和特性只在饱和拐点附近显现出来，此处为了清晰起见做了夸大）：

e_{ex}为空载饱和曲线；v_{ex}为恒定电阻负载饱和曲线

为了使励磁机模型容易与发电机模型相接口，励磁机的基准量是用基准励磁电压E_{exb}来定义的，而E_{exb}定义为使发电机在气隙线上达到开路额定电压$V_{go/c}$所对应的励磁机电枢电压。这意味着E_{exb}与发电机电压之间的关系为

$$V_{go/c}=\frac{1}{\sqrt{2}}\frac{\omega M_f}{R_f}E_{exb}$$

励磁机基准电阻定义为$R_b=R$，基准电流定义为$I_{exfb}=E_{exb}/R_b$。现在式（11.131）通过除以E_{exb}可以表示成标幺值形式。将饱和曲线以基准值E_{exb}和I_{exfb}进行标幺化也是方便的，此时有

$$L_{exf}\left[\frac{\mathrm{d}i_{exf}}{\mathrm{d}v_{ex}}\right]_{v_{ex0}}=\frac{L_{exf}}{R}\left[\frac{\mathrm{d}I_{exf}}{\mathrm{d}V_{ex}}\right]_{V_{ex0}}$$

而式（11.131）变为

$$V_R=\frac{R_{exf}}{R}(1+S_e)\ V_{ex}+\frac{L_{exf}}{R}\left[\frac{\mathrm{d}I_{exf}}{\mathrm{d}V_{ex}}\right]_{V_{ex0}}\frac{\mathrm{d}V_{ex}}{\mathrm{d}t} \tag{11.132}$$

注意到$E_f=V_{ex}$，记

$$\frac{L_{exf}}{R}\left[\frac{\mathrm{d}I_{exf}}{\mathrm{d}V_{ex}}\right]_{V_{ex0}}=T_E$$

得到标幺化形式的式（11.132）为

$$V_R = (K_E + S_E)\ E_f + T_E\frac{dE_f}{dt} \tag{11.133}$$

式中，$K_E = R_{exf}/R$ 和 $S_E = (R_{exf}/R)S_e$。图 11-14 给出了这个方程的框图，它包含了一个积分时间为 T_E 的积分元件，以及两个增益分别为 K_E 和 S_E 的负反馈环[⊖]。增益为 S_E 的负反馈环用来模拟励磁机铁心的饱和。随着铁心饱和程度的增加，S_E 也增加，负反馈信号的幅值也增大，调节器对励磁机电压 E_f 的影响减小。他励型的直流励磁机通常运行在 $R_f < R$ 的条件下，故有 $K_E = 0.8 \sim 0.95$。通常在励磁机模型中近似认为 $K_E = 1$ 且 $S_E = S_e$。常数 T_E 在 1s 以下，通常取 $T_E \approx 0.5s$。

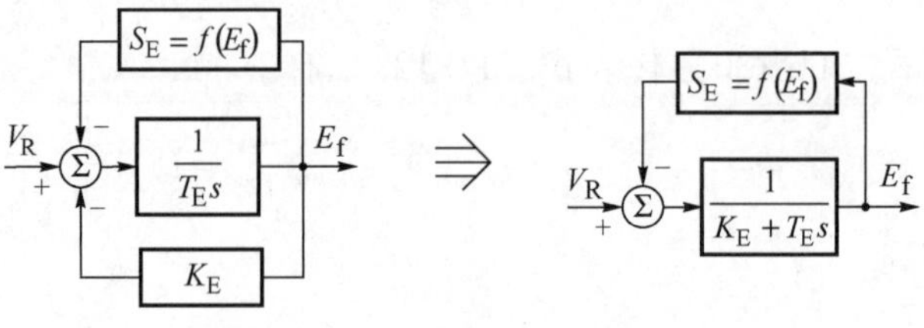

图 11-14　可调节的直流励磁机框图

如果励磁机为如图 11-12b 所示的自励型，那么电压 v_R 是励磁机内电动势和励磁电压 v_{ex} 之间的差。在式（11.128）中考虑这一点，就会得到一个与式（11.133）相同的微分方程，除了 $K_E = (R_{exf}/R - 1)$ 不同。因此，图 11-14 中的励磁机框图对自励型励磁机也是适用的。一般地，R_{exf} 略微小于 R，故 K_E 设定为一个范围在 $-0.05 \sim -0.2$ 内的较小负值。

通过把励磁机的框图与调节器和用于镇定的反馈信号结合起来，现在可以得到励磁系统主体部分的框图如图 11-15 所示。调节器用一个一阶传递函数来表示，其时间常数为 T_A，增益为 K_A；典型值为 $T_A = 0.05 \sim 0.2s$，$K_A = 20 \sim 400$。调节器的高增益对确保电压调节偏差在 0.5% 数量级是必须的。不幸的是，尽管高增益保证了较低的稳态偏差，但与大时间常数耦合后，其暂态性能是不能令人满意的。为了获得可接受的暂态性能，系统必须以某种方式进行镇定，因而会降低暂态（高频）增益。此种镇定通过一个镇定用反馈信号来实现，图中用一个一阶微分环节来表示，其增益为 K_F，时间常数为 T_F，典型值为 $T_F = 0.35 \sim 1s$，$K_F = 0.01 \sim 0.1$。

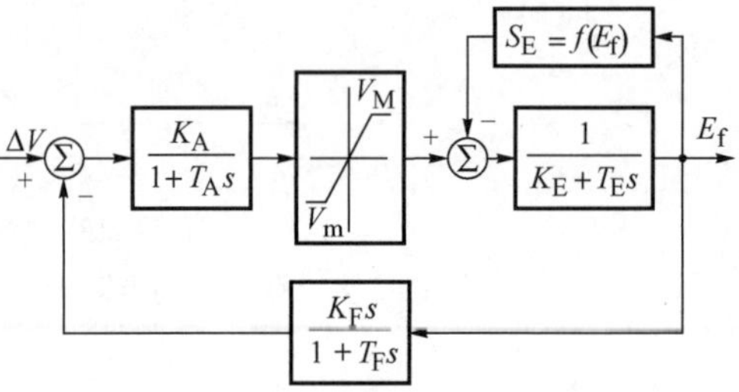

图 11-15　直流励磁机励磁系统框图
（基于 IEEE Committee Report（1968））

虽然饱和函数 $S_E = f(E_f)$ 可以用任何非线性函数来近似，但常用的是指数函数形式 $S_E = A_{ex}e^{B_{ex}E_f}$。由于这个函数必须对励磁机在大范围运行工况下的饱和特性进行模拟，指数函数的参数 A_{ex} 和 B_{ex} 由与高励磁电压和高励磁电流相对应的高饱和特性曲线段来确定。例如，Anderson et al.（1977）推荐使用与 100% 和 75% 最大励磁电压相对应的特性曲线上的点。

需要注意的很重要一点是，E_f 的限制值是与调节器限制值和饱和函数有关的，由此得到其最大值 E_{fM} 满足如下方程：

$$V_M - (K_E E_{fM} + S_{EM}) = 0 \tag{11.134}$$

⊖ 常数 T_E 有时被称为励磁机时间常数，如图 11-14 所示，它不是一个时间常数，时间常数取决于 K_E 和 S_E，如果忽略饱和，那么励磁机的等效时间常数为 T_E/K_E。——原书注

11.2.2.2　交流旋转励磁机

这些励磁机通常使用由 6 个二极管模块构成的三相桥式整流器，如图 11-16a 所示。整流器由电动势为 V_E、电抗为 X_E 的三相交流电压源供电。与所有的整流系统一样，输出电压与整流器的换相特性有关，而换相特性由换相重叠角决定。由于换相重叠角与流过整流器的电流和换流电抗 X_E 有关，因此根据励磁电流的大小可以确认 3 种主要的运行状态，如图 11-16b 所示。这 3 种状态，在特性曲线上分别标记为Ⅰ、Ⅱ、Ⅲ，依赖于整流器的换相特性，在电压源的电动势 V_E 和励磁电流 I_f 给定的条件下可以确定整流器端口的电压（Witzke，Kresser and Dillard，1953；IEEE Committee Report，1981）。

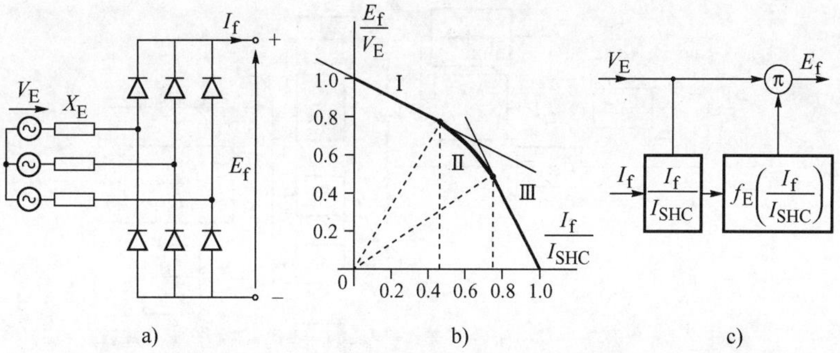

图 11-16　三相不控桥式整流器［基于 IEEE Committee Report（1981）］：

a）等效电路；b）电压-电流特性；c）框图

V_E、X_E—电压源的电动势和电抗　E_f、I_f—发电机内电动势和励磁电流　I_{SHC}—整流器短路电流

状态Ⅰ指桥中一个支路换相结束前另一个支路不会开始换相。在此状态下，整流器端口电压和励磁电流之间的关系是线性的，可以描述为

$$\frac{E_f}{V_E}=1-\frac{1}{\sqrt{3}}\frac{I_f}{I_{SHC}} \tag{11.135}$$

式中，$I_{SHC}=\sqrt{2}V_E/X_E$ 为整流器短路电流，方便起见将此值定为标幺值 1。当励磁电流 $I_f<2I_{SHC}/\sqrt{3}$ 时，这个关系是成立的。

当励磁电流增加时，换流重叠角也增加，当各二极管只能在同相反接的二极管停止导通的条件下才能导通时，整流器达到状态Ⅱ。在这种状态下，整流器电压和励磁电流之间的关系是非线性的，为一个半径是 $\sqrt{3}/2$ 的圆，圆的方程如下式所示：

$$\left(\frac{E_f}{V_E}\right)^2+\left(\frac{I_f}{I_{SHC}}\right)^2=\left(\frac{\sqrt{3}}{2}\right)^2 \tag{11.136}$$

当电流在下式范围内时式（11.136）成立：

$$\frac{2}{\sqrt{3}}I_{SHC}\leqslant I_f\leqslant\frac{2}{4}I_{SHC}$$

随着励磁电流的进一步增加，整流器达到状态Ⅲ，此时换流重叠角很大，使得同一时刻存在 4 个二极管处于导通状态，上下桥臂各两个。在这种状态下，整流器电压和励磁电流之间的关系是线性的，由下式描述

$$\frac{E_f}{V_E}=\sqrt{3}\left(1-\frac{I_f}{I_{SHC}}\right) \tag{11.137}$$

式（11.137）在 $3I_{SHC}/4 \leq I_f \leq I_{SHC}$时成立。

模拟整流器的框图如图 11-16c 所示，所有的值都在标幺制下。图中，左边的第一个方框计算相对于短路电流 I_{SHC}的励磁电流的值；第二个方框计算函数 $f_E(I_f/I_{SHC})$，然后将此值传递到乘法单元以获得整流器端口电压。

图 2-3b、c 展示了整流器如何通过一个感应发电机或一个旋转电枢式交流发电机供电，其中后者是最常用的，因为它不需要集电环。尽管交流发电机可以使用 11.1 节描述的发电机模型来模拟，但通常将交流发电机模型简化为与直流励磁机相类似的模型已足够精确。此种简化使完整的励磁系统可以用如图 11-17 所示的模型进行模拟。

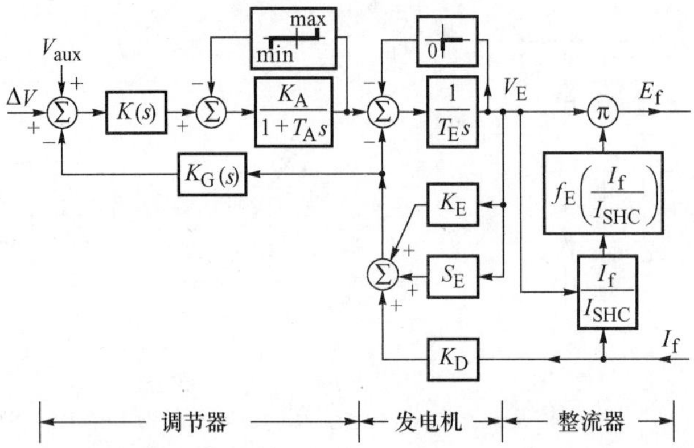

图 11-17　采用交流发电机和不控整流器的励磁系统框图

与直流励磁机一样，交流发电机用一个积分环节加 3 个反馈环来模拟。增益为 K_E和 S_E的反馈环所起的作用与在直流励磁系统中一样。但是，当 S_E是由空载饱和特性决定而不是像直流励磁机中那样由负载饱和特性曲线决定时，在整流器的电压-电流特性曲线中现在考虑了交流发电机的电阻效应。由于交流励磁机的电枢电流与主发电机励磁绕组的励磁电流是成比例的，故增益为 K_D的第三个反馈环用这个电流来模拟交流励磁机电枢反应的去磁效应。由于二极管整流器的输出电压不可能降到零以下，因此用一个包含信号限制器的负反馈环来模拟这种特性。如果励磁电压降到零以下，一个较大的负信号会反馈到相加点，以防止电压进一步降低，从而将电压保持在零。

这个系统通过一个传递函数为 $K_G(s) = K_F s/(1+T_F s)$的反馈环来实现镇定。在这种情况下，镇定环的输入信号是与励磁机的励磁电流成比例的。另一种实现系统镇定的方法是直接取电压调节器的输出或者励磁电压 E_f作为镇定环的输入信号。在图 11-17 中，对反馈镇定还加了一个补充环节，这个环节的传递函数为 $K(s)$，放在前向通道的调节器模块之前。$K_G(s)$ 和 $K(s)$ 两者都与具体的励磁系统有关，可以用模拟技术也可以用数字技术来实现。通常 $K(s)$ 会有 PI 或 PID 型结构，且通常用传递函数$(1+T_C s)/(1+T_B s)$来表示。对上述模型可做的主要简化是忽略励磁电流变化对整流器电压的影响；这种情况下，上述模型缩减为如图 11-15 所示的与直流励磁机非常类似的模型。

11.2.2.3　静止励磁机

在静止励磁系统中，直流电源是一个由 6 个晶闸管模块构成的可控三相桥式整流器，如图 11-18 所示。整流器的输出特性取决于晶闸管触发角 α 和系统的换相特性。在极限情况

$\alpha=0°$时，输出特性与如图 11-16b 所示的不控整流器特性相似。可控整流器的一个非常重要的特性是具有输出负电压的能力，从而使励磁机具备去励磁的能力。尽管励磁机输出电压可以变负，但电流不能反向，必须在同一个方向流动。随着触发角的增大，可控整流器的输出电压与 $\cos\alpha$ 成比例下降（Lander，1987），其特性曲线簇如图 11-18 所示。

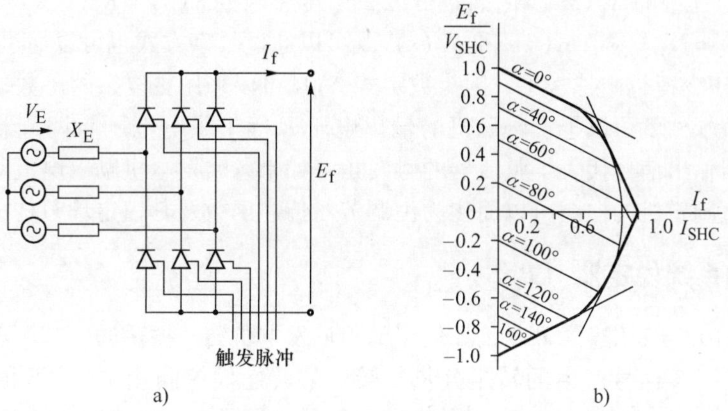

图 11-18　三相可控桥式整流器：a）电路图；b）电压-电流特性

α—晶闸管触发角

触发角是由电压调节器来设定的。触发角与整流器输出电压之间的余弦依赖性可以通过在调节器输出上引入一个反余弦函数来进行抵消，从而得到一种线性关系。由于各相触发脉冲序列的离散性引起的微小延时与电力系统的时间常数相比要小很多，因此整流器可以视为一个没有时延的电流源。

这样，完整的励磁系统可以用图 11-19 所示的框图来模拟。此图中，上部表示调节器和镇定环节，底部表示整流器的静态特性。整流器供电电压 V_E 与发电机电枢电压和电枢电流均成正比，比例系数为 K_v 和 K_i。这些系数的值与整流器的供电方式有关，如图 2-3d ~ f 所示。当 $K_i=0$ 且 $K_v=1$ 时，励磁系统没有负载补偿功能，对应于发电机机端电压直接反馈供电。

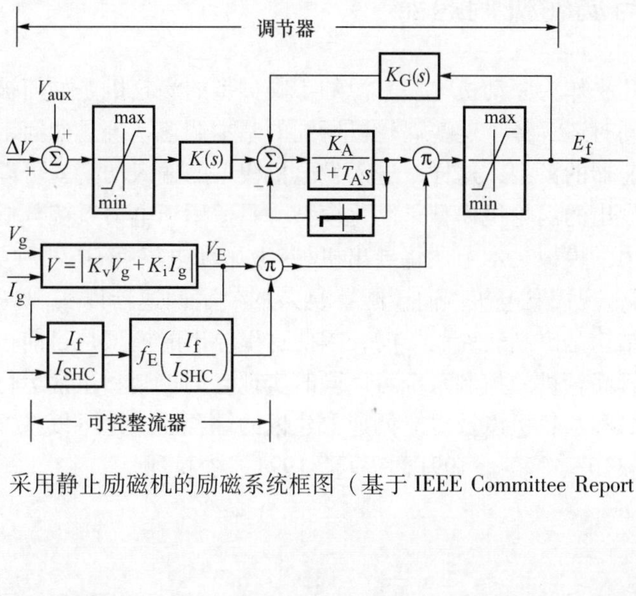

图 11-19　采用静止励磁机的励磁系统框图（基于 IEEE Committee Report（1968））

发电机励磁电流对整流器输出电压的影响可以采用与不控整流器相同的方式进行模拟。调节器与触发电路一起，用一个一阶传递函数来模拟，其增益为 K_A，时间常数为 T_A。如果系统不包含电压与触发角之间的余弦依赖补偿环节，增益 K_A 将不是常数，应该模拟为调节器信号的余弦函数。系统的镇定环节是前向通道上的传递函数 $K(s)$ 和励磁机输出电压的反馈环中的 $K_G(s)$。例如，可以采用传递函数 $K(s)=K_1(1+T_Cs)/(1+T_Bs)$ 和恒定增益 $K_G(s)=K_G$。尽管 $K(s)$ 和 $K_G(s)$ 既可以通过数字方式也可以通过模拟方式实现，但数字式 AVR 正变得越来越常见，因为数字式 AVR 可以采用更复杂的函数，且对于不同的发电机只要修改软件就可以了。励磁机的输出电压 E_f 等于供电电压与调节器输出信号的乘积，其中调节器输出信号代表了整流器的触发角。如果忽略发电机励磁电流对整流器输出电压的影响，那么励磁机的框图可以简化为由调节器传递函数及其镇定环节构成。

11.2.3 电力系统稳定器（PSS）

第 10 章的 10.1 节阐述了 PSS 是如何帮助阻尼发电机转子振荡的，其原理是 PSS 提供一个附加输入信号，该信号产生的转矩分量与转子的转速偏差同相位。PSS 的一般性结构如图 10-2 所示，其中的主要环节为信号传感器、低通滤波器、高通滤波器、至少一个超前/滞后补偿环节、一个放大器和一个限幅器。与图 10-2 所示功能框图相对应的 PSS 模型框图如图 11-20 所示。其输入信号 q 可以是转子转速、有功功率、频率或其他某个信号，如 10.1 节所描述的；而其输出信号如图 11-20 所示为 V_{PSS}，V_{PSS} 作为辅助信号 V_{aux} 传递给 AVR。PSS 中的参数需要仔细选择，因为每个 PSS 的参数整定与其输入信号和在系统中的位置有关。

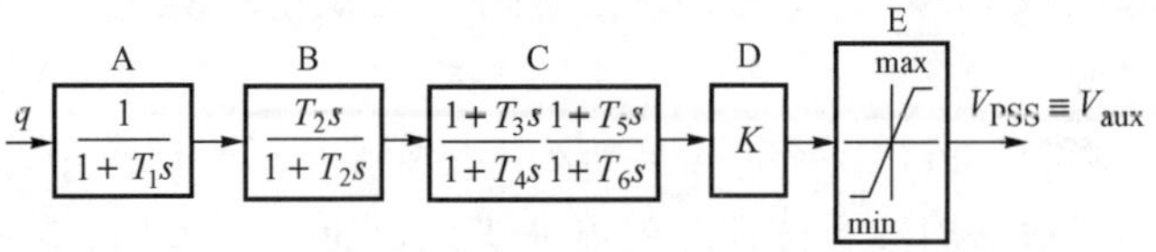

图 11-20　PSS 框图

A—信号传感器　B—高通滤波器　C—超前/滞后补偿环节　D—放大器增益　E—限幅器

11.3　涡轮机与涡轮机调速器

第 2 章阐述了几乎作为原动机唯一来源的不同类型的涡轮机是如何被用来为发电机提供输入机械功率的；同时还解释了这些涡轮机所配的基本调速系统是如何工作的。本节将导出这些涡轮机及其调速器的模型，这样，进入发电机模型的输入功率就可以像在实际系统中一样进行调节。这里导出的涡轮机模型是简化模型，只适用于电力系统分析，而不适用于对涡轮机本身做详细的力学模拟。本节还将导出机械-液压和电气-液压两种类型的调速器模型。与 AVR 的情况一样，现代发电机倾向于配置复杂的数字调速器以实现高等级的功能。由于涡轮机和调速器的结构是因制造商而异的，因此这里导出的模型是目前在用的涡轮机和调速器的典型模型。尽管涡轮机的控制系统可以同时实现起动控制和正常运行控制，但这里只关注后者。关于汽轮机和水轮机以及对应调速器建模的综合性讨论可以在文献 IEEE Committee Reports（1973a，1973b，1973c，1991，1992，1994）中找到。

11.3.1　汽轮机模型

汽轮机在世界范围内被广泛用于为发电机提供机械功率。汽轮机的数学模型将基于如图 11-21 所示的蒸汽流过一个蒸汽容器的简单模型导出。

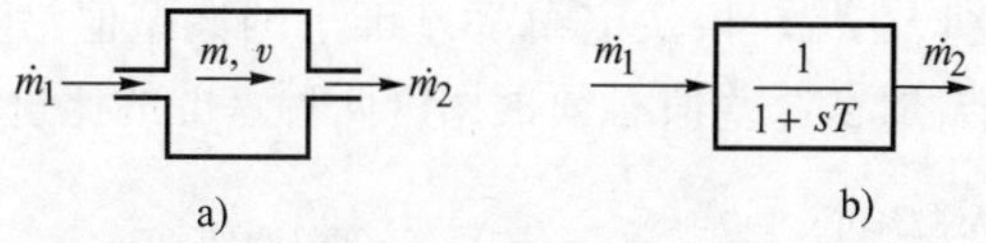

图 11-21　蒸汽流过蒸汽容器的模型：a）容积为 V 的容器；b）框图

蒸汽容器会在系统中引入了一个时间延迟，因为入口处蒸汽流量变化时需要一定的时间出口处才会显示出来。通过考察如图 11-21a 所示的容积为 V 的蒸汽容器，可以对这个时间延迟进行定量分析。图中，m 为容器中的蒸汽质量，p 为蒸汽压力，$\dot{m}_1$ 和 $\dot{m}_2$ 为入口处和出口处的蒸汽质量流速。当 $\dot{m}_1=\dot{m}_2$ 时，容器中的蒸汽质量为常数。当由于阀的位置变化而引起输入蒸汽流速变化时，容器中的蒸汽质量也会变化，其变化速度与输入流速和输出流速之差成正比，即 $\mathrm{d}m/\mathrm{d}t=(\dot{m}_1-\dot{m}_2)$。如果蒸汽温度为恒定值，那么容器中蒸汽质量的变化必然导致压力变化，因而这个方程可以写成

$$\dot{m}_1-\dot{m}_2=\frac{\mathrm{d}m}{\mathrm{d}t}=\frac{\partial m}{\partial p}\frac{\mathrm{d}p}{\mathrm{d}t}=V\frac{\partial}{\partial p}\left(\frac{1}{v}\right)\frac{\mathrm{d}p}{\mathrm{d}t} \tag{11.138}$$

式中，v 为给定压力下的蒸汽比容（容积除以质量）。假定流出的蒸汽量与容器中的压力成正比

$$\dot{m}_2=\dot{m}_0\frac{p}{p_0}\quad 或\quad \frac{\mathrm{d}p}{\mathrm{d}t}=\frac{p_0}{\dot{m}_0}\frac{\mathrm{d}\dot{m}_2}{\mathrm{d}t} \tag{11.139}$$

式中，$\dot{m}_0=\dot{m}_1(t=0)=\dot{m}_2(t=0)$ 且 $p_0=p(t=0)$。把式（11.139）代入式（11.138）得

$$\dot{m}_1-\dot{m}_2=T\frac{\mathrm{d}\dot{m}_2}{\mathrm{d}t} \tag{11.140}$$

式中，

$$T=V\frac{p_0}{\dot{m}_0}\frac{\partial}{\partial p}\left(\frac{1}{v}\right)$$

是一个与容器中的蒸汽质量惯性相对应的时间常数。应用拉普拉斯变换并写成传递函数形式为

$$\frac{\dot{m}_2(s)}{\dot{m}_1(s)}=\frac{1}{(1+Ts)} \tag{11.141}$$

此式与图 11-21b 所示的惯性环节相对应。

图 11-22 展示了如何利用上述方程来模拟 2.3.3 节描述的串联复合式一次再热汽轮机。图 11-22a 为这种汽轮机的结构示意图，此图显示了蒸汽如何通过调速器控制阀和入口管道进入高压蒸汽室（A）；然后离开蒸汽室进入高压汽轮机级（HP）；再进入高压级与中压级之间的

再热器；再热以后，通过再热调节阀进入中压汽轮机级（IP）；然后通过跨接管道进入低压汽轮机级（LP）。此种系统的数学模型如图 11-22b 所示，可以分为两个部分。第一部分，因为由汽轮机级抽取的功率与蒸汽质量流速$\dot{m}_s$成正比，因而各个汽轮机级可以用一个常数α、β、γ来模拟，其意义是各个汽轮机级抽取的功率占汽轮机总功率的比例，因此有$\alpha+\beta+\gamma=1$。对于这里讨论的一次再热汽轮机，在汽轮机额定 MW 基准下的典型值为$\alpha\approx0.3$、$\beta\approx0.4$、$\gamma\approx0.3$。如果使用发电机 MVA 基准，那么这些值必须根据这两种基准的比进行修正。

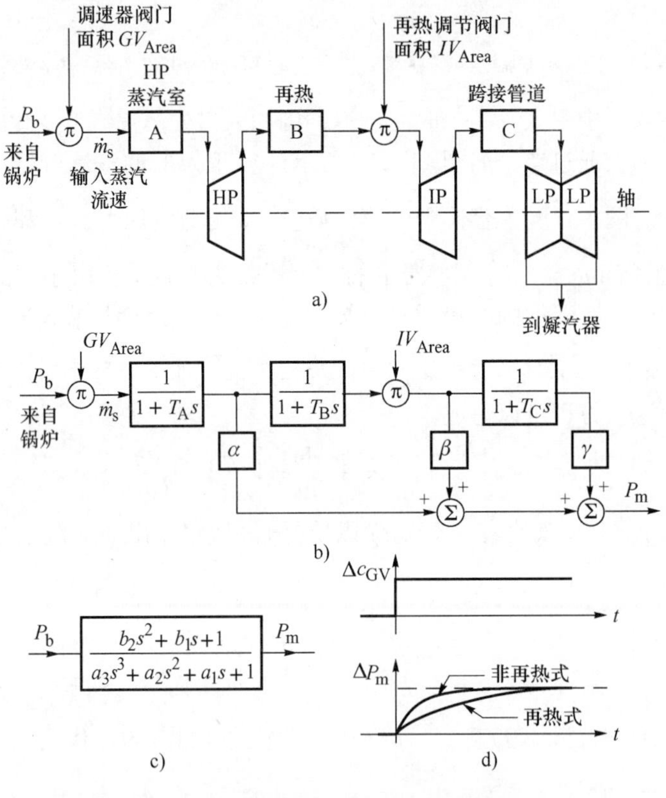

图 11-22　串联复合式一次再热汽轮机：

a）示意图；b）框图；c）变换后的框图；d）线性汽轮机模型对阀位置阶跃变化的响应

P_b、P_m—蒸汽入口功率和汽轮机的功率

汽轮机模型的第二部分涉及蒸汽室和相关管道的贮存量，并与图 11-21b 相对应。相关参数的典型值为$T_A=0.1\sim0.4\text{s}$，$T_B=4\sim11\text{s}$，$T_C=0.3\sim0.5\text{s}$，$\alpha=0.3$，$\beta=0.4$，$\gamma=0.3$。

假定对再热调节阀没有控制，则图 11-22b 的框图可以简化为图 11-22c，即将 3 个惯性环节合并，得到一个等效的三阶环节，合并前后相关参数的关系为

$$a_1=T_A+T_B+T_C,\quad a_2=T_AT_B+T_AT_C+T_BT_C,\quad a_3=T_AT_BT_C,$$
$$b_1=\alpha(T_B+T_C)+\beta T_C,\quad b_2=\alpha T_BT_C$$

由于汽轮机功率是与蒸汽质量流速成正比的，故为了进一步地简化框图，将此图中的输入流速改为输入功率。由于再热器时间常数T_B比T_A或T_C高出数倍，因此汽轮机模型可以做进一步的简化，如假定$T_A\approx0$或甚至$T_A\approx T_C\approx0$，这样就将汽轮机模型分别简化为一个二阶环节或一个一阶环节。

没有再热器的汽轮机可以用一个一阶环节来模拟，其参数为 $T_A = 0.2 \sim 0.5\text{s}$，$\alpha = 1$，$\beta = \gamma = 0$，$T_B = T_C = 0$。

对有再热器和无再热器的汽轮机比较其时间响应，激励是在调速器控制的阀门上做开度阶跃上升 Δc_{GV}，时间响应如图 11-22d 所示。当阀门开度增大时，阀门的通流截面积 GV_{Area} 也增大，因此在锅炉压力恒定的条件下蒸汽流速也增大。但是，蒸汽贮存效应使增大了的蒸汽流速到达汽轮机叶片存在一个时间延迟，因而汽轮机输出功率增大也存在一个时间延迟。这个效应在再热式汽轮机中特别明显，功率上升时间可能长达 10s，如图 11-22d 所示。由于在再热式汽轮机中从阀门动作到功率变化之间的时间延迟可能会很长，故需要对调速器和再热调节阀进行协调控制，具体说明见 11.3.1.1 节。

11.3.1.1　汽轮机调速系统

第 2 章阐述了如图 11-22a 所示的再热式汽轮机配置有两套控制阀和两套紧急停机阀。通常汽轮机控制通过调节调速器阀和再热调节阀的位置来实现；而紧急停机阀保持完全打开状态，只在需要紧急停机时才启用。由于两套停机阀正常时都处于完全打开状态，因此在建模时不加考虑。

尽管调速器阀和再热调节阀的协调控制方式取决于控制行为的目标、调速器的类型和不同的制造商，但调速器的一般性特征可以包括在一个通用模型中，该通用模型既能表示机械-液压调速器，也能表示电气-液压调速器。该模型还可用于如第 9 章所描述的超速控制和负荷/频率控制。有必要的话，还可以很方便地加入第 10 章描述的快关汽门功能。

为了导出此种调速器模型，将使用如图 11-23a 所示的机械-液压调速器的功能框图。该图显示机械-液压调速器的主要环节有转速传感器、调节器、转速继电器、伺服电动机和蒸汽控制阀。与图 2-12 相比多出了一个额外环节，转速继电器。该环节产生一个与负载参考信号成正比的输出再扣除任何转速偏差的影响。此额外环节是必需的，因为在一些较大的发电机上，调节主蒸汽阀位置所需要的力非常大，在调速器连杆和主伺服电动机之间就需要一个附加的弹簧负载伺服电动机和转速继电器。在一些较小的电机上，转速继电器的弹簧负载伺服电动机可以用来调节控制阀的位置，这与图 2-11 所示的伺服电动机结构不同。

此功能框图中的各个环节采用如图 11-23b 所示的框图来模拟。调节器用一个增益 $K = 1/\rho$ 来模拟，其中 ρ 为调节器静态特性的下斜率，而转速继电器用一个时间常数为 T_2 的一阶滞后环节来模拟。负荷参考值的作用由所要求的主调速器控制阀开度 c_{0GV} 来模拟。改变控制阀位置的主伺服电动机用一个带阀门位置直接反馈和两个限幅器的积分器来模拟。其中第一个限幅器用来防止汽轮机快速打开或快速关闭蒸汽阀门。第二个限幅器将阀门位置限制在全开和全闭之间；或者若存在负载限制器的话，把阀门限制到一个设定的位置。最后的非线性环节模拟阀的特性，有效地把阀门位置转换为标幺化的通流区域截面积。阀的非线性特性可以在调速器中进行补偿，即在转速继电器和伺服电动机之间插入一个用于线性化的凸轮。这两个相互补偿的非线性特性通常可在模型中忽略掉。模型的输出为标幺化的通流区域截面积，并作为如图 11-22b 所示汽轮机模型的主输入。

图 11-23b 还给出了为限制超速而对再热调节阀进行控制的一种方法，在此例子中，控制再热调节阀的位置以跟踪要求的位置信号 c_{IVdem}，c_{IVdem} 由如下方程给出：

$$c_{IVdem} = c_{0IV} - K'\Delta\omega \tag{11.142}$$

式中，K' 为中压汽轮机级的增益，等于中压汽轮机级下斜率的倒数，$K' > K$。

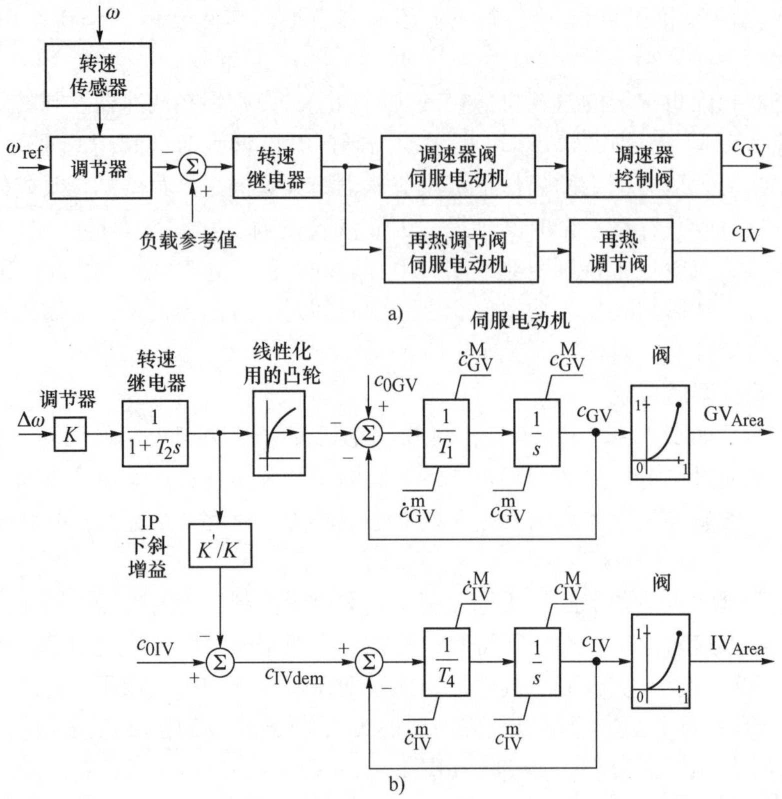

图 11-23　汽轮机的机械-液压调速器：a）功能框图；b）框图

c—主蒸汽阀位置　GV—调速器阀　IV—再热调节阀

为了更进一步考察这个控制环是如何工作的，假定 $K=25$（主下斜率为 4%），$K'=50$（中压汽轮机级下斜率为 2%），在超速达到 4% 之前再热调节阀保持在全开状态。在超速 4% 的速度下，主调速器阀刚刚全部关闭。参考信号 c_{0IV} 设定为 3，当 $0.04>\Delta\omega>0$ 时，要求的 $c_{IVdem}\geqslant 1$，因而再热调节阀处于全开状态。当 $\Delta\omega=0.04$ 时，再热调节阀开始关闭，而当 $\Delta\omega=0.06$ 时，再热调节阀完全关闭。

在某些情况下，会使用一个辅助调速器与正常调速器并列运行。只有当存在较大的转速偏差时此辅助调速器才会投入运行，其效果是提高了调速器的增益 K。用这种方法增大了调速器的输出，从而可以快速关闭再热调节阀和调速器控制阀。

上述调速器模型也可用于电气-液压调速器，因为其主功率部件都是相似的，除了机械部件用电子电路来代替外。采用电子电路代替机械部件，在灵活性和功能方面可以获得更大的自由度，这是传统的机械-液压调速器所无法达到的。进一步的发展是数字-液压调速器，这种情况下控制功能在软件中实现，从而提供了更大的灵活性。从建模的角度来看，灵活性的增加意味着调速器采用的实际控制是依赖于制造商的，特别是针对更高级的控制功能，比如快关汽门等。尽管如此，在已导出的如图 11-23b 所示的调速器模型中，将转速继电器替换为一般性的传递函数 $(1+T_3s)/(1+T_2s)$ 以提供任何相位补偿，构成了模拟电气-液压调速器的一个很好基础。如果需要实现某个特定的控制逻辑，可以直接对图 11-23b 的对应部分进行修改，这是相当简单的。

在一个 10s 左右的时间段内分析机电动态过程时，可以假定锅炉压力是恒定的，并可以等价于初始功率 P_0 恒定，即 $P_b = P_m(t=0) = P_0$ = 常数。在此假设条件下调速器的框图可以进行简化，通过对伺服电动机模型的限幅值和初始条件乘以 P_0，可以得到如图 11-24 所示的简化模型。在此模型中，调节器和转速继电器的传递函数用一个一般性的控制环节 $K(1+T_3s)/(1+T_2s)$ 来代替，从而使这个模型既适用于机械-液压调速器，也适用于电气-液压调速器。现在多出来的时间常数为同时模拟两种类型调速器提供了自由度，针对特定的调速器需要正确选择其取值。此简化模型中没有包括再热调节阀的控制，因为假定再热调节阀处于完全打开状态，但如有需要可以把它加上。其他类型的电气-液压和机械-液压调速器在文献 IEEE Committee Reports（1973b，1991）和 Kundur（1994）中有介绍。

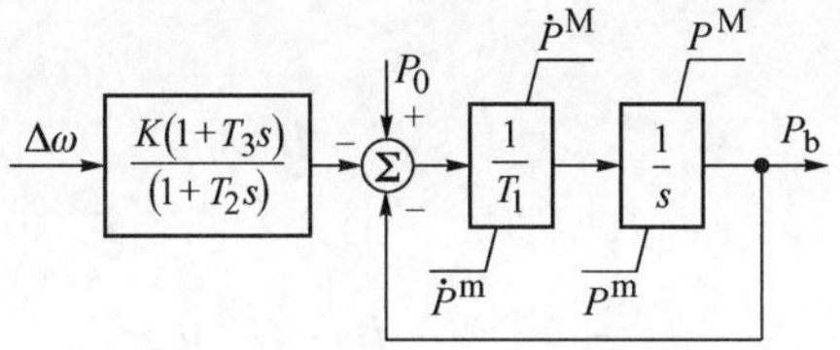

图 11-24　简化的调速器模型

11.3.1.2　锅炉控制

在建模过程中，锅炉输出与汽轮机之间是通过锅炉压力 P_b 这个参数相联系的。对锅炉模型进行描述不是这里的目的，但对锅炉/汽轮机之间的相互作用进行简短的讨论是必要的，因为全书都假定了 P_b 保持实际上的恒定。传统上，常规的汽轮机控制运行在“炉跟机”模式下，即通过控制汽轮机的阀来改变所带负载的大小；而锅炉控制的目标是保持蒸汽状态不变，也就是压力和流量不变。尽管此种控制模式利用锅炉中存储的能量，达到了汽轮机的快速响应和很好的频率控制效果，但锅炉压力和其他变量的变化可能是相当大的。为了防止这种情况的发生，可以采用另一种控制模式，即“机跟炉”模式。在此种模式下，所带负载大小的改变由锅炉控制来实现，而汽轮机阀被控制来调节锅炉压力。由于汽轮机阀的响应速度很快，故可以达到近乎完美的锅炉压力控制。但是，此种控制模式下改变所带负载大小需要很长时间，其时间常数为 1～2min，取决于锅炉和燃料的类型，因为现在不再使用锅炉存储的能量。作为一种折中，可以采用“炉机集成”控制模式，以同时实现汽轮机快速响应和限制锅炉变量大范围变化的目标。

11.3.2　水轮机

如果水从高位流到低位的水轮机中，存储在高位水库中的水的势能就转换为水轮机转轴上的机械功，如 2.3.3 节所描述的。水轮机要么是冲击式的要么是反击式的，尽管它们的运行方式不同，两种机型所做的功都完全由动能转换而来。在冲击式水轮机中，例如 Pelton 水轮机，当水从喷嘴中通过时，水中所有可获得的能量都转换为了动能。水在离开喷嘴时形成自由射流，并撞击转轮，在那里动能转化为机械功。在反击式水轮机中，例如 Francis 水轮机，当水通过可调节的导叶时，水中只有一部分能量被转换成动能，剩下的能量转换在转轮内部进行，且所有通道都充满了水，包括尾水管。两种水轮机的功率控制都是通过调节流入水轮机的流量来实现的；对于反击式水轮机，通过导叶控制流量；而对于冲击式水轮机，则通过指针控制流量。这里所要做的是导出水轮机功率随调节装置位置变化而变化的数学描述。

图11-25a给出了一个水轮机布置的示意图，其中，水沿着导水管往下流，经过水轮机再流出成为尾水。导水管的模型在假定水流不可压缩的条件下导出。这样，导水管中的流量变化率可以通过令导水管中水的动量变化率等于作用于导水管中的水的合力得到，即下式成立：

$$\rho L\frac{\mathrm{d}Q}{\mathrm{d}t}=F_{\mathrm{net}} \tag{11.143}$$

式中，Q为体积流量，L为导水管长度，ρ为水的质量密度。

作用于水上的合力可以通过考察导水管中的压力水头来获得。在导水管的入口处作用于水的力仅仅与静水头H_s成正比；而在导叶处，作用于水的力与水轮机的水头H成正比。因为导水管中的摩擦效应，水上还存在一个摩擦力，可以用水头损失H_l来表示。这样，导水管中水的合力为

$$F_{\mathrm{net}}=(H_s-H_l-H)A\rho g \tag{11.144}$$

式中，A为导水管的截面积，g为重力加速度。把合力代入式（11.143）得

$$\rho L\frac{\mathrm{d}Q}{\mathrm{d}t}=(H_s-H_l-H)A\rho g \tag{11.145}$$

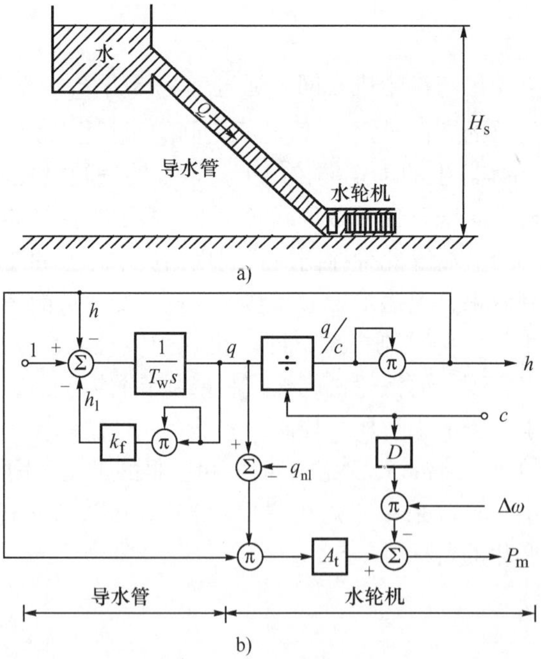

图11-25 水轮机：a）示意图；b）非线性模型［基于IEEE Committee Report（1968）］

通常选择一个方便的基准将式（11.145）标幺化。尽管这个基准系统是任意的，但一般选择基准水头h_{base}为高于水轮机的静态水头，这里选H_s，而基准流量q_{base}定义为导叶完全打开且水头等于h_{base}时流经水轮机的流量（IEEE Committee Report，1992）。将式（11.145）两边均除以$h_{\mathrm{base}}q_{\mathrm{base}}$得到

$$\frac{\mathrm{d}q}{\mathrm{d}t}=\frac{1}{T_w}(1-h_l-h) \tag{11.146}$$

式中，$q=Q/q_{\text{base}}$和$h=H/h_{\text{base}}$分别为标幺化了的流量和压力水头，而$T_{\text{w}}=Lq_{\text{base}}/Agh_{\text{base}}$为水启动时间。理论上，$T_{\text{w}}$定义为当括号内的水头项改变$h_{\text{base}}$时，导水管中的流量改变$q_{\text{base}}$所需要的时间。水头损失$h_{\text{l}}$与流量二次方成正比，并与导水管尺寸和摩擦因子有关，这里假设其为$h_{\text{l}}=k_{\text{f}}q^2$就可以了，通常$h_{\text{l}}$可以忽略。这个方程定义了导水管模型，其框图如图 11-25b 的左边部分所示。

在模拟水轮机本身时，既要模拟其水力特性，也要模拟其机械功率输出特性。首先，在假定水轮机可以用阀特性来表示的条件下，得到水轮机的流量与压力水头有关，

$$Q=kc\sqrt{H} \tag{11.147}$$

式中，c为 0 ~ 1 之间的阀门位置，k为常数。当阀门完全打开时$c=1$。通过两边同除以$q_{\text{base}}=k\sqrt{h_{\text{base}}}$可以将式（11.147）标幺化，得到标幺制方程

$$q=c\sqrt{h} \tag{11.148}$$

其次，水轮机产生的功率与流量和水头的乘积成正比并与效率有关。为了计及水轮机效率低于 100% 的特性，从实际流量中扣除空载流量q_{nl}，得到标幺制方程为

$$P_{\text{m}}=h(q-q_{\text{nl}}) \tag{11.149}$$

可惜这个表达式所用的标幺制与发电机所用的标幺制不同，发电机所用的标幺制通常采用发电机额定 MVA 为基准，将式（11.149）转化到发电机标幺制得到

$$P_{\text{m}}=A_{\text{t}}h(q-q_{\text{nl}}) \tag{11.150}$$

式中，因子A_{t}是由 2 个标幺制的转化而引入的。因子A_{t}的值可以通过考察水轮机的额定运行工况得到，有

$$P_{\text{m}}=A_{\text{t}}h_{\text{r}}(q_{\text{r}}-q_{\text{nl}})=\frac{\text{水轮机功率(MW)}}{\text{发电机 MVA 额定值}} \tag{11.151}$$

下标“r”表示在额定工况下的参数值。整理式（11.151）得到

$$A_{\text{t}}=\frac{\text{水轮机功率(MW)}}{\text{发电机 MVA 额定值}}\frac{1}{h_{\text{r}}(q_{\text{r}}-q_{\text{nl}})} \tag{11.152}$$

阻尼效应也是存在的，其与阀门开度有关。这样，在任何负载条件下，水轮机功率可以表示为

$$P_{\text{m}}=A_{\text{t}}h(q-q_{\text{nl}})-Dc\Delta\omega \tag{11.153}$$

式中，D为阻尼系数。式（11.148）和式（11.153）构成了如图 11-25b 右边所示的水轮机非线性模型，其中阀门位置是控制变量。

11.3.2.1 线性水轮机模型

水轮机的经典模型（IEEE Committee Report，1973a，1973b，1973c）采用了一个非线性模型的线性化版本。此种模型适用于机械功率做小幅变化的场合，可以通过对式（11.146）、式（11.148）和式（11.150）在初始运行点处线性化得到

$$\frac{\mathrm{d}\Delta q}{\mathrm{d}t}=-\frac{\Delta h}{T_{\text{w}}},\qquad \Delta q=\frac{\partial q}{\partial c}\Delta c+\frac{\partial q}{\partial h}\Delta h,\qquad \Delta P_{\text{m}}=\frac{\partial P_{\text{m}}}{\partial h}\Delta h+\frac{\partial P_{\text{m}}}{\partial q}\Delta q \tag{11.154}$$

引入拉普拉斯算子s并从方程中消去Δh和Δq得

$$\frac{\Delta P_{\text{m}}}{\Delta c}=\frac{\left[\dfrac{\partial q}{\partial c}\dfrac{\partial P_{\text{m}}}{\partial q}-sT_{\text{w}}\dfrac{\partial P_{\text{m}}}{\partial h}\dfrac{\partial q}{\partial c}\right]}{1+sT_{\text{w}}\dfrac{\partial q}{\partial h}} \tag{11.155}$$

式中，偏导数为

$$\frac{\partial q}{\partial h}=\frac{1}{2}\frac{c_0}{\sqrt{h_0}},\qquad \frac{\partial q}{\partial c}=\sqrt{h_0}$$
$$\frac{\partial P_{\mathrm{m}}}{\partial q}=A_{\mathrm{t}}h_0,\qquad \frac{\partial P_{\mathrm{m}}}{\partial h}=A_{\mathrm{t}}(q_0-q_{\mathrm{nl}})\approx A_{\mathrm{t}}(q_0) \tag{11.156}$$

下标“0”表示初始运行点的值。代入式（11.155）并注意到 $q_0=c_0\sqrt{h_0}$ 有

$$\frac{\Delta P_{\mathrm{m}}}{\Delta c}=A_{\mathrm{t}}h_0^{3/2}\frac{1-sT'_{\mathrm{w}}}{1+s\dfrac{T'_{\mathrm{w}}}{2}} \tag{11.157}$$

式中，

$$T'_{\mathrm{w}}=T_{\mathrm{w}}\frac{q_0}{h_0}=\frac{L}{Ag}\frac{Q_0}{H_0}$$

T'_{w}典型值为0.5～5s。

这是水启动时间的经典定义，它与初始运行点的水头和流量相关，因而是随负载而变化的。如果有需要，在将阀门开度转化成以发电机额定MVA为基准的水轮机功率标幺值时，可以将常数 A_{t} 包含进开度变量中。此种线性水轮机模型的框图如图11-26a所示。

式（11.157）描述了水轮机的一个有趣而重要的特性。例如，假定阀门开度突然小幅度关闭以减小水轮机的输出功率；导水管中的流量不会瞬间变化，因此流过水轮机的水的速度开始时会增大；导致水轮机功率开始时也增大，直到经过一个时延后，导水管中的流量才有时间减小，从而水轮机功率才减小。这个效应在式（11.157）中的反映是分子中的负号。这个特性如图11-26b所示，当阀门开度做阶跃上升 Δc 时，开始时输出功率产生一个快速的跌落；随后随着导水管中流量的增大，输出功率也增大。

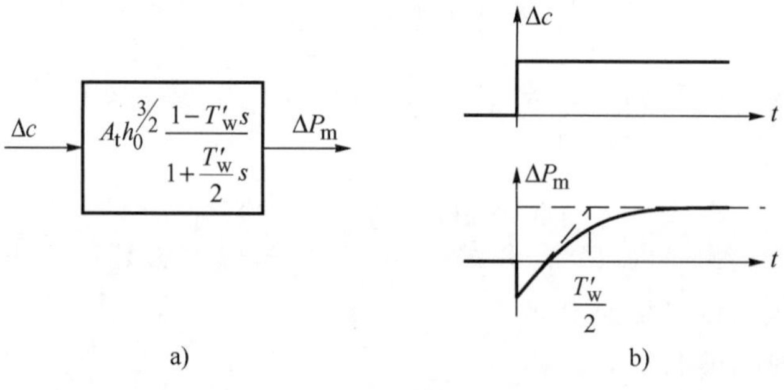

图11-26 水轮机：a）线性模型；b）阀门开度阶跃变化时线性水轮机模型的响应

虽然式（11.157）所示的线性化模型已成功地应用于静态和暂态稳定性的研究，但IEEE Committee Report（1992）推荐使用非线性水轮机模型进行电力系统分析，因为在计算机中其实现并不比近似的线性传递函数困难。其他的更详细的模型请参考IEEE Committee Reports（1973a，1973b，1973c，1992）。

11.3.2.2 水轮机调速系统

水轮机调速系统与汽轮机调速系统主要在两方面有不同。第一，移动控制阀门需要非常大的力，因为必须同时克服很高的水压和很大的摩擦力；第二，水轮机对阀门位置改变的独特响应必须进行充分的补偿。为了提供移动阀门所必需的力，需要使用两台伺服电动机，如

图 11-27a 的功能框图所示。与在汽轮机中类似，转速调节器通过一个杠杆系统作用到“引导阀”上，“引导阀”控制流入“引导伺服电动机”的液体流量。然后“引导伺服电动机”作用到大功率“主伺服电动机”的中继阀上，最终“主伺服电动机”控制阀门位置。与汽轮机中的伺服电动机一样，为了实现所要求的动作量，需要两个伺服电动机位置的负反馈信号。为了补偿水轮机在阀门位置改变时的独特响应特性，有必要放慢初始的阀门动作速度，从而使导水管中的水流量能够跟上阀门位置的变化。这通过一个暂态下斜环节来实现，这个环节在阀位置快速变化时减小调速器的增益；在机械-液压调速器系统中，则是通过一个含有缓冲器系统的杠杆系统反馈阀门位置来实现的。与如图 2-14 所示的汽轮机调速器类似，通过一系列杠杆直接反馈阀门位置来控制静态下斜率。

包含暂态下斜环节的调速器框图模型如图 11-27b 所示。主伺服电动机用一个积分环节来模拟，该积分环节带有两个限幅器，积分时间为 T_g。第一个限幅器将阀门位置限制在全开和全闭之间；而第二个限幅器为速度限幅器，把速度限制到阀门能够达到的速度，这是很有必要的，因为如果阀关闭得太快，导致的高压力会损坏导水管。引导伺服电动机及其位置反馈用一个一阶滞后环节来模拟，其时间常数为 T_p。这个系统有两个主反馈环。比例反馈环提供一个下斜率为 ρ 的静态下斜特性；而含有微分环节的反馈环将暂态下斜率修正到 δ。Ramey and Skooglund（1970）推荐的参数典型值为 $T_p = 0.04\text{s}$、$T_g = 0.2\text{s}$、$T_r = 5T'_w$、$\delta = 2.5T'_w/T_m$、$\rho = 0.03 \sim 0.06$，其中 T'_w 为水启动时间，T_m 为水轮机的机械时间常数。

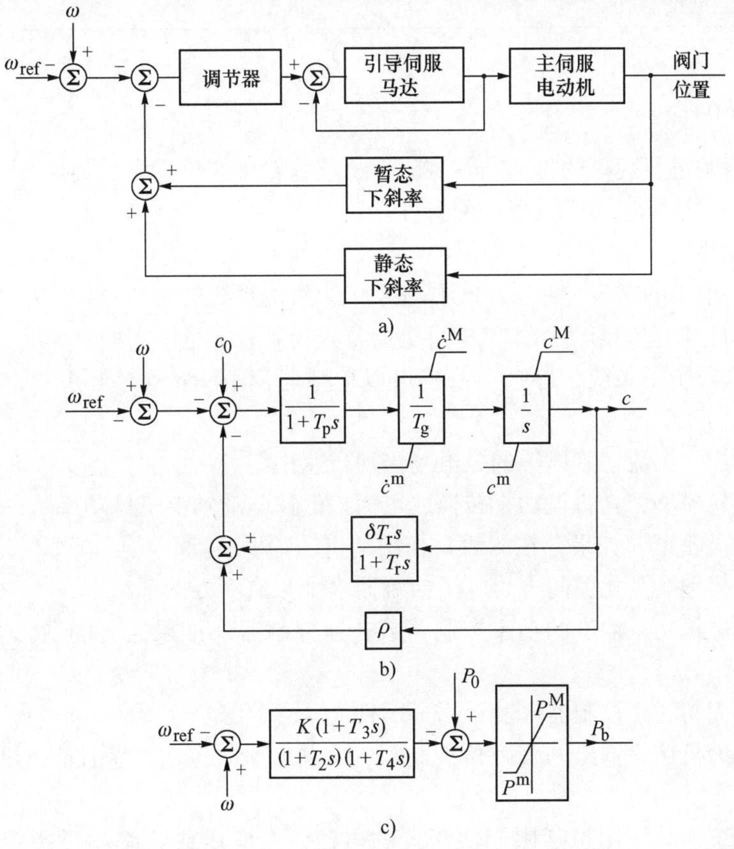

图 11-27　水轮机调速系统框图：a）功能框图；b）完整框图；c）简化框图

如果暂时忽略由限幅器引入的非线性，那么此系统可以用一个三阶传递函数来描述：

$$\frac{\Delta c}{\Delta\omega}=\frac{\dfrac{(1+T_{\mathrm{r}}s)}{\rho}}{\dfrac{T_{\mathrm{p}}T_{\mathrm{r}}T_{\mathrm{g}}}{\rho}s^3+\dfrac{(T_{\mathrm{p}}+T_{\mathrm{r}})T_{\mathrm{g}}}{\rho}s^2+\dfrac{T_{\mathrm{g}}+T_{\mathrm{r}}(\rho+\delta)}{\rho}s+1} \tag{11.158}$$

由于时间常数 T_{p} 比时间常数 T_{g} 和 T_{r} 小数倍，故可忽略，这样就得到一个二阶传递函数

$$\frac{\Delta c}{\Delta\omega}=\frac{(1+T_3s)K}{(1+T_2s)(1+T_4s)} \tag{11.159}$$

式中，$K=1/\rho$，$T_2\approx T_{\mathrm{r}}T_{\mathrm{g}}/[T_{\mathrm{g}}+T_{\mathrm{r}}(\rho+\delta)]$，$T_3=T_{\mathrm{r}}$，$T_4=[T_{\mathrm{g}}+T_{\mathrm{r}}(\rho+\delta)]/\rho$。通常 $T_4\gg T_2$，故有 $T_4+T_2\approx T_4$。

如果现在将阀门限幅器加入到传递函数中，可以得到简化的调速器框图如图 11-27c 所示，它与用来表示汽轮机调速器的简化系统类似。

在汽轮机调速器和水轮机调速器简化框图中可用的典型参数值见表 11-2。

表 11-2　涡轮机调速系统的典型参数值

涡轮机类型	参数				
	ρ	T_1/s	T_2/s	T_3/s	T_4/s
汽轮机	0.02 ~ 0.07	0.1	0.2 ~ 0.3	0	—
水轮机	0.02 ~ 0.04	—	0.5	5	50

11.3.3　风力机

对风力机行为进行建模的方法与常规汽轮机或水轮机的建模方法类似，只是现在需要对风能进行更详细的建模以考虑其可变的特性。

11.3.3.1　风能系统

第 7 章 7.1 节中的图 7-5 ~ 图 7-11 描述了风力发电系统的总体结构。尽管所有这些系统的总体结构相似，但它们所使用的发电机类型及其控制方式是不同的。然而，所有这些系统都可以分解成若干个子系统，每个子系统可以单独建模。Slootweg et al.（2003）提出了一套方便的子系统分解方法如下：

1）一个考虑了湍流、阵风等的风电场当地风速模型。

2）一个风轮模型，其将风功率转换成风力机低速驱动轴上机械功率。

3）考虑了齿轮箱（如果存在的话）作用的传动轴模型。

4）发电机模型及其相关的电力电子换流器（如果有必要的话）。

5）控制发电机功率输出的功率控制器或转速控制器（如果需要的话），特别是当风速低于额定风速时。

6）电压或无功功率控制器（如果需要的话）。

7）控制风力机功率输出的桨距角控制器（如果需要的话），特别是当风速超出额定风速时。

8）保护系统，其作用包括限制换流器的电流，在电压或频率超过指定值时隔离风力机，在系统需要时关闭风力机。

对于所有类型的风力发电系统，并非上述所有子系统都是需要的。然而，子系统1、2、4和8总是需要的，而其他子系统将取决于所使用的发电机类型和转速控制系统。例如，具有失速控制的定速感应发电机（见图7-6）就不需要子系统5或7，而采用变桨距控制的变速风力机将在或大或小的程度上需要所有子系统。

11.3.3.2 风速

风不是稳定的而是随时间变化的，并受到与地点相关的数量不同的湍流的影响。对风速建模的方法包括使用合适的谱密度方法预测湍流或者直接记录风速数据。在任何一种情况下，得出的风速都是单点风速。谱模型利用适当的传递函数产生风速的时域湍流变化，再加到稳定风速上以获得合成的单点风速（Leithead，Delasalle and Reardon，1991；Leithead，1992；Stannard and Bumby，2007）。在导出此风速时，可以考虑地形特征和海拔。这种风速模型可以在几十秒的时间段内有效，但是在较长的时间段内，这种模型可能需要通过加入阵风和平均风速的稳定增长分量来加强其适用性（Slootweg et al.，2003）。

由于风力机的尺寸很大，单点风速将沿着风力机的直径而变化，且风力机响应的有效风速将与单点风速不同。LeeHead（1992）确定了4种主要的影响，包括旋转采样、风切变、塔影和圆盘平均等。旋转采样考虑了旋转周期内转矩的平均值，而塔影则考虑了在塔前（或在顺风式风力机的后方）经过的叶片失去升力并因此失去转矩的影响。对于三叶片的风力机来说，这往往会产生3倍于转速的转矩脉动。圆盘平均考虑了湍流在风力机扫掠区域内不是恒定的，从而会影响局部的单点风速。类似地，风切变认识到风力机的直径很大，使得在风速计算中不能假定高度的影响是恒定的。这些影响因素应包括在风力机风轮模型要用到的有效风速计算模型中。风速建模是一个复杂的主题，感兴趣的读者可以参考上面的参考文献以及Wasynczuk，Man and Sullivan（1981）和Anderson and Bose（1983）。

11.3.3.3 风力机风轮模型

来自风力机风轮的功率可以采用式（7.1）进行计算，但是这里稍加修改以明确性能系数取决于叶尖速比和叶片的桨距角β。

$$P=\frac{1}{2}\rho Ac_{\mathrm{p}}(\lambda,\beta)v_{\mathrm{w}}^{3} \tag{11.160}$$

一般来说，随着桨距角的减小，性能系数c_{p}增大，如图11-28所示。

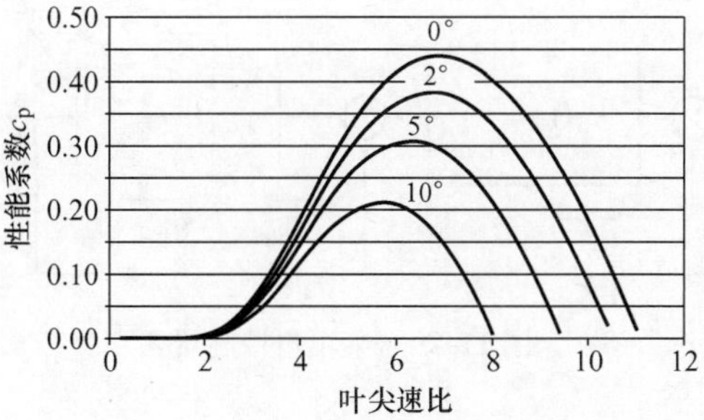

图11-28 显示桨距角作用的风力机性能系数

叶尖速比取决于风力机的转速和风速，并由式（7.2）给出为

$$\lambda=\frac{\omega_{\mathrm{T}}r}{v_{\mathrm{w}}} \tag{11.161}$$

式中，风力机的转速为 ω_T，风速为 v_w。风力机风轮的半径 r 是恒定的。为了计算叶尖速比，必须知道风速和风力机的转速。在叶尖速比已知的条件下，c_p 当前值的计算可以有 2 种方法。第一种方法将图 11-28 中的曲线制成表格，然后通过查表得到 c_p 值；第二种方法采用适当的函数拟合图 11-28 中的曲线，然后用公式计算 c_p 值。例如，Slootweg et al.（2003）使用如下近似公式进行计算：

$$c_p(\lambda,\beta)=0.73\left(\frac{151}{\lambda_i}-0.58\beta-0.002\beta^{2.14}-13.2\right)e^{-18.4/\lambda_i} \tag{11.162a}$$

式中，

$$\lambda_i=\frac{1}{\dfrac{1}{\lambda-0.02\beta}-\dfrac{0.003}{\beta^3+1}} \tag{11.162b}$$

由上述公式产生的 c_p 随叶尖速比变化的曲线如图 11-28 所示。

在性能系数确定的情况下，可以使用式（11.160）根据瞬时有效风速计算风力机功率。然后由下式得到风力机转矩：

$$\tau_T=\frac{P}{\omega_T} \tag{11.163}$$

在已知转矩的情况下，可以根据运动方程确定风力机的转速。

11.3.3.4 变桨距控制系统

变速风力机的转速和转矩控制是一个复杂的控制过程，其设计目标是最大限度地提高风力机的输出功率和防止风力机超速。在其最简单的形式下，当低于额定风速时，按照风轮转速的优化函数对发电机电磁转矩进行控制，可以捕获最大风能并控制风力机的转速。然而，在高风速下发电机以额定输出运行时，机电转矩不能进一步增加，否则发电机会过载，此时，风力机的转速和输出功率必须通过调节叶片的桨距角来加以控制。一种简单的桨距角控制器和桨距角动作机构模型如图 11-29 所示。桨距角动作机构通常用一个一阶环节来模拟，其时间常数为 T_A，但是，由于桨距角动作机构是一个相对缓慢运动的液压系统，因此有必要对其运动施加速度限制。典型地，这个限制值为每秒 3°数量级。桨距角控制器通常采用 PI 控制器，且一般在高风速下才运行。

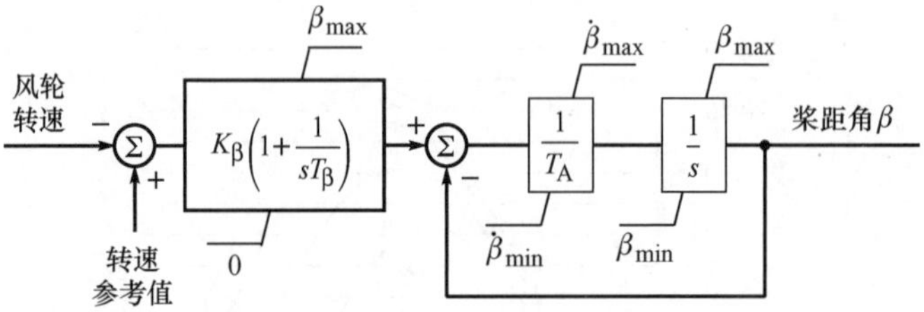

图 11-29　桨距角控制器

11.3.3.5 轴和齿轮系统

图 11-30 给出了风力机的轴和齿轮系统示意图，并假定齿轮箱具有传动比 n，从而使发电机高速轴的转速 ω_{mg} 与风力机低速轴的转速 ω_{mT} 之间有如下关系：

$$\omega_{mg}=n\omega_{mT} \tag{11.164}$$

对于没有损耗的完美齿轮箱，输入功率和输出功率相等，因此高速轴上的转矩与低速轴上的转矩有以下关系：

$$\tau'_{\mathrm{tr}}=\frac{\tau_{\mathrm{tr}}}{n} \tag{11.165}$$

如下两个运动方程，一个用于低速轴，一个用于高速轴，描述了图 11-30 中转矩的传递特性：

$$J_{\mathrm{T}}\frac{\mathrm{d}\omega_{\mathrm{mT}}}{\mathrm{d}t}=\tau_{\mathrm{T}}-\tau_{\mathrm{tr}} \tag{11.166}$$

$$J_{\mathrm{g}}\frac{\mathrm{d}\omega_{\mathrm{mg}}}{\mathrm{d}t}=\tau'_{\mathrm{tr}}-\tau_{\mathrm{g}} \tag{11.167}$$

将式（11.166）和式（11.167）结合起来并将所有转矩和转速折算到高速轴，可得到折算到高速轴的国际单位制下的合成转矩运动方程：

$$J\frac{\mathrm{d}\omega_{\mathrm{mg}}}{\mathrm{d}t}=\frac{\tau_{\mathrm{T}}}{n}-\tau_{\mathrm{g}} \tag{11.168}$$

式中，

$$J=\left(J_{\mathrm{g}}+\frac{J_{\mathrm{T}}}{n^2}\right)$$

是风力机和发电机的合成惯量，已折算到高速轴。如果必要，τ_{tr}可以允许有限的轴刚度和所要求的轴阻尼（Estanqueiro，2007）。

上述方程式可以很容易用标幺制来表示，如 5.1 节和 11.4 节那样，得到

$$M\frac{\mathrm{d}\omega}{\mathrm{d}t}=\tau_{\mathrm{T}}-\tau_{\mathrm{g}} \tag{11.169}$$

式中，$M=2H/\omega_{\mathrm{s}}$。

如果没有齿轮箱，传动比 $n=1$。

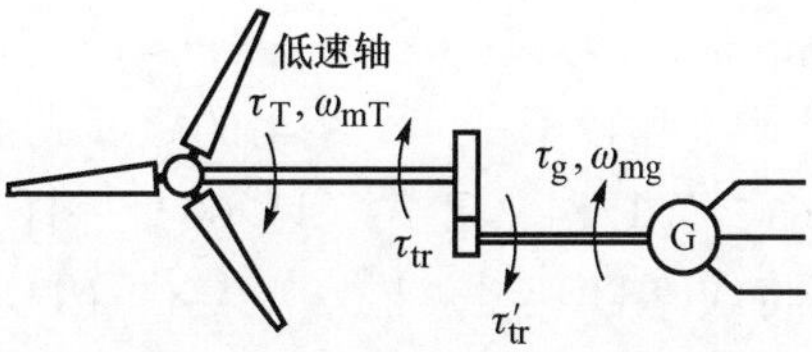

图 11-30　风力机的轴和齿轮系统

11.3.3.6　发电机模型

风力发电系统中使用的发电机系列在 7.1 节进行了描述，其中“固定转速”的感应发电机和双馈感应发电机是最常见的。固定转速感应发电机可以采用 11.4 节将详细描述的感应电动机模型来模拟。这个模型对于发电机运行同样有效，唯一的区别是现在的运行转速大于同步转速，转差率为负。如果需要，可以进行必要的符号改变，以使发电机转矩为正。

为了对双馈感应发电机进行建模，必须对发电机、功率换流器及其控制系统进行建模。文献 Ekanayake，Holdsworth and Jenkins（2003）和 Holdsworth et al.（2003）对这些部件的详细模型，包括变压器电动势的影响（参见 11.1.3 节），进行了详细的描述。然而，正如 11.1.3 节所讨论的，将变压器电动势包括进来，就要求电力系统网络方程也要用微分方程描述而不是用代数方程描述。因此，详细模型对于单机-无穷大母线系统的模拟是有用的，

但对于含并列发电机和更复杂网络的多机系统的研究就不大好用了。对于此类工作需要采用降阶模型，类似于11.4节采用的定速感应发电机的模型，此种模型的推导见文献 Erlich et al.（2007）。

11.4 动态负荷模型

第3章的3.5节讨论了如何用静态负荷特性来表示在输电网和次输电网上的电力系统负荷，静态负荷特性描述了母线上的有功和无功功率怎样随电压和频率而变化的特性。尽管这种方式已足以表示综合负荷在电压和频率做适度变化时的特性，但仍存在一些情况有必要考虑负荷本身的动态特性。

一般地，电动机消耗了电力系统总能量的60%～70%，其动态特性对研究区域间振荡、电压稳定性和长期稳定性十分重要。本节将阐述感应电动机的动态模型。而同步电动机的动态模型将不在此讨论，因为它与11.1节给出的同步发电机模型相同，除了电枢电流上的符号需要做必要的改变以反映电动机运行之外。

感应电动机可以采用与同步发电机相同的方式建模，但有3个重要的不同点。第一，由于感应电动机中没有励磁绕组，笼型转子是用两个正交的绕组来模拟的（类似于对同步电机阻尼绕组的模拟），而电枢绕组是用常规方法模拟的，即用一个d轴绕组和一个q轴绕组来表示。第二，由于感应电动机不是以同步转速旋转的，因此需要将定子电枢绕组和两个转子绕组都转换到一个同步旋转坐标系下。这意味着现在两个转子方程都包含一个与转子转差速度 $s\omega_s$ 成正比的旋转电动势项。两个转子方程形式如下：

$$\begin{aligned} v_{dR} &= 0 = R_R i_{dR} + \dot{\psi}_{dR} - s\omega_s \psi_{qR} \\ v_{qR} &= 0 = R_R i_{qR} + \dot{\psi}_{qR} + s\omega_s \psi_{dR} \end{aligned} \tag{11.170}$$

式中，下标“R”表示转子侧的量，转差率 $s=(\omega_s-\omega)/\omega_s$。

两个旋转电压与转子转差速度和转子另一个绕组的磁链成正比。在受到扰动期间，磁链 ψ_{qR} 和 ψ_{dR} 不能瞬间变化，正如式（11.54）和式（11.60）一样，可以将它们等价于d轴和q轴电枢电动势 E'_d 和 E'_q。如果将式（11.170）进一步与式（11.51）对比，可以看出旋转电压 $s\omega_s\psi_{qR}$ 和 $s\omega_s\psi_{dR}$ 与励磁电压 E_f 的作用类似，因此会在对应的磁通衰减方程中出现。

第三个重要差别是现在将电动机运行定义为电流的正方向，因此需要在对应的方程中改变相关的符号。

考虑到这些要点，图11-28展示了如何用“暂态电抗 X' 后的暂态电动势 E'”来模拟感应电动机，这种模拟方法与同步发电机的四阶模型（见11.1.6节）相同。但是，由于电抗值不受转子位置的影响，而且模型在同步旋转坐标系下，所需要的方程在网络坐标系（a，b）下表示会更方便（Arrillaga and Arnold，1990），这样有

$$\begin{bmatrix} V_b \\ V_a \end{bmatrix} = \begin{bmatrix} E'_b \\ E'_a \end{bmatrix} + \begin{bmatrix} R_s & X' \\ -X' & R_s \end{bmatrix} \begin{bmatrix} I_b \\ I_a \end{bmatrix} \tag{11.171}$$

而电动势 E'_b 和 E'_a 的变化由下式给出：

$$\dot{E}'_{\rm b} = -s\omega_{\rm s}E'_{\rm a} - \frac{E'_{\rm b} - (X - X')I_{\rm a}}{T'_0}$$
$$\dot{E}'_{\rm a} = s\omega_{\rm s}E'_{\rm b} - \frac{E'_{\rm a} + (X - X')I_{\rm b}}{T'_0} \tag{11.172}$$

式中，$s=(\omega_{\rm s}-\omega)/\omega_{\rm s}$ 为转子转差率，$X'=X_{\rm S}+X_{\mu}X_{\rm R}/(X_{\mu}+X_{\rm R})$ 为暂态电抗且与堵转转子（短路）电抗相等，$X=X_{\rm S}+X_{\mu}$ 为电动机空载（开路）电抗，$T'_0=(X_{\rm R}+X_{\mu})/(\omega_{\rm s}R_{\rm R})$ 为暂态开路时间常数。其他电抗的含义见图 3-28 所示的感应电动机稳态等效电路。定子电流可以根据式（11.171）进行计算。还有一种做法如下：式（11.171）和式（11.172）可以直接用相量形式写为

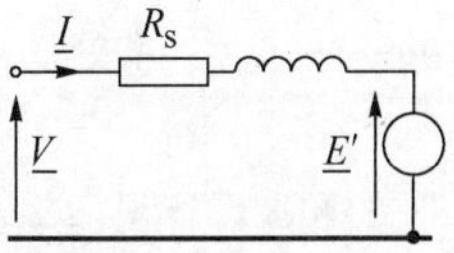

图 11-31　感应电动机的暂态表示

$$\underline{V} = \underline{E}' + {\rm j}X'\underline{I} + \underline{I}R_{\rm s}$$
$$\dot{\underline{E}}' = -s\omega_{\rm s}{\rm j}\underline{E}' - \frac{[\underline{E}' - {\rm j}\underline{I}(X - X')]}{T'_0} \tag{11.173}$$

为了计算转差率 $s=(\omega_{\rm s}-\omega)/\omega_{\rm s}$，有必要根据如下的运动方程计算转子转速 ω：

$$J\frac{{\rm d}\omega}{{\rm d}t} = \tau_{\rm e} - \tau_{\rm m} \tag{11.174}$$

式中，J 为电动机和负载的惯量，$\tau_{\rm m}$ 为机械负载转矩，$\tau_{\rm e}$ 为可以转化为有功的电磁转矩。

考虑到转差率 $s=(\omega_{\rm s}-\omega)/\omega_{\rm s}$，采用图 3-28 等效电路中的符号，感应电动机的气隙功率可以表示为

$$P_{\rm ag} = I^2\frac{R}{s} = I^2R\frac{\omega_{\rm s}}{\omega_{\rm s} - \omega} \tag{11.175}$$

而电磁功率 $P_{\rm e}$ 的表达式为

$$P_{\rm e} = I^2R\frac{(1-s)}{s} = P_{\rm ag}(1-s) = P_{\rm ag}\frac{\omega}{\omega_{\rm s}} \tag{11.176}$$

使用上面的 2 个方程，现在可以得到电磁转矩的表达式为

$$\tau_{\rm e} = \frac{P_{\rm e}}{\omega} = \frac{P_{\rm ag}}{\omega_{\rm s}} \tag{11.177}$$

对于所考虑的模型（见图 11-31）有

$$P_{\rm ag} = {\rm Re}(\underline{E}'\underline{I}^*) = E'_{\rm b}I_{\rm b} + E'_{\rm a}I_{\rm a} \tag{11.178}$$

通常 $\tau_{\rm m}$ 会随转速而变化，且常用二次多项式来表示：

$$\tau_{\rm m} = \tau_{\rm m0}(A\omega^2 + B\omega + C) \tag{11.179}$$

式中，$\tau_{\rm m0}$ 为额定负载转矩，$A\omega_0^2+B\omega_0+C=1$，$\omega_0$ 为额定转速。例如，对于一个简单的水泵负载，其转矩与转速二次方成正比，可以通过设定 $B=C=0$ 来表示。

以上的分析是针对单笼型感应电动机导出的，但通过使用与转差率相关的转子参数 $X_{\rm R}(s)$ 和 $R_{\rm R}(s)$ 来计算 X' 和 T'_0，就可以很容易扩展到双笼型和深槽转子式感应电动机，见 Arrillaga and Arnold（1990）中的解释。但是，在很多情况下，当从静态转矩-转速特性并通过式（11.174）计算转差率而获得电磁转矩时，感应电动机用其稳态等效电路来模拟就足够了。由于感应电动机动态模型的形式与同步发电机相似，所以在仿真程序中加入这个模型

就相对简单。

随着接入配电层的可再生能源发电渗透率的增加，在评估系统稳定性时将配电网的动态模型包括进去可能是必要的。由于这样做会大大增加问题的维数，可以使用全配电网模型的动态等效——见第14章。通常，所连接的发电机的实际结构和模型可能不知道，这样，动态等效将根据某些测量到的电气量导出，这些量测量可以是配电网内部的，也可以是边界节点上的——见参考文献，例如 Feng，Lubosny and Bialek（2007）。

11.5 FACTS 装置

在电力系统稳定性分析中，必须包括那些控制足够快从而会影响机电动态过程的元件的动态模型。FACTS 装置属于此类动态元件，已在2.6节进行过介绍。CIGRE 发布过一个关于 FACTS 装置建模的详细报告（第145号技术报告）。这里只讨论一些简单的模型。

11.5.1 并联 FACTS 装置

图11-32给出了一个基于传统晶闸管的 SVC 的动态模型。该模型是根据图2-28所示的简化模型导出的。动态模型的第一个和第二个环节表示调节器。校正环节的时间常数 T_1、T_2 是基于电力系统的稳定性分析结果进行选择的。这种选择在很大程度上受到可选的电力系统稳定器（PSS）类型的影响，PSS 的任务是稳定电力系统的低频振荡（见10.5节）。调节器的增益 $K\approx10\sim100$。这样的增益对应的调节器静态特性下斜率（见图2-29）约为 $1\%\sim10\%$。调节器的时间常数为 $T_R\approx20\sim150$ms。第三个环节代表晶闸管触发电路，其时间常数在 $T_d\approx1$ms 和 $T_b\approx10\sim50$ms 范围内。在图11-32的底部，是一个用来保持 SVC 本身稳定运行的微分环节，此微分环节的输入信号是 SVC 的输出电流 I_{SVC}。

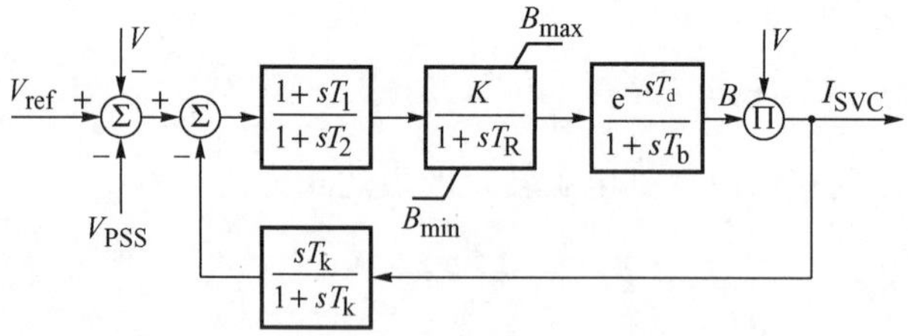

图11-32 SVC 简化动态模型

在所讨论的 SVC 模型中，电压调节器模型和 PSS 模型发挥了最重要的作用。从机电动态过程的角度来看，晶闸管及其触发电路是比例元件。

STATCOM 的动态模型如图11-33所示，包括调节器传递函数和反馈环 ρ，反馈环 ρ 的作用是增大装置静态特性所要求的下斜率（见图2-31）。换流器用一个时间常数 $T_C=10\sim30$ms 的一阶环节来模拟。输出信号是装置的电流。在 $t\to\infty$ 或 $s\to0$ 的稳态下，此模型得到的静态特性如图2-31所示，其下斜率为 ρ。

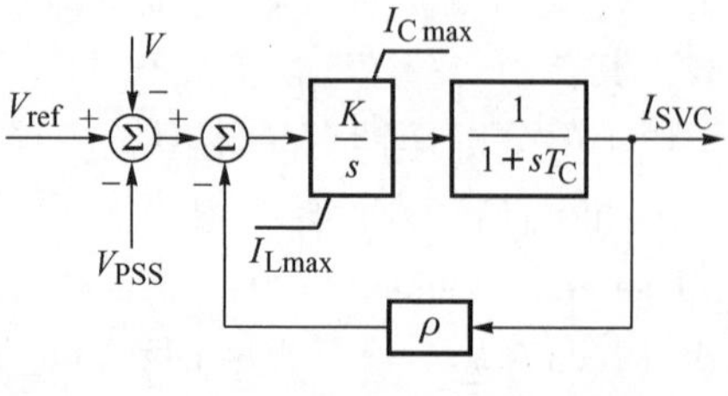

图11-33 STATCOM 的简化动态模型

11.5.2　串联 FACTS 装置

最一般化的串联 FACTS 装置是在 2.5 节中介绍过的 UPFC。因此，这里仅讨论 UPFC 的动态模型。其他串联 FACTS 装置的模型可以参考 CIGRE 报告（第 145 号技术报告）。图 2-38 显示了 UPFC 具有两个电压源换流器，每个换流器都配备有自身的 PWM 控制器，每个 PWM 控制器具有两个控制参数：m_1、ψ_1对应于 CONV 1，m_2、ψ_2对应于 CONV 2。这 4 个参数是由 UPFC 调节器选择的，用于控制如下 3 个重要变量：

1）升压器电压的直轴分量 $\mathrm{Re}(\underline{\Delta V})$。

2）升压器电压的交轴分量 $\mathrm{Im}(\underline{\Delta V})$。

3）并联电流的无功分量 $\mathrm{Im}(\underline{I}_{\mathrm{shunt}})$。

从机电动态过程的角度来看，晶闸管及其触发电路是比例元件，可以忽略不计。因此，UPFC 的动态模型由其包含技术约束的调节器模型组成，如图 11-34 所示。调节器串联部分（见图 11-34a）的输入变量是传输的有功功率和无功功率，输出变量是升压器电压的直轴分量和交轴分量。将调节器输入处的参考值除以实际电压值，从而获得所需的电流分量参考值。从参考值中减去电流分量的实际值得到控制偏差信号。而调节器为负反馈型积分调节器，其中积分环节的时间常数 $T_{\mathrm{P}}=T_{\mathrm{Q}}$ 根据潮流调节所要求的速度和所使用的 PSS 类型来选择。换流器用一阶环节来模拟，其时间常数在 $T_{\mathrm{C}}=10\sim30\mathrm{ms}$ 范围内。在调节器的输出上有一个限幅器，当其幅值超过允许值时，该限幅器按比例减小升压器电压的分量。

调节器并联部分的输入信号（见图 11-34b）是母线电压，而输出信号是并联电流的无功分量。调节器是具有约束的积分型调节器。换流器用一阶环节模拟，该环节的输出为换流器的电压，即并联变压器的阀侧电压。从该值中减去并联变压器的网侧电压，从而得到 UPFC 并联电流的无功分量。与 STATCOM 相似，还存在一个负反馈环，其决定静态特性的下斜率。还有一个对应于 PSS 的附加信号进入到调节环的求和点。这个信号对应于一个额外的可选环节，该环节的作用是阻尼系统中的功率振荡——见 10.7 节。

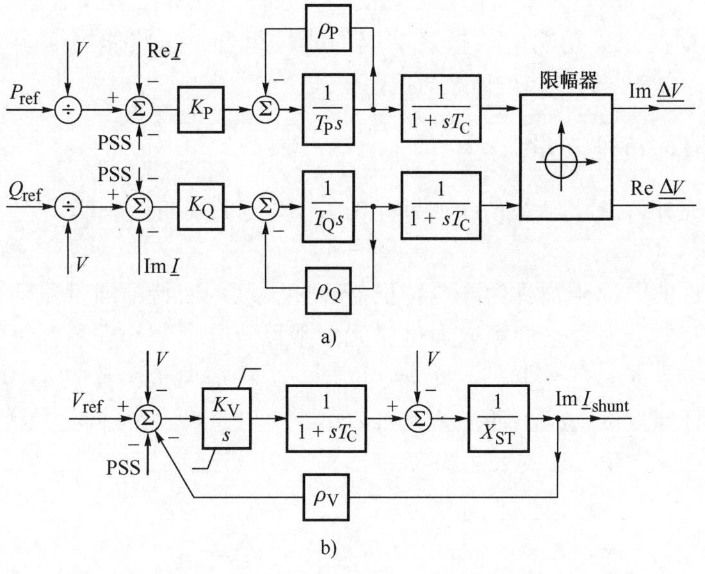

图 11-34　带调节器的 UPFC 简化动态模型：a）串联部分；b）并联部分

第12章

多机系统的静态稳定性

电力系统的静态或小扰动稳定性指的是电力系统在受到小扰动时维持同步性的能力。第5章讨论了单机-无穷大母线系统的静态稳定性，表明如果受到一个小扰动后，系统仍然运行在围绕某平衡点的一个小区域内，那么系统是关于该平衡点静态稳定的，这种情况也被称为是局部稳定的。更进一步，如果随着时间的推移，系统回复到该平衡点上，那么这种情况就被称为是渐近稳定的。本章将对上述这些概念以及第5章引入的概念进行扩展，用于评估多机电力系统的静态稳定性，而其中的发电机模型将采用第11章描述的数学模型。

12.1 数学背景

5.4.6节分析了联接到无穷大母线的同步发电机的经典模型，表明围绕同步转速的转子摇摆可以用一个2阶微分方程（摇摆方程）来描述。根据特征方程式（5.59）根的值，摇摆可以是非周期性的或振荡性的。电力系统是由很多发电机构成的，而每台发电机可以由11.1.6节讨论的更高阶模型进行更精确的描述。因此，一个真实的电力系统需要用大量的非线性微分方程来描述。本章将用特征值分析法来分析此类大规模动力系统的静态稳定性。特征值分析法的主要目的是为了简化对大规模动力系统的分析，其途径是将系统对扰动的响应表示为相互解耦的非周期响应与振荡响应的线性组合，这些非周期响应与振荡响应与5.4.6节中分析的响应类似，并被称之为振荡模式。

12.1.1 特征值和特征向量

数 λ 被称为是矩阵 $\boldsymbol{A}$ 的特征值，如果存在一个非零的列向量 $\boldsymbol{w}$ 满足

$$\boldsymbol{A}\boldsymbol{w}=\boldsymbol{w}\lambda \tag{12.1}$$

每个满足上述条件的向量 $\boldsymbol{w}$ 被称为“与特征值 λ 相关联的右特征向量”。式（12.1）表明，特征向量不是唯一的，因为它们可以通过将元素乘以或除以一个非零数来重新定标。如果 $\boldsymbol{w}_i$ 是一个特征向量，那么任何其他向量 $c\boldsymbol{w}_i$ 也是一个特征向量，其中 $c\neq0$ 是一个非零数。这一特性使得特征向量可以被任何数字相乘或相除。实践中，特征向量是通过将其值除以向量长度来归一化的。向量长度的表达式为

$$\|\boldsymbol{w}\|=\sqrt{\boldsymbol{w}^{\mathrm{T}*}\boldsymbol{w}}=\sqrt{|w_1|^2+\cdots+|w_n|^2} \tag{12.2}$$

式（12.1）可改写为

$$(\boldsymbol{A}-\lambda\boldsymbol{1})\boldsymbol{w}=\boldsymbol{0} \tag{12.3}$$

式中，$\mathbf{1}$ 是对角线单位矩阵，而 $\mathbf{0}$ 是所有元素为零的列向量。式（12.3）当且仅当如下条件满足时具有非平凡解 $\boldsymbol{w}\neq\mathbf{0}$：

$$\det(\boldsymbol{A}-\lambda\mathbf{1})=0 \tag{12.4}$$

式（12.4）被称为特征方程。它可以写成多项式形式

$$\det(\boldsymbol{A}-\lambda\mathbf{1})=\varphi(\lambda)=(-1)^n(\lambda^n+c_{n-1}\lambda^{n-1}+\cdots+c_1\lambda+c_0) \tag{12.5}$$

式中，n 是 $\boldsymbol{A}$ 的秩，c_{n-1} 是一阶主子式之和，c_{n-2} 是二阶主子式之和，等等，最后 c_0 是最高阶主子式，即矩阵 $\boldsymbol{A}$ 的行列式。式（12.5）是 n 次的，因此具有 n 个根 λ_1，λ_2，…，λ_n，其同时也是矩阵 $\boldsymbol{A}$ 的特征值。确定矩阵特征值和特征向量的数值方法见 Press et al.（1992）或其他有关数值计算方法的教科书，本书对此不做讨论。相反，本书的关注点集中在将特征值和特征向量应用于电力系统的稳定性分析中。

知道了矩阵 $\boldsymbol{A}$ 的特征值 λ_i 后，使用以下方程很容易确定与其关联的特征向量 $\boldsymbol{w}_i$：

$$\boldsymbol{w}_i=\mathrm{col}(\boldsymbol{A}-\lambda_i\mathbf{1})^{\mathrm{D}} \tag{12.6}$$

式中，col 表示从一个方阵中选择任何非零列，上标 D 表示邻接矩阵。式（12.6）的正确性可以用邻接矩阵的定义来证明。对任何矩阵 $\boldsymbol{B}$，$\boldsymbol{B}\boldsymbol{B}^{\mathrm{D}}=\det\boldsymbol{B}\cdot\mathbf{1}$ 成立。这个性质对矩阵 $\boldsymbol{B}=(\boldsymbol{A}-\lambda_i\mathbf{1})$ 也成立，其可以写成 $(\boldsymbol{A}-\lambda_i\mathbf{1})(\boldsymbol{A}-\lambda_i\mathbf{1})^{\mathrm{D}}=\det(\boldsymbol{A}-\lambda_i\mathbf{1})\cdot\mathbf{1}$。因此考虑到式（12.4）有 $(\boldsymbol{A}-\lambda_i\mathbf{1})(\boldsymbol{A}-\lambda_i\mathbf{1})^{\mathrm{D}}=0\cdot\mathbf{1}$。这个方程表明，矩阵（$\boldsymbol{A}-\lambda_i\mathbf{1}$）乘矩阵（$\boldsymbol{A}-\lambda_i\mathbf{1})^{\mathrm{D}}$ 中的任何一列，得到 $0\cdot\mathbf{1}=\mathbf{0}$，其中 $\mathbf{0}$ 是一个所有元素全为零的列向量。上述结果表明，如果 $\boldsymbol{a}\neq\mathbf{0}$ 是（$\boldsymbol{A}-\lambda_i\mathbf{1})^{\mathrm{D}}$ 的一个非零列，那么（$\boldsymbol{A}-\lambda_i\mathbf{1}$）$\boldsymbol{a}=\mathbf{0}$，即 $\boldsymbol{A}\boldsymbol{a}=\lambda_i\boldsymbol{a}$。因此根据式（12.1），这就证明了 $\boldsymbol{a}=\boldsymbol{w}_i$ 是与 λ_i 关联的右特征向量。换句话说，$(\boldsymbol{A}-\lambda_i\mathbf{1})^{\mathrm{D}}$ 的任何非零列都是矩阵 $\boldsymbol{A}$ 与特征值 λ_i 关联的特征向量。如果特征值是不同的，即 $\lambda_1\neq\lambda_2\neq\cdots\neq\lambda_n$，那么上述方法可用于确定所有特征值的特征向量。然而，如果 λ_i 是一个重复 k 次的多重特征值，那么所描述的方法只能用于确定与该多重特征值相关联的一个特征向量。另外（$k-1$）个与 λ_i 相关联的线性无关特征向量必须采用不同的方式确定。对此这里不做讨论，读者可以在很多教科书中找到细节，例如 Ogata（1967）。

对于复数方阵 $\boldsymbol{A}$，如果满足 $\boldsymbol{A}^{\mathrm{T}*}=\boldsymbol{A}$，那么称 $\boldsymbol{A}$ 是 Hermitian 矩阵，即共轭转置矩阵 $\boldsymbol{A}^{\mathrm{T}*}$ 等于 $\boldsymbol{A}$。显然，实对称矩阵 $\boldsymbol{A}=\boldsymbol{A}^{\mathrm{T}}$ 满足 Hermitian 矩阵的定义，因为对实矩阵有 $\boldsymbol{A}^*=\boldsymbol{A}$。

现在将证明 Hermitian 矩阵的特征值总是实的。证明是间接的，在假设有一个复数特征值 $\lambda=\alpha+\mathrm{j}\Omega$ 的情况下进行证明。根据式（12.1）有

$$\boldsymbol{A}\boldsymbol{w}=\boldsymbol{w}(\alpha+\mathrm{j}\Omega) \tag{12.7}$$

式（12.7）左乘 $\boldsymbol{w}^{\mathrm{T}*}$ 得到

$$\boldsymbol{w}^{\mathrm{T}*}\boldsymbol{A}\boldsymbol{w}=(\alpha+\mathrm{j}\Omega)\boldsymbol{w}^{\mathrm{T}*}\boldsymbol{w} \tag{12.8}$$

对式（12.7）进行转置并取共轭有 $\boldsymbol{w}^{\mathrm{T}*}\boldsymbol{A}^{\mathrm{T}*}=(\alpha-\mathrm{j}\Omega)\boldsymbol{w}^{\mathrm{T}*}$。由于 Hermitian 矩阵满足 $\boldsymbol{A}^{\mathrm{T}*}=\boldsymbol{A}$，上式可写为

$$\boldsymbol{w}^{\mathrm{T}*}\boldsymbol{A}=(\alpha-\mathrm{j}\Omega)\boldsymbol{w}^{\mathrm{T}*} \tag{12.9}$$

式（12.9）右乘 $\boldsymbol{w}$ 得

$$\boldsymbol{w}^{\mathrm{T}*}\boldsymbol{A}\boldsymbol{w}=(\alpha-\mathrm{j}\Omega)\boldsymbol{w}^{\mathrm{T}*}\boldsymbol{w} \tag{12.10}$$

比较式（12.8）和式（12.10）得到

$$(\alpha+\mathrm{j}\Omega)\boldsymbol{w}^{\mathrm{T}*}\boldsymbol{w}=(\alpha-\mathrm{j}\Omega)\boldsymbol{w}^{\mathrm{T}*}\boldsymbol{w} \tag{12.11}$$

显然 $\boldsymbol{w}^{\mathrm{T}*}\boldsymbol{w}\neq 0$ 且是一个正实数，因为其是复数与其共轭的乘积之和。因此根据式（12.11）有 $(\alpha+\mathrm{j}\Omega)=(\alpha-\mathrm{j}\Omega)$，或 $\alpha+\mathrm{j}\Omega-\alpha+\mathrm{j}\Omega=0$。显然，虚部必须等于零，$\mathrm{j}2\Omega=0$，这就证明了 Hermitian 矩阵的特征值是实数。

例 12.1 使用式（12.6）求如下矩阵的右特征向量：

$$\boldsymbol{A}=\begin{bmatrix}5&0&0\\0&2&-\sqrt{2}\\0&-\sqrt{2}&3\end{bmatrix}\tag{12.12}$$

特征方程是

$$\det(\boldsymbol{A}-\lambda\mathbf{1})=\begin{bmatrix}5-\lambda&0&0\\0&2-\lambda&-\sqrt{2}\\0&-\sqrt{2}&3-\lambda\end{bmatrix}=(5-\lambda)[(2-\lambda)(3-\lambda)-2]$$

$$=(5-\lambda)(\lambda^2-5\lambda+4)=0$$

因此有 $(5-\lambda)(\lambda-4)(\lambda-1)=0$，意味着 $\lambda_1=5$；$\lambda_2=4$；$\lambda_3=1$。

对于 $\lambda_1=5$ 可以得到

$$(\boldsymbol{A}-\lambda_1\mathbf{1})=\begin{bmatrix}0&0&0\\0&-3&-\sqrt{2}\\0&-\sqrt{2}&-2\end{bmatrix},\ (\boldsymbol{A}-\lambda_1\mathbf{1})^{\mathrm{T}}=\begin{bmatrix}0&0&0\\0&-3&-\sqrt{2}\\0&-\sqrt{2}&-2\end{bmatrix},$$

$$(\boldsymbol{A}-\lambda_1\mathbf{1})^{\mathrm{D}}=\begin{bmatrix}4&0&0\\0&0&0\\0&0&0\end{bmatrix}$$

$$(\boldsymbol{A}-\lambda_2\mathbf{1})=\begin{bmatrix}1&0&0\\0&-2&-\sqrt{2}\\0&-\sqrt{2}&-1\end{bmatrix},\ (\boldsymbol{A}-\lambda_2\mathbf{1})^{\mathrm{T}}=\begin{bmatrix}1&0&0\\0&-2&-\sqrt{2}\\0&-\sqrt{2}&-1\end{bmatrix},$$

$$(\boldsymbol{A}-\lambda_2\mathbf{1})^{\mathrm{D}}=\begin{bmatrix}0&0&0\\0&-1&\sqrt{2}\\0&\sqrt{2}&-2\end{bmatrix}$$

$$(\boldsymbol{A}-\lambda_3\mathbf{1})=\begin{bmatrix}4&0&0\\0&1&-\sqrt{2}\\0&-\sqrt{2}&2\end{bmatrix},\ (\boldsymbol{A}-\lambda_3\mathbf{1})^{\mathrm{T}}=\begin{bmatrix}4&0&0\\0&1&-\sqrt{2}\\0&-\sqrt{2}&2\end{bmatrix},$$

$$(\boldsymbol{A}-\lambda_3\mathbf{1})^{\mathrm{D}}=\begin{bmatrix}0&0&0\\0&8&4\sqrt{2}\\0&4\sqrt{2}&4\end{bmatrix}$$

对于 λ_1，只有 1 列是不等于零的，由于特征向量可以任意定标，因此将此列除以 4 作为特征向量。对于 λ_2，第 1 列和第 3 列不等于零，因此选择第 3 列除以 4 作为特征向量。类似地，可以选出与 λ_3 关联的特征向量。这样，就得到如下的 3 个特征向量：

$$\boldsymbol{w}_1=\begin{bmatrix}1\\0\\0\end{bmatrix},\ \boldsymbol{w}_2=\begin{bmatrix}0\\-1\\\sqrt{2}\end{bmatrix},\ \boldsymbol{w}_3=\begin{bmatrix}0\\\sqrt{2}\\1\end{bmatrix};\ 因此\ \boldsymbol{W}=\begin{bmatrix}1&0&0\\0&-1&\sqrt{2}\\0&\sqrt{2}&1\end{bmatrix}\tag{12.13}$$

本章中所有例子中的特征向量都没有进行归一化，以便于通过保持整数进行手工计算。

实数非对称矩阵 $\boldsymbol{A}\neq\boldsymbol{A}^{\mathrm{T}}$ 可以有实特征值（例 12.1）、复特征值或实特征值与复特征值的混合。对于复特征值，如下性质成立：

如果矩阵 $\boldsymbol{A}\neq\boldsymbol{A}^{\mathrm{T}}$ 具有复特征值 λ_i，那么其共轭数 λ_i^* 也是该矩阵的特征值。此外，与 λ_i^* 相关联的特征向量等于与 λ_i 相关联的特征向量的共轭。

换句话说，复特征值和特征向量以复共轭对的形式出现：

$$\lambda_i,\ \boldsymbol{w}_i\quad 和\quad \lambda_i^*,\ \boldsymbol{w}_i^*\tag{12.14}$$

这一重要性质的证明很简单，根据式（12.1）并考虑对实矩阵有 $\boldsymbol{A}^*=\boldsymbol{A}$ 就可得到证明。对式 $\boldsymbol{A}\boldsymbol{w}_i=\boldsymbol{w}_i\lambda_i$ 取共轭（无转置）得到 $\boldsymbol{A}\boldsymbol{w}_i^*=\boldsymbol{w}_i^*\lambda_i^*$，因此 λ_i^* 和 $\boldsymbol{w}_i^*$ 满足矩阵 $\boldsymbol{A}$ 特征值和特征向量的定义。显然，一对复共轭特征值构成两个截然不同的特征值 $\lambda_i^*\neq\lambda_i$，因此与它们的相关联的特征向量是线性无关的，即对任何 $c\neq0$，$\boldsymbol{w}_i^*\neq c\boldsymbol{w}_i$。

例 12.2　计算如下矩阵的特征值和特征向量。

$$\boldsymbol{A}=\begin{bmatrix}-6&0&0\\0&-1&5\\0&-5&-1\end{bmatrix}\quad \det(\boldsymbol{A}-\lambda\mathbf{1})=\begin{bmatrix}-6-\lambda&0&0\\0&-1-\lambda&5\\0&-5&-1-\lambda\end{bmatrix}\tag{12.15}$$

由于第 1 行有两个零元素，行列式的展开很容易：

$$\det(\boldsymbol{A}-\lambda\mathbf{1})=(-6-\lambda)[(1+\lambda)(1+\lambda)+5\cdot5]=-(6+\lambda)[\lambda^2+2\lambda+26]=0$$

考察方括号中的 2 次多项式。该多项式的判别式为负，给出一对共轭复根：

$$\det(\boldsymbol{A}-\lambda\mathbf{1})=-(6+\lambda)[\lambda-(-1-\mathrm{j}5)][\lambda-(-1+\mathrm{j}5)]=0\tag{12.16}$$

因此矩阵 $\boldsymbol{A}$ 具有如下的特征值：

$$\lambda_1=-6,\quad \lambda_2=(-1-\mathrm{j}5),\quad \lambda_3=(-1+\mathrm{j}5)=\lambda_2^*\tag{12.17}$$

特征向量可以通过式（12.6）进行计算，使用与例 12.1 类似的邻接矩阵：

$$(\boldsymbol{A}-\lambda_1\mathbf{1})=\begin{bmatrix}0&0&0\\0&5&5\\0&-5&5\end{bmatrix},\ (\boldsymbol{A}-\lambda_1\mathbf{1})^{\mathrm{T}}=\begin{bmatrix}0&0&0\\0&5&-5\\0&5&5\end{bmatrix},\ (\boldsymbol{A}-\lambda_1\mathbf{1})^{\mathrm{D}}=\begin{bmatrix}50&0&0\\0&0&0\\0&0&0\end{bmatrix}$$

$$(\boldsymbol{A}-\lambda_2\boldsymbol{1})=\begin{bmatrix}-5+\mathrm{j}5 & 0 & 0\\ 0 & \mathrm{j}5 & 5\\ 0 & -5 & \mathrm{j}5\end{bmatrix},\quad (\boldsymbol{A}-\lambda_2\boldsymbol{1})^{\mathrm{T}}=\begin{bmatrix}-5+\mathrm{j}5 & 0 & 0\\ 0 & \mathrm{j}5 & -5\\ 0 & 5 & \mathrm{j}5\end{bmatrix},$$

$$(\boldsymbol{A}-\lambda_2\boldsymbol{1})^{\mathrm{D}}=\begin{bmatrix}0 & 0 & 0\\ 0 & -25-\mathrm{j}25 & 25-\mathrm{j}25\\ 0 & -25+\mathrm{j}25 & -25-\mathrm{j}25\end{bmatrix}$$

$$(\boldsymbol{A}-\lambda_3\boldsymbol{1})=\begin{bmatrix}-5-\mathrm{j}5 & 0 & 0\\ 0 & -\mathrm{j}5 & 5\\ 0 & -5 & -\mathrm{j}5\end{bmatrix},\quad (\boldsymbol{A}-\lambda_3\boldsymbol{1})^{\mathrm{T}}=\begin{bmatrix}-5-\mathrm{j}5 & 0 & 0\\ 0 & -\mathrm{j}5 & -5\\ 0 & 5 & -\mathrm{j}5\end{bmatrix},$$

$$(\boldsymbol{A}-\lambda_3\boldsymbol{1})^{\mathrm{D}}=\begin{bmatrix}0 & 0 & 0\\ 0 & -25+\mathrm{j}25 & 25+\mathrm{j}25\\ 0 & -25-\mathrm{j}25 & -25+\mathrm{j}25\end{bmatrix}$$

对于 λ_1，只有第 1 列是非零的，除以 50 得到特征向量 $\boldsymbol{w}_1$。对于 λ_2，第 2 列和第 3 列为非零。第 2 列除以 25，可以设定为特征向量 $\boldsymbol{w}_2$。同样对于 λ_3，第 2 列和第 3 列为非零。为了保持一致，第 2 列除以 25，可以设定为特征向量 $\boldsymbol{w}_3$，得到

$$\boldsymbol{w}_1=\begin{bmatrix}1\\ 0\\ 0\end{bmatrix},\quad \boldsymbol{w}_2=\begin{bmatrix}0\\ -1-\mathrm{j}1\\ -1+\mathrm{j}1\end{bmatrix},\quad \boldsymbol{w}_3=\begin{bmatrix}0\\ -1+\mathrm{j}1\\ -1-\mathrm{j}1\end{bmatrix}=\boldsymbol{w}_2^* \tag{12.18}$$

因此 $\lambda_3=\lambda_2^*$ 可以导出 $\boldsymbol{w}_3=\boldsymbol{w}_2^*$。

例 12.2 证实了复特征值和特征向量构成了式（12.14）中的复共轭对。此性质对于进一步的考虑是很重要的。

12.1.2 实方阵的对角化

设 λ_i 和 $\boldsymbol{w}_i$ 为实方阵 $\boldsymbol{A}$ 的特征值和右特征向量，则对于每对特征值和特征向量，$\boldsymbol{A}\boldsymbol{w}_i=\boldsymbol{w}_i\lambda_i$ 成立，并且

$$\boldsymbol{A}[\boldsymbol{w}_1,\boldsymbol{w}_2\cdots,\boldsymbol{w}_n]=[\boldsymbol{w}_1,\boldsymbol{w}_2\cdots,\boldsymbol{w}_n]\begin{bmatrix}\lambda_1 & 0 & \cdots & 0\\ 0 & \lambda_2 & \cdots & 0\\ \vdots & \vdots & \ddots & \vdots\\ 0 & 0 & \cdots & \lambda_n\end{bmatrix}\quad 即\quad \boldsymbol{AW}=\boldsymbol{W\Lambda} \tag{12.19}$$

式中，$\boldsymbol{W}=[\boldsymbol{w}_1,\boldsymbol{w}_2,\cdots,\boldsymbol{w}_n]$ 是一个方阵，其列是矩阵 $\boldsymbol{A}$ 的右特征向量，$\boldsymbol{\Lambda}=\mathrm{diag}\lambda_i$ 是相应特征值构成的对角矩阵。

如果所有特征值 λ_i 都是不同的，$\lambda_1\neq\lambda_2\neq\cdots\neq\lambda_n$，那么相应的特征向量是线性无关的。

这一性质可以用反证法证明，通过假设特征向量是线性相关的，再证明错误的假设导致了矛盾。证明细节可以在很多教科书中找到，例如 Ogata（1967）。

如果向量 $\boldsymbol{w}_1$，$\boldsymbol{w}_2$，…，$\boldsymbol{w}_n$ 是线性无关的，那么由这些向量组成的矩阵 $\boldsymbol{W}$ 是非奇异的，并且存在逆 $\boldsymbol{U}=\boldsymbol{W}^{-1}$。使用如下的符号有

$$\boldsymbol{U}=\boldsymbol{W}^{-1}=[\boldsymbol{w}_1,\boldsymbol{w}_2,\cdots,\boldsymbol{w}_n]^{-1}=\begin{bmatrix}\boldsymbol{u}_1\\\boldsymbol{u}_2\\\vdots\\\boldsymbol{u}_n\end{bmatrix} \tag{12.20}$$

式中，$\boldsymbol{u}_i$ 是矩阵 $\boldsymbol{U}=\boldsymbol{W}^{-1}$的行。在式（12.19）的两边左乘 $\boldsymbol{W}^{-1}$得

$$\boldsymbol{\Lambda}=\mathrm{diag}\lambda_i=\boldsymbol{W}^{-1}\boldsymbol{A}\boldsymbol{W}=\boldsymbol{U}\boldsymbol{A}\boldsymbol{W} \tag{12.21}$$

式（12.21）两边右乘 $\boldsymbol{W}^{-1}=\boldsymbol{U}$ 得到 $\boldsymbol{U}\boldsymbol{A}=\boldsymbol{\Lambda}\boldsymbol{U}$，即

$$\begin{bmatrix}\boldsymbol{u}_1\\\boldsymbol{u}_2\\\vdots\\\boldsymbol{u}_n\end{bmatrix}\boldsymbol{A}=\begin{bmatrix}\lambda_1&0&\cdots&0\\0&\lambda_2&\cdots&0\\\vdots&\vdots&\ddots&\vdots\\0&0&\cdots&\lambda_n\end{bmatrix}\begin{bmatrix}\boldsymbol{u}_1\\\boldsymbol{u}_2\\\vdots\\\boldsymbol{u}_n\end{bmatrix} \tag{12.22}$$

因此，对于每个特征值 λ_i，$\boldsymbol{u}_i\boldsymbol{A}=\lambda_i\boldsymbol{u}_i$ 成立。忽略下标有

$$\boldsymbol{u}\boldsymbol{A}=\boldsymbol{u}\lambda \tag{12.23}$$

此式与式（12.1）类似，但现在是行向量 $\boldsymbol{u}$ 位于矩阵 $\boldsymbol{A}$ 的左侧。因此行向量 $\boldsymbol{u}$ 被称为矩阵 $\boldsymbol{A}$ 的与特征值 λ 相关联的左特征向量。

应当注意，对式（12.23）中的矩阵进行转置可以得到

$$\boldsymbol{A}^{\mathrm{T}}\boldsymbol{u}^{\mathrm{T}}=\lambda\boldsymbol{u}^{\mathrm{T}} \tag{12.24}$$

此式表明，列向量 $\boldsymbol{u}^{\mathrm{T}}$ 是矩阵 $\boldsymbol{A}^{\mathrm{T}}$ 的右特征向量。这意味着矩阵 $\boldsymbol{A}$ 的左特征向量与矩阵 $\boldsymbol{A}^{\mathrm{T}}$ 的右特征向量相同。因此，一些作者将矩阵 $\boldsymbol{A}$ 的左特征向量定义为矩阵 $\boldsymbol{A}^{\mathrm{T}}$ 的右特征向量。

例 12.3 考察如下矩阵 $\boldsymbol{A}$。其特征值为 $\lambda_1=3$、$\lambda_2=2$ 和 $\lambda_3=1$。应用式（12.6）得到如下特征向量：

$$\boldsymbol{A}=\begin{bmatrix}2&-1&2\\0&-1&4\\0&-2&5\end{bmatrix},\quad \boldsymbol{\Lambda}=\begin{bmatrix}\lambda_1&&\\&\lambda_2&\\&&\lambda_3\end{bmatrix}=\begin{bmatrix}3&&\\&2&\\&&1\end{bmatrix},\quad \boldsymbol{W}=\begin{bmatrix}1&1&0\\1&0&2\\1&0&1\end{bmatrix} \tag{12.25}$$

检查对应于式（12.1）的右特征向量的定义 $\boldsymbol{A}\boldsymbol{W}=\boldsymbol{W}\boldsymbol{\Lambda}$：

$$\boldsymbol{A}\boldsymbol{W}=\begin{bmatrix}2&-1&2\\0&-1&4\\0&-2&5\end{bmatrix}\cdot\begin{bmatrix}1&1&0\\1&0&2\\1&0&1\end{bmatrix}=\begin{bmatrix}3&2&0\\3&0&2\\3&0&1\end{bmatrix}=\begin{bmatrix}1&1&0\\1&0&2\\1&0&1\end{bmatrix}\cdot\begin{bmatrix}3&&\\&2&\\&&1\end{bmatrix}=\boldsymbol{W}\boldsymbol{\Lambda} \tag{12.26}$$

对 $\boldsymbol{W}$ 求逆有

$$U=W^{-1}=\begin{bmatrix}0 & -1 & 2\\ 1 & 1 & -2\\ 0 & 1 & -1\end{bmatrix} \quad 即 \quad \begin{matrix}u_1=[0 \; -1 \; 2]\\ u_2=[1 \; 1 \; -2]\\ u_3=[0 \; 1 \; -1]\end{matrix} \tag{12.27}$$

检查式（12.22）的左特征向量的定义 $UA=\Lambda U$：

$$UA=\begin{bmatrix}0 & -1 & 2\\ 1 & 1 & -2\\ 0 & 1 & -1\end{bmatrix}\cdot\begin{bmatrix}2 & -1 & 2\\ 0 & -1 & 4\\ 0 & -2 & 5\end{bmatrix}=\begin{bmatrix}0 & -3 & 6\\ 2 & 2 & -4\\ 0 & 1 & -1\end{bmatrix}=\begin{bmatrix}3 & & \\ & 2 & \\ & & 1\end{bmatrix}\cdot\begin{bmatrix}0 & -1 & 2\\ 1 & 1 & -2\\ 0 & 1 & -1\end{bmatrix}$$

$$=\Lambda U \tag{12.28}$$

对矩阵 A 进行转置有

$$A^{\mathrm{T}}=\begin{bmatrix}2 & 0 & 0\\ -1 & -1 & -2\\ 2 & 4 & 5\end{bmatrix} \tag{12.29}$$

检查向量 u_1^{T}、u_2^{T}、u_3^{T} 确实是 A^{T} 的右特征向量，即满足式 $A^{\mathrm{T}}U^{\mathrm{T}}=U^{\mathrm{T}}\Lambda$（对应于式（12.24）），

$$A^{\mathrm{T}}U^{\mathrm{T}}=\begin{bmatrix}2 & 0 & 0\\ -1 & -1 & -2\\ 2 & 4 & 5\end{bmatrix}\cdot\begin{bmatrix}0 & 1 & 0\\ -1 & 1 & 1\\ 2 & -2 & -1\end{bmatrix}=\begin{bmatrix}0 & 2 & 0\\ -3 & 2 & 1\\ 6 & -4 & -1\end{bmatrix}=\begin{bmatrix}0 & 1 & 0\\ -1 & 1 & 1\\ 2 & -2 & -1\end{bmatrix}\cdot$$

$$\begin{bmatrix}3 & & \\ & 2 & \\ & & 1\end{bmatrix}=U^{\mathrm{T}}\Lambda \tag{12.30}$$

在计算特征向量时，应记住如下实用提示。一些专业程序，如 matlab，会计算特征值和相应的右特征向量。

为了计算左特征向量，手册建议对转置矩阵进行类似的计算，即 A 的左特征向量应作为 A^{T} 的右特征向量进行计算。这一建议可能会令人困惑，因为 A^{T} 的特征值和相应的特征向量的顺序通常与矩阵 A 的特征值不同。这样，必须通过辨识相同特征值 λ_i 手动选择相应的右左特征向量对（w_i；u_i）。因此，更简单的方法是通过矩阵求逆 $W^{-1}=U$ 来计算左特征向量。这样，就可以分别选择 W 的列和 U 的行构成特征向量对（w_i；u_i）。

根据式（12.20），由左特征向量构成的方阵 U 等于由右特征向量构成的方阵 W 的逆矩阵。显然，两个矩阵的乘积是单位矩阵 $UW=\mathbf{1}$，即

$$UW=\begin{bmatrix}u_1\\ u_2\\ \vdots\\ u_n\end{bmatrix}[w_1,w_2,\cdots,w_n]=\begin{bmatrix}u_1w_1 & 0 & \cdots & 0\\ 0 & u_2w_2 & \cdots & 0\\ \vdots & \vdots & \ddots & \vdots\\ 0 & 0 & \cdots & u_nw_n\end{bmatrix}=\begin{bmatrix}1 & & & \\ & 1 & & \\ & & \ddots & \\ & & & 1\end{bmatrix}=\mathbf{1} \tag{12.31}$$

因此，对于左、右特征向量以下方程式成立：

$$\boldsymbol{u}_i\boldsymbol{w}_i=1 \quad 和 \quad \boldsymbol{u}_i\boldsymbol{w}_j=0 \quad 对于 \quad j\neq i \tag{12.32}$$

注意，如果 λ_i 是复数，这个方程也仍然成立，即 $\boldsymbol{u}_i^*\boldsymbol{w}_i^*=1$。在这种情况下，矩阵 $\boldsymbol{U}$ 和 $\boldsymbol{W}$ 具有以下结构：

$$\boldsymbol{U}=\begin{bmatrix}\vdots\\ \hdashline \boldsymbol{u}\\ \hdashline \boldsymbol{u}^*\\ \hdashline \vdots\end{bmatrix},\quad \boldsymbol{W}=[\cdots \mid \boldsymbol{w} \mid \boldsymbol{w}^* \mid \cdots] \tag{12.33}$$

在 12.1.5 节讨论微分方程的求解问题时，式（12.32）和（12.33）是非常重要的。

例 12.4　根据例 12.2 中的矩阵 $\boldsymbol{A}$，计算其左特征向量构成的矩阵 $\boldsymbol{U}=\boldsymbol{W}^{-1}$，并使用式（12.21）使矩阵 $\boldsymbol{A}$ 对角化 $\boldsymbol{\Lambda}=\boldsymbol{UAW}$。在例 12.2 中已计算出矩阵 $\boldsymbol{W}$：

$$\boldsymbol{A}=\begin{bmatrix}-6&0&0\\0&1&5\\0&-5&1\end{bmatrix},\quad \boldsymbol{W}=\begin{bmatrix}1&0&0\\0&-1-\mathrm{j}1&-1+\mathrm{j}1\\0&-1+\mathrm{j}1&-1-\mathrm{j}1\end{bmatrix} \tag{12.34}$$

通过简单计算可得

$$\boldsymbol{U}=\boldsymbol{W}^{-1}=\frac{1}{4}\begin{bmatrix}4&0&0\\0&-1+\mathrm{j}1&-1-\mathrm{j}1\\0&-1-\mathrm{j}1&-1+\mathrm{j}1\end{bmatrix}=\begin{bmatrix}\boldsymbol{u}_1\\\boldsymbol{u}_2\\\boldsymbol{u}_3\end{bmatrix}=\begin{bmatrix}\boldsymbol{u}_1\\\boldsymbol{u}_2\\\boldsymbol{u}_2^*\end{bmatrix} \tag{12.35}$$

$$\boldsymbol{u}_1=\frac{1}{4}[4 \mid 0 \mid 0],\boldsymbol{u}_2=\frac{1}{4}[0 \mid -1+\mathrm{j}1 \mid -1-\mathrm{j}1],\boldsymbol{u}_3=\frac{1}{4}[0 \mid -1-\mathrm{j}1 \mid -1+\mathrm{j}1]=\boldsymbol{u}_2^*$$

很容易看出，$\boldsymbol{u}_3=\boldsymbol{u}_2^*$ 是一对复共轭行向量，这证实了式（12.33）的有效性。将式（12.34）的 2 个矩阵相乘有

$$\boldsymbol{AW}=\begin{bmatrix}-6&0&0\\0&1&5\\0&-5&1\end{bmatrix}\begin{bmatrix}1&0&0\\0&-1-\mathrm{j}1&-1+\mathrm{j}1\\0&-1+\mathrm{j}1&-1-\mathrm{j}1\end{bmatrix}=\begin{bmatrix}-6&0&0\\0&-4+\mathrm{j}6&-4-\mathrm{j}6\\0&+6+\mathrm{j}4&+6-\mathrm{j}4\end{bmatrix} \tag{12.36}$$

$$\boldsymbol{UAW}=\frac{1}{4}\begin{bmatrix}4&0&0\\0&-1+\mathrm{j}1&-1-\mathrm{j}1\\0&-1-\mathrm{j}1&-1+\mathrm{j}1\end{bmatrix}\begin{bmatrix}-6&0&0\\0&-4+\mathrm{j}6&-4-\mathrm{j}6\\0&+6+\mathrm{j}4&+6-\mathrm{j}4\end{bmatrix}=\begin{bmatrix}-6&0&0\\0&-1-\mathrm{j}5&0\\0&0&-1+\mathrm{j}5\end{bmatrix} \tag{12.37}$$

得到的对角矩阵包含先前计算出的矩阵 $\boldsymbol{A}$ 的特征值［例 12.2，式（12.17）］。

利用由左右特征向量构成的矩阵 $\boldsymbol{U}$ 和 $\boldsymbol{W}$ 对角化一个方矩阵 $\boldsymbol{A}$，对于 12.1.3 节讨论的矩阵微分方程的求解是很重要的。

12.1.3 矩阵微分方程的求解

标量齐次微分方程的求解方法在A.3节中讨论。结果表明，线性常微分方程的基本解由指数函数$e^{\lambda t}$组成，其中，数λ必须这样选择，使解的Wronskian矩阵不等于零。对于一阶齐次微分方程$\dot{x}-ax=0$即$\dot{x}=ax$，其通解仅仅由一个指数函数e^{at}构成。其特解具有形式$x(t)=e^{at}x_0$，其中的$x_0=x(t_0)$是初始条件。在本节中，将考察矩阵形式的线性齐次微分方程：

$$\dot{\boldsymbol{x}}=\boldsymbol{A}\boldsymbol{x} \tag{12.38}$$

式中，$\boldsymbol{A}$是一个实方阵，被称为状态矩阵。式（12.38）被称为状态方程，向量$\boldsymbol{x}$是由状态变量构成的向量，简言之为状态向量。

矩阵方程式（12.38）的解与标量方程的解形式相同：

$$\boldsymbol{x}(t)=e^{\boldsymbol{A}t}\boldsymbol{x}_0 \tag{12.39}$$

式中，$\boldsymbol{x}(t)$和$\boldsymbol{x}_0$为列向量，而$e^{\boldsymbol{A}t}$是一个方阵，这可通过将$e^{\boldsymbol{A}t}$展开为泰勒级数而得到证明：

$$e^{\boldsymbol{A}t}=1+\boldsymbol{A}t+\frac{(\boldsymbol{A}t)^2}{2!}+\frac{(\boldsymbol{A}t)^3}{3!}+\cdots \tag{12.40}$$

泰勒展开同时也证明了对于实矩阵$\boldsymbol{A}$，矩阵$e^{\boldsymbol{A}t}$也是实的，并且式（12.39）给出的解也是实的。教科书中已给出了多种不同的计算$e^{\boldsymbol{A}t}$的方法，例如参考Ogata（1967）或Strang（1976）。在电力系统分析实践中，$e^{\boldsymbol{A}t}$的计算是通过将$\boldsymbol{A}$对角化并计算$e^{\boldsymbol{\Lambda}t}$来完成的，其中$\boldsymbol{\Lambda}=\mathrm{diag}\lambda_i$是一个对角矩阵，见式（12.21）。

为了利用矩阵对角化法来求解状态方程式（12.38），状态向量$\boldsymbol{x}$可以通过下面的线性变换转换为新的状态向量$\boldsymbol{z}$：

$$\boldsymbol{x}=\boldsymbol{W}\boldsymbol{z} \tag{12.41}$$

式中，$\boldsymbol{W}$是一个由矩阵$\boldsymbol{A}$的右特征向量构成的方阵。注意，向量$\boldsymbol{z}$通常是复数。使用逆矩阵$\boldsymbol{U}=\boldsymbol{W}^{-1}$，可以定义如下的逆变换：

$$\boldsymbol{z}=\boldsymbol{W}^{-1}\boldsymbol{x}=\boldsymbol{U}\boldsymbol{x} \tag{12.42}$$

将式（12.41）代入式（12.38）得到$\boldsymbol{W}\dot{\boldsymbol{z}}=\boldsymbol{A}\boldsymbol{W}\boldsymbol{z}$，即$\dot{\boldsymbol{z}}=\boldsymbol{W}^{-1}\boldsymbol{A}\boldsymbol{W}\boldsymbol{z}$，在考虑式（12.21）后得到

$$\dot{\boldsymbol{z}}=\boldsymbol{\Lambda}\boldsymbol{z} \tag{12.43}$$

式（12.43）是状态方程式（12.38）的模态形式。式（12.21）给出的矩阵$\boldsymbol{\Lambda}$是状态矩阵的模态形式，矩阵$\boldsymbol{W}$是模态矩阵，变量$\boldsymbol{z}(t)$是模态变量㊀。

由于矩阵$\boldsymbol{\Lambda}$是对角的，所以矩阵方程式（12.43）描述了一组非耦合的标量微分方程：

$$\dot{z}_i=\lambda_i z_i \quad 对于 \quad i=1,2,\cdots,n \tag{12.44}$$

每个方程都是一阶方程，其解具有如下形式：

$$z_i(t)=e^{\lambda_i t}z_{i0} \quad 对于 \quad i=1,2,\cdots,n \tag{12.45}$$

式中，z_{i0}是模态变量的初始值。这些标量解的集合可以表示为如下列向量：

㊀ 注意，$\boldsymbol{z}(t)$是复变量，而$\boldsymbol{x}(t)$是实变量。很多作者只是简单地将$\boldsymbol{z}(t)$称为模式。在本书中，$\boldsymbol{z}(t)$被称为模式变量，类似于$\boldsymbol{x}(t)$被称为状态变量。本节后面将证明状态变量可以表示为一组形式为$e^{\alpha_i t}\cdot\cos(\Omega_i t+\phi_{ki})$或$e^{\alpha_i t}$的不相关的实变量的线性组合，而这2种形式的实变量在本书中将被称为模式。——原书注

$$z(t) = e^{\Lambda t} z_0 \tag{12.46}$$

式中，

$$e^{\Lambda t} = \begin{bmatrix} e^{\lambda_1 t} & 0 & \cdots & 0 \\ 0 & e^{\lambda_2 t} & \cdots & 0 \\ \vdots & \vdots & \ddots & \vdots \\ 0 & 0 & \cdots & e^{\lambda_n t} \end{bmatrix} = \mathrm{diag}[e^{\lambda_i t}] \tag{12.47}$$

由式（12.41）和式（12.46）得到

$$\boldsymbol{x} = \boldsymbol{W} e^{\Lambda t} \boldsymbol{z}_0 \tag{12.48}$$

式中，$z_0 = \boldsymbol{z}(t_0)$ 是模态变量 $\boldsymbol{z}(t)$ 的初始值列向量。利用式（12.42）可得出此初始值列向量为

$$\boldsymbol{z}_0 = \boldsymbol{U}\boldsymbol{x}_0 \tag{12.49}$$

将式（12.49）代入式（12.48）得到

$$\boldsymbol{x} = \boldsymbol{W} e^{\Lambda t} \boldsymbol{U}\boldsymbol{x}_0 \tag{12.50}$$

显然，式（12.50）给出的解与式（12.39）给出的解等价，因为

$$e^{\boldsymbol{A}t} = \boldsymbol{W} e^{\Lambda t} \boldsymbol{U} \tag{12.51}$$

式（12.51）的正确性可以用泰勒级数展开式（12.40）和式（12.19）证明。此证明见 Strang（1976）。

应当注意，一般情况下矩阵 $\boldsymbol{A}$ 可能是不对称的，得出的是复特征值 λ_i（见例 12.2）。这种情况下，由式（12.45）给出的模态变量 $z_i(t)$ 是复数。在复数域中求解复数微分方程式（12.44）在 A.3.6 节中讨论。结果表明，对于复数 λ_i，解 $z_i(t)$ 的轨迹在复平面上构成对数螺旋线。该螺旋线在 $\alpha_i = \mathrm{Re}\lambda_i < 0$ 时收敛，而在 $\alpha_i = \mathrm{Re}\lambda_i > 0$ 时发散。当 $\alpha_i = \mathrm{Re}\lambda_i = 0$ 时，解 $z_i(t)$ 代表复平面上的一个圆。当 $\Omega_i = \mathrm{Im}\lambda_i > 0$ 时，该螺旋线逆时针旋转；当 $\Omega_i = \mathrm{Im}\lambda_i < 0$ 时，该螺旋线顺时针旋转。

在矩阵方程情况下，总是出现成对的复共轭特征值 $\lambda_j = \lambda_i^*$（见式（12.14））。这对复共轭特征值产生 2 个解 $z_i(t)$ 和 $z_j(t)$，在复平面上构成旋转方向相反的 2 个螺旋线（见 A.3 节）。显然，2 个螺旋线的虚部互相抵消（因为它们有相反的符号），因此所得到的实数解将是实部的 2 倍，即

$$z_i(t) + z_j(t) = z_i(t) + z_i^*(t) = 2\mathrm{Re}z_i(t)$$

针对所讨论的矩阵状态方程（12.38）及其模态形式（12.43），现在将正式证明解的虚部会相互抵消。

当特征值是复数时，矩阵 $e^{\Lambda t}$ 也是复数。根据特征向量的定义，可以得出结论，复数特征值对应复数特征向量（参见例 12.4）。因此矩阵 $\boldsymbol{W}$ 和 $\boldsymbol{U}$ 通常是复数。在式（12.50）中，有 3 个复数矩阵的乘积 $\boldsymbol{W} e^{\Lambda t} \boldsymbol{U}$ 和一个实向量 $\boldsymbol{x}_0$。另一方面，从式（12.39）可以清楚地看到，解 $\boldsymbol{x}(t)$，因而乘积 $\boldsymbol{W} e^{\Lambda t} \boldsymbol{U}\boldsymbol{x}_0$ 一定是实数。因此存在一个关于复数矩阵的乘积如何产生实数结果的问题。答案来自于先前的观察结论，复数特征值和特征向量一定是成对共轭的，如 λ 和 λ^*，并且由与其关联的左、右特征向量构成的矩阵具有如式（12.33）所示的结构。

设第 i 个和第 j 个特征值为复共轭对：

$$\lambda_j = \lambda_i^*, \quad \boldsymbol{w}_j = \boldsymbol{w}_i^*, \quad \boldsymbol{u}_j = \boldsymbol{u}_i^* \tag{12.52}$$

则模态变量 $z(t)$ 的初始值列向量具有如下结构：

$$\boldsymbol{z}_0 = \begin{bmatrix} \vdots \\ \hdashline z_{i0} \\ \hdashline z_{j0} \\ \hdashline \vdots \end{bmatrix} = \boldsymbol{U}\boldsymbol{x}_0 = \begin{bmatrix} \vdots \\ \hdashline \boldsymbol{u}_i \\ \hdashline \boldsymbol{u}_i^* \\ \hdashline \vdots \end{bmatrix} \cdot \boldsymbol{x}_0 = \begin{bmatrix} \vdots \\ \hdashline \boldsymbol{u}_i\boldsymbol{x}_0 \\ \hdashline \boldsymbol{u}_i^*\boldsymbol{x}_0 \\ \hdashline \vdots \end{bmatrix} = \begin{bmatrix} \vdots \\ \hdashline z_{i0} \\ \hdashline z_{i0}^* \\ \hdashline \vdots \end{bmatrix} \tag{12.53}$$

也就是说，对于所考虑的复共轭对，列向量 z_0 中有两个元素是一个复共轭对 $z_{j0} = z_{i0}^*$。乘积 $\boldsymbol{W}\mathrm{e}^{\boldsymbol{\Lambda}t}$是一个方阵，且在这种情况下具有如下结构：

$$\boldsymbol{W}\mathrm{e}^{\boldsymbol{\Lambda}t} = [\cdots \mid \boldsymbol{w}_i \mid \boldsymbol{w}_i^* \mid \cdots] \cdot \begin{bmatrix} \ddots & \vdots & \vdots & \cdots \\ \cdots & \mathrm{e}^{\lambda_i t} & 0 & \cdots \\ \cdots & 0 & \mathrm{e}^{\lambda_i^* t} & \cdots \\ \cdots & \vdots & \vdots & \ddots \end{bmatrix} = [\cdots \mid \boldsymbol{w}_i\mathrm{e}^{\lambda_i t} \mid \boldsymbol{w}_i^*\mathrm{e}^{\lambda_i^* t} \mid \cdots] \tag{12.54}$$

也就是说，矩阵中有两列是互为共轭的。考虑到式（12.53）和式（12.54）的矩阵结构，式（12.48）可写为

$$\boldsymbol{x}(t) = \begin{bmatrix} x_1(t) \\ \hdashline \vdots \\ \hdashline x_k(t) \\ \hdashline \vdots \\ \hdashline x_n(t) \end{bmatrix} = \boldsymbol{W}\mathrm{e}^{\boldsymbol{\Lambda}t}\boldsymbol{z}_0 = \left[\begin{array}{c:c:c:c} \cdots & w_{1i}\mathrm{e}^{\lambda_i t} & w_{1i}^*\mathrm{e}^{\lambda_i^* t} & \cdots \\ \hdashline & \vdots & \vdots & \\ \hdashline \cdots & w_{ki}\mathrm{e}^{\lambda_i t} & w_{ki}^*\mathrm{e}^{\lambda_i^* t} & \cdots \\ \hdashline & \vdots & \vdots & \\ \hdashline \cdots & w_{ni}\mathrm{e}^{\lambda_i t} & w_{ni}^*\mathrm{e}^{\lambda_i^* t} & \cdots \end{array}\right] \cdot \begin{bmatrix} \vdots \\ \hdashline z_{i0} \\ \hdashline z_{i0}^* \\ \hdashline \vdots \end{bmatrix} \tag{12.55}$$

上述结构表明，下标为任何 k 的状态变量的解是

$$x_k(t) = \cdots + w_{ki}z_{i0}\mathrm{e}^{\lambda_i t} + w_{ki}^* z_{i0}^* \mathrm{e}^{\lambda_i^* t} + \cdots \tag{12.56}$$

即

$$x_k(t) = \cdots + c_{ki}\mathrm{e}^{\lambda_i t} + c_{ki}^* \mathrm{e}^{\lambda_i^* t} + \cdots \tag{12.57}$$

式中，$c_{ki} = w_{ki}z_{i0}$是一个复数，与特征向量和初始值有关。

记 $\lambda_i = \alpha_i + \mathrm{j}\Omega_i$ 得到

$$c_{ki}\mathrm{e}^{\lambda_i t} + c_{ki}^* \mathrm{e}^{\lambda_i^* t} = c_{ki}\mathrm{e}^{\alpha_i t}(\cos\Omega_i t + \mathrm{j}\sin\Omega_i t) + c_{ki}^* \mathrm{e}^{\alpha_i t}(\cos\Omega_i t - \mathrm{j}\sin\Omega_i t)$$

整理上式右边得

$$c_{ki}\mathrm{e}^{\lambda_i t} + c_{ki}^* \mathrm{e}^{\lambda_i^* t} = \mathrm{e}^{\alpha_i t}[(c_{ki} + c_{ki}^*)\cos\Omega_i t + \mathrm{j}(c_{ki} - c_{ki}^*)\sin\Omega_i t] \tag{12.58}$$

注意到

$$a_i = (c_i + c_i^*) = 2\mathrm{Re}c_i \quad 和\ b_i = \mathrm{j}(c_i - c_i^*) = -2\mathrm{Im}c_i \tag{12.59}$$

是实数且分别等于积分常数 $c_{ki} = w_{ki}z_{i0}$的实部和虚部的 2 倍。因此式（12.58）具有如下形式：

$$c_{ki}\mathrm{e}^{\lambda_i t} + c_{ki}^* \mathrm{e}^{\lambda_i^* t} = \mathrm{e}^{\alpha_i t}[a_{ki}\cos\Omega_i t - b_{ki}\sin\Omega_i t] \tag{12.60}$$

注意，方括号中的余弦函数和正弦函数之差可以用一个余弦函数来代替（参见附录中的

图 A.2)：

$$c_{ki}e^{\lambda_i t}+c_{ki}^{*}e^{\lambda_i^{*}t}=e^{\alpha_i t}\cdot\sqrt{a_{ki}^2+b_{ki}^2}\left[\frac{a_{ki}}{\sqrt{a_{ki}^2+b_{ki}^2}}\cdot\cos\Omega_i t-\frac{b_{ki}}{\sqrt{a_{ki}^2+b_{ki}^2}}\cdot\sin\Omega_i t\right] \quad (12.61)$$

采用与 A.3 节相同的做法，可以假定

$$\cos\phi_{ki}=\frac{a_{ki}}{\sqrt{a_{ki}^2+b_{ki}^2}}=\frac{\mathrm{Re}c_i}{\sqrt{(\mathrm{Re}c_i)^2+(\mathrm{Im}c_i)^2}}=\frac{\mathrm{Re}c_i}{|c_i|} \quad (12.62)$$

$$\sin\phi_{ki}=\frac{b_{ki}}{\sqrt{a_{ki}^2+b_{ki}^2}}=\frac{\mathrm{Im}c_i}{\sqrt{(\mathrm{Re}c_i)^2+(\mathrm{Im}c_i)^2}}=\frac{\mathrm{Im}c_i}{|c_i|} \quad (12.63)$$

$$\phi_{ki}=\arcsin(\mathrm{Im}c_i/|c_i|) \quad (12.64)$$

$$|c_{ki}|=\sqrt{(\mathrm{Re}c_i)^2+(\mathrm{Im}c_i)^2} \quad 和 \quad \sqrt{a_{ki}^2+b_{ki}^2}=2\cdot\sqrt{(\mathrm{Re}c_i)^2+(\mathrm{Im}c_i)^2}=2\cdot|c_i| \quad (12.65)$$

采用上述符号后式（12.61）变为

$$c_{ki}e^{\lambda_i t}+c_{ki}^{*}e^{\lambda_i^{*}t}=2\cdot|c_{ki}|e^{\alpha_i t}\cdot\cos(\Omega_i t+\phi_{ki}) \quad (12.66)$$

最后，将式（12.66）代入式（12.57）得到

$$x_k(t)=\cdots+2\cdot|c_{ki}|e^{\alpha_i t}\cdot\cos(\Omega_i t+\phi_{ki})+\cdots \quad (12.67)$$

这意味着在状态变量 $x_k(t)$ 的解中，一对复特征值 λ_i、λ_i^* 对应一个振荡项 $e^{\alpha_i t}\cdot\cos(\Omega_i t+\phi_{ki})$，其中 $\alpha_i=\mathrm{Re}\lambda_i$ 和 $\Omega_i=\mathrm{Im}\lambda_i$ 是特征值的实部和虚部。这个振荡项被称为振荡模式，它对应于附录例 A3.4 中所分析的 2 阶欠阻尼微分方程的解。

上述结果是针对复数特征值的。对于特征值为实数的情况，可以令 $\Omega_i=\mathrm{Im}\lambda_i=0$ 和 $\phi_{ki}=\arcsin(\mathrm{Im}c_i/|c_i|)=0$ 而得到其表达式。唯一的区别是结果项不再有乘数 2，因为实特征值不是成对考虑的，而是单个考虑的。因此对于实特征值 $\lambda_i=\alpha_i$ 有

$$x_k(t)=\cdots+c_{ki}e^{\alpha_i t}+\cdots \quad (12.68)$$

项 $e^{\alpha_i t}$ 被称为非周期模式，它对应于 A.3 节中所分析的一阶微分方程的解。在式（12.55）中同时考虑了特征值的实部和虚部并对每个变量乘以相应的矩阵后得到如下的解：

$$x_k(t)=\sum_{\lambda_i\in 实数}c_{ki}\cdot e^{\alpha_i t}+\sum_{\lambda_i\in 复数}2|c_{ki}|\cdot e^{\alpha_i t}\cdot\cos(\Omega_i t+\phi_{ki}) \quad (12.69)$$

对式（12.69）进行分析可得出如下结论，这些结论对电力系统动态分析非常重要。

1）实特征值 $\lambda_i=\alpha_i$ 为 $x_k(t)$ 的响应引入一个与 $e^{\alpha_i t}$ 成正比的非周期模式。如果 $\alpha_i<0$，则相应的非周期模式是稳定的，并且该模式指数衰减的时间常数为 $(-1/\alpha_i)$。如果 $\alpha_i>0$，则相应的非周期模式是不稳定的且呈指数增长。

2）每对共轭复特征值 $\lambda_i=\alpha_i\pm j\Omega_i$ 为 $x_k(t)$ 的响应引入一个与 $e^{\alpha_i t}\cdot\cos(\Omega_i t+\phi_{ki})$ 成正比的振荡模式。如果 $\alpha_i<0$，则相应的振荡模式是稳定的；如果 $\alpha_i>0$，则相应的振荡模式是不稳定的。术语 Ω_i 是该振荡模式的振荡频率（单位为 rad/s）。角度 ϕ_{ki} 是该振荡模式的相角，其值取决于初始条件。

3）微分方程的解 $x_k(t)$ 是所有模式的线性组合，并且该组合中的比例系数取决于初始条件。由于一个振荡模式对应于一个二阶欠阻尼系统的响应，而一个非周期模式对应于一个一阶系统的响应，因此从效果上看，一个高阶动态系统的小信号响应可表示为相互解耦的二阶系统和一阶系统的响应的线性组合。

4）对于式（12.38）所描述的动态系统，只要有一个模式是不稳定的，该系统就是不稳定的。

模式的定义和类型见表 12-1。

对于振荡模式，与式（5.65）类似，可引入如下的阻尼比定义：

$$\zeta_i = \frac{-\alpha_i}{\sqrt{\alpha_i^2 + \Omega_i^2}} \tag{12.70}$$

实用上，正如 5.4.6 节所述，如果阻尼比 $\zeta \geqslant 0.05$，则认为阻尼符合要求。

表 12-1　模式定义和类型说明

	特征值 λ_i	
	实　数	复　数　对
符号	$\lambda_i = \alpha_i$	$\lambda_i = \alpha_i + \mathrm{j}\Omega_i$，$\lambda_i^* = \alpha_i - \mathrm{j}\Omega_i$
模式定义	$\mathrm{e}^{\alpha_i t}$	$\mathrm{e}^{\alpha_i t}\cos\Omega_i t$
模式类型	非周期型	振荡型
对应于	一阶系统的响应	二阶欠阻尼系统的响应
$\alpha_i < 0$	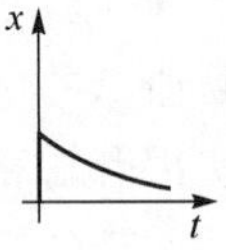	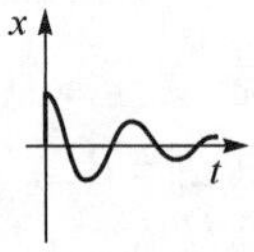
$\alpha_i > 0$	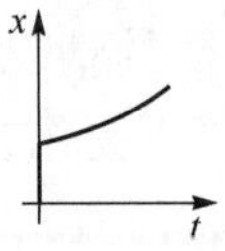	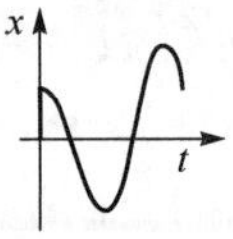

注意，式（12.69）中的 $c_{ki} = w_{ki} z_{i0}$ 依赖于给定模态变量 $z_i(t)$ 的初始值 z_{i0}。如果该模态变量的初始值为零，那么很明显 $c_{ki} = 0$，该模式对 $x_k(t)$ 的值没有影响。如果 $c_{ki} \neq 0$，则称该模式或该模态变量 $z_i(t)$ 是被激发的。式（12.69）表明，$x_k(t)$ 的轨迹只受到被激发模式或被激发模态变量的影响。那些具有最大 c_{ki} 值的模态或模态变量被称为主导模式或主导模态变量。

5.4.6 节对连接于无穷大母线的同步发电机的经典二阶模型的分析表明，转子围绕同步转速的摇摆可以是非周期性的，也可以是振荡性的，这取决于特征方程的根。这些根与状态矩阵的特征值是相等的，见式（5.70）和式（5.71），且这些摇摆可以用频率 Ω 和阻尼比 ζ 来刻画。本节已证明，多机电力系统或用高阶微分方程描述的单台发电机的响应，可表示为与其特征值为实数或复数相对应的非耦合的非周期响应和振荡响应的线性组合。换句话说，多机电力系统中的转子摇摆可以表示为具有不同频率 Ω_i 和阻尼比 ζ_i 的非耦合摇摆的线性组合，这与 5.4.6 节中的分析结论类似。这一发现大大简化了对多机电力系统的分析。

例 12.5　对例 12.2 的矩阵 $\boldsymbol{A}$ 求解微分方程 $\dot{\boldsymbol{x}} = \boldsymbol{A}\boldsymbol{x}$ 的解。特征值为 $\lambda_1 = -6$，$\lambda_2 = (-1 - \mathrm{j}5)$，相应的矩阵 $\boldsymbol{W}$ 和 $\boldsymbol{U}$ 分别在例 12.2 和例 12.4 中得出。

$$\boldsymbol{A}=\begin{bmatrix}-6 & 0 & 0\\ 0 & 1 & 5\\ 0 & -5 & 1\end{bmatrix},\quad \boldsymbol{W}=\begin{bmatrix}1 & 0 & 0\\ 0 & -1-\mathrm{j}1 & -1+\mathrm{j}1\\ 0 & -1+\mathrm{j}1 & -1-\mathrm{j}1\end{bmatrix},\quad \boldsymbol{U}=\frac{1}{4}\begin{bmatrix}4 & 0 & 0\\ 0 & -1+\mathrm{j}1 & -1-\mathrm{j}1\\ 0 & -1-\mathrm{j}1 & -1+\mathrm{j}1\end{bmatrix} \tag{12.71}$$

初始条件是 $x_{10}=x_1(t_0)\neq 0, x_{20}=x_2(t_0)\neq 0$。为了简化复数运算，式（12.50）的矩阵乘法运算将按下面的方式进行：首先计算乘积（$\boldsymbol{W}\mathrm{e}^{\boldsymbol{\Lambda}t}$），然后计算（$\boldsymbol{W}\mathrm{e}^{\boldsymbol{\Lambda}t}$）$\boldsymbol{U}$，最后计算解 $\boldsymbol{x}(t)=(\boldsymbol{W}\mathrm{e}^{\boldsymbol{\Lambda}t}\boldsymbol{U})\boldsymbol{x}_0$。

$$\boldsymbol{W}\mathrm{e}^{\boldsymbol{\Lambda}t}=\begin{bmatrix}1 & 0 & 0\\ 0 & -1-\mathrm{j}1 & -1+\mathrm{j}1\\ 0 & -1+\mathrm{j}1 & -1-\mathrm{j}1\end{bmatrix}\begin{bmatrix}\mathrm{e}^{\lambda_1 t} & & \\ & \mathrm{e}^{\lambda_2 t} & \\ & & \mathrm{e}^{\lambda_2^* t}\end{bmatrix}=\begin{bmatrix}\mathrm{e}^{\lambda_1 t} & 0 & 0\\ 0 & (-1-\mathrm{j})\cdot\mathrm{e}^{\lambda_2 t} & (-1+\mathrm{j})\cdot\mathrm{e}^{\lambda_2^* t}\\ 0 & (-1+\mathrm{j})\cdot\mathrm{e}^{\lambda_2 t} & (-1-\mathrm{j})\cdot\mathrm{e}^{\lambda_2^* t}\end{bmatrix} \tag{12.72}$$

$$\boldsymbol{W}\mathrm{e}^{\boldsymbol{\Lambda}t}\boldsymbol{U}=\frac{1}{4}\begin{bmatrix}\mathrm{e}^{\lambda_1 t} & 0 & 0\\ 0 & (-1-\mathrm{j})\cdot\mathrm{e}^{\lambda_2 t} & (-1+\mathrm{j})\cdot\mathrm{e}^{\lambda_2^* t}\\ 0 & (-1+\mathrm{j})\cdot\mathrm{e}^{\lambda_2 t} & (-1-\mathrm{j})\cdot\mathrm{e}^{\lambda_2^* t}\end{bmatrix}\begin{bmatrix}4 & 0 & 0\\ 0 & -1+\mathrm{j}1 & -1-\mathrm{j}1\\ 0 & -1-\mathrm{j}1 & -1+\mathrm{j}1\end{bmatrix}$$

耐心地将矩阵相乘并对相关项进行排序可得

$$\boldsymbol{W}\mathrm{e}^{\boldsymbol{\Lambda}t}\boldsymbol{U}=\frac{1}{4}\begin{bmatrix}4\cdot\mathrm{e}^{\lambda_1 t} & 0 & 0\\ 0 & 2\cdot(\mathrm{e}^{\lambda_2 t}+\mathrm{e}^{\lambda_2^* t}) & 2\mathrm{j}\cdot(\mathrm{e}^{\lambda_2 t}-\mathrm{e}^{\lambda_2^* t})\\ 0 & 2\mathrm{j}\cdot(-\mathrm{e}^{\lambda_2 t}+\mathrm{e}^{\lambda_2^* t}) & 2\cdot(\mathrm{e}^{\lambda_2 t}+\mathrm{e}^{\lambda_2^* t})\end{bmatrix} \tag{12.73}$$

将 $\lambda_1=\alpha_1$，$\lambda_2=(\alpha_2+\mathrm{j}\Omega_2)$，$\lambda_3=\lambda_2^*=(\alpha_2-\mathrm{j}\Omega_2)$ 代入式（12.73），得到如下矩阵：

$$\boldsymbol{W}\mathrm{e}^{\boldsymbol{\Lambda}t}\boldsymbol{U}=\begin{bmatrix}\mathrm{e}^{\alpha_1 t} & 0 & 0\\ 0 & \mathrm{e}^{\alpha_2 t}\cos\Omega_2 t & -\mathrm{e}^{\alpha_2 t}\sin\Omega_2 t\\ 0 & +\mathrm{e}^{\alpha_2 t}\sin\Omega_2 t & \mathrm{e}^{\alpha_2 t}\cos\Omega_2 t\end{bmatrix} \tag{12.74}$$

将此矩阵代入式（12.50）得到

$$\boldsymbol{x}(t)=\boldsymbol{W}\mathrm{e}^{\boldsymbol{\Lambda}t}\boldsymbol{U}\boldsymbol{x}_0=\begin{bmatrix}x_1(t)\\ x_2(t)\\ x_3(t)\end{bmatrix}=\begin{bmatrix}\mathrm{e}^{\alpha_1 t} & 0 & 0\\ 0 & \mathrm{e}^{\alpha_2 t}\cos\Omega_2 t & -\mathrm{e}^{\alpha_2 t}\sin\Omega_2 t\\ 0 & +\mathrm{e}^{\alpha_2 t}\sin\Omega_2 t & \mathrm{e}^{\alpha_2 t}\cos\Omega_2 t\end{bmatrix}\begin{bmatrix}x_{10}\\ x_{20}\\ x_{30}\end{bmatrix} \tag{12.75}$$

即

$$\begin{aligned}x_1(t)&=x_{10}\cdot\mathrm{e}^{\alpha_1 t}\\ x_2(t)&=\mathrm{e}^{\alpha_2 t}\cdot[x_{20}\cos\Omega_2 t-x_{30}\sin\Omega_2 t]\\ x_3(t)&=\mathrm{e}^{\alpha_2 t}\cdot[x_{30}\cos\Omega_2 t+x_{20}\sin\Omega_2 t]\end{aligned} \tag{12.76}$$

显然，与复特征值相对应的解 $x_2(t)$ 和 $x_3(t)$ 可以用具有相角 ϕ_2 的振荡模式 $e^{\alpha_2 t}\cos\Omega_2 t$ 来表示。为此，引入如下的符号（另请参见附录中的图 A.2）：

$$\sin\phi_2=\frac{x_{30}}{\sqrt{x_{20}^2+x_{30}^2}},\quad \cos\phi_2=\frac{x_{20}}{\sqrt{x_{20}^2+x_{30}^2}},\quad \phi_2=\arcsin\left(x_{30}/\sqrt{x_{20}^2+x_{30}^2}\right) \tag{12.77}$$

现在上述解可以表达为

$$x_2(t)=e^{\alpha_2 t}\cdot\sqrt{x_{20}^2+x_{30}^2}\cdot(\cos\phi_2\cdot\cos\Omega_2 t-\sin\phi_2\cdot\sin\Omega_2 t)$$
$$x_3(t)=e^{\alpha_2 t}\cdot\sqrt{x_{20}^2+x_{30}^2}\cdot(\sin\phi_2\cdot\cos\Omega_2 t+\cos\phi_2\cdot\sin\Omega_2 t)$$

最后得

$$\begin{aligned}x_1(t)&=x_{10}\cdot e^{\alpha_1 t}\\x_2(t)&=\sqrt{x_{20}^2+x_{30}^2}\cdot e^{\alpha_2 t}\cdot\cos(\Omega_2 t+\phi_2)\\x_3(t)&=\sqrt{x_{20}^2+x_{30}^2}\cdot e^{\alpha_2 t}\cdot\sin(\Omega_2 t+\phi_2)\end{aligned} \tag{12.78}$$

将数值 $\alpha_1=-6$，$\alpha_2=-1$，$\Omega_2=5$ 代入式（12.78）得

$$\begin{aligned}x_1(t)&=x_{10}\cdot e^{-6t}\\x_2(t)&=\sqrt{x_{20}^2+x_{30}^2}\cdot e^{-t}\cdot\cos(5t+\phi_2)\\x_3(t)&=\sqrt{x_{20}^2+x_{30}^2}\cdot e^{-t}\cdot\sin(5t+\phi_2)\end{aligned} \tag{12.79}$$

式中，ϕ_2 由式（12.77）给出并依赖于初始值。由于振荡型响应 $x_2(t)$ 和 $x_3(t)$ 分别与余弦函数和正弦函数成正比，因此它们在相位上相差 $\pi/2$。

初始值 $x_{10}=x_{20}=x_{30}=1$ 给出了此模式的相角为 $\phi_2=45°=\pi/4$ 以及如下的时间响应：

$$x_1(t)=e^{-6t},\quad x_2(t)=\sqrt{2}\cdot e^{-t}\cdot\cos\left(5t+\frac{\pi}{4}\right),\quad x_3(t)=\sqrt{2}\cdot e^{-t}\cdot\sin\left(5t+\frac{\pi}{4}\right)$$

这些时间响应如图 12-1 所示。

此例表明，整个系统的响应可以表示为非周期模式和振荡模式的线性组合。实特征值 $\lambda_1=-6$ 产生非周期模式 e^{-6t}，其衰减的时间常数为 $1/6=0.17s$。复共轭特征值对 $\lambda_{2,3}=(-1+j5)$ 产生振荡模式 $e^{-t}\cdot\cos(5t+\phi_2)$，其振荡频率为 5rad/s，指数衰减的时间常数为 1s。该系统是稳定的，因为所有特征值的实部为负，即指数函数是衰减的。在此特殊的例子中，非周期模式只出现在响应 $x_1(t)$ 中，而振荡模式只出现在响应 $x_2(t)$ 和 $x_3(t)$ 中，因为矩阵 $\boldsymbol{A}$ 的第 1 行［对应于 $x_1(t)$］只包含一个对角元素。换句话说，$\boldsymbol{A}$ 的第 1 行是与其他行解耦的。

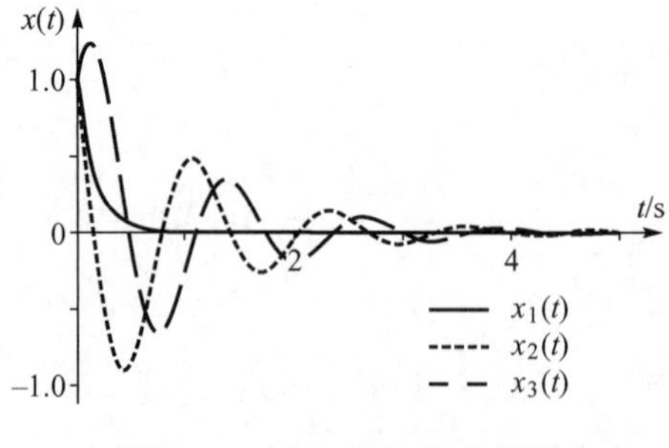

图 12-1　例 12.5 解的示意图

到目前为止，相关分析都是在假定矩阵 $\boldsymbol{A}$ 的所有特征值相异的条件下进行的，即 $\lambda_1\neq\lambda_2\neq\cdots\neq\lambda_n$。如果矩阵 $\boldsymbol{A}$ 具有多重特征值，那么情况就更加复杂了。尽管如此，可以证明（Willems，1970）：

当且仅当矩阵 $\boldsymbol{A}$ 的所有特征值都具有非正实部，$\mathrm{Re}(\lambda_i)\leqslant 0$ 时，线性方程 $\dot{\boldsymbol{x}}=\boldsymbol{A}\boldsymbol{x}$ 才是稳定的。当且仅当矩阵 $\boldsymbol{A}$ 的所有特征值具有负实部，$\mathrm{Re}(\lambda_i)<0$ 时，系统才是渐近稳定的。

线性方程的稳定性不依赖于初始值，而只依赖于状态矩阵 $\boldsymbol{A}$ 的特征值。

12.1.4　模态分析与灵敏度分析

式（12.42）表明，每个模态变量 $z_i(t)$ 可以表示为状态变量的线性组合，即

$$z_i(t) = \sum_{j=1}^{n} u_{ij} x_j(t) \tag{12.80}$$

式中，u_{ij}是由左特征向量构成的矩阵 $\boldsymbol{U}$ 的（i，j）元素。将式（12.80）中的和展开得

$$z_i(t) = u_{i1}x_1(t) + u_{i2}x_2(t) + \cdots + u_{ij}x_j(t) + \cdots + u_{in}x_n(t) \tag{12.81}$$

式（12.81）表明，左特征向量携带有单个模态变量是否会受到单个状态变量作用的可控性信息。如果特征向量是归一化的，那么 u_{ij}就确定了给定状态变量 $x_j(t)$ 在给定模式 $z_i(t)$ 的运动中所占份额的大小和相位。只有当元素 u_{ij}较大时，对 $x_j(t)$ 的控制才会显著影响给定的模态变量 $z_i(t)$。如果 u_{ij}很小，则控制 $x_j(t)$ 不能显著影响模态变量 $z_i(t)$。

式（12.41）表明，每个状态变量可以表示为模态变量的线性组合。

$$x_k(t) = \sum_{i=1}^{n} w_{ki} z_i(t) \tag{12.82}$$

式中，w_{ki}是由右特征向量组成的矩阵 $\boldsymbol{W}$ 的（k，i）元素。将式（12.82）中的和展开得

$$x_k(t) = w_{k1}z_1(t) + w_{k2}z_2(t) + \cdots + w_{kj}z_j(t) + \cdots + w_{kn}z_n(t) \tag{12.83}$$

式（12.83）表明，右特征向量携带有根据单个模态变量观测单个状态变量的可观测性信息。如果特征向量是归一化的，则 w_{kj}确定了模态变量 $z_j(t)$ 在状态变量 $x_k(t)$ 的运动中所占份额的大小和相位。w_{kj}被称为振型（mode shape）。注意，振型代表了线性动力系统的一个固有特征，并不依赖于施加扰动的位置和方式。振型在电力系统稳定性分析中起着重要作用，尤其在确定单个振荡模式对单个发电机转子摇摆的影响时。

例 12.6　对某大型互联系统，计算出其中一个振荡模式的阻尼比不理想，$\zeta<0.05$。该模式对应于一对复共轭特征值 $\lambda_i = -0.451 + \mathrm{j}2.198$ 和 $\lambda_i = \lambda_i^* = -0.451 - \mathrm{j}2.198$。该模式的振荡频率为$2.198/2\pi \cong 0.35\mathrm{Hz}$，而阻尼比为$\zeta = 0.045/\sqrt{0.045^2 + 2.198^2} \cong 0.02$。图 12-2 展示了与 λ_i 相关联的右特征向量的重要元素及对应的振型。

$$w_i = \begin{bmatrix} w_{1i} \\ \vdots \\ w_{ki} \\ w_{li} \\ \vdots \end{bmatrix} = \begin{bmatrix} +4.5 + \mathrm{j}0.8 \\ \vdots \\ -3.5 + \mathrm{j}0.7 \\ -5.2 - \mathrm{j}0.5 \\ \vdots \end{bmatrix}$$

a)

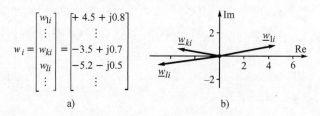

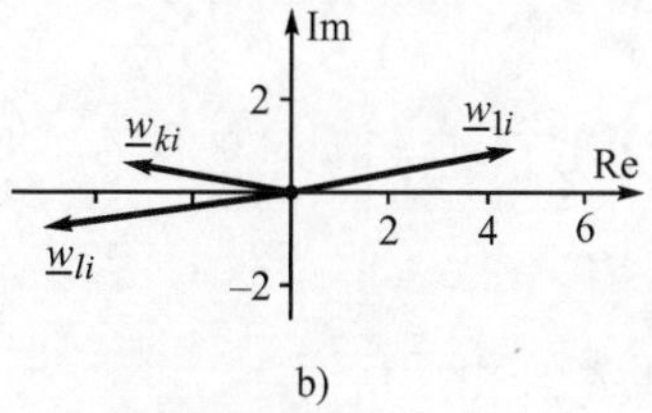

b)

图 12-2　振型示例：a）与所考察特征值相关联的右特征向量；b）复平面上的振型

与所考察的振型相对应的状态变量是 3 台发电机的转子角：$x_1(t) = \Delta\delta_1(t)$，$x_k(t) = \Delta\delta_k(t)$，$x_l(t) = \Delta\delta_l(t)$。根据式（12.83），对这些变量可得到

$$\begin{aligned} \Delta\delta_1(t) &= \cdots + w_{1i}z_i(t) + \cdots \\ \Delta\delta_k(t) &= \cdots + w_{ki}z_i(t) + \cdots \\ \Delta\delta_l(t) &= \cdots + w_{li}z_i(t) + \cdots \end{aligned} \tag{12.84}$$

图12-2展示了复平面上的振型。注意，振型$\underline{w}_{ki}$和$\underline{w}_{li}$几乎与振型$\underline{w}_{1i}$方向直接相反。这一点的解释是，如果一个扰动激发了与此对复特征值$\lambda_i=\lambda_j^*$相对应的振荡模式，那么发电机1的转子将以频率0.35Hz逆反于发电机k和l的转子摇摆，在此特定频率下，发电机k和l是同调的。发电机l几乎完全逆反于发电机1摇摆（相位差为186°），而发电机k逆反于发电机1摇摆的相位差是159°。显然，这些结论对于其他振荡模式不一定成立，即其他频率的模态振荡合起来构成了转子的总体摇摆。

在Breulmann et al.（2000）中，可以找到应用振型来分析UCTE互联电力系统功率摇摆的一些有趣例子。该文描述了如何发现一些弱阻尼的振荡模式，以及如何使用振型将它们分成相对摇摆的同调机群。

知道矩阵$\boldsymbol{W}$和$\boldsymbol{U}$后，可以确定特定模态变量$z_i(t)$对特定系统参数变化的灵敏度。这在整定系统中控制装置的参数值时尤其重要。这样的灵敏度分析可以通过如下方式实现。

设λ_i为矩阵$\boldsymbol{A}$的特征值，而$\boldsymbol{w}_i$和$\boldsymbol{u}_i$是与该特征值相关联的右、左特征向量。式（12.23）表明，$\boldsymbol{u}_i\boldsymbol{A}=\lambda_i\boldsymbol{u}_i$，对该式右乘$\boldsymbol{w}_i$得到$\boldsymbol{u}_i\boldsymbol{A}\boldsymbol{w}_i=\lambda_i\boldsymbol{u}_i\boldsymbol{w}_i$。将$\boldsymbol{u}_i\boldsymbol{w}_i=1$代入方程式的右边（见式（12.32））得

$$\lambda_i=\boldsymbol{u}_i\boldsymbol{A}\boldsymbol{w}_i \tag{12.85}$$

现在令β为系统参数。式（12.85）表明

$$\frac{\partial\lambda_i}{\partial\beta}=\boldsymbol{u}_i\frac{\partial\boldsymbol{A}}{\partial\beta}\boldsymbol{w}_i \tag{12.86}$$

如果式（12.86）中的导数$\partial\boldsymbol{A}/\partial\beta$已知，则可以通过观察特征值是否获得更大的实部（即当参数值改变时，在复平面中向左移动）来确定给定参数是否提高了系统的稳定性。

灵敏度分析的一个特例是研究状态矩阵对角元素对特征值的影响。假定$\beta=A_{kk}$有

$$\boldsymbol{A}=\begin{bmatrix}A_{11} & \cdots & A_{1k} & \cdots\\ \vdots & \ddots & \vdots & \\ A_{k1} & \cdots & A_{kk} & \\ \vdots & & \vdots & \ddots\end{bmatrix}\quad 和\quad \frac{\partial\boldsymbol{A}}{\partial\beta}=\frac{\partial\boldsymbol{A}}{\partial A_{kk}}=\begin{bmatrix}0 & \cdots & 0 & \cdots\\ \vdots & \ddots & \vdots & \\ 0 & \cdots & 1 & \\ \vdots & & \vdots & \ddots\end{bmatrix} \tag{12.87}$$

$$\frac{\partial\lambda_i}{\partial A_{kk}}=\boldsymbol{u}_i\frac{\partial\boldsymbol{A}}{\partial A_{kk}}\boldsymbol{w}_i=[u_{i1}\quad\cdots\quad u_{ik}\quad\cdots]\begin{bmatrix}0 & \cdots & 0 & \cdots\\ \vdots & \ddots & \vdots & \\ 0 & \cdots & 1 & \\ \vdots & & \vdots & \ddots\end{bmatrix}\begin{bmatrix}w_{1i}\\ \vdots\\ w_{ki}\\ \vdots\end{bmatrix} \tag{12.88}$$

将式（12.88）右边的矩阵相乘得

$$\frac{\partial\lambda_i}{\partial A_{kk}}=u_{ik}w_{ki}=p_{ki} \tag{12.89}$$

系数$p_{ki}=u_{ik}w_{ki}$被称为参与因子。每个参与因子是第i个左右特征向量的第k个元素的乘积。它量化了第i个特征值对状态矩阵第k个对角元素的灵敏度。元素w_{ki}包含了第i个模态变量在第k个状态变量中的可观测性信息，而u_{ik}则包含了使用第k个状态变量控制第i个模态变量的可控性信息。因此乘积$p_{ki}=u_{ik}w_{ki}$包含有关可观测性和可控性的信息。这样，参与因子$p_{ki}=u_{ik}w_{ki}$是第i个模态变量和第k个状态变量之间相关性的良好度量。参与因子可用来确定

设备的位置，提高系统的稳定性。通常，阻尼控制器或稳定器最好安装于这样的位置，在此位置上与给定特征值相关联的模态变量既可观测又可控制。

第 i 个特征值与状态矩阵 $\boldsymbol{A}$ 的所有对角元素 $A_{11},\cdots,A_{kk},\cdots,A_{nn}$ 构成的参与因子的计算方法示意如式（12.90）所示，其中为方便起见使用了左特征向量的转置：

$$\boldsymbol{u}_i^{\mathrm{T}}=\begin{bmatrix}u_{i1}\\ \vdots\\ u_{ik}\\ \vdots\\ u_{in}\end{bmatrix},\quad \boldsymbol{w}_i=\begin{bmatrix}w_{1i}\\ \vdots\\ w_{ki}\\ \vdots\\ w_{ni}\end{bmatrix};\quad 因此\quad \begin{bmatrix}u_{i1}\\ \vdots\\ u_{ik}\\ \vdots\\ u_{in}\end{bmatrix}\begin{matrix}\rightarrow\\ \\ \rightarrow\\ \\ \rightarrow\end{matrix}\begin{bmatrix}w_{1i}\\ \vdots\\ w_{ki}\\ \vdots\\ w_{ni}\end{bmatrix}\begin{matrix}\Rightarrow\\ \\ \Rightarrow\\ \\ \Rightarrow\end{matrix}\begin{bmatrix}u_{i1}w_{1i}\\ \vdots\\ u_{ik}w_{ki}\\ \vdots\\ u_{in}w_{ni}\end{bmatrix}=\begin{bmatrix}p_{1i}\\ \vdots\\ p_{ki}\\ \vdots\\ p_{ni}\end{bmatrix}=\boldsymbol{p}_i \tag{12.90}$$

列向量 $\boldsymbol{p}_i$ 的元素包含参与因子，可用来量化状态矩阵的单个对角线元素 $A_{11},\cdots,A_{kk},\cdots,A_{nn}$对特征值 λ_i 的影响程度。例如，如果 p_{ki}很大，则意味着状态矩阵的对角元素 A_{kk}对 λ_i 有很大影响。

例 12.7　再次考察之前在例 12.2、例 12.4 和例 12.5 中使用的系统，其特征是

$$\boldsymbol{A}=\left[\begin{array}{c:c:c}-6&0&0\\ \hdashline 0&-1&5\\ \hdashline 0&-5&-1\end{array}\right];\quad \lambda_1=-6,\quad \lambda_2=(-1-\mathrm{j}5),\quad \lambda_3=(-1+\mathrm{j}5)=\lambda_2^* \tag{12.91}$$

例 12.5 中的结语指出，由于矩阵 $\boldsymbol{A}$ 的块对角结构，对应于 λ_1 的非周期模式只与 $\boldsymbol{A}$ 的第 1 行相关，而对应于 $\lambda_2=\lambda_3^*$ 的振荡模式只与 $\boldsymbol{A}$ 的第 2 行和第 3 行相关。这个结论现在将通过计算参与因子进行正式的证实。

例 12.2 计算出了右特向量 $\boldsymbol{w}_1$、$\boldsymbol{w}_2$、$\boldsymbol{w}_3$。例 12.4 计算出了左特征向量 $\boldsymbol{u}_1$、$\boldsymbol{u}_2$、$\boldsymbol{u}_3$。为方便起见，左特征向量的转置用 $\boldsymbol{u}_1^{\mathrm{T}}$、$\boldsymbol{u}_2^{\mathrm{T}}$、$\boldsymbol{u}_3^{\mathrm{T}}$ 表示。对于第 1 对左右特征向量，即对应于 λ_1 的左右特征向量可以得到

$$\boldsymbol{u}_1^{\mathrm{T}}=\frac{1}{4}\begin{bmatrix}4\\ 0\\ 0\end{bmatrix},\quad \boldsymbol{w}_1=\left[\begin{array}{c}1\\ \hdashline 0\\ \hdashline 0\end{array}\right]\quad 即\quad \frac{1}{4}\begin{bmatrix}4\\ 0\\ 0\end{bmatrix}\begin{matrix}\rightarrow\\ \rightarrow\\ \rightarrow\end{matrix}\left[\begin{array}{c}1\\ \hdashline 0\\ \hdashline 0\end{array}\right]\begin{matrix}\Rightarrow\\ \Rightarrow\\ \Rightarrow\end{matrix}\left[\begin{array}{c}1\\ \hdashline 0\\ \hdashline 0\end{array}\right]=\boldsymbol{p}_1 \tag{12.92}$$

这证实了第 1 个特征值只可能通过改变矩阵 $\boldsymbol{A}$ 的元素 A_{11}来对其施加影响。元素 A_{22}和 A_{33}对 λ_1 及其对应的非周期模式没有影响。

对于第 2 对左右特征向量，即对应于 λ_2 的左右特征向量可以得到

$$\boldsymbol{u}_2^{\mathrm{T}}=\frac{1}{4}\begin{bmatrix}0\\ -1+\mathrm{j}\\ -1-\mathrm{j}\end{bmatrix},\quad \boldsymbol{w}_2=\left[\begin{array}{c}0\\ \hdashline -1-\mathrm{j}\\ \hdashline -1+\mathrm{j}\end{array}\right]\quad 即\quad \frac{1}{4}\begin{bmatrix}0\\ -1+\mathrm{j}\\ -1-\mathrm{j}\end{bmatrix}\begin{matrix}\rightarrow\\ \rightarrow\\ \rightarrow\end{matrix}\left[\begin{array}{c}0\\ \hdashline -1-\mathrm{j}\\ \hdashline -1+\mathrm{j}\end{array}\right]\begin{matrix}\Rightarrow\\ \Rightarrow\\ \Rightarrow\end{matrix}\left[\begin{array}{c}0\\ \hdashline 2\\ \hdashline 2\end{array}\right]\frac{1}{4}=\boldsymbol{p}_2 \tag{12.93}$$

对于第 3 对左右特征向量，即对应于 $\lambda_3=\lambda_2^*$ 的左右特征向量可以得到

$$\boldsymbol{u}_3^{\mathrm{T}}=\frac{1}{4}\begin{bmatrix}0\\-1-\mathrm{j}\\-1+\mathrm{j}\end{bmatrix},\quad \boldsymbol{w}_3=\begin{bmatrix}0\\-1+\mathrm{j}\\-1-\mathrm{j}\end{bmatrix}\quad 即\quad \frac{1}{4}\begin{bmatrix}0\\-1-\mathrm{j}\\-1+\mathrm{j}\end{bmatrix}\begin{matrix}\to\\\to\\\to\end{matrix}\begin{bmatrix}0\\-1+\mathrm{j}\\-1-\mathrm{j}\end{bmatrix}\begin{matrix}\Rightarrow\\\Rightarrow\\\Rightarrow\end{matrix}\begin{bmatrix}0\\2\\2\end{bmatrix}\frac{1}{4}=\boldsymbol{p}_3 \tag{12.94}$$

这就证实了特征值 λ_2 和 $\lambda_3=\lambda_2^*$ 可以通过改变矩阵 $\boldsymbol{A}$ 的元素 A_{22} 和 A_{33} 来对其施加影响，且对2个特征值的影响程度是一样的。元素 A_{11} 对值 λ_2 和 $\lambda_3=\lambda_2^*$ 没有影响。

12.1.5 具有输入的状态方程的模态形式

状态方程式（12.38）是齐次的，即其形式为 $\dot{\boldsymbol{x}}-\boldsymbol{A}\boldsymbol{x}=0$。有时需要考虑形式为 $\dot{\boldsymbol{x}}-\boldsymbol{A}\boldsymbol{x}=\boldsymbol{B}\boldsymbol{u}$ 的非齐次方程。这种方程通常写为

$$\dot{\boldsymbol{x}}=\boldsymbol{A}\boldsymbol{x}+\boldsymbol{B}\boldsymbol{u} \tag{12.95}$$

式中，$\boldsymbol{B}$ 是长方形矩阵，$\boldsymbol{u}$ 是包含系统输入的列向量。

式（12.95）也可以使用模态分析法进行分析。将式（12.41）代入式（12.95）可得 $\boldsymbol{W}\dot{\boldsymbol{z}}=\boldsymbol{A}\boldsymbol{W}\boldsymbol{z}+\boldsymbol{B}\boldsymbol{u}$，即 $\dot{\boldsymbol{z}}=\boldsymbol{W}^{-1}\boldsymbol{A}\boldsymbol{W}\boldsymbol{z}+\boldsymbol{W}^{-1}\boldsymbol{B}\boldsymbol{u}$。在考虑式（12.20）和式（12.21）后可得

$$\dot{\boldsymbol{z}}=\boldsymbol{\Lambda}\boldsymbol{z}+\boldsymbol{b}\boldsymbol{u} \tag{12.96}$$

式中，$\boldsymbol{b}=\boldsymbol{W}^{-1}\boldsymbol{B}=\boldsymbol{U}\boldsymbol{B}$。式（12.96）是状态方程式（12.95）的模态形式。这个方程可用于研究输入 $\boldsymbol{u}$ 对模态变量 $\boldsymbol{z}(t)$ 激发的影响。式（12.96）可写为

$$\begin{bmatrix}\dot{z}_1\\\vdots\\\dot{z}_i\\\vdots\\\dot{z}_n\end{bmatrix}=\begin{bmatrix}\lambda_1&&&&\\&\ddots&&&\\&&\lambda_i&&\\&&&\ddots&\\&&&&\lambda_n\end{bmatrix}\begin{bmatrix}z_1\\\vdots\\z_i\\\vdots\\z_n\end{bmatrix}+\begin{bmatrix}\boldsymbol{b}_1\\\vdots\\\boldsymbol{b}_i\\\vdots\\\boldsymbol{b}_n\end{bmatrix}\boldsymbol{u} \tag{12.97}$$

或 $\dot{z}_i=\lambda_i z_i+\boldsymbol{b}_i\boldsymbol{u}$。结果表明，输入 $\boldsymbol{u}$ 对给定模态变量的激发由行向量 $\boldsymbol{b}_i$ 决定。存在矩阵 $\boldsymbol{B}$ 的某些结构会导致某些模态变量不被激发的可能，这种情况将在14.6.3节将给出一个例子。

12.1.6 非线性系统

一般来说，非线性动力系统可以用如下微分矩阵方程来描述：

$$\dot{\boldsymbol{x}}=\boldsymbol{F}(\boldsymbol{x}) \tag{12.98}$$

式中，$\boldsymbol{x}$ 是 n 个状态变量的向量。平衡点 $\hat{x}$ 是系统处于静止状态的点，即所有状态变量都是常数，且其值不会随时间变化，因此 $\boldsymbol{F}(\hat{x})=\boldsymbol{0}$。将 $\boldsymbol{F}(\boldsymbol{x})$ 在 $\hat{\boldsymbol{x}}$ 附近展开成泰勒级数，忽略展开式中的非线性部分，可以得到非线性方程式（12.98）的线性近似为

$$\Delta\dot{\boldsymbol{x}}=\boldsymbol{A}\Delta\boldsymbol{x} \tag{12.99}$$

式中，$\Delta\boldsymbol{x}=\boldsymbol{x}-\hat{\boldsymbol{x}}$ 和 $\boldsymbol{A}=\partial\boldsymbol{F}/\partial\boldsymbol{x}$ 是在点 $\hat{\boldsymbol{x}}$ 处计算的雅可比矩阵。式（12.99）被称为状态方程。

Lyapunov 第一方法基于非线性系统的线性近似来确定非线性系统的稳定性，表述如下：

如果非线性系统的线性近似是渐近稳定的，那么该非线性系统在平衡点 $\hat{\boldsymbol{x}}$ 附近就是稳定

的。如果其线性近似是不稳定的，那么该非线性系统也是不稳定的。如果其线性近似是稳定的，但不是渐近稳定的，那么就不可能基于其线性近似来评估该非线性系统的稳定性。

上述定理结合 Lyapunov 第一方法得出的结论是，如果非线性方程 $\dot{\boldsymbol{x}}=\boldsymbol{F}(\boldsymbol{x})$ 可以由线性方程 $\Delta\dot{\boldsymbol{x}}=\boldsymbol{A}\Delta\boldsymbol{x}$ 来近似，那么如果状态矩阵 $\boldsymbol{A}$ 的所有特征值是负的（$\mathrm{Re}(\lambda_i)<0$），则该非线性系统是渐近稳定的。如果任一特征值具有正实部，则该非线性系统是不稳定的。如果任一特征值为零，就不能得出系统是否稳定的结论，此时必须使用其他方法，例如 Lyapunov 第二方法。

12.2　不控系统的静态稳定性

电力系统的“固有静态稳定性”关注的是当系统受到小扰动时，发电机在不考虑其自动电压调节器的作用时的响应特性。此种类型的稳定性首先在 5.4 节中针对单机-无穷大母线系统进行过讨论，其中的静态稳定性极限（临界功率）是由发电机的稳态模型确定的，即采用了同步电抗 X_{d} 和 X_{q} 后的恒定电动势 $E_{\mathrm{f}}=E_{\mathrm{q}}$ 且 $E_{\mathrm{d}}=0$ 模型再结合摇摆方程式（5.15）得到的。本章仍然采用相同的假设条件，第 i 台发电机用电抗 X_i 后的电动势 E_i 来表示。针对所考察的不控系统情形，进一步假设：

$$\underline{E}_i=\underline{E}_{\mathrm{q}i}\quad 和\quad X_i=X_{\mathrm{d}i}=X_{\mathrm{q}i}\tag{12.100}$$

发电机电抗后的节点构成发电机节点集｛G｝。系统模型的示意图如图 12-3a 所示。｛L｝是需要消去的负荷节点的集合，消去负荷节点后的等效转移网络如图 12-3b 所示。在该等效网络中，发电机节点集｛G｝是彼此直接相连的。

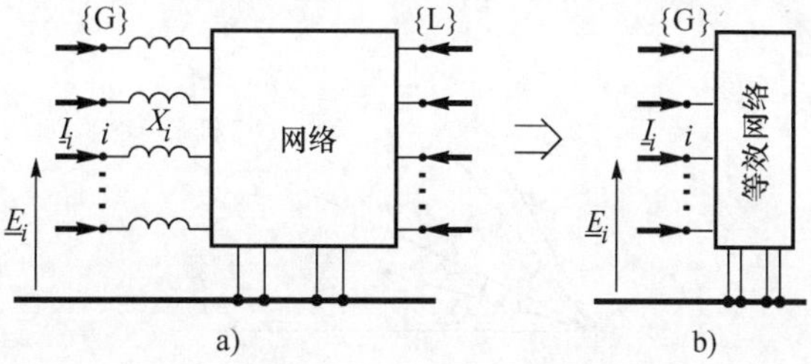

图 12-3　用于静态稳定性分析的网络模型（｛G｝是同步电抗后的发电机节点集合，｛L｝是包括发电机机端在内的负荷节点集合）：a）消去负荷节点之前；b）消去负荷节点之后

假设功角做小值的变化，对于第 i 台任意的发电机，摇摆方程式（5.15）可以写成如下的形式：

$$\left.\begin{aligned}\frac{\mathrm{d}\Delta\delta_i}{\mathrm{d}t}&=\Delta\omega_i\\\frac{\mathrm{d}\Delta\omega_i}{\mathrm{d}t}&=-\frac{\Delta P_i}{M_i}-\frac{D_i}{M_i}\Delta\omega_i\end{aligned}\right\}\quad 对于\quad i=1,2,\cdots,n\tag{12.101}$$

式中，ΔP_i 是发电机有功功率的变化量，由增量网络方程式（3.157）确定。式（3.157）和式（12.101）构成了适用于评估小信号稳定性的基本线性化系统模型。然而，状态方程的最终形式依赖于对阻尼系数值的假设和所采用的负荷模型。

12.2.1 状态空间方程

如果将所有系统负荷用恒定阻抗负荷来模拟，计算可以得到大大简化。通过忽略稳态凸极效应，使所有发电机的 $X_d = X_q$，计算还可以得到进一步的简化。下一步是使用12.2节描述的方法，消去图12-3网络模型中的所有负荷节点，包括发电机机端节点。唯一保留的节点是同步电抗后的虚拟发电机节点。等效转移网络直接连接所有发电机节点。对于该网络，式（3.154）和式（3.157）仍然可用，只要将电压 V_i 用同步电动势 E_i 替换。由于 $\Delta E_i = 0$，式（3.157）可简化为

$$\Delta \boldsymbol{P} = \boldsymbol{H} \Delta \boldsymbol{\delta} \tag{12.102}$$

式中，根据式（3.160），雅可比矩阵的元素为

$$\begin{aligned} H_{ij} &= \frac{\partial P_i}{\partial \delta_j} = E_i E_j(-B_{ij}\cos\delta_{ij} + G_{ij}\sin\delta_{ij}) \\ H_{ii} &= \frac{\partial P_i}{\partial \delta_i} = \sum_{j=1}^{n} E_i E_j(B_{ij}\cos\delta_{ij} - G_{ij}\sin\delta_{ij}) \end{aligned} \tag{12.103}$$

矩阵 $\boldsymbol{H}$ 是奇异的，因为其每一行中的元素之和为零：

$$\sum_{j=1}^{n} H_{ij} = H_{ii} + \sum_{j \neq i}^{n} H_{ij} = 0 \tag{12.104}$$

在此阶段，很诱人的做法是将功角的增量定义为状态变量，但是，由于失去同步性并不对应于所有功角的同时增加，因此这不是一个有效的选择。相反，由于失去同步性是由相对功角决定的，因此必须将那些相对功角的增量作为状态变量，相对功角通常以参考发电机作为基准进行计算，如图12-4所示的 $\Delta\delta_{in}$。

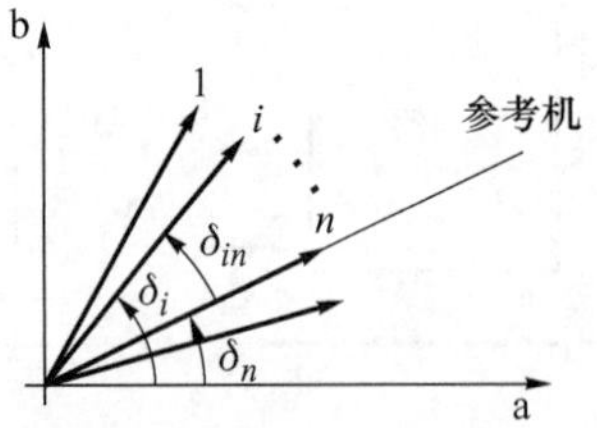

图12-4 复平面中的电动势：计算相对功角 $\delta_{in} = \delta_i - \delta_n$，其中 n 是参考发电机，并且（a，b）是网络方程的直角坐标

现在所有发电机的功率变化必须与相对功角 $\Delta\delta_{in}$ 联系起来。假设最后一台编号为 n 的发电机作为参考机，则由式（12.104）可得

$$H_{in} = -\sum_{j \neq n}^{n} H_{ij} \tag{12.105}$$

式（12.102）描述的任何发电机上的功率变化可以表示为

$$\begin{aligned} \Delta P_i &= \sum_{j=1}^{n} H_{ij}\Delta\delta_i = \sum_{j \neq n} H_{ij}\Delta\delta_j + H_{in}\Delta\delta_n = \sum_{j \neq n} H_{ij}\Delta\delta_j - \sum_{j \neq n} H_{ij}\Delta\delta_n \\ &= \sum_{j \neq n} H_{ij}(\Delta\delta_j - \Delta\delta_n) = \sum_{j \neq n} H_{ij}\Delta\delta_{jn} \end{aligned} \tag{12.106}$$

这样，通过去掉 $\boldsymbol{H}$ 的最后一列，式（12.102）现在可以表示为相对功角的函数，即

$$\begin{bmatrix}\Delta P_1\\ \Delta P_2\\ \vdots\\ \Delta P_n\end{bmatrix}=\begin{bmatrix}H_{11} & H_{12} & \cdots & H_{1,n-1}\\ H_{21} & H_{22} & \cdots & H_{2,n-1}\\ \vdots & \vdots & \ddots & \vdots\\ H_{21} & H_{n2} & \cdots & H_{n,n-1}\end{bmatrix}\begin{bmatrix}\Delta\delta_{1n}\\ \Delta\delta_{2n}\\ \vdots\\ \Delta\delta_{n-1,n}\end{bmatrix}\quad 即\quad \Delta\boldsymbol{P}=\boldsymbol{H}_n\Delta\boldsymbol{\delta}_n \tag{12.107}$$

式中，矩阵 $\boldsymbol{H}_n$ 是维数为 $n\times(n-1)$ 的长方形矩形，而向量 $\Delta\boldsymbol{\delta}_n$ 包含（$n-1$）个以第 n 台发电机为参考机进行计算的相对转子角。

将式（12.107）代入微分方程式（12.101）得到

$$\begin{bmatrix}\Delta\dot{\delta}_{1n}\\ \Delta\dot{\delta}_{2n}\\ \vdots\\ \Delta\dot{\delta}_{n-1,n}\\ \hdashline \Delta\dot{\omega}_1\\ \Delta\dot{\omega}_2\\ \vdots\\ \Delta\dot{\omega}_{n-1}\\ \hdashline \Delta\dot{\omega}_n\end{bmatrix}=\left[\begin{array}{cccc:cccc:c}0 & 0 & \cdots & 0 & 1 & 0 & \cdots & 0 & -1\\ 0 & 0 & \cdots & 0 & 0 & 1 & \cdots & 0 & -1\\ \vdots & \vdots & \ddots & \vdots & \vdots & \vdots & \ddots & \vdots & \vdots\\ 0 & 0 & \cdots & 0 & 0 & 0 & \cdots & 1 & -1\\ \hdashline -\frac{H_{11}}{M_1} & -\frac{H_{12}}{M_1} & \cdots & -\frac{H_{1,n-1}}{M_1} & -\frac{D_1}{M_1} & 0 & \cdots & 0 & 0\\ -\frac{H_{21}}{M_2} & -\frac{H_{22}}{M_2} & \cdots & -\frac{H_{2,n-1}}{M_2} & 0 & -\frac{D_2}{M_2} & \cdots & 0 & 0\\ \vdots & \vdots & \ddots & \vdots & \vdots & \vdots & \ddots & \vdots & \vdots\\ -\frac{H_{n-1,1}}{M_{n-1}} & -\frac{H_{n-1,n-1}}{M_{n-1}} & \cdots & -\frac{H_{n-1,n-1}}{M_{n-1}} & 0 & 0 & \cdots & -\frac{D_{n-1}}{M_{n-1}} & 0\\ \hdashline -\frac{H_{n1}}{M_n} & -\frac{H_{n2}}{M_n} & \cdots & -\frac{H_{n,n-1}}{M_n} & 0 & 0 & \cdots & 0 & -\frac{D_n}{M_n}\end{array}\right]\begin{bmatrix}\Delta\delta_{1n}\\ \Delta\delta_{2n}\\ \vdots\\ \Delta\delta_{n-1,n}\\ \hdashline \Delta\omega_1\\ \Delta\omega_2\\ \vdots\\ \Delta\omega_{n-1}\\ \hdashline \Delta\omega_n\end{bmatrix} \tag{12.108}$$

式（12.108）可以更紧凑地表示为

$$\begin{bmatrix}\Delta\dot{\boldsymbol{\delta}}_n\\ \hdashline \Delta\dot{\boldsymbol{\omega}}\end{bmatrix}=\left[\begin{array}{c:c}\boldsymbol{0} & \boldsymbol{1}_{-1}\\ \hdashline -\boldsymbol{M}^{-1}\boldsymbol{H}_n & -\boldsymbol{M}^{-1}\boldsymbol{D}\end{array}\right]\begin{bmatrix}\Delta\boldsymbol{\delta}_n\\ \hdashline \Delta\boldsymbol{\omega}\end{bmatrix}\quad 即\quad \Delta\dot{\boldsymbol{x}}=\boldsymbol{A}\Delta\boldsymbol{x} \tag{12.109}$$

式中，$\boldsymbol{1}_{-1}$ 表示对角线单位矩阵再增广一列，增广的一列的所有元素都等于（-1）。在此方程中，状态向量有（$2n-1$）个元素，由（$n-1$）功率角增量和 n 个转速增量构成。矩阵 $\boldsymbol{A}$ 的秩等于（$2n-1$）。

对于单机-无穷大母线系统，式（12.108）具有如下形式：

$$\begin{bmatrix}\Delta\dot{\delta}\\ \hdashline \Delta\dot{\omega}\end{bmatrix}=\left[\begin{array}{c:c}0 & 1\\ \hdashline -\frac{H}{M} & -\frac{D}{M}\end{array}\right]\begin{bmatrix}\Delta\delta\\ \hdashline \Delta\omega\end{bmatrix} \tag{12.110}$$

这个矩阵的特征方程是

$$\lambda^2 + \frac{D}{M}\lambda + \frac{H}{M} = 0 \tag{12.111}$$

并得到两个特征值。此方程与特征方程式（5.59）相同，但使用了 $H = K_{Eq}$ 而不是暂态同步功率系数 $K_{E'}$。这是因为使用式（12.108）或式（12.110）是用来评估静态稳定性，而不是用来计算转子的振荡频率。如果采用发电机的经典暂态模型（用暂态电抗 X'_d 表示），则式（12.108）或式（12.110）可用于确定振荡频率，而不是用于评估静态稳定性。如5.4节的图5-16所示，静态稳定极限是由稳态特性确定的，而稳态特性是采用“同步电抗 X_d 后的定 E_q”发电机模型获得的。

12.2.2 简化的静态稳定条件

式（12.108）在包含网络电导以及阻尼系数取任何值时都是成立的。对静态稳定条件进行检查时需要计算矩阵 $\boldsymbol{A}$ 的特征值，这是非常耗时的。如果忽略网络电导并假设所有发电机的摇摆为均匀弱阻尼，则上述问题可以得到大大简化。

发电机转子摇摆为均匀弱阻尼的条件是

$$\frac{D_1}{M_1} = \frac{D_2}{M_2} = \cdots = \frac{D_n}{M_n} = d \tag{12.112}$$

对于均匀阻尼，任何发电机包括参考机的摇摆方程可写为

$$\frac{\mathrm{d}\Delta\omega_i}{\mathrm{d}t} = -\frac{\Delta P_i}{M_i} - d\Delta\omega_i, \quad \frac{\mathrm{d}\Delta\omega_n}{\mathrm{d}t} = -\frac{\Delta P_n}{M_n} - d\Delta\omega_n \tag{12.113}$$

将上面的2个方程相减得

$$\frac{\mathrm{d}\Delta\omega_{in}}{\mathrm{d}t} = -\left(\frac{\Delta P_i}{M_i} - \frac{\Delta P_n}{M_n}\right) - d\Delta\omega_{in} \qquad i = 1, 2, \cdots, (n-1) \tag{12.114}$$

式中，$\Delta\omega_{in} = \Delta\omega_i - \Delta\omega_n = \mathrm{d}\delta_{in}/\mathrm{d}t$ 是第 i 台发电机相对于参考机的转子转速偏差。将由式（12.107）计算的功率变化代入式（12.114）得到

$$\begin{bmatrix} \Delta\dot{\boldsymbol{\delta}}_{n-1} \\ \Delta\dot{\boldsymbol{\omega}}_{n-1} \end{bmatrix} = \begin{bmatrix} \boldsymbol{0} & \boldsymbol{1} \\ \boldsymbol{a} & -\boldsymbol{d} \end{bmatrix} \begin{bmatrix} \Delta\boldsymbol{\delta}_{n-1} \\ \Delta\boldsymbol{\omega}_{n-1} \end{bmatrix} \quad 即 \quad \Delta\dot{\boldsymbol{x}} = \boldsymbol{A}\Delta\boldsymbol{x} \tag{12.115}$$

式中，$\boldsymbol{1}$ 是单位矩阵，$\Delta\boldsymbol{\delta}_{n-1}$ 和 $\Delta\boldsymbol{\omega}_{n-1}$ 是（$n-1$）功角和转速偏差的相对变化向量，$\boldsymbol{d}$ 是对角矩阵，其所有对角元素都相同，且等于式（12.112）给出的 d。矩阵 $\boldsymbol{a}$ 等于

$$\boldsymbol{a} = -\begin{bmatrix} \frac{H_{11}}{M_1} - \frac{H_{n1}}{M_n} & \frac{H_{12}}{M_1} - \frac{H_{n2}}{M_n} & \cdots & \frac{H_{1,n-1}}{M_1} - \frac{H_{n,n-1}}{M_n} \\ \frac{H_{21}}{M_2} - \frac{H_{n1}}{M_n} & \frac{H_{22}}{M_2} - \frac{H_{n2}}{M_n} & \cdots & \frac{H_{2,n-1}}{M_2} - \frac{H_{n,n-1}}{M_n} \\ \vdots & \vdots & \ddots & \vdots \\ \frac{H_{n-1,1}}{M_{n-1}} - \frac{H_{n1}}{M_n} & \frac{H_{n-1,2}}{M_{n-1}} - \frac{H_{n2}}{M_n} & \cdots & \frac{H_{n-1,n-1}}{M_{n-1}} - \frac{H_{n,n-1}}{M_n} \end{bmatrix} \tag{12.116}$$

将矩阵 $\boldsymbol{a}$ 与式（12.108）中的方形状态矩阵进行比较，表明矩阵 $\boldsymbol{a}$ 是通过将式（12.108）中与元素 H_{ij} 对应的各行减去其最底下的一行而建立的。式（12.115）中的状态向量具有

(2n - 2) 个元素，包括 (n - 1) 个相对功角 $\Delta\delta_{in}$ 和 (n - 1) 个相对转速偏差 $\Delta\omega_{in}$。现在计算式 (12.115) 中状态矩阵特征值的问题可以简化为确定矩阵 $\boldsymbol{a}$ 的特征值的问题，矩阵 $\boldsymbol{a}$ 的秩为 (n - 1)，是式 (12.115) 状态矩阵阶数的一半。这种简化可以解释如下。

设 λ_i 和 w_i 为式 (12.115) 中矩阵 $\boldsymbol{A}$ 的特征值和特征向量。由特征值和特征向量的定义可得

$$\left[\begin{array}{c:c} \boldsymbol{0} & \boldsymbol{1} \\ \hdashline \boldsymbol{a} & -\boldsymbol{d} \end{array}\right]\left[\begin{array}{c} \boldsymbol{w}_i' \\ \hdashline \boldsymbol{w}_i'' \end{array}\right] = \lambda_i \left[\begin{array}{c} \boldsymbol{w}_i' \\ \hdashline \boldsymbol{w}_i'' \end{array}\right] \tag{12.117}$$

将式 (12.117) 展开得 $\boldsymbol{w}_i'' = \lambda_i \boldsymbol{w}_i'$ 和 $(\boldsymbol{a}\boldsymbol{w}_i' - \boldsymbol{d}\boldsymbol{w}_i'') = \lambda_i \boldsymbol{w}_i''$。将前面一个方程的 $\boldsymbol{w}_i''$ 代入后一个方程有 $\boldsymbol{a}\boldsymbol{w}_i' = (\lambda_i^2 + d\lambda_i)\boldsymbol{w}_i'$，即 $\boldsymbol{a}\boldsymbol{w}_i' = \mu_i \boldsymbol{w}_i'$，其中 $\mu_i = \lambda_i^2 + d\lambda_i$。因此有

$$\lambda_i^2 + d\lambda_i - \mu_i = 0 \tag{12.118}$$

显然，μ_i 和 $\boldsymbol{w}_i'$ 也满足矩阵 $\boldsymbol{a}$ 的特征值和特征向量的定义，特征值 λ_i 可以通过求解式 (12.118) 得到

$$\lambda_i = -\frac{d}{2} \pm \sqrt{\frac{d^2}{4} + \mu_i} \tag{12.119}$$

这样，已知矩阵 $\boldsymbol{a}$ 的特征值 μ_i 后，就可以确定特征值 λ_i。利用这些信息，可以在知道特征值 μ_i 和阻尼系数 d 的情况下评估系统的稳定性。显然，确定秩为 (n - 1) 的矩阵 $\boldsymbol{a}$ 的特征值 μ_i 的计算强度大大低于确定具有秩为 (2n - 2) 的矩阵 $\boldsymbol{A}$ 的特征值 λ_i 的计算强度。因此，均匀阻尼的假设如果成立，就会大大简化稳定性的计算。

式 (12.118) 表明，如果阻尼系数为 0，即 $d \cong 0$，则 $\lambda_i = \pm\sqrt{\mu_i}$，即状态矩阵 $\boldsymbol{A}$ 的特征值是矩阵 $\boldsymbol{a}$ 特征值的平方根值。因此，如果特征值 μ_i 是复数（见图 12-5a），则其中一个特征值 λ_i 必位于复平面的右侧，且系统是不稳定的。另一方面，如果特征值 μ_i 为实数且为负（见图 12-5b），则相应的特征值 λ_i 位于虚轴上。在这种情况下，任何较小的正阻尼都会将特征值移到左侧平面，系统将保持稳定（见图 12-5c）。

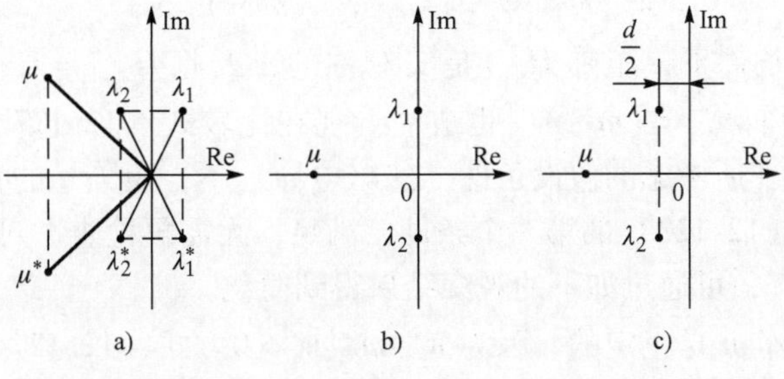

图 12-5 不同情况下的特征值 μ 和 λ：a) μ 是复数；b) μ 是实数且为负；c) μ 是实数且为负，且存在正阻尼

当阻尼较弱时，静态稳定条件是矩阵 $\boldsymbol{a}$ 的特征值 μ_i 应为实数且为负：

$$\mu_i \in \text{实数} \qquad \text{并且}\ \mu_i < 0 \quad \text{对于} \quad i = 1, 2, \cdots, n-1 \tag{12.120}$$

进一步的简化可通过忽略网络电导取得。式 (12.103) 表明，如果 $G_{ij} \cong 0$ 则 $H_{ij} \cong H_{ji}$，即同步功率矩阵是对称阵 $\boldsymbol{H}^{\mathrm{T}} = \boldsymbol{H}$。

当矩阵 $\boldsymbol{H}$ 对称时，式（12.104）不但对该矩阵的行成立，对该矩阵的列也成立。因此与式（12.105）相似有

$$H_{nj} = -\sum_{i\neq n}^{n} H_{ij} \tag{12.121}$$

在这个假设下，式（12.116）可以写成一个乘积的形式：

$$\boldsymbol{a} = -\boldsymbol{m}\boldsymbol{H}_{n-1} \tag{12.122}$$

式中，

$$\boldsymbol{m} = \begin{bmatrix} \frac{1}{M_1}+\frac{1}{M_n} & \frac{1}{M_n} & \cdots & \frac{1}{M_n} \\ \frac{1}{M_n} & \frac{1}{M_2}+\frac{1}{M_n} & \cdots & \frac{1}{M_n} \\ \vdots & \vdots & \ddots & \vdots \\ \frac{1}{M_n} & \frac{1}{M_n} & \cdots & \frac{1}{M_{n-1}}+\frac{1}{M_n} \end{bmatrix} \tag{12.123}$$

$$\boldsymbol{H}_{n-1} = \begin{bmatrix} H_{11} & H_{12} & \cdots & H_{1,n-1} \\ H_{21} & H_{22} & \cdots & H_{2,n-1} \\ \vdots & \vdots & \ddots & \vdots \\ H_{n-1,1} & H_{n-1,2} & \cdots & H_{n-1,n-1} \end{bmatrix} \tag{12.124}$$

根据特征值和右特征向量的定义，$\boldsymbol{a}\boldsymbol{w}_i = \mu_i\boldsymbol{w}_i$ 成立。将式（12.122）中的 $\boldsymbol{a}$ 替换掉得 $\boldsymbol{m}\boldsymbol{H}_{n-1}\boldsymbol{w}_i = -\mu_i\boldsymbol{w}_i$，即

$$\boldsymbol{H}_{n-1}\boldsymbol{w}_i = -\mu_i\boldsymbol{m}^{-1}\boldsymbol{w}_i \tag{12.125}$$

和

$$\boldsymbol{w}_i^{*\mathrm{T}}\boldsymbol{H}_{n-1}^{*\mathrm{T}} = -\mu_i^*\boldsymbol{w}_i^{*\mathrm{T}}(\boldsymbol{m}^{-1})^{*\mathrm{T}} \tag{12.126}$$

现在式（12.125）的左边乘以 $\boldsymbol{w}_i^{*\mathrm{T}}$，而式（12.126）的右边乘以 $\boldsymbol{w}_i$，可得

$$\boldsymbol{w}_i^{*\mathrm{T}}\boldsymbol{H}_{n-1}\boldsymbol{w}_i = -\mu_i\boldsymbol{w}_i^{*\mathrm{T}}\boldsymbol{m}^{-1}\boldsymbol{w}_i \tag{12.127}$$

$$\boldsymbol{w}_i^{*\mathrm{T}}\boldsymbol{H}_{n-1}^{*\mathrm{T}}\boldsymbol{w}_i = -\mu_i^*\boldsymbol{w}_i^{*\mathrm{T}}(\boldsymbol{m}^{-1})^{*\mathrm{T}}\boldsymbol{w}_i \tag{12.128}$$

在所讨论的假设条件下，矩阵 $\boldsymbol{H}_{n-1}$ 是实对称的，因此 $\boldsymbol{H}_{n-1} = \boldsymbol{H}_{n-1}^{*\mathrm{T}}$ 成立。同样，对于式（12.123）中的矩阵 $\boldsymbol{m}^{-1} = (\boldsymbol{m}^{-1})^{*\mathrm{T}}$ 也成立。现在比较式（12.127）和式（12.128）得到 $\mu_i^* = \mu_i$。这意味着在所考虑的假设条件（忽略电导）下，矩阵 $\boldsymbol{a}$ 的特征值 μ_i 是实的，即 $\mu_i \in$ 实数。因此，式（12.120）的第1个条件已满足，无需再检查。对式（12.120）的第2个条件即 $\mu_i < 0$ 的检查，可通过如下的观察结果得到简化。

很容易检查出矩阵 $\boldsymbol{m}$ 是正定的，因为 $\boldsymbol{w}_i^{*\mathrm{T}}\boldsymbol{m}^{-1}\boldsymbol{w}_i > 0$。式（12.127）表明，如果 $\mu_i < 0$，则 $\boldsymbol{w}_i^{*\mathrm{T}}\boldsymbol{H}_{n-1}\boldsymbol{w}_i > 0$。这意味着不用直接检查特征值 μ_i 是否为负，只要检查矩阵 $\boldsymbol{H}_{n-1}$ 是否为正定就足够了。因此如果忽略电导，静态稳定的条件变为同步功率矩阵 $\boldsymbol{H}_{n-1}$ 是正定的。根据 Sylvester 定理，如果主子式为正，就满足此条件了，即

$$H_{11} > 0, \quad \begin{vmatrix} H_{11} & H_{12} \\ H_{21} & H_{22} \end{vmatrix} > 0, \quad \begin{vmatrix} H_{11} & H_{12} & H_{13} \\ H_{21} & H_{22} & H_{23} \\ H_{31} & H_{32} & H_{33} \end{vmatrix} > 0, \quad \cdots \tag{12.129}$$

条件式（12.129）是 5.4.1 节中条件式（5.33）的一般化，条件式（5.33）是针对单机-无穷大母线系统得到的，对应于将条件式（12.129）简化为 $H_{11}>0$，即 $H=(\partial P/\partial\delta)>0$。

可以看出，当忽略电导时，矩阵 $\boldsymbol{H}_{n-1}$ 为正定的充分条件是

$$|\delta_i-\delta_j|<\frac{\pi}{2}\quad 对于\quad i,j=1,2,\cdots,n \tag{12.130}$$

这意味着任何一对发电机的电动势之间的相角差必须小于 π/2。此结论的证明可以按如下方式进行。矩阵 $\boldsymbol{H}_{n-1}$ 可以表示为

$$\boldsymbol{H}_{n-1}=\boldsymbol{C}^{\mathrm{T}}(\mathrm{diag}\boldsymbol{H}_{ij})\boldsymbol{C} \tag{12.131}$$

式中，$\boldsymbol{C}$ 是发电机节点及其连接支路的关联矩阵。每条此种连接支路对应一个参数

$$H_{ij}=\partial P_i/\partial\delta_j=-E_iE_jB_{ij}\cos\delta_{ij} \tag{12.132}$$

就是同步功率。根据 Cauchy-Binet 定理（Seshu and Reed，1961），矩阵式（12.131）的行列式可以表示为

$$\det\boldsymbol{H}_{n-1}=\sum_{树}\left(\prod_{支路}(-H_{ij})\right) \tag{12.133}$$

这是图中所有可能支路上同步功率的负值之和。此加和为正的充分条件是每个分量都是正的。而每个分量为正的充分条件是 $(-H_{ij})=E_iE_jB_{ij}\cos\delta_{ij}>0$，即 $\cos\delta_{ij}>0$，因为电感支路的 $B_{ij}>0$。如果条件式（12.130）满足，则条件 $\cos\delta_{ij}>0$ 满足。类似的考虑也可应用于矩阵 $\boldsymbol{H}_{n-2}$、$\boldsymbol{H}_{n-3}$ 等，这是矩阵 $\boldsymbol{H}_{n-1}$ 的主子式。

稳定性条件式（12.120）、式（12.129）和式（12.130）均基于各种假设条件。条件式（12.120）是最精确的，因为它包括了条件式（12.129）中被忽略的网络电导。当忽略网络电导时，条件式（12.130）成立。与条件式（12.120）相比，条件式（12.129）和式（12.130）给出了静态稳定性的近似评估。这将用一个例子来加以说明。

例 12.8　考察一个三机系统，其中消去负荷节点后得到的连接发电机节点的支路导纳（标幺制下）如下：$y_{12}=(0.3+\mathrm{j}1.0)$、$y_{13}=(2.5+\mathrm{j}7.0)$ 和 $y_{23}=(1.5+\mathrm{j}4.0)$。发电机的惯性系数为 $M_1=10$、$M_2=2$ 和 $M_3=1$。假设第 3 台发电机为参考机，因此功角 δ_{13} 和 δ_{23} 为状态变量。3 种稳定条件式（12.120）、式（12.129）和式（12.130）下（δ_{23}，δ_{13}）平面的静态稳定区域如图 12-6 所示。

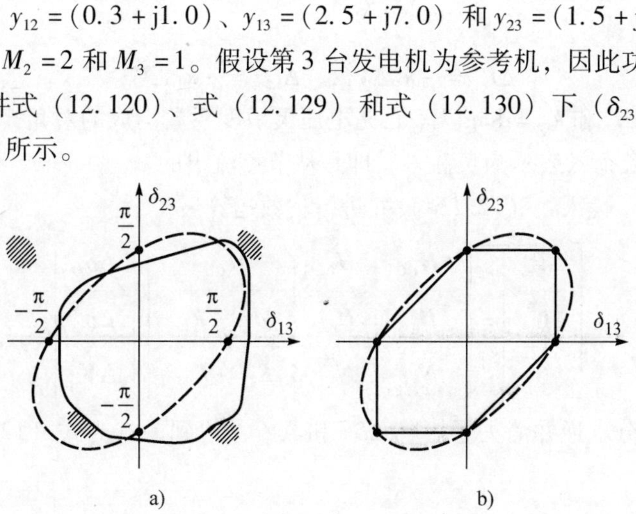

图 12-6　三机系统中静态稳定区域示例：a）包含电导的区域（实线）和忽略电导的区域（虚线）；b）忽略电导的区域（虚线）和在充分条件下的区域（实线）

图12-6a中的实线对应于包括网络电导和使用条件式（12.120）时的情况。当超出此线时，系统将以非周期的方式失去稳定性，即出现实的正特征值λ。振荡失稳对应于小的阴影区域，此时复特征值λ具有正实部。当忽略网络电导时，条件式（12.129）对应于图12-6a中虚线内的区域。图12-6b中重新画出了与条件式（12.129）对应的区域，并与充分条件式（12.130）对应的区域进行比较。显然，这两个区域彼此非常接近。

12.2.3 包括负荷的电压特性

式（12.108）中的线性方程是分两步导出的。首先将网络导纳模型中的负荷节点消去，如图12-3a所示；然后将基于等效传递矩阵的功率方程线性化。通过颠倒这些步骤的顺序，可以将负荷的电压特性包含在模型中。为了实现这一点，首先需对原始网络模型进行线性化，然后将负荷的功率增量替换为基于其电压特性曲线得到的增量，最后在线性化的网络方程中消去负荷节点。

由于所有发电机节点$\{G\}$上的电压模值为常数（稳态表示法），因此$i \in \{G\}$的所有增量$\Delta E_i = 0$。这种情况下，原始网络模型的增量网络方程式（3.157）具有以下形式（见图12-3a）：

$$\begin{bmatrix} \Delta \boldsymbol{P}_{\mathrm{G}} \\ \Delta \boldsymbol{P}_{\mathrm{L}} \\ \Delta \boldsymbol{Q}_{\mathrm{L}} \end{bmatrix} = \begin{bmatrix} \boldsymbol{H}_{\mathrm{GG}} & \boldsymbol{H}_{\mathrm{GL}} & \boldsymbol{M}_{\mathrm{GL}} \\ \boldsymbol{H}_{\mathrm{LG}} & \boldsymbol{H}_{\mathrm{LL}} & \boldsymbol{M}_{\mathrm{LL}} \\ \boldsymbol{N}_{\mathrm{LG}} & \boldsymbol{N}_{\mathrm{LL}} & \boldsymbol{K}_{\mathrm{LL}} \end{bmatrix} \begin{bmatrix} \Delta \boldsymbol{\delta}_{\mathrm{G}} \\ \Delta \boldsymbol{\delta}_{\mathrm{L}} \\ \Delta \boldsymbol{V}_{\mathrm{L}} \end{bmatrix} \tag{12.134}$$

式中，形成方阵的子矩阵是功率相对于节点电压相角和模值的偏导数。下标表示特定子矩阵所对应的节点集$\{G\}$或$\{L\}$。

在3.5节中，引入了负荷的电压灵敏度系数k_{PV}和k_{QV}，因此在每个负荷节点$j \in \{L\}$上，电压发生微小变化时有，$\Delta P_j = k_{\mathrm{PV}j}\Delta V_j$和$\Delta Q_j = k_{\mathrm{QV}j}\Delta V_j$。对整个集合$\{L\}$，这些关系可以为

$$\Delta \boldsymbol{P}_{\mathrm{L}} = -\boldsymbol{k}_{\mathrm{P}}\Delta \boldsymbol{V}_{\mathrm{L}}, \quad \Delta \boldsymbol{Q}_{\mathrm{L}} = -\boldsymbol{k}_{\mathrm{Q}}\Delta \boldsymbol{V}_{\mathrm{L}} \tag{12.135}$$

式中，$\boldsymbol{k}_{\mathrm{P}} = \mathrm{diag}(k_{\mathrm{PV}i})$和$\boldsymbol{k}_{\mathrm{Q}} = \mathrm{diag}(k_{\mathrm{QV}i})$是电压灵敏度系数构成的对角矩阵。而出现负号是因为网络方程中的负荷被表示为负注入，即是从节点流出的。

将式（12.135）代入式（12.134）并进行代数运算后得

$$\begin{bmatrix} \Delta \boldsymbol{P}_{\mathrm{G}} \\ \boldsymbol{0} \\ \boldsymbol{0} \end{bmatrix} = \begin{bmatrix} \boldsymbol{H}_{\mathrm{GG}} & \boldsymbol{H}_{\mathrm{GL}} & \boldsymbol{M}_{\mathrm{GL}} \\ \boldsymbol{H}_{\mathrm{LG}} & \boldsymbol{H}_{\mathrm{LL}} & \boldsymbol{M}_{\mathrm{LL}} + \boldsymbol{k}_{\mathrm{P}} \\ \boldsymbol{N}_{\mathrm{LG}} & \boldsymbol{N}_{\mathrm{LL}} & \boldsymbol{K}_{\mathrm{LL}} + \boldsymbol{k}_{\mathrm{Q}} \end{bmatrix} \begin{bmatrix} \Delta \boldsymbol{\delta}_{\mathrm{G}} \\ \Delta \boldsymbol{\delta}_{\mathrm{L}} \\ \Delta \boldsymbol{V}_{\mathrm{L}} \end{bmatrix} \tag{12.136}$$

对式（12.136）部分求逆并消去子矩阵$\Delta \boldsymbol{\delta}_{\mathrm{L}}$和$\Delta \boldsymbol{V}_{\mathrm{L}}$，得到一个与式（12.102）形式相同的方程，其中

$$\boldsymbol{H} = \boldsymbol{H}_{\mathrm{GG}} - [\boldsymbol{H}_{\mathrm{GL}} \ \vdots \ \boldsymbol{M}_{\mathrm{GL}}] \begin{bmatrix} \boldsymbol{H}_{\mathrm{LL}} & \boldsymbol{M}_{\mathrm{LL}} + \boldsymbol{k}_{\mathrm{P}} \\ \boldsymbol{N}_{\mathrm{LL}} & \boldsymbol{K}_{\mathrm{LL}} + \boldsymbol{k}_{\mathrm{Q}} \end{bmatrix}^{-1} \begin{bmatrix} \boldsymbol{H}_{\mathrm{LG}} \\ \boldsymbol{N}_{\mathrm{LG}} \end{bmatrix} \tag{12.137}$$

其余的计算遵循 12.2.2 节中描述的相同模式，式（12.108）和式（12.117）同样成立，但现在需根据式（12.137）中定义的矩阵计算元素 H_{ij}。

12.2.4 网络传输能力

系统运行人员经常想知道传输能力，即从一个给定发电厂传输到系统或从一个子系统传输到另一个子系统的最大功率。传输能力的计算可以使用改进的潮流计算程序来完成，该程序将发电机的阻抗也考虑在内，而将阻抗后面的虚拟节点当作发电机（PV）节点。计算是分步进行的。每一步中，增大给定节点集上的功率需求，并确定潮流分布和静态稳定条件。达到静态稳定条件的功率被认为是传输能力。

12.2.2 节证明，系统稳定性可以使用简单的充分条件式（12.130）或式（12.129）进行检查。当使用条件式（12.129）进行检查时，只需要计算雅可比矩阵的行列式。这是因为，当运行点移向稳定极限时，首先到达零的是主子式，即雅可比矩阵的行列式。一些基于牛顿法的专业潮流程序会计算雅可比矩阵行列式的值，因此可用于确定稳定极限。

12.3 受控系统的静态稳定性

在 5.5 节中，讨论了受控的单机-无穷大母线系统的静态稳定性。本节将此种分析推广到多机系统。

为了评估受控电力系统的静态稳定性，必须采用发电机、励磁机、涡轮机调速器以及电力系统稳定器的详细模型。这就导致需要大量状态变量来描述每台发电机组的行为。这样，完全线性化的系统模型是非常复杂的，对其进行完整描述需要占用大量空间，因此这里采用的方法是用相对简单的元件模型来构建系统的总体模型。而构建规模更大的系统模型将遵循类似的路线。

12.3.1 发电机和网络

为了简化考虑，将使用 11.1.6 节中描述的 5 阶发电机模型。对于该模型，将发电机的次暂态电抗归入网络模型对分析来说更方便。其过程与图 12-3 所示的类似，唯一的不同是，为了评估固有的静态稳定性，发电机是用同步电抗和同步电动势 E_q = 常数来表示的。由于现在必须考虑次暂态电动势的变化，因此归入网络的发电机电抗是次暂态（不是稳态）电抗，因此与式（12.100）对应的方程可写成

$$\underline{E}_i = \underline{E}'' \quad 和 \quad X_i = X''_{di} = X''_{qi} \tag{12.138}$$

在所有负荷节点，包括发电机机端节点都被消去后，发电机电流可以用次暂态电动势来表示。在直角坐标系下，可以用与式（3.153）相同的方式来表示电流：

$$I_{ai} = \sum_{j=1}^{n} (G_{ij}E''_{aj} - B_{ij}E''_{bj}), \quad I_{bi} = \sum_{j=1}^{n} (G_{ij}E''_{bj} + B_{ij}E''_{aj}) \tag{12.139}$$

利用式（3.166），可以将单个发电机（d，q）坐标系中的电动势 E''_{d} 和 E''_{q} 转换到系统坐标系（a，b）中，从而得到

$$E''_{\mathrm{a}j} = -E''_{\mathrm{d}j}\sin\delta_j + E''_{\mathrm{q}j}\cos\delta_j, \quad E''_{\mathrm{b}j} = E''_{\mathrm{d}j}\cos\delta_j + E''_{\mathrm{q}j}\sin\delta_j \tag{12.140}$$

而式（3.167）中的逆变换可用于发电机电流

$$I_{\mathrm{d}i} = -I_{\mathrm{a}i}\sin\delta_i + I_{\mathrm{b}i}\cos\delta_i, \quad I_{\mathrm{q}i} = I_{\mathrm{a}i}\cos\delta_i + I_{\mathrm{b}i}\sin\delta_i \tag{12.141}$$

应当注意，转子角 δ 是转子 q 轴相对于参考轴之间的角，而不是次暂态电动势 $\underline{E}''$ 的相角。

将式（12.139）和式（12.140）代入式（12.141）并进行一些单一但费力的代数运算后得到

$$\begin{aligned} I_{\mathrm{d}i} &= \sum_{j=1}^{n}\left[(B_{ij}\cos\delta_{ij} - G_{ij}\sin\delta_{ij})E''_{\mathrm{q}j} + (B_{ij}\sin\delta_{ij} - G_{ij}\cos\delta_{ij})E''_{\mathrm{d}j}\right] \\ I_{\mathrm{q}i} &= \sum_{j=1}^{n}\left[(B_{ij}\sin\delta_{ij} + G_{ij}\cos\delta_{ij})E''_{\mathrm{q}j} - (B_{ij}\cos\delta_{ij} - G_{ij}\sin\delta_{ij})E''_{\mathrm{d}j}\right] \end{aligned} \tag{12.142}$$

这些就是在单台发电机（d，q）坐标系下的传递网络方程。

与式（12.106）中的功率增量类似，式（12.142）允许将电流增量用相对角 $\Delta\delta_{jn}$ 的增量和电动势分量的增量来表示，有

$$\begin{bmatrix} \Delta \boldsymbol{I}_{\mathrm{q}} \\ \hdashline \Delta \boldsymbol{I}_{\mathrm{d}} \end{bmatrix} = \begin{bmatrix} \dfrac{\partial \boldsymbol{I}_{\mathrm{q}}}{\partial \boldsymbol{\delta}_{n-1}} & \dfrac{\partial \boldsymbol{I}_{\mathrm{q}}}{\partial \boldsymbol{E}''_{\mathrm{q}}} & \dfrac{\partial \boldsymbol{I}_{\mathrm{q}}}{\partial \boldsymbol{E}''_{\mathrm{d}}} \\ \hdashline \dfrac{\partial \boldsymbol{I}_{\mathrm{d}}}{\partial \boldsymbol{\delta}_{n-1}} & \dfrac{\partial \boldsymbol{I}_{\mathrm{d}}}{\partial \boldsymbol{E}''_{\mathrm{q}}} & \dfrac{\partial \boldsymbol{I}_{\mathrm{d}}}{\partial \boldsymbol{E}''_{\mathrm{d}}} \end{bmatrix} \begin{bmatrix} \Delta \boldsymbol{\delta}_{n-1} \\ \hdashline \Delta \boldsymbol{E}''_{\mathrm{q}} \\ \hdashline \Delta \boldsymbol{E}''_{\mathrm{d}} \end{bmatrix} \tag{12.143}$$

式中，$\Delta \boldsymbol{I}_{\mathrm{q}}$、$\Delta \boldsymbol{I}_{\mathrm{d}}$、$\Delta \boldsymbol{\delta}_{n-1}$、$\Delta \boldsymbol{E}''_{\mathrm{q}}$、和 $\Delta \boldsymbol{E}''_{\mathrm{d}}$ 是相应的发电机增量构成的向量。雅可比矩阵的元素可以通过对式（12.142）的右边求导得到，这里不再讨论。但是应该记住，向量 $\Delta \boldsymbol{\delta}_{n-1}$ 的维数为（$n-1$），因此子矩阵 $\partial \boldsymbol{I}_{\mathrm{q}}/\partial \boldsymbol{\delta}_{n-1}$ 和 $\partial \boldsymbol{I}_{\mathrm{d}}/\partial \boldsymbol{\delta}_{n-1}$ 是长方形矩阵，其维数为 $n \times (n-1)$。

如果忽略暂态凸极效应，则 $X''_{\mathrm{q}} \approx X''_{\mathrm{d}}$，式（11.102）可以简化为 $P_i = E''_{\mathrm{q}i}I_{\mathrm{q}i} + E''_{\mathrm{d}i}I_{\mathrm{d}i}$，将式（12.142）中的 $I_{\mathrm{d}i}$ 和 $I_{\mathrm{q}i}$ 代入后，得到

$$\begin{aligned} P_i = {} & E''_{\mathrm{d}i}\sum_{j=1}^{n}\left[(B_{ij}\cos\delta_{ij} - G_{ij}\sin\delta_{ij})E''_{\mathrm{q}j} + (B_{ij}\sin\delta_{ij} + G_{ij}\cos\delta_{ij})E''_{\mathrm{d}j}\right] + \\ & E''_{\mathrm{q}i}\sum_{j=1}^{n}\left[(B_{ij}\sin\delta_{ij} + G_{ij}\cos\delta_{ij})E''_{\mathrm{q}j} - (B_{ij}\cos\delta_{ij} - G_{ij}\sin\delta_{ij})E''_{\mathrm{d}i}\right] \end{aligned} \tag{12.144}$$

将式（12.144）线性化并用矩阵表示有

$$[\Delta \boldsymbol{P}] = \begin{bmatrix} \dfrac{\partial \boldsymbol{P}}{\partial \boldsymbol{\delta}_{n-1}} & \dfrac{\partial \boldsymbol{P}}{\partial \boldsymbol{E}''_{\mathrm{q}}} & \dfrac{\partial \boldsymbol{P}}{\partial \boldsymbol{E}''_{\mathrm{d}}} \end{bmatrix} \begin{bmatrix} \Delta \boldsymbol{\delta}_{n-1} \\ \hdashline \Delta \boldsymbol{E}''_{\mathrm{q}} \\ \hdashline \Delta \boldsymbol{E}''_{\mathrm{d}} \end{bmatrix} \tag{12.145}$$

式中，$\Delta \boldsymbol{P}$ 是所有发电机的功率增量向量，而 $\partial \boldsymbol{P}/\partial \boldsymbol{\delta}_{n-1}$ 是一个维数为 $n \times (n-1)$ 的长方形雅可比矩阵。式（12.145）中的雅可比子矩阵可通过对式（12.144）的右边求导得到。

机端电压方程式（11.100）可以用类似的方法处理。将式（12.142）代入式（11.100）得

$$
\begin{aligned}
V_{qi} &= E''_{qi} + X''_{di}\sum_{j=1}^{n}\left[(B_{ij}\cos\delta_{ij} - G_{ij}\sin\delta_{ij})E''_{qj} + (B_{ij}\sin\delta_{ij} + G_{ij}\cos\delta_{ij})E''_{dj}\right] \\
V_{di} &= E''_{di} - X''_{qi}\sum_{j=1}^{n}\left[(B_{ij}\sin\delta_{ij} + G_{ij}\cos\delta_{ij})E''_{qj} - (B_{ij}\cos\delta_{ij} - G_{ij}\sin\delta_{ij})E''_{dj}\right]
\end{aligned}
\tag{12.146}
$$

与电压调节器行为相关的感兴趣的量是电压模值 $V_i=\sqrt{V_{qi}^2+V_{di}^2}$，因此得到

$$
[\Delta \boldsymbol{V}] = \left[\begin{array}{c:c:c} \dfrac{\partial \boldsymbol{V}}{\partial \boldsymbol{\delta}_{n-1}} & \dfrac{\partial \boldsymbol{V}}{\partial \boldsymbol{E}''_{q}} & \dfrac{\partial \boldsymbol{V}}{\partial \boldsymbol{E}''_{d}} \end{array}\right]\left[\begin{array}{c} \Delta\boldsymbol{\delta}_{n-1} \\ \hdashline \Delta\boldsymbol{E}''_{q} \\ \hdashline \Delta\boldsymbol{E}''_{d} \end{array}\right] \tag{12.147}
$$

式中，$\Delta\boldsymbol{V}$ 是所有发电机机端电压增量构成的向量。雅可比子矩阵通过计算电压模值关于变量 α 的偏导数得到

$$
\frac{\partial V_i}{\partial \alpha} = \frac{1}{V_i}\left(V_{qi}\frac{\partial V_{qi}}{\partial \alpha} + V_{di}\frac{\partial V_{di}}{\partial \alpha}\right) \tag{12.148}
$$

式中，α 代表了 E''_{qi}、E''_{qj}、E''_{di}、E''_{dj}、δ_i 或 δ_j。偏导数 $\partial V_{qi}/\partial\alpha$ 和 $\partial V_{di}/\partial\alpha$ 通过对式（12.146）的右边求导得到。

现在线性化的发电机微分方程可以根据式（11.96）、式（11.97）、式（11.98）和式（11.89）得出，为

$$
\begin{aligned}
\Delta\dot{\delta}_{n-1} &= \mathbf{1}_{-1}\Delta\boldsymbol{\omega} \\
\boldsymbol{M}\Delta\dot{\omega} &= -\Delta\boldsymbol{P} - \boldsymbol{D}\Delta\boldsymbol{\omega} \\
\boldsymbol{T}'_{d0}\Delta\dot{\boldsymbol{E}}'_{q} &= -\Delta\boldsymbol{E}'_{q} + \Delta\boldsymbol{X}'_{d}\Delta\boldsymbol{I}_{d} + \Delta\boldsymbol{E}_{f} \\
\boldsymbol{T}''_{d0}\Delta\dot{\boldsymbol{E}}''_{q} &= -\Delta\boldsymbol{E}'_{q} - \Delta\boldsymbol{E}''_{q} + \Delta\boldsymbol{X}''_{d} + \Delta\boldsymbol{I}_{d} \\
\boldsymbol{T}''_{q0}\Delta\dot{\boldsymbol{E}}''_{d} &= -\Delta\boldsymbol{E}''_{d} - \Delta\boldsymbol{X}''_{q}\Delta\boldsymbol{I}_{q}
\end{aligned}
\tag{12.149}
$$

式中，$\Delta\boldsymbol{E}'_{q}$、$\Delta\boldsymbol{E}''_{q}$、$\Delta\boldsymbol{E}''_{d}$、$\Delta\boldsymbol{I}_{q}$、$\Delta\boldsymbol{T}_{d}$、$\Delta\boldsymbol{P}$ 和 $\Delta\omega$ 是维数为 n 的发电机增量向量，而 $\Delta\boldsymbol{\delta}_{n-1}$ 是维数为（$n-1$）的相对角增量向量。矩阵 $\boldsymbol{T}'_{q0}$、$\boldsymbol{T}'_{d0}$、$\boldsymbol{M}$ 和 $\boldsymbol{D}$ 分别是发电机时间常数、惯性系数和阻尼系数构成的对角矩阵。矩阵 $\Delta\boldsymbol{X}$ 是对角矩阵并包含如下元素：

$$
\begin{aligned}
\Delta\boldsymbol{X}'_{d} &= \mathrm{diag}(X_{di} - X'_{di}) \\
\Delta\boldsymbol{X}''_{d} &= \mathrm{diag}(X'_{di} - X''_{di}) \\
\Delta\boldsymbol{X}''_{q} &= \mathrm{diag}(X'_{qi} - X''_{qi})
\end{aligned}
\tag{12.150}
$$

将式（12.143）、式（12.145）和式（12.147）代入式（12.149）得到状态方程式（12.151）。此状态矩阵左上角的 4 个子矩阵与用于评估固有静态稳定性的式（12.109）中的状态矩阵具有相同的结构。出现在式（12.151）最后一个分量中的 E_f 的变化量是由发电机励磁机和 AVR 系统的作用引起的。

$$
\begin{bmatrix} \Delta\dot{\boldsymbol{\delta}}_{n-1} \\ \Delta\dot{\boldsymbol{\omega}} \\ \Delta\dot{\boldsymbol{E}}'_{\mathrm{q}} \\ \Delta\dot{\boldsymbol{E}}''_{\mathrm{q}} \\ \Delta\dot{\boldsymbol{E}}''_{\mathrm{d}} \end{bmatrix} = \begin{bmatrix} \boldsymbol{0} & \boldsymbol{1}_{-1} & \boldsymbol{0} & \boldsymbol{0} & \boldsymbol{0} \\ -\boldsymbol{M}^{-1}\dfrac{\partial \boldsymbol{P}}{\partial \boldsymbol{\delta}_{n-1}} & -\boldsymbol{M}^{-1}\boldsymbol{D} & \boldsymbol{0} & -\boldsymbol{M}^{-1}\dfrac{\partial \boldsymbol{P}}{\partial \boldsymbol{E}''_{\mathrm{q}}} & -\boldsymbol{M}^{-1}\dfrac{\partial \boldsymbol{P}}{\partial \boldsymbol{E}''_{\mathrm{d}}} \\ (\boldsymbol{T}'_{\mathrm{do}})^{-1}\Delta\boldsymbol{X}'_{\mathrm{d}}\dfrac{\partial \boldsymbol{I}_{\mathrm{d}}}{\partial \boldsymbol{\delta}_{n-1}} & \boldsymbol{0} & -(\boldsymbol{T}'_{\mathrm{do}})^{-1} & (\boldsymbol{T}'_{\mathrm{do}})^{-1}\Delta\boldsymbol{X}'_{\mathrm{d}}\dfrac{\partial \boldsymbol{I}_{\mathrm{d}}}{\partial \boldsymbol{E}''_{\mathrm{q}}} & (\boldsymbol{T}'_{\mathrm{do}})^{-1}\Delta\boldsymbol{X}'_{\mathrm{d}}\dfrac{\partial \boldsymbol{I}_{\mathrm{d}}}{\partial \boldsymbol{E}''_{\mathrm{d}}} \\ (\boldsymbol{T}''_{\mathrm{do}})^{-1}\Delta\boldsymbol{X}''_{\mathrm{d}}\dfrac{\partial \boldsymbol{I}_{\mathrm{d}}}{\partial \boldsymbol{\delta}_{n-1}} & \boldsymbol{0} & -(\boldsymbol{T}''_{\mathrm{do}})^{-1} & (\boldsymbol{T}''_{\mathrm{do}})^{-1}\left(\Delta\boldsymbol{X}''_{\mathrm{d}}\dfrac{\partial \boldsymbol{I}_{\mathrm{d}}}{\partial \boldsymbol{E}''_{\mathrm{q}}}-1\right) & (\boldsymbol{T}''_{\mathrm{do}})^{-1}\Delta\boldsymbol{X}''_{\mathrm{d}}\dfrac{\partial \boldsymbol{I}_{\mathrm{d}}}{\partial \boldsymbol{E}''_{\mathrm{d}}} \\ -(\boldsymbol{T}''_{\mathrm{qo}})^{-1}\Delta\boldsymbol{X}''_{\mathrm{q}}\dfrac{\partial \boldsymbol{I}_{\mathrm{q}}}{\partial \boldsymbol{\delta}_{n-1}} & \boldsymbol{0} & \boldsymbol{0} & -(\boldsymbol{T}''_{\mathrm{qo}})^{-1}\Delta\boldsymbol{X}''_{\mathrm{q}}\dfrac{\partial \boldsymbol{I}_{\mathrm{q}}}{\partial \boldsymbol{E}''_{\mathrm{q}}} & -(\boldsymbol{T}''_{\mathrm{qo}})^{-1}\left(\Delta\boldsymbol{X}''_{\mathrm{q}}\dfrac{\partial \boldsymbol{I}_{\mathrm{q}}}{\partial \boldsymbol{E}''_{\mathrm{d}}}+1\right) \end{bmatrix} \begin{bmatrix} \Delta\boldsymbol{\delta}_{n-1} \\ \Delta\boldsymbol{\omega} \\ \Delta\boldsymbol{E}'_{\mathrm{q}} \\ \Delta\boldsymbol{E}''_{\mathrm{q}} \\ \Delta\boldsymbol{E}''_{\mathrm{d}} \end{bmatrix} + \begin{bmatrix} \boldsymbol{0} \\ \boldsymbol{0} \\ (\boldsymbol{T}'_{\mathrm{do}})^{-1}\Delta\boldsymbol{E}_{\mathrm{f}} \\ \boldsymbol{0} \\ \boldsymbol{0} \end{bmatrix}
\tag{12.151}
$$

12.3.2　将励磁系统模型及电压控制列入方程

11.2 节导出了不同类型的励磁系统模型。对于静态稳定性而言，非线性效应不起主要作用，因而可以被忽略，这样励磁系统可以由一个高阶传递函数来表示。为了演示如何将励磁系统的线性化方程包括进完整的系统线性化模型中，将使用一个 2 阶的传递函数来表示励磁机和 AVR，而用一个 3 阶的传递函数来表示 PSS。与此种励磁系统对应的框图如图 12-7 所示。该系统中，当 $K_P=0$ 时，PSS 对与转子转速偏差成比例的信号做出反应；而当 $K_\omega=0$ 时，PSS 对与发电机有功功率成比例的信号做出反应。

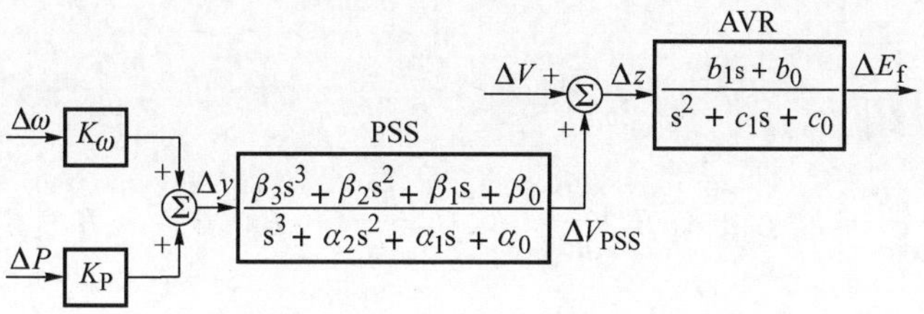

图 12-7　带 AVR 和 PSS 的励磁机简化框图

通过引入两个辅助变量 x_1 和 x_2，可从图 12-7 中的传递函数得到描述励磁系统的微分方程，从而得出

$$\dot{x}_{2i}=\Delta z_i-c_{1i}x_{2i}-c_{0i}x_{1i} \tag{12.152}$$

$$\dot{x}_{1i}=x_{2i}$$

$$\Delta E_{fi}=b_{1i}x_{2i}+b_{0i}x_{1i} \tag{12.153}$$

式中，i 是发电机编号。将上述方程用矩阵形式表示，并将式（12.147）代入得到

$$\begin{bmatrix}\dot{\boldsymbol{x}}_1\\ \hline \dot{\boldsymbol{x}}_2\end{bmatrix}=\left[\begin{array}{c:c}\mathbf{0} & \mathbf{1}\\ \hline -\boldsymbol{c}_0 & -\boldsymbol{c}_1\end{array}\right]\begin{bmatrix}\boldsymbol{x}_1\\ \hline \boldsymbol{x}_2\end{bmatrix}+\left[\begin{array}{c:c:c}\mathbf{0} & \mathbf{0} & \mathbf{0}\\ \hline -\dfrac{\partial \boldsymbol{V}}{\partial \boldsymbol{\delta}_{n-1}} & -\dfrac{\partial \boldsymbol{V}}{\partial \boldsymbol{E}''_{q}} & -\dfrac{\partial \boldsymbol{V}}{\partial \boldsymbol{E}''_{d}}\end{array}\right]\begin{bmatrix}\Delta\boldsymbol{\delta}_{n-1}\\ \hline \Delta\boldsymbol{E}''_{q}\\ \hline \Delta\boldsymbol{E}''_{d}\end{bmatrix}+\begin{bmatrix}\mathbf{0}\\ \hline -\Delta\boldsymbol{V}_{PSS}\end{bmatrix} \tag{12.154}$$

$$[\Delta\boldsymbol{E}_f]=[\boldsymbol{b}_0 \;\vdots\; \boldsymbol{b}_1]\begin{bmatrix}\boldsymbol{x}_1\\ \hline \boldsymbol{x}_2\end{bmatrix}$$

式中，$\boldsymbol{c}_0$、$\boldsymbol{c}_1$、$\boldsymbol{b}_0$、$\boldsymbol{b}_1$ 是励磁系统传递函数系数构成的对角子矩阵。

向量 $\Delta\boldsymbol{V}_{PSS}$ 可以从 PSS 的方程中得到。由于 PSS 的传递函数是 3 阶的，因此可以用 3 个辅助变量 $\boldsymbol{x}_3$、$\boldsymbol{x}_4$ 和 $\boldsymbol{x}_5$ 来构造。这样有

$$\begin{aligned}&\dot{x}_{5i}=\Delta y_i-\alpha_{2i}x_{5i}-\alpha_{1i}x_{4i}-\alpha_{0o}x_{3i}\\&\dot{x}_{4i}=x_{5i}\\&\Delta V_{PSS}=\beta_{3i}\Delta y_i-(\alpha_{2i}\beta_{3i}-\beta_{2i})x_{5i}-(\alpha_{1i}\beta_{3i}-\beta_{1i})x_{4i}-\beta_{3i}x_{3i}\end{aligned} \tag{12.155}$$

式中，$\Delta y_i = K_{\omega i}\Delta\omega_i + K_{Pi}\Delta P_i$ 是输入信号，而 i 是发电机的编号。将式（12.155）用矩阵形式表达并结合式（12.145）得

$$\begin{bmatrix} \dot{\boldsymbol{x}}_3 \\ \dot{\boldsymbol{x}}_4 \\ \dot{\boldsymbol{x}}_5 \end{bmatrix} = \begin{bmatrix} \mathbf{0} & \mathbf{1} & \mathbf{0} \\ \mathbf{0} & \mathbf{0} & \mathbf{1} \\ -\boldsymbol{\alpha}_0 & -\boldsymbol{\alpha}_1 & -\boldsymbol{\alpha}_2 \end{bmatrix} \begin{bmatrix} \boldsymbol{x}_3 \\ \boldsymbol{x}_4 \\ \boldsymbol{x}_5 \end{bmatrix} + \begin{bmatrix} \mathbf{0} & \mathbf{0} & \mathbf{0} & \mathbf{0} \\ \mathbf{0} & \mathbf{0} & \mathbf{0} & \mathbf{0} \\ -\boldsymbol{K}_P \dfrac{\partial \boldsymbol{P}}{\partial \boldsymbol{\delta}_{n-1}} & -\boldsymbol{K}_\omega & -\boldsymbol{K}_P \dfrac{\partial \boldsymbol{P}}{\partial E''_q} & -\boldsymbol{K}_P \dfrac{\partial \boldsymbol{P}}{\partial E''_d} \end{bmatrix} \begin{bmatrix} \Delta\boldsymbol{\delta}_{n-1} \\ \Delta\boldsymbol{\omega} \\ \Delta\boldsymbol{E}''_q \\ \Delta\boldsymbol{E}''_d \end{bmatrix}$$

$$[\Delta\boldsymbol{V}_{PSS}] = \begin{bmatrix} \boldsymbol{K}_P\boldsymbol{\beta}_3 \dfrac{\partial \boldsymbol{P}}{\partial \boldsymbol{\delta}_{n-1}} & \boldsymbol{K}_\omega\boldsymbol{\beta}_3 & \boldsymbol{K}_P\boldsymbol{\beta}_3 \dfrac{\partial \boldsymbol{P}}{\partial E''_q} & \boldsymbol{K}_P\boldsymbol{\beta}_3 \dfrac{\partial \boldsymbol{P}}{\partial E''_d} & -\boldsymbol{\beta}_3 & \boldsymbol{\beta}_1 - \boldsymbol{\alpha}_1\boldsymbol{\beta}_3 & \boldsymbol{\beta}_2 - \boldsymbol{\alpha}_2\boldsymbol{\beta}_3 \end{bmatrix} \begin{bmatrix} \Delta\boldsymbol{\delta}_{n-1} \\ \Delta\boldsymbol{\omega} \\ \Delta\boldsymbol{E}''_q \\ \Delta\boldsymbol{E}''_d \\ \boldsymbol{x}_3 \\ \boldsymbol{x}_4 \\ \boldsymbol{x}_5 \end{bmatrix} \tag{12.156}$$

式中，$\boldsymbol{\alpha}_0$、$\boldsymbol{\alpha}_1$、$\boldsymbol{\alpha}_2$、$\boldsymbol{\beta}_0$、$\boldsymbol{\beta}_1$、$\boldsymbol{\beta}_2$、$\boldsymbol{\beta}_2$、$\boldsymbol{K}_P$、和 $\boldsymbol{K}_\omega$ 是由 PSS 系数构成的对角矩阵。

12.3.3 系统的线性状态方程

由于式（12.151）、式（12.154）和式（12.156）中的线性方程具有公共的状态变量，它们可以合并成一个大型状态方程，其中包括所有发电机（5 阶模型）、励磁机、AVR 和 PSS 的影响。这样就得到了矩阵方程式（12.157）。其中，左上角的实线将与摇摆方程相对应的子矩阵分隔出来；虚线将与发电机方程（不包括电压控制）相对应的子矩阵分隔出来；虚线下的状态矩阵的底部对应于电压控制和 PSS。

到目前为止，涡轮机的功率一直被假定为是恒定的。如果不是这样，则必须将描述涡轮机及其调节器的附加方程添加到状态方程中，从而进一步增加其维数。如果将 SVC 或其他 FACTS 装置等控制装置的影响也包括进来，那么状态方程的维数将进一步增大。只要知道元件的合适模型，那么将该元件的影响包括进来是直截了当的，并遵循与励磁机和 AVR 类似的技术路线，对此本书不再进一步讨论。

由于式（12.157）中的状态矩阵是稀疏的，因此在计算特征值和特征向量时使用稀疏矩阵技术是有利的，即使正在研究的是一个小系统。对于大型互联系统，当将所有影响静态稳定性和阻尼特性的控制装置都包括进来后，状态矩阵的维数可能非常大，甚至超出了传统特征值分析方法的范围。在这种情况下，有必要使用特殊的求解技术（Kundur，1994），其只计算与整个系统响应相关联的特征值中的选定子集。

$$
\begin{bmatrix}
\Delta\dot{\delta}_{n-1} \\
\Delta\dot{\omega} \\
\Delta\dot{E}'_{\mathrm{q}} \\
\Delta\dot{E}''_{\mathrm{q}} \\
\Delta\dot{E}''_{\mathrm{d}} \\
\dot{x}_1 \\
\dot{x}_2 \\
\dot{x}_3 \\
\dot{x}_4 \\
\dot{x}_5
\end{bmatrix}
=
\begin{bmatrix}
0 & \mathbf{1}_{-1} & 0 & 0 & 0 & 0 & 0 & 0 & 0 & 0 \\
-M^{-1}\dfrac{\partial P}{\partial \delta_{n-1}} & -M^{-1}D & 0 & -M^{-1}\dfrac{\partial P}{\partial E''_{\mathrm{q}}} & -M^{-1}\dfrac{\partial P}{\partial E''_{\mathrm{d}}} & 0 & 0 & 0 & 0 & \\
(T'_{\mathrm{do}})^{-1}\Delta X'_{\mathrm{d}}\dfrac{\partial I_{\mathrm{d}}}{\partial \delta_{n-1}} & 0 & -(T'_{\mathrm{do}})^{-1} & (T'_{\mathrm{do}})^{-1}\Delta X'_{\mathrm{d}}\dfrac{\partial I_{\mathrm{d}}}{\partial E''_{\mathrm{q}}} & (T'_{\mathrm{do}})^{-1}\Delta X'_{\mathrm{d}}\dfrac{\partial I_{\mathrm{d}}}{\partial E''_{\mathrm{d}}} & (T'_{\mathrm{do}})^{-1}b_0 & (T'_{\mathrm{do}})^{-1}b_1 & 0 & 0 & 0 \\
(T''_{\mathrm{do}})^{-1}\Delta X''_{\mathrm{d}}\dfrac{\partial I_{\mathrm{d}}}{\partial \delta_{n-1}} & 0 & -(T''_{\mathrm{do}})^{-1} & (T''_{\mathrm{do}})^{-1}\left(\Delta X''_{\mathrm{d}}\dfrac{\partial I_{\mathrm{d}}}{\partial E''_{\mathrm{q}}}-1\right) & (T''_{\mathrm{do}})^{-1}\Delta X''_{\mathrm{d}}\dfrac{\partial I_{\mathrm{d}}}{\partial E''_{\mathrm{d}}} & 0 & 0 & 0 & 0 & 0 \\
-(T''_{\mathrm{qo}})^{-1}\Delta X''_{\mathrm{q}}\dfrac{\partial I_{\mathrm{q}}}{\partial \delta_{n-1}} & 0 & 0 & -(T''_{\mathrm{qo}})^{-1}\Delta X''_{\mathrm{q}}\dfrac{\partial I_{\mathrm{q}}}{\partial E''_{\mathrm{q}}} & -(T''_{\mathrm{qo}})^{-1}\left(\Delta X''_{\mathrm{q}}\dfrac{\partial I_{\mathrm{q}}}{\partial E''_{\mathrm{d}}}+1\right) & 0 & 0 & 0 & 0 & 0 \\
0 & 0 & 0 & 0 & 0 & 0 & 0 & 0 & 0 & 0 \\
K_{\mathrm{P}}\beta_3\dfrac{\partial P}{\partial \delta_{n-1}}-\dfrac{\partial V}{\partial \delta_{n-1}} & K_{\omega}\beta_3 & 0 & K_{\mathrm{P}}\beta_3\dfrac{\partial P}{\partial E''_{\mathrm{q}}}-\dfrac{\partial V}{\partial E''_{\mathrm{q}}} & K_{\mathrm{P}}\beta_3\dfrac{\partial P}{\partial E''_{\mathrm{d}}}-\dfrac{\partial V}{\partial E''_{\mathrm{d}}} & -c_0 & -c_1 & -\beta_3 & \beta_1-a_1\beta_3 & \beta_2-a_2\beta_3 \\
0 & 0 & 0 & 0 & 0 & 0 & 0 & 0 & 0 & 0 \\
0 & 0 & 0 & 0 & 0 & 0 & 0 & 0 & 0 & 0 \\
K_{\mathrm{P}}\dfrac{\partial P}{\partial \delta_{n-1}} & K_{\omega} & 0 & K_{\mathrm{P}}\dfrac{\partial P}{\partial E''_{\mathrm{q}}} & K_{\mathrm{P}}\dfrac{\partial P}{\partial E''_{\mathrm{d}}} & 0 & 0 & -a_0 & -a_1 & -a_2
\end{bmatrix}
\begin{bmatrix}
\Delta\delta_{n-1} \\
\Delta\omega \\
\Delta E'_{\mathrm{q}} \\
\Delta E''_{\mathrm{q}} \\
\Delta E''_{\mathrm{d}} \\
x_1 \\
x_2 \\
x_3 \\
x_4 \\
x_5
\end{bmatrix}
\tag{12.157}
$$

12.3.4 实例

将模态分析法应用于大型互联电力系统的多个有趣例子可以在文献 Wang（1997）和 Breulmann et al.（2000）中找到。下面是两个基于 Rasolomampionona（2000）论文数据的例子。

例 12.9 考察如图 6-13 所示的单机-无穷大母线系统，设线路 L1 由于维护原因退出运行。由于这会削弱发电机与系统之间的连接，因此有必要检查静态稳定性。继续运行的线路是长度为 250km 的线路 L2 和长度为 80km 的线路 L3。这些线路的额定电压为 220kV，电抗为 $x=0.4\Omega/\text{km}$。在节点 B3 处有（350 + j150）MVA 的负荷。发电机的升压变压器电抗 $X_T=0.14$。发电机为凸极（水力）机，其参数为 $S_n=426\text{MVA}$，$X''_d\cong X''_d=0.160$，$X'_d=0.21$，$X_d=1.57$，$X'_q\cong X_q=0.85$，$T'_{do}=6.63$，$T''_{do}=0.051$，$T''_{qo}=1.2$，$T_m=10$。电压控制和励磁系统的传递函数为

$$\frac{\Delta E_f(s)}{\Delta V(s)}=K_A\frac{2s+1}{0.3s^2+10s+1}=K_A\frac{6.66s+3.33}{s^2+33.3s+3.33}=\frac{b_1s+b_0}{s^2+c_1s+c_0} \tag{12.158}$$

式中，（根据图 12-7）$b_0=3.33K_A$、$b_1=6.66K_A$ 和 $c_0=3.33$、$c_1=33.3$。

有必要计算特征值和相关联特征向量，并根据参与因子确定在哪些特征值下状态矩阵的哪些对角元素与哪些状态变量是强相关的。假定一个较小的调节器增益 $K_A=30$。

将数据代入式（12.157），就得到由 5 阶发电机模型及其电压控制和励磁系统构成的如下状态方程：

$$\begin{bmatrix}\Delta\dot{\delta}\\ \Delta\dot{\omega}\\ \Delta\dot{E}'_q\\ \Delta\dot{E}''_q\\ \Delta\dot{E}''_d\\ \dot{x}_1\\ \dot{x}_2\end{bmatrix}=\begin{bmatrix}0&1&0&0&0&0&0\\ -20.316&0&0&-25.048&-1.411&0&0\\ -0.061&0&-0.773&-0.083&0.018&15.06&30.12\\ -0.213&0&7.050&-5.026&0.063&0&0\\ -2.654&0&0&-1.463&-12.958&0&0\\ 0&0&0&0&0&0&1\\ -0.008&0&0&-0.565&0.971&-3.33&-33.33\end{bmatrix}\begin{bmatrix}\Delta\delta\\ \Delta\omega\\ \Delta E'_q\\ \Delta E''_q\\ \Delta E''_d\\ x_1\\ x_2\end{bmatrix} \tag{12.159}$$

左上角的 2×2 子矩阵对应于摇摆方程，它涉及与固有稳定性和 2 阶发电机模型相对应的式（12.115）中的状态矩阵。该矩阵有两个虚特征值 $\lambda_{1,2}=\pm\text{j}4.507$，对应的振荡频率约为 0.72Hz。左上角的 5×5 子矩阵与摇摆方程以及描述两个轴上励磁系统和阻尼电路的方程相对应，它与状态方程式（12.151）有关联。式（12.159）中的状态矩阵具有如下特征值：

$$\lambda_{1,2}=-0.177\pm\text{j}4.535,\ \lambda_3=-1.239,\ \lambda_4=-3.681,\ \lambda_5=-13.036,$$
$$\lambda_6=-0.342,\ \lambda_7=-33.334$$

式（12.90）用于确定所有特征值的参与因子的复数值。下面的参与因子矩阵 $\boldsymbol{p}$ 包含了模值 $|p_{ki}|$：

$$
x=\begin{bmatrix}\Delta\dot{\delta}\\ \Delta\dot{\omega}\\ \Delta\dot{E}'_{q}\\ \Delta\dot{E}''_{q}\\ \Delta\dot{E}''_{d}\\ \dot{x}_{1}\\ \dot{x}_{2}\end{bmatrix},\quad \mathrm{diag}\boldsymbol{A}=\begin{bmatrix}A_{11}\\ A_{22}\\ A_{33}\\ A_{44}\\ A_{55}\\ A_{66}\\ A_{77}\end{bmatrix},\quad \boldsymbol{p}=\begin{array}{c}\begin{array}{ccccccc}\lambda_1 & \lambda_2 & \lambda_3 & \lambda_4 & \lambda_5 & \lambda_6 & \lambda_7\end{array}\\ \begin{bmatrix}\mathbf{0.5} & \mathbf{0.5} & 0.05 & 0.06 & & & \\ \mathbf{0.5} & \mathbf{0.5} & 0.05 & 0.06 & & & \\ 0.04 & 0.04 & \mathbf{1.80} & \mathbf{0.54} & & 0.33 & \\ 0.03 & 0.03 & \mathbf{0.29} & \mathbf{1.33} & 0.01 & 0.33 & \\ & & 0.03 & 0.02 & \mathbf{1.0} & & \\ & & \mathbf{0.41} & 0.05 & & \mathbf{1.36} & \\ & & 0.03 & 0.05 & & & \mathbf{1.0}\end{bmatrix}\end{array} \tag{12.160}
$$

式中，$|p_{ki}|$ 的主导值用黑体标出，而小于0.01的值被忽略。大多数的特征值与状态矩阵的少数几个对角元素有关联，因此也与少数几个状态变量有关联。然而，通过只考虑 $|p_{ki}|$ 的主导值，可以将单个特征值近似地与几个状态变量关联起来。最简单的关系是针对 λ_7 的，它只有一个主导参与因子，与 A_{77} 和 x_2 相关联，即与电压控制器相关联。特征值 λ_5 与 A_{55} 和电动势 E''_d 相关联，其与 q 轴的阻尼电路相对应。特征值 λ_4 主要与 A_{44} 和电动势 E''_q 相关联，其与 d 轴的阻尼电路相对应。同一个 λ_4 还与 A_{33} 和电动势 E'_q 相关联，但关联度较弱，其与励磁电路相对应。特征值 λ_6 主要与 A_{66} 和 x_1 相关联，其与电压调节器相对应；另外还与 A_{33} 和电动势 E'_q 有较弱的关联，其与励磁电路相对应。特征值的复共轭对 $\lambda_{1,2}$ 与 A_{11} 和 A_{22} 关联度相等，即与 $\Delta\delta$ 和 $\Delta\omega$ 相关联，其对应于摇摆方程。表 12-2 总结了所有特征值的关联和物理意义。

表 12-2　例 12.9 中模式的物理意义和值

方　程	模式的物理意义	符　号	特　征　值
$\Delta\dot{\delta}_{n-1}$，$\Delta\dot{\omega}$	转子摇摆	$\lambda_{1,2}$	$-0.177 \pm j4.535$
$\Delta\dot{E}'_q$	励磁电路	λ_3	-0.342
$\Delta\dot{E}''_q$	d 轴阻尼电路和励磁电路	λ_4	-3.681
$\Delta\dot{E}''_d$	q 轴阻尼电路	λ_5	-13.036
$\dot{x}_1$	电压控制器和励磁电路	λ_6	-3.681
$\dot{x}_2$	电压控制器	λ_7	-33.334

例 12.10　考察例 12.9 中的单机-无穷大母线系统。需要检查静态稳定性的条件，并确定调节器增益 K_A 对特征值位置的影响。

将电压控制和励磁系统考虑进来后，会引入 2 个附加的特征值，见表 12-3。所有的特征值都位于左半平面上，因此当调节器增益值 K_A 在大范围内变化时系统都是稳定的。对于较小的增益值，特征值 λ_3 和 λ_4 仍然是实的。随着增益的增加，λ_3 和 λ_4 彼此靠近，直到它们变为复数 $\lambda_{3,4}$，且增益增加会导致虚部增大。这意味着随着增益的增加，励磁绕组中的电磁现象开始振荡。增益越高，振荡频率越高。随着增益的增加，特征值 $\lambda_{1,2}$ 向左移动。

图 12-8 展示了特征值 $\lambda_{1,2}$ 和 $\lambda_{3,4}$ 随增益增加的轨迹。

表 12-3 例 12.10 中模式的物理意义和值

调节器增益 K_A	转子摇摆 $\lambda_{1,2}$	励磁电路 λ_3	d 轴阻尼 λ_4	q 轴阻尼 λ_5	电压控制和励磁系统 λ_6	λ_7
0	−0.111 ± j4.432	−0.784	−4.828	−12.931	0	0
50	−0.193 ± j4.555	−1.602	−2.585	−12.983	−0.352	−33.468
60	−0.215 ± j4.584	−2.403 ± j0.1531		−19.056	−0.376	−33.498
80	−0.257 ± j4.637	−2.301 ± j1.1519		−18.976	−0.403	−33.548
150	−0.459 ± j4.866	−1.918 ± j2.379		−18.968	−0.448	−33.732
200	−0.644 ± j5.090	−1.619 ± j2.837		−11.871	−0.462	−33.861
250	−0.828 ± j5.395	−1.331 ± j3.097		−19.419	−0.469	−33.988
325	−1.083 ± j5.976	−1.082 ± j3.264		−19.563	−0.477	−34.185

增加调节器增益可提高转子摇摆模式 $\lambda_{1,2}$ 的阻尼，但会降低与转子电路振荡相关联的模式 $\lambda_{3,4}$ 的阻尼。当 $K_A=325$ 时，$\lambda_{1,2}$ 和 $\lambda_{3,4}$ 的实部相同（见表 12-3）。一种合理的假设是，转子电路振荡的阻尼不应低于转子摇摆的阻尼。而当增益为 $K_A=250$ 时，转子电路振荡的阻尼比转子摇摆的阻尼好，此时 $\lambda_{1,2}=-0.828\pm j5.395$，而阻尼比为 $\zeta=0.828/\sqrt{0.828^2+5.395^2}\cong 0.15=15\%$。这个值已相当高，因为通常令人满意的阻尼比对应于 $\zeta\geqslant 5\%$。

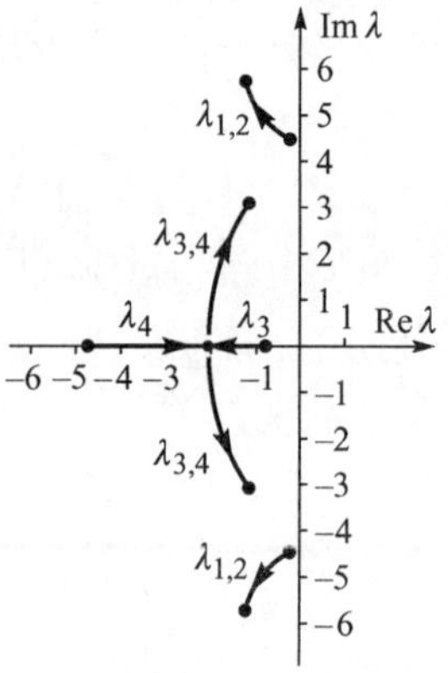

图 12-8 调节器增益 K_A 增加时的特征值轨迹

例 12.11 考察与前面相同的单机-无穷大母线系统，假设电压控制和励磁系统的传递函数为

$$\frac{\Delta E_f(s)}{\Delta V(s)}=\frac{K_A}{s}\frac{(2s+1)}{(0.2s+1)} \tag{12.161}$$

这是一个带有积分器和超前校正电路的调节器。应该强调的是，不推荐将此种传递函数用于电压调节器。这里选择它只是为了演示特征值分析是如何揭示特定调节器对转子摇摆阻尼的不良影响的。

使用与之前相同的模型，计算了调节器增益 K_A 在一定范围内变化时的特征值：

$$K_A=0:\quad \lambda_{1,2}=-0.111+j4.432,\quad \lambda_3=-0.784,\quad \lambda_4=-4.821$$

$$K_A=10:\quad \lambda_{1,2}=-0.085+j4.638,\quad \lambda_{3,4}=-1.442\pm j1.588$$

$$K_A=20:\quad \lambda_{1,2}=-0.018+j4.941,\quad \lambda_{3,4}=-0.977\pm j2.426$$

$K_A=0$ 时的特征值对应于调节器退出运行，因此也对应于转子摇摆的固有阻尼。增益增加会减小 $\lambda_{1,2}$ 的负实部，因此会降低阻尼。当 $K_A=20$ 时，特征值 $\lambda_{1,2}$ 很靠近虚轴，阻尼较弱。当 $K_A>20$ 时，特征值 $\lambda_{1,2}$ 移到右半平面，系统变得振荡不稳定。

然而应该记住，为了取得良好的电压调节效果（见第 2 章），调节器增益应该很高，通

常高于 $K_A=20$。但从阻尼的角度来看，如此高的增益是不可接受的。因此，所讨论的调节器必须配备一个诸如 PSS 的辅助控制环，例如，采用有功功率作为输入信号的 PSS。

假设 PSS 的传递函数为

$$\frac{\Delta V_{PSS}(s)}{\Delta P(s)}=K_P\frac{0.05s}{1+0.05s}\frac{1+0.15s}{1+0.05s}\frac{1+0.15s}{1+3s} \tag{12.162}$$

现在有必要检查 PSS 是否会改善阻尼，并在电压调节增益固定在要求值 $K_A=20$ 的条件下选择 PSS 的增益 K_P。

图 12-9 给出了 PSS 增益 K_P 变化时的特征值轨迹。当 $K_P=0$ 时特征值 $\lambda_{1,2}$ 接近虚轴，K_P 增加会导致其向左移动，即阻尼改善。但同时与转子电路对应的特征值 $\lambda_{3,4}$ 却向右移动，从而导致阻尼恶化。当 $K_P=3$ 时，得到 $\lambda_{1,2}=-0.441\pm j7.214$ 和 $\lambda_{3,4}=-0.441\pm j1.730$，两者具有相同的实部。$K_P$ 进一步增加会导致转子电路中振荡严重恶化。

当 $K_P=3$ 时，特征值为 $\lambda_{1,2}=-0.441\pm j7.214$，阻尼比为 $\zeta=0.441/\sqrt{0.441^2+7.214^2}\cong 0.06=6\%$。此种阻尼已令人满意，因为已高于 5%，但比先前讨论过的具有传递函数式（12.159）的调节器弱得多。两个例子都说明了选择电压调节器传递函数正确值的重要性。

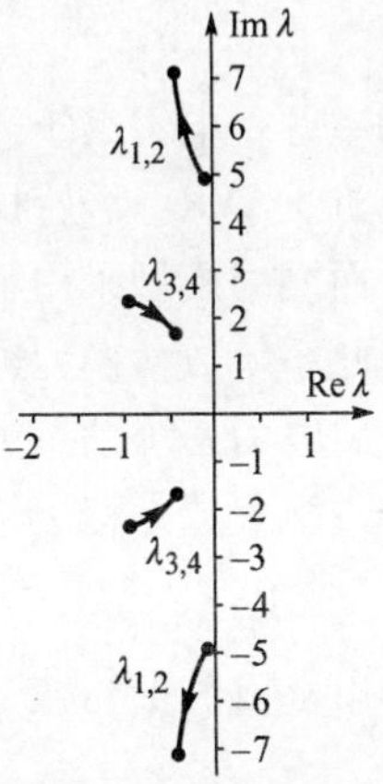

图 12-9 PSS 增益 K_P 增加时的特征值轨迹

第 13 章

电力系统动态仿真

本章的主题是电力系统行为仿真，它是规划、稳定性分析和运行人员培训的非常有用的工具。发电机、AVR、涡轮机调速器和系统负荷的单独模型已由第 11 章中建立的微分代数方程给出，而网络模型采用第 3 章导出的代数方程。这些方程一起构成了一个完整的系统数学模型，对此系统数学模型进行数值求解可以仿真系统行为。

为了开展电力系统动态仿真工作，用于模拟不同元件的方程被集合在一起，构成了一组微分方程和一组代数方程。其中的微分方程为

$$\dot{\boldsymbol{x}} = \boldsymbol{f}(\boldsymbol{x},\boldsymbol{y}) \tag{13.1}$$

其描述主要由发电机组和动态负荷产生的系统动态过程。而代数方程为

$$\boldsymbol{0} = \boldsymbol{g}(\boldsymbol{x},\boldsymbol{y}) \tag{13.2}$$

其由网络方程、静态负荷方程和发电机的代数方程构成。这两组方程的解确定了任何时刻电力系统的机电状态。网络中的扰动通常会改变网络结构和边界条件，这可以通过改变式（13.1）和式（13.2）右边函数中的系数来进行模拟。然后，对于一系列给定的网络扰动，用于电力系统动态仿真的计算机程序必须在一定的时间段内求解上述微分方程和代数方程。

式（13.1）和式（13.2）既可以使用分割解法，也可以使用统一解法。分割解法有时被称为交替解法，而统一解法则被称为组合解法。在分割解法中，微分方程是用标准的显式数值积分法进行求解的，而代数方程式（13.2）则在每个时间步进行单独求解。统一解法采用隐式积分法将微分方程式（13.1）转换成一组代数方程，然后与网络代数方程式（13.2）结合，作为一组联立代数方程进行求解。这两种解法的有效性既依赖于所采用的发电机模型，也依赖于所使用的数值积分方法。

为了选择最合适的数值积分方法，有必要了解发电机组模型中所包含的动态过程的时间尺度。如第 12 章所述，任何一组线性微分方程的解都可表达为指数函数的线性组合，每个指数函数都描述了一个独立的系统模式。这些模式本身是由系统特征值定义的，而这些特征值与模型中不同动态过程的时间尺度有关。当特征值分布在复杂平面上一个广大的范围时，其解将由快速变化的动态过程（对应于大特征值）和缓慢变化的动态过程（对应于小特征值）叠加构成。在这种情况下，微分方程组被称为刚性系统。如果非线性系统的线性近似是刚性的，则称其为刚性系统。在第 11 章导出的电力系统机电模型中，所有既包括具有非常小时间常数的次暂态方程又包括相对缓慢的转子动态方程的模型构成了刚性模型。如果该模型中还包括了具有小时间常数的 AVR 方程和具有长时间常数的涡轮机方程，则该模型的刚性程度会进一步恶化。因此，如果电力系统模型包括 AVR 系统和高阶发电机模型，那么

求解方法应采用适合于刚性系统的数值积分方法。相反，经典的电力系统模型不构成刚性微分方程组，因为它只包含慢速的转子动态过程，采用该模型的暂态稳定程序可以使用更简单的数值积分公式。

13.1 数值积分法

一般来说，非线性微分方程的解析解是不可能得到的，因此必须找到一个在时刻（t_1，t_2，…，t_k，…）满足方程 $\dot{x}=f(x, t)$ 的由一系列数值（x_1，x_2，…，x_k，…）构成的数值解。这需要使用数值积分公式在已知所有以前的值（…，x_{k-2}，x_{k-1}，x_k）的条件下来计算值 x_{k+1}。这些公式分为两类：单步的龙格-库塔法和多步的预测-校正法。两者都已用于电力系统仿真程序，感兴趣的读者可参考 Chua and Lin（1975）或 Press et al.（1992），其中详细讨论了这两类方法，特别是龙格-库塔法，并附有必要的计算机代码示例。本节将主要讨论隐式积分法，因为它们可以有效地应用于刚性微分方程的分割解和统一解。而描述电力系统行为的方程通常为刚性微分方程。这里标准龙格-库塔法仅限于非刚性系统的分割解。

用数值方法求解微分方程时，解的每一个计算值将与精确解不同，其差值被称为局部误差。该误差包括一个取整误差和一个方法误差，其中取整误差依赖于所用特定计算机的计算精度，而方法误差依赖于所用积分方法的类型、阶数和步长。由于局部误差会传播给后续计算步，任何一步上的总误差包括在该步中产生的局部误差和从先前步传播下来的局部误差。误差传播到后续计算步的方式决定了积分方法的实用性。如果误差从上一步到下一步不是增加的，则积分公式在数值上是稳定的，否则积分公式在数值上是不稳定的。在后一种情况下，误差的累积效应可能会导致解 x_k 与精确解大不相同。

对于微分方程 $\dot{x}=f(x, t)$，x_{k+1} 的值既可以通过沿着 t_k 和 t_{k+1} 之间的时间路径对函数 $f(x, t)$ 进行积分来求出，也可以沿着从 x_k 到 x_{k+1} 的路径对 $x(t)$ 进行积分来求出。每种方法将产生一组不同的公式，分别称为 Adams 公式和 Gear 公式。

在预测-校正方案中使用的 Adams 公式是这样得到的，在必须对函数 $f(x, t)$ 进行积分的时间区间内，用幂级数 $w(t)$ 逼近函数 $f(x, t)$。因此有

$$x_{k+1} = x_k + \int_{t_k}^{t_{k+1}} f(x,t)\,\mathrm{d}t \approx x_k + \int_{t_k}^{t_{k+1}} w(t)\,\mathrm{d}t \tag{13.3}$$

式中，幂级数 $w(t)$ 基于 $f(x, t)$ 的 r 个值。该幂级数中的系数依赖于各个点上 $f(x, t)$ 的值，因此上述积分公式变为

$$x_{k+1} = x_k + h\left(\sum_{j=1}^{r} b_j f_{k+1-j} + b_0 f_{k+1}\right) \tag{13.4}$$

式中，函数 $f_i=f(x(t_i))$ 是给定时间点 t_i 上的函数值，h 是积分步长。幂级数中使用的点数 r 被称为公式的阶数。

如果 $b_0=0$，则所得公式被称为显式公式或 Adams-Bashforth 公式。在这些公式中，使用已知值（…，f_{k-2}，f_{k-1}，f_k）来计算近似多项式 $w(t)$，并用于外推从 t_k 到 t_{k+1} 的新区间中的函数 $f(x, t)$。如果 $b_0\neq0$，则所得公式被称为隐式公式或 Adams-Moulton 公式。在这些公式

中，使用已知值（…，f_{k-2}，f_{k-1}，f_k）和未知值 f_{k+1} 计算近似多项式 $w(t)$，以便在从 t_k 到 t_{k+1} 的区间内对函数 $f(x, t)$ 进行插值。表 13-1 包含有三阶以内的 Adams- Bashforth 公式和 Adams-Moulton 公式。

Adams 公式族中的一阶公式是欧拉公式，它们既可以是显式的，也可以是隐式的。当多项式 $w(t)$ 对应于连接点 f_k 和 f_{k+1} 的直线下方的梯形面积时，二阶插值公式就是梯形规则。

Adams 公式中的误差依赖于阶数，并且等于函数 $f(x, t)$ 与近似多项式 $w(t)$ 之间误差的积分。此误差可以表示为

$$\varepsilon_{k+1} = \varepsilon_0 h^{r+1} x_k^{r+1}(\tau) \tag{13.5}$$

式中，$x_k^{(r+1)}(\tau)$ 是位于 t_{k-r} 到 t_{k+1} 区间的点 τ 处的（$r+1$）阶导数，而 ε_0 是一个常数。表 13-1 表明，对于 $r>1$，隐式公式引入的误差比显式公式引入的误差小得多。

表 13-1　Adams- Bashforth 公式和 Adams- Moulton 公式示例

类　型	阶	公　式	ε_0
Adams- Bashforth（显式）公式	1	$x_{k+1} = x_k + hf_k$	1/2
	2	$x_{k+1} = x_k + \frac{h}{2}(3f_k - f_{k-1})$	5/12
	3	$x_{k+1} = x_k + \frac{h}{12}(23f_k - 16f_{k-1} + 5f_{k-2})$	9/24
Adams- Moulton（隐式）公式	1	$x_{k+1} = x_k + hf_{k+1}$	-1/2
	2	$x_{k+1} = x_k + \frac{h}{2}(f_{k+1} + f_k)$	-1/12
	3	$x_{k+1} = x_k + \frac{h}{12}(5f_{k+1} + 8f_k - f_{k-1})$	-1/24

隐式公式的另一个优点是数值稳定性更好。图 13-1 展示了在（λ，h）复平面上的数值稳定域，其中 h 是积分步长，λ 是最大的系统特征值。如果积分步长 h 足够小，使得其与所有系统特征值 λ_i 的积 $h\lambda_i$ 都位于稳定域内，则积分过程在数值上是稳定的。图 13-1 表明，显式公式的稳定域比隐式公式小得多。一阶和二阶隐式公式在整个左半复平面上都是稳定的，因此在数值上是绝对稳定的。数值稳定性问题对刚性系统特别重要，因为在刚性系统中，大特征值迫使采用小积分步长 h。低阶隐式公式在复平面的很大部分上是数值稳定的，因而有潜力使用较大的积分步长；当使用这些公式时，积分步长仅受到计算所需的精度和式（13.5）确定的误差的限制。

隐式公式的一个缺点是 x_{k+1} 的值不能直接计算。当 $b\neq0$ 时，式（13.4）可表示为

$$x_{k+1} = \beta_k + hb_0 f(x_{k+1}) \tag{13.6}$$

式中，

$$\beta_k = x_k + \sum_{j=1}^{r} b_j f_{k+1-j}$$

未知值 x_{k+1} 现在位于方程的两边，这意味着如果函数 $f(x)$ 是非线性的，就必须通过迭代来进行求解。

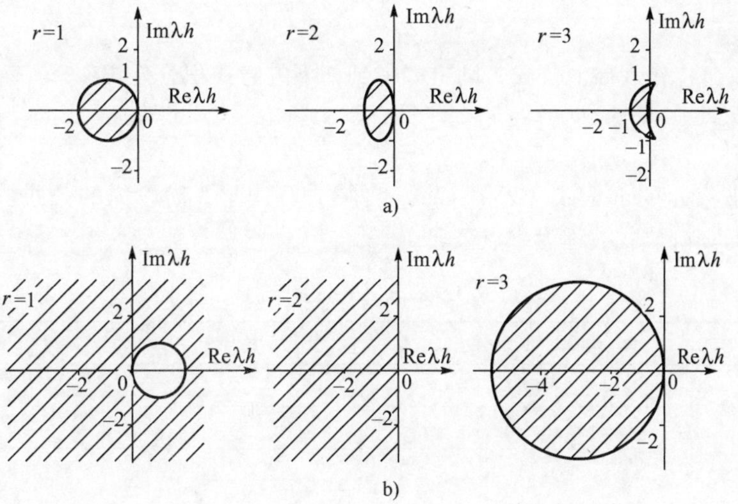

图 13-1　Adams 公式的数值稳定域：a）显式；b）隐式

求解式（13.6）的最简单方法称为函数迭代，其按照如下的迭代公式由一系列替换组成：

$$x_{k+1}^{(l+1)} = \beta_k + hb_0 f(x_{k+1}^{(l)}) \tag{13.7}$$

式中，括号中的上标表示迭代次数。如果迭代中使用的第一个值 $x_{k+1}^{(0)}$ 是使用显式的 Adams 公式计算的，那么整个过程称为预测-校正方法。显式公式作为预测算法，而隐式公式作为校正算法。迭代过程式（13.7）在如下条件收敛：

$$hb_0 L < 1 \tag{13.8}$$

式中，L 是 Lipschitz 常数，$L = \sqrt{\alpha_M}$，而 α_M 是矩阵积（$\boldsymbol{A}^T\boldsymbol{A}$）的最大特征值，这里的 $\boldsymbol{A} = \partial f / \partial x$ 是在点 $\hat{x}_{k+1}$ 上计算的雅可比矩阵，而 $\hat{x}_{k+1}$ 是式（13.6）的解。乘积（hb_0L）越小，收敛速度越快。

由于刚性系统存在较大的特征值，式（13.8）的收敛条件可能会对积分步长施加限制，与精度要求或数值稳定性要求对步长的限制相比，该限制更强。在这种情况下，式（13.6）可以使用牛顿法而不使用函数迭代来求解。对于任何方程 $F(x)=0$，牛顿公式为

$$x^{(l+1)} = x^{(l)} - \left[\frac{\partial F}{\partial x}\right]_{(l)}^{-1} F(x^{(l)}) \tag{13.9}$$

式中，括号中的上标表示迭代次数。将式（13.9）应用于式（13.6）的隐式公式得到

$$x_{k+1}^{(l+1)} = x_{k+1}^{(l)} - [1 - hb_0 A_{k+1}^{(l)}]^{-1} [x_{k+1}^{(l)} - \beta_k - hb_0 f(x_{k+1}^{(l)})] \tag{13.10}$$

式中，$A_{k+1}^{(l)}$ 是为第 l 次迭代准备的雅可比矩阵。牛顿法允许的积分步长比式（13.8）规定的值高得多，但由于每一步都要对矩阵求逆，因此该方法的复杂性远大于函数迭代。然而，如果积分步长足够大，那么牛顿法额外的复杂性可能还是合算的。

在导出 Adams 公式时，为了确定 x_{k+1}，函数 $f(x, t)$ 是由幂级数 $w(t)$ 来逼近的。另一种方法是用幂级数 $w(t)$ 来逼近 $x(t)$，而不是函数 $f(x, t)$。在这种情况下，$w(t) \approx x(t)$ 且近似多项式 $w(t)$ 中的系数是连续值（$\cdots$，x_{k-2}，x_{k-1}，$\cdots$）的函数。取时间导数得到 $\dot{x} = \dot{w}(t)$，即 $\dot{w}(t) = f(x,t)$。当使用 $w(t)$ 作为外推公式时，可以得到如下的显式积分公式：

$$x_{k+1} = \sum_{j=0}^{r} a_j x_{k-j} + b_0 h f_k \tag{13.11}$$

如果使用 $w(t)$ 作为插值公式，则可以得到如下的隐式积分公式：

$$x_{k+1} = \sum_{j=0}^{r} a_j x_{k-j} + b_0 h f_{k+1} \tag{13.12}$$

这些公式被称为Gear公式，表13-2（变种I）列出了3阶以内的公式。其中1阶公式为欧拉公式，而2阶公式被称为中点公式。

表13-2 Gear公式示例

类型	阶数	公式	ε_0
显式变种Ⅰ	1	$x_{k+1}=x_k+hf_k$	
	2	$x_{k+1}=x_{k-1}+2hf_k$	
	3	$x_{k+1}=-\frac{3}{2}x_k+3x_{k-1}-\frac{1}{2}x_{k-2}+3f_kh$	
显式变种Ⅱ	1	$x_{k+1}=2x_k-x_{k-1}$	
	2	$x_{k+1}=3x_k-3x_{k-1}+x_{k-2}$	
	3	$x_{k+1}=4x_k-6x_{k-1}+4x_{k-2}-x_{k-3}$	
隐式	1	$x_{k+1}=x_k+hf_{k+1}$	-1/2
	2	$x_{k+1}=\frac{4}{3}x_k-\frac{1}{3}x_{k-1}+\frac{2}{3}hf_{k+1}$	-2/9
	3	$x_{k+1}=\frac{18}{11}x_k-\frac{9}{11}x_{k-1}+\frac{2}{11}x_{k-2}+\frac{6}{12}hf_{k+1}$	-3/22

式（13.12）的解既可以用函数迭代法得到，也可以用牛顿法得到，就像Adams公式一样。如果式（13.12）通过函数迭代法求解，则式（13.11）作为预测算法，而式（13.12）作为校正算法。

与Adams公式相比，Gear公式的主要优点是它们具有更大的数值稳定性区域，如图13-2所示。因此，它们更适合于刚性系统。如果在刚性系统中使用大积分步长，则式（13.11）的预测算法可能无法给出很好的近似值，相反，直接使用值（…，x_{k-2}，x_{k-1}，x_k）的 $x(t)$ 则可以外推。

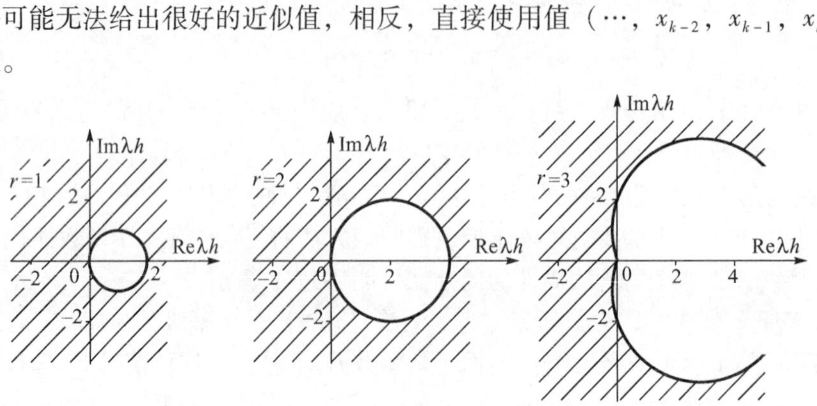

图13-2 Gear公式的数值稳定性区域

这样得到拉格朗日外推公式为

$$x_{k+1} = a_0 x_k + \sum_{j=1}^{r} a_j x_{k-1} \tag{13.13}$$

表 13-2（变种Ⅱ）给出了 3 阶以内这些公式的系数。

当一组微分方程为非线性时，雅可比矩阵及其特征值不是常数，限制积分步长的准则也会随着时间的推移而不断变化。例如，数值稳定性依赖于特征值和步长，收敛性依赖于 Lipschitz 常数和步长，而局部误差则由导数 $x^{(r+1)}(\tau)$ 和步长决定，因此正确选择积分步长至关重要。

为了解决这些问题，有两种使用不同公式的极端方法。第一种方法是使用一种绝对数值稳定的低阶公式加恒定积分步长，该积分步长能够保证迭代校正器的良好收敛性，并在整个仿真时段内能够限制局部误差。另一种方法在仿真过程中自动改变公式的阶数，从而在不影响精度或收敛性的情况下最大化积分步长。

由于高阶公式具有较小的数值稳定性区域，实际应用中的最高阶公式通常是 6 阶。简单程序使用 2 阶或 3 阶公式以避免数值稳定性问题。也可以使用阶数恒定而步长可变的子程序。积分步长或公式阶数的自动更改需要付出额外的计算。此外，积分步长的改变并不容易，因为如果改变步长，则大多数公式中的系数也会改变，因为它们依赖于插值节点之间的距离。如果将方程写成规范形式，则可缓解变阶数、定步长公式所遇到的问题，其细节可参考 Chua and Lin (1975)。

13.2 分割解法

在数值积分过程的每一步中，分割解法交替求解微分方程式（13.1）和代数方程式（13.2）。为了使变量 $\boldsymbol{y}(t)$ 的值与变量 $\boldsymbol{x}(t)$ 的值相匹配，在对微分方程进行数值积分前，必须先求解代数方程。分割解法的一种通用算法如图 13-3 所示，其使用基于预测-校正的数值积分法。该算法在 3 个阶段需要求解代数方程。第一次求解代数方程是在阶段 3，只要网络结构发生变化就会进行。网络结构变化会改变代数方程中的系数，从而对于给定的一组状态变量 $\boldsymbol{x}_k$，因变量 $\boldsymbol{y}_k$ 的值也会发生变化。在预测了变量 $\boldsymbol{x}_{k+1}$ 的新值之后，在阶段 5 需第 2 次求解代数方程。第 3 次也是最后一次求解代数方程，是在阶段 6 对 $\boldsymbol{x}_{k+1}$ 进行校正后的阶段 7。在每个积分步，对 $\boldsymbol{x}_{k+1}$ 的校正计算需要多少次，在阶段 7 就重复求解代数方程多少次。

在图 13-3 所示的算法中，代数方程的求解占了总计算时间相当大的比例。因此，对可用的有效解法进行考察是很重要的。在下面的讨论中，假设网络方程的求解是基于如图 13-4 所示的网络模型进行的。

在所考虑的网络模型（见图 13-4）中，每台发电机由一个额外的发电机节点 i' 和一个虚拟电抗 X_i^{f} 后的虚拟电动势 $\underline{E}_i^{\mathrm{f}}$ 表示，其中 $\underline{I}_i$ 是发电机的注入电流。如果忽略转子凸极效应，则根据使用的发电机模型，虚拟电动势和虚拟电抗将与暂态或次暂态值（见 11.1.6 节）相对应。另一方面，如果包括转子凸极效应，那么虚拟电抗和虚拟电动势都将具有某个虚拟值。

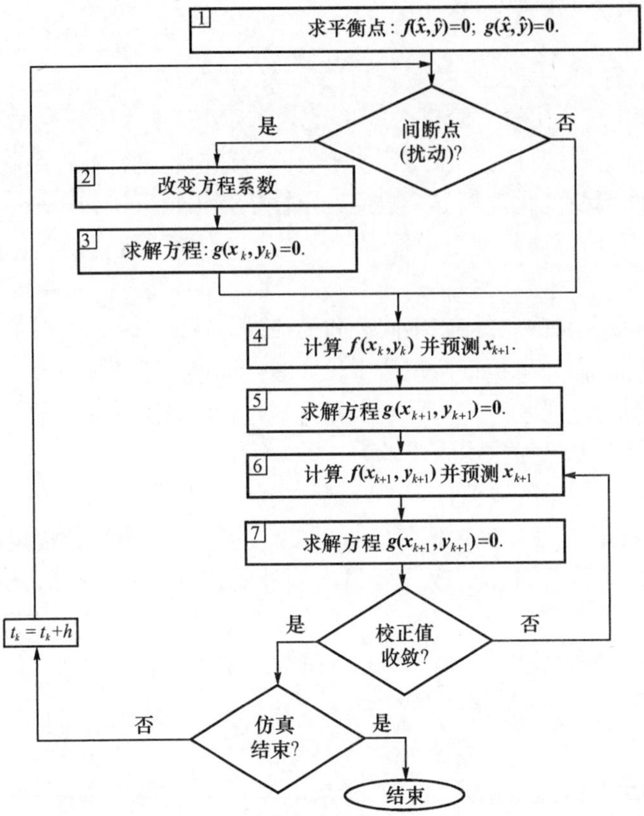

图 13-3　使用预测-校正方法的分割解法的简化算法

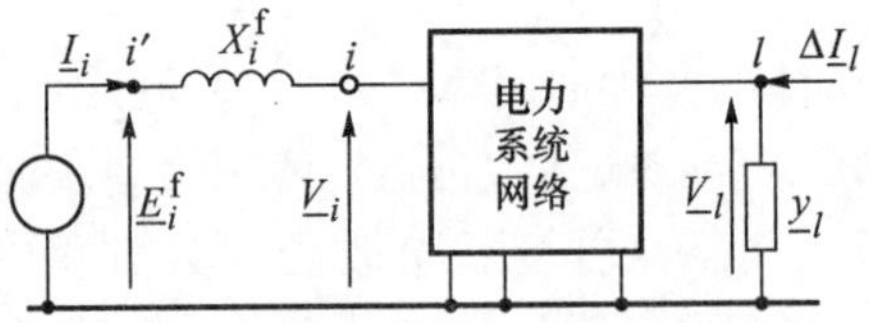

图 13-4　发电机用戴维南电压源表示的网络模型：
i'为发电机节点；l为负荷节点

每个负荷由一个等效导纳$\underline{y}_l$和一个节点校正电流 $\Delta\underline{I}_l$ 表示（见图 13-4）。图 13-5 给出了计算 $\Delta\underline{I}_l$ 的示意图。负荷用图中实线表示的非线性电压特性 $P_l(V_l)$ 和 $Q_l(V_l)$ 来模拟（见 3.5.4 节）。图中的虚线分别表示插入到网络模型中的导纳$\underline{y}_l=g_l+\mathrm{j}b_l$ 消耗的有功功率和无功功率所对应的抛物线。所需的负荷特性与导纳特性之间的差异分别等于校正功率 ΔP_l 和 ΔQ_l，在图 13-5 中用垂直线来表示。当负荷电压为$\underline{V}_l$ 时，校正功率 $\Delta\underline{S}_l=\Delta P_l+\mathrm{j}\Delta Q_l$ 对应的校正电流为 $\Delta\underline{I}_l=\Delta\underline{S}_l^*/\underline{V}_l$。注意，此电压是复数，因为节点电压在公共网络参考坐标系中是一个相量（见图 13-5）。

在上述假设条件下，网络可由下面的复数节点方程描述：

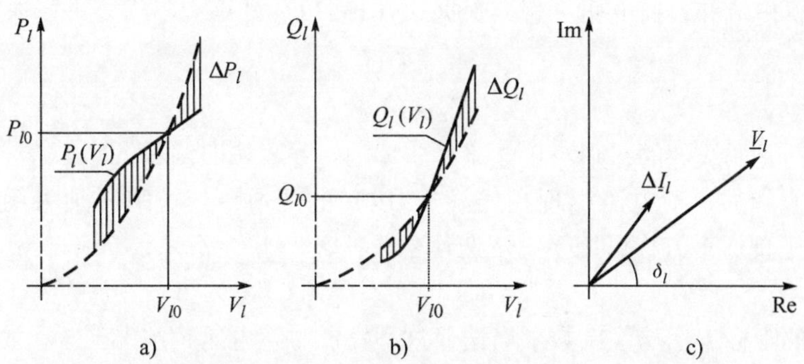

图 13-5　负荷非线性电压特性的模拟：a）校正有功功率；b）校正无功功率；c）节点电压相量和节点校正电流相量

$$\begin{bmatrix}\underline{\boldsymbol{I}}_{\mathrm{G}}\\ \Delta\underline{\boldsymbol{I}}_{\mathrm{L}}\end{bmatrix}=\begin{bmatrix}\underline{\boldsymbol{Y}}_{\mathrm{GG}} & \underline{\boldsymbol{Y}}_{\mathrm{GL}}\\ \underline{\boldsymbol{Y}}_{\mathrm{LG}} & \underline{\boldsymbol{Y}}_{\mathrm{LL}}\end{bmatrix}\begin{bmatrix}\underline{\boldsymbol{E}}_{\mathrm{G}}\\ \underline{\boldsymbol{V}}_{\mathrm{L}}\end{bmatrix}\tag{13.14}$$

式中，{G} 是虚拟发电机节点集，{L} 是包括发电机机端节点的所有其他节点（称为负荷节点）集，$\underline{\boldsymbol{I}}_{\mathrm{G}}$ 是发电机电流向量，$\Delta\underline{\boldsymbol{I}}_{\mathrm{L}}$ 是负荷校正电流的向量，$\underline{\boldsymbol{E}}_{\mathrm{G}}$ 是虚拟电动势向量，而 $\underline{\boldsymbol{V}}_{\mathrm{L}}$ 是负荷节点电压向量。矩阵$\underline{\boldsymbol{Y}}_{\mathrm{GG}}$是由发电机导纳$\underline{y}_i=1/\mathrm{j}X_i^{\mathrm{f}}$ 构成的对角矩阵。$\underline{\boldsymbol{Y}}_{\mathrm{GL}}$是一个长方形矩阵，包含一个元素等于 $-\underline{y}_i$ 的对角子矩阵，而所有其他元素为零。$\underline{\boldsymbol{Y}}_{\mathrm{LG}}$是$\underline{\boldsymbol{Y}}_{\mathrm{GL}}$的转置。矩阵$\underline{\boldsymbol{Y}}_{\mathrm{LL}}$是第 3 章介绍的节点导纳矩阵的一个修正版，其在与负荷节点和发电机机端节点对应行上的对角元素中分别包括了负荷导纳和发电机导纳。如果每个负荷用一个恒定导纳表示，则校正电流 $\Delta\underline{\boldsymbol{I}}_{\mathrm{L}}=\underline{\boldsymbol{0}}$。

13.2.1　部分矩阵求逆

A.2 节包含了部分矩阵求逆的推导，部分矩阵求逆也可应用于式（13.14）。式（13.14）可以展开为

$$\underline{\boldsymbol{I}}_{\mathrm{G}}=\underline{\boldsymbol{Y}}_{\mathrm{GG}}\underline{\boldsymbol{E}}_{\mathrm{G}}+\underline{\boldsymbol{Y}}_{\mathrm{GL}}\underline{\boldsymbol{V}}_{\mathrm{L}}\tag{13.15}$$

$$\Delta\underline{\boldsymbol{I}}_{\mathrm{L}}=\underline{\boldsymbol{Y}}_{\mathrm{LG}}\underline{\boldsymbol{E}}_{\mathrm{G}}+\underline{\boldsymbol{Y}}_{\mathrm{LL}}\underline{\boldsymbol{V}}_{\mathrm{L}}\tag{13.16}$$

重新整理式（13.16）有

$$\underline{\boldsymbol{V}}_{\mathrm{L}}=-\underline{\boldsymbol{Y}}_{\mathrm{LL}}^{-1}\underline{\boldsymbol{Y}}_{\mathrm{LG}}\underline{\boldsymbol{E}}_{\mathrm{G}}+\underline{\boldsymbol{Y}}_{\mathrm{LL}}^{-1}\Delta\underline{\boldsymbol{I}}_{\mathrm{L}}\tag{13.17}$$

将式（13.17）代入式（13.15）有

$$\underline{\boldsymbol{I}}_{\mathrm{G}}=(\underline{\boldsymbol{Y}}_{\mathrm{GG}}-\underline{\boldsymbol{Y}}_{\mathrm{GL}}\underline{\boldsymbol{Y}}_{\mathrm{LL}}^{-1}\underline{\boldsymbol{Y}}_{\mathrm{LG}})\underline{\boldsymbol{E}}_{\mathrm{G}}+\underline{\boldsymbol{Y}}_{\mathrm{GL}}\underline{\boldsymbol{Y}}_{\mathrm{LL}}^{-1}\Delta\underline{\boldsymbol{I}}_{\mathrm{L}}\tag{13.18}$$

最后的式（13.17）和式（13.18）可以重新写成矩阵形式为

$$\begin{bmatrix}\underline{\boldsymbol{I}}_{\mathrm{G}}\\ \underline{\boldsymbol{V}}_{\mathrm{L}}\end{bmatrix}=\begin{bmatrix}\underline{\boldsymbol{Y}}_{\mathrm{G}} & \underline{\boldsymbol{K}}_{\mathrm{I}}\\ \underline{\boldsymbol{K}}_{\mathrm{V}} & \underline{\boldsymbol{Z}}_{\mathrm{LL}}\end{bmatrix}\begin{bmatrix}\underline{\boldsymbol{E}}_{\mathrm{G}}\\ \Delta\underline{\boldsymbol{I}}_{\mathrm{L}}\end{bmatrix}\tag{13.19}$$

式中，$\underline{\boldsymbol{Y}}_{\mathrm{G}}=\underline{\boldsymbol{Y}}_{\mathrm{GG}}-\underline{\boldsymbol{Y}}_{\mathrm{GL}}\underline{\boldsymbol{Y}}_{\mathrm{LL}}^{-1}\underline{\boldsymbol{Y}}_{\mathrm{LG}}$、$\underline{\boldsymbol{K}}_{\mathrm{I}}=\underline{\boldsymbol{Y}}_{\mathrm{GL}}\underline{\boldsymbol{Y}}_{\mathrm{LL}}^{-1}$、$\underline{\boldsymbol{K}}_{\mathrm{V}}=-\underline{\boldsymbol{Y}}_{\mathrm{LL}}^{-1}\underline{\boldsymbol{Y}}_{\mathrm{LG}}$和$\underline{\boldsymbol{Z}}_{\mathrm{LL}}=\underline{\boldsymbol{Y}}_{\mathrm{LL}}^{-1}$。式（13.19）中的方阵被称为部分逆矩阵，指的是只有子矩阵$\underline{\boldsymbol{Y}}_{\mathrm{LL}}$进行了显式的求逆以得到$\underline{\boldsymbol{Z}}_{\mathrm{LL}}=\underline{\boldsymbol{Y}}_{\mathrm{LL}}^{-1}$这样一个事实。

如果忽略转子的凸极效应，则网络模型中的虚拟电动势$\underline{E}_i^{\mathrm{f}}$ 等于发电机电动势，并在微分方程的数值积分过程中进行计算。此外，如果每个负荷用恒定导纳表示，则校正电流 $\Delta\underline{\boldsymbol{I}}_{\mathrm{L}}$

等于零，发电机电流和负荷电压可直接根据式（13.20）计算而不需要进行迭代求解：

$$\begin{aligned}\underline{\boldsymbol{I}}_{\mathrm{G}} &= \underline{\boldsymbol{Y}}_{\mathrm{G}}\,\underline{\boldsymbol{E}}_{\mathrm{G}}\\ \underline{\boldsymbol{V}}_{\mathrm{L}} &= \underline{\boldsymbol{K}}_{\mathrm{V}}\,\underline{\boldsymbol{E}}_{\mathrm{G}}\end{aligned} \tag{13.20}$$

但是，如果负荷是非线性的，则校正电流是非零的，并且按照函数 $\Delta\underline{\boldsymbol{I}}_{\mathrm{L}}$（$\underline{\boldsymbol{V}}_{\mathrm{L}}$）依赖于负荷电压。由于现在未知的负荷电压出现在式（13.19）的两边，其求解必须采用迭代算法。式（13.19）中的下部那个方程可用于制定迭代公式：

$$\underline{\boldsymbol{V}}_{\mathrm{L}}^{(l+1)} = \underline{\boldsymbol{K}}_{\mathrm{V}}\,\underline{\boldsymbol{E}}_{\mathrm{G}} + \underline{\boldsymbol{Z}}_{\mathrm{LL}}\Delta\,\underline{\boldsymbol{I}}_{\mathrm{L}}(\underline{\boldsymbol{V}}_{\mathrm{L}}^{(l)}) \tag{13.21}$$

式中，括号中的上标表示迭代次数。当迭代过程完成时，电压 $\underline{\boldsymbol{V}}_{\mathrm{L}} = \underline{\boldsymbol{V}}_{\mathrm{L}}^{(l+1)}$ 和发电机电流可根据式（13.19）中的上部那个方程进行计算为

$$\underline{\boldsymbol{I}}_{\mathrm{G}} = \underline{\boldsymbol{Y}}_{\mathrm{G}}\,\underline{\boldsymbol{E}}_{\mathrm{G}} + \underline{\boldsymbol{K}}_{\mathrm{I}}\Delta\,\underline{\boldsymbol{I}}_{\mathrm{L}} \tag{13.22}$$

式中，$\Delta\underline{\boldsymbol{I}}_{\mathrm{L}}$ 是与电压计算值相对应的校正电流。

如果转子凸极效应包含在内，则网络方程中表示发电机的虚拟电动势也必须与发电机电流一起迭代计算。为了解释如何实现此点，这里将使用发电机的 4 阶暂态模型（$\dot{E}'_{\mathrm{d}}$，$\dot{E}_{\mathrm{q}}$，$\dot{\delta}$，$\dot{\omega}$），但该技术同样适用于 11.1.7 节中定义的 6 阶次暂态模型（$\dot{E}''_{\mathrm{d}}$，$\dot{E}''_{\mathrm{q}}$，$\dot{E}'_{\mathrm{d}}$，$\dot{E}'_{\mathrm{q}}$，$\dot{\delta}$，$\dot{\omega}$）或 5 阶次暂态模型（$\dot{E}''_{\mathrm{d}}$，$\dot{E}''_{\mathrm{q}}$，$\dot{E}'_{\mathrm{q}}$，$\dot{\delta}$，$\dot{\omega}$）。

图 13-6 给出了 3 个电路图。前两个图对应处于暂态的发电机，而第 3 个图对应于在网络模型中用虚拟戴维南电压源替代发电机。虚拟发电机电压源的电动势 $\underline{\boldsymbol{E}}^{\mathrm{f}}$ 必须满足方程 $\underline{E}^{\mathrm{f}} = \underline{V} + \mathrm{j}X^{\mathrm{f}}\underline{I}$，即 $(E_{\mathrm{a}}^{\mathrm{f}} + \mathrm{j}E_{\mathrm{b}}^{\mathrm{f}}) = (V_{\mathrm{a}} + \mathrm{j}V_{\mathrm{b}}) + \mathrm{j}X^{\mathrm{f}}(I_{\mathrm{a}} + \mathrm{j}I_{\mathrm{b}})$，其用矩阵形式表示为

$$\begin{bmatrix}E_{\mathrm{a}}^{\mathrm{f}}\\ E_{\mathrm{b}}^{\mathrm{f}}\end{bmatrix} = \begin{bmatrix}V_{\mathrm{a}}\\ V_{\mathrm{b}}\end{bmatrix} - \begin{bmatrix}0 & -X^{\mathrm{f}}\\ X^{\mathrm{f}} & 0\end{bmatrix}\begin{bmatrix}I_{\mathrm{a}}\\ I_{\mathrm{b}}\end{bmatrix} \quad \text{即} \quad \boldsymbol{E}_{\mathrm{ab}}^{\mathrm{f}} = \boldsymbol{V}_{\mathrm{ab}} - \boldsymbol{Z}_{\mathrm{ab}}^{\mathrm{f}}\boldsymbol{I}_{\mathrm{ab}} \tag{13.23}$$

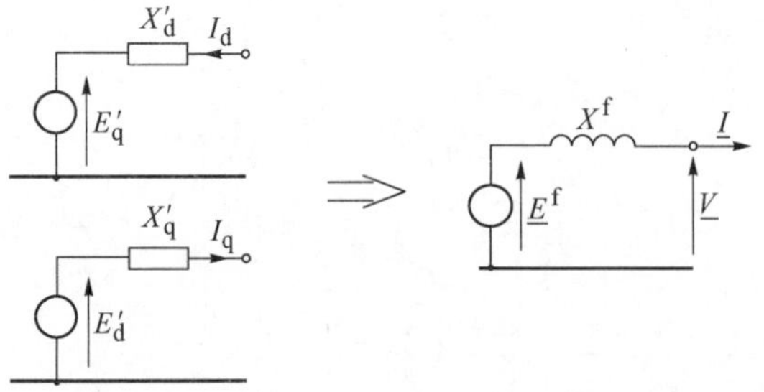

图 13-6　用一个具有虚拟电抗 X^{f} 和虚拟电动势 $\underline{E}^{\mathrm{f}}$ 的等效电路替代发电机的 d 轴和 q 轴等效电路

利用式（3.166）中定义的变换 $\boldsymbol{T}$，可以将上面的方程从系统（a，b）坐标系转换到单个发电机的（d，q）坐标系，从而得到

$$\begin{bmatrix}E_{\mathrm{d}}^{\mathrm{f}}\\ E_{\mathrm{q}}^{\mathrm{f}}\end{bmatrix} = \begin{bmatrix}V_{\mathrm{d}}\\ V_{\mathrm{q}}\end{bmatrix} - \begin{bmatrix}0 & -X^{\mathrm{f}}\\ X^{\mathrm{f}} & 0\end{bmatrix}\begin{bmatrix}I_{\mathrm{d}}\\ I_{\mathrm{q}}\end{bmatrix} \quad \text{即} \quad \boldsymbol{E}_{\mathrm{dq}}^{\mathrm{f}} = \boldsymbol{V}_{\mathrm{dq}} - \boldsymbol{Z}_{\mathrm{dq}}^{\mathrm{f}}\boldsymbol{I}_{\mathrm{dq}} \tag{13.24}$$

式中，$\boldsymbol{Z}_{\mathrm{dq}}^{\mathrm{f}} = \boldsymbol{T}^{-1}\boldsymbol{Z}_{\mathrm{ab}}^{\mathrm{f}}\boldsymbol{T} = \boldsymbol{Z}_{\mathrm{ab}}^{\mathrm{f}}$ 和 $\boldsymbol{T}^{-1} = \boldsymbol{T}$。另一方面，发电机 4 阶模型（$\dot{E}'_{\mathrm{d}}$，$\dot{E}'_{\mathrm{q}}$，$\dot{\delta}$，$\dot{\omega}$）的电枢电压方程由式（11.104）给出为

$$\begin{bmatrix} V_d \\ V_q \end{bmatrix} = \begin{bmatrix} E'_d \\ E'_q \end{bmatrix} - \begin{bmatrix} 0 & X'_q \\ -X'_d & 0 \end{bmatrix} \begin{bmatrix} I_d \\ I_q \end{bmatrix} \quad 即 \quad \boldsymbol{V}_{dq} = \boldsymbol{E}'_{dq} - \boldsymbol{Z}_{dq}\boldsymbol{I}_{dq} \tag{13.25}$$

将式（13.26）代入式（13.24）有

$$\begin{bmatrix} E^f_d \\ E^f_q \end{bmatrix} = \begin{bmatrix} E'_d \\ E'_q \end{bmatrix} - \begin{bmatrix} 0 & -\Delta X_q \\ \Delta X_d & 0 \end{bmatrix} \begin{bmatrix} I_d \\ I_q \end{bmatrix} \quad 即 \quad \boldsymbol{E}^f_{dq} = \boldsymbol{E}'_{dq} - \Delta \boldsymbol{Z}\boldsymbol{I}_{dq} \tag{13.26}$$

式中，$\Delta X_q = X'_q - X^f$ 和 $\Delta X_d = X'_d - X^f$。上述方程根据发电机电流确定虚拟电压源的电动势。

式（13.26）可与网络方程式（13.19）一起迭代求解。为了演示这一点，式（13.26）可改写为

$$\begin{bmatrix} E^{f(l+1)}_d \\ E^{f(l+1)}_q \end{bmatrix} = \begin{bmatrix} E'_d \\ E'_q \end{bmatrix} - \begin{bmatrix} 0 & -\Delta X_q \\ \Delta X_d & 0 \end{bmatrix} \begin{bmatrix} I^{(l)}_d \\ I^{(l)}_q \end{bmatrix} \quad 即 \quad \boldsymbol{E}^{f(l+1)}_{dq} = \boldsymbol{E}'_{dq} - \Delta \boldsymbol{Z}\boldsymbol{I}^{(l)}_{dq} \tag{13.27}$$

式中，l 是迭代次数。这样，迭代求解的算法为

1）对每台发电机估计 E^f_d、E^f_q 值，并将其转换到系统坐标系（a，b）以得到$\underline{E}^f = E^f_a + jE^f_b$。

2）求解网络方程式（13.19）。对每台发电机计算电流$\underline{I} = I_a + jI_b$，并将 I_a、I_b 转换到发电机坐标系（d，q）以得到 I_d、I_q。

3）使用式（13.27）修正 E^f_d、E^f_q 的值。

4）将此结果与前次迭代的结果进行比较；如果它们不同，将新的 E^f_d、E^f_q 值转换到系统坐标系（a，b）并重复步骤2，直到电压收敛。

求解发电机方程和网络方程所需的迭代次数依赖于为虚拟戴维南电压源选择的电抗值。令 $\hat{E}^f_d$、$\hat{E}^f_q$ 和 $\hat{I}_d$、$\hat{I}_q$ 为方程的解。根据式（13.27），此解一定满足

$$\begin{bmatrix} \hat{E}^d_d \\ \hat{E}^f_q \end{bmatrix} = \begin{bmatrix} E'_d \\ E'_q \end{bmatrix} - \begin{bmatrix} 0 & -\Delta X_q \\ \Delta X_d & 0 \end{bmatrix} \begin{bmatrix} \hat{I}_d \\ \hat{I}_q \end{bmatrix} \quad 即 \quad \hat{\boldsymbol{E}}^f_{dq} = \boldsymbol{E}'_{dq} - \Delta \boldsymbol{Z}\hat{\boldsymbol{I}}_{dq} \tag{13.28}$$

从式（13.27）中减去式（13.28）得

$$(\boldsymbol{E}^{f(l+1)}_{dq} - \hat{\boldsymbol{E}}^f_{dq}) = \Delta \boldsymbol{Z}(\boldsymbol{I}^{(l)}_{dq} - \hat{\boldsymbol{I}}_{dq}) \tag{13.29}$$

这个方程很重要，因为它意味着对于电流估计中给定的误差 $\Delta \boldsymbol{I}^{(l)}_{dq} = (\boldsymbol{I}^{(l)}_{dq} - \hat{I}_{dq})$，矩阵 $\Delta \boldsymbol{Z}$ 中元素 $\Delta X_q = X'_q - X^f$ 和 $\Delta X_d = X'_d - X^f$ 越小，虚拟电动势的下一个估计值就越接近于最终解。因此，当虚拟电动势$\underline{E}^f$ 的值与发电机暂态电动势$\underline{E}'$相近时，如果等效发电机电抗选择为X'_d和 X'_q的一个平均值，则迭代过程将迅速收敛。通常，采用如下的“平均”电抗值之一作为虚拟电抗：

$$X^f = \frac{1}{2}(X'_d + X'_q), \quad X^f = 2\frac{X'_d X'_q}{X'_d + X'_q}, \quad X^f = \sqrt{X'_d X'_q} \tag{13.30}$$

使用上述电抗值中的一个，就可以保证只要少量的迭代就能求解式（13.27）。如果 X'_d与X'_q接近，则1~2次迭代就足够了。如果忽略暂态凸极效应，那么 $X'_d = X'_q = X^f$ 且 $\hat{E}^f_{dq} = \boldsymbol{E}'_{dq}$，则不需要任何迭代就能得到解。当 $X'_d \neq X'_q$时，迭代次数依赖于虚拟电动势初始值的选择。如果 X^f 是根据式（13.30）中的公式之一选择的，则虚拟电动势的模值和相角接近于发电机暂态电动势的模值和相角。为了得到一个最终值的更好估计，在每一个积分步中应改变虚拟

电动势使其与发电机电动势成正比。

当将转子凸极效应和负荷非线性考虑进来后，该算法将涉及上述两个迭代过程，其简化框图如图13-7所示。

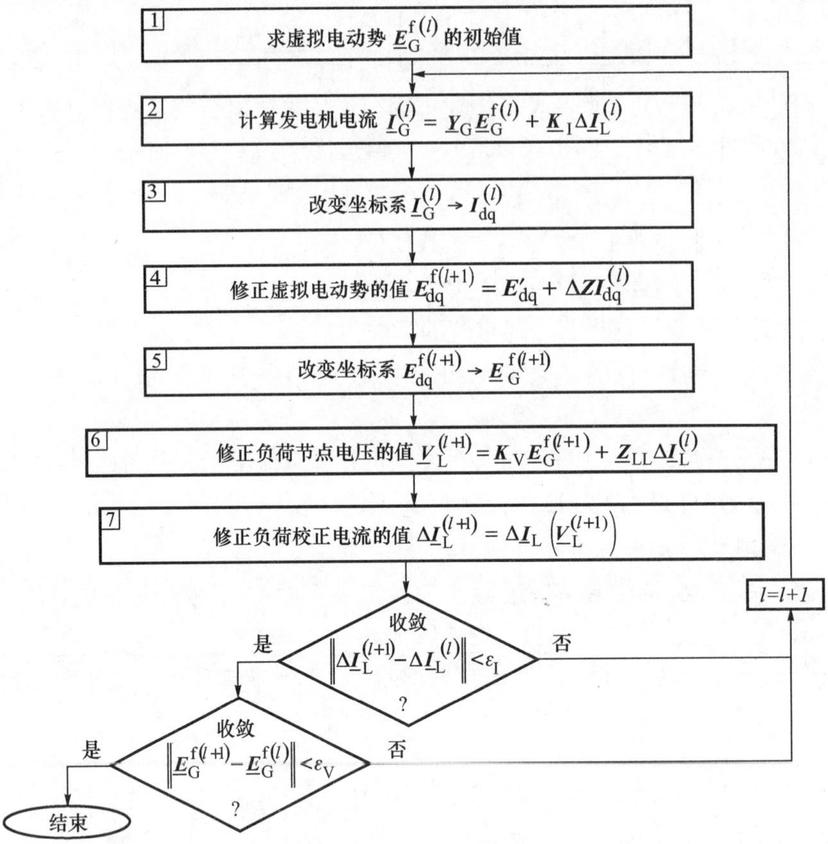

图13-7 考虑了负荷非线性和转子凸极效应的基于部分矩阵求逆的网络方程求解算法简化流程图

基于部分矩阵求逆技术的式（13.19）求解网络方程的一个缺点是，所有子矩阵$\underline{Y}_G$、$\underline{K}_I$、$\underline{K}_V$和$\underline{Z}_{LL}$都是满阵，因此对计算机内存的要求很大，同时也需要大量的算术运算来计算电流和电压。如果必须计算电压的负荷节点数与节点总数相比很小，则部分矩阵求逆技术是值得使用的，因为只需要存储子矩阵$\underline{K}_I$、$\underline{K}_V$和$\underline{Z}_{LL}$的一部分，并且算术运算的次数也减少了。如果必须计算大多数负荷节点的电压，那么不推荐采用部分矩阵求逆技术，因为13.2.2节要讨论的矩阵分解技术更有效。

13.2.2 矩阵分解

式（13.14）中下部那个方程为

$$\underline{Y}_{LL}\underline{V}_L=(\Delta\underline{I}_L+\underline{I}_N) \tag{13.31}$$

式中，$\underline{I}_N=-\underline{Y}_{LG}\underline{E}_G$是一个电流向量，其非零元仅出现在发电机与系统相联接的节点上。式（13.31）与图13-8所示的网络相对应。

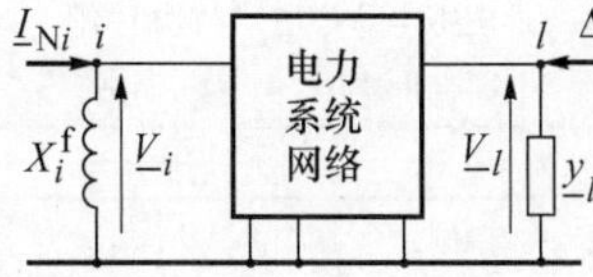

图 13-8　每台发电机用一个诺顿源替换时的网络模型

利用三角分解（Press et al.，1992），方阵$\underline{\boldsymbol{Y}}_{LL}$可以用一个上三角矩阵即右矩阵$\underline{\boldsymbol{R}}_{LL}$和一个下三角矩阵即左矩阵$\underline{\boldsymbol{L}}_{LL}$的乘积来代替，从而得到

$$\underline{\boldsymbol{Y}}_{LL}=\underline{\boldsymbol{L}}_{LL}\underline{\boldsymbol{R}}_{LL} \tag{13.32}$$

式（13.31）可改写为两个方程式：

$$\underline{\boldsymbol{L}}_{LL}\underline{\boldsymbol{b}}_{L}=(\Delta\underline{\boldsymbol{I}}_{L}+\underline{\boldsymbol{I}}_{N}),\quad \underline{\boldsymbol{R}}_{LL}\underline{\boldsymbol{V}}_{L}=\underline{\boldsymbol{b}}_{L} \tag{13.33}$$

式中，$\underline{\boldsymbol{b}}_L$ 是一个未知向量。

假设负荷用恒定导纳表示，那么对于给定的发电机电动势集$\underline{\boldsymbol{E}}_G$，式（13.33）可以不迭代求解。由于向量$\underline{\boldsymbol{I}}_N=-\underline{\boldsymbol{Y}}_{LG}\underline{\boldsymbol{E}}_G$ 和下三角矩阵$\underline{\boldsymbol{L}}_{LL}$都是已知的且 $\Delta\underline{\boldsymbol{I}}_L=\underline{\boldsymbol{0}}$，因此未知向量$\underline{\boldsymbol{b}}_L$ 可以使用从$\underline{\boldsymbol{L}}_{LL}$左上角开始的一系列前代来求得。计算出$\underline{\boldsymbol{b}}_L$ 之后，$\underline{\boldsymbol{V}}_L$ 的值可以通过从上三角矩阵$\underline{\boldsymbol{R}}_{LL}$的右下角开始的一系列回代来求得。这种方法的优点是，如果矩阵$\underline{\boldsymbol{Y}}_{LL}$是稀疏的，那么因子矩阵$\underline{\boldsymbol{R}}_{LL}$和$\underline{\boldsymbol{L}}_{LL}$也是稀疏的，因此可以使用稀疏矩阵技术来节省计算机内存和减少求解所需的算术运算次数（Tewerson，1973；Brameller，Allan and Hamam，1976；Pissanetzky，1984；Duff，Erisman and Reid，1986）。

如果负荷的非线性需考虑进来，则式（13.33）必须迭代求解，因为校正电流 $\Delta\underline{\boldsymbol{I}}_L$ 依赖于电压。迭代公式是

$$\underline{\boldsymbol{L}}_{LL}\underline{\boldsymbol{b}}_{L}^{(l+1)}=(\Delta\underline{\boldsymbol{I}}_{L}^{(l)}+\underline{\boldsymbol{I}}_{N}),\quad \underline{\boldsymbol{R}}_{LL}\underline{\boldsymbol{V}}_{L}^{(l+1)}=\underline{\boldsymbol{b}}_{L}^{(l+1)} \tag{13.34}$$

式中，$\Delta\underline{\boldsymbol{I}}_L^{(l)}=\Delta\underline{\boldsymbol{I}}_L(\underline{\boldsymbol{V}}_L^{(l)})$ 是负荷校正电流向量。上标 l 表示迭代次数。

如果转子凸极效应需要考虑进来，则发电机诺顿电流$\underline{\boldsymbol{I}}_N$ 也必须迭代计算，方法类似于式（13.27）中计算等效电动势。这些迭代可以与计算负荷节点的电压和校正电流所需的迭代一起执行。该方法的简化框图如图 13-9 所示。

13.2.3　牛顿法

第 3 章介绍的牛顿法是用来求解网络功率-电压方程的。在系统仿真中也会使用牛顿法，但现在用于求解一组电流-电压方程，因而其求解算法不同于稳态潮流计算。牛顿法的一个特别吸引人的特点是，如果在系统的（a，b）直角坐标系中求解网络的节点电流-电压方程，那么转子的凸极效应可以很方便地考虑进来。为了考虑凸极效应，需将发电机方程加入到以实数表示的如式（3.154）所示的网络节点导纳方程中。

假设发电机由 4 阶暂态模型（$\dot{E}'_d$，$\dot{E}'_q$，$\dot{\delta}$，$\dot{\omega}$）表示，则发电机电枢电压方程式（11.104）可写为

$$\begin{bmatrix} E'_d-V_d \\ E'_q-V_q \end{bmatrix}=\begin{bmatrix} 0 & -X'_q \\ X'_d & 0 \end{bmatrix}\begin{bmatrix} I_d \\ I_q \end{bmatrix} \tag{13.35}$$

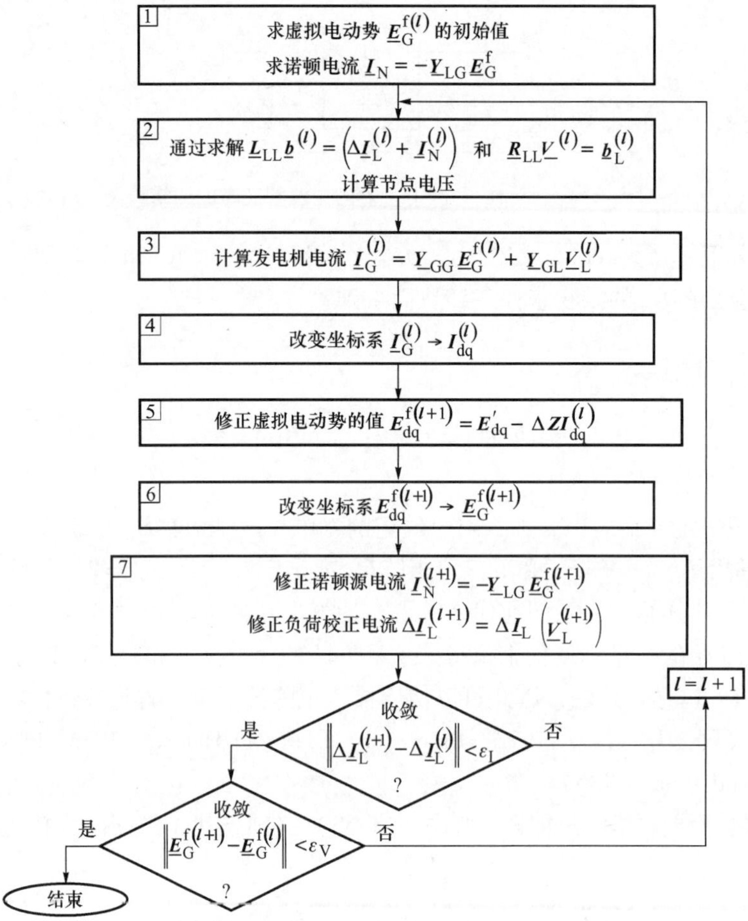

图 13-9　考虑了负荷非线性和转子凸极效应的基于三角分解的网络方程求解算法简化流程图

对式（13.35）求逆可得

$$\begin{bmatrix} I_d \\ I_q \end{bmatrix} = \frac{1}{X'_d X'_q}\begin{bmatrix} 0 & X'_q \\ -X'_d & 0 \end{bmatrix}\begin{bmatrix} E'_d - V_d \\ E'_q - V_q \end{bmatrix} \quad 即 \quad \boldsymbol{I}_{dq} = \boldsymbol{Y}_{dq}(\boldsymbol{E}'_{dq} - \boldsymbol{V}_{dq}) \tag{13.36}$$

这些电压和电流是在发电机（d，q）坐标系内的，需要通过式（3.166）中的变换矩阵 $\boldsymbol{T}$ 将其转换到系统坐标系（a，b）中：

$$\begin{bmatrix} I_a \\ I_b \end{bmatrix} = (\boldsymbol{T}^{-1}\boldsymbol{Y}_{dq}\boldsymbol{T})\begin{bmatrix} E'_a - V_a \\ E'_b - V_b \end{bmatrix} \quad 即 \quad \boldsymbol{I}_{ab} = \boldsymbol{Y}_{ab}(\boldsymbol{E}'_{ab} - \boldsymbol{V}_{ab}) \tag{13.37}$$

式中，

$$\boldsymbol{Y}_{ab} = \boldsymbol{T}^{-1}\boldsymbol{Y}_{dq}\boldsymbol{T} = \frac{1}{X'_d X'_q}\begin{bmatrix} -\sin\delta & \cos\delta \\ \cos\delta & \sin\delta \end{bmatrix}\begin{bmatrix} 0 & X'_q \\ -X'_d & 0 \end{bmatrix}\begin{bmatrix} -\sin\delta & \cos\delta \\ \cos\delta & \sin\delta \end{bmatrix}$$

$$= \frac{1}{X'_d X'_q}\begin{bmatrix} \frac{1}{2}(X'_d - X'_q)\sin 2\delta & -X'_q\sin^2\delta - X'_d\cos^2\delta \\ X'_q\cos^2\delta + X'_d\sin^2\delta & -\frac{1}{2}(X'_d - X'_q)\sin 2\delta \end{bmatrix} = \begin{bmatrix} g_a & -b_{ab} \\ b_{ba} & g_b \end{bmatrix} \tag{13.38}$$

是一个与式（3.154）中 $\boldsymbol{Y}_{ij}$形式相似的子矩阵。在节点导纳法中，子矩阵 $\boldsymbol{Y}_{ab}$描述了一个具有暂态凸极效应的发电机。一般来说，由于 $g_a \neq g_b$ 和 $b_{ab} \neq b_{ba}$，不存在导纳为$\underline{Y}_{ab}$的等效支路，因此无法得出凸极电机的等效电路。这种情况下，式（13.37）不能写成复数形式$\underline{I} = \underline{Y}_{ab}(E' - \underline{V})$，因为等效导纳$\underline{\boldsymbol{Y}}_{ab}$不存在。如果忽略暂态凸极效应，则 $X'_d = X'_q$，那么子矩阵$\underline{Y}_{ab}$是斜对称的，因为 $g_a = g_b = 0$ 和 $b_{ab} = b_{ba} = 1/X'_d$，因而现在存在一个导纳为$\underline{Y}_{ab} = 0 + jb_{ab} = j(1/X'_d)$ 的等效支路来表示发电机，对于戴维南电源，其如图 13-4 所示，对于诺顿电源，其如图 13-8 所示，在这两种情况下都有 $X_i^f = X'_d$。

由于凸极效应，发电机的电流-电压方程在（a，b）坐标系中只能用实数来表示，不能用复数来表示。为了将式（13.37）包括进网络方程式（13.14）或式（13.31），后者也必须采用实数表达，其方式与式（3.155）相同。这样，每台发电机将由一个如式（13.38）所示的子矩阵表示，该子矩阵被叠加到实数子矩阵 $\boldsymbol{Y}_{GG}$、$\boldsymbol{Y}_{GL}$、$\boldsymbol{Y}_{LG}$和 $\boldsymbol{Y}_{LL}$的各个元素中。对于诺顿源，式（13.31）可改写为

$$\boldsymbol{Y}_{LL}(\delta)\boldsymbol{V}_L = \Delta\boldsymbol{I}_L(\boldsymbol{V}_L) + \boldsymbol{I}_N \tag{13.39}$$

式中，实矩阵 $\boldsymbol{Y}_{LL}(\delta)$ 标示为 δ 的函数，以强调该矩阵中与发电机对应的对角元素是按照式（13.38）中子矩阵所定义的方式依赖于功角的。随着发电机转子角的变化，这些子矩阵的元素也会随着时间的变化而变化。

诺顿源电流 $\boldsymbol{I}_N$ 可以写为

$$\boldsymbol{I}_N = -\boldsymbol{Y}_{LG}(\delta)\boldsymbol{E}_G \tag{13.40}$$

式中，矩阵 $\boldsymbol{Y}_{LG}(\delta)$ 由式（13.38）的子矩阵构成，$\boldsymbol{E}_G$ 是由单台发电机电动势 $\boldsymbol{E}'_{ab}$构成的向量。所有变量都在（a，b）系统坐标系中。

为了求解方程式（13.39），可以将它改写成标准牛顿形式：

$$\boldsymbol{F}(\boldsymbol{V}_L) = [\boldsymbol{Y}_{LG}(\delta)\boldsymbol{E}_G - \Delta\boldsymbol{I}_L(\boldsymbol{V}_L)] + \boldsymbol{Y}_{LL}(\delta)\boldsymbol{V}_L = 0 \tag{13.41}$$

利用牛顿迭代公式得

$$\boldsymbol{V}_L^{(l+1)} = \boldsymbol{V}_L^{(l)} - \left[\frac{\partial \boldsymbol{F}}{\partial \boldsymbol{V}_L}\right]_l^{-1} \boldsymbol{F}(\boldsymbol{V}_L^l) \tag{13.42}$$

式中，雅可比矩阵为

$$\left[\frac{\partial \boldsymbol{F}}{\partial \boldsymbol{V}_L}\right] = \boldsymbol{Y}_{LL}(\delta) - \left[\frac{\partial \Delta\boldsymbol{I}_L}{\partial \boldsymbol{V}_L}\right] \tag{13.43}$$

其等于节点导纳矩阵减去校正电流对电压的导数矩阵。此校正矩阵是对角形的，其元素的形式是

$$\left[\frac{\partial \Delta I_i}{\partial V_i}\right] = \begin{bmatrix} \dfrac{\partial \Delta I_{ai}}{\partial V_{ai}} & \dfrac{\partial \Delta I_{ai}}{\partial V_{bi}} \\ \dfrac{\partial \Delta I_{bi}}{\partial V_{ai}} & \dfrac{\partial \Delta I_{bi}}{\partial V_{bi}} \end{bmatrix} \tag{13.44}$$

对式（13.44）中导数的计算方法需要做一些解释。在直角坐标系中，校正功率与校正电流之间的关系可以表示为

$$\begin{bmatrix} \Delta P_i \\ \Delta Q_i \end{bmatrix} = \begin{bmatrix} V_{ai} & V_{bi} \\ V_{bi} & -V_{ai} \end{bmatrix} \begin{bmatrix} \Delta I_{ai} \\ \Delta I_{bi} \end{bmatrix} \quad 即 \quad \begin{bmatrix} \Delta I_{ai} \\ \Delta I_{bi} \end{bmatrix} = \frac{1}{|V_i|^2} \begin{bmatrix} V_{ai} & V_{bi} \\ V_{bi} & -V_{ai} \end{bmatrix} \begin{bmatrix} \Delta P_i \\ \Delta Q_i \end{bmatrix} \tag{13.45}$$

做替换

$$\Delta p_i = \frac{\Delta P_i}{|V_i|^2}, \quad \Delta q_i = \frac{\Delta Q_i}{|V_i|^2} \tag{13.46}$$

式（13.45）可以改写为

$$\begin{bmatrix} \Delta I_{ai} \\ \Delta I_{bi} \end{bmatrix} = \begin{bmatrix} V_{ai} & V_{bi} \\ V_{bi} & -V_{ai} \end{bmatrix} \begin{bmatrix} \Delta p_i \\ \Delta q_i \end{bmatrix} \tag{13.47}$$

对式（13.47）求导得

$$\frac{\partial \Delta I_{ai}}{\partial V_{ai}} = V_{ai}\frac{\partial \Delta p_i}{\partial V_{ai}} + \Delta p_i + V_{bi}\frac{\partial \Delta q_i}{\partial V_{ai}}$$

$$\frac{\partial \Delta I_{ai}}{\partial V_{bi}} = V_{bi}\frac{\partial \Delta q_i}{\partial V_{bi}} + \Delta q_i + V_{ai}\frac{\partial \Delta p_i}{\partial V_{bi}}$$

$$\frac{\partial \Delta I_{bi}}{\partial V_{ai}} = -V_{ai}\frac{\partial \Delta q_i}{\partial V_{ai}} - \Delta q_i + V_{bi}\frac{\partial \Delta p_i}{\partial V_{ai}}$$

$$\frac{\partial \Delta I_{bi}}{\partial V_{bi}} = V_{bi}\frac{\partial \Delta p_i}{\partial V_{ai}} + \Delta p_i - V_{ai}\frac{\partial \Delta q_i}{\partial V_{bi}}$$

将上式代入式（13.44）并整理后得

$$\left[\frac{\partial \Delta I_i}{\partial V_i}\right] = \begin{bmatrix} V_{ai} & V_{bi} \\ V_{bi} & -V_{ai} \end{bmatrix} \begin{bmatrix} \dfrac{\partial \Delta p_i}{\partial V_{ai}} & \dfrac{\partial \Delta p_i}{\partial V_{bi}} \\ \dfrac{\partial \Delta q_i}{\partial V_{ai}} & \dfrac{\partial \Delta q_i}{\partial V_{bi}} \end{bmatrix} + \begin{bmatrix} \Delta p_i & \Delta q_i \\ -\Delta q_i & \Delta p_i \end{bmatrix}$$

$$= \frac{1}{|V_i|}\begin{bmatrix} V_{ai} & V_{bi} \\ -V_{bi} & -V_{ai} \end{bmatrix} \begin{bmatrix} \dfrac{\partial \Delta p_i}{\partial |V_i|} & \dfrac{\partial \Delta p_i}{\partial |V_i|} \\ \dfrac{\partial \Delta q_i}{\partial |V_i|} & \dfrac{\partial \Delta q_i}{\partial |V_i|} \end{bmatrix} \begin{bmatrix} V_{ai} & 0 \\ 0 & V_{bi} \end{bmatrix} + \begin{bmatrix} \Delta p_i & \Delta q_i \\ -\Delta q_i & \Delta p_i \end{bmatrix} \tag{13.48}$$

如果将第 2 个矩阵表达成如下形式：

$$\frac{\partial \Delta p_i}{\partial V_{ai}} = \frac{\partial \Delta p_i}{\partial |V_i|}\frac{\partial |V_i|}{\partial V_{ai}} = \frac{\partial \Delta p_i}{\partial |V_i|}\frac{\partial}{\partial V_{ai}}\sqrt{V_{ai}^2 + V_{bi}^2} = \frac{1}{|V_i|}\frac{\partial \Delta p_i}{\partial |V_i|}V_{ai}$$

那么，偏导数 $\partial \Delta p_i / \partial |V_i|$ 和 $\partial \Delta q_i / \partial |V_i|$ 可以通过静态负荷特性 $P(V)$ 和 $Q(V)$ 进行计算。

求解算法由迭代方程式（13.42）、雅可比矩阵方程式（13.43）和校正电流式（13.48）构成。该算法可以通过使用不诚实的牛顿法来简化，其中雅可比矩阵仅在每个积分步的开始时使用校正电流的初始值计算一次。当模拟网络扰动时，在这些积分步中不应使用这种简化，因为校正电流的变化可能很大。

如果忽略转子凸极效应和负荷校正电流，牛顿法的式（13.42）与部分矩阵求逆方法的式（13.20）的第 2 个方程相同。这可以通过将 $\Delta \boldsymbol{I}_{\mathrm{L}} = 0$、$\boldsymbol{Y}_{\mathrm{LL}}(\delta) = \boldsymbol{Y}_{\mathrm{LL}} =$ 常数和 $\boldsymbol{V}_{\mathrm{L}}^{(l+1)} = \boldsymbol{V}_{\mathrm{L}}^{l}$ 代入式（13.42）和式（13.41）来得到证明。

13.2.4 避免迭代的方法和网络求解的多种方法

图 13-3 所示的分割求解的基本算法试图通过求解线性代数方程式（13.2），将 $\boldsymbol{x}(t)$ 的给定值与变量 $\boldsymbol{y}(t)$ 的值相匹配。在对 $\boldsymbol{x}(t)$ 的每次预测和每次校正后，都要重复求解代数方程式（13.2）。加快算法速度的一种方法是在分割求解过程的某个适当阶段用 $\boldsymbol{y}(t)$ 的外

推值来代替代数方程式（13.2）的解。由于 $\boldsymbol{y}(t)$ 的外推值只是一个近似值，因此在式（13.1）的右边会引入一个误差，被称为交接误差，该误差会影响 $\boldsymbol{x}(t)$ 的精度。

在分割解的基本算法中引入外推法的途径有3种：

1）在每次预测后求解代数方程，而在每次校正后使用外推值。

2）在每次预测后和最后一次校正后求解代数方程。

3）在每次校正后求解代数方程，而 $\boldsymbol{y}(t)$ 和 $\boldsymbol{x}(t)$ 的预测值则通过外推法一起得到。

不建议使用第一种方法，因为它可能会引入较大的交接误差，从而迫使积分步长缩短。第二种和第三种方法要好得多，且第三种方法更为可取，因为这种方法在校正过程中将预测阶段产生的交接误差消除了。在这种情况下，对于每个积分步外推法减少了一次代数方程的求解。显然，只有当所需的校正次数很少且校正算法收敛很快时，这种方法才是有益的。

在大多数情况下，$\boldsymbol{y}(t)$ 中的变量是单独外推且相互独立的。通常采用简单外推公式，其使用前两步或前三步中已得到的变量的过去值。这些公式中的典型代表是表13-2中作为变种Ⅱ所列出的公式，如

$$x_{k+1}=2x_k-x_{k-1} \quad 或 \quad x_{k+1}=3x_k-3x_{k-1}+x_{k-2}$$

而 Adibi，Hirsch and Jordan（1974）建议采用如下方式更新负荷节点的复数电压：

$$\underline{V}_{k+1}=\frac{\underline{V}_k^2}{\underline{V}_{k-1}} \quad 或 \quad \underline{V}_{k+1}=\frac{\underline{V}_k^3\,\underline{V}_{k-2}}{\underline{V}_{k-1}^2} \tag{13.49}$$

使用式（13.49）外推出所有负荷节点电压后，利用数值积分得到的发电机电动势，根据节点方程式（13.14）计算出发电机电流。外推法也可用于得到诸如发电机有功功率、电压误差等其他变量的值（Stott，1979）。一般不采用高阶外推公式来更新 $\boldsymbol{y}(t)$，因为与简单公式相比，精度的提高是很小的。此外，网络扰动后情况会变得复杂，因为在不连续发生的时刻，变量的所有前值都是无效的，外推必须从扰动发生后的那一步开始。有时外推过程中不使用任何前值，而是形成一个联接 $\boldsymbol{y}(t)$ 增量与 $\boldsymbol{x}(t)$ 增量的线性化方程（Stott，1979）。

除了在每个积分步中减少所需的求解代数方程的次数外，避免网络求解过程中的迭代也是可能的。这些迭代是由负荷的非线性特性和发电机转子的凸极效应引起的。通过使用6阶或5阶次暂态模型而不是4阶或3阶暂态模型可以减少考虑发电机凸极效应所需的迭代次数。表4-3表明，暂态凸极效应 $X'_q \neq X'_d$ 通常比次暂态凸极效应 $X''_q \neq X''_d$ 大得多，因此采用次暂态模型的迭代过程比采用暂态模型的迭代过程收敛得更快，迭代次数也更少。不幸的是，由更快收敛速度而减少的计算时间部分地被次暂态模型所需的更短积分步所抵消，因为次暂态模型需要考虑更小的时间常数。由于次暂态凸极效应通常很小，Dandeno and Kundur（1973）建议，为了得到快速的非迭代解法，应采用忽略次暂态凸极效应的次暂态模型。采用这种方法，所得到的解比忽略阻尼绕组的暂态模型更精确。在这种非迭代算法中，考虑负荷非线性所需的迭代仅在不连续时刻进行，即仅在扰动发生时刻进行。除扰动外，负荷节点的电压变化平缓，因此每个积分步中的校正电流可以根据前一步中的电压进行计算，即

$$\Delta\boldsymbol{I}_{L(k+1)}=\Delta\boldsymbol{I}_L(\boldsymbol{V}_{L(k)}) \tag{13.50}$$

在这些假设条件下，网络方程可以不用迭代法求解，除了不连续的时刻，可以使用部分矩阵求逆法或矩阵因式分解法求解。在不连续时刻，电压的变化可能很大，为了精确计算校正电流，有必要进行几次迭代。Adibi，Hirsch and Jordan（1974）指出，由式（13.50）所产生的细小误差可以通过负荷节点电压的外推而得到部分消除，从而提高校正电流的估计精度。

基于这些假设，可以对图13-3中的求解算法进行改进。在不连续时刻求解代数方程的阶段3，可以使用式（13.21）或式（13.34）来引入模拟非线性负荷所需的迭代。预测后阶段5的代数方程求解，可以用代数变量 $\boldsymbol{y}(t)$ 的外推来替代；而校正后阶段7的代数方程求解，可以使用式（13.20）或式（13.33）非迭代地对网络方程进行求解。

13.3 统一解法

统一解法的概念是用隐式积分公式将微分方程式（13.1）变为代数方程形式，然后与式（13.2）中的网络代数方程一起进行联立的代数方程求解。

任何隐式积分公式都可以写成如下的一般形式：

$$x_{k+1}=\beta_k+hb_0f(x_{k+1}) \tag{13.51}$$

式中，h 是积分步长，b_0 是取决于具体积分方法的一个系数，$f(x_{k+1})$ 是微分方程式（13.1）的右边在 x_{k+1} 下的值，而

$$\beta_k = x_k + \sum_j b_j f_{k+1-j} \tag{13.52}$$

是一个与前面所有步有关的系数。利用式（13.51），式（13.1）和式（13.2）可以改写为

$$\begin{aligned}&\boldsymbol{F}_1(\boldsymbol{x}_{k+1},\boldsymbol{y}_{k+1})=\boldsymbol{f}(\boldsymbol{x}_{k+1},\boldsymbol{y}_{k+1})-\frac{1}{hb_0}\boldsymbol{x}_{k+1}-\boldsymbol{\beta}_k=\boldsymbol{0}\\&\boldsymbol{F}_2(\boldsymbol{x}_{k+1},\boldsymbol{y}_{k+1})=\boldsymbol{g}(\boldsymbol{x}_{k+1},\boldsymbol{y}_{k+1})=\boldsymbol{0}\end{aligned} \tag{13.53}$$

式中，$\boldsymbol{\beta}_k$ 是包含 β_k 值的列向量。

牛顿方法给出的迭代公式为

$$\begin{bmatrix}\boldsymbol{x}_{k+1}^{(l+1)}\\\boldsymbol{y}_{k+1}^{(l+1)}\end{bmatrix}=\begin{bmatrix}\boldsymbol{x}_{k+1}^{(l)}\\\boldsymbol{y}_{k+1}^{(l)}\end{bmatrix}-\begin{bmatrix}\boldsymbol{f}_x-\frac{1}{hb_0}\boldsymbol{1} & \boldsymbol{f}_y\\\boldsymbol{g}_x & \boldsymbol{g}_y\end{bmatrix}^{-1}\begin{bmatrix}\boldsymbol{F}_1(\boldsymbol{x}_{k+1}^{(l)},\boldsymbol{y}_{k+1}^{(l)})\\\boldsymbol{F}_2(\boldsymbol{x}_{k+1}^{(l)},\boldsymbol{y}_{k+1}^{(l)})\end{bmatrix} \tag{13.54}$$

式中，$\boldsymbol{1}$ 是单位对角矩阵，而 $\boldsymbol{f}_x=\partial\boldsymbol{f}/\partial\boldsymbol{x}$、$\boldsymbol{f}_y=\partial\boldsymbol{f}/\partial\boldsymbol{y}$、$\boldsymbol{g}_x=\partial\boldsymbol{g}/\partial\boldsymbol{x}$、$\boldsymbol{g}_y=\partial\boldsymbol{g}/\partial\boldsymbol{y}$ 是雅可比子矩阵。式（13.54）中的雅可比矩阵是稀疏的，因此仿真大型系统的计算机程序通常不会显式地求该矩阵的逆。相反，式（13.54）是通过三角分解及前代和回代进行求解的。网络方程在系统坐标系（a，b）中以直角坐标形式表示，这样转子的凸极效应可以很容易被包括进来。每次迭代都要对非线性负荷的校正电流进行修正。这个方法的有效性既取决于牛顿方法中进行迭代的变量的选择，也取决于稀疏矩阵技术的熟练应用。通过对变量进行适当分组，可以使用分块矩阵，这在计算中也发挥了重要作用。

Vorley（1974）提出了上述方法的一个变种，其中式（13.1）和式（13.2）的排列方式使得发电机的微分方程和代数方程被组合在一起，从而产生一个如下形式的方程：

$$\left[\begin{array}{ccc:ccc}1&\cdots&0&&&\\\vdots&\ddots&\vdots&&&\\0&\cdots&1&&&\\\hdashline&&&0&\cdots&0\\&&&\vdots&\ddots&\vdots\\&&&0&\cdots&0\end{array}\right]\begin{bmatrix}\dot{x}_1\\\vdots\\\dot{x}_r\\\hdashline\dot{x}_{r+1}\\\vdots\\\dot{x}_m\end{bmatrix}=\begin{bmatrix}f_1\\\vdots\\f_r\\\hdashline f_{r+1}\\\vdots\\f_m\end{bmatrix}\quad 即\quad \boldsymbol{c}_i\dot{\boldsymbol{x}}_i=\boldsymbol{f}_i(\boldsymbol{x}_i,\boldsymbol{V}) \tag{13.55}$$

式中，（x_1，…，x_r）是描述第 i 台发电机组的微分方程变量，而（x_{r+1}，…，x_m）是描述该机组的代数方程变量。由于矩阵 $\boldsymbol{c}_i$ 是奇异的，所以这个方程是奇异的。整个系统可以描述为

$$\begin{aligned} \boldsymbol{C}\dot{\boldsymbol{x}} &= \boldsymbol{F}(\boldsymbol{x},\boldsymbol{V}) \\ \boldsymbol{0} &= \boldsymbol{G}(\boldsymbol{x},\boldsymbol{V}) \end{aligned} \tag{13.56}$$

式中，第一个方程式由对应于单台发电机组的式（13.55）组成，第二个方程式为节点电压方程式，是用于描述网络的。使用隐式积分公式和牛顿方程（如式（13.54）所示），可得

$$\begin{bmatrix} \boldsymbol{x}_{k+1}^{(l+1)} \\ \boldsymbol{V}_{k+1}^{(l+1)} \end{bmatrix} = \begin{bmatrix} \boldsymbol{x}_{k+1}^{(l)} \\ \boldsymbol{V}_{k+1}^{(l)} \end{bmatrix} - \left[\begin{array}{c:c} \boldsymbol{F}_x - \dfrac{1}{hb_0}\boldsymbol{C} & \boldsymbol{F}_v \\ \hdashline \boldsymbol{G}_x & \boldsymbol{G}_v \end{array}\right]^{-1} \begin{bmatrix} \boldsymbol{F}(\boldsymbol{x}_{k+1}^{(l)},\boldsymbol{V}_{k+1}^{(l)}) - \dfrac{1}{hb_0}\boldsymbol{C}(\boldsymbol{x}_{k+1}^{(l)} - \boldsymbol{\beta}_k) \\ \boldsymbol{G}(\boldsymbol{x}_{k+1}^{(l)},\boldsymbol{V}_{k+1}^{(l)}) \end{bmatrix} \tag{13.57}$$

式中，$\boldsymbol{F}_x = \partial \boldsymbol{f}/\partial \boldsymbol{x}$、$\boldsymbol{F}_v = \partial \boldsymbol{f}/\partial \boldsymbol{V}$、$\boldsymbol{G}_x = \partial \boldsymbol{G}/\partial \boldsymbol{x}$ 和 $\boldsymbol{G}_v = \partial \boldsymbol{G}/\partial \boldsymbol{V}$ 是雅可比矩阵的子矩阵。

单台发电机组的雅可比矩阵具有块状结构，可用于简化矩阵的分解。为了加快计算速度，可以采用不诚实的牛顿法，在每个积分步中，雅可比矩阵采用根据预测值计算的常量矩阵。上述方法还可以做进一步的简化，即只在网络发生扰动后对雅可比矩阵进行修正，或在经过多个积分步后对雅可比矩阵进行修正。达到收敛所需的迭代次数可作为是否需要对雅可比矩阵进行修正的指示器，如果迭代次数超过预设值（例如 3），则更新此矩阵。

仿真中还可以采用变积分步长和变阶插值公式。由于微分方程和代数方程是一起求解的，因此不存在两者之间的交接问题；而使用牛顿法，即使在刚性系统中使用长积分步长，也不存在收敛问题。在每个积分步的开始，迭代过程中使用了根据外推得到的初始值。

采用统一解法的其他例子可参考文献（Adibi，Hirsch and Jordan，1974；Harkopf，1978；Stott，1979；Rafian，Sterling and Irving，1987）。

13.4　求解方法的比较

统一解法很容易考虑转子凸极效应和非线性负荷特性，对于长时间段的仿真特别有吸引力。牛顿法结合隐式积分公式，使得积分步长在变量变化不太陡时可以加大；而不诚实的牛顿法可以用来加速计算；统一解法消除了代数方程和微分方程之间的交接问题。

相反，对于短时间段的仿真，分割解法是很有吸引力的。它们更灵活，更容易组织，并允许引入一些简化以加快求解的速度。但是，除非很小心，否则这些简化可能会导致较大的交接误差。文献中描述的大多数动态仿真程序都是基于分割解法的。

分割解法的主要特点是与网络方程的求解方法有关的。部分矩阵求逆只对简化系统有吸引力，因为部分求逆的节点矩阵的子矩阵是满阵。如果节点矩阵很大，这些子矩阵就占用了大量的计算机内存。此外，由于这些子矩阵中非零元的数量很大，求解网络方程所需的算术运算也很大。通过假设负荷是线性的（恒定导纳），并且只计算少量负荷节点上的电压，从而限制相关求逆子矩阵的维数，可以提高求解速度。当采用基于第 14 章讨论的同调发电机聚合方法得出的简化模型时，这种方法变得特别有吸引力。在这种情况下，当重新组织算法时，用于预测同调发电机群的传递矩阵，在经过与聚合相对应的某些变换后，也可用于求解该简化网络的方程。

如果包含非线性负荷，或者在一定数量的负荷节点上要求电压是变化的，那么矩阵三角分解优于矩阵部分求逆，因为分解后的因子矩阵仍然保持稀疏。对于一个典型的电网，因子矩阵只包含比原始导纳矩阵多 50% 左右的元素，求解该电网所需的算术运算次数也不高。如果因考虑转子凸极效应和非线性负荷而进行的额外修正对迭代次数造成影响，那么三角分解就成为目前最快的求解方法。

使用牛顿法的计算机算法的性质与统一解法相似。与三角分解法相比，牛顿法在每个积分步中需要更大的计算机内存和更多的算术运算。然而，由于收敛性好，牛顿法比三角分解法可以使用更长的积分步长，这部分补偿了每步的计算量。使用不诚实的牛顿法大大加快了计算速度。此外，考虑转子凸极效应和非线性负荷比三角分解法更容易。

值得补充的是，随着计算机能力的不断增强，最近有一种趋势，即开发实时仿真器来对运行人员进行调度和安全监视的培训，它也可以作为在线动态安全评估系统的核心。为了使这些仿真器实时运行，通常需要将程序分割成独立的任务且并行执行（Chai and Bose，1993；Bialek，1996）。

第 14 章

电力系统模型简化——等效方法

由于现代电力系统的规模非常大，电力系统分析程序通常并不能对整个系统进行详细模拟。对大规模电力系统进行模拟的困难来自于多个因素，包括：

1）计算机内存容量的物理限制。

2）模拟大规模电力系统所需的计算时间过多，特别是在运行动态仿真和稳定分析程序时。

3）系统中远离扰动的那个部分对系统的动态行为影响很小，因而没有必要对其进行很精确的模拟。

4）经常性地，互联电力系统中的不同部分属于不同的电力公司，各公司具有其自身的控制中心，并把系统的其他部分当作外部系统处理。

5）在有些国家，私营电力公司之间是互相竞争的，且不愿透露其业务的详细信息，这意味着关于整个系统的关键性数据可能无法得到。

6）即使假定整个系统的所有数据都是可得到的，对相关数据库进行维护也是非常困难和昂贵的。

为了避免出现上述这些问题，可以只对系统的一个部分，称为“内部子系统”，进行详细模拟；而将系统的其余部分，称为“外部子系统”，用简单的模型来表示；此种简单的模型被称为“等效系统”或者仅仅称为“等效”。

14.1 等效的类型

根据是否需要知道外部子系统本身的结构和参数，可以将对外部子系统进行等效的方法大致分为两类。第一类方法不需要任何外部子系统的信息，被用于在线安全评估，此处我们不再做进一步的考察，但这些方法的细节可以参考文献 Dopazo et al.（1977）、Contaxis and Debs（1977）和 Feng，Lubosny and Bialek（2007）。这些方法的典型做法是使用从内部子系统、边界节点和联络线上测得的某些电气量来构成外部系统的等效系统。第二类方法必须知道外部子系统的信息，这被称为“模型简化方法”。这些方法被用于离线系统分析，也是本章的主题。

模型简化方法可以进一步划分为如下三组：

1）物理简化：这种方法根据特定扰动下单个元件对系统响应的影响程度，来为系统元件（发电机、负荷等）选择合适的模型。通常，离扰动电气距离近的元件模拟得更精确，而离扰动电气距离远的元件模拟得粗糙一些。

2）拓扑简化：这种方法对所选节点进行消去或聚合，以降低等效网络的规模及需要模拟的发电机组的数目。

3）模态降阶：采用线性化的外部子系统模型，该模型已消去或忽略未激发模式。

采用模态降阶得到的等效模型其形式是一组降阶的线性微分方程（Undrill and Turner，1971）。这种方法需要将标准的电力系统软件扩展到能够考虑等效系统的特定形式。由于标准软件难以实现模态降阶，这类等效方法很少实际应用。

与物理简化一起使用的拓扑简化方法，给出的等效系统是由标准的系统元件构成的，如等效发电机、等效线路、等效节点等。因此，拓扑等效元件容易附加到内部子系统模型中，并容许使用标准化软件对整个系统进行分析。

如果拓扑简化是采用本章所述的某种方法实现的，那么所得到的简化模型通常能很好地反映系统静态性能和扰动后最初几秒的系统动态性能。这样，当扰动发生在内部子系统时，所得到的简化模型可用于潮流分析和暂态稳定分析。

将整个系统划分成外部子系统和内部子系统的示意图如图14-1所示。外部子系统的简化模型是在假定扰动只发生在内部子系统的前提下建立的。内部子系统与外部子系统之间边沿上的节点有时被称为“边界节点”或“撕裂节点”。拓扑简化通过消去或者聚合节点的方法，将一个由负荷节点和/或发电机节点组成的大规模外部网络变换为一个较小规模的网络。被消去的节点完全从网络中删除，而每组被聚合的节点则用一个等效节点代替。

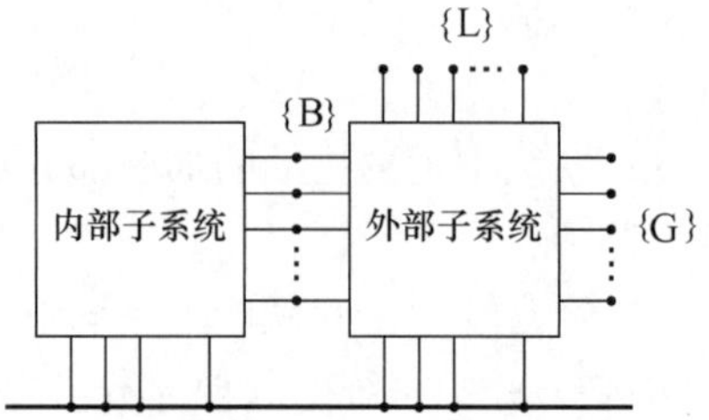

图14-1 内部与外部子系统：{B} 表示边界节点；{L} 表示负荷节点；{G} 表示外部子系统的发电机节点

14.2 网络变换

拓扑简化方法通过消去或聚合节点将大规模网络变成较小规模的等效网络。

14.2.1 消去节点法

图14-2给出了从网络模型中消去节点时的示意图，其中 {E} 是待消去的节点集合，{R} 是需要保留的节点集合，将集合 {E} 消去的原则是保持集合 {R} 上的注入电流和节点电压保持不变。

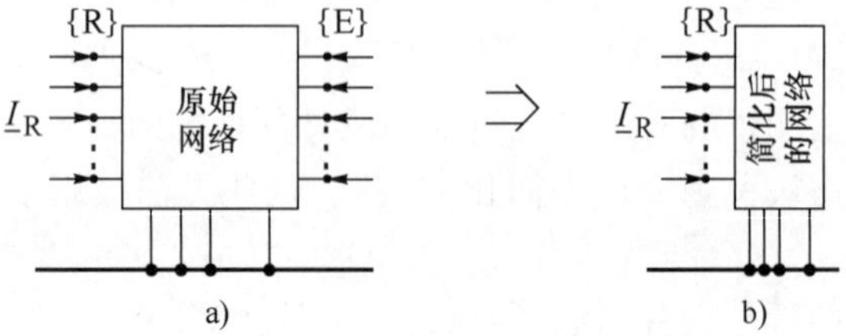

图14-2 消去节点：a）消去前的网络；b）消去后的网络

在消去任何节点前，网络可以用如下的节点方程描述（见3.5节）：

$$\begin{bmatrix} \underline{I}_R \\ \underline{I}_E \end{bmatrix} = \begin{bmatrix} \underline{Y}_{RR} & \underline{Y}_{RE} \\ \underline{Y}_{ER} & \underline{Y}_{EE} \end{bmatrix} \begin{bmatrix} \underline{V}_R \\ \underline{V}_E \end{bmatrix} \tag{14.1}$$

式中，下标标示了待消去的节点集合 {E} 和要保留的节点集合 {R}。通过简单的矩阵代数运算可以将待消去节点的电压和注入电流交换到一起，如下式所示：

$$\begin{bmatrix} \underline{I}_R \\ \underline{V}_E \end{bmatrix} = \begin{bmatrix} \underline{Y}_R & \underline{K}_I \\ \underline{K}_V & \underline{Y}_{EE}^{-1} \end{bmatrix} \begin{bmatrix} \underline{V}_R \\ \underline{I}_E \end{bmatrix} \tag{14.2}$$

式中，

$$\underline{Y}_R = \underline{Y}_{RR} - \underline{Y}_{RE}\underline{Y}_{EE}^{-1}\underline{Y}_{ER},\quad \underline{K}_I = \underline{Y}_{RE}\underline{Y}_{EE}^{-1},\quad \underline{K}_V = -\underline{Y}_{EE}^{-1}\underline{Y}_{ER} \tag{14.3}$$

式（14.2）中的方阵是导纳矩阵的部分逆矩阵，其详细描述见 A.2 节。集合 {R} 的节点注入电流为

$$\underline{I}_R = \underline{Y}_R \underline{V}_R + \Delta \underline{I}_R \tag{14.4}$$

式中，

$$\Delta \underline{I}_R = \underline{K}_I \underline{I}_E$$

式（14.4）描述了简化后的网络中保留节点的注入电流与节点电压之间的关系。由于任何电力网络均可由其导纳矩阵唯一描述，矩阵 $\underline{Y}_R$ 对应于一个简化了的网络，该网络由保留节点和将它们联接起来的等效支路构成。该网络经常被称为“转移网络”，而描述这个网络的矩阵被称为“转移导纳矩阵”。矩阵 $\underline{K}_I$ 将消去节点的注入电流传递给保留节点，因而被称为“分配矩阵”。每个等效电流都是消去节点注入电流的组合。

通过将各消去节点的注入功率用一个恒定并联导纳 $\underline{Y}_{Ei} = S_i^* / V_i^2$ 来代替，并以适当的符号追加到子矩阵 $\underline{Y}_{EE}$ 的对角元素中（对于网络图而言相当于一个并联支路），可以得到式（14.4）的另一种形式。这种情况下待消去节点上的注入电流就变为零（$\underline{I}_E = \underline{0}$），从而简化后的网络中不再包含任何等效电流（$\Delta\underline{I}_R = \underline{0}$）。这种做法相当方便，但存在一个缺点：等效并联支路具有很大的电导值，其与有功功率注入相对应，在简化后的网络中它会变为等效支路的一个部分。这样，等效网络中的支路可能存在 X/R 比较小的情况，从而导致某些潮流计算程序的收敛问题。

对基于式（14.2）和式（14.4）消去网络节点的方法，不同的作者给出了不同的命名。Edelmann（1974）将其称为 Gauss-Rutishauser 消去法，而 Brown（1975）和 Grainger and Stevenson（1994）将其称为 Ward 等效。

14.2.1.1 稀疏矩阵技术

式（14.4）是消去算法的正式表述。实用上会使用稀疏矩阵技术，且为了使消去过程的复杂性和内存需求最小化，每次只处理一个节点（Tewerson，1973；Brameller，Allan and Hamam，1976）。这相当于在导纳矩阵中将对应的行和列进行高斯消去。

考察消去过程中的一步，即消去集合 {E} 中的节点 k。矩阵 $\underline{Y}_{EE} = \underline{Y}_{kk}$ 是一个标量，$\underline{Y}_{RE}$ 是一个列向量，$\underline{Y}_{ER}$ 是一个行向量。矩阵 $\underline{Y}_R$ 的第二部分变为

$$\underline{Y}_{RE}\underline{Y}_{EE}^{-1}\underline{Y}_{ER} = \frac{1}{\underline{Y}_{kk}} \begin{bmatrix} \underline{Y}_{1k} \\ \vdots \\ \underline{Y}_{ik} \\ \vdots \\ \underline{Y}_{nk} \end{bmatrix} [\underline{Y}_{k1} \quad \cdots \quad \underline{Y}_{kj} \quad \cdots \quad \underline{Y}_{kn}] = \frac{1}{\underline{Y}_{kk}} \begin{bmatrix} & \vdots & \\ \cdots & \underline{Y}_{ik}\underline{Y}_{kj} & \cdots \\ & \vdots & \end{bmatrix} \begin{matrix} \\ i \\ \\ \end{matrix} \atop j \tag{14.5}$$

式中，n 是集合 {R} 的节点数。现在假定$\underline{\boldsymbol{Y}}_{ij}^{\text{old}}$是矩阵$\underline{\boldsymbol{Y}}_{\text{RR}}$的一个元素，而$\underline{\boldsymbol{Y}}_{ij}^{\text{new}}$是矩阵$\underline{\boldsymbol{Y}}_{\text{R}}$ 的一个元素。式（14.3）和式（14.5）表明消去节点 k 需要将新矩阵$\underline{\boldsymbol{Y}}_{\text{R}}$ 的每个元素修改为

$$\underline{Y}_{ij}^{\text{new}}=\underline{Y}_{ij}^{\text{old}}-\frac{\underline{Y}_{ik}\underline{Y}_{kj}}{\underline{Y}_{kk}}\quad \text{对于}\quad i\neq k,j\neq k \tag{14.6}$$

如果节点 i 与被消去的节点 k 是直接相连的，那么节点 i 被称为“相邻节点”，对应的互导纳是$\underline{Y}_{ik}\neq 0$；而如果节点 i 不是节点 k 的相邻节点，那么对应的互导纳就都为零。式（14.6）表明：

1）如果节点 i 和节点 j 不是节点 k 的相邻节点，那么消去节点 k 并不改变导纳$\underline{Y}_{ij}$。

2）消去节点 k 将修改所有与其相邻节点之间的导纳值，这意味着其相邻节点之间要建立额外的连接来替代原来与节点 k 的连接。

3）根据式（14.6），在 $i=j$ 的条件下，所有节点 k 的相邻节点的自导纳值也需要修改。

上述两种情况的消去过程示意图如图 14-3 所示。节点 {1，2，3} 是节点 k 的相邻节点，因此消去节点 k 会在这些节点之间建立额外的连接。节点 {4，5} 不是节点 k 的相邻节点，因而它们的连接状态没有变化。

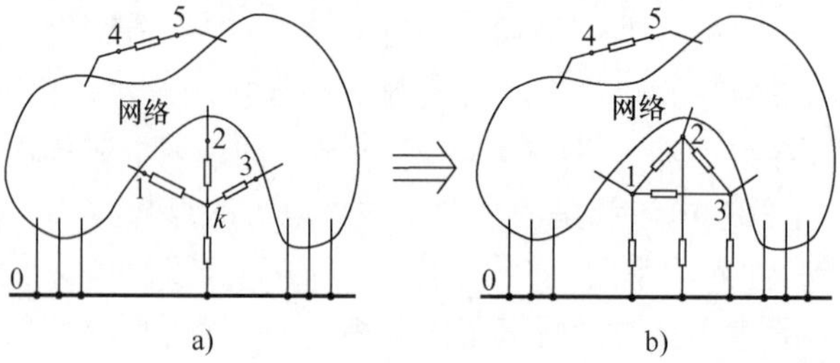

图 14-3 单个节点的消去：a）消去前的情况；b）消去后的情况

在使用稀疏矩阵技术时，从保持结果矩阵的稀疏性和最小化所需的代数运算次数来看，矩阵行/列（或网络节点）的处理顺序是很重要的。虽然不可能设计出一种一般性的最优消去排序策略，但简单的启发式方案通常有很好的效果（Tinney and Walker，1967；Brameller，Allan and Hamam，1976）。这些节点消去方案在每一个消去步中，典型的做法如下：

1）消去具有最少相邻节点的节点。

2）消去产生最小新增连接的节点。

值得注意的是，式（14.6）所定义的消去法是星形-三角形变换的一般化。对于星形-三角形变换这种特例，3 条支路与待消去的节点相连（见图 14-4）。注意，导纳矩阵的非对角元素等于支路导纳的负值，而其对角元素的值等于该节点所连支路导纳的和。考虑到导纳是阻抗的倒数，将式（14.6）应用于三角形联接（见图 14-4b），有

$$\underline{y}_{\text{AB}}=\frac{\underline{y}_{\text{A}}\,\underline{y}_{\text{B}}}{\underline{y}_{\text{A}}+\underline{y}_{\text{B}}+\underline{y}_{\text{C}}} \tag{14.7}$$

化成阻抗形式为

$$\underline{Z}_{\text{AB}}=\frac{\underline{y}_{\text{A}}+\underline{y}_{\text{B}}+\underline{y}_{\text{C}}}{\underline{y}_{\text{A}}\underline{y}_{\text{B}}}=\underline{Z}_{\text{A}}\underline{Z}_{\text{B}}\left(\frac{1}{\underline{Z}_{\text{A}}}+\frac{1}{\underline{Z}_{\text{B}}}+\frac{1}{\underline{Z}_{\text{C}}}\right) \tag{14.8}$$

最后化为

$$\underline{Z}_{AB}=\underline{Z}_A+\underline{Z}_B+\frac{\underline{Z}_A\underline{Z}_B}{\underline{Z}_C} \tag{14.9}$$

类似的做法可应用于剩余的支路$\underline{Z}_{BC}$和$\underline{Z}_{AC}$。式（14.9）是著名的星形-三角形变换公式。

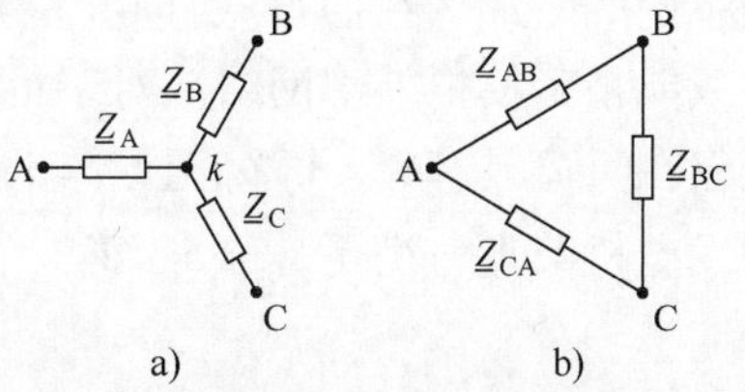

图 14-4　用三角形联接替换星形联接：a）星形联接；b）等效三角形联接

14.2.2　采用 Dimo 法的节点聚合

Dimo 法的示意图如图 14-5 所示，它用一个等效节点 a 来替代一组节点｛A｝。如前所述，｛R｝是保留节点的集合。

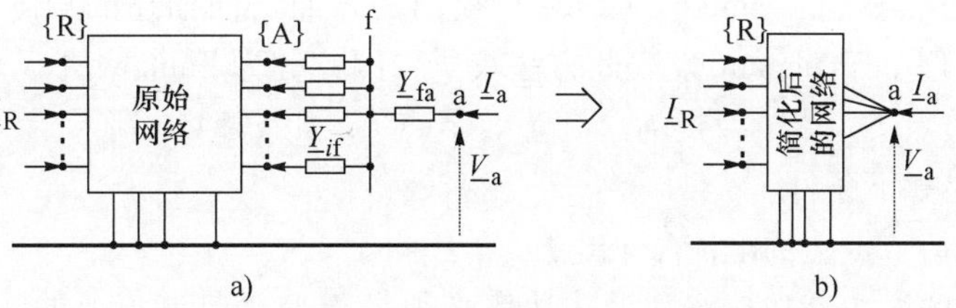

图 14-5　使用 Dimo 法的节点聚合：a）具有虚拟支路的网络；
b）消去节点和虚拟支路后的网络

在变换（Dimo，1971）的第一步，将一些虚拟的支路添加到待聚合的节点上，即节点集合｛A｝上。每个支路导纳按照保证所有添加支路末端电压相等的条件设定。这样，末端的等电压节点可以连接在一起并构成一个虚拟辅助节点 f。各虚拟支路的导纳值可以任意设定，只要满足支路末端电压相等的条件即。通常将这些导纳值设定为与待聚合节点在给定电压下的注入功率相对应，即

$$\underline{Y}_{fi}=\frac{\underline{S}_i^*}{V_i^2},\quad 当\ i\in\{A\} \tag{14.10}$$

这样虚拟辅助节点 f 上的电压就为零。由于等效节点在零电压下运行处理起来不方便，因此通常在虚拟辅助节点 f 上增加一个负导纳的额外虚拟支路。该支路将端点 a 的电压提升到接近网络额定电压的值。负导纳的典型取值为

$$\underline{Y}_{fa}=-\frac{\underline{S}_a^*}{V_a^2}\quad 其中\quad \underline{S}_a=\sum_{i\in\{A\}}\underline{S}_i \tag{14.11}$$

这使得等效节点上的电压$\underline{V}_a$ 等于待聚合节点电压的加权平均值，即

$$\underline{V}_a=\frac{\underline{S}_a}{\underline{I}_a^*}=\frac{\sum\limits_{i\in\{A\}}\underline{S}_i}{\sum\limits_{i\in\{A\}}\left(\frac{\underline{S}_i}{\underline{V}_i}\right)^*} \tag{14.12}$$

将虚拟辅助节点 f 和节点集合｛A｝一起消去，得到一个等效网络，被称为“放射形等效独立（REI）”电路，该电路将等效节点 a 与保留节点集｛R｝连接起来。除了 REI 电路，消去过程还在保留节点之间建立额外的连接支路。

如果运行条件等效前后是不同的，那么在假设式（14.10）中的虚拟支路导纳保持不变的条件下，所获得的等效网络只能精确模拟外部网络。对于负荷节点，这等价于假设负荷可以用恒定导纳来模拟，而这仅仅在负荷具有$\underline{S}_i = V_i^2 \underline{Y}_{fi}^*$且$\underline{Y}_{fi}$ = 恒定值的功率-电压特性下才成立。对于运行在恒定电压下的发电机节点，满足$\underline{Y}_{fi} = \underline{S}_i^* / V_i^2$ = 恒定值的条件是发电机的有功和无功功率可以假定为恒定。

Dimo 法在消去虚拟辅助节点 f 和节点集｛A｝时会产生大量的虚拟支路。由于聚合会引入一个具有负导纳值的支路（式（14.11）），最终的网络模型中有可能存在负导纳支路。此外，待聚合节点上的大功率注入会在等效支路上产生较大的电阻值［式（14.10）］。负支路导纳结合很大的电阻值可能会引起一些潮流程序的收敛问题。

14.2.3 采用 Zhukov 法的节点聚合

这种聚合方法最早是由 Zhukov（1964）提出的，而下面描述的矩阵表达式是由 Bernas（1971）推导的，但鉴于 Zhukov 发表此方法较早，因此称为 Zhukov 法。

聚合包括将节点集｛A｝替换为单个等效节点 a，如图 14-6 所示。｛R｝表示保留节点集。聚合必须满足如下条件：

1）不改变保留节点上的电流$\underline{\boldsymbol{I}}_R$ 和电压$\underline{\boldsymbol{V}}_R$。

2）等效节点的注入有功功率和无功功率必须等于聚合节点集上的注入功率之和，$\underline{S}_a = \sum_{i \in \{A\}} \underline{S}_i$。

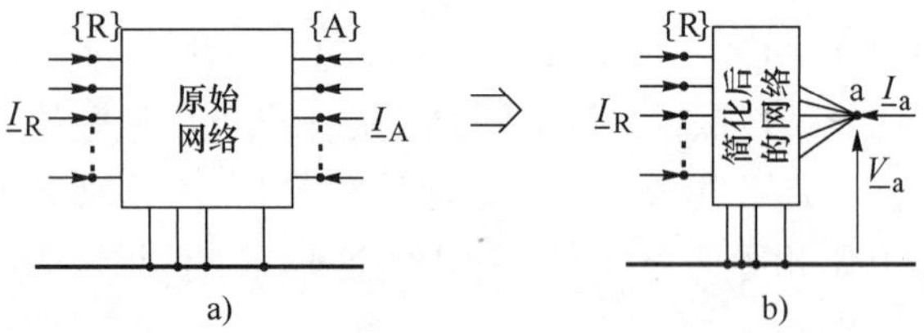

图 14-6 采用 Zhukov 法的节点聚合：a）聚合前的网络；b）聚合后的网络

这样，网络变换可以描述为

$$\begin{bmatrix} \underline{\boldsymbol{I}}_R \\ \underline{\boldsymbol{I}}_A \end{bmatrix} = \begin{bmatrix} \underline{\boldsymbol{Y}}_{RR} & \underline{\boldsymbol{Y}}_{RA} \\ \underline{\boldsymbol{Y}}_{AR} & \underline{\boldsymbol{Y}}_{AA} \end{bmatrix} \begin{bmatrix} \underline{\boldsymbol{V}}_R \\ \underline{\boldsymbol{V}}_A \end{bmatrix} \Rightarrow \begin{bmatrix} \underline{\boldsymbol{I}}_R \\ \underline{I}_a \end{bmatrix} = \begin{bmatrix} \underline{\boldsymbol{Y}}_{RR} & \underline{\boldsymbol{Y}}_{Ra} \\ \underline{\boldsymbol{Y}}_{aR} & \underline{\boldsymbol{Y}}_{aa} \end{bmatrix} \begin{bmatrix} \underline{\boldsymbol{V}}_R \\ \underline{V}_a \end{bmatrix} \tag{14.13}$$

式中，下标表示合适的节点集。由于 a 是单个节点，因此$\underline{\boldsymbol{Y}}_{Ra}$是一个列向量，$\underline{\boldsymbol{Y}}_{aR}$是一个行向量，而$\underline{\boldsymbol{Y}}_{aa}$是一个标量。

第一个条件满足时有

$$\underline{\boldsymbol{Y}}_{RR}\underline{\boldsymbol{V}}_R + \underline{\boldsymbol{Y}}_{RA}\underline{\boldsymbol{V}}_A = \underline{\boldsymbol{Y}}_{RR}\underline{\boldsymbol{V}}_R + \underline{\boldsymbol{Y}}_{Ra}\underline{V}_a \quad 即 \quad \underline{\boldsymbol{Y}}_{RA}\underline{\boldsymbol{V}}_A = \underline{\boldsymbol{Y}}_{Ra}\underline{V}_a \tag{14.14}$$

如果上述条件对任何向量$\underline{\boldsymbol{Y}}_A$ 都是满足的，那么下式一定成立：

$$\underline{\boldsymbol{Y}}_{Ra} = \underline{\boldsymbol{Y}}_{RA}\underline{\boldsymbol{\vartheta}} \tag{14.15}$$

式中，

$$\underline{\boldsymbol{\vartheta}} = \underline{V}_{\mathrm{a}}^{-1}\ \underline{\boldsymbol{V}}_{\mathrm{A}} = \begin{bmatrix} \underline{\vartheta}_1 \\ \underline{\vartheta}_2 \\ \vdots \end{bmatrix} \tag{14.16}$$

是待聚合节点与等效节点之间的电压变换比向量。

第二个条件满足时有

$$\underline{V}_{\mathrm{a}}\ \underline{I}_{\mathrm{a}}^{*} = \underline{\boldsymbol{V}}_{\mathrm{A}}^{\mathrm{T}}\ \underline{\boldsymbol{I}}_{\mathrm{A}}^{*} \tag{14.17}$$

式中，等号左边为等效节点的注入功率；等号右边为待聚合节点注入功率之和。将式（14.13）的$\underline{I}_{\mathrm{a}}$和$\underline{\boldsymbol{I}}_{\mathrm{A}}$代入式（14.17）得

$$\underline{V}_{\mathrm{a}}\ \underline{\boldsymbol{Y}}_{\mathrm{aR}}^{*}\underline{\boldsymbol{V}}_{\mathrm{R}}^{*} + \underline{V}_{\mathrm{a}}\ \underline{Y}_{\mathrm{aa}}^{*}\underline{V}_{\mathrm{a}}^{*} = \underline{\boldsymbol{V}}_{\mathrm{A}}^{\mathrm{T}}\ \underline{\boldsymbol{Y}}_{\mathrm{AR}}^{*}\underline{\boldsymbol{V}}_{\mathrm{R}}^{*} + \underline{\boldsymbol{V}}_{\mathrm{A}}^{\mathrm{T}}\ \underline{\boldsymbol{Y}}_{\mathrm{AA}}^{*}\underline{\boldsymbol{V}}_{\mathrm{A}}^{*} \tag{14.18}$$

如果对任意向量$\underline{\boldsymbol{V}}_{\mathrm{A}}$式（14.18）都成立，那么如下两式一定成立：

$$\underline{\boldsymbol{Y}}_{\mathrm{aR}} = \underline{\boldsymbol{\vartheta}}^{*\mathrm{T}}\underline{\boldsymbol{Y}}_{\mathrm{AR}} \tag{14.19}$$

$$\underline{Y}_{\mathrm{aa}} = \underline{\boldsymbol{\vartheta}}^{*\mathrm{T}}\underline{\boldsymbol{Y}}_{\mathrm{AA}}\underline{\boldsymbol{\vartheta}} \tag{14.20}$$

将式（14.15）、式（14.19）和式（14.20）代入式（14.13）的第 2 个方程，最终可得

$$\begin{bmatrix} \underline{\boldsymbol{I}}_{\mathrm{R}} \\ \underline{I}_{\mathrm{a}} \end{bmatrix} = \left[\begin{array}{c:c} \underline{\boldsymbol{Y}}_{\mathrm{RR}} & \underline{\boldsymbol{Y}}_{\mathrm{RA}}\underline{\boldsymbol{\vartheta}} \\ \hdashline \underline{\boldsymbol{\vartheta}}^{*\mathrm{T}}\underline{\boldsymbol{Y}}_{\mathrm{AR}} & \underline{\boldsymbol{\vartheta}}^{*\mathrm{T}}\underline{\boldsymbol{Y}}_{\mathrm{AA}}\underline{\boldsymbol{\vartheta}} \end{array}\right]\begin{bmatrix} \underline{\boldsymbol{V}}_{\mathrm{R}} \\ \underline{V}_{\mathrm{a}} \end{bmatrix} \tag{14.21}$$

式（14.15）、式（14.19）和式（14.20）描述了等效网络的导纳。连接等效节点与保留节点的等效支路的导纳值依赖于变换比向量$\underline{\boldsymbol{\vartheta}}$，因此也依赖于等效节点的电压相角。由于使等效支路具有很低的电阻值会方便处理，因此等效节点上的电压相角 δ_{a} 被假定为等于待聚合节点上电压相角的加权平均值，即

$$\delta_{\mathrm{a}} = \frac{\sum_{i\in\{\mathrm{A}\}} S_i\delta_i}{\sum_{i\in\{\mathrm{A}\}} S_i} \quad 或 \quad \delta'_{\mathrm{a}} = \frac{\sum_{i\in\{\mathrm{A}\}} M_i\delta'_i}{\sum_{i\in\{\mathrm{A}\}} M_i} \tag{14.22}$$

式中，S_i 是待聚合节点 i 上的视在功率注入值；$M_i = T_{\mathrm{m}i}S_{\mathrm{n}i}/\omega_{\mathrm{s}}$是安装在待聚合节点 i 上的发电机组的惯性系数。第一个公式适用于稳态分析时的等效，而第二个公式适用于采用经典暂态稳定模型（恒暂态电动势 E'_i）表示的发电机群的聚合。

与 Dimo 法相比，Zhukov 法的优势是不会在保留节点 {R} 间引入虚拟支路，这是因为子矩阵$\underline{\boldsymbol{Y}}_{\mathrm{RR}}$在消去过程中没有改变。然而，它会在保留节点上引入虚拟并联支路。为了理解这个问题，检查矩阵$\underline{\boldsymbol{Y}}_{\mathrm{RR}}$的第 i 个对角元素$\underline{Y}_{ii}$，其等于所有与节点 i 相连的串联和并联支路导纳值之和，即

$$\underline{Y}_{ii} = \underline{y}_{i0} + \sum_{j\in\{\mathrm{R}\}}\underline{y}_{ij} + \sum_{k\in\{\mathrm{A}\}}\underline{y}_{ik} \quad 对于 \quad i\in\{\mathrm{R}\} \tag{14.23}$$

式中，$\underline{y}_{i0}$是与节点 i 相连的所有并联支路的导纳值之和；$\underline{y}_{ij}$是连接节点 i 和节点 j 的支路导纳值。在聚合过程中，所有连接节点 $i(i\in\{\mathrm{R}\})$ 与待聚合节点 $k(k\in\{\mathrm{A}\})$ 的支路的导纳$\underline{y}_{ik}$被一个支路导纳为$\underline{y}_{i\mathrm{a}}$的单支路所代替，且一般来说$\underline{y}_{i\mathrm{a}}$不等于 $\sum_{k\in\{\mathrm{A}\}}\underline{y}_{ik}$。由于$\underline{Y}_{ii}$和 $\sum_{i\in\{\mathrm{R}\}}\underline{y}_{ik}$必须保持不变，用$\underline{y}_{i\mathrm{a}}$替换 $\sum_{k\in\{\mathrm{A}\}}\underline{y}_{ik}$必须通过改变$\underline{y}_{i0}$的值来进行补偿。用网络术语来解释的话，Zhukov 法会在保留节点 {R} 上引入某些等效并联导纳。

14.2.3.1　等效导纳矩阵的对称性

如果向量$\underline{\boldsymbol{\vartheta}}$是复数，那么 Zhukov 等效导纳矩阵通常不是对称矩阵（$\underline{\boldsymbol{Y}}_{\mathrm{aR}} \neq \underline{\boldsymbol{Y}}_{\mathrm{Ra}}^{\mathrm{T}}$）。这意味

着如果$\underline{Y}_{ia} \neq \underline{Y}_{ai} (i \in \{R\})$，那么聚合后得到的等效支路的导纳值是依赖于方向的。从计算的角度来看，导纳矩阵不对称是不方便的。图 14-7 说明了怎样通过在等效节点 a 上注入一个校正电流$\underline{\boldsymbol{I}}_c$ 来消除不对称性。校正后，系统的节点方程具有如下形式：

$$\begin{bmatrix} \underline{\boldsymbol{I}}_R \\ \underline{I}_a \end{bmatrix} = \begin{bmatrix} \underline{\boldsymbol{Y}}_{RR} & \underline{\boldsymbol{Y}}_{Ra} \\ \underline{\boldsymbol{Y}}_{Ra}^T & \underline{Y}_{aa} + \dfrac{\underline{I}_c}{\underline{V}_a} \end{bmatrix} \begin{bmatrix} \underline{\boldsymbol{V}}_R \\ \underline{V}_a \end{bmatrix} \tag{14.24}$$

式中，$\underline{I}_c = [(\underline{\boldsymbol{\vartheta}}^* - \underline{\boldsymbol{\vartheta}})^T \underline{\boldsymbol{Y}}_{AR}] \underline{\boldsymbol{V}}_R$ 是校正电流。此电流不是恒定的，因为其依赖于节点集 {R} 上的电压。当差（$\underline{\boldsymbol{\vartheta}}^* - \underline{\boldsymbol{\vartheta}}$）较小时，也就是变换比的虚部很小时，校正电流值很小（与$\underline{I}_a$ 相比可以忽略）。这个条件通常是满足的，因为等效电压的相角［式（14.22）］是在待聚合节点上进行平均的。因此，校正电流的变化可以忽略，从而可以用一个恒定导纳值$\underline{I}_c/\underline{V}_a$ 替换恒定电流，并将其添加到等效节点 a 自导纳中，如图 14-7 中的虚线所示。

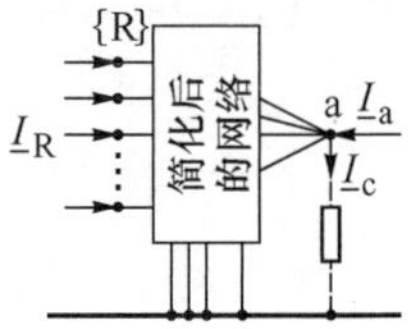

图 14-7　等效网络的对称性

14.2.4　同调性

Zhukov 等效网络的导纳值依赖于待聚合节点（$i \in \{A\}$）和等效节点 a 之间的变换比 $\underline{\vartheta}_i = \underline{V}_i / \underline{V}_a$，这意味着只有在所有节点 $i \in \{A\}$ 的变换比［见式（14.15）］都可以假设保持恒定的前提下，在初始（故障前）状态下得到的等效网络才能在其他状态（暂态或者稳态）下也成立，即要求

$$\frac{\underline{V}_i(t)}{\underline{V}_a(t)} = \frac{\hat{\underline{V}}_i}{\hat{\underline{V}}_a} = \underline{\vartheta}_i = 常数 \quad 对于 i \in \{A\} \tag{14.25}$$

式中，变量顶上的弯弧表示初始状态（稳定平衡点），而简化模型是在此状态下建立的。对任意两个节点 i，$j \in \{A\}$，此条件等价为

$$\frac{\underline{V}_i(t)}{\underline{V}_j(t)} = \frac{V_i(t)}{V_j(t)} e^{j[\delta_i(t) - \delta_j(t)]} = \frac{\hat{V}_i}{\hat{V}_j} e^{j[\hat{\delta}_i - \hat{\delta}_j]} = 常数 \quad 对于 i,j \in \{A\} \tag{14.26}$$

满足上述条件的节点被称为“电气同调节点”或仅仅称为“同调节点”。如果待聚合节点的电压模值可以假定为恒定（就像稳态潮流计算中的 PV 节点），那么上述同调条件式（14.26）就可以简化为

$$\delta_i(t) - \delta_j(t) = \hat{\delta}_{ij} \quad 对于 \quad i,j \in \{A\} \tag{14.27}$$

式中，$\hat{\delta}_{ij} = \hat{\delta}_i - \hat{\delta}_j$ 是初始值。

电力系统仿真的实际经验表明，负荷节点几乎从来不是电气同调的，只有离扰动点非常远的负荷节点才能保持恒定的电压幅值和相角。另一方面，找到同调的发电机节点群通常是可能的，因为系统中的某些发电机群具有一起摇摆的自然趋势。这意味着 Zhukov 法非常适合于聚合电气同调的发电机节点群。

对于用经典发电机模型（见图 5-8）模拟的发电机，发电机节点上的节点电压等于暂态电动势$\underline{E}'_i$，其模值被假定为恒定，即 E'_i = 恒定值，而其相角与转子角 δ'_i相对应。对于这些发电机节点，同调条件式（14.26）简化为

$$\delta'_i(t)-\delta'_j(t)=\hat{\delta}'_{ij}\quad 对于\quad i,j\in\{A\} \tag{14.28}$$

式中，$\hat{\delta}'_{ij}=\hat{\delta}'_i-\hat{\delta}'_j$是初始值。式（14.28）所定义的同调性对发电机转子也是成立的，因此被称为“机电同调”。

一个 3 台发电机的转子摇摆曲线实例如图 14-8 所示。发电机 i 和 j 是机电同调的，因为其转子角之差几乎恒定，尽管两个角都经历了深度的振荡。而发电机 k 与另外 2 台是不同调的，因为其转子角的变化方式不同。

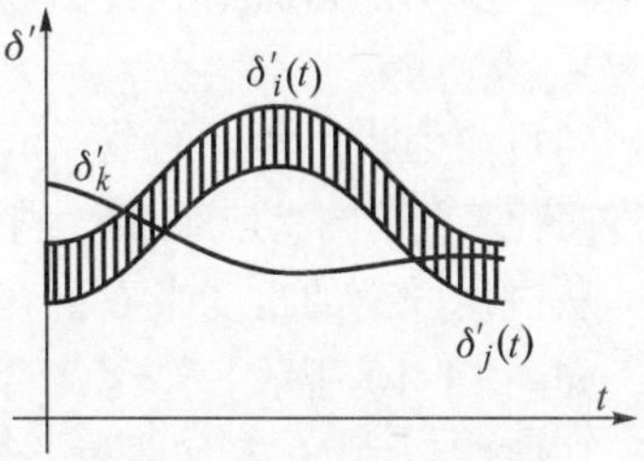

图 14-8　3 台发电机转子角变化示例

条件式（14.28）也可以写成 $[\delta'_i(t)-\hat{\delta}'_i]-[\delta'_j(t)-\hat{\delta}'_j]=0$ 或者 $[\Delta\delta'_i(t)-\Delta\delta'_j(t)]=0$。从实际考虑，可以假定同调性仅仅是在精度 $\varepsilon_{\Delta\delta}$ 下的一种近似，其对应的条件为

$$|\Delta\delta'_i(t)-\Delta\delta'_j(t)|<\varepsilon_{\Delta\delta}\quad 对于\quad i,j\in\{A\}\quad 和\quad t\leqslant t_c \tag{14.29}$$

式中，$\varepsilon_{\Delta\delta}$是一个较小的正数；$t_c$ 是同调性持续的时间。

如果满足

$$\varepsilon_{\Delta\delta}=0\quad 和\quad t_c=\infty \tag{14.30}$$

那么相关的发电机群就被称为“精确同调发电机群”。实际工程中精确同调发电机群很少出现，但在理论上这个定义是有用的。

应当注意到，同调发电机群的摇摆可以看作为一种受约束的运动，如图 14-9 所示，其中发电机 i 和 j 是机电同调的。在 $\delta'_i(t)$、$\delta'_j(t)$ 为坐标的平面中，两台同调发电机的轨迹由式 $\delta'_i(t)=\delta'_j(t)+\hat{\delta}'_{ij}$给出，其可根据同调条件式（14.28）推出。显然，$\delta'_i(t)$ 作为 $\delta'_j(t)$ 的函数，是一条直线。发电机 k 与发电机 i 和 j 不同调（见图 14-9a），因此 $\delta'(t)$ 在以 $\delta'_i(t)$、$\delta'_j(t)$ 和 $\delta'_k(t)$ 为坐标的空间中的轨迹位于穿过前述那条直线的平面上（见图 14-9b）。

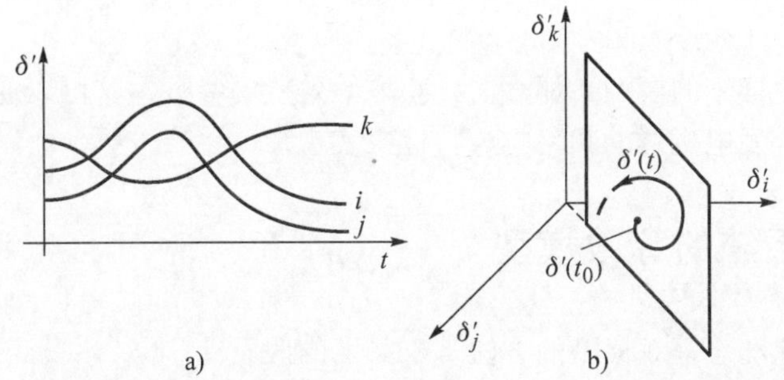

图 14-9　精确同调性示意图：a）转子摇摆曲线；b）转子角空间中的轨迹

当存在更多的同调发电机时，此轨迹就位于各平面的相交线上。该相交线可以用下面的方程式描述：

$$\boldsymbol{\varphi}(\boldsymbol{\delta}')=\mathbf{0} \tag{14.31}$$

式中，$\varphi(\delta')$ 是一个函数向量，由下面的函数构成：

$$\varphi_j(\boldsymbol{\delta})=\delta'_1(t)-\delta'_j(t)-\hat{\delta}'_{1j}=0\quad 对于\quad j\in\{A\}\quad 和\quad j>1 \tag{14.32}$$

式中，$\delta'_{1j0}=\delta'_{10}-\delta'_{j0}$。对属于同调机群｛A｝的每台发电机，式（14.32）可以看作是转子运动的一个约束。

14.3 发电机组的聚合

到目前为止所考虑的节点消去和聚合方法产生的简化网络模型适用于稳态分析。如果需要将简化模型用于动态分析，那么等效发电机组必须加到等效节点上。

从机械方面的角度来看，转子机电同调的发电机群可以被看作是在同一个刚性轴上旋转，如图14-10所示。包含n台此种发电机的发电机群｛A｝可以用一台等效发电机来替代，其惯性系数M_a和机械输入功率P_{ma}为

$$M_a=\sum_{i\in\{A\}}M_i,\quad P_{ma}=\sum_{i\in\{A\}}P_{mi}\tag{14.33}$$

式中，$M_i=T_{mi}S_{mi}/\omega_s$是惯性系数；$P_{mi}$是第$i$台待聚合发电机的机械输入功率。这与Zhukov法是一致的，后者将等效节点的注入功率设定为等于所有待聚合节点的注入功率之和［即式（14.17）］。

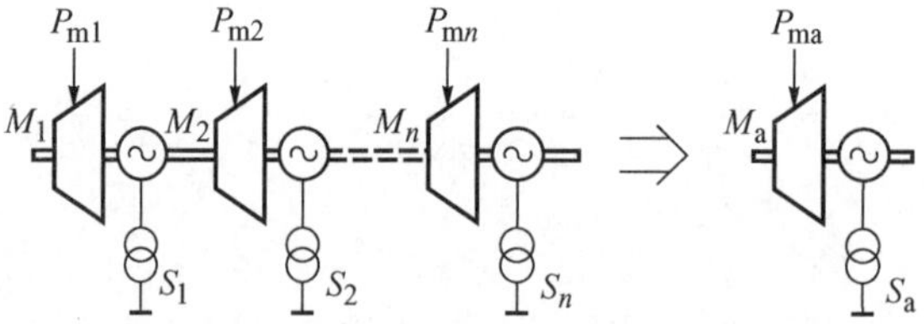

图14-10　同调转子的机械聚合

因此，一群机电同调发电机组的等效模型可以这样建立，首先使用Zhukov法对发电机节点进行聚合，然后将待聚合的发电机群用一个等效发电机替代，且该等效发电机的惯性系数和机械功率由式（14.33）确定。该等效发电机采用恒定暂态电动势的经典模型和摇摆方程来表示。

如果需要采用更详细的模型，那么需要获取等效机的参数，这可以通过将等效机的频率响应特性匹配待聚合发电机群的频率响应特性来实现。

14.4 外部子系统的等效模型

这里描述的构建动态等效模型的方法基于如下的假设：

1）系统被划分为内部和外部两个部分，如图14-1所示。

2）在内部部分，使用第11章中描述的详细发电机和负荷模型。

3）在外部部分，负荷用恒定导纳替代，而发电机用经典模型（转子摇摆方程加“暂态电抗后的恒定暂态电动势”模型）模拟。

在这些假设条件下，动态等效模型的构建被大大简化了，并由以下三步组成：

1）消去外部子系统中的负荷节点。

2）辨识外部子系统中的同调发电机群。

3）聚合同调发电机群。

所有这三步将在下面做简要描述。

在外部子系统中的所有负荷节点都可以用 14.2.1 节所描述的方法进行消去。所得到的外部等效网络被称为“PV 等效网络”，因为除了边界节点，它只包含发电机节点（这与 3.7 节所介绍的潮流计算术语相一致，潮流计算中将此类节点称为 PV 节点）。这样，外部子系统的功率需求就分配到边界节点和发电机节点上。所有发电机节点和边界节点通过等效网络相连，等效网络比原始网络紧密得多。

对某些电力系统分析问题，不是同时消去负荷节点而是使用 Dimo 法将其中一些节点替换为等效负荷节点可能更方便。然后这些等效节点可在联络线潮流需要变化时用于改变外部子系统的功率需求。

同调辨识是构建外部子系统动态等效模型过程中最困难的一步，同调的准则和同调辨识的算法将在 14.5 节中介绍。

当外部子系统中的所有同调发电机群被辨识出来后，下一步就是使用 Zhukov 法聚合这些机群的节点。其中，等效发电机组参数采用 14.3 节所描述的方法确定，并将等效发电机组连接到用 Zhukov 法得到的等效节点上。

图 14-11 给出了构建外部子系统等效模型的整个过程。该子系统的原始模型包含大量的负荷节点和大量的发电机节点 $\{G\}=\{G_1\}+\{G_2\}+\cdots+\{G_g\}$。负荷节点采用 Dimo 法要么被完全消去，要么被聚合为一些等效节点。而发电机节点被分成近似同调的节点群 $\{G_1\}$，$\{G_2\}$，…，$\{G_g\}$，而每一个发电机节点群都用一个含一台等效机组的等效节点替代。

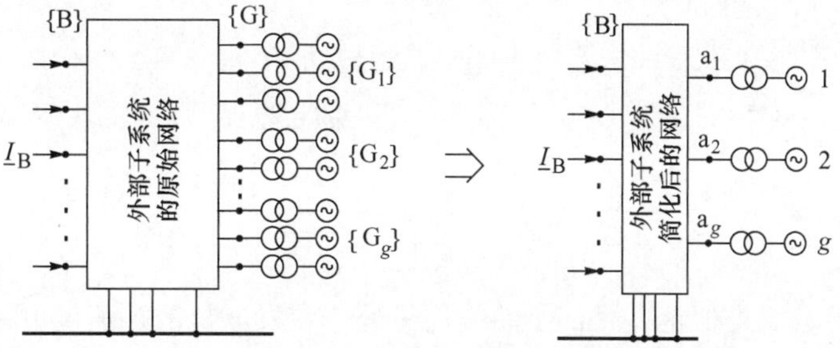

图 14-11　外部系统的模型简化

14.5　同调辨识

由发电机节点聚合得到的拓扑等效网络只有在内部子系统发生扰动后，每个聚合群内的发电机是同调时，才能给出有效的结果。因此，针对特定的扰动，问题的关键是如何在不进行整个系统详细动态仿真的条件下判断发电机的同调性。幸运的是，存在这样的方法，在不需要进行详细仿真的条件下评估发电机的同调性，我们称这样的方法为“同调辨识”。解决此问题的最简单方法是，假设安装在待聚合节点上的所有发电机可以用经典发电机模型来模拟，这样机电同调性一定是能够辨识的。

文献中已报道了多种同调辨识的方法，这里所描述的方法基于由 Machowski et al. (1988) 导出的同调准则。

Machowski（1985）利用 Olas（1975）提出的具有规定轨迹的运动理论，从数学上推导了非线性动力系统模型的同调性准则。该方法基于一个观察事实，即机电同调是约束运动的一种情况（见图 14-9），其约束由式（14.32）给出。由于证明相当复杂，这里将用一个单扰动的案例来描述同调辨识的思路，此扰动为其中一个节点 $k \in \{B\}$ 的电压相角发生了变化。

如果外部子系统的所有负荷节点都已消去，则内部子系统内的任何扰动将通过转移网络的等效支路影响外部子系统中的发电机。根据式（3.156），如果转移导纳矩阵中的互电导 G_{ij} 可以忽略，那么外部子系统（见图 14-11）中的发电机 $i \in \{G\}$ 所发出的有功功率可以表示为

$$P_i = (E'_i)^2 G_{ii} + \sum_{k \in \{B\}} E'_i V_k B_{ik} \sin\delta'_{ik} + \sum_{l \in \{G\}} E'_i E'_l B_{il} \sin\delta'_{il} \tag{14.34}$$

式中，E'_i 是发电机 $i \in \{G\}$ 的暂态电动势；V_k 是边界节点 $k \in \{B\}$ 的电压；$\delta'_{ik} = \delta'_i - \delta_k$；$\delta'_{il} = \delta'_i - \delta'_l$；$G_{ii}$、$B_{ik}$ 和 B_{il} 是转移导纳矩阵中的元素。

假定扰动是由边界节点 k 上的电压相角由初始值 $\hat{\delta}_k$ 变为新值 $\delta_k = \hat{\delta}_k + \Delta\delta_k$ 所引起，并假定其他节点的电压保持不变，那么此相角变化会引起 $i \in \{G\}$ 节点有功出力的变化，其变化值等于

$$\Delta P_i(\Delta\delta_k) = b_{ik}[\sin(\hat{\delta}'_{ik} + \Delta\delta_k) - \sin\hat{\delta}'_{ik}] \tag{14.35}$$

式中，$b_{ik} = E'_i V_k B_{ik}$ 是连接发电机节点 $i \in \{G\}$ 和边界节点 $k \in \{B\}$ 的等效支路上的最大功率转移。由于 $\Delta\delta_k$ 值很小，可以认为 $\cos(\Delta\delta_k) \approx 1$ 和 $\sin(\Delta\delta_k) \approx \Delta\delta_k$。展开式（14.35）中的正弦项可得

$$\Delta P_i(\Delta\delta_k) \approx H_{ik}\Delta\delta_k \tag{14.36}$$

式中，$H_{ik} = b_{ik}\cos(\Delta\delta_{ik0})$ 是给定发电机 $i \in \{G\}$ 和给定边界节点 $k \in \{B\}$ 之间的同步功率。所考虑的扰动引起的转子加速度为

$$\varepsilon_i = \frac{\Delta P_i(\Delta\delta_k)}{M_i} = \frac{H_{ik}}{M_i}\Delta\delta_k \quad 对于 \quad k \in \{B\} \tag{14.37}$$

式中，M_i 是惯性系数。类似地，外部子系统的另外一台发电机的加速度可以写为

$$\varepsilon_j = \frac{\Delta P_j(\Delta\delta_k)}{M_j} = \frac{H_{jk}}{M_j}\Delta\delta_k \quad 对于 \quad k \in \{B\} \tag{14.38}$$

如果发电机 i，$j \in \{G\}$ 受扰动后的转子加速度 ε_i 和 ε_j 相同，那么它们是机电精确同调发电机［见式（14.30）］，即满足

$$\frac{H_{ik}}{M_i} = \frac{H_{jk}}{M_j} \quad 对于 \quad i,j \in \{A\}, \quad k \in \{B\} \tag{14.39}$$

式（14.39）构成了故障后的精确同调条件，也就是同步功率除惯性常数必须相等。

14.6 节将证明，精确同调性具有简洁且有趣的模态解释，并且可通过模态分析得出精确同调的条件式（14.39）。

式（14.39）是精确同调的条件。在实际电力系统中（除了在同一母线上并联运行的相同发电机组的平凡情况外），精确同调实际上是不存在的。但这不是一个重要问题，因为如果外部子系统的等效网络可以由仅仅是近似同调的发电机群聚合得到，则内部系统的模拟就会给出精度已令人满意的结果。为了实用的目的，式（14.39）可以用下面的不等式来

代替：

$$\frac{\max\limits_{i\in\{G\}}\dfrac{H_{ik}}{M_i}-\min\limits_{j\in\{G\}}\dfrac{H_{jk}}{M_j}}{d_{\{G\}}}\leqslant\rho_h \quad 对于\quad i,j\in\{G\},\quad k\in\{B\} \tag{14.40}$$

式中，ρ_h 是决定容许误差的一个小数值；$d_{\{G\}}$ 是所研究的群｛A｝的密度指标。对于一对发电机 i 和 j，其密度指标是用下述参数来定义的：

$$d_{ij}=\min_{i,j\in\{G\}}\left(\frac{H_{ij}}{M_i};\ \frac{H_{ji}}{M_j}\right) \tag{14.41}$$

此参数与这对发电机的直接连接强度和相应的惯性常数有关。对于一个发电机群｛G｝，可以用这个参数来定义群｛G｝的密度指标：

$$d_{\{G\}}=\min_{i,j\in\{T\}}d_{ij} \tag{14.42}$$

式中，｛T｝是一棵树，其由具有最大 $d_{\{i,j\}}$ 值的等效支路构成。此定义的合理性基于如下的事实：在群的内部，具有弱直接连接的节点可以通过其他节点实现强连接，如图 14-12 所示。例如，节点 5 和节点 2 的直接连接很弱，直接连接的支路参数为 $d_{\{2,5\}}=0.03$。然而，这 2 个节点通过节点 3 和节点 4 是强连接的。在图 14-12 中，树｛T｝用粗线来表示。此树中最弱的支路是连接节点 1 和节点 4 的支路[⊖]。因此在所讨论的例子中，机群｛G｝=｛1，2，3，4，5｝的密度指标 $d_{\{G\}}=d_{14}=0.33$。

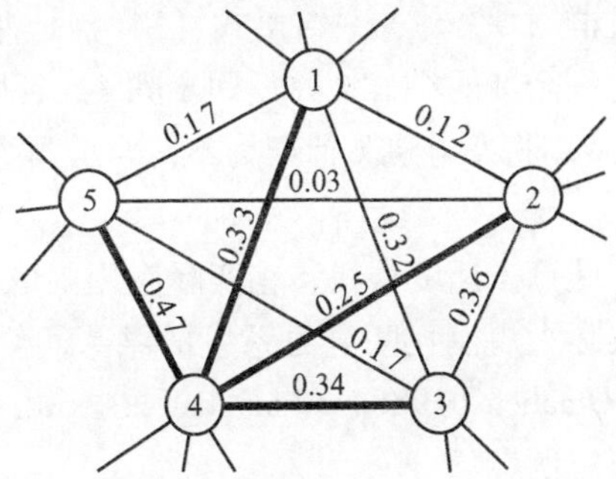

图 14-12　密度指标定义的示意图

密度指标式（14.42）的合理性来自于如下对电力系统动态响应仿真结果的观察结论。每一群强连接的发电机都具有保持同步的自然趋势，并且其同步性只有在靠近机群的扰动作用下才可能受扰。对于远方的扰动，距离越远，同步性受扰程度越小，发电机群的运动越接近于精确同调。

式（14.40）是在考虑了上述观察结果后基于精确同调条件式（14.39）导出的。因此式（14.40）被称为“同调判据”，而式（14.39）则构成了同调条件。

电力系统动态响应仿真的另一个重要观察结论关注的是在外部子系统中聚合发电机群的同调误差对内部子系统仿真精度的影响。所聚合的发电机群离内部子系统越远，同调误差对内部子系统动态响应仿真误差的影响越小。这一观察结论可以使判据式（14.40）中的 ρ_h 与群｛A｝离边界节点的距离有关，即

$$\rho_h=\rho_{h0}+\Delta\rho_h\frac{d_{\{G\}}}{\max\limits_{k\in\{B\};i\in\{G\}}d_{ik}} \tag{14.43}$$

式中，ρ_{h0} 和 $\Delta\rho_h$ 是小的正数（$\rho_{h0}=0.2\sim0.5$ 和 $\Delta\rho_h=0.1\sim0.3$）。对于边界节点｛B｝，惯性常数为零，根据式（14.41），对于 $k\in\{B\}$ 和 $i\in\{G\}$，$d_{ik}=h_{ik}/M_i$ 是成立的。

⊖ 原文可能有误，应该是连接节点 2 和节点 4 的支路最弱。——译者注

基于判据式（14.40）的同调辨识算法计算步骤如下：

1）确定边界节点｛B｝和外部子系统中所有发电机节点的转移导纳矩阵。

2）将外部子系统的所有发电机标记为符合分群条件的发电机。

3）将所有等效支路按照距离指标 d_{ij} 值从小到大排序，并建立一张关于这些支路的有序表格，其包含每条支路的 d_{ij} 值及端点 i 和 j 的信息。

4）从步骤3建立的表中读出下一条等效支路的数据，记录其端点 i 和 j 以及密度指标 d_{ij}。如果等效支路数据已读完，刚算法停止。

5）如果发电机 i 或 j 不符合分群条件，那么返回到步骤4。

6）如果发电机对｛i，j｝不满足判据式（14.40），那么返回步骤4，否则构建一个由2台发电机｛i，j｝组成的发电机群｛G｝。

7）在所有符合条件的发电机中搜索满足判据式（14.40）的一台新的发电机 x，构成扩展机群｛G，x｝，并给出式（14.40）左边的最小值。如果找不到这样一台发电机，将｛G｝存为一个新的机群，并返回步骤4，否则进入步骤8。

8）将发电机 x 标记为不符合分群条件的发电机，并将其加入到机群｛G｝中。返回步骤7。

此算法速度很快，在实际应用中取得了良好的效果。上述同调辨识算法应用于测试系统和实际大规模互联电力系统的结果可以在参考文献 Machowski（1985），Machowski，Gubina and Omahen（1986）和 Machowski et al.（1986，1988）中找到。由于篇幅有限，这里只给出一个实例。

例14.1 图14-13给出了一个25机测试系统的接线图。为了在如此小的一个系统中展示扰动距离对发电机分群的影响，假定的内部子系统非常小，它在测试系统的边缘上（图的右下角），并包含2个发电厂，分别为发电机7和发电机18。系统的其余部分被看作为外部子系统。

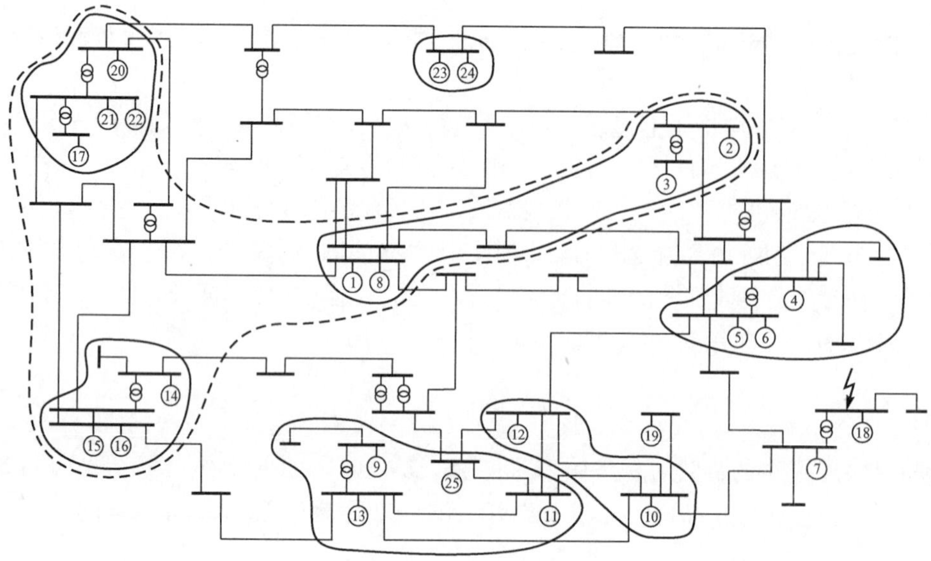

图14-13　测试系统和识别出的同调机群

当参数值取 $\rho_{h0}=0.3$ 和 $\Delta\rho_h=0$ 时，可以获得多个发电机群，如图 14-13 中的实线所示：{4，5，6}，{10，12}，{9，11，13，25}，{14，15，16}，{1，2，3，8}，{17，20，21，22}，{23，24}。所有的 22 台发电机可以用 7 个等效发电机来替代；接近内部子系统的发电机 19 不进入任何发电机群。

在考虑参数 ρ_h 与扰动距离有关并假设 $\Delta\rho_h=0.2$ 后，在靠近内部子系统处得到 3 个发电机群。前 3 个发电机群与之前的情况相同：{4，5，6}，{10，12}，{9，11，13，25}；3 个较远的机群合在一起组成一个大的机群（图 14-13 中用虚线包围）：{14，15，16，1，2，3，8，17，20，21，22}。机群 {23，24} 没有包含在其他群中。这样，所有的 22 台发电机可以用 5 台等效发电机替代。

图 14-14 给出了具有 25 台发电机的测试系统的仿真结果，包括了原始系统的仿真结果和简化系统的仿真结果。假设的故障是发电厂 18 所在母线上的间歇性短路故障。图中给出了发电机 18 的转子摇摆曲线，其中实线对应于原始系统（未简化）的结果，点线对应于 $\Delta\rho_h=0$ 时进行分群简化的结果，而虚线对应于 $\Delta\rho_h=0.2$ 时（即允许远方机组具有较大的同调误差）进行分群简化的结果。在约 1.5s 的暂态过程中，基于简化模型的转子摇摆曲线非常接近于原始（未简化）模型下的摇摆曲线。

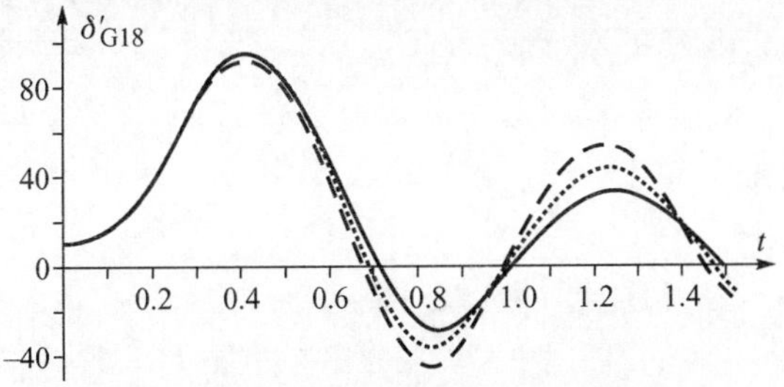

图 14-14　原始和简化系统模型的仿真结果

14.6　同调等效的特性

采用 Zhukov 法聚合的基于同调性的等效法具有多种有趣的静态和动态特性，这将在本节中讨论。

14.6.1　Zhukov 法的电气解释

参考文献 DeMello，Podmore and Stanton（1975）提出了一个聚合方法，该方法将所有待聚合的节点都通过含特定电压比的理想变压器连接到一起，该电压比使得变压器二次电压均为 $\underline{V}_a$，如图 14-15 所示。现在将证明，从数学的角度来看，这种聚合法是与 Zhukov 法等价的。

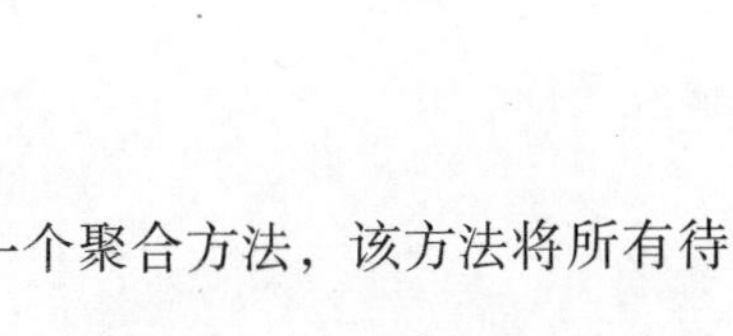

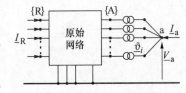

图 14-15　Zhukov 法的电气解释

令 $\underline{\boldsymbol{\tau}}$ 为一个对角矩阵，其包含使用 De Mello 方法聚合节点时的所有理想变压器电压比：

$$\underline{\boldsymbol{\tau}}=\begin{bmatrix}\underline{\vartheta}_1 & & \\ & \underline{\vartheta}_2 & \\ & & \ddots\end{bmatrix}\tag{14.44}$$

注意，上述的对角阵与 Zhukov 法中定义的向量式（14.16）存在如下关系：

$$\underline{\boldsymbol{\vartheta}}_1=\begin{bmatrix}\underline{\vartheta}_1\\ \underline{\vartheta}_2\\ \vdots\end{bmatrix}=\begin{bmatrix}\underline{\vartheta}_1 & & \\ & \underline{\vartheta}_2 & \\ & & \ddots\end{bmatrix}\begin{bmatrix}1\\ 1\\ \vdots\end{bmatrix}=\underline{\boldsymbol{\tau}}\mathbf{1}_A \tag{14.45}$$

式中，$\mathbf{1}_A$ 是一个所有元素均为 1 的列向量。

如图 14-15 所示的网络，若去掉理想变压器部分，则可以用如下的节点导纳方程来描述：

$$\begin{bmatrix}\underline{\boldsymbol{I}}_R\\ \underline{\boldsymbol{I}}'_A\end{bmatrix}=\begin{bmatrix}\underline{\boldsymbol{Y}}_{RR} & \underline{\boldsymbol{Y}}_{RA}\\ \underline{\boldsymbol{Y}}_{AR} & \underline{\boldsymbol{Y}}_{AA}\end{bmatrix}\begin{bmatrix}\underline{\boldsymbol{V}}_R\\ \underline{\boldsymbol{V}}'_A\end{bmatrix} \tag{14.46}$$

式中，单撇号表示理想变压器网络侧的变量。对于理想变压器有

$$\underline{\boldsymbol{I}}''_A=\underline{\boldsymbol{\tau}}^*\underline{\boldsymbol{I}}'_A,\quad \underline{\boldsymbol{V}}'_A=\underline{\boldsymbol{\tau}}\,\underline{\boldsymbol{V}}_a,\quad \underline{\boldsymbol{V}}_a=\mathbf{1}_A\,\underline{V}_a \tag{14.47}$$

式中，双撇号表示理想变压器等效节点侧的变量；$\underline{\boldsymbol{V}}_a$ 是一个所有元素都相等且等于$\underline{V}_a$ 的列向量。对于等效节点有

$$\underline{I}_a=\mathbf{1}_A^T\,\underline{\boldsymbol{I}}''_A \tag{14.48}$$

这是理想变压器等效节点侧电流之和等于等效节点处的节点电流的数学表达式（见图 14-15）。

式（14.46）可以写成

$$\underline{\boldsymbol{I}}_R=\underline{\boldsymbol{Y}}_{RR}\underline{\boldsymbol{V}}_R+\underline{\boldsymbol{Y}}_{RA}\underline{\boldsymbol{V}}'_A \tag{14.49a}$$

$$\underline{\boldsymbol{I}}'_A=\underline{\boldsymbol{Y}}_{AR}\underline{\boldsymbol{V}}_R+\underline{\boldsymbol{Y}}_{AA}\underline{\boldsymbol{V}}'_A \tag{14.49b}$$

这些方程中的向量$\underline{\boldsymbol{V}}'_A$可以根据式（14.47）用$\underline{\boldsymbol{\tau}}\underline{\boldsymbol{V}}_a$ 替代。考虑到这一点，对式（14.49b）左乘$\underline{\boldsymbol{\tau}}^*$，可得

$$\underline{\boldsymbol{I}}_R=\underline{\boldsymbol{Y}}_{RR}\underline{\boldsymbol{V}}_R+\underline{\boldsymbol{Y}}_{RA}\underline{\boldsymbol{\tau}}\underline{\boldsymbol{V}}_a \tag{14.50a}$$

$$\underline{\boldsymbol{\tau}}^*\underline{\boldsymbol{I}}'_A=\underline{\boldsymbol{\tau}}^*\underline{\boldsymbol{Y}}_{AR}\underline{\boldsymbol{V}}_R+\underline{\boldsymbol{\tau}}^*\underline{\boldsymbol{Y}}_{AA}\underline{\boldsymbol{\tau}}\underline{\boldsymbol{V}}_a \tag{14.50b}$$

现在，根据式（14.47），$\underline{\boldsymbol{\tau}}^*\underline{\boldsymbol{I}}'_A$可以用$\underline{\boldsymbol{I}}''_A$替代，而$\underline{\boldsymbol{V}}_a$ 可以用 $\mathbf{1}_A\underline{V}_a$ 替代。这样式（14.50）变为

$$\underline{\boldsymbol{I}}_R=\underline{\boldsymbol{Y}}_{RR}\underline{\boldsymbol{V}}_R+\underline{\boldsymbol{Y}}_{RA}\underline{\boldsymbol{\tau}}\mathbf{1}_A\,\underline{V}_a \tag{14.51a}$$

$$\underline{\boldsymbol{I}}''_A=\underline{\boldsymbol{\tau}}^*\underline{\boldsymbol{Y}}_{AR}\underline{\boldsymbol{V}}_R+\underline{\boldsymbol{\tau}}^*\underline{\boldsymbol{Y}}_{AA}\underline{\boldsymbol{\tau}}\mathbf{1}_A\,\underline{V}_a \tag{14.51b}$$

对式（14.51b）左乘 $\mathbf{1}_A^T$，并考虑到式（14.48），可得

$$\underline{I}_a=\mathbf{1}_A^T\,\underline{\boldsymbol{\tau}}^*\underline{\boldsymbol{Y}}_{AR}\underline{\boldsymbol{V}}_R+\mathbf{1}_A^T\,\underline{\boldsymbol{\tau}}^*\underline{\boldsymbol{Y}}_{AA}\underline{\boldsymbol{\tau}}\mathbf{1}_A\,\underline{V}_a \tag{14.51c}$$

考虑到式（14.45），可以将式（14.51a）和式（14.51c）写为

$$\underline{\boldsymbol{I}}_R=\underline{\boldsymbol{Y}}_{RR}\underline{\boldsymbol{V}}_R+\underline{\boldsymbol{Y}}_{RA}\underline{\boldsymbol{\vartheta}}\underline{V}_a \tag{14.52a}$$

$$\underline{I}_a=\underline{\boldsymbol{\vartheta}}^{*T}\underline{\boldsymbol{Y}}_{AR}\underline{\boldsymbol{V}}_R+\underline{\boldsymbol{\vartheta}}^{*T}\underline{\boldsymbol{Y}}_{AA}\underline{\boldsymbol{\vartheta}}\underline{V}_a \tag{14.52b}$$

或者写成矩阵形式：

$$\begin{bmatrix}\underline{\boldsymbol{I}}_R\\ \underline{I}_a\end{bmatrix}=\left[\begin{array}{c:c}\underline{\boldsymbol{Y}}_{RR} & \underline{\boldsymbol{Y}}_{RA}\underline{\boldsymbol{\vartheta}}\\ \hdashline \underline{\boldsymbol{\vartheta}}^{*T}\underline{\boldsymbol{Y}}_{AR} & \underline{\boldsymbol{\vartheta}}^{*T}\underline{\boldsymbol{Y}}_{AA}\underline{\boldsymbol{\vartheta}}\end{array}\right]\begin{bmatrix}\underline{\boldsymbol{V}}_R\\ \underline{V}_a\end{bmatrix} \tag{14.53}$$

注意，式（14.53）与采用 Zhukov 法得到的式（14.21）是相同的。这意味着由 De Mello, Podmore and Stanton（1975）提出的方法与由 Zhukov（1964）提出的方法是等价的。De Mello 法的优势在于它给出了数学变换的电气解释。

14.6.2　增量等效模型

对如图 14-6 所示的系统，前面已强调过节点集 {R} 和节点集 {A}，其增量方程式 (12.99) 具有如下的形式：

$$\begin{bmatrix}\Delta \boldsymbol{P}_{\mathrm{R}}\\ \Delta \boldsymbol{P}_{\mathrm{A}}\end{bmatrix}=\begin{bmatrix}\boldsymbol{H}_{\mathrm{RR}} & \boldsymbol{H}_{\mathrm{RA}}\\ \boldsymbol{H}_{\mathrm{AR}} & \boldsymbol{H}_{\mathrm{AA}}\end{bmatrix}\begin{bmatrix}\Delta \boldsymbol{\delta}'_{\mathrm{R}}\\ \Delta \boldsymbol{\delta}'_{\mathrm{A}}\end{bmatrix} \tag{14.54}$$

式中，矩阵 $\boldsymbol{H}=[\partial \boldsymbol{P}/\partial \boldsymbol{\delta}']$ 中的元素是同步功率。

在精确同调（见 14.2.4 节）的情况下，发电机转子角的增量是相同的，且可以写为

$$\Delta\delta'_i(t)=\Delta\delta'_j(t)=\Delta\delta'_{\mathrm{a}}(t),\text{对于 } i,j\in\{\mathrm{A}\} \tag{14.55}$$

式中，$\Delta\delta_{\mathrm{a}}(t)$ 是节点集 {A} 的共同相角变化。式 (14.55) 可以写成矩阵形式：

$$\Delta \boldsymbol{\delta}'_{\mathrm{A}}=\mathbf{1}_{\mathrm{A}}\cdot\Delta\delta'_{\mathrm{a}}(t) \tag{14.56}$$

式中，$\mathbf{1}_{\mathrm{A}}$ 是一个元素均为 1 的列向量，其元素个数与集合 {A} 的元素个数相同。

当一个发电机群用一个等效发电机节点来替代时（见图 14-6），假定了 $\underline{S}_{\mathrm{a}}=\sum_{i\in\{\mathrm{A}\}}\underline{S}_i$，这也意味着 $P_{\mathrm{a}}=\sum_{i\in\{\mathrm{A}\}}P_i$。对于增量模型的情况有

$$\Delta P_{\mathrm{A}}=\sum_{i\in\{\mathrm{A}\}}\Delta P_i \tag{14.57}$$

这意味等效节点上的功率变化等于被替代节点上的功率变化之和。

式 (14.57) 可以写成矩阵形式为

$$\Delta P_{\mathrm{a}}=\mathbf{1}_{\mathrm{A}}^{\mathrm{T}}\cdot\Delta \boldsymbol{P}_{\mathrm{A}} \tag{14.58}$$

展开式 (14.54) 有

$$\Delta \boldsymbol{P}_{\mathrm{R}}=\boldsymbol{H}_{\mathrm{RR}}\Delta\boldsymbol{\delta}_{\mathrm{R}}+\boldsymbol{H}_{\mathrm{RA}}\Delta\boldsymbol{\delta}'_{\mathrm{A}} \tag{14.59a}$$

$$\Delta \boldsymbol{P}_{\mathrm{A}}=\boldsymbol{H}_{\mathrm{AR}}\Delta\boldsymbol{\delta}_{\mathrm{R}}+\boldsymbol{H}_{\mathrm{AA}}\Delta\boldsymbol{\delta}'_{\mathrm{A}} \tag{14.59b}$$

将式 (14.56) 代入式 (14.59) 有

$$\Delta \boldsymbol{P}_{\mathrm{R}}=\boldsymbol{H}_{\mathrm{RR}}\Delta\boldsymbol{\delta}_{\mathrm{R}}+\boldsymbol{H}_{\mathrm{RA}}\mathbf{1}_{\mathrm{A}}\cdot\Delta\delta'_{\mathrm{a}} \tag{14.60a}$$

$$\Delta \boldsymbol{P}_{\mathrm{A}}=\boldsymbol{H}_{\mathrm{AR}}\Delta\boldsymbol{\delta}_{\mathrm{R}}+\boldsymbol{H}_{\mathrm{AA}}\mathbf{1}_{\mathrm{A}}\cdot\Delta\delta'_{\mathrm{a}} \tag{14.60b}$$

对式 (14.60b) 左乘 $\mathbf{1}_{\mathrm{A}}^{\mathrm{T}}$ 并结合式 (14.58)，可得

$$\Delta \boldsymbol{P}_{\mathrm{a}}=\mathbf{1}_{\mathrm{A}}^{\mathrm{T}}\boldsymbol{H}_{\mathrm{AR}}\Delta\boldsymbol{\delta}_{\mathrm{R}}+\mathbf{1}_{\mathrm{A}}^{\mathrm{T}}\boldsymbol{H}_{\mathrm{AA}}\mathbf{1}_{\mathrm{A}}\cdot\Delta\delta'_{\mathrm{a}} \tag{14.61}$$

合并式 (14.60a) 和式 (14.61) 可得矩阵形式为

$$\begin{bmatrix}\Delta \boldsymbol{P}_{\mathrm{R}}\\ \Delta P_{\mathrm{a}}\end{bmatrix}=\begin{bmatrix}\boldsymbol{H}_{\mathrm{RR}} & \boldsymbol{H}_{\mathrm{RA}}\mathbf{1}_{\mathrm{A}}\\ \mathbf{1}_{\mathrm{A}}^{\mathrm{T}}\boldsymbol{H}_{\mathrm{AR}} & \mathbf{1}_{\mathrm{A}}^{\mathrm{T}}\boldsymbol{H}_{\mathrm{AA}}\mathbf{1}_{\mathrm{A}}\end{bmatrix}\begin{bmatrix}\Delta \boldsymbol{\delta}_{\mathrm{R}}\\ \Delta\delta'_{\mathrm{a}}\end{bmatrix} \tag{14.62}$$

或者为

$$\begin{bmatrix}\Delta \boldsymbol{P}_{\mathrm{R}}\\ \Delta P_{\mathrm{a}}\end{bmatrix}=\begin{bmatrix}\boldsymbol{H}_{\mathrm{RR}} & \boldsymbol{H}_{\mathrm{Ra}}\\ \boldsymbol{H}_{\mathrm{aR}} & H_{\mathrm{aa}}\end{bmatrix}\begin{bmatrix}\Delta \boldsymbol{\delta}_{\mathrm{R}}\\ \Delta\delta'_{\mathrm{a}}\end{bmatrix} \tag{14.63}$$

式中，

$$\boldsymbol{H}_{\mathrm{aR}}=\mathbf{1}_{\mathrm{A}}^{\mathrm{T}}\boldsymbol{H}_{\mathrm{AR}},\quad \boldsymbol{H}_{\mathrm{Ra}}=\boldsymbol{H}_{\mathrm{RA}}\mathbf{1}_{\mathrm{A}},\quad H_{\mathrm{aa}}=\mathbf{1}_{\mathrm{A}}^{\mathrm{T}}\boldsymbol{H}_{\mathrm{AA}}\mathbf{1}_{\mathrm{A}} \tag{14.64}$$

式中，$\boldsymbol{H}_{\mathrm{aR}}$是一个行向量；$\boldsymbol{H}_{\mathrm{Ra}}$是一个列向量；$\boldsymbol{H}_{\mathrm{aa}}$是一个标量。

注意，$\boldsymbol{H}_{\mathrm{aR}}$是将 $\boldsymbol{H}_{\mathrm{AR}}$ 矩阵中每行相加所得，$\boldsymbol{H}_{\mathrm{Ra}}$ 是将 $\boldsymbol{H}_{\mathrm{RA}}$ 矩阵中每列相加所得，而 $\boldsymbol{H}_{\mathrm{aa}}$ 是

将 $\boldsymbol{H}_{\mathrm{AA}}$ 中的所有元素相加所得。这意味着在增量模型中的发电机聚合实际上是把所有的同步功率加起来。

与式（14.62）对应的上述聚合方法是由 Di Caprio and Marconato（1975）提出的。

现在将证明，由 Di Caprio 和 Marconato 提出的线性化简化模型与 Zhukov 法得出的简化模型的线性化形式是相对应的。线性化运算和聚合运算的顺序是可以交换的，如图 14-16 所示。

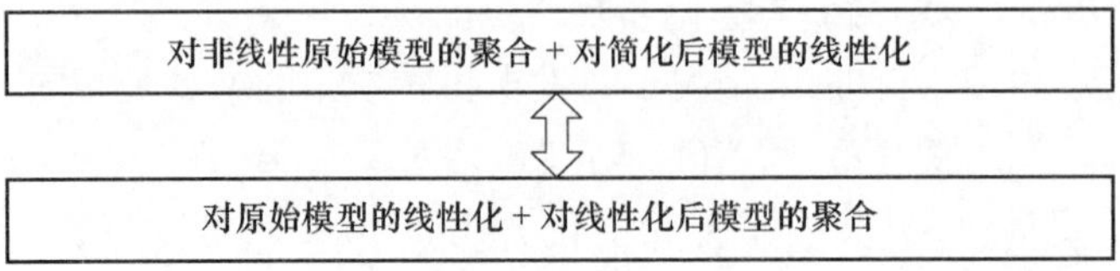

图 14-16　聚合运算与线性化运算次序可交换事实的示意图

上述结论的一个简单证明可以在复数域中给出，即通过直接从视在功率 $\underline{S}_i$ 而不是从有功功率 $P_i=\mathrm{Re}\underline{S}_i$ 计算导数 $\underline{J}_{ij}=\partial\underline{S}_i/\partial\delta_j$。显然，$\underline{S}_i=P_i+\mathrm{j}Q_i$，因此 $H_{ij}=\partial P_i/\partial\delta'_j=\mathrm{Re}\underline{J}_{ij}$。这样，推导 $\underline{\boldsymbol{J}}=[\partial\underline{\boldsymbol{S}}/\partial\boldsymbol{\delta}']$ 的证明也同时对 $\boldsymbol{H}=[\partial\boldsymbol{P}/\partial\boldsymbol{\delta}']$ 有效。在复数域中计算导数可以避免在有功功率方程中出现的复杂的三角函数变换。

14.6.2.1　在线性模型中的聚合

在聚合（见图 14-6）前的原始模型中，节点 $i\in\{\mathrm{R}\}$ 的视在功率可以表示为

$$\underline{S}_i=\underline{V}_i\sum_{j\in\{\mathrm{R}\}}\underline{Y}_{ij}^{*}\underline{V}_j^{*}+\underline{V}_i\sum_{k\in\{\mathrm{A}\}}\underline{Y}_{ik}^{*}\underline{E}_k^{*}\tag{14.65}$$

式中，

$$\underline{V}_i=V_i\mathrm{e}^{\mathrm{j}\delta_i},\quad \underline{V}_j^{*}=V_j\mathrm{e}^{-\mathrm{j}\delta_j},\quad \underline{E}_k^{*}=E_{\mathrm{a}}\mathrm{e}^{-\mathrm{j}\delta'_k}\tag{14.66}$$

对其求导可得

$$\underline{J}_{ij}=\frac{\partial\underline{S}_i}{\partial\delta_j}=-\mathrm{j}\,\underline{V}_i\underline{Y}_{ij}^{*}\underline{V}_j^{*}\quad 和\quad \underline{J}_{ik}=\frac{\partial\underline{S}_i}{\partial\delta'_k}=-\mathrm{j}\,\underline{V}_i\underline{Y}_{ik}^{*}\underline{E}_k^{*}\tag{14.67}$$

类似地，对 $l\in\{\mathrm{A}\}$ 可得

$$\underline{S}_l=\underline{E}_l\sum_{j\in\{\mathrm{R}\}}\underline{Y}_{lj}^{*}\underline{V}_j^{*}+\underline{E}_l\sum_{k\in\{\mathrm{A}\}}\underline{Y}_{lk}^{*}\underline{E}_k^{*}\tag{14.68}$$

式中，

$$\underline{E}_l=E_l\mathrm{e}^{\mathrm{j}\delta'_l},\quad \underline{V}_j^{*}=V_j\mathrm{e}^{-\mathrm{j}\delta_j},\quad \underline{E}_k^{*}=E_k\mathrm{e}^{-\mathrm{j}\delta'_k}\tag{14.69}$$

计算导数后可得

$$\underline{J}_{lj}=\frac{\partial\underline{S}_l}{\partial\delta_j}=-\mathrm{j}\,\underline{E}_l\underline{Y}_{lj}^{*}\underline{V}_j^{*}\quad 和\quad \underline{J}_{lk}=\frac{\partial\underline{S}_l}{\partial\delta'_k}=-\mathrm{j}\,\underline{E}_l\,\underline{Y}_{lk}^{*}\underline{E}_k^{*}\tag{14.70}$$

使用 Di Caprio 和 Marconato 法聚合集合 {A} 后，即将同步功率相加后可得

$$\underline{J}_{i\mathrm{a}}=\sum_{k\in\{\mathrm{A}\}}\underline{J}_{ik}=-\mathrm{j}\,\underline{V}_i\sum_{k\in\{\mathrm{A}\}}\underline{Y}_{ik}^{*}\underline{E}_k^{*}\tag{14.71a}$$

$$\underline{J}_{\mathrm{a}j}=\sum_{l\in\{\mathrm{A}\}}\underline{J}_{lj}=-\mathrm{j}\,\underline{V}_j^{*}\sum_{l\in\{\mathrm{A}\}}\underline{Y}_{lj}^{*}\underline{E}_l\tag{14.71b}$$

对于 i，$j\in\{\mathrm{R}\}$，元素 $\underline{J}_{ij}$ 在集合 {A} 的聚合过程中其值并不改变。

14.6.2.2　非线性简化模型的线性化

在 Zhukov 法（见图 14-6）得到的简化模型中，节点 $i\in\{\mathrm{R}\}$ 的视在功率可以表示为

$$\underline{S}_i = \underline{V}_i \sum_{j \in \{R\}} \underline{Y}_{ij}^* \underline{V}_j^* + \underline{V}_i \underline{Y}_{ia}^* \underline{E}_a^* \tag{14.72}$$

式中，

$$\underline{V}_i = V_i e^{j\delta_i}, \quad \underline{V}_j^* = V_j e^{-j\delta_j}, \quad \underline{E}_a^* = E_a e^{-j\delta'_a} \tag{14.73}$$

对其求导可得

$$\underline{J}_{ij} = \frac{\partial \underline{S}_i}{\partial \delta_j} = -j \underline{V}_i \underline{Y}_{ij}^* \underline{V}_j^* \quad 和 \quad \underline{J}_{ia} = \frac{\partial \underline{S}_i}{\partial \delta'_a} = -j \underline{V}_i \underline{Y}_{ia}^* \underline{E}_a^* \tag{14.74}$$

利用式（14.15）可得

$$\underline{Y}_{ia} = \sum_{k \in \{A\}} \underline{Y}_{ik} \frac{\underline{E}_k}{\underline{E}_a}$$

将其代入式（14.74）的第二个方程中，最终可得

$$\underline{J}_{ia} = \frac{\partial \underline{S}_i}{\partial \delta'_a} = -j \underline{V}_i \sum_{k \in \{A\}} \underline{Y}_{ik}^* \frac{\underline{E}_k^*}{\underline{E}_a^*} \underline{E}_a^* = -j \underline{V}_i \sum_{k \in \{A\}} \underline{Y}_{ik}^* \underline{E}_k^* \tag{14.75}$$

等效节点（见图 14-6）上的视在功率为

$$\underline{S}_a = \underline{E}_a \sum_{j \in \{R\}} \underline{Y}_{aj}^* \underline{V}_j^* + \underline{E}_a \underline{Y}_{aa}^* \underline{E}_a^* \tag{14.76}$$

对其求导可得

$$\underline{J}_{aj} = \frac{\partial \underline{S}_a}{\partial \delta_j} = -j \underline{E}_a \underline{Y}_{aj}^* \underline{V}_j^* \tag{14.77}$$

利用式（14.19）可得

$$\underline{Y}_{aj} = \sum_{l \in \{A\}} \underline{Y}_{lj} \frac{\underline{E}_l^*}{\underline{E}_a^*}$$

将其代入式（14.77）后最终可得

$$\underline{J}_{aj} = \frac{\partial \underline{S}_a}{\partial \delta_j} = -j \underline{V}_j^* \underline{E}_a \sum_{l \in \{A\}} \frac{\underline{E}_l}{\underline{E}_a} \underline{Y}_{lj}^* = -j \underline{V}_j^* \sum_{l \in \{A\}} \underline{Y}_{lj}^* \underline{E}_l \tag{14.78}$$

将式（14.71a）与式（14.75）以及式（14.71b）与式（14.78）进行比较，清楚地表明在线性模型中通过聚合得到的值与在简化模型中进行线性化得到的值是相同的。两种情况下同步功率$\underline{J}_{aa} = \partial \underline{S}_a / \partial \delta'_a$相等，是由于自同步功率等于带相反符号的互同步功率之和，见 3.5 节中的式（3.164）和式（3.165）。这就结束了聚合运算与线性化运算顺序可交换的证明。

14.6.3　精确同调性的模态解释

在第 12 章中，线性化电力系统模型中的功率摇摆是采用模态分析法进行分析的。每个模式（对应于状态矩阵中的一个特征值）有一个振荡频率和一个阻尼比。现在将证明精确同调性也可以采用模态分析法进行分析。此外，还将给出由式（14.39）确定的精确同调性条件的证明。

对式（14.54）进行部分求逆（A.2 节），可以得到

$$\Delta \boldsymbol{P}_A = \boldsymbol{H}_A \Delta \delta'_A + \boldsymbol{R}_A \Delta \boldsymbol{P}_R \tag{14.79}$$

式中，

$$\boldsymbol{H}_A = \boldsymbol{H}_{AA} - \boldsymbol{H}_{AR} \boldsymbol{H}_{RR}^{-1} \boldsymbol{H}_{RA} \tag{14.80}$$

$$\boldsymbol{R}_A = \boldsymbol{H}_{AR} \boldsymbol{H}_{RR}^{-1} \tag{14.81}$$

群｛A｝中转子运动的矩阵方程可以用类似于式（11.23）的方式表示，但为了进一步的考察，将其表示成如下形式更方便：

$$M_A\Delta\ddot{\delta}'_A = -H_A\Delta\delta'_A - R_A\Delta P_R - D_A\Delta\dot{\delta}'_A \tag{14.82}$$

式中，M_A 和 D_A 是对角矩阵，分别包含惯性系数和阻尼系数。忽略阻尼时上述方程变为

$$\Delta\ddot{\delta}'_A = -M_A^{-1}H_A\Delta\delta'_A - M_A^{-1}R_A\Delta P_R \tag{14.83}$$

这是群｛A｝的状态方程，且节点集｛R｝上的功率变化 ΔP_R 被看作为输入。这是一个2阶方程（在12.2节中讨论过），它可以用一个一阶矩阵方程代替，

$$\begin{bmatrix}\Delta\dot{\delta}'_A \\ \hdashline \Delta\dot{\omega}_A\end{bmatrix} = \left[\begin{array}{c:c} 0 & 1 \\ \hdashline -M_A^{-1}H_A & 0\end{array}\right]\begin{bmatrix}\Delta\delta'_A \\ \hdashline \Delta\omega_A\end{bmatrix} - \begin{bmatrix}0_A \\ \hdashline M_A^{-1}R_A\Delta P_R\end{bmatrix} \tag{14.84}$$

式中，0_A 是一个零列向量，而 $\Delta\omega_A = \Delta\dot{\delta}'_A$。式（14.84）具有12.1.5节描述的式（12.95）的形式。由 ΔP_R 变化引起 $\Delta\delta'_A$ 的变化将采用模态分析法来进行考察。

令 μ_i 为式（14.83）中状态矩阵 $a = -M_A^{-1}H_A$ 的一个特征值，并令 u_i 与 w_i 分别为这个矩阵的左、右特征向量。在12.2.2节中已经证明，当所有特征值均为负实数时系统是稳定的。式（14.84）中的状态矩阵的特征值 $\lambda_i = \sqrt{\mu_i}$，由于 $\mu_i < 0$，λ_i 为虚数（见图12-5）。为了简化考虑，我们仅分析式（14.83）中状态矩阵的特征值 μ_i 而不是 λ_i。

从12.1.1节中可得

$$W = [w_1 \quad w_2 \quad \cdots \quad w_n],\text{以及 } U = W^{-1} = \begin{bmatrix}u_1 \\ u_2 \\ \vdots \\ u_n\end{bmatrix} \tag{14.85}$$

式中，U 和 W 是由左、右特征向量构成的方阵。

在3.6节中证明的式（3.164）表明，矩阵 $H = [\partial P/\partial\delta']$ 每行元素之和等于零。令 1_A、1_R 和 0_A、0_R 分别为所有元素值等于0或者1的列向量，那么使用式（3.164）可将式（14.54）变换为

$$\begin{bmatrix}0_R \\ 0_A\end{bmatrix} = \begin{bmatrix}H_{RR} & H_{RA} \\ H_{AR} & H_{AA}\end{bmatrix}\begin{bmatrix}1_R \\ 1_A\end{bmatrix} \tag{14.86}$$

即当 $\Delta\delta'_A = 1_A$ 和 $\Delta\delta_R = 1_R$ 时有 $\Delta P_A = 0_A$ 以及 $\Delta P_R = 0_R$，将这些关系式代入式（14.79）可得 $H_A 1_A = 0_A$。这意味着由式（14.80）给出的部分求逆等式仍然保持了式（3.164）的性质，即每行元素之和为零。对方程 $H_A 1_A = 0_A$ 用 $-M_A^{-1}$ 左乘可得

$$a \cdot 1_A = -M_A^{-1}H_A \cdot 1_A = 0_A = 0 \cdot 1_A \tag{14.87}$$

即 $a \cdot 1_A = 0 \cdot 1_A$。此式与式（12.1）相同，定义了特征值和右特征向量，即

$$\mu_1 = 0 \quad \text{和} \quad w_1 = 1_A \tag{14.88}$$

这就得出了一个重要的结论：式（14.83）中的状态矩阵 $a = -M_A^{-1}H_A$ 存在一个零特征值，其对应的右特征向量元素全部为1。

由于 $UW = 1$ 是一个对角单位矩阵，由式（14.85）定义的左、右特征向量满足下面的方程：$u_1w_1 = 1$；$u_2w_1 = 0$；…；$u_nw_1 = 0$。将 $w_1 = 1_A$ 代入可得

$$\begin{aligned} \boldsymbol{u}_1 \mathbf{1}_{\mathrm{A}} &= 1 \\ \boldsymbol{u}_2 \mathbf{1}_{\mathrm{A}} &= 0 \\ &\vdots \\ \boldsymbol{u}_n \mathbf{1}_{\mathrm{A}} &= 0 \end{aligned} \tag{14.89}$$

这些关系对于进一步的考察是非常关键的。

与式（12.41）一样，引入新的变量 z，称为“模态变量”，其与状态变量 $\Delta\boldsymbol{\delta}'_{\mathrm{A}}$ 的关系为

$$\Delta\boldsymbol{\delta}'_{\mathrm{A}} = \boldsymbol{W}_z \quad \text{和} \quad \boldsymbol{z} = \boldsymbol{U}\Delta\boldsymbol{\delta}'_{\mathrm{A}} \tag{14.90}$$

展开第二个方程可得

$$\begin{bmatrix} z_1 \\ z_2 \\ \vdots \\ z_n \end{bmatrix} = \begin{bmatrix} \boldsymbol{u}_1 \\ \boldsymbol{u}_2 \\ \vdots \\ \boldsymbol{u}_n \end{bmatrix} \cdot \Delta\boldsymbol{\delta}'_{\mathrm{A}} = \begin{bmatrix} \boldsymbol{u}_1 \Delta\boldsymbol{\delta}'_{\mathrm{A}} \\ \boldsymbol{u}_2 \Delta\boldsymbol{\delta}'_{\mathrm{A}} \\ \vdots \\ \boldsymbol{u}_n \Delta\boldsymbol{\delta}'_{\mathrm{A}} \end{bmatrix} \tag{14.91}$$

假设群｛A｝中的发电机是精确同调的，即满足式（14.28）和式（14.56）。用式（14.56）的右边式子替代 $\Delta\boldsymbol{\delta}'_{\mathrm{A}}$，并结合式（14.89）可得

$$\begin{bmatrix} z_1 \\ z_2 \\ \vdots \\ z_n \end{bmatrix} = \begin{bmatrix} \boldsymbol{u}_1 \mathbf{1}_{\mathrm{A}} \\ \boldsymbol{u}_2 \mathbf{1}_{\mathrm{A}} \\ \vdots \\ \boldsymbol{u}_n \mathbf{1}_{\mathrm{A}} \end{bmatrix} \cdot \Delta\delta'_{\mathrm{a}} = \begin{bmatrix} 1 \\ 0 \\ \vdots \\ 0 \end{bmatrix} \cdot \Delta\delta'_{\mathrm{a}} = \begin{bmatrix} \Delta\delta'_{\mathrm{a}} \\ 0 \\ \vdots \\ 0 \end{bmatrix} \tag{14.92}$$

这意味着如果群｛A｝精确同调，那么在其 n 个模态变量中只有一个模态变量 $z_1(t)$ 被激发，此模态变量决定了整群发电机对系统其余部分的摇摆特性。其余的模态变量 $z_2(t)$，…，$z_n(t)$ 对应于群内部的摇摆，并且没有被激发，即 $z_2(t)=\cdots=z_n(t)=0$。上述分析结果可导出如下结论：

在模态分析中，代表外部子系统中精确同调机群内发电机转子之间摇摆特性的模态变量不会被内部子系统中的扰动所激发，内部子系统的扰动只能激发代表整个外部同调机群与系统其余部分相对摇摆的那个模态变量。

现在将研究式（14.84）中矩阵 $\boldsymbol{M}_{\mathrm{A}}^{-1}\boldsymbol{R}_{\mathrm{A}}$ 的结构必须满足什么条件，才能使 $\Delta\boldsymbol{P}_{\mathrm{R}}$ 所代表的内部子系统的扰动不能激发模态变量 $z_2(t)$，…，$z_n(t)$。12.1.6 节概括了一个特定模态变量不被激发的一般性条件，下面将应用这个理论进行分析。将式（14.90）代入式（14.83）可得

$$\ddot{\boldsymbol{z}} = \Lambda \boldsymbol{z} - \boldsymbol{r}\Delta\boldsymbol{P}_{\mathrm{R}} \tag{14.93}$$

式中，

$$\boldsymbol{r} = \boldsymbol{W}^{-1}\boldsymbol{M}_{\mathrm{A}}^{-1}\boldsymbol{R}_{\mathrm{A}} \tag{14.94}$$

用式（14.81）代替 $\boldsymbol{R}_{\mathrm{A}}$ 可得

$$\boldsymbol{r} = \boldsymbol{W}^{-1}\boldsymbol{M}_{\mathrm{A}}^{-1}\boldsymbol{H}_{\mathrm{AR}}\boldsymbol{H}_{\mathrm{RR}}^{-1} \tag{14.95}$$

并有

$$\boldsymbol{W}\boldsymbol{r}\boldsymbol{H}_{\mathrm{RR}} = \boldsymbol{M}_{\mathrm{A}}^{-1}\boldsymbol{H}_{\mathrm{AR}} \tag{14.96}$$

式（14.93）表明，由 $\Delta\boldsymbol{P}_{\mathrm{R}}$ 激发的模态变量取决于式（14.94）给出的矩阵 $\boldsymbol{r}$，因此研究矩阵 $\boldsymbol{r}$ 的结构应当可以导出只激发一个模态变量的条件，也就是精确同调的条件。进一步

简化考虑的因素，式（14.93）可以被重新写为

$$\begin{bmatrix}\ddot{z}_1\\ \ddot{z}_2\\ \vdots\\ \ddot{z}_n\end{bmatrix}=\begin{bmatrix}\lambda_1 & & & \\ & \lambda_2 & & \\ & & \ddots & \\ & & & \lambda_n\end{bmatrix}\begin{bmatrix}z_1\\ z_2\\ \vdots\\ z_n\end{bmatrix}-\begin{bmatrix}\boldsymbol{r}_1\\ \boldsymbol{r}_2\\ \vdots\\ \boldsymbol{r}_n\end{bmatrix}\cdot\Delta\boldsymbol{P}_{\mathrm{R}} \tag{14.97}$$

式（14.97）表明，如果矩阵 $\boldsymbol{r}$ 具有如下的结构，那么任何输入 $\Delta\boldsymbol{P}_{\mathrm{R}}$ 只可能激发一个模态变量：

$$\boldsymbol{r}=\begin{bmatrix}\boldsymbol{r}_1\\ \boldsymbol{r}_2\\ \vdots\\ \boldsymbol{r}_n\end{bmatrix}=\begin{bmatrix}\boldsymbol{r}_1\\ \boldsymbol{0}\\ \vdots\\ \boldsymbol{0}\end{bmatrix} \tag{14.98}$$

即它只有一行（第一行）为非零元素。矩阵 $\boldsymbol{W}$ 的第一列元素全部为1，见式（14.88）。结合式（14.98）有

$$\boldsymbol{W}\boldsymbol{r}=[\boldsymbol{1}_{\mathrm{A}}\quad \boldsymbol{w}_2\quad \cdots\quad \boldsymbol{w}_n]\cdot\begin{bmatrix}\boldsymbol{r}_1\\ \boldsymbol{0}\\ \vdots\\ \boldsymbol{0}\end{bmatrix}=\begin{bmatrix}\boldsymbol{r}_1\\ \boldsymbol{r}_1\\ \vdots\\ \boldsymbol{r}_1\end{bmatrix} \tag{14.99}$$

这意味着 $\boldsymbol{W}\boldsymbol{r}$ 是一个各行完全相同的矩阵。因此式（14.96）的左边为

$$\boldsymbol{W}\boldsymbol{r}\boldsymbol{H}_{\mathrm{RR}}=\begin{bmatrix}\boldsymbol{r}_1\\ \boldsymbol{r}_1\\ \vdots\\ \boldsymbol{r}_1\end{bmatrix}\cdot\boldsymbol{H}_{\mathrm{RR}}=\begin{bmatrix}\boldsymbol{h}_1\\ \boldsymbol{h}_1\\ \vdots\\ \boldsymbol{h}_1\end{bmatrix} \tag{14.100}$$

即它也是一个各行完全相同的矩阵。将式（14.100）代入式（14.96）可得

$$\boldsymbol{M}_{\mathrm{A}}^{-1}\boldsymbol{H}_{\mathrm{AR}}=\begin{bmatrix}\boldsymbol{h}_1\\ \boldsymbol{h}_1\\ \vdots\\ \boldsymbol{h}_1\end{bmatrix} \tag{14.101}$$

即 $\boldsymbol{M}_{\mathrm{A}}^{-1}\boldsymbol{H}_{\mathrm{AR}}$ 也是一个各行完全相同的矩阵。因此其第 k 列的所有元素都是相同的，可表述为

$$\frac{H_{ik}}{M_i}=\frac{H_{jk}}{M_j}\quad 对于\quad i,j\in\{\mathrm{A}\},\ k\in\{\mathrm{R}\} \tag{14.102}$$

这意味着在式（14.97）中任何扰动 $\Delta\boldsymbol{P}_{\mathrm{R}}$ 只激发一个模态变量 $z_1(t)$，也就是机群 {A} 精确同调的充分必要条件是满足式（14.102）。请回想一下被激发的模态变量 $z_1(t)$ 对应于机群 {A} 相对于系统其余部分的摇摆模式，而模态变量 $z_2(t)=\cdots=z_n(t)=0$ 则对应于机群 {A} 内部没有被激发的摇摆模式。

显然式（14.102）与式（14.39）是完全相同的。也就是说，模态分析验证了14.5节中的结论。

14.6.4 等效模型的特征值和特征向量

14.6.3节中的分析是在如下假设条件下进行的：状态方程式（14.83）中的扰动是由系统保留部分的功率变化构成的。此种模型被用于研究机群本身的内部摇摆和机群与系统其余部分之间的外部摇摆。该模型不能用于评价群｛A｝的聚合对系统保留部分内部的振荡模式有何影响。这个问题的研究需要建立整个系统的增量模型并分析群｛A｝的聚合如何影响整个系统的特征值和特征向量。这个困难的问题将通过使用聚合法对系统模型进行降阶来简化，从而证明该模型降阶相当于将状态空间投影到其子空间中。

令 $\boldsymbol{x}$ 为由如下状态方程描述的动态系统的状态向量：

$$\dot{\boldsymbol{x}} = \boldsymbol{A}\boldsymbol{x} \tag{14.103}$$

通过将向量 $\boldsymbol{x}$ 投影到一个较小的向量上实现系统降阶，即

$$\boldsymbol{x}_{\mathrm{e}} = \boldsymbol{C}\boldsymbol{x} \tag{14.104}$$

式中，$\boldsymbol{C}$ 是定义此投影的长方矩阵，之后将称其为“投影矩阵”；下标“e”来自于“等效”的英文单词。降阶模型可以描述为

$$\dot{\boldsymbol{x}}_{\mathrm{e}} = \boldsymbol{a}\boldsymbol{x}_{\mathrm{e}} \tag{14.105}$$

式中，$\boldsymbol{a}$ 是一个方阵，可以用矩阵 $\boldsymbol{A}$ 和 $\boldsymbol{C}$ 来表示。

式（14.105）描述了一个降阶的动态系统，其通过采用变换式（14.104）对状态向量进行降阶得到。

对式（14.104）两边求导，可得 $\dot{\boldsymbol{x}}_{\mathrm{e}} = \boldsymbol{C}\dot{\boldsymbol{x}}$。用式（14.105）右边替换 $\dot{\boldsymbol{x}}_{\mathrm{e}}$ 可得 $\boldsymbol{a}\boldsymbol{x}_{\mathrm{e}} = \boldsymbol{C}\boldsymbol{A}\boldsymbol{x}$。再用式（14.104）的右边替换 $\boldsymbol{x}_{\mathrm{e}}$，可得 $\boldsymbol{a}\boldsymbol{C}\boldsymbol{x} = \boldsymbol{C}\boldsymbol{A}\boldsymbol{x}$，最终可得

$$\boldsymbol{a}\boldsymbol{C} = \boldsymbol{C}\boldsymbol{A} \tag{14.106}$$

对式（14.106）右乘 $\boldsymbol{C}^{\mathrm{T}}$，可得 $\boldsymbol{a}\boldsymbol{C}\boldsymbol{C}^{\mathrm{T}} = \boldsymbol{C}\boldsymbol{A}\boldsymbol{C}^{\mathrm{T}}$，因而有

$$\boldsymbol{a} = \boldsymbol{C}\boldsymbol{A}\boldsymbol{C}^{\mathrm{T}}(\boldsymbol{C}\boldsymbol{C}^{\mathrm{T}})^{-1} \tag{14.107}$$

式中，矩阵 $\boldsymbol{C}\boldsymbol{C}^{\mathrm{T}}$ 是一个方阵，其秩等于降阶模型中状态变量的个数。

由式（14.106）给出的关系是非常重要的，因为基于此关系可以证明使用变换式（14.104）对状态向量进行降阶而得到的降阶模型式（14.105）部分保留了原始（未降阶）系统式（14.103）的特征值和特征向量。

令 λ_i 为式（14.103）中状态矩阵 $\boldsymbol{A}$ 的特征值，并令 $\boldsymbol{w}_i$ 为此矩阵的右特征向量，那么根据特征向量的定义，$\boldsymbol{A}\boldsymbol{w}_i = \lambda_i\boldsymbol{w}_i$。对该式两边左乘 $\boldsymbol{C}$，可得 $\boldsymbol{C}\boldsymbol{A}\boldsymbol{w}_i = \lambda_i\boldsymbol{C}\boldsymbol{w}_i$。用式（14.106）的左边替换 $\boldsymbol{C}\boldsymbol{A}$，可得 $\boldsymbol{a}\boldsymbol{C}\boldsymbol{w}_i = \lambda_i\boldsymbol{C}\boldsymbol{w}_i$，或者

$$\boldsymbol{a}\boldsymbol{w}_{\mathrm{e}i} = \lambda_i\boldsymbol{w}_{\mathrm{e}i} \tag{14.108}$$

式中，

$$\boldsymbol{w}_{\mathrm{e}i} = \boldsymbol{C}\boldsymbol{w}_i \tag{14.109}$$

式（14.108）证明，对每个 $\boldsymbol{w}_{\mathrm{e}i} \neq \boldsymbol{0}$，数值 λ_i 是矩阵 $\boldsymbol{a}$ 的一个特征值，而 $\boldsymbol{w}_{\mathrm{e}i}$ 是所对应的右特征向量。显然，λ_i 也是矩阵 $\boldsymbol{A}$ 的一个特征值。式（14.109）证明，向量 $\boldsymbol{w}_{\mathrm{e}i}$ 是由向量 $\boldsymbol{w}_i$ 降阶而来的。这意味着当满足如下条件时：

$$\boldsymbol{w}_{\mathrm{e}i} = \boldsymbol{C}\boldsymbol{w}_i \neq \boldsymbol{0} \tag{14.110}$$

使用变换式（14.104）对状态向量进行降阶而得到的降阶动态模型式（14.105）部分保留

了原型（未降阶）系统式（14.103）的特征值和特征向量。注意，降阶模型的特征向量 $\boldsymbol{w}_{ei}$ 与原始（未简化）模型的特征向量 $\boldsymbol{w}_i$ 之间的关系和状态向量 $\boldsymbol{x}_e$ 与状态向量 $\boldsymbol{x}$ 之间的关系是相同的。这意味着 $\boldsymbol{w}_{ei}$ 就是 $\boldsymbol{w}_i$ 通过投影矩阵 $\boldsymbol{C}$ 得到的投影。

显然，条件式（14.110）不是对每个矩阵 $\boldsymbol{C}$ 都满足的，且降阶模型并不保留原始（未降阶）模型的所有特征值和特征向量。

对于电力系统的增量模型，Machowski（1985）证明，投影矩阵应当具有如下的形式：

$$\boldsymbol{C}=\left[\begin{array}{ccc|cccc}1 & & & & & & \\ & \ddots & & & & \boldsymbol{0} & \\ & & 1 & & & & \\ \hline & \boldsymbol{0} & & \frac{1}{n} & \frac{1}{n} & \cdots & \frac{1}{n}\end{array}\right]=\left[\begin{array}{c|c}\boldsymbol{1} & \boldsymbol{0} \\ \hline \boldsymbol{0} & \frac{1}{n}\boldsymbol{1}_{\mathrm{A}}^{\mathrm{T}}\end{array}\right] \tag{14.111}$$

式中，$\boldsymbol{1}_{\mathrm{A}}$ 是元素全为1的向量；n 是群｛A｝中发电机数量。

所讨论的采用投影矩阵的降阶方法可以应用于式（14.84）或式（14.83）。这里将展示应用于式（14.83）的情况，因为：①式（14.83）中的状态矩阵比式（14.84）中的状态矩阵简单；②两个矩阵的特征值之间有严格的关系，即 $\lambda_i=\sqrt{\mu_i}$。

当应用投影矩阵式（14.111）时，式（14.62）中的 $\Delta\boldsymbol{\delta}'$ 按照如下方式进行变换：

$$\boldsymbol{C}\begin{bmatrix}\Delta\boldsymbol{\delta}'_{\mathrm{R}}\\ \Delta\boldsymbol{\delta}'_{\mathrm{A}}\end{bmatrix}=\begin{bmatrix}\Delta\boldsymbol{\delta}'_{\mathrm{R}}\\ \Delta\delta'_{\mathrm{a}}\end{bmatrix} \tag{14.112}$$

式中，

$$\Delta\delta'_{\mathrm{a}}=\frac{1}{n}\sum_{j\in\{\mathrm{A}\}}\Delta\delta'_j \tag{14.113}$$

式（14.113）表明，当使用所讨论的降阶方法时，等效发电机转子的运动取所有被聚合发电机转子的平均效应。显然，对于精确同调的发电机群，群｛A｝中所有发电机的运动是相同的，因而其平均值就等于群内每个发电机的值。

对于结构如式（14.111）所示的矩阵 $\boldsymbol{C}$，可以证明：

$$\boldsymbol{C}^{\mathrm{T}}(\boldsymbol{C}\boldsymbol{C}^{\mathrm{T}})^{-1}=\left[\begin{array}{ccc|c}1 & & & \\ & \ddots & & \boldsymbol{0}_{\mathrm{A}} \\ & & 1 & \\ \hline & & & 1 \\ & \boldsymbol{0}_{\mathrm{RA}} & & 1 \\ & & & \vdots \\ & & & 1\end{array}\right]=\left[\begin{array}{c|c}\boldsymbol{1} & \boldsymbol{0}_{\mathrm{A}} \\ \hline \boldsymbol{0}_{\mathrm{RA}} & \boldsymbol{1}_{\mathrm{A}}\end{array}\right]=\boldsymbol{B}^{\mathrm{T}} \tag{14.114}$$

这样，式（14.107）所给出的降阶模型的状态矩阵具有如下简单形式：

$$\boldsymbol{a}=\boldsymbol{CAB}^{\mathrm{T}} \tag{14.115}$$

包含群｛A｝和群｛R｝中所有发电机的原始模型（见图14-6a），在忽略阻尼时的矩阵运动方程可以用类似于式（11.23）的方式表示：

$$\begin{bmatrix}\Delta\ddot{\boldsymbol{\delta}}'_{\mathrm{R}}\\ \hdashline \Delta\ddot{\boldsymbol{\delta}}'_{\mathrm{A}}\end{bmatrix}=-\left[\begin{array}{c|c}\boldsymbol{M}_{\mathrm{R}}^{-1}\boldsymbol{H}_{\mathrm{RR}} & \boldsymbol{M}_{\mathrm{R}}^{-1}\boldsymbol{H}_{\mathrm{RA}}\\ \hline \boldsymbol{M}_{\mathrm{A}}^{-1}\boldsymbol{H}_{\mathrm{AR}} & \boldsymbol{M}_{\mathrm{A}}^{-1}\boldsymbol{H}_{\mathrm{AA}}\end{array}\right]\begin{bmatrix}\Delta\boldsymbol{\delta}'_{\mathrm{R}}\\ \hdashline \Delta\boldsymbol{\delta}'_{\mathrm{A}}\end{bmatrix} \tag{14.116}$$

应用如式（14.111）所示的矩阵 $\boldsymbol{C}$ 进行降阶后，状态向量被降阶成式（14.112）所示的形式，而式（14.116）降阶为

$$\begin{bmatrix} \Delta\ddot{\boldsymbol{\delta}}'_{\mathrm{R}} \\ \hdashline \Delta\ddot{\delta}'_{\mathrm{a}} \end{bmatrix} = -\left[\begin{array}{c:c} \boldsymbol{M}_{\mathrm{R}}^{-1}\boldsymbol{H}_{\mathrm{RR}} & \boldsymbol{M}_{\mathrm{R}}^{-1}\boldsymbol{H}_{\mathrm{RA}}\boldsymbol{1}_{\mathrm{A}} \\ \hdashline \dfrac{1}{n}\boldsymbol{1}_{\mathrm{A}}^{\mathrm{T}}\boldsymbol{M}_{\mathrm{A}}^{-1}\boldsymbol{H}_{\mathrm{AR}} & \dfrac{1}{n}1_{\mathrm{A}}^{\mathrm{T}}\boldsymbol{M}_{\mathrm{A}}^{-1}\boldsymbol{H}_{\mathrm{AA}}\boldsymbol{1}_{\mathrm{A}} \end{array}\right]\begin{bmatrix} \Delta\boldsymbol{\delta}'_{\mathrm{R}} \\ \hdashline \Delta\delta'_{\mathrm{a}} \end{bmatrix} \tag{14.117}$$

式中，状态矩阵根据式（14.115）进行计算。如前所述，由式（14.117）给出的降阶模型部分保留了原始（未降阶）模型式（14.116）的特征值和特征向量。

容易看到，在所描述的降阶模型式（14.117）与 14.6.2 节所描述的基于 Di Caprio 和 Marconato 法得到的简化模型之间存在一些相似性。在两种情况下都存在矩阵元素的相加运算，对应于用 $\boldsymbol{1}_{\mathrm{A}}$ 和 $\boldsymbol{1}_{\mathrm{A}}^{\mathrm{T}}$ 相乘。使用基于 Di Caprio 和 Marconato 法得到的式（14.62），也可以写出如下与式（14.117）类似的状态方程：

$$\begin{bmatrix} \Delta\ddot{\boldsymbol{\delta}}'_{\mathrm{R}} \\ \hdashline \Delta\ddot{\delta}'_{\mathrm{a}} \end{bmatrix} = -\left[\begin{array}{c:c} \boldsymbol{M}_{\mathrm{R}}^{-1}\boldsymbol{H}_{\mathrm{RR}} & \boldsymbol{M}_{\mathrm{R}}^{-1}\boldsymbol{H}_{\mathrm{RA}}\boldsymbol{1}_{\mathrm{A}} \\ \hdashline M_{\mathrm{a}}^{-1}\boldsymbol{1}_{\mathrm{A}}^{\mathrm{T}}\boldsymbol{H}_{\mathrm{AR}} & M_{\mathrm{a}}^{-1}\boldsymbol{1}_{\mathrm{A}}^{\mathrm{T}}\boldsymbol{H}_{\mathrm{AA}}\boldsymbol{1}_{\mathrm{A}} \end{array}\right]\begin{bmatrix} \Delta\boldsymbol{\delta}'_{\mathrm{R}} \\ \hdashline \Delta\delta'_{\mathrm{a}} \end{bmatrix} \tag{14.118}$$

式中，根据式（14.33），等效机组的惯性系数为 $M_{\mathrm{a}} = \sum_{i\in\{\mathrm{A}\}} M_i$。

同时也容易看到，若比较式（14.117）和式（14.118），其差别在与等效发电机对应的下面那行上。此差别表现在乘积中各因子的顺序不同，由于矩阵相乘通常不能互换顺序，因此这个差别是非常重要的。仔细分析可以得出式（14.117）下面那行的元素为

$$a_{\mathrm{a}k} = -\frac{1}{n}\sum_{i\in\{\mathrm{A}\}}\frac{H_{ik}}{M_i} \tag{14.119}$$

而式（14.118）下面那行的元素为

$$a_{\mathrm{a}k} = -\frac{\sum_{i\in\{\mathrm{A}\}} H_{ik}}{\sum_{i\in\{\mathrm{A}\}} M_i} \tag{14.120}$$

显然，一般情况下式（14.119）和式（14.120）所给出的元素值是不同的。在满足式（14.39）的特殊情况下，也就是当机群精确同调时，下式成立：

$$\frac{H_{ik}}{M_i} = h_k \quad 对于 \quad i,j\in\{\mathrm{A}\},\quad k\in\{\mathrm{B}\} \tag{14.121}$$

因此有 $H_{ik} = h_k M_i$。将其代入式（12.120）可得

$$a_{\mathrm{a}k} = -\frac{\sum_{i\in\{\mathrm{A}\}} h_k M_i}{\sum_{i\in\{\mathrm{A}\}} M_i} = -\frac{h_k\sum_{i\in\{\mathrm{A}\}} M_i}{\sum_{i\in\{\mathrm{A}\}} M_i} = -h_k \tag{14.122}$$

将式（14.121）代入式（14.119）也可得到 $a_{\mathrm{a}k} = -h_k$。这表明，当满足精确同调条件式（14.39）时，式（14.117）和式（14.118）中的矩阵是相同的。

例 14.2　为了说明降阶模型是如何部分地保留原系统的特征值和特征向量，将分析一个简单的 3 机系统，其中两台机满足式（14.121）给出的精确同调条件。由式（14.116）给出的状态矩阵为

$$\left[\begin{array}{c:cc} -6 & 3 & 3 \\ \hdashline 2 & -4 & 2 \\ 2 & 3 & -5 \end{array}\right]$$

其特征值和特征向量为

$$\mu_1=0 \quad 且 \quad \boldsymbol{w}_1=[1 \quad 1 \quad 1]^{\mathrm{T}}$$

$$\mu_2=-8 \quad 且 \quad \boldsymbol{w}_2=[-3 \quad 1 \quad 1]^{\mathrm{T}}$$

$$\mu_3=-7 \quad 且 \quad \boldsymbol{w}_3=[3 \quad -4 \quad 3]^{\mathrm{T}}$$

采用式（14.117）将状态矩阵降阶为

$$\left[\begin{array}{c:c} -6 & 6 \\ \hdashline 2 & -2 \end{array}\right]$$

此状态矩阵的特征值和特征向量为

$$\mu_1=0 \quad 且 \quad \boldsymbol{w}_{e1}=[1 \quad 1]^{\mathrm{T}}$$

$$\mu_2=-8 \quad 且 \quad \boldsymbol{w}_{e2}=[-3 \quad 1]^{\mathrm{T}}$$

除零特征值外，降阶系统仍然保留了特征值$\mu_2=-8$及与之对应的右特征向量$\boldsymbol{w}_{e2}=[-3 \quad 1]^{\mathrm{T}}$，其是原特征向量$\boldsymbol{w}_2=[-3 \quad 1 \quad 1]^{\mathrm{T}}$的一部分。式（14.110）是满足的，如下所示：

$$\boldsymbol{C}\boldsymbol{w}_2=\left[\begin{array}{c:c:c} 1 & 0 & 0 \\ \hdashline 0 & \dfrac{1}{2} & \dfrac{1}{2} \end{array}\right]\begin{bmatrix} -3 \\ 1 \\ 1 \end{bmatrix}=\begin{bmatrix} -3 \\ 1 \end{bmatrix}=\boldsymbol{w}_{e2}$$

这就用实例说明了降阶模型部分地保留了原始（未降阶）模型的特征值和特征向量。

总结本章的观察结论如下：

1）聚合运算与线性化运算是可交换的（证明见14.6.2节）。

2）采用Di Caprio和Marconato法得到的简化线性模型式（14.62）与采用Zhukov法得到的简化模型的线性形式是一样的（证明见14.6.2节）。

3）当满足式（14.39）给出的精确同调条件时，降阶的线性模型式（14.118）与采用变换式（14.104）以及投影矩阵式（14.111）得到的降阶模型式（14.117）是一样的。

4）降阶模型式（14.117）部分保留了原始（未降阶）模型的特征值。

这些观察结论清楚地表明，当精确同调条件式（14.39）满足时，由Zhukov法式（14.2.3）得到的简化模型也部分保留了原始（未简化）模型的特征值。这是采用Zhukov法得到同调动态等效模型的一个重要特性。

实际上，除了相同发电机接在同一母线上运行外，真实电力系统很少会出现精确同调的情况。简化动态模型是通过聚合满足同调性条件式（14.29）的发电机而建立的，该条件具有同调精度$\varepsilon_{\Delta\delta}$。显然，任何偏离精确同调性的误差意味着原始（未简化）模型的所有动态特性只能在某种程度上被等效（简化）模型保留。因此，可以预料到等效（简化）模型的特征值和特征向量只是等于原始（未简化）模型的特征值和特征向量的近似。非常重要的一点是，等效（简化）模型会尽可能精确地保留那些在内部子系统扰动下会被强烈激发的模态变量，而这些模态变量对内部子系统内的功率摇摆具有最强烈的影响。因而这些模态变量被称为“主导模态变量（见12.1.6节）”。模态分析（见12.1节）表明，由左、右特征向量构成的矩阵$\boldsymbol{U}$和$\boldsymbol{W}$决定了哪些模态变量会被强烈激发并对功率摇摆具有最大的影响。下面的例子将展示基于同调的等效模型可以相当精确地保留主导模式。

例14.3 图14-17给出了一个15机的测试系统。假定发电机7构成内部系统。对此内部系统，将14.5节描述的算法用于辨识同调机群，并用实线所包围的机组，如图14-17所示。

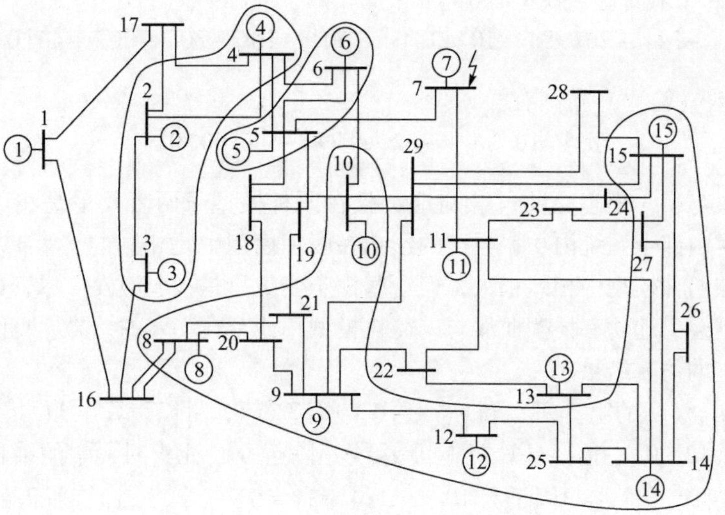

图 14-17　测试系统和识别出的同调机群

在假定初始扰动是发电机 7 上的转子角变化，即 $\Delta\boldsymbol{\delta}' = [0\cdots0 \mid \Delta\delta_7' \mid 0\cdots0]^{\mathrm{T}}$ 的条件下进行主导模式的辨识。在此扰动下，$z = \boldsymbol{U}\cdot\Delta\boldsymbol{\delta}'$ 变为 $z = \boldsymbol{u}_{\circ 7}\cdot\Delta\delta_7'$，其中 $\boldsymbol{u}_{\circ 7}$ 表示矩阵 $\boldsymbol{U}$ 的第 7 列。对于给定的假设数据（Machowski et al.，1986；Machowski，Gubina and Omahen，1986），可得下面的结果：

- 对应原始（未简化）模型有

$$\boldsymbol{u}_{\circ 7} = 10^{-3}\cdot[\,\mathbf{-184} \mid 0 \mid \underline{\mathbf{914}} \mid -11 \mid \mathbf{160} \mid -3 \mid -56 \mid -9 \mid -71 \mid -18 \mid -64 \mid -1 \mid -90 \mid 0 \mid 20\,]^{\mathrm{T}}$$

- 对应等效（简化）模型有

$$\boldsymbol{u}_{\circ 7} = 10^{-3}\cdot[\,\mathbf{-154} \mid 29 \mid \underline{\mathbf{915}} \mid -47 \mid \mathbf{124} \mid -2 \mid 0\,]^{\mathrm{T}}$$

最大值对应于第 3 模态变量 z_3，已用黑体和下划线表示。注意，两者在原始系统和等效系统中几乎是相等的，这意味着在两个系统中对第 3 模态变量的激发是相同的。同样被强烈激发的还有第 1 模态变量 z_1 和第 5 模态变量 z_5，但与第 3 模态变量 z_3 相比被激发的程度弱了很多倍。剩下的值要小很多，因此可以假定剩余的模式要么被弱激发，要么没有被激发。被激发的模态变量对应于如下的特征值：

原始模型：	等效模型：
$\mu_1 = -11.977$	$\mu_1 = -13.817$
$\mu_3 = -42.743$	$\mu_3 = -44.170$
$\mu_5 = -72.499$	$\mu_5 = -119.390$

显然，与激发最强烈的第 3 模态变量对应的特征值在等效模型下和原始模型下几乎是相等的，第 1 个特征值在两种模型下也几乎有相等的值，而第 5 个特征值在两种模型下差别很大。然而，应当记住的是，第 1 和第 5 模态变量被激发的程度较弱，并不一定需要精确模拟。

矩阵 $\boldsymbol{W}$ 决定了单个模态变量如何影响内部子系统中的功率摇摆。式 $\Delta\boldsymbol{\delta}' = \boldsymbol{W}z$ 变为 $\Delta\delta_7' = \boldsymbol{w}_{7\circ}\,z$，其中 $\boldsymbol{w}_{7\circ}$ 表示矩阵 $\boldsymbol{W}$ 的第 7 列。对于给定的假设数据有如下结果：

- 对应原始（未简化）模型有

$$\boldsymbol{w}_{7\circ}=10^{-1}\cdot[\,\mathbf{-34}\mid -26\mid \underline{\mathbf{98}}\mid -10\mid 21\mid 0\mid -50\mid -10\mid -80\mid -20\mid -40\mid 0\mid 0\mid 0\mid -20\,]$$

- 对应等效（简化）模型有

$$\boldsymbol{w}_{7\circ}=10^{-1}\cdot[\,\mathbf{-52}\mid 6\mid \underline{\mathbf{99}}\mid -12\mid \mathbf{60}\mid 0\mid 7\,]$$

最大值再次与第3模态变量 z_3 相对应，且在两种模型下两者几乎是相等的。这意味着第3模态变量对内部子系统内功率摇摆的影响在两种模型中是相同的。第1模态变量和第5模态变量的值在两种模型中相差很大，但这些模态变量只是被弱激发。尽管如此，用聚合法得到的简化模型会引起功率摇摆曲线与未简化模型相比存在一定的差异，见图14-14所示的对另一测试系统的仿真结果。

通过利用 $\boldsymbol{u}_{\circ 7}$（$\boldsymbol{U}$ 的第7列）和 $\boldsymbol{w}_{7\circ}$（$\boldsymbol{W}$ 的第7行），可以计算出11.1节中定义的参与因子。根据式（12.90），需要计算矩阵列 $\boldsymbol{u}_{\circ 7}$与矩阵行 $\boldsymbol{w}_{7\circ}$元素对元素的乘积。例如，原始（未简化）模型的第1个参与因子为 $10^{-4}\cdot 184\cdot 34\cong 63\cdot 10^{-2}$。计算所得的所有参与因子按如下方式展示：

- 对应原始（未简化）模型有

$$10^{-2}\cdot[\,\mathbf{63}\mid 0\mid \underline{\mathbf{896}}\mid 1\mid \mathbf{34}\mid 0\mid 28\mid 1\mid 57\mid 4\mid 26\mid 0\mid 0\mid 0\mid -4\,]$$

- 对应等效（简化）模型有

$$10^{-2}\cdot[\,\mathbf{80}\mid 2\mid \underline{\mathbf{906}}\mid 6\mid \mathbf{74}\mid 0\mid 0\,]$$

基于参与因子的值，可以得出结论：所研究的内部子系统中的变量 $\Delta\delta_7'$与第3模态变量 z_3 有很强的联系；而 $\Delta\delta_7'$与第1模态变量 z_1 和第5模态变量 z_5 之间的联系则要弱一个数量级。

分析例14.3时应当记住，计算得到的特征值 μ_i 分别是式（14.116）和式（14.117）所描述的2阶方程中矩阵的特征值，它们是负实数。与式（14.84）这种1阶方程相对应的特征值 λ_i 是复数，其值为 $\lambda_i=\sqrt{\mu_i}$。

14.6.5 等效模型的平衡点

用Zhukov法得到的同调等效模型是构建在一个稳定平衡点上的，该平衡点同时也是系统稳态运行点。因此，等效模型一定部分地保留了稳定平衡点的坐标。这个论断可以用如下方式说明。设节点标示如图14-6所示，令 r 为群｛R｝内的发电机数量，N 为系统所有发电机即群｛R｝和群｛A｝内所有发电机的数量。那么原始（未简化）模型和等效（简化）模型的稳定平衡点的坐标可以表示为

$$\hat{\boldsymbol{\delta}}'=[\,\hat{\delta}_1'\ \cdots\ \hat{\delta}_r'\ \vdots\ \hat{\delta}_{r+1}'\ \cdots\ \hat{\delta}_N'\,]^{\mathrm{T}} \tag{14.123}$$

$$\hat{\boldsymbol{\delta}}_{\mathrm{e}}'=[\,\hat{\delta}_1'\ \cdots\ \hat{\delta}_r'\ \vdots\ \hat{\delta}_{\mathrm{a}}'\,]^{\mathrm{T}} \tag{14.124}$$

式中，$\hat{\delta}_{\mathrm{a}}'$是式（14.22）给出的等效发电机的功角。现在的问题是简化（等效）模型中是否会保留不稳定平衡点以及哪些不稳定平衡点被保留下来。这个问题从Lyapunov直接法的角度来看是特别重要的。在6.3.5节（图6-24）中已证明，当失去暂态稳定性时，每个不稳

定平衡点对应系统按某种方式分裂成异步运行的发电机群。根据这个观点，简化（等效）模型如果部分地保留了那些对内部子系统（见图 14-1）扰动非常重要的不稳定平衡点，那么它就是一个好模型。

原始（未简化）模型和等效（简化）模型不稳定平衡点的坐标将用下述方式表示：

$$\tilde{\boldsymbol{\delta}}' = [\ \tilde{\delta}'_1 \quad \cdots \quad \tilde{\delta}'_r \ \vdots\ \tilde{\delta}'_{r+1} \quad \cdots \quad \tilde{\delta}'_N\ ]^{\mathrm{T}} \tag{14.125}$$

$$\tilde{\boldsymbol{\delta}}'_{\mathrm{e}} = [\ \tilde{\delta}'_{\mathrm{e}1} \quad \cdots \quad \tilde{\delta}'_{\mathrm{e}r} \ \vdots\ \tilde{\delta}'_{\mathrm{a}}\ ]^{\mathrm{T}} \tag{14.126}$$

当下述条件满足时，等效模型部分地保留了原始模型的不稳定平衡点：

$$\tilde{\delta}'_{\mathrm{e}k} = \tilde{\delta}'_k \quad 对于 \quad k \in \{\mathrm{R}\} \tag{14.127}$$

如图 14-15 所示的 Zhukov 法的电气解释将揭示哪个特定不稳定平衡点满足式(14.127)。聚合运算不改变某个不稳定平衡点坐标的条件为：在此点上的电压比等于用于聚合的变压器电压比，也等于在稳定平衡点上的电压比。与式（14.16）的做法一样，上述条件可以表述为

$$\tilde{\underline{V}}_{\mathrm{a}}^{-1}\,\tilde{\underline{\boldsymbol{V}}}_{\mathrm{A}} = \boldsymbol{\vartheta} = \hat{\underline{\boldsymbol{V}}}_{\mathrm{a}}^{-1}\,\hat{\underline{V}}_{\mathrm{A}} \tag{14.128}$$

对于经典发电机模型（恒定电动势模值模型），此条件可以简化为

$$\tilde{\delta}'_i - \tilde{\delta}'_{\mathrm{a}} = \hat{\delta}'_i - \hat{\delta}'_{\mathrm{a}} \quad 对于 \quad i \in \ \{\mathrm{A}\} \tag{14.129}$$

或者 $\tilde{\delta}'_i - \hat{\delta}'_i = \tilde{\delta}'_{\mathrm{a}} - \hat{\delta}'_{\mathrm{a}}$。这个方程必须对每个节点 $i \in \{\mathrm{A}\}$ 满足，即对于各 i，$j \in \{\mathrm{A}\}$ 都满足。这样就有 $\tilde{\delta}'_i - \hat{\delta}'_i = \tilde{\delta}'_i - \hat{\delta}'_i = \tilde{\delta}'_{\mathrm{a}} - \hat{\delta}'_{\mathrm{a}}$，即

$$\tilde{\delta}'_i - \hat{\delta}'_i = \tilde{\delta}'_j - \hat{\delta}'_j \quad i,\ j \in \ \{\mathrm{A}\} \tag{14.130}$$

这意味着对每台属于给定群 i，$j \in \{\mathrm{A}\}$ 的发电机，不稳定平衡点与稳定平衡点之间的距离必须相等。此种不稳定平衡点可以被称为相对于群 {A} 中一组给定变量的“部分等距离点”。

采用 Zhukov 法得到的等效模型，部分地保留了相对于群 {A} 中一组给定变量等距的不稳定平衡点。聚合运算只会去掉那些不满足部分等距条件的不稳定平衡点。这个特性将用一个直观而易懂的例子来进行说明。

例 14.4　图 14-18 给出的例子包括 2 台并联运行的发电机 1 和发电机 2，其联接到无穷大母线，而无穷大母线用 1 台大容量的发电机 3 来表示。对于每个发生在输电线路 4-3 上的外部短路故障，两台并联运行的发电机是精确同调的。两台发电机之间的振荡只可能在发电厂内部节点 5 或 6 上出现短路故障时才会发生。图 14-18a 的下图为消去负荷节点后的等效电路图，其中的参数采用式（6.41）中的符号。图 14-18b 给出了类似于图 6-24 的等势能线。

这里有 3 个不稳定平衡点：u1、u2、u3。鞍点 u1 对应于发电机 1 相对于发电机 2 和 3 失步，这种情况在节点 5 发生短路故障时可能会出现。鞍点 u2 对应于发电机 2 相对于发电机 1 和 3 失步，这种情况在节点 6 发生短路故障时可能会出现。点 u3 是最大值类型的，对应于发电机 1 和 2 相对于发电机 3 失步，这种情况在输电线路 4-3 上发生短路故障（例如点

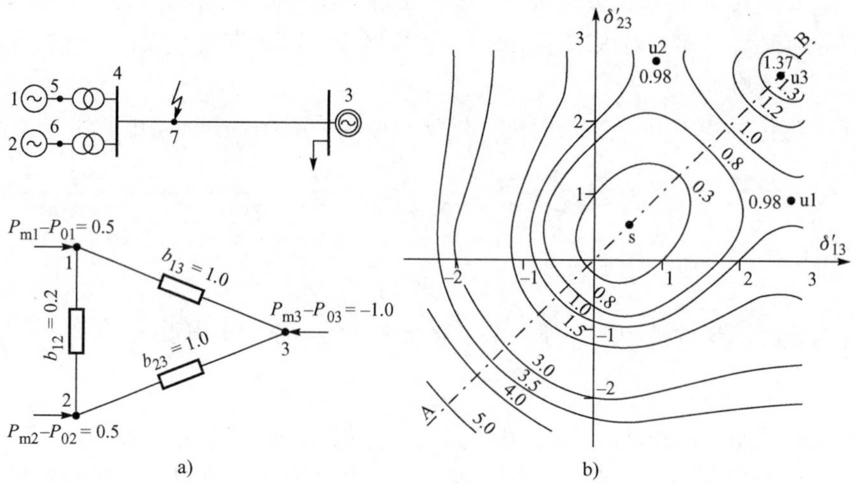

图 14-18　部分等距平衡点定义的示意图：a）网络图；b）等势能线

7）时可能会出现。对点 u3，条件式（14.130）是满足的，因为 $\tilde{\delta}'_{13}-\hat{\delta}'_{13}=\tilde{\delta}'_{23}-\hat{\delta}'_{23}$。同时点 u3 也是部分等距的。注意，当满足精确同调条件时，$\boldsymbol{\delta}'(t)$ 的轨迹落在穿过原点、点 s 和点 u3 的直线 AB 上。类似于式（14.31），此直线可以用下式定义：

$$\delta'_{13}(t)-\delta'_{23}(t)=\hat{\delta}'_{13}-\hat{\delta}'_{23}=\hat{\delta}'_{12}=\text{常数}$$

聚合发电机 1 和 2 将 3 机系统简化为 2 机系统，并去除了不稳定平衡点 u1 和 u2。聚合后，不稳定平衡点 u3 仍然保留。简化模型（2 机模型）的等势能曲线图对应于图 14-18 中沿直线 AB 的截面图，其形状与前面的图 6-21b 相同。

接下来与 Lyapunov 直接法有关的一个重要问题是，动态等效（简化）模型在暂态和不稳定平衡点上是否会保持原始（未简化）模型的 Lyapunov 函数值。对于由式（6.52）给出的 Lyapunov 函数 $V(\delta',\ \Delta\omega)=\boldsymbol{E}_{\mathrm{k}}+\boldsymbol{E}_{\mathrm{p}}$，此问题的答案是肯定的，下面将给出证明。

对于动能 $\boldsymbol{E}_{\mathrm{k}}$，此证明是简单的。将式（6.46）分成两个加和就可以了：

$$E_{\mathrm{k}}=\frac{1}{2}\sum_{i=1}^{N}M_i\Delta\omega_i^2=\frac{1}{2}\sum_{i\in\{\mathrm{R}\}}M_i\Delta\omega_i^2+\frac{1}{2}\sum_{i\in\{\mathrm{A}\}}M_i\Delta\omega_i^2=\frac{1}{2}\sum_{i\in\{\mathrm{R}\}}M_i\Delta\omega_i^2+\frac{1}{2}M_{\mathrm{a}}\Delta\omega_{\mathrm{a}}^2$$

式中，对于 $i\in\{\mathrm{A}\}$，根据精确同调的定义有 $\Delta\omega_1=\cdots=\Delta\omega_n=\Delta\omega_{\mathrm{a}}$，并且根据式（14.33），$M_{\mathrm{a}}=\sum_{i\in\{\mathrm{A}\}}M_i$，从而完成证明。

对于由式（6.51）给出的势能，此证明也很简单但比较冗长。这里只给出个纲要：

1）分量 $(P_{mi}-P_{0i})(\delta'_i-\hat{\delta}'_i)$ 应当拆分成两个加和（类似于动能的证明方法）：一个对应于 $i\in\{\mathrm{A}\}$，另一个对应于 $i\in\{\mathrm{R}\}$。然后应当注意，当 $i\in\{\mathrm{A}\}$ 满足精确同调条件时有 $(\delta'_i-\hat{\delta}'_i)=(\delta'_{\mathrm{a}}-\hat{\delta}'_{\mathrm{a}})$，而根据聚合的原理，$\sum_{i\in(\mathrm{A})}(P_{mi}-P_{0i})=(P_{\mathrm{ma}}-P_{0\mathrm{a}})$。

2）式（6.51）中分量 $b_{ij}(\cos\delta'_{ij}-\cos\hat{\delta}'_{ij})$ 的双重加和应当拆分成 3 个加和：①对应于 $i,\ j\in\{\mathrm{R}\}$；②对应于 $i\in\{\mathrm{R}\}$，$j\in\{\mathrm{A}\}$；③对应于 $i,\ j\in\{\mathrm{A}\}$。然后应当注意，分量 $b_{ij}\cos\delta'_{ij}$ 和 $b_{ij}\cos\hat{\delta}'_{ij}$ 对应于同步功率。14.6.2 节已经说明，对于等效（简化）模型，同步功率等于被

聚合发电机的同步功率之和。因此，等效（简化）模型与原始模型所得到的各分量之和是相同的。

根据上述两点的结论，关于势能的证明也就完成了。现用一个测试系统的计算结果来举例说明上述结果。

例 14.5　再次考察如图 14-17 所示的测试系统。在此例中，假定内部子系统是由位于测试网络中部的发电机 11 构成的。将测试系统视为原始（未简化）模型，使用梯度法计算稳定平衡点的坐标以及与发电机 11 失步相对应的不稳定平衡点的坐标。这些点的坐标如表 14-1 所示，见标题为“原始”下的那一列。对于假定的内部子系统，同调辨识算法辨识出了两个机群：{2，3，4} 和 {5，6，8，9，10，12，13，14，15}。这两个机群采用 Zhukov 法进行聚合。对于得到的等效（简化）模型，计算出了稳定平衡点和与发电机 11 失步相对应的不稳定平衡点。这些点的坐标也如表 14-1 所示，见标题为“简化”下的那一列。结果表明，对于发电机 {1，7，11}，不管是稳定平衡点还是不稳定平衡点，其坐标都得到了很好的保留。表 14-1 下面几行，给出了原始（未简化）和等效（简化）模型在不稳定平衡点上计算得到的 Lyapunov 函数值。显然，其值非常接近，与母线 11 发生短路时临界切除时间下的值类似。

表 14-1　母线 11 故障时的结果

发电机编号	群编号	平衡点的坐标			
		稳定的		不稳定的	
		原始	简化	原始	简化
1	—	0.00	0.00	0.00	0.00
7	—	23.36	23.40	50.76	49.65
11	—	14.22	14.30	**183.80**	**181.81**
2	1	20.54	19.65	26.42	24.50
3		19.84		25.10	
4		10.56		19.02	
5	2	13.25	18.24	28.22	34.68
6		12.48		27.02	
8		15.39		26.58	
9		12.73		28.28	
10		11.15		26.59	
12		14.23		33.02	
13		14.14		34.44	
14		31.08		52.63	
15		25.55		44.67	
Lyapunov 函数的值				11.05	10.95
临界清除时间				0.322	0.325

对相同或其他的测试系统，当选择不同内部子系统时，可以获得类似的结果。更多的实例可参阅参考文献 Machowski（1985）和 Machowski et al.（1986，1988）。

附　　录

A.1 标幺制

也许在电力系统分析中，比任何其他领域更容易引起困惑的一个领域是标幺制。当系统包括同步电机时，这种困惑会进一步加剧。然而，标幺制是成熟的方法，有许多吸引人的地方。例如，通过标幺化第 11 章中导出的发电机方程，相同类型但不同额定值的发电机的参数将落在相同范围内，从而使工程师能够直观地了解发电机的性能。这种标幺化的参数集也可以使计算高效。

在下面的小节中，将描述本书中使用的标幺制。首先，介绍了定子电枢的基值系统，接着简要讨论了功率不变性在国际单位制（SI）和标幺制中的形式。然后，为了导出不同转子电路的基准值，对标幺制进行了更详细的检查。最后解释了发电机和网络的标幺制系统是如何相互适应的。

A.1.1 定子侧的基准值

电枢的主要基准值为

基准电压　V_b = 发电机机端线对中性点有效值电压，V_{L-N}（通常为额定电压）

基准功率　S_b = 发电机的 MVA 额定值/相，$S_{1\phi}$

基准时间　$t_b = 1s$

这些主要基准值导出如下派生基准值：

基准电流　$I_b = \dfrac{S_b}{V_b} = \dfrac{S_{1\phi}}{V_b}$　A

基准阻抗　$Z_b = \dfrac{V_b}{I_b}$　Ω

基准电感　$L_b = \dfrac{V_b t_b}{I_b}$　H

基准磁链　$\Psi_b = L_b I_b = V_b t_b \equiv V_b$　Vs

基准电角度　$\theta_b = 1$ 电弧度

基准电转速　$\omega_b = 1$ 电弧度/s

基准机械角度　$\theta_{mb} = 1$ 机械弧度

基准机械转速　$\omega_{mb} = 1$ 机械弧度/s

基准电机功率　$S_{3\phi} = 3S_{1\phi}$　VA

基准转矩　$\tau_b = \dfrac{S_{3\phi}}{\omega_{sm}}$　Nm

要使用这些基准值，采用国际单位的任何特定电流、电压等只要除以相应的基准值，就能得到标幺值（反之亦然）：

$$标幺值 = \frac{实际值}{基准值} \tag{A.1}$$

重要的是要注意，采用第 11 章介绍的电压和电流 ABC/dq 变换方程，在 A、B、C 和 d、q 坐标系中的电枢绕组都使用相同的基准值。而对于其他的变换系数值，情况并不是这样（Harris，Lawrenson and Stephenson，1970）。如第 11 章所述，ABC/dq 变换是功率不变的，即有

$$v_a i_a + v_b i_b + v_c i_c = v_d i_d + v_q i_q \tag{A.2}$$

根据上面定义的基准值，采用国际单位制表示法和采用标幺制表示法相互转换时功率是不变的。

应当注意以下几点：

1）基准时间取 1s 时，所有时间常数的单位都为 s。

2）标幺值电抗与标幺值电感之间的关系为 $X_{pu} = \omega L_{pu}$，从而保持了电感与电抗之间的正常关系。标幺值电感不等于标幺值电抗。

3）转矩基准值的定义是在同步转速下转矩标幺值等于功率标幺值，例如，涡轮机转矩为 0.8pu 对应于涡轮机功率为 0.8pu。一般地，有

$$P = \tau\omega_m \quad (\mathrm{SI}) \tag{A.3}$$

除以 $S_{3\phi}$，

$$\frac{P}{S_{3\phi}} = \frac{\tau\omega_m}{S_{3\phi}} = \frac{\tau\omega_m}{\tau_b\omega_{sm}}, \quad P_{pu} = \tau_{pu}\frac{\omega_m}{\omega_{sm}} \tag{A.4}$$

但由于 $\omega_m = \omega/p$ 和 $\omega_{sm} = \omega_s/p$，

$$P_{pu} = \tau_{pu}\frac{\omega_m}{\omega_{sm}} = \tau_{pu}\frac{\omega}{\omega_s} \tag{A.5}$$

在同步转速 $\omega = \omega_s$ 下有

$$P_{pu} = \tau_{pu} \tag{A.6}$$

4）在平衡运行条件下，基于 $S_{1\phi}$ 标幺化的单相功率输出与基于 $S_{3\phi}$ 标幺化的发电机功率输出在数值上相同。平衡运行时有

$$P_{1\phi} = V_{rms} I_{rms}\cos\phi, \quad P_{3\phi} = 3V_{rms} I_{rms}\cos\phi \tag{A.7}$$

分别除以 $S_{1\phi}$ 和 $S_{3\phi}$ 有

$$P_{pu} = V_{pu} I_{pu}\cos\phi \tag{A.8}$$

这是一个非常有用的恒等式，特别是在采用相量图研究平衡运行方式时。

5）由于采用了标幺制表示，本书中导出的大多数方程无论是用国际单位制还是用标幺制，都是相同的。对此有 2 个重要的例外是发电机的功率和转矩，两者都必须以发电机的 MVA 基准值而不是单相 MVA 基准值。因此有

$$P_{pu} = \frac{P_{SI}}{S_{3\phi}} = \frac{1}{3}\left[\frac{P_{SI}}{V_b I_b}\right] \tag{A.9}$$

而

$$\tau_{pu}=\frac{\tau_{SI}}{\tau_b}=\tau_{SI}\frac{\omega_s}{S_{3\phi}}=\frac{\omega_s}{3}\left[\frac{\tau_{SI}}{V_bI_b}\right] \tag{A.10}$$

这两个方程的含义是，在国际单位制中导出的发电机功率或转矩方程只要分别乘以1/3和$\omega_s/3$就能转换为标幺制形式。参见第4章中的转矩表达式。

6）满载功率（和转矩）不应当与1pu功率（和转矩）混淆。它们不是一样的。一般来说，

$$满载功率=S_{3\phi}\cos\phi_{rated}$$

$$满载转矩=\tau_b\cos\phi_{rated}$$

机械工程师喜欢把额定轴转矩称为，比如4倍的满载转矩。这并不意味着4倍的τ_b——它们还相差一个$\cos\phi_{rated}$。

7）由于使用了基准值，第11章中导出的v_d、v_q与V_d、V_q和i_d、i_q与I_d、I_q之间的关系在国际单位制和标幺制下都是成立的，即

$$v_{dpu}=\sqrt{3}V_{dpu},\quad i_{dpu}=\sqrt{3}I_{dpu} \tag{A.11}$$

$$v_{qpu}=\sqrt{3}V_{qpu},\quad i_{qpu}=\sqrt{3}I_{qpu} \tag{A.12}$$

A.1.2 功率不变性

在国际单位制中检查功率不变性是有用的。在平衡条件下，利用电流和电压恒等式（11.80）和式（11.82）有

$$\begin{aligned}P_{3\phi}&=v_di_d+v_qi_q=3(V_dI_d+V_qI_q)\\&=3V_gI_g[\sin\delta_0\sin(\delta_0+\phi)+\cos\delta_0\cos(\delta_0+\phi)]\\&=3V_gI_g\cos\phi\quad \text{W}\end{aligned} \tag{A.13}$$

表明功率不变性得到了保持。

由于$P_{3\phi}=3V_gI_g\cos\phi$，两边同除以$S_{3\phi}$得到发电机功率的标幺制形式为

$$\frac{P_{3\phi}}{S_{3\phi}}=\frac{v_di_d+v_qi_q}{3V_bI_b}=\frac{3(V_dI_d+V_qI_q)}{3V_bI_b}=\frac{3V_gI_g\cos\phi}{3V_bI_b}=V_{g\,pu}I_{g\,pu}\cos\phi \tag{A.14}$$

$$P_{pu}=\frac{1}{3}(v_{dpu}i_{dpu}+v_{qpu}i_{qpu})=(V_{dpu}I_{dpu}+V_{qpu}I_{qpu})=V_{g\,pu}I_{g\,pu}\cos\phi \tag{A.15}$$

表明在标幺制下功率不变性也得到了保持。

A.1.3 转子侧基准值

虽然存在多种标幺制（Harris，Lawrenson and Stephenson，1970），但这里所考虑的是“等互磁链”原则下的系统，文献Anderson and Fouad（1977）对该标幺制进行了论述，文献Pavella and Murthy（1994）也对该标幺制进行了深入解释。在该标幺制中，励磁电流基准值或d轴阻尼绕组电流基准值是按照如下原则定义的，其各自产生的基波气隙磁通波与由电枢电流基准值作用于虚拟d轴电枢绕组上产生的基波气隙磁通波相同。正如我们将看到的，作为选择此种标幺制的结果，在一特定轴上的所有标幺值互电感是相等的。

在此阶段，将每个独立绕组的自电感分离成一个励磁电感和一个漏电感是方便的，从而有

$$
\begin{aligned}
&L_d = L_{md} + l_1 \quad L_q = L_{mq} + l_1 \\
&L_D = L_{mD} + l_D \quad L_Q = L_{mQ} + l_Q \\
&L_f = L_{mf} + l_f
\end{aligned}
\tag{A.16}
$$

式中，l 表示绕组漏电感。此标幺制要求各个绕组中的互磁链相等，即

$$
\begin{aligned}
&\text{d 绕组:} \quad L_{md} I_b = kM_f I_{fb} = kM_D I_{Db} \\
&\text{f 绕组:} \quad kM_f I_b = L_{mf} I_{fb} = L_{fD} I_{Db} \\
&\text{D 绕组:} \quad kM_D I_b = L_{fD} I_{fb} = L_{mD} I_{Db} \\
&\text{q 绕组:} \quad L_{mq} I_b = kM_Q I_{Qb} \\
&\text{Q 绕组:} \quad kM_Q I_b = L_{mQ} I_{Qb}
\end{aligned}
\tag{A.17}
$$

将上述每个绕组的互磁链乘以该绕组的基准值电流，可得到这些基准值电流之间的基本约束为

$$
\begin{aligned}
&L_{md} I_b^2 = L_{mf} I_{fb}^2 = L_{mD} I_{Db}^2 = kM_f I_{fb} I_b = kM_D I_{Db} I_b = L_{fD} I_{fb} I_{Db} \\
&L_{mq} I_b^2 = L_{mQ} I_{Qb}^2 = kM_Q I_b I_{Qb}
\end{aligned}
\tag{A.18}
$$

由于每个绕组的 MVA 基准值必须相同且等于 $S_b = V_b I_b$，因此有

$$
\begin{aligned}
&\frac{V_{fb}}{V_b} = \frac{I_b}{I_{fb}} = \sqrt{\frac{L_{mf}}{L_{md}}} = \frac{kM_f}{L_{md}} = \frac{L_{mf}}{kM_f} = \frac{L_{fD}}{kM_D} \equiv k_f \\
&\frac{V_{Db}}{V_b} = \frac{I_b}{I_{Db}} = \sqrt{\frac{L_{mD}}{L_{md}}} = \frac{kM_D}{L_{md}} = \frac{L_{mD}}{kM_D} = \frac{L_{fD}}{kM_f} \equiv k_D \\
&\frac{V_{Qb}}{V_b} = \frac{I_b}{I_{Qb}} = \sqrt{\frac{L_{mQ}}{L_{mq}}} = \frac{kM_Q}{L_{mq}} = \frac{L_{mQ}}{kM_Q} \equiv k_Q
\end{aligned}
\tag{A.19}
$$

由于式（A.19）将所有绕组中的基准值电流和电压定义为定子基准值 V_b 和 I_b 的函数，有

$$
Z_{fb} = \frac{V_{fb}}{I_{fb}} = k_f^2 Z_b \quad \Omega, \quad Z_{Db} = \frac{V_{Db}}{I_{Db}} = k_D^2 Z_b \quad \Omega, \quad Z_{Qb} = \frac{V_{Qb}}{I_{Qb}} = k_Q^2 Z_b \quad \Omega
\tag{A.20}
$$

和

$$
L_{fb} = \frac{V_{fb} t_b}{I_{fb}} = k_f^2 L_b \quad \mathrm{H}, \quad L_{Db} = \frac{V_{Db} t_b}{I_{Db}} = k_D^2 L_b \quad \mathrm{H}, \quad L_{Qb} = k_Q^2 L_b \quad \mathrm{H}
\tag{A.21}
$$

而互电感的基准值为

$$
\begin{aligned}
&M_{fb} = \frac{V_{fb} t_b}{I_b} = \frac{V_b t_b}{I_{fb}} = k_f L_b \quad \mathrm{H}, \quad M_{Db} = k_D L_b \quad \mathrm{H} \\
&M_{Qb} = k_Q L_b \quad \mathrm{H}, \quad L_{fDb} = k_f k_D L_b \quad \mathrm{H}
\end{aligned}
\tag{A.22}
$$

现在确定了基准值后，式（11.18）、式（11.19）和式（10.30）、式（10.31）可以进行标幺化并表示成标幺制形式。作为一个例子，考察式（11.18）中的励磁磁链 Ψ_f 的标幺化，其中

$$
\Psi_f = kM_f i_d + L_f i_f + L_{fD} i_D
\tag{A.23}
$$

除以 $\Psi_{fb} = L_{fb} I_{fb}$ 得到

$$
\Psi_{fpu} = \frac{kM_f}{L_{fb}} \frac{i_d}{I_{fb}} + \frac{L_f}{L_{fb}} \frac{i_f}{I_{fb}} + \frac{L_{fD}}{L_{fb}} \frac{i_D}{I_{fb}}
\tag{A.24}
$$

用式（A.19）和式（A.20）替换 I_{fb} 和 L_{fb} 得到

$$\Psi_{\mathrm{fpu}}=\left[\frac{kM_{\mathrm{f}}}{k_{\mathrm{f}}L_{\mathrm{b}}}\right]\left[\frac{i_{\mathrm{d}}}{I_{\mathrm{b}}}\right]+\left[\frac{L_{\mathrm{f}}}{L_{\mathrm{fb}}}\right]\left[\frac{i_{\mathrm{f}}}{I_{\mathrm{fb}}}\right]+\left[\frac{L_{\mathrm{fD}}}{k_{\mathrm{f}}k_{\mathrm{D}}L_{\mathrm{b}}}\right]\left[\frac{i_{\mathrm{D}}}{I_{\mathrm{Db}}}\right] \tag{A.25}$$

和

$$\Psi_{\mathrm{fpu}}=kM_{\mathrm{fpu}}i_{\mathrm{dpu}}+L_{\mathrm{fpu}}i_{\mathrm{fpu}}+L_{\mathrm{fDpu}}i_{\mathrm{Dpu}} \tag{A.26}$$

上述标幺化的方程与国际单位制下的方程形式上完全相同，且对于11.1.4节中的所有其他方程都是如此。换言之，11.1.4节中的所有电压、电流和磁链方程均具有相同的形式，无论是在标幺制下还是在国际单位制下。

标幺制的另一个有趣的特点是，同一个轴上的所有互感的标幺值都相等，即 L_{md}、L_{mf}、L_{mD}、kM_{f}、kM_{D} 和 L_{fD} 都相等。例如，

$$\begin{aligned}kM_{\mathrm{fpu}}&=\frac{kM_{\mathrm{f}}}{M_{\mathrm{fb}}}=\frac{kM_{\mathrm{f}}}{k_{\mathrm{f}}L_{\mathrm{b}}}=\frac{k_{\mathrm{f}}L_{\mathrm{md}}}{k_{\mathrm{f}}L_{\mathrm{b}}}=L_{\mathrm{mdpu}}\\L_{\mathrm{fDpu}}&=\frac{L_{\mathrm{fD}}}{L_{\mathrm{fDb}}}=\frac{L_{\mathrm{fD}}}{k_{\mathrm{f}}k_{\mathrm{D}}L_{\mathrm{b}}}=\frac{L_{\mathrm{fD}}}{\dfrac{kM_{\mathrm{f}}}{L_{\mathrm{md}}}\dfrac{L_{\mathrm{fD}}}{kM_{\mathrm{f}}}L_{\mathrm{b}}}=\frac{L_{\mathrm{md}}}{L_{\mathrm{b}}}=L_{\mathrm{mdpu}}\end{aligned} \tag{A.27}$$

通常的做法是用标幺值互感 L_{ad} 来替换所有这些标幺化的互感值，因此有

$$L_{\mathrm{ad}}\equiv L_{\mathrm{md}}=L_{\mathrm{mf}}=L_{\mathrm{mD}}=kM_{\mathrm{f}}=kM_{\mathrm{D}}=L_{\mathrm{fD}} \tag{A.28}$$

而在q轴有

$$L_{\mathrm{aq}}\equiv L_{\mathrm{mq}}=L_{\mathrm{mQ}}=kM_{\mathrm{Q}} \tag{A.29}$$

现在，11.1.4节中的所有方程都可以用互感 L_{ad} 和 L_{aq} 的标幺值形式表示。例如，描述d轴次暂态电感的式（11.43）将变为

$$L''_{\mathrm{d}}=L_{\mathrm{d}}-\left[\frac{L_{\mathrm{ad}}^2L_{\mathrm{D}}+L_{\mathrm{ad}}^2L_{\mathrm{f}}-2L_{\mathrm{ad}}^3}{L_{\mathrm{D}}L_{\mathrm{f}}-L_{\mathrm{ad}}^2}\right] \tag{A.30}$$

式中，$L_{\mathrm{d}}=L_{\mathrm{ad}}+l_{\mathrm{l}}$、$L_{\mathrm{D}}=L_{\mathrm{ad}}+l_{\mathrm{D}}$ 和 $L_{\mathrm{f}}=L_{\mathrm{ad}}+l_{\mathrm{f}}$。

基于这些知识，对每个绕组的标幺值磁链进行一次检查是有建设性意义的。使用式（11.18），同时为了简单起见去掉pu符号，d轴绕组的磁链是

$$\Psi_{\mathrm{d}}=L_{\mathrm{d}}i_{\mathrm{d}}+kM_{\mathrm{f}}i_{\mathrm{f}}+kM_{\mathrm{D}}i_{\mathrm{D}} \tag{A.31}$$

用 L_{ad} 替换并引入绕组漏感得

$$\Psi_{\mathrm{d}}=L_{\mathrm{ad}}(i_{\mathrm{d}}+i_{\mathrm{f}}+i_{\mathrm{D}})+l_{\mathrm{l}}i_{\mathrm{d}} \tag{A.32}$$

类似地，对于励磁绕组和d轴阻尼绕组有

$$\begin{aligned}\Psi_{\mathrm{f}}&=L_{\mathrm{ad}}(i_{\mathrm{d}}+i_{\mathrm{f}}+i_{\mathrm{D}})+l_{\mathrm{f}}i_{\mathrm{f}}\\\Psi_{\mathrm{D}}&=L_{\mathrm{ad}}(i_{\mathrm{d}}+i_{\mathrm{f}}+i_{\mathrm{D}})+l_{\mathrm{D}}i_{\mathrm{D}}\end{aligned} \tag{A.33}$$

这样，对于特定的绕组，如果将标幺值漏磁链从总磁链中减去，则每个轴上所有绕组中的剩余互磁链是相等的。此互磁链通常用符号 Ψ_{ad} 表示，对于q轴用 Ψ_{aq} 表示，其中

$$\begin{aligned}\Psi_{\mathrm{ad}}&=L_{\mathrm{ad}}(i_{\mathrm{d}}+i_{\mathrm{f}}+i_{\mathrm{D}})\\\Psi_{\mathrm{aq}}&=L_{\mathrm{aq}}(i_{\mathrm{q}}+i_{\mathrm{Q}})\end{aligned} \tag{A.34}$$

A.1.4 电力系统的基准值

在三相电力系统分析中，常用的方法是以额定线电压作为电压基准值，而三相伏安基准值可以任意取，一般取10MVA、100MVA等。乍一看，此种基准值系统似乎与A.1.1节中

定义的发电机电枢基准值完全不一致。事实上，两者是完全一致的。

对于电力系统有

$$
\begin{aligned}
&V_{\mathrm{L-L,b}} = V_{\mathrm{L-L}} = \sqrt{3}V_{\mathrm{L-N}} && \mathrm{V} \\
&S_{\mathrm{b}} = S_{3\phi} && \mathrm{VA} \\
&I_{\mathrm{b}} = \frac{S_{3\phi}}{\sqrt{3}V_{\mathrm{L-L,b}}} && \mathrm{A} \\
&Z_{\mathrm{b}} = \frac{V_{\mathrm{L-L,b}}}{\sqrt{3}I_{\mathrm{b}}} = \frac{V_{\mathrm{L-L,b}}^2}{S_{3\phi}} && \Omega
\end{aligned}
\tag{A.35}
$$

忽略任何变压器效应并假定系统 MVA 基准值 $S_{3\phi}$ 等于发电机的 MVA 额定值，则 $V_{\mathrm{L-N}} = V_{\mathrm{b}}$，其中 V_{b} 为发电机的电压基准值，且有

$$
\begin{aligned}
Z_{\mathrm{b}} &= \frac{V_{\mathrm{L-L,b}}^2}{S_{3\phi}} = \frac{3V_{\mathrm{L-N}}^2}{S_{3\phi}} = \frac{V_{\mathrm{b}}^2}{S_{1\phi}} \\
I_{\mathrm{b}} &= \frac{S_{3\phi}}{\sqrt{3}V_{\mathrm{L-L,b}}} = \frac{S_{1\phi}}{V_{\mathrm{b}}}
\end{aligned}
\tag{A.36}
$$

说明电力系统的基准值与发电机的基准值是完全一致的。

然而，有一个复杂的问题是，系统的 $S_{3\phi}$ 是任意选择的，而发电机的 $S_{1\phi}$ 是其每相 MVA 的额定值。事实上，对于构成电力系统的所有设备，其标幺值阻抗都是根据单个 MVA 额定值确定的。因此，在系统分析中需要在下面的两种做法中选择一种做法：

1）将所有发电机参数转换到系统基准值上。

2）在计算机软件中对单台发电机方程和系统方程进行基准值转换。这种做法容易实现并具有这样的优点：不仅保持了发电机标幺值参数的熟悉性，而且与设备制造商提供的参数完全一致。

上述两种方法都有使用，从一种基准值（基准值 1）下的标幺值转换到另一种基准值（基准值 2）下的标幺值可以通过式（A. 1）得到如下关系式：

$$
\text{标幺值(基准值 2)} = \text{标幺值(基准值 1)}\frac{\text{基准值 1}}{\text{基准值 2}} \tag{A.37}
$$

A. 1. 5　变压器

3. 2 节演示了如何将变压器表示成如图 A-1 所示的一次侧等效电路或二次侧等效电路。在这些等效电路中，一次侧等效阻抗 Z_1 和二次侧等效阻抗 Z_2 之间的关系为

$$
Z_1 = n^2 Z_2 \tag{A.38}
$$

式中，n 是标称匝数比。但是，一次侧和二次侧的基准值定义如下：

$$
\begin{aligned}
&V_{\mathrm{pb}} = V_{1,\mathrm{L-N}} && V_{\mathrm{sb}} = V_{2,\mathrm{L-N}} \\
&I_{\mathrm{pb}} = \frac{S_{3\phi}}{3V_{\mathrm{pb}}} && I_{\mathrm{sb}} = \frac{S_{3\phi}}{3V_{\mathrm{sb}}} \\
&Z_{\mathrm{pb}} = \frac{V_{\mathrm{pb}}}{I_{\mathrm{pb}}} && Z_{\mathrm{sb}} = \frac{V_{\mathrm{sb}}}{I_{\mathrm{sb}}}
\end{aligned}
\tag{A.39}
$$

式中，

$$V_{pb} = nV_{sb} \tag{A.40}$$

这意味着

$$I_{pb} = \frac{I_{sb}}{n}, \quad Z_{pb} = n^2 Z_{sb} \tag{A.41}$$

因此，变压器高压侧的1个标幺值必须等于低压侧的1个标幺值，有

$$Z_{pu} = \frac{Z_1}{Z_{pb}} = \frac{Z_2 n^2}{n^2 Z_{sb}} = \frac{Z_2}{Z_{sb}} = Z_{pu} \tag{A.42}$$

一次侧和二次侧等效阻抗的标幺值相同，因此额定抽头下的变压器可以用图 A-1c 所示的标幺值等效电路来表示。如果抽头位置不在标称位置，则等效电路将修改为如图 3-8 所示的电路。

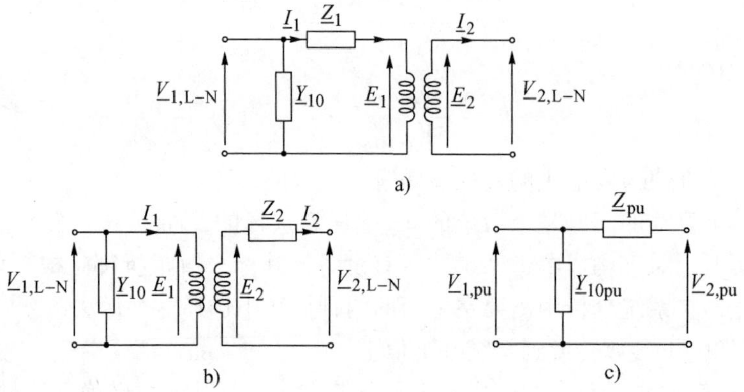

图 A-1　变压器等效电路：a）一次侧；b）二次侧；c）额定抽头下的标幺值

A.2　部分求逆

考察如下的分块线性方程，其中变量被分成为两个集合｛R｝和｛E｝：

$$\begin{bmatrix} \boldsymbol{x}_R \\ \boldsymbol{x}_E \end{bmatrix} = \begin{bmatrix} \boldsymbol{A}_{RR} & \boldsymbol{A}_{RE} \\ \boldsymbol{A}_{ER} & \boldsymbol{A}_{EE} \end{bmatrix} \begin{bmatrix} \boldsymbol{y}_R \\ \boldsymbol{y}_E \end{bmatrix} \tag{A.43}$$

将上述方程展开得

$$\boldsymbol{x}_R = \boldsymbol{A}_{RR}\boldsymbol{y}_R + \boldsymbol{A}_{RE}\boldsymbol{y}_E \tag{A.44}$$

$$\boldsymbol{x}_E = \boldsymbol{A}_{ER}\boldsymbol{y}_R + \boldsymbol{A}_{EE}\boldsymbol{y}_E \tag{A.45}$$

经过简单的运算得到

$$\boldsymbol{y}_E = -\boldsymbol{A}_{EE}^{-1}\boldsymbol{A}_{ER}\boldsymbol{y}_R + \boldsymbol{A}_{EE}^{-1}\boldsymbol{x}_E \tag{A.46}$$

将式（A.46）代入式（A.44）得

$$\boldsymbol{x}_R = (\boldsymbol{A}_{RR} - \boldsymbol{A}_{RE}\boldsymbol{A}_{EE}^{-1}\boldsymbol{A}_{ER})\boldsymbol{y}_R + \boldsymbol{A}_{RE}\boldsymbol{A}_{EE}^{-1}\boldsymbol{x}_E \tag{A.47}$$

式（A.46）和式（A.47）可以写为

$$\begin{bmatrix} \boldsymbol{x}_R \\ \boldsymbol{y}_E \end{bmatrix} = \begin{bmatrix} \boldsymbol{A}_{RR} - \boldsymbol{A}_{RE}\boldsymbol{A}_{EE}^{-1}\boldsymbol{A}_{ER} & \boldsymbol{A}_{RE}\boldsymbol{A}_{EE}^{-1} \\ -\boldsymbol{A}_{EE}^{-1}\boldsymbol{A}_{ER} & \boldsymbol{A}_{EE}^{-1} \end{bmatrix} \begin{bmatrix} \boldsymbol{y}_R \\ \boldsymbol{x}_E \end{bmatrix} \tag{A.48}$$

与式（A.43）相比，$\boldsymbol{y}_E$ 被移到了方程的左边而 $\boldsymbol{x}_E$ 被移到了方程的右边。这被称为矩阵的部分求逆。

式（A.48）可以写为

$$\begin{bmatrix} \boldsymbol{x}_R \\ \boldsymbol{y}_E \end{bmatrix} = \begin{bmatrix} \boldsymbol{A}_R & \boldsymbol{B}_{RE} \\ -\boldsymbol{B}_{ER} & \boldsymbol{C}_{EE} \end{bmatrix} \begin{bmatrix} \boldsymbol{y}_R \\ \boldsymbol{x}_E \end{bmatrix} \tag{A.49}$$

式中，

$$\begin{aligned} \boldsymbol{A}_R &= \boldsymbol{A}_{RR} - \boldsymbol{A}_{RE}\boldsymbol{A}_{EE}^{-1}\boldsymbol{A}_{ER} \\ \boldsymbol{B}_{RE} &= \boldsymbol{A}_{RE}\boldsymbol{A}_{EE}^{-1} \\ \boldsymbol{B}_{ER} &= \boldsymbol{A}_{EE}^{-1}\underline{\boldsymbol{Y}}_{ER} \\ \boldsymbol{C}_{EE} &= \boldsymbol{A}_{EE}^{-1} \end{aligned} \tag{A.50}$$

在 $\boldsymbol{x}_E = \boldsymbol{0}$ 的特殊情况下，式（A.49）变为

$$\boldsymbol{x}_R = \boldsymbol{A}_R\boldsymbol{y}_R \tag{A.51}$$

这些导出的方程在处理导纳和增量网络模型的转换时很有用。

A.3　线性常微分方程

关于常微分方程解的数学教材很多。Arnold（1992）是一本写得很好的针对工程师的教科书。本附录包含了理解本书所需的有关标量线性微分方程的基本信息。

A.3.1　基本解组

对于实变量 x，$t \in$ 实数，线性标量齐次微分方程的形式为

$$\frac{\mathrm{d}^n x}{\mathrm{d}t^n} + a_1\frac{\mathrm{d}^{n-1}x}{\mathrm{d}t^{n-1}} + \cdots + a_{n-2}\frac{\mathrm{d}^2 x}{\mathrm{d}t^2} + a_{n-1}\frac{\mathrm{d}x}{\mathrm{d}t} + a_n x = 0 \tag{A.52}$$

式中，a_1，a_2，…，a_n 是常系数。

满足式（A.52）的每个函数 $x(t)$ 都是其解。如果不指定某些初始条件，则式（A.52）的解不是唯一的，可能存在无穷多的解。例如，如果函数 $x_1(t)$ 是一个解，那么任何函数 $cx_1(t)$，其中 $c \neq 0$ 是一个常数，也是一个解。此外，如果函数 $x_1(t)$，$x_2(t)$，$x_3(t)$，…都是解，那么其线性组合 $c_1x_1(t) + c_2x_2(t) + c_3x_3(t) + \cdots$ 也是一个解，因为将此组合代入式（A.52）得到的零的和，即为零。

解 $x_1(t)$，$x_2(t)$，$x_3(t)$，…是线性无关的，如果其中没有一个解可以表示为其余解的线性组合。例如，如果 $x_i(t)$，$x_j(t)$，$x_k(t)$，…是线性无关的，那么就不存在常数 c_j，c_k，…使得 $x_i(t) = c_jx_j(t) + c_kx_k(t) + \cdots$ 成立。

式（A.52）的最大一组线性无关解 $x_1(t)$，$x_2(t)$，$x_3(t)$，…，$x_n(t)$ 被称为基本解组。给定的最大解组是否是基本的（即解是线性无关的），可以通过研究下列矩阵的行列式来检查，其中的列包含单个解及其导数：

$$\det \boldsymbol{W}=\det\begin{bmatrix} x_1 & x_2 & x_3 & \cdots & x_n \\ \dot{x}_1 & \dot{x}_2 & \dot{x}_3 & \cdots & \dot{x}_n \\ \ddot{x}_1 & \ddot{x}_2 & \ddot{x}_3 & \cdots & \ddot{x}_n \\ \dddot{x}_1 & \dddot{x}_2 & \dddot{x}_3 & \cdots & \dddot{x}_n \\ \vdots & \vdots & \vdots & \ddots & \vdots \end{bmatrix}\neq 0 \qquad (A.53)$$

式中，$\dot{x}=\mathrm{d}x/\mathrm{d}t$，$\ddot{x}=\mathrm{d}^2x/\mathrm{d}t^2$，$\dddot{x}=\mathrm{d}^3x/\mathrm{d}t^3$，等等，表示对时间的导数。这个行列式被称为朗斯基行列式，以纪念数学家Jósef Wroński。可以证明，当且仅当 $\det\boldsymbol{W}\neq 0$ 时，解 $x_1(t)$，$x_2(t)$，$x_3(t)$，…，$x_n(t)$ 是线性独立的并构成基本解组。

因此，具有如下形式的基本解组的线性组合：

$$x(t)=A_1x_1(t)+A_2x_2(t)+A_3x_3(t)+\cdots+A_nx_n(t) \qquad (A.54)$$

也是式（A.52）的一个解，此种解被称为通解。这是因为它包含了所有基本解。系数 A_1，A_2，A_3，…，A_n 被称为积分常数。

对于一个线性方程，基本解具有指数形式：

$$x(t)=\mathrm{e}^{\lambda t},\quad \frac{\mathrm{d}x}{\mathrm{d}t}=\lambda\mathrm{e}^{\lambda t},\quad \frac{\mathrm{d}^2x}{\mathrm{d}t^2}=\lambda^2\mathrm{e}^{\lambda t},\quad \frac{\mathrm{d}^3x}{\mathrm{d}t^3}=\lambda^3\mathrm{e}^{\lambda t},\quad \text{等等} \qquad (A.55)$$

将式（A.55）代入式（A.52）得

$$\lambda^n\mathrm{e}^{\lambda t}+a_1\lambda^{n-1}\mathrm{e}^{\lambda t}+\cdots+a_{n-2}\lambda^2\mathrm{e}^{\lambda t}+a_{n-1}\lambda\mathrm{e}^{\lambda t}+a_n\mathrm{e}^{\lambda t}=0 \qquad (A.56)$$

对每个 t，$\mathrm{e}^{\lambda t}\neq 0$ 成立，因此式（A.56）可以简化成如下形式：

$$\lambda^n+a_1\lambda^{n-1}+\cdots+a_{n-2}\lambda^2+a_{n-1}\lambda+a_n=0 \qquad (A.57)$$

这个方程被称为特征方程。它确定的 λ 值所构成的函数 $x(t)=\mathrm{e}^{\lambda t}$ 是式（A.52）的解。特征方程是一个 n 次的代数方程，一般有 n 个根 λ_1，λ_2，λ_3，…，λ_n。特征方程的根构成的 n 个解的形式为

$$x_1(t)=\mathrm{e}^{\lambda_1 t},\quad x_2(t)=\mathrm{e}^{\lambda_2 t},\quad x_3(t)=\mathrm{e}^{\lambda_3 t},\cdots,x_n(t)=\mathrm{e}^{\lambda_n t} \qquad (A.58)$$

这些解的朗斯基行列式为

$$\det\boldsymbol{W}=\det\begin{bmatrix} \mathrm{e}^{\lambda_1 t} & \mathrm{e}^{\lambda_2 t} & \mathrm{e}^{\lambda_3 t} & \cdots & \mathrm{e}^{\lambda_n t} \\ \lambda_1\mathrm{e}^{\lambda_1 t} & \lambda_2\mathrm{e}^{\lambda_2 t} & \lambda_3\mathrm{e}^{\lambda_3 t} & \cdots & \lambda_n\mathrm{e}^{\lambda_n t} \\ \lambda_1^2\mathrm{e}^{\lambda_1 t} & \lambda_2^2\mathrm{e}^{\lambda_2 t} & \lambda_3^2\mathrm{e}^{\lambda_3 t} & \cdots & \lambda_n^2\mathrm{e}^{\lambda_n t} \\ \lambda_1^3\mathrm{e}^{\lambda_1 t} & \lambda_2^3\mathrm{e}^{\lambda_2 t} & \lambda_3^3\mathrm{e}^{\lambda_3 t} & \cdots & \lambda_n^3\mathrm{e}^{\lambda_n t} \\ \vdots & \vdots & \vdots & \ddots & \vdots \end{bmatrix} \qquad (A.59)$$

将一个矩阵列乘以一个数字，就相当于矩阵的行列式乘以这个数字。因此，项 $\mathrm{e}^{\lambda_1 t}$，$\mathrm{e}^{\lambda_2 t}$，$\mathrm{e}^{\lambda_3 t}$…可以提到朗斯基行列式（A.59）的前面。由于

$$\mathrm{e}^{\lambda_1 t}\cdot\mathrm{e}^{\lambda_2 t}\cdot\mathrm{e}^{\lambda_3 t}\cdot\cdots\cdot\mathrm{e}^{\lambda_n t}=\mathrm{e}^{(\lambda_1+\lambda_2+\lambda_3+\cdots+\lambda_n)t} \qquad (A.60)$$

式（A.59）可以表示为

$$\det\boldsymbol{W}=\mathrm{e}^{(\lambda_1+\lambda_2+\lambda_3+\cdots+\lambda_n)t}\cdot\det\begin{bmatrix} 1 & 1 & 1 & \cdots & 1 \\ \lambda_1 & \lambda_2 & \lambda_3 & \cdots & \lambda_n \\ \lambda_1^2 & \lambda_2^2 & \lambda_3^2 & \cdots & \lambda_n^2 \\ \lambda_1^3 & \lambda_2^3 & \lambda_3^3 & \cdots & \lambda_n^3 \\ \vdots & \vdots & \vdots & \ddots & \vdots \end{bmatrix} \qquad (A.61)$$

这个行列式由根的连续幂组成，称为范德蒙德行列式。用数学归纳法可以证明范德蒙德行列式等于根对之差的连乘积

$$\det\begin{bmatrix} 1 & 1 & 1 & \cdots & 1 \\ \lambda_1 & \lambda_2 & \lambda_3 & \cdots & \lambda_n \\ \lambda_1^2 & \lambda_2^2 & \lambda_3^2 & \cdots & \lambda_n^2 \\ \lambda_1^3 & \lambda_2^3 & \lambda_3^3 & \cdots & \lambda_n^3 \\ \vdots & \vdots & \vdots & \ddots & \vdots \end{bmatrix} = \prod_{1\leqslant i\leqslant j\leqslant n}(\lambda_j-\lambda_i) \tag{A.62}$$

式中，

$$\prod_{1\leqslant i\leqslant j\leqslant n}(\lambda_j-\lambda_i) = (\lambda_n-\lambda_{n-1})(\lambda_n-\lambda_{n-2})(\lambda_n-\lambda_{n-3})\cdots(\lambda_3-\lambda_2)(\lambda_3-\lambda_1)(\lambda_2-\lambda_1) \tag{A.63}$$

式（A.62）可用于快速确定范德蒙德行列式。其证明是可以找到的，例如，在 Ogata（1967）中找到。

A.3.2 不同的实根

式（A.62）给出的范德蒙德行列式和式（A.61）给出的朗斯基行列式不等于零的充分条件是特征方程的根不相同：

$$\lambda_1\neq\lambda_2\neq\lambda_3\neq\cdots\neq\lambda_n \tag{A.64}$$

如果此条件满足，则由式（A.58）给出的函数构成式（A.52）的基本解组。因此，式（A.54）的通解是

$$x(t)=A_1e^{\lambda_1 t}+A_2e^{\lambda_2 t}+A_3e^{\lambda_3 t}+\cdots+A_ne^{\lambda_n t} \tag{A.65}$$

当积分常数 A_1，A_2，A_3，…，A_n 未指定时，通解给出了无限多个解。所谓的柯西问题，就是寻找一个特解，使其初始值及其导数值满足初始条件：$x(t_0)$，$\dot{x}(t_0)$，$\ddot{x}(t_0)$，$\dddot{x}(t_0)$，…。为了求解柯西问题，需要在通解中找到一组积分常数 A_1，A_2，A_3，…，A_n，使其满足初始条件。

通常假定解的初始条件为非零值而其导数为零值：

$$x(t_0)=\Delta x\neq 0,\quad \dot{x}(t_0)=0,\quad \ddot{x}(t_0)=0,\quad \dddot{x}(t_0)=0\quad\cdots \tag{A.66}$$

将式（A.65）及其在时刻 t_0 计算的导数值代入式（A.66）可得到如下代数方程：

$$\begin{bmatrix} 1 & 1 & 1 & \cdots & 1 \\ \lambda_1 & \lambda_2 & \lambda_3 & \cdots & \lambda_n \\ \lambda_1^2 & \lambda_2^2 & \lambda_3^2 & \cdots & \lambda_n^2 \\ \lambda_1^3 & \lambda_2^3 & \lambda_3^3 & \cdots & \lambda_n^3 \\ \vdots & \vdots & \vdots & \ddots & \vdots \end{bmatrix}\begin{bmatrix} A_1 \\ A_2 \\ A_3 \\ A_4 \\ \vdots \end{bmatrix}=\begin{bmatrix} \Delta x \\ 0 \\ 0 \\ 0 \\ \vdots \end{bmatrix} \tag{A.67}$$

左边的矩阵是范德蒙德矩阵。式（A.62）表明，在特征根不同的假设下，范德蒙德矩阵的行列式不等于零，这意味着矩阵不是奇异的，因此积分常数 A_1，A_2，A_3，…，A_n 具有唯一解。

例 A3.1 求解 3 阶方程 $\dddot{x}+6\ddot{x}+11\dot{x}+6x=0$，初始解由式（A.66）给出。

特征方程为 $\lambda^3+6\lambda^2+11\lambda+6=0$，其特征根是不相同的，为 $\lambda_1=-3$，$\lambda_2=-2$，$\lambda_3=-1$。式（A.65）的通解形式为 $x(t)=A_1\mathrm{e}^{-3t}+A_2\mathrm{e}^{-2t}+A_3\mathrm{e}^{-t}$。而式（A.67）为

$$\begin{bmatrix}1&1&1\\-3&-2&-1\\9&4&1\end{bmatrix}\begin{bmatrix}A_1\\A_2\\A_3\end{bmatrix}=\begin{bmatrix}\Delta x\\0\\0\end{bmatrix}\quad 即\quad \begin{bmatrix}A_1\\A_2\\A_3\end{bmatrix}=\frac{1}{2}\begin{bmatrix}2&3&1\\-6&-8&-2\\6&5&1\end{bmatrix}\begin{bmatrix}\Delta x\\0\\0\end{bmatrix} \tag{A.68}$$

因此，$A_1=\Delta x$，$A_2=-3\cdot\Delta x$，$A_3=3\cdot\Delta x$。最后有 $x(t)=\Delta x\cdot(\mathrm{e}^{-3t}-3\mathrm{e}^{-2t}+3\mathrm{e}^{-t})$。

对于本书中所考虑的动力学，特别感兴趣的是与同步发电机运动方程相对应的2阶标量方程（见5.4.6节）。因此，首先假定特征方程的根为实数的条件下讨论2阶方程的解。

例 A3.2 求解2阶方程 $\ddot{x}-(\alpha_1+\alpha_2)\dot{x}+\alpha_1\alpha_2x=0$，其初始条件由式（A.66）给出。

特征方程为 $\lambda^2-(\alpha_1+\alpha_2)\lambda+\alpha_1\alpha_2=0$，具有不同的特征根 $\lambda_1=\alpha_1$，$\lambda_2=\alpha_2$，$\alpha_2\neq\alpha_1$。通解式（A.65）为 $x(t)=A_1\mathrm{e}^{\alpha_1t}+A_2\mathrm{e}^{\alpha_2t}$。式（A.67）具有如下形式：

$$\begin{bmatrix}1&1\\\alpha_1&\alpha_2\end{bmatrix}\begin{bmatrix}A_1\\A_2\end{bmatrix}=\begin{bmatrix}\Delta x\\0\end{bmatrix}\quad 即\quad \begin{bmatrix}A_1\\A_2\end{bmatrix}=\frac{1}{\alpha_2-\alpha_1}\begin{bmatrix}\alpha_2&-1\\-\alpha_1&1\end{bmatrix}\begin{bmatrix}\Delta x\\0\end{bmatrix} \tag{A.69}$$

因此，$A_1=\Delta x\cdot\alpha_2/(\alpha_2-\alpha_1)$ 和 $A_2=-\Delta x\cdot\alpha_1/(\alpha_2-\alpha_1)$。

最后，$x(t)=\Delta x\cdot[\alpha_2\mathrm{e}^{\alpha_1t}-\alpha_1\mathrm{e}^{\alpha_2t}]/(\alpha_2-\alpha_1)$。

A.3.3 重实根

如果条件式（A.64）不满足且特征方程具有重实根，那么基本解组可从对应于不同根的线性无关解中建立。显然，对应于这些根的解将少于 n 个，这对于求解给定初始条件下确定特解的柯西问题来说太少了。为了得到一个唯一解，必须用附加的线性无关解来补充基本解组，使得总共有 n 个线性无关解，其中 n 是微分方程的阶。

设 λ_i 为特征方程的 k 重根，则对应于该根的属于基本解组的一个解的形式为 $x_{i1}(t)=\mathrm{e}^{\lambda_it}$。仍然还缺 $(k-1)$ 个线性独立解补充到基本解组。对于 k 重根 λ_i，可以按如下方式构成解：

$$x_{i_2}(t)=A_{i_2}(t)\cdot\mathrm{e}^{\lambda_it},\quad x_{i_3}(t)=A_{i_3}(t)\cdot\mathrm{e}^{\lambda_it},\cdots,x_{i_k}(t)=A_{i_k}(t)\cdot\mathrm{e}^{\lambda_it} \tag{A.70}$$

式中，$A_{i_2}(t)$，$A_{i_3}(t)$，…，$A_{ik}(t)$ 是按照解为线性无关的要求选择的需求函数。可以证明（Arnold，1992）需求函数是正交多项式 t，t^2，t^3，…，t^{k-1}。与 k 重根 λ_i 对应的一整套附加解是

$$x_{i_1}(t)=\mathrm{e}^{\lambda_it},\quad x_{i_2}(t)=t\cdot\mathrm{e}^{\lambda_it},\quad x_{i_3}(t)=t^2\cdot\mathrm{e}^{\lambda_it},\cdots,x_{i_k}(t)=t^{k-1}\cdot\mathrm{e}^{\lambda_it} \tag{A.71}$$

显然，完整的基本解组还包含其他根所对应的解。

例 A3.3 求解一个2阶方程 $\ddot{x}-2\alpha\dot{x}+\alpha^2x=0$，其初始条件由式（A.66）给出。

特征方程为 $\lambda^2-2\alpha\lambda+\alpha^2=0$，有一个2重根 $\lambda_1=\lambda_2=\alpha$。其基本解组由如下函数构成：$\mathrm{e}^{\alpha t}$，$t\cdot\mathrm{e}^{\alpha t}$。对应的通解为 $x(t)=A_1\mathrm{e}^{\alpha t}+A_2t\mathrm{e}^{\alpha t}$。

因此，$\dot{x}(t)=\alpha A_1\mathrm{e}^{\alpha t}+A_2(1+\alpha t)\cdot\mathrm{e}^{\alpha t}$，将初始条件 $x(t_0)=\Delta x$ 和 $\dot{x}(t)=0$ 代入得 $A_1=\Delta x$ 和 $\alpha A_1+A_2(1+\alpha t)=0$，因此，$A_2=-\Delta x\cdot\alpha$。最终有 $x(t)=\Delta x\cdot\mathrm{e}^{\alpha t}(1-\alpha t)$。

A.3.4 不同的复根

从多项式理论可知，如果具有实系数 a_1，…，a_{n-2}，a_{n-1}，a_n 的多项式（A.57）有复

根，那么必然构成复共轭对 λ_i，λ_i^* 等。

采用如下符号：

$$\lambda_i = \alpha_i + \mathrm{j}\Omega_i \quad 和 \quad \lambda_i^* = \alpha_i - \mathrm{j}\Omega_i \tag{A.72}$$

显然对这对根 $\lambda_i \neq \lambda_i^*$，式（A.64）不同根的条件是满足的。使用式（A.62）范德蒙德行列式可以表达为

$$\prod_{1\leqslant i\leqslant j\leqslant n}(\lambda_j - \lambda_i) = (\lambda_n - \lambda_{n-1})(\lambda_n - \lambda_{n-2})\cdots(\lambda_i - \lambda_i^*)\cdots(\lambda_3 - \lambda_2)(\lambda_3 - \lambda_1)(\lambda_2 - \lambda_1) \neq 0 \tag{A.73}$$

且是不等于零的，因为 $(\lambda_i - \lambda_i^*) = \mathrm{j}2\Omega_i \neq 0$。因此可以假设基本解组为

$$\mathrm{e}^{\lambda_1 t}，\cdots，\mathrm{e}^{\lambda_i t}，\quad \mathrm{e}^{\lambda_i^* t}，\cdots，\mathrm{e}^{\lambda_n t} \tag{A.74}$$

其包含有 λ_i 和 λ_i^* 的指数函数。

对于给定的积分常数 A_1，…，A_i，…，A_n，使用式（A.67）可以确定特解。由于式（A.67）中的范德蒙德矩阵及其行列式是复数，因此可以预期基本解组中的积分常数也将是复数，即

$$x(t) = \cdots + A_i\mathrm{e}^{\lambda_i t} + B_i\mathrm{e}^{\lambda_i^* t} + \cdots \tag{A.75}$$

式中，x，$t \in$ 实数而积分常数 A_i，$B_i \in$ 复数。对式（A.75）求导得

$$\dot{x}(t) = \cdots + \lambda_i A_i\mathrm{e}^{\lambda_i t} + \lambda_i^* B_i\mathrm{e}^{\lambda_i^* t} + \cdots \tag{A.76}$$

积分常数 A_i、B_i 可根据如下的初始条件计算得到

$$\begin{aligned} x(t=0) &= \cdots + \Delta x_i + \cdots = \Delta x \\ \dot{x}(t=0) &= \cdots + 0 + \cdots = 0 \end{aligned} \tag{A.77}$$

将这些初始条件代入式（A.75）和式（A.76）得到如下 2 个简单的方程：$A_i + B_i = \Delta x_i$ 和 $\lambda_i A_i + \lambda_i^* B_i = 0$。求解这 2 个方程时需要小心，因为 A_i、B_i 和 λ_i、λ_i^* 都是复数。用矩阵形式表示该方程得到

$$\begin{bmatrix} 1 & 1 \\ \lambda_i & \lambda_i^* \end{bmatrix}\begin{bmatrix} A_i \\ B_i \end{bmatrix} = \begin{bmatrix} \Delta x_i \\ 0 \end{bmatrix} \quad 即 \quad \begin{bmatrix} A_i \\ B_i \end{bmatrix} = \frac{1}{-\mathrm{j}2\Omega_i}\begin{bmatrix} \lambda_i^* & -1 \\ -\lambda_i & 1 \end{bmatrix}\begin{bmatrix} \Delta x_i \\ 0 \end{bmatrix} \tag{A.78}$$

式中，根据式（A.72），Ω_i 是 λ_i 的虚部。现在可得到

$$\begin{aligned} A_i &= \Delta x \frac{1}{-\mathrm{j}2\Omega_i}\lambda_i^* = \Delta x \frac{\Omega_i + \mathrm{j}\alpha_i}{2\Omega_i} \\ B_i &= \Delta x \frac{1}{-\mathrm{j}2\Omega_i}(-\lambda_i) = \Delta x \frac{\Omega_i - \mathrm{j}\alpha_i}{2\Omega_i} = A_i^* \end{aligned} \tag{A.79}$$

这表明 $B_i = A_i^*$。而一般性的重要结论是，对于每对解 $\mathrm{e}^{\lambda_i t}$ 和 $\mathrm{e}^{\lambda_i^* t}$，由初始条件得到的积分常数形成一个复共轭对 A_i、A_i^*。因此，式（A.75）的解是

$$x(t) = \cdots + A_i\mathrm{e}^{\lambda_i t} + A_i^*\mathrm{e}^{\lambda_i^* t} + \cdots \tag{A.80}$$

式中，

$$\begin{aligned} A_i\mathrm{e}^{\lambda_i t} + A_i^*\mathrm{e}^{\lambda_i^* t} &= A_i\mathrm{e}^{\alpha_i t}(\cos\Omega_i t + \mathrm{j}\sin\Omega_i t) + A_i^*\mathrm{e}^{\alpha_i t}(\cos\Omega_i t - \mathrm{j}\sin\Omega_i t) \\ &= \mathrm{e}^{\alpha_i t}[(A_i + A_i^*)\cos\Omega_i t + \mathrm{j}(A_i - A_i^*)\sin\Omega_i t] \end{aligned} \tag{A.81}$$

显然 $(A_i + A_i^*) = 2\mathrm{Re}A_i$ 和 $\mathrm{j}(A_i - A_i^*) = -2\mathrm{Im}A_i$ 都是实数，分别等于积分常数 A_i 的实部和虚部的 2 倍。因此式（A.81）现在变为

$$A_i e^{\lambda_i t} + A_i^* e^{\lambda_i^* t} = e^{\alpha_i t}[2\mathrm{Re}A_i \cdot \cos\Omega_i t - 2\mathrm{Im}A_i \cdot \sin\Omega_i t] \qquad (A.82)$$

注意，方程的右边包含实数的运算，而左边包含虚数的运算。这意味着对复数A_i、A_i^*、$e^{\lambda_i t}$、$e^{\lambda_i^* t}$的适当运算必须导致项$A_i e^{\lambda_i t} + A_i^* e^{\lambda_i^* t}$的虚部等于零，从而使总的结果是一个实数。这是一个很重要的观察结果，从而可以得出这样的结论：对于所讨论的根为复共轭对的情况，其特解的形式是

$$x(t) = \cdots + 2\mathrm{Re}A_i \cdot e^{\alpha_i t}\cos\Omega_i t - 2\mathrm{Im}A_i \cdot e^{\alpha_i t}\sin\Omega_i t + \cdots \qquad (A.83)$$

因此，可以得出这样的结论：寻找特解过程中的复数运算是不必要的，因为人们可以不使用式（A.74）给出的基本解组，而使用如下形式由实函数构成的基本解组：

$$e^{\lambda_1 t},\ \cdots,\ e^{\alpha_i t}\cos\Omega_i t,\ e^{\alpha_i t}\sin\Omega_i t,\ \cdots,\ e^{\lambda_n t} \qquad (A.84)$$

由于正弦函数和余弦函数是正交的，所以解$e^{\alpha_i t}\cos\Omega_i t$和$e^{\alpha_i t}\sin\Omega_i t$是线性无关的。这可以通过计算基本解组式（A.84）的朗斯基行列式和对应的范德蒙德行列式来验证。后者将包含与$(\cos\Omega_i t - \sin\Omega_i t) \neq 0$成比例的项。

上述考虑得出一个重要的结论：

微分方程式（A.52）的解$x(t)$中的每个复共轭对根λ_i、λ_i^*对应于实指数函数$e^{\alpha_i t}\cos\Omega_i t$和$e^{\alpha_i t}\sin\Omega_i t$，因为与复共轭对根$\lambda_i$、$\lambda_i^*$对应的解的虚部相互抵消。

利用如下的定理，上述论断还有另外一种证明方法：如果一个复函数是一个线性常微分方程的基本解，那么这个函数的实部和虚部也构成通解。这一点的证明可以在很多教科书中找到，包括Arnold（1992）。

对式（A.84）的检验表明，特征方程的实根λ_i将产生$e^{\lambda_i t}$形式的指数项，从而根λ_i就是指数项时间常数的倒数。特征方程的复共轭根对$\lambda_i = \lambda_i^* = \alpha_i + j\Omega_i$将产生振荡项$e^{\alpha_i t}\cos\Omega_i t$和$e^{\alpha_i t}\sin\Omega_i t$。因此，根的虚部等于该振荡的频率，而根的实部是该振荡指数包络线时间常数的倒数。如果所有根的实部都为负，则总体解是稳定的。

对于本书所考虑的动力学，特别感兴趣的是与同步发电机运动方程（见5.4.6节）相对应的2阶标量方程，现在将讨论特征方程的根为复数时此种2阶方程的解。

例A3.4 求解2阶方程$\ddot{x} - 2\alpha\dot{x} + (\alpha^2 + \Omega^2)x = 0$，初始条件由式（A.66）给出。

特征方程是$\lambda^2 - 2\alpha\lambda + (\alpha^2 + \Omega^2) = 0$，其根为$\lambda_1 = \alpha + j\Omega$和$\lambda_2 = \lambda_1^* = \alpha - j\Omega$。基本解组$e^{\lambda_1 t}$、$e^{\lambda_1^* t}$产生如下的范德蒙德行列式：

$$\det\begin{bmatrix} 1 & 1 \\ \lambda_1 & \lambda_1^* \end{bmatrix} = \lambda_1^* - \lambda_1 = -j2\Omega \neq 0 \qquad (A.85)$$

这说明基本解组的选择是正确的，通解的形式是

$$x(t) = A_1 e^{\lambda_1 t} + B_1 e^{\lambda_1^* t} \qquad (A.86)$$

而式（A.78）的形式为

$$\begin{bmatrix} 1 & 1 \\ \lambda_1 & \lambda_1^* \end{bmatrix}\begin{bmatrix} A_1 \\ B_1 \end{bmatrix} = \begin{bmatrix} \Delta x \\ 0 \end{bmatrix} \quad 即 \quad \begin{bmatrix} A_1 \\ B_1 \end{bmatrix} = \frac{1}{-j2\Omega}\begin{bmatrix} \lambda_1^* & -1 \\ -\lambda_1 & 1 \end{bmatrix}\begin{bmatrix} \Delta x \\ 0 \end{bmatrix} \qquad (A.87)$$

因此

$$A_1 = \Delta x \cdot \frac{\Omega + j\alpha}{2\Omega} \quad 和 \quad B_1 = \Delta x \cdot \frac{\Omega - j\alpha}{2\Omega} = A_1^* \qquad (A.88)$$

将式（A.88）代入式（A.86）并进行简单的代数运算后得到如下特解：

$$x(t)=\frac{\Delta x}{\Omega}e^{\alpha t}[\Omega\cos\Omega t-\alpha\sin\Omega t] \tag{A.89}$$

显然，在一开始的时候就假定基本解组由式（A.84）给出，即为 $e^{\alpha t}\cdot\cos\Omega t$、$e^{\alpha t}\sin\Omega t$，那么得到上述解的方式更加简单。此时通解为

$$x(t)=C_1e^{\alpha t}\Omega\cos\omega t+C_2e^{\alpha t}\alpha\sin\Omega t \tag{A.90}$$

将初始条件 $x(t_0)=\Delta x$ 代入得 $C_1=\Delta x/\Omega$。对式（A.90）求导并代入 $\dot{x}(t_0)=0$ 得到 $C_2=-C_1$。将计算得到的系数 $C_1=-C_2=\Delta x/\Omega$ 代入式（A.90）得到由式（A.89）给出的解。

解式（A.89）包含有表达式 $[\Omega\cos\Omega t-\alpha\sin\Omega t]$，其对应于两角差的余弦：$\cos(\Omega t+\phi)=[\cos\Omega t\cos\phi-\sin\Omega t\sin\phi]$。为了精确地获得此形式，需要用如下方式对式（A.89）进行变换：

$$x(t)=\frac{\Delta x}{\Omega}e^{\alpha t}\sqrt{\Omega^2+\alpha^2}\left[\frac{\Omega}{\sqrt{\Omega^2+\alpha^2}}\cos\Omega t-\frac{\alpha}{\sqrt{\Omega^2+\alpha^2}}\sin\Omega t\right] \tag{A.91}$$

式中，方括号前面的表达式乘以 $\sqrt{\Omega^2+\alpha^2}$，而方括号中的项除以 $\sqrt{\Omega^2+\alpha^2}$。假定采用符号

$$\sin\phi=\frac{\alpha}{\sqrt{\Omega^2+\alpha^2}}\quad 和\quad \cos\phi=\frac{\Omega}{\sqrt{\Omega^2+\alpha^2}} \tag{A.92}$$

容易验证 $\sin^2\phi+\cos^2\phi=1$。利用此角度 ϕ 的定义，式（A.91）变为

$$x(t)=\frac{\Delta x}{\cos\phi}e^{\alpha t}\cos(\Omega t+\phi) \tag{A.93}$$

这种形式的 2 阶方程的解更方便，因为式（A.93）清楚地表明了解的形式是余弦函数，且当 $\alpha<0$ 时振幅呈指数衰减，当 $\alpha>0$ 时振幅呈指数增长，当 $\alpha=0$ 时振幅为常数。对式（A.93）的检验表明，该解满足初始条件 $x(t=0)=\Delta x$。

2 阶方程可以表示很多的物理问题。用标准形式来表示 2 阶方程是方便的，此种标准形式将在下面的例子中进行研究。

例 A3.5　考察 2 阶方程的标准形式 $\ddot{x}+2\zeta\Omega_{nat}\dot{x}+\Omega_{nat}^2x=0$，其中 Ω_{nat} 是振荡的自然频率，而 ζ 是阻尼比，初始条件由式（A.66）给出。特征方程是 $\lambda^2+2\zeta\Omega_{nat}\lambda+\Omega_{nat}^2=0$。当 $\Delta=-4\Omega_{nat}^2(1-\zeta^2)\geqslant 0$ 时，即当阻尼比 $\zeta\geqslant 1$ 时，根是实的，且解将包含例 A3.2 和例 A3.3 中讨论的指数项。本例中，将对 $0\leqslant\zeta<1$ 时的欠阻尼 2 阶系统情形进行讨论。此时特征方程将具有两个根，形成一个复共轭对：

$$\lambda_{1,2}=-\zeta\Omega_{nat}\pm j\Omega_{nat}\sqrt{1-\zeta^2}\quad 即\quad \lambda_{1,2}=-\zeta\Omega_{nat}\pm j\Omega_d \tag{A.94}$$

式中，$\Omega_d=\Omega_{nat}\sqrt{1-\zeta^2}$ 是振荡的阻尼频率（rad/s），因为 Ω_{nat} 是振荡的自然频率，即当 $\zeta=0$ 时，$\lambda_{1,2}=\pm j\Omega_{nat}$。解 $x(t)$ 可以采用与上例相同的方法得到，或者使用解式（A.93）并用 $\Omega=\Omega_d$ 和 $\alpha=-\zeta\Omega_{nat}$ 来替换得到。这样有

$$x(t)=\frac{\Delta x}{\cos\phi}e^{-\zeta\Omega_{nat}t}\cos(\Omega_dt+\phi) \tag{A.95}$$

式中，$\phi=-\arcsin\zeta$。

A.3.5　重复根

如前所证明的，每个复共轭根对 λ_i，λ_i^* 对应于包含项 $e^{\alpha_it}\cos\Omega_it$ 和 $e^{\alpha_it}\sin\Omega_it$ 的一个解式

（A.78）。当根 λ_i、λ_i^* 重复 k 次时，与式（A.71）一样，同解必须由相同的项乘以正交多项式 t，t^2，t^3，…，t^{k-1}来补充。对于重复 k 次的一对复根，可以得到如下的解：

$$\begin{aligned}&e^{\alpha_i t}\cos\Omega_i t,\quad t\cdot e^{\alpha_i t}\cos\Omega_i t,\quad t^2\cdot e^{\alpha_i t}\cos\Omega_i t,\ \cdots,\ t^{k-1}\cdot e^{\alpha_i t}\cos\Omega_i t\\&e^{\alpha_i t}\sin\Omega_i t,\quad t\cdot e^{\alpha_i t}\sin\Omega_i t,\quad t^2\cdot e^{\alpha_i t}\sin\Omega_i t,\ \cdots,\ t^{k-1}\cdot e^{\alpha_i t}\sin\Omega_i t\end{aligned}\tag{A.96}$$

显然，完整的基本解组还包含与其他根对应的解。

A.3.6 一阶复数微分方程

一阶线性微分方程的一种特殊情况是形式为 $\dot{z}-\lambda z=0$ 的齐次方程，其中 λ 是一个复数。此方程可以改写为

$$\dot{z}=\lambda z\tag{A.97}$$

根据之前提出的理论，解的形式为

$$z(t)=e^{\lambda t}z_0\tag{A.98}$$

式中 $z_0=z(t_0)$ 是初始值（一个复数）。采用如下的符号：

$$z(t)=x(t)+jy(t),\quad z_0=x_0+jy_0,\quad \lambda=\alpha+j\Omega\tag{A.99}$$

此方程的解可以在坐标为 $x=\mathrm{Re}z$ 和 $y=\mathrm{Im}z$ 的复平面中进行解释。将式（A.99）代入式（A.98）得到

$$x(t)+jy(t)=e^{(\alpha+j\Omega)t}(x_0+jy_0)$$

即

$$x(t)+jy(t)=e^{\alpha t}(x_0+jy_0)(\cos\Omega t+j\sin\Omega t)$$

相乘并对项排序得

$$x(t)=e^{\alpha t}(x_0\cos\Omega t-y_0\sin\Omega t)\tag{A.100a}$$

$$y(t)=e^{\alpha t}(y_0\cos\Omega t+x_0\sin\Omega t)\tag{A.100b}$$

图 A-2 展示了初始条件 $z_0=x_0+jy_0$ 是复杂平面上的一个点，其中

$$x_0=r_0\cos\phi_0,\quad y_0=r_0\sin\phi_0,\quad r_0=\sqrt{x_0^2+y_0^2}\tag{A.101}$$

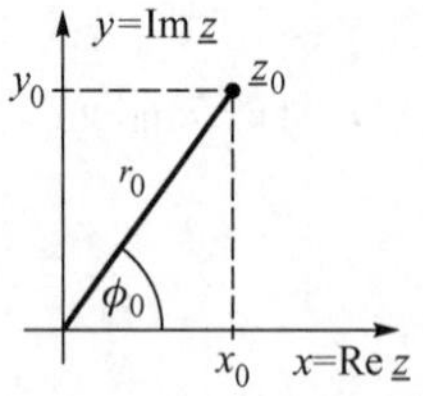

图 A-2 复平面上的初始条件

将式（A.101）代入式（A.100a）得到

$$x(t)=r_0e^{\alpha t}(\cos\phi_0\cos\Omega t-\sin\phi_0\sin\Omega t)\tag{A.102a}$$

$$y(t)=r_0e^{\alpha t}(\sin\phi_0\cos\Omega t+\cos\phi_0\sin\Omega t)\tag{A.102b}$$

式（A.102a，b）可以表示为

$$x(t)=r_0e^{\alpha t}\cos(\Omega t+\phi_0)\tag{A.103a}$$

$$y(t)=r_0e^{\alpha t}\sin(\Omega t+\phi_0)\tag{A.103b}$$

显然，式（A. 103a，b）给出的解 $x(t)$ 和 $y(t)$ 与正弦和余弦成正比，因此在时间上有 $\pi/2$ 的移动。将式（A. 103a，b）的两边平方并相加得到

$$r(t)=r_0\mathrm{e}^{\alpha t}\text{其中 } r(t)=\sqrt{[x(t)]^2+[y(t)]^2} \quad (A.103)$$

再次根据解式（A. 103a，b）构造一个复数 $z(t)=x(t)+\mathrm{j}y(t)$ 得

$$z(t)=r_0\mathrm{e}^{\alpha t}[\cos(\Omega t+\phi_0)+\mathrm{j}\sin(\Omega t+\phi_0)]=r_0\mathrm{e}^{\alpha t}\mathrm{e}^{\mathrm{j}(\Omega t+\phi_0)}=r(t)\cdot \mathrm{e}^{\mathrm{j}(\Omega t+\phi_0)} \quad (A.104)$$

图 A-3 显示，函数式（A. 105）描述了复平面上的一条对数螺旋线，起点是与初始条件相对应的点（x_0，y_0）。如果 $\Omega=\mathrm{Im}\lambda>0$，螺旋线将逆时针旋转；如果 $\Omega=\mathrm{Im}\lambda<0$，螺旋线将顺时针旋转。对于 $\alpha=\mathrm{Re}\lambda<0$，螺旋线向坐标原点收敛，而对于 $\alpha=\mathrm{Re}\lambda>0$，螺旋线则发散。对于 $\alpha=\mathrm{Re}\lambda=0$，解 $z(t)$ 对应于复平面上的一个圆。

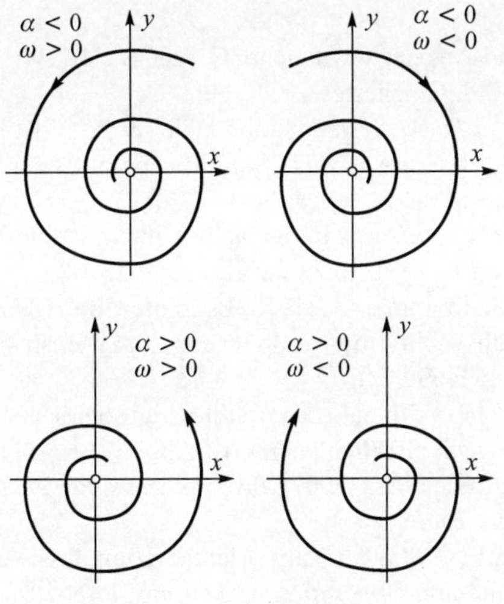

图 A-3　对数螺旋线

显然，对于共轭值 $\lambda^*=\alpha-\mathrm{j}\Omega=\alpha+\mathrm{j}(-\Omega)$ 来说，λ^* 的虚部与 λ 的符号相反。这意味着对应于 λ^* 的螺旋线旋转方向与对应于 λ 的螺旋线相反。因此，如果函数是复共轭对 λ、λ^* 的解之和，那么 2 个解的虚部将相互抵消，剩下的部分将是螺旋线的双实部，即

$$z_i(t)+z_j(t)=z_i(t)+z_i^*(t)=2\mathrm{Re}z_i(t)=2x(t)=2r_0\mathrm{e}^{\alpha t}\cos(\Omega t+\phi_0) \quad (A.105)$$

这一观察结论对于 12. 1 节讨论的矩阵微分方程的解很重要。

参考文献

ABB (1991) An introduction to ABB series capacitors. *ABB Information Publication*.

Abe, S. and Isono, A. (1983) Determination of power system voltage stability. *Electrical Engineering in Japan*, **103** (3).

Acha, E., Fuerte-Esquivel, C.R. and Angeles-Camancho, C. (2004) *FACTS Modelling and Simulation in Power Networks*, John Wiley & Sons, Ltd, Chichester.

Ackermann, T. (2005) *Wind Power in Power Systems*, John Wiley & Sons, Ltd, Chichester.

Adibi, M.M., Hirsch, P.M. and Jordan, J.A. (1974) Solution methods for transient and dynamic stability. *Proceedings of the IEEE*, **62** (7), 951–8.

Adkins, B. (1957) *The General Theory of Electrical Machines*, Chapman and Hall.

A-eberle, *CPR-D Collapse Prediction Relay*, http://www.a-eberle.de.

Ahlgren, L., Johansson, K.E. and Gadhammar, A. (1978) Estimated life expenditure of turbine-generator shafts at network faults and risk for subsynchronous resonance in the Swedish 400 kV system. *IEEE Transactions on Power Apparatus and Systems*, **PAS-97** (6).

Ajjarapu, V. and Christy, C. (1992) The continuation power flow: a tool for steady-state voltage stability analysis. *IEEE Transactions on Power Systems*, **PWRS-7** (1), 416–423.

Akagi, H., Watanabe, E.H. and Aredes, M. (2007) *Instantaneous Power Theory and Application to Power Conditioning*, John Wiley & Sons, Inc.

Alsac, O., Stott, B. and Tinney, W.F. (1983) Sparsity oriented compensation methods for modified network solutions. *IEEE Transactions on Power Apparatus and Systems*, **PAS-102**, 1050–60.

Anderson, P.M., Agrawal, B.L. and Van Ness, J.E. (1990) *Subsynchronous Resonance in Power Systems*, IEEE Press.

Anderson, P.M. and Bose, A. (1983) Stability simulation of wind turbine systems. *IEEE Transactions on Power Applications and Systems*, **102**, 3791–5.

Anderson, P.M. and Fouad, A.A. (1977) *Power System Control and Stability*, The Iowa State University Press (2nd edn IEEE Press, 2003).

Arnold, W.I. (1992) *Ordinary Differential Equations*, Springer-Verlag.

Arrillaga, J. and Arnold, C.P. (1990) *Computer Analysis of Power Systems*, John Wiley & Sons, Ltd.

Arrillaga, J., Arnold, C.P. and Harker, B.J. (1983) *Computer Modelling of Electrical Power Systems*, John Wiley & Sons, Ltd.

Ashok Kumar, B.S.A., Parthasawathy, K., Prabhakara, F.S. and Khincha, H.P. (1970) Effectiveness of series capacitors in long distance transmission lines. *IEEE Transactions on Power Apparatus and Systems*, **PAS-89** (4), 941–50.

Athay, T., Podmore, R. and Virmani, S. (1979) A practical method for the direct analysis of transient stability. *IEEE Transactions on Power Apparatus and Systems*, **98** (2).

Balu, N.J. (1980) Fast turbine valving and independent pole tripping breaker applications for plant stability. *IEEE Transactions on Power Apparatus and Systems*, **PAS-99** (4).

Bellman, R. (1970) *Introduction to Matrix Analysis*, 2nd edn, McGraw-Hill.

Berg, G.L. (1973) Power system load representation. *IEE Proceedings*, **120**, 344–8.

Bernas, S. (1971) Zastepowanie grupy generatorow przy badaniu stabilnosci systemu elektroenergetycznego. *Prace Naukowe PW, Elektryka*, **17**.

Bialek, J. (1996) Tracing the flow of electricity. *IEE Proceedings – Generation, Transmission and Distribution*, **143** (4), 313–20.

Bialek, J. (2007) Why has it happened again? Comparison between the 2006 UCTE blackout and the blackouts of 2003. *IEEE PowerTech 2007, Lausanne*.

Bialek, J. and Grey, D.J. (1996) Application of clustering and factorisation tree techniques for parallel solution of sparse network equations. *IEE Proceedings – Generation, Transmission and Distribution*, **141** (6), 609–16.

Bölderl, P., Kulig, T. and Lambrecht, D. (1975) Beurteilung der Torsionsbeanspruchung in den Wellen von Turbosätzen bei wiederholt auftrenden Störungen im Laufe der Betriebszeit. *ETZ-A*, **96**, Heft 4.

Bourgin, F., Testud, G., Heilbronn, B. and Verseille, J. (1993) Present practices and trends on the French power system to prevent voltage collapse. *IEEE Transactions on Power Systems*, **PWRS-8** (3), 778–88.

Boyle, G. (2004) *Renewable Energy: Power for a Sustainable Future*, 2nd edn, Oxford University Press.

Brameller, A., Allan, R.N. and Hamam, Y.M. (1976) *Sparsity. Its Practical Application to System Analysis*, Pitman, London.

Breulmann, H., Grebe, E., Lösing, M. *et al.* (2000) *Analysis and Damping of Inter-Area Oscillations in the UCTE/CENTREL Power System*. CIGRE Paper No. 38–113.

Brown, H.E. (1975) *Solution of Large Networks by Matrix Methods*, John Wiley & Sons, Inc.

Brown, H.E., Shipley, R.B., Coleman, D. and Nied, R.B. (1969) A study of stability equivalents. *IEEE Transactions on Power Apparatus and Systems*, **PAS-88** (3).

Brown, P.G, de Mello, F.P., Lenfest, E.H. and Mills, R.J. (1970) Effects of excitation, turbine energy control and transmission on transient stability. *IEEE Transactions on Power Apparatus and Systems*, **PAS-89** (6).

Bumby, J.R. (1982) Torsional natural frequencies in the superconducting turbogenerator. *IEE Proceedings*, **129** (Pt C, 4), 141–51.

Bumby, J.R. (1983) *Superconducting Rotating Electrical Machines*, Clarendon Press, Oxford.

Bumby, J.R. and Wilson, J.M. (1983) Structural modes and undamped torsional natural frequencies of a superconducting turbogenerator rotor. *Journal of Sound and Vibration*, **87** (4), 589–602.

Cai, Y.Q. and Wu, C.S. (1986) A novel algorithm for aggregating coherent generating units. IFAC Symposium on Power System and Power Plant Control, Beijing, China.

Carpentier, J., Girard, R. and Scano, E. (1984) Voltage collapse proximity indicators computed from an optimal power flow. Proceedings of the 8th Power System Computing Conference, Helsinki, pp. 671–78.

Cegrell, T. (1986) *Power System Control Technology*, Prentice Hall International.

Chai, J.S. and Bose, A. (1993) Bottlenecks in parallel algorithms for power system stability analysis. *IEEE Transactions on Power Systems*, **PWRS-8** (1), 9–15.

Ching, Y.K. and Adkins, B.A. (1954) Transient theory of synchronous generators under unbalanced conditions. *IEE Proceedings*, **101** (Pt IV), 166–82.

Christiansen, P. (2003) A sea of turbines. *IEE Power Engineer*, **17** (1), 22–4.

Christie, R.D. and Bose, A. (1996) Load frequency control issues in power system operations after deregulation. *IEEE Transactions on Power Systems*, **PWRS-11** (3), 1191.

Chua, L.O. and Lin, P.-M. (1975) *Computer-Aided Analysis of Electronic Circuits*, Prentice Hall.

CIGRE Paper No. 37/38-01 (1994) Working Group 38.04: Ultra High Voltage Technology, *CIGRE Session*.

CIGRE Task Force 38-01-02 (1986) *Static VAR Compensators*.

CIGRE Technical Brochure No. 145: Modeling of power electronics equipment (FACTS) in load flow and stability programs, http://www.e-cigre.org.

CIGRE Technical Brochure No. 316: Defence plan against extreme contingencies, http://www.e-cigre.org.

CIGRE Technical Brochure No. 325: Review of on-line dynamic security assessment tools and techniques, http://www.e-cigre.org.

CIGRE Working Group 38.01 (1987) Planning against voltage collapse. *Electra*, 55–75.

Concordia, C. (1951) *Synchronous Machines. Theory and Performance*, John Wiley & Sons, Inc., New York.

Concordia, C. and Ihara, S. (1982) Load representation in power system stability studies. *IEEE Transactions on Power Apparatus and Systems*, **PAS-101** (4).

Contaxis, G. and Debs, A.S. (1977) Identification of external equivalents for steady-state security assessment. IEEE Power Summer Meeting, Paper F 77-526-7.

Crary, S.B. (1945, 1947) *Power System Stability*, Vols I, II, John Wiley & Sons, Inc., New York.

Cushing, E.W., Drechsler, G.E., Killgoar, W.P. *et al.* (1972) Fast valving as an aid to power system transient stability and prompt resynchronization and rapid reload after full load rejection. *IEEE Transactions on Power Apparatus and Systems*, **PAS-91** (2), 1624–36.

Dahl, O.G.C. (1938) *Electric Power Circuits – Theory and Applications*, McGraw-Hill, New York.

Dandeno, P. and Kundur, P. (1973) Non-iterative transient stability program including the effects of variable load voltage characteristics. *IEEE Transactions on Power Apparatus and Systems*, **PAS-92** (5).

Debs, A.S. (1988) *Modern Power System Control and Operation*, Kluwer Academic.

De Mello, F.P. and Concordia, C. (1969) Concepts of synchronous machine stability as affected by excitation control. *IEEE Transactions on Power Apparatus and Systems*, **PAS-88** (4), 316–29.

De Mello, R.W., Podmore, R. and Stanton, K.N. (1975) Coherency based dynamic equivalents: applications in transient stability studies. PICA Conference.

Di Caprio, U. and Marconato, R. (1975) A novel criterion for the development of multi-area simplified models oriented to on-line evaluation of power system dynamic security. Proceedings of the PSCC, Cambridge, UK.

Dimo, P. (1971) *L'analyse Nodale des Reseaux D'energie*, Eyrolles, Paris.

Dommel, H.W. and Sato, N. (1972) Fast transient stability solution. *IEEE Transactions on Power Apparatus and Systems*, **PAS-91** (4), 1643–50.

Dopazo, J.F., Dwarakonath, M.H., Li, J.J. and Sasson, A.M. (1977) An external system equivalent model using real-time measurements for system security evaluation. *IEEE Transactions on Power Apparatus and Systems*, **PAS-96**.

Duff, I.S., Erisman, A.M. and Reid, J.K. (1986) *Direct Methods for Sparse Matrices*, Oxford University Press.

Dunlop, R.D., Gutman, R. and Marchenko, R.P. (1979) Analytical development of loadability characteristic for EHV and UHV transmission lines. *IEEE Transactions on Power Apparatus and Systems*, **PAS-98**, 606–17.

Dy Liacco, T.E. (1968) *Control of Power Systems via Multi-Level Concept*, Report SRC-68-19, Case Western Reserve University.

Edelmann, H. (1963) *Berechung elektrischer Verbundnetze*, Springer-Verlag, Berlin.

Edelmann, H. (1974) Direkte Verfahren der Netzanalyse mit sparlichen Matritzen. *Nachrichtechnische Zeitschrift*, Heft 2–3.

Ekanayake, J., Holdsworth, L. and Jenkins, K. (2003a) Control of DFIG wind turbines. *IEE Power Engineer*, **17** (1), 28–32.

Ekanayake, J., Holdsworth, L., Wu, X. G. and Jenkins, K. (2003b) Dynamic modelling of doubly fed induction generator wind turbines. *IEEE Transactions on Power Systems*, **18** (2), 803–9.

El-Abiad, A.H. (1983) *Power System Analysis and Planning*, Hemisphere, Washington, DC and London.

Elgerd, O. (1982) *Electric Energy Systems Theory: An Introduction*, 2nd edn, McGraw-Hill, New York.

Elkraft Systems (2003) Power failure in Eastern Denmark and Southern Sweden on 23 September 2003.

EPRI (1991) Flexible AC Transmission Systems (FACTS). Scoping study, *EPRI Report EL-6943*, Final Report on RP3022-02 by GE.

EPRI (1999) *Decentralized Damping of Power Swings – Feasibility Study*, Final Report TR-112417.

Erlich, I., Kretschmann, J., Fortmann, J. *et al.* (2007) Modelling of wind turbines based on doubly-fed induction generators for power system stability studies. *IEEE Transactions on Power Systems*, **22** (3), 909–19.

Estanqueiro, A. (2007) A dynamic wind generation model for power system studies. *IEEE Transactions on Power Systems*, **22** (3), 920–8.

Fahlen, N.T. (1973) Series capacitors in power transmission: design and experience. International Conference on High Voltage DC and/or AC Power Transmission, London, IEE Conference Publication No. 107.

Fahlen, N.T. (1981) EHV series capacitor equipment protection and control. *IEE Proceedings*, **128** (Pt C).

Feng, X., Lubosny, Z. and Bialek, J.W. (2007) *Dynamic Equivalent of a Network with High Penetration of Distributed Generation*, IEEE PowerTech Conference.

Fouad, A.A. and Vittal, V. (1992) *Power System Transient Stability Analysis Using the Transient Energy Function Method*, Prentice Hall, Englewood Cliffs, NJ.

Garmond, A.J. and Podmore, R. (1978) Dynamic aggregation of generating unit models. *IEEE Transactions on Power Apparatus and Systems*, **PAS-97** (4).

Giles, R.L. (1970) *Layout of E.H.V. Substations*, Cambridge University Press, Cambridge.

Glebov [Glêbov], I.A. (1970) *Excitation systems of generators with controlled rectifiers*, Nauka, Leningrad (in Russian).

Gless, G.E. (1966) Direct method of Liapunov applied to transient power system stability. *IEEE Transactions on Power Apparatus and Systems*, **PAS-85** (2).

Glover, J.D. and Sarma, M. (1994) *Power System Analysis and Design*, 2nd edn, PWS, Boston.
Grainger, J.J. and Stevenson, W.D. (1994) *Power System Analysis*, McGraw-Hill.
Grebe, E., Handschin, E., Haubrich, H.J. and Traeder, G. (1979) Dynamische Langezeitstabilitat von Netzen. Elektrizitatswirtschaft, **78**, Heft 19.
Greenwood, A. (1971) *Electrical Transients in Power Systems*, Wiley-Interscience.
Gross, C.A. (1986) *Power System Analysis*, 2nd edn, John Wiley & Sons, Inc., New York.
Gubina, F., Bakic, K., Omahen, P., Hrovatin, J. and Jakl, F. (1994) Economical, planning and operational aspects of East-West power transmission over the Slovenian power network. 35th CIGRE Session, Paris.
Gubina, F., Omahen, P. and Machowski, J. (1987) Dynamic properties of a power system equivalent model for transient stability studies. 34th Congress on Electronics, MELECON'87, Rome, Italy, pp. 577–80.
Hacaturov [Hačaturov], A.A. (1969) *Asynchronous connection and re-synchronisation in electric power systems*, Energia, Moscow (in Russian).
Hammons, T.J. and Winning, D.J. (1971) Comparisons of synchronous machine models in the study of the transient behaviour of electrical power systems. *Proceedings of the IEE*, **118** (10).
Handschin, E. and Stephanblome, T. (1992) New SMES strategies as a link between network and power plant control. *International IFAC Symposium on Power Plants and Power System Control, Munich, Germany*.
Harkopf, T. (1978) Simulation of power system dynamics using trapezoidal rule and Newton's method. Proceedings of the PSCC Conference, Darmstadt.
Harris, M.R., Lawrenson, P.J. and Stephenson, J.M. (1970) *Per Unit Systems with Special Reference to Electrical Machines*, Cambridge University Press.
Hassenzahl, W.V. (1983) Superconducting magnetic energy storage. *Proceedings of the IEEE*, **71**, 1089–8.
Haubrich, H.J. and Fritz, W. (1999) *Study on Cross-Border Electricity Transmission Tariffs by order of the European Commission*, DG XVII/C1. Aachen.
Hicklin, J. and Grace, A. (1992) *Simulink*, MathWorks Inc.
Hill, D.J. (1993) Nonlinear dynamic load models with recovery for voltage stability studies. *IEEE Transactions on Power Systems*, **PWRS-8** (1), 166–76.
Hingorani, N.G. and Gyugyi, L. (2000) *Understanding FACTS. Concepts and Technology of Flexible AC Transmission Systems*, IEEE Press.
Holdsworth, L., Jenkins, N. and Strbac, G. (2001) *Electrical Stability of Large, Offshore Wind Farms*, IEE Conference on AC–DC Power Transmission.
Holdsworth, L., Wu, X.G., Ekanayake, J. and Jenkins, K. (2003) Comparison of fixed speed and doubly-fed induction wind turbines during power system disturbances. *IEE Proceedings – Generation, Transmission and Distribution*, **150** (3), 343–52.
Hughes, F.M., Anaya-Lara, O., Jenkins, N. and Strbac, G. (2006) A power system stabilizer for DFIG-based wind generation. *IEEE Transactions on Power Systems*, **21** (2).
Humpage, W.D. and Stott, B. (1965) Predictor-corrector methods of numerical integration in digital computer analysis of power system transient stability. *IEE Proceedings*, **112**, 1557–65.
Humpage, W.D., Wong, K.P. and Lee, Y.W. (1974) Numerical integration algorithms in power-system dynamic analysis. *IEE Proceedings*, **121**, 467–73.
Huwer, R. (1992) Robuste Power System Stabilizer für Mehrmaschinennetze, PhD Thesis, Universität Kaiserslautern.
IEEE Committee Report (1968) Computer representation of excitation systems. *IEEE Transactions on Power Apparatus and Systems*, **PAS-87** (6), 1460–4.
IEEE Committee Report (1969) Recommended phasor diagrams for synchronous machines. *IEEE Transactions on Power Apparatus and Systems*, **PAS-88** (11), 1593–610.
IEEE Committee Report (1973a) Excitation system dynamic characteristic. *IEEE Transactions on Power Apparatus and Systems*, **PAS-92** (1).
IEEE Committee Report (1973b) Dynamic models for steam and hydroturbines in power system studies. *IEEE Transactions on Power Apparatus and Systems*, **PAS-92** (6), 1904–15.
IEEE Committee Report (1973c) System load dynamics simulation effects and determination of load constants. *IEEE Transactions on Power Apparatus and Systems*, **PAS-92** (2), 600–9.
IEEE Committee Report (1981) Excitation system models for power system stability studies. *IEEE Transactions on Power Apparatus and Systems*, **PAS-100** (2), 494–509.
IEEE Committee Report (1991) Dynamic models for fossil fuelled steam units in power system studies. *IEEE Transactions on Power Systems*, **PWRS-6** (2), 753–61.

IEEE Committee Report (1992) Hydraulic turbine and turbine control models for system dynamic studies. *IEEE Transactions on Power Systems*, **PWRS-7** (1), 167–79.
IEEE Committee Report (1994) Static VAR compensator models for power flow and dynamic performance simulation. *IEEE Transactions on Power Systems*, **PWRS-9** (1), 229–40.
IEEE Power System Relaying Committee Report (1977) Out-of-step relaying for generators. *IEEE Transactions on Power Apparatus and Systems*, **PAS-96** (5), 1556–4.
IEEE Power System Relaying Comittee Power swing and out-of-step considerations on transmission lines. A report to the Power System Relaying Committee of IEEE Power Engineering Society. http://www133.pair.com/psrc/ (Published Reports/Line protections).
IEEE Std 122-1985. IEEE Recommended Practice for Functional and Performance Characteristics of Control Systems for Steam Turbine-Generators Units, IEEE Power Engineering Society.
IEEE Std 421.5-1992. IEEE Recommended Practice for Excitation System Models for Powers System Stability Studies, IEEE Power Engineering Society.
IEEE Task Force on Load Representation for Dynamic Performance (1993) Load representation for dynamic performance analysis. *IEEE Transactions on Power Systems*, **PWRS-8** (2), 472–82.
IEEE Task Force on Load Representation for Dynamic Performance (1995) Standard load models for power flow and dynamic performance simulation. *IEEE Transactions on Power Systems*, **PWRS-10** (3), 1302–12.
IEEE Working Group on Prime Mover and Energy Supply Models for System Dynamic Performance Studies (1994) Dynamic models for combined cycle power plants in power system studies. *IEEE Transaction on Power Systems*, **PWRS-9** (3), 1698–708.
IEEE Working Group Report of panel discussion (1986) Turbine fast valving to aid system stability: benefits and other considerations. *IEEE Transactions on Power Systems*, **PWRS-1** (2), 143–53.
Iliceto, F. and Cinieri, E. (1977) Comparative analysis of series and shunt compensation schemes for AC transmission systems. *IEEE Transactions on Power Apparatus and Systems*, **PAS-96** (1), 167–79.
Ilić, M. and Zaborszky, J. (2000) *Dynamics and Control of Large Electric Power Systems*, John Wiley & Sons, Inc., New York.
Ise, T., Murakami, Y. and Tsuji, K. (1986) Simultaneous active and reactive power control of superconducting magnetic storage using GTO converters. *IEEE Transactions on Power Delivery*, **PWRD-1** (1), 143–50.
Jancke, G., Fahlen, N. and Nerf, O. (1975) Series capacitors in power systems. *IEEE Transactions on Power Apparatus and Systems*, **PAS-94**, 915–25.
Januszewski, M. (2001) *Transient Stability Enhancement by Using FACTS Devices*, PhD Thesis, Warsaw University of Technology (in Polish).
Jones, C.V. (1967) *The Unified Theory of Electrical Machines*, Butterworth.
Kamwa, I. and Grondin, R. (1992) Fast adaptive scheme for tracking voltage phasor and local frequency in power transmission and distribution systems. *IEEE Transactions on Power Delivery*, **PWRD-7** (2), 789–95.
Kazovskij, Ė.Â., Danilêvič, Â.B., Kaŝarskij, Ė.G. and Rubisov, G.V. (1969) *Abnormal operating conditions of large synchronous machines*, Izdatelstvo Nauka, Leningradskoe Otdelenie, Leningrad (in Russian).
Kehlhofer, R. (1991) *Combined-Cycle Gas and Steam Turbine Power Plants*, The Fairmont Press, Librun, GA.
Kessel, P. and Glavitsch, H. (1986) Estimating the voltage stability of a power system. *IEEE Transactions on Power Delivery*, **PWRD-1** (3), 346–54.
Kimbark, E.W. (1995) *Power System Stability*, Vols I, II, III, John Wiley & Sons, Inc., New York, 1948, 1950, 1956, reprinted by IEEE in 1995.
Kirby, N.M., Xu, L., Luckett, M. and Siepmann, W. (2002) HVDC transmission for large offshore wind farms. *IEE Power Engineering Journal*, **16** (3), 135–41.
Kirchmayer, L.K. (1959) *Economic Control of Interconnected Systems*, John Wiley & Sons, Inc., New York.
Kuczyński, R., Paprocki, R. and Strzelbicki, J. (2005) Defence and restoration of the Polish power system. PSE-Operator, Konferencja Naukowa Rynek Energii (Conference Energy Market).
Kulicke, B. and Webs, A. (1975) Elektromechanisches Verhalten von Turbosetzen bei Kurzschlüssen in Kraftwerksnähe. *ETZ-A*, **96**, Heft 4.
Kumano, S., Miwa, Y., Kokai, Y. *et al.* (1994) Evaluation of transient stability controller system model. CIGRE Session 38-303.
Kundur, P. (1994) *Power System Stability and Control*, McGraw-Hill, New York.
Kundur, P., Lee, D.C. and Zein El-Din, H.M. (1981) Power system stabilizers for thermal units: analytical techniques and on-site validation. *IEEE Transactions on Power Apparatus and Systems*, **PAS-100**, 81–95.

Läge, K. and Lambrecht, D. (1974) Die Auswirkung dreipoliger Netzkurz-schlüsse mit Kurzschlussfortschaltung auf die mechanische Beansprachung von Turbosätzen. *ETZ-A*, **95**, Heft 10.

Lander, C.W. (1987) *Power Electronics*, 2nd edn, McGraw-Hill.

Larsen, E.V. and Swan, D.A. (1981) Applying power system stabilizers, Parts I, II, and III. *IEEE Transactions on Power Apparatus and Systems*, **PAS-100**, 3017–46.

Lee, D.C., Beaulieu, R.E. and Service, J.R.R. (1981) A power system stabilizer using speed and electrical power inputs - design and field experience. *IEEE Transactions on Power Apparatus and Systems*, **PAS-100**, 4151–67.

Lee, S.T.Y. and Schweppe, F.C. (1973) Distance measures and coherency recognition for transient stability equivalents. *IEEE Transactions on Power Apparatus and Systems*, **PAS-92** (5), 1550–7.

Leithead, W.E. (1992) Effective wind speed models for simple wind turbines simulations. Proceedings of the 14th Annual British Wind Energy Association Conference.

Leithead, W.E., Delasalle, S. and Reardon, D. (1991) Role and objectives of control for wind turbines. *IEE Proceedings C – Generation, Transmission and Distribution*, **138** (2), 135–48.

Löf, P.A., Hill, D.J., Arnborg, S. and Andersson, G. (1993) On the analysis of long term voltage stability. *Electric Power and Energy Systems*, **15** (4), 229–37.

Löf, P.A., Smed, T., Andersson, G. and Hill, D.J. (1992) Fast calculation of a voltage stability index. *IEEE Transactions on Power Systems*, **PWRS-7** (1), 54–64.

Lubosny, Z. and Bialek, J.W. (2007) Supervisory control of a wind farm. *IEEE Transactions on Power Systems*, **22** (2).

Lüders, G.A. (1971) Transient stability of multimachine power system via the direct method of Lyapunov. *IEEE Transactions on Power Apparatus and Systems*, **PAS-90** (1).

MacDonald, J. (1994) Present phase-angle regulating transformer technology. IEE Proceedings Colloquium Facts – the Key to Increased Utilisation of a Power System, pp. 61–2.

Machowski, J. (1985) Dynamic equivalents for transient stability studies of electrical power systems. *International Journal of Electrical Power and Energy Systems*, **7** (4), 215–23.

Machowski, J. and Bernas, S. (1989) *Stany nieustalone i stabilnosc systemu elektroenergetycznego*, Wydawnictwa Naukowo-Techniczne, Warszawa.

Machowski, J. and Białek, J. (2008) State-variable control of shunt FACTS devices using phasor measurements. *Electric Power System Research*, **78** (1), 39–48.

Machowski, J. and Nelles, D. (1992a) Optimal control of superconducting magnetic energy storage unit. *Electric Machines and Power Systems*, **20** (6).

Machowski, J. and Nelles, D. (1992b) Power system transient stability enhancement by optimal control of static VAR compensators. *International Journal of Electrical Power and Energy Systems*, **14** (5).

Machowski, J. and Nelles, D. (1993) Simple robust adaptive control of static VAR compensator. *European Transactions on Electric Power Engineering*, **3** (6).

Machowski, J. and Nelles, D. (1994) Optimal modulation controller for superconducting magnetic energy storage. *International Journal of Electrical Power and Energy Systems*, **16** (5).

Machowski, J., Bialek, J.W. and Bumby, J.R. (1997) *Power System Dynamics and Stability*, John Wiley & Sons, Ltd, Chichester.

Machowski, J., Cichy, A., Gubina, F. and Omahen, P. (1986) Modified algorithm for coherency recognition in large electrical power systems. IFAC Symposium on Power Systems and Power Plant Control, Beijing, China.

Machowski, J., Cichy, A., Gubina, F. and Omahen, P. (1988) External subsystem equivalent model for steady-state and dynamic security assessment. *IEEE Transactions on Power Systems*, **PWRS-3** (4).

Machowski, J., Gubina, F. and Omahen, P. (1986) Power system transient stability studies by Lyapunov method using coherency based aggregation. IFAC Symposium on Power Systems and Power Plant Control, Beijing, China.

Martin, H.F., Tapper, D.N. and Alston, T.M. (1976) Sustained fast valving applied to Tennessee Valley Authority's Watts Bar Nuclear Units. *Transactions of the ASME Journal of Engineering for Power*, Paper 76-JPGC-Pwr55.

Masters, G.M. (2004) *Renewable and Efficient Electric Power Systems*, Wiley–IEEE Press.

McDonald, J.D. (2003) *Electric Power Substations Engineering*, CRC Press.

McPherson, G. and Laramore, R.D. (1990) *Introduction to Electric Machines and Transformers*, 2nd edn, John Wiley & Sons, Inc., New York.

Miller, T.J.E. (1982) *Reactive Power Control in Electric Systems*, John Wiley & Sons, Inc., New York.

Moussa, H.A.M. and Yu, Y.N. (1972) Improving power system damping through supplementary governor control. PES Summer Meeting, Paper C 72 470-3.
Muller, S., Deicke, M. and De Donker, R.W. (2002) *Doubly fed induction generator systems*. IEEE Industry Applications Magazine, pp. 26–33.
Nagao, T. (1975) Voltage collapse at load ends of power systems. *Electrical Engineering in Japan*, **95** (4).
National Grid Company (NGC) (1994) *1994 Seven Year Statement*.
Nitta, T., Shirari, Y. and Okada, T. (1985) Power charging and discharging characteristics of SMES connected to artificial transmission line. *IEEE Transactions on Magnetics*, **21** (2).
Nogal, L. (2008) Application of wide area measurements to stability enhancing control of FACTS devices installed in tie-lines. PhD Thesis, Warsaw University of Technology (in Polish).
Ogata, K. (1967) *State Space Analysis of Control Systems*, Prentice Hall.
O'Kelly, D. (1991) *Performance and Control of Electrical Machines*, McGraw-Hill.
Olas, A. (1975) Synthesis of systems with prescribed trajectories. *Proceedings of Non-linear Vibrations*, **16**.
Omahen, P. (1991) Fast transient stability assessment using corrective PEBS method. Proceedings of 6th IEEE Mediterranean Electrotechnical Conference, Vol. 2, pp. 1408–11.
Omahen, P. (1994) *Unified Approach to Power System Analysis in its Multi-Time Scale Dynamic Response*. PhD Thesis, Warsaw University of Ethnology (in Polish).
Omahen, P. and Gubina, F. (1992) Simulations and field tests of a reactor coolant pump emergency start-up by means of remote gas units. *IEEE Transactions on Energy Conversion*, **EC-7** (4), 691–7.
Omahen, P. and Gubina, F. (1995) Experience with large power system dynamics model for security assessment. *CIGRE Power System Operation & Control Colloquium*, Johannesburg/Cape Town.
Pai, M.A. (1981) *Power System Stability: Analysis by the direct method of Lyapunov*, North-Holland, Amsterdam.
Pai, M.A. (1989) *Energy Function Analysis for Power System Stability*, Kluwer Academic.
Park, R.H. (1973) Fast turbine valving. *IEEE Transactions on Power Apparatus and Systems*, **PAS-92**, 1065–73.
Pavella, M., Ernst, D. and Ruiz-Vega, D. (2000) *Transient Stability of Power Systems: A Unified Approach to Assessment and Control*, Kluwer Academic.
Pavella, M. and Murthy, P.G. (1994) *Transient Stability of Power Systems. Theory and Practice*, John Wiley & Sons, Ltd.
Phadke, A.G. and Thorap, J.S. (1988) *Computer Relaying for Power Systems*, John Wiley & Sons, Inc.
Phadke, A.G., Thorap, J.S. and Adamiak, M.G. (1983) A new measurement technique for tracking voltage phasors, local system frequency and rate of change of frequency. *IEEE Transactions on Power Apparatus and Systems*, **PAS-102** (5).
Pissanetzky, S. (1984) *Sparse Matrix Technology*, Academic Press.
Podmore, R. (1978) Identification of coherent generators for dynamic equivalents. *IEEE Transactions on Power Apparatus and Systems*, **PAS-97**, 1344–54.
Press, W.H., Teukolsky, S.A., Vetterling, W.T. and Flannery, B.P. (1992) *Numerical Recipes in C: The Art of Scientific Computing*, 2nd edn, Cambridge University Press.
Racz, L.Z. and Bokay, B. (1988) *Power System Stability*, Kluwer Academic.
Rafian, M., Sterling, M.J.H. and Irving, M.R. (1987) Real time power system simulation. *IEE Proceedings*, **134** (Pt C, 3), 206–23.
Ramey, D.G. and Skooglund, J.W. (1970) Detailed hydrogovernor representation for system stability studies. *IEEE Transactions on Power Apparatus and Systems*, **PAS-89** (1), 106–12.
Rasolomampionona, D.D. (2000) Analysis of the power system steady-state stability: influence of the load characteristics. *Archives of Electrical Engineering*, **XLIX** (191-1).
Rasolomampionona, D.D. (2007) *Optimisation of parameters of TCPAR installed in tie lines with regard to their interaction with LFC*. Prace Naukowe Elektryka, z. 134 Publishing House of the Warsaw University of Technology (in Polish).
Riaz, M. (1974) Hybrid-parameter models of synchronous machines. *IEEE Transactions on Power Apparatus and Systems*, **PAS-93**, 849–58.
Rüdenberg, R. (1923) *Elektrische Schaltvorgänge und verwandte Störungserscheinungen in Starkstromanlagen*, Julius Springer, Berlin.
Rüdenberg, R. (1950) *Transient Performance of Electric Power Systems*, McGraw-Hill, New York.
Saccomanno, F. (2003) *Electric Power System Control: Analysis and Control*, Wiley–IEEE Press.
Schlueter, R.A., Ilu, T., Chang, J.C. *et al.* (1992) Methods for determining proximity to voltage collapse. *IEEE Transactions on Power Systems*, **PWRS-6** (2), 285–92.

Seshu, S. and Reed, M.B. (1961) *Linear Graphs and Electrical Networks*, Addison-Wesley.
Slootweg, J.G., de Hann, S.W.H., Polinder, H. and Kling, W.L. (2003) General model for representing variable speed wind turbines in power system dynamic simulations. *IEEE Transactions on Power Systems*, **18** (1), 144–51.
Slootweg, J.G., Polinder, H. and Kling, W.L. (2001) Dynamic modelling of a wind turbine with doubly fed induction generator. *Power Engineering Society Summer Meeting, IEEE paper 0-7803-7173-9/01*.
Song, Y.H. and Johns, A.T. (1999) *Flexible AC transmission systems (FACTS)*. IEE Power and Energy Series 30, IEE: London.
Stalewski, A., Goody, J.L.H. and Downes, J.A. (1980) Pole-slipping protection. 2nd International Conference on Developments in Power System Protection, IEE Conference Publication No. 185.
Stannard, N. and Bumby, J.R. (2007) Performance aspects of mains connected small scale wind turbines. *Proceedings of the IET – Generation, Transmission and Distribution*, **1** (2), 348–56.
Stott, B. (1974) Review of load flow calculation methods. *Proceedings of the IEEE*, **62**, 916–29.
Stott, B. (1979) Power system dynamic response calculations. *Proceedings of the IEEE*, **67**, 219–41.
Strang, G. (1976) *Linear Algebra and Its Applications*, Academic Press, New York.
Taylor, C.W. (1994) *Power System Voltage Stability*, McGraw-Hill.
Taylor, C.W., Haner, J.M., Hill, L.A. *et al.* (1983) A new out-of-step relay with rate of change of apparent resistance augmentation. *IEEE Transactions on Power Apparatus and Systems*, **PAS-102** (3).
Taylor, C.W., Haner, J.M. and Laughlin, T.D. (1986) Experience with the R-Rdot out-of-step relay. *IEEE Transactions on Power Delivery*, **PWRD-1** (2).
Tewerson, R.P. (1973) *Sparse Matrices*, Academic Press, New York.
Tinney, W.F., Brandwain, V. and Chan, S.M. (1985) Sparse vector methods. *IEEE Transactions on Power Apparatus and Systems*, **PAS-104**, 295–301.
Tinney, W.F. and Bright, J.M. (1986) Adaptive reductions for power equivalents. IEEE Power Winter Meeting, Paper 86 WM.
Tinney, W.F., Powell, W.L. and Peterson, N.M. (1973) Sparsity oriented network reduction. Proceedings of PICA Conference, Minneapolis, pp. 385–90.
Tinney, W.F. and Walker, J.W. (1967) Direct solutions of sparse network equations by optimally ordered triangular factorization. *Proceedings of the IEEE*, **55** (11), 1801–9.
Tiranuchit, A. and Thomas, R.J. (1988) A posturing strategy action against voltage instabilities in electric power systems. *IEEE Transactions on Power Systems*, **PWRS-3** (1), 87–93.
Troskie, H.J. and de Villiers, L.N.F. (2004) *Impact of Long Duration Faults on Out-Of-Step Protection*, ESCOM, South Africa.
UCTE (2007) Final Report. System Disturbance on 4 November 2006.
UCTE *Operation Handbook. Load Frequency Control and Performance*, Available at http://www.ucte.org/.
Ulyanov [Ul'ânov], S.A. (1952) *Short-circuits in electric power systems*, Moscow and Leningrad (in Russian).
Undrill, J.M. and Turner, A.E. (1971) Construction of power system electromechanical equivalents by modal analysis. *IEEE Transactions on Power Apparatus and Systems*, **PAS-90** (5).
Ungrad, H., Winkler, W. and Wiszniewski, A. (1995) *Protection Techniques in Electrical Energy Systems*, Marcel Dekker.
US–Canada Power System Outage Task Force (2004) Final Report on the August 14, 2003 Blackout in the United States and Canada.
Vaahedi, E., El-Kady, M.A., Libaque-Esaine, J.A. and Carvalho, V.F. (1987) Load models for large-scale stability studies from end-user consumption. *IEEE Transactions on Power Systems*, **PWRS-2** (4), 864–2.
Van Cutsem, T. (1991) A method to compute reactive power margins with respect to voltage collapse. *IEEE Transactions on Power Systems*, **PWRS-6**, 145–56.
Van Cutsem, T. and Vournas, C. (1998) *Voltage Stability of Electric Power Systems*, Springer-Verlag.
Van Der Hoven, I. (1957) Power spectrum of horizontal wind speed in the frequency range from 0.0007 to 900 cycles per hour. *American Journal of Meteorology*, **14**, 160–4.
Venikov [Vênikov], V.A. (1958) *Electromechanical transient processes in electric power systems*, Gosudarstvennoe Energeticeskoe Izdatelstvo, Moscow and Leningrad (in Russian).
Venikov [Vênikov], V.A. (1964) *Transient Phenomena in Electrical Power Systems*, Pergamon Press, Oxford.
Venikov [Vênikov], V.A. (1978a) *Transient electromechanical processes in electric power systems*, Vyssaa Skola, Moscow (in Russian).
Venikov [Vênikov], V.A. (1978b) *Transient Processes in Electrical Power Systems*, Mir, Moscow.

Venikov [Vênikov], V.A. (1985) *Transient electromechanical processes in electric power systems*, Vyssaa Skola, Moscow (in Russian).

Voropaj, N.I. (1975) Equivalencing of electric power systems under large disturbances. *Elektricestvo*, No. 9 (in Russian).

Vorley, D.H. (1974) *Numerical Techniques for Analysing the Stability of Large Power Systems*. PhD Thesis, University of Manchester.

Vournas, C.D., Nikolaidis, V.C. and Tassoulis, A.A. (2006) Postmortem analysis and data validation in the wake of the 2004 Athens Blackout. *IEEE Transactions on Power Systems*, **21** (3).

Wang, H.F., Hao, Y.S., Hogg, B.W. and Yang, Y.H. (1993) Stabilization of power systems by governor-turbine control. *Electrical Power & Energy Systems*, **15** (6), 351–61.

Wang, X. (1997) *Modal Analysis of Large Interconnected Power System*, Reihe 6: Energietechnik, Nr 380, VDI-Verlag, Düsseldorf.

Ward, J.B. (1949) Equivalent circuits for power flow studies. *AIEE Transactions on Power Apparatus and Systems*, **PAS-68**, 373–82.

Wasynczuk, O., Man, D.T. and Sullivan, J.P. (1981) Dynamic behaviour of a class of wind turbine generators during random wind fluctuations. *IEEE Transactions on Power Applications and Systems*, **PAS-100**, 2837–45.

Watson, W. and Coultes, M.E. (1973) Static exciter stabilizing signals on large generators – mechanical problems. *IEEE Transactions on Power Apparatus and Systems*, **PAS-92**, 204–11.

Weedy, B.M. (1980) *Underground Transmission of Electric Power*, John Wiley & Sons, Ltd, Chichester.

Weedy, B.M. (1987) *Electric Power Systems*, 3rd rev. edn, John Wiley & Sons, Ltd, Chichester.

Weisman, J. and Eckart, L.E. (1985) *Modern Plant Engineering*, Prentice Hall, Englewood Cliffs, NJ.

Welfonder, E. (1980) Regeldynamisches Zusammenvirken von Kraftwerken und Verbrauchern im Netzverbundbetrieb. *Elektrizitätswirtschaft*, **79**, Heft 20.

Westlake, A.J., Bumby, J.R. and Spooner, E. (1996) Damping the power angle oscillations of a permanent magnet synchronous generator with particular reference to wind turbine applications. *IEE Proceedings – Electric Power Applications*, **143** (3).

Willems, J.L. (1970) *Stability Theory of Dynamical Systems*, Nelson, London.

Wilson, D., Bialek, J.W. and Lubosny, Z. (2006) Banishing blackouts. *IEE Power Engineering Journal* **20** (2), 38–41.

Witzke, R.L., Kresser, J.V. and Dillard, J.K. (1953) Influence of AC reactance on voltage regulation of 6-phase rectifiers. *AIEE Transactions*, **72**, 244–53.

Wood, A.J. and Wollenberg, B.F. (1996) *Power Generation Operation and Control*, 2nd edn, John Wiley & Sons, Inc.

Wright, A. and Christopoulos, C. (1993) *Electrical Power System Protection*, Chapman and Hall, London.

Xiang, D., Ran, L., Tavner, P.J. and Yang, S. (2006) Control of a doubly fed induction generator in a wind turbine during grid fault ride-through. *IEEE Transactions on Energy Conversion*, **21** (2), 652–62.

Younkins, T.D., Chow, J.H., Brower, A.S. *et al.* (1987) Fast valving with reheat and straight condensing steam turbines. *IEEE Transactions on Power Systems*, **PWRS-2**, 397–405.

Yu, Y.N. (1983) *Electric Power System Dynamics*, Academic Press, New York.

Zdanov [Ždanov], P.S. (1948) *Stability of electric power systems*, Gosudarstvennoe Energeticeskoe Izdatelstvo, Moscow and Leningrad (in Russian).

Zdanov [Ždanov], P.S. (1979) *Stability problems of electric power systems*, Energia, Moscow (in Russian).

Zukov [Žukov], L.A. (1964) Simplified transformation of circuit diagrams of complex electric power systems. *Izvestia Akademii Nauk SSSR, Energetika i Transport*, No. 2 (in Russian).